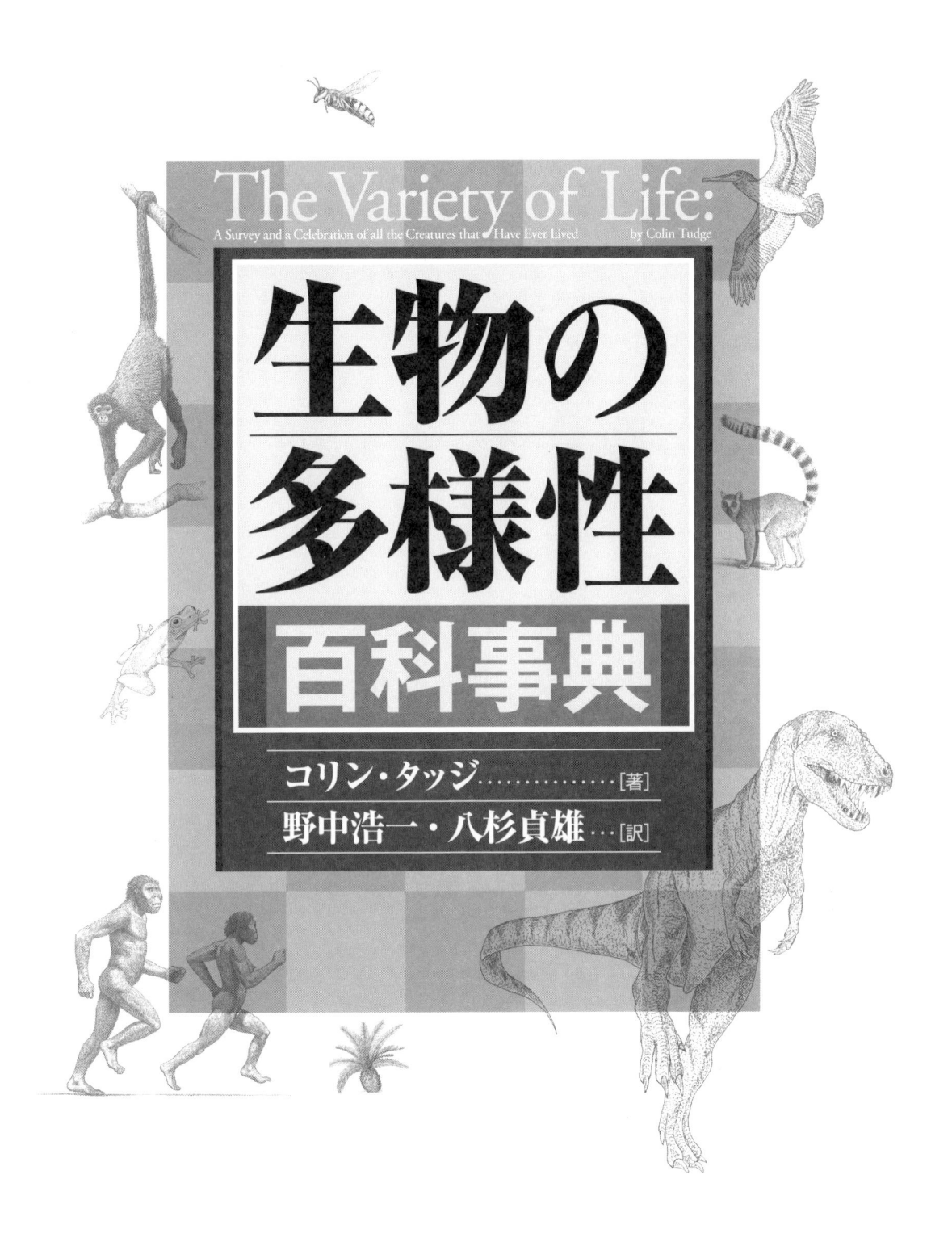

The Variety of Life:
A Survey and a Celebration of all the Creatures that Have Ever Lived
by Colin Tudge

生物の多様性
百科事典

コリン・タッジ……………［著］

野中浩一・八杉貞雄…［訳］

朝倉書店

THE
VARIETY
OF LIFE

*A Survey and a Celebration of all the
Creatures that Have Ever Lived*

COLIN TUDGE

The Variety of Life *was originally published in English in 2000.*

This translation is published by arrangement with Oxford University Press.

©Oxford University Press, 2000

訳者まえがき

　本書『生物の多様性百科事典』はコリン・タッジ著 "The Variety of Life"（2000年）の全訳である．翻訳が計画されてからこうした形になるまでに，不如意のできごともあって，予定をはるかに超える年月がかかることになった．私が川島誠一郎先生から共訳のお話をいただき，ほぼ半々の分担で翻訳を進めることになったのは，原著の出版から間もない2001年のことだった．そこに登場する，あまりにも多様な生物種の氾濫に，事実調べに手を焼きながらも，ときどきお会いしてエールを交換しつつ翻訳作業を進めていた．そんななかで，「ちょっと入院」と明るくおっしゃってお別れしたままの先生と音信が途絶え，つぎに接したのは突然の先生の訃報であった．野中が分担した半分の初稿の下書きはおよそできていたのだが，川島先生の突然のお別れで，先生の分担分がどこにあるのかついに探しあてることができなかった．

　原著者自身が述べているように，当時でさえ分進秒歩で書き換えられる分子生物学的な分類学的知見を，一時点で，すなわち必然的に遅れが生じる形で「活字印刷書籍」として封じ込める作業は，その目的は何か，という問いからのがれられない．原著の当時でさえ，インターネット上には日々新しい知見が蓄積されていた．原著者自身がそうした葛藤を抱えていた（本文 p.13）なかで，本書の翻訳の主導者だった川島先生のご他界もあって，さらに翻訳に想定外の時間がかかったことから，残念ながらもはや翻訳出版は難しい，といったんは断念した経緯がある．私自身が生物学を直接の専門領域としなくなっていたことも，大きかった．

　そうしたなかで，慧眼の編集者はあきらめていらっしゃらなかった．八杉貞雄先生が，ご多忙中にその残り半分の翻訳をお引き受けいただき，大車輪で訳していただいた後で，野中が通読して全体の表現などの統一を行うことになった．ここまでたどりついたものの，ただでさえ進歩のいちじるしい領域であるから，一部の内容が古くなっていることはもはや明白である．本来であれば，訳者の力の及ぶかぎり，新しい知見を註として加えたり，場合によっては書き換えたりすることが，ひとつの誠実な姿であろう．八杉先生のご担当分野の一部については，コンパクトな形ではあるが，看過できない変化について訳者補遺としてまとめていただいている（p.603）．

　しかしながら，訳者の不勉強のそしりを受けることを承知で敢えて言えば，具体的な分類が変化したことに対する後日談を充実させることには能力的にも限界

があるし，終わりのない作業である．本書の価値はじつは，そうした変化を超越した部分にある．特定のタクソンの最新の分類や，それを評価するための手法の専門的詳述は本書の守備範囲ではない．どうして分類学が大きく変貌しつつあるのか，その根底にある考え方は何なのかを，専門家以外の人たちに，豊かな喩え話を駆使しつつ解き明かしている第 1 部に，まずここだけでも大きな価値があり，その部分は古びていないと考えている．さらに，第 3 部の最終章を読み直してみて，生物多様性の維持の未来，とくにこの先の地球の成り行きに関して，これだけ生き生きとした未来予測の記述は意外に少ないのではないかとあらためて感じさせられた．「なぜ私たちはそうしなくてはならないのか」という問いに対する原著者の回答にはさまざまな立場の意見があるかもしれないが，それでもひとつの独立した章として，この最終章だけでも一読の価値があると感じている．

それでは最もページ数の多い，全生命について具体的に網羅された第 2 部は価値を失ってしまったのだろうか．故川島先生が，原著の多くのイラストを見て，「ね，いいでしょう」と，子供のようにニコニコされていたことを思い出す．その意味で，川島先生は現代生物学者でありながら，博物誌への愛着が強い方だったと感じている．分類についてはやや古い点があるにしても，個々の生き物たちそのものが変わっているわけではない．論理学になった生命学とは別に，ただだ存在する生き物たちへの敬意や受容がそこにはあった．それは本書の原著者も同様なのだと思う．進化的系統の視点に貫かれてはいても，この第 2 部は博物学，自然誌の色合いも濃い．限られた生物種を対象にした書物としては，もっと派手なカラー写真やイラストを含む図鑑のような良書が他にも数多く存在する．しかし，これほど幅広い「全生命」の，一定のタッチで描かれたイラストが一冊の書籍に収められている例は，もちろん『五つの王国―図説・生物界ガイド』（リン・マルグリス，カーリーン・シュヴァルツ著，川島誠一郎・根平邦人訳，日経サイエンス社，1987 年）のような顕著な例外はあるものの，さほど多くはないだろう．その意味で，この第 2 部については，図鑑のようにも使えるよう，できるだけ索引を充実させることに気を配ったし，文章の読みやすさをそぐという意見もあったが，英語の一般名も，できるだけ併記して，「誌」の色合いを少しだけ残すようにもした．

それにしても，いくらかの翻訳にかかわってきた身からすると，西欧のライターたちは，あるテーマを追求するにあたって，包括的な視点を大事にすることをしばしば感じる．個別の記述にしても，安易に「など」という表現を使わず，列挙することをいとわない．原著者のコリン・タッジは，ケンブリッジ大学で動物学を修めた生物学者であるが，サイエンスライターとしての精力的な執筆活動を展開している．本書のほかにも，体細胞クローン技術，農業の起源，植物学的見地からみた環境問題，動物園の未来，霊長類古生物学にかかわる著書群からもうかがいしれるように，特定の分類学の専門家ではなく，むしろ幅広い視点をもった，博覧強記の「知の専門家」である．狭い領域を深く掘り下げる専門家だ

けではなく，こうした「専門家」が存在することに，訳者としてはただ畏怖の念をおぼえる．

　非力ながらも，原著者の執筆時点での記述を適切な日本語にうつすという作業に，力のおよぶかぎりのことはしたつもりである．古くなったことが明らかな知見にしても，原則としてはそのまま，原文の意を的確に訳すよう努めた．その意味では，10年ほど前に書かれた歴史的記述を再現した「歴史書」になっているのかもしれない．原文を日本語にうつすプロセスにおける誤りがあれば，それはひとえに野中に責がある．分類学的知見のその後の進歩について十全な対応ができていないことをお詫びしなくてはならないが，前述のように，その根幹にある考え方については，知的関心のある非専門家としての読者には，今もなお一読の価値があるものと信じている．

　　2011年1月

野 中 浩 一

謝　　辞

　私は，ものごころがついて以来，自然界に対する関心を形作ってくれたのは以下の師や友人たちのおかげだと自覚している．ダルウイッチでは，ダグラス・ヒルヤー Douglas Hillyer, ブライアン・ジョーンズ Brian Jones, コリン・ストーンマン Colin Stoneman, サミー・コール Sammy Cole に生物学を教わるという幸運にめぐまれた．またケンブリッジでは，動物学の教師であったリチャード・スキア Richard Skaer から多くのことを学んだ．その後私は，最初に仕事を与えてくれ，そのような関係にもかかわらず常によき友人であるドナルド・グールド Donald Gould 博士, 1970 年代に最初の書物を書く時間をくれたマイケル・オドンネル Michael O'Donnel 博士, 最初の論文を *New Scientist* に発表させてくれたグラハム・チェッド Graham Chedd, 常に助力と勇気を与えてくれたロジャー・リューイン Roger Lewin 博士とバーナード・ディクソン Bernard Dixon 博士, ヘレナ・クローニン Helena Cronin 博士と, 過去数年間にわたって絶えざる刺激の源であったロンドン・スクール・オブ・エコノミクスの哲学センターの友人たちに, 多くを負うている．

　本書の執筆が進行している間, 私は全般的なプランを, ロンドン自然史博物館館長のニール・チャーマーズ Neil Chalmers 博士, オックスフォード大学動物学科のサー・ロバート・メイ Sir Robert May, ロンドン自然史博物館館員であり UK 系統学フォーラムの議長であるスティーブン・ブラックモア Stephen Blackmore 教授, キュー王立植物園のグレン・ルーカス Gren Lucas 博士と議論した．その全員が励ましと示唆を下さったことに感謝している．

　本書の制作に当たっては，この 10 年間のほとんどのあいだ, さまざまなアイデアを出したり練り直したりする作業に議論を共にしてくれた, オックスフォード大学出版局の模範的編集者マイケル・ロジャーズ Michael Rodgers に多くを負うている．また, 図の制作を担当してくれ, ときには自分でもそのすばらしい才能を描画に用いてくれたデビー・サトクリフ Debbie Sutcliffe, 優れたデザインをものしてくれたピート・ラッセル Pete Russell, 包括的な索引を作ってくれたジーン・マッキーン Jean Macqueen にも負うている．さらに, サラ・バニー Sarah Bunney の, 原稿整理担当編集者（コピーエディタ）として, また自身の専門分野である古生物学のアイデア提供者としての貢献のかずかずは, 事実を述べる書物はバニーさんを通さずして印刷所に原稿を渡してはいけない, と私に結論させるにいたった．

　魚類と爬虫類の図を描き, またかつてロンドン自然史博物館に勤めた魚類分類学者として, 多くの考えの中から私の立ち位置を定める助けになっていただき, 多くの文献を提供し, ヒントを与えてくださったゴードン・ハウズ Gordon Howes にとりわけ感謝している．またロンドンリンネ協会のジーナ・ダグラス Gina Douglas には重要な文献を探しだす手伝いをしてもらった．

最後に，（現在はロンドンで生物学を教えている）娘のエイミー Amy に感謝したい．エイミーは 1995 年秋に決行した合衆国一大旅行に同伴し，旅行のプランをたててくれた．その旅で私たちは，できるだけ多くの重要な系統学研究センターの数々を訪問した．サンディエゴから，ヨセミテ，バッドランド，イエローストーン，ナイアガラ，ケープコッド，そしてその途上にあるすべての大都市を経てニューヨークに至るドライブは，ガソリン代よりスピード違反の罰金の方が高くついたが，それでも私の生涯でもっとも記憶に残るものであった．もしエイミーがいなければ，私は今でも，アメリカ資本主義自由企業の電話システムの神秘を会得しようとして，モンタナかオハイオかどこかのモーテルに足止めされているだろう．

本書のより具体的な部分については，以下にあげる科学者との会話と情報交換にそのきわめて多くを——じつのところ，基本的にはまさにそれに——基づいている．私はこれらの方々に，その親切さ，考えを自由にそしてしばしば長い時間議論してくれたこと，重要な文献を提供してくれたこと，そして多くの場合，他の人々を（なんとライバルも含め！）紹介してくれたことについて，限りない感謝を申し上げる．多くの方は個々の章や段落に目を通すことまでしてくださり，ときには書き直すように要求してくださった．したがって，本書のどの部分も，少なくとも一人の世界的権威によって読まれているが，もちろん間違いについては私の責任である．

第 1 部，つまり分類と分岐学への入門の部分は，ワシントン DC にあるスミソニアン研究所のデイビッド・スウォフォード David Swofford 博士との議論に多くのものを負うている．かれは，それなしでは現代の分岐論的解析が事実上不可能になるような貴重なソフトウェアのいくつかを作りつづけている．またロードアイランド州プロビデンスにあるブラウン大学に所属するクリスティーヌ・ジャニス Christine Janis 博士は，本書の多くの箇所について長年助けてくださった．ロンドン自然史博物館のピーター・フォレイ Peter Forey 博士は，分岐論の複雑なことがらについて重要な洞察を与えてくれた．

第 2 部の最初の 3 章については，現在カリフォルニア大学バークレー校にいるノーマン・ペイス Norman Pace 教授に特別に感謝したい．かれは私と娘に，インディアナ大学のブルーミントンキャンパス周辺にいる微生物熱愛者たちが抱く喜びを紹介してくれた．マット・ケイン Matt Kane 博士は，シロアリと共生する微生物に関する自身の研究について議論してくれたし，ワシントン DC にあるスミソニアン研究所の同僚たちを紹介してくれた．ワイオミング州イエローストーン国立公園のボブ・リンドストロム Bob Lindstrom 博士は，温泉に棲む好熱細菌のまさに現地での姿を見事に道案内してくださった．カリフォルニア大学ロサンゼルス校のジェームズ・レイク James Lake 教授には，幅広い先端的分野に関するじつに興味深い議論をしていただき，またバーナード・ディクソン Bernard Dixon 博士には，地に足のついた細菌学的視点についてご教授いただいたことに感謝する．だが，格別に感謝申し上げるべきはアーバナにあるイリノイ大学のカール・ウーズ Carl Woese 教授である．教授が 1970 年代から行われてきたなみはずれた研究が，生命の本当の多様性に関して，私の，そして世界中の見方を変換させてくれた．さ

謝辞

らに，マサチューセッツ州にあるウッズホール海洋生物学研究所のミッチェル・ソギン Mitchell Sogin 博士は，リンネのたった2つの真核生物界が1ダースかそれ以上の界に拡張されるべきであることを示してくれた．私はまた，ワシントンDCにあるスミソニアン研究所のスザンヌ・フレデリック Suzanne Fredericq 博士と，真にもう1つの生命体と言うべき，紅藻という生物の神秘についての議論を楽しんだ．

　4章については，この章の準備にも，原稿査読にも力を貸していただいたことに対してカリフォルニア大学バークレー校のトーマス・ブルンズ Thomas Bruns 博士，菌類の分子系統学に関する深くて楽しい議論に対してカリフォルニア州アラメダにあるロッシュ・モレキュラー・システムズのトム・ホワイト Tom White 教授とバーバラ・ボウマン Barbara Bowman 博士，そして苔類に関するすばらしい議論に対してワシントンDCにあるスミソニアン研究所のポーラ・デプリースト Paul DePriest 博士の方々のお名前を挙げなくてはならない．

　種々の無脊椎動物の諸相に関して記述された5章から12章では，以下の方々に負うている．コペンハーゲンの動物学博物館のクラウス・ニールセン Claus Nielsen 教授とは，計り知れないほど価値のある情報交換を行った．ケンブリッジ大学のサイモン・コンウェイ・モリス Simon Conway Morris 博士とは長年にわたってすばらしい会話を楽しんだ．マーチンスヴィルにあるヴァージニア自然史博物館のジュディス・ウィンストン Judith Winston 博士には苔虫類に関する議論に対して，かつてワシントンDCのスミソニアン研究所に所属し現在はグアム大学にいるサンドラ・ロマーノ Sandra Romano 博士には刺胞動物に関するすばらしい要約に対して，ロンドン自然史博物館のデイビッド・リード David Reid 博士には軟体動物に関する多くの落とし穴にはまらないよう私を導いてくださったことに対して，それぞれ感謝申し上げる．現在はケンブリッジ大学博物館に所属しているマイケル・エイカム Michael Akam 教授はホックス遺伝子群のことを教えてくださり，また節足動物の系統学の問題点を案内してくださった．またかれのもとの同僚で，以前ウエルカム CRC 研究所にいたミハリス・アヴェロフ Michalis Averof 博士は多くの援助をしてくださった．ヴァージニアのハムデン-シドニーカレッジのウィリアム・シア William Shear 教授は節足動物一般と，とりわけ鋏角類と昆虫類に関して数え切れないほどの助力をくださった．マーチンスヴィルにあるヴァージニア自然史博物館のリチャード・ホフマン Richard Hoffmann には多足類に関する貴重な見解に対して，カリフォルニア州ラホヤにあるスクリップト海洋研究所のロバート・ヘスラー Robert Hessler 博士とウィリアム・ニューマン William Newman 博士には甲殻類についての考えをまとめる際のご助力に対して感謝する（ヘスラー博士による微小甲殻類の解剖は，私がこれまでに見たなかでもっとも美しいものに数えられる）．また，「ブルスカ，ブルスカ」と通称される名著の著者の一人，サウスカリフォルニアにあるチャールストン大学のリチャード・ブルスカ Richard Brusca 博士には，その説得力のある批判に対して深く感謝する．鋏角類に関しては，ウィリアム・シア博士だけでなく，マンチェスター大学のポール・セルデン Paul Selden 博士やカレッジパークにあるメリーランド大学のジェフリー・シュルツ Jeffrey Shultz 博士にも助けられた．リチャード・ブルスカはまた，棘皮動物でも手を貸してく

れた．ニューヨークのストーニーブルックにあるニューヨーク州立大学のグレッグ・レイ Greg Wray 博士には，棘皮動物の発生に関するすぐれた洞察に対して特別な感謝をささげる．かれの研究は現代の生物学研究のお手本である．

　13章から22章の脊椎動物のいろいろなグループに関しては，ウィリアム・ビーミス William Bemis 博士にとくにお世話になった．かれはマサチューセッツ大学の生物化学科および進化生物学科の幸運な学生たちのためにすばらしい講義ノートを作成しており，1995年に私がアマーストのかれのところを訪ねたときに，親切にもそのノートを一部くださった．14章と15章の系統樹と「案内」の大部分はこのノートに基づいている．魚類一般についての洞察については，アメリカ自然史博物館のジョン・メイシー John Maisey 博士とゴードン・ハウズにも感謝する．ストーニーブルックスにあるニューヨーク州立大学のアクセル・マイヤー Axel Meyer は肉鰭類と四肢類の関係を明らかにしようとする現在の試みの数々を説明してくださった．そして私の記述はクリスティーヌ・ジャニスとの議論に多くを負うている．私はブリストル大学のマイケル・ベントン Michael Benton 教授と長年にわたってすばらしい会話を楽しんできた．かれは脊椎動物の章では大いに助けてくれた．マーチンスヴィルにあるヴァージニア自然史博物館のニック・フレイザー Nick Fraser 博士にも，三畳紀の爬虫類に関する優れた議論に対して感謝する．

　哺乳類の系統学に関する見解（18章）に関して，私は，ブラウン大学のクリスティーヌ・ジャニス，アメリカ自然史博物館のマイケル・ノヴァセック Michael Novacek 博士とナンシー・サイモンズ Nancy Simmons 博士，ストーニーブルックスのニューヨーク州立大学のデイビッド・クラウゼ David Krause 博士とジョン・ハンター John Hunter 博士，白亜紀の哺乳類についての議論に対してカリフォルニア州にあるサンディエゴ州立大学のデイビッド・アーチボルド David Archibald 博士，カリフォルニア大学サンタバーバラ校のアンドレ・ワイス André Wyss 博士，偶蹄類の議論に対してカリフォルニア州ロサンゼルスのオクシデンタルカレッジのドン・プロテロ Don Prothero 博士，そして肉食類の系統について楽しい議論をしたリバプール大学のアラン・ターナー Alan Turner 博士に感謝する．

　霊長類全般（19章），とりわけヒト科（20章）に関する私の考えは，ロンドン自然史博物館のクリス・ストリンガー Chris Stringer 博士とロバート・クルジンスキー Robert Kruszynsky，サウサンプトン大学のクライヴ・ギャンブル Clive Gamble 博士，現在ワシントン DC のジョージ・ワシントン大学に所属するバーナード・ウッド Bernard Wood 教授，ケンブリッジ大学のロブ・フォリー Rob Foley 博士などとの長年の会話から形成された．そしてとくに本書の文脈においては，ニューヨークにあるアメリカ自然史博物館のイアン・タッターソール Ian Tattersall 博士との会話が重要である．

　現生および絶滅鳥類に関する私の考え（21章，22章）は，アメリカ自然史博物館のジョエル・クラクラフト Joel Cracraft 博士とルイス・チアッペ Luis Chiappe 博士，マンチェスターにあるマンチェスター博物館のマイク・ホーンサム Mike Hounsome 博士，そしてワシントン DC にあるスミソニアン研究所のマイケル・ブラウン Michael Braun 博士との会話に，ほとんど全面的に負うている．

謝　辞

　本書に着手したとき，私は学生時代からずっと，植物の分類を真剣に考えていなかった．23章から25章を執筆している間，幸運にも，以下に挙げる方々から十分な予備知識をしこんでいただいた．セントルイスにあるミズーリ植物園の園長ピーター・レイヴン Peter Raven 博士，かつてシカゴの野外自然史博物館の館長で現在はキュー王立植物園の園長であるピーター・クレイン Peter Crane 博士，ワシントンDCのスミソニアン研究所のリズ・ジンマー Liz Zimmer 博士，キュー王立植物園のサイモン・オーウェンス Simon Owens 博士，マーク・チェイス Mark Chase 博士，ニコラス・ヒンド Nicholas Hind 博士の方々である．

　最後に，エピローグ（第3部）の主題である保護の問題について，私は長年にわたって多くの議論をしてきたが，とくにロンドンの動物学研究所のジョージナ・メイス Georgina Mace 博士に負うところが大きい．

　これらすべての方に，感謝申し上げる．

ロンドン
1999年11月

コリン・タッジ

図版クレジット

本書第2部のイラストは下記の方々にご提供いただいた.

2章, 3章
Grahame Chambers

4章, 5章（一部）, 18章, 21章〜25章
Halli Verinder

5章
Birgitte Rubaek and Beth Beyerholm
（C. Nielsen（1995）: *Animal Evolution: Interrelationships of the Living Phyla*, Oxford University Press, 1995 から作図）

6章
Debbie Sutcliffe

7章, 13章〜17章
Gordon Howes

8章〜12章
Jeremy Dix

19章, 20章
Mauricio Anton

本書162頁の黒穂病菌のイラストは, IACR-Rothamsted 研究所のご厚意で提供していただいた写真に基づいている.

目　　次

第1部　分類の技術と科学　　1

1章　「すてきな生き物たちがこんなにたくさん」……………3
醜いアヒルの子　*4*
整理する　*6*
美術のウイルス　*9*
本書はなぜこの形式なのか，本書をもっとも活用するにはどうすればよいか　*11*

2章　分類と秩序の探索……………………………………15
分類の多くの方法　*15*
生物学的分類の4つの段階　*17*
新しい種の見方と1本の生命の大樹　*24*

3章　自然の秩序：ダーウィンの夢とヘニッヒの解答…………28
収斂，発散，放散——スミス，スミス，ハリス，ロビンソンの寓話　*29*
寓話から現実へ．哺乳類の「果てしないダンス」　*30*
相同と成因的相同という重要な問題　*32*
実際の生物へ——相同性の探求　*33*
1つの教訓物語——アザラシ，アシカ，セイウチ，イタチ，クマ　*37*
寄り道——表形学すなわち数量分類学　*38*
パブへの最後の訪問——共有派生形質と共有原始形質　*39*
オランウータン，チンパンジー，そしてヒト　*41*
クレードと分岐図　*43*
外群，根，解決　*46*
姉妹群と祖先　*49*
節約という概念　*51*
変形分岐論　*52*

4章　データ………………………………………………54
形　態　*54*
微細構造　*56*

　　　　発生学　*57*
　　　　行　動　*58*
　　　　化　石　*59*
　　　　分　子　*62*
　　　　　実際の分子生物学的技術　*65*

5章　クレード，グレード，および各部の名称：新リンネ印象主義の勧め ······ **69**
　　　　グレードとクレード，単系統と側系統　*70*
　　　　多系統性と非公式性　*73*
　　　　階層はいくつか　*74*

第2部　すべての生きものを通覧する　　79

本書の使い方 ······················ **80**
　　　タクソンの命名法　*81*

1章　2つの界から3つのドメインへ ······················ **83**
　　　生命の多様性に関する洞察　*84*
　　　現代的理解　*87*

2章　原核生物：細菌ドメインと古細菌ドメイン　Domain Bacteria and Domain Archaea ······················ **94**
　　　さまざまな原核生物というあり方　*97*
　　　原核生物へのガイド　*100*
　　　細菌ドメインの界　*104*
　　　古細菌ドメインの界　*109*
　　　3つのドメインの相互関係　*111*
　　　原核生物の進化　*111*

3章　核の王国：真核生物ドメイン　Domain Eucarya ················ **114**
　　　真核生物の細胞はどのように進化したか　*118*
　　　協同製作者たち　*120*
　　　宿主となった祖先：好熱性古細菌　*120*
　　　ミトコンドリアの祖先としてのプロテオバクテリア　*121*
　　　色素体の祖先としてのシアノバクテリア　*122*
真核生物へのガイド　**125**

　　　　真核生物の非公式の概観　　*129*
　　　　真核生物に属する界　　*133*
　　　　真核生物の多様性　　*142*

4章　キノコ，粘菌，地衣類，サビ菌，黒穂病菌，腐敗病：真菌界 Kingdom Fungi ………………………………………………**145**
　　真菌へのガイド　　**152**

5章　動　　　物：動物界 Kingdom Animalia ……………………**166**
　　　　Hox 遺伝子　　*168*
　　動物界へのガイド：クレードとグレード　　**169**
　　　　原生生物から後生動物へ　　*174*
　　　　2種類の細胞層をもつ放射相称動物：刺胞動物門と有櫛動物門　　*176*
　　　　3層の細胞をもつ左右対称形の動物：左右相称動物あるいは三胚葉動物
　　　　　　177
　　　　左右相称動物の特性　　*179*
　　　　三胚葉動物内でのグレード変化　　*180*
　　　　左右相称動物の分類：伝統的な考え方と現代の考え方　　*183*
　　　　前口動物に属する門　　*186*
　　　　後口動物に属する門　　*193*

6章　イソギンチャク，サンゴ，クラゲ，ウミエラ：刺胞動物門 Phylum Cnidaria ……………………………………………………**196**
　　刺胞動物へのガイド　　**199**

7章　二枚貝，巻き貝，カタツムリ，ナメクジ，タコ，イカ：軟体動物門　Phylum Mollusca …………………………………………**211**
　　軟体動物へのガイド　　**214**
　　　　軟体動物の綱　　*220*

8章　関節のある足をもつ動物たち：節足動物門 Phylum Arthropoda ……………………………………………………………**233**
　　節足動物へのガイド　　**235**
　　　　節足動物は，本当に1つのクレードだろうか？　　*238*
　　　　単系統説と多系統説　　*238*
　　　　節足動物の共有派生形質はどこにあるか？　　*239*
　　　　節足動物単系統説への復帰　　*241*
　　　　節足動物とのつながり：緩歩動物と有爪動物　　*242*

　　　　節足動物たちは互いにどのように関係しているのだろうか？　*244*
　　　　現存する節足動物どうしの関係　*246*
　　　　昆虫類と多足類には特別な関係があるのか？　*249*

9章　ロブスター，カニ，エビ，フジツボなど：甲殻亜門*
　　　Subphylum Crustacea*..**253**
　　甲殻類*へのガイド　*254*

10章　昆　　　虫：昆虫亜門　Subphylum Insecta **271**
　　昆虫類へのガイド　*274*
　　　翅のない昆虫：「無翅類」に属する綱　*275*
　　　翅をもつ昆虫：有翅昆虫綱　*281*

11章　クモ，サソリ，ダニ，ウミサソリ，カブトガニ，ウミグモ：鋏
　　　角亜門とウミグモ亜門　Subphylum Chelicerata and Subphylum
　　　Pycnogonida **292**
　　鋏角亜門へのガイド　*294*
　　ウミグモ類へのガイド　*309*

12章　ヒトデ，クモヒトデ，ウニ，カシパン，ウミユリ，ウミヒナギ
　　　ク，ナマコ：棘皮動物門　Phylum Echinodermata **310**
　　棘皮動物へのガイド　*314*

13章　ホヤ，ナメクジウオ，脊椎動物：脊索動物門　Phylum Chordata
　　　..**321**
　　脊索動物へのガイド　*322*
　　　ホヤまたは被嚢類：尾索動物亜門　*326*
　　　ナメクジウオ：頭索動物亜門　*328*
　　　脊椎動物：脊椎動物亜門または有頭動物　*328*

14章　サメ，エイ，およびギンザメ：軟骨魚綱 Class Chondrichthyes
　　　..**335**
　　軟骨魚類へのガイド　*337*

15章　すじのある鰭をもつ魚類：条鰭綱　Class Actinopterygii **347**
　　条鰭類へのガイド　*348*
　　　条鰭類のグレードとクレード　*349*
　　　新鰭類魚類　*356*

目　次　　xv

16 章　総鰭類と四肢類：肉鰭類　The Sarcopterygii ……………**366**
　　水中から陸上への転換　*367*
　　総鰭類，ハイギョ，および「両生類」へのガイド　369
　　　肉鰭類　*369*
　　　どの肉鰭類が四肢類の姉妹群だろうか　*372*
　　　「両生」という意味　*373*
　　　蛙型類　*375*
　　　爬型類　*379*

17 章　爬　虫　類：爬虫綱*　Class Reptilia* ………………**381**
　　爬虫類*へのガイド　384
　　　単弓類　*385*
　　　無弓類　*391*
　　　双弓類　*392*

18 章　哺　乳　類：哺乳綱　Class Mammalia ……………**405**
　　哺乳類へのガイド　408
　　　哺乳類世界の周辺：非獣類　*409*
　　　子を産む動物：獣類　*414*

19 章　キツネザル，ロリス，メガネザル，サル，類人猿：霊長目 Order Primates ……………………………………………**432**
　　霊長類へのガイド　434
　　　原猿類　*435*
　　　サル類と類人猿：真猿類　*447*

20 章　ヒトと直近の仲間たち：ヒト科（狭義）　Family Hominidae *s.s.*
　　　………………………………………………………**459**
　　　ヒトはなぜ，どのように進化したか　*461*
　　　私たちはいかにしてこれほどの脳を発達させたか　*464*
　　ヒト科へのガイド　468
　　　私たちはどれほど知っているか　*480*

21 章　鳥　　類：鳥綱　Class Aves ………………………**482**
　　鳥類へのガイド　487
　　　鳥類の 8 亜綱　*490*

- **22章　現生鳥類**：新鳥亜綱　Subclass Neornithes ……………… **496**
  - 新鳥類へのガイド　**497**
    - 古顎類　*502*
    - 新顎類　*503*

- **23章　植　　物**：植物界　Kingdom Plantae ……………………… **511**
  - 植物界内での生態形態的移行　*511*
  - 隠れた移行　*514*
  - 植物界へのガイド　**516**
    - 陸生植物：有胚植物類　*525*
    - 導管のある植物たち：リニア植物，ライコ植物，維管束植物　*528*
    - 種子植物　*535*
    - 被子植物門　*539*

- **24章　顕花植物**：被子植物綱　Class Angiospermae ……………… **541**
  - 被子植物を被子植物たらしめているものは何か？　*542*
  - 被子植物へのガイド　**546**

- **25章　ヒナギク，アーティチョーク，アザミ，レタス**：キク科
  Family Compositae（またはAsteraceae）……………………… **558**
  - 精妙なるキク科の「花」　*559*
  - 化学者としてのキク科植物　*562*
  - キク科植物へのガイド　**562**

第3部　エピローグ　571

- 残されたものたちの保護 ……………………………………………… **573**
  - 人間の数の問題　*574*
  - 人口の冬をいかに生き抜くか　*579*
  - 系統学と保全　*583*
  - なぜ保護するのか　*586*

- 出典と推薦書 ……………………………………………………………… **591**
- 地質年代区分 ……………………………………………………………… **601**
- 訳者補遺 …………………………………………………………………… **603**
- 用語・人名索引 …………………………………………………………… **607**
- 生物名索引 ………………………………………………………………… **620**

第1部
分類の技術と科学

1章
「すてきな生き物たちがこんなにたくさん」

1950年代から60年代の初め頃，私が中学・高等学校や大学にいたときには，生物学が生きているものについての学問であることは，先生にも生徒にも自明のことであった．それはもちろんいろいろなプロセス，たとえば生理学，生態学，そしてとりわけ進化学に関するものでもあったが，すべての研究の中核には生物そのものがいた．私たちは絶え間なく，「生物とは何か」，「そこに何があるのか」と問いつづけた．

それで私たちは，既知の生物のすべてをグループごとにたゆまず研究していった．数えあげてみれば，環形動物（ミミズ，ヒル，その仲間たち），節足動物（甲殻類，昆虫類，クモ，三葉虫など），棘皮動物（ヒトデ，ウニなど），脊椎動物（魚，恐竜，そして私たち自身のような，背骨のある動物），アメーバから珪藻にいたる，当時はプロティスタ protista としてまとめられていた，なんともまぎらわしくも大量の生物たち，海藻，菌類，粘菌，当時も今と同様に海藻の一部だけを含むとされ，そのほかにコケ，シダ，針葉樹，顕花植物が含まれる植物，当時だれも満足のいくようにほかの生物と結びつけることができず，ときには驚くべきことに植物に放り込まれていた，漠然と細菌（バクテリア）と呼ばれた生物たち……．分類 classification の一般的な技法，技術，そして科学は，かつても今も分類学 taxonomy と呼ばれる．そして，進化の原則の上に立つ現代分類学は一般に，かつ適確に，体系学 systematics と呼ばれている．

私は仲間の生物たちをこのように自然史的に渉猟することを愛した．これは私にとって，生物学がめざすものであったし，そこにあるものを賛美し，理解するためのものだった．真の体系学は，生物が恣意的な基準で分類されるのではなく，正しく判断できるかぎりにおいて，生物の真の系統的関係に従って分類されるべきであることを求める．ここでいう系統とは「進化的歴史」を意味する．分類は簡単にいえば，系統樹に基づく．系統樹は，少なくともその一般的な形式と形状の点で，人間の王室の家系図に似ている．たとえば，環形動物は比喩的には節足動物のいとこであると表現したし，棘皮動物も脊椎動物の比喩のないとこであるが，環形動物—節足動物の系統は棘皮動物—脊椎動物の系統とはきわめて遠縁の関係しかない．このように系統樹は，進化的歴史を図式的に要約したものである．ひとたびこの原則を理解すれば，きわめて身近な生物であるミミズとハチという2種が，少なくとも6億年前に，まちがいなく海の中にいた共通の祖先をもっていたはずだ，ということを心の眼で理解できるであろう．要するに，分類を見る眼は，この地球上のどの生物も見かけほど当たり前のものではないこと，現在動き，息をしているすべてのものの背後には数億年の進化のドラマがあることを，常に思い出させてくれる．

しかし分類学にはかつては暗い面もあった．いくつかのコース（ありがたいことに，私はそれを取らずにすんだ）では，仲間の生き物たちをよく知りたい——さらには，がんを治す薬を探したり，世界中に食料を供給したりしたい——という，ロマンティックな側面によって生物学に引きつけられた学生たちもいたが，気づいてみれば，エビAがエビBとエビCのどちらによく似ているかを知るために，エビの肢のひげの数を数えさせられていた．分類学はときには工事現場ではたらくよりつまらないことにも思われた．やがて，

60年代，70年代，80年代と時が進むにつれて，生態学，動物行動学，および進化生物学といった生物学のほかの分野に驚異的なことが起こっていった．なかでももっともすばらしいのは分子生物学の興隆であった．それは古典遺伝学と，急速に発展していた進化の概念とともに，今や生物学に，現代物理学の中心にある古典的量子説と同様，確実で満足すべきと感じられる中心概念を提供しはじめた．

伝統的な分類学の技法には別の脅威もあった．分子生物学は主として，遺伝子を構成する素材であるDNAのはたらきに関心がある．そして遺伝子がすべての生物の体をつくり上げている．バクテリア（細菌）のDNAと，真核生物（私たち，菌類，そして原生生物やオークなど，体細胞が明確な核をもっている生物）のDNAでは，はたらきに大きくて明確な違いがあるものの，全体としてはDNAはあらゆる生物にわたって驚くほど一貫性のある類似したやり方ではたらいている．いいかえれば，分子生物学は生命の根底にある統一性を次第に強調してきた．したがって分子生物学者たちは，自分たちがどんな細胞について研究しているかをほとんど気にかけない．どの細胞もほかのどんな生物の細胞の「モデル」として役立つと考えがちである．カエル frog とヒキガエル toad が区別できない，さらに極めつきはヒキガエルとヒキガエルキノコ（毒キノコの一種）さえ区別できない，そういう分子生物学者たちが育ってきた．かれらにはその違いなどそもそも問題でないからである．DNA は DNA であり DNA である．

それゆえ分類学――体系学――は過去数十年にわたって多くの場所で傍らに追いやられてきた．私の2人の娘はどちらも中学・高等学校と大学で生物学を学んだが，私が楽しんだような生き物の世界へのガイド付きの旅には連れて行ってもらえなかった（ただ，下の娘エイミーは，マンチェスター大学のコースで鳥類の分類に関するすばらしい指導を受けたが）．多くの生物学者にとって，分類学は次々と襲いかかる多くの致命的な病気に苦しんでいるように感じられる．第1にそれは退屈である．第2に，生物学の主要な分野が次第にしっかりした中心的理論を確立しつつある一方で，伝統的な分類の技法は，得心のいく合理的基盤もなしにあれこれ手探りをする，ほとんどアマチュア的手法と思われるようになった．それは専門バカのきわみの博物学であり，それに精通している人以外には，機関車のナンバーを覚えこむ鉄道ファンの行いのようなものだ．生物学の正式のコースは時間が限られているし，ほかの科目（生態学，行動学，進化学，分子生物学）ははるかに興味深く，かつ「有意義」なように思われた．そのうえ，もし分子生物学が示すように，生物に観察される多様性が表面的なものにすぎず，結局のところDNAという主題の変奏曲にすぎないということが真実ならば，なぜ生物をわざわざ区別しなければならないのか．もしカエルと菌類がもっとも基本的なレベルで同じものであるなら，なぜそれらを区別しなければならないのだろうか．

20世紀の過去数十年間に多くの生物学者はこのように感じるようになった．それではなぜ，このすでにお払い箱になったテーマについての本を書こうとするのだろうか．

醜いアヒルの子

本当は，分類学の技法と科学は，自分自身をつまらぬものに貶めようとしたことは決してなかったはずだ．この導入の諸章で明らかにするつもりだが，アリストテレス Aristotle 以後，生物を分類しようとしたすべての人は，否応なしに，生物学の――いや実のところ哲学の，さらに初期には神学の――もっとも深奥な問題のいくつかに没頭していたのである．しかし分類学は実践的な技術でもある．たとえば熱帯医学の研究者は，あるカを別のものと区別しなければはじまらない．また葉の光沢や茎のとげのわずかな変異が，生命を救う植物と単に美しいだけの植物を区別することもありうる．したがっていくつかの大学のコースでは実用性一本やりになってしまい，その知的な流

れが見えなくなっていることは残念である．

　しかし，分類学が生物学におけるトップの座を失いつつあるように思われた数十年は，体系学が真に成熟した時期でもあった．当然ながら生物学者は，生物をその観察できる形質に従って分類しなければならない（2章で詳細に論じる）．そして，それらの関係を推論するには，現生種と絶滅種の化石の両方を見なければならない．生物学者が利用可能なデータの性質と量は，過去数十年で飛躍的に増加した．とくに，古生物学者は驚くべき埋蔵化石を発掘しつづけているようだ．それは，その存在を私たちが予想だにできなかった生物たちが隠されたアラジンの洞窟である．1960年代においてさえ，生物学者は依然として先カンブリア時代からの重要な化石を見つけることができるかどうか，疑っていた．それは5億4500万年以上前の地質時代で，まだ生物が骨格系を進化させていなかったので，化石化は不可能だと思われたのである．今ではいくつかの大陸で，豊富な先カンブリア時代の化石を含む地層が知られている．カンブリア紀後期，とくにおよそ5億3000万年前のカナダのバージェス頁岩からは，今日の節足動物とはまったく似ていない節足動物の一連の化石が見つかり，とくにケンブリッジ大学のサイモン・コンウェイ・モリス Simon Conway Morris によって研究された．

　生物は最初に進化するときに，多くの異なる方向に多様化し，その大部分のものが後に死滅することがまれではない．同様のパターンは魚類，哺乳類，鳥類などの生物が進化するときに見られる．しかし初期の節足動物の荒々しく気ままな浮かれ騒ぎを一瞥できることは，たしかに贅沢なことである．西オーストラリアからは4億年前の魚類の驚くほど詳細な化石が得られる．古生物学者は今や，容易には化石化しない脆弱な生物である鳥類について，一連のすばらしい化石を手にしている．それはシソチョウ Archaeopteryx のみによって与えられていた鳥類の進化像を著しく豊かにした．1998年には，羽毛をもった恐竜が報告された．それは明らかに鳥類と縁続きであるが，伝統的には決して鳥類として分類されない恐竜であった．ヒトの化石は，過去においては常に曖昧で混乱していたが，今では450万年前のアフリカの草原にまで戻る，かなり満足すべき，しかしより多様化した系列を示している．このいくつかの道筋のなかの1つだけがヒト Homo sapiens につながっている．要するに，近年の化石の発見はすばらしいものである．そしてこれらの新しい見事な生物たちはすべて，分類学者たちが粉を挽くように精査する材料となる．もし私たちがそれらを分類しようと考えなければ，それがいったい何であるか，私たちにはまるで見当もつかないだろう．

　膨大な新しい情報の蓄えが，まったく異なる源からも得られた．それは体の化学，とくにDNAの研究である．地球上の生命の基礎にある統一性を明らかにしたDNAは，多様性の本当の奥行きをも明らかにし，体系学的な類縁関係に新たな洞察を提供している．伝統的な解剖学的特徴の研究はあらゆる理由で私たちを欺くことがある．とりわけ，無関係な生物がしばしば似た環境に，似たやり方で適応し，それによって互いに類似するようになるからである．分子レベルの研究はこのような目くらましを解明し，まさしく天啓といえるものを与えてくれることがある．たとえば分子レベルの研究は，ヒトとチンパンジーがどれほど最近（おそらく500万年ほど前）まで共通の祖先をもっていたか，そしてクジラがどれほどウシと近縁であるかを確証した．しかし，以下の章で示されるように，すべてがそれほど単純なわけではない．分子レベルの研究が解剖学とくいちがったとしたら，そのときにどちらのデータを信用すべきかは，決して明らかではない．

　しかし，近年の化石と分子生物学的データの流入は物語の半分でしかない．現代分類学の最大の進歩は，その基盤にある理論と方法によってもたらされた．とくに1950年代からドイツの昆虫学者ヴィリ・ヘニッヒ Willi Hennig が発展させた分岐学 cladistics の方法である．分類学者がレール上を歩めるようにした分岐学がなければ，膨大

な新しい情報はただの困惑にすぎなかったであろう．分岐学によってついに，生物の正しい歴史を明らかにし，それらの進化的関係を明らかにし，さらにそれらの関係を分類に反映させることが可能になると思われる．

そして最後のインプットは，おまけではあるが，不可欠なもの，すなわち，コンピュータである．分岐学的方法が膨大なデータ，とりわけ潜在的には無限といっていい分子生物学的データに適用されるときには，その結果求められる計算は恐ろしいほど複雑である．私たちを助けてくれるコンピュータがなければ，そして，さらに肝心なこととして，ワシントンDCのスミソニアン研究所のデイビッド・スウォフォード David Swofford によって開発された専用ソフトウェアがなければ，データの山はほとんど解析の限界を超えてしまうであろう．少なくとも価値のある解答に結びつくような解析は難しい．

体系学を真剣に取りあげる第1の理由はここにある．それは何といっても現代生物学の核心そのものである．その野心的目標は，地球上のすべての生物の進化的歴史を明らかにし，要約した形で示すという，誇り高いものである．その方法と哲学は，思慮深い人々の知恵を絞らせ，きわめて繊細なテクニックを動員させる．ほかのもっと派手な装いをした獲物たちが飛び立とうとしているなかで，分類学のみにくい羽の色をあざけった人々は，その本当の姿を見誤っていた．みにくいアヒルの子は成長して，白鳥となった．たとえそうでないにしても，すべての人間が分類学を必要とするのは事実である．テンペストの主人公ミランダは，「ああ不思議なこと！ すてきな生き物たちがこんなにたくさん！」と叫んだ．実のところこの世界には，ミランダが想像したよりもはるかに多くの生き物がいるのだ．私たち自身のために，そして生き物たちのために，それを整理する必要がある．

整理する

知られている現生種の目録はおよそ170万といわれる．しかし基本台帳はないので，だれも確かなことは知らない．これについては奇妙な無頓着さが存在する．私たちは，そうした「星」に最善のラベルをつけていく．私たちが知るかぎりにおいて，星とは目に見える光の点にすぎない．しかし，200万以下というこの数字は，実際よりは少なくとも1桁，おそらくは数桁低いであろう（つまり，実際の数は少なくとも10倍，もしかしたら100倍，あるいは1000倍多いということである）．たとえばスミソニアン研究所のテリー・アーウィン Terry Erwin は1970年代に，パナマのわずか1本の木に生息するすべての甲虫種を麻酔して数えた．そして未知の種の数が既知の種よりはるかに多いことを知り，やや回りくどいけれども広く受け入れられている一続きの推論によって，地球上にいるすべての種の本当の数はおそらく3000万に近いだろうと計算した．もし未知の生物における生物種の割合が，既知のそれとほぼ同じだとすると，その3000万の大部分は動物であり，その大部分は昆虫，また昆虫の大部分は甲虫になるだろう．イギリスの偉大な生物学者J・B・S・ホールデン J. B. S. Holdane（1892〜1964）がコメントしたように，神は「甲虫を偏愛された」ようだ．

生物学者のなかには，テリー・アーウィンは少し行きすぎていて，現生種の真の数はおそらく800万ぐらいだと考える人もいる．一方で，アーウィンはまだ大胆さが足りなかった，本当の数は1億に近いかもしれない，と感じている生物学者もいる．多くの人は，神はホールデーンがいったほど甲虫を愛さなかった，とも思っている．甲虫は魅力的なのでよく調べられていて，それゆえほかの生物と比較すると，甲虫については多くのことが知られている，というのである．地球上のある程度の大きさをもったすべての生物種は，それに寄生する，あるいは片利共生する（害をなさず

にただ居候している）少なくとも1種の固有の線虫（英語ではround wormとか，ときにeel-wormとよばれる）をもっている，といわれるほど線虫は多い．また，クモの小さな仲間であるダニも，いたるところにいるが，穀物などに害を与えるような明らかに有害なものを除いて，ほとんど研究されていない．そのような生物はまだ何千といるにちがいない．したがって，この瞬間のこの惑星の生物多様性の真の総数は，800万から1億の間のどこかであり，3000万が当面の妥当な推定値，ということになりそうだ．

しかし，3000万という数値でさえ，今ではあまりにも内輪の見積もりだと思われる．17世紀にオランダの呉服商人であり顕微鏡の開拓者であったアントン・ファン・レーウェンフック Anton van Leeuwenhoek（1632～1723）は，この世界は裸眼では小さすぎて見えない生物を含んでいることを示し，「極微動物」と呼んだ．これらの生物は今日「微生物」と総称される．これは有用な用語で，まったく異なる3つのカテゴリーからの生物を含むことがわかっている．すなわちバクテリア（細菌），新たに発見された，バクテリアに似た古細菌（アルケア Archaea），そして「原生動物」またはより広く「プロティスタ」としてまとめられている生物である．フランスでは19世紀にルイ・パストゥール Louis Pasteur（1822～95）が，これらの微生物が醸造や漬けもの，そして病気の原因としてどれほど重要であるかを示した．醸造やパンの製造，そして製薬などの巨大な産業は，微生物の培養の上に成り立ってきた．今日，現代的な装いをまとったこれらの工業は「バイオテクノロジー」に含められ，伝統的な枠組みを超えてあらゆる工業化学に広がっている．抗生物質やワクチンは感染症の表層のみを，それも一部の国で除いているだけなので，微生物病は依然として世界の健康を支配しつづけている．微生物が重要であることは明白なので，それはよく研究されていて，知られているバクテリアとアルケアの目録はおよそ4万に達している．

しかし4万という数字は現在ではあまりにも控えめな見積もりであることが知られている．伝統的にバクテリアは培養によってのみ同定し，見つけることができる．そう，土壌をほんの少し取り，それを培養器に入れて何が育ってくるかを観察するわけだ．したがって現在の目録には，培養できるもののみが含まれている．しかし現代の生物学者，たとえばカリフォルニア大学バークレー校のノーマン・ペイス Norman Paceは，土壌あるいはそのほかの基質から，DNAを調べるだけでバクテリアを拾い上げることができる．つまりかれらは，最初にそれらを培養することなく，いや無傷の姿を見ることすらなくても，新しいタイプのバクテリアを発見できる．DNAのみが合い言葉であり，少なくとも当分の間はこの微生物たちはDNAによって知られるのである．このような方法で微生物学者は，世界のバクテリアとアルケアの実数は，知られている数，すなわち素直に培養できるものの数の1万倍以上にもなるだろうと示唆している．したがってバクテリアとアルケアの種の実数は4万ではなく4億かもしれない．テリー・アーウィンの肉眼で見える生物数の見積もりにこの数字を足し算すると，「生物多様性」と，それの真の意味に対する私たちの理解が，いかに薄っぺらなものであるかがほの見えてくる．

これ以上はないだろうか．いや，決してそうではない．少なくとも，まだまだ桁違いなのだ．もし時間を考慮に入れれば，現在地球上に生息する種はかつてこの惑星に生息したすべての種の1パーセントにすぎない，としばしば気軽にいわれてきた．そういわれる理由は簡単に理解できるかもしれないが，これがまたとんでもなく過小評価であることも，よく理解できるであろう．たとえば現在の世界には，哺乳類の長鼻目の唯一の代表となるゾウはたった2種類しかいない．しかし過去5000万年の間には，「真の」ゾウ（ゾウ科）の多くの種類をはじめ，マストドン，ゴンフォテリウム，デイノテリウムなどの150種の長鼻類が知られている．サイは，現生している種はアジアに3種，アフリカに2種の合計5種のみであるが，化石目録は今や200に達している．サイ上科はお

そらくユーラシアに起原し，きわめて多くの古代種を生みだした．北アメリカにはもっと多くのサイが生息していて，かつてそれらはときどきシベリアとアラスカ，あるいはスカンジナビア，グリーンランド，ニューファンドランドをつないでいた陸橋を通り抜けることができたはずである．アメリカとヨーロッパのこうしたサイははるか昔に絶滅し，現在のアフリカのシロサイとクロサイは新参者なのである．同様に現在はハイエナは4種，カッショクハイエナ，シマハイエナ，ブチハイエナ，そしてシロアリを食う特殊なアードウルフのみであるが，およそ2000万年前にハイエナが最初に出現したときはおよそ70種が知られている．

このように，大型で目につきやすい動物をちょっと調べてみただけでも，絶滅した種の数は現生種の100倍にもなりうることがわかる．しかしこうした目につきやすい生物は，地球の基準からいえば最近のものたちだということを考えに入れるべきかもしれない．ゾウやサイの系統はたかだか5000万年遡るだけであるし，ハイエナのそれはもっと短い．生命は地球上に35億年，おそらくは40億年近く前に出現したことが知られている．それは地球が約45億年前に形成されてから，「わずか」数億年後のことである．それであるから，この惑星には何らかの生命が，ゾウのような生物が存在した時間の少なくとも70倍ものあいだ存在してきたのである．ゾウは繁殖に時間がかかり，その世代時間は平均30年である．だが，それでもなお過去5000万年の間に現在の70倍もの種がいたのである．それゆえ，ほとんどが小さくて，あるものは世代時間が時間単位で計られるような生物だと想定したら，過去35億年の間に全体ではいったいどれほど多くの種が存在しただろうか．過去の全生物種の数が，現在の目録の1万倍を超えないとしたら，それは驚くべきことだろう．

要するに，生命が出現してから地球上に生存した種の数は，優に4億の1万倍，つまり4兆に達する．これは大まかにいって，生命が地球上に存在した年月の間に，毎年1000種が生まれてきた計算になる[註1]．もちろんこのような見積もりは1桁，あるいは数桁の範囲で違っているかもしれない．しかしかりに100万倍誇張されているとしても，その総数はやはり巨大な数であり，人間の精神が把握できるよりはるかに多い．

【註1】このリストはウイルスを含まない．一般にウイルスはある点までは「生きている」とみなされる．少なくともかれらは生物の多くの性質をもっているし，ほかの生物といっしょのときにのみ存在しうる「真正寄生生物」である．しかしだれもウイルスが本当は何者であるかを知らない．それは明らかに，ときに仮定されるような「原始的」なものではない．かれらは進んだ生物の特性を取り込んでいるからである．しかしかれらは最低限の生物である．わずかな遺伝子しかもたないが，その遺伝子はほかの生物の遺伝的装置を乗っ取って，ウイルス自身の用途に利用することができる．おそらくもっとも確からしい推測は，ウイルスがほかの生物のゲノムに由来した，ということである．それゆえ，たとえば哺乳類に病気を引き起こすウイルスは，そもそもは哺乳類の遺伝子グループとして生じたものだ，という可能性が高い．もちろんウイルスも分類することができるし，実際に分類されている．しかし，ウイルスをほかの生物と関連づける分類体系を考案するのがとても困難なのは明白である．かれらは複数の起原をもっていて，同時代の複数の環境を効果的に占拠しているように思われる．というわけで，ウイルスはきわめて興味深いものであるが，本書には含まれず，今後もスポットライトを当てない．

私たち人間やそのほかの生物以上に，この世界でおもしろいものがあるだろうか．なぜ私たちはそこにいるはずのものたちについて，こんなに知らないのだろうか．私たちはどれほどの無知の徒なのだろう．だが，私たちはこうした物言いよりはもっと実際的な発言ができる．私たちは好むと好まざるとにかかわらずほかの種とかかわりあう必要がある．かれらは私たちの食物であり環境である．家庭も，風景も，土壌も，そして空中の酸素でさえ，植物や光合成をするバクテリアから提供されている．私たちは自らが生存するために積極的に身近な生物たちを活用する必要がある．これはオプションではない．私たちは，死にたくなければかれらを活用しなければならないのだ．それゆえ，純粋に利己的な理由（そして望むらくはそれほど利己的でない理由）によって，かれらを保全しなければならない．それに，もし私たち

が，（遠く離れた惑星に無尽蔵の食料の供給を見つけた，といったような）ほかの生物なしにやっていくことを学んだとしても，かれらのほうが私たちを無視してくれるとは限らない．私たちは，うぬぼれてはいても，結局のところ肉であって，多くの生き物は嬉々として私たちを食べるだろう．私たちの近隣の生物を制御し，活用し，保全するためには，それらにラベルをつけて整理しなければならない．

しかし，これほど多くの生物がいるのに，どうしたらラベルをつけることができるだろうか．現在地球上にいる既知の生物の単純なリストをつくるだけでも170万もの名前が必要である．個々の生物種は通例，18世紀の偉大なスウェーデンの生物学者カルル・フォン・リンネ Carl von Linné（ラテン語ではカロルス・リネウス Carolus Linnaeus）によって工夫された二名法に基づいて，2つの単語で命名されるので，340万語が必要になりそうだ．平均的な長さの小説にはおよそ10万語が含まれている．厚い百科事典1冊では50万語である．したがって，現生の既知種のリストをつくるだけでもおよそ7冊の厚い書物が必要になるだろう．もし現在地球上にいるすべての生物を見つけてリストにしようとすれば，7巻の書物が70巻かそれ以上になるのは明らかだ．さらにもし過去に生存したすべての生物を見いだすことができれば，注釈も説明もないただのリストをつくるだけでも，相当な規模の図書館が必要になるだろう．こんなことがどうしたら可能だろうか．

分類する，それが解答である．種々の生物をグループ化する．そしてそれらのグループをより大きなグループにまとめる．さらにまとめ，さらにまとめる．ひとたび分類すれば，少なくともそれを上手にやれば，リストは，どれほど巨大であろうと，どれほど巨大になりそうであろうと，なんとか制御可能である．これは奇跡のように思われるかもしれないが，それが事実なのである．ここに分類学を真剣に考える第二の理由がある．私たちはこの惑星を，まだ悲しいほど数えられていないにしても，膨大なほかの生物の集団と分かち合わなければならないし，少なくともかれらを監視下におく必要があるので，分類は不可欠である．

しかし，もう1つ，体系学を考えるべき理由があり，私はそれがもっとも重要であると考える．科学の第一の動機はこの宇宙を制御することではなく，宇宙をより深く理解することである．地球上に住み，地球をこれほど多くのすてきで魅力に満ちた生物たちと分け合うことはとてつもない特権である．ただ，この特権に私たちは異様なほど注意を払わない．実際，もし私たちがほかの種を利用しないですむなら，ただただ，あまりにも規格外のかれらを称賛しながら日々を過ごすことになる．しかしかれらにもっと近づくためには，名前をつけ，私たちの理性の中にかれらを秩序づけておかなければならない．命名という行為が詩的営みではないと信じるように育てられた人々（ヘンリー・リードはその反戦詩で「今日は部位の名称を確認する」と語り，武器の呼称確認作業をまわりにある自然と対比させている）は，自然を謳う偉大な詩人の多くが，そこに何があるかを細部までよく知っている鋭い博物学者であったことを考えてみていただきたい．シェイクスピアしかり，ワーズワースしかり，ジョン・クレアしかり，D・H・ローレンスしかり，枚挙にいとまがない．実際，私たちはすべてのものにまず名前をつけ，それが何であるか，どこから来たかの感覚をもたなければそれらを十分に理解することはできないように思われる．以下の寓話がこのことを雄弁に語ってくれるだろう．

美術のウイルス

どこかうまい具合に人里を離れたとある美術館，たとえば南ロンドンにあるすばらしいダルウィッチ美術館に，コンピュータにとりつくのと同じような情報ウイルスが生じた，と想像してほしい．この仮想的なウイルスは絵画そのものには何も害を及ぼさない．署名だけを抹消してしまうのである．しかしこのウイルスはつぎに額縁を抜け出し，カタログや説明書の中に，それから訪問

者や批評家，それに関する情報を少しでももっているあらゆる人の心の中に入り込む．ダルウィッチ美術館からテート美術館，国立美術館，それからもっと小規模なコートールドやウォレス美術館，さらに英国のほかの都市や大邸宅へと広がり，さらに海峡をわたってレェイクス美術館，ルーブル，プラド，ウフィッツィなどの博物館や美術館へ，東ではエルミタージュを経てアジアの美術館へ，大西洋を越えてニューヨークのメトロポリタン美術館やグッゲンハイムやフリック美術館などの合衆国のあらゆる大きな美術館へと拡大して，さらにそこから世界中に広まっていき，そのたびにこの絵画を参照する作品やすべての美術愛好家の心にあるすべての記憶に作用を及ぼしていく．絵画そのものはまったく無傷のままである．しかしやがて，世界のだれ一人として，だれが，何を，どこで，いつ描いたものかわからなくなってしまう．

　このようなウイルスによって私たちは何を失うだろう．ある批評家の一派によれば，失うものはほとんどないという．なぜなら芸術作品というものは自己完結しているものであって，その評価には，伝記，歴史，解説などの余分な情報はいっさい必要ない，という議論があるからである．しかしほとんどの人はその損失にぞっとさせられるであろう．絵画そのものはそれまでと変わらず立派にそこに存在する．しかし，なぜ描かれたかはいうまでもなく，だれがいつどこでそれを描いたかという情報なしでは，絵画は意味を失うだろう．私たちはアイデア，主題，様式，技法といったものがどう発展していったかの感覚をすべて失ってしまう．それでも歴史と起原を知る手がかりは残っている．イタリアの宗教や神話をモチーフにしたイタリア絵画の大多数が，大胆な色使いや光を強調する特徴をもっているので，将来の学者がイタリア絵画には特別な「雰囲気」があることを感じとり，たとえ世界の果てにある絵画でもそれに合うものは，もともとイタリアに起原をもつと推理する助けになるだろう．やがて幸運に助けられれば，オランダの風景画はオランダの風景画，イギリスの肖像画はイギリスの肖像画，などなどと，グループにまとめる作業も進むだろう．ただ，イタリア人のように描くことを選んだオランダ人画家，たとえばコイプなどは学者を立ち止まらせるだろう．

　しかし時間とともに，学者たちは特定の絵画のグループを特定の画家の作品だと考えることができるようになるかもしれない．ルーベンス，レンブラント，フェルメール，コンスターブル，ターナー，プッサン，エル・グレコ，ティエポロなどは，ほかの画家とは明瞭に区別できる画家であろう．しかしこれらの画家も仮想上の画家であって，もとの名前は失われているので，任意の名前が与えられる．このように比較的確からしい人々の周辺には，何々「派」としてグループ化される画家がいるかもしれない．しかし知られているすべてのピカソやセザンヌの作品を一人の画家の手になるものだと示唆する学者は，とても大胆といわれる（そしてまちがいなく議論は絶えない）だろう．実際は，そんなことを指摘するような学者はいないかもしれない．

　さらに数十年経つと，学者たちはそれまで苦労して分類したグループ間のつながりを理解しはじめるだろう．たとえば，セザンヌの人物像はその雰囲気や構図からルーベンスのものと共通点がある．しかし学者は年代の知識がないので，「ルーベンスがセザンヌに影響を与えたのか，セザンヌがルーベンスに影響したのか，それとも，かれらはもしかしたら同時代人であって，共通の源からのアイデアを得たのか」と依然として問わざるをえない．これらの問いは現在の私たちの視点からすれば滑稽なものだが，この情報ウイルス感染以後の時代では，新たに問われなければならないのである．そして歴史的知識なしには，解答は決して明らかではない．セザンヌのより素描風のスタイルがルーベンスへの当てつけなのか，それともルーベンスがセザンヌの原型をより完成に近づけたのか，どちらがより合理的だろう．

　要するにこのようなウイルスは私たちの洞察の多くを奪ってしまう．そしてその洞察なしには絵

1.「すてきな生き物たちがこんなにたくさん」

画がもつ喜びの多くもまた失われる．私たちが知るべきすべてが額縁の中にあると議論する批評家は，その考え方が間違っていることを認識するだろう．歴史的な知識の喪失は，いってみれば全美術館を失うことに匹敵するほどの大きな痛手である．ウイルス以後の時代の学者が最初にすべき課題が，失われた伝記と歴史の復元にあることは，だれしも疑わないであろう．「だれが」，「いつ」，というのがもっとも基本的な問いである．それについで，「どこで」が問題になる．これらの質問が解決したとき，そのとき初めて私たちは「なぜ」という問いを，満足すべき解答が得られるかもしれないと期待して，問いはじめることができる．

しかし動物も，植物も，菌類も，バクテリアも，署名やら歴史的な逸話やらをもっているわけではない．かれらはただそこに存在する．かれらがどこから来たのか，なぜ現在の形態をもっているのか，私たちは自力でそれを解決しなければならない．私たちは自然科学者として，ウイルス以後の時代の芸術学者のようにことを始めなければならない．実際にやるべきことが何であれ，私たちが真実を調べるためには審美的理由が必要になる．したがって体系学を研究する理由は3つある．知的理由，実践的理由，そして美的理由である．本書ではこれら3つをすべて探求しようと思うが，とりわけ第1と第3の理由を強調したい．しかしなぜこのような特殊な書物をこの特別なやり方で書くのか．私を援助する志に満ちた多くの方が，本書の書き方についていくつもの異なるやり方を示唆してくださった．なぜ私はその忠告を必ずしも受け入れなかったのだろう．

本書はなぜこの形式なのか，本書を もっとも活用するにはどうすればよいか

謝辞，および出典と推薦書に記したように，世界中の科学者や友人たちが本書の執筆を助けてくれた．全員がきわめて親切であったが，少しばかり疑問を呈する人もいた．本書の「目的」は何なのか，もっと具体的には，これは「だれのための」本か，という問いである．アマチュアには詳細すぎ，専門家には一般的すぎるから虻蜂取らずに終わるのではないか．系統樹は，なぜ生物がこのように配列されているかという詳細な注釈なしに示されている．だとしたら，この系統樹は，たとえば甲殻類や棘皮動物やそのほかの生物の分類学のコースを始めようとしている大学生や大学の教員にとって本当に利用価値があるのか．しかも，繰り返しになるが，体系学は急速に発展している．その発展につれて，確立された分類はより先鋭な分岐学的，分子生物学的解析にさらされ，ますます多くの化石が整理され，バクテリアと原生生物はますます奇妙なことになってきている．新しい系統樹と分類がインターネット上で毎日のように公開されている．このような分野なのに，ハードカバーの，つまりは製作にあれこれ時間がかかる本書のようなものが，何の役に立つのだろうか．

説得力のある批判だ．しかし私はこの本を書かねばならないということを，たとえ1秒たりとも真剣に疑ったことはない．ひとついっておきたいことは，私は30年以上も科学の分野で執筆してきたが，専門的科学者と非科学者の間のギャップが，一般に思われているほど広くて橋渡しができない，と確信したことは一度もない．少なくとも，動物学者は動物（あるいはその動物学者がたまたま研究している特定の動物）について，非動物学者より千倍も知っているかもしれないが，私はしばしば，動物学者が植物についてはいかにものを知らないか，そして植物学者がたいていは動物についていかに無知であるかを知って，ショックを受けてきた．一部の科学者は私たちの多くの顔色を失わせるほど該博な知識をもっているが，実際のところ，ほとんどの科学者は極端に狭い領域の専門家であり，自分の専門以外のことについては悲しいほどわずかな知識しかないのが実情である．だとすれば，週末の自然愛好家を満足させる，そして実のところ9歳の賢い子がおもしろがるような植物の一般的な話は，たまたま植物分類学者ではない職業生物学者にとっても役に立つはずだ．これを恥ずかしがることはない．どのよう

な専門分野でも常に先頭にいるのは困難なことであり，人生は短い．植物学者には動物について深く考える時間はほとんどなく，普通はそうする理由もない．ほとんどの動物学者もまた，植物について真剣に考える時間や理由はない．

しかし植物学者も，ときには動物について考える必要がある．あるいはあらゆる自然愛好者のように，動物にただ興味をひかれる，ということがあるかもしれない．動物学者も，たくさんの時間を割くことはできないにしても，植物を愛好する人が多い．それだから植物の本は動物学者にとって，動物の本は植物学者にとって存在価値がある．そしてそのような役割を果たす本は，生物を喜びのために見るアマチュア向けの本と同じなのである．本当にそうだろうか．職業的生物学者は専門化しなければならないが，それでもかれらは多くの考えや一般的な語彙を共有する，と論じる人も多い．かれらはみな，たとえばDNAが何であるかを知っているし，それがどのように作用するかをおよそ知っている．かれらは非生物学者なら知らないかもしれない基礎的なことを教えてもらう必要はないので，専門家とアマチュアのギャップは依然として存在する．

いくつかの論点がある．第1に，本書の大部分の専門的な考えと用語は，とりわけ現代体系学に固有のものである．そして，私自身が確かめたように，体系学者ではない大部分の生物学者はこれらの専門的用語を知らない．もし読者に現役生物学者（博士号をもっている人も含めて）の知り合いがいたら，「共有原始形質 symplesiomorphy」という用語の意味を聞いてみるとよい．これは使い慣れて舌の上で転がしてみれば，気持ちのよいことばで，現代分岐学の手法では基本的なものだ．しかし私は10人の生物学者の少なくとも9人は，その意味を知らない，というほうに賭けるだろう．

そうであっても，職業的分類学者以外は共有原始形質などということばを理解する必要はない，と考える人もいる．そうした批判的な人は，これは専門誌に限定されるべき，あるいは専門誌からさえも追放されるべき「隠語」のひとつにすぎないとほのめかす．しかしここでも私はまったく反対の立場である．第1に，「隠語」と「専門用語」は区別されなければならない．「隠語 jargon」はフランス語で鳥のさえずりを意味する語に由来し，「理解できないこと」を意味している．そしてもちろん，軍人たちから夜盗にいたるまで，集団のメンバーは，仲間うちの自分たちだけのための符丁をつくりだし，部外者には鳥のさえずりのように聞こえる．実際のところそのほとんどは，アウトサイダーを寄せつけないためのものである．一方，「専門用語」は難解な文脈にのみ存在し，したがって専門用語でのみ記述されるべき事物や現象を指している．共有原始形質は非専門的用語でも説明できる．それは，異なる生物が共通に保有する性質であるが，ほかの生物にも見いだされる単に「原始的」なものである．本書が先に進むにつれて，「原始的」という語の特別な意味も含めて，すべてが明らかになるだろう．共有原始形質という概念は重要である．そしてこの語は，音節数は多いものの，その基本的概念を正確にかつ疑問の余地なく指し示しているのである．

したがって，もし読者が体系学がかりそめにも価値のあるものだと考えるなら，「共有原始形質」は理解するに値する，数少ない専門用語の1つである．本書は入門的教科書を意図したものである．つまり，生物多様性の真の意味と，生物学者がそれを理解しようとする際の道具に関する入門的解説である．そしてそうした本の要点は，読者が基本的にゼロの地点から，もし望むなら専門家の文献を自力で読みはじめるところまでガイドすることに尽きるだろう．いうまでもなく，専門家の文献は難解である．だから，もし入門書が専門用語を説明していなければ，入門書の役割をぜんぜん果たしていないことになる．それゆえ本書では専門用語を説明し，使用していく．そうした説明は大学を出た生物学者にとっても，週末の自然愛好者にとっても同じように価値があるだろう——たまたま専門的体系学を学んだ生物学者は例外であるが．専門用語をさける入門書は，ポリ

シーとしてそうするものも多いが，実際のところ読者を見くびっている．そのような書物はまったくその主題を紹介していないことになる．ただ贋物を売っているにすぎず，しかも骨抜きの代物である．

本書には細部が欠けているので大学のコースの教科書に使うのは難しい，という批評家はどうだろう．いや，これは教科書を目指してはいないのだ．しかし教科書だけが有用な書物というわけでもない．私は教師が，本書に基づいて生物多様性の概論コースが開けるかもしれないと感じていただければと願っている．しかしもし教師が甲殻類なりシダなりという特定のグループに関する専門コースを提供したいと望むのであれば，まじめな教師であれば当然，専門的な文献に立ち戻るべきである．一方で私は，その教師や学生たちに，本書がそれでもなお背景や状況の理解に有用であることを知ってほしいと願っている．

私はよく考えたうえで，系統樹には専門家の説明をあまりつけなかった．それは，特定のグループに関するコースを設けたいと思う人なら，専門家の文献に行くはずだと想定しているからである．しかし，そういう説明を加えなかったため，本書の全体を通じて，私は系統樹を「分岐図 cladogram」ではなく単に「樹」と呼んだ．分岐図は，後で説明するように，特定の生物たちがどう関連するかについて考えられる道筋について特定の仮説を図式化したものであって，その仮説の背景にある理由を示す説明が添えられなければならない．樹はもっと一般的な説明で，分岐図や一連の分岐図に基づくこともあれば，基づかないこともある．本書の樹はすべて分岐図に基づいているが，分岐図の背後にある理由は詳細には述べ尽くしていない．

というわけで，私は自分がこれが正しいと思うレベルで本書を執筆した（そして，結局のところ，それは「思う」かどうかという問題である）．私は特定のグループの学生たちが特定の試験をくぐりぬけるための教科書を書こうとは思わなかった．それはだれかほかの著者にお任せしたい．最終的には，自分自身が読みたいと思うような本を書くこと——そして，同じ趣向をもつ人がほかにもいることを希望すること——である．著者が火星人でないかぎり，これは少なくともしばらくの間は真実のはずだ．

それでもなお，これほど速く変化する主題について，（本書のように）執筆に10年かかり，出版に1年もかかる本にどのような利点があるか，と問う人もいるだろう．現在では新しい分類のスキームがインターネットで公開され，週単位で詳細が変化している．たしかに詳細は不安定に見えるが，深奥にあるアイデアはそれよりずっと安定しているのだ．現生生物がバクテリア，アルケア，真核生物という3つの「ドメイン」に分類されるという，1970年代のカール・ウーズ Carl Woese の考えは，今後数十年は間違いなく存在するだろうし，おそらく永遠に存在するだろう．真核生物には少なくとも1ダースの，明らかに異なり，それゆえそれぞれが「界」の階層に値する系統が含まれるというミッチ・ソギン Mitch Sogin の示唆も同様にしっかりした基盤をもっていると思われる．かりに詳細が変わったとしても，生物学者が，すべての生物を「動物」と「植物」に分けるという絶対的な18世紀の分類を決してふたたび受け入れることはない，と私たちは確信できる．分岐学は確固たる論理をもっていて，必ずや存在しつづけるであろう．そして分子生物学は今後1000年間は発展しつづけるであろう．こうした考えは，もし新しいアイデアの洪水が何かしらの意味をもつとしても，インターネット上の情報を閲覧する人が知っておくべきものである．

本書のような本には2つの機能がある．1つは，すべての新しいデータに対して背景を提供することであり，もう1つは，新しい知見を比較するためのデータベースを提供することである．つまるところ，もし先人の考えを知らなければ，何が新しいかを理解できないだろう．加えて，とても重要なことであるが，新しく発表されるすべての分岐図が本当に正しいわけではない．それは，研究

ごとに立脚するデータが異なるし，1つの研究におけるデータも何通りにも解釈されうるからである．本書の情報は正統的とはいえない．なぜなら，一般的に同意され，すべてを包括するような規範というものは存在しないからである．本書で示される考え方も正しいことが保証されているわけではない．科学における考えはすべて，常に修正を待っている仮説である．しかし本書に示した考えは，出版されているか私が聞いたかした，現在の世界的権威者たちの最善の意見である．それは真実全体を完全に表してはいないが，現実の世界の現時点では，私はこれ以上真実に近づくすべを知らない．

そこで私は本書の執筆に当たって，全体として2つの大きな目的を設定した．それは，ものすごいうぬぼれと思う人もいるかもしれない（私はその批判を受け入れようと思うが）．私の具体的な目的は，分類学の技法や技術，それにその現代科学である系統学を，本来あるべき生物学の教育と思考の中心にふたたびおく支援をすることである．体系学は私たちを生物そのものへと導く学問である．数量生態学や動物行動学，それに，統合の基盤となる壮大な進化生物学と分子生物学のない生物学は，単なる自然史にすぎない．だからといって，現に生きて呼吸している生物のない生物学的理論は哲学にすぎない．私は自然史を好み，哲学を好むが，しかし生涯それに打ち込むに値する主題としての生物学を手中にするのは，その両者が融合するときだけである．

私の第2の大きな目的は，単純に，自然がすばらしいもので，その驚異の多くは多様性に基礎があると指摘することである．分類がなければ多様性はただ私たちをとまどわせるだけであり，そのとまどいは思考をさまたげる．分類という行為は考え方の焦点を定め，考えれば考えるだけ，驚きも大きくなる．ハムレットが少し違った文脈でいったことだが，これは，食べたものによって火がつき，いっそう増した食欲のようなものだ．つまるところ，分類は，オタクの人のつまらない研究ではない．それは理解のための重要な助けであり，生命の多様性を把握するための手段である．それが私たちを自然と結びつけてくれる．本書の執筆はもはや楽しみになってしまった．それが完成する姿を目にするのはうれしいことなのだが，いろいろな意味で私は，執筆が終わってしまうのをさびしく感じている．

2章

分類と秩序の探索

　生きとし生けるものはすべて，ほかの生物の存在を認識する必要がある——捕食し，追い払い，交配するために．すべての生物はまた，少なくともおおまかには種類を区別しなければならない．有害なものと無害なもの，食用になるものと有毒なもの，交配相手と捕食者を区別する必要がある．虫はそれができる．原生生物でさえ，菌類でさえ，さらには植物でさえ好むものと好まないものを区別できる．それであるから花は適合する花粉を受け入れ，よそものの花粉を排除できるのである．このような識別はつまり分類能力を意味する．それぞれの生物は仲間を1つのカテゴリーにまとめ，そのほかのものを別のカテゴリーに入れて，それにふさわしい反応をする．

　明らかに生物はこのような初歩的な分類をするのに意識を必要としない．植物は意識をもたないし，菌類は熟慮したりしない．まして，自らが認識する異なるカテゴリーの生物に名前をつける必要もない．人間だけが事物に名前をつける技術（**命名法 nomenclature**）をもっているように思われる．ただ，ある種のサル，たとえばベルベットモンキーは，敵が近づくと仲間に警告するが，異なる脅威に対して異なる音，たとえば「ヘビ」声とか「ヒョウ」声とかを発する．しかし人間の言語がなくても，わずかしか知性がなくても，多くの生物が驚くほど細かい分類をしているのは明らかだ．たとえば鳴鳥類はチョウゲンボウやフクロウやそれらに似た鳥類を知っていて，それらを「捕食鳥」という一般的なカテゴリーに入れている．しかしこのカテゴリーにハトは含まれない．そして前者に対しては群れて防御するが後者は無視する．一方ハトは，木や木の一部の写真を，それに似てはいるが別のもの，たとえば電柱とかセロリのスティックと区別できることが実験で明らかにされた．ハトの識別と分類の能力は途方もないものである．

　しかし人間はさらに詳細に分類することができる．そして分類するだけでなく区別したすべてのカテゴリーに名前をつける．人間は，必要性や好みに応じて，多くの基準に基づいたじつに多様なやり方で名前をつける．

分類の多くの方法

　人間が身近な生物を「いかに」分類するか，つまり，それをどのようなカテゴリーに含めるかは，その生物に対する人間の態度を反映し，多くの場合にはそれを決定する．ニューギニアの食人種族は，その犠牲者を指すよび名として，「長い ロング 豚 ビッグ」という系統に沿った種々の特別な用語をもっていた．世界中の多くの言語には同じ考え方が含まれている．つまり，よそものは単によそから来た人，というのではなく，別種だと考えるのだ．ある意味ではそのような用語は自己防衛的である．そもそも人間ではないと定めてしまえば，殺すのも奴隷にするのも食用にするのも，簡単になるのである．「名前には何があるの」とジュリエットは問う．「バラはほかの名前で呼んでも同じように甘い香りがするでしょう」．たしかに，それにも一理ある．しかし，それを「雑草」と呼んでしまい，その甘いにおいが鼻につくようになったら，それを平気で根こそぎにしてしまうかもしれない．問題は単に感情的なものではない．営みの中でもっとも理性的といわれる科学も，その命名法によって揺すぶられる．カリフォルニア大学ロサンゼルス校のジェームズ・レイク James

Lakeの言によれば，「生物学的思考は分類によって深く影響されうる」．

いろいろな人たちがそれぞれの目的に応じて行う生物に関する多様な分類は，生物学者の分類とおよそ対応するが，決していつもそうであるとは限らない．商業的林業家は木材を軟材と硬材とに分類する．軟材はふつう針葉樹（植物学者のいう裸子植物）であり，硬材は花の咲く植物（被子植物）から得られる．しかしこれは不変の真理ではないし，そのうえ軟材のなかは硬材より物理的に硬いものもある．料理人と生物学者はだいたい魚は魚である点では同意する．しかし後で見るように，「魚（さかな）」という用語は生物学者の仲間うちでも，脊椎動物の驚くほど雑多な系統を含んでいる．しかも料理人は，世界中の七つの海から水揚げされるあらゆる軟体動物や甲殻類など雑多なものを，「シェルフィッシュ（shellfish）」という「魚（フィッシュ）」の名のついたカテゴリーに含める．アメリカのシェフは，大西洋や太平洋から水揚げされたタラに似た魚は何でも「スクロッド」と呼ぶ．イギリスの魚屋がつける多くのあいまいな新語のなかに，「ロックサーモン」というのがある．これはサメの1種で，もっと適切にはツノザメという名で呼ぶべきだが，このロックサーモン（ツノザメ）とサーモンとは，サーモンとウマとの距離以上にかけ離れている．庭師は謎めいた方法で「野生の花」と「雑草」を区別する（「雑草」とは一般に，土地の所有者が望まないところに生育する植物である）．生物学者もその分類においては場当たり的なこともある．「微生物」は肉眼では見えないほど小さい単細胞の生物であって，そこには生物の3つのドメインのすべてに属する生物が含まれている．

鳴鳥が工夫する分類も，植物学の教授が行う分類も，魚屋がする分類も，あらゆる分類作業の過程を通じて，2つの独立した考えが並行して行われる．1つは，操作的なもの，つまり，実際の分類をどのように行うかということである．ある事物Aがカテゴリー XまたはYのどちらに属するかを決めるときに，どのような基準を採用するだろうか．鳴鳥は捕食鳥を見定めるのにくちばしの曲がり具合，爪の長さ，そしておそらくは全体の印象を見るだろう．そしてそうした手段を使ってタカをアヒルと区別するだろう．シェフにとっては，内側が多肉多汁で外側が硬い殻になっていることがエビやカニの印になる．科学者が用いる多くの分類基準は，本書を読み進むうちに明らかにしよう．

もし基準が明瞭に設定されていて，その指示に従うだけでほかの人でも繰り返すことができれば——たとえば，それが測定可能な特性に基づいていて，個人的な好みだけで判断されない場合——その基準は「客観的」といってよい．しかし客観的な基準は任意のものであるかもしれない．たとえば私が，肢が2cm以上あるすべての昆虫を「メガ昆虫」という新しいグループに入れるよう主張したとしよう．この基準は，明白で繰り返すことができるので，その意味で完全に客観的であるが，私が「美しい」という名の特別なカテゴリーをおくべきだと主張しただけでは，それは客観的基準にはならない．だが，メガ昆虫のグループは客観的に定義できるものの，それは恣意的でもある．その特性は，たまたま大きいだけの昆虫を区別するだけのものでしかない．

また，すべての分類の背後には必然的に哲学がある．分類というものはすべて，世界に関する何かしらの見方を規定する．それらはみな，何らかの意見を表明していることになる．たとえばシェフはこの宇宙をマーケットとしてとらえる．そこにある事物は食用になるか健康的であるかという基準に従って分けられる．鳴鳥もまた食物に関心があるが，同時に，敵にも，つがいの相手にも関心がある．仕立屋はつけかえボタンを整理するにあたって，おそらく，きちんと整頓されていることだけを心がければよい．ボタンはほとんど中立的なものであって，特別な脅威になったり，契りを交わしたりするわけではない．しかし乗馬ズボン用のボタンと聖職者の礼服のボタンは区別するほうがおそらく便利だろう．後に見るように，歴史的には，科学者によって工夫された分類の多く

は種々の哲学を追究したものだった.

しかし私たちがどのような基準を採用しようと，また何をどのような目的で分類しようと，すべての分類はある共通のパターンに従う傾向がある．問題となる対象はまず大きいカテゴリーに分けられ，それぞれの大きいカテゴリーは，順次，より小さいカテゴリーに分けられていく．その結果，**階層 hierarchy** と呼ばれる，一連の入れ子になったグループが生じる．小さい階層は大きい階層のなかでグループをつくり，その大きい階層がさらに大きい階層のなかでグループをつくり，という具合に繰り返される．すべての分類は，つまるところ階層的である．

生物をその場の必要に応じて分類することは役に立つ．そうした分類はずっと存続するだろう．実践的なことをする現場の人々は世界を自分のやり方で切り分ける必要があるし，外部の人が揚げ足を取るものではない．アワビやロブスターの肉は，これらの動物が，ワシとホヤの間の関係より遠いにもかかわらず，比較的柔らかい点で共通している．それだからどちらも「シェルフィッシュ」と呼んでもいいではないか．「雑草」というのはあらゆる農夫が賛成するはずの有用な用語である．どの分類体系もそれ自身の光を世界になげかける．異なる分類を横に並べて異なる角度から光を当てれば，真に立体的なものの見方ができるようになる．

しかし単に自分の都合のために自然の見方をいじることと，理解をきわめようとすることは別である．もちろんより深い理解はより巧妙な活用への道を拓くことがある．たとえば一方で微生物に関して増大しつつある知識と，他方でDNAの操作は，バイオテクノロジーという，議論もあるが一般的にはきわめて重要と考えられる利益を私たちにもたらしている．しかし真の生物学者にとって現実の喜びは，ただほかの生物がわかったという感覚，それにより近づけたという感覚にある．私はここでは「生物学者」を広く定義している．それはただ自然を観察することを好む古い意味での博物学者も，仮説を提唱してそれを証明することで自然のはたらきを説明しようとする科学者も含んでいる．博物学者には説明するなどという行為に尻込みする人もいるだろうし，生命の特定の側面を研究する科学者には，アウトドアにほとんど興味がない人もいるようだ．しかし生物学者のなかには，科学者としても博物学者としても優れた人たちもいる．たとえばチャールズ・ダーウィン Charles Darwin がそうだった．かれはたとえ自然選択による生物進化の考えを定式化し，現代生物学の時代の扉を開けることがなかったとしても，依然として屈指の野外観察者として人々に記憶されていたはずだ．しかし私のいいたいことは，真の生物学者であれば，自然のなかに単なる有用性以上の何かを探し求めるという点である．かれらは，生物にはある「秩序」が存在し，かれらの分類に反映させようとするのはこの「自然の」秩序であると，心の底で直観しているし，全感覚がそう主張するのである．かれらはまた，分類には，単に恣意的な基準ではなく，真実の重要な関係を反映する客観的基準があるはずだと感じている．

したがって，しばしば「自然分類」とよばれるものは，生物学者が自然の基礎にある秩序と考えるものに基づいているし，そのように意図されたものである．生物学者（広い意味で）は，少なくともアリストテレスの時代からこのような分類を工夫しようと試みてきた．そして，かれらの試みは実際のところ，4つの主要な段階に分けられる．

生物学的分類の4つの段階

生物学史における枢要なできごとは，1859年の，チャールズ・ダーウィン（1809〜1882）による『自然選択の方途による種の起原 *The Origin of Species by Means of Natural Selection*』の出版である．確かに，今や生物学全体は2つの時代に分けることができる．1つは『起原』以前で，進化の考え方は一般的にはないか，敵視されていたか，あるいは，わずかな例外を除いてはひどくね

じ曲げられていた．もう1つは『起原』以後で，自然選択による進化がしっかりと検討事項に入れられ，そうありつづけている時代である．ダーウィンは，ベートーベンが音楽に与えた影響と同等のものを生物学に与えた．ダーウィン以後の時代のだれも，かれの考えのいくつかに異議を唱えようとする人はいたにせよ，その基本的な取り組みを無視することはできない．

生物学的分類の段階ⅠとⅡはダーウィン以前の時代に発展し，ⅢとⅣはダーウィン以後である．便宜上（生物学者たちはそれぞれ用語を異なる意味で用いる傾向があるので，私が用いる用語についてはその意味をはっきりさせるほうがいいだろう），**分類学 taxonomy** という用語を生物学的分類の4つすべての段階に用い，**体系学 systematics** をダーウィン以後の段階に取っておく．なお，分類学という語は，ギリシャ語のtaxisすなわち分布を意味する語からきている．これら4段階を，「古代」「古典的」「ダーウィン直後」そして「分岐論」とよぼう．分岐論の段階，すなわち段階Ⅳが現在である．

段階Ⅰ　古代の分類学

古代段階はアリストテレス（384〜322BC）によってもっともよく代表される．アリストテレスは鋭い博物学者であり，新時代を画する論理学者でもあった．そしてかれはその両方の才能を分類学で発揮した．それゆえかれは，定まった形式で，再現性のある分類を行うには，鳴鳥がハトとタカを区別するようなゲシュタルト（経験の統一的全体）を超えた何かによらなければならない，という重要な考えを理解した．これはつまり，自分の分類の基準を定義しなければならない，ということである．実践的には，問題となっている事物を注意深く記載し，共通にもっている特性に基づいてグループをつくらなくてはならない．

しかしアリストテレスは，生物についてはこのプロセスが決して直線的でないことも示した．どのような特性，あるいは現在の生物学者が好む用語でいえば形質 character に焦点を当てるかで，まったく異なる分類をすることができる．それでもアリストテレスは，（もう1つの重要な洞察として）ある形質の集まりが，ほかのものより満足すべき結果を与えるように思われることを示した．たとえばかれは，肢の数による分類は，ヒトを鳥類と一緒にまとめるというような，明らかな誤りを生じる，ということをすぐに見抜いた．かれが代わりに示した提案は動物を卵生と胎生（かれは後者をもっぱら哺乳類の意味で用いた）に分かつことであったが，これはより満足すべきものに思われる．ただ，これだけでは，まだ問題があることも確かであるが（アリストテレスが，卵を産む少数派の現生哺乳類であるカモノハシのことをまったく知らなかったことは指摘しておく必要があるだろう）．

結局のところアリストテレスは現代の分類に類似したものには到達しなかった．しかしかれは基本的な問題，つまり分類のための基準をはっきり述べる必要性，異なる基準が異なる結果をもたらすという事実，そしてそれゆえに異なる基準のなかからどれかを選択しなければならないという逃れられない必要性，それらに直面したのである．段階Ⅱの古典的分類学者は，こうした手続き全体をはっきりと前進させた．それはより多くのサンプルを用い，分類するための基準をより精力的に探し求め，ある分類がほかのものより正当であることを示す根底にある秩序を見極めようとする多くの試みによるものであった．

段階Ⅱ　古典的分類

分類学の「古典的」時代は，ダーウィンの『種の起原』出版以前のおよそ3世紀を占めている．「現代」科学は一般に，17世紀後半，物理学ではアイザック・ニュートン Isaac Newton とその同時代人，そして生物学ではたとえばジョン・レイ John Ray，ウィリアム・ハーヴィ William Harvey，アントン・ファン・レーウェンフック Anton van Leeuwenhoek，マルチェロ・マルピーギ Marcello Malpighi などによって始まったといわれる．しかしそれ以前の世紀にすでに強大な動力

源が築かれていた——ニュートンが「私は巨人の肩の上に立っていた」と述べたように——のであり，以前の世紀の科学は，博物学も含めて，通常いわれているような軽々しい扱いをしてはならない．多少恣意的ではあれ，古典的分類学の時代は，じつは 16 世紀に始まったといっても筋が通っているであろう．

段階 II を通した主導的な哲学は，（決して排他的なものではなかったが）概して実用性にあった．16 世紀と 17 世紀の分類学者はだいたい本草学者か園芸家であった．そして 18 世紀と 19 世紀前半の大探検時代には，生物学者は自分たちの腕前が揮えるかもしれない異国の生物を探し求めた．ロンドン西部にある世界最大の植物園であるキュー植物園は，強い経済的動機から創設された．その動機は今もなお残っており，薬用になる植物探しや，東南アジアのフタバガキや南アメリカのナンヨウスギなどの熱帯性木材を探す研究に反映されている．1826 年創設のロンドン動物学会でさえ，もともとは英国への導入が適している可能性のある有用動物を探すという目的をもっていた（ただし，国を越えて種を移動させることほど余計なお節介はない．そのことは，ウサギ，ネコ，キツネ，オオヒキガエルといった輸入動物で抜き差しならない事態を迎えている現在のオーストラリア人たちが証言してくれるだろう）．

段階 II の生物学にはこのように強力な経済的，政治的動機があったので，同時代の分類学も少なくともある程度は商業的目的に向かっていた．たとえば 18 世紀後半の主要な関心は，専門家がそれまでに発見し記載した植物（動物より植物，とくに有用な植物）を，非専門家にも同定可能にするための**手引き key** を提供することだった．手引きの作成は大きな知性を要する仕事だった．ダーウィンより 50 年前に，誤ってはいたもののそれでも天才的な進化仮説をたてた偉大なフランスの生物学者，ジャン=バティスト・ラマルク Jean-Baptiste Lamarck（1744～1829）は，優れた手引き作成者であった．手引き作成は分類学の仕事をある意味では手助けする．なぜなら分類学は鋭い観察と正確な記載に基づいているからである．一方で，手引きはそのほかの分野にはあまり助けにならなかった．なぜなら植物を同定する基準は必ずしも大きな生物学的価値をもつ基準ではなかったからである．それゆえ同定のための手引きは普通「人為的」手引きとよばれた．

しかし段階 II は「真の」科学の黄金時代でもあった．そこでは自然哲学者が宇宙の秩序を探していた．科学者のなかには，自分たちが認識する秩序性が，神によってもたらされた神性の秩序と考えられてきたものに置き換わると感じる人たちもいた．そして現代の人々は，このことを科学のもつ歴史的役割とみなしているように思われる．しかし段階 II の多くの，おそらくはほとんどの科学者は，きわめて信心深く，正反対の信条をもっていたのである．アイザック・ニュートン自身も，多くの 17 世紀の科学者がもっていた姿勢の典型を示した．かれは宇宙の秩序が神の整頓された心を反映していると信じていた．かれにとって，科学研究は神を敬う行為であった．つまりニュートンは人間の知性は神からの賜であると感じていて，その贈り物を造物主の心を明らかにするために使う以上にいい方法はない，と感じていたのだ．このような態度は 19 世紀になってもずっと残り，しばしば主流の位置にあった．リチャード・オーウェン Richard Owen（1804～92）はダーウィン出現以前の英国ではもっとも有名な生物学者であり，ロンドンの自然史博物館の主要な設立者であるが，ニュートンにおとらず信心深く，科学に対する態度も完全にニュートンと一致していた．

それはともあれ，17，18，19 世紀は自然の秩序にかかわる驚くべき証拠を生み出した．ニュートン自身による力学の法則は，自然が確かに規則に従って作用していて，そうした規則が発見を待っているという概念を立証した．秩序は化学でもなお一層明確な形で出現した．1830 年，イギリスの科学者ジョン・ダルトン John Dalton は，物質がさまざまな種類の原子から構成され，原子はそれぞれの元素に固有の性質をもつことを定式

化した．数世紀にわたって集積されてきた化学の知識の膨大な塊が，にわかに然るべき場所に収まり始めた．ただし，元素を原子量に従って周期律表に配列するという，ダルトンの考えの究極の姿に達するには，私たちの段階Ⅱの直後に当たる1869年のロシア人，ディミトリ・メンデレーエフ Dmitri Mendeleyev の業績を待たなければならなかった．ともかく，16世紀から19世紀までの間に，「自然は秩序をもつ」という考えは確固たるものになり，あらゆる領域で誇らしげに示された．

分類学者が，実際的な目的のために，たとえば手引きをデザインするために生物を分類するだけなら，かれらは技術者として機能しているにすぎない．しかし段階Ⅱの分類学者は科学者でもありたいと願い，想定されている自然の秩序を本当に反映し，包含する分類を編み出そうと望んだ．しかし生物にはどのような秩序があるだろう．生物は元素のように論理的で，定型的で，とぎれのない系列に並べることができるだろうか．生物の形態や大きさは，ニュートンが明らかにした宇宙全体を統べる法則に匹敵するような法則によって制御されているだろうか．

段階Ⅱの分類学者は生物の基礎にある秩序を懸命に求めて，種々の仮説にたどりついた．たとえばこの古典的段階における傑出した分類学者の1人であるフランス人植物学者，アントワーヌ＝ローラン・ド・ジュシュー Antoine-Laurent de Jussieu（1748〜1836）は，まず，自然は一般に，とりわけ植物の形態は「連続的」であると示唆した．すなわち，生きている植物どうしは，切れ目のない系列を形成し，この系列中の個々の種は微小な勾配をつくって次の種につながる，と仮定したのだ．もし明らかなすき間があれば，それは未発見の中間型が存在するからだと考えた．これは，少なくとも現生のタイプだけを考えれば，明らかに正しくない．しかし自然の連続性という概念は，完全に理にかなった仮説であり，出発点である（そして科学における仮説の重要性は，それが正しいかどうかではなく，検証可能かどうかと

いう点にあり，繰り返し検証されることによって仮説はより大きな洞察へと導かれる）．

結局のところかれらは，宇宙に関するニュートンの包括的視点に匹敵する規則たるべき，生物界の根本的秩序を見いだすことはなかった．しかし，これらの古典的分類学者は20世紀までずっと残存した現代的方法の基礎を樹立した．確かに，哲学はともかくとして，かれらの実践は依然として私たちのものでもある．かれらの一般的な方法は，生物をその巨視的な構造（**形態 morphology**）によって，さらには顕微鏡下に観察される構造（現在の用語では**超微細構造 ultrastructure**）によって分けることであった．かれらはまた，生物の発生の学問すなわち**発生学 embryology**からも証拠を得ていた．一般に，もっとも類縁性の高いと思われる生物は同じグループにおかれ，それほど似ていない生物は別のグループにおかれる（ほかの方法を思いつきもしないが）．重要なことは，古典的分類学者は類似性の程度を単なる全般的な印象で査定するのではなく，特定の形質に焦点を当てたことにある．そこでかれらもまた，さまざまな場面で，アリストテレスが出会ったのと同じ問題に直面した．生物Aは一群の形質を生物Bと共有するが，生物Cとは別の形質を共有する，という問題である．そうなると，どちらの形質がより確固たる，つまり「真の」，一貫性のある分類を与えるかを決定する必要が出てくる．どうやら古典的分類学者は正しい決定をした例が少なくないようだ．たとえばジュシューは，顕花植物の「子葉」数は，単なる花の形態よりも重要であると認識していた．そして今でも植物学者は「単子葉」植物と「双子葉」植物を区別している．ただし，24章で見るように，この数年の間にこの区別の本質は修正されてきている．しかし，ジュシューは，一般的に花の形態は葉の形態よりも分類の基礎としては満足すべきものであるとも考えていた．これもまた現在でも通用する考えである．

しかしながら，古典的分類学者のうちでもっとも偉大で影響力のあったのはカロルス・リネウス

Carolus Linnaeus，あるいはカルル・フォン・リンネ Carl von Linné（1707〜78）であった．かれには短いながらも，まるまる1つの節をあてる価値がある．

段階Ⅱの極致　リンネの分類

リンネはスウェーデン人だった．科学に画期的な貢献をした，比較的小さいがきわめて重要なスカンジナビア人一派の1人である．ルンド大学で医学を学ぶ若い学徒だったリンネは，植物も性的な存在であるという新しい考えに興味をもった（何ごとも当たり前とみなすことはできない！）．そして1730年に，花の生殖器官（オスの雄ずいとメスの雌ずい）に基づく植物の分類体系をつくりはじめた．かれは探検家でもあり，1732年にはラップランドの旅行によって植物の新種を100種発見している．

リンネはその後オランダに移り，1735年に『自然の体系 Systema Naturae』を出版した．そしてそれを1750年代まで拡大しつづけた．これは動物，植物，鉱物の分類である．リンネはダーウィンのほぼ正確に100年前に生きていて，明らかに進化については何も知らなかったが，それでもかれの観察と本能は，ダーウィン以後の人々でさえしばしば完全に受容可能であると考えるようなやり方で，生物を分類させた．たとえば，リンネはオランウータンを *Homo trogrodytes* と命名した．これはかれが *Homo sapiens* と命名したヒトとの類縁性を示すものである．事実オランウータンが私たちに近いことは，インドネシア語で「森のヒト」を意味するオランウータンという一般名にも表れている．

しかしもっとも重要なことは，リンネがグループや階層をつくるための公式のルールを提供したことである．それはわずかな修正はあるにせよ永遠に生き延びるだろう．まず第1に，かれは生物に名前をつけるのに**二名法 binominal** を提案した．その考えは1749年に出され，1753年に『植物の種 Species Plantanum』で公式に提案された．このシステムでは，各生物は最初に記載されるときに2つの公式名を与えられる．最初のものは，*Homo* のような属名で，2番目は *sapiens* のような種小名である．同じ属名をもつ生物は同じ**属 genus** に属するといわれ，種小名は特定の**種 species** を指す．たとえば *Homo sapiens* の近縁生物には *Homo neanderthalensis*（ネアンデルタール人）[註1]，*Homo erectus*（文字通り「直立人類」で，初めてアフリカを出る冒険をした人類），そして *Homo habilis*（「手を使うヒト」で，最初の本当の人類）などがいる．

【註1】後に20章で述べるように，ヒトの進化の専門家のなかには，ネアンデルタール人は *Homo sapiens* の下位区分，あるいは亜種であると考え，ネアンデルタール人を *Homo sapiens neanderthalensis* とよぶ人もいる．3番目の名前は「亜種名」である．しかし，ネアンデルタール人と現代人はヨーロッパや中東で5000年（あるいは10000年以上）接近して生存していたが，かれらの間にはおそらくほとんど遺伝子交換がなく，両者は実質的に独立して存在していた，と指摘する人もいる．かれらは両者を独立した種として扱い，異なる種名を与えるのが理論的（なおかつ，よりすっきりしている）と感じている．ミュンヘン大学のマチアス・キングス Mathias Kings と同僚たち（この分野のパイオニアであるスバンテ・パアボ Svante Pääbo を含む）はネアンデルタール人の骨から抽出した DNA が現代人のそれと有意に異なることを示した．したがって，両者は実際に異なるものであり，独立した種として見られるべきである．それゆえ今では，*H. neanderthalensis* が「正しく」，*H. sapiens neanderthalensis* は単なる希望的観測だったとみなすことができる．

このような名称は普通「ラテン語」といわれる．しかし実際のところ，そのルーツはラテン語とギリシャ語の両方であることが多く，しばしば人や場所にちなんで考案されたり組み立てられたりする（*neanderthalensis* がドイツのネアンデル渓谷にちなんで命名されたように）．種の「ラテン語」名，すなわち「(科)学」名は，常にイタリックで書かれる．属名は常に大文字で始まり，種小名は，たとえそれが固有名詞にちなむときでも，小文字で始まる．どの属名について話しているかが明らかなときには，属名を頭文字だけで表すことも可能である．それで「*Homo sapiens* と *H. neanderthalensis*, *H. erectus*」と書くことができる．しかし *H.* が *Homo* を指すことが明白でないかぎり，単に *H. sapiens* とすることはできな

い．じつのところ多くの種類の属名が H. で始まるし，多くは *vulgaris*, *africanus*, *rubra* など，同じ種小名をもっているからである．

リンネは最初，二名法を一種の速記術として工夫した．かれは 16，17 世紀と 18 世紀初頭の，すでに膨大なものだった学識を受け継いでいた．そしてその時代を通じて生物学者は，発見した新しい植物，動物，そのほかの生物についてラテン語で短い記載文を付け加えることを試みていた．リンネはかれの時代までに発見されたすべてのものを整合性のあるリストにし，そこに自分の発見したものを追加しようと試みていた．そこでかれは同僚や先輩の記載文を，それぞれから 2 つの用語を記録することによって要約した．それゆえそれぞれの種には 2 つの名がつけられることになった．そして奇跡的なことだが，2 つというのは，知られている種のリストが 1 億以上になったとしても，永遠に整然としたシステムを構築するのに必要なすべてであったのである．現実に生じている数の問題は，本章で後に議論するように，種とは何かという生物学者の概念に対して，しばしば自然が適合を拒否することが関連している．

リンネはまた，公式の階層的分類システムを提案した．二名法がすでにこれを意味している．*Homo* 属が *H. sapiens*, *H. neanderthalensis*, *H. erectus* を含んでいるように，「種」という小さいカテゴリーはより広い「属」というカテゴリーに内包されている．リンネはさらに，複数の属をより広いグループに，さらにそれをまた広いグループに，というように入れていった．当初かれは少数の**階層 rank** を提案しただけだった．すなわち，属は目 order のなかに，目は綱 class のなかに，綱は界 kingdom のなかに入れられた．

リンネの時代から分類学者はいくつかの階層を加えて，現在では 8 階層，すなわち，種 species，属 genus，科 family，目 order，綱 class，門 phylum，界 kingdom，そしてもっとも最近に加えられた最高位の階層であるドメイン domain である．じつは 8 階層では自然の複雑さを完全に反映させるには十分ではなく，分類学者は以前から中間のグループ，たとえば「亜目」や「上科」を挿入する必要性を感じていた．これはある程度はうまくいくので，私は本書でこのシステムを用いる．しかしそれでも足りないこともあり，ある分類学者たちは「族（植物では連）」（しばしば科の下位の階層として採用される），「下目」（目の下位），「小目」（下目の下位）などの，さらに多くの階層をつくってきた．分類学者たちはまた，適切な階層が何か，たとえばある特定のグループを目とみなすべきか亜綱とみなすべきか，といったことについて，ときにはあまりにも長い議論を重ねてきた．こうした理由もあって，現代の分類学者たちのなかには，リンネの階層を全部放棄して，生物たちの関係を単に 1 つの図で表すことを好む人もいる．しかし私を含めて多くの分類学者たちは，これは行きすぎであると感じている．私は，リンネのシステムを継続すべきであると考えるが，それは 18 世紀に適切だと思われたようなものとまったく同じものであってはならない．いいかえれば私たちは，私が「新リンネ印象主義」と呼ぶアプローチを採用すべきである．この考え方については 5 章で詳しく述べよう．

第 2 部をちょっと見ていただければ，各階層の名前は特徴的な語尾をもつ傾向にあることがわかるだろう．とくに植物の科はほとんど常に "-aceae" で終わっている．ただし Graminae[註2]（イネ科），Compositae（ヒナギクなどのキク科），Labiatae（ミント，タイムなどのシソ科）など，いくらかの例外はある．また動物の科は常に "-idea" で終わる．これはある科のメンバーを非公式に呼ぶときに大変便利である．たとえば動物学者は，ウマ科 Equidae の現生あるいは絶滅した多くのメンバーを，"equid" と呼び，現生のウマ属 *Equus* のメンバーを "equine" と呼ぶ．同様に，ヒト科 Hominidae のメンバーは "hominid"，*Homo* 属に限定したメンバーは "hominine" と呼ばれる．

【註2】Graminae などの名称は今では時代遅れと考えられている．現代の植物学者は科名を，そのグループを代表する属名に "-aceae" を付したものにする．した

がって，Graminae は今では Poaceae，Compositae は Asteraceae とすべきである．

リンネは生前でさえ偉大な人物として認められていた．今日リンネの名は，日常の生物学にも，そしてとりわけ 1788 年に創設されたロンドンリンネ協会にもとどめられている．しかしリンネは砂漠に咲く孤立した花ではなかった．16 世紀から 19 世紀の前半までの生物学の時代は，今日同様，活気に満ちており，多くの天才がいた．リンネの同時代人とその直系の後継者たちも，現在なおその多くが記憶され，引用されている．ジュシューは植物の主要なグループ分けを確立するのに尽力したが，その同国人ジョルジュ・レオポルド・キュヴィエ Georges Léopold Cuvier（1769～1832）は動物の門（フランス語で embranchment）の概略をつくった．イギリスではサー・ジョセフ・バンクス Sir Joseph Banks（1743～1820）がキュー王立植物園（その開設は 1759 年に遡る）の初期のもっとも有名な園長となった．またリチャード・オーウェンによる脊椎動物化石の研究は現在でも重要である．ちなみにオーウェンは恐竜 dinosaur という用語をつくった人物である．

しかしこれらの優れた生物学者たちは，その分類に確固たる基盤を与えるために必要だと理解していた，根底にある自然の秩序を見いだすことはできなかった．かれらが必要性を確かに知っていたその秩序は，系譜学のなか，つまり，すべての生物が文字通り互いに関係しているという事実のなかにある．ちょうど私たちが姉妹やいとこやおばと関係しているのと同様である．現在では当然のことと思われているこの考えは，1859 年にダーウィンが『種の起原』で進化の考えを確立するまで，完全には認識されていなかった．ダーウィンの業績は生物学的分類の技術と科学を段階 III へと導いた．ダーウィン以後，分類学は真の意味で体系学になった．

段階 III　ダーウィンとそれ以後

進化について考えたのはダーウィンが最初ではなかった．もちろん，そんなわけはない．しかし進化が 1 つの事実であり，ものごとの自然なありようだと確かなものにしたのはダーウィンである．ダーウィンがそれに成功したのは，一部は，「自然選択の方途による」という，受け入れ可能な進化のメカニズムを初めて提供したことによる．そしてこれによってその考えが一般に信じられるようになった．そして，もち帰った圧倒的な量の証拠と，動かしがたい論理による議論で進化の考えを確立させた．進化の考え方はじつはダーウィンが『種の起原』を出版したときにはとっくに「流布していた」のであって，かれは単に i の点を打ち，t の横棒を入れただけだ，というのは（流行の議論ではあったが）真実ではない．多くの人は進化の概念をあれこれもてあそび，少なくとも 18 世紀以後にはそれを真剣に考えていた人もいたが，1850 年代の一般的な考えは，神による創造であった．すなわち『創世記 Genesis』に記述されているように，神は現在地球上にいるすべての生物と，当時化石記録として明らかになりつつあったすべての絶滅種をそれぞれ独立に，発見されたときのそのままの姿で創造された，という考えである．

ダーウィン以後のすべての人が「そのとおりだ．生物はダーウィンがいうとおりに進化してきたにちがいない」とすぐに認めた，というのも本当ではない．多くの人はそれぞれの生物が独立に創造されたという考えを擁護しつづけてきたし，合衆国とオーストラリアの一部では「創造主義」は依然として無視できない政治力をもっている．少なくともイングランドでは権威ある教会が，ずっと以前から，ダーウィンが提出した種の起原の見解が，文字通りそのまま『創世記』の叙述とうまく共存できると認めているにもかかわらず，この状態が今も続いている．現在では多くの人が『創世記』は比喩的なもの（あるいは一種の前科学的仮説）として受容することに満足している．ダーウィンを信じる多くの生物学者は（私も含め），「生物 creature」という用語を，それが文字通りには「創造されたもの a thing created」という意

味であることには少しもこだわらずに使っている．創造という比喩は今もなお心地よいものである．ダーウィンが進化の考えを述べたとたん，すべての生物学者がそれを取り入れたということも，すべての神学者がそれを排斥したということも，どちらも真実ではない（ダーウィンの友人でその擁護者であったトマス・ヘンリー・ハクスリー Thomas Henry Huxley と，「人あたりのよいサム」の異名をもつサミュエル・ウィルバーフォース Samuel Wilberforce 司教との間で，1860 年にオクスフォードで繰り広げられた有名な公開討論はあったが）．何人かの優れた科学者，たとえばダーウィン自身の以前の師であったアダム・セジウィック Adam Sedgwick やリチャード・オーウェン Richard Owen は進化の考えに抵抗したし，進化を容認した科学者のなかにも，自然選択という特定のメカニズムでダーウィンが主張したようなことが達成できるかどうか疑った人たちもいた．一方で，進化の考えをきちんと受け入れた教会関係者も多かった（ダーウィンはウェストミンスター教会に葬られている）．

しかしダーウィン以後，進化の考えは永続的に，しかも根深く受容されている，というのが事実である．ダーウィン以後のすべての真剣な理論生物学の議論は進化の考えをめぐってなされ，少なくともダーウィンの名前は分子生物学のコースでもほかと同じくらい耳にするはずだ．ダーウィンの自然選択のアイデアによって現代生物学が真の意味で幕を開けた．それは若干あいまいで，いい加減なところもあり，しばしば反対の声もあったが，しかし動かしがたいものであった．自然選択による進化は強力な考えであり，自然哲学者たちが検証すればするほど，それは真実らしく思われる．ロシア生まれの偉大なアメリカ人生物学者，テオドシウス・ドブジャンスキー Theodosius Dobzhansky（1900～75）の言によれば，「生物学のすべてのことは，進化の光に照らさなければ意味をなさない」．

しかし，分類学の議論では，進化の駆動における自然選択の特別な役割について思い悩む必要はない．私たちはただ，進化がものごとのありようであることさえ知っていればいい．その事実は，とりわけダーウィンが提唱した進化の仕組みは，分類にも深遠な意義をもっている．

新しい種の見方と 1 本の生命の大樹

ダーウィンの独創的著作のメインタイトルは 2 つのまとまりからなる．1 つは「自然選択の方途による」である．しかしもう 1 つは「種の起原」である．重要なのはダーウィンの**種 species** とは何か，それにどんな力があるか，という考えが，同時代や以前の時代の人のそれとは根本的に異なっていたことである．ダーウィンの多くの同僚科学者たちが，かれの考えに反対し，ときには真っ向から否定したのは，かれが進化について述べたからではなく，種に関する既存の信条に異議申し立てをしたからだった．

では，そもそも，種とは何だろうか．ドイツ生まれでアメリカ人の偉大な生物学者，エルンスト・マイア Ernst Mayr（1904～2004）が要約しているように，もっとも普通の現代の考え方によれば，種は生殖可能で「完全に生存可能な」子孫を残せる生物のグループということである．もし 2 個体の生物の子孫（たとえできたとしても）が「完全に生存可能」でなければ，それらは異なる種に属するとされる．「生存可能」とは，生存して生殖できることである．「完全に生存可能」とは，生存するとともに，自らの両親と同様に生殖できることを意味している．

実際は，「完全に生存可能」という基準以下になることも多々あり，さらに，種と種の境界は常に完全というわけではない．たとえば，ウマとウシはたとえ交配させたとしても決して子孫ができないので，異なる種に属する．あれやこれやの理由から，種馬の精子はメスウシの卵を受精させることはできないし，万が一できたとしてもその結果生じる胚はすぐに死滅する．一方，メスウマはオスロバの精子を受けるとラバとよばれる子を生じる．そしてメスロバが種馬と交配させられると

ケッテイ hinnie（hinny）を生じる．ケッテイはロバの体軀にウマのような頭をもつ弱い動物であるが，ラバはロバの頭とウマの体軀をもつきわめて力強い動物である．しかしいかに強くてスタミナがあろうと，ラバは生殖能力をもたないので，「完全に生存可能」ではなく，したがってウマとロバは明らかに異なる種に属する．ハシボソカラスとズキンガラスは野生でも交配できるし，実際にそうしていて，生殖可能な子孫を生じる．しかしその雑種は，どちらの両親とも生態的に競争して両親種のテリトリーの中間に「雑種ゾーン」を占めたりはできないので，完全に生存可能とはいえないのは明らかである．したがってハシボソカラスとズキンガラスは独立したままである．それゆえ実際のところ，マイアの定義をあらゆる自然現象に当てはめるには若干修正しなければならない．ときには1つの種がどこで終わってどこから次の種が始まるかを定めるのは難しい．それでも一般的には，そして出発点としては，種とは互いに性的に交配し，ほかのグループの生物とはそうしない生物グループである，というマイアのアイデアは今もなお命脈を保っている．

しかし19世紀の生物学者や博物学者ならこのような定義である程度満足したかもしれないが，かれらはまた，「種」とは形而上学的内包だとも感じていた．なぜならかれらは，本質において，またときには明示的に，プラトンの継承者だったからだ．プラトンは地上のすべての事物が，天にのみ存在する何らかの理想的な原型を大まかに複写したものにすぎない，と主張した．ダーウィン以前の生物学者も同様に，地上のウマは何らかの理想的なウマの不完全なレプリカにすぎず，地上のライオンは天上にある元となるライオンの大雑把な即席のコピーである，などと考えていた．

現代の種に関する見方は，実際的で実践的なものになっている．もし2つの生物が成功裏に交配すれば，一般に，それらは同種であり，もし成功しなければ同種でないと考える．しかしプラトン的見解は人知を超えた含みをもつ．種は単に特定の振る舞いをする生物集団ではなく，天上の理想型（イデア）の表れととらえられている．実際，プラトンの哲学はずっと以前からキリスト教の哲学の中に吸収されていた．それでプラトンのやや汎神論的な「イデア」のそれぞれは，実際は神の考えとみなされていた．

形而上学は重要な問題である．それはダーウィンもよく知っていた．「種」が単なる生物学の概念であると認めるのであれば，種に関係して，意味がありそうなすべての生物学的観察を快く受け入れることになる．たとえば，1つの種が変化して，すなわち進化して別の種になりうる，という事実を発見しても驚かないだろうし，ある1つの種がいくつかの異なる系統を生じ，そのそれぞれが独立した系統として進化して，いくつかの，ときには多くの系統を生み出しうる，という発見にも驚かされないだろう．それでいいではないか．もしそれが化石記録やそのほかの証拠が示唆するところであれば，何の問題があるだろう．しかし，前ダーウィン時代の人々が信じたように，それぞれの種は神のイデアの1つであると信じるならば，ある種が異なる種に変化するかもしれないという概念は，奇妙であるばかりでなく不敬なものにもなる．現在の私たちはこんなことが問題とされていたことにびっくりするだろうが，エルンスト・マイアが『新しい生物哲学に向けて *Toward a New Philosophy of Biology*』（1988）で述べたように，ダーウィンの同時代人の多くは，かれが見かけ上，神の創造を排斥することによって，はっきりとプラトンを否定したことに感情を害されたのである．

ビクトリア朝の生物学者は，1つの種の中の異なる系統が，時間とともに変化することを十分承知していた．18世紀の大規模な農業革命は，数十年の間にブタやウシに驚くべき変化をもたらした．ダーウィン自身もハトのブリーダーと交流があり，自らも多くの系統を維持した．そのときの変化は，交雑育種の方法で生じたものもあったが，多くはそれぞれの世代で望ましい形質をもつ個体を選択することでなされた．これは「人為選択」のプロセスであり，それがダーウィンに「自

然選択」の考えを与えた．しかしダーウィンの同時代人は，人為選択は比較的小さい変異のみを生じることができると仮定していた．実際は，飼育バト（イエバト）の変異は決して小さいものではないように見える．タンブラー（宙返りバト），ファンテール（クジャクバト），ジャコビン（首にコートの襟状の飾り羽をもつハト）などのハトは，外見も習性もまったく異なる生物である．ダーウィンの友人のブリーダーたちは，昔のハトブリーダーたちが，異なる複数の種から出発したにちがいないと考えていた．つまり，タンブラーやジャコビンなどはすべて，別々の祖先がいたと考えていたのである．

しかしダーウィンはこうした考えをすべて退けた．かれはまず第一に，野生のハトには多くの種があるが，タンブラーやジャコビンに似たものは野生にはいない事実を指摘した．かれはまた，異なるハトの系統を交雑すると，子孫の多くはカワラバトとよばれる普通の野生ハトの形質を示すことを観察した．このこととさらにいくつかの理由から，ダーウィンは，すべての飼育バトは，どんなに多様であっても，すべてカワラバトに由来すると結論づけた．要するに，かれは人為選択が非常に大きな変化をもたらしうることを初めて観察したのである．

しかしダーウィンはそこにとどまらなかった．種の境界が必ずしも超えがたいものではないことを示唆したのである．そして，もし選択が十分長い間つづけば，やがて子孫は祖先とはあまりに異なって，もはや祖先種（それが交配できるほど近くにいたとしても）とは交配できなくなり，事実上新しい種を形成する，と示唆した．じつのところ，ダーウィンが示唆したのは，どの種もいくつかの異なる繁殖個体群に分割されており，そのそれぞれが時間を経て，共通の祖先種とも互いとも明瞭に異なる新種へと進化しうることだった．いいかえれば，どの種も時間さえあれば**放散 radiate**して多くの種を生み出すことができ，そうした娘種もまた，それぞれ放散することができる．

ダーウィンはさらに外挿して，地球上のすべての生物はたった1つの共通祖先に起原をもち，それゆえすべての種はすべてを包含する1本の樹のメンバーであると論じた．それは家系図のようなもので，そのなかでは私たちのだれもが父であったり祖父であったり，兄弟姉妹であったり，「よいとこ fourth cousin」であったりしてつながっている．個人の関係を示す人間の家系図は，系図学 genealogy を学ぶときの練習問題になる．しかし個人的な家系図が個人の関係を示すだけなのに対して，進化の樹はすべての種の関係，さらには目や綱などの関係も示すことになる．これほど大規模な系図は**系統（学）phylogeny**（ギリシャ語の *phylos* すなわち「族」や「品種」にちなむ）とよばれる．こうしてダーウィンの進化の樹は1本の**系統樹 phylogenetic tree** となり，つまりは，大規模な系図を示している[註3]．

[註3] 私のよき友であるロンドン経済大学のリチャード・ウェッブ Richard Webb など，幾人かの生物学者は，人間家族や優良家畜の系図は，異なる種や生物の大きなグループの由来と関係を示す系統樹とは，表面的な類似性しかない，と示唆している．もちろんある程度は真実である．種は煎じ詰めれば（エルンスト・マイアの定義によれば）たまたま交配できる個体のグループにすぎない．そして系統樹はこれらのグループが樹の枝のように分離し，変化し，ふたたび分離するさまを示している．対照的に家系図では，特定の個人が生殖して自分たちと似た子孫を残す目的で一緒になり，子孫もまた後に自分の配偶者を見つけることを繰り返す．このように系統樹と家系図をつくり上げる基礎的なプロセスは明らかに同じではない．それでも類似点はある．とくにどちらの樹も関係と由来を示している．したがって「家族の」家系図を少なくとも系統樹の比喩としてみなすことは理にかなっていると思われる．それは（本章の引用で示したように）ダーウィンが行ったことでもあろう．それゆえ私は，系統樹が「大規模な系図」であるという考えを堅持して，友の忠告は註として残すことにする．

樹はその性質上，階層的である．小枝は枝から発し，枝は大枝から発している．最善でかつもっとも経済的な分類もまた階層的である．系統樹は現実のものであり，少なくともそれは個々の生物すべてに関する唯一無二の歴史を表そうと意図されたものである．もしその歴史を見いだすことができさえすれば，系統を追跡することができさえすれば，私たちは，古典的分類学者が探し求め，

ついに探し当てられなかった，自然の「秩序」を正確に手に入れることになる．地球上の生命がおりなす偉大で唯一無二の進化の樹がもつ大きな枝は（現代的な形での）リンネの階層の上部，つまりドメイン，界，門，綱などに対応するとみなせる．より小さい枝は中位の階層，すなわち目や科や属であり，樹の先端にある無数の小枝が種に相当する．

完璧である．ここには整然とした状態と客観性とがすべて1つになっている．地球上の生物の唯一無二の歴史以上に「客観的」なものはないのだから．ダーウィンはこのことを理解し，『種の起原』の13章で明確に述べている．

> 生命の最初の曙以来，すべての生物は，次第に減少する程度をもって類似していることが見いだされる．それゆえかれらはグループの下にまたグループというように分類できる．この分類は星を星座にグループ分けするような恣意的なものではない．

さらに

> 私は，それぞれの綱におけるグループの「配置」は，ほかのグループに対する従属と関係において，自然的であるとすれば，厳密に系図的であるべきである．

要するに，生物の分類は系統に基づかなければならない．だが，それはまだ夢のままである．

こうしたわけで，ダーウィン以後の分類学者は，「分類の土台を支えるべき原則をついに見つけた．私たちがなすべきことはその系統を探し求めつくすことだ」と安堵のため息をついたにちがいない，と考えるのが自然かもしれない．しかし実際はまったくそうではなかった．

ダーウィン以後の分類学者の一部は，ともかく実用優先で理論は二の次という考えをもっていたために，系統を無視した．進化理論に関心のあるものもないものもいるが，関心があったにしても系統に基づいた分類は必ずしも自分たち，あるいはその雇用者にとって一番有用なものとは感じていなかった．結局のところ分類の大部分は，重要な同定の実務，とりわけ，生命や経済を脅かす病原動物や病原菌の同定に使われている．そして18世紀の人為的な手引きの考案者が熟知していたように，同定というものは，手続きを軽減させるのが一番やりやすく，だから生物は必ずしもその真の関係ではなく，単に外見で分類されている．しかし真の系統的関係に基づく分類は，それ自体から巨大な実践的利点がもたらされる．たとえば，系統的に近縁の植物はしばしば類似の化学的性質をもっている．シソ科の植物はミントからマラヨナにいたるまで，芳香をもつハーブが多く，ナス科の植物は有毒なイヌホウズキからトマトやトウガラシにいたるまで，多くの薬品や毒を提供する．このように，ある生物をその真の関係に基づいて分類することから始めれば，その生物を実際に見なくてもしばしばその薬理学的，商業的性質を推測することができる．

それで，進化的歴史に注意を払う理論的傾向をもつ分類学者だけでなく，主として実践的な目標によって動機づけられている分類学者の多くも，系統に基づく分類を工夫するよう努めてきた．しかしこれは言うは易く行うは難い試みだった．まず，十分なデータを提供することと，データを扱う（4章参照）という実際的な問題がある．それに，次章で論じる理論的な問題もある．これから見ていくように，理論的問題はダーウィン以後100年間，解決しないままだった．私が段階IIIと考えているのが，この100年である．最終的，あるいは少なくとも最終的と思われる解決は，1960年代になってようやく，ドイツの昆虫学者ヴィリ・ヘニッヒによって与えられた．ヘニッヒは分類学者の仲間以外ではほとんど知られていないのではないだろうか．しかしこの限られた分野（ただしその内側のみ）では，かれはリンネやダーウィンといった巨人と並び称されるに値する人物である．

3章

自然の秩序
ダーウィンの夢とヘニッヒの解答

　チャールズ・ダーウィン Charles Darwin は，古典的分類学者が探し求めた自然の秩序が系統にあること，すなわち異なる種間の正確で系図的な関係にあることを示した．少なくとももし私たちが自然の秩序を真に反映する分類学を追求するのであれば，生物は共通の祖先を共有するときに，そしてそのときだけに限って，同じグループに含められるし，含められなければならない．ダーウィンは，バクテリア，オーク，蠕虫，そしてヒトなど，すべての生物が1本の同じ系図の樹に属すること，すなわち，最終的にはすべての生物がその祖先を単一の共通の源までたどることができることを示唆した．ダーウィン以後のきわめて多くの証拠が，最新の分子生物学的研究も含めて，かれが正しかったことを示唆している．したがって自然の真の秩序に基づく分類を追求する分類学者，いいかえれば真の系統学者を自認する分類学者にとって，取り組むべき課題は単純に何が何と類縁であるかを明らかにすることに尽きる．

　しかし，この「単純に」という語は正しい形容ではない．系統学的洞察にいたる道のりは，落とし穴に満ちており，落とし穴のいくつかは原理的にはすでにダーウィン以前から認識されていたものの，ドイツ人の昆虫学者ヴィリ・ヘニッヒ Willi Hennig がいわゆる**分岐論 cladistics**（ギリシャ語の枝 clados にちなむ）の考えと方法を発展させはじめるまでは，完全には理解されていない落とし穴もあった．ヘニッヒは分類に関する自らの考えを1950年に発表したが，一般にきわめて重要と考えられる業績は，とりわけ，1960年代半ばに発刊したその著書『系統的体系学 *Phylogenetic Systematics*』(1966) にある．

　現在でもなお，一部の伝統的分類学者は分岐論を疑いの目で見ているし，またその中心的教義は受け入れても，より重要でないところは排斥する人たちもいる．しかし分岐論の中心哲学は，現在では正統的考え方となった．本書でも分岐論が行く手を照らす光であるのは間違いなく，第2部のすべての樹は分岐論の原理に基づいている．ただし，本当のところをいえば，私はヘニッヒが関係を判断できると示唆したとっぴな基準の一部（たとえばかれは生物地理学を過度に尊重した）は明確に否定しているし，グループの命名に関するかれの謹厳な考えにも疑問をもち，少なくともコミュニケーションの容易さのためにすこし基準を緩めることを提案している．しかし全体としては，ヘニッヒの基本的考え方と方法は，まさに必要とされていた天才のひらめきを提供しているように思われる．要するに，分岐論こそが分類段階IVなのである．

　しかしヘニッヒの洞察と方法を詳しく見る前に，なぜかれの努力を投入する必要があったのか，なぜ生物の系統を見抜くことがそれほど困難であるかを問うてみる必要がある．確かに，つまるところそれは観察の問題である．さまざまな形質を記述し測定し，そして何が何にもっとも似ているかを知ることである．そう，それがまさに必要とされることであり，実際になされていることである．しかしこのような努力の外延には，実践的および理論的な何層もの問題が生じる．このような困難を比喩によって見通すことから始めよう．

収斂，発散，放散——スミス，スミス，ハリス，ロビンソンの寓話

　ここで，魔法の力で19世紀初頭のイギリスの村まで吹き飛ばされたと想像していただこう．その村のパブであなたは，2人の農夫と2人の法律家という，若い愉快なグループと出会う．農夫の2人はどこから見ても明らかに農夫で，肩幅は広く，アクセントも農夫のものであり，赤ら顔でモールスキンのズボンをはいている．法律家の2人は古典的な法律家らしく，ステッキをもち，フロックコートを着てめかしこんでいるし，本物のオクスフォード大学のアクセントで話す．あなたはいささか騒がしいそのパブで，4人組のうち2人がスミスという名の兄弟であり，残り2人がロビンソンとハリスという名であるという，いささか不確かな情報を得たとしよう．

　それ以上の知識がなければ，スミス兄弟はよく似ていて同じように振る舞うはずだ．したがって2人の農夫か2人の法律家のいずれかがスミス兄弟だと考えるのが妥当だろう．後になってあなたは，じつはスミス兄弟は農夫の1人と法律家の1人であることを知って虚を突かれることになる．農夫のもう1人がロビンソン，法律家のもう1人がハリスだという．いいかえれば，本当に関係のある2人は似ていないことになる．そしてよく似たそれぞれの組は，まったく関係がないのである．

　この愛すべき4人組は系統学の重要な原理のすべてを表している．そしてあなたが最初に犯したまちがいは，外見から関係を知ろうとする人々に常につきまとう問題のほとんどすべてを示している．でもこれが単なる比喩であることを強調しておこう．系統学者としての生物学者は，種やもっと上位の階層のグループ間の関係を確立しようとする．そして種や種のグループ間の差異は，進化的とよばれるような遺伝的変化によってもたらされる．身なりや顔の色やアクセントのような見かけの身体的差異は遺伝的な変化を伴わず，進化的というよりは単に行動的（社会的）なものである．しかし私がここで論じようと思う原理は，比喩の限界があるにもかかわらず，この寓話で論じることが可能である．

　まず何はさておき第1に，どのような歴史的事象が，近縁の人々の見かけ上の差異と，近縁でない人々の類似性を説明できるのだろうか．

　さて，2人のスミス兄弟の父も農夫であり，なかなかの成功を収めていた．この時代の同じ社会的階層の人たちと同様，かれは息子たちが「出世する」ことを望み，社会的に前進する道は教育にあると考えた．そこで息子たちを，教師として名が知られていたオクスフォードの卒業生で近隣の村に住む副牧師のところへ教育してもらいに送った．法律家のスミスはしっかり勉強し，やがてオクスフォード大学ベイリオルカレッジの奨学金を受けることになった．そしてかれらは教師とともに住んでいた（当時は住み込みが普通のことであった）し，オクスフォードに数年いたので，以前の田舎のアクセントは変化した．しかしかれの兄弟はまったく勉強が手につかず，礼儀を失しない程度に急いで家族の農場に戻り，やがて農場を父から受け継いだ．

　スミス兄弟は，進化生物学者が**分岐 divergence**と呼ぶ現象を示している．共通の祖先をもつ2つの生物が，それぞれ異なる状況に急速に適応して，それによって行動も外見も変化することがある．生物の1つの系統は多くの異なる形態と生活方法を採用するためにさまざまに分岐することがあり，それで1つの系統が多数になりうる．そしてすべての分岐の総和は**放散 radiation**という，姿が目に浮かぶような用語で呼ばれる．ダーウィンの業績の一部は，ガラパゴス諸島の，異なる食性，習性，体の大きさ，くちばしの形をもつ種々のフィンチが，ずっと以前におそらく大陸のエクアドルからこの火山島に吹き飛ばされてきた1種類のフィンチから放散したことを，（友人からの若干の助けをかりて）明らかにしたことだった．しかし分岐して2つの生物が生じたとき，ちょうどスミス兄弟が分岐したときの

ように，それらが本当は関係があることを理解するのは難しいこともある．

法律家スミスと法律家ハリスは，さらに大きな混乱を生じさせうる別の問題，すなわち**収斂 convergence** の問題を示している．ハリスは商船船員の家系の出である．かれの父方の先祖は派手な人たちで，タールまみれの弁髪やら，罰当たりすれすれの逸話やらに彩られていた．しかしハリス自身の父親は大学を優秀な成績で卒業し，法律家スミスの父親と同様，息子がもう少し落ち着いた人生を送るよう望んだ．それでハリスジュニアはスミスジュニアと同様にベイリオルの奨学金を得て法律を勉強することになった．少なくとも身なりと話し方の点では，ハリスと友人のスミスは今や瓜二つだった．しかしそれぞれの父親は，一方は三角帽子に白の靴下，他方は幅広の帽子にゲートルを巻いていて，これ以上ないほどまったく似ていなかった．2人の若者は似た環境に適応した結果，収斂したのである．

平行現象，あるいは**平行進化 parallel evolution** は，収斂の特別な場合と考えることができる．たとえば，もう少し後の時代を見てみると，法律家スミスからは3代にわたってかれと似た法律家がつづき，ハリスも同様だった．後の世代の外見はそれぞれの父親とは異なっていた．たとえば銀色の飾りのついたステッキは傘に取って代わられた．しかしそれぞれの世代では法律家スミスと法律家ハリスは互いに似ていた．それぞれが法律家という同じ職業の必要性に適応しつづけたからである．2つの家系の「進化」（「進化」の語を曖昧に使っている）は平行して進行している．しかし19世紀末になって，今度は，ハリス家の1人が軍隊に関心をもってボーア戦争に従軍したとしよう．かれの身なりと行動は変化する．ふたたび分岐が生じたのである．しかし第一次世界大戦が勃発すると，スミス家の男の子たちも兵士になる．またしても収斂が起こることになる．野生生物の系統も長い年月の経過とともに収斂し，平行して進化し，分岐し，再度収斂することがある．どのような段階であれ，もしかれらの関係を，非常に顕著ではあるが結局のところは単に表面的であるかもしれない形質だけに基づいて知ろうとするなら，多分混乱に直面するであろう．

寓話から現実へ．
哺乳類の「果てしないダンス」

哺乳類は，分岐や収斂が，そしてときには平行現象がどれほど驚くべきものである（そして混乱を招きやすい）かを示してくれる．たとえば，現生哺乳類の2つの主要なグループは有袋類と真獣類であり，どちらもおよそ1億2000万年前，白亜紀初期に生息していた共通の祖先に由来するようだ．どちらも，それぞれの系統の中でさまざまな系統が分岐して，驚くほどの放散を示した．有袋類は，アボリジニーがオーストラリアに到着してまもなく絶滅した，サイに似たディプロトドンから，カンガルーやコアラまで広がりをみせ，真獣類はウマ，ネコ，コウモリ，クジラ，ナマケモノ，そしてヒトを含んでいる．

哺乳類のこの2つの大きいグループが，それぞれ，ほかのグループがもたない体の型と生活様式（ときに「生態的形態 ecomorph」と呼ばれる）をもっているのは明らかである．たとえば，跳躍する真獣類はいるが，どれもカンガルーとは似ていない．泳ぐ有袋類はいるが，どれもクジラには似ていない．そして飛翔するクスクスはコウモリには似ていない．しかし，少なくとも同じぐらい驚くべきなのは，この2つの哺乳類グループ間の収斂と平行現象である．あまりにも見事な収斂だったので，植民地時代にはしばしば多くの有袋類が，似ていると思われる真獣類の「仲間」にちなんで命名された．有袋「ネズミ」，有袋「モグラ」，タスマニア「オオカミ」などである（しかし現在ではこれらの生物は，以前の，アボリジニーの名前に戻されている）．

時間を遡り，有袋類が今日のオーストラリアと同様に繁栄していた南アメリカにも目を移してみると，有袋類と真獣類の間に，さらにそれぞれのグループ内に，より多くの収斂が見つかる．絶滅

真獣類の中でもっとも有名な剣歯ネコがその好例である．北アメリカのスミロドン *Smilodon*（しばしば誤って剣歯トラといわれる）がもっともよく知られているが，じつはほかにも多くの剣歯ネコがいる．ここで重要なことは，剣歯はネコ科の中で少なくとも3回独立に進化したことである．つまり3本に分かれたフォークのような平行進化である．ことの成り行きで，たまたま今日では剣歯ネコは現存していないが，現生のアジアのウンピョウ *Neofelis nebulosa* には大きな犬歯があり，もしかしたら，4回目の剣歯様式を発明しようとしているといえるかもしれない．

しかし真獣類における平行現象と収斂はもっと進んでいる．（およそ2400万年前に始まった）中新世まで，ほとんど正確にネコに似てはいるが，今ではまったく別の科，ニムラウス科に分類される肉食動物が存在した．ニムラウス科とネコ科は全体として収斂の最高の例を提供する．しかし，さらに驚くべきことは，ニムラウス科の動物も剣歯をつくったことである．それゆえ真獣類の2科には（ウンピョウも含めて）剣歯をもつ5つの独立したグループがいたことになる．ところが，有袋類の異なる2科がまた剣歯をつくった．南アメリカの有袋類ティラコスミルス科のティラコスミルス *Thylacosmilus* は，ネコ科の剣歯ととてもよく似た，大きくてカーブした犬歯をもっていた．オーストラリアの有袋類「ライオン」であるフクロライオン科のティラコレオ *Thylacoleo* は，不思議なことに犬歯ではなく門歯由来の剣歯をもっていた．このように，哺乳類の異なる4科には少なくとも7種類の独立した剣歯の発明家がいた．そしてこれら4科のもっとも近い共通の祖先は，はるか以前の恐竜時代に生息していた，表面的にはトガリネズミに似た小型のものであった．当時はそれが哺乳類の典型的な姿だったのである．

哺乳類の歴史を全体として見ると，分岐（放散を生む），収斂，平行現象が驚くほど交錯していることがわかる．それらはエール大学のエリザベス・ヴァーバ Elisabeth Vrba が「果てしないダンス」と呼んだものを生み出した．それはそれぞれの系統がほかの系統の衣装を身にまとおうとし，多くの異なる系統が同じ生活様式を試みようとする，なんともこっけいな大騒ぎである．だから，1章で述べた絶滅した200種のサイも，すべてが現生のサイと似ていたわけではない．たとえば鼻に角をもつものは少数のみであるし，すべてが現生種のようにいかついタンクの形をしたわけではない．あるものはポニーのように小型できびきび活動した．ある種はカバのような形態をしていて，おそらくカバよりもカバらしい習性をもっていた．哺乳類のなかで最大の動物，時にバルキテリウム *Baluchitherium* またはインドリコテリウム *Indricotherium* とよばれるが，今日ではより適切にパラケラテリウム *Paraceratherium* とよばれる動物は，巨大なキリンの形をしたサイで，立つと肩高が5 mに達し，さらにその巨大な頭と首を1 mほども上に伸ばすことができた．実際のところキリンは，キリンのような形態を試みたいくつかの哺乳類の系統の1つにすぎない．パラケラテリウム以外にもとても長い首をもつラクダも何種類かいる．

食肉類における果てしないダンスは目もくらむばかりである．今日イヌはイヌらしく見え，イヌらしく振る舞う．中型で軽やかな体つきで，走るのが得意な生物で，通常は，群れをなして狩りをする．クマは重くて気まぐれで多かれ少なかれ孤独である．ハイエナは骨を砕いて食する生き物で，例外といえば，アフリカ南部および東部に生息していて，シロアリを補食する極端に歯の弱いアードウルフくらいである．しかし過去3000万年の間には，小型でおそらく群れで狩りをしたイヌのようなクマがいたし，一方，驚くべきアルクトドス *Arctodus*（ショートフェイスベア）は，現生のグリズリーの半分ほどの大きさで強力な顎と走行用の長い脚をもった，巨大なロットワイラー犬のような機能をもつクマであった．ハイエナのように骨をかみ砕くイヌもいた．北アメリカにおけるその存在は，100万年前の氷河時代にベーリンギア——現在のベーリング海峡にかかる

陸橋——が出現して，ユーラシアのネコ類や有蹄類が北アメリカに流入したときに，本当のハイエナが入ってくるのを阻止したかもしれないのである．しかしハイエナは，骨の粉砕者として進化する以前には，明らかに見かけも行動もイヌに似ていた．

しかし，私たちは化石証拠をなぜこのように解釈するのだろうか．生物学者はなぜ，イヌのように狩りをした昔のハイエナやクマが，イヌではなくそれぞれハイエナやクマに属していたと仮定するのだろうか．骨を砕いた昔のイヌは，どうしてハイエナではなくイヌだと仮定するのだろうか．その解答は相同 homology と成因的相同（同形非相同）homoplasy という重要な概念にある．これらの概念を示すために，ここでまたしばらく，19世紀初期のわが4人の飲み友だちに話を戻そう．

相同と成因的相同という重要な問題

スミス，スミス，ハリス，ロビンソンの4人と初めて過ごした最初の晩に，スミス兄弟は2人とも農夫か，2人とも法律家だろうと想像したわけだが，かれらの特徴，つまり生物学者がいうところの**形質 character** は，その想像とは一致しない．たとえば，（やがて判明した）農夫スミスと法律家スミスの兄弟は相当に違って見えるが，どちらも机の上にひじをついてほおづえをしているという，ほとんど同じ格好で座っていることが多かった．帽子を取るとどちらも黒いカールした髪をもち，前歯の間にすきまがあった．それとは対照的に，もう1人の農夫はまっすぐでいかにもアングロサクソン的な金髪をもち，歯並びは直線的であった．一方もう1人の法律家の髪はやはりブロンドではあったが，明らかに後退していて前歯はやや重なっていた．

それで，最終的に4人の本当の関係を知ってみれば，知らなかったときほどの驚きはなくなる．常識と経験は，法律家スミスと法律家ハリスの類似性は容易に変わりうるたぐいのものだということを教えてくれる．人間は衣服を選ぶだろうし，ある程度はアクセントも選べる．そして屋内の生活は顔の色を白くさせる．しかし法律家スミスと農夫スミスの兄弟を結びつける類似性はそれほど柔軟ではない．たとえば，矯正歯科がなかったころは歯の位置を変えるのはそれほど容易ではなかった．実際，19世紀中葉に行われたエンドウに関するグレゴール・メンデル Gregor Mendel の遺伝の研究のずっと以前から，歯の形のような形質は遺伝しやすいということをだれでも知っていた．歯だけでも（それに髪の毛，座り方などが加わればさらに），農夫スミスと法律家スミスには関係があり，そうした特定の形質を共通の祖先から受け継いでいるという考えに，無意識のうちに気づかせてくれるだろう．

共通の祖先から受け継いだ形質は**相同的 homologous** とよばれる．じつは，法律家スミスと農夫スミスの場合，すきまのある歯のように，2人が共通にもっている形質は似ているが，相同であれば似ていなくてはならないということはない．たとえばヒトの腕は鳥の翼と相同である．どちらも，少なくとも3億年前（鳥類の祖先である双弓類爬虫類が，哺乳類の祖先である単弓類爬虫類から分岐したとき）に生存していた共通祖先の前肢から進化したものだ．要するに重要なのは，共通の遺伝であって，類似した外見ではない．異なる2種類の生物が共通にもつ形質は「**共有（された）shared**」といわれる．

一方，法律家スミスがハリスと共有している形質，シルクハットや握りが銀製のステッキなどは，単なる表面的なものである．2人が同じような特徴をもっているのは，単に，それぞれが独立に同じ生活様式に適応し，それに見合う制服を身につけたからである．このような類似性は，共通の生活様式に対して独立に身につけた**適応 adaptation** であり，**成因相同性 homoplasy** とよばれる．形容詞は**成因相同的（homoplasious**，人によっては "**homoplastic**"）である．生物の例でいえば，シカの枝角はカモシカの角と成因相同的だろう．それらは（枝角がたいてい枝分かれしてはいるものの）ほとんど同じに見えるし，

同じ役割をもっている．しかし，この両者は，2種類の動物の異なる組織から形成されている．

要するに，相同は真の関係を反映するが成因相同はそうではない．したがって真の関係を探し求めるに当たって系統学者は，真に相同なものと単に成因相同なものを区別しなければならない．異なる生物における本当に相同な形質が，相同にもかかわらず異なって見えることがある（それゆえ私たちは，個々の形質は生物全体と同様に分岐する，といえる）一方で，成因相同的特徴はその定義からして，同じに見える傾向があるため，この識別が難しいのは明らかである．野生生物は，パブの人間とは違って，その生活史を私たちに語ることはできない．体系学者は自力でそれを見いださなければならない．学者たちがこれをどのように実行するかは長くて複雑な物語であり，しばしば多くの議論を呼んできた．

実際の生物へ——相同性の探求

生物学者は相同と成因的相同を区別する助けとして，伝統的に，基本的には常識的なアプローチを用いてきた．これらの方法は完全に信用するわけにはいかないが，依然として必要である．分類学者がいかに熱心に「客観的」ルールを探したとしても，人間の手による判断という必要性から完全に逃れることはできない．系統学を確立しようとする探求は歴史を再構築する試みでもある．その際，真実に至る王道はありえない．しかしルールや原則に枠組みを与えることで，確かに当てずっぽうのやり方を改善することはできる．

真の相同を探すときの基本的な考えは，生物のいくつかの性質は世代ごとに変化しない傾向にあるが，ほかの性質は環境の厳しさによってあちこちに揺れ動くように見える，ということである．世代を通じて存続する形質は「**保存**（されている）**conserved**」という．（スミス兄弟のすきまのある歯のような）保存された形質は，真の関係に対する指標を提供するにちがいないはずだが，その一方で，（人間の仕事着のような）環境に容易に反応しやすい形質ははるかに当てにならない．これはごく普通の常識である．

しかし，保存された性質がそれほど保存されていない性質より，相同を示すより信頼できる手がかりとなるという考えは，ダーウィンが考えたように，すべての生物が進化してきたこと，そしてすべてが共通の祖先から進化してきたことを仮定しなければ，意味をなさない．それでも，高度に保存されている性質とより変化しやすい性質の基本的な区別は，ダーウィンの時代よりはるか以前からなされていた．2章で見たように，18世紀にアントワーヌ＝ローラン・ド・ジュシュー Antoine-Laurent de Jussieu は，顕花植物の子葉の数は花の形態より植物の関係をより確実に示し，花は葉よりも確実であると示唆した．しかしジュシューには進化や共通の祖先といった概念はまったくなかった．「相同」という用語は，ダーウィンの『種の起原』より数十年前に，生物学用語としてリチャード・オーウェン Richard Owen によってつくり出された．オーウェンは偉大な生物学者ではあったが，晩年にいたるまで反進化論者であった．したがって，「相同」の概念はダーウィン的進化の概念の外では本当の意味をなさないと思われるものの，真に偉大な生物学者たちはダーウィン以前にもその意味するところを感じとっていたのである．かれらは自然のどこかには秩序があることを知っていて，相同の概念がかれらをその秩序に導いてくれると感じていた．かれらはただ，秩序が家系図の中にあると信じるところまでは行けなかったのである．

自然史博物館は普通，相同と成因的相同の概念を，ヒトと魚類（たとえばキンギョ）とイルカを使って説明する．それらの関係はどのようにしてわかるだろうか．全体の体形はイルカとキンギョでかなり似ている．どちらも葉巻型の体をもち，ひれを使って自らを推進する．実際イルカはいろいろな社会で現実に「魚類」として分類されている．しかしより詳細に調べてみると，イルカのひれはヒトの手首，掌，指の骨ときわめてよく似た一連の骨によって支えられていることがわかる．

それはヒトの手がオーブン用手袋の中に入っているようなものである．対照的にキンギョのひれはうちわのような細いすじ状の骨で支えられていて，手首から先に伸びているわけではない．もちろんこれらの事実だけでは，イルカとヒトが，ヒトとキンギョよりも近縁であるという証明にはならない．2つの葉巻型の動物ははるか昔に，フォーク状のひれをもつ祖先から分岐して，その後独立に，一方はうろこでもう一方はゴムのような皮膚，さらには，一方はすじの入ったひれでもう一方は手のようなひれ，などという異なる形態を開発した可能性だってある．その一方で，ヒトはイルカと同じく手のような前肢を独立に生み出したのかもしれない．しかし，常識はそれがありえないことを示唆している．結局のところイルカのひれとヒトの手は機能がまったく異なっているのだから，もし両者が共通の祖先に由来していないとすれば，なぜかれらはそんな類似した構造をもたねばならないのか．

　この物語のシナリオには重要などんでん返しがある．というのも，相同はじつは相対的な概念であるから，それは程度問題なのである．キンギョ，イルカ，ヒトの祖先を十分昔まで遡ると，およそ4億年前に生息していた魚類に似た共通の祖先から進化したことがわかるだろう．この祖先は2個の胸びれと2個の腹びれをもっていて，それぞれが一方ではキンギョやその仲間の条鰭に，他方では哺乳類やその仲間の肢に進化した．もしキンギョとイルカとヒトの関係を知りたければ，後2者の前肢は相同であり，一方イルカのひれとキンギョのひれは単なる成因的相同である，ということになる．しかしそうではなくて，キンギョとイルカとアリの関係を明らかにしようとすれば，キンギョとイルカのひれはどちらも古代の胸びれから進化したという意味で相同であり，アリの肢は単なる成因的相同であると結論すべきである．文脈がすべてなのだ．

　もっと複雑なこともある．近年すべての動物の形態は Hox 遺伝子複合体 Hox gene complex と呼ばれる一連のホメオティック遺伝子群にコードされていることが明らかになった．そして，細かい点ではかなりの差異があるにしても，ヒトの Hox 遺伝子はハエでもブラインシュリンプでも，ともかく何でもあらゆる動物のそれと驚くほど似ている．Hox 遺伝子群の仕事は個々の器官に対する特定のコードを提供することではない．つまりこの遺伝子群は動物が肝臓や眼をどのようにつくるかを示すわけではない．そうではなく，発生中の胚に対して，肝臓や眼やそのほかの器官をどこに配置するかを指令しているのだ．ハエの眼とヒトの眼は，およそこれ以上ないほど異なる器官である．だれもそれが何らかの点で相同であるとはいわないであろう（訳註：ハエの眼とヒトの眼の形成には「相同」の遺伝子が鍵遺伝子としてかかわっていることから，両者は進化的に相同であるという見解もある）．しかし，ハエやヒトの眼が頭部の前方に位置することを指示する Hox 遺伝子はこれら2種類の動物（しかも，なんと，知られているかぎりすべての動物）で同じなのである．この発見はすべての人を仰天させた．これは20世紀後半の生物学において，もっとも驚くべき発見の1つである．Hox 遺伝子群には4章と第2部の5章でも出会うことになる．それまでの間は，ハエとヒトの眼は相同ではないが，両者の眼をどこにおくかを決める遺伝子は相同だということを心にとどめておいていただきたい．相同という概念は分類学の研究では決定的に重要であるが，それは一見して予想されるほど単純なものではないのである．

　先にあげたキンギョ，イルカとヒトの例はいかにも明白にすぎた．イルカのひれがキンギョのひれよりヒトの手に近いことはすぐにわかる．ほかの形質やほかの生物になると説明がずっと難しくなる．そこで系統学者は，2つ以上の異なる生物が共有する特定の形質が，相同であるか成因的相同であるかを一般的に決定する助けになる，一連のガイドライン，つまりルールと原則を定めてきた．

　たとえば，異なる生物が共有する羽毛のような複雑な形質は，毛皮のような単純な形質より，相

同を強く示すだろう．ここでもこの考えの根本は常識である．構築に多くの異なる遺伝子を必要とする複雑な器官は，一度しか進化しないだろう，したがってそのような器官をもつ生物はすべて，それを同一の祖先から受け継いだにちがいない，と常識は教えてくれる．羽毛はきわめて多様である（ダチョウのダウンとスズメの風切り羽を比較してみるとよい）．それでも，どれもが同じ複雑な基本構造をもっている．孵化前，あるいは孵化したてのひな鳥を見ると，いずれも羽毛を同じ道すじで形成していることがわかる．羽毛の遺伝学を研究すれば，ダチョウもスズメも，その中間にいるどの鳥類も，基本的に同じ遺伝子群が羽毛をつくっていることが見いだされるはずだ．あらゆる証拠が羽毛はすべて相同であるという考えを支持するが，常識は，たとえ詳しい証拠がなくてもそのことを示唆している．常識からして，このように複雑な構造が，祖先的な爬虫類の複数のグループで，独立に複数回進化したとはとても想像できない．

対照的なのは毛皮である．確かに毛皮は現生哺乳類を束ねる特徴の1つのように見える．しかし哺乳類とはまったく無関係なある絶滅爬虫類，たとえば飛翔した翼竜などはおそらくある種の毛皮をもっていた．マルハナバチやガも「毛皮」をもっている．実際はマルハナバチの毛皮はキチンでつくられ，哺乳類の毛皮はまったく異なるケラチンでできているので，両者は明らかに相同ではない．そしてもちろん，多くのほかの差異からしてもこの2種類の動物は無関係である．それゆえマルハナバチの毛皮，哺乳類の毛皮，そして翼竜の毛皮は単に成因的相同である．しかし「毛皮」を広く定義すると，それが比較的単純な構造であることに注意してほしい．それは皮膚が単に棒状に突き出したものといえる．複数の系統の生物がそのような単純な構造物を形成したからといって驚く必要はまったくない．

さらにまた，多くの生物は特定の器官を失ってきた．たとえば，洞窟に生息する多くの動物は眼を完全に，または部分的に失っているし，島に生息する多くの鳥は飛翔せず，ときには翼をほとんど失っている．系統学者は，眼のない2種類の魚類，あるいはキウイとドードーのような飛翔しない2種類の鳥類を，関係があるにちがいないと結論すべきだろうか．否，というのが簡単な答えだ．しかしなぜ否なのか．それは，どのようなものにせよ，単純な構造を進化させることが，原則的には容易なことであるのと同様に，単純であれ複雑であれ，ある構造全体を失うこともきわめて容易だからである．というのも，遺伝子は階層的に作用するからだ．脊椎動物の眼や鳥類の翼を（それとともに必要な神経や筋肉も）つくり出すには膨大な遺伝子の複合体が必要になるだろう．しかしこのような複合体のそれぞれは，小隊に命令を下す軍曹のように，少数の「鍵」遺伝子によって支配されているだろう．そして理論的には，何百万年もかけて進化し，眼や耳や肢や頭の形成を導いてきた，おそらくは巨大な遺伝子複合体の全体の発現を，このようなマスター遺伝子におけるたった1つの変異が抑制できるだろう．

自然選択がなぜときとして器官の喪失を好むのかについては，ほかにも多くの理由がある．鳥類の飛翔はすばらしい．たいへんな財産である．第2部（21章）で見るように，鳥類は系統的には恐竜であり，白亜紀を越えて生きのびた唯一の恐竜である．飛翔は明らかに，鳥類をして恐竜の滅亡を引き起こした危機（もう1つの飛翔する恐竜であった翼竜類もまた，もちろんこの危機で脱落した）を乗り越えさせた特性である．しかし飛翔には膨大な投資を必要とする．飛翔のための羽毛は常に毛繕いをしなくてはならないし，再生もしなければならないし，胸の巨大な飛翔筋は鳥の体重のほとんどを占める．飛翔は危険でもある．海岸を飛翔する鳥は海に吹き飛ばされるかもしれない．実際，ある種の状況，とりわけ，小さすぎて大型の哺乳類を支えられず，常に横なぐりの風が吹き荒れるような島では，飛翔はほとんど何の利益ももたらさず，それに要する対価はじゃまものとなる．そうしたわけで，多くの島の鳥たちが独立に飛翔を放棄している．現在でも過去において

も，ガチョウ，アヒル，ウ，ハト（ドードー，ロドリゲスソリテアー），クイナ，ウミガラス（オオウミガラス），オウム（カカポや多くの絶滅種）などが飛ばなくなった．同様に，眼も暗黒の洞穴では不要ばかりでなく，もっと積極的にやっかいなこともある．容易に傷つき，感染するのである．かくて自然選択は，洞窟動物の眼に対して積極的に力をふるう．眼の喪失も遺伝的には容易である．また，穴に住む多くの異なる系統の動物が肢を縮めたり，完全に失ったりしている．さらに，固着性動物のなかには，イガイやフジツボのように頭部を失ったものもいる．完全な寄生動物の多くは，ほぼ全身を失って，ほとんど消化管と生殖腺だけになっている．

　現代の系統学者はまた，小さくて見かけ上は付随的な細部が，眼につきやすい性質よりも相同を示す点ではより信頼がおけるということに気づくようになった．それはまさに，些細な形質は生物の生存に無関係であり（あるいはそのように思われ），日々の自然選択の圧力を免れるからである．たとえば古代のヒトの関係を確立しようとする古人類学者（ヒトの進化の専門家）は，化石歯の咬頭の数を重視する．咬頭の数は歯の機能にはそれほど影響せず，したがってその類似性は収斂的適応というよりは共通の祖先を反映しているように思われるからである．しかし歯全体の大きさやエナメル質の厚さは，食性にすぐ適応し，ごく近縁の系統間でも大きく変異することが珍しくないので，系統学的にはさほど重要ではない．エナメル質の厚さは，動物の日常的な生存にきわめて重要で，自然選択によって短い期間に強く影響されるので，関係を示すよい指標にはならない．

　最後に，すでに少し触れたように，系統学者はある情報にはほかの情報より重きをおく．とくに，かれらは胚の類似性が相同をよりよく表すと仮定する傾向がある．それは，胚は一般的に環境からの選択圧にはそれほどさらされないからである．かれらはまた分子的類似性をきわめて真剣に受け取る傾向がある．しかし，これについては4章でもっと詳しく論じよう．

　しかし，どれほど賢明で吟味もされた種々のルールやガイドラインがあったとしても，真実に至る王道はないのである．羽毛はだれでも認める明瞭な形質であるが，それでも羽毛が一度しか進化しなかったとはだれも確実にいうことはできない．分類学者はただそうであろうと推測するだけである．人間による判断が絶対に必要なのである．しかし多くの分類学者がほとんどの時間扱っている解剖学的形質は，羽毛よりずっと評価が難しいものが多い．たとえば，これまでに知られている何百万という節足動物のありとあらゆる奇妙な剛毛やら突起やらを考えてみよう．必要な判断は専門家によってなされる．ほかにだれができるだろう．しかしそこにはさまざまな障害がある．というのも，分類学は比較的小さい分野で，どのグループの生物も，とりわけそれがあまり目立たないグループであると，たった1人か，あるいはごく少数の研究者によって研究されていることも珍しくない．したがって，これらの専門家は仲間がいないか，いてもわずかである．かれらの考えに異を唱えることのできる同等の専門家はいない．かれらは自分自身の作業方法と自分の基準を開発しがちである．やがてかれらは自分の直感，あるいは「感覚」で研究するようになる傾向がある．

　もちろん専門家には差し替えがきかない．近年，人員削減によって博物館の分類の専門家がたくさん失われていることは，まさに悲劇である．しかし科学は，どれほど正直で頭がよくても，独自のやり方で研究している個々の専門家のみに依存してはならない．科学の強みは相互批判にある．すべての考えは批判にさらされなくてはならない．しかし分類学者がほんの数人の仲間と研究していたり，あるいはその仲間が自分の学生だけで，自分たちだけの思考方法を開発したりするだけなら，かれらのいうことにだれが疑問を呈すことができるだろうか．批判を受けない専門家は，学術的意味を失うのみならず，実質的に宗教的意味での権威となる．かれらの発言はドグマになる．そしてドグマは，その背後にどれほどの輝き

を秘めていようとも，原理的には科学に対するアンチテーゼである．

　現代の分類学の理論についてさらに先に進む前に，ちょっとばかり寄り道をするのがよさそうだ．相同と成因的相同を明瞭に区別することと，両者の間で良識のある舵取りをすることはまったく別のことだということを示す教訓的物語を紹介しよう．原則はいかに明白であっても，分類の実践には微妙な問題がつきまとう．

1つの教訓物語——アザラシ，アシカ，セイウチ，イタチ，クマ

　アザラシ，アシカ，オットセイ，セイウチはもう長いこと海で暮らしている肉食哺乳類である．伝統的に体系学者は，オットセイとアシカをアシカ科に，セイウチをセイウチ科に，アザラシをアザラシ科にと，3つの科に分類してきた．これはコルベット G. B. Corbet とヒル J. E. Hill が『世界哺乳類種リスト A World List of Mammalian Species』第3版（1991）で推奨した分類で，ほとんどすべての書物が哺乳類の標準的文献としている．さらに，これらすべての海生哺乳類は伝統的にアシカ亜目 Pinnipedia という単一のグループに含められている．このアシカ亜目は，食肉目（ネコ目）というイヌ，クマ，イタチ，アライグマ，マングース，ジャコウネコ，ネコ，ハイエナを含む目の亜目か，イヌなどの陸生食肉類とは区別して独立した目に配置されている（コルベットとヒルは後者を推奨している）．これらの伝統的な枠組みではすべてのアシカ類は1つの共通祖先から生じたと仮定されていた．

　しかし動物学者のなかに，ここに収斂のにおいを嗅ぎとる人たちもいる．もしかしたら，アザラシ類，アシカ類，セイウチ類の類似性は単に表面的なものかもしれないというのだ．アザラシの泳ぎ方はセイウチやアシカのものとはまったく違う．アザラシは体，とくに尾をしなやかにくねらせて魚と同じように水中を進む．その前ひれ脚は単に舵取りをするだけである．一方，セイウチ，アシカ，オットセイはその前ひれ脚を水中の翼のように使い，基本的には水中を飛んでいるのであって，体の後半部分はいわば引きずられるにまかせている．この3つの科はこれほど異なった様式で運動するのに，なぜ同じ祖先から進化したと仮定されるのだろうか．セイウチとアシカは1つの祖先，アザラシはまた別の祖先から進化したというほうが本当らしくないだろうか．

　こうして，アシカ科とセイウチ科は1つの祖先，アザラシ科はまた別の祖先から進化したという考えが生まれた．アシカ類 otariid は外耳をもっている．そのことはその otariid という名前の耳を意味する"ot-"に反映されている．セイウチも同様である．このことはこれら2つの科が近縁であることを示唆しそうだ．そこで，アシカ科とセイウチ科はクマ科の，クマに似た祖先から進化し，一方アザラシは，イタチやアナグマやカワウソを含むイタチ科から進化した，という考えが強くなってきた．これは全体としてきわめて整然としているように見え，動物学者は，ひれあし類の体表の性質を観察することで隠れた収斂を見抜いたことに満足した．

　しかしカリフォルニア大学サンタバーバラ校のアンドレ・ワイス André Wyss は1988年にまったく逆の議論を展開した．かれはアシカとセイウチはアザラシとはひれ脚の使い方が異なるが，3種類のひれ脚は実質的に同じ骨構造をしていることに注目した．たとえばどれも第5指は強大であるが第3指は弱々しい．しかしもしアシカとセイウチがアザラシとはまったく独立に進化したとしたのなら，それらが，ひれ脚をまったく異なるように使うのに，これほど類似したひれ脚をもっているのはおかしいのではないか．じつのところ，哺乳類は何回も水中に戻っている．アシカ類やカワウソ類に加えて，クジラやイルカ（クジラ類），ジュゴンやマナティ（海牛類），絶滅したポニーぐらいの大きさのデスモスチルス，カワウソに似た南アメリカのミズオポッサムのような有袋類，ビーバーをはじめとする齧歯類，ミズトガリネズミや中央アフリカのポタモガーレのような食虫

類，そしてホッキョクグマやカバのような半水生動物も列挙すると多数に及ぶ．かれらはすべて，流線型の体や（ある場合には）息を止めるやり方など，いくつかの一般的な類似性もあるものの，さまざまなやり方で水に適応している．

アンドレ・ワイスがいっているのは，要するに，もし食肉類の異なる2つのグループがその肢をまったく同じように変形させながら独立に水に適応し，しかもその変形した肢をまったく異なるやり方で用いているとすれば，それはきわめて奇妙な一致ではないか，ということだ．かれにはすべてのアシカ類は1つの共通祖先から進化し，のちに2種類の別々の系統に分かれて異なる泳法を生み出して独立に進化した，というほうがずっとありそうに思えたのである．かれはさらに，セイウチとアシカの外耳の存在は，共通祖先を意味するのではないことを観察した．それは単に共有された原始的形質，すなわち共有原始形質 symplesiomorphy であって，アザラシではそれが失われたのである．そのような喪失は進化では普通に起こる．実際，類似性を子細に調べてみると，セイウチとアザラシは多分，両者とアシカとの類似性より近いのである．かくてグループとしてのアシカ類の統一性が再確認されたように思われる．しかしこれらの科はもう一度再考が必要かもしれない．

ヴィリ・ヘニッヒ自身もきっとアンドレ・ワイスの解析を承認したであろう．かれはとくに強い反証がなければ，一般に2つの似た形質は，収斂を仮定するより相同であると仮定するほうがよいと示唆していたからである．そうでなければ，系統学者は，自説に不都合な類似性は単に（成因的相同に導く）収斂のせいだから無視できるとして，自分の選んだどのような系統樹も描き上げることができてしまう．

結局，私たちはすべてのアシカ類に対する1つの共通祖先を探すべきである．現在の証拠は，共通祖先はおそらくクマ科の1つであろうと示唆している．しかしクマは明らかにアライグマ（アライグマ科），イタチやカワウソ（イタチ科），イヌ（イヌ科）と関係があり，アシカが本当にクマに由来するのか，それともこれらのほかの科に由来するのか，依然として確実にいうことは難しい．今後の分子生物学的研究が確からしさの程度を上げてくれるはずだ．この物語からの教訓は，生物をその系統に基づいて分類しようとすれば専門家は絶対に必要であるが，偉大な専門家でさえ迷うことがある，ということである．

専門的技術に加えて，客観的（つまりだれでもできる測定値に基づくもの）で，明白な（だれでもそのルールに従って，その結論にどのように到達したかを理解できる）作業方法が必要になる．どのような方法であれ，必ず真実に導くという保証はない．求めている真実は進化的なもので，つまり歴史的なものであるからだ．私たちは過去を再生することはできない．私たちは起こったであろうことをせいぜい推測するだけである．しかし健全な論理に基づき，だれでも容易に繰り返したり適用したりできる優れた方法は，重大な落とし穴を避けるのに役立つはずだ．この数十年の間に，分類学者が系統を正確に推測し，そこから分類を樹立することを助ける客観的で明白なルールと方法をつくり上げる2つの大きな試みが行われてきた．1つは分岐論で，本書の指導原理であり，のちに十分に議論する．もう1つは**表形学 phenetics**，あるいは**数量分類学 numerical taxonomy** である．数量分類学は，ヘニッヒが分岐論の最初の考えを発表した後ではあるが，まだそれが広く知られなかった1960年代から流行したが，現在はほとんど残っていない．表形学は，時間的にはともかく概念的には分岐論に先立つので，それは段階Ⅲの分類学の最後の輝きと見ることができる．その考えは現在でも残っているので，短い寄り道をする価値があるであろう．

寄り道――表形学すなわち数量分類学

表形学の基礎的考えは，問題をできるだけ多くのデータを使って攻める，ということである．分類学者は生物間のすべての類似性と差異をひたす

らリストにすることを勧められる．多ければ多いほどいい．測定できるものはすべて測定し，比較し，結果は統計的に解析する．それゆえ別名の「数量分類学」がある．この厳密に数量的なアプローチは確かに魅力があるように思われた．ダーウィン自身も『種の起原』(13章)で以下のようにコメントしている．

> 私たちは…構造の単一の点では誤ることもあるかもしれないが，たとえつまらないものでもいくつかの形質が生物の大きなグループの全体に現れるなら…由来の学説によれば，これらの形質が共通の祖先から受け継がれていることは，ほとんど確からしく思われる．

表形学は権威に依存することを最小限にする試みであったが，ダーウィンのような権威からの支持は常によいことである．かれが「いくつかの形質」と述べたところを私たちは「できるだけ多くの」と読むべきであろう．

常識が示唆するところでは，生物が多くの性質を共通にもっていればそれらの生物は近縁であるし，共通の性質が少なければそれほど近縁ではない．しかし私たちはいくつかの問題を見たばかりである．生物Aは生物Bといくつかの性質を共有している一方で，生物CやDとは別の性質を共有しているかもしれない．そして相同には成因的相同が混入しているかもしれない．それでも数量分類学者は，十分な数の形質をリストしさえすれば，統計解析がその処理過程で問題を解決するはずだと思っていた．たとえば，ヒトは多かれ少なかれ裸で，イルカやある種のブタと似ている．一方，チンパンジーは毛深く，したがって毛の多さのみに基づく安易な分類はヒトをイルカやブタと結びつけ，チンパンジーを切り離してしまうだろう．しかしヒト，イルカ，ブタ，チンパンジーの何百という性質をリストすれば，私たちはきっとヒトがチンパンジーと膨大な形質を共有していることを理解し，それと比べればヒトがもつイル

カやブタとのたった1つの類似点は明らかに些細なことだとわかるだろう．

しかし表形学に無頓着な面があるのは明らかである．もっとも熱心な表形学の実践者たちは，相同と成因的相同を区別することさえ気にかけなかった．かれらは，十分なデータを取り込みさえすれば優れた結果が手に入ると感じていた．しかしマーク・リドリー Mark Ridley が『進化と分類 Evolution and Classification』(1986)で指摘したように，類似性と差異のリストは種々の統計的手法で解析することができ，手法が異なれば，得られるグループ分けも異なることがある．そのため数量分類学者はまずどの統計処理方法を用いるかを選択しなければならず，それによってかれらが懸命に避けようとした主観性をふたたびもち込まざるをえなかった．

数量分類学のことはこれくらいにして，私たちの物語の本筋，すなわち分岐論に至る道に戻ろう．ダーウィン以後の優れた学者たちと同様，ヘニッヒは，系統に基づく分類を構築したいと願っていた．またかれは，ほとんどのダーウィン以後の学者や，何人かのダーウィン以前の学者のように，相同と成因的相同の間の決定的な違いを認識していた．しかしかれは，ほかの人たちがほとんど考えていなかったこととして，相同のみでは家系図をつくるのに十分でないことを理解していた．もう1つ別の区別も考慮に入れる必要がある．特定の性質が当該の生物に固有であるか，あるいはほかの生物にも共有されているか，という区別である．この区別の重要性を，もうおなじみになったスミス，スミス，ハリス，ロビンソンたちをもう一度訪ねることで，具体的に示すことができるだろう．

パブへの最後の訪問──
共有派生形質と共有原始形質

さて，あの想像上の酒場への最初の訪問を思い出してみよう．あのとき私たちは2人の農夫または2人の法律家がスミス兄弟であると想像した．

とりあえず2人の農夫に焦点を当てた．どうしてかれらが血縁かもしれないと考えたのだったか．それは2人の見かけがよく似ていて，話し方も似ていたからである．だが，ちょっとパブを見回してみよう．法律家のスミスやハリス，それに飾りひも付きのチョッキを着ているパブの亭主自身のような，ちらほら見かけられる変わり者を除けば，実質的にほとんどすべての人が農夫スミスとロビンソンに似ているように見える．それは単に19世紀初頭のイングランドの田舎では，ほとんどすべての人が農夫か農場労働者であったからである．かれらはみな平らなフェルト帽をかぶり，大きくてがさつなジャケットを着た田舎っぽい風貌をして，rの音を響かせ，tを柔らかくした発音で会話している．こうした農夫仲間たちがこれらの形質を共有しているという事実は，かれらがバーのほかのだれよりも互いに近縁であるということを決して示しはしない．

19世紀初頭のイギリスという環境において，生物学の用語を使うなら，農夫の服装とアクセントは原始的性質といわれる．ギリシャ語由来の学術用語では**plesiomorphy**すなわち**原始形質**である．ここで「原始的」というのは決して軽蔑的な用語ではない．そこには「おろか」とか「劣った」とかいった，現在使われているような意味あいはない．それは単に，「一般的な状態に近い」とか，もっと専門的には「祖先的」な状態に近いことを意味するにすぎない．plesiomorphyの語はギリシャ語の'plesio'すなわち「近い」に由来している．つまり祖先状態に近い，ということである．複数の生物が共有している原始的性質は**共有原始形質symplesiomorphy**とよばれ，'sym-'は「共通」という意味である．農夫スミスとロビンソンのフェルト帽とゲートルは確かに共有される相同性である．2人はいずれも，その服装をいくらか昔の原型となる農夫から受け継いでいる．しかしその事実だけでは，この2人の農夫の間に特別な家族関係があることを意味しない．なぜならこれらの共有されている性質は，単に，すべての農夫が共有している特徴である共有原始形質に当たるからである．

異なる個人間や生物間に真の家族関係を確認するためには，かれらは共有しているが，ほかの人や生物は共有していない性質を探す必要がある．このような性質は**派生した derived**といわれ，これはギリシャ語で**apomorphy**すなわち**派生形質**という．これは接頭語'apo-'すなわち「ずっと離れた」つまり「祖先状態からずっと離れた」からきている．共有されている派生形質は**共有派生形質synapomorphy**とよばれる．パブの中を見回すと，2人のスミス兄弟を除いては，だれも前歯にすきまがない．こうしてそのパブの状況では，すきまのある歯は共有派生形質であることがわかる．これこそが真の関係を示すことになる．

それにまた，パブの亭主がただ1人飾りひも付きチョッキを着ていることに気づくかもしれない．チョッキはかれの特別な仕事着であり，それによって亭主はほかの人々とは際だった存在になっている．ギリシャ語の学術用語では，これを**固有派生形質autapomorphy**という．

さて，現代の分岐論的分類の背後にある基本理論を例示するという仕事をなしおえてくれたので，パブの仲間たちとはここで別れることにしよう．生物のあらゆるグループ間の関係を知るためには，形態的，分子的，行動的，あるいはそのほかの特徴や形質を精査し，かれらが何を共通にもっているかを調べなければならない．しかし分類学者がダーウィンよりもずっと前から認識していたように，一部の形質はほかのものより情報量が多い．とりわけ，リチャード・オーウェンが最初に公式に記載したように，私たちは相同な形質を単なる成因的相同と区別しなければならない．しかし，相同のみでは十分ではないことを指摘する仕事はヘニッヒを待つことになった．相同は必要ではあるが十分な基準とはいえない．系統的関係を示すためには，「派生的な」相同と「原始的な」相同とを区別しなければならない．共有される派生形質は真のグループ分けの基準となるが，共有される原始的性質は，問題となる生物がすべて，

より大きくもっと一般的なグループのメンバーであることを示すにすぎない．この後者の区別は，分岐論の鍵になる特徴である．

しかしここでも注意が必要である．「相同」と同様に，共有原始形質と共有派生形質の概念も，文脈と視点に依存する．たとえば鳥類はほかのすべての脊椎動物から，羽毛を所有する点で区別される[註1]．それゆえ鳥類全体として見れば羽毛は共有派生形質であり，羽毛をもつ生物は疑いもなく確かに鳥類であるということができる．しかしもしダチョウ，オウム，そしてカラスの関係を知ろうとするなら，単に羽毛をもっているだけでは何の助けにもならない．かれらは鳥類であるがゆえにすべて羽毛をもっている．このレベルでは羽毛は共有原始形質である．ダチョウ，カラス，オウムを区別するためにはそれらを区別する派生形質を見いださなければならない．オウムの場合は，まがったくちばし，高い位置の鼻孔，そして2本が前を2本が後ろを向いたつまさきが，すべてのオウムに共通しており，ほかの鳥類とは（少なくともこの組み合わせでは！）共有されない，共有派生形質なのである．コンゴウインコを，バタン，インコ，メキシコインコ，セキセイインコなどすべてのインコたちとともにオウム目に含めるための形質としては，曲がったくちばしという共有派生形質が考慮されるかもしれない．しかしコンゴウインコ，バタン，セキセイインコにとって，羽毛は単なる共有原始形質であって，ヒクイドリからキタヤナギムシクイにいたるあらゆる多様非オウム鳥類によっても共有されている．

【註1】このかなり杜撰な記述は，現在ではヂ・チエン Ji Qiang と同僚たちの研究によって否定されている．中国北東部の発掘調査から，これらの科学者は羽毛をもつ2種類の獣脚類恐竜を発見した．鳥類はふつう獣脚類恐竜から進化したと考えられている（21章）が，この発見によって私たちは，鳥類の定義を拡張するか，あるいは羽毛がこれまでずっと支持されてきたような鳥類を統合させる大きな共有派生形質ではない，と認めざるをえない．しかしここでの説明の目的には，伝統的な羽毛＝鳥類という仮説も有用だろう．

実際のところ，ヴィリ・ヘニッヒは，原始的性質と派生的性質を区別する必要性を認識していた最初の，そして唯一の分類学者ではなかった．しかしかれは，分類学者がこの区別をする助けとなる公式のルールを提示し，さらに進んで分類と命名の包括的な方法と哲学を示唆した最初の人であった．それがもちろん分岐論的手法である．分岐論を実践する分類学者は**分岐論者 cladist** とよばれる．本書のすべての分類は分岐論のルールと主義に基づいている．それは，少なくとも私が本書を書いている時点では，その論理が動かしがたいほどしっかりしていると考えられるからである．それは間違いなく，系統に基づいて分類しようとするすべての人を待ち受けている罠をくぐり抜ける最良の道を示しているように思われる．

分岐論の方法をもう少し詳しく見る前に，その必要性を示すもう1つの教訓的な物語をしよう．

オランウータン，チンパンジー，そしてヒト

分岐論者は共有派生形質，つまり共有されている派生的な相同性に基づく分類，しかもそれだけに基づく分類を試みている．ほかの性質は，どれほど顕著であっても，注意深く無視される．非分岐論者はときとして分岐論者の恣意的なドグマを非難してきた．しかし1980年代におけるピッツバーグ大学のジェフリー・シュワルツ Jeffrey Schwartz の研究は，なぜこのような潔癖性が必要かを示している．

シュワルツは，ヒト，チンパンジー，オランウータンについて考えた．この3者の関係は何か．かれらはどれもきわめて類似していて，生物学者はかれらが共通祖先をもっていた時代を500万〜1000万年前と仮定していた．この3者はもしかしたら同程度に近縁だったかもしれない．つまり，その共通の祖先がある時点で分岐し，現在の3系統を一度に生じた可能性もないわけではない．しかしヴィリ・ヘニッヒが指摘したように（詳しくは後述），祖先グループからの分岐は一度には2分岐するだけ，と考えるほうがずっと自然である．それであれば，シナリオは次の3つのうちの1つということになる．オランウータンが共

通の祖先からまず分離して後にチンパンジーとヒトが分かれた，チンパンジーが最初に分かれ，オランウータンとヒトが後に残った，ヒトが最初に分離し，オランウータンとチンパンジーが後に残った，という3つの可能性である．もし最初の可能性が本当であるなら，現生のチンパンジーとヒトがもっとも近縁であって，オランウータンは仲間はずれ，ということになる．2番目が正しければオランウータンとヒトが，3番目が正しければオランウータンとチンパンジーがもっとも近縁ということになる．

実際のところ，現在の霊長類学者は最初のシナリオが正しいと信じている．オランウータンが最初に分離し，したがってチンパンジーとヒトがもっとも近縁である，というものだ．1960年あるいはそれ以前の初期の分類ではふつう，ヒトの系統がはるか以前（2500万年ほど遡った昔）に分離し，オランウータンとチンパンジーを近縁として残した，とされていた．よくいわれるように，古人類学者はヒトと類人猿が共通の祖先を共有しているというダーウィンの考えは受け入れるが，私たちとサルとの間にできるだけ距離をおこうと望んでいた．この後者の考え方が伝統的な分類に反映されている．チンパンジーとオランウータンはショウジョウ科に一緒にまとめられ，一方，ヒトは独自の科であるヒト科に入れられていたし，現在でも依然としてしばしばそのままである．

しかし1980年代の半ばには，ジェフリー・シュワルツが，当時優勢であった2つのシナリオ，すなわちヒトがオランウータンにもっとも近縁である，あるいはチンパンジーがオランウータンと近縁であるという2つのシナリオは，少なくとも分岐論を真剣に考えると，部分的には，まったく有効でない考えに基づいていることを指摘しつつあった．ヒトとオランウータンがもっとも近縁で，チンパンジーがもっとも初期に分岐したという考えは少なくともありそうな話ではある．しかしこのシナリオは，めったに真剣に検討されていなかった．

それで結局のところ，近年の生物学者は複数のシナリオのうちのいずれかを，どういう理由で受け入れるのだろうか．3つのシナリオのうちの最初のものは，まあ，直観的にはありそうな気がする．なぜならオランウータンは全体の様子がチンパンジーやヒトとはかなり異なるからである．1つには，オランウータンは巨大で長い腕をもち，オスは大きくて縁取りのある顔をしているせいだ．一方，オランウータンとチンパンジーは，どちらも，概ねサルに似ているわけで，いっしょにしてもよさそうである．それに比べるとヒトはスマートで，ドーム状の頭蓋をもち，直立で，裸だから，明らかに異なっている．しかし分岐論の考えでは，ジェフリー・シュワルツが指摘したように，オランウータンの特性は，相手がチンパンジーであってもヒトであっても，その差異は無視されるべきものである．共有派生形質こそが問題となるからだ．観察された差異は，分類では役割を果たすべきではない．これは単なる恣意的ドグマの一例などではない．分岐論では恣意的ドグマはいっさいない．重要なポイントは，長い腕は極端な樹上生活への適応であって，これは重い選択圧のもとで生物が急速に進化させることのできる形質だと知られていることにある．原理的には，ヒトとオランウータンがチンパンジーからわずか数千年前（数百万年などという数字は論外である）に分離したとしても，それでもその短い期間にオランウータンは樹上での生活のために長い腕を進化させ，ヒトは地上での生活のために竹馬のような足を進化させることができたであろう．要するに，かりそめにも私たちが本当に進化的歴史に基づく分類を求めるのであれば，収斂に惑わされてはならないということだ．こうした余分なものを無視すれば，ヒトとオランウータンが多くの性質を共通にもっていることがわかる，とシュワルツはいう．その中には歯の厚いエナメル質があり，チンパンジーのエナメル質は薄い．

同様にチンパンジーとオランウータンを，どちらも明らかにサル的であるからといって同じグループに属すると示唆することも認められない．

かれらが共通にもつサル的特徴，すなわち足より長い腕，体毛におおわれていること，突出した顔面，大きな犬歯，大きいけれどヒトほどではない脳，などは単に原始的性質（共有原始形質）にすぎず，オランウータン，チンパンジー，ヒトの仮定されている共通祖先からほとんど変化せずにきた性質である．ここでもこのような一般的な特徴に惑わされてはならない．歴史を構築しようとするなら，このような形質は無視しなければならない．議論の余地はない．

じつは，現在の霊長類学者で，ジェフリー・シュワルツの，ヒトはチンパンジーよりもオランウータンに近いという，論議の的になった示唆を受け入れる人は，皆無とはいえないまでもほとんどいない．たとえば，歯のエナメル質の厚さは本質的なものではないことが明らかになった．この形質は食餌によって種ごとに大きく変動する（腕の長さが移動様式によって異なることがあるのと同じである）．分子レベルの証拠は今や，ヒトとチンパンジーの類縁性を確定させたように思われる．しかし，この論争におけるシュワルツの貢献に大きな価値があったことはだれもが認めている．全般的な外見に基づいてチンパンジーとオランウータン，あるいはチンパンジーとヒトを結びつけるのが不注意だったのは確かである．また，この一見するとわかりやすい例においてさえ，全般的外見が2つのまったく反対の結論，つまりチンパンジーがオランウータンと近いとか，ヒトと近いとかいう結論を導いたことも注目しなければならない．大型類人猿や私たち自身のようにはなじみのない生物，たとえば貝類や化石植物などといった生物を分類しようとするときに，私たちがどれほど容易に欺かれうるか，実際にも間違いなくしばしば欺かれてきたかということを考えてみよう．もし全般的な印象を信用したり，とんでもない収斂に影響されたり，原始的特徴を派生的特徴から区別しなかったりすると，私たちは絶望的に欺かれてしまう．ヴィリ・ヘニッヒの分岐論のルールは厳格すぎる上級曹長のようであり，しばしば常識とは一致しない．しかしジェフリー・シュワルツの思考ゲームが明瞭に示したように，苦行者のようなアプローチも必要なのである．

ここで実際に運用される分岐論の詳細について見ることにしよう．最初はクレードと分岐図という基本的な概念である．

クレードと分岐図

それがどのように組み立てられていようと何に用いられようと，すべての分類において，非常によく似ていると考えられるものの小さいグループは，より一般的な共通点をもつ，もっと大きなグループの中に入れ子にされる．そしてそれが繰り返される．分岐論の図式でも小さいグループが大きいグループに入れ子になる．しかし分岐論で分類されるものは生物である．何にもまして重要な哲学は，分類を系統に基づいて行うことである．そしてそのアプローチは，グループを共有派生形質，つまり共通の祖先に由来し，当該のグループにだけ固有の形質である共有派生形質に基づいてグループを定義することである．

この入れ子がどのように行われるかは，実際に分岐論者がたとえばヒトを分類する方法を見ることで理解できる．ヒトは真核生物ドメイン Eucarya に属する．ここでの重要な共有派生形質は，真核生物では染色体に保持されている遺伝物質が，明瞭な仕切りのある核に含まれていることである．一方，ほかの2つのドメインである細菌 Bacteria や古細菌 Archaea では明瞭な核はない．真核生物ドメインはいくつかの界を含み，ヒトが属するのは動物界 Animalia である．じつは，動物の鍵になる共有派生形質を定義するのは容易ではないが，そうした形質として十分使えそうなのが，動物たちの体制を決定する Hox 遺伝子群の存在である．動物界は多くの門を含んでいる．そしてヒトは脊索動物門 Chordata に属する．これは背側に沿ってはしる硬い棒，つまり脊索の存在によって定義される．脊索は私たちが含まれる亜門，脊椎動物亜門 Vertebrata では骨性の椎骨を形成する（訳註：脊索と椎骨は起原が異なる）．

脊椎動物亜門は多くの綱を含み，私たちの綱は哺乳綱 Mammalia である．これの鍵になる共有派生形質は毛（特定の種類の毛，マルハナバチのものは別である），温血性（これも特定の種類のもの），幼若動物に対する哺乳，骨の成長の仕方，などである．哺乳類はいくつかの亜綱に分けられ，その1つがきちんとした胎盤を形成する哺乳類，つまり真獣亜綱 Eutheria である．私たちヒトは胎盤をもつのでこの真獣類である．真獣亜綱は多くの目を含み，私たちは霊長目 Primates である．その特徴のうち，哺乳類に固有のものはほとんどないので，この目を正確に定義することは難しい．しかし現実には，霊長類は胸の2つの乳房，鉤爪ではなく平らな爪，完全に骨性の眼窩などいくつかの共有派生形質によって定義されている．霊長類のなかでは，私たちはヒト上科 Hominoidea とされる．これは大型の類人猿で，尾骨となって内部化した尾が共有派生形質であり，カニクイザルのような「無尾」サルといわれるサルと私たちを明瞭に区別する．私たちの属する *Homo* 属も正確に定義するのは困難であるが，脳容積が 500 m*l* を超えているということが，やや不十分ではあるが共有派生形質として一般に取り上げられてきた．*Homo* 属は少なくとも半ダースほどの種を含むと考えられているが，私たち自身の種，*Homo sapiens* を定義する共有派生形質には，きゃしゃな（比較的軽量な）骨，あご，平らな顔面，生え際が後退した広い額，そしておよそ 1450 m*l* の脳を容れる大きくて丸い頭蓋などがある．脳容量だけでは *Homo sapiens* の共有派生形質とはいえない．なぜなら，ネアンデルタール人も大きい頭蓋をもっていたからである．ただかれらの額は広くなく，頭蓋もより平らであった．

このように小さいグループはより大きいグループに入れ子になり，それが繰り返されるので，全体の配列は模式的に樹として表される．これはすべての分類について成り立つ．しかし，入れ子のグループが共有派生形質によって定義されている，分岐論者が作成する特別な樹は，**分岐図 cladogram** とよばれる．本書の第2部で示される樹はすべて，専門家によって定義された分岐図であるか，分岐図から少し変形した樹である．しかし私はそれらを，1章で述べた理由によって，分岐図というよりは樹とよぶことにする．

分岐図はすべての樹と同様に，枝分かれした構造をしている（cladogram の clados はギリシャ語で枝を意味する）．小さい枝は大きい枝からのび，大きい枝はより大きな枝からのびる．分岐論の言語では，枝がほかの枝から分かれる点は**ノード**（結節点，**node**）とよばれ，ノード間の線分は**インターノード**（**internode**）である．分岐図は系統を表すはずのものであるから，それぞれノードはそこから派出する複数の枝の**共通祖先 common ancestor** を意味している．

ここで私たちは，命名における基本的でやややっかいな点にさしかかる．人間は図のみで語り合うことは困難であることを学んだ．情報を伝えるにはことばが必要である．そこで樹の異なる枝に名前を付すのであるが，それがまさに公式のタクソン（taxon；複数形 taxa）名ということになる．残りのすべての枝が派出する大きい幹がドメインであり，細菌（バクテリア），古細菌，真核生物がその枝になる．その枝から生じるより小さい枝が界であり，具体的には動物，植物，菌類などがある．そして最終的に樹の先端にある微小な枝が個々の種に当たる．

分岐論者は命名へのアプローチにおいては従来の分類学者より厳格である．分岐論者の哲学にとって基本的なのは**クレード clade** という概念である．1つのクレードはあるグループの共通祖先とそのすべての子孫から成り立つ[註2]．図の上では，1つのクレードはあるノードが示す生物とそのノードから派出するすべての枝を含む，ということになる．したがって *Homo sapiens* は1つのクレードである．それは原則的には，最初の *Homo sapiens* に遡ってこれまでに生存したすべての人類を含む．*Homo* 属はより高次のクレードである．それは *Homo sapiens* とすべての絶滅 *Homo* 種，すなわち *H. erectus*, *H. neanderthalensis* など，さらにはアフリカの平原におおよそ

500万年前にいた最初の共通祖先を含む．霊長目というクレードはさらに大きいクレードである．*Homo*とすべての類人猿，サル，キツネザル，メガネザル，そしてまだ陸上世界が恐竜によって支配されていた6500万年以上前の白亜紀に生息していた祖先まで含んでいる．哺乳類もまた1つのクレードで，すべての霊長類，ウマ，そしておびただしい絶滅種，およそ2億1000万年前の三畳紀後期にいた最初の真の哺乳類を含んでいる．さまざまな階層のタクソン，つまり種，属，目などがどれもクレードであることに注意されたい．小さいクレードはより大きいクレードに含まれる．クレードは，それが共通祖先まで遡ったそのグループのすべての生物を含むときにクレードとなるのである．

【註2】もう少し説明がいるであろう．地球上のすべての生物は同じ家系図に属すると思われるので，すべてははるか昔の，ずっと以前に絶滅した祖先（DNA, RNA, タンパク質という三位一体を操った最初の生物）に由来すると思われる．そして地球上のどの2種類の生物もその共通祖先まで遡ることができる．あなたや私はサイと共通祖先を共有する（この祖先は8000万年前ごろ生息していただろう）し，カシともそうである（この祖先は多分10億年以上前に生息していた）．しかし分岐論者が「共通祖先」というときは，それはふつう「もっとも近い共通祖先」を意味する．たとえばチンパンジーとヒトはおそらく500万年前に生息していた共通祖先を共有している．しかしすべてのチンパンジーとヒトの種が共有する祖先としては，10億年前に生息し，植物のカシも（そのほかの何百万という種も）生じた祖先もいることになる．しかし私たちが関心をもつ唯一の共通祖先はもっとも近い共通祖先である．それが，現生と絶滅したすべてのチンパンジー，すべてのボノボ（かつてピグミーチンパンジーとよばれた），すべてのヒトの種を含むクレードを生じた．「共通祖先」というのは，本当は「もっとも近い共通祖先」を意味する省略表現である．私は「もっとも近い共通祖先」というかわりに**クレード創設者 clade founder**という用語を提案してきており，本書でもときどきこの用語を採用する．

しかしこの命名法は完全に論理的ではあるが，伝統的な命名法といくぶん衝突することになる．事実，現在の分類学者は分岐論者であれ非分岐論者であれ，クレードの考えそのものについて論じることはないが，多くの分岐論者を含めて，この命名法の厳格さは若干緩めてもいいのではない

か，と強く提案している．この点は一般に爬虫類として知られている生物を引き合いに出すことではっきりする．だれでも爬虫類が何かは知っている．それは四肢動物（四つ足の脊椎動物）であり，陸生の動物であり（もっともあるものは肢を失い，また多くのものは何らかの形で水に戻ったが），厚いうろこ性の皮膚をもつ．卵生のことも幼若動物を生むこともある．しかしどちらの場合も胚を尿囊，漿膜，羊膜といった膜で保護する．両生類にはそのような膜はないから，胚を保護することは爬虫類を両生類から区別する．現生の爬虫類はカメ，ウミガメ，ヘビ，トカゲ，ワニ，そしてムカシトカゲを含んでいる．絶滅爬虫類には恐竜などの多くの生物がいる．このグループはきわめて多様であるが，私たちはそのメンバーが何を共通にもっているかを容易に知ることができる．どこが問題だというのだろう．

私たちが日常のことばとして使う「爬虫類 reptile」という生物たちを「爬虫類 Reptilia」という名をもつ公式タクソンに入れようとすると問題が生じるのだ．確かにほとんどの伝統的教科書は爬虫綱についてふれている．しかし伝統的に定義されている爬虫類はクレードではない．鳥類は爬虫類，まず間違いなく恐竜に由来している．哺乳類はまったく異なる爬虫類，無弓類という爬虫類に由来する．したがって爬虫類をクレードとよぶならそれはすべての哺乳類とすべての鳥類を含まなければならない．分岐論の語法では，かりそめにも爬虫類という用語を用いようと思うなら，あなたも私も，ウマもアヒルもカナリアも爬虫類である．

多くの分岐論者はこの命名ルールに執着して，科学論文では，ほとんどの人が単に「恐竜」と呼ぶ生物を「非鳥類恐竜」と呼ぶ．これは恐竜に由来する鳥類を含まない，という意味である．同様に，もしかれらが大部分の人が爬虫類と呼ぶすべての生物に言及するときは，「非鳥類非哺乳類爬虫類」といわなければならない．命名は重要なことなので，この点は見過ごせず，依然としてある種の軋轢を生んでいる．分岐論者があるグループ

を，それが真のクレードでなければ公式のタクソンとして認めないことは，多くの人に衒学的だと思わせ，（不幸なことに）かれらを分岐論から完全に引き離してしまった．一方で分岐論者は，グループを共有派生形質に基づいて注意深く定義しておきながら，クレードのあるメンバーのみを含んでほかのものを含まないグループに名前をつけることは，間違っているとまではいわないにしても，だらしないことだ，と議論する傾向がある．本書では原則的には断固として分岐論に基づくが，私は命名法に関して対立している2つの学者グループの妥協案を提案したい．それが伝統的学者と新しい学者の間のギャップに橋を架けるものであることを願っている．この命名アプローチを私は「新リンネ印象主義」と呼ぶ．これについては5章でより詳しく議論する．

さて，さらに3つの専門用語の説明が必要である．まず，真のクレードであるグループ，つまり共通の祖先とすべての子孫を含むグループは**単系統**（の）**monophyletic**といわれる．また，あるクレードの一部のメンバーを含むが，ほかの一部のメンバーはほかのグループとして切り離されてしまったグループは**側系統**（の）**paraphyletic**といわれる．伝統的な爬虫類グループは後者のカテゴリーの典型である．それは祖先的爬虫類と，すべての子孫を含んでいるが，鳥類と哺乳類に進化したものが除かれている．さらに，種々のクレードの生物を含み，便宜上すべてを一緒にまとめてしまったグループは，**多系統**（の）**polyphyletic**といわれる．もう一度ポイントを強調すると，分岐論者はグループが単系統でないかぎり，すなわちそれが真のクレードたるすべての基準をみたさないかぎり，それを公式のタクソンとは認めない．しかし伝統主義者はいくつかの側系統グループを公式タクソンとして認める．私はいくつかの修正と注意を加えたうえで，それが容認されるべきだと考えている．伝統主義者は多系統グループも認めるが，これは容認できない．多系統グループは，たとえばおよそ互いに関係しているが完全には解析できない複雑な化石の大きなまとまりなどを扱うには便利である．しかしそれを，ギリシャ語かラテン語で綴られ大文字で始まる公式のタクソンとして扱う必要はない．それらは小文字で，非公式のものとして記述されればよい．たとえば多くの伝統的教科書に公式のタクソンとして用いられている「魚類Pisces」グループは，極端な多系統グループである．サメやタラやハイギョはまったく異なる系統に属するからである．しかし非公式の用語である「魚類fish」は完全に受容可能であり役に立つし，今では誤りとされている「Pisces」という用語の代役を果たすことができる．

ここで，分岐論者がそもそも分岐図をどのようにして作成するかを示すために，いくつかの細かな技術について短く説明しておこう．

外群，根，解決

トカゲ，リス，ヒヒ，ウマを分類する仕事を与えられたとしよう．どれとどれがもっとも近縁で，どのグループがどのグループに入れ子になっているかを調べなければならない．この仕事はとても容易だろうが，分岐論の原理を例示してくれる．

まずそれぞれの形質をリストにすることから始める．しかし，現実には，この機械的と思われる過程は，一見して予想されるよりも機械的ではないし，単純でもない．なぜなら分類学者が指摘するように，「それは形質が何を意味するかによる」からである．関心をもって注目するものなら何でも形質といえるし，理論的には注目する形質は無数に挙げられる．爪の存在は1つの形質であり，各々の指の2番目と3番目の爪の長さの比もまた別の形質であり，などなど，無限の形質があるといえる．これはばかばかしくも思われるが，しかし爪の長さの比が何か重要なことを示すときもある．このように，もっとも基本的なレベルにおいてさえ，判断という要素を排除することは不可能である．そして判断は必然的に主観，あるいは少なくとも常識を含むことになる．それでもこれら

の生物については，興味深い性質を短いリストにすることはそれほど困難ではない．

ついで，共通にもっている形質に基づいてこれらの生物をグループに分けはじめることができる．するとただちに，アリストテレス Aristotle が 2000 年以上も前に注目した問題に直面する．生物 A は生物 B といくつかの性質を共有するが，また別の性質を生物 C と共有する．たとえばリスは，毛皮，温血性など多くの性質をヒヒやウマと共有する．これに対してトカゲは明らかに変わり者であり，うろこがあるし変温動物である．さらに内部の解剖や発生学などを詳細に見れば，リス，ヒヒ，ウマは，トカゲとは共有しないきわめて多くの性質を共有していることがわかる．しかしここに 1 つの驚くべき不規則性がある．リスとヒヒはそれぞれの足に 5 本の指がある．これを 5 指性 pentadactyl という．ところがウマは足に 1 本しか指がない．トカゲは 5 本の指をもつ．それならなぜ五指性に基づいてトカゲをヒヒやリスと一緒のグループにし，ウマを変わり者として除外しないのか．

この例は単純すぎてだれも困らないだろう．あらゆる学派の伝統的分類学者は，圧倒的に多数の形質がリスとヒヒとウマを関連づけており，それに比べれば指の数は明らかに些末なことであると指摘する．数量分類学者はすべての形質を数え上げ，統計的にグループ化の解析を行い，ほらこのとおりであると図示するだろう．しかしどちらも肝心のポイントを見誤っている．ポイントは形質の数ではなく，形質の本性である．毛皮や温血性などは哺乳類を考慮するときに入れられるべき共有派生形質であって，リス，ヒヒ，ウマを結びつけてくれる．そしてこれら 3 種の生物をトカゲから区別する．五指性はすべての現生四肢動物の原始的性質にすぎず，特定の四肢動物間の特定の関係については私たちに何も語ってくれない．多くの四肢動物は厳密な五指性を放棄した．たとえばカエルは前肢に 4 本しか指がないし，ウシは 2 本，ウマは 1 本，そしてヘビや多くの爬虫類と両生類は肢そのものを完全に失い，それとともに指もな

くなった．いずれにしても五指性は四肢動物の原始的状態である．

しかしこのような記述は後知恵のおかげで可能になる．生物学者はもともとどの共有性質が単に原始的であり，どれがそのグループに固有であるかをあらかじめ知っているわけではない．生物はラベルをぶら下げて現れてはくれない．それで分岐論者は第一原理から，どれが原始的性質でどれが派生的性質であるかを決める方法を必要とする．実践的には，かれらはこれを，**外群 outgroup** とよばれる，現在調査中のグループの一部ではない生物を導入することで行っている．

理想的な外群は調査中のグループと関連があるが，その一部ではない生物である．今の例では，サンショウウオがよい選択になるだろう．これは研究中の動物と同様に四肢動物であるが，トカゲや哺乳類の近縁動物ではない．これは少しずるいと思われるかもしれない．というのも，問題となっている生物やその類縁生物についてなにがしかの予備知識がなければ，分類学者はどの生物が外群として適しているのか，どうやって決定できるのだろうか．実際，ある程度の予備知識は常に有用であるが，それは必須ではない．もし分岐論者が不適当な外群を選択すれば，それが不適切であることは研究の進展とともに明らかになり，また別の外群を選択することができる．今の例では，もしアリを外群として選べば，すぐにアリが研究中の生物とはほとんど共通点がなく，それが何も教えてくれないことがわかるだろう．一方，もしイヌを外群として選べば，すぐにそれはリス，ヒヒ，ウマと同じグループに収まって，トカゲを排除することがわかり，この場合も不適切である．もし手中にある生物が本当に未知のものであれば試行錯誤で進む以外にはない．理論的なルールを現実の世界に適応するときには，常に試行錯誤が必要である．

ともかく分岐論者が外群としてサンショウウオを採用したと仮定しよう（サンショウウオが適当な選択であると直感的に仮定できたとしても，試行錯誤の結果たどりついたとしても，いずれでも

よい）．サンショウウオは，研究中のグループのほとんどと同様に5本指であるから，五指性が確かに四肢動物全体の原始的性質であることを示唆するし，特定の四肢動物の関係を区別する助けとはならない（少なくとも現在の状況では）．また，サンショウウオはトカゲのように変温性で裸であるから，リス，ヒヒ，ウマの温血性と毛皮が派生形質であることを示唆する．実際それらはこの3種類の共有派生形質であろう．…といった検証を次々に行っていく．

もちろん，たった1つの外群による結果であり，生物の数も少ないので，これらの観察で決着がつくわけではない．もしかしたらほかの四肢動物は温血で，たまたまトカゲとサンショウウオが例外なのかもしれない．しかし分岐論者が，ほかの両生類，魚類，そしてもしかしたらアリ（これも，つまるところ動物界に属する）など，より多くの外群について研究を繰り返せば，すぐに変温性と裸であることが四肢動物，あるいは動物全体の原始的状態であり，温血性と毛皮は真の派生性質であることが確立されるであろう．

もちろん今の例で，これほど複雑な手続きを適用するのはばかげていて，衒学的だという意見もあろう．私たちはだれでも，ほとんどの動物が変温性であることも，現生四肢動物が一般的に，肢の指を少なくするように要求する特定の生活様式に適応する場合以外は，肢に5本の指をもつことも知っている．しかしここにポイントがある．分類学者はほとんどの場合，深海の甲殻類とか熱帯の菌類とかいったあまり知られていない生物を扱うのである．そしてジェフリー・シュワルツが示したように，もし落とし穴を避けるように私たちを導くルールをきちんと適用しなければ，なじみ深い生物を扱っているときでさえ，絶望的に迷ってしまうことがある．

しかし，分岐論者が2つの強い目標をもっていることに注意してほしい．第一は種々の生物を真の「自然な」グループの中におくことである．つまり，あるグループ内の生物は，ほかのグループのどの生物より，同じグループ内の生物と互いに近縁でなくてはならない．第二は，グループ間の系統的関係を示すこと，すなわちそれらのグループが共通の祖先から分岐する順序を示すことである．この2つの目標は相補的ではあるが同じではない．たとえば分岐論者はいくつかのグループ間の関係は示すが，それらが進化した順序は示さないような樹を描くことがある．そのような樹は**無根 unrooted** といわれる．逆に出現の順序を示す樹は**有根 rooted** といわれる．実際上，分岐論者は無根樹から出発して，利用可能な外部の経験的知識を総動員して，有根樹へと進むのである．たとえば化石の知識がすべての生物学者に，サンショウウオがリスやウマよりもすべての四肢動物の共通祖先に近縁であることを示してくれることがある．現生サンショウウオの骨格はリスの骨格より，古代の四肢動物の骨の様子によく似ている．

しかし多くのグループにはよい化石がなく，分類学者は現生生物からのみ関係を推測しなければならない．またほかの多くの場合，化石のみが存在してその直接の現生の子孫がいない．化石と現生動物がいる場合でも，化石記録と現生生物の論理的解析という独立した2つの情報源があるほうがいい．それでは現生生物だけから，どのようにしたら進化的歴史を推測できるのだろうか．ここでも外群が援軍として登場する．十分な数の四肢動物と四肢動物の外群としてはたらく（アリも含めた）十分な数のほかの動物を精査すれば，たとえば変温性（冷血性）は原始的状態であり，温血クレードがより大きな変温性生物のクレード内に収まることが見えてくる．これはもちろんまだ推測である．どのルールも私たちを明白な真実に導くという保証はない．だが，それは合理的な推測である．ルールに基づく推測は，一般的な印象に基づく推測よりは正しい可能性が高い．

最後に，第2部に示される樹ではほとんど常に，ノードは2本の枝だけを生じていることがわかる．そしてその枝がまた2つに分かれる，ということを繰り返している．ごくまれに（あるいはできるだけまれに）ノードが3本あるいはそれ以

上の枝を生じている例もある．2本に分かれることを**二分岐 dichotomy**，多くの枝をもつフォーク状になることを**多分岐 polychotomy** という．

なぜそうなるのだろう．そもそもは，ヴィリ・ヘニッヒの常識的な自然史観に由来する，というのがその理由である．ノードにおける分枝は，祖先種が2種に分かれることを図式的に示している．なぜ多くの種ではなく2種なのだろうか．それはヘニッヒが，自然界ではそのほうがありそうだと考えたからである．種分化のときに祖先グループは3つ以上ではなく，2つの子孫グループを生じるほうがありそうなことだ，とかれは考えた．もちろん多様な生物を含む巨大なグループが1つの共通の祖先に由来することもあり得る――すべての哺乳類は単一のプロト哺乳類から，すべての鳥類は単一のプロト鳥類から，というように．そもそもクレードはこのように定義される．しかし巨大な多様性も，細部では一連の二分岐から生じてきたと考えられている．1つの親グループが2つの娘グループを生じ，それらがまた2つに分離し，これが次々に繰り返される．

二分岐のみを示す樹は**解決済 resolved**（解決型）とよばれる．多分岐がまだ混入している樹は不完全で最終的でない状態のものだと考えられ，**未解決 unsolved**（未解決型）とよばれる．現実には解決がとても難しいことがある．鳥類学者は，カッコウ，タカ，コウノトリ，スズメなどのほとんどの現生鳥類が，すべて共通の祖先に由来すると推測しているが，それらが生じた順序を決定することはたいへん難しい．もし異なる2種類が（たとえばコウノトリとスズメのように）非常に異なっているように見えるとき，それはかれらがずっと以前に分岐したからかもしれないが，それぞれが急速に進化したからという可能性もある．この場合も化石記録は，多くの異なる鳥類グループがおよそ6000万年前のきわめて短い期間にそれぞれ生じたことを示唆している．そしてものごとがずっと以前のごく短い期間に（もしかしたらそれぞれが数十年で）起こったとしたら，登場の順序を識別するのは困難である．本書の鳥類

の章を助けてくれたニューヨークのアメリカ自然史博物館のジョエル・クラクラフト Joel Cracraft など多くの分岐論者は，分岐図の解決をあせって，フライングをしてはならないと指摘する．もし10種類の鳥類が特定の1種の祖先に由来することを知っているが，その子孫グループがどのような順序で現れたかは知らないときに，完全な解決型として分岐図を提示するのはずうずうしい．細工なしに10本の枝のある多分岐を示して将来の研究がさらなる解決をもたらすことを期待するほうが，ずっと正直である．一般に，本書で示されている多分岐図は研究が進行中の領域を示している（領域によって進行の速度は異なる）．

以上が分岐論の技法の背後にある大まかな考えや概念である．ここで私たちは，いくつかの関連事項，とくに「姉妹群」や祖先といった，デリケートで重要なことがらについて見ておく必要がある．

姉妹群と祖先

1つのノードから単純な二分岐によって2本の枝として生じた2つのグループは**姉妹群 sister group** とよばれる．姉妹群は同じサイズである必要はなく，同等の階層である必要もないことに注意されたい．そしてしばしばその不釣り合いは驚くほど大きい．たとえば11章の樹は，真皆脚類が鋏角類の姉妹群であることを示している．真皆脚類はパイプクリーナーでできたクモのようなごく少数の奇妙な海産動物を含むが，一方の鋏角類はウミサソリ，サソリ，クモ，ダニなどきわめて多数の動物を含んでいる．これは全動物門の中でも種数の多さでは指折りのグループである．これで何の問題もない．この提案は，真皆脚類と鋏角類は共通の祖先から生じたこと，一方の姉妹群は海産のままにとどまり，あまり世に知られていないが，他方の姉妹群は上陸して，昆虫と四肢動物に次ぐ地位で陸を（しばらくは海も）征服した，ということである．進化の歴史は，人間の歴史と同様，王子と乞食の差異に充ち満ちている．

では，哲学上の興味深いポイントについて考えよう．ヴィリ・ヘニッヒは，系統に基づく分類学を創設したいと明白に述べている．理想的には樹，すなわち分岐図は進化的歴史の要約であり，ノードはそこから派生する枝の共通の祖先を表すべきである．しかしヘニッヒは純粋主義者であった．かれは進化の樹は常に推測であるはずで，それが形質の解析から推測されることを十分に認識していた．つまるところ，形質こそが得られるデータのすべてである．化石にはそれが何と関係しているかを示すラベルがついてはいないし，現生生物は自らの家族史について，静かに酒を飲みながら，語ってくれるわけでもない．推測をするためには一定の仮定をしなければならない．たとえば，複雑なメカニズムは同じ形では二度は進化しないだろうといった仮定である．しかし私たちはできるだけ厳格でなければならない．正当化される以上の推測をしていはいけないし，必要以上に仮定してはいけない．中世の著名な科学哲学者の一派の1人であるウィリアム・オブ・オッカム William of Ockham は14世紀に同じことを指摘している．その原理はオッカムのカミソリとよばれている．

では，このような考え方を伝統的な系統樹に当てはめてみよう．そうした系統樹には一般に祖先が示されている．典型的には，分類学者はまず特定の生物グループの共通の祖先がどんな姿をしていた可能性があるかを決定した後で，既知の化石を調べ，仮定した祖先にもっともよく類似しているものをその予約席に放り込む．ちょっと見たところではこれは十分理にかなっている．しかし本当にそうだろうか．

シソチョウ（始祖鳥）が伝統的に，現生と絶滅したものすべてを含むすべての鳥類の共通祖先として提示されてきたのは，つまるところ，この考えによるものだ．確かにシソチョウはよい候補である．実際，幾人かの批判的な人にとっては，それはあまりにもぴったりすぎて，現実とは思えないほどだった．まず年代がおよそ1億5000万年前のジュラ紀後期とぴったりだった．形質の組み合わせとしても正しかった．長い尾や歯のように一部の形質は爬虫類的であるが，いくつかの形質は，（とくに）羽毛を含めて鳥類的であった．現生鳥類では飛翔筋が付着する突出した胸骨，いわゆるキールがシソチョウには欠けていた．しかし飛行力学的にかなった羽毛とその翼は，シソチョウが実際に飛翔したこと，キールはその後に進化したことを示唆している．

しかしこの事例の事実を考えてみよう．シソチョウはたった6個の化石骨格（と羽毛）だけが知られている．最初の化石は19世紀のなかごろにババリアのゾーレンホーフェン頁岩中に発見された．ジュラ紀後期にはゾーレンホーフェンは礁湖であった．化石化はきわめてまれなできごとなので，死んで化石になったシソチョウの1羽について何千，おそらく何百万もの化石化しなかった個体がいたにちがいない．シソチョウ以外にも，何の痕跡も遺さなかった何十，何百というジュラ紀の鳥類の属がいたにちがいない．ほとんど奇跡的といえるほど，たまたまババリアで光が当てられることになったジュラ紀のこの特定の鳥が，すべてのその後の鳥類の祖先であるなどという可能性は高いのだろうか．いや，そもそも，その可能性はあるのだろうか．私たちは，本当にこの生物の卵が，やがてダチョウやペンギン，ハゲワシやハクチョウになる子孫を残したと示唆したいのだろうか．このように考えていくと，そのような仮定はばかげたものに思われてくる．

しかしもしシソチョウが現生鳥類の祖先であることを現実に示すことができないなら，どのように示すべきだろうか．姉妹群として示す，というのが解答である．シソチョウが現生鳥類と共通祖先を共有していて，鳥類ではない生物はこの特定の祖先を共有していない，と仮定するのは理にかなっている．シソチョウと残りすべての鳥類を姉妹群として示すことは，正当化されない主張を交えずに合理的に仮定できることだけを示す，経済的で明白な方法である．もちろん知られているあのシソチョウの化石が，その後のすべての鳥類の祖先である可能性はある（きわめてわずかな可能

性であるが）．21章でシソチョウを姉妹群として示していても，直接の祖先である可能性を否定しているわけではないが，私たちにはそう仮定する権利がないことを示しているわけだ．

これらのことすべてによって，分岐図に基づく第2部の樹がなぜそのように描かれているのかが説明される．つまり一連の二分岐（データが許すかぎり）とそれに伴う一連の姉妹群が示されている．祖先はノードの位置にいると仮定されるが，祖先自身は常に仮定的な存在にとどまらざるをえない．なぜなら，私たちがたまたま知っている特定の生物が本当に求めている祖先にちがいないと仮定することは難しいからである．私たちは推定上の祖先を姉妹群として提示することで，暫定的な祖先の候補を示すことができる．

私はウィリアム・オブ・オッカムの名をあげた．かれを，少しばかり違う文脈でもう一度登場させなくてはならない．

節約という概念

分岐論は極度の完全主義である．分岐論は，可能なかぎり多くの外群を含めて，可能なかぎり多くの生物を探し，識別しうるかぎり多くの独立した形質を調べるよう推奨する．ここで思わぬ障害となるのは，こうして生じる膨大なデータであり，もっと重大な障害は，ある生物集団をグループ化するときの可能なやり方の数である．これらの障害は，グループを完全に解決型の二分岐樹として提示しようとする望ましい作業の際にとくに問題になる．実際，半ダースの生物から導かれる理論的に可能な組み合わせの数は数百万にも達する．

しかし分岐論のルールとその背後にある常識的な仮定が，描くことのできる多くの樹のどれがもっとも本当らしいかを見いだす助けとなる．たとえば，鳥類を分類しようとして，完璧を期すために，黒い色が有用な手がかりとなる性質になるかもしれないと考えた，としてみよう．もちろん頭ごなしに黒色が有用な性質ではないと仮定すべきではない．もし黒色を性質の中に含めるなら，コクチョウがコンドル，ウ，カラス，クロオウムと結びつけられている大きな樹を描くことになるだろう．しかし考慮するほかの形質はどれもコクチョウをクロウタドリと一緒のグループにはしないだろう．それらの形質はコクチョウをハクチョウと，そしてハクチョウ全体をガチョウやアヒルとグループ化するであろう．それで私たちは黒色という性質は何度も何度も，そして多くのグループに独立に生じたと推測することになる．一方，鳥類を色に基づいて分類すればウミツバメとグンカンドリは異なるグループに出現するが，もし骨の形態で分類すればそれらは関連があるとされる．ウミツバメもグンカンドリも特別な管状の鼻孔をもっているからだ．これこそまさに，複数回，独立に進化したとはとても考えられない種類の性質である．

このように考えてみると，理論的に可能な何百万という鳥類分類の方法のうちで，あるものはほかのものより系統の歴史をよりよく反映していることがわかる．もしただ考えるだけで（手作業で），可能な分岐図をすべてしらみつぶしにしようとすると，宇宙の寿命でさえ時間としては十分ではないことがわかるだろう．しかし幸いなことに，すべての可能な樹をきわめて高速に生成し，どれが本当らしいかを素早く示す，きわめて精緻なコンピュータプログラムが工夫されている．たとえば，もっともありそうな樹は，複雑な形質が2回以上同じ形態で進化することを要求しない樹になるのである．このような要求がもっとも少ない樹は，もっとも**節約的 parsimonious**であるといわれる．節約は正当性を保証しない．結局のところ私たちは自然を出し抜くことはできず，ありそうもないことでも，自然がそうしようと思えば，そうなるだろう．しかしより節約的な分類は，多くのまわりくどい進化的な分岐やその場しのぎの再発明を必要とする分類より，真の系統を反映している可能性が高い，と私たちは主張できる．このような問題では，確からしさこそが，私たちが望みうる最善のものである．

一般的に，分岐図はどこかの王室の家系図のようにあるグループの本当の進化的歴史として見てはならない．そうではなく，明白な方法によって家系図を発見することを試みる仮説として，また明白であるがゆえに検証可能な仮説として見なければならない．哲学者カール・ポッパー卿 Sir Karl Popper が指摘したように，（反証をゆるす）検証可能な仮説はすべての科学の基本である．節約を数学的に探求することは，そうした検証プロセスの一部である．

本章を，もう1つの歴史的な関心事で締めくくることにしようと思う．それは変形された分岐論の，議論の多いいきさつについてである．

変形分岐論

すでに述べたように，ヴィリ・ヘニッヒとかれが生み出した学派は，主として，それ以前に広くいきわたっていた，もっと自由気ままな分類のアプローチに対する解毒剤として分岐論のルールを開発した．以前のアプローチでは，分類学は，ときに自分だけの風変わりな方法で仕事をし，中世の司祭のようにだれからも疑問視されない専門家の主張に基づいていた．だれも学識というものの必要性は否定しないが，科学における学識は（中世の神学とは対照的に）批判を受け入れるものでなければならない．そしてはっきりしたルールと明示される哲学がなければ批判は不可能である．一般に，明示的な方法が必要とされ，ここではとりわけヘニッヒの方法が最善であると思われる．

しかし 1970 年代（多くの非分類学者たちがまだ分岐論を耳にしたことさえなかった時代），分岐論者のなかにはヘニッヒの厳格なルールでさえまだ十分に厳格ではないと考える人たちもいた．かれらは，確かに分類学を系統，すなわち進化的歴史を土台にするのはよいことである，なぜなら系統こそが自然の秩序の土台にある，すべてを統合させる真実にちがいないからである，と述べた．たしかに，分岐論の手法はこの手助けをしてくれる．しかしアメリカ自然史博物館のノーマン・プラトニック Norman Platonick は 1979 年に，この問題について次のように発言している．「ヘニッヒはかれの方法を，進化のプロセスを示す1つのモデルとして提示した．しかし現在の分岐論者はこの方法の価値も成功も，ヘニッヒの特定の進化モデルとしての価値や成功だけに制限されるものではないと認識している」．いいかえれば，ヘニッヒはその方法を，進化したからこそ今日のありようを示している生物たちに適用しようと意図していた．しかしかれの方法は生物が進化しようとしまいと等しく完全に機能する．そして実際，原則的にそれは非生物の実体，たとえば椅子とか衣装タンスとかにも適用することができる．類似性の土台に何かしらの秩序があるかぎり，分岐論の技法はその秩序を反映する分類を提供できる．もし生物を進化的な関係に関する仮定なしに，目に見えるものに基づいて単純にグループ分けしても，進化を仮定したときとまったく同じ結果に到達するはずである．もし同じ結果に達しなければ，そのこと自体が有益である．それは進化という仮定が再考を要することを示唆するだろう．いずれにしても（ふたたびオッカムのカミソリを適用して），科学ではどのような試みも，可能なかぎり最少の仮定から出発するのがよい．

そこで合衆国とロンドン自然史博物館の系統学者たちは，ヘニッヒのそれより一層厳格な分岐論の新版をつくることを試み，これを**変形分岐論 transformed cladistics** とよんだ．変形分岐論の実践者たちは，その分類の枠組みをつくるのに，進化を仮定しない点に特徴がある．仮定が少ないほどいい，とかれらは考えたのである．

実際は，変形分岐論者は進化が世界のありようであることを否定しているわけではない．かれらは単に，分類の目的のためには，少なくとも第一歩としては，進化の事実を仮定しないほうが安全であり，実際のところ，進化の仮定を検証する手段として分類を利用するほうが安全であると述べているにすぎない．しかし当然ながら，このような姿勢は誤解されやすく，ときには変形分岐論者自身がこの点をあまりに強調したために，誤解を

招くことになった．いずれにしても，ありがちな伝言ゲームの果てに，とくにアメリカ自然史博物館とロンドン自然史博物館の指導的系統学者が進化理論の必要性を「否定している」，したがって（ほんの少し外挿してみれば）進化そのものを否定している，と結論づける人たちもでてきた．この2つの研究所は間違いなく進化的思考の本拠地であったので，これはまさにセンセーションであった．さらに，変形分岐論はアメリカの創造論者がとくに勢いをもっていたときに出現した．1980年代初頭にはイギリスのニューサイエンティスト誌上で，ある生物学教授が変形分岐論者たちをマルクス主義破壊者と非難したりしている．そうした論争が延々と続いた．

今日，変形分岐論は依然として私たちとともにある．多くの人は，仮定はできるだけ少なくするのがいいと論じ，分岐図を描くときに前もって進化的な関係を仮定する必要ないと論じている．真剣な科学者はだれも進化を否定しない．しかし進化的関係は分岐図から自然に出現するはずだ．それを分岐図の枠組みにすべきではない．一方で，それほどの厳格さの必要性を感じていない人たちもいる．いずれにしても1980年代初期の熱気は今や沈静化している．分岐論は，それを少しは「変形」する必要があるかどうかは別として，正しく，広く行き渡った正統的方法になっている．入れ子になったグループは，共有された派生的な相同の形質のみによって定義される．

私は第1部のいくつかの入門的な章を，リンネ式命名法と現代の分岐論的原則を調和させる，「新リンネ印象主義」を唱えて締めくくるつもりである．しかしまず，化石，分子など，現代の分類学者が考慮に入れるデータの種類について簡単に見ておくことは有用である．それは真にすばらしいもので，真に啓示的でさえある．

4章

データ

　アリストテレス以来，分類学に関心のある生物学者は常に3つの問いに直面してきた．第1に，「自然な」分類が反映すべき自然の根底にある秩序は何だろうか．第2に，私たちを自然分類に導くには，つまり（現在のことばでいえば）相同と成因的相同，派生形質と原始形質の区別を可能にするには，データをどう処理すればいいのか．そして最後に，すべての問いの中でもっとも基本的で現実的な問いは，実際にどのようなデータが利用可能なのか，ということである．1～3章では，最初の2つの疑問を扱った（解答を手短に述べるなら，ダーウィンによって初めて記述された「系統」と，ヴィリ・ヘニッヒによって最初に提唱された「分岐論」である）．本章では偉大なる分類学的推論の躍動——私たちを真実へと導きつつあると期待される躍動——が基礎をおいているデータを手短に見ることにしよう．

　一般的に分類学者は，古来，その知識と自信が増すにつれて，とりわけその道具が進歩するにつれて，ひたすら生物にどんどん近づいて見てきた．現代の真摯な分類学は，天文学が天体観測器（アストロラーベ），望遠鏡，そして次々と進歩する多くの人工衛星に依存してきたのと同様に，光学顕微鏡，電子顕微鏡，化学，分子生物学，そして化石年代の正確な決定を可能にする核物理学などに多くを負っている．

　つまり，「形質」とみなされるデータは，（およそ歴史的な出現の順に従って）大まかな構造つまり**形態学 morphology**，詳細な構造つまり**微細形態 ultrastructure**，発生の研究つまり**発生学 embryology**，化石証拠つまり**古生物学 palaeontology**，行動の研究つまり一般的に**行動学 ethology**，身体の化学つまり**生化学 biochemistry**，そして最後に遺伝子そのものを構成するDNAの研究つまり**分子生物学 molecular biology**に基づいてきた．ときには異なる水準のデータが異なる結論を導くことがある．たとえば，化石データはときとして分子生物学的データと矛盾があるように見えることもあった．しかし一般的に，それぞれのデータ源は，独自の強みと弱みをもっている．そしてどれか1つの情報源がいつでも，一点の曇りもなく優れていて信頼度が高いと考えることは間違っている．したがって，やるべきことは2つである．1つは，次々と得られる圧倒的な量のデータの意味を理解すること，もう1つは，異なる情報源のデータの折り合いをつけて1つの大きな見解にまとめることである．第1の課題は，3章で述べたように，分岐学の原理を利用したコンピュータプログラムによって克服されつつある．第2の問題はもっと難しい．もし矛盾があれば，生物学者は解決するためにひたすら議論しなければならない．

　しかし本章の残りの部分では，異なる情報源のデータが，過去にどのように貢献してきたか，そして将来にどのように貢献するかを簡単に解説したいと思う．以下に議論していく手がかりの並びは多少なりとも歴史的順序になっている．

形　　態

　形態は肉眼で見えるものである．しかし見るということは，ちょっと考えるよりずっと難しいことである．すべての新米生物学者はその眼前にあるものを余すことなく描こうとしてその半生を費やしながら，そこにあるものを示すことも，教科書や人々の記憶によればそこにあるはずのものが

ないことを示すことも，どれほど困難であるかを知る．ここには奥深い心理的要因と技術的な不適切さがある．フランス印象派のなかでも典型的な印象派であるクロード・モネは「無心の眼」を養う必要性を説いた．しかしダーウィン自身は，自分が何を見ようとしているかの考えが頭になければ，かりそめにも何かを観察することがいかに困難であるかを指摘している．かくて，客観性と先入観は，3章で解説した権威と方法論の，沸騰するような相克と同様に，いつもいつも争いつづけるのである．対象となる生物が珍しいもので，死後の時間が長くて傷ついていたりもすれば，困難は増幅される．

また，眼前にある形態的証拠と，とりわけ分子的証拠の間にもまた相克が存在するかもしれない．およそ15年前，分子系統学者のなかにはあたかも真実への王道を発見したかのように振る舞った人たちがいた．しかしかれらの一部は，すでにばらばらになっていたり，あるいは完全に溶解した生物のみを扱う，現代的な生物学派に属しており，かつて一度たりとも生きた動物を見たことがなかった．たとえばごく初期の分子生物学的研究に，ウマとサルが，サルと類人猿の関係より近いことを示唆した研究があった．このような例では実害はない．なぜなら私たちはだれでも，自分の目で違いを見ることができるので，サルが類人猿に近いことを知っているし，ウマが非常に違っていることも知っているからである．だから，この特定の分子生物学的研究結果が異常だと切り捨てればすむ．現在の私たちは，1つの分子生物学的証拠を過度に重視するのが誤りだと知っている．しかしときには問題はずっとやっかいである．たとえば，イスラエルにあるテルアビブ大学のダン・グラウア Dan Graur と共同研究者たちは，テンジクネズミがほかの齧歯類と無関係であると示唆している．テンジクネズミをよく知るほかの動物学者は，これがまったくのナンセンスであると感じている．私はテンジクネズミが齧歯類であるという確かな感覚をもっているが，真剣に意見を述べる資格があるとは思わないので，私

たちが自分の眼や常識に対する信頼を失えば必ずや困難に陥るはずだという理由だけから，形態的データは軽々しく捨ててはいけない，とだけ示唆しておこう．一方，ミッチ・ソギン Mitch Sogin たちのいわゆる「原生動物」と呼ばれるもの（第2部3章に記述）に関する分子レベルの研究は，この生物たちの観察可能な構造に基づく伝統的な考えをまったく無意味なものにした．同じ理由から，テンジクネズミと齧歯類の分子的洞察を軽々しく捨てることはできない[註1]．しばらく進展を見守る必要があろう．

【註1】より最近の分子生物学的研究の一部は，ダン・グラウアの結論を支持している．しかし一方，ここでもまた，グラウアと矛盾する研究も存在するし，グラウアがあまりに少ない分子のみに注目したために誤った結果を得た，と示唆した人もいる．ただし個別の例の誤りや正当性を論じるのがここでの要点ではない．異なる技法が異なる結論を導きうることを指摘したいにすぎない．

しかしこの最後の観察は，形態学のもう1つの難点を指摘する．つまり，結局のところ生物の構造は，明瞭に異なる形質を十分に与えてくれないのである．確かに，脊椎動物の場合はすべての骨の測定をすることができ，さまざまな測定値を組み合わせてさまざまな比を計算し，これを事実上際限なく行うことができる．そして私は世界各地に，わずかな数の標本のこのような測定に，文字通りすべての時間を費やしている分類学者を知っている．しかしすでに見てきたように，分類学者が測定しようと選択する多くの性質は，系統的な興味に役立つことは何も語ってくれない．実際のところ，もっとも目につく性質がもっとも情報量が少ないこともある．なぜなら，近縁の生物が異なる生活様式に適応するにつれて急速に分岐することがあるし，一方で遠縁の生物が類似の生活様式に適応するにつれて構造的に収斂することもあるからである．共有原始形質もまた助けにはならない．それにまた，一連の異なる形質のように思われるものが，単に単一の形質の異なる側面にすぎないことが明らかになる例も珍しくない．たとえば，節足動物（昆虫やクモ）は多糖類のキチンによって固められた強靭なタンパク質からなる保

護用外被（外骨格）をもっているし，さらにまた，ほとんどの動物が粘液を動かすのに用いる毛状突出物，すなわち繊毛を欠いている．キチン質の外骨格と繊毛の欠如は，きわめてすぐれた，独立した 2 つの形質のように見える．しかし動物学者のなかには，節足動物が繊毛を欠くのは，キチン質の外骨格をもったことが「原因」である，と示唆した人たちがいる．キチンに覆われた細胞は同時に繊毛をもつことができないのである．それゆえこの 2 つの形質は原理的に同一形質の 2 つの側面である可能性がある（私はこれを本当に信じているわけではない．原則の説明の好例として示したにすぎない）．

後で見ていくように，分子レベルの研究もまったく同じように，少なくとも現存の生物からは，研究すべき膨大な量のさまざまな形質をまちがいなく提供しつつある．テンジクネズミと齧歯類の問題は，最終的には，形態的研究よりは分子生物学的研究によって解決されるように思われる．テンジクネズミの解剖学的構造について，さらに何かが見いだされる余地はほとんどないが，これから発見されるであろう潜在的な分子生物学的データは膨大である．

形態学の主要な困難さは，3 章で述べたように，相同と成因的相同を区別し，さらに一歩進んで，共有派生形質による相同と単なる共有原始形質による相同とを区別することにある．

微 細 構 造

微細構造は細部の形態である．詳細な構造を視る可能性の扉は，17 世紀の先駆的な顕微鏡学者たちによって開かれた．たとえば，種々の体器官の微細構造を記載したイタリア人マルチェロ・マルピーギ Marcello Malpighi と，おそらくはバクテリアと原生動物の混合したものであったと思われる「微小生物 little animalcule」なるものを発見したオランダのアントン・ファン・レーウェンフック Anton van Leeuwenhoek である（現在，バクテリアと原生動物は一括して「微生物」と通称される．訳註：微生物にはウイルスを含めることもある）．顕微鏡は 18 世紀，19 世紀には一般的になり，1850 年ごろまでには十分に改良されていた．遺伝子が詰め込まれた構造体である染色体の発見は 19 世紀後半である（そして今日，染色体の構造とその挙動に関する学問である核学 karyology は，分類学のデータのもう 1 つの情報源である）．光学顕微鏡による研究は 1930 年代から次第に，細胞の微細構造を驚くほど詳細に示してくれる電子顕微鏡に取って代わられてきた．

どちらのタイプの顕微鏡も，細胞のさまざまな構成要素を分離し個々に解析できる生化学の手法にも支えられている．もっとも重要な生化学的手法の 1 つは，超高速で回転する超遠心器である．破砕された組織をチューブに入れて遠心すると，異なる細胞要素がその比重に応じて分離される．もっとも重い要素はチューブの底（遠心器が回転する中心からもっとも遠いところ）に集積し，もっとも軽いものがチューブの最上部にくる．そして，異なる要素の質量は**沈降係数 sedimentation coefficient**（S で表す）として示すことができる．これは遠心されたときに要素が重力を受けて，回転の中心から遠くに移動する速度の指標である．たとえば，あとで述べるように，核酸である RNA は，遠心することで，異なる S 値で区別される種々の断片に分かれる（16S と 18S は小さくて軽く，23S やそれと同等の大きさのものはより大きくて重い．訳註：16S などの値は，リボソームの構成要素の沈降係数であり，RNA そのものの重さを表さない）．

微細構造の研究は，原理的には，巨視的形態学につきまとうものと同様の問題点をもっている．つまり，原理的には，構造が同じに見えるのはそれが収斂したからかもしれないし，異なって見えるとしても，あるいは単に急速に分岐したからかもしれない．しかしそのような異議はこのレベルではあまり力がないと思われる．たとえば，大部分の細胞におけるもっとも顕著な要素の 1 つに**ミトコンドリア mitochondria**（単数は mitochondrion）があり，それは細胞にエネルギーを供給

する酵素を含んでいる．それゆえそれはときに「細胞の発電所」とよばれるが，この比喩はいかにも機械的にすぎる．「細胞のパン屋」のほうが響きはいい．異なる生物は異なる形態のミトコンドリアをもっている．しかしミトコンドリアの形が，外部環境によって何かしらの影響を受けると信じる明白な理由は存在しない．たとえば，オランウータンの長い腕が樹上生活に対して必要に迫られて明らかな適応をしたことと同様の事情は考えにくい．それゆえ，もし2種類の生物が類似のミトコンドリアをもっていれば，それが両者の真の類縁を反映していると考えるのは，少なくとも理にかなった推測であろう．

体系学は微細構造の研究から巨大な恩恵をこうむってきた．そのなかでも，おそらく2つの分野は特筆する価値があるだろう．第1に，19世紀以来，植物，動物，菌類，そしてそれに類する多くの生物は，遺伝子の大部分をきちんとした「核」のなかに納めているのに対して，細菌はそうでないことが知られていた．この差異は今では重要であると信じられている．それで核をもつ生物は真核生物 Eucarya というドメインにおかれ，一方，核のない生物は原核生物 prokaryote という非公式の名前でよばれている．後者は現在では，実際には真正細菌 Bacteria と古細菌 Archaea という2つの別々のドメインに分けられている．このことは第2部1章で十分に議論する．ここで強調したいポイントは，現代分類学で認識されるもっとも重要なこの区分が，少なくともその発端においては微細構造の特徴に基づいていた，ということである．

第2に，発生学が系統学において大きな役割を果たしたことである——ただ，とくに胚が小さいときには容易にだまされやすいが．光学顕微鏡は発生学者が個々の細胞の発生と「運命」を観察することを可能にする．そして異なる系統の生物における特定の器官が同じ細胞群から生じている，あるいは生じていない，ということがわかると，それは相同と成因的相同を区別する助けになる．

発 生 学

19～20世紀初頭の分類学者は発生学に対して，20世紀後半の分類学者が分子生物学的データに対して感じたのとほとんど同じ感覚をもっていた．すなわちそれが真実への王道だと感じていたのである．どちらの場合も熱狂的になる十分な理由がある．どちらのデータからの洞察も系統学に強力な推進力を与え，それを用いないでは解決できなかったはずの問題を解決した．しかしどちらの場合も落とし穴は存在する．

発生学のありがたいところは，あらゆる類似性が，少なくとも初めて見たときは，間違いなく相同に由来するように思われることである．もし2種類の動物の特定の器官が同じ細胞群から発生するなら，これは自然選択がある発生経路をほかの経路より有利にしているからではなく，その動物たちが確かに共通の祖先を共有しているからだろう．ここで障害になるのは，胚がまだ数個の細胞からなる若いものであると，これらの細胞が発生する理論的な可能性の数がかなり限られていることである．それゆえ胚は，選択肢が少ないという理由だけで同じように振る舞うかもしれないのだ．しかし普通は，最初に想像するよりは多くの選択肢が存在する．たとえば，節足動物，軟体動物，ミミズのような体節のある環形動物をすべて含む大きな動物の一群である旧口動物の若い胚は，螺旋状の分裂を始める．実際この分裂様式が，軟体動物と環形動物の関係を確立するのに大きく貢献した．脊椎動物と棘皮動物（ヒトデなど）を含む新口動物の胚は，新しい細胞がもとの細胞の真上に重なりながら，放射状の分裂を開始する．これもまた，一見したところ似ているとは思われない脊椎動物と棘皮動物の関係を確立するきっかけとなった発生学的性質の1つである．脊椎動物と棘皮動物の両者は，目にとまりやすい多くの点では，これほど異なるものもほかにないというほど違っている．

そうであっても，それほど手放しで浮かれては

いられない．現代発生学の父として認知されているのは，エストニア生まれでドイツ人の生物学者，カルル・エルンスト・フォン・ベーア Karl Ernst von Baer である．かれは分類学の古典時代（1792）に生まれ，1876 年，『種の起原』が出版されてまもなく亡くなっている．かれは類縁の動物の胚は，成体より似ていて，胚が若ければ若いほどよく似ていることを観察した．かれはこのことを「生物発生法則」とよんだ．基本的にこの「法則」は，少なくとも脊索動物（脊椎動物を含む門）のようなグループではおおむね正しい．魚類の若い胚は背骨ができるころは小さいコンマのような形をしているが，これは鳥，イヌ，ヒトでもきわめて若いときには同様である．その理由は直感的に明らかである．魚もヒトも頭と背骨をもち，背骨は概して肢よりも先に形成される．そして肢が形成されるようになって初めて，私たちは両者の明確な違いを見ることができるようになる．

エルンスト・ハインリッヒ・ヘッケル Ernst Heinrich Haeckel（1834〜1919）はフォン・ベーアの知的後継者であり，その考えを大きく推し進めて「個体発生は系統発生を反復する」という概念を示した．これは，発生（個体発生 ontology）において動物は進化的な祖先を実質的に再演する，という意味である．あるところまでは，これは正しいように思われる．特定のステージに限れば，ヒトの胚は確かにほぼ魚類に似ている．しかし対応性はそれほど厳密ではなく，それが真実である場合にも，それはフォン・ベーアが指摘した理由のみによることが多い．つまり若い胚というものはそれが育っていく成体よりも互いに似ているという理由によるのである．

しかしフォン・ベーアの生物発生法則でさえじつは単なる観察であって，決して「法則」ではなく，ある点までしか成り立たない．たとえば哺乳類や鳥類の胚はただ子宮や卵の中にいて成長し発生しさえすればよいが，多くのほかの動物の幼弱体は，ある場合には実質的に胚そのものであるにしても，自由生活の**幼生 larva** である．そうした幼生は厳しい環境にさらされ，適応への強い選択圧のもとにある．それゆえ私たちは，近縁動物の自由生活の胚や幼生が実際にまるで異なる形態をとる場合があることを知っている．たとえば棘皮動物の幼生は驚くほど変化に富んでいる．

全体として，発生学の情報は，絶対必須とまではいわないまでも，きわめて重要である．しかしほかのすべての情報と同様に，注意深く扱い，ほかのデータ源とのバランスをとって考えなければならない．

行　　動

行動それ自体は，関係を知るための信頼のおけるガイドとは決してみなされない．結局のところこの惑星で生存していくには限られた道しかない．圧倒的に多様な系統的背景をもつ生物たちは，結局のところ，孔の中や海底や樹木などの中に暮らしながら同じことをするようになるかもしれない．一方，近縁の生物がまったく異なる行動をとることもある．たとえば，カワウソは半水生であるのに対して，同じイタチ科の動物であるイタチはまったくの陸生である．要するに行動はほかのどのような形質よりも柔軟であって，それゆえ収斂や分岐に影響されやすいのである．

それでも，いろいろなきまぐれな行動が手がかりを与えてくれる．気まぐれという表現をしたのは，それ自体は大きな適応的意義をもたないように思われるが，それにもかかわらず保持されているようなちょっとした行動だからだ．たとえばコウノトリと，コンドルのような新世界のハゲワシは，自分の足の上に排泄する．これは冷却と関連した行動ともいわれるが，推測にすぎない．多くの鳥類学者はほかの理由から新世界のハゲワシ類は旧世界の猛禽類よりコウノトリに近いと示唆している．そしてこの奇妙な習性がその証拠の 1 つとも思われるだろう．しかし，現在の鳥類学者の一部（本書で私がその考えに従っているニューヨークアメリカ自然史博物館のジョエル・クラクラフトもその 1 人）は，コンドルとコウノトリを一緒にすることに同意しておらず，確かに排泄行

動のみで決着がつくものではない．要するに行動の手がかりは，菓子パンの上の飾りにすぎない．

化　石

ほとんどの生物は死ぬと死体処理生物によって咬み裂かれ消化される．つまり，腐り果てるか，あるいは単にこなごなに分解してしまう．骨でできた骨格系や石灰やキチンで強化されたタンパク質のよろいをもたない生物は，「原生生物」と呼ばれる非常に多くの生物の大部分を含めて，めったに化石を残さない．しかしからだの柔らかい生物も自分の姿を残せることがある．柔らかい泥に残されたかれらの印象が化石化することがあるのだ．この場合，化石は生物そのものではなく，一種の鋳型である（この鋳型はその後，原型のレプリカをつくる素材で充填されることもある）．このような化石は驚くほどの情報量をもっており，5億7000万年より前の先カンブリア時代に知られている生物の情報のほとんどを伝えてくれる．熱帯の森林で死滅した動植物は暖かく湿った土壌の上に倒れる．土壌は「死骸食 detritivorous」の無脊椎動物や細菌や菌類に満ちあふれ，動植物は数日で消滅する．熱帯森林はほとんどの種が生息するところであるから，これはとりわけ残念なことである．まずまず信頼のおける化石となるのは，特別に好都合な場所にいる比較的少数の生物グループだけである．だから，生きているうちから堆積物のなかに埋もれている二枚貝の化石は膨大な数の商品リストになっているが，死ぬと海岸にうず巻く波にこなごなにされる磯場のタマキビガイの化石はほんの少ししか存在しない．古くからいることがわかっていて，しかも比較的容易に化石化するはず（硬い体部をもっていて広範囲に生息しているから）のグループでも，何億年もの間，化石記録からは抜けていたり，まったく出現しなかったりすることもありうる．たとえば，11章で示すように，現在のクモにはハラフシグモ類とフツウクモ類の2種類がいる．ハラフシグモ類には現生の属が2つしかないが，より原始的であるのは明らかである．たとえば，その「腹部」は昔の節足動物のように体節に分かれていて，現在，家や庭で普通に見かけるクモのような大きな1つの袋になっていない．それでも，疑いのないハラフシグモ類の最初の化石は，マンチェスター大学のポール・セルデン Paul Selden によってごく最近になって初めて発見された．実際は，この新しい化石はフランスの石炭紀後期の地層から発見されており，セルデンがいうように，「このグループの記録は，0年だったものが2億9000万年まで拡大された」．クモは全体としては広く存在し，成功した動物である．そうしたクモの主要なグループが恐竜時代以前からずっと失われてしまうことがあるとしたら，動植物やそのほかの生物のうちどれほどのものが私たちの手の届かぬところに行ってしまっただろうか．

ほかにも多くの障害がある．ごく小型の生物のものを除いて，完全な化石は極端に少ない．しばしばもっとも重要な部分が失われる．遺されたものもしばしばひどく損傷している（脊椎動物の古生物学者は，自分のもっとも自慢の化石でさえ，「路上轢死体」に喩えがちであり，哺乳類化石の大部分は歯である）．よくいわれるように，歯は死ぬ前には最初に腐るものであるが，死後はもっとも失われにくいものである．化石の解釈を誤ることは簡単であるが，じつはそうした状況の多くは重要な部分が失われているために生じるのではない．たとえば私たち自身の *Homo* 属は，アウストラロピテクス（南の類人猿）という小型のアフリカの祖先に由来すると考えられる．最初のアウストラロピテクスの頭蓋は1925年にレイモンド・ダート Raymond Dart（1893〜1988）によって記載された．じつはダート自身は，頭蓋の底部が，垂直になった背骨の上に位置していたらしいことを示し，この生物がおそらくは直立歩行していたと示唆していたのだが，ドナルド・ジョハンソン Donald Johanson が1970年代に最初のアウストラロピテクスの骨格（「ルーシー」）を発見するまでは，だれもそれが真実であるとはわからなかった．

つまり要するに，化石記録は慢性に「まだら」なのである．あちこちに大きなギャップがあることを私たちは知っている．主要な種やもしかしたら主要なグループでさえ，完全に失われていることはおそらく確実だろう．多くの場合，そして多くの理由から，私たちは用心深くなければならない．

それでも化石記録ははかり知れないほど貴重である．それなしには私たちは，現在生存しているものを除いて，かつて地球上にどんな生物が存在したかをまったく知るすべをもたない．おそらくダーウィンを含めて，明晰な理論生物学者であれば，現存する生物がずっと以前に絶滅した初期のタイプから進化したにちがいない，と推測できるかもしれない．しかし，化石の証拠がなければ，懐疑論者を納得させることは困難であろうし，進化は少数派の仮説（そしておそらく異端の説）にとどまっていたかもしれない．たとえだれかがほかの生物たちが過去に存在していたはずだと考えるようになったとしても，私たちはそれが実際にはどのような姿をしていたかを想像することもできない．科学者の「節約」に対する偏愛は，私たちの推測を保守的なものにとどめようとするだろう．そして保守的な推測では，ウミサソリ，すべての現生節足動物の祖先を含むと思われる三葉虫，かつていたるところにいた頭足類のアンモナイト，ソテツに似たベネチテス，そしてもちろん全歴史を通じてもっとも強力で1億2000万年にわたって世界を席巻した動物を含む恐竜類，そうした生物を思い描くことはできないだろう．しかし現実の姿，あるいはきわめて興味深いその一端を化石が明らかにしてくれる．現実は私たちの想像をはるかに超えている．

化石記録は，その明らかな不完全さにもかかわらず，私たちが知りたいと思うことがらをかなり詳細に教えてくれる．そして，ときには，ある系統のある時期のある場所については，期待をはるかに超えるものを教えてくれる．カンブリア紀初期から中期のカナダにいたバージェス頁岩の化石群は，およそ5億3000万年前の全動物相を私たちに示してくれるように思われる．そのなかには今日存在するものとはまったく似ていないいくつかの節足動物の系統もある．西オーストラリアの化石魚類は衝撃的である．この化石は，脊椎動物がどのようにして最初に陸に上がったかをかなり詳細に語ってくれる．化石はまた，哺乳類がどのようにして爬虫類の仲間から生じたかを，古代爬虫類の下顎骨から中耳の骨が発達したことも含めて教えてくれる．化石は，鳥類がおそらくは足の速い細身の恐竜からどのようにして生じたかを示してくれる（ただし，古鳥類学者のなかには依然としてこのことを否定している人もいるが）．化石は，現在ではまれな植物，たとえば今ではイチョウ1属のみに縮小されている植物たちが，かつてはどのようにして大きな森林を形成していたかを教えてくれる．

化石記録は生物地理学の本当の意味を教えてくれる．たとえば，ウマとラクダの科が北アメリカで生じて，その後に初めて南アメリカやユーラシアに広がり，北アメリカでは絶滅してしまったこと，今日の北アメリカに暮らすバイソン，ムース，ワピティなどを含む一大動物相が，ユーラシアからベーリンジアのとびとびのシベリア-アラスカ陸橋を渡ってアメリカに入ったことなどを教えてくれる．さらにまた，寒冷なときにはインドネシアにハンノキがあったこと，もっと穏やかな時代にはカバがイギリス北部にも生息していたことを明らかにしてくれる．先カンブリア時代の泥土に印象を残しているキンベレラ *Kimberella* という体の柔らかい生物は，立方クラゲ類 cubozoan jellyfish として記載されてきた．しかしロシア科学アカデミーのミハイル・フェドンキン Mikhail Fedonkin とカリフォルニア大学バークレー校のベンジャミン・ワッゴナー Benjamin Waggoner は1997年に，実際は柔らかい殻をもった初期の軟体動物であったと報告した．もしフェドンキンとワッゴナーが正しいとすれば，軟体動物，環形動物，節足動物という関連ある大きな複数の門が，5億7000万年以上も前，ゆうに先カンブリア時代に当たる時代に生じていたにちがいないということを意味している．「真価鑑賞

力」なるものを数量的に計ることはとても難しいが，私は，化石がなければ生物の多様性と多面性に関する私たちの鑑賞力は9割がた失われるだろうと示唆しておきたい．事実，もしテオドシウス・ドブジャンスキー Theodosius Dobzhansky の「生物学の何ごとも進化の光に照らさなければ意味をなさない」という主張を受け入れるとすれば，化石記録こそが重要である．それなしには，結局のところ，進化こそが生物世界のありようだったことを，おそらくほとんどの生物学者も含めて，人々に納得させることは難しいであろう．

しかし化石記録は注意して扱わなければならない．ある化石がある地層に存在することは，その特定の生物がその時代に存在したことを示している．しかし化石がなかったとしても，それがその時代に存在しなかったことを意味しない．格言にもいうではないか，証拠がないのは不在の証拠ではない，と．たとえばクモ学者は，ハラフシグモ類がすでにはるか昔の石炭紀には存在したことをまったく疑っていない．これまでそれが見つかっていなかったにすぎない．同様に，ハラフシグモ類はフツウクモ類の直接の祖先ではなく，むしろその姉妹群であるらしいとされる．このことは，少なくとも，ハラフシグモ類とフツウクモ類の共通祖先は石炭紀より古いはずだということを意味している（このこともほとんど疑問の余地はない）．

進化の原則と種が進化したり消滅したりする時間についての知識から，現生種の数と知られている最古のタイプの年代を知ることができれば，過去に生存したある系統の種数を計算することが可能である．現生霊長類はおよそ200種であり，最古の化石は5500万年前のものである．したがって原則は私たちに，最古のタイプの時代以来およそ6500種の霊長類が存在したはずだ，と教えてくれるのである．しかし実際は，わずか250種の化石しか知られていない．すなわち，おそらくかつて存在したはずの種のわずか4％しか知られていないのである．

古代の霊長類のわずか4％しか知らないのだから，本当に最初の霊長類を発見するチャンスはきわめてわずかである．なぜなら化石が古ければそれだけそれを発見する機会は減るからであり，最初のタイプは数も少なかったはずだからである．それで，最初の霊長類は現在知られている最古のタイプのはるか以前に現れたと想像できる．だから実際には，私たちの知識が少なければ少ないだけ，最初の生物はもっと古くに生存していた可能性が高い．かくて古霊長類学者は，恐竜時代には霊長類の化石がまったく発見されていないにもかかわらず，最初の霊長類的哺乳類はおよそ8000万年前の白亜紀後期に出現していた可能性があると計算している．これは，恐竜が滅びるまでまだ1500万年も残っている時代である．要するに，化石記録が普通以上にわずかしか知られていなくても，過去の豊かな姿を描くことは可能なのである．そして霊長類の化石記録はひどく貧弱なことで有名である．

さらにまた，進化の歴史に関する知識は，過去200年にわたって着実に発展してきた年代決定の方法によって著しく豊かなものになった．化石が堆積物の中に埋まっているとき，その埋没の深さは年代を反映する．堆積速度は測定可能だからである．このような方法は現在，ある決まった速度で「崩壊」する放射性同位元素による新しい方法によって補強されている．^{14}C の崩壊は，過去数千年ないし数百年の試料の年代測定に当たって古生物学者や考古学者を助けてくれる．そしてカリウム–アルゴン法による年代決定は，より古い時代についての情報を提供する．いくつかの地層の年代が決定されれば，しばしばほかの多くの部分の年代は推定することができる．たとえば，放射性同位元素などの方法によって地質学者は過去の火山爆発の年代を決定することができる．そして化学的方法によって過去のどの粒子がどの爆発によるのかを知ることができる．そうして，特定の化石の内部や周囲に特定の粒子が存在すれば，効果的にその化石の年代を決めることができる．

本章の少し後で述べるように，現在の分子生物学は，生物学者が関係を推論するだけでなく，2

つの系統がいつ最後の共通祖先をもっていたかの判断も可能にしてくれる．化石記録の年代が決まると，分子レベルの研究から発展した考えを独立にチェックすることができる．たとえば，1960年代後半の分子生物学的研究は，ヒトとチンパンジーがつい 300 万年前に共通祖先を共有していたことを示唆した．ところが，化石の記録は，少なくとも多くの古生物学者の判断では，チンパンジーとヒトは 2500 万年以上前にそれぞれの道を歩み始めたらしいと示唆していたのだ．新たに発見された化石と，1960 年代にすでに発見されていた化石をより詳細に解析したところ，どちらかといえば分子生物学者のほうが正しく，共通祖先がおよそ 500 万年前に生存していたらしいことが示唆されている．要するに，分子と化石が協同して働くとき，それは強力な 2 人組になる．

最後に，一般的にいえば，いかに多様な証拠が古生物学者の仕事を求めているかに注目してほしい．それまで特定の岩石中に一度も特定の化石が発見されていないとしても，なんとしてもその岩石中にその化石を探さなければならないのだ．たとえばハラフシグモ類とフツウクモ類が姉妹群であり，ハラフシグモが石炭紀後期から知られているという事実からすれば，古クモ学者は，2億9000 万年以上古い岩石中にクモを探さなければならない．また霊長類に関しても，ごく短い推論を重ねることで，最古の霊長類が，既知の最古のものよりおそらく 1500 万年ほど古いことが示唆されている．分子レベルの証拠は一般に，任意の2つの生物の共通祖先の年代を教えてくれるし，少なくともある程度の見通しを与えてくれる．だから，どの年代の化石がその祖先を含むはずかがわかる．特定の系統が分岐した年代についての知識があれば，それはまた，系統樹を精密化する助けになる．要するに，生物 A と B が，それぞれが C との間より近縁であるというのは，A と B がもつ共通祖先が，A と C，あるいは B と C の共通祖先よりも最近のものだということだ．もしある岩石からこれが正しくないことを示唆する化石が発見されたら，そのときは提案された系統に立ち戻って再考しなければならない．

分　子

ここで用いる「分子」ということばに私は「生化学」——身体の化学全般，なかでも（酵素を含む）タンパク質に関する，以前から確立された学問——と，とくに遺伝子そのものを構成する DNA を研究する，最近になって発展した「分子生物学」とを含めている．この 2 つのアプローチは，概念的につながっているので，互いに混じり合う．それらの研究は同じような研究室，ときには隣り合った研究室でなされることもある．この新しい技術の価値を知るには，基本的な分子生物学を少し理解していただかなければならない．以下に短い入門編を用意した．このような内容なら百万回も読んだことのある読者は，次の「実際の分子生物学的技術」までスキップしていただきたい．

分子生物学の短い入門編

フランシス・クリック Francis Crick は分子生物学をいわゆる「セントラルドグマ」と呼ばれるもので要約した．すなわち「DNA が RNA をつくり，RNA がタンパク質をつくる」というドグマである．もう少し詳しく説明しよう．遺伝子という考えは 1860 年代に，現在はチェコ共和国に属するブルノの修道院にいたグレゴール・メンデル Gregor Mendel（1822〜84）によって着想された．じつのところメンデルはその考えを着想した以上のことをした．かれは独力で，だれの助けもなしに（実際は善意の，しかし想像力の欠如した上司に邪魔されながら），現在の遺伝学が基礎をおく主要な考えのほとんどを明らかにしてしまった．しかしかれの業績は，19 世紀末に再発見されるまですっかり無視され，そのため遺伝学は，そして当然「遺伝学」とか「遺伝子」という用語も，動き出したのはようやく 20 世紀になってからだった．

しかし 20 世紀の最初の 40 年間は，だれも遺伝

子が実際に何であるかを知らなかった．少なくとも遺伝子が染色体とよばれる，アラビア数字のような形をし，細胞分裂のときに現れて正確に分かれる構造物の中に存在することは明らかになっていた．しかし遺伝子が何から構成されるかはだれも知らなかった．染色体には，1870年代に発見されてデオキシリボ核酸（DNA）と呼ばれるようになった特別な有機酸と，さらにタンパク質が含まれることが知られていた．この問題を考えた生物学者は，染色体のタンパク質部分が遺伝子を含み，酸はただそこにあるものだ，と仮定していた．しかし20世紀前半の「古典的」遺伝学者は，遺伝子がひもの上にあるビーズのようなものだと考えていた．そのひもが染色体に当たるというわけだ．これは，化学としては粗野な考えである．しかしビーズをつなぐひもという考えはきわめて有用な「モデル」であり，たとえば家畜の繁殖，環境保全，医学的遺伝カウンセリングなどの土台となっている実践的な遺伝学は，現代的な化学的技術も用いることはあるにしても，依然として本質的に「古典的」である．

しかし1944年に，カナダ生まれのアメリカ人細菌学者であるオズワルド・エイブリー Oswald Avery とその同僚たちは，染色体の2種類の構成要素のうち，タンパク質ではなく DNA こそが遺伝子をつくっていることを，疑いの余地なく明らかにした．のちに明らかになったことであるが，染色体のタンパク質は一方ですべてをまとめておくために，他方で遺伝子機能を調節するために存在する．多くの生物学者はエイブリーの業績をほとんど無視したが，合衆国のライナス・ポーリング Linus Pauling，ロンドンのモーリス・ウィルキンス Maurice Wilkins（すぐにロザリンド・フランクリン Rosalind Franklin も加わった），そしてケンブリッジのフランシス・クリックとジェームズ・ワトソン James Watson など少数の人々は，名も知られず脚光も浴びていないこの有機酸である DNA が，じつは自然界全体の中でもっとも興味深い分子であることを認識した．かれらはその構造解明に着手した．クリックとワトソンは，驚くほど短い時間でDNA分子のモデルをつくり上げ，それが1953年にネイチャー誌に発表された．この2人とモーリス・ウィルキンスが1962年のノーベル賞を受賞した．ロザリンド・フランクリンは1958年に37歳の若さで死去していた．

クリックとワトソンのモデルは，DNAの分子——というよりはむしろ高分子【註2】——は，2本のきわめて長い鎖からなり，それぞれが互いに巻きついていることを示した．これが有名な「二重らせん」である．それぞれの鎖はヌクレオチドとよばれるサブユニットがつながっている．それぞれのヌクレオチドは，糖であるデオキシリボース，1つのヌクレオチドを鎖の隣のものと結びつけるリン酸，そして「塩基」という3種類の要素からなっている．デオキシリボースとリン酸はどのヌクレオチドでも完全に同一であるが，塩基には4種類ある．アデニン，チミン，グアニン，そしてシトシンである．これらはその頭文字によって，A，T，G，Cとして知られる．1つのヌクレオチドは4種類のうちの1つのみを含む．

【註2】DNAやタンパク質のように，より小さい分子がつながったひも状の分子は一般に「高分子 macromolecule」とよばれる．そうなると「分子」という用語は解放されて，個々の構成要素を指すのに使えるようになる．

DNAのおよその一般的化学は1950年代には知られていた．クリックとワトソンの偉大な貢献は，すべての構成要素が3次元的構造の中にどのようにまとめられているかを示したことである．しかし，DNA分子の変異における唯一の源が塩基に由来するということは，途方もないことであった．20世紀初頭の生物学者が，遺伝子がDNAでつくられていることはありえず，タンパク質によってつくられているはずだと考えがちであったのは，まさにこのためだった．遺伝子はつまるところ，原理的には無限の変異をもつのであり，タンパク質がそうだからである．DNAにはたった4種類の塩基しかないので，このような仕事を担うにはあまりにも均質だと考えられていた．

しかしいつものように，自然は私たちよりずっ

と先を行っていることが明らかになった．DNAの4つの塩基はちょっとしたトリックによって，遺伝子に要求されるすべてのことをなしうる，ということがすぐに理解された．塩基はじつはアルファベットの文字のようなものである．アルファベットには26文字しかない．しかしこの26文字は，原理的には無限の組み合わせで並べることができ，無限の単語をつくることができる．その数にくらべればシェイクスピアの途方もない語彙ですらほんのわずかなものである．

ではDNAの構造はどのようにその機能と関連するのだろうか．じつは，20世紀初頭から，遺伝子の仕事はタンパク質をつくることだと知られていた．実質的にその規則は「1遺伝子1タンパク質」である．タンパク質は生命の実行部隊である．それはからだの構造の主要部分をつくる．収縮性タンパク質は筋肉をつくる．いくつかの（低分子の）タンパク質はホルモンとして作用する．そしてもっとも重要なことは，大部分の酵素はタンパク質である．酵素とは，全身の代謝を推し進める触媒である．タンパク質も（DNA同様）アミノ酸の長い鎖からなることが，何十年も前からわかっていた．そしてタンパク質は原理的にほとんど無限の多様性をもつにもかかわらず，天然のタンパク質の大部分はたった20種類ほどのアミノ酸から構成されている．ここでも原理は同じである．わずかな種類のアミノ酸がアルファベットであり，そこからタンパク質の無限の語彙がつくられる．

問題の1つは，DNAの4つの塩基がどのようにしてタンパク質の20種類のアミノ酸に対応する暗号を提供するか，ということであった．これは1960年代初頭にフランシス・クリックとシドニー・ブレナー Sydney Brenner によって解決された．かれらは，DNA中の塩基は連続した切れ目のない鎖のようになっているが，じつは3個ずつの組（それぞれの組をコドンとよぶ）として作用する．塩基が4種類あれば64の異なる3個ずつのグループができる．4×4×4である．アミノ酸は20ほどしかないから，実際には，この3個ずつの組には必要とされるよりはるかに多くの暗号をつくる能力がある．いくつかのアミノ酸は複数の異なるコドンによってコードされていること，また，いくつかのコドンはアミノ酸をコードせず，句読点として，「この遺伝子はこの点から始まる（あるいは終わる）」という役割を担うことも明らかになった．

第2の問題は，細胞分裂の間に遺伝子がどのようにしてあれほど正確に自らを複製するのかを示すことである．じつはクリックとワトソンは1953年の時点でこれに対する解答を用意していた．かれらはDNA分子の2本の鎖はその塩基間にある化学的結合によってゆるく結びついていることを指摘した．しかし結合は厳密な規則にのっとっている．一方の鎖にあるアデニンは他方のチミンとのみ結合し，シトシンはグアニンとのみ結合する．それゆえ二重鎖の中間のいたるところでA–TとC–Gという「塩基対」が見られる．DNAが複製するとき，すなわち遺伝子が複製するとき，2本の鎖が分離し，ついでそれぞれの鎖が新しいパートナーを形成する．結合はきわめて厳密であるから，それぞれの新しいパートナーは完全に相方に対して相補的である．このようにそれぞれの鎖が，実質的に新しいパートナーの鋳型となる．したがって複製は正確である．ただし，ときには思いがけない間違いも起こる．この間違いが遺伝子の突然変異の主要な源であり，最終的に自然における遺伝的変異の源である．2本のDNA鎖が最初に分離する過程や，新しいパートナーが形成される作業は，すべて酵素によって制御されている．

基本的理論はこのくらいにしよう．それではDNAはどのようにしてタンパク質をつくるという重要な作業を行うのだろう．第2の，いくらか単純な核酸を用いる，というのが解答である．これはリボ核酸すなわちRNAとよばれる．RNAはDNAとよく似ているが，普通はずっと短く，鎖は2本でなく1本であり，ヌクレオチドの糖はデオキシリボースではなくリボースであり，チミン塩基のかわりによく似たウラシルという塩基を

含む点が異なっている．ほかの3つの塩基はDNAと同じである．RNAはDNAとタンパク質の仲介役としてはたらく．すなわち，そこからクリックのドグマ，「DNAはRNAをつくり，RNAはタンパク質をつくる」が生まれたのである．タンパク質形成に際して，2本のDNA鎖はある長さにわたって分離し，一方の鎖が，DNAではなくRNAの相補的鎖を形成する．DNAの構造を反映したRNAは，必要とされるタンパク質を形成するために正しい順序で確実にアミノ酸をつなげるのに必要な情報をすべてコード化しているのである．

ここで寄り道が必要である．生物は2種類の異なる細胞のどちらかをもっている．細菌と古細菌（細菌と一緒にまとめられていたが，今ではまったく異なるものだということがわかっている）の細胞内のDNAは，**プラスミド plasmid** と呼ばれる小さい構造体と，同様に細胞体の中に存在する単一の染色体の中にある．しかし，植物，動物，菌類，海藻，そして「原生生物」とまとめて呼ばれる広範囲の生物では，ほとんどのDNAは少数または多数の染色体内に含まれ，すべての染色体は**核 nucleus** と呼ばれる特別な細胞内構造中に保持されている．細菌と古細菌は**原核生物 prokaryote**（「核」を意味するギリシャ語のkaryonに由来）と呼ばれ，細胞が核をもつ生物は**真核生物 eukaryote**（euはギリシャ語で「真正」あるいは「本当の」を意味する）と呼ばれる．

真核生物（これ以後の議論は真核生物に限定する）では，核内のDNAはRNA分子をつくり，RNAは核を出てリボソームと呼ばれる核の周囲の「細胞質」内の構造体まで到達する．そしてそのリボソーム内でタンパク質が組み立てられる．じつは，RNAには主要な3種類がある（本当はあと2種類あるのだが，それについて考える必要はない）．3種類とは，伝 令 RNA（mRNA），転 移 RNA（tRNA），そしてリボソーム RNA（rRNA）である．mRNAはこれからつくられるべきタンパク質に対応したDNAからの暗号を担っている．tRNAは小さい分子で，その仕事は個々のアミノ酸をリボソームまで運ぶことである．リボソーム上のアミノ酸は，mRNAによる順序に従って組み立てられ，タンパク質になる．rRNAは常にリボソーム内にあって，すべてのタンパク質の集合を監督し，全般的に関与する．

RNAは細胞質内ではたらくが，最初は核内で産生される．RNAはDNAからつくられるからだ．つまりDNAにはいくつかの機能があることになる．mRNAをつくる部分のDNAはタンパク質をコードする部分である．mRNAがタンパク質をつくる中間体として作用するからである．しかしDNAのある部分はtRNAを産生し，またある部分はrRNAを産生する．このようにタンパク質を産生する遺伝子（すなわちmRNA産生遺伝子）もあるし，tRNAとrRNAの遺伝子もある．

これが1950年代，1960年代に明らかになった基礎的な物語である．しかしそれ以後，膨大な，かつ予想もできなかった発見がいくつかなされ，そこから系統を確立するのに今やきわめて有用なものになった技術が生まれたのである．

実際の分子生物学的技術

まず第1に明らかになってきたのは，真核生物の染色体中にあるDNAの大部分はタンパク質（つまりmRNA）もtRNAもrRNAもコードしていない，ということである．実際のところ大部分のDNAの機能は未知である．ただし，かつてこの部分のDNAにつけられていた「ジャンクDNA」という高飛車な用語は，もはや使われていない．分子生物学者が，役割がはっきりしないという理由だけで何もしていないかのような名前をつけるのは行きすぎだと感じたからだ．しかし明らかな機能のないDNAは（変化しようとしまいと）自然選択にかからないので，高度に変異が多いと考えられる．

第2に，ここ数十年の間に，ほとんどすべての真核細胞に存在するミトコンドリアや，植物，海藻，そしていくつかの原生生物の細胞に見いだされる葉緑体といった細胞小器官には，独自の

DNA が含まれることが明らかになった．実際，ミトコンドリアには細胞全体の DNA のほんの数パーセントしか含まれていないが，これらの「ミトコンドリア遺伝子」は細胞の行動に重要な影響を与える．ほとんど常にミトコンドリア遺伝子はメスの系統を通じてのみ遺伝する．なぜなら，ミトコンドリアは細胞質に存在し，若い胚のほとんどすべての細胞質は精子ではなく卵に由来するからである．それに加えて，第2部（3章）でもっと詳細に述べるように，ミトコンドリアと葉緑体は，最初の真核細胞に寄生体として生存していた細菌に由来したと考えられている．それゆえ，驚くべきことではあるが，**ミトコンドリア DNA（mtDNA）**は原核生物の DNA に似ていて，核の DNA とは細かい点ではっきりと違いがある．

第3に，1960年代以降，DNA が時とともに定常的に変化することが明らかになってきた（アメリカの科学者ライナス・ポーリングがこの点でも先駆者であった）．これは主として，細胞分裂のたびに DNA の鎖が分離して新しいパートナーを形成するときに，誤りが忍び込み，誤ったヌクレオチドが挿入されるからである．これらの小さい変異が**突然変異 mutation** である．そして大部分の突然変異は有害で，ごく少数が有利なものであると常に仮定されてきたが，驚くべきことに，大部分の突然変異は有利でも不利でもない，ということがわかってきた．それらは生物の生存にまったく影響しないようだ．この観察から**中立進化 neutral evolution** の考えが生まれた．生物は長い時間をかけて変化，すなわち進化するが，それは単純なダーウィン選択によるのではなく，実際は単に DNA がかつて考えられたより安定性が低いからなのである．しかし重要なポイントは，これらの変異がある系統のすべての生物に同じように影響するということである．なぜなら，有性生殖によって遺伝物質が混合されるからである．しかし時間が経つと，かつて共通の祖先を共有した2つの異なる系統の DNA は，それぞれの系統内でランダムに変化しつづけるので，次第に違いが拡大していく．変化はかなり安定なペースで（決して完全に安定というわけではないが，少なくとも不正確な腕時計程度に）起こるので，2つの系統が共通祖先を共有していたときからどれほどの時間が経ったかを判断することが可能である．少なくとも化石の年代が決定されれば，その記録とクロスチェックすることで，時間を測定することが可能になる．こうして，コピー時に起こる誤りに由来するこれらの安定した変化は，現代の生物学者に**分子時計 molecular clock** を提供してくれる．

第4に，ある生物の細胞にある遺伝子の総体を意味するゲノムが，実際に階層的であることが次第に明らかになってきた（その基本原則はずっと前から認められてきた）．上位の強力な遺伝子の機能は，ほかの遺伝子の活性を制御することである．とりわけ動物学者は3章で紹介した**Hox 遺伝子群 Hox genes** という，すべての動物に見いだされる遺伝子群に，当然のことながら非常に興奮した．その機能は，動物体のそれぞれの部分が実際に何になるかを決定することであり，それぞれの部分のさまざまな部品を形成する遺伝子のスイッチを入れる（あるいは切る）ことでその機能を実現する．まもなく，さまざまな動物の門を，Hox 遺伝子群によって定義することが可能になるはずだ．いくつの Hox 遺伝子群をもち，それらがどのように配置され，どう作用するか，が基準になる．しかし全体的なポイントは，ゲノムのさまざまな要素はすべて，系統関係を確立するのに役立つ情報を提供しうる，ということにある．そしていくつかの例では，この分子レベルの情報のみが，事実上，存在する唯一の情報なのである．

任意の2種類の生物の関係の近さ，すなわち**系統的距離 phylogenetic distance** が DNA の差によって測れるということは直感的に明らかである．しかしそこには2つのおまけもある．DNA 変化はかなり予測可能な速度で起こるから，差異の程度はその2つの系統が共通祖先を共有した最後の時代について直接的な情報を与えてくれる．そして，この推定を化石記録と比較すれば，得られる情報はきわめて大きい．

また，DNA の領域が変化する速度は，部位によって大きく異なる．ある領域は数世代の間にもかなり変化するから，この差異は家族の中での関係さえ明らかにしうる．このような領域は法医学で**遺伝子指紋 genetic fingerprinting** として活用されるし，保全生物学者は単一の個体群内でどの個体とどの個体が関係しているかを判断するのに用いる．このような研究は，たとえば，ヨーロッパカヤクグリのメスが数羽の異なるオスの子を産むこと（そしてオスは異なる数羽のメスをはらませること）が普通であることを明らかにした．

　ミトコンドリア DNA，すなわち mtDNA も急速に変化するが，核 DNA の超可変領域ほど急速ではない．mtDNA を解析し比較することで，生物学者は種内の亜種の関係をたどることができる．さらには，たとえば，さまざまな人間集団間の関係と移動を明らかにすることに用いられてきた．実際にタンパク質をつくる DNA（より正確には，むしろ，タンパク質をつくる mRNA をつくる DNA）は，mtDNA よりずっとゆっくり変化する傾向がある．その比較は，生物学者が綱内の異なるグループの系統的距離を測ることを可能にしてくれる．たとえば（鳥綱内の）複数の目の間の関係を確立することができる．

　このものさしのもっとも遅い端にある rRNA（あるいは rRNA をコードする DNA）は，たしかにきわめて高度に保存されている．2種類の生物の rRNA にかなりの差異があるなら，それはかれらが十数億年ほども昔に分かれたことを示すだろう．それゆえ rRNA は普通，界やドメイン間の関係を確立するのに用いられる．じつは rRNA は1つの大きい分子として形成され，のちに固有のサイズをもついくつかの断片に分解される．真核生物のリボソームはかならず 18S rRNA とよばれる断片を含んでいる．原核生物では，対応する rRNA は小さめで，16S しかない．系統の観点からは，この一見すると些細な分子レベルの差異はじつはきわめて大きい．そしてこれが原核生物と真核生物が異なるドメインにおかれるべきという考えを確かめるのに役立っている．カール・ウーズ Carl Woese の，細菌と古細菌はどちらも原核生物であるけれども異なるドメインに入れられるべきであるという示唆も，主としてその rRNA の違いから導かれている．さらに，真核生物は少なくとも1ダースの界に分割するべきだというミッチ・ソギン Mitch Sogin の示唆も同様である（第2部1章）．

　一般に，系統を判断する分子生物学的方法には，概念的に2つの異なるタイプがある．まず，2種類の生物から得た2つの対応する分子について，それぞれを詳細に解析することなく単純に比較する方法がある．そのような方法の1つが **DNA−DNA 雑種形成 DNA-DNA hybridization** 法である．この方法の詳細はけっこう複雑であるが，基本的には異なる2種類の生物から得た1本鎖 DNA を混合し，それが結合する程度が，これらの生物の近縁度を示すのである．要するに，もし2つの生物が同種のものであればそれぞれの DNA の結合はほぼ完全であり，もし2つの種がヒト DNA とハチ DNA のように遠く離れていれば，2つの DNA はあちこちで少しばかり結合するにすぎないだろう．このような方法を用いたチャールズ・シブリー Charles Sibley とジョン・アールキスト Jon Ahlquist は，1980年代に膨大な数の鳥類についてその関係を調べた．本書で私はシブリーやアールキストではなくジョエル・クラクラフト Joel Cracraft の考えに従うが，それは主としてかれが分岐論的方法を用い，シブリーとアールキストが全体としてはその方法を用いなかったからである．しかしシブリーとアールキストの研究はきわめて価値が高く，かれらの結果を考慮していない鳥類の分類は真に確かなものとは考えられない．

　同様に（詳細な解析より直接的な比較という意味で），生物学者はここ数十年にわたって生物の系統的距離を免疫学的方法で判断してきた．かれらは問題となる生物，たとえばある魚のタンパク質を採取し，それをウサギに注射してタンパク質に対する抗体をつくらせる．そして，同じ魚の同じタンパク質をその抗体と混合し，一方，別の近縁の魚の対応するタンパク質を（もちろん独立に）

抗体と混ぜる．抗体は最初の，それの元になったタンパク質とは激しく結合する．抗体が第2の魚のタンパク質とどれほど激しく結合しようとするかは，2つのタンパク質の類似度に依存する．それはすなわちこの2種の魚がどれほど近縁であるかによるのである．

分子系統学についてはまるまる1冊の書物が書けるだろう．それはたとえばジョン・エイヴィス John Avise の見事な『分子マーカー，自然史，進化 Molecular Markers, Natural History, and Evolution』(1994) に示されている．ここで私が指摘したいのは，いかに多様な方法が存在するのかということ，そして，さまざまな方法がそれぞれ異なる強みと弱みをもっていることである．分子生物学的技術の一般的な利点は，それが広範囲に使えることである．魚は魚であり，鳥は鳥であるが，どちらもDNAをもっている．伝統的な魚類生物学者は魚類に特徴的な基準，たとえばうろこ，ひれなどによって対象を分類する．一方，鳥類分類学者は羽毛とか鳴管（発声器官）などの特徴を調べる．そのため伝統的な基準では，魚類学者が「科」とよぶグループが鳥類の「科」と同様の多様性をもっているかどうかは，だれにも判断できない．というのも，魚類の解剖学的特徴の変異は，鳥類の解剖学的変異とどのように比べたらよいか，だれにもわからないからだ．しかし関係が分子生物学的方法によって判断されるなら（伝統的形態研究を捨てるわけではなく！，それに加えて用いるなら），少なくとも原則的には，2グループ間の変異の程度は，DNAの変異という同じものさしで測定することができる．

分子生物学的研究の第2の大きな利点はそこから得られる情報の圧倒的な量である．原理的にいえば，DNA鎖のあらゆる塩基の位置が情報をもちうるのであり，事実上どの塩基も1つの「形質」なのである．そしてたとえばヒトの10万（訳註：現在の推定ではヒトの遺伝子は2万ないし2万5000といわれる）におよぶ遺伝子は約30億の塩基を含んでいるのである．もちろんこのように膨大なデータ量は，豊かさゆえの困難へと変わりやすい．それで分子生物学者は，それらのデータを意味あるものにするのに，気鋭の数学者やコンピュータの専門家と協同しなければならない．そしてそこで得られる理解は，おおむね利用する解析方法に依存する．異なるアプローチは異なる結論に導くのである．これについては5章でもっと詳しく述べよう．

いうまでもなく分子レベルの研究にはいくつかの問題がある．顕著な欠点は，塩基が4種類しかないことから生じる．これによりどの塩基も3通りのうちの1つにしか変化できない．たとえばAはC, T, Gのどれかにしか変化できない．同一の箇所に繰り返し突然変異が起こると，元と同じものへ変化することが起こりうる．したがって1つながりのDNAが示しうる突然変異の数には限りがあり，この限界まで達している場合，その領域は「飽和している」といわれる．また，異なる生物から得たDNA領域を比較するときに，それらを正しく整列させることにも困難がある．つまり，ある生物から得たDNAの断片がほかの生物からの断片と本当に相同であるかを確認するのは困難である．もし違っていれば比較は無意味である．しかし，これらの困難はあるにしても，分子生物学的研究から得られる情報の量は，事実上限界がないように思われる．今はわくわくするような時代であり，今後明らかにされる情報はさらにずっと多いはずだ．

一般的に系統学は難しい．それは基本的に，40億年近い期間にわたって，極度に限られたデータに基づき，そして途上にある目に見えたり，見えにくかったりするさまざまな落とし穴に気をつけながら，地球上のすべての生物に関する進化的歴史を再構成することである．この課題に取り組もうとする体系学者は，得られるすべての援助を必要とする．伝統的でありながら依然として重要な古典時代のアプローチの上に建設されている現代の分子生物学的および古生物学的研究や，一方では分岐論の重要な助けと他方では現代の数学とコンピュータを用いる分析技術は，私たちをその目標に近づけてくれるように思われる．

5章

クレード，グレード，および各部の名称
新リンネ印象主義の勧め

　ヴィリ・ヘニッヒ Wille Hennig とその一派の分岐論者たちは，分類学者が異なる生物グループを同定する方法を改善しようと試みてきた．かれらはまた，副次的な目標も追求していた．それはグループに名前をつける命名法の習慣を改善することであった．かれらは第1に，単系統グループであるクレードのみを公式のタクソンとして認知するべきだと主張する．そして第2に，系統樹における新しい分枝点（ノード）を新しいリンネ階層として取り扱うことを提案する．分岐論全体がそうであるように，この考え方もきわめて論理的であり，おそらく1世代後ぐらいには分岐論的命名法が主流になるだろう．しかし，この新しいルールは，論理的であろうとそうでなかろうと，問題を生じており，現在，論争がある（論争はほぼ平和的であるが，常にそうとも限らない）．この論争は，命名に分岐論的アプローチを主張する人々と，よりリンネの考え方に沿った伝統的な命名システムのほうが，私たちが手放すべきでない利点をもっていると感じる人々の間に起こっている．

　本章で私は，「新リンネ印象主義 Neolinnaean impressionism」とでも呼びたい（ちょっと気取った感じもするが，悪くはないだろう）妥協点を提供しようと思う．全体として，私たちは分岐論の論理性と明晰さを歓迎しなければならないが，命名に関しては，論理と実践とを調和させなければならない，と私は感じている．確かに，私たちは現代体系学の2つの段階をはっきり区別するべきである．第1は，生物の系統を発見し，その系統を系統樹にまとめることである．第2は，この樹を都合のよい部分に分解して適切な名称を与えること，すなわち命名法である．第1段階は真実に対する作業である．私たちは生物の歴史を，かれらがどのような経路で今日あるところまでやってきたか，何と類縁であるかを通じて知りたいと思っている．何ものも真実の探求を危うくさせてはならない．そうあってこその科学である．たとえ「真実」というものが，とりわけ，ときには何百万年も前に起こったできごとを再構成する系統学のような分野では，永遠に私たちの手をすり抜けるものであることを知っていても，これはゆずれない．しかし第2の点である命名は，情報検索の作業であり，たとえるなら図書館員の作業である．ものごとに，真実を危うくさせるようなやり方で命名してはいけないが，しかし図書館の司書たちがやっているように，ときには，実践主義を厳密な論理よりも優先することを許せば，情報はもっとも経済的ですっきり伝えられる場合があることの価値を認めるべきである．系統樹に名前をつける試みが系統樹そのものに影響しないかぎり，命名法を少しばかり簡単にしても害はないはずである．

　それに，分類を表現するには，おそらく2つのレベルの用語が必要であろう．1つは厳密さと詳細さを必要とする専門家に役立つものであり，もう1つは非専門家向けのわかりやすいものである．これには先例がある．コンピュータは，自分自身やほかのコンピュータと交信するための言語や，人間とやりとりするための言語のように，いくつかのレベルの言語を同時に操作する．専門家のための分類体系はすでに，幾人かの分類学者によって工夫されてきた．これは門外漢が使用するにはいかにも難しいものになりがちだ（そしてじつは専門家の間でもそれほど定着していない）．しかし，複数のグループを記載しそれらの相対的

な位置を教えてくれる，利用者に優しい方法を提供しようと思うなら，すこしばかり，肩の力を抜く必要があるだろう．

こうした考えが「新リンネ印象主義」の背後にある．だが，まずは，厳密な分岐論的命名法の問題とは何か，そしてそれはなぜ，少なくとも部分的には，伝統的なリンネの分類方法と相容れないのかを見ていこう．

グレードとクレード，単系統と側系統

分岐論者が公式の分類を厳密にクレードだけに基づいて行い，単系統でないタクソンを捨て去ってしまう理由は容易に理解できる．そうしたシステムは抜きんでて論理的である．分岐図 cladogram から大きな労力を要して推定される系統樹は本来的に階層構造をしている．そして階層はあらゆる分類の基本である．小さいクレードは大きいクレードに内包される．なぜ大きいクレードを高次のタクソン（門，綱など），小さいクレードを低次のタクソン（科，属，種）としてしまわないのか．このよく整理された状態が，なぜ危ういことになるのだろう．つまり，E・O・ワイリー E. O. Wiley とその同僚が『分岐学者大全 The Comoleat Cladist』(1991) で述べたことばを借りれば，「あれこれ苦労してグループを特定したあげくに，それを捨て去ることになるというやり方は，私たちには無意味である」．

しかし，古くからのすべての博物学者と，実際のところほかの生物たちに注目するすべての人々は，**グレード grade** という概念の価値に本能的に気づいていた．「グレード」は確かに，「クレード」よりずっと曖昧な概念である．これは単に「進化のある段階に達した生物」を意味するにすぎない――ただし，その表現自体にはかなり問題があるが．しかし私たちは爬虫類（ここでいう爬虫類は英語なら reptile と r を小文字で書く，非公式の口語的用法）がどれも同じ仲間に属することを直感的に知っている．全体的にみて，かれらはすべて同じ種類の生き物だと感じられる．いずれも四肢動物で，もっとよく観察すれば羊膜類であることもわかる．羊膜類の胚は3枚の膜に囲まれていて，そのうちの1枚が羊膜である．いくつかの爬虫類，たとえばカメ，イリエガメ，ウミヘビなどは水に戻ったが，爬虫類は基本的には経験の浅い船乗りであり，たいていは陸上で繁殖する（例外は，今日のイルカのように水中で子どもを産んだことが明らかな，ずっと以前に絶滅した魚竜のような生物である）．私たちが同じグレードに属すると思う生物は，必ずしも近縁ではない．たとえば「虫」を1つのグレードと呼ぶことはできるが，「虫」とよばれる生物たちは系統樹のあちこちに散らばった多くの系統に属している．しかし私たちが非公式に爬虫類と呼ぶ生物は，確かに，それ自身が爬虫類である同一の祖先に由来しているように見える．したがって爬虫類は1つのクレードを形成するだろう．ただ，爬虫類の異なる2系統はそれぞれ新しい派生形質を発達させており，すべての伝統的生物学者が合意するように，このことがそれぞれを新しいグレードに位置づけさせている．爬虫類の1系統は哺乳類を定義する毛皮などの性質を発達させ，他方の系統はまったく独立に，羽毛など鳥類を定義する性質を発達させた．

哺乳類はクレードであり，それで分岐論者も伝統的なタクソンである哺乳類 Mammalia を不満なく用いる．また鳥類も，広く公式に鳥類 Aves とよばれるタクソンのクレードである．哺乳類と鳥類はじつはもっと大きな羊膜類 Amniota というクレードの亜クレード subclade である．しかし伝統的な爬虫綱 Reptilia はクレードではない．これは羊膜類というクレードの1セクション，すなわち，羊膜類から哺乳類と鳥類が分離独立したあとに残ったセクションにすぎない．このセクションは，適切な方法である共有派生形質では定義できない．その代わりに，爬虫類はそれがもつ性質と欠いている性質で定義されていることになる．すなわち，爬虫類は毛皮や羽毛を欠く羊膜類である．分岐論者は，伝統的な爬虫綱はせいぜい「非鳥類非哺乳類羊膜類」としかいえない，とい

うのである．伝統的な爬虫綱は，実際には側系統，つまり，あるクレードからいくつかの亜クレードを除いたものに当たる．

　危うくなっているのは命名法だけではない．分岐論者は，もし伝統的な爬虫綱を維持するなら，分類を系統の上に構築しようとする試みの土台がひどく傷つけられる，と示唆している．系統によって真に定義されるタクソンのメンバーどうしは，ほかのどのタクソンのメンバーよりも近縁でなければならない．ライオンとトラは，どちらもイヌに対する関係より，互いのほうが近縁であり，それゆえライオンとトラはネコ科に一緒に含められ，イヌはキツネやジャッカルとともにイヌ科に入れられるのである．実際，一般原則として，あるタクソン内の生物が，そのタクソン以外の生物より同じタクソン内のメンバーのほうに近縁でなければ，そもそもタクソンが成立しないことを理解するのに，何も分岐論者である必要はない．

　しかし，鳥類と恐竜類を考えてみよう．トマス・ヘンリー・ハクスリー Thomas Henry Huxley（1825〜95）の時代から，多くの生物学者は鳥類が恐竜から進化したことを信じていた[註1]．すなわち，ワニは鳥類にもっとも近い現生の親戚であり，実際，たとえばカメやトカゲよりもずっと鳥類に近いのである．しかし伝統的な分類ではカメ，トカゲ，ワニを同じ爬虫綱に入れ，一方鳥類を異なる綱，鳥綱におく．もし分類が真に系統に基づくものなら，これは無意味であると思われる．上に述べたワイリーと同僚たちの指摘は，完全に正当なものに思われる．

【註1】しかしノースカロライナ大学のアラン・フェデュッキア Alan Feduccia など幾人かの生物学者は，依然としてこれが正しくないと論じている．

　しかしすべての公式タクソンが単系統でなければならないという分岐論者の主張は，いかに論理的ではあってもそれ自身の難点も生じる．古脊椎動物学者の多くは，すべての恐竜は，それ自身が恐竜である祖先に由来すると信じていて，それゆえ私たちは恐竜類 Dinosauria とよばれるクレードを認めることができる．しかしもし鳥類が本当に恐竜に由来するなら，それは恐竜クレードの一部をなすので，分岐的命名に従って恐竜類という公式のタクソンに含められなければならない．それで多くの現在の生物学者は，鳥類が系統発生学的にいえば恐竜であるとコメントせざるをえない．しかしそれでは，ティラノサウルスやディプロドクスなどの，私たちのだれもが恐竜と認めている恐竜全体を，現生の鳥類は含めない形で恐竜と呼ぶにはどうすべきなのだろう．科学文献では最近，「非鳥類恐竜類」という表現が一般的である．これはねじれている，と多くの人が考えるだろう．恐竜は恐竜，鳥類は鳥類であった日のほうがずっといごこちがいい．

　「爬虫類」はかなり曖昧な用語で，公式の用語では定義しがたいものであるが，それでも私たちは皆それが何であるかは知っている，という事実が残っている．グレードは系統を表さないが，それでも現実に有用な何かを表している．分岐論者でさえ，分類に関する公式の課題に取り組んでおらず，事実上ただの自然愛好家であるときは，「爬虫類」について語るのである．私はだれかが「非鳥類非哺乳類羊膜類」などといっているのは聞いたことがない．

　それでは，私たちは真正の分岐論者となって爬虫綱という公式のタクソンを放り投げるべきだろうか．あるいは伝統に従って爬虫綱はクレードではないが，それでも有用なグループ分けであるという本能に従うべきだろうか．もちろん単系統グループと側系統グループを勝手にごちゃ混ぜにするのは混乱のもとだろう．この例については，なんとかこのままでもやりすごせるかもしれない．私たちはだれでも，何が爬虫類であるかを知っているし，哺乳類と鳥類が爬虫類の階層から生じたことを確信しているからである．しかしもっとわかりにくい生物を扱うとなると，このようなカテゴリーの混同は絶望的である．

　しかし，すでに多くの著者が採用している単純な妥協法がある．その方法とは，そうすべき強い要請があるときは伝統的な側系統グループを保持

し，それが側系統であるという事実を何らかの活字上の装飾で示すやり方である．側系統性は普通アステリスクをつけて示す．したがって，伝統的爬虫類はReptilia*となる．同様に伝統的な両生綱はAmphibia*になる．なぜなら何らかの古代の両生類らしきものが，すべての羊膜類を生じたからである．また甲殻類はCrustacea*となる．なぜならそこから昆虫や多足類（ムカデとヤスデ）が生じた可能性があるからである．幾人かの動物学者（全部ではないが）と同様に，多足類が昆虫類を生じたと信じるならば，多足類はMyriapoda*とよばれなければならない．

このようなシステムは，分岐論者が指摘するように，独自の問題を生じる．とりわけ，もし爬虫類Reptilia*という公式のタクソンを認めるならば，爬虫類から哺乳類にいたる進化の道筋にいたと思われる化石を，Reptilia*と哺乳類のどちらに分類するかを決定するのは困難である．私なら，Reptilia*は利用者のわかりやすさのための用語である，と単純に答えるだろう．それは（図書館司書の仕事の一部のように）情報に容易にアクセスできるようにするためのものであって，専門家の奥深い問題を解決することをめざしてはいない．以前に述べたように，専門家はときに，自らの目的のために独自の用語を開発しなければならないことがある．やがてはだれかが，情報伝達の困難さを増やすことなく，側系統グループを放棄できることを示してくれるかもしれない．もしそうなれば側系統グループは消滅することができるだろう．しかし本書では今のところ，いくつかの有名な側系統グループを維持して，それに適切なアステリスクを付すことが適当だと思われる．

最後に，この約束によって，アステリスクなしの爬虫類は羊膜類と同義であり，鳥類や哺乳類を含むこと，一方Reptilia*は非鳥類非哺乳類羊膜類をさすことに注意してほしい．もう1つ，側系統グループを維持することが適当と思われる最後の例をあげさせてほしい．本書には，ウミサソリという巨大な無脊椎動物がしばしば登場する．これは2mにも達するすばらしい生物で，いくらかはサソリに似ている．実際ほとんどの生物学者はそれがサソリに近縁であると仮定しているが，第2部11章で見るように，専門家のなかには，この類似性が単なる共有原始形質によるのであって，特別な関係はない，と思っている人もいる．ウミサソリの化石記録はおよそ5億年前（オルドビス紀の初期）から2億5000万年前（すでにペルム紀）まで長期間に広がっている．ウミサソリがサソリに近縁であるかどうかは別にして，古生物学者は一般に，およそ4億年前にウミサソリらしきものがクモ類，すなわちサソリ，クモ，ダニなどを含む仲間を生じたと信じている．いいかえれば，鳥類が恐竜から生じたのと同様に，クモ類はウミサソリの階層から生じたのである．

化石記録は完全に信頼のおけるものではないが，それはウミサソリが，最初のクモ類が現れるよりずっと以前，多分それより1億年前に出現し，その後少なくとも1億5000万年のあいだ存続したことを，かなり確かなものにしている．ウミサソリ類は多様性に富んだ巨大なグループである．かれらには数多くの種があったはずであり，私たちが知っているのはそのうちごく一部にすぎない．しかし生物学者は，一般に，クモ類というタクソン（普通は綱あるいは亜綱とされている）が単系統であることに同意する．つまり，クモ類のすべてのメンバーは，ただ1つのウミサソリ類の祖先種から生じたことになる．ほかのすべてのウミサソリ類は，絶滅するまでウミサソリでありつづけた．

伝統的な生物学者はウミサソリに名前をつけるのに問題はなかった．かれらは単純に，ウミサソリとしての性質をもつと思った生物をウミサソリ綱Eurypteridaに入れ，クモ類の共有派生形質をもつ生物をクモ綱Arachnidaという公式の綱に入れる．しかしウミサソリ綱という用語が，5億年前から2億5000万年前まで生存し，その途上でクモ綱を生み出した生物の系統をさすのだと主張しようと思えば，私たちは当然ウミサソリ綱が側系統であることに注意しなければならない．もしウミサソリ綱を含むクレードを定義しようと思

えば，そのクレードはクモ綱を含まなければならない．したがって，クモ類と対置させてウミサソリ類に言及するときには，「非クモ類ウミサソリ類」といわなければならないだろう．こうして「非鳥類恐竜類」と同じ，やっかいな表現に戻ってしまった．分岐論者の解決方法は，ウミサソリ綱をサブグループに解体して，それぞれが単系統になるようにすることである．これは可能であるが，そうすると伝統的な公式の意味でのウミサソリ綱という用語は消滅するであろう．

　これらの問題は，私たちを，専門家と非専門家の差異，言語の目的，そしてコミュニケーションのあるべき姿に立ち戻らせる．無脊椎動物の専門家でない動物学者がウミサソリの存在をかりそめにも認識していることはよいことであるし，まして，動物学者でない人がもし知っていればとてもすばらしいことだ．ウミサソリ類はきわめて重要な生物であるが，私たちの大部分にとっては，分岐論の命名法に正しく従えばつけられるであろうこまごました名前とともにウミサソリ類の系統を詳細に学ぶには，人生はあまりにも短い．非専門家との会話では，ウミサソリ綱をEurypterida*とするのが合理的であろう．これは，伝統的意味は残したまま，そのグループが側系統であることを示している．これ以上簡単な方法があるだろうか．

多系統性と非公式性

　分岐論者でなくても普通は公式の分類から多系統グループを排除しようとするだろう．そうしたグループは真の系統について無知であることを露呈しており，せいぜい，だれかが時間を——そしてもちろん適切な技術を——もつようになったときにさらに選別が必要な，未解決のファイルとしてのみ存在価値がある．ゾウやカバやサイなどの皮膚の厚い哺乳類をすべて含むと考えられた「厚皮類Pachydermata」といったグループは，アマチュア的でのんびりした日々のよき思い出ではあるが，まったくのナンセンスである．しかし多系統の問題には，いくつか興味深いもつれがあるのも事実だ．とりわけ多系統と側系統の境界は曖昧になることがある．

　たとえば，伝統的なグループである「円口類Cyclostomata」は現生のヌタウナギとヤツメウナギを含んでいる．ヌタウナギとヤツメウナギはどちらも皮膚が露出していて，表面的にはウナギに似た，顎のない生物である．実際かれらは唯一の顎のない現生脊椎動物である．サメ，タラ，恐竜，ヒトなどの顎のあるすべての脊椎動物は顎のない脊椎動物に由来している．顎のあるすべての脊椎動物は顎口類Gnathostomataというクレードを形成する．もし現生脊椎動物だけを考えれば，ヌタウナギとヤツメウナギは，顎口類を進化させた祖先グループからの唯一の代表として，側系統グループを形成する．したがって，本書に採用しているシステムではかれらを円口類Cyclostomata*と表すことができる．

　しかし現生グループとともに化石を考慮するとその姿は変化する．なぜなら，絶滅した無顎脊椎動物には，あれやこれやの武装した「魚類」のすべてが含まれている．これらは，明らかに異なるいくつかの系統に属するが，まとめて「甲皮類ostracoderm（骨性の皮膚）」と呼ばれている．甲皮類はヌタウナギやヤツメウナギとともに，伝統的に無顎類Agnathaとよばれてきたグループを形成する．しかし本書で採用するシステムではこれらは無顎類Agnatha*と呼ばれるべき（顎口類がここに由来するから）である．しかしヌタウナギは知られているすべての無顎類のなかでもっとも原始的であるように思われ，一方，ヤツメウナギは顎口類と近縁であるように思われる．それで系統樹の上では，複数の甲皮類がヌタウナギとヤツメウナギの間を隔てていると考えられる．それゆえ，絶滅無顎類（甲皮類）も考慮するなら，円口類は多系統である．したがって，もし化石生物も含めるなら，ヌタウナギとヤツメウナギは異なる系統から生じたものであり，ひとまとめにされているのは，成因的相同（ウナギに似た体型など）と共有原始形質（顎を欠くことなど）を共有

するがゆえにすぎないことがわかる.

　生物学者はしばしば，近縁ではないがいろいろな性質を共有する生物群について，まとめて名前をつけたいと思うことがある．そういうときは，単に非公式の名前を用いればよく，英語では頭文字を小文字で書く．たとえば動物学者は今では，かつてはいわゆる原生動物門 Protozoa に属させられた単細胞生物がじつは多くの異なるグループ，それも異なる界を代表するグループに属することを知っている．しかし動物的な性質をもった単細胞生物を非公式に原生動物 protozoa とよぶのは今でも便利である．藻類 Algae もかつては植物の1ディビジョン（動物学者なら「門」という）とされていたが，藻類の一部のグレードのものは植物であるものの，褐藻類や紅藻類のように絶対にそうでないものもある．しかし「藻類 algae」は有用な非公式用語として残っている．原生動物と単細胞の藻類は非公式に「原生生物 protist」とよぶことができる．多くのタクソンにまたがっているものの，「虫 worm」について述べることも理にかなっている．「魚 fish」も，いくつかの独立した系統からの生物を含むが，口語表現としては有用である．シーラカンスは「魚類」であるが，系統的には，「魚類」であるエイよりもヒトに近い．「微生物 microbe」は顕微鏡なしには小さすぎて見えない生物を意味する，まったく問題ない非公式用語である．「円口類」でさえよい非公式用語である．いつなんどき，ヌタウナギやヤツメウナギをまとめて言及したくなるときがきたって不思議はないだろう．実際問題，生物のどのグループも好きなように非公式にグループ化すればよいのである．それが非公式性の利点である．もちろん哺乳類 Mammalia や昆虫類 Insecta のように，通常は頭文字を大文字で始める公式のタクソンも，ラテン語化しないで小文字で始めて哺乳類 mammal とか昆虫 insect などと非公式に呼ぶことができる．

　最後に，多系統グループは公式の分類では居場所をつくるべきでないが，ときには系統樹の上に非公式にそのグループ名を描く場合もある．古代の有顎魚類であるパレオニスクス類がよい例である．明らかにかれらは多くの系統を含む複雑なグループで，その時代には生態的にきわめて重要であった．かれらは現生のチョウザメやヘラチョウザメの祖先も含んでいたらしい．パレオニスクス類は研究に値するが，詳細は専門家の問題である．専門家でない私たちは，ただ，パレオニスクス類が存在し，その時代には多様で生態的に重要で，現生の子孫を残した，ということを知っていればよい．パレオニスクスと類似のグループを，小文字で表して系統樹や分類表に非公式に入れておくのは，理にかなっている（そして分岐論者にも非分岐論者にも受け入れられている）と思われる．もし分類を情報検索の実践とみなすなら，このようなグループは未解決のファイルと考えておくことができる．

　分岐論者の，すべてのタクソンは単系でなければならないという主張だけが，伝統と衝突しているわけではない．ヴィリ・ヘニッヒに従って，分岐論者たちは，系統樹におけるそれぞれの枝分かれ点（ノード）は，新しい階層を示すものでなければならないとも示唆している．これがさらに多くの問題を生じる．

階層はいくつか

　新しいノードはそれぞれ新しい階層を表すべきであるという概念は完全に論理的で，最初はこの分岐論的ルールは伝統的なリンネ方式ともきれいに調和すると考えられた．どちらのシステムも本質的に階層的だからである．系統樹の小枝は種を表し，それらは属を表す枝に集まり，さらに科を表すより大きい枝に集まり，というように，最後はドメインを示す巨大な枝にまでつづく．しかし実際は，分岐論とリンネの命名法は，最初に期待されたほどぴったりと適合しない．

　最初の困難は数である．すでに見たように，リンネは元来，種，属，目，綱，界といった少数の階層を提案した．後の分類学者はこれを7つ，すなわち種，属，科，目，綱，門，そして界に増や

した．1970 年にカール・ウーズ Carl Woese はこれらの頂上に 8 番目の階層にあたるドメインを与えた．

この 8 階層システムは明らかにリンネの当初の計画を拡張したものであるから，それを「新リンネ式」とよんでいいだろう．8 階層は具合のよい数で，哺乳綱 Mammalia，奇蹄目 Perissodactyla，ウマ科 Equidae など，一連の具合のよい名称が与えられる．しかし生命の樹の幹と小枝の先にいる種との間の重要なノードの数はすぐに 30 あるいはそれ以上になるし，実際は何百にもなることさえある．30（あるいはそれ以上）の入れ子になったクレードを，認められた 8 つの新リンネ式階層に納めることは困難である．大樽をパイント瓶に入れようとするのは，所詮無理なことである．

実際のところ，新リンネ主義者はずっと以前から，階層を増やすために上目，亜目，上科，亜科などのように「上 super」「亜 sub」などの接頭辞を発明していた．これは標準階層の数を理論的には 24 に増やすことになる．しかし実際に使われる数はもう少し少ない．「上ドメイン」はナンセンスであるし，「上界」とか「上門」は少なくとも不適切であると感じられる（「界」や「門」はもともと最上級の性質を示しているからである）．それに「亜属」もあまりしっくりしない．ただしこれはときどき用いられる．

標準的であまり不快にならない新リンネ主義では，およそ 20 の階層までは利用できるが，分類学者が 20 以上必要だと感じたときにはしばしば中間階層を発明する必要に迫られる．たとえば哺乳類の大きな科であるウシ科 Bovidae（ウシ，ヒツジ，レイヨウなど）はふつうまず亜科に，ついで族 tribe に分割され，そしてやっと属に分けられる．チャールズ・シブリー Charles Sibley とジョン・アールキスト Jon Ahlquist は古典的な書物『鳥類の系統と分類 *Phylogeny and Classification of Birds*』(1990) で，種々の鳥の目を，亜目，下目 infraorder，小目 parvorder に分け，そしてようやく上科にたどりついたが，それもも

ちろんさらに何層にも分割する必要があった．「微小綱 microclass」というものまで提唱されている．しかし階層が 20 を超えると（本当はもっと少ないほうがいいが），分類はやっかいになる．そしてそんなやっかいな分類はそもそも本当に分類なのか，と問うことは理にかなっているだろう．

階層の数は問題の 1 つにすぎない．もっと深刻なことは，樹の異なる各部が程度の異なる小分割を示しているように思われることと，異なる目的と関心をもつ分類学者たちが，深刻なくいちがいのある分類をつくり上げてしまうことである．かれらはみな同一のグループを認識しており，たとえば哺乳類は温血で毛皮をもち，子に哺乳するということを，異論なく認めるだろう．しかしかれらは，それぞれの入れ子のクレードに独自の名前と階層を与える必要性を感じているので，同じグループにまるで異なる階層を当ててしまうことがある．

たとえば，私が知るすべての哺乳類の専門家や，博物学に何らかの興味をもつすべての人は，哺乳類を綱とみなしている．もし哺乳類が綱でないとすれば，何だというのか．パースにある西オーストラリア博物館のジョン・ロング John Long による『魚類の興隆 *The Rise of Fishes*』(1995)[註2] というすばらしい書物を見てみよう．この著者は，私たちが日常会話で「魚類」とよんでいる生物だけでなく，魚類から派生しているので魚類のクレードに含まれるべき四肢動物も含めた全「魚類」クレードの分類を試みている．かれは全体の物語を無顎類魚類から始めているが，かれは無顎類を「上門」に階層づけしている．これは多くの余裕を与えてくれるようにも思われるが，多くの動物学者は脊索動物 Chordata を門の階層においていて，脊索動物は明らかに無顎類よりずっと高次の階層であるから，この出発点それ自体かなりあやしい．上に述べたように，「上門」は適切でないと論じることもできよう．しかしロングが提唱しているのはまさにその上門なのである．

【註2】私は『魚類の興隆』が提供する分類を批判しているが，これは優れた書物であって，無条件に推薦する．ただその分類学的側面は除く．

伝統的動物学者は「無顎類」には顎のない魚類だけを含むことにしている．結局のところ Agnatha は「顎がない」ことを意味するからである．しかし無顎類は顎口類という顎のある脊椎動物の祖先である．ロングは『魚類の興隆』で，その無顎類という上門に，真の分岐論のスタイルにおける単系統の地位を与えた．それゆえそれはすべての顎のある脊椎動物をも含むものと考えられた．用語の意味を文字どおりにとれば，あなたも私もロットワイラー犬も顎なしということになる．それはともあれ，ロングの分類では無顎動物上門の一部に脊椎動物下門が含まれ，さらにその一部に顎口動物亜門がある．

ついで顎口動物亜門は4つの大きい綱に分けられる．サメやエイを含む軟骨魚綱 Chondrichthyes，2つの絶滅した大きな魚類グループである板皮魚綱 Placodermi と棘魚綱 Acanthodii，そして最後に骨性の魚である硬骨魚綱 Osteichthyes である．硬骨魚類にはさらに現生の条鰭類 Actinopterigyii，肺魚を含む肺魚類 Dipnoi，そして肉質の鰭をもつ総鰭類 Crossopterygii が含まれる．硬骨魚類は「綱」と考えられているので，これら3つの大きなグループは「亜綱」の階層を与えられなければならない．

四つ肢をもつ脊椎動物である四肢動物は，総鰭類に由来する．したがって四肢動物のクレードが，より大きな総鰭類というクレードに内包されていると認められる．しかしそれでは四肢動物にはどのような階層を与えることができるだろう．ジョン・ロングは総鰭類を亜綱とした．今や私たちは標準的な新リンネ的な階層からはみ出している．それで四肢動物には，たとえばディビジョン【註3】といった何か新しい階層を与えなければならない．もし分類が分岐論の純粋さを維持するなら，四肢動物は両生類と同義になる．なぜなら分岐論者は，両生類はそれが爬虫類，鳥類，哺乳類を含まないかぎり確固たるタクソンとは認めないからである．四肢動物（あるいは両生類）のなかには羊膜類という1つ下のグループを認める必要がある．これは分岐論的にいえば爬虫類と同義である．爬虫類は分岐論の習慣では鳥類と哺乳類を含むことになっている．羊膜類（あるいは爬虫類）は「下ディビジョン」の階層にでも位置づけなければならないだろう．爬虫類はさらに，もっと下のグループ（小ディビジョン？）に分解される．その1つが哺乳類を生み出した単弓類 Synapsida である．哺乳類 Mammalia はしたがって単弓類の下のグループであって，その階層は亜小ディビジョン subparvodivision とか，もしかしたら小ディビジョネット parvodivisionette とかいうものであろう．だれでも哺乳類がただの綱であったあの無邪気な時代がずっと快適だったと思わざるをえないだろう．

【註3】植物学者は「ディビジョン」を動物学者の「門」とほぼ同等の，公式の階層として用いる．しかし動物学者は「ディビジョン」を自由な目的に用いる．

要するに分岐論とリンネ式（あるいは8階層なら新リンネ式）の分類は，当初の予想とは異なり，よく適合するものではないことが明らかになった．現代の体系学者のなかには，新リンネ式分類は全部捨て去るべきだと考えている人もいる．これらの急進派は，残す価値のある唯一のものは系統樹そのものだと示唆する．特定の生物は樹におけるその位置を同定することによってのみ分類される．こうして分類は座標幾何学の実践となる．

しかしこれが正しいはずがない．専門家はこのようなシステムが有用と思うかもしれないが，もしそれを採用すると非専門家とのコミュニケーションの可能性を放棄することになる．それはとても残念なことであり，文化の自殺とまではいわないまでも，専門の科学者も含めてすべての人が「説明責任」を求められている現在にあっては，経済的自殺といえるかもしれない．それはまた，セントルイスのミズーリ植物園長であるピーター・レイヴン Peter Raven が指摘した意味でのナンセンスに陥る．かれは，何か特定の生物群

の専門的分類学者になればなるほど，実際は分類を必要としなくなるというのだ．人々が分類を必要とするのはあまりよく知らない生物について概観を得ようとするときなのだ．

「新リンネ印象主義」は，これらすべての問題を解決するために私自身が提案するものである．このシステムは「新リンネ式」であって単純な「リンネ式」ではない．なぜならこれは，リンネの考えを大きな2つの点で拡充したものだからである．第一に，公式の階層を8つに増やす．第二に，単系統グループと側系統グループを区別し，後者にはアスタリスクを付して示す．またある状況（たとえばパレオニスクス魚類）では多系統グループを容認する．ただしそれらは公式の階層とは認めない．もっと曖昧な中間段階，たとえば「亜綱」，「族（連）」あるいは「コホート（区）cohort」までも含めることがあるが，これらは非公式のままである．

このシステムが「印象主義的」であるのは，まさにそれが厳密に論理的であるというよりは実践的だからである．とりわけ8つの新リンネ式階層は分類における固定点を提供するための神聖不可侵のものである．分類が本当に有用であるためには安定でなければならず，8階層はその安定性を提供する．しかし中間階層も，そうする必要があると考えられるときにはいつでも導入できる．ときにはこれらの中間階層に亜綱，上目，コホート（区），族（連）などの半公式的な地位を与えることが望ましいと思われるかもしれない．しかし私は，これらの中間階層の地位を無理に明記する必要はないと考える．たとえば，節足動物門 Arthropoda では，甲殻類 Crustacea，昆虫類 Insecta，多足類 Myriapoda をまとめて大顎類 Mandibulata とよばれるクレードにするのが理にかなっていると思われる．この名称に含まれる 'mandib' は顎を意味し，これら3つのグループには共通しているが，鋏角類 chelicherate や三葉虫類 trilobite にはない．同様に，すべての四肢脊椎動物は，一般に四肢動物 Tetrapoda とよばれるクレードを形成する．しかし私は大顎類や四肢動物に公式の階層名を与えるさしたる緊急性はないと思う．これらが門と綱という公式の階層の中間のどこかに収まることはわかるはずだ．

事実，さまざまな哲学をもつ多くの分類学者も，中間的グループは少なくともしばらくは公式の階層なしにおいておけばいいと示唆している．同じ意味で，ロンドン自然史博物館の故コリン・パターソン Colin Patterson と D・E・ローゼン D. E. Rosen は，新しいクレードにおかれるべき新しい化石は，分岐論の決まりに従って新しい階層を与えられなければならず，それによって新しいグループはほかのすべての階層の位置づけに影響を与えるかもしれない，と指摘している．一部は常に増大する複雑さと，また一部は安定性の消失によって，急速に混乱が広がりかねない．パターソンはこれらの新しいグループを公式の階層なしに放置して，単に「プレジョン plesion」とよぶほうがいいと述べている．パターソンは同意しないだろうが，これが意味する実践主義は，新リンネ印象主義の精神に含まれるように私には思われる．

第2部
すべての生き物を通覧する

本書の使い方

　この第2部にこそ本書の存在理由がある．ここではあらゆる生き物たちを通覧していく．ご覧いただければわかるように，第2部は25の章に分割されており，各章ごとに生き物の1つのグループ（あるいは「分類群」）を扱う．この25の章によって，かつて地上に生存した生き物たちの主要なグループはすべて網羅されており，省かれているのは，まだ十分に分類されていない一部の原生生物 protist の仲間だけである．しかし，各々のグループに等しい重みを与えることは可能でもないし，結局は望ましくもないので，グループごとに扱いを詳しくしたり簡略にしたりしている．

　したがって，全体としてみれば，第2部は学校で使う地図帳のやり方を採用していることになる．学校の地図帳ならアジアの地図はかならずあるだろう．しかし，香港やタミール・ナドゥといった詳細地図まで含まれるのは，アジアの学生を対象としたものだけである．一方，合衆国で使われる地図帳なら，アジアの地図は1枚だけかもしれないが，おそらくウィスコンシン州の地図や，さらにはマンハッタンの詳細地図まで含まれるかもしれないし，英国の学校の地図帳なら北米の地図は1枚だけでも，たとえばバッキンガムシャーについてはもっと詳しい地図を含めるのが普通だろう．これと同様に，ここでは1つの章に含まれる動物のすべてをまず取り上げ，その後で少数のサブグループに焦点を当てて詳しく解説する．

　たとえば，軟体動物門は単独で1つの章全体（7章）が割り当てられているのに，毛顎動物門については――まちがいなく風変わりで面白い生き物たちであるのに――これを含む動物たちの章（5章）の中で1つのパラグラフしか割かれていない．対照的に，脊索動物門は全部で10もの章を占めており（13〜22章），必要以上に強調されていると感じる人もいるかもしれない．ここでも私は，絶滅した板皮綱を扱っていないのだが，一方で，現存する脊索動物の綱はすべて詳しく論じている．哺乳綱（18章）の範囲内では，最初に霊長目（19章），次いで私たち自身が含まれる科（ヒト上科 Hominidae（20章））をターゲットにする．同じように，植物界には独自の章（23章）を当てて，そのうえで，被子植物あるいは顕花植物（24章）に焦点を移し，被子植物の最大の科であるキク科（25章）を通覧することで第2部を終える．

　25の章の各々は，1本の「系統樹」から始まる．この系統樹は，全般的概念において，人間の家系図に似ている．推定された祖先が左側に，それに由来する子孫グループが右側にある．現存しているグループ，あるいは子孫を残せずにただ消えてしまい絶滅したグループ（たとえば，ベネチテス目 bennettitalean のような絶滅した植物群）は「樹冠」グループとよばれており，大部分の樹冠グループは，「系統樹」の中に図示され，本文の中の適切な段落内あるいはその近くで，さらに説明がなされている．

　25の各章の本文は，『(当該グループ)へのガイド』という表記の強調見出しによって，その

前後の2つの部分に分けられている．前半の部分は，そのグループへの一般的な導入になっている．残りの後半の部分は，そのグループのさまざまなメンバーについて説明する．これらの記述は，「系統樹」に関連づけられる．たいていは適切な系統樹のてっぺんから根元の順にたどっていく．

『2つの界から3つのドメインへ』と題された1章において，問題となる「系統樹」（pp.90〜93）は2つの役割をもっている．第1にその系統樹は，現存する（および絶滅した）生き物たちのつくる樹全体を示しており，地球上のすべての生き物が本当に共通の祖先に由来し，したがってすべての生き物が同一の系統樹を共有しているというチャールズ・ダーウィンの示唆に依拠している．第2に，あらゆる優れた地図帳がそうであるように，最初に示されるこの系統樹が，本書のほかのすべての章への鍵を提供している．こうすることで，この最初の系統樹を一目見れば，たとえば，鋏角亜門あるいはキク科といったものが，ものごとの大きな枠組みの中のどこに位置しているかを正確に把握することができる．

本文あるいは描かれた系統樹の中で，異なるグループに対する命名に一貫性がないことに気づかれる読者もいるだろう．たとえば，真菌の基本的な仲間の1つである子嚢菌類 Ascomycota のように科学的な公式の「ラテン語」で命名されているグループがあるかと思えば，子嚢菌類のサブグループの1つには「真の酵母 true yeast」のように英語の日常語で命名されているものもある．そのほかにも，名前の一部に飾りがついていることもあり，とくにダガー（†）とかアスタリスク（*）がよく使われる．こうした特別な表記の一部の理由は少なくともいくらかは技術的なものであり，その意味について以下に説明する．

タクソンの命名法

第1部で概説された命名法の原則に合わせて，本書のグループ名は，以下の規則に準じて命名されている．

- 哺乳類 Mammalia のように，大文字で始まり，活字に装飾のないタクソン名は，単系統群すなわちクレードを指している．したがって，限定マークのない爬虫綱 Reptilia という名称は，哺乳類と鳥類も含んでいるはずだし，限定マークのない甲殻類 Crustacea も，同様に昆虫と多足類を含むべきものである．しかし，本書において私は，実際のところ，この意味で爬虫綱や甲殻類という単語を使っていない．爬虫綱は羊膜類 Amniota と同義であるし，もし甲殻類が昆虫と多足類の起原になっていると認めるならば，甲殻類は大顎類 Mandibulata と同じ意味になるだろう．
- 爬虫綱*（Reptilia*）のように，大文字で始まり，アスタリスクの限定マークがついているタクソン名は，側系統群あるいは「幹」群を意味している．したがって爬虫綱*という表記が意味するものは，大部分の人々が考える「爬虫類」に一致する．すなわち，哺乳類 Mammalia と鳥類 Aves を除く爬虫綱，いいかえるなら，「非哺乳類非鳥類羊膜類」ということである．
- 板皮綱†の場合のように，タクソン名に追加されるダガーマークは，そのグループが絶滅した

ことを示す.
- 原生生物 protist あるいは虫 worm といった非公式の名称は，頭文字を小文字とし，ラテン語化した表記を試みないで示す.
- 多系統群は非公式の群と考えられており，頭文字を小文字とし，なおかつ日常語を用いて表記する.
- 公式のタクソンであっても，頭文字を小文字とし，ラテン語の語尾をつけずに，哺乳類 mammal あるいは条鰭類 actinopterygian のように，非公式でくだけた名称で呼ぶこともある.

1章
2つの界から3つのドメインへ

　生物学者であれそうでない人であれ，おしなべて，分類には知的作業が伴わないとほのめかす人が珍しくない．称賛すべきものではあれ，ファイリング作業の実践にすぎないというわけだ．なんとお粗末な見方だろうか．実際には，16世紀に最初の真剣な探索が始められて以来，過去400年にわたる分類学の発展をふりかえれば，私たちは生物全体に対する認識の変化と，生物の中に占める私たち人間の位置の変化が読みとれるし，その変化はニコラス・コペルニクスに始まる宇宙観の中の根本的変化と同じくらい深遠である．コペルニクス以前には，宇宙学者は地球がこの宇宙の中心であることを前提にしていた——というのも，その考えは古典的な天文学者に由来するものだったし，人と神の関係についてのキリスト教的世界観に合致したものだった．しかし，1500年代の初め，コペルニクスは，地球ではなく太陽が「固定されている」こと，惑星が恒星よりも下位に位置することを示唆した．17世紀初期になってガリレオがこの考えを展開させ，20世紀末までに宇宙学者たちは地球を，何十億個もの銀河系のただの1つの銀河の縁近くに位置する平凡な恒星の周りの軌道上にある普通の惑星，ととらえるようになった．地球中心の宇宙観が次第に消えていくなかで，人間中心の宇宙観も，少なくともその原始的な形のものは消えていった．

　概念的に，生物学は一般に物理学の後塵を拝している．たしかに，進化についてのダーウィンの考えは，18世紀の特殊創造説という反啓蒙思想の考えにとって代わったが，20世紀になってもなお生物学者の多くは，人類が進化の頂点を代表する存在であり，人間という種が進化の展開の中心にいるばかりか，まさに肝心かなめの存在なのだと本能的に感じ取っていた．実際，なぜ生命が存在するようになったかを語る昔からの物語の中で，生物学者は，「創造」という言葉を「進化」という言葉に置き換えただけにすぎないことが多かった．しかし，20世紀末になって，生命の系統樹に対する私たち人類の貢献が，宇宙の中の地球と同じくらい些末できわめて小さなものであることが理解されるようになった．たしかに現在の私たちの眼前にある系統樹はとてつもなく大きい．生命が地球上に最初に出現して以来，その系統樹からは何千億本，もしかすると何兆本もの小枝が伸びており，その枝の1本1本が1つの種に対応する．そして私たちホモ・サピエンスはその1本にすぎない．さらに，そしてもっと重要なことに，この系統樹には3本の大きな幹があり，その幹ごとにたくさんの枝が伸び出し，私たちの小枝もそうした枝の1本にすぎないのだ．要するに，私たちの種は，宇宙論によって周辺に追いやられたように，生物学によっても周辺の存在として位置づけられるようになった．そしてこの変化をもたらした生物学的教義が系統分類学の教えだった．それを私は系統発生に基づく分類と考える．目の前に存在するものを数え上げ，どれとどれが関係しているかを問うことによって，進化理論を吹き込まれた現代分類学者たちは，生命の系統樹を描き出してきた．それは現代の宇宙学者がもつ宇宙観と同様にぼう大で込み入ったものであり，また人間にとっては屈辱的なものにちがいない．もしそれが知的な成果ではないとしたら，とても現実をありのまま受け容れるのは難しい．

　導入部の各章で概説したように，過去4世紀にわたる分類学上の多くの概念的，実際的な進歩のなかで，特筆すべきものが3つある．理論に現代

性をもたらした最初の大きな飛躍はリンネによるもので，すべてを包括する入れ子になった階層構造分類群(タクソン)と，二名式の種の命名法の創案をもたらした．2つ目の進歩をもたらしたのはダーウィンで，かれはあらゆる生き物が1本の巨大な系統樹（あるいは系統発生による樹）の幹から伸び出した一員と見なせると提案した．そして，3つ目が分岐学の厳密さを導入したヴィリ・ヘニッヒ Willi Hennig によるもので，それによって私たちは増えつづけるデータを論理的に，もっとも正確な系統発生樹を与えてくれると考えられるやり方で取り扱えるようになった．

しかし，これらの理論的な前進と並行して経験的，事実的な前進もあった――両者はまったく別個のものだったので，本当の意味で並行していた．かくして，既知の種のリストは18世紀には数千程度だったものが，その後増えつづけ，現在では170万ほどが知られるようになった――少なくともこのほかに3000万種，顕微鏡を駆使すればおそらくはそれよりずっと多い数の種が存在するものと考えられている．しかしそれと同時に，そして本書の文脈でもっと重要なことは，生き物たちの広がりそのものが，かつて認識されていたよりもずっと大きいことを生物学者たちが徐々に理解するようになってきたことである．その結果として生物学者は，生き物のさまざまなカテゴリーを明白に定義するのに使えそうなすぐに目につく特徴――特性――が，基本的には重要でないことが多いと理解するようになった．植物，動物，真菌，たとえばこの3者でもっとも異なっているものはどれか？ 大きな違いのように思えるが，この3者間の違いは，これらとまた別の一群の生き物たちとの違いと比べれば些細なものであり，とりわけそうした別の一群の生き物どうしの違いに比べればとるに足りない．現代的な洞察はそう示唆している．

過去400年以上にわたる生物学のすべてが，生命の多様性に関していっそう拡大してきたこうした認識に貢献してきた．しかし，ふりかえってみれば，とくに生物多様性に関する現代的な見方と，生き物をどのように分類すべきかに寄与してきた，まるで異なった文脈で得られたまるで異なった種類の半ダースほどの洞察を読みとることができる．その歴史は，正直にいって，混乱である．科学におけるアイデアが，ときに想像されるような論理的順序で流れるように出現し，避けようのない結論に向かって徐々ににじり寄るのではなく，そこここに脈絡なく出現し，ときには何十年も，ときには何百年も，またときには途中で誤用されたりしたあげくに，ようやく複数の糸が1つにまとまるものだということをここでも例証している．だからもし，以下の歴史物語の流れが混乱した乱雑なものに感じられるとしたら，それがまさに歴史の姿なのである．

生命の多様性に関する洞察

分類学の歴史を概観するにあたって，ここでもまた私たちはリンネから始めることが正当であろう．かれは，あらゆる生き物を動物界と植物界という2つの大きな界に分割した．そうした分割は，直観的に明らかである．動物は目につく存在で動きがあり，一方で植物もまた，目につく存在であり，緑色をして動かない．リンネは常識的な観察に沿った分類に満足していたようだ．かれは植物の中に真菌を含めていたが，動かないという点を除けば植物とは似ても似つかないのに，1つの独立した界とするほど異なる存在だとなぜ考えなかったのかという疑問が生じるのも不思議はない．だが，ともかくリンネは別扱いにしなかった．かれの2分割方式はおおまかで簡単なものだったが，ともかくも出発点になった．それが私たちに**界 kingdom** という概念をもたらし，それは現在もなおその意義を保っている．

リンネより1つ前の世紀にもう1つきわめて重要な一歩を踏み出したのが，偉大な顕微鏡観察者の1人として第1部にも登場したオランダ人，アントン・ファン・レーウェンフック Anton van Leeuwenhoek だった．かれが仕事に使ったのは単純な顕微鏡（金属板の間に一眼レンズを複数枚

はさんだだけのもの）だけだったが，それにもかかわらず，1672 年から 1723 年の間に，英国王立協会に顕微鏡サイズの対象物に関するレターを 165 篇投稿している．かれはラテン語ができなかったが，王立協会はかれの仕事を高く評価し，オランダ語で書かれた観察結果を喜んで翻訳している．レーウェンフックは当初，ミツバチ，カビ，シラミといったやや大きな生き物の細部を観察した．しかし 1674 年になって，淀んだ雨水の中に，かれが「小さな極微動物 animalcule」と呼んだものを発見している．おそらくは原生動物だったのだろう．その後かれは，明らかに細菌も発見している．それはとりわけかれ自身の糞便中に発見されたが，かれの言葉によれば「便が通常よりもいささかゆるい」ときにのみ，そこに「極微動物」がいたという．

つまり，レーウェンフック自身は存在を知っているだけだったが，かれは 2 つの大きな生き物の仲間を発見していたのだった．21 世紀からふりかえってみれば，両者とも明らかにリンネの 2 つの界には該当しない生き物である．もしリンネ自身が顕微鏡観察者だったとしたら，それに対する態度も変わっていたかもしれないが，——かれの時代にしてはへそ曲がりだったことに——リンネは裸眼による観察を好んでいた．理由は何であれ，リンネの時代からゆうに 20 世紀を迎えるまで，レーウェンフックの極微動物は，あれだけ並はずれた多様性をもっていたにもかかわらず，一般にリンネ式分類法の動物界と植物界に無理矢理押し込まれていた．それでも極微動物は人々の意識に割り込んでいく．レーウェンフック自身の時代でさえ，ロシアのピョートル大帝本人が，オランダのデルフトまで旅してその極微動物を見に来ているし，少なくともルイ・パストゥールの時代以降は，ワインやピクルスの製造，病気の発生，そして世界の生態全般においてそうした生き物が果たす役割についてどんどん理解されるようになった．それでも，その系統発生上の真の位置づけが認識されるようになったのは，ほんの数年前のことである．レーウェンフックの極微動物は，現在では動物や植物よりずっと多様な存在であり，多くの場合，植物と動物の間の違いよりも，動植物とこの極微動物との間の違いのほうがずっと大きいことが明らかになっている．

分類学に決定的な重要性をもつことが明らかになってきた 3 つめのグループの洞察は，19 世紀の初期に，ここでもまた顕微鏡観察者たちによってもたらされた．まず 1838 年に，ドイツの植物学者マティーアス・シュライデン Matthias Schleiden（1804〜81）が，家屋が煉瓦を積み上げてつくられるように，植物の組織が細胞によって組み立てられていて，それぞれの細胞には独自の核が存在していることを報告した．翌年，また別のドイツ人テオドール・シュワン Theodor Schwann（1810〜82）が，動物の組織でも事情は同じだと発表した．そして 1841 年，ポーランド系ドイツ人だった発生学者ロベルト・レマーク Robert Remak（1815〜65）が細胞分裂を記述した．現在の私たちはその核の中に細胞の遺伝材料——すなわち DNA ——（の大部分）が含まれていること，そしてこの DNA が細胞分裂の際に集合して染色体を形成し，目に見えるようになることを知っている．しかし，動物や植物は多数の有核細胞で組み立てられているものの，そのほかの多くの生き物はまったく異なったやり方で組み立てられていることが現在では明らかになっている．現代の分類学で決定的に重要な要素は，細胞構造の違いがまず第一であり，それよりやや落ちるものの，次に細胞の数である．

しかし，シュライデンとシュワンの仕事，ならびにこの点に関してはレーウェンフックの仕事が分類学に対してもつ重要性が，あるいは実際にその妥当性が十分に評価されたのは，ここ数十年のことである．リン・マーギュリス Lynn Margulis とカーリーン・シュワルツ Karlene Schwartz が『5 つの王国 Five Kingdoms』（1988）で記述したように，大部分の生物学者は 20 世紀になってもずっと，ただただリンネに追従し，生物を「動物界」と「植物界」に分割するだけで満足していた．たしかに，19 世紀半ば以降，一部の分類学者は

一部の生物（レーウェンフックの極微動物を含む）が植物や動物と大きく異なっていることを理解し，それを包含させる第3の界，ときには第4の界さえ提案していた．しかし，「ほとんどの生物学者が，こうした提案を無視するか，重要でない詮索好きの説，つまり変わり者の特殊な主張として退けてしまっていた」と，マーギュリスとシュワルツが説明している．

それでも，こうした「変わり者」たちには，世界でも有数の生物学者たちも含まれていた．なかでもよく知られていたのが，自ら「原生生物 Protista」と呼んだものを含む第3の界を提案した，ドイツ人のダーウィン信奉者エルンスト・ヘッケル Ernst Haeckel（1834〜1919）だった．かれは「原生生物」の境界線をときどき変更したが，その新しい界は，レーウェンフックの「極微動物」の概念や，現代の「微生物 microbe」の概念とほぼ一致していた．つまり，さまざまな種類の単細胞生物である．かくしてヘッケルの「原生生物 Protista」の概念は，原生動物（たとえばアメーバ）に，「モネラ Monera」というグループを加えたものだった．ヘッケルのいうモネラには，細菌のほか，当時は「藍藻類 blue-green algae」と呼ばれたものが含まれていた．ただ，後者は，本当は光合成を行う細菌であり，正しくはシアノバクテリア（「シアノ」は青色を意味する）と呼ぶべきである．奇妙なことに（少なくとも筆者には奇妙に感じられることに）ヘッケルは，自分のいうモネラと原生動物とが，後者には細胞内に核があるが前者にはないという点で，根本的に異なっていることを認めていた．現代の生物学者は，核の有無があらゆる生物を分けるもっとも大きな要素だと考えている．しかしヘッケルは，核をもつものともたないものとを同一のタクソンに，はっきりと意識しながら入れていた．私たちは（ヘッケルと同様に）有核生物が一部の無核生物から生じたと仮定しなくてはならないので，つまりはかれのいう原生生物界は，多系統，かつ側系統ということになる．

有核と無核の区別が基本的に重要だと十分に認識されるのは，1930年代以降のことだったようだ．少なくとも1937年には，エドワール・シャットン Edouard Chatton というフランスの海洋生物学者が，やや目立たない論文を発表しており，その中でかれは，核を欠いている細胞をもつ生き物を前核生物 procariotique，核のある細胞をもつ生き物を真核生物 eucaryotique と呼ぶべきだと示唆している．（pro は「前の」，eu は「よい」あるいは「真の」，karyon は「植物の仁，つまり核」を意味している）．今日の生物学者は，原核生物（前核生物 prokaryote [註1]）と真核生物 eukaryote とをきわめて明確に区別している．

【註1】アメリカ人は，口語表現では「procaryote 原核細胞」「eucaryote 真核生物」といい，公式の表記としては「Procaryota」と「Eucarya」を用いている．これに対してイギリス人が「c」ではなく「k」を好み，「prokaryote」「eukaryote」と表記するのは，おそらく，この言葉の起原がラテン語ではなくギリシア語にあることに敬意を表しているからだろう．長期的には「c」が優勢になりそうだという予感はもっているが，私は「k」で育ってきたので，本書ではまだ「k」を使っている――ただし，「Eucarya」だけは例外であり，これはすべての真核生物を含むドメインの名称としてカール・ウーズが提唱した公式の表記だからである．公式の名称は，地域によって変化させるべきではない．

形式分類学のさらなる進歩は，カリフォルニア州サクラメント市立大学のアメリカ人生物学者ハーバート・F・コープランド Herbert F. Copeland（1902〜68）によってもたらされた．かれは，ヘッケルのモネラ界を2つに分割した．コープランドは依然として，モネラという用語を保持していたが，それが指すものを原核生物――つまり古典的な意味での細菌――だけに限定して使用し，その一方で，真核微生物と海藻のような各種の藻類を，原生生物界 Protista という新しい界に入れた．そして，この時期の分類学の進展の締めくくりとして，1950年代に，コーネル大学のアメリカ人ロバート・H・ホイタッカー Robert H. Whittaker が，動物界，植物界，真菌界，原生生物界，モネラ界の5つから成る，独自の5界体系を提案した．これが（いくつかの修正を経て）マーギュリスとシュワルツがその『5つの王国』で採用した体系であり，それは現在でもなお，広

く用いられている.

ホイタッカーの5界体系が, リンネの2つの界から私たちを, 概念上, いくつも先の段階までつれてきたことは疑いない. まず第1に, 一般的な水準でいって,「界」という概念には神聖にして侵すべからざる何かがあるという束縛から解き放ってくれた. 科学には珍しくないことだが, 一番難しいのは何かしら根の深い先入観をうち破ることであり, ダーウィンが, 種の境界が不可侵のものではないという発見を示唆したのがその一例である. 第2に, 真菌は植物とは根本的に異なった生き物であって, 二度と植物の仲間に押し込まれることはない, と認めていることである. 第3に, さらには, 原生動物をそれまでの動物界というどうも落ち着かない区分から, また一部の海藻などの「藻類」をそれまで無理矢理押し込まれていた植物界から救い出していることである. そしてもう1つ, きわめて重要なことに, 原核生物の特殊性を認識していることがあげられる (ただしホイタッカーは, 真核生物の4つの界に対して, 原核生物には1つの界しか与えなかった). 全体を通覧してみれば, この5界説は満足できる展望を提供してくれるようだ.

それでも, ホイタッカーの5界体系は, 現在では, (第1部2章に概説した) 第Ⅲ期分類学の頂点としてのみとらえるべきである. ホイタッカーの体系は, 現在の分子生物学が提供するデータを取り込んでいないが, それが最初に提唱されたのがそうしたデータが本格的に登場するよりも少なくとも15年は前だったのだから当然である. また分岐分類学の威力や必要性も認めていない. そのため, 現在の私たちはホイタッカーのいうモネラにはきわめて異なった2種類のグループが含まれていることを理解しているし, かれのいう原生生物がじつに多様なものをひとまとまりにした括りであり, 許容できないほどの側系統であることを知っている. ホイタッカーの体系は現在でも教えられており, 重要な段階ではあったものの, 実際には現代的理解に通じる道の一段階としてのみ理解すべきである. 現代の理解はきわめて異なったものである.

現代的理解

方法論の面でホイタッカーの5界説の時代からもっとも根本的な前進を見せたのは, ヴィリ・ヘニッヒの分岐分類学である. 技術的な面では, 分子生物学的手法の出現が新しい光を投げかけてきた. 現実面——つまり, そうした新しい手法とデータの観点に立ったとき, 私たちが実際に生き物をどのように分類すべきか問う面——における最大の前進を語る際には, イリノイ大学のカール・ウーズ Carl Woese の名前を忘れるわけにはいかない. というのも, ウーズは1970年代に, それまで「細菌」(ホイタッカーなどは「モネラ」と呼んでいた) として一括りにされていた生き物たちの間に見られる分子的な差異がきわめて大きく, 明確に異なったグループに分割すべきことを観察しており, 当時のウーズはそれを古細菌 Archaebacteria と真正細菌 Eubacteria と呼んでいた (archae は「古い」という意味である).

実際, 古細菌と真正細菌の違いの距離は, それぞれと真核生物との距離よりもずっと大きかった. ウーズの仕事は5つの界のリストにもう1つ新しい界を追加しただけにすぎなかったかもしれないが, かれはそれよりずっと根元的変革が必要なことを理解していた. かれは, 古細菌, 真正細菌, 真核生物の3者間の区別が, 全体として, 真核生物のどの界の違いよりもはるかに重要なことを認識していた. 系統発生の現実を公正に扱うために, リンネ式分類法の界よりも上の水準に, 新しい階層を設けるべきだ, とウーズは主張した. かれはじつにぴったりとした「**ドメイン domain**」という名の階層を提案した. かくしてかれは, あらゆる生き物を, 古細菌, 真正細菌, 真核生物 Eucarya の3つのドメインに分割し, 最後のドメインにはあらゆる真核生物——原生生物, 真菌, 植物, 動物——が含まれるようにすべきだ, と示唆した. 後にかれは名称を簡略化したので, 現在ではこの3つのドメインは, 古細菌

(Archaea, 話し言葉では「arches アーキーズ」といわれる), 細菌, 真核生物として広く知られている. ただし, この新しい意味での細菌は, 以前使われた意味での「細菌」とは異なっていることに注意してほしい. 以前の「細菌」という言葉には古細菌も含まれていたからだ.

このようにして私たちはまず, リンネによって2つの界を手にした. それぞれの細胞の状態についてはだれも問わなかった. 細胞という概念が登場したのが19世紀初期になってからだったからである. 次いで私たちは, ロバート・ホイタッカーの登場によって5つの界をもつようになり, そのうち1つの界が原核生物, 4つの界が真核生物だった. そして今, ウーズの登場により, 私たちは3つのドメインを手にした. そのうちの2つが原核生物であり, 真核生物は1つだけである. 全体像への理解は深まっており, バランスは明らかに変化してきた.

新たに登場した分子レベルの証拠に照らして, 原核生物のこの2つのグループの分類は, 現在, 根本的な再考作業が進行中である. まだ作業は端緒についた段階であり, これまでに得られた知見については2章で論じている. 真核生物もまた現在, とりわけ, マサチューセッツ州のウッズホール海洋生物学研究所にある分子生物学センターのミッチ・ソギン Mitch Sogin と同僚たちによって, 再考作業が進められている最中である. ここでもまた, ますます増加する分子レベルの証拠から, 真核生物どうしの間にも, 巨視的な構造ばかりか微細構造からでさえ明らかでない根源的な違いが存在することが示されつつある. さらには, 外見上ははっきり異なっているように見える生き物たちが, 実際にはきわめて類似しており, (相対的にみて) ごく最近に存在していた祖先を明らかに共有している例も示されている. 本書の残りのほとんどは真核生物に関するものなので, ここでいつまでも詳細に立ち入るのは無益かもしれないが, それでもいくつか目につく点は指摘しておく価値があるだろう.

まず第1に, ヘッケルがあらゆる単細胞生物を含む言葉として提案した原生生物 Protista という用語は, もはや公式のタクソンとしての地位をもたなくなった. しかし一方で, 単細胞真核生物 (もしくはごく少数の細胞をもつ真核生物) を非公式に指す言葉としては有用で, 実際, 会話の中で使うには便利に感じられる. したがって, 先頭の文字を小文字にした原生生物の protist という形容詞は, 現在では真核生物の1つのグループを指している. これまたまったく会話で使用する目的のためだけだが, 「微生物 microbe」という言葉も, 原生生物だけでなく事実上すべての原核生物を含む, 肉眼では見えないほど小さいすべての生き物たちを指す言葉として, 残しておく価値がある. 「原生生物界 Protoctista」という用語はもはや存在意義を失っているようだ. この用語が, 分岐分類学的分析や分子や微細構造に関するデータの検証に耐えるだけの公式のタクソンを記述していないのは明らかだし, 非公式の気楽な形容詞としても生き残れる場面はないようだ. これには原生生物も, 一般には原生生物でない海藻も含まれているからである. これがとりたてて役に立つまとまりでないことは明らかである.

真核生物は全体として, 2つや3つや4つの界ではなく, おそらく20くらいもの多数の界に分割されるようである. 少なくともそうした界どうしの違いはすべて, 動物と植物の違いと同程度であり, 一部はそれ以上の違いがある. こうした界のうちの5つに, 多細胞で大型の人目につく生物たちが含まれる. 動物, 植物, 真菌, (コンブ類を含む) 褐藻, 紅藻である. 公式でない場面では, これらを「大型真核生物 mega-eukaryote」と呼んでもいいかもしれないが, この表現は正確には適切なものではない. なお, 緑藻は現在では植物の仲間に分類されている (少なくとも, 主要な植物分類学者が緑藻を植物だと考えている. 筆者にはこれはしっかりした考え方と思われるので, 本書ではその考えに従う). このほかに, 種々の粘菌類の4つの界があり, そのうちの3つ (細胞性粘菌類 = アクラシス類 = Acrasiomycota, 真正粘菌類 = Myxomycota, ラビリンチュラ類

= labyrinthulid) は目につく存在である．これらの仲間は，生活環の一部は単細胞（の原生生物）であるが，実質的に多細胞の肉眼で見えるコロニーを形成することもある独特の生き物である．残りの 10 あまりの真核生物の界はすべて，主として原生生物の生活をする生き物を含んでいる．

真核生物を大雑把に「大型真核生物」，「粘菌類」，「原生生物」に分割することには，系統発生上の意味はないが，これ以外の方法ではあまりに複雑と感じられかねない領域の記憶を助ける，有用な「備忘」の役割を果たすと思う（この備忘については，真核生物に関する 3 章で詳しく議論する）．

しかし，現在考えられている植物界，動物界，真菌類にはどれも，少しは原生生物（この文脈では単に「単細胞の真核生物」を意味する）を含んでいることに注意してほしい．現在考えられている動物界には襟鞭毛虫類 Choanoflagellata を含んでおり，これは，ほかのすべての動物の共通の祖先に近い仲間のようだ．植物界にはさまざまな単細胞緑藻類が含まれており，これもまた，植物の共通祖先に近いようである．さらに真菌類には酵母が含まれ，これはもともとは単細胞ではなかったが，現在では二次的に単細胞の原生生物的生き方を採用している．

最後に，ついでにいえば，これまで長らく大きな分割単位と考えられてきた植物，動物，真菌という仲間たちが，実際にはきわめて密接に関連しあった生き物であることに注意してほしい．この 3 者はかなり最近——10 億年前よりそう遠くない昔に——共通の祖先を有していた．真核生物のほかのグループを結びつけ，そうしたグループを植物，動物，真菌と結びつける共通の祖先たちは，それよりはるか以前に存在していたことになる．そして，現在考えられている真菌が動物にずっと近い存在で，真菌や動物と植物との距離のほうが遠いという意外な事実にも最後に注意しておこう．したがって，真菌を植物の仲間に押し込めていた旧来の分類は二重に間違いを犯していたことになる．

3 つのドメインというこの新しい認識は，私たちの自分自身に対する概念を深く変化させてきた．20 世紀になってずいぶん経っても，多くの生物学者は，自分たちの属する仲間——哺乳綱——が脊椎動物門の中で自明の「主要な」グループであり，脊椎動物門を動物界の中で第 1 の門だと考えていた．実際，今から数十年前には，脊椎をもたないあらゆる動物をまとめて単に「無脊椎動物」（公平にみて，いかにも非公式の用語である）と総称するだけでなく，「無脊椎動物門」という公式のグループだと推定することが一般的だった．そして動物界はあらゆる生き物の半数を含むものと考えられていた．現在の生物学者たちは，哺乳類が十数種類の脊椎動物の綱の中のわずか 1 つにすぎず，脊椎動物門は 36 種類ほどある動物界の門の 1 つにすぎず，さらに，動物界は真核生物ドメインにある十数種の界の 1 つにすぎず，真核生物ドメインも 3 つあるドメインの 1 つにすぎないことを理解している．さらに，本当に根元的な区別は，脊椎動物と「無脊椎動物」の間ではなく，動物と植物の間ですらなく，原核生物ドメインの内部，原核生物ドメインと真核生物ドメインの間，さまざまな原生生物の内部，そして一見すると目立たない紅藻のようなグループの内部，といったところに存在していることがわかっている．生態学的にも，個人で見ても，もちろん人間は素晴らしい存在であり，それは惑星地球も同様である．しかし，系統発生的な視点に立てば，私たち人類は，辺境に位置するちっぽけな生命集団にすぎない．それはちょうど地球が，宇宙の地球外知的生命体がその天体地図にわざわざ書き込む気になるはずもない，宇宙の中では無に等しい存在であるのと同じようなものである．

————

では，いよいよ，できるだけ分岐図の形になった系統樹を基礎にし，カール・ウーズが提案した 3 ドメイン分類を採用し，新リンネ印象主義の命名法に従った生き物たち（タクソン）を通覧する旅に出発しよう．

1・第2部への道しるべ

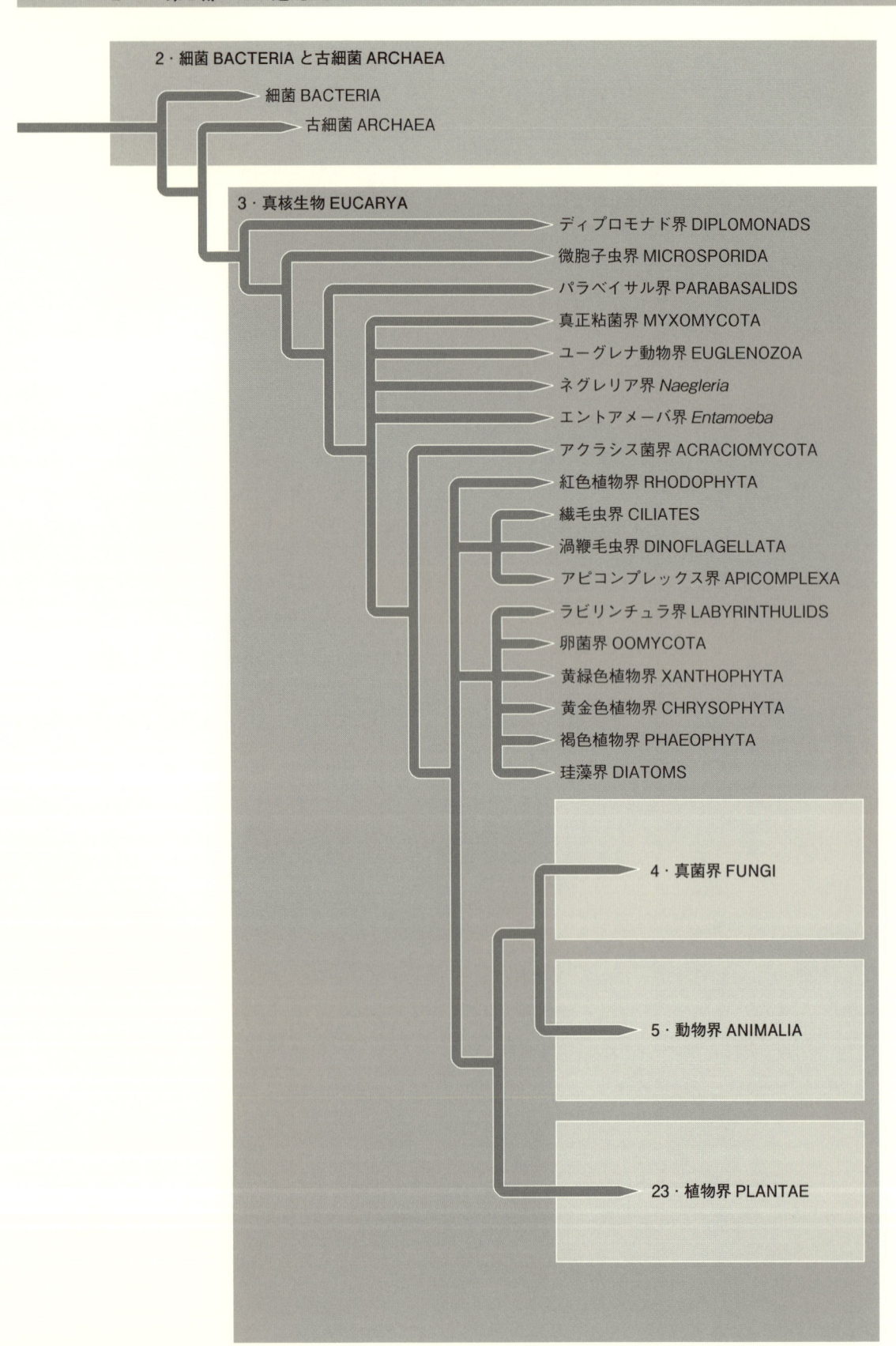

2・細菌 BACTERIA と古細菌 ARCHAEA
- 細菌 BACTERIA
- 古細菌 ARCHAEA

3・真核生物 EUCARYA
- ディプロモナド界 DIPLOMONADS
- 微胞子虫界 MICROSPORIDA
- パラベイサル界 PARABASALIDS
- 真正粘菌界 MYXOMYCOTA
- ユーグレナ動物界 EUGLENOZOA
- ネグレリア界 *Naegleria*
- エントアメーバ界 *Entamoeba*
- アクラシス菌界 ACRACIOMYCOTA
- 紅色植物界 RHODOPHYTA
- 繊毛虫界 CILIATES
- 渦鞭毛虫界 DINOFLAGELLATA
- アピコンプレックス界 APICOMPLEXA
- ラビリンチュラ界 LABYRINTHULIDS
- 卵菌界 OOMYCOTA
- 黄緑色植物界 XANTHOPHYTA
- 黄金色植物界 CHRYSOPHYTA
- 褐色植物界 PHAEOPHYTA
- 珪藻界 DIATOMS

4・真菌界 FUNGI

5・動物界 ANIMALIA

23・植物界 PLANTAE

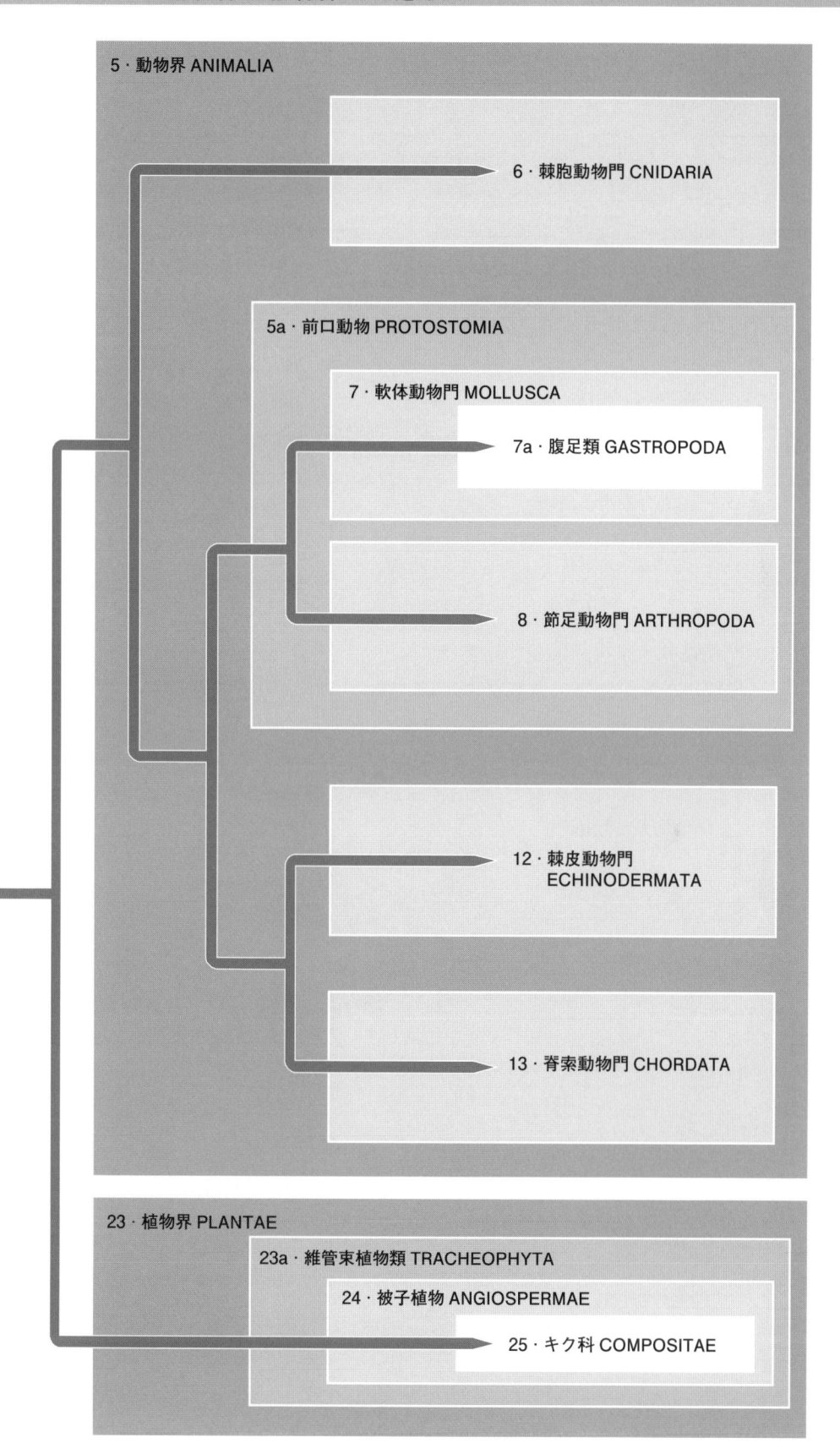

1a・動物界と植物界への道しるべ

- 5・動物界 ANIMALIA
  - 6・棘胞動物門 CNIDARIA
  - 5a・前口動物 PROTOSTOMIA
    - 7・軟体動物門 MOLLUSCA
      - 7a・腹足類 GASTROPODA
    - 8・節足動物門 ARTHROPODA
  - 12・棘皮動物門 ECHINODERMATA
  - 13・脊索動物門 CHORDATA
- 23・植物界 PLANTAE
  - 23a・維管束植物類 TRACHEOPHYTA
    - 24・被子植物 ANGIOSPERMAE
      - 25・キク科 COMPOSITAE

1b · 節足動物への道しるべ

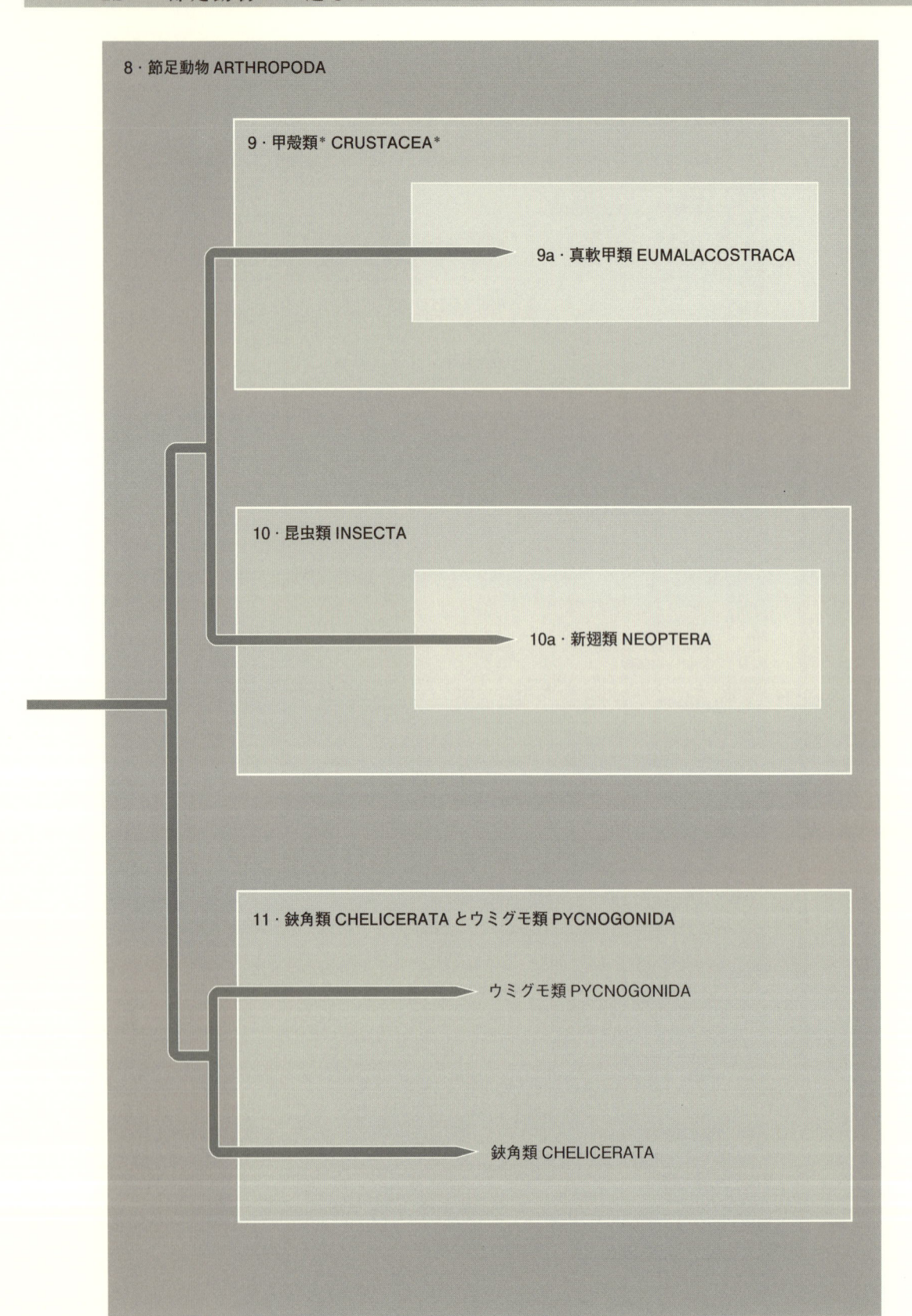

8 · 節足動物 ARTHROPODA

9 · 甲殻類* CRUSTACEA*

9a · 真軟甲類 EUMALACOSTRACA

10 · 昆虫類 INSECTA

10a · 新翅類 NEOPTERA

11 · 鋏角類 CHELICERATA とウミグモ類 PYCNOGONIDA

ウミグモ類 PYCNOGONIDA

鋏角類 CHELICERATA

1c ・ 脊索動物への道しるべ

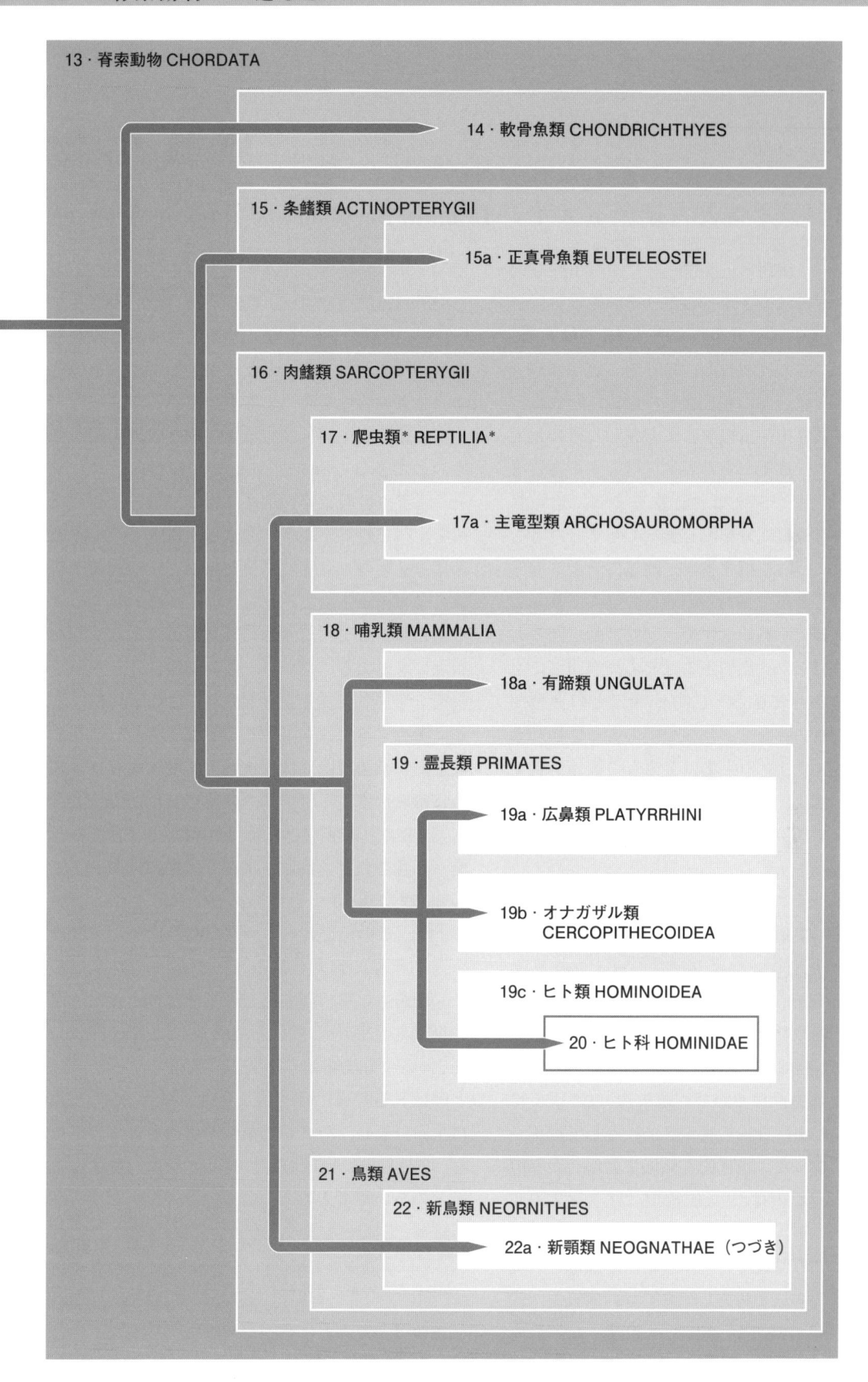

- 13・脊索動物 CHORDATA
  - 14・軟骨魚類 CHONDRICHTHYES
  - 15・条鰭類 ACTINOPTERYGII
    - 15a・正真骨魚類 EUTELEOSTEI
  - 16・肉鰭類 SARCOPTERYGII
    - 17・爬虫類* REPTILIA*
      - 17a・主竜型類 ARCHOSAUROMORPHA
    - 18・哺乳類 MAMMALIA
      - 18a・有蹄類 UNGULATA
      - 19・霊長類 PRIMATES
        - 19a・広鼻類 PLATYRRHINI
        - 19b・オナガザル類 CERCOPITHECOIDEA
        - 19c・ヒト類 HOMINOIDEA
          - 20・ヒト科 HOMINIDAE
    - 21・鳥類 AVES
      - 22・新鳥類 NEORNITHES
        - 22a・新顎類 NEOGNATHAE（つづき）

2章

原核生物

細菌ドメインと古細菌ドメイン Domain Bacteria and Domain Archaea

　原核生物——細菌と古細菌——は1つ1つを肉眼で識別するには小さすぎるが，その総重量は目に見える大型生物より少なくとも10倍はある．かれらは私たちの皮膚表面，腸管内，さらに病気のときには身体内部にも存在している．かれらは空中にも，世界中の水の中にも存在し，その生死にかかわらず，堆肥や土の大半を構成する物質である．もし肉眼で見える生き物をすべて追い払い，あらゆる無機成分を流し去ってしまったとしても，そこに残る原核生物が，陸地にせよ，海洋にせよ，依然として私たちの地球のぼんやりとした輪郭を見せてくれるはずだ．ゾウは動き回るのに大地が必要だが，原核生物はどんな空間にでも適応することができる．1000種類ほどの典型的な細菌は，原則として，ピンの頭のように横一列に並び，わずか1gの土壌に1億もの個体が含まれている．地球上の生命の大半は——その質量の大半も，多様性の大半も——原核生物によるものである．

　すでに説明したように，17世紀に手製の一眼顕微鏡を使って最初に原核生物の存在を明らかにしたのはアントン・ファン・レーウェンフック Anton van Leeuwenhoek だった——ただしかれはそれを「極微動物」と呼んだが，その中には真核原生生物も含まれていたにちがいない．かれのいう「極微動物」はやがて「微生物」（肉眼では見えないほど小さな生き物すべて）として総称されるようになった．現代的な「微生物学」が真の意味で始まったのは19世紀後半，フランスのルイ・パストゥールが，最初は産業的な必要性（たとえばミルクの腐敗防止）から細菌と酵母を研究し，さらには病気と関連してカイコの病気や，炭疽や狂犬病について研究したときだった．つい で，ドイツの医師ロベルト・コッホ Robert Koch（1843～1910）が，1890年に発表したその有名な「コッホの原則」によって，特定の細菌が特定の疾患の「原因となる」かどうか，および，その確からしさの程度を確立する方法を示した．

　古典的な微生物学は，原核生物が代謝に関してきわめて多様な存在であることも明らかにした——栄養や呼吸戦略の広がりは，植物，動物，真菌をすべて合わせたよりもはるかに広く，実際のところ，植物，動物，真菌が用いている代謝戦略は，まず原核生物で進化したのである．多くの原核生物は，私たちがきわめて過酷と考えるような状況にも耐える．だから一部の細菌は，分厚い細胞壁を発達させて芽胞を形成し，この形態になると，沸騰する水にも耐えることができる．こうした超耐性細菌の中には，きわめて危険なボツリヌス毒素を産生するボツリヌス菌 *Clostridium botulinum* とか，以前は腸内の「片利共生」細菌の一種と認識されていたが，現在では食中毒菌としても知られているセレウス菌 *Bacillus cereus* がいる[註1]．このほかにも，極端に酸性度や塩分濃度の高い環境に耐えられる——むしろそれを好む——細菌もいる．ほとんどの細菌は驚くほど急速に増殖し，腸内細菌である大腸菌（*Escherichia coli*，いつも簡略に「*E. coli*（イー・コーライ）」と呼ばれる）は，理想的な条件下では20分ごとに1回分裂し，そうした条件が維持されるとしたら，3日以内に地球の総質量よりも重い塊になるほどの勢いで増える．

【註1】幸いなことに，大腸菌，サルモネラ菌，赤痢菌といった，食中毒を起こす，よく知られた原因菌は煮沸することによって死滅する．

　細菌は，たとえば動物や植物で明らかな，性と

いう手の込んだ仕掛けなしに，遺伝情報を交換することができる．具体的には，細菌は互いに，ときには系統発生上は離れた系統間であっても，ただDNAの断片をやりとりすることがある．細菌は素早く子孫を残し，遺伝情報を奔放に交換しあうので，プラスチックから油膜にいたるまで新奇な環境にも間断なく適応しながら，急速に進化することができる．しかしながら，さまざまな理由によって（1つには細菌たちが性というもっと手の込んだ仕組みを身につけることに成功しなかったという理由によって），多少なりとも単純な段階を超えて進化する能力に限界があったことが明らかになっている――例外は，やがて真核生物を生むことになる系統だけだった．

　原核生物はとても小さく，多様で，多才なので，あらゆる生息環境や生物学的状況にはびこっている．NASAの気球を使った調査によって，地上30 kmを超える上空でも，生きた芽胞が見つかっている．ジャンボジェットがふだん飛行している高さより数倍高い場所である．あるいはまた，深海のもっとも深い海溝でも発見されているし，さらに驚いたことに，地表より1 km以上も下の岩の中に，岩を食べながら生きている仲間もいた．もっと地表に近い場所では，原核生物たちこそ土壌の肥沃さを生みだしている主要な創造者である．かれらが腐敗の担い手として動植物の死骸に固定されていた栄養分を再循環させる一方で，「窒素固定細菌 nitrogen-fixer」と呼ばれる一群の細菌は，大気中の気体窒素を捕捉して，それを窒素を含む可溶性の化合物，たとえばアンモニウムラジカルに変えることができる．そしてこれが植物の栄養源になる．各種の豆やアカシアのようなマメ科植物は，その根瘤の中に窒素を固定する根粒菌 Rhizobium 属をもっている．ほかにも同じようにしている植物もいる．たとえばハンノキは，窒素を固定するフランキア Frankia の捕虜コロニーをもっていて，湿った川岸の栄養を維持させている．また，アカウキクサ Azolla は水田のウキクサのように水面に浮かぶ，小さな水生のシダの一種で，その小さな葉の内部にアナベナ Anabaena とよばれる窒素固定シアノバクテリアをもっており，そこで産生された過剰な窒素化合物が溶けだして，稲の生育にはっきり役立つ肥料になっている．

　細菌による分解は，いわゆる腐敗を意味することもあるが，チーズやピクルスの有益な発酵に関係する場合もある．動物の腸管内では，細菌は消化の重要な助けとなることもある．実際，ウシやヒツジのような反芻動物や，ウサギやゾウといった草食専門の動物の栄養戦略は，腸内微生物を培養することを軸に全体が組み立てられている．もっと敵対的な関係になると，細菌は身体そのものの内部に侵入し，直接の破壊をもたらしたり，あるいはジフテリアのように毒素を産生することによって，このうえもない病原体ともなる．ワクチンと抗生物質がこうした細菌を封じ込めるのに大きく貢献してきたので，梅毒はその毒性を失い，人々はもはや敗血症（「血液中毒」）で命を落とすとは考えないようになった．しかし，細菌性髄膜炎のような一部の細菌性疾患は，今も昔と同じように恐ろしい病気である．結核はふたたび世界の脅威になっている．在郷軍人病（レジオネラ症）はその生態が変わっていて，原因となるレジオネラ菌 Legionella pneumophila は川や湖のいたるところに普遍的に存在し，なおかつ無害であるが，エアロゾルとして――たとえば空調システムから――吸い込まれると，致命的な疾患を起こすことがある．

　要するに，原核生物はいたるところに存在しており，私たちの暮らしにきわめて多くの影響を与えている．かれらは私たち人類がいなくてもまったく快適に生きていけるし，私たちが地球上に出現する前の数十億年間，実際そうして暮らしてきた．かれらはときに私たちを殺すこともある．しかしそれでも私たちはかれらがいなくては生きていけないだろう．

　以上のことは，古典的な微生物学者によって観察され，記述されていた．それでも，分子生物学の技法を用いた現代の研究は，古典的な研究が明らかにしてきたことが全体像のごく一部にしか

ぎないことをさらに示そうとしている．もっとも明白なことは，そうした新しい技法によって，より明白な代謝の変異に加えて，原核生物内の遺伝的変異が予想を超える大きなものであること，さらには原核生物全体と真核生物との間の根本的差異が明らかにされつつあることである．このことから，カール・ウーズは，ドメインの水準における新リンネ式分類が必要だと提唱し，原核生物内の2つのドメイン（細菌と古細菌）の間の違いは，少なくとも，その2つのドメインと真核生物ドメインの間の違いと同程度に大きなものだとした．

さらに分子生物学者は，自然界にいる微生物を検索するまったく新しい方法を考案した．そして，こうした技法によって，自然界にいる原核生物の真の目録が，古典的微生物学が推定してきたものより，はるかに長大なものになるかもしれないことが示唆されつつある．従来の微生物学者は，新種の細菌を発見するには，顕微鏡の下で探さなくてはならなかった．もし顕微鏡下で見えなければ，存在を示すことはできず，種のリストに追加することはもちろんできなかった．しかし，顕微鏡下で細菌を観察するには，従来の微生物学者はまずそれを培養する必要があった．だからかれらはまず，たとえば土壌のサンプルを採取し，それを栄養分を含むさまざまな種類の培養液に入れた．それぞれの培養液は，含まれる化学成分に応じて，さまざまなサンプルに含まれる細菌の増殖を促すことができた．つまり，ウーズがいったように，古典的微生物学は，培養可能な細菌に関する学問研究なのである．実験室の過保護な環境に反応しない微生物は見逃されていたことになる．

しかし今日では，現在はカリフォルニア大学バークレー校に所属するノーマン・ペイス Norman Pace のような微生物学者たちは，元の基質（たとえば土壌そのもの）に化学的探索針（プローブ）を適用している．それは，内部に潜んでいる可能性がある DNA や RNA の特定の断片に，がっちり結合するよう設計されたプローブである．そうした核酸が存在すれば，それはつまり生き物が存在することの証になる．これらの技法は，驚異的な感度をもっており，かなり大量の雑然としたサンプルの中にまばらに存在する個々の原核生物を検出できる．干し草の山から針を見つける困難さを意味する諺さながらに，この探索針は小さな都市にも匹敵する干し草の山から微生物を釣り上げてくれる．古典的な方法では発見されていなかった自然界の生き物が次々に明らかにされているその規模からして，かつての信念はぐらつき始めている．実際，ペイス博士は，古典的微生物学が記載していたのは，現実に存在する細菌/古細菌のもつ多様性のうちの1万分の1，もしかすると10万分の1にすぎないのかもしれない，と示唆している．さらに，私たちはあまりに多くを見逃してきたので，原核生物が自然界で本当は何をしているのか，地球の生態全体にどんな寄与をしているのかについて，きわめて偏った部分的な見方をしてきたのは明白である．

これまでの研究は，原核生物の2つのドメインでは，細菌が古細菌よりおよそ10倍多い種類をもっていることを示唆している．しかし，この違いは，主として2つのグループが研究されてきた時間の量と，専門に研究している微生物学者の数を反映している，とウーズは述べている．カリフォルニア大学サンタバーバラ校のエドワード・デロング Edward DeLong と同僚たちが南極で行った研究から，現在では，海洋が古細菌で満ちており，実際のところ海洋性古細菌が地球上でもっとも広範囲に生息している生き物かもしれないと示唆されている．こうした海洋性古細菌は，活発な代謝活性を示し，その総生物量はぼう大なものであるので，世界の生態に対するその代謝の寄与もまた相応に巨大なものであると仮定しなくてはならない．しかし，かれらが何をしているかに関しては，はっきりしたことはだれにもわからない．それほどのものがこれまで見逃されてきたことは驚くべきことである．イリノイ大学のゲイリー・オルセン Gary Olsen は，こうした見逃しは「アフリカの草原1 km² を調査して，300頭のゾウを見逃すことに匹敵する」という．しかし，それもこれも測定道具の問題である．目がなけれ

ば，私たちはゾウを見逃すだろうし，望遠鏡がなければほとんどの星を見逃すだろう．そしてRNAプローブがなかったので，私たちはこれまで，海洋性生物量（バイオマス）のもっとも重要な要素を見逃してきた．だが，生物量の多さがただちに多様性の大きさを意味するわけではない．海洋には，ほんの数種類の古細菌種に相当するものが，アンチョビーやオキアミの大群とはまた桁違いの規模で，無数に増殖して存在しているのかもしれない．

さらに根源的な事実として，古典的微生物学は過去数十年で，温泉にも，あるいは世界の海洋の海底に列をなして走る同様の熱水噴出孔の内部にも，原核生物が普通に住みついていることを明らかにしてきた．こうした**好熱性微生物 thermophile** は，休眠期には煮沸しても生き残ることがある台所の細菌のようにただ熱湯に耐えられるというだけでなく，むしろそこを好んで増殖しているのである．その多くが，沸点かその近くでもっとも速く増殖する．水圧も大きく沸点も上昇する最深部の海洋で暮らしている仲間には，通常の沸点より数度高い温度でもっとも素早く増殖するものさえいる．

だが，核酸プローブを用いて微生物を探索しつくそうとするこの新しい検索手段によって，今では，こうした好熱性微生物が，私たちが極端と考える環境に例外的に適応した単なる変わり者などではないことが明らかになっている．好熱性微生物は，原核生物の広範囲の界に属し，しかも，1つの界の中の異なった複数のグループに属する細菌や古細菌を含んでいる．実際のところ，高温環境に生息できる能力は，きわめて多くの種類の，しかもきわめて異なった系統の原核生物が共有しているので，それは特殊な適応能力ではなく，基本的特性と考えるべきである．つまり，地球上の生命は，おそらくそうした「極端な」条件下で誕生したのだろう．現在の好熱性微生物はもはやかつての冒険家ではなく，古代からのやり方を保持している保守的な存在である．私たちは，自分たちの日常的な温度を「普通」と呼び，自分たちや類似の生き物を「好正常温度性生物 normophile」

と考えている．しかし私たちは全般的な基準に照らせば「普通」ではない．私たちは，風変わりにも低温に適応した生き物なのだ．公平な生命史家なら，温泉の細菌を「好正常温度性生物 normophile」と呼び，私たち自身を「好寒性生物 cryophile」――つまり「寒い環境が好きな生き物」――と呼ぶべきところだろう．いまさらこうした名前をいじるのは手遅れだが，それでもどこが重点になるのかという変化の意義は大きい．

最後に1つ，本書のテーマにとって本質的な，そして予想外の事実は，原核生物の観察できる形態や，代謝の違いが，そのDNAやRNAの構造から明らかにされる系統発生上の違いと簡単に一致しないことである．原核生物の従来の分類学は，外見と代謝に基づいて行われていた．だからもし系統発生に基づく分類を求めるのなら，従来の分類を変えなくてはならない．これは，従来の分類学をただ破棄するということではない．なぜなら簡単に観察できる特徴に基づいているので，従来の分類学も大いに実際的価値が高いからである．だが，分類学を歴史と祖先に基づくものにしようと試みる生物学者であれば，再考が必要である．

この点の真価を理解するために，まずは原核生物の内部で生じている代謝の広がりをもう少し詳しく見ておく必要がある――それは実質的に，生命システム全体の内部を見ていることになる．真核生物が，細菌や古細菌がそもそも挑戦しなかったような代謝を独自に試みることはまずほとんどないからである．

さまざまな原核生物というあり方

本章に描かれた系統樹が示しているように，原核生物はしばしば想像されているよりも，はるかに多様な外見をもっている．あるものは球状，あるものは棒状，あるものは驚異的な速度変化やエネルギーの噴出を伝えられる**鞭毛 flagellum**（複 flagella）（もしくは鞭毛様突起）と呼ばれる鞭のような突起をもち，あるもの（マイコプラズマ）は完全に細胞壁を欠いている．多くのものがコロ

ニーを形成し，それは並はずれて美しかったり，ときには巨大なものになったりすることもある．先カンブリア時代までゆうに遡った時代にも，原核生物は，現代のサンゴ礁の生きた細胞が成長しつづける無機構造物をつくるように，海洋の中に巨大な構造物を形成していた——現在それに対応するものは，今も西オーストラリアの浜辺で，化石化したホコリタケのように屹立しているストロマトライトとか，アメリカ合衆国のイエローストーンや，ニュージーランド，トルコにある温泉周辺の美しい石灰質の台地がそうである．それでもかれらの多様性の真の広がりは，そのからだの形からは理解できない．それはかれらの代謝と生き方にある．

原核生物の栄養摂取方法がじつにさまざまなのは，とても明白である．あらゆる生き物は外界から2種類のものを取り込む必要がある．その細胞の構造を紡ぎ出すための原材料と，エネルギー源の2種類である．さまざまな生き物はそれぞれの原材料を異なった形で取り込み，どんな形にせよその生き物にとって適切なものが栄養素となる．植物にとっては二酸化炭素は栄養素だが，私たち人間にとっては違う．どのような形態であれ，あらゆる生き物は，少数の基本的な元素を取り込む必要があり，それには炭素，水素，酸素，窒素，リン，硫黄，さらにナトリウムやカリウムなどの少数の（アルカリ土類）金属元素が含まれる．さらには，非金属元素のヨウ素や塩素，金属元素のマグネシウム，鉄，カルシウム，銅，モリブデン，などといったずっと多くの種類の元素の中から複数を組み合わせたものも必要になる．実際のところどんな生き物でも，周期表のかなりの割合の元素を取り込んでいる可能性がある．

私たち人間やそのほかの動物のような**従属栄養生物 heterotroph** では，食物とエネルギーを獲得する作業は，融合して1つになっている．パンや牛肉に含まれる複雑な有機化合物の分子は，栄養分（原材料）と同時に，そうした分子が分解されるときにエネルギーも提供してくれる．しかし，**独立栄養生物 autotroph** では，エネルギー源と栄養分の源は，明確に区別されている．たとえば，植物は独立栄養生物である．植物にとって，主要なエネルギー源は太陽の光であり，光合成の過程の中でそのエネルギーを利用して，二酸化炭素と水を複雑な有機分子に変換している[註2]．植物はさらに，いったんつくったそうした有機分子の一部を分解することによってもエネルギーを獲得する——たとえば，発芽中のジャガイモの芽は，ちょうど動物が蓄えたグリコーゲンを利用するように，その塊茎内のデンプンから栄養を得ている．しかし肝心な点は，ジャガイモという植物がそのデンプンを自力でつくりだしているのに対して，動物はそのグリコーゲンを，植物やあるいは植物を食べたほかの動物がすでにつくっていた有機分子を食べて，そこから合成していることである．

【註2】地球上のすべての生命は，炭素化合物にそのほかの元素を取り込みながら組み立てられている．あらゆる元素の中で，生命となりうる分子を組み立てるのに必要な化学的柔軟性をもつのは炭素だけなのかもしれない．だから，宇宙全体のあらゆる生命はたぶん，炭素に基づくものだろう．それはともかく，化学者たちは「有機（オーガニック）」という言葉を「炭素を含む化合物」の意味で用いる．したがって，「有機窒素」といえば，炭素を含む化合物に取り込まれた窒素，たとえばアミノ酸内のものを指し，それに対して「無機窒素」といえば，気体の窒素（N），硝酸塩（NO_3^-），アンモニア（NH_3），などを意味する．しかし，多くの生物学者は，二酸化炭素のような単純な炭素化合物は，たしかにそこには炭素が含まれているものの，厳密には「有機」ではないと考えている．だから，従属栄養生物がその炭素を「有機」物（たとえば脂肪，タンパク質，炭水化物など）の形で取り込むのに対して，独立栄養生物が好む形の二酸化炭素を対比させる傾向がある．本書のこの部分では，二酸化炭素やそれに準じる素材は「無機」炭素として扱う．一部の化学者はそれは無意味だと反論するかもしれないが．

原核生物にも従属栄養生物と独立栄養生物の両方がいるが，動物，植物，真菌の仲間と比べると，どちらもずっと多様性が大きい．実際，原核生物は基本的なさまざまな栄養獲得方法のほとんどを発明していた（唯一の例外は，1つの細胞がほかの細胞をまるごと呑み込む食作用 phagocytosis で，これは真核生物の新発明のようだ．少なくとも真核生物の祖先となった原核生物に限ら

れていた). 栄養分とエネルギーの獲得に当たって, 原核生物は, 真核生物が一度も採用しなかったために原核生物に固有のままになっている方法も発達させてきた. 栄養分とエネルギーを獲得する方法は, 大雑把に4つの大きなカテゴリーに分類される. 以下のように, 真核生物はそのうちの一部を試みたが, 原核生物はそのすべてを実践している.

- 光合成独立栄養生物 photoautotroph は, 光合成を行う生き物である. この生き物は, 日光をエネルギー源に, 大気中の二酸化炭素 (CO_2) を主要な炭素源に利用している. 植物, 海藻, および各種の原生生物が, この光合成のもっとも目につく実践者たちである. しかし, この方法を発明したのは原核生物であり, 異なった5つの界に属する原核生物の種がこれを実践している. 真核生物は, 原核生物をまるごと葉緑体として取り込むことによってこの技法を身につけた.

- 光合成従属栄養生物 photoheterotroph は, 主なエネルギー源としては光を使うが, 炭素は有機物の形で手に入れる生き物である. 一部の植物はある程度まではこの光合成従属栄養に熱心に取り組んでいると論じることもできるだろう. 食虫性被子植物 (たとえば, 昆虫を消化することで少なくとも必要な炭素の一部を得ている嚢状葉植物), キツネノテブクロ (ジギタリス) の熱帯にいる親戚に当たるゴマノハグサ科の仲間の寄生植物がそうである. 後者は, 必要な炭素 (と水) を, トウモロコシや豆類などのほかの植物の根をうまく利用して, 有機代謝産物を横取りして手に入れている. しかし, これらは特殊な例である. 一般に, 光合成従属栄養は紅色細菌などの細菌たちが専門にしている.

- 化学合成独立栄養生物 chemoautotroph は, きわめて重要なグループであり, 例外なく原核生物である. この生き物たちも, 光合成生物のように, 主要な炭素源として二酸化炭素を利用する. しかし, かれらは化学的なエネルギー源からそのエネルギーを獲得する.「硫黄細菌」として知られる一部の細菌は, たとえば硫化水素 (H_2S), 元素の硫黄 (S), 亜硫酸塩 (SO_3^{2-}) といった還元型の硫黄を酸化するし, 一方で, 硫酸塩 (SO_4^{2-}) を還元する仲間もいる. あるいは, たとえばアンモニウム塩 (NH_4^-) や亜硝酸塩 (NO_2^-) の化合物を酸化するものもいる. そのほかにも, 無機材料, たとえば水素 (H_2), 一酸化炭素 (CO), 2価の鉄 (Fe^{2-}) を酸化するものもいる. 一部の古細菌は代謝過程の中でメタンガスを生成する (メタンは CH_4 という高度に還元された形の炭素である). こうした仲間は**メタン生成古細菌 methanogen** と呼ばれている.

化学合成独立栄養生物は, 厳密に無機化合物だけの培地上で, 光を当てなくても, (少なくとも真核生物と比べて) 見事に生育することができる. したがってその一部は, 化学合成無機栄養生物 (chemolithotroph, lithos はギリシア語で岩を意味する) と呼ばれている. 化学合成無機栄養生物は, 現在は石像の中で発見されており, 石像を徐々にぼろぼろにさせる. すでに知られている例はすべてドイツのものだが, 関連する研究をすべてドイツ人微生物学者が行ったからで, 世界中の石像が影響を受けているのは疑いない. 化学合成無機栄養生物は, 地表から1600 m 下にある岩の穴の中といった, 自然界のもっと風変わりなところでも増殖していることが発見されている. もしほかの惑星上に生命が存在するのなら, そうした環境で発見される可能性がもっとも高いだろう. その環境は, 高度に保護され, 均一で, それに適応した生き物にとってはうらやましいほど快適にちがいない. 成長速度は速い必要はない. そうした生き物は, 理論上は代謝に何千年も時間をかける可能性もある. 生命が土地の表面や水圏の表面 (つまり一般に「生物圏」と認められている領域) でだけ存在しつづけることができるという観念もまた, ノーマン・ペイスのいう「狂信的真核細胞礼賛主義」の一例である.

- 化学合成従属栄養生物 chemoheterotroph は, 化学物質からエネルギーを取り出し, 主要

な炭素源として有機化合物を用いる．動物，原生動物（動物のような原生生物），真菌，および多くの原核生物は，化学合成従属栄養生物である．従来の教科書では，大部分の細菌が化学合成従属栄養生物であるとする傾向があるが，この判断は早計にすぎたようである．実際のところ，原核生物に関する従来の知識は，実験室内で培養できる仲間の知識に基づいているし，もっとも培養が容易なのは化学合成従属栄養生物である．すでに概要を述べたように，新しい技術によって，自然にはこれまでに培養されたものより圧倒的に多くの原核生物が存在することが明らかになろうとしている．これまで知られていなかったそうした原核生物が化学合成従属栄養生物かどうか未解明なのは確かである．

原核生物は，呼吸方法の面でもきわめて多様である．**嫌気性菌 anaerobe** は酸素を嫌い，実際，酸素は毒になる．**微好気性菌 microaerophile** は酸素を必要とするが，少量しか必要とせず，（一般に）あまりに多いと毒になる．そのほかは**好気性菌 aerobe** であり，動物たちとほぼ同じ方法で酸素を使って有機分子を「燃やし」，それに含まれるエネルギーを放出させている．一般に，好気的呼吸は嫌気的呼吸よりも効率がよい——有機物の燃料がより徹底的に処理される——が，酸素は活性の高い物質であり，それをうまく処理する仕組みをもっていない生き物は破壊される．しかし，シアノバクテリアやその後の植物が光合成という特殊な生き方を実践して，酸素を生成するようになるまで，大気中には事実上，遊離した酸素は存在していなかった[註3]．これが起きたのはおよそ25億年前，生命が最初に誕生して10億年後のことであり，それ以前はすべての生き物は嫌気的な暮らしを強いられていた．おそらく，現存している嫌気性菌は，こうした初期の細菌の子孫が酸素のない環境で進化したものか，多くの鳥が飛翔能力を失ったのと同じように好気性生活の技術を失ったりしたものだろう．

【註3】光合成を営むこのほかの生き物には，一部の紅色細菌，緑色硫黄細菌，緑色非硫黄細菌がある．しかし，かれらの光合成の方法では，酸素は生成されない．酸素を生成する光合成が進化したのは，非酸素生成光合成の後である．光合成が進化したのはただの一度だけと思われるので，酸素生成能力のある形の光合成は，おそらく，酸素を産生しない形の1つから進化してきたものと思われる．

さらには，一部の古細菌と細菌は，きわめて塩分濃度の高い条件——たとえばナトリウム塩湖や死海の中——で快適に暮らしている．それは，日常生活において調理人が食物を保存するために，まさに微生物が生きていくのに不都合だと思えるからこそ準備するような条件である．塩分を好む細菌は，**好塩性菌 halophile** と呼ばれている．もっとも極端な好塩性菌は古細菌である．

以上のことが背景である．この系統樹は，現在，とくにカール・ウーズによって研究され，リボソームRNAの小さなサブユニット(16S rRNA)に基づく，細菌と古細菌の主要な界の関係を示している．この分子は，系統上の大きな距離をもっとも正確に反映していそうだと考えられている．微生物学者には，この分類が表現型——つまり外見や生活様式——に基づく従来の分類とは大きく異なっていることをただちに理解できるだろう．

原核生物へのガイド

この原核生物の系統樹では，本書の原則をわずかに曲げなくてはならなかった．私としては言及されているすべての生き物について記述したかった．しかし，系統発生上ではきわめて重要と思われる原核生物の一部は，現在のところその核酸によってのみ，そして一部はその代謝の痕跡によってのみ存在が知られている．かれらのすべてが無傷の生体のままで観察されているわけではなく，観察されていないものは記述することができない．そうした場合には単に名前だけを示した．

まず第1に，表現型（観察可能な身体的特徴）が本当のところは，系統発生の手がかりとしてはきわめて弱いものである点に注意してほしい．たとえば，光合成は細菌の5つの異なる界の種が行っている．そして，光合成を行う多くの種のもっとも近い仲間に，しばしば従属栄養生物がいたりするのである．実際，どのようなグループであっても，見かけ上は根本的に異なっているように見えるすべての栄養様式を発見できる可能性があるし，嫌気性生物が好気性生物と姉妹関係にあることも珍しくないし，好熱性微生物が正常温度微生物と密接な関係にあるかもしれない．硫黄を代謝する生き物には少なくとも3つの主要なグループが存在することもはっきりしている．

従来の表現型に基づくグループ分けが，RNAの分析によって確かめられているのはほんの少数である．たとえば，光合成をするシアノバクテリアはたしかに一貫性のあるグループを形成しているし，コークスクリューのように螺旋状の形態と，移動する推進力を生む長い鞭毛のような突起【註4】をもったスピロヘータとその仲間たちもそうである．

【註4】こうした突起物を単純に「鞭毛」と呼ばないのは，「本物の」鞭毛とは異なって，これがその生き物の外側の鞘に取り囲まれているからである．

それにまた，従来の微生物学者は，細菌をいわゆる「グラム陽性菌」と「グラム陰性菌」とに峻別してきた．この2つのカテゴリーはデンマークの細菌学者ハンス・クリスチャン・グラム Hans Christian Gram（1853〜1938）の仕事から生まれたもので，かれは1884年，細菌をいったん染色した後でアルコールかアセトンのような溶媒で処理したときに，一部は色素を保持する（グラム陽性菌）が，一部はそれが溶媒によって脱色される（グラム陰性菌）ことを示した．この違いは，現在では細胞壁の構造にある大きな違いを反映していることが知られている．しかし，分子レベルの新しい研究によって，グラム陽性菌は実際に一貫性のあるグループであることが確認されているが（ただし，大きな違いのある2つの枝に分割され

ていて，しかも，一部には細胞壁に色素を保持しない！種類もいる），グラム陰性菌のほうは，きわめて異質のものが混ざりあっている．いってみれば，動物学者が動物を「鳥類」と「それ以外」に分類してしまったようなものである．鳥類というのはグループとしてまとまっているものの，鳥類学者以外の人には，ゴリラと牡蠣の区別がややないがしろにされていると感じられるかもしれない．それにもかかわらず，検査室や臨床の現場では，いまでも「グラム陽性」と「グラム陰性」の区別は役に立つ．

以上の背景知識を頭におけば，原核生物のRNAに関するカール・ウーズの研究に由来するこの系統樹をいよいよ探索することができる．繰り返しになるが，この系統樹は，生き物の3つのドメインのすべてを表している．もう一度注意しておくが，古細菌は真核生物と姉妹関係にあり，細菌は，古細菌と真核生物を合わせたものと姉妹関係にある．細菌ドメインにいくつの界が含まれているかを述べるのは困難で，これには少なくとも3つの理由がある．(1)「界」の定義は，多少なりとも任意のものであること，(2) 現在，原核生物を分類しなおしている生物学者たちは，（現代分類学者の多くと同様に）リンネ式の序列をはなから拒否する傾向があり，序列という考えに重きをおかない場合が珍しくないこと，(3) 新しい生態型——たとえば好熱性微生物——の研究や，分子レベルの研究方法が開いた巨大な研究領域は，その詳細がこれから研究すべき状態にあること，である．しかしながら本書では，カール・ウーズに従って，細菌ドメインに主要な10のグループを識別した．それを界と呼んでも筋違いではないだろう．現在のところ，古細菌ドメインには3つの界が存在すると思われるが，将来の研究がさらに多くの界を明らかにしても不思議はない．

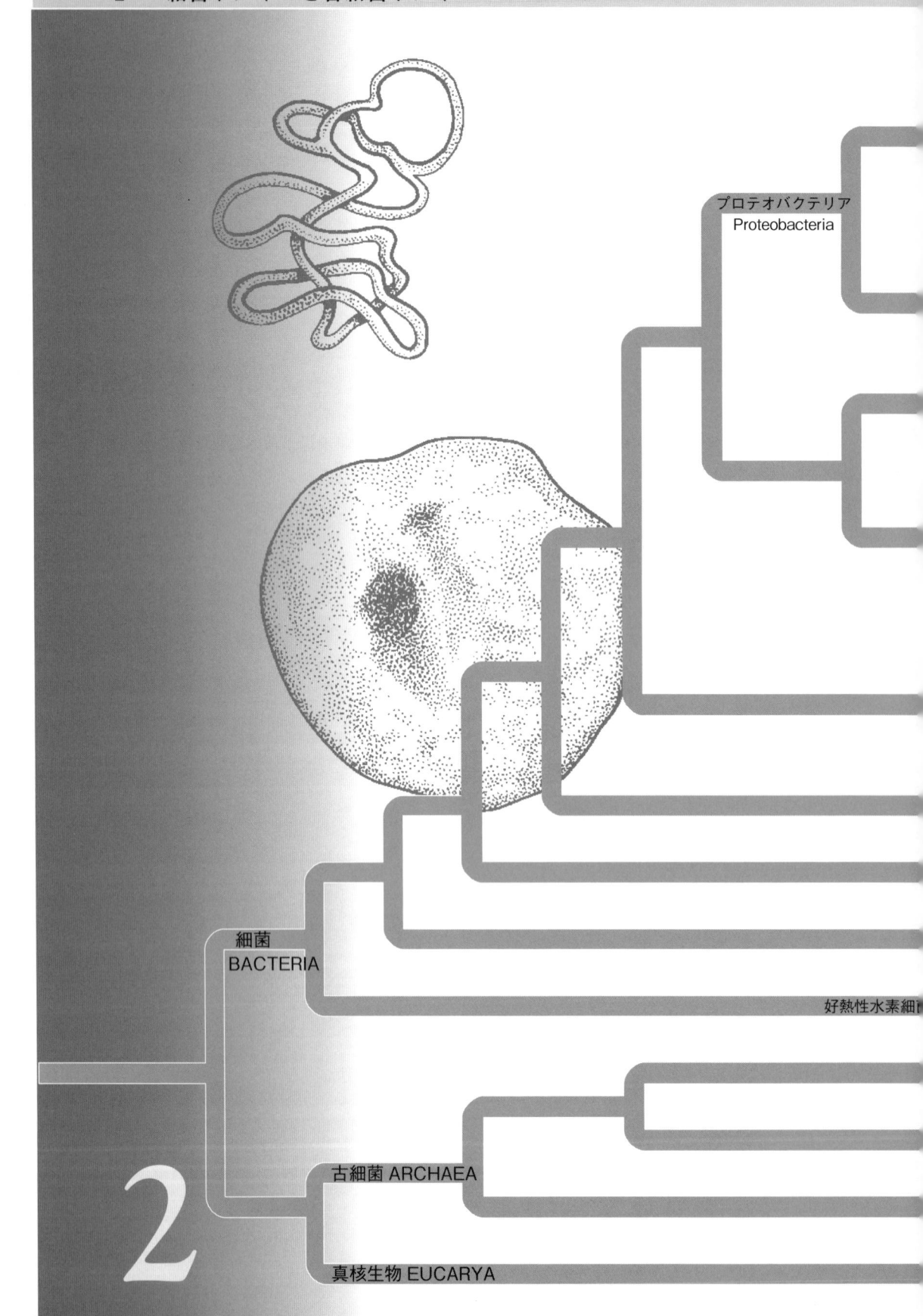

2・細菌ドメインと古細菌ドメイン

プロテオバクテリア
Proteobacteria

細菌
BACTERIA

好熱性水素細菌

古細菌 ARCHAEA

真核生物 EUCARYA

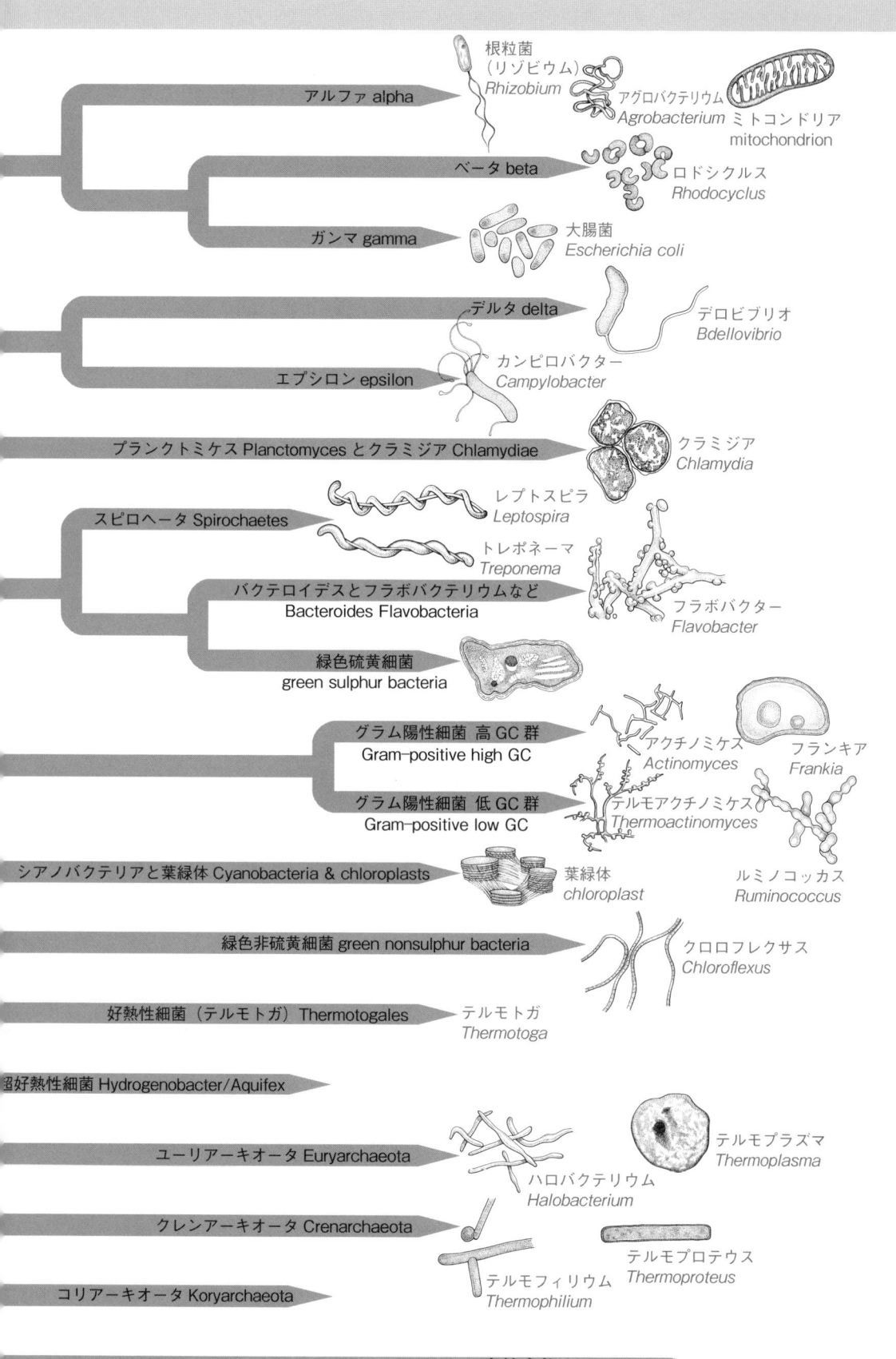

アルファ alpha	根粒菌（リゾビウム） *Rhizobium*	
	アグロバクテリウム *Agrobacterium*	ミトコンドリア mitochondrion
ベータ beta	ロドシクルス *Rhodocyclus*	
ガンマ gamma	大腸菌 *Escherichia coli*	
デルタ delta	デロビブリオ *Bdellovibrio*	
エプシロン epsilon	カンピロバクター *Campylobacter*	
プランクトミケス Planctomyces とクラミジア Chlamydiae	クラミジア *Chlamydia*	
スピロヘータ Spirochaetes	レプトスピラ *Leptospira*	
	トレポネーマ *Treponema*	
バクテロイデスとフラボバクテリウムなど Bacteroides Flavobacteria	フラボバクター *Flavobacter*	
緑色硫黄細菌 green sulphur bacteria		
グラム陽性細菌 高 GC 群 Gram-positive high GC	アクチノミケス *Actinomyces*	フランキア *Frankia*
グラム陽性細菌 低 GC 群 Gram-positive low GC	テルモアクチノミケス *Thermoactinomyces*	
シアノバクテリアと葉緑体 Cyanobacteria & chloroplasts	葉緑体 chloroplast	ルミノコッカス *Ruminococcus*
緑色非硫黄細菌 green nonsulphur bacteria	クロロフレクサス *Chloroflexus*	
好熱性細菌（テルモトガ）Thermotogales	テルモトガ *Thermotoga*	
超好熱性細菌 Hydrogenobacter/Aquifex		
ユーリアーキオータ Euryarchaeota	ハロバクテリウム *Halobacterium*	テルモプラズマ *Thermoplasma*
クレンアーキオータ Crenarchaeota	テルモフィリウム *Thermophilium*	テルモプロテウス *Thermoproteus*
コリアーキオータ Koryarchaeota		

3・真核生物 EUCARYA

細菌ドメインの界

プロテオバクテリア Proteobacteria
（紅色細菌とミトコンドリア）

プロテオバクテリア界は，さまざまなグラム陰性細菌で構成される巨大なグループで，一般には「紅色細菌（英語では purple bacteria）」と呼ばれている．プロテオバクテリア界は従来，アルファ，ベータ，ガンマ，デルタというラベルをつけた4つのグループに分けられてきた．しかし，RNAの研究によって，現在では5番目の，エプシロンというラベルをつけられたグループが明らかにされ，これはデルタの中で明瞭に分かれた一分派のようだ．このエプシロンには，*Wolinella* 属と胃潰瘍の原因菌であるカンピロバクター・ピロルス *Campylobacter pylorus* が含まれる（訳註：現在ではカンピロバクターとは別の属として，ヘリコバクター・ピロリ *Helicobacter pylori* と名称変更されている）．プロテオバクテリアの多くが，ほかの細菌の光合成とは異なる光合成を行い，細菌性クロロフィルaを利用する．光合成を行う属が，アルファ，ベータ，ガンマの3つのグループにそれぞれ含まれる——しかも，その3つのグループにはそれぞれ光合成を行わない多くの仲間が含まれる——ことに注意してほしい．実際，光合成を行う細菌に一番近い仲間が，光合成を行わない種類であることも珍しくない．光合成の仕組みが複数回進化してきたとは考えがたいので，おそらく光合成はこのグループ全体の基本的条件だったのだが，（異なった種類の多くの鳥類が飛翔能力を失ってきたのとちょうど同じように）あちこちで何度もその能力が失われてしまったのだろう．もっと一般的に，プロテオバクテリア全体を通じて，従属栄養細菌にもっとも近い仲間が化学合成無機栄養細菌であるという例が見つかっている．ときには，嫌気性菌と好気性菌とが密接に関連している例もある．好気呼吸は（光合成とは違って），進化の中で独立に何度か生じてきたようである——実際，アルファプロテオバクテリアの中だけでも，何度か独立して好気呼吸が生じている．

アルファプロテオバクテリア
alpha proteobacteria

さまざまなアルファプロテオバクテリアが，真核生物と密接な関係をつくっている．たとえばリゾビウム *Rhizobium* はマメ科の植物の根の内部に小さな根瘤をつくり，その内部で大気中の窒素を「固定する」．（アンモニアの形になった）それが植物の栄養分になり，細菌のほうでは見返りに有機物の炭素を受け取る．これに関連したアグロバクテリウム *Agrobacterium* は植物の病原体であり，植物の腫瘍を形成する．現在，遺伝子工学において，新しい遺伝子を新しい宿主に導入するために利用されている．また，リケッチア *Rickettsia* は，動物の細胞内病原体である．これらの3つのグループは，互いに密接な関係がある．したがってこうしたことを概観してみれば，真核生物に典

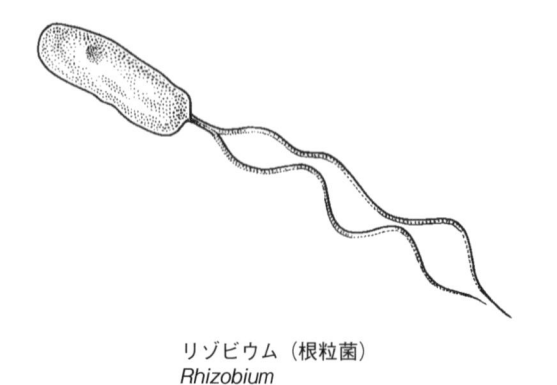

リゾビウム（根粒菌）
Rhizobium

アグロバクテリウム
Agrobacterium

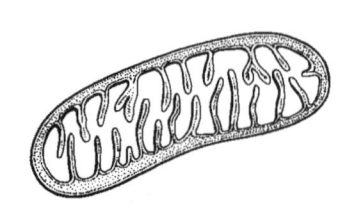

ミトコンドリア
mitochondrion

型的に見られるミトコンドリアが，おそらくアルファプロテオバクテリアに由来することも，決して驚くには当たらない，とカール・ウーズはいう．結局のところ，ミトコンドリアも真核生物の細胞内に居心地よく暮らしているのである．

ベータプロテオバクテリア
beta proteobacteria

ベータプロテオバクテリアには，よく知られた属と，新しく定義された属——たとえば，最近までは「非硫黄性紅色」細菌とあいまいに分類されていたロドシクルス *Rhodocyclus* ——が混じっている．ベータプロテオバクテリアの仲間にも，光合成細菌と非光合成細菌とが含まれるし，硫黄を代謝するものもいれば，そうでないものもいる．土壌中のアンモニウム（NH_4^+）を酸化して亜硝酸塩（NO_2^-）にする土壌細菌ニトロソモナス属 *Nitrosomonas* もこの仲間に含まれる．

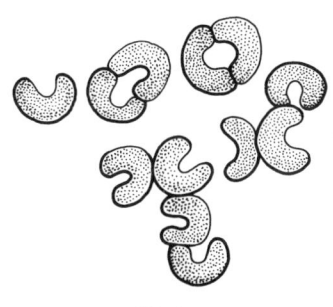

ロドシクルス
Rhodocyclus

ガンマプロテオバクテリア
gamma proteobacteria

ガンマプロテオバクテリアには，栄養方法の異なる3つの種類が含まれる．1つは光合成細菌で，その多くはもっとも近い仲間が非光合成細菌である．残る2つは従属栄養細菌と化学合成無機栄養細菌であり，これらもまた，生活様式が大きく異なるにもかかわらず，系統発生上は密接に関係していることがある．光合成をするガンマプロテオバクテリアには，クロマチウム属 *Chromatium* のような，硫黄型の紅色細菌が含まれる．光合成を行わない仲間には，在郷軍人病の原因となるレジオネラ菌 *Legionella*，大腸菌 *Escherichia coli* やサルモネラ菌 *Salmonella* のような腸内細菌，コレラ菌 *V. cholerae* を含むビブリオ菌属 *Vibrio*，蛍光性のシュードモナスである海洋ラセン菌属 *Oceanospirilla* などが含まれる．

デルタとエプシロン deltas and epsilons

デルタプロテオバクテリアにも3種類の異なった表現型が認められる．まず，最初に硫黄や硫酸塩を還元する仲間がいる．次に，粘液細菌（ミクソバクテリウム）のクレードがいて，これは細胞性粘菌類——こちらは真核生物であり，まったく無関係——と見かけが驚くほど似ている．すなわち，ミクソバクテリウムは，その生活環の一部のステージで，個々の細胞を集合させ，色鮮やかな子実体をつけた茎状の構造物を形成する．デルタプロテオバクテリアには，原核生物でもっとも運動能力の高いデロビブリオ属 *Bdellovibrio* が含まれる．かれらは別のグラム陰性細菌に寄生してお

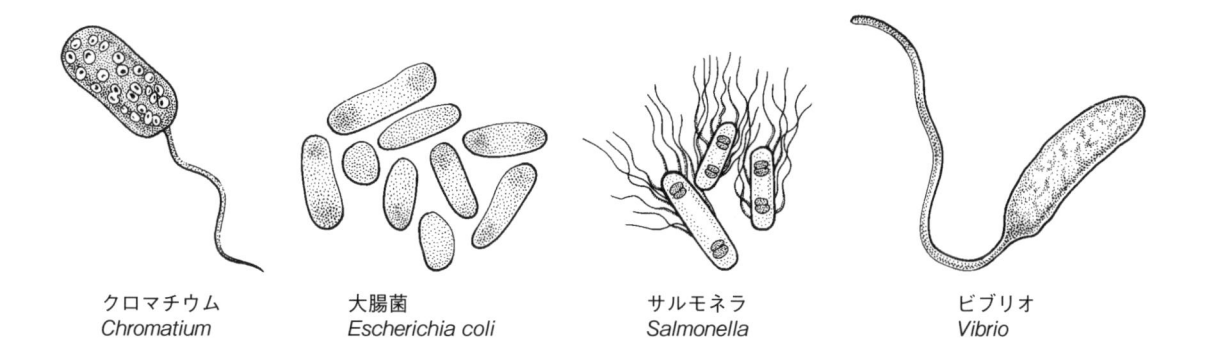

クロマチウム
Chromatium

大腸菌
Escherichia coli

サルモネラ
Salmonella

ビブリオ
Vibrio

り，1秒間に細胞100個分の長さの速度で突進しながら，誘導ミサイルのように自分たちの宿主を攻撃する——その速度たるや，体長30 cmのウサギだったら時速約110 km，人間だったら音速の半分の速度に相当する．攻撃をしかけるデロビブリオは，鞭毛の生えていない側で宿主に接触すると，1秒間に100回以上の速度で回転して，宿主の中に潜り込む．系統発生的にいえば，ミクソバクテリウムとデロビブリオは，何かしらの嫌気性硫黄代謝細菌を祖先にもつ，好気性の子孫のようである．そして最後に，カンピロバクター・ピロルス（ピロリ菌）のようなエプシロンプロテオバクテリアが，デルタの奥のところから分かれて出現している．

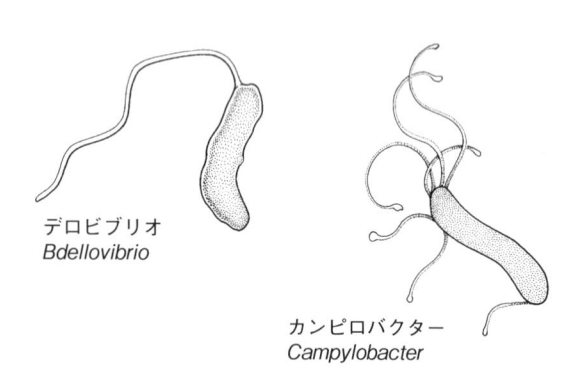

も影響を及ぼす絶対的細胞内寄生生物がいる．本書を執筆している現在，オーストラリアのコアラに，深刻なクラミジア感染症の流行がずっとくすぶっている．

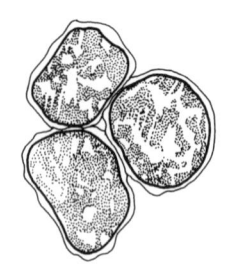

クラミジア
Chlamydia

スピロヘータ界 Spirochaetes

スピロヘータ界は，そのRNAを探索するときに，詳細な検討に耐えられる数少ない古典的タクソンの1つである．スピロヘータは，明確に2つのグループに分かれる．その1つがレプトスピラ症，あるいはワイル病と呼ばれる疾患の原因となるレプトスピラ菌 *Leptospira* を含むグループであり，もう1つが，梅毒やイチゴ腫（フランベシア）の原因となるトレポネーマ *Treponema*，回帰熱の原因となるボレリア *Borrelia*，それにスピロヘータ *Spirochaeta* を含むグループである．

デロビブリオ
Bdellovibrio

カンピロバクター
Campylobacter

プランクトミケス界 Planctomyces と クラミジア界 Chlamydiae

プランクトミケス界には，パスツリア属 *Pasteuria* やピレラ属 *Pirella* などが含まれる．これらの仲間は，淡水や汽水域，もしくは海水中に暮らしており，（コンブのように）付着部を使って支持物にくっついている．かれらは出芽によって増殖する．分類学の視点から見てもっと重要なのは，かれらが細胞壁内にペプチド配糖体（ムレイン）の重合体を欠いた細菌であることだ．これらの細菌のrRNAは，ほかの細菌のものとはきわめて異なっているが，おそらくは初期の分岐によるというより，むしろ急速な進化のせいだろう．クラミジア界には，ヒトや鳥類，そして（よく研究されてはいないが）おそらくほかの多くの種に

レプトスピラ
Leptospira

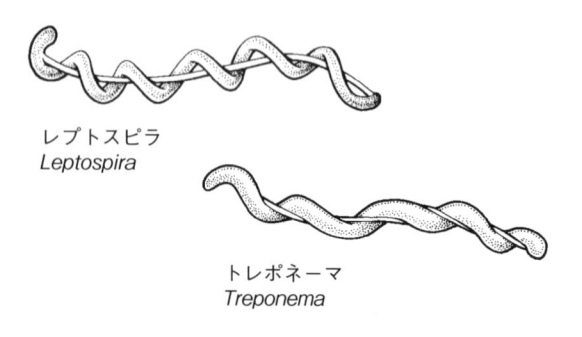

トレポネーマ
Treponema

バクテロイデス界 Bacteroides，フラボバクテリウム界 Flavobacteria，およびその仲間

このグループもまた，系統発生的に見れば，驚くほど異質なものの混ざりものである．たとえ

ば，嫌気性バクテロイデスと，滑走細菌であるサイトファーガ Cytophaga のような好気性バクテロイデスとが一緒になっている．サイトファーガの大部分は病原性をもたないが，しかしその一種 C. columnaris は魚卵孵化場での感染流行を起こす．

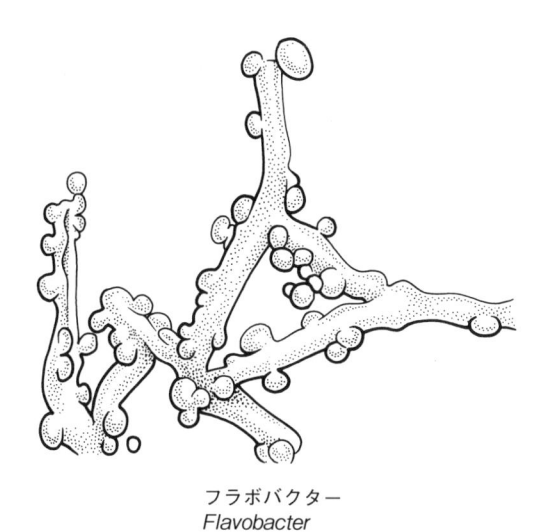

異なっているようだということ以外，ほとんどわかっていない．かれらは，バクテロイデス/フラボバクテリウム界のグループの姉妹群として出現した．

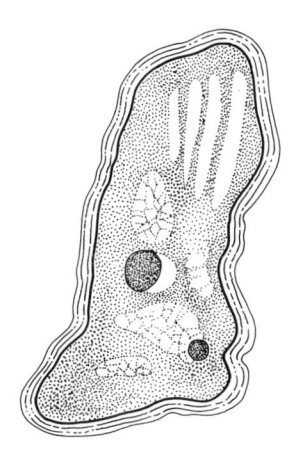

グラム陽性細菌：高 GC 群と低 GC 群

グラム陽性菌はグラム陽性の細胞壁を共通してもっているが，その点を除けば，表現型はさまざまなものの寄せ集めのように思える．多くのよく知られた種や経済的に重要な種が含まれるとともに，極端に厄介なものも恵みを与えてくれるものもいるグループである．「高 GC 群」と「低 GC 群」という 2 つの主要なサブグループが存在するほか，互いに明確に関連しているが位置づけが困難な 2 つの小グループが存在する．

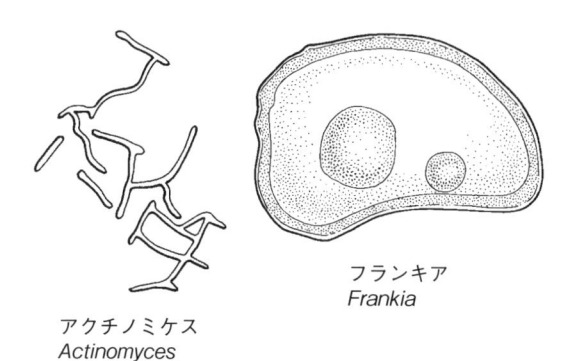

フラボバクター
Flavobacter

緑色硫黄細菌界 Green sulphur bacteria

緑色硫黄細菌界にはわずか 4 種しか知られておらず，すべてクロロビウム属 *Chlorobium* とクロロヘルペトン属 *Chloroherpeton* の 2 つの属に含まれる．これらの細菌の表現型はきわめて原始的なものと考えられていて，ほかの細菌ときわめて

アクチノミケス
Actinomyces

フランキア
Frankia

高 GC 群は，塩基として 55％以上のグアニンとシトシンを含む DNA をもっている．この仲間は大部分が好気性であり，抗生物質を産生するこ

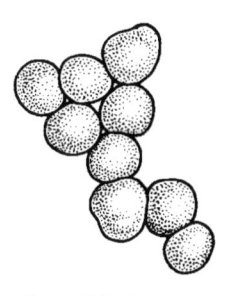

緑色硫黄細菌
green sulphur bacterium

ブドウ球菌（スタフィロコッカス）
Staphylococcus

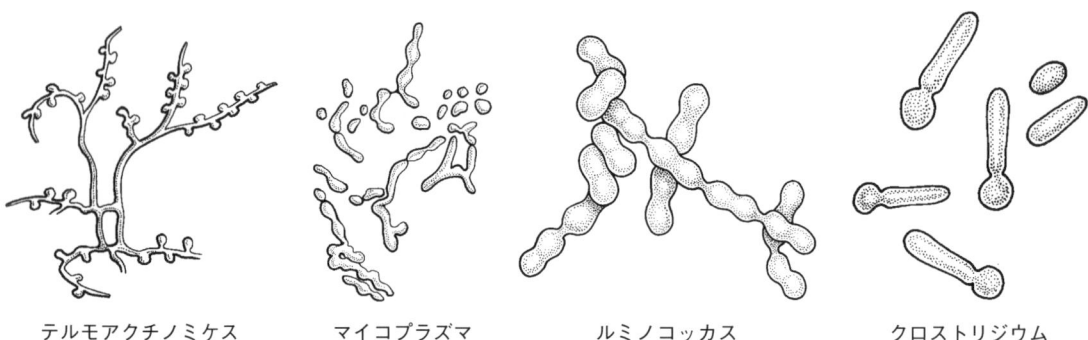

| テルモアクチノミケス *Thermoactinomyces* | マイコプラズマ *Mycoplasma* | ルミノコッカス *Ruminococcus* | クロストリジウム *Clostridium* |

とで有名なアクチノミケス属 *Actinomyces* とストレプトミケス属 *Streptomyces*, 好熱性細菌の一種であるテルモモノスポラ属 *Thermomonospora*, ハンノキのようなマメ科以外の植物の根の中で窒素固定のはたらきをしているフランキア属 *Frankia* といった細菌が含まれる. ミコバクテリウム属 *Mycobacterium* には, 結核の原因となる *M. tuberculosis*, ハンセン病の原因となる *M. leprae* という病原体が含まれる.

低 GC 群は, その DNA の塩基に占めるグアニンとシトシンの割合が 50% 未満である. この仲間には, バチルス属 *Bacillus* が含まれており, ほとんどの場合には無害のようだが, ときどき食中毒の原因となるセレウス菌 *B. cereus* や, ——もっと重大な——炭疽の原因となる炭疽菌 *B. anthracis* も含まれる. ブドウ球菌 *Staphylococcus* はおできの原因となるが, なかでも黄色ブドウ球菌 *S. aureus* は, 外傷部に日和見感染を起こすきわめて危険な細菌として有名である. 連鎖球菌 *Streptococcus* には, 肺炎や細菌性髄膜炎を起こす病原性のある種が含まれる. きわめて多様性の大きな嫌気性のクロストリジウム *Clostridium* は, 煮沸にも耐える芽胞を形成し, とりわけ, ボツリヌス症, ガス壊疽, 破傷風の原因になる. マイコプラズマ *Mycoplasma* は, 細胞壁を完全に失ってしまった興味深い属の 1 つであり, どうやらクロストリジウム属が退化したものらしい. 乳酸桿菌 *Lactobacillus* もまたこの低 GC グラム陽性菌の仲間であり, ヨーグルトをつくる際に使われる発酵性細菌の 1 つである.

グラム陽性菌の中では, 嫌気性の種類がその祖先の根に一番近いようで, この仲間から好気性のグループが何度か進化してきたらしい. 実際, このグループの進化は, 地球の大気に酸素が混じるようになったことと並行しているようである. たとえば, 乳酸桿菌, 連鎖球菌, マイコプラズマは, 基本的には嫌気性だが, 少量の酸素には耐えられるし, ときにはそれを利用したりしさえする. 一方で, バチルス属は基本的には好気性だが, 一部のものは嫌気的環境でもうまく増殖する. カール・ウーズは, 大気中の酸素がまだ少なかったころに, 嫌気性菌と微好気性菌が進化し, その後, バチルス属が進化したのだろうと推測している.

シアノバクテリア Cyanobacteria と葉緑体

シアノバクテリアは従来, 誤って「藍」藻と呼ばれていた. 生態学上は, それ自体がきわめて重要な仲間であり, いたるところに緑色をした浮きかすとして存在し, 世界中でぼう大な量の光合成を行っている. また多くは, 前述したアナベナ *Anabaena* を含む窒素固定者でもある. また, 遠い昔にいた一部のシアノバクテリアが, 現在の褐藻, 紅藻, 植物内で観察されるすべての葉緑体の祖先だったのは疑いがない. 現存するシアノバクテリアのどれが, 葉緑体の祖先ともっとも密接に関係していたかについては 3 章で議論する.

―細菌ドメインと古細菌ドメイン―

ネンジュモ
Nostoc

プロクロロン
Prochloron

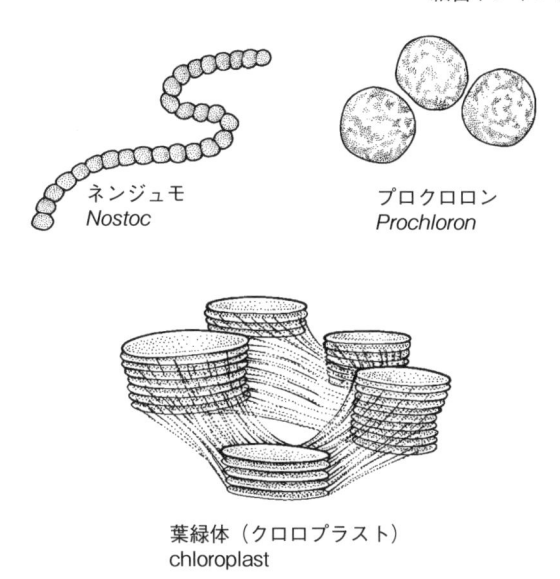

葉緑体（クロロプラスト）
chloroplast

緑色非硫黄細菌とその仲間

緑色非硫黄細菌には，3つの属に属する4種だけが知られている．好熱性の光合成細菌である *Chloroflexus auranticus*，中等温度好性（つまりあまり熱すぎない環境を好む）2種の滑走種を含む *Hereptosiphon*，好熱性菌である *Thermomicrobium roseum* である．これらの細菌と姉妹関係にある（現在明らかになっている）のは，デイノコッカス *Deinococcus* とその仲間のような，放射線耐性球菌とその関連種を含むクレードや，どこの温泉にでもいる *Thermus aquaticus* である．

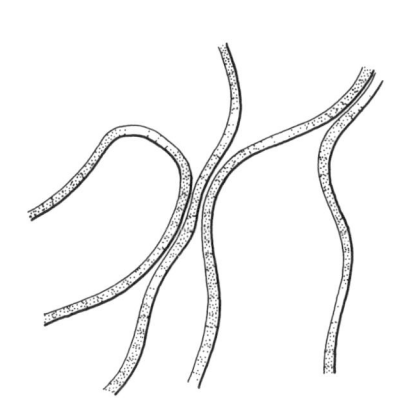

クロロフレクサス
Chloroflexus

好熱性細菌（テルモトガ）Thermotogales

新しい微生物研究，とりわけ自然界の核酸を直接調べる方法による研究では，もっと上位に分類される細菌のタクソンが数多く存在することが示唆されている．最近発見されたものの一例として *Thermotoga maritima* がある．これは，現在までのところ完全に記述できていないほど特殊な脂質（脂肪）をもち，その rRNA がほかの細菌のものと大きく異なっているので，これだけで1つの界といってもよいくらいで，ほかのすべてを合わせたものと姉妹関係にあることが示されている．カール・ウーズによれば，「*Thermotoga* は，好熱性細菌という巨大な未踏の『別世界』を代表しているのかもしれない」．

超好熱性細菌と好熱性水素細菌 Aquifex and Hydrogenobacter

細菌の系統樹の中で好熱性細菌（テルモトガ）よりさらに深い位置で分岐しているのが，超好熱性細菌 *Aquifex* と好熱性水素細菌 *Hydrogenobacter* を含むグループ――酸素と水素を結合させて水をつくることによってエネルギーを獲得する微好気性菌――である．しかし，この細菌の「別世界」はまるで未踏であり，巨大な世界にはちがいないので，細菌世界のもっとも奥深い位置での分岐については，本書の将来の版を待たなければならない．

古細菌ドメインの界

古細菌は細菌とは明確に区別される．なかでも，自然界のほかにはどこにも類似のものがない，（分岐してエーテル結合をもつ）特徴的な脂肪（脂質）が古細菌にはある．カール・ウーズが述べているように，一般に，「古細菌は，あらゆる主要なマクロ分子機能のすべてに，特徴のある独自の特徴を示している」．海洋中にぼう大な数が出現するまでは，かれらのほとんどは，私たち動物中心の視点から見れば極端に思える条件に適応していたようだ（たしかにエドワード・デロン

グと同僚たちは古細菌を南極でも発見したが，ただしその環境は，たとえば温泉や熱水噴出孔に比べればかなり穏やかなものである）．

海洋性の種が出現する以前には，古細菌は4種類の代謝/生態グループにかなりすっきりと分かれ，それぞれが異なった「極端」を代表していたらしい．そのうちの1つが好塩性細菌であり，極端に濃い塩分濃度を好む．そしてこの仲間は，たまたま，古細菌の中で唯一，独特の光合成粒子を使って光合成を営む仲間でもある．第2の代謝グループには極端な好熱性古細菌が含まれ，この仲間には好熱性でないものは知られていない．好熱性古細菌は硫黄を代謝する．第3に，メタン生成古細菌の一群がいて，二酸化炭素からメタンを産生して，世界でもっとも重要なメタン産生源になっている（メタンは温室効果ガスの1つである）．残る1つのアルケオグロブス *Archaeoglobus* に代表されるグループは，好熱性の硫酸塩還元古細菌である．

しかし，実際問題として，これらの4つの生理的な表現型は，ユーリアーキオータ Euryarchaeota 界とクレンアーキオータ Crenarchaeota 界というわずか2つの界に区分される．ユーリアーキオータ界は，メタン生成古細菌と，その一部に由来する極端な好塩性古細菌のすべてを含む．さらにユーリアーキオータには，テルモプラズマ *Thermoplasma* のような極端な好熱性古細菌の一部も含まれる．

しかし極端な好熱性古細菌の大部分は，クレンアーキオータ界に属している．実際，この仲間は水の沸点付近の温度で最適に増殖し，なかには沸点よりも高い温度で増殖速度が最大になるものもいる．全体的にみて，クレンアーキオータは表現型ではかなり均一な傾向がある．この仲間はすべて嫌気的に増殖するが，部分的に好気的な増殖ができるものもいる．また，ほとんどがエネルギーのために硫黄を必要とするが，一部には硫黄を利用していても，実際にはそれなしでやっていけるものもいる．新しく発見された海洋性の仲間は，かなり均等にユーリアーキオータとクレンアーキオータとに分類されるようである．

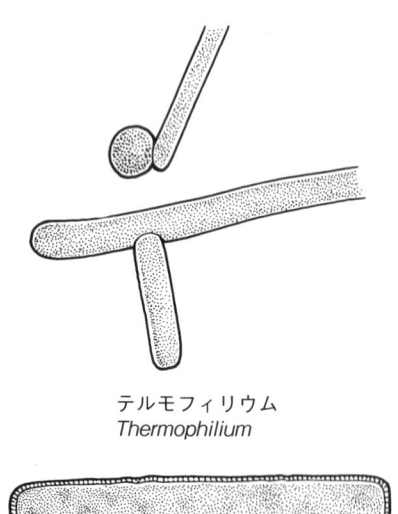

テルモフィリウム
Thermophilium

テルモプロテウス
Thermoproteus

系統樹に描かれている第3のコリアーキオータ Koryarchaeota 界は，自然界から採取された DNA によってのみその存在が知られている．しかし，その DNA の出所から判断すると，おそらく好熱性古細菌である．たぶん，まだ発見されていない古細菌の界はほかにも数多く存在しているのだろう．全般的にみて，この仲間については発見すべきことがまだ恐ろしくたくさん残っている．系統発生的にみれば，古細菌ドメインは自然界の巨大な枝の1つを構成しており，しかもそれについては驚くほどわからないことが多い．その

テルモプラズマ
Thermoplasma

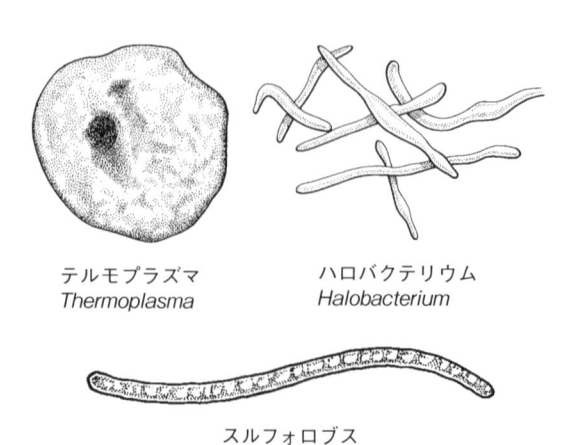

ハロバクテリウム
Halobacterium

スルフォロブス
Sulfolobus

生態学上の影響は枝の大きさに相応してきわめて大きいにちがいないが、それでもまだ憶測の域を出ていない。

3つのドメインの相互関係

カール・ウーズとノーマン・ペイスは、本章に描かれた系統樹が示しているように、古細菌ドメインは真核生物ドメインと姉妹関係にあり、細菌ドメインは｛古細菌＋真核生物｝と姉妹関係にあると考えるのが適切だ、とずっと以前に示唆していた。しかし、過去10年の間に、ウーズとペイスによるこうした大きな相互関係のとらえ方に、カリフォルニア大学ロサンゼルス校のジェームズ・レイク James Lake が異議を唱えている。レイクは、古細菌のある特定のグループが真核生物ドメインの姉妹関係にあると考えるべきであり、この姉妹グループをエオサイト Eocyte と命名すべきだと示唆している。そして残りの古細菌が、カール・ウーズの元来の古細菌の中に分類されることになる。こうしてレイクは、実際上、エオサイトを第4のドメインと想定している。

ウーズ自身が最初に指摘したように、古細菌の中に系統発生的に見て大きな枝分かれが存在していることはだれも疑っていない。この議論をもっとも単純な形に煎じ詰めれば、論点は、現存の古細菌を「エオサイト」とそれ以外とに分かつ分離が、真核生物との分離よりも後で起きたのか、それとも前か、ということである。もし後なら、現存の古細菌は、単系統群と考えるのが適切だろう。もし前なら、現在考えられている「古細菌」というグループは側系統群ということになる（ちょうど、爬虫類*が、明らかに哺乳類と鳥類の祖先に当たるので、側系統群であるのと同じである）。もしそうなら現存する古細菌の一部は、とくに真核生物と関連をもち、それ以外のものは、真核生物と関連のあるその古細菌と合わせたものと姉妹関係にあることになる。ウーズとペイスは、既存のすべての古細菌が、真核生物の姉妹群に当たる単系統群を構成することを意味する前者のシナリオを支持しており、それに対してレ

イクは後者のシナリオを支持している。

議論はつづいているが、高度に専門的な内容なので、その議論に参加できる専門家の数は世界でも限られている。門外漢が口出しするのはばかげているかもしれない。しかし、ウーズ/ペイスのシナリオが先に提出されており、その間違いを指摘する責はジェームズ・レイクの側にある。ほとんどの専門家は、ウーズ/ペイスの見解を支持する傾向があり、本書ではそれを示している。

原核生物の進化

細菌ドメイン内では全体の関係に注目してほしい。超好熱性細菌/好熱性水素細菌は、それ以外のすべてと姉妹グループの関係にあるように思われる。その次に、（好熱性細菌界の）テルモトガが来る。次に、奇妙な緑色非硫黄細菌、シアノバクテリア（および葉緑体）とつづく。その後に来るのは巨大なグループで、一方にグラム陽性菌界、もう一方には、スピロヘータと紅色細菌を含む大きな集団となっている。しかし、「広大な未踏の別世界」に関するウーズのコメントにも注意してほしい。種のリストには、私たちが知っているものだけを含めることができる。そして、私たちが知っているものは、研究室で培養できるものに限られる。ノーマン・ペイスとその同僚たちの仕事は、これまでに知られている種の数よりはるかに多くの種が未発見であることを示唆している。とくにバイオテクノロジー企業によって継続的に行われている温泉の探索によって、これが実際にその予想どおりであることが明らかになりつつある。つまり、今後20年間くらいのうちに、細菌の多様性に関する現在の私たちの見方がひどく偏ったものであることが示される可能性がある。ただ、本書に示した姿でも、1980年代のものと比べれば、はるかに真実が反映されたものになっているはずだ。

しかし、全体として系統発生と表現型との間にほとんど対応が見られないように見えるのはなぜなのだろう？　光合成の仕組みが、多くの異なったグループで生じていたり、好気性生物と嫌気性

生物がきわめて近い関係にあるのが普通だったり，好熱性生物が好正常温度性生物と近接していたりすることが，どうして起こるのだろうか？　答えはともあれ，カール・ウーズが指摘しているように——従来の生物学が仮定する傾向があったように——最初の生命が従属栄養生物であり，独立栄養生物はその従属栄養生物から進化してきたと仮定したのでは，こうした現象はきわめて説明が難しい．もしそうであれば，私たちはいくつかの説明をひねりださなければならないが，そのいずれもがありそうもない話になるだろう．たとえば，あらゆる光合成をする原核生物が互いに密接に関係していると仮定することもできる——しかしこのことは，RNA の証拠が雄弁に否定している．あるいは光合成は何度も独立に進化してきたと考えることも可能かもしれない．しかしながら光合成は，各種の形態のクロロフィル分子が関与した驚くほど込み入った過程なので，そうした分子が繰り返しゼロから誕生したとは，ありそうもないことに思われる（これと同じように，古鳥類学者も，羽毛が何度も独立に進化したという考えを否定する）．あるいは，異なったグループの原核生物が，光合成能力をグループ間で受け渡したという考えも可能であるが，これもまた別の証拠によってありそうもないと考えられている．

だから，現存するすべての原核生物の共通の祖先はかつて独立栄養生物であり，そこからさまざまな従属栄養生物が独立に進化していったと仮定することのほうが，はるかに無駄がない，とウーズは論じる．独立栄養から従属栄養への移行過程は想像しやすい．そこに必要なのは，ほんの少しの酵素とそれに付随するシステムを失うことだけである——そしてそうした喪失は進化の中で容易に起こる．まったく同じようにして，多くの鳥類が飛翔能力を失い，多くの異なった動物グループの多くの寄生虫が，改良された脳や感覚の一部を失った．喪失すること——「退化する」こと——は進化の中では簡単である．それに加えて，共通の祖先はおそらく嫌気性生物だったと思われる．酸素を処理し，それを利用する能力が，何度か独立して進化してきたことはかなり確からしく思われるし，それはそれほど想像するのが困難ではない．少なくとも，初期のシアノバクテリア様の原核生物が大気中に酸素を放出しはじめたとき，それに対処するための選択圧はきわめて高く，生き物たちは酸素を積極的に受け容れるか（方法はさまざま），酸素から距離をおくか（多くは空気のない沼地や硫黄温泉内にとどまる方法を採用した），死に絶えるかの道を選ばざるをえなかっただろう．さらに，最初の生物が好熱性であったことも，合理的に想像できるだろう．要するに，分岐分類学の言葉でいえば，独立栄養で嫌気性，好熱性の生命が，当時生きていた原核生物の基本的特徴ということであり，だからこうした特性が別のグループに次から次に見られるのは少しも不思議ではない——実際，こうした特徴は，そのグループのもっとも原始的なメンバーに見られるのが普通である．

それでも，実際問題として，最初の生命が独立栄養生物だったことを認識するのは困難である．独立栄養にはかなり複雑な仕組みが必要であり，進化するには数億年が必要だったはずである．したがって，おそらく本当に最初の生き物は従属栄養生物であり，そこから最初の独立栄養生物が出現したのだろう．かりにそうであっても，ウーズのシナリオは維持される．なぜなら，そうした原始的な独立栄養生物が，現実に今日の独立栄養生物と現存しているすべての従属栄養生物の祖先だったと仮定するのが，もっとも無駄がないからである．かりに最初の独立栄養生物が出現したときに生き残った初期の従属栄養生物がいたとしても，それは後に進化した従属栄養生物との競争には生き残れなかったのは確かだろう．つまり，現在の従属栄養生物は，第 2 波の従属栄養生物ということになる．

それからまた，ウーズもペイスも，古細菌，細菌，真核生物の特徴にさまざまな不思議な点がある理由を問いかけている．たとえば，RNA の証拠によれば，古細菌は真核生物にもっとも近いことが示されている．それにもかかわらず，細胞の

外側にある細胞膜の構造からは，細菌のほうが真核生物により近いことが示唆される．ウーズとペイスは，その理由が，そもそも生命のシステムは別々の生命体に分割されていなかったことにある，と示唆している．そこにあったのは，ウーズが「プロゲノート progenote」と呼んだ，生きた「合胞体（シンシチウム）」だけだった．それは，地球上の熱い岩と水が出会う場所一帯に広がる，多少なりとも連続性のある生きた「粘液質（スライム）」で，実際上そうした結合はいたるところにあった．そして，その原始的シンシチウムが独立した生き物に分割される前に，現在の3つのドメインに存在する主な化学的システムの多くが進化していた，と考えればよいことになる．いったんそれが生じてしまえば，さまざまな生き物たちの最終的な形態がどうなるかは，あとは偶然の問題だった．

――――

以上が，地球上に存在する生命の多様性の3分の2以上，いやおそらく少なくとも90％を電光石火のごとく短くまとめた紹介である．それは，ゾウやブナや私たちヒトにではなく，きわめて小さくて目に見えない生き物たちに内包された多様性である．それにもかかわらず，本書の残りの部分は，残りの少数派に専念する．どうやら真核生物に対する根拠なき優越主義は，振り払うのが難しいようだ．

3章

核の王国

真核生物ドメイン Domain Eucarya

　真核生物ドメインには，大型で目につきやすい生き物の大半が含まれる．海藻，動物，植物，真菌，それに真菌様の生き物たちである．原核生物も「集団としてまとまれば」——とりわけストロマトライトのように——目につくことがあるが，ほとんどの場合，大型の個体サイズは，真核生物 eukaryote に与えられた特権である[註1]．それでも，真核生物にも多くの小さい生き物がいる．事実，ほとんどの真核生物が原生生物の形態をとっているのは確からしく，つまり，単細胞か，ごく少数個の協調しあった細胞でできていることを意味している．真核生物の細胞は，原核生物の細胞より一般に大きい——その違いは1頭のサイと1羽のウサギほどの違いがある——が，それだけの差があっても，ほとんどの単細胞真核生物は，せいぜい，肉眼でやっと見える程度の大きさにすぎない．真核生物にせよ原核生物にせよ，あらゆる種類のほとんどの種が小さい，というのははっきりした生態学的事実である——世界は大型の生き物より小型のものに，より多くの生態的地位（ニッチ）を提供してくれる可能性があるからだ．ゾウには大陸が丸ごと必要だとしても，原生生物ならほんの染み程度の泥の中でも十分繁殖できる．

【註1】 p.86の註1で触れたように，「真核生物」をつづるのに英国人は「k」を使って「eukaryote」とするが，アメリカ人は「c」を使う．そうした食い違いは，あらゆる執筆者が知っているように，よくあるものである．しかしこの場合に混乱を招くのは，アメリカ人であるカール・ウーズが最初に提示したドメインの公式名称が「Eucarya」とされていることである．したがって，私のような英国人は，公式名称としては「Eucarya」とつづり，非公式の呼び名は「eukaryote」とつづることを強いられる．

　原生生物の仲間の真核生物はきわめて多様性が大きい．なかには，忙しく動き回る従属栄養生物もいる．光合成をする仲間もいるし，光合成をする種の多くが運動能力をもっている．真菌のような生き方をして暮らすものもいるが，その多くにも運動能力がある．もっと無知だった時代，といってもほんの20〜30年前までは，運動能力のある原生生物のほとんどは，推定されたタクソン「原生動物」に入れられていた．このタクソンは，門，もしくは亜界の階層を与えられ，全体が動物界に押し込まれていた．光合成を行う仲間は，海藻と一緒に「海藻 Algae」と呼ばれるグループにまとめられ，それがさらに植物界に分類されていた．真菌になんとなく似ているものは何でも，結果的に真菌の一種とされた（そして，まさしく時代遅れの分類法においては，その真菌がまた植物の一種とみなされていた）．

　1950年代にR・H・ホイタッカーは，あらゆる原生生物を海藻とともに1つの新たな界，原生生物界 Protoctista に入れるべきだと示唆したが，この考えは一時的措置だったが有用であり，少なくとも本質的に18世紀のままだった生物学者の思考様式に刺激を与えた．しかし現在では，原核生物に並はずれた多様性があることを明らかにしてきたものと同種の分子生物学的研究が，ホイタッカーのいう原生生物もまた驚くほど多様な存在であることを示しつつある．たとえば，生物学を学ぶ学生ならだれでもゾウリムシ *Paramecium* について教わる．池の水の水滴中を忙しく動き回る，繊毛をもった魅力的な「スリッパ型の微小動物」である．あるいは，最初は鳥類の体内で進化したが，霊長類に広がって，現在もなお毎年100万人ほどの人命を奪っている恐ろしい寄生虫であるマラリア原虫 *Plasmodium* についても教わる

だろう．この2つの種は，従来の分類法ではいずれも「原生動物」に分類されていたし，ホイタッカーの枠組みでも両者とも「原生生物」に入れられた．それにもかかわらず，RNA の研究によって，現在では，ゾウリムシとマラリア原虫の間の系統発生上の距離が，ヒトとカシ oak tree の間の距離よりも大きいことがわかっている．「原生動物 protozoan」とかもっと一般的な「原生生物 protist」という用語は，非公式の形容詞としてはまだ使うことができる．しかしその言葉が，一般的な形に言及するだけのものであり，「木」とか「きのこ」といった言葉と同様，系統発生上の正当性をもたないことは明白である．真核生物の原生生物が，「原生動物 Protozoa」，「原生生物（Protista プロティスタ）」「原生生物（Protoctista プロトクティスタ）」などという公式名をつけるに値するほどの，有効な単系統タクソンを構成するというふりをするのは，もはや賢明なやり方ではない．実際，ヒトとカシが別々の界に分類されているのなら，ゾウリムシとマラリア原虫もそうあるべきである．

だから進歩的な生物学者は，ゾウリムシとマラリア原虫を別々の界に配置しようとしている．実際，かつて分類学者は真核生物には2つの界（動物界と植物界），3つの界（動物界，植物界，真菌界），あるいは4つの界（動物界，植物界，真菌界，「原生生物 protoctist」）を認めていたのに対して，現代の一部の生物学者は，現在では20以上の界を認めていて，そのほとんどは原生生物 protist である．私たち人間が含まれる界（動物界）は，こうして劇的に格下げされることになった．なにしろ概念上は全体の半分を占めていたのが，今や5％未満になったのである．こうして人類は，ちょうどコペルニクスとガリレオの天文学が惑星地球を宇宙の中心から追いやったのと同じように，生物学の舞台の中央からはじき出されることになった．概していえば，生命の分類は混乱を増し，把握するのが困難になってきた．しかし，新しい分子レベルの研究が明らかにしたその背景にある多様性は，目もくらむばかりである．

そうした研究は，地球上の生命が，過去数世紀の研究が明らかにしたものよりはるかに常識はずれの存在であることを示しており，そうした意外な新事実のためなら，少々の乱雑さに支払う代価は安いものである．

原核生物に比べて真核生物の細胞が大きい——さきほど喩えたようにウサギとサイほど違う——ことは，構造がはるかに複雑なことを反映している．グループとして見れば，原核生物は真核生物より生化学的には柔軟性が高い．しかし個別に見て，工学作品として考えれば，真核生物の細胞のほうが原核生物の細胞よりずっと手が込んでいる．真核生物が原核生物から進化したのははっきりしている．複雑なシステムは常に，より単純なシステムから進化する．ただし，ときどきは複雑さが二次的に失われて，実際には，複雑な生き物からより単純な生き物が派生することもあった．

原核生物と真核生物の細胞でもっとも明白な違いは，それぞれのグループの名前の由来にもなっているように，その**核 nucleus** にある．細胞を適切に染色すると，核は，目玉焼きの中の卵黄のように（この比喩は完全に視覚的な意味しかないが），細胞質の背景の中にくっきりとした実体として見える．核は膜で囲まれており（膜の構造は，電子顕微鏡を使うとはっきり見える），その内部に，真核生物の細胞がもつ遺伝物質のほとんどが存在している．だが，原核生物には核がない．原核生物はその遺伝子を，細胞質内にさまざまな形態で閉じ込めている．そして，原核生物の遺伝物質も一定の領域を占めることはあるが，決してそれが真核生物の細胞のようにはっきり仕切られた膜で囲まれることはない．「真核生物」は，典型的な自己中心的用語の例である．私たちは，自分たちがそうであるからという理由で，もちろん原核生物のほうが約10億年も前に地球上に出現したにもかかわらず，核のある細胞を「よい」ものだとみなしている．

真核生物にせよ原核生物にせよ，その中にある DNA は，1950年代初期にジェームズ・ワトソン James Watson とフランシス・クリック Francis

Crickによって記述された細長いらせん状の形をした——かの有名な「二重らせん」——分子で構成されている．しかし，この2群の生き物たちは，そのDNAを小さくまとめるやり方がいくぶん異なっている．真核生物では，DNAは**ヒストン histone**と呼ばれるタンパク質を芯にして巻かれている．このタンパク質は，何よりまず機械的強度を提供している．そしてこのタンパク質-DNAの複合体全体が染色体と呼ばれている．原核生物のDNAは一般にヒストンというこの強化芯を欠いている——ただし，後で見るように，一部の古細菌は現実にヒストンをもっていて，その仲間が真核生物と関連があることを示唆しており，真核生物の祖先に関する手がかりを提供している．

実際のところ，核膜もヒストンも，真核生物と原核生物の細胞の基礎にある一般的な違いと考えうる例である．真核生物の細胞は，構造全体をより強固にかつ多目的にさせてくれる込み入った**細胞骨格**（**cytoskeleton**，文字通り「細胞の骨格」の意味）をもっている．これに対して原核生物では，せいぜい細胞骨格の萌芽といえるものしかもっていない．たとえば真核生物では，外側の細胞膜自身が内側に深く褶曲して，**小胞体 endoplasmic reticulum**と呼ばれる3次元の格子状の構造を形成し，これが細胞質全体に潜入して支える．核膜そのものも，この小胞体の一部として形成される．また小胞体の膜は，真核生物の細胞内にある特別な構造物（**細胞小器官 organelle**）のまわりを囲む（ときにはそのものをつくる）膜でもある．細胞骨格を欠いている原核生物の細胞は，一般に外側の細胞膜で支えられている．真核生物の細胞は初期状態ではむき出しだが，植物や真菌のような一部の細胞では新しい種類の細胞壁を再進化させている．

ヒストンは，細胞骨格の構成要素とみなせる．細胞骨格のそのほかのタンパク質成分は**収縮性 contractile**があり，筋肉と同様に力を発生させて短縮できる．こうしたタンパク質の1つが**アクチン actin**であり，筋肉の主要なタンパク質の1つである（もう1つがミオシン）．また別の収縮性の細胞内タンパク質として，どうやら小胞体に由来するらしい**チューブリン tubulin**がある．これらの収縮性タンパク質は真核生物の細胞の特徴であるが，ごく一部の原核生物には見つかっており，こうしたタンパク質をもつ仲間はおそらく真核生物と何かしら特別な関係をもっているのだろう．こうした収縮性タンパク質によって，真核生物の細胞は，ほとんどの原核生物には不可能な方法で移動できるようになる．とくに，多くの真核生物の細胞は，突起物，すなわち**偽足 pseudopodium**を伸ばしてアメーバのように移動できるし，ときにはこれを使って動き回ることもできる．実際のところ，真核細胞にとってこの**アメーバ様運動 amoeboid movement**は原始的なものとみなされるかもしれない．多種多様な原生動物がアメーバ様の体型をもっている——そしてこれまですべての「アメーバ」は「原生生物」の同じ「綱」にまとめられてきたが，現在では異なったアメーバ間の違いの距離は，系統発生上はウマとマッシュルームほども違うことが明らかになっている．したがって，異なった種類のアメーバ様生物は，それぞれ別の界に収めるべきである．しかし，アメーバ様運動が真核生物の原始的特性だと理解してしまえば，このことは別に不思議でもなんでもない．原始的特性は系統樹のあちこちに出現するものだからである．それはちょうど原始的な四肢類（四足類）の5本の指に分かれた「手」が，両生類，爬虫類，哺乳類の巨大で多様な枝全体に出現するのと同じようなものである．

真核生物の細胞にはアクチンが与えられ，しかも（原始的な形では）細胞壁によって運動が制限されていないので，運動の可能性がきわめて大きくなる．この能力はほとんどの原核生物には許されていない．その外側の膜は，**エンドサイトーシス endocytosis**という過程の中で，大きな分子を抱えたまま，細胞内部に潜り込むように動くことができるし，**エキソサイトーシス exocytosis**という過程で，細胞内のものを外に排出すること

もできる．多くの真核生物の細胞は，その形を「アメーバ様」のやり方で変えることで，細胞全体の形を変形させることができ，そうしたアメーバ様運動，つまり**貪食作用 phagocytosis** によって，大きな粒子を丸飲みにして食べ物にできる．原核生物は明らかに，エンドサイトーシスも，もっと大規模な貪食作用も行えない．つまりかれらが栄養分を有効に取り込むには，それは溶液の形でなくてはならない．

最後に，真核生物の細胞が分裂するときには，**有糸分裂 mitosis** と**減数分裂 meiosis** と呼ばれるきわめて正確な手順を実行しなくてはならない．有糸分裂とは体細胞が2つに分裂するときに行われる形式のことである．多くの真核生物，たとえばカシの木やヒトの体細胞には2組の染色体が含まれていて，この状態を**二倍体 diploid** と呼ぶ．有糸分裂では，この染色体数が慎重に保存される——つまり，いったん染色体が倍になって次いでまた半分に分けられる——ため，分かれた娘細胞はそれぞれまた二倍体のままであり，実質的に親細胞と瓜二つになる．これに対して減数分裂は，配偶子——卵子と精子——を形成するときに用いられる細胞分裂の形式である．配偶子は一般に1組の染色体しかもっていない——したがって，それを**半数体 haploid** と呼ぶ．つまり，減数分裂の間に，染色体数が半分になる．有糸分裂や減数分裂の前後で，まず最初に核膜が消え，分裂後にふたたび現れる．

全体として見れば，有糸分裂と減数分裂の結果，娘細胞に遺伝的財産が見事なまでに正確に分割される．真核生物の細胞分裂は，軍隊も顔負けの一糸乱れぬ過程である．しかしながら大事なことは，有糸分裂や減数分裂の間に，ヒストンで強化された染色体がチューブリンによって強烈に，そして暴力的といえるほど力強く引っぱり回されることである．もしヒストンで強化されていなかったら，確実に切れてしまうだろう．もし真核生物の細胞にチューブリンがなかったら，必要な場所に染色体を強引に引っぱることはできないだろう．一般にヒストンやチューブリンを欠く原核生物は，有糸分裂や減数分裂を実行することはそもそもできないし，実際に行わない．原核生物の細胞分裂はもっと気まぐれで，その場しのぎのように見える．

性をもつ（おそらくほとんどの）真核生物では，半数体の細胞（もしくはその連続した世代）と，二倍体の細胞（もしくはその連続した世代）とが交互に現れる．たとえば人類を含むほとんどの動物では，体細胞は二倍体だが，精子と未受精卵とは半数体であり，精子と卵子が結合して1つの細胞の受精卵を形成したときに二倍性が回復する．そのほかの多くの生き物（たとえば多くの原生動物）は一般に半数体だが，ときには性的に結合して二倍体となり，短期間だけのその相の後ですぐにまた分裂して半数体の子孫をつくる場合がある．緑藻，コケ，シダでは，明確な**世代交代 alternation of generations** が存在し，はっきり分離された半数体期と二倍体期とが交互に現れる．コケの葉の部分は半数体だが，シダの葉の部分は二倍体であり，緑藻の葉状体はそのいずれの場合もある．

真核生物の細胞がもつ複雑な細胞質には，小胞体が絡み合っており，一般に数種類の特殊化した構造——細胞小器官（オルガネラ）——が含まれている．ほとんどすべての真核生物の細胞は**ミトコンドリア mitochondria**（単数形は mitochondrion）をもっていて，その中には，炭水化物を分解してエネルギーを供給する酵素が含まれる．ここで「ほとんどすべて」といったのは，風変わりな原生生物である寄生虫のランブル鞭毛虫 *Giardia* にはミトコンドリアが存在しないからで，これが2次的にミトコンドリアを失ったのか，そもそも一度ももったことがないのかはわかっていない．多くの真核生物の細胞には**色素体 plastid** も含まれ，その中でもっとも一般的な**葉緑体 chloroplast** には，光合成の鍵になる分子である緑色色素クロロフィルが含まれている．多くの真核生物の細胞は，さらにその表面に1本から多数のこともある鞭状の突起をもっている．この突起には長いものと短いものの2種類がある．

伝統的に，長いものは**鞭毛 flagella**（単数形は flagellum），短いものは**繊毛 cilia**（単数形は cilium）と呼ばれている．真核生物の鞭毛と繊毛は同一の基本構造をもつことが明らかになっており，その構造は一般に，一部の原核生物がもっている「鞭毛」の構造とは異なっている．そのためマサチューセッツ大学のリン・マーギュリス Lynn Margulis は，真核生物で観察される2種類の突起物を総称する**波動毛 undulipodia**（単数形は undulipodium）という用語を提唱している．「波動毛」は有用な総称ではあるが，従来の呼び名も残しておく価値があるようだ．「繊毛」は紛れがないし，「鞭毛」についても，著者個人としては，混同する可能性があるときには「真核生物の鞭毛」とか「原核生物の鞭毛」と呼びわけることにやぶさかではないし，その恐れがないときには単に「鞭毛」と呼ぶことにする．

全体的に見れば，真核生物の細胞は，典型的な原核生物の細胞とは大きく異なり，はるかに大型で，複雑である．では，この複雑な真核生物の細胞はどのように進化したのだろうか．明らかに概念上の問題が存在する．真核生物の細胞は，原核生物の細胞から進化したはずであり，それは一般に複雑な構造は単純なものから進化したと仮定すべきだからで，いずれにせよ，実際にそうだと示唆する具体的な証拠も多い．しかし，今日の原核生物は全般的に見てあまりにも真核生物とは違っているように思われる．核はなく，真の有糸分裂や減数分裂はせず，小胞体をもたず，ミトコンドリアも色素体もないし，真核生物に典型的なチューブリンやアクチンが存在する決定的な証拠もない．実際のところ，あまりに大きな連続性の欠如があるようだ．この大きな隙間はどうしたら埋められるのだろうか？

真核生物の細胞はどのように進化したか

最初の仮説として，私たちは直観的に，真核生物の細胞は何らかの単一の原核生物の祖先から出現し，それが時間とともにひたすら複雑化した，と想像するかもしれない．たとえば，外側の膜が内側に折り畳まれるように陥入して，原始的な小胞体となり，それがどんどん複雑に何度も折り畳まれて，細胞小器官などの細胞内の構造を形成した，という想像も可能である．具体的には，小胞体が折り畳まれてその遺伝材料をすべて包み込み，それがやがて核になるという様子を考えることができる．あるいはまた，核の形成が自然選択にどのように有利にはたらいたかを理解することもできる．なぜなら，核膜はその内部に，DNAにとって細胞質内よりも概して快適な環境をつくるからである．同じように，多くの原核生物はそのDNAを束ねて「核様体 nucleoid」としており，あたかも細胞質によくある大騒動からDNAを守っているようである．

このように，いくぶん真核生物的な昔の原核生物の一部が行った入念な仕上げ作業が，核も含めて，現在の真核生物の細胞に見られるものの多くを説明できるのかもしれない．しかしながら，さまざまな理由から，前述した細胞小器官——ミトコンドリア，色素体，波動毛——についてはそう簡単に説明しきれないようだ．実際，1910年にロシアの生物学者 C・メレシュコフスキー C. Mereschkowsky は，こうした細胞小器官が，もともとの原始真核生物の細胞に侵入した細菌がそのまま居残り，本体の一部として組み込まれたままになって進化したのではないか，という説を提唱した．細菌が寄生体として入り込んだのかもしれないし，原始真核生物がそれを食べ物として丸飲みにしたのかもしれない．しかしどちらが正しいにせよ，それらは永久的な間借り人になった．これは面白い考えであるが，あまりにも突飛な考えに感じられたため，リン・マーギュリスがこの説の擁護者となった最近数十年間までは，表舞台ではほとんど反響を呼ばなかった．

マーギュリスのおかげで，現在の大部分の生物学者は，この奇抜で奇妙ともいえるような考えが真実だと信じている．その核も含めて，真核生物の細胞の大半は，実際に，「宿主（ホスト）」としてふるまった大型の原核生物の祖先に由来するよ

うであり，ミトコンドリアと色素体はいずれも侵入した細菌に起原があるらしい．真核生物の繊毛と鞭毛も，具体的にはおそらくスピロヘータの仲間の侵入者が起原になったという理論がある．しかしこれについてはまだ支持する証拠が得られておらず波動毛の起原は謎のままであるので，本書ではこれ以上説明しない．しかし，一般的には，真核生物の細胞は1つの原核生物の祖先に由来するのではなく，複数の原核生物の合体から生じたものらしい．ミトコンドリアをもつ真核生物の細胞は，少なくとも2種類の原核生物の祖先をもつ——（少なくとも）1つが細胞質と核を，もう1つがミトコンドリアを提供した．そしてさらに色素体ももつ真核生物の細胞には，少なくとも3種類の原核生物の祖先があり，それらが一緒になって協調してはたらきはじめた．

メレシュコフスキーとマーギュリスがこの合体仮説を支持したのは，主として形態的な観察に基づいていた．ミトコンドリアと色素体は，外見が何らかの原核生物に見える．分子レベルの研究によって，現在ではこれが疑いなく現実であることが証明されたようだ．というのも，奇妙に感じられるかもしれないが，ミトコンドリアも色素体もそれ自体に遺伝子をもっているし，こうした遺伝子の微細構造と構成や，こうした遺伝子が産生するRNAや酵素などのタンパク質は，真核生物のものより細菌のものに似ているのである．したがって，ミトコンドリアと色素体のゲノムが遠い昔に侵入した細菌に由来することは，どうやら否定しがたい事実のようだ．さらに，もともとの侵入者がもっていた遺伝子の大部分が失われたか，あるいは「宿主」細胞の核に引っ越したかしたことも明らかである．そのためミトコンドリアに含まれるDNAの量は典型的な原核生物よりはるかに少ない．それでも，ミトコンドリアや色素体の中に残っているDNAの影響はきわめて大きい．たとえば，ミトコンドリアDNAは，呼吸に関係するタンパク質の一部をつくるし，ミトコンドリア自身が複製するために必要な酵素の一部を産生する．ミトコンドリア遺伝子は，それを含む生き物全体にも思いがけない影響を及ぼすことがある．たとえば一部の植物では，ミトコンドリア遺伝子の一部が雄株の不稔を起こす．

しかし，重要なことは，ミトコンドリアと色素体の遺伝子が核内遺伝子と連携をとりながらはたらき，それによって細胞小器官とそのほかの細胞の活動が緊密な協調を保っていることである．たとえば，ミトコンドリアと色素体は，核が分裂し細胞全体が複製されるのと同時に，自らも複製されることが観察されている．協調の程度はきわめて高いので，いくつかの重要な酵素は，その一部を細胞小器官が，別の一部を核がという具合に，遺伝子協同体のはたらきによってつくられるほどだ．たとえば，呼吸にとって重要なATP合成酵素は，核遺伝子とミトコンドリア遺伝子の協同作業によって産生される．

つまり要約すれば，ミトコンドリアと色素体が，原核生物の侵入者——具体的には細菌の侵入者——から進化してきたという証拠は，否定しがたいほど圧倒的なものである．しかし，この侵入が最初に起きてから25億年以上の間に，侵入者の遺伝子の多くは核内に移動し（あるいは失われ），その結果，侵入者と「宿主」の遺伝子は完璧に協同作業をするに至った．侵入者と宿主のゲノムが見事に混合され，本当は複数のものが起原になっているにもかかわらず，真核生物の細胞が真に1つの総体と考えられるまでになったからだ．だからたとえば，核と色素体との関係は，藻類と真菌類が合体してできる地衣類の関係とは決定的に異なっている．地衣類では，2種類の主役たち（共生体たち）のゲノムは明確に分離されたままであり，その関係は安定してはいるものの，藻類と真菌類のいずれもが化学的，機械的手段によって互いを監視しあいながら，武装解除しないまま休戦状態をつづけている．

さて，以上が，真核生物の細胞内における連合軍に関する証拠である．次にくる問いは，ではそれは「だれか？」である．つまり，いったいどの原核生物が最初の協同体をつくったのだろうか？

協同製作者たち

　無駄のない仮定は，真核生物の細胞はただ一度だけ誕生し，あらゆる真核生物がその最初の祖先を起原にもつ，というものである．もしこれが事実なら，少なくとも3種類の原核生物の祖先が必要になる．1つは「宿主」の役割を果たし，細胞質，小胞体，および核の大部分を提供した．別の1つは進化してミトコンドリアになった．さらにもう1つが色素体の起原になったが，どの真核生物にも複数の色素体が含まれ（葉緑体は一例にすぎない），葉緑体自身もグループ間の変動がかなり大きいことを考えれば，色素体の祖先は複数存在したのかもしれない．

　この宿主，ミトコンドリア，色素体にそっくりの原核生物は現存していない．もし存在していれば，そのほうが驚きだろう．なぜなら，こうした3種類の存在はきわめて長期間，協力しあって進化してきており，最初の出会いから大きく変化したのは間違いないし，ミトコンドリアと色素体は通常の条件下では独立して生きる能力を失ってしまっているからである．私たちに発見できる見込みがあるのは，せいぜいが，真核生物の細胞のさまざまな祖先たちから同じ期間進化してきた現存の原核生物たちである．その際には，こうした原核生物の子孫たちもまた，最初の真核生物連合軍が形成されて以来，何十億年もの間，それぞれのニッチで進化してきたことを念頭におく必要がある．つまり，少なくとも物理的構造，化学的特性，DNAやRNAにおいて，真核生物と何らかの興味深い類似点をもつ原核生物を探すべきである．

宿主となった祖先：好熱性古細菌

　宿主となった祖先──つまり細胞質，小胞体，核の供給者──が，細菌ではなく古細菌であったことは，明らかにされてもう長い．カール・ウーズは，真核生物のrRNAが細菌のrRNAより古細菌のものにずっと近いことを示した（このこと自体は決定的な根拠ではない．なぜなら，理論上は，細菌のrRNAが過去数十億年の間に，古細菌のrRNAより急速に変化してきた可能性があるからだ．しかし少なくとも示唆的ではある）．古細菌は，熱く酸性度も高い温泉のように，私たちが「極端」と考える環境下で暮らす傾向がある．しかし現実には多くの古細菌はそうではない──いずれにせよ，好熱性古細菌が「好正常温度性」の近縁をもつことが珍しくないことはすでに見てきた．そのうえ，少なくとも，真核生物自身が好熱性生物に起原をもっている可能性も考えられる．しかし重要なことは，現存する原核生物のうちでもっとも真核生物に近い仲間が好熱性だとわかったとしても，がっかりする必要などないということだ．実際のところ，現存する古細菌の中で，想定される真核生物の祖先にもっとも近い2種は，好酸性の好熱性古細菌テルモプラズマ *Thermoplasma* と，硫黄依存性の好熱性古細菌スルフォロブス *Sulfolobus* である．

　この2種のうち，テルモプラズマのほうがより有望な候補のようだ．ほとんどの原核生物とは異なり──少なくともこれまでに研究されてきた原核生物のほとんどとは異なり──この仲間には細胞壁がなく，一定の輪郭をもたない．その代わり，その細胞質は，細胞骨格の一種とも思われるものによって支えられている．その細胞骨格らしきものには，アクチン様の収縮性タンパク質が含まれているようだ．ここには「らしき」とか「ようだ」という推測が数多く残っているが，まだ研究は端緒についたばかりで結論づけるには時期尚早である．テルモプラズマのDNAとRNAは，それ自体に独特の性質をもっている（たとえば，そのrRNAには特徴がある）が，興味深いことに真核生物に似ている面もある．たとえば，真核生物の遺伝子には，明らかな機能をもたない奇妙なDNA配列が含まれていて，それはただ介在しているだけの存在──介在配列（イントロン）──のように見える．テルモプラズマの遺伝子の一部にも，こうしたイントロンが含まれていて，

—真核生物ドメイン—

とくに，tRNA，rRNA，DNA ポリメラーゼという酵素（DNA の複製に不可欠な酵素）の遺伝暗号をもつ遺伝子がそうである．それにおそらくもっとも示唆的なことは，テルモプラズマの染色体には，ヒストン様のタンパク質が含まれる点である．ヒストンに似たものをもつ原核生物は，このほかには古細菌のメタノコッカス *Methanococcus* しか知られていない．

スルフォロブスも不規則な形をした扁平な細胞をもち，その細胞を硫黄の粒子に密着させて，そこからエネルギーを獲得している．その酵素のいくつかは，きわめて真核生物のものに似ている．しかしもっとも興味深いのは，その膜にステロイドが含まれている点である．少なくともステロイド受容体をもっている．ステロイドは真核生物の暮らしに大きな役割を果たしており，たとえば，人間では各種の性ホルモンの基礎になっている．しかし，（おそらく）スルフォロブスを除けば，ステロイドは真核生物に固有のものである．

テルモプラズマの染色体に含まれるヒストン様のタンパク質は，DNA 鎖を強化するのに役立っている．アクチン様のタンパク質（もし本当に存在するのなら）は，テルモプラズマが平らになって土台に付着するのを助け，接触を強化させる．また，スルフォロブスの膜内にあると推定されるステロイドは膜を強化させる．これもまた真核生物に見られる機能の一部である．こうした全体的強化や形の柔軟性は，おそらくテルモプラズマとスルフォロブスが，化学的に見て激しいといわれる環境で生き残るのに役立っているのだろう．しかし，そのような特徴は，真核生物にとっても不可欠なことがわかっている．ヒストンで補強された DNA は，有糸分裂と減数分裂においてほぼ丸ごと引っぱることができ，その結果，大量の遺伝情報をもつ巨大な DNA 分子を正確に分割できる．頑丈でステロイドで補強されたその膜は，アクチンによってあちこち引っぱることができ，それによってアメーバ様運動や貪食作用——かさばる食べ物の摂取——が可能になる．ある環境（ここでは熱く酸性の環境）に応じて進化した特性

が，新しい環境（ここでは私たちが日々暮らしている涼しい環境）でまた別の新しい役目を果たすような場合，そうした特性を「前適応 pre-adaptation」と呼ぶ．つまり，好酸性で好熱性の古細菌は，後の真核生物の暮らしに多くの点で前適応していたと示唆されるのである．

これとは対照的に，ミトコンドリアと色素体の起原は古細菌ではなかった．その核酸と一般的形態から，祖先は細菌だったものと断言できる．だから問題はどの細菌かに絞られる．

ミトコンドリアの祖先としての
プロテオバクテリア

もっとも一般的にミトコンドリアの祖先の「姉妹」として提唱されている細菌はパラコッカス *Paracoccus* であり，プロテオバクテリア，つまり「紅色」細菌の一種である．紅色細菌の多くは光合成を行うが，パラコッカスのような少数の仲間は，従属栄養生物としても生きていける．ロドソイドモナス・スフェロイデス *Rhodopseudomonas spheroides* のような紅色細菌の仲間を暗環境下で生育させると，実際に，ミトコンドリアと同じような方法で呼吸をする．

ミトコンドリアは，現在の真核生物に好気的に呼吸をする能力——つまり炭水化物を酸素で「燃やし」てエネルギーを供給する能力——を与えている．しかし，最初に「宿主」の古細菌と手を組んでもっとも初期の真核生物になった紅色細菌には，おそらくそうした機能はまったく存在しなかっただろう．実際，その当時の宿主はおそらく，熱く酸性の温泉で嫌気的に生育していたものと考えられる．嫌気性生物は一般に，酸素の利用を控えるというだけでなく，しばしば酸素の毒にやられる．それは，酸素が化学的にきわめて活性の高い物質であり，化学的活性の大きなものは何であってもきわめて破壊力が強いのが常だからである．だから，最初の真核生物の細胞に侵入した紅色細菌の元来の「役割」は，おそらく，世界で最初の光合成原核生物が大気中にどんどん放出す

るようになっていた酸素を処理する手助けをすることだった．この有害な酸素を「無毒化」する方法の1つは，それを有機分子に結合させて，比較的無害な二酸化炭素と水にしてしまうことだった．この処理方法は，利用可能なエネルギーを生成することがわかり，ここに好気性呼吸が誕生した．この方法で酸素を処理できる生き物に与えられるご褒美は大きかった．酸素の活性は，それを手なずけることができる生き物にとっては財産だったからだ．好気的呼吸は素早くかつ効率が高かった．

色素体の祖先としてのシアノバクテリア

植物（緑藻を含む），紅藻と褐藻の2つの界，それに原生生物の6つほどの界の生き物が色素体をもっている．葉緑体——クロロフィルを含む色素体——だけが色素体ではなく，このほかにも，果実，花，一部の葉を赤や黄色に色づけているカロテノイドのような粒子をもった色素体（有色体と呼ばれる）とか，デンプンを蓄える植物の葉に含まれるもの（白色体）のようなものもある．しかし，ここで注目に値するのは葉緑体である．葉緑体が主要な存在であるし，おそらくそれ以外の少数派はこれから由来していると考えるのが合理的である．

葉緑体そのものは，真核生物のグループによって異なっている．紅藻類（紅色植物 rhodophyte）の葉緑体には，葉緑素のほかにフィコビリプロテイン phycobiliprotein が含まれており，これが紅藻を紅く見せている源である．クロロフィル自身もさまざまな形があり，有機化学者は異なったアルファベットを添えて区別している．たとえば，紅藻に含まれるクロロフィルはクロロフィルa，植物に含まれるのはクロロフィルaとb，一部の原生生物に含まれるのはクロロフィルc，褐色植物 phaeophyte，黄金色植物 chrysophyte，渦鞭毛虫類 dinoflagellate，ハプト植物 haptophyte[註2]などでは，クロロフィルaとcが含まれるがbはまったく存在しない，といった具合である．私たちは，葉緑体の起原が原核生物であるということは確信できる．しかし，あらゆる真核生物のあらゆる葉緑体は，同一の原核生物の先祖に由来しているのだろうか？　それとも，異なった種類の（異なった種類のクロロフィルをもつ）葉緑体は，それぞれ別の原核生物に由来しているのだろうか？

【註2】　haptophyte は，系統樹上の位置が不明のままなので系統樹上には登場しない，単細胞の藻類の仲間である．

多くの生物学者が，後者のシナリオを支持している．たとえば，シアノバクテリアのシネココッカス Synechococcus は，紅藻とちょうど同じように，クロロフィルaとフィコビリプロテインを含んでいる．だから紅藻はその葉緑体をシネココッカスのような祖先から獲得したというのが非常にありそうな話に思われる．また別のシアノバクテリアの一種，プロクロロン Prochloron は，クロロフィルaとbをもっているがフィコビリプロテインはもたない．プロクロロンに似た細菌が植物の葉緑体の起原になったのは本当だろうか？

しかし実際には，（リボソームRNAに基づく）分子レベルの研究によって，葉緑体がすべて同一の祖先に由来し，その祖先はプロクロロンよりシネココッカスに似たものだったと示唆されている．シネココッカスは，短くて棒状の細胞をもっている．その仲間の多くは，海洋の表層水の中で，ほかの小型の浮遊性生物（これがプランクトンを形成する）とともに暮らしており，そこではあらゆる一次生産物の最大10%——つまり海の食物連鎖全体の基盤となる全有機分子の10%を意味する——が供給されている．しかし，シネココッカスのそのほかの種は好熱性であり，74℃付近の温度で快適に過ごしており，およそ25億年前に生きていたそうした好熱性細菌が，同じく好熱性の古細菌テルモプラズマと，実りある結びつきを果たしたことは十分に考えられる．

たしかに，シネココッカスは植物にあるクロロフィルbをもっておらず，植物にはないフィコビリプロテインをもっている．ベッツィー・デク

スター・ダイアー Betsey Dexter Dyer とロバート・アラン・オーバー Robert Alan Obar は，クロロフィル b がクロロフィル a とほとんど違わず，両者間の化学的変化は直接に可能であると指摘している．祖先がクロロフィル a をもっていたら，クロロフィル b になるのは簡単だろう．植物の葉緑体にフィコビリプロテインが欠けていることにも頭を悩ます必要はない．進化の過程では，原始的な特徴が失われることは日常茶飯事である．さらに興味深いことに，原始的なフィコビリプロテインを保持している真核生物――紅藻――は，化石の記録の中でもっとも初期に出現する光合成真核生物でもある．

したがって，現在の証拠に基づけば，あらゆる真核生物のさまざまな葉緑体は，一見するとありそうもないように思われるとしても，同一の祖先に由来しており，しかも葉緑体の共通の祖先は，現在のシネココッカスに似たシアノバクテリアの一種だったと考えられる．しかしながら，この祖先の侵入が一度だけだったと考える必要はない．今から20億年ほど前に，光合成を行う真核生物がただの一度だけ出現し，それ以降の系統はすべてそれに由来すると考える必要はない，ということである．理屈のうえでは，別の真核生物の系統が，異なった時期にそれぞれ独立にシネココッカスに似た共生体の荷物を積み込んだとも考えられる．実際，そうした出来事が起きたのではないかと示唆する証拠も多い．たとえば，異なった系統の真核生物の葉緑体は，取り囲んでいる膜の枚数が異なる．（緑藻を含む）植物と紅藻では，色素体には2枚の膜があるが，ユーグレナ類と渦鞭毛虫類では3枚，クリプトモナド，ハプト植物，黄金色植物，黄緑色植物などでは4枚である．どうやら，植物と紅藻では，自由遊泳していたシネココッカスに似たシアノバクテリアの形で葉緑体を獲得し，それが小胞体でつくられた2層の膜に取り囲まれたと考えられるのに対して，多くの膜をもつものは，すでにほかの真核生物がもっていた出来合いの葉緑体を獲得し，すでに膜で囲まれていた葉緑体をさらに自分自身の膜で取り囲んだと考えるのが合理的と思われる．

真核生物の中で光合成を行う仲間が，ぽつぽつとまだらに分布していることに注目していただきたい．異なったグループにあちらこちら顔を出しており，もっとも近い仲間が光合成を行わないこともしょっちゅうである――光合成を行うユーグレナ類（ミドリムシ）が，血液の寄生虫であるトリパノソーマと進化の初期の歴史を共有しているのも，植物が動物や真菌と近縁なのも，そうしたわけである．光合成は原核生物でも同様にばらばらに分布しているが，その理由は異なっている．光合成を行う異なった仲間の真核生物は，別のときに光合成を行う細菌を同乗させることによって，それぞれ独立に光合成能力を獲得した．しかし，原核生物の光合成能力はおそらく初期に一度だけ進化した可能性が高く，現在の原核生物種でその能力がばらばらに分布している事実には2通りの説明が可能である．まず第1に，初期の原核生物は，おそらくは光合成の道具立てに必要な遺伝子を互いにやりとりし，それによって異なったグループの生き物が水平伝達によって互いにその能力を獲得したのかもしれない．第2に，光合成を現存する原核生物の基本特性と考え，光合成をする仲間と光合成をしない仲間とが近い関係にあるのは，単に後者がその能力を失ったからだ，と考えることもできる．そうした二次的な喪失現象は自然界では普通のことである．それにしても，一見すると同じように見える現象（光合成を行う種類が真核生物でも原核生物でもあちこちに分布しているという現象）を，いくぶん場当たり的に2つの異なった方法で説明するのは，いささか不満が残るかもしれない．これに対してはどんな言い訳があるのだろうか？

じつのところ，生命史におけるあらゆる問題について，生物学者は常に可能性の高さで論じなくてはならない．なにしろ，ビデオを逆戻しにして，実際に何が起きたかを見ることは不可能なのだから．この2つの事象は一見すると同じに見えるが，実際には異なっており，したがって異なった仮定をおく必要がある．たとえば，光合成がま

ず原核生物で進化したのは明らかである．しかしそれと同時に，光合成がひどく複雑な作業であることも明白であり，したがってそうした複雑なものが，ゼロから何度も進化しえたとは考えにくい．したがって，現在の原核生物の系統樹に，光合成を行う生き物がいかにぱらぱらと出現しているように見えるとしても，そのすべてが，光合成を行う同一の原始的祖先に由来するという仮定のほうがまだ蓋然性が高いのである．しかし，最初の真核生物はただ出来合いのシアノバクテリアを獲得するだけでこと足りた．現存する生き物の中にも，少なくとも原理的には類似の共生関係が数多く認められる．真菌は藻類やシアノバクテリアと共生関係を結んで地衣類になる．動物の中でも，カイメン，サンゴ，扁形動物，二枚貝，ウミウシ，ホヤといった仲間には，さまざまな原生生物を相乗りさせている生き物がいる．たしかに，こうした関係には，色素体と宿主の細胞核との関係で生じたような，ゲノムの混合は関与していないが，「共生は原則的には容易である」ということが示されている．だから，光合成を行う仲間が，原核生物でも真核生物でも比較的あちらこちらに分布しているとしても，この両者については異なった説明をするのが正当なのである．

最後にもう1つだけ触れておきたい．アルフレッド・テニスン卿 Alfred, Lord Tennyson は，チャールズ・ダーウィンが『種の起原』を発表する10年前に，「自然の熾烈な闘い（歯や爪を血で染めた自然）」という表現を生みだしている．ダーウィンは『種の起原』の中で，自然選択が進化的変化のメカニズムを提供すると論じ，競争が自然選択に拍車をかけることを強調した．『種の起原』から10年後，ハーバート・スペンサー Herbert Spenser が「適者生存」という表現を生みだして，自然がもつ競争的性質を強調し，後にダーウィンもこの表現を採用した．こうして，あらゆる生き物は利己的であり，利己的ゆえに常に闘っていなければならないという考えが助長された．だから，私たち人間を含む真核生物の系統が，そもそも異なる生き物の合体によって形成されたという一種の協力関係の考え方は，直観に反することに思われる．

しかし，ダーウィンはこれまででもっとも偉大な生物学者としてよく知られており，そのかれは，自然界の異なった種が実際に協力し合うのが珍しくないことを一点の曇りもなく認識しており，またそれを強調していた．たとえば，ある種のガは，特定のランだけから餌を採り，そうすると同時にそのランの花粉をばらまく．ランのほうではその見返りに，たっぷりと花蜜を出してガに提供し，そのガだけに届く複雑な容器に入れておく．これは，**相利共生 mutualism** として知られる協調関係であり，共生（これ自身は「共同で生活する」という意味）の特別の形態である．そうした協力関係がどのようにして生じるのかを理解するのは容易である．ガはべつにそのランのことを思いやっているのではない．しかし，専門化した摂食者になることによって，その専門化が効率をよくするので，恩恵を得ている．ランのほうでもべつにそのガのことを思いやっているのではない．しかし，そのガを惹きつける花蜜を分泌し，さらにそのガ以外の昆虫が花蜜を横取りしないよう工夫することによって，ガはごちそうにありつけるし，受粉させるガは自分の関心事にだけ集中するよう保証される．要するに，こうした協調関係は，関与する生き物が利己的であるがゆえに生まれるのである．自己利益は，ときには（同種，異種を問わず）ほかの個体を殺したり，食べたり，あるいはただ無視するだけでもっとも効果的に達成できることもある．しかしときには，協力し合うことによって一番うまく達成できることもある．何にせよもっとも効果的なもの——個体の生存と再生産とをもっとも効果的に高めてくれるやり方——を，自然選択は選び取るはずだ．

だから，真核生物がまず，異なった生き物の合体によって生じたとしても，驚く必要はない．それどころか，私たちは安心を得られるかもしれない．個体の生存の必要性が必然的に闘争につながるのではなく，それと同じくらい協力関係につながることもあるという考えによって．

一般的な話はこれくらいにしよう．いよいよ，それぞれの生き物たちを手短に概観していくことができる．真核生物に関する著者の考え方は，基本的には，マサチューセッツ州にあるウッズホール臨海生物実験所の分子進化センターで行われたミッチ・ソギン Mitch Sogin による重要な分子レベルの研究に影響されており，その系統樹はほとんど無批判にかれの考えに基づいているものの，ベッツィー・デクスター・ダイアーとロバート・アラン・オーバーの著書『真核生物細胞の歴史をたどる Tracing the History of Eukaryotic Cells』(1994) からも借用している．

真核生物へのガイド

　系統樹から分かれた枝先のそれぞれが個別の界を表しているが，ほとんどの名称は非公式のものである．「繊毛虫類 ciliate」，「ディプロモナド類 diplomonad」といった用語だったり，一部では単に「ネグレリア Naegleria」といった属名だけが書かれていたりもする．こうしてある理由は，現在，真核生物の分類が移行期にあるからである．データはまだ手元にないし，分類の考え方も定まっていない．本書で示した区分は広く認められているわけではない（多くの生物学者にとってすら馴染みがない）ものである．そして，界といった高位の階層が，適切な威厳と——運がよければ——一貫性とをもって命名されるために用いられてきた形式的なプロセスは，まだ完成していない．

　そのため，用いられている名称はいささか混乱状態を呈している．可能なところでは，従来の分類法で確立されていたグループ名を拝借しているが，本書のグループが旧来のものと正確に一致することはまれであり，そうした場合，従来の名称をそのまま使うのは，さまざまな理由から不適切なこともある．たとえば，本書の「ユーグレナ類 euglenoid」は，かなり標準的な従来のある分類体系（普遍的に承認された体系というものは1つも存在しない）では，単に「ユーグレナ亜目 Euglenoidina」という，目の下位分類に収められている．「-ina」という語尾は，小さなものに対する愛称の意味合いのある指小辞を連想させ，新しく界の地位になるものの名称としてはふさわしくないだろう．生物学者たちは (1) ユーグレナ類は本当に1つの界として位置づけるべきか，(2) その界には正確にどんな生き物を含めるべきか，(3) 含まれる生き物の顔ぶれが全部定まったら，「euglen-」という語根がそれにもっともふさわしいかどうか，(4) 語尾はどうあるべきか（「-ata」か「-ida」か），といった点に関して合意する必要がある．

　界の名前として，ある属の名前だけが書かれている部分があるが，これは，基本的には分子レベルの現代的技法によって検証された生き物がまだほとんどおらず，分岐学の厳密な検討が行われておらず，なおかつ，すでに検証された少数のものが，ほかの生き物とは大きく異なっていることが判明しているからである．さらに多くの生き物が探索されるにつれて，現在はそれぞれの枝先でぽつんと寂しく存在している属たちも，いずれはその周辺の仲間との関係が明らかになり，このグループにも適切に命名できるだろう．そのときには従来の体系の何らかの名称が採用されるかもしれないし，そうでないかもしれない．しかし，この新しい分類法を考案しつつあるより進歩的な分類学者の少なくとも一部は，従来のリンネ式分類法や，それに使われているギリシア・ラテン語風の命名法にとくに熱心なわけではない．第1部(5章)で説明したように，こうした現状は残念であり，何らかの「新リンネ式」命名という妥協策がなんとしても求められている．もしそれに合意が得られ，幸運に恵まれれば，20年くらいのうち

3・真核生物ドメイン

真核生物 EUCARYA

細菌
古細菌
真核生物

アルベオール Alveoles

ストラメノフィル Stramenophile

3

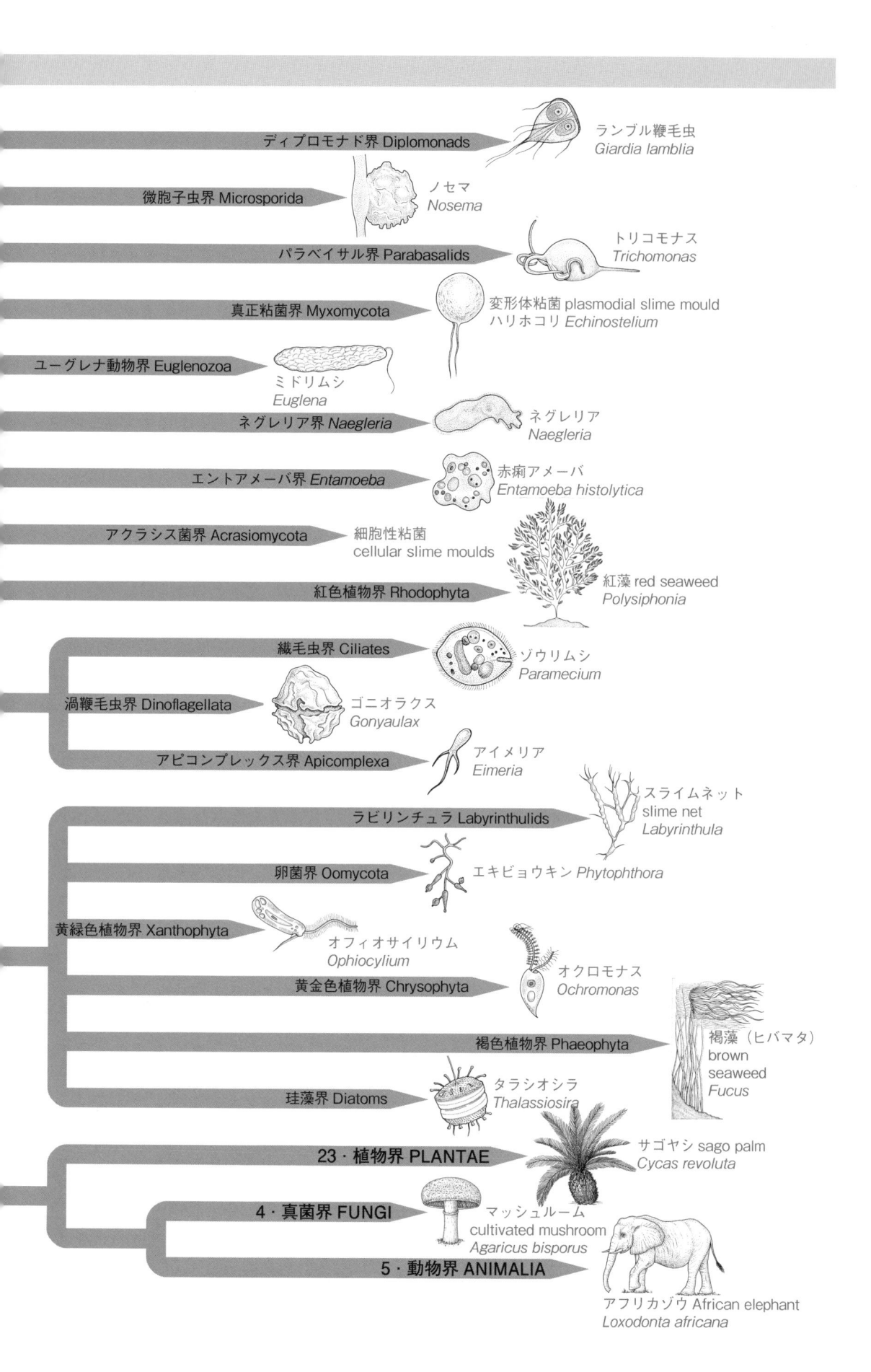

ディプロモナド界 Diplomonads	ランブル鞭毛虫 *Giardia lamblia*
微胞子虫界 Microsporida	ノセマ *Nosema*
パラベイサル界 Parabasalids	トリコモナス *Trichomonas*
真正粘菌界 Myxomycota	変形体粘菌 plasmodial slime mould ハリホコリ *Echinostelium*
ユーグレナ動物界 Euglenozoa	ミドリムシ *Euglena*
ネグレリア界 Naegleria	ネグレリア *Naegleria*
エントアメーバ界 Entamoeba	赤痢アメーバ *Entamoeba histolytica*
アクラシス菌界 Acrasiomycota	細胞性粘菌 cellular slime moulds
紅色植物界 Rhodophyta	紅藻 red seaweed *Polysiphonia*
繊毛虫界 Ciliates	ゾウリムシ *Paramecium*
渦鞭毛虫界 Dinoflagellata	ゴニオラクス *Gonyaulax*
アピコンプレックス界 Apicomplexa	アイメリア *Eimeria*
ラビリンチュラ Labyrinthulids	スライムネット slime net *Labyrinthula*
卵菌界 Oomycota	エキビョウキン *Phytophthora*
黄緑色植物界 Xanthophyta	オフィオサイリウム *Ophiocylium*
黄金色植物界 Chrysophyta	オクロモナス *Ochromonas*
褐色植物界 Phaeophyta	褐藻（ヒバマタ）brown seaweed *Fucus*
珪藻界 Diatoms	タラシオシラ *Thalassiosira*
23・植物界 PLANTAE	サゴヤシ sago palm *Cycas revoluta*
4・真菌界 FUNGI	マッシュルーム cultivated mushroom *Agaricus bisporus*
5・動物界 ANIMALIA	アフリカゾウ African elephant *Loxodonta africana*

には，系統発生学上も妥当で，なおかつ適切な見栄えも兼ね備えた分類体系を手にすることができるだろう．

しかし，研究がまだまだ進歩すべきことを多く残し，命名作業がほとんど着手されていない状況では，現在手に入る情報でなんとかやりくりしなくてはならない．もちろん著者は，本書に示す新しい分類がまだ開発途上であっても本質的に正しいことを信じているが，あらゆる細部にわたって揺ぎないものではありえないだろう．いずれにせよ，こうした扱い方がどれだけ一部の生物学者には拙速ととられたとしても，より伝統的なものを支持することのほうが，よほど頑迷な態度だと著者には感じられる．ここで示した系統樹は18世紀の厳粛さを失いつつあるかもしれないが，その分，真実を手にしつつあるのは間違いない．それでは，これが何をもたらしてくれるかを見ていこう．

この系統樹の複雑さを見て読者はきっと衝撃を受けるだろうが，それに対してひるむよりは好奇心をいだいてほしいと望んでいる．個々の枝先が1つの界を表しており，それぞれが植物と動物ほども——さらに多くの場合にはそれよりずっと大きく——異なっているという考えに，それなりのショックを受けてほしい．もちろん，生物学者のなかには，そうした枝をそれほど高い階層に位置づけることが行きすぎであり，派手な見かけ倒しだとさえ感じる人もいるだろう．ここに示したグループはどうしてかつてのように，門，綱，あるいはさらにそれより下位に分類できないのか？しかし，種を超えた水準になるとどんな階層を定義するのも容易ではないが，著者はそうした階層には生命に対する何らかの抜き差しならない事実を反映させなくてはならないと信じている．気まぐれに決まるものであってはならない．本書の系統樹で示されている枝は，リボソーム RNA の明確な違い——はるか昔の，きわめて「深い」枝分かれを意味する違い——によって区別されている．実際，ネグレリアとエントアメーバとは多くの共通点をもっているようだ——いずれも寄生性の原生動物であり，少なくともその暮らしの一部ではアメーバ様の振る舞いを見せる——が，系統発生的にいえば，植物と動物の違いよりもずっと離れた位置にある．

著者個人は，目に見えるもの——つまりその生き物の表現型——と，その基礎にある進化的現実とを対比させるのがことのほか好きである．現存する生き物たちを，表現型とクレードという2つの見方で眺めることは，舞台を立体的に見せる2方向のスポットライトのように，互いを補足し合う．私たち人間を含む素晴らしい動物界が，リンネをはじめとする従来の博物学者たちが想定してきたような地球の全生命の半分を代表する存在ではなく，小枝が無数に分かれた大きな木のほんの1本の枝にすぎないと知ることによって，生命の価値はいっそう高められる．私たちが自分自身をより重要な存在と考えてきたのは，単に私たちが動物であり，きわめて大きな生態学的影響をもっているからというだけにすぎない——その一方で，界という大きな存在でありながら，ほかの生き物にほとんど気づかれることもなく消え去っていく生き物がいるかもしれないのだ．

しかしながら，ここに示した系統樹を最終的なものと考えることはできない．ひょっとすると決定版とはほど遠いものかもしれない．もっともっと多くの生き物たちが，分子レベルの分岐学的厳密さの検証を待っているし，そうした中には，その骨格が世界でももっとも印象深い景観を形成する，チョークや火打ち石になった浮遊性の有孔虫 Foraminifera や放散虫 Radiolaria のように，生態学的にきわめて重要な仲間も残っている．だれにせよ，たしかな主張をする前には，もっと多くの分子を（理想をいえば完全なゲノムを）探索しなくてはならない．そうしたわけで，この先数十年に行われるはずの解析は，現在のものよりさらに複雑なものになるかもしれないが，一方ではまとまったものになり，ところどころではものごとがもっとすっきりする可能性もある．

しかし，この系統樹は以前よりも確実に現実を反映しており，歓迎すべきものではあるものの，

分類学の必須要件の1つをただちに満たすものではない．つまり，覚えるのが容易ではないという欠点がある．理想的な分類であれば一目見て頭に入るべきであるが，たいていの人にとってこれはそうはなっていない．込み入った恐竜名の一覧や，ヨーロッパのサッカーチームの名前を嬉々として楽しむ9歳の子どもなら，その勢いで真核生物も手中にしてしまうだろうが，そんなことがずっと難しくなった年齢の教師には同情を覚える．そこで，個々のグループをもっと正式な形で訪問するより前に，まずは，きわめて単純化し，たいへん主観的で，系統発生上は妥当でないものではあるが，それでも経験的に有効な覚書きをご覧いただきたい．

真核生物の非公式の概観

真核生物の系統樹に示されている二十数種類の界——そして，おそらく確実に将来新たに定義されるであろうそれ以上の界も含めて——を，3つの大きな非公式のグループに分けてしまえば，頭の整理にとって親切ではないだろうか．その3つとは，「大型真核生物 mega-eukaryote」「真菌様類 fungoid」「原生生物 protist」である．それぞれの英語の綴りを小文字で始めたのは，これが非公式の名称であることを強調するためである．これらの名称は単なる口語表現であり，「木 tree」「貝類 shellfish」「キノコ toadstool」などと同類のものである．以下で明らかになるように，こうしたその場しのぎのグループにはそれぞれ，真核生物の系統樹のあちこちに散らばった，さまざまな界が含まれている．しかし，それぞれのグループには，人間の頭にそなわった記憶の仕組みには覚えやすい種類の，表面的な表現型の一貫性がある．

大型真核生物

大型真核生物には植物界，動物界，真菌界，紅色植物界（紅藻），褐色植物界（褐藻）の5つの界が含まれる．紅藻や褐藻と大きく異なる緑藻はここでは植物界に含まれている．大型真核生物は多細胞である．そのほかの多くの生き物では——多くの原生生物，さらには多くの原核生物を含めて——個々の細胞が協力してコロニーを形成することもあり，そうしたコロニーの一部では，別の細胞がいなければ単独では生きていけないほど，異なった種類の細胞に特殊化するようになる例もある．しかし多くの大型真核生物には，多数の異なった種類の専門化した細胞群が何十億個も含まれ，そのすべてがほかの細胞と緊密に協調する結果として，個体全体がストロマトライトのような単なるコロニーではなく，シロナガスクジラとかカシの木のような調和のとれた明白な統一体になる．

大型真核生物が大きな個体サイズを実現できるのは，それが多細胞だからである．大きいという性質は，大型真核生物が利用してきた生態的地位（ニッチ）から理解することができる．大きいことには多くの欠点がある——それは複雑になるし，大きな生き物は一般に小型の生き物より繁殖速度が遅い．しかし一方で，利点もある．特筆できるのは，たとえば植物や海藻のような大型の光合成生物は，日光を浴びるのに絶好の場所を確保できるし，大型の従属栄養生物は，小さいものならなんでも餌として食べることができる．だから自然選択は，複雑化をもたらすにもかかわらず，大きな個体サイズを好んできた．しかし自然界には何ごとにも代価が伴う．大型の生き物たちは，こんどは自分たちが，小さいことの可能性を利用しつづけてきた別の生き物に，容赦なく寄生される．ジョナサン・スウィフトが観察しているように，「一匹のノミには，それを餌食にするさらに小さなノミがたくさんいて，その小さなノミがまた，それに噛みつくもっと小さなノミをもっており，こんな調子で延々と無限につづくのである」．そうした煩わしさはあるものの，大型であることは利用可能な生態的地位として傑出したものであることが証明されている．生物学者のなかには，小型の生物種より大型の生物種のほうが少ないことを知って強い印象を受け，あたかもこのこと

が，大型の個体サイズが的はずれであることを示しているように考える人もいる．実際には，この世界に小型の生き物のほうがはるかに大きな多様性をもっているのは，単にかれらに与えられた場が大きいからにすぎない．

　実際問題として，多細胞生物内にある異なった種類の細胞が，どれだけ自律性を犠牲にするかの程度は，界によっても異なるし，界の中のグループごとによっても異なる．たとえば，庭師たちは多くの植物を（決してすべての植物ではないが）切り枝を使って繁殖させる．これが可能なのは，切り枝の組織が「分化全能性 totipotency」という性質を保持しているからである．つまり植物は，根がなければ根を，芽がなければ芽を，という具合に，新しい植物の個体をつくるのに必要な組織をすべて用意することができるのである．そしてその芽がやがて花をつけ，そこからまた新しい世代が開始される．しかし——扁形動物やヒトデの仲間のように——一部の動物でもこうした生殖が可能な動物はいるものの，ウシや魚の切り身からそんな芸当はできない[註3]．後者の生き物がもっている細胞はすべて，自律性を失っている．筋細胞は身体全体の一部としてしか生きることはできず，筋細胞として専門化しているし，ほかの肝細胞，脳細胞などにしても同じように制約がある．脊椎動物がいったん初期胚の段階を超えてしまったら，分化全能性を保持しているのは配偶子だけであり，その全能性が発揮されるのは，2つの配偶子が融合したときだけである（訳註：その後，一部の体細胞には全能性をもちうる幹細胞 stem cell があることが確認され，さらに，人為的にそうした万能細胞 iPS cell をつくれることが明らかになっている）．

[註3]　1995年，エディンバラにあるロスリン研究所のキース・キャンベル Keith Campbell とイアン・ウィルムート Ian Wilmut が，培養した胚細胞から羊をクローンし，翌年には成体の羊から採取して培養した細胞から（訳註：正確には成体の細胞核を移植した脱核未受精卵から）「ドリー」を誕生させた．こうして2人は，少なくとも一部の分化した動物細胞に分化全能性を回復させられること，そしてドリーが実質的に「切り身」から生まれたことを示した．しかし，植物では

それに匹敵することが自然にも起こるものの，そうした無性生殖が自然界の哺乳類で起こることはない．

　さらに，細胞と細胞の結合の性質——物理的な接触度と，細胞間で伝えられる情報の種類——が，界ごとに，さらには1つの界の中のグループごとに異なっている．たとえば，いうまでもなく明らかなように，植物細胞は主としてセルロースでできた厚い細胞壁に囲まれており，その壁を貫通する糸状の細胞質で結ばれているが，動物細胞はむき出しなので，それぞれの細胞質が隣の細胞とはるかに大きな接触をもち，細胞間にはずっと多様な通り道が存在する．真菌ではふつう，その生き物の主要部分は1個の合胞体（**シンシチウム syncytium**）になっている．つまり，個々の細胞は明確に分離しておらず，多くの核が，連続した細胞質の糸を共有している．紅藻では，異なった種類の細胞がどうやらある程度の内輪もめを繰り広げているようであり，10億年という長い年月が過ぎてもなお，協調関係の協定に合意を得ていないらしい．要するに大型真核生物はそれぞれ異なった方法で細胞間協調の問題に取り組み，異なった解決策に達している——しかし，いずれも最終的な結論が，大型の多細胞生物だったわけである．

　しかし，大型真核生物が属する個々の界は，（著者を含めて多くの現代生物学者たちの意見では）その構成員が多細胞で大型であるという事実によって定義してはならない．ほかのどのタクソンでも同じだが，公式には界もクレードによって定義しなくてはならない．そして，真のクレードの全構成員は，その起原をたどれば，自身がこのグループに属する単一の共通の祖先にいきつけるはずである．大型真核生物の界を，この適切で正式なやり方で定義すれば，少なくともその一部には，——表現型でみれば原生生物の一員になるような——単細胞の構成員が含まれるはずである．たとえばここで定義している意味での植物界には，各種の単細胞の緑藻が含まれるはずだし，動物界には襟鞭毛虫類 choanoflagellate として知られる原生動物が含まれるはずだと著者は信じてい

―真核生物ドメイン―

る．こうした事実は，「大型真核生物」というくくりが，単なる記憶の助けにすぎないことを強調している．これ自体を公式の分類名と誤解してはならない．

植物，真菌，およびその中間に位置する動物が，本書のこれ以降の章のすべてを占める．紅藻と褐藻には独自の章を設けていない（手落ちの誹りは甘受する）が，本章の後半で手短に解説する（pp.136～137, pp.141～142）．

真菌様類

この真菌様類には本物の真菌に加えて，本物の真菌ではないが真菌に似た性質をもつ，さまざまなほかの生物群が含まれる．本物の真菌は明確なクレードをつくっており，4章で説明するように定義すべきものである．

真菌以外では，真核生物の系統樹上で示される界のうちの4つが真菌様類になる．そうした仲間には，3つの異なった表現型がある．粘菌類（変形菌類）である真正粘菌類とアクラシス菌，スライムネットであるラビリンチュラ，そして粘菌様の卵菌類である．ほかにも，（さらに別の粘菌類である）ネコブカビやタマホコリカビ，（表面的には本当の真菌であるツボカビに似ている）ササゲカビといった真菌様類が存在する．しかし執筆の時点では，こうしたもっと難解なグループがここにリストしたグループとどんな関係になるのかは明らかでなく，いずれにしても，生態学的にいえばこうした生き物は少数派である．専門家以外は，そうした生き物が存在することを認めるだけで満足するかもしれない．

粘菌類は並外れた能力をもつ生き物である．この生き物たちは，多細胞生物と単細胞生物との違いが，私たちがもしかすると想像しているような絶対的なものではないことを例証してくれる．たとえば，この生き物たちはその生活環の一部では，単細胞のアメーバとして存在する．実際，後で説明するように，1950年代になっても従来の分類体系では，アクラシス菌も粘菌も，実験室でお馴染みのアメーバや寄生性のエントアメーバのようなアメーバと同じタクソンに入れられるのが普通だった．しかし，生殖する際には，粘菌細胞はきわめて高度に分化した多細胞性の子実体を形成する．実際，それは小型のキノコのように見え，本体の円盤と茎のほか，頂部には胞子を含んだ胞子嚢までもっている．

しかし，系統樹からわかるように，2つの主要な粘菌界は系統発生上は互いにきわめて遠くに位置しており，その違いはRNAだけでなく，構造や生活様式の細部にも反映されている．粘菌類とそのほかの真菌様の仲間については，pp.134～135, p.136, pp.139～140で手短に説明している．

原生生物

「原生生物 protist」[註4]は，その構成員がたいてい単細胞で暮らしている界のすべてを含む．ただし，コロニーを形成したり，複数の核を含んだりするものもいるかもしれない．本書に示されているリストは，それほど完璧にすべてを網羅したものではない．省略されたものには，ハプト植物類や，生態学上重要な有孔虫類と放散虫類も含まれている．しかし，こうした生き物たちがどこに収められるのか，私たちは必要な研究が行われるのを待たなくてはならない．

【註4】 リン・マーギュリスとカーリーン・シュワルツは，1988年版の『5つの王国』の中で，ロバート・ホイタッカーの説に従って，あらゆる原生生物 protist を1つの界 Protoctista にまとめ，それを27の門に分割している．その分類は分岐分類学の分析に基づいておらず，分子レベルのデータをほとんど利用していないので，信頼のおける系統発生の手引きにはならないが，原生生物に対する馴染みやすい一覧を提供してくれるのは確かである．この2人の一覧といちいち対応をとるのは本書を必要以上に複雑にしてしまうだろうが，それでも2人の素晴らしい記述を折に触れて引用したい．

原生生物はきわめて運動能力が高く，さらに従属栄養的な摂食をするので，その多くは表面的には動物に似ている．こうした仲間は，従来は原生動物 protozoan と呼ばれており，その名称は非公式の形容詞としては今もなおぴったりくる．ほかにも光合成をする仲間がいて，こうした生き物は

非公式には「単細胞藻類」と呼ぶことができる．前に触れたように，一部の原生動物（襟鞭毛虫類）は現在では動物界に収められており，（緑色植物のような）一部の単細胞藻類は，植物界に分類され直されている．さらに，従来の分類体系では，原生動物と藻類を公式のタクソンとして扱っていたが，一部の原生動物が葉緑体を失っただけの藻類であるかのように見えるため，決して満足のいくものではなかった（藻類のほうを，葉緑体を獲得した原生動物ということもできるが）．実際，襟鞭毛虫類やユーグレナ類のようなグループには，光合成を行う仲間も，従属栄養で暮らす仲間も含まれるし，ユーグレナ類の一部には，日光の下で生育したときには光合成を行い，暗闇の中では従属栄養生物として暮らすものもいる．

従来の原生生物の分類体系は，系統発生にほとんど敬意を払わない傾向にあった——それを可能にする理論もデータも手に入らなかった——が，それには1つ大きな利点もあった．そうした分類体系は利用者に親切だった．実際それらは基本的には，医学，海洋生物学，あるいはそのほかさまざまな業界で実務に携わる生物学者たちが，自分たちが見つけた驚くほど雑多な生き物たちを同定し，ある種の秩序の下に整理する助けとなるよう意図されたものだった．だから従来の分類体系は今でも——覚え書きとして特別に設計された完璧な参考資料としては——有用である．いずれにせよ，私たちが現在の新しい分子レベルの分岐学による系統発生的分類体系のショックを十分に味わうには，その前にそれと対比されるべきものが何だったかを知る必要がある．こうした2つの理由から，著者は以下のいくつかの段落で，原生生物が動物学の教科書でどう記載されていたかを概説する．その優れた古典的教科書とは，著者が1960年代初めに学部学生として使用し，著者であるボラダイル Borradaile，イーストハム Eastham，ポッツ Potts，ソーンダース Saunders の4人の頭文字を集めていつも BEPS と呼ばれているものである（初版は1932年で，著者が使用していた第3版は1959年に出版された）．

BEPS は，当時の慣習に従って，すべての原生生物を動物界の中の1つの亜界に収め，それを原生動物亜門 Protozoa と呼んでいた．そしてこの原生動物亜門を，鞭毛虫綱 Mastigophora（あるいは Flagellata），根足虫綱 Rhizopoda（あるいは肉質虫綱 Sarcodina），胞子虫綱 Sporozoa，繊毛虫綱 Ciliophora の4つの綱に分割していた．

BEPS の鞭毛虫綱には，その名前が示すように，少なくとも生涯のどこかの時点では1本以上の鞭毛をもつ原生動物のすべてが含まれていた．そのためこの巨大なグループは，本書で示す7つもの界に分布する生き物たちを含むことになった．具体的には，ジアルジア，トリコモナス，ユーグレナとその仲間（ミドリムシ類），トリパノソーマ，渦鞭毛虫のすべて，黄金色植物が含まれていた．さらに，従来の鞭毛虫綱には，23章で説明するように現在は植物界に分類されているクラミドモナスやボルボックスのような生き物も，現在では動物界に分類されている襟鞭毛虫類（5章）も含まれていた．

BEPS の根足虫綱には，基本的にはアメーバとして運動するすべての原生動物が含まれており，それゆえ，本書の系統樹で示される界の4つに属する生き物を含んでいた．粘菌類の変形菌と細胞性粘菌（アクラシス）の2つのグループ，ネグレリア，エントアメーバ＋アメーバである．以前の根足虫綱には，現代の分岐図にはまだ含まれていない plasmodiomycote（また別の粘菌），有孔虫，放散虫といった仲間も含まれていた．

BEPS の胞子虫綱には，大量の「胞子 spore」を生成することによって増殖する種類の寄生生物が含まれていた．したがってこの仲間には，ここで示す微胞子虫とアピコンプレックスの2つの界が包含されている．

BEPS の繊毛虫綱には，本書では「繊毛虫」と命名されているクレードを含んでいた．繊毛虫綱（あるいは繊毛虫）は，少なくとも若いうちは繊毛によって推進力を得ており，決してアメーバ様の運動はしない．ゾウリムシとラッパムシが，実験材料として有名である．

しかし，過去の回想はこのくらいで十分である．ではいよいよ，現代の公式の分類を紹介しよう——そして文字通りの系統発生上の関係が，外見上の表現型の類似とどれほど対照的なものであるかを見ていきたい．常のこととして，関係しあった生き物たちが異なった形態をとることもあるし，特定の体型であっても多くの異なった系統が採用している場合もある．

真核生物に属する界

ジアルジア Giardia（ランブル鞭毛虫）：ディプロモナド界 diplomonad

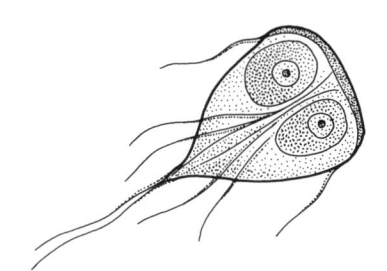

ランブル鞭毛虫
diplomonad
Giardia lamblia

　ジアルジア属 *Giardia* には，人間の腸管内に住む，赤血球の2倍ほどの大きさの不快な寄生虫であるランブル鞭毛虫 *G. lamblia* が含まれる．この界が系統樹の基部の一番端に位置していることに注目してほしい．RNA の研究によれば，ジアルジアは本当に風変わりな位置を占めていることが示されている——ジアルジアとほかのすべての真核生物との関係は，カイメン動物とほかのすべての動物との位置関係に相当し，ほかのすべての真核生物と姉妹関係にある．しかし，表現型で見ても風変わりな生き物である．とくに注目に値するのは，ジアルジアが明確に左右相称の形をしており，その2つの核が顕微鏡のスライドの上から2つの目のようにこちらを睨みかえしてくることと，多少なりとも直線状に振って使う8本の遊泳用の鞭毛をもっていることである．身体の片側に吸盤のような役目をする窪みがあって，それによって宿主の十二指腸の壁に付着する．寄生虫としてのジアルジアの役割はどうもはっきりしない．この寄生虫を体内にもつ人の多くは一見すると健康のままだが，何かほかに身体を弱らせるような事態が生じると，急速に増殖して問題を起こすらしい．それは衛生状態が悪いために起こる病気で，宿主から糞便中に排泄されたこの寄生虫が別の宿主の口に入る．この病気は世界中に存在し，「キャンパー泣かせ」として記述されてきた．「ディプロモナド」という用語（diplo-という語根は明らかにその左右相称形を反映している）については，著者の手元にある BEPS では，ジアルジアを含む鞭毛虫目にだけ当てている．この用語が，ジアルジアを含む界の名称として（どれだけ改変されるにせよ）存続するかどうかは，まだわからない．

ノセマ：微胞子虫界 Microsporida

　微胞子虫の仲間はすべて，それぞれの宿主の細胞内で寄生生活をしており，ほかの「胞子虫類 sporozoan」と同様，突然に分裂を繰り返して増殖しあっという間に大群になる．経済的に重要な例はノセマ *Nosema* であり，これはカイコの幼虫に，ルイ・パストゥールが最初に記載した「微粒子病 pebrine」を起こす．BEPS では微胞子虫界 Microsporida（あるいは Microsporidia）を，そこで提案された胞子虫綱 Sporozoa [註5] というタクソンの下の亜目の1つとして位置づけており，その仲間にはプラスモジウム *Plasmodium* も含めている．しかし現在では，プラスモジウムはアピコンプレックス界の中に分類されており，微胞子虫界とははるか遠くに離れている．

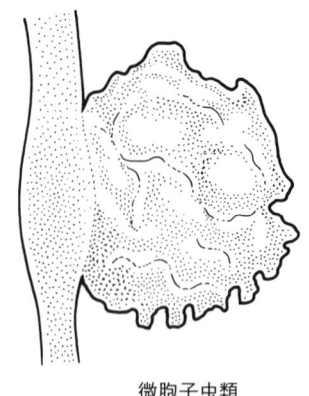

微胞子虫類
microsporidan
ノセマ
Nosema

【註5】 マーギュリスとシュワルツは，微胞子虫 Microsporida の仲間を1つの門として扱っているが，用語としては有刺糸胞子虫 Cnidosporidia を選んでいる．

トリコモナス *Trichomonas*：パラベイサル界 **parabasalid**

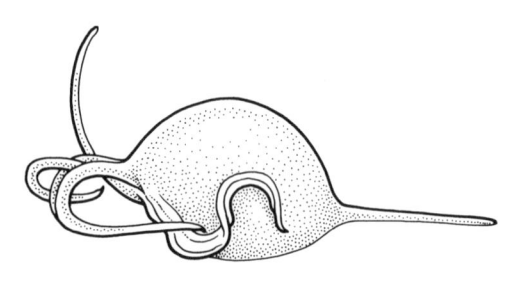

パラベイサル類，トリコモナス
parabasalid, *Trichomonas*

　もっともよく知られたトリコモナスは，女性の膣の中（とりわけ炎症を起こしているとき）で，またときには男性の尿生殖路で暮らす膣トリコモナス *T. vaginalis* である．膣トリコモナスは人間の体外では生きていくことができず，それが宿主間でどのように受け渡されるのかはまだ完全には明らかになっていない．トリコモナス・フィータス *Trichomonas foetus* は，牛の流産の原因になるが，膣トリコモナスが人間に同じような影響をもつという証拠はない．BEPS では，トリコモナスは典型的な鞭毛虫類に位置づけられている——

洋梨型の生き物で，トリパノソーマのように膜で本体に結合された後ろ向きの1本の鞭毛と，前方を向いた別の4本の鞭毛をもっている．しかしRNA の研究によって現在ではその位置が明らかにされている．トリコモナスはほかの「鞭毛虫類」からはずっと遠くに位置し，真核生物の祖先の側に向かうずっと先にいる．BEPS では「パラベイサル parabasalid」【註6】という言葉は使われていない．

【註6】 しかし，マーギュリスとシュワルツは，parabasalid を2人が提案している動物性鞭毛虫門 Zoomastigina に属する1つの綱として位置づけている．これは BEPS の鞭毛虫類 Mastigophora と大きく重なり合う多系統群である．

変形体の粘菌：真正粘菌類 **Myxomycota**

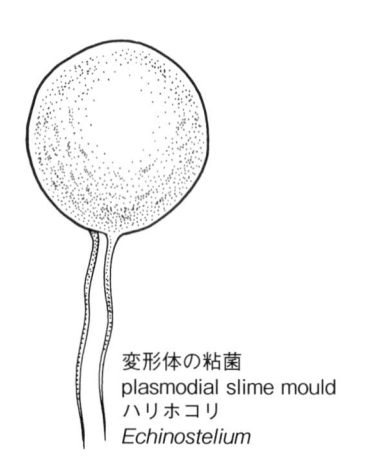

変形体の粘菌
plasmodial slime mould
ハリホコリ
Echinostelium

　「真正粘菌類 Myxomycota」という言葉は，粘液を意味するギリシャ語の myxa と，真菌を意味する mykes（粘菌がときには真菌として分類されることがあった昔から引き継がれた遺産）から来ている．非公式の表現としては，この粘菌は「本当の」粘菌と呼ばれることもあるし，しばしば「変形体の粘菌 plasmodial slime mould」とも呼ばれる．アクラシス菌 acrasiomycote と同じように，この粘菌の仲間はその生涯にはっきり異なる3種類の形態をとる．一番目立つものは，倒木の表面に形成された湿った粘液状（スライム）の斑点である．この斑点はたとえばナメクジのように

―真核生物ドメイン―

丸ごと動くことはなく，相当するステージでそうした動きをするアクラシス菌とは異なっているが，実際には格差のある成長によって位置をずらしている．しかし，顕微鏡下で観察すれば，じっとしているものはない．その塊の全体で原形質が流動している様子が観察できるだろう．どうやらその推進力は，動物細胞のアクチンとミオシンに似たタンパク質が担っているようで，その動きは生き物全体に栄養分を配分させる役に立っているのだろう．この粘液状の構造には多数の核が含まれているが，それが細胞膜によって区切られていないのもまた確かである．そうした核がすべて，連続した単一の細胞質を共有している．「変形体の plasmodial」という言葉は実質的に「合胞体の syncytial」という意味であり，これは当然ながら，アクラシス菌の細胞性「ナメクジ」とは，表現型としてもはっきり異なった存在である．環境が乾燥すると，匍匐性の原形質が集まって塊になり，そこから茎を伸ばして胞子囊をつける．その胞子囊から――アクラシス菌と同様に――単細胞の子孫が出てくる．ただしそうした細胞はアメーバ様のものもあれば，鞭毛をもったものもある．この単細胞はアクラシス菌とは違い，合体して「ナメクジ」になることはないが，その代わり対になって結びついて融合し――まさに性的な行為である――接合子を形成する．これが分裂増殖して，ふたたび変形体を形成する．

　繰り返しになるが，真正粘菌類が真核生物の系統樹の祖先の枝からどのくらい遠くの距離にいるのか――そして表面上はよく似たアクラシス菌から系統発生上はどれだけ遠く離れているか――ということを改めて注目しておいていただきたい．

ユーグレナ類 Euglenoid とキネトプラスト kinetoplastid：ユーグレナ動物界 Euglenozoa

　ユーグレナ類は，先端に小さな口と前を向いた1本の鞭毛をもち，小さな葉巻のような形状をした風変わりな原生動物である．ミドリムシ *Euglena viridis* のように，葉緑体をもち，光合成を

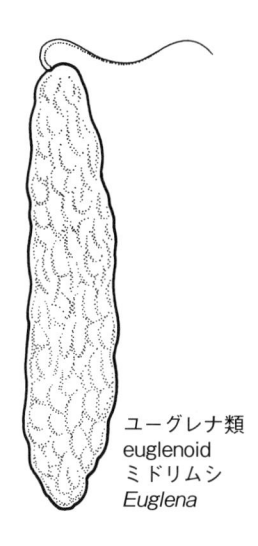

ユーグレナ類
euglenoid
ミドリムシ
Euglena

する仲間もいる．あるいは，色素体を欠く仲間もいて，たとえば *Peranema* は，カエルやヒキガエルの糞の中で暮らしており，これはまず呑み込まれた後，腸管を通過したものである．

　これとは対照的に，キネトプラスト kinetoplastid には，血液の寄生虫であるトリパノソーマ属 *Trypanosoma* が含まれる．ブルーストリパノソーマ *Trypanosoma brucei* は，ツェツェバエによって媒介され，アフリカ睡眠病の原因になる．また，クルーズトリパノソーマ *T. cruzi* は，半翅目の各種の昆虫（鞘翅目の甲虫と混同しないこと）によって媒介され，同じように体を衰弱させる，南米のシャーガス病を引き起こす．

　BEPS では，ユーグレナもトリパノソーマも鞭毛虫類の一員に分類している．RNA の研究から明らかにされているように，この2つの属が属しているグループは本当に互いに関係があった．

ネグレリア界 *Naegleria*

　ネグレリア *Naegleria* はほとんどの時間を，汚れた水の中で，細菌を餌にしながらアメーバとして暮らしている．しかし水がきれいになり，有機物の餌がなくなると，一対の鞭毛をつけて，栄養分の多い臭いを探して泳ぎ去る．BEPS ではネグレリアを，そのほかのアメーバたちと一緒に根足虫綱に分類していた．RNA の研究は，ネグレリ

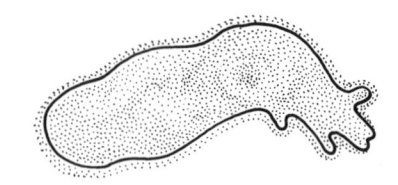

ネグレリア
Naegleria

アが，少なくとも本書であげているアメーバとは驚くほど異なる存在であることを示している．

エントアメーバ界 *Entamoeba*

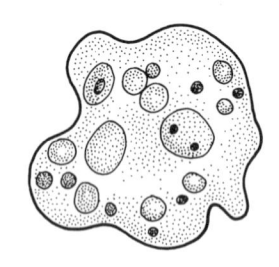

赤痢アメーバ
Entamoeba histolytica

赤痢アメーバ *Entamoeba histolytica* は，あらゆる寄生性アメーバの中でもっとも一般的なものの1つである．系統発生上，この仲間はしばしば人間の腸管内に住みつき，腸の内容物を食べながら，とくに人間に害を及ばさずにいるアメーバである．しかし，ときには腸管壁そのものに侵入し，アメーバ性赤痢に特徴的な潰瘍を起こす．新しい宿主を探すときには囊子（シスト）を形成し，糞と一緒に排泄されたものがふたたびだれか別の人の口に入る．したがって，エントアメーバもまた，劣悪な衛生状態で感染するものである．BEPSのような従来の分類体系では，エントアメーバもまた根足虫類に分類されているが，RNAの研究ではこれもまた独特な生き物であることが確認されている．

細胞性粘菌：アクラシス菌界 *Acrasiomycota*

「アクラシス菌 *Acrasiomycota*」という言葉はギリシア語で「悪い混合」を意味する akrasia と，真菌を意味する mykes からできている．アクラシス菌界の仲間が非公式に「細胞性粘菌」と呼ばれているのは，その多細胞性の子実体が，分離した細胞の複合体になっているからである．つまり，個々の細胞核は，細胞膜で囲まれた自分の領分の細胞質にだけ指令を送っている．真菌と同様，アクラシス菌も，淡水中，湿った土の上，あるいはとくに倒木のような腐った植物の上で従属栄養の暮らしを送ることもある．このアメーバ様ステージでは，個々の細胞は独立したアメーバのように動き回り，貪食作用によって——たとえばほかの細菌を——丸飲みにして餌にしながら，摂食している．しかし驚くべきことに，条件が整うと，このアメーバたちが寄り集まって，どこから見ても小さなナメクジに似た，運動能力をもった多細胞の生物体を形成する（自然界の中でもっとも奇妙な仕掛けの1つである）．この「ナメクジ」がアクラシス菌の移動ステージに当たり，新しい定住地にふさわしい場所を見つけるまで這い回る．新しい場所が見つかると今度は胞子のつまった袋状の構造体に変身し，それがやがて成長して小さな「キノコ」ステージになり，そこから胞子が散布される．

ほとんどの多細胞生物は，単細胞の胚（接合子）の分裂によって形成され，そこで生じる娘細胞が接触を保っているだけである．一時的にせよ，それまで独立した狩猟生活を送っていた細胞が集まって多細胞生物を自ら形成するというのは，じつにまれな事例である．

紅藻：紅色植物（紅藻）界 *Rhodophyta*

紅藻 red seaweed は，公式には紅色植物界 *Rhodophyta*（ギリシア語で「赤い植物」を意味する）として知られているが，系統発生上は，植物からきわめて遠くに位置している．この仲間は風変わりで，素晴らしい生き物で，起原がきわめて古い．化石の記録の中に現れる明確に光合成を行っていた最初の多細胞生物は，この紅藻の仲間である．その起原の古さが，この生き物の多様性

紅藻
red seaweed
イトグサ
Polysiphonia

に反映されている．この仲間は 4000 種が知られており，決して巨大な数ではないが，RNA の研究では，そうした種の間の系統発生上の距離は，植物の仲間どうしの距離よりもはるかに大きい．紅藻類は伝統的に，原始紅藻綱 Bangiophycidae と真正紅藻綱 Florideophycidae の 2 つの綱に分けられてきたが，ウィルソン・フレッシュウォーター Wilson Freshwater やスザンヌ・フレデリック Suzanne Fredericq らの現代的研究によって，前者の綱は本当は数個の綱から成っていることが示唆されている．

ほとんどすべての紅藻類は海産であり，世界中に存在するが，なかでも熱帯地方に多い．すべてが有性生殖を行う．ほとんどは半数体のステージが中心となるが，なかには半数体世代と二倍体世代とが交互に現れるものもある．またすべてが，クロロフィル a（b や c はない）とフィコビリンを含む赤っぽい色素体をもっている．

形態のうえでは，紅藻類は驚くほど多様である．細い繊維状のものもあれば，平らな円盤状のものもあるし，クッションのようなもの，複雑な形をして直立しているもの，コケシノブ科のシダ植物のように羽毛状になったものまである．多く

の種が炭酸カルシウムの覆いをまとい（それがこの仲間の化石の記録が見事に残されている理由の 1 つである），それが円形の外殻になることもあるし，またサンゴのように石灰化した樹状の構造に成長することもある．一部の属には，石灰化している種とそうでない種の両方が含まれている．

要するに，紅藻類はこの世に最初に出現した大型生物の 1 つであり，ほかのものとは大きく異なっていると同時に，きわめて多様性が大きい．紅藻類と比べれば，残りの真核生物ははるかに小さく単純であるし，そこまでいわないとしても，系統発生上は新参者として一括りにできる存在である．紅藻類をしっかり眺め，そして称賛していただきたい．

――――――

以下の 3 つの界――繊毛虫，渦鞭毛虫，アピコンプレックス――は，明らかに互いに関連をもち，公式にアルベオール Alveole としてまとめることができる．実際，原理的にはアルベオールを 1 つの界とし，そこに 3 つの亜界が含まれるといってもよいかもしれない．しかし，階層化(ランク)の問題は現在のところ未解決のようである――すでに示唆したように，問題は真核生物のグループどうしの関係についてもっともよく知っている人が，リンネ式階層の微妙な点にあまり関心がないことにある．当面の間，著者は「界」という呼び名を用いることにし，「アルベオール」にはとくに階層を与えないことにする．そうすることが新リンネ式分類体系の精神に合致する．しかし，この先 10 年のうちには，ばらばらになった枝先がまとめられることを期待してもよいかもしれない．

繊毛虫 ciliate の界

繊毛虫 ciliate は当然ながら，一般に有毛虫類 Ciliophora と呼ばれているグループに一致する．この仲間はすべて繊毛をもつ――ときには，きわめて多数の繊毛が表面全体にわたって生えている．さらに，ほとんどが，いくつかの小さな小核 micronucleus と 1 つ以上の大核 macronucleus を

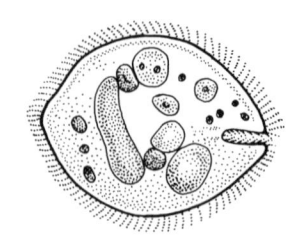

繊毛虫類
ciliate
ゾウリムシ
Paramecium

含む，複数の核をもっている．この仲間には数千種が知られており，淡水や海水中で主として細菌を食べて生きている．「スリッパ状の微小動物」と呼ばれているゾウリムシ *Paramecium* は，その名のとおり，いかにもスリッパに似た形状をしており，研究室の実験動物として有名である．

RNAの研究では，繊毛虫，渦鞭毛虫，アピコンプレックスの3者が——表現型と生活様式においてどれだけ異なっていようとも——1つのグループにまとめられることが示されている点に注意していただきたい．

渦鞭毛虫：渦鞭毛虫界 Dinoflagellata

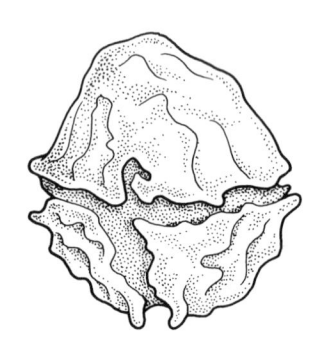

渦鞭毛虫類
dinoflagellate
ゴニオラクス
Gonyaulax

渦鞭毛虫（Dinoflagellate，ギリシア語で dinos は「グルグル回ること」，flagellum は鞭を意味する）は，ほとんどすべてが海産の生き物であり，とくに暖かい海域で浮遊生活を送っているが，なかには淡水の川に棲むものもいる．この仲間は，堅い殻の中に入っていて，割れ目の入った小さなメレンゲ菓子のように見えるが，長い1本の鞭毛によって推進力を得て運動する．ほとんどは単細胞にとどまるが，なかにはコロニーをつくる仲間もいる．一部は光合成を行う——一般にクロロフィルaとcの変異型や，オレンジ色のカロチンとキサンチンを含むそのほかの色素をもっている．光合成を行う多くの種は，サンゴ，イソギンチャク，二枚貝と共生関係を結んでいる．しかし一方で，従属栄養生活を送る渦鞭毛虫類もいる．強力な毒素を出す種も多く，一定の条件が整えば多数増殖して「花を咲かせ（bloom）」，「赤潮」の原因になると，海産動物にとって有毒になることがある（有毒化した海産物を食べれば，最終的には人間も中毒になる）．こうしたことをすべてふまえると，渦鞭毛虫類はプランクトンや海産生物相全体の中できわめて影響力の大きい仲間である．

マラリア原虫 *Plasmodium*：アピコンプレックス界 Apicomplexa

アピコンプレックスの仲間は——微胞子虫と同様——すべて動物に寄生しており，多数の胞子を産生して急激に増殖することができる．ダニに媒介されて家畜のウシに赤尿症を起こす血液寄生虫の住血胞子虫類（バベシア *Babesia*），家禽にしばしば致命的なコクシオイデス症を起こす腸管寄生虫コクシジウム *Coccidia*，脊椎動物と無脊椎動物の腸管内に広く分布しているまた別の寄生虫アイメリア *Eimeria*，人間ではとくに母親から胎児に伝達され，乳児の脳に深刻な影響を及ぼしうるトキソプラズマ *Toxoplasma*，カによって媒介されマラリアを起こすマラリア原虫 *Plasmodium* のように，その多くは多大な苦痛をもたらし，経済的にも重要な存在である．マラリアは人間やそのほかの霊長類の主要な感染症の1つになっているが，鳥も罹ることがあり，鳥類に広く存在している．

BEPSでは，アピコンプレックスと微胞子虫を一緒にして，仮定的なタクソンである胞子虫綱に

―真核生物ドメイン―

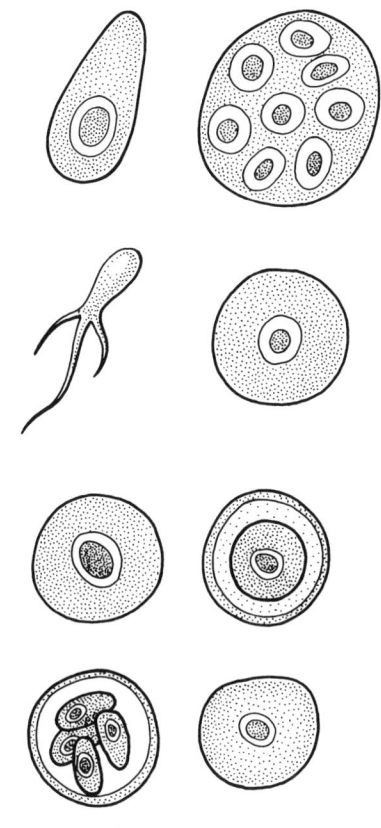

アピコンプレックス類
apicomplexan
アイメリア *Eimeria* のさまざまな形態

まとめている．しかし，この2つのグループの見かけ上の類似性はおそらく，あらゆる分類学者の主要な悩みの種となっている収斂によるものである．つまり，2つのまったく異なった生き物が，生きていくための問題を同じような方法で解決したのである．本書の系統樹が示しているように，アピコンプレックスは——見かけの違いにもかかわらず——系統発生上は渦鞭毛虫や繊毛虫に近い存在である．

―――――

以下の6つの界——ラビリンチュラ類 labyrinthulid の界，卵菌界 Oomycota，黄金色植物界 Chrysophyta，黄緑色植物界 Xanthophyta，褐色植物界 Phaeophyta，珪藻類 diatom の界——はすべて，ミッチ・ソギンがストラメノフィル Stramenophiles と呼ぶグループに関係しているようである．

スライムネット：ラビリンチュラ類 labyrinthulid の界

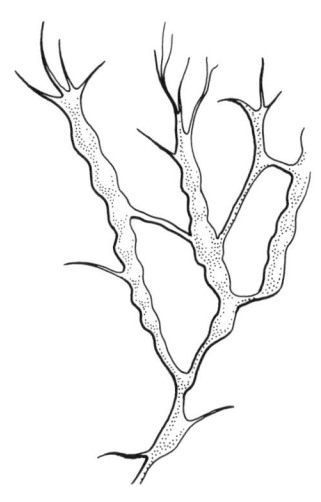

スライムネット
slime net
ラビリンチュラ
Labyrinthula

ラビリンチュラ類 labyrinthulid という名前は，ギリシア語で「小さな迷路」を意味する labyrinthulum に由来している[註7]．この界には，ラビリンチュラ *Labyrinthula* とラビリンソリザ *Labyrinthorhiza* の2つの属しか知られていない．いずれもほとんど海産の生き物——アマモ (*Zostera* 英 eelgrass) や緑色植物のアオサ *Ulva* の表面にコロニーを形成する——であるが，なかには淡水や土壌中に暮らす種類もいる．この生き物がつくるコロニーでは，リン・マーギュリスがいうように，軍隊の先導部隊が前進しながら目の前につくった細い道に沿って，細胞が「軌道を走るミニチュアカーのように」行き来している．そうした道はどうやらムコ多糖類（粘液質の本体）と，アクチン様のタンパク質でできているようである．その細胞は一見するとでたらめに動き回り，たまたま餌——たとえば大量の酵母菌——に出会うと，そのときに一斉に目標に接近する．乾燥対策として，古い細胞が集まって外側に頑丈な膜をつくり，もっと都合のよい湿ったときを待つことができる．そのときがくると，その膜を破って，

また餌を漁る新しい細胞のコロニーが生まれる．ときには，病気にかかったアマモの上にラビリンチュラの「花」が咲くことがあるが，これがその病気の原因かどうかはわかっていない．そうしたときには，貝類にも病気が広がる．スライムネットはあまり広くは知られていないが，この仲間もまた，地球上の生命が多くの問題を解決するにあたって，いかに多くの奇妙な解決策をもっているかを例証してくれる．

【註7】 リン・マーギュリスとカーリーン・シュワルツは，1988年版の『5つの王国』の中で，細胞性粘菌類（スライムネット）を「ラビリンチュラ真菌類 Labyrinthulomycota」と命名している．しかし2人が自ら指摘しているように，「-mycota」という名称は適切ではない．細胞性粘菌類（スライムネット）は真菌ではないし，なにより，その名前は快適とはいえないほど長い．「ラビリンチュラ類 labyrinthulid」という名前も非公式のものであるが，当面は役立つだろう．もっと公式の「Labyrinthulata」が望ましいのかもしれない．

ジャガイモ胴枯れ病原菌とその仲間：卵菌界 Oomycota

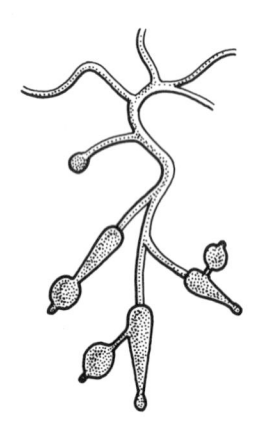

卵菌類
oomycote
エキビョウキン
Phytophthora

卵菌 oomycote（ギリシア語の卵 oion を意味する）は，きわめて真菌に似ており，一般には「水粘菌 water mould」，「白さび病菌」，「べと病菌」などとも呼ばれている．真菌のように，この仲間も菌糸 hypha（複 hyphae）と呼ばれている糸を産生し，酵素を分泌してそのはたらきで放出される栄養素を吸収する方法で餌を消化する．やはり真菌と同様に，腐生菌 saprobe（死んだ生き物の身体を消化する生き物），あるいは寄生生物としての暮らしを送っている．しかし，それだけ真菌と似ているにもかかわらず，RNA が分析されるずっと前から，両者が明確に異なるということははっきりした事実だった．たとえば，卵菌の細胞壁がセルロースでできているのに対して，真菌ではキチンであり，生化学的には大きく異なっている．しかし，こうした事実をすべて考え合わせると，卵菌と本当の真菌との——おそらく収斂を反映すると考えられる——表現型上の類似性は，なんとも驚くべきものである．

ラビリンチュラ類のように，卵菌類は経済的に重要な存在にもなる．エキビョウキン *Phytophthora* も卵菌類の一種である．ジャガイモ胴枯れ病の原因となったこの病原体は，1840年代にアイルランドと西スコットランドに大飢饉を起こしたが，今もなお疫病の1つとして問題になっている．フハイカビ *Pythium* は，苗に「立ち枯れ病」を起こし，園芸家の悩みの種になっている．

黄緑色植物：黄緑色植物界 Xanthophyta

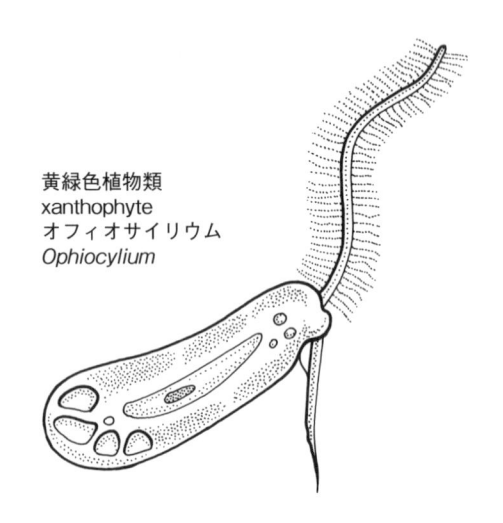

黄緑色植物類
xanthophyte
オフィオサイリウム
Ophiocylium

黄緑色植物 Xanthophyte（ギリシア語で xanthos は黄色を意味する）はコロニーをつくる傾向があり，独立した細胞のものもあるし，シンシチウム（合胞体）になっているものもある．色は

―真核生物ドメイン―

黄緑色であり，この黄色はさまざまなキサンチン類，緑色はクロロフィルa，b，cに由来する．約100種類の種が知られており，淡水中で繁栄している．

黄金色植物：黄金色植物界 Chrysophyta

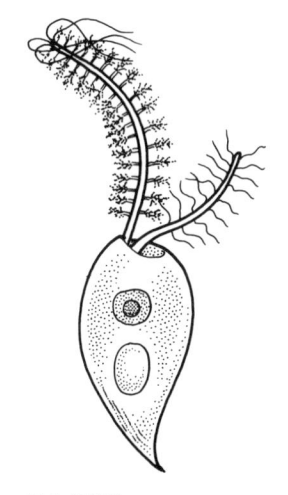

黄金色植物
chrysophyte
オクロモナス
Ochromonas

黄金色植物 Chrysophyte は，「金色をした藻類」である．chrysos はギリシア語で「金色」を意味する．多数の種があり，淡水の冷たい湖や池のいたるところに生息しているが，なかには海産の種もある．単細胞生物として暮らしているものが多いが，ときには複雑な形をしたコロニーを形成するものも多い．海産の種は，手の込んだケイ素の殻を身にまとい，それによってこの仲間と同定できる．それはカンブリア紀の古い化石記録にも残っている．黄金色植物は，褐藻の仲間であるコンブなどの海藻を含む褐色植物 phaeophyte と姉妹関係にあるらしい．

褐藻：褐色植物界 Phaeophyta

褐色植物 Phaeophyta は，ギリシア語の「薄暗い（茶色の）植物」を意味し，実際には植物ではないが，「海藻」という口語表現も記述のために

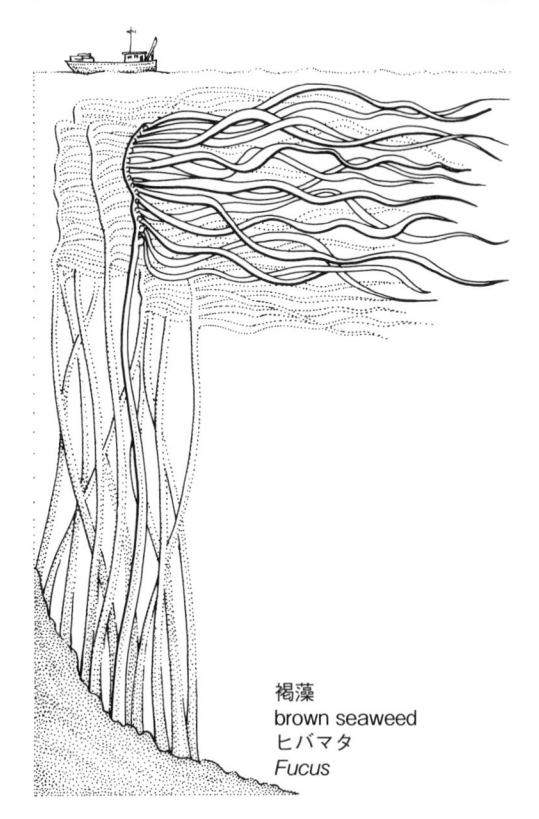

褐藻
brown seaweed
ヒバマタ
Fucus

は大きな価値があり，たとえとして十分役立つだろう．約1500種が知られている．ほとんどは海産であり，陸生のものはいない．多くは海岸における途方もない乾燥状態に耐えるものが多いが，かつて陸に上がったことがあると示唆する有力な証拠は存在しない．もしこの仲間が上陸し，植物がそうしなかったとしたら，おそらく世界は，ちょうど現在の森や平原が針葉樹や被子植物で彩られているように，褐色植物によって支配されていただろう．次第に明らかになってきたように，100 m になるものもある巨大なコンブの仲間（ケルプ）は，浅瀬の海洋に大森林を形成し，カリフォルニア沖にあるそうした森ではラッコが餌を漁ったり遊泳したりしている．ホンダワラ *Sargassum* は巨大で密度の高い浮遊性の生息地をつくり，その生息地は西インド諸島の北にあるサルガッソー海のように，1つの国に匹敵するほどの大きさになるものもある．世界中の磯浜を支配している漂着海藻は，主としてヒバマタ属 *Fucus* の仲間である．これは何とも人を憂うつにさせる

存在でもある．百年戦争におけるアジャンクールの戦いの前夜，ヘンリー5世の兵士たちは自らを「次の潮でまた海に戻ろうと待ちかまえている海藻のように浜辺に漂着した人間」だと感じていた．

多くの褐藻は**葉状体**（**thallus**，複数形は thalli）と**付着根**（**holdfast**，一見すると根のように見えるが，付着するためだけのものである）に分化している．褐藻の一部ではさらに分化しており，水分や光合成の産物を通す篩管さえもっている．褐色植物はクロロフィルaとcの助けを借りて（植物のようにaとbではない）光合成を行い，その褐色やオリーヴ色がかった色調はキサントフィルの色素に由来している．この仲間は一般に卵子と，2本の鞭毛をもった運動能力のある精子による有性生殖を行うが，胞子による無性生殖を行うこともある．

褐藻は，とくに黄金色植物と密接に関係しており，ちょうど原生生物の緑色植物 chlorophyte がそのほかの植物と一緒にされたように，原生生物のこの2つの界は統一すべきとも思われる．しかしながら，現状では，褐色植物は独自の壮大な1つの界として認めるに値する存在である．

珪藻類 diatom の界

珪藻類——既知の1万種ほどのすべて——は，海産プランクトンのもっとも重要な構成員である．この仲間は，昔風の，しかし嚙み合わせの悪い薬箱のように2つに分かれた**殻 test** をもつ，並はずれた生き物たちである．これらの細胞は単独生活をするか，単純なコロニーを形成している．ほとんどは光合成を行い，クロロフィル a, c にカロチンや各種のキサンチンが加わった褐色をしている．しかし，少数の腐生生活者も存在する．珪藻類の殻が沈殿して「珪藻土」となり，研摩材やフィルタなどの商業的用途に利用されている．

―――――

残る3つの界——植物界，真菌界，動物界——については，本書の残りの部分で詳述されるので，ここで解説する必要はない．しかし，真核生物全体についていくつか考察しておくのにここがちょうど具合のよい場所のようだ．

真核生物の多様性

表現型（表面上の物理的性質）に基づく従来の分類体系と，RNAに基づく（したがって真の系統発生に基づくと期待される）分類体系を対比させてみれば，進化の重要ないくつかの原則が見事に浮き彫りになる．たとえば私たちは，一部のクレードが顕著な分岐をみせ，きわめて多様な形態に放散している一方で，単に収斂によって基本的特徴を共有しているだけの群があることを理解している．こうした傾向がすべて，分子レベルの情報に接することができなかった従来の系統分類学者たちの努力を困難なものにしてきたのであり，以前は表現型に基づく分類に頼らざるをえなかった．

だから，かつてはネグレリア *Naegleria*，エントアメーバ *Entamoeba*，各種粘菌類を1つに結びつける特性と考えられていたアメーバ様運動も，単なる真核生物の基本的特性の1つにすぎないように思われる．こうした特性は，ヴィリ・ヘニッヒがそのやり方の間違いを指摘するまで，分類学者が重視するのが常だった．その一方で，真

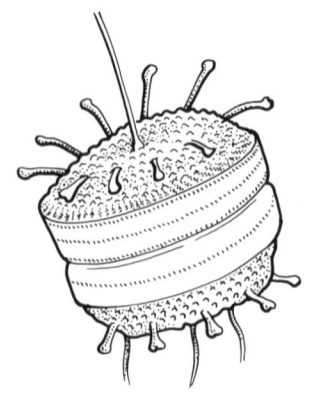

珪藻類
diatom
タラシオシラ
Thalassiosira

植物界
(サゴヤシ sago palm)

真菌界
(マッシュルーム cultivated mushroom)

動物界
(アフリカゾウ African elephant)

　正粘菌類 Myxomycota と細胞性粘菌類 Acrasiomycota が特別に似ているのは，おそらく収斂によって生じたものだろう．つまりこの両者（およびここの系統樹には示していないいくつかの小グループ）は，独自に，粘菌的な生き方を進化させたようである．微胞子虫類とアピコンプレックス類の見かけの類似もまた，おそらくは収斂の結果であろう．しかし，この両者の系統樹上の距離の大きさを今一度注目してほしい．各種の単細胞藻類——ユーグレナ類，渦鞭毛虫，黄金色植物，黄緑色植物，珪藻，および現在では植物に分類されている緑藻など——は，原始祖先形質 plesiomorphy と収斂 convergence の両方によって結びつけられているようだ（ただしこうしたグループを詳しく見てみれば，その類似がわずかなものだとわかるはずだ）．

　これとは対照的に，密接な関連をもつ生き物たちが，まったく異なる生活様式をもつ場合もあり，分岐や放散の例を示している．たとえば，ユーグレナ類 euglenoid には光合成を行いながら池に暮らす，独立生活の藻類が含まれる一方で，近縁のキネトプラスト kinetoplastid には，睡眠病やシャーガス病の原因となる寄生生活を送るものが含まれる．この点に関していえば，動物，植物，真菌も密接に——真核生物ドメイン全体の巨大な相違のスペクトルの中で見れば「密接に」——関連しているが，その生き方はこれ以上はないといえるほどの違いを見せる．

　その結果，見かけ上類似した生息環境にある生き物たちが，じつは系統樹のあちこちに広く散らばっていることもあれば，一見すると大きく異なるように見えるものが，もっとも近縁の仲間だったりすることもある．この点については，真正粘菌類と細胞性粘菌類の間の距離が系統発生上大きく隔たっていることと，ネグレリアとエントアメーバが別の界に属していることに注目していただきたい．いずれも昔の生物学者は同じ仲間に属していると考えていた生き物たちである．これとは対照的に，ユーグレナ類とキネトプラストはあれほど異なった生活をしているように見えるのに，同じグループにまとめられている．

　それと同時に，真核生物の多様性の広がりがいかに大きいか，そして一部のグループがそのスペクトル上でいかに奇妙な位置にいるかも注目していただきたい．ジアルジア *Giardia* は驚くべき存在で，独自の道を歩んでいる．真正粘菌は，その生活史の一部のステージでは間違いなく多細胞であるのに，一群の原生生物クレードから出現している．このことは改めて，多細胞生活への道のりが，舗装された一本道だったのではなく，しかも多細胞の暮らしが，原生生物の単細胞の暮らしを無駄だと決めつける，系統発生における切り札ではなかったことを示している．一部のグループがそれに挑んだとしても，後から進化したものが挑まなかった可能性もある．そして，系統樹のいかに根っこのほうに紅藻類が位置しているかにも注

目してほしい．この紅藻類と，褐藻類や植物，動物，真菌の間に，さまざまな界の原生生物全体が，丸ごと割り込んでいる．

最後に，植物，動物，真菌の3者がいかに密接に関連しているか，この全部が占めるスペクトルの部分がいかに狭いかにも目をとめていただきたい．少なくとも4世紀前に科学が現代へと移行しはじめて以来，生物学者たちはこの3つのグループがすべての生命にまたがる存在だと仮定してきた．現在ではそれが，3つあるドメインのたった1つの中に少なくとも20ある（おそらくはそれよりずっと多い）クレードの3つにすぎないと理解されている．これだけの降格は驚異である．私たち人間の属する界は，コペルニクスとガリレオによって地球が宇宙の中心から追放されたのとちょうど同じように，生命の舞台の中央から追い払われてしまった．さらに，系統発生的にいえば，植物，動物，真菌はきわめて近縁なので，ネグレリアとエントアメーバをまた1つにまとめるよりも，3つ全部合わせて1つの界にまとめるほうが意味をもつかもしれないくらいだ．さらに，真菌が植物と動物のどちらに近いのかもまだ定かではないが，どうやら動物のほうにより近い存在のようである．真菌は植物の仲間に押し込むべきだという旧式の考えは，いまだに一部の現行教科書に堂々と記載されているが，もはやそれがばかげたものと見なせるのはまちがいない．動物，植物，真菌のすべてが，究極の警告を発しているのだ．生活様式が，相互関係を知るのにきわめて不確かな手がかりであることを．

————

さて以上が，私たち自身が属するドメインの手短な素描である．すべての界が，それぞれ本書の1章を占めるに値する存在であるが，なんとも残念なことに，正当な場所を与えられているのはわずか3つの界——真菌と動物と植物——だけである．まず最初に真菌から見ていこう．

4章

キノコ, カビ, 地衣類, サビ菌, 黒穂病菌, 腐敗病菌
真菌界 Kingdom Fungi

　世界一ではないかもしれないが，少なくとも合衆国のミシガン州で最古の，そしてもっともからだの大きな住民といえば，ナラタケの一種 *Armillaria gallica* である【註1】．このナラタケは600 ha を覆い，重量は100 t 以上，おそらく年齢は1500歳前後と推定されている．およそ子実体と呼べるものの過去最重記録は，英国のニューフォレストの森林地帯で発見された45.4 kg のサルノコシカケであり，本書執筆時に現存している最大のものは，ロンドンのキュー王立植物園にある長さ1.5 m，容積が1.1 m^3 を超すサルノコシカケである．記録のある過去最大の食用ホコリタケは，カナダで見つかっており，胴回りが2.6 m あった．平均的なホコリタケが産生する胞子の数は約700京（10の18乗）個であるので，このホコリタケはいくつかの銀河の恒星にも匹敵する数の胞子をもっていた可能性もある．真菌の専門家——真菌学者 mycologist ——は，およそ6万種の真菌を同定しているが，本当の数字はおそらく150万種ほどにもなり，未知の種の過半数はまだほとんど探索されていない熱帯林に暮らしている．原核生物を見過ごしてしまう傾向があるのと同じように，私たちは真菌類を過小評価しがちである．しかし，原核生物と同様，真菌類は，世界の生態と人間の経済の中で大きな役割を果たしている．

【註1】　真菌の一般名に関する余談を少々．これまであまりに多くの人が，あまりに多くの状況で真菌 fungi に関与してきた．そして真菌はきわめて多様であり，またさまざまな問題が存在しているので，その一般名は通常よりもさらに大きな混乱を起こしている．実際のところ，「ラテン語」の学名でさえ，本来はいっさいの曖昧さを排除するために意図されたものであるにもかかわらず，混乱を招くことがある．たとえば，英国人が「honey fungus」と呼ぶ真菌は，合衆国では「honey mushroom」と呼ばれるのが普通であり，これの学名はどちらの国でも *Armillaria gallica* であるが，以前は *A. bullosa* として知られていた．

　より一般的には，米国人はマッシュルームの形をした真菌の子実体は何でも「mushroom」と呼ぶようだが，英国人はこれを，ハラタケ属 *Agaricus*（この属名は，以前は *Psalliota* と呼ばれていた）に属するいくつかの可食性の種だけを指す用語に限定する傾向がある．英国では，そのほかのマッシュルーム状の形をした真菌を「toadstool」と呼ぶのを好む傾向があり，本書では「傘状のキノコ」を意味している．「toadstool」という語は有毒種だけを指すはずだと感じる人たちもいるが，「食べられる toadstool」という概念におかしな点はないと考えている．したがって私は，（英国流に狭く定義された）マッシュルームは，食べられる toadstool だとみなしている．さらに一般的な話でいえば，「真菌 fungus」という言葉も，人々は多様な使い方をする傾向がある．たとえば，真菌学者は伝統的に，真菌様の生き物をすべて小文字の「f」を使って「a fungus」と呼び，真菌界に属するメンバーには，大文字の「F」を使って区別している．しかしながら，3章で論じたように，およそ8種類の界が真菌様 fungus-like である（ただし，さらに高度の分類が現在作業中であるので，8つ目の界については確定的なものではない）．系統発生の視点を支持する私は，f を大文字にしようが小文字にしようが，「fungus」という言葉は真菌界のメンバーにだけ用い，それ以外のものには「fungus-like」という言葉を用いることを好む．もちろんこれがエレガントなやり方でないのは明白であるが．fungus-like の界について，「fungoid」という言葉を使うのも悪くはないが，この世界ではあまり一般的な用法ではない．

　私は，こうした言語上の一貫性のなさを解消しようとは望まないし，解消しようと試みることが望ましいのかどうかにも確信がもてない．日常語というものはすべて生き物であり変化するものであるから，一貫性がないことは避けられない．もし固定的な代案を強いるとすれば，それはフランス学士院に匹敵するような，堅苦しいものを押しつけることになるだろう．私たちが望める最善の方法は——本書で私が試みているように——さまざまな用語を自分たちがどのように用いているかを明確に表明することである．

　大部分の真菌は，有機物なら何でも，ただし死んだものを分解する腐生生物 saprobe である（旧

来の「腐生植物 saprophyte」という名称は，「-phyte」が植物を意味しており，真菌類は決して植物ではないので不適切である）．したがって，同様の動物，原生動物，細菌の一群とともに，真菌類は世界最大の再循環者（リサイクラー）であり，有機物を変換して植物がその根から再吸収できる化合物にし，さらに，85億 t と推定される二酸化炭素を毎年大気中に放出している．多くの真菌は，巨大な木や建築材から栄養をとる．なかには，木の主成分であるセルロースだけを消化するものもいるが，ほとんどは，それだけでなく，セルロース繊維を結合させて木材を強化しているリグニンも消化する．担子菌類 Basidiomycota と呼ばれるグループは，とりわけ木材を効率よく腐らせる能力をもち，この仲間にはマッシュルーム類と，英国で「きのこ（toadstool ヒキガエルの腰かけ）」と総称される**子実体 fruiting body** の大半が含まれる．

　真菌が生殖と散布の目的でつくる子実体の多くは，美味で栄養価が高い．トリュフ，アミガサタケ，シイタケのように，あらゆる食べ物の中でもっとも珍重されるものもある．しかし有毒なものもあり，致死性のものまである．また，一部は——かなり多くのものが——幻覚作用や妄想を生む作用をもち，それがときに人生観を支配したり，広く文化的な社会階層を形成したりしてきた．子嚢菌門 Ascomycota に属するカビは，さまざまな素晴らしいチーズを生みだす主役になっている．たとえば，アオカビの一種 *Penicillium roquefortii* は，酸味のある羊乳をロックフォールチーズに，*P. camembertii* は通常のカテージチーズをカマンベールに変えるのに役立つ．近縁の *P. chrysogenum*（*P. notatum* とも呼ばれる）は，世界初の，そして今でも広く使われている抗生物質ペニシリンの産生源となっている．「抗生物質 antibiotic」というのは「生き物に対抗する」という意味であり，多くの真菌が，細菌やほかの真菌を含む生き物と生存競争を繰り広げるのに役立つ多様な抗生物質を産生する．パン屋やビール醸造者が使う酵母菌（イースト）も子嚢菌の一種で，有胞子酵母菌属の *Saccharomyces cerevisiae* という種に属する．シリアル中の糖分を二酸化炭素（＋アルコール）に変えるので，パン種をふくらませるし，また糖分を分解してアルコール（＋二酸化炭素）に変えるのでビールができるわけである．つまり，多くの小さな真菌は長いこと，人間の喜びと家内工業の源泉であり，新しいバイオテクノロジー時代にあっても主要な担い手となっている．

　しかし，真菌はしばしば寄生体であり，病原体でもある．さまざまな酵母や，サッカロミケス属 *Saccharomyces* からそれほど遠く離れていないものを含む真菌は人間に病気を起こし，なかには白癬（輪癬，タムシ）のように気に障る程度のものもあるが，一般に肺の中に巣くったり，ときには全身に広がって致命的な存在になるものもいる．そうした感染は，エイズがさらに拡大をつづけ，人間の免疫反応を弱めるにつれて，どんどん深刻なものになりつつある．サビ病，黒穂病，腐敗病，白カビ病（ウドン粉病）として目につくそのほかの真菌は植物にとって重要な病原体である——野生植物にとってはもちろん，庭園のバラから世界最大の穀物に至る栽培植物にとっても重要である．サヘル地域の農民たちは，白カビ病（ウドン粉病）だけでトウモロコシの収穫の最大で半分を失うことを見込んでいる．第三世界に保存された収穫物の半分が，真菌の攻撃によって損なわれているものと見積もられている．黄色コウジカビ菌（*Aspergillus flavus*，これも子嚢菌の一種）によって落花生やシリアルに産生されるアフラトキシン類を含めて，真菌毒素（マイコトキシン mycotoxin）で毎年何千人もの人間の命が奪われている（しかし，3章で述べたように，1840年代にアイルランドやスコットランド西部にジャガイモの飢饉をもたらしたジャガイモ胴枯れ病の病原体は，エキビョウキン *Phytophthora infestans* であり，見かけは真菌のようであるが，本物の真菌とはまったく異なり，別の界に属する卵菌類である．また別の卵菌類であるフハイカビ *Pythium* は，苗に「立ち枯れ病」を起こし，園芸家の悩み

の種になっている).

　真菌類にはまったく別の側面がある．植物との多面的で重要な「相利共生」関係である．「**相利共生 mutualism**」とは，両者とも恩恵を受けるような共生関係の一形態である．真菌–植物共生には基本的に2つの型がある．まず第1に，約13000種の——既知の種のおよそ5分の1に当たり，子囊菌類の40%を含む——真菌は緑藻類と（そして程度は少ないがシアノバクテリアと）密接な関連をもち，「**地衣類 lichen**」を形成する．ときには，たった一種の地衣類を形成するために4つや5つも異なった生き物が参加することもある．しかし，真菌と地衣類としての関係をもつことが知られている緑藻やシアノバクテリアの種の数はわずか40種類しかない——したがって，光合成を行う1つの種が，さまざまな真菌と一緒になる可能性があることになる．重要なことは，「地衣類」という言葉が，生き物のクレードの名前でないということである．地衣類として観察される関係は，既存の真菌の中で少なくとも3回は進化してきたのは明白であり，おそらくそのほかにも存在した可能性がある．そして生態学的に見てその関係に匹敵するのは，サンゴやオオシャコガイが海の中でさまざまな光合成生物と結ぶ関係くらいしかない．

　第2に，多くの真菌が——秋の森の中でマッシュルーム様の「きのこ」をつくる多くの種類も含めて——**菌根 mycorrhizae**（単 mycorrhiza）と呼ばれる，植物の根ときわめて密接な関係をつくっている．この菌根関係もまた相利共生の一種である．真菌は周囲から無機物を吸収し，有機物を消化することによって，あらゆる種類の栄養分を提供し，植物のほうは光合成による付加的生産物を提供する．全部合わせておよそ85%の植物種が菌根関係を形成しているといわれている．温帯と熱帯の森に育つ大木は，ほとんどそうした菌根によって成長する．ランの仲間の多くの種子は，適切な菌根性真菌の侵入がなければ発芽できないし，なかには生涯にわたってその関係を維持し，光合成能力を失ってしまったものもいる．

　地衣類と菌根をまとめて考えると，植物と真菌の相利共生関係が，もっとも原始的な藻類から枝分かれした先々の針葉樹や顕花植物にいたるまで，植物界全般に広がっていることがわかる．最古の植物の化石をみても，本質的には菌根と思われる真菌の相棒をもっていたようだ．そうしたことから，現在の生物学者の多くは，真菌の相棒がいなかったとしたら，そもそも植物が陸上に進出することもできなかっただろうと示唆している．そして，真菌も植物がいなければ陸上に進出できなかったのはまず間違いないだろう．なぜなら，陸生の真菌は，結局のところ，動物たちと同じように植物から栄養をもらっているからである．つまり，地衣類と菌根は，歴史的に見てあらゆる陸生生物の発展に不可欠だった関係を，いまも眼前に見せてくれる典型例と考えられるだろう．ついでにいえば，真菌を含むあらゆる主要な界はすべて，たとえ現在は基本的に陸生である（とくに真菌）としても，その起原が水中にあることにも注意していただきたい．

　真菌のこうした多種多様な形質の発現は，その栄養様式と，その解剖学的構造——動物学者であれば「体制」（ドイツ語なら「設計プラン」を意味する Bauplan）と呼ぶもの——が，栄養摂取に役立つような形に適応するやり方を考えれば納得がいく．真菌が，貪食作用を行わない真核従属栄養生物だからだ．「従属栄養生物」というのは，その炭素源を——何らかの協力的な独立栄養生物によって複雑な分子にすでに組み立てられている——有機物に求める必要があることを意味する．「貪食作用」とは，細胞がアメーバのように，食べ物を包み込んで取り入れる能力を指す．あらゆる動物は貪食作用を行う細胞をもっており，それが重要な性質になっている．しかし，真菌はまったく別の戦略をとった．ふつう，真菌の本体は，**菌糸 hyphae**（単 hypha）と呼ばれる糸状のものの塊で構成されており，その集合体が**菌糸体 mycelium** になる．菌糸は食べ物の本体に侵入し，その結果，真菌は食べ物の内部で，密接な接触を保ちながら暮らしている．菌糸はその形状が

糸に似ているので，その表面積，したがって周囲との接触面積がきわめて大きい．しかし，植物の根が一般に単純な吸収装置であるのに対して，菌糸はそうではない．菌糸は積極的に酵素を分泌し，周囲にある消化可能なものをすべて消化してから，消化後のスープを吸収する．こうした酵素群は（酵素を産生した本体の外で作用するので）「（細胞）外酵素 exoenzyme」と総称され，たとえばセルラーゼと呼ばれるセルロース分解酵素がその一例である．真菌の菌糸はそのほかの化合物も分泌し，その中にはいわゆる各種の抗生物質も含まれる．

こうして，概していえば，真菌の貪食作用によらない従属栄養戦略はきわめて効率のよいものになる．それゆえ，真菌は（甲虫や細菌の協力を得て），ほんの2，3年のうちに1本の木全体を倒壊させ，粉々に分解しつくすことができる．1つの個体の菌糸体がある地域全体を覆いつくすこともあるし，巨大な木々の全体と1つの菌根関係を形成することもある．そうした菌糸体は，ほんの2，3日のうちに，マッシュルームやキノコを見事なまでににょきにょきと伸ばすことがある．幻想ではあるが，それこそ時間単位で生えてくるようにさえ思える．ある日まったく生えていなかったのに，翌日になったら地面や木々の表面がキノコで一杯になるような気がする．この速さ——子実体を生やす速度——が，中毒にさせたり幻覚をもたらしたりするキノコの力がもたらす魔法の雰囲気をさらに強めている．しかし，表面下に潜んでいる活発な真菌の塊の量を考えれば，これはそれほど驚くことではない．

また，多くの真菌は，少なくともその生活史のどこかの段階で，形態の上では原生生物様の単細胞，もしくはごく小さな本体をもつ暮らしをし，普通は出芽によって増殖する．そうした形態を「酵母 yeast」と呼ぶ．しかし，「酵母」というのは形態の名称であり，複数の異なったグループに属する多様な真菌がそうした酵母様の形態を採用しているが，この様式に大きく特殊化した子嚢菌類という特定のクレードも存在していることに注意していただきたい．この仲間はしばしば「真の酵母」と呼ばれることがあり，本書では子嚢菌類をこの名前で呼んでいる．有胞子酵母菌サッカロミケス *Saccharomyces* は，その一種である．

全体としてみれば，真菌の生活様式は，その菌糸（あるいは，酵母の場合には独立した個々の細胞）の周辺にある有機物を手当たりしだい消化することといえる．そのほかにも，必要な無機元素，リン酸塩，窒素などを，しばしば無機物の形で吸収するし，ビタミン類や成長促進物質といった複雑な補助栄養物を必要とするものもある．しかし，そうした細部はどうあれ，真菌の特徴は直接接している周囲から栄養分を取り入れることにある．もし周囲にあるのが，たとえば丸太とか死亡した馬のような死んだ有機材料でそれを消化しているときには，そうした真菌を**腐生生物 saprobe** と呼んでいる．もし周囲にいるものが生きていて，それから栄養をもらっているときには，その真菌は「寄生生物」と呼ばれる．

しかし，呼び名は違っても，真菌そのものは，周囲にあるものが生きているのか死んでいるのかを「気にして」はいない．原則として，有機物であれば何でも狩りの対象になる．生きている生物は常に真菌に消化される危険の中で生きており，その攻撃を回避するには積極的に防衛するしかない．植物はさまざまな方法でこれを行っている．たとえば，樹脂を分泌したり，特異的な抗真菌物質を産生したりする．動物もまた多様な化学的・物理的忌避物質を産生するが，とくに脊椎動物では，わざわざ特定の寄生生物を攻撃するためにデザインされた，専用の免疫系をもつものもいる．もし免疫学的な防御のガードが下がれば，その生物は——真菌からすればまさに——死肉同然のものになる．著者は，冬眠中のコウモリが全身を白いカビで分厚く覆われている姿を見た経験があるが，そのカビはコウモリの体表全体から不気味に顔を覗かせていた．冬眠中のコウモリは，冬のうちに少なくとも一度は目を覚まして行動を起こす傾向がある．目を覚まさせる信号は，どうやら膀胱がいっぱいになったことのようである．しか

し，一度飛び回れば，3週間は冬眠を維持できるだけのエネルギーを使ってしまう．多くのコウモリが冬を越せないのは，単にエネルギーを使い果たしてしまうせいである．しかし，コウモリたちが，自分たちが生き残るチャンスを，たった一度用を足すためだけに止むをえないこととしてみすみす手放すとはどうにも信じがたい．自然選択はもっと理にかなった秩序を培ってきたはずではないのか．冬のさなかに活動を起こす真の理由は，免疫系を賦活させるためではないだろうか．もし免疫系が休みをとれば，冷たい洞窟内で頭を下にしてぶらさがっている冬眠中のコウモリは，自在鉤に吊された肉と化してしまう．私たち人間もみな，それと変わるところはない．免疫不全症の患者の肺で，一般には無害な「酵母」がびっしり増殖するその活発さと効率のよさは，真菌の脅威がいかに大きく，普遍的に存在しているのかを示している．

　真菌は，増殖の達人でもある．真菌は一般に，胞子によって広がり，胞子には2種類ある．有糸分裂による胞子，すなわち**栄養胞子 mitospore**は二倍体であり，2組の染色体をもっている．もっとも単純な例では発芽して新しい個体を生み出し，それは無性生殖の一形態である．もう1つの減数分裂による胞子，すなわち**還元胞子 meiospore**は半数体であり，こちらは染色体を1組しかもっていない．還元胞子もときには単に発芽によって新しい個体をつくり，これも無性生殖の一例である．しかしときには，2個の還元胞子が配偶子のはたらきをすることがある．2個が融合して二倍体の細胞を形成し，それから新しい個体がつくられる．この場合には有性生殖になる．

　真菌のよく知られた4つの門のうちの2つ，子嚢菌類と担子菌類には，大きな子実体をつくる種が含まれる．こうした大きな子実体には，**地上性 epigeous**のもの，つまり地表より上に成長し，「きのこ」と呼ばれる形をとるものと，**地下性 hypogeous**のもの，つまりトリュフのように地下で成長するものとがある．地下性の種類の胞子は哺乳類によって拡散される．哺乳類がまず土を掘り返して発見するのである——ちょうどブタがトリュフの胞子を散布させるように．クイーンズランドにあるジェイムズ・クック大学のクリストファー・ジョンソン Christpher Johnson は，地下性の種類では，地表面が固くてそれ以外の方法では手がかりのないような——たとえば砂漠とか永久凍土のような——場所に育つ傾向があることを観察している．そうであれば，真菌にとって，まばらに存在している哺乳類（フランスではブタ，オーストラリアの乾燥地帯ではさまざまな小型の有袋類）を引き寄せるためには，地表に顔をのぞかせるよりは，芳香を放つほうがコスト効率がよい．もちろん，あらゆる地下性真菌類のなかでもっともよく知られたトリュフは快適な森林地帯に育つが，それでもこうした一般的仮説はもっともらしく思われる．

　2つの形態は見かけ上は大きく異なるようだが，この両者が互いにどれだけ徐々に移行しうるかは容易に理解できる．形態的に地下性の種類は，地表に頭を出していない地上性の仲間に似ている（**亜地下性 subhypogeous**と呼ばれる中間形態が存在する）．このことからすれば，両者の違いはごく少数の遺伝子，もしかすると地上への萌出過程を止めるたった1つの遺伝子によってもたらされるかもしれない．実際，子嚢菌類と担子菌類には，どちらも地上性と地下性の仲間がいる．したがって，一見すると似ている子実体が，本当は異なった門に属することもありうる．たとえば，本物のトリュフ（*Tuber* セイヨウショウロ）は子嚢菌類であるのに対して，一般に「にせトリュフ」（*Rhizopogon* ショウロ）と呼ばれている真菌は担子菌類である．しかし——現実を理解してしまえば，これも驚くことではないが——見かけが大きく異なる子実体が，きわめて近縁の真菌によってつくられることもある．そこで，カリフォルニア大学バークレー校のトム・ブランズ Tom Bruns と同僚たちは，ミトコンドリア DNA 技法を用いて，ショウロ *Rhizopogon* がヌメリイグチ *Suillus* ときわめて近縁関係にあることを示した．ヌメリイグチはイグチ科 Boletaceae に属

する「きのこ toadstool」の一種——ヤマドリタケの仲間——である（トム・ブランズは，「マッシュルーム」と呼んでいるが）．全体の発生を調節するごく少数の遺伝子の突然変異によって，これほどの劇的な形態変化がただちにもたらされうる．子嚢菌類と担子菌類の子実体は似たような範囲の形態をとることがあるが，微細構造には違いがある——以下のガイドで説明するように，それによってこの大きな2つのグループは区別される．

多くの真菌は，さまざまな種類の子実体の表面に，栄養胞子と還元胞子を産生する——前者は例外なく無性生殖によるものであり，後者は通常は有性生殖による．この2種の子実体は互いにきわめて異なった見かけをもつことがあるので，同じ真菌が生活環の異なった相でまったく別のものに見えることがある．そしてその1つの形態が必ずしももう1つの形態を想起させることはない（むしろ一般にはそうでない）ので，無性と有性の形態が同一種に属するかどうかはいつも明らかとは限らない．さらに，一部の真菌は有性生殖をまったく放棄してしまっているようで，無性生殖による栄養胞子の子実体でしか知られていない．

こうしたことのすべてが，奇妙な結果をもたらしてきた．同一種の真菌は異なった相ごとにさまざまな子実体を結び，それぞれが別の種として扱われることが珍しくなかったし，ときにはまったく別の属，さらには別の門にまで所属させられてきた．しかし，もしこうした誤分類が生じてしまっていることが明らかになれば，有性生殖（還元胞子）によって増えることが知られている種の名前に優先権がある．しかし，実際上，真菌学者たちは，純粋に無性的種類を以前の名前で呼びつづけている可能性もある．

しかし，真菌は伝統的に有性体の微細構造によって分類されているので，真菌学者たちは一種の未分類ファイルをつくり，無性状態でしか知られていない種類をすべて含めておく必要に迫られた．有性生殖をする真菌とそれらとの関係についてはまるで不明なこともあるからだ．この未分類ファイルには現在ではおよそ25000種——既知の真菌の種の半数近くに相当する——が含まれており，「Fungi Imperfecti（不完全な真菌類）」もしくは「Deuteromycota（不完全真菌類）」という共通の名前がつけられている．この2つの名称のうちではラテン語まがいの前者のFungi Imperfectiのほうが望ましいように思える．このグループは明らかにその場しのぎのものであり，ただ便宜上，異質の生き物を1つにまとめたものを指すよう意図された名前にすぎないからだ．ギリシャ語のDeuteromycotaを使うとあたかもそれが1つのクレードであるかのように聞こえてしまい，それはまったく事実に反する．

「不完全な真菌類」に含まれる仲間は変動する．新しい発見によって，この集団に絶えず新たな仲間が加わる．一方で，このグループから除外され，公式のグループに適切に割り当てられるものもある．結局のところ有性体であることが証明されることもあるからだ．しかし，また，真菌類の経済的，生態学的な重要性は明らかだから，多くの支持が得られている（DNAやRNAの）分子生物学的研究対象として関心を集めており，その成果として，「不完全な真菌類」とそれ以外との真の関係が明らかにされつつある．たとえば，カリフォルニア州アラメダにあるロッシュ分子システムズのバーバラ・ボウマン Barbara Bowmanと同僚たちは，これまで不完全真菌類に分類されていたさまざまなヒト病原体，たとえばヒストプラズマ *Histoplasma*，ブラストミケス *Blastomyces*，コクシジオイデス・イミティス *Coccidioides immitis* がすべて，子嚢菌類にすっきり適合することを示している．このことは以前から想定されてはいたものの，確実な証拠はほとんど存在しなかった．とりわけコクシジオイデス・イミティスは形態面ではきわめて不完全であるために，真菌学者はときに，そもそもこれが真菌の仲間かどうかさえ疑う場合もあった．ボウマンとその同僚たちは，こうした病原体のもっとも近縁の種に，（細菌性の病原体でもしばしばそうであるように）病原性がない例も珍しくないことを示している．真

の関係についての知識に大きな現実的重要性があるのは，関連した生き物は，かりにその生活様式が大きく異なっていても生化学的には類似しているからで，病原性のある仲間の非病原性の近縁種がいったん同定されれば，それらを制御するという視点から，病原性のある種そのものを研究するモデルとして使うことができる．

まとめてみれば，真菌界の分類は簡単ではないことが明らかになってきた．56000を超す種が記載されており，さらに多くの種が途切れることなく明らかにされつづけている．真の種の数はゆうに100万を超すだろう．異なった系統が，同一の一般的形態を採用していることも珍しくないし，逆に1つの種が，一見するとまったく異なった複数の形態をとることもある（酵母様形態と菌糸体の両方があったり，あるいは無性と有性の両方の子実体があったりする）．それに，これまで説明してきたように，鑑別上の主要な特性を提供する有性体がしばしば欠落していたり，少なくとも現時点では知られていない場合もある．しかし，分子レベルの研究によって，従来の方法では解決不能に思えた問題の多くが解きほぐされつつあるようだ——そして，幸いにも，分子レベルの知見は概して伝統的な結論を支持している．つまり全般的にみれば，新しい研究は既存の考えとぴったり適合しているのである．

そうしたわけで，分子レベルの研究は，本書で定義されるような真菌類が実際に1つのクレードであることを確認している——ただし，単に真菌と見かけが似ているだけなのに，たまたま仲間に入れられていたさまざまな真核生物界の生き物とは明確に異なっている．しかし，このクレード内でもまだまだ多くの分類作業が必要である．もっとも目につくのはその体系が大きくなって，真菌界が4つの大きなグループに分割されていることであり，その4つを合理的に門として位置づけることができる．すなわち，ツボカビ門 Chytridiomycota, 接合菌門 Zygomycota, 子嚢菌門 Ascomycota, 担子菌門 Basidiomycota の4つである[註2]．しかしながら，最近の分子レベルの証拠によれば，接合菌門とツボカビ門とは互いに混じり合い，現在定義されている接合菌門は多系統であることが示されている．つまり接合菌門には独立した複数の系統が含まれており，その一部は，ほかの接合菌類よりも，既知のツボカビ類により近い関係にある．名称変更が必要となるだろう．新リンネ分類の原則によれば，多系統の接合菌門 Zygomycota は俗称扱いにして，先頭の文字を小文字にした zygomycote と書くべきである．しかしこの問題はまだ決着がついていないので，保守的な立場をとって先頭を大文字にした Zygomycota の表記を使いつづけることにしている．少なくとも主要な2つの門である担子菌門と子嚢菌門は，姉妹関係にあるクレードペアとしては十分にしっかりしたグループのようである．

【註2】ほとんどの人は「Zygomycota」，「Ascomycota」，「Basidiomycota」よりも，「Zygomycetes」，「Ascomycetes」，「Basidiomycetes」という単語になじみがあるだろう．一般に，「-mycota」の語尾はそれが門の名称であることを示し，一方，「-mycetes」の語尾は門の中の綱の名称に適用されることがある．

それぞれの門は伝統的にかなり多数の目に分割されており，分子的な精査によって妥当なクレードとみなされるものもあるが，一方で破綻しつつあるものもある．さまざまな目どうしがどのように関連しているかについては，まだまだ解決されていないようだ．現在はそうした流動状態にあり，百家争鳴の状態であるため，私は当面の間，門や目（上目，科など）の階層（ランク）を意識した公式のグルーピング作業については放棄することにした．しかしすでに明らかにされたことも多く，新しい分子レベルの研究はほとんどの場合，従来の分類を支持しているので，この先数年のうちにはもっと明快になることが期待される．

本書で示した系統樹は，カリフォルニア大学バークレー校と，（バークレーに近い）アラメダにあるロッシュ分子システムズのトム・ホワイト Tom White, バーバラ・ボウマン，ジョン・テイラー John Taylor, エリック・スワン Eric Swann, トム・ブランズ，それに，ワシントンDCにあるスミソニアン協会のアンドレア・ガル

ガス Andrea Gargas とポーラ・デプリースト Paula DePriest による論文から構成したものである．こうした真菌学者たちは，たとえば私も利用した『エインズワースとビスビーの真菌事典 *Ainsworth and Bisby's Dictionary of the Fungi*（第8版）』（1995）に示されている従来の分類を土台にして次々に構築作業を行っている（ただし，大幅な改定作業であることが珍しくない）．門に与えられた従来の名称は公式のものとして示されているが，接合菌門 Zygomycota が多系統な状態にあることは認識する必要がある．しかし，「真の酵母」の例のように，子嚢菌類や担子菌類における小区分では，非公式の名前がつけられていることもある．確かにこうしたグループは，真のクレードとして姿を見せているようでもある．しかし，それが一般に，従来の公式のタクソンときわめて密接に対応するとしても，厳密に一致しているわけではなく，既存の公式名を調整するよりも，（たとえば「真の酵母」のように）各クレードに何が含まれているかを単に述べるほうが容易に思われる．おそらく，クレードの境界が確固たるものになったときには，改めて公式名称もつけることができるだろう．そうしたわけで，甘美な響きをもったギリシャ語やラテン語を好む純正主義者に対してはお詫びをしなくてはならない．私自身，そちらのほうが好みである．しかし，こうした慣習の拡大を正当化するに足るだけの情報がしっかりするまで，私たちは今しばらく待つ必要があるだろう．

真菌へのガイド

　一見して真菌に見える真核生物のすべてを真菌界に分類すべきとは限らない．実際のところ，本書の中で「真菌」と名づけているグループは，真菌のような性質をもった8つの界のうちの1つにすぎない．真菌に似ているが真菌ではない残りの7つの界[註3]については，すでに前章で説明した．念のために確認しておくと，その7つに含まれるのは，細胞性粘菌類であるアクラシス菌類 Acrasiomycota とタマホコリカビ類 Dictyosteliomycota，変形体の粘菌 plasmodial slime mould である真正粘菌類 Myxomycota とネコブカビ類 Plasmodiophoromycota，ラビリンチュラ類 labyrinthulid（「スライムネット」），および，真菌のような菌糸 hyphae をもつサカゲツボカビ類 Hyphochytridiomycota と卵菌類 Oomycota だった[註4]．多くの真菌学者は，真菌ではないが，こうした真菌様の生き物を研究対象にする．しかしながら，一部の人が主張しているような，真菌学者たちがこうしたものを研究対象に選ぶ傾向があるという事実ゆえにそれが真菌に分類されるということはない．タクソンは，系統発生的な根拠で定義されるべきであり，注目している専門家集団が何かによって定義すべきではない．

【註3】　命名法に関する p.145 の註1を参照．
【註4】　真核生物系統樹（pp.126〜127）では，細胞性粘菌類 Acrasiomycota と真正粘菌類 Myxomycota という，2つの代表的な粘菌類だけを示している——サカゲツボカビ類 Hyphochytridiomycota とネコブカビ類 Plasmodiophoromycota は省略した．後者の小さな界が，それ以外の界とどのような関係があるかについては，本書執筆時点では明確には確立されていないようだ．

　しかし，こうした別集団がそれほど多くの点で真菌に似ているとすれば，いかなる理由で真菌に分類されないのだろうか？　これまでさまざまな生物学者たちが，いろいろな場面で真菌界の周辺に線引きをしようと試みてきた．リン・マーギュリスとカーリーン・シュワルツは『5つの王国』の中で，ライフサイクルのあらゆる場面で鞭毛（あるいはかれらが好む呼び名に従えば真核生物鞭毛，すなわち「波動毛 undulipodium」）を欠いている生き物に限って真菌として認めている．そうした整理の仕方をすれば，配偶子に鞭毛をもつツボカビ類 Chytridiomycota は除外される．しか

しながら鞭毛は真核生物（あるいは少なくとも，真菌，植物，動物を含む真核生物クレード）の根源的な特徴であり，接合菌類 Zygomycota，子嚢菌類 Ascomycota，担子菌類 Basidiomycota にそれが欠けていることは，この3つのグループとツボカビ類 Chytridiomycota との系統発生上の関係について，実質的な手がかりを私たちに与えてくれない．分岐論的な規則に価値があるのは，真の系統発生に対して信頼できる指針となるからであって，厳格な規則群であることそれ自体ではない．単に接合菌類，子嚢菌類，担子菌類とまとめて線で囲むことは，1つの恣意的なやり方である．その一方で，真菌学者の中には，菌糸をもつすべての生き物を真菌に分類し，卵菌類とサカゲツボカビ類もこれに含まれると言明したがる人たちもいる．しかし，これにも，卵菌類，サカゲツボカビ類，真菌の3者に関連があると考える正当な理由が存在しない．少なくとも，真の系統発生を軸にして自らの分類を構築しようと努めないのであれば，私たちは多くの洞察を犠牲にすることになる．

伝統的に真菌類として認められている4つの門——ツボカビ類，接合菌類，子嚢菌類と担子菌類——を結びつけているのは，一見難解にも感じられる2つの生化学的特性である．すなわち，この4つのグループのすべてにおいて，細胞を囲む薄い壁には，節足動物や線虫などの一部の動物にも存在するキチン質（窒素で補強された多糖類の一種）が含まれており，その一方で，単に真菌に似ているだけのグループは，ふつうセルロースの細胞壁（植物のもつ細胞壁にずっと近い）をもっている．第2に，本当の真菌は，アミノ酸の一種であるリシンを代謝するための明確な酵素群を利用しており，単に真菌に似ているだけのグループとははっきり異なっている．こうした特性は些細なものに思われるかもしれないが，これこそがまさに真の関係を示す可能性の高い種類の特性である．酵素はつまるところタンパク質であり，遺伝子の直接的な産物であるから，もし類似の遺伝子をもたないのであれば，真菌と認知されている4種のすべてがそうした明確な酵素パターンを共有している理由を理解するのは困難であるし，かれらが共通の祖先に由来しないのであれば，そうした遺伝子が酷似している理由を理解するのは難しい．（リボソーム RNA の小さなサブユニット—18S—に基づく）分子レベルの研究では，この4つの門が実際に1つのクレードとして本当に結びついていることが確認されている．

分子レベルの研究ではさらに，真菌が系統発生上は動物とも植物とも近縁であり，この3者が一緒になって1つのクレードをつくることが示唆されている．また，この3つの界はおよそ10億年前に，ほとんど時を同じにして，互いに，さらにはほかの真核生物から分離したらしい．真菌と動物の間の DNA の違いは，真菌と植物との違いにほぼ等しく，したがって，おそらくこの3者は三分岐とするのがもっとも適当であろう——しかし，あえていえば，真菌は植物よりも動物にわずかに近い．真菌の細胞壁にキチンが存在する事実によって，真菌が動物とつながりをもつことが，これまでもずっと示唆されてきた．かりにそうだとしてもそれは直観には反している．ただ，真菌を植物の一部に含めていた従来の考え方が見当はずれなものであるのは確かである．

ツボカビ類（「chytrid」）と接合菌類との関係がどのようなものであるかがいずれは明らかになるにせよ，どちらも形態面では子嚢菌類や担子菌類より一般に単純である．たとえば，前2者の菌糸は横断壁（**隔壁 septa** 単 septum）を欠いているので，「無隔壁 aseptate」と形容される．実際，かれらは文字通りより原始的な存在と考えることができ，「下等真菌」と呼ばれることもある．子嚢菌類と担子菌類は，姉妹関係のグループとして出現し，「高等真菌」とみなすことにしかるべき理由がある．これに属する子嚢菌類と担子菌類には，たいていの人が「真菌」と考える生き物のほとんど——すなわち，あらゆる種類のマッシュルーム，傘状のキノコ（「toadstool」），ホコリタケ puffball，サルノコシカケ bracket，さらには，乾腐病 dry rot のような破壊をもたらす真菌や，

4・真菌界

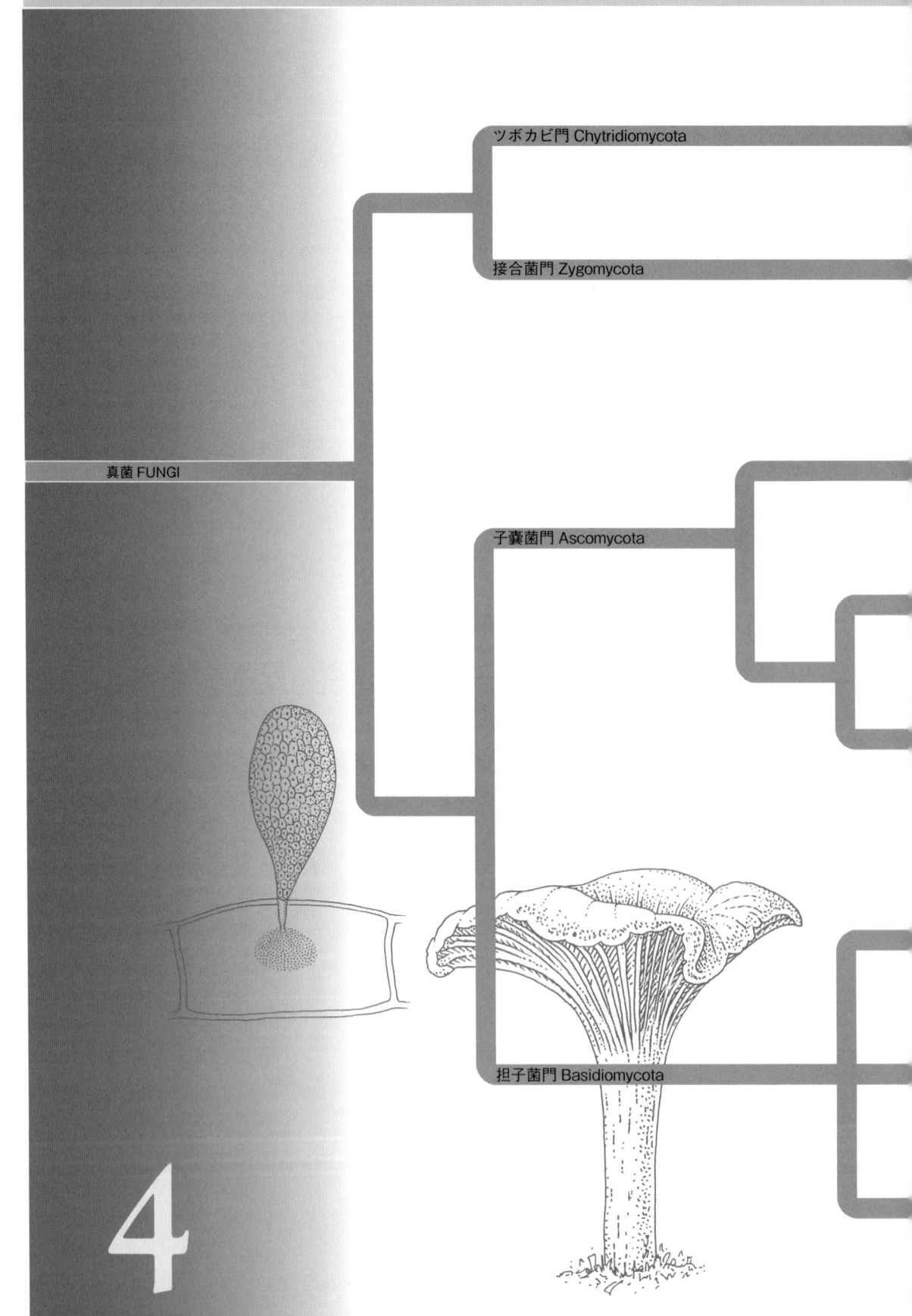

ツボカビ門 Chytridiomycota

接合菌門 Zygomycota

真菌 FUNGI

子嚢菌門 Ascomycota

担子菌門 Basidiomycota

4

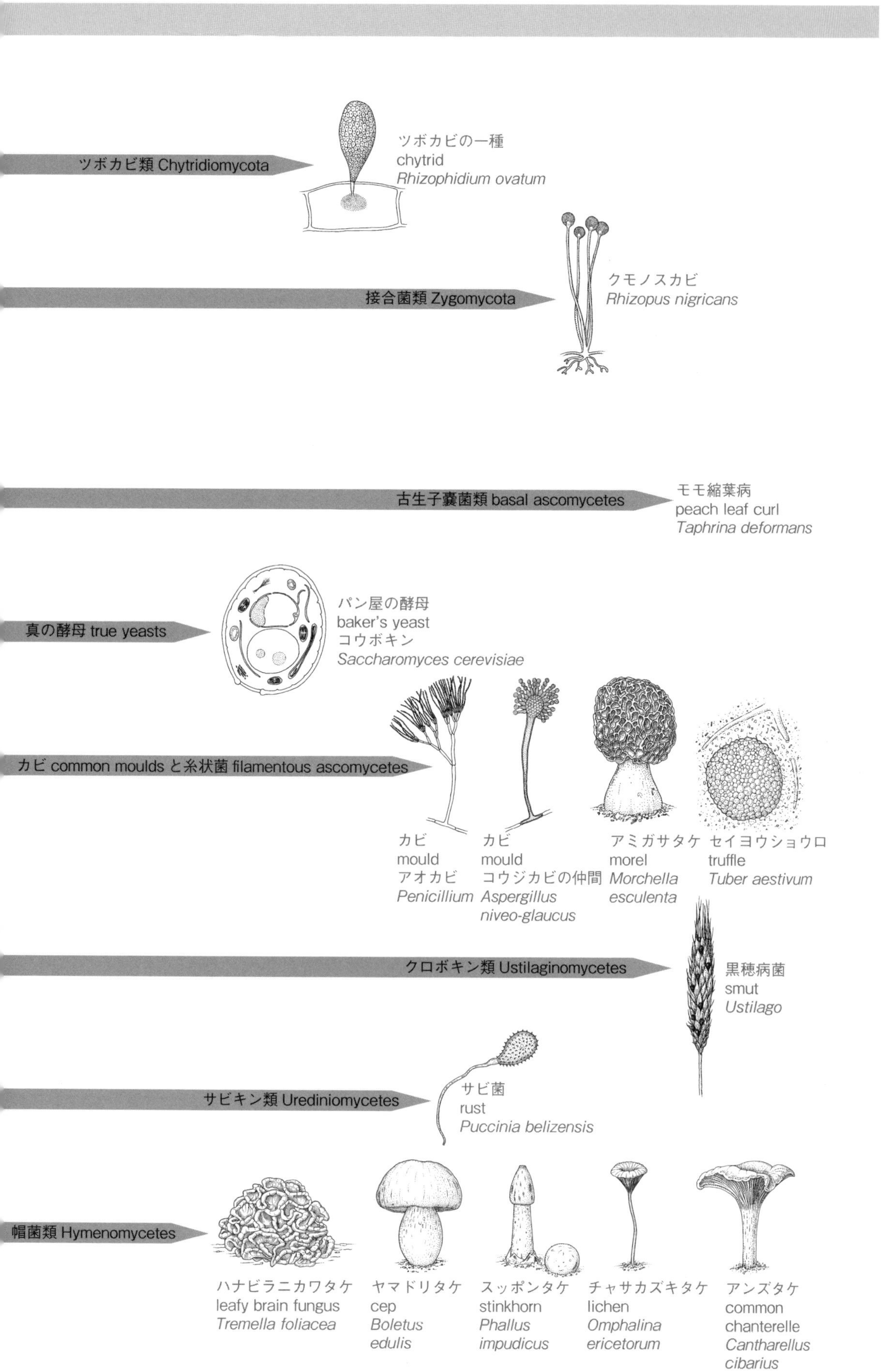

ツボカビ類 Chytridiomycota — ツボカビの一種 chytrid *Rhizophidium ovatum*

接合菌類 Zygomycota — クモノスカビ *Rhizopus nigricans*

古生子嚢菌類 basal ascomycetes — モモ縮葉病 peach leaf curl *Taphrina deformans*

真の酵母 true yeasts — パン屋の酵母 baker's yeast コウボキン *Saccharomyces cerevisiae*

カビ common moulds と糸状菌 filamentous ascomycetes
- カビ mould アオカビ *Penicillium*
- カビ mould コウジカビの仲間 *Aspergillus niveo-glaucus*
- アミガサタケ morel *Morchella esculenta*
- セイヨウショウロ truffle *Tuber aestivum*

クロボキン類 Ustilaginomycetes — 黒穂病菌 smut *Ustilago*

サビキン類 Urediniomycetes — サビ菌 rust *Puccinia belizensis*

帽菌類 Hymenomycetes
- ハナビラニカワタケ leafy brain fungus *Tremella foliacea*
- ヤマドリタケ cep *Boletus edulis*
- スッポンタケ stinkhorn *Phallus impudicus*
- チャサカズキタケ lichen *Omphalina ericetorum*
- アンズタケ common chanterelle *Cantharellus cibarius*

酵母と地衣類，それに，農民の大敵である黒穂病菌やサビ菌，といったもの——が含まれる．子嚢菌類と担子菌類の菌糸は，一般に隔壁によって仕切られており（つまり「有隔壁 septate」であり），この仲間の有性子実体は，一般に接合菌類やツボカビ類のものよりはるかに精巧である．しかし，その子実体は，微小な解剖学的構造に違いがある．子嚢菌類は，鞘に入ったエンドウ豆のように，**子嚢 asci**（単数形 ascus）という小さなカプセル内に，減数分裂による芽胞を生じる．これに対して担子菌類は，**担子器 basidia**（単数形 basidium）と呼ばれる小さな警棒のような構造物の先端に，一般には4つ一組になった芽胞を生じる．トリュフやマッシュルームのような巨大な子実体には，たとえばマッシュルームやホコリタケで見られるような，複雑な支持構造に配列された無数の子嚢や担子器が含まれている．

この系統樹に見られる 2, 3 の一般的な特徴は，とりわけ印象的である．これまでにすでに見てきたように，複数の異なった門の中に，類似の一般的生息地をもつ真菌類が存在するし，——詳細にはここでは示せないが——同一の門に属する複数のあるいは多数の異なった目にもこうした現象は珍しくない．たとえば，担子菌類の多くは，「傘のあるきのこ toadstool」の形をとるが，アミガサタケ Morchella のような子嚢菌類の一部もそうした形態をとる．トリュフもまた子嚢菌類であるが，ショウロ属 Rhizopogon の仲間の担子菌類は，トリュフによく似た「偽トリュフ」と呼ばれる地下子実体をつくる．同じように，私たちは「真の酵母」を子嚢菌類に属する明確に独立したクレードと認めるだろうが，ほかの門の別種の生き物が酵母様の形態をもつ可能性もある．

地衣類は，子嚢菌類と担子菌類のいずれにも生じている．しかも，異なるグループの地衣類が，それぞれの門で少なくとも 2 回ずつ，独立して進化してきたのは明白であり，おそらくもっと数多く進化したものと思われる．地衣類は，地衣類化していない真菌と同じ科に属することがある．たとえば，担子菌類のキシメジ科 Tricholomataceae には，シイタケのような見事なキノコと同時に，何種類かの地衣類が含まれる．生物学者のなかには，地衣類が，あらゆる生き物がある意味で「渇望する」ような，ある種の「理想的な」協力状態を体現していると示唆する人もいるが，ワシントン DC にあるスミソニアン協会のポーラ・デプリーストは，そうした幸福な状態を想像すべきでないと指摘している．真菌と藻類もしくはシアノバクテリア（藍色細菌）の同居者との関係は，地衣類ごとに明らかに異なった形態をとっており，なかには，かろうじて封じ込められた戦争状態にあるかのように見える例もある．

接合菌類，子嚢菌類，担子菌類に属する種の多くは菌根 mycorrhizae をつくる．こうした菌根は，根との相互作用のやり方に違いがある．たとえば，外菌根 ectomycorrhizae という一部の菌根では，菌糸が根に貫通しても細胞間にとどまるのに対して，内菌根 endomycorrhizae では菌糸が根の細胞内に侵入する．菌根の中でもっとも精巧な種類は，根の細胞内に複雑な分岐構造を形成し，それは樹枝状体 arbuscular【註5】と呼ばれる．これらは，接合菌類のグロムス目 Glomales の仲間によってつくられるが，そのほかの（アツギケカビ属 Endogone の）接合菌類では外菌根を形成する．全体的にみれば，接合菌類の菌根が，植物学上および地理学上，もっとも広範囲に分布している．

【註5】 伝統的に，VA 菌根 vesicular-arbuscule mycorrhiza, 略称 VAM という用語が使われてきたのは，多くの種類で，樹枝状の部分に囊状体 vesicle と呼ばれる菌糸の膨大部を伴っているからである．しかしながら，囊状体をもたないものも存在し，より一般的な「樹枝状菌根 arbuscular mycorrhizae」という用語がいっそう好まれるようになっている．

バーバラ・ボウマンとその同僚が指摘しているように，人間の病気——ニューモシスチス，カンジダ，ヒストプラズマ，アスペルギルス——を引き起こす真菌が，子嚢菌類の仲間にどう分布しているかにも注目してほしい．こうした病原体にもっとも近い仲間は，病原性をもたないことが珍しくない．つまり，病原性が子嚢菌類の中で独立

に何度も進化してきたのは明らかである．

　以上，またも同じことの繰り返しである．どのような系統であれ，多くのさまざまな形態をとろうと試みることがあるし，異なった多くの系統が共通の形態を試みることもある．しかしながら，(重要な点をここでもまた強調するために付言すれば)私たちが真の系統発生を反映する分類方法をもたないかぎり，こうした放散と収斂との豊饒なる交錯を見誤ってしまうだろう．

ツボカビ chytrid：ツボカビ門 Chytridiomycota

　ツボカビ門 Chytridiomycota，別名ツボカビ(chytrid，発音は「キットリッヅ」)には約100の属が存在し，従来は，そのほかのすべての真菌類と姉妹関係にあるとされてきた．すなわち，この仲間は，真菌の祖先型にもっとも近いと想定されている．事実，さまざまな分子生物学的研究で詳しく調べられた結果，ツボカビのコウマクノウキン属 *Blastocladiella* が，ほかのすべての真菌の姉妹群として出現したことが特定されている．これは数多くの理由によって，きわめて理にかなった結果である．まず第1に，ツボカビは基本的に水生であり，動物界と植物界と同様，真菌界も実際に水中で誕生したと仮定することができる．第2に，ツボカビは腐生生物あるいは寄生生物として，菌糸を使って摂食，成長するし，担子菌類は地表に傘状のきのこを伸ばすように表面に子実体をつくるけれども，運動性のある配偶子——つまり，精子のような運動性のある配偶子——も産生するのである．このことはほかの真菌類とは対照的であり，ほかの大部分の真核生物界のやり方である．ここでもまた，運動性のある配偶子が原始的な特徴にちがいないことが示唆される．いったん配偶子が融合してしまうと，その結果生じる接合子は，散布のためや，困難なときを乗り切るために有効な，運動性のない構造体になる．ケカビ *Mucor* のような接合菌類にも見られる戦略である．かくして，生化学，全体的ボディプラン，および，少なくとも行動の細部の一部において，ツボカビ類は真性の真菌類となる．その一方で，生態と性行動において，ツボカビ類は真菌類とそのほかの界との間の「失われた環(ミッシングリンク)」の役割にぴったり合致する．

　しかしながら，おわかりのように，私が示したのは，ツボカビ類がそれ以外のすべてと姉妹関係にあるということではなく，|ツボカビ類＋接合菌類|が，|子嚢菌類＋担子菌類|と，より原始的な姉妹関係にあるということである．その理由は，ツボカビ類も接合菌類も，カリフォルニア大学バークレー校のトム・ブランズによる最近の研究に照らして再考される必要があるかもしれないからである．ブランズたちがさまざまな真菌において 18S rRNA 配列を調べたとき，一部の分析において，一般には接合菌類の一種とされているケカビ *Mucor* が，もっとも原始的なツボカビ類に位置する傾向があるコウマクノウキンに一番近いことが明らかになった．その一方で，やはり一見すると接合菌類の仲間に属するアツギケカビ *Endogone* は，そのほかのさまざまなツボカビ類と同一のグループを形成するように思われた．このことは，ツボカビ類と接合菌類という古典的な2つのグループが，実際には混じり合っている可能性を示唆している．ただブランズは，その原著論文において「従来の分類との対立が強く支持されることはない」と指摘している．たとえそうで

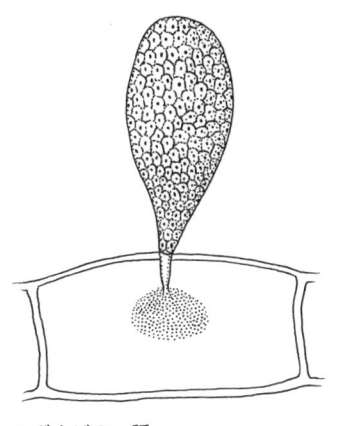

ツボカビの一種
chytrid
Rhizophidium ovatum

あっても，真菌に関心の高い人たちは，引きつづき注目すべきである．当面の間は，本書のような系統発生図を示すことが穏当であろう．

　ツボカビ類は主として淡水中に暮らしているが，少数は河口域に暮らしているし，土壌中に暮らすものもいれば，草食動物の腸管内で嫌気性生物として暮らすものもいる．腐生生物として生きているものもいれば，線虫，昆虫，植物，ほかの真菌（別種のツボカビ類を含む）の寄生生物として生きているものもいる．バンクーバーにあるブリティッシュ・コロンビア大学のメアリー・バービー Mary Berbee とバークレーのジョン・テイラー John Taylor は，一連の分子生物学的研究から，ツボカビ類全体が古いグループであると結論づけている．ツボカビ類は，カンブリア紀の開始時期に近い5億5000万年前ごろ，あるいはおそらくそれよりさらに以前に，陸生の真菌類から分岐したようである．しかし，かれらは，哺乳類の腸管内で生活しているツボカビ類は，もっと近年に放散したはずだとも指摘している．このように，カエコミケス Caecomyces とピロミケス Piromyces のようなツボカビ類は，多種多様な種の後腸に存在するが，ネオカリマスティクス Neocallimastix のようなほかのものは反芻動物の胃の中だけに存在する．かれらは，反芻動物の胃を専門にするツボカビ類が，獣類亜綱の哺乳類が最初に現れた約1億5000万年前以降で，最初の反芻動物が出現した4000万年前よりも前に，後腸で暮らしていたツボカビ類から分岐したはずだと結論している．

ケカビ pin-mould ほか：接合菌類 Zygomycota

　すでに見てきたように，接合菌類にはおそらく再分類が必要である．このグループは多系統のようであり，ツボカビ類と入り混じっている可能性が高い．しかし，当面の間，接合菌類は依然として有効なタクソンとして認められており，それを1つの門と呼ぶことができる．

　それはともあれ，接合菌類には世界中で1000以上の種が知られている．ツボカビ類と同様，かれらの菌糸は，隔壁によって仕切られていない．接合菌類は無性的に生殖する際，**胞子嚢 sporangia**（単 sporangium）の内部に芽胞を生じる．この胞子嚢は通常，**胞子嚢柄 sporangiophore** と呼ばれる特殊な菌糸の上部の空中にもち上げられる——こうした構造がこの特徴的な菌類をつくっている．かれらはさらに風変わりな有性生殖方法ももっている．明らかに対立する配偶形らしき2種類の菌糸が接近するように成長し，やがて接触する．その接触端が膨らみ，その膨張した末端が合体して，分厚い壁をもった静止体，すなわち**接合球体 zygosphere** を形成する．2つの菌糸に由来する核が混じり合い，対になって融合すると，減数分裂が起きて，半数体の芽胞が形成される．

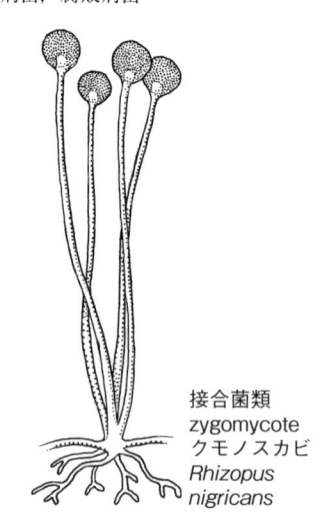

　『エインズワースとビスビーの真菌事典 Ainsworth and Bisby's Dictionary of Fungi』では，接合菌類を2つの綱に分類している．第1の仲間が種の数が200種に満たないトリコミケス綱 Trichomycetes で，ほとんどが節足動物の腸内で寄生生活や片利共生生活を営み，比較的単純な構造をもつ．第2の仲間が，900種近くが知られている接合菌綱 Zygomycetes で，『エインズワースとビスビー』では7つの目に分類されている．これらの目のうち，ケカビ目 Mucorales には，腐生性のケカビ Mucor やクモノスカビ Rhizopus，

それに，糞の上で成長し胞子嚢を空中に2mも伸ばすたくましいミズタマカビ (*Pilobolus*, 別名「hat thrower」) が含まれる．トリモチカビ目 Zoopagales は，線虫のような小動物や，アメーバのような原生生物の寄生生物であり，ゼンマイカビ *Cochlonema*, *Endocochlus*, *Stylopage* が含まれる．ハエカビ目 Entomophthorales も，ほとんどが昆虫を宿主とする寄生生物である．多くの接合菌類は菌根を形成する．アツギケカビ属 *Endogone* の仲間が外菌根 ectomycorrhizae をつくるのに対して，グロムス目 Glomales の仲間は複雑な樹枝状の菌根を形成し，そこでは菌糸の枝が，宿主となる根細胞内部で複雑な構造をつくっている．植物学上および地理学上，接合菌類の菌根はもっとも広範囲に分布している——したがって，接合菌類はグロムス目という形で，もっとも重要な植物との共生生物となっている．

接合菌類と思われる胞子——実際，おそらくグロムス目に属するグロムス *Glomus* の近縁種——が，世界最古の維管束植物——およそ4億年前のデボン紀初期のリニア属 *Rhynia* (リニア植物の一種．23章参照)——の化石の一部から，根茎と一緒に発見されている．グロムス目の仲間が，これほど菌根形成に長けていることを考えれば，植物と真菌の両者が陸上の暮らしを始めて以来，(いかに居心地が悪かろうと) 協力しあってきたという考え方が有力になる．しかしながら，こうしたグロムス目が，陸上にせよ何にせよ，最古の真菌であると考えてはならない．なぜなら，同じグループの植物の化石に，子嚢菌類や担子菌類といった現代的な真菌のものと思われる菌糸が存在しているからである．したがって，(グロムス目に代表される) 接合菌類と，|子嚢菌類+担子菌類|との分岐は，デボン紀初期よりも以前にすでに起こっていたはずだ．

真の酵母，カビ (糸状菌)，アミガサタケ，トリュフ：子嚢菌門 Ascomycota

子嚢菌類は，単細胞の酵母 yeast から，菌根を形成するアミガサタケ morel やトリュフ truffle のような立派なものまで，多様な3万2000以上の種を含む，真菌最大のグループである．しかし，この仲間は，鞘のような胞子の容れ物である子嚢 ascus をもつことで結びついており，これによって識別することができる．子嚢菌類も無性的に繁殖する——菌糸が単純に分割して**分生子**(分生胞子) **conidiospore** を形成する．これまでに知られている範囲では，無性生殖によってのみ増殖する種もある．子嚢菌類は，腐生生物および寄生生物である．多くの種が菌根をつくり，既知のすべての種のほぼ半分が地衣類を形成する．

『エインズワースとビスビー』では，この大集団に属する種を46の目 (これに加えて，既存の目に確定的に割り振ることができない科がおよそ29) に分類している．フンタマカビ目 Sordariales には，パンのカビとして一般的な腐生性のアカパンカビ *Neurospora* が含まれ，遺伝学者のお気に入りである．クロイボタケ目 Dothideales の *Elsinoe* は，熱帯地方における，とりわけ柑橘類とライマメにおける瘡痂病 scab の原因となる．サッカロミケス目 Saccharomycetales には，ビールの醸造やパンの発酵に使われるコウボキン *Saccharomyces cerevisiae* のほか，ヒトや動物の病原体となるカンジダ・アルビカンス *C. albicans* (鵞口瘡カンジダ) や食べ物のイーストとなるカンジダ・ユチリス *C. utilis* を含む，多面性のあるカンジダ *Candida* 属が含まれる．チャワンタケ目 Pezizales は，トリュフの仲間であるセイヨウショウロ属 *Tuber* や，アミガサタケ属 *Morchella* を含む，有名な目である．目の名称の由来にもなっているチャワンタケ属 *Peziza* は，クリイロチャワンタケ *P. badia* (英 the common brown elf cup) のように，典雅なカップ状の子実体をもつ．オフィオストマ目 Ophiostomatales には，楡 (ニレ) 立ち枯れ病の原因菌である *Ophiostoma ulmi* (そして，さらに致命的な *O. novo-ulmi*) が含まれる．これによって，1970年代，かつてはニレが「ウィルトシアの雑木(ウィード)」といわれるほど豊かだった英国の田園地方の様相が変化した．

Ophiostoma の芽胞は甲虫によって散布され，甲虫が餌にしている木の樹皮の下に，特徴のある「通路」(ギャラリー)を掘る．そうしたギャラリーが，化石になった白亜紀の森で発見されており，その種の甲虫が，おそらく1億4000万年前の白亜紀初期に進化したことを示唆している．*Ophiostoma* も，ほぼ同時期に出現したのかもしれない．大部分の子嚢菌類は，自らの子嚢胞子を強制的に散布するが，メアリー・バービーとジョン・テイラーは，*Ophiostoma* の先祖は，芽胞を散布するために代わりに甲虫を利用するようになり，自力で芽胞をばらまく能力を失ったのだと示唆している．

『エインズワースとビスビー』の指摘によれば，多くの研究者がこの子嚢菌類の多くの目を，目よりも上の水準でさまざまにグルーピングしているが，そうしたグルーピングはいずれも系統発生上，確固としたものではないようだ．しかし，バークレー，ロッシュ，スミソニアンにおけるさまざまな分子レベルの研究によれば，子嚢菌類は正当な理由によって，以下に示すような3つの大きなグループに分けられることが示唆されている．

● 古生子嚢菌類 basal ascomycete は，単にいくぶん原始的らしいと考えられる子嚢菌類を非公式に集めた，寄せ集めのグループである．このグループには，ヒトの肺に侵入する病原性のある，酵母様のシゾサッカロミケス *Schizosaccharomyces*，ニューモシスチス *Pneumocystis*，モモの縮葉病の原因菌 *Taphrina deformans* が含まれる．酵母＋カビ，およびそのほかの菌糸をもつ子嚢菌類の姉妹関係にあるグループが，この基本的な古生子嚢菌類のどこかに存在するはずであるが，メアリー・バービーとジョン・テイラーが述べているように，現存種のどれが，最初の祖先となる子嚢菌類にもっとも似ているのかははっきりしない．

● 真の酵母 true yeast は，たとえその多くが生涯にわたって単細胞で，本質的に原生生物

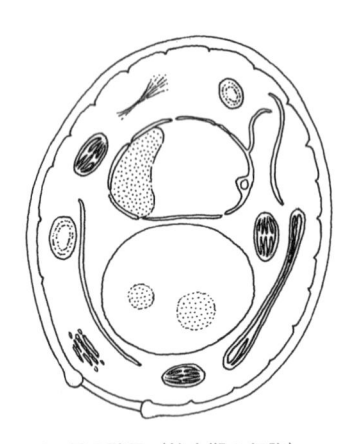

パン屋の酵母（静止期の細胞）
baker's yeast (resting cell)
コウボキン
Saccharomyces cerevisiae

カビ
mould
アオカビ
Penicillium

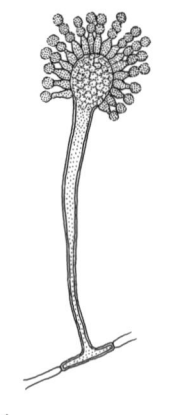

カビ
mould
コウジカビの仲間
Aspergillus niveo-glaucus

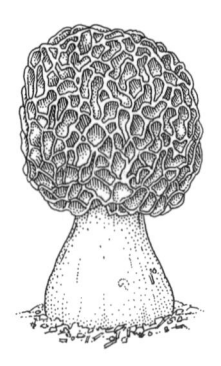

アミガサタケ
morel
Morchella esculenta

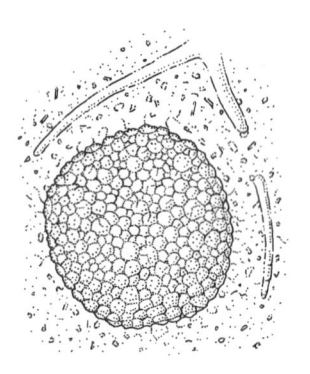

セイヨウショウロ
truffle
Tuber aestivum

の状態にあり，まったく菌糸を産生しないにもかかわらず，少なくとも一部は子嚢を生じるので，子嚢菌類に属すると考えられる．酵母には，ビール醸造者が使うイーストとなるサッカロミケス属 *Saccharomyces* や，カンジダ属 *Candida* を含む．しかしながら，酵母がきわめて単純な構造をもつ（本質的に原生生物である）にもかかわらず，この単純性は，原始的なものではなく，派生的に生じたものである．酵母は，菌糸をもつ種から進化したらしく，バービーとテイラーはおよそ2億4000万年前に最初の酵母が出現したと示唆している．

- アカパンカビ *Neurospora* のようなカビ mould や，セイヨウショウロ *Tuber* やアミガサタケ *Morchella* のような大型の真菌は，酵母と姉妹関係である．さらに，こうした大型真菌のうちのおよそ13の目は，少なくとも何らかの地衣類化した仲間を含み，4つの目は例外なく地衣類を形成する．地衣類化は，現在の子嚢菌類の中で少なくとも2回は進化してきており，実際にはさらに回数が多かっただろう．

分子レベルの研究によれば，子嚢菌類全体としては，およそ3億3000万〜3億1000万年前の石炭紀に初めて出現したと示唆されているが，それ以前のシルル紀初期に遡って，子嚢胞子に似た化石の胞子がいくらか存在している．それでも，子嚢菌類は担子菌類と姉妹関係にあるとずっと考えられているので，バービーとテイラーは，こうした古い胞子は，現在のこの2つのグループの共通の祖先だった真菌類が産生したものだろうと述べている．

黒穂病菌 smut，サビ菌 rust，キクラゲ jelly，マッシュルーム mushroom，サルノコシカケ bracket：担子菌門 Basidiomycota

担子菌類は2万2000以上の種を含む，もう1つの巨大なグループである．この仲間は子嚢菌類と姉妹関係にあると考えられており，この2つが構成する1つのクレードが，より原始的な{接合菌類＋ツボカビ類}と姉妹関係にあると考えられる．

担子菌類の特徴のある生殖体であり，このグループを定義づけている特性でもあるのが，担子器 basidium ——前述のように胞子を含む棍棒状の構造体——である．寄生性の黒穂病菌とサビ菌では，この担子器は，宿主の表面から突き出した単純な構造体の中に含まれている．しかし，もっと精緻な構造をもつ帽菌類 Hymenomycetes（マッシュルームのような身近な大型の真菌類を含む仲間）では，担子器は，通常は保護用の傘や張り出し棚の下で，襞（菌褶）の表面や（管）孔の中に整然と配置されている．しかし，一部の担子菌類は，酵母のような状態をとることもある．

黒穂病菌とサビ菌は，穀物植物の主要な寄生生物であり，とくにサビ菌は，気象条件と宿主の状態によって変化する，きわめて複雑な生活環をもつことがある．

さまざまな真菌学者たちが，長年にわたって，担子菌類内に，数多くの（実質上，綱に相当する）サブグループを認めてきた．本書では，18S rRNA に基づく分類をしている，カリフォルニア州バークレー校のエリック・スワン Eric Swann とジョン・テイラー John Taylor の説明に準拠しよう．ここに示されている系統樹上でわかるように，スワンとテイラーは担子菌類を，綱と呼べる水準の3つの大きなグループに分割している．クロボキン類 Ustilaginomycetes には，ほとんどの黒穂病菌が含まれる．サビキン類 Urediniomycetes には，サビ菌に加えて，従来は黒穂病菌に分類されていたいくつかの仲間が含まれる．帽菌類 Hymenomycetes には，大型の担子菌類のすべて——マッシュルーム，傘状のキノコ，サルノコシカケ，キクラゲ（「ジェリー状のキノコ」）——が含まれる．

こうした分類は従来の分類に近い．ただし例外として，黒穂病菌が通常は単系統と考えられてい

るのに対して，スワンとテイラーは，従来の「黒穂病菌」の一部が本当はサビ菌に近いと結論づけている．しかし，上記の3つのグループが互いにどのような関係にあるのか，正確なところは大きな論争になってきた．サビ菌（およそサビキン類に等しい）が，|クロボキン類＋帽菌類| と姉妹関係にあると考える人もいれば，サビ菌と帽菌とは姉妹関係にあるが黒穂病菌（概ねクロボキン類に等しい）はよそ者扱いしている人もいる．スワンとテイラーは，結論がまだ出ていないことを示唆している．したがって，換言すれば，本書ではこの3者を対等な3つの1組として扱っておくことが一番無難であろう．

クロボキン類 Ustilaginomycetes

黒穂病菌は，そのほとんどがスワンとテイラーのクロボキン類 Ustilaginomycetes に含まれるようであり，63属，1000以上の既知の種が含まれる．一般に，かれらは単子葉植物の寄生生物である．単子葉植物には草の仲間が含まれ，それはつまり，世界でもっとも重要な収穫植物である穀類 cereal を含むことになる．たとえば，*Ustilago segetum* は，大麦，オート麦，小麦を攻撃するし，*U. bullata* はスズメノチャヒキ *Bromus* を標

的にする．黒穂病菌は寄生相にあるときに菌糸体を形成するが，培養されたときには酵母様の形態をとる．（英語では shadow yeast とか mirror yeast と呼ばれる）*Sporobolomyces* がその例である．

サビキン類 Urediniomycetes

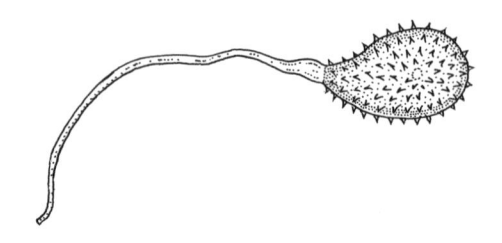

サビ菌
rust
Puccinia belizensis

サビキン類の多くを構成するサビ菌は，きわめて重要な植物の病原体である．プクキニア属 *Puccinia* もまた，穀類を攻撃対象とする多様な種を含む．*P. graminis* は，冬胞子期の黒サビ病を起こす．*P. hordei* は，大麦に茶色の赤サビ病を起こす．*P. recondita* は，ライ麦と小麦に影響を及ぼす．*P. coronata* は，オート麦に冠サビ病を起こす．*P. striiformis* は，穀類に黄色の縞をつくる．*Uromyces* は，エンドウ豆やソラ豆などのマメ科植物の一般的なサビ菌であり，また，*Phragmidium* は，バラやブラックベリーとその親戚を攻撃する．

帽菌類 Hymenomycetes

解剖学的形態を基礎にした従来の研究も，スワンとテイラーの研究を含むさまざまな分子的研究も，帽菌類を2つの主要なグループに分類することには概して異論がないようである．ほかのすべての種と姉妹関係にあるのが，シロキクラゲ目 Tremellales に属する「ゼリー状真菌」である．シロキクラゲ *Tremella* や「ゼリー・ハリネズミ」*T. gelatinosum* のようなシロキクラゲ目のいくつかの種は，大型の真菌であるが，明確なゼリー

黒穂病菌
smut, *Ustilago*
（小麦の穂の中にいる）

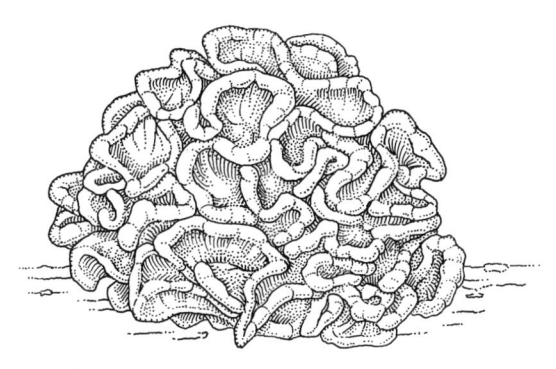

ハナビラニカワタケ
leafy brain fungus
Tremella foliacea

状の堅さをもっている．しかしながら，なかには酵母様の形をとるものもいる．これ以外の帽菌類は，1万4000近い既知の種を含む1つのクレードを形成している．これらの種はさまざまに分類されてきた——たとえば，『エインズワースとビスビー』には31の目が記載されている——が，こうした分類はきわめて激しく，難解な議論の対象になっているので，そこまで立ち入らないのが賢明だと思われる．分子レベルの研究では，解剖学的形態に基づく従来の分類の多くが（少なくとも系統発生を反映していないという点において）まったくの誤りであることが示唆されているものの，従来の分類体系に代わるだけの包括的で頑健な新体系を提供するにはそうした研究の数はあまりにも少数であり，分析方法によって異なった結論が導かれている場合もある．

帽菌類は一般に，驚くほど多様な仲間である．マッシュルーム様のものや，傘のあるキノコ状のものもあるし，サルノコシカケ状の（英国ではbracket fungi，米国ではshelf-fungiと呼ばれる）ものもある．多くは菌根をつくり，また多くが地衣類を形成する——地衣類を形成する多くの種類で，同じ科やときには同じ属の中でさえも，地衣類を形成しない仲間がいる．（『エインズワースとビスビー』で示されているような）従来の目分類は，おそらく分子生物学的研究に基づいた改訂が必要になるだろうが，明瞭で包括的な代案が提示されるまで，当面の間は従来の分類を使用するのが妥当だと思われる．

たとえば，既存の目の中で目立つものにハラタケ目 Agaricales がある．この目に含まれるものとして，ハラタケ（*A. campestris*, 英 field mushroom）やツクリタケ（*A. bisporus*, 英 cultivated mushroom）など，200種ほどを含むハラタケ属 *Agaricus*，（まさしく「白く塗りたる墓」の偽善者たる）白色で猛毒のドクツルタケ（*A. virosa*, 英 'destroying angel'）や，ハエ取り用に用いられてハエコロシタケ（英 fly agaric）とも呼ばれ，白い斑点のある赤い傘から，だれもが典型的な傘のあるキノコと認めるベニテングタケ *A. muscaria* など，やはり200種ほどを含むテングタケ属 *Amanita*，100種以上の仲間をもち，胞子が熟すると傘のひだが黒く液化してインクキャップの異名があるヒトヨタケ属 *Coprinus*，きわめて破壊力の強いナラタケ *A. mellea* など40種ほどの仲間がいるナラタケ属 *Armillaria*，それに——いずれもキシメジ科 Tricholomataceae に属する——シイタケ *Lentinula edulis* と，地衣類の一種であるヒダサカズキタケ *Omphalina* がある．同様にして，アンズタケ目 Cantheralles にも，美味で食用になるアンズタケ *Cantharellus cibarius* と，また別の地衣類であるシラウオタケ属 *Multiclavula* とが含まれる．

愛らしい傘のあるキノコであるフウセンタケ *Cortinaria* とベニタケ *Russula* は，それぞれフウセンタケ目 Cortinariales とベニタケ目 Russulales に属する．イグチ目 Boletales にはイグチ属

マッシュルーム
cultivated mushroom
Agaricus bisporus

チャサカズキタケ
lichen
Omphalina ericetorum

アンズタケ
common chanterelle
Cantharellus cibarius

ヤマドリタケ
cep
Boletus edulis

ヌメリイグチ
boletus
Suillus luteus

スッポンタケ
stinkhorn
Phallus impudicus

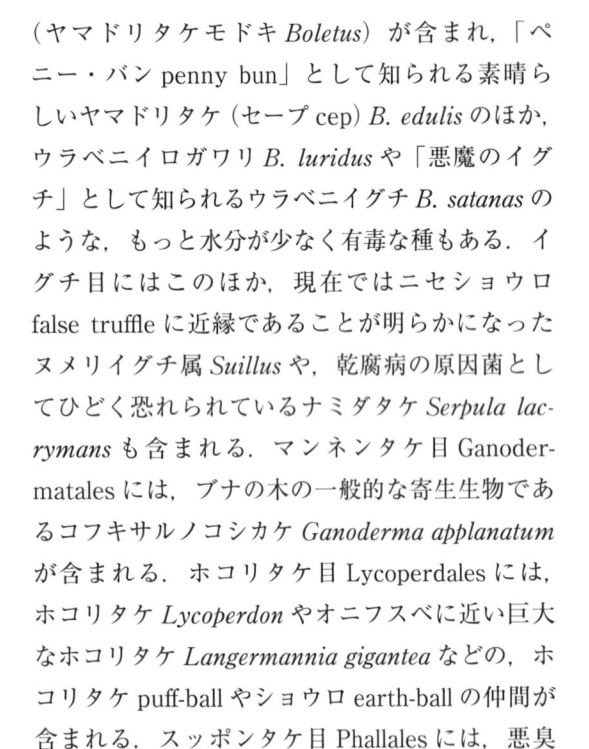

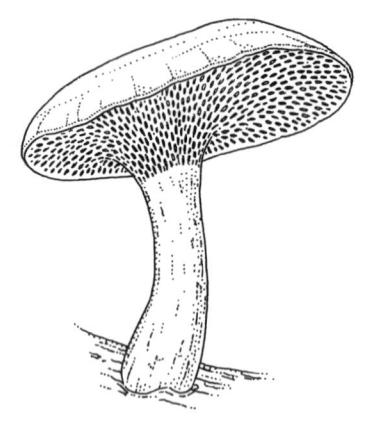

多孔菌類
polypore fungus
オツネンタケモドキ（タマチョレイタケ属）
Polyporus brumalis

（ヤマドリタケモドキ *Boletus*）が含まれ，「ペニー・バン penny bun」として知られる素晴らしいヤマドリタケ（セープ cep）*B. edulis* のほか，ウラベニイロガワリ *B. luridus* や「悪魔のイグチ」として知られるウラベニイグチ *B. satanas* のような，もっと水分が少なく有毒な種もある．イグチ目にはこのほか，現在ではニセショウロ false truffle に近縁であることが明らかになったヌメリイグチ属 *Suillus* や，乾腐病の原因菌としてひどく恐れられているナミダタケ *Serpula lacrymans* も含まれる．マンネンタケ目 Ganodermatales には，ブナの木の一般的な寄生生物であるコフキサルノコシカケ *Ganoderma applanatum* が含まれる．ホコリタケ目 Lycoperdales には，ホコリタケ *Lycoperdon* やオニフスベに近い巨大なホコリタケ *Langermannia gigantea* などの，ホコリタケ puff-ball やショウロ earth-ball の仲間が含まれる．スッポンタケ目 Phallales には，悪臭を放つスッポンタケ *Phallus* が属する．

現代を代表するある真菌学者は，従来のアナタケ目 Poriales を「絶望的なまでに多系統のゴミ袋」と評している．しかし，機は熟し，おそらくこの先数年のうちに，この「アナタケ目」は廃止され，これまでここに分類されてきた種は，もっと系統発生的に定義された新たなグループに再配置されることになるだろう．それまでの間，伝統的にこのゴミ袋にまとめて放り込まれていた仲間には，「樹木の精ドリュアスの鞍」といわれるアミヒラタケ *P. squamosus*，硫黄色多孔菌の一種 *P. sulphureus*，カバにつく多孔菌で皮砥真菌ともいわれるカンバタケ *P. betulinus* といった，タマチョレイタケ属 *Polyporus* が含まれることを指摘しておこう．さらに，ヒラタケ *Pleurotus ostreatus* も従来はアナタケ目に分類されていた．ヒラタケは，英語では oyster cap とも呼ばれ，木に損傷を与えるが，食用として商業的に栽培されている．

上述の属のうち，テングタケ，フウセンタケ，ベニタケ，イグチは，外菌根の偉大な製作者である．それ以外の，ケットゴケ *Dictyonema*，シラウオタケ *Multiclavula*，ヒダサカズキタケ *Omphalina* を含む多くは地衣類をつくる．さらに，シイタケの属するキシメジ科 Tricholomataceae のように，一部の科では地衣類化したものとしていないものとの両者を含んでいる．実際のとこ

ろ，属の中でも，地衣類化しているものとそうでないものとが混在している場合もあり，ホシゴケ属 *Arthonia*，ゴマシオゴケ属 *Arthothelium*，イボゴケ属 *Bacidia*，ミコミクロテリア属 *Mycomicrothelia*，ヒダサカズキタケ属，*Toninia* 属がその例である．

メアリー・バービーとジョン・テイラーは，担子菌類が3億9000万年前ごろに子嚢菌類から分岐したことを示唆している．約3億6000万年前のデボン紀後期の菌糸は担子菌類だった可能性があるが，最初の明確な担子菌類の化石は，約2億9000万年前のもの——石炭紀後期のシダの組織中に発見された菌糸——である．現在の黒穂病菌類，サビ菌類，帽菌類へと進化した3つの主要な系統は，どうやらおよそ3億4000万年前に分岐したらしく，おそらく初期の維管束植物の寄生生物として純粋なサビ菌類が最初に出現したのは，約3億1000万年前付近のようだ．ゼリー状真菌がそのほかの帽菌類から分岐したのは，約2億2000万年前らしい．最古のサルノコシカケ類は，およそ1億6500万年前の *Phellinites* で，分子時計の証拠によれば，帽菌類は，顕花植物（被子植物 angiosperm）が植物相の重要な位置を占めるようになった後，約1億3000万年前の白亜紀に適応放散したことが示唆されている．既知のマッシュルームで最古のものは，およそ4000万年前の始新世の *Coprinites dominicana* であるが，マッシュルームは化石化しにくいので，おそらく起原はずっと古いものと思われる．

――――――

さて，いよいよ，少なくとも一部の証拠が示唆しているところによれば，真菌にもっとも近いと考えられる界へと進むことができる．その界とは，動物界である．

5章

動物

動物界 Kingdom Animalia

　私たちは動物である．そして，カイメン，イソギンチャク，あらゆる蠕虫，カタツムリ，タコ，フジツボ，ハエ，クモ，ヒトデ，サメ，恐竜，スズメ，イヌといったすべてが動物である．私たちの属する動物界はじつに素晴らしい界である．それでも，動物とは何かを定義するのは簡単ではない．動物が共通してもつ一般的特性は容易に指摘することができる．動物は運動性をもった従属栄養生物である（動物は植物や海藻のような光合成は行わない）し，一般には大型である——ほとんどの動物は肉眼で認められるほど大きいのに対して，それ以外の運動性のある従属栄養生物（従属栄養の原生生物や原核生物）は「微生物」である．

　しかし，現代分岐論の時代にあって，こうしたいい加減な目録一覧では役に立たない．クレードは，否定要因によって定義することはできない．動物とは光合成を行わない大型の生き物，といった単純な定義はできない．従属栄養性などの一般的な特徴で定義することもできない．従属栄養をする種類の生物はほかにも数多くいるからである．クレードは一般にサイズによって定義することもできない——それにまた，以下で見ていくように，動物には原生生物の少なくとも1つのグループを含めなくてはならない．もし動物界が本当のクレードとしてまとまっているのならば，私たちはすべての動物がもつ共有派生形質 synapomorphy を見つける必要がある——つまり，すべての動物がもつ（あるいは何らかの先祖状態においてもっていたと仮定される）特性で，すべて共通の祖先から派生しているが，そのほかの生き物には一般に存在しない特性である．

　そうした特性を発見することが困難だったので，多くの動物学者は，そもそも動物界と呼ばれているものが本当に1つのクレードであるかどうかを疑ってきた．動物が，原生生物界のうちの一群から生じたことはだれも疑いえない．しかし，はたしてすべての動物は同一の原生生物から進化したのだろうか？　それとも複数の原生生物が起原になったのか？　とりわけ悩ましい存在がカイメン動物である．過去の博物学者のなかには，カイメンはまったく動物ではないと示唆した人たちもいるし，現代の生物学者の一部（たとえば『5つの王国』を著したリン・マーギュリス Lynn Margulis とカーリーン・シュワルツ Karlene Schwartz）も，カイメン動物はほかの動物と同一の原生生物から派生したのではなく，したがって，動物界は多系統であろうと示唆している．

　従来の生物学者は，説得力のある2, 3の特性を特定してきた．たとえば，イソギンチャクからツチブタにいたるすべての動物が，とくに皮膚に存在する頑丈な結合素材であるコラーゲンというタンパク質を産生しているようである．そのほかの生き物は，見かけ上，コラーゲンを産生しないようだ．そうした理由から，論争に合理的な決着がついたと宣言できるように思われる．カイメン動物を含めて，動物界は実際に単系統のようである——しかも，原生生物の共通祖先が何かについても候補がある．それはおそらく，現存する襟鞭毛虫類 choanoflagellate に似た生き物だった．唯一まだ残されている疑問は，現在の襟鞭毛虫類自体を動物界に含めるべきか，それとも動物界と姉妹関係にあるグループ（おそらくは姉妹関係にある1つの界）とみなすべきか，というものである．本章では，『動物の進化 Animal Evolution』(1995)の中で襟鞭毛虫類を動物の姉妹群として扱っている，クラウス・ニールセン Claus

Nielsenの考え方に概ね準拠する．しかし，私は襟鞭毛虫類を動物界の内部に位置づけるのを好む．私には，この2つのグループが一緒になって1つのクレードとなる必要条件を満たしていると思われる．両者は，襟鞭毛虫類に似た何らかの原生生物と考えられる同一の「クレード創設者」を共有すると想定される．私の理解では，この両者を分離する主な理由は，襟鞭毛虫類が（ときには単細胞生活，ときには群体生活を送る）原生生物であるのに対して，それ以外の動物が多細胞，すなわち後生生物metazoanであることにある．しかし，これはグレードだけの違いであり，何らかのきわめて特殊な理由が存在しないかぎり，タクソンは系統発生だけによって定義されるべきであり，グレードによって定義されるべきではない．ちょうど原生生物グレードの緑藻を植物界に含めるのと同様に，原生生物グレードの生き物を動物界に含めることは，私にはまったく妥当なことに思える．ニールセン自身も以前の出版物では襟鞭毛虫類を動物界に含めていたし，B・S・C・レドビーター B. S. C. Leadbeater とアイリーン・マントン Irene Manton は，1974年に，襟鞭毛虫類を「カイメン動物と関連のある動物とみなすことができる」と述べている．

現存する襟鞭毛虫類 Choanoflagellata には，約140種が含まれ，そのすべてが海産であり，単独生活をするものと群体生活をするものがいる．襟鞭毛虫類の個々の細胞の一端には，1本の長い鞭毛があって，その周囲を，囲い柵のような**微絨毛 microvilli**（単 microvillus）と呼ばれる環状の突起でできた襟が取り囲んでいる．鞭毛が打つと，環状になった微絨毛の隙間を通して水が引き寄せられる．こうして，この水流に含まれる栄養分となる粒子が襟の外部にひっかかる．そして，この栄養分を細胞本体が摂食する．

襟細胞 choanocyte と呼ばれる，実質的にこれと同一の細胞が，カイメン動物の消化組織を形成しており，実際，カイメン動物の本体に含まれるほとんどの細胞の仕事は，こうした襟細胞がはたらけるような土台をつくることにある．襟細胞と襟鞭毛虫類の類似性は，襟鞭毛虫類 Choanoflagellata とカイメン動物門（海綿 sponge）が共通の祖先をもつことを，これまでのどんな生物学的特性よりも明瞭に示している．事実，群体性の襟鞭毛虫類は，複数の細胞が集まった球を形成し（表面上は，群体性藻類であるボルボックス Volvox（p.174）に似ている），こうした球体には，細胞の繊毛が外側を向いているものと内側を向いているものとがある．後者の場合，襟鞭毛虫類の群体は，襟細胞が内側の中空の腔を内張りしているカイメン動物の摂食メカニズムにきわめて類似している．真の襟細胞をもつ動物はほかにいないものの，ほかのほとんどの動物界には，襟細胞に似た「襟状の細胞」が存在し，少なくともそのうちの一部は，襟細胞と相同のはたらきをするといってよい．この類似性は，襟鞭毛虫類，カイメン動物，およびそのほかの動物との連続性を示唆する複数の事実の1つである．

それでも，襟鞭毛虫類に関しては，系統発生的な重要性がほとんど知られていないことは驚くべきことだ．それが「驚くべき」であるのは，もしこの生き物が世界最古の動物であるのなら，最高に興味深いもののはずだからだ．本書を執筆している時点では，襟鞭毛虫類がコラーゲンをもっているのかどうか，どうやらだれも知らないようである．こうした点はぜひとも明らかにしなくてはならない．もし襟鞭毛虫類が本当に世界で最初の動物であるのなら，きわめて重要である．私たちはもしかすると，現存する最後のホモ・エレクトスの集団を無視するようなことをしてきたのかもしれない．

しかし，最終的には，動物を定義するには，何かしらの目につく解剖学的特徴や，気まぐれな生化学的特徴によるのではなく，その遺伝子を直接に参照することが最善ということになるのかもしれない．それというのも，これまでに検査されたあらゆる動物には，Hox複合体 Hox complex と呼ばれるきわめて重要な一定の遺伝子群が含まれており，それが動物だけに存在するように思われるからである．つまりHox遺伝子群は，動物全

体を規定するように思われ，後に述べるように，これらの遺伝子群における差異を手がかりにして，すでに動物学者たちはさまざまな動物界どうしの関係について再評価しつつある．

Hox 遺伝子

これまでに調べられたすべての真核生物——単に動物にとどまらない！——は，ホメオボックス homeobox と呼ばれるこの種の遺伝子群をもっており，これらの遺伝子には特定の塩基配列が含まれる．（結局のところ）その配列が，ほかの遺伝子群の活動を制御する能力をもったタンパク質を産生し，遺伝子のスイッチを入れたり切ったりする．さらに，現在，動物にはホメオティック homeotic と呼ばれるカテゴリーの遺伝子群があることが知られている．ホメオティック遺伝子群の機能は，身体の特定領域それぞれの運命を決定することである．たとえば，ハエのホメオティック遺伝子群は，胸部の第1体節には機能のある羽をつける，頭部には触角をつける，などといったことを決定する．ほかのすべての後生動物にある類似の遺伝子群には類似の機能がある．ホメオボックス遺伝子のすべてが機能的にホメオティックなわけではないが，多くはそうである．また，ホメオティック遺伝子のすべてが構造上ホメオボックスであるわけではないが，多くはそうである．構造上ホメオボックスであり，なおかつ機能的にホメオティックである動物の遺伝子群を **Hox 遺伝子**と呼んでいる．一般に，動物の目に見える複雑さは，その Hox 遺伝子群の数と複雑さを反映している．たとえば，ハエや頭索類 cephalochordate には Hox 遺伝子群が1組しか存在しないが，脊椎動物には，それぞれが互いに微妙に異なる完全な4組があり，そこに大量の情報をもっている．

1994年，当時オックスフォード大学に在籍していたジョナサン・スラック Jonathan Slack，ピーター・ホランド Peter Holland，C・F・グレアム C. F. Graham の3人が，動物全体を，Hox 遺伝子群を保有していることで合理的に定義することが可能であり，動物界のさまざまな門が，少なくとも部分的にはそうした遺伝子群の発現パターンによって定義できる可能性があることを示唆した．さらに，体制（英 body plan, 独 Bauplan）という，つかみどころのない概念が，少なくとも門の水準では，Hox 遺伝子の発現パターンと結びつけられるはずだとも示唆したのである．しかしながら，スラック，ホランド，グレアムの3人が言及していたのは後生動物に限られていた．もし襟鞭毛虫類が動物であることを認めるのなら——あるいは，かりにそれが動物の姉妹群であることを認めるだけだとしても——はたして襟鞭毛虫類にもホメオボックス遺伝子群が存在するのかどうかという疑問はたしかに興味深い．もし存在するのなら，そうしたホメオボックス遺伝子群は襟鞭毛虫類の中で実際に何をしているのだろうか．そして，ホメオボックス遺伝子群が襟鞭毛虫類で行っていることは，後生動物の中で Hox 遺伝子群としてはたらく可能性につながるのだろうか．

襟鞭毛虫類が Hox 遺伝子群の前駆体とみなしうる遺伝子をもっており，さらに，かれらが後生動物に進化することができたのは，一部にはそうした遺伝子群をもっていたからだと予測するのは妥当なことに思える．その仮説の全貌を手短にまとめるなら，偉大なる動物界における決定的な共有派生形質は，Hox 遺伝子群（ホメオティック機能を有するホメオボックス遺伝子群）の保有であり，襟鞭毛虫類には Hox 遺伝子群と十分に相同性をもった遺伝子群が発見されるだろうから，真の動物として位置づけることの正当性が証明されるだろう，というものである．もしこれが正しいことが証明されれば，きわめてすっきりした話になる．

伝統的に，動物の分類と，系統発生の推定は，目に見える解剖学的特徴の研究に基づき，とりわけ発生学に注目して行われてきた．しかし1990年代半ばから，DNA の研究がいくつかの根本的見直しを促し，現在では動物分類の大きな部分が

流動的な状態にある．こうした研究は，まずは，18S リボソーム RNA を構成する DNA（すなわち，リボソームの RNA の遺伝暗号を決めている DNA——第 1 部 4 章を参照）に基づいて行われてきたが，近年では Hox 遺伝子群が基礎になっている．少なくとも大まかな分類については，19 世紀に初めて定義された形が今もなお有効である．真正後生動物 Eumetazoa，左右相称動物 Bilateria，左右相称動物の前口動物（原口動物，旧口動物，先口動物 Protostomia）と後口動物（新口動物 Deuterostomia）への分割，といったものは，過去 100 年以上そうであったように，今もまだ有効であるし，ここに列挙された個々の門のほとんどは，すでに過去何十年にもわたって認識されてきたままのものである．しかし，以下にすぐ説明するように，分子レベルの研究によって，以前は後口動物に分類されてきた門の一部が，実際には前口動物であることや，さまざまな前口動物の門どうしの関係が，従来の研究で示唆されてきたものとはまったく異なっていることが明らかにされている．

ここに示されている系統樹は，対立した内容を含む複数の情報源を統合させたものである．全体の形は，クラウス・ニールセンが『動物の進化』で示した，形態学的，発生学的データに基づく概ね伝統的な分類に準じている——ただし，後で触れるように，ニールセンは独自の新しい分類を少し導入している．しかしながら，私もまた，新しく発見された門を 1 つ追加した——唯一，シンビオン属 *Symbion* だけが知られている，興味深い有輪動物門 Cycliophora がそれで，ワムシ（輪虫）と関連があると信じられている．また，前口動物も新しい分子的研究の示唆に従って配列し直している（さらに後口動物とされていたいくつかの門を前口動物に移した）．

動物分類学は，こうした大変動期にあり，ここに示した系統樹の細部にわたってすべて同意する動物学者はまずほとんど存在しないだろう．その一方で，互いに意見がまったく一致する動物学者も存在しない．ここに示したものにせよ，それ以外のどんなものにせよ，それが絶対的な唯一の真実を示しているとは主張できないし，それはほかのだれにとっても同じであろう．しかしながらここで主張しておきたいのは，この系統樹が，現状では完全とはほど遠い，重要な点で対立点をかかえたおびただしいデータの，合理的な——私にできるかぎり最善の——要約を示しているということである．さらに研究が進めばさらに変更が加えられることは間違いないが，現在の知識の状況は決して取るに足りないものではなく，ここに示した要約が，将来の研究のための確固たる土台を提供してくれるはずである．

動物界へのガイド：クレードとグレード

古き悪しき時代，動物学者はすべての動物を 2 つの大きなグループに分類するだけで満足していた．魚，カエル，恐竜，鳥，そしてもちろん私たち自身も含む「脊椎動物 Vertebrata」と，それ以外の虫，カタツムリ，昆虫，などすべてを含む「無脊椎動物 Invertebrata」の 2 つである．このうち脊椎動物は完璧に問題のない 1 つのクレードであるが，「無脊椎動物」はそうではない．系統樹が示しているように，後者は現在少なくとも 30 の門を含んでおり，そのうちの一部（とくにヒトデやウニのような棘皮動物）は，そのほかの大半の無脊椎動物よりも脊椎動物にはるかに近い存在である．しかし，「無脊椎動物門 Invertebrata」がもはや古めかしい廃れた用語であるにしても，非公式の「無脊椎動物 invertebrate」という用語は今もなお（「原生生物 protist」とか「虫 worm」のように）役に立つ．

ここで示される系統樹では，32 の門をすべてリストしている（リスト内には脊椎動物門 Vertebrata も加えている——一般には，もっと大き

5・動物界

動物界 ANIMALIA

後生動物 Metazoa

「側生動物」'parazoans'

「腔腸動物」'coelenterates'

真正後生動物 Eumetazoa

前口動物 Protostomia

左右相称動物 Bilateria

後口動物 Deuterostomia

5

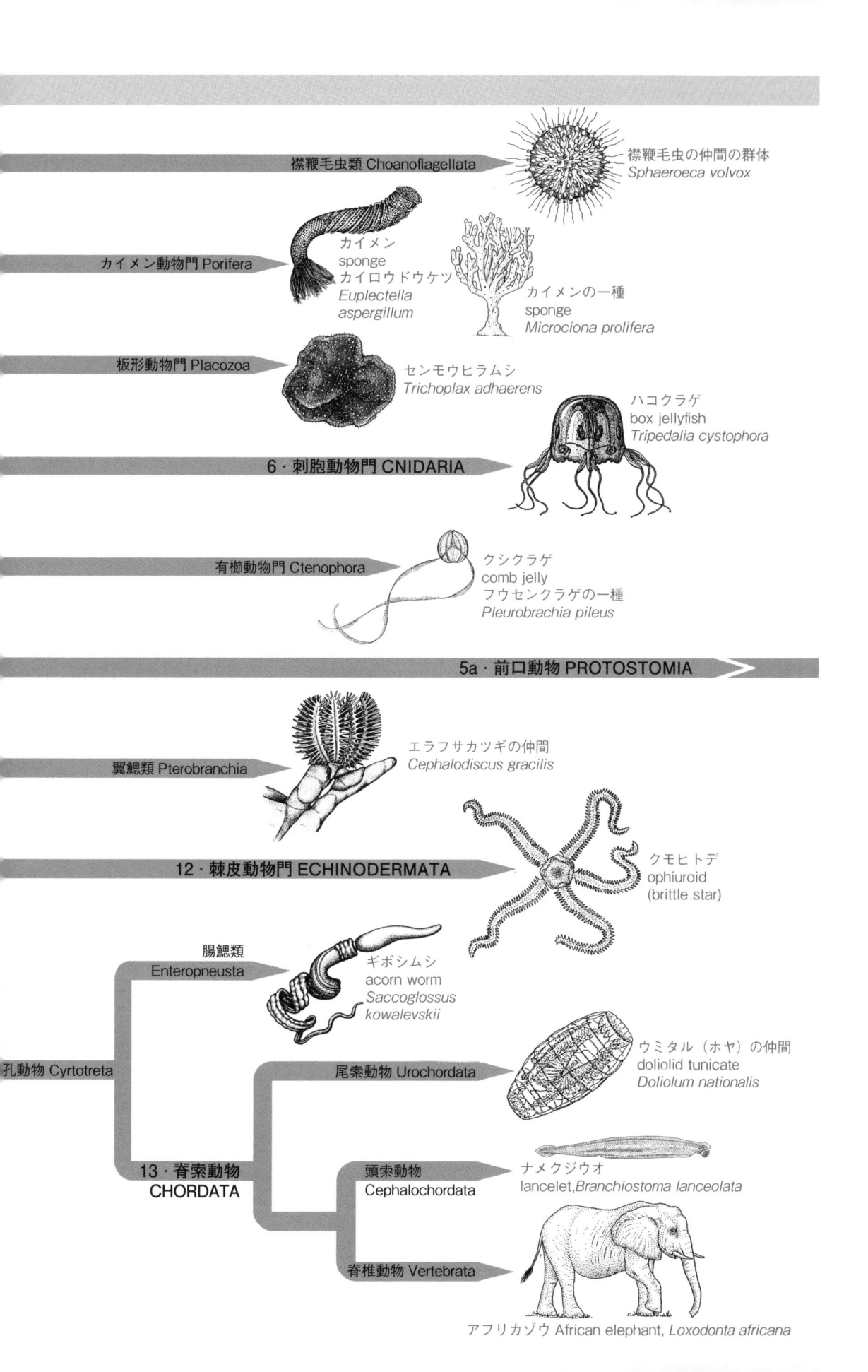

襟鞭毛虫類 Choanoflagellata — 襟鞭毛虫の仲間の群体 *Sphaeroeca volvox*

カイメン動物門 Porifera — カイメン sponge カイロウドウケツ *Euplectella aspergillum*; カイメンの一種 sponge *Microciona prolifera*

板形動物門 Placozoa — センモウヒラムシ *Trichoplax adhaerens*

6・刺胞動物門 CNIDARIA — ハコクラゲ box jellyfish *Tripedalia cystophora*

有櫛動物門 Ctenophora — クシクラゲ comb jelly フウセンクラゲの一種 *Pleurobrachia pileus*

5a・前口動物 PROTOSTOMIA

翼鰓類 Pterobranchia — エラフサカツギの仲間 *Cephalodiscus gracilis*

12・棘皮動物門 ECHINODERMATA — クモヒトデ ophiuroid (brittle star)

腸鰓類 Enteropneusta — ギボシムシ acorn worm *Saccoglossus kowalevskii*

孔動物 Cyrtotreta

尾索動物 Urochordata — ウミタル(ホヤ)の仲間 doliolid tunicate *Doliolum nationalis*

13・脊索動物 CHORDATA

頭索動物 Cephalochordata — ナメクジウオ lancelet, *Branchiostoma lanceolata*

脊椎動物 Vertebrata — アフリカゾウ African elephant, *Loxodonta africana*

5a · 動物界・前口動物

脱皮動物 Ecdysozoa

「汎節足動物」 'panarthropods'

前口動物 PROTOSTOMIA

冠輪動物 Lophotrochozoa

「触手冠動物」 'lophophorates'

5a

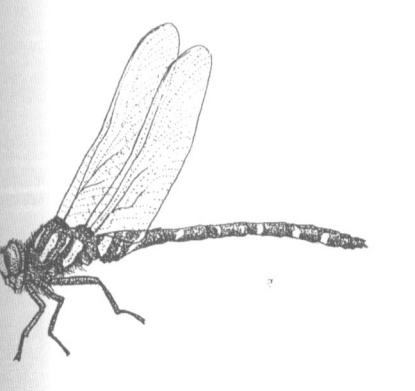

動吻動物門 Kinorhyncha — 「泥のドラゴン」 mud dragon *Echinoderes aquilonius*

鰓曳動物門 Priapulida — *Maccabeus tentaculatus*

胴甲動物門 Loricifera — *Pliciloricus enigmaticus*

類線形動物門 Nematomorpha — 毛様線虫（ハリガネムシ）hair worms

線形動物門 Nematoda — 線虫 nematode, *Draconema cephalatum*

有爪動物門 Onychophora — カギムシ velvet worm

緩歩動物門 Tardigrada — ミズクマムシ water bear

8・節足動物門 ARTHROPODA — 昆虫（イトトンボ）insect (damselfly)

毛顎動物門 Chaetognatha — イソヤムシ *Spadella cephaloptera*

星口動物門 Sipuncula — マキガイホシムシ *Phascolion strombi*

鉤頭動物門 Acanthocephala — コウトウチュウの一種 *Acanthocephalus opsalichthydis*

腹毛動物門 Gastrotricha — *Turbanella cornuta*

輪形動物門 Rotifera — ワムシ rotifer ミジンコワムシ *Hexarthra mira*

有輪動物門 Cycliophora — シンビオン *Symbion*

扁形動物門 Platyhelminthes — 有鉤条虫（サナダムシ）pork tapeworm *Taenia solium*

紐形動物門 Nemertea — ヒモムシ ribbon worm クリゲヒモムシ *Tubulanus sexlineatus*

苔虫動物門 Bryozoa — 内肛動物 entoproct *Loxosomella elegans* ／ 外肛動物 ectoproct *Farrella repens*

箒虫動物門 Phoronida — ホウキムシ *Phoronis hippocrepia*

腕足動物門 Brachiopoda — チョウチンガイ lamp shell *Pumilus antiquatus*

7・軟体動物門 MOLLUSCA — マダコ common octopus *Octopus vulgaris*

環形動物門 Annelida — ミミズ earthworm *Lumbricus* ／ 管に住む多毛類 tube-dwelling polychaete

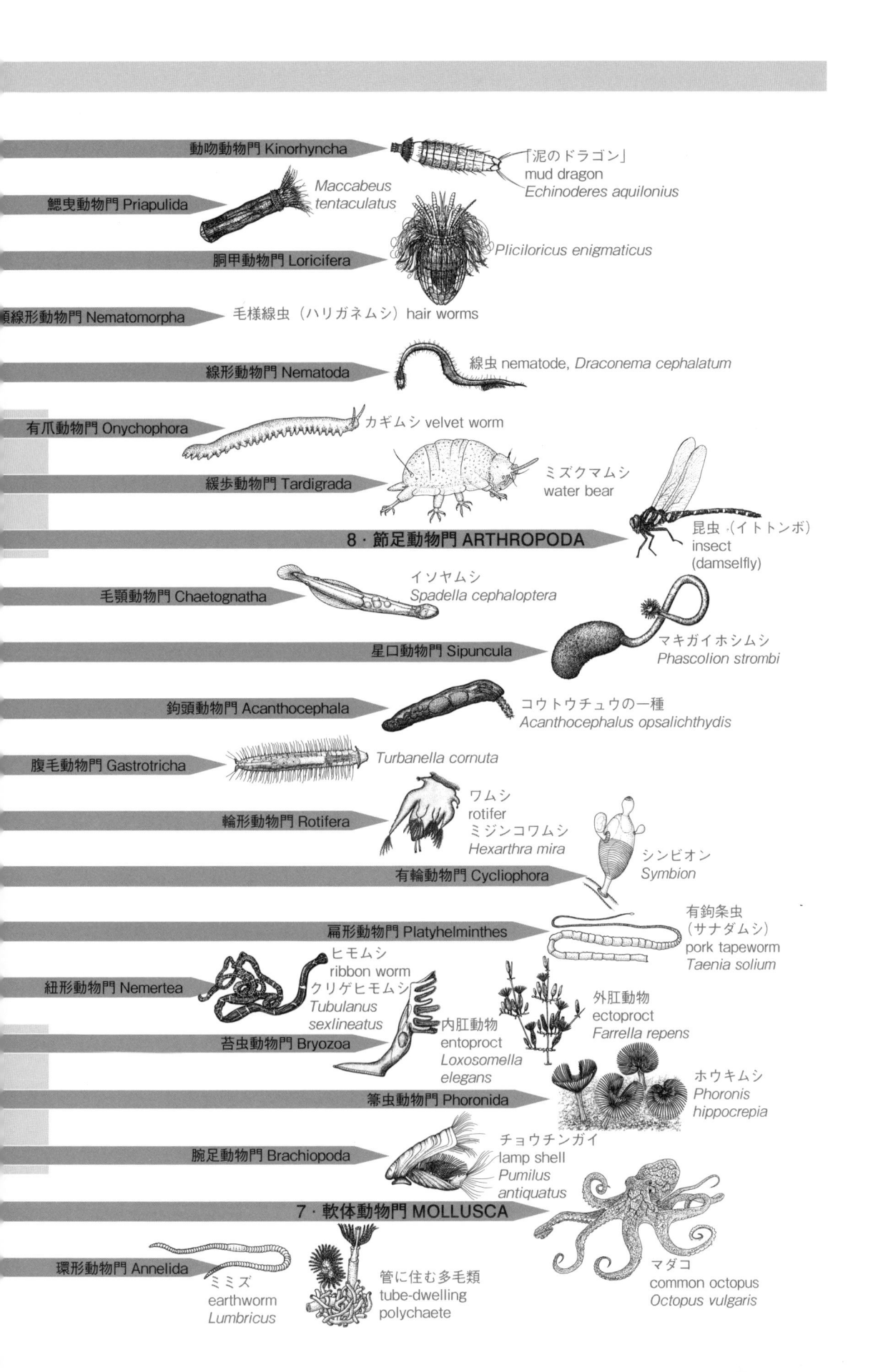

なグループである脊索動物門 Chordata の中の1つの亜門に位置づけられる）．今日のほとんどの専門家が認める門の数はおよそこれに等しい．違いは細かな点である．たとえば多くの専門家は，体節のある虫——ここでは環形動物 Annelida としてまとめてある——を，複数の異なった門に分ける．また，私はいくぶん勇気をふるって，「苔虫動物門 Bryozoa」という名前の1つの門を示している．この門には実際には明確に異なる2つのグループ，すなわち，外肛動物 Ectoproctaと内肛動物 Entoprocta が含まれている．動物学者の中には，この2つのグループの類似はまったく表面的なものであり，近縁ではないと主張する人もいる．しかし，ニールセンはそれとは正反対の立場の論を展開している．つまり，類似性は真の関係を示しており，見かけの差異こそが表面的なものにすぎないと論じている．したがってかれは，外肛動物と内肛動物は姉妹関係にあるグループであり，両者を合わせて苔虫動物門が構成されるとしている．こうした理由で私もこの両者をまとめて1つの門に配置した——実際のところ，多くの伝統的な教科書が，この外肛動物と内肛動物を，暫定的に単一の門，すなわち苔虫動物門としてまとめている．

原生生物から後生動物へ

もっと重要なことは，ここで定義された動物界が，きわめて明確に分割された複数のクレードに分離されることであり，それぞれのクレードはいくつかの，あるいは多くの異なった門を含んでいる．さらに，そうした分割の中には，グレードの大きな変化をも意味しているものがある．

もっとも著明なグレードの変化が生じたのは，原生生物である（しかもしばしば動物界から除外されている）襟鞭毛虫類と，後生動物 Metazoa という一大クレードを構成する多細胞動物との関係である．この後生動物の中でもさらにいくつかのグレードの変化がある．まず，|板形動物門 Placozoa ＋ カイメン動物門 Porifera| と真正後生動物 Eumetazoa の間に明らかな変化が存在する．後生動物では一般に細胞群が協力して，高度に協調しあった生体を形づくるのに対して，カイメン動物門と板形動物門では，さまざまな体細胞の相互関係はほとんど植物のものに近いように思える．

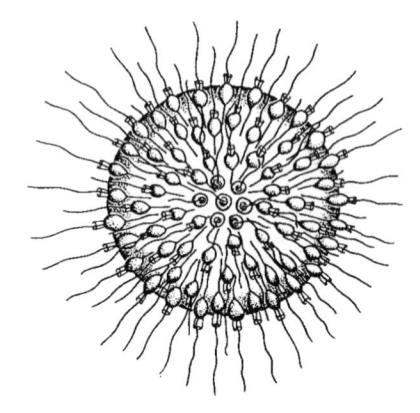

原生生物
choanoflagellate
Sphaeroeca volvox

カイメン動物と板形動物：カイメン動物門 Porifera と板形動物門 Placozoa

カイメン動物門 Porifera の仲間は，ほかのどんな生き物とも異なった構造をもっている．もっとも単純なカイメン sponge は，中空のカップの形をしており，側面には複数の**小孔**（**ostia**，単数形 ostium）があって，上部の開口部分に1つの**大孔 osculum** がある．ただし，現生のカイメン動物のほとんどでは，こうした基本的な設計テーマが大幅に精密化されている．個々のカップの内側は襟細胞によって内張りされていて，この細胞の鞭毛が運動することによって——小孔から入り，大孔から出る——水流を生じる．襟細胞は，襟鞭毛虫類とまったく同様にして，この水流の中から栄養となる小粒子を捕捉している．現生のカイメン動物では，この基本設計が大幅に精密化される．ほとんどすべてのカイメン動物は，頑丈なタンパク質であるコラーゲンでできた骨格をもち，多くは（カルシウムによる）石灰質，もし

シは，直径が 1〜2 mm 程度の丸くて平らな生き物であり，熱帯の海で海藻の表面を這いながら，主として原生生物を餌にしているが，ときにはもっと大きな餌を食べることもある．板形動物 Placozoan は，真正後生動物のような明確に決まった形や細胞間の協調性を示さない単純な生き物であるが，その細胞のさまざまな特徴と細胞間の結びつきは，真正後生動物のものに似ている．

概していえば，カイメン動物と板形動物は，見かけも行動も多細胞生物のように見えるのは確かだが，いくつかの点でむしろ群体 colony のようである．かれらの細胞はある種の準独立性を保持している．たとえば，板形動物の細胞を分離しても，粘菌類と同じように，完全な形を自力で再構成できる．カイメン動物と板形動物の水準の生き物はしばしば側生動物 parazoan と呼ばれる．一部の動物学者は側生動物 Parazoa を公式の亜界とみなすが，このグループは側系統であり，分岐分類学においては居場所がない．しかしながら，「原生生物 protist」と同様，非公式の形容詞としての「側生動物の parazoan」という用語は有用である．

真の多細胞動物：真正後生動物

さていよいよ 2 番目の大きなグレードの変わり目にきた．この変化は，側生動物であるカイメン動物門および板形動物門と，真正後生動物 Eumetazoa との間で生じたものだ．すべての真正後生動物は，それ自身が真正後生動物である共通の祖先に由来したものと仮定されるので，真正後生動物 Eumetazoa は公式のタクソンとして，最初の文字を大文字の「E」で綴ることのできる 1 つのクレードである．真正後生動物を亜界に位置づけることは合理的かもしれない．

真正後生動物の細胞は，真の意味で協力しあい，紛れもない組織や器官を形成する．栄養分や（たとえば，ホルモンといった形の）「情報」が，細胞間を有効に流れるので，直接に食べ物を獲得する作業を担う必要がある細胞は比較的少数の割

カイメン
sponge
Euplectella aspergillum

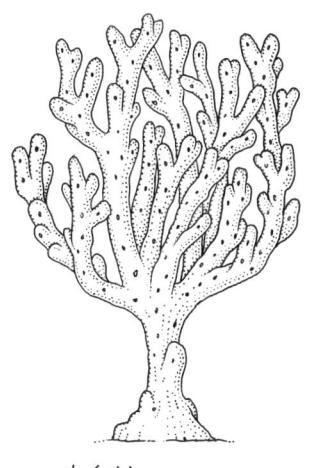

カイメン
sponge
Microciona prolifera

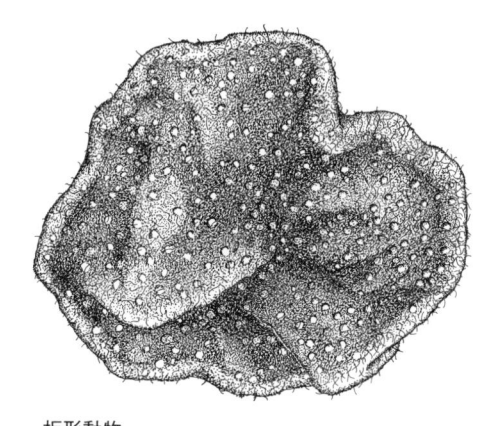

板形動物
placozoan
センモウヒラムシ
Trichoplax adhaerens

くは（ケイ素による）ケイ酸質の骨片で補強されている．骨片はさまざまな形をもち，針状のものもあれば，複数の棘をもつものもある．こうした骨片はしばしば化石記録にも残っており，これまでに記録された最古の例は 6 億年前――ゆうに先カンブリア時代にまで遡る――になるが，カイメン動物の起原がさらに昔であることも十分に考えられる．カイメン動物は今もなおきわめて成功を収めている仲間である．広く分布し，およそ 5000 種が現存する．

板形動物門 Placozoa に属するのは，現在ではただ 1 つの既知の種，センモウヒラムシ *Trichoplax adhaerens* に限られている．センモウヒラム

合にとどまり，こうした専門化した細胞が残りの細胞に栄養を供給する．食物獲得という基本的仕事から解放された真正後生動物の細胞は，きわめて特殊なはたらきに専念することが可能になる．そして，仕事を分業することによって，全体の効率が大きく向上する．とりわけ，一部の細胞は神経細胞として特殊化し，体系化されたホルモンのはたらきとともに，その生き物全体のはたらきを調整する．こうして，真正後生動物がどれだけ多くの細胞を獲得しようと，あるいはどれだけ大型になろうと，統一のとれた1つの基本単位として機能することができる．クジラやイカは巨大になることがあるにもかかわらず，クジラほどうまく協調のとれた動物も，イカほど迅速な反応を示す動物も存在しない．神経系と特殊化した筋肉細胞が互いに補い合う．動物が素早く動けるのも，両者の協同作用のおかげであり，これが動物と植物とを識別する特性として，昔から博物学者たちの目にとまってきた．ヒトの脳と手は，こうした最下等の真正後生動物に起原をもつ神経筋協調が高度に花ひらいた一例である．

　系統樹では，真正後生動物は，刺胞動物門 Cnidaria，有櫛動物門 Ctenophora，左右相称動物門 Bilateria という3本の大きな枝に分かれている．刺胞動物門（Cnidaria，最初の c は発音しない）には，イソギンチャク，クラゲ，サンゴが含まれる．有櫛動物門（Ctenophora，これも最初の c は発音しない）には，テマリクラゲ sea gooseberry とクシクラゲ comb jelly の80余種が知られている——一般には透明で，スグリ（gooseberry）状の，その名にふさわしい生き物たちで，長い触手をたなびかせながら，プランクトンの中に浮かんでいる．左右相称動物には，——虫，カタツムリ，ヒトデ，サメ，ヒトなど——そのほかのすべての動物が含まれる．｜刺胞動物＋有櫛動物｜と左右相称動物との間には，また別のグレードの変化が存在する．

2種類の細胞層をもつ放射相称動物：刺胞動物門 CNIDARIA と有櫛動物門 CTENOPHORA

　刺胞動物と有櫛動物には，顕著な3つの特徴がある．第1に，その身体は**放射相称 radially symmetrical** である．6章で説明するように，これは必ずしも完璧に正しくはないが，もしそうでない場合，それは基本的な放射相称が改変されてしまったためである．イソギンチャク（英 sea anemone＝海のアネモネ）は，少なくとも見かけにおいては，植物のアネモネに似た形をしている．

　第2に，これらの動物は巨大になることがある——クラゲには直径が1mを超えるものや，触手の長さが10mを超えるものがある——にもかかわらず，刺胞動物と有櫛動物のからだはわずか2種類の細胞層によって組み立てられている．つまり，からだの外側を構成する**外胚葉 ectoderm** と，胃に当たる内腔の内張りをしている内部にある**内胚葉 endoderm** である．実際，刺胞動物と有櫛動物は**二胚葉動物 diploblastic** と呼ばれている．

　第3に，刺胞動物と有櫛動物はいずれも，その腸が「行き止まり」になっている．開口部は1つしか存在しない．実際のところ，刺胞動物と有櫛動物の全体のからだは1つの袋のようなものであ

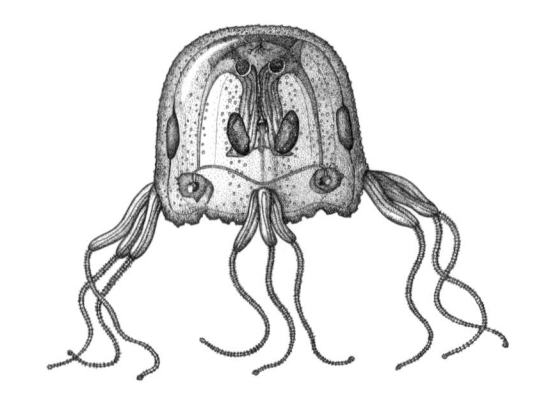

刺胞動物（ハコクラゲ）
cnidarian (box jellyfish)
Tripedalia cystophora

り，その１つの開口部が口にも肛門にもなる．

　少しだけ主題から離れた説明が必要である．まず，（この基本テーマには多くのバリエーションが存在するものの）後生動物は，一般に，中空の球状になった単純な細胞の集まりである**胞胚 blastula** と呼ばれる初期発生段階を経る．風船のゴムの部分に当たる，この胞胚の外側にある細胞層は，細胞１つ分の厚さしかない．しかし，この中空の球体の一部分が，まるで棒か何かでつつかれたように内側に陥没しはじめる．この内側へのへこみを**陥入 invagination** と呼び，この陥入が起こる部位が**原口 blastopore** と呼ばれる．陥入が進むとやがて，単一細胞層の球体はカップ状になる——しかし，このカップの壁は明らかに２層の細胞をもつようになる．２層の細胞をもったこのカップを**原腸胚 gastrula**（嚢胚）と呼び，この内側の細胞層が内胚葉，外側の細胞層が外胚葉になる．

　この説明によってただちに明らかなことは，イソギンチャク，サンゴ，クラゲ，テマリクラゲ，クシクラゲといった多様な生き物たちの基本的な体制（body plan）が原腸胚と似ているということである．クラゲやテマリクラゲの内部にある大量の物質は，細胞でできているのではなく，間充ゲル（中膠）mesogloea で構成される．この間充ゲルは，２つの細胞層の隙間にあるゼリー状の物質にすぎず，それは主として外胚葉が産生する．したがって，要するに，刺胞動物と有櫛動物は，ときには巨大なものがいるものの，基本的にはゼリー（つまり間充ゲル）で内部を満たした原腸胚のようなものである．

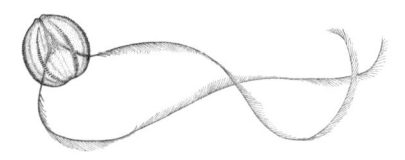

有櫛動物（クシクラゲ）
ctenophore（comb jelly）
フウセンクラゲの一種
Pleurobrachia pileus

全体によく似ているので，動物学者は一般に，刺胞動物と有櫛動物が密接に関連していると仮定してきた．この２つを一緒にして，公式に「放射相称動物 Radiata」あるいは「二胚葉動物 Diploblastica」と呼ぶことも少なくなく，まとめて「腔腸動物門 Coelenterata」という仮の門に押し込まれてきた．かりに同一グループに分類されないときであっても，姉妹関係にあるグループとして示されることが多い．しかしながら，この両者が共有する特性——放射相称，二胚葉性，一端が閉じた腸——は，原始的なものにすぎず，したがってこの２つのグループが密接に関連していると仮定する正当な理由は存在しない．後で論じるように，クラウス・ニールセンは，両者がきわめて異なった存在かもしれないと示唆している——そしてかれは，有櫛動物を後口動物 deuterostome の姉妹群として示している．本書でこの３者を並列な組として示したのは，現在の不確かな状況を反映させるためである．現在のところ，刺胞動物，有櫛動物，左右相称動物の互いの関係はまったく不明である．

３層の細胞をもつ左右対称形の動物：左右相称動物 BILATERIA あるいは三胚葉動物 TRIPLOBLASTICA

　刺胞動物と有櫛動物より「上」の水準にある動物はすべて，基本的には左右相称である．すなわち，頭部端（明確な頭部をもたない仲間もいるので，少なくとも前端）と尾部端とがあり，互いに鏡像関係にある左右をもっている．それゆえ「左右相称動物 Bilateria」と呼ばれる．たとえばヒトデが含まれる棘皮動物 Echinoderm は放射相称のように見えるが，かれらも基本的には問題なく左右相称動物であり，左右相称の幼生と左右相称の祖先をもつ．もう１つの三胚葉動物 Triploblastica という用語は，この生き物のからだが——刺胞動物や有櫛動物とは異なって——２つの細胞層ではなく，３つの細胞層でできていることを意味している．**中胚葉 mesoderm** と呼ばれる３つ目の細胞層は，内胚葉と外胚葉の中間に配置され，

からだのつくり（体制 body plan）にたくさんの新しい可能性を提供してくれる．たとえば私たち自身のからだでは，心臓や血管壁にあるものも含めた筋が中胚葉性であり，中胚葉性の組織は，事実上すべての器官において何らかの形で組み込まれている．

適切な場所と思われるので，ここで，クラウス・ニールセンの提案，すなわち，刺胞動物と有櫛動物とは近縁関係になく，有櫛動物は実際には後口動物と関連しているという考えについて説明しておこう．

たしかに表面上は刺胞動物と有櫛動物との類似性は明白なものに思われる．どちらも，間充ゲルが詰まった原腸胚に似ている．しかしながら，間充ゲルはただのゼリーだけでできているのではない．そこにはしばしば細胞も含まれる．刺胞動物では，こうした間充ゲル内の細胞が外胚葉もしくは内胚葉に由来することは明らかである．しかし，ニールセンは，有櫛動物ではそうした細胞が，真の中胚葉と示唆されるような方法で出現すると論じている．別の言い方をすればニールセンは実質的に，有櫛動物を二胚葉動物ではなく，原始的な，あるいはもしかすると「退化した」三胚葉動物とみなしていることになる．有櫛動物に見られる基本的な原腸胚様の形態は，ただの原始的特性の1つにすぎない，とニールセンは示唆している．分岐論的な表現をするなら，有櫛動物と刺胞動物とを統合している特性はすべて，共有原始形質 symplesiomorphy であり，共有原始形質は特別な関係を意味しない．ニールセンはさらに具体的に，有櫛動物が後口動物（ヒトデや脊椎動物を含む三胚葉動物の大きなグループ）と姉妹関係にあると示唆し，有櫛動物と後口動物を一緒にして，Protornaezoa という一大クレードにまとめている．有櫛動物の初期胚は，この動物が後口動物と類縁関係にあるという考えを支持するような細胞分裂をする．

ここで私は，いくらか一般動物学的な色合いをもった推測を試みてみたい．というのも，私には従来の仮説も，ニールセンの仮説も，いずれも正しくない可能性がある——両者とも部分的には正しいかもしれないが——と思えるからである．結局のところ，刺胞動物，有櫛動物，三胚葉動物が最初に分かれた時期は，約6億年以上前の先カンブリア時代であり，当時の生き物たちについて私たちはほとんど知らない．当時生きていた動物たちは，簡単に化石化することのない柔らかいからだをもち，そうした動物を含む可能性のある石も古くなって，ほとんどが風化してなくなってしまっている．しかし，古生物学者たちが，それまで未開拓だった何かしらの時代の特別な化石群に出くわすたびに，その時代の生き物たちは決まって，想像していたものよりはるかに豊かなものだった．このことから類推すれば，先カンブリア時代には多くの二胚葉性の系統が存在し，それぞれが独立した門の資格をもっていた，と想像することが少なくとも可能なように思われる——むしろ大いにありそうだ，とさえいいたいところだが．同様に，こうした二胚葉性の系統の多くが，それぞれ何かしらの三胚葉形態を試みたという考えも，（少なくとも私には）荒唐無稽ではないように思われる．結局のところ，三胚葉性というものは，原理的にはそれほど困難な仕組みではないだろう．それに必要なのは，胚の細胞の1つが増殖して，外胚葉と内胚葉の中間に新しい細胞塊（つまり細胞層）を形成し，自然選択の作用に耐えながら，納得のいく構造物をつくるだけだからだ．現在の有櫛動物が，そうした数多くの初期の三胚葉化の成果の1つにすぎず，現在の左右相称動物，つまり三胚葉動物の一大クレードがそれとは別の成果であり，そのほかの三胚葉を目指した生き物たち——おそらく何十もの系統の生き物たち——は絶滅してしまった，というシナリオも十分に考えられるだろう．

もしそうしたシナリオが正しいとすれば，これまでの2通りの見事な解釈——伝統的解釈とニールセンの解釈——のいずれもが部分的には正しいものの，いずれもが誤っていることになるかもしれない．おそらく私たちは，真正後生動物の系統樹の根元の部分にはいくつもの枝があり，絶滅し

た複数の二胚葉性のクレードと，明らかに三胚葉化した複数のクレードと，さらにはその中間に位置する複数のクレードとが存在していたと考えるべきなのだろう．それぞれの真正後生動物の体制から１つのクレードだけが生き残り，現存する真の二胚葉グループが刺胞動物，真の三胚葉動物として生き残ったのが左右相称動物，そして唯一生き残った「中間形態」が有櫛動物となったにすぎない，という考えである．もしこれが事実であれば，——刺胞動物，有櫛動物，左右相称動物の——３者は並列の三分岐 trichotomy として示さなくてはならない．私がここで３者を並列の３つ組として示しているのは，私自身の推測が正しいはずだと感じているからではなく，（有櫛動物を刺胞動物と結びつける）標準的考えと，（有櫛動物を後口動物と結びつける）ニールセンの考えの中間的妥協案だからである．３つ組は，そこに不確実さがあることの表明である．しかしながら，どこに不確実さがあるかを示している点で，それは明瞭なメッセージでもある．

いずれにせよ，要点となるのは，現生の生物と既知の化石で観察される３番目のグレード変化によって，放射相称で二胚葉性の生き物から，左右相称で三胚葉性の生き物，すなわち左右相称動物 Bilateria へと段階が進んだことである．この左右相称動物は今度は２つの大きなクレード，すなわち前口動物 Protostomia と後口動物 Deuterostomia へと分岐する．この両者は，同じグレードをもつクレードである．この２つは，主として発生学的研究に基づいて十分に確立された区分であり，時の検証にも耐えて生き残っている．しかしすでに一部を示したように，現在ではどの門がどちらの枝に属しているかについて多くの議論がある．

おそらくもっとも過激な意見として，現在，一部の動物学者は，扁形動物門 Platyhelminthes などが，前口動物 protostome にも後口動物 deuterostome にも属さないと示唆している．1999年，マーク・マーティンデイル Mark Martindale とマシュー・クラキス Matthew Kourakis は，扁形動物が，｜前口動物＋後口動物｜の姉妹群として示された系統樹を発表した．このことは，前口動物と後口動物とが互いに分岐する以前に，扁形動物が出現したことを意味している．この考えには筋が通っている（ただし，このほかの伝統的な多くの考え——たとえば扁形動物と軟体動物がとくに近縁関係にあるという考え——とは真っ向から対立する）が，今のところはまだ，単なる提案にすぎない．伝統的には，「すべての」左右相称動物は，前口動物か後口動物のいずれかであると考えられており，本書ではその考えに従って示してある．

左右相称動物 BILATERIAN の特性

前口動物 Protostomia には，あまり見栄えのしない体節に分かれていない種々の虫も含まれるが，その究極の表現形としては，環形動物（ミミズやタマシキゴカイのような体節をもつ虫），軟体動物（ザルガイ，カタツムリ，イカ，タコといった仲間），そして壮大なる節足動物（カニ，ロブスター，昆虫，クモ，サソリなど）が含まれる．もう１つの大きな枝である後口動物 Deuterostomia にも下等動物が含まれるが，究極の形としては，棘皮動物——たとえばヒトデやウニ——それにおそらくもっとも驚嘆すべき生き物である脊椎動物が含まれる．

前口動物と後口動物という２つの大きなクレードは，それぞれの素晴らしい代表的生き物——たとえばロブスターとゾウ——の見た目にも明らかな違いによって定義されるのではなく，基本的に，胚発生に関するもっと根本的な特性群によって定義される．環境が日常的に求める要求に適応するよう強いられた結果とは考えられないそうした特性は，系統発生上の関係をもっとも確実に反映すると考えられる．その特性とは以下のものである．

- どちらのグループの動物も，接合子 zygote と呼ばれる単細胞の受精卵が発生の出発点と

なり，それが**卵割 cleavage**を起こす．つまり，受精卵が何度も細胞分裂を起こして，多細胞からなる**胚 embryo**をつくる．しかし，この2つのグループでは，卵割パターンが異なっている．後口動物では卵割は「放射状」に起こり，したがって初期胚の細胞は，まるで家具運搬車に整然と積み重ねたダンボール箱のように，互いにまっすぐ積み重なる．しかし，少なくとも前口動物の一部では，この細胞分裂パターンが「螺旋状」に起こり，したがって細胞は（まるで家具運搬車が曲がり角を急いで曲がったときのように）捻ったように積み重なってみえる．ここでも多くの変異が存在し，とくに卵黄の存在によってさまざまに変化する．しかし，この一般的特徴は，少なくともおおよそは成立しているようだ．

● 発生が進むにつれ，この2つのグループでは腸管が異なった方法で出現する．すでに説明したように，動物の胚はすべて，ある段階で中空の胞胚となり，この球体の一部が陥入を起こして原腸胚が形成される．この陥入点が原口と呼ばれ，どちらのグループでも通常はこの原口が腸管の形成に関与するようになる．前口動物では，原口は内側に包まれたようにくびれて1本の溝になる．そしてこの溝の中央部が閉じ，両端が開口している溝の片方の端が口に，もう一方の端が肛門になる．しかし後口動物では，原口は単純に肛門になるだけであり，口はまったく別の新たな開口部として発生する．この違いが，この2つの大きなグループの名称の由来にもなった．「stome」は口を意味し，「proto」は「最初のpreliminary」を，「deutero」は「第2の」を意味する．前口動物 protostomeでは原口が予備的な口となるが，後口動物 deuterostomeでは口には第2の開口部が必要である．現実にはこの単純なパターンには多くの変異が存在するが，一般的には，後口動物では原口が口になることは決してないが，前口動物では原口が口になることがある，といえそうだ．

● 前口動物と後口動物の一部は（決してすべてではないが），依然としてプランクトン性の幼生段階を経る．外見的には，2つのグループのこうした幼生は，繊毛の帯によって動き回る小さな熱気球のような姿をしており，きわめてよく似ているように見える．しかし，もっと詳しく観察してみれば違いがわかる．決してすべてではないものの，とりわけその繊毛の帯の配置に違いがある．前口動物の幼生は**トロコフォア trochophore**（担輪子幼生）と呼ばれ，一方，後口動物の幼生は**トルナリア tornaria**と呼ばれる．その違いは小さなものに見えるかもしれないが，それにもかかわらず，この2つの大きなグループがまったく異なった進化の道筋をたどってきたことを示唆している．

● 前口動物と後口動物の神経系は，構成に違いがある――2つのクレードの高度に進化した代表格であるロブスター（前口動物）と魚（後口動物）を対比させれば，その違いは明白である．ロブスターでは主要な神経索がからだの腹側に沿って走る対になった構造をもっているのに対して，魚では神経索は背側を走る1本の構造物である．さまざまな前口動物と後口動物にはきわめて大きな変異があるし，ロブスターや魚のように明瞭な違いのある配置をもっている動物ばかりではない．しかし，一般的なパターンは十分に明らかである．興味深いことに，1822年，偉大なフランスの生物学者エチエンヌ・ジョフロア・サンチレール Étienne Geoffroy Saint-Hilaire, 1772～1844）が，ロブスター（前口動物）の基本的な体型が，脊椎動物（後口動物）が仰向けになったものによく似ていると示唆している．このことは（ダーウィンよりも40年近く前のことだったにもかかわらず），この両者が共通の祖先をもち，その2種類の体型が，片方を逆さにすることによって進化して

きたことを示唆していた．その後のほとんどの動物学者はこの考えを奇異な考えにすぎないと考えてきたが，カリフォルニア大学ロサンゼルス校のE・M・ロバーティス E. M. Robertis と笹井芳樹（訳註：現在は理化学研究所）によって近年行われた発生制御遺伝子の研究は，本質的にはジョフロアの考えが正しかった可能性を示唆している．

三胚葉動物内でのグレード変化

この2つの大きな三胚葉性クレードのそれぞれの中にも，複数のグレードの変化が認められる．なかでも以下の3種類がとくに重要である．すなわち，頭部の発達（**頭化 cephalization**），外側の体壁と腸管との隙間の（場合によっては複数の）空間，すなわち**体腔 coelom**（発音は「シーラム」または「シーロウム」）の発達，それに，からだを繰り返しのあるモジュール構造に分割すること，すなわち**体節形成 segmentation**（分節）である．

頭部の発達：頭化

頭部とはからだの前方にある特殊化された部位であり，とりわけ明確な神経の集積部，つまり脳を含み，さらには眼などの特別な感覚器官も備わっているのが普通である．扁形動物の渦虫類のように，そのほかの点では下等と考えられる左右相称動物の一部には，それにもかかわらず明瞭な頭部がある．一見するともっと進化した（といっても，祖先型から大きく派生してきたという意味にすぎない）そのほかの生き物の多くは，頭部を失っている．たとえばミミズがその例である（ただし，ミミズは依然として脳はもっている）．一部の生き物，とりわけ寄生生物として生きていたり，完全に着生の（つまり動かない）生活をしている生き物は，発生の過程で頭部を失うことがあり，たとえばフジツボがその例である．自然選択には聖域は存在しない．翼であれ，眼であれ，脳であれ，頭部であれ，もし邪魔になるのであれば，それは自然選択によって失われる．頭部をもつ動物は「頭化している cephalized」と呼ばれる．

からだの内部の空間：体腔

先に述べたように，動物のデザインにおけるもっとも重要な変化は，第3の細胞層，すなわち中胚葉 mesoderm の発達だった．これによって，さまざまな新しい器官やその一部が，外胚葉と内胚葉の介入なしに，その中間に形成できるようになった．扁形動物門 Platyhelminthes のような一部の動物は，この単純な配置に魅せられた．その結果，そうした動物を断面で見れば，単に「皮膚」（外胚葉），内部器官（主として中胚葉），腸管（内胚葉）とからできている．しかし，私たちが「高等」動物と考えがちな生き物では，中胚葉の一部がシート状の組織を形成し，これが閉じて，腸と外側の体壁との中間に，一種の袋（あるいは一連の複数の袋）をつくる．そうした「からだの中の空間」を体腔 coelom と呼ぶ．後口動物は3つの独立した体腔（前体腔 protocoel，中体腔 mesocoel，後体腔 metacoel）をもつという特徴がある．

体腔の獲得はさほど重要なことには思えないかもしれない．しかしそれは，とりわけ，動物の外側の動きが，腸の活動とまったく独立になったことを意味する．だから，たとえば魚では，体の外側が（中胚葉性の筋と真皮と，外胚葉性の表皮でできた）筋肉質の管になり，——獲物を捕らえたり，捕食を逃れたりするための——激しい動きが可能になる一方で，腸は外側の体壁のねじれに影響されずに平和な状態で直前の食事を消化し，それを消化管の端から端まで送ることができる．それと同時に，複雑な諸器官が，腸と体壁の中間の体腔（群）に整然と，また安全に配置される．したがって，現実には体腔はとても重要な発明である．それによって，まったく新しい運動が手に入れられるし，複雑さやからだの大きさも増やせる．環形動物，軟体動物，節足動物，棘皮動物，脊索動物といった，大型で目につく生き物はすべ

て**体腔動物 coelomate** であり，また，「もっと控えめな」グループにも体腔動物がいる．

前口動物と後口動物は，それぞれ別の体腔をもたない動物（**無体腔動物 acoelomate**）の祖先から派生し，独立にその体腔を獲得したのだろうか？ それとも，すでに体腔をもっていた共通の祖先から派生したのだろうか？ もし後者が正しいのであれば，扁形動物のような現在の無体腔動物は，祖先から受け継いだ体腔を失ってしまったことになる——もちろん，前口動物と後口動物とが分離する前に，すでに扁形動物が別に進化していたという考えを認めないという前提での話であるが．ニールセンは，前口動物と後口動物は，それぞれ別の無体腔動物の祖先から独立に進化し，それぞれの体腔を独立に発達させたのだろうと提案している．

精密化のための最終ステップは，手元にあるどのような構造物であれ，それを丸ごと複製する仕掛けである．いいかえるなら，単純なからだら，多少なりとも繰り返しのある，体節 segment と呼ばれる分節構造への進化である．いったん体節を手に入れたら，その可能性は無限に広がる．

モジュール構造のデザイン：体節

前口動物と後口動物はそれぞれの体腔を独立に進化させたかもしれないし，そうでないかもしれない．しかし，伝統的に，少なくともそれぞれの体節体制は独立に進化させてきたものと仮定されている．発生学的，および遺伝学的にいえば，体節形成は単純な仕掛けだと思われる．基本的には，生存に必要となる構造物——（一般には**腎管 nephridia**（単 nephridium）と呼ばれている）排泄管，運動のための筋，協調のための神経，移動のための櫂や付属肢——の基本的な1組全体を複製するという問題だからだ．原理的にいえば，この種の複雑化は，単に（Hox 遺伝子のような）組織化遺伝子を重複させれば実現可能であり，遺伝子の重複は一般に常時起きている．したがって，体節構造は，小さなからだを大きくし，複雑さを増し，効率をよくしようとすれば，手際がよく無駄のないやり方である．なぜなら，重複させた体節群を，その後で，さまざまな専門的機能のためにそれぞれ別の形に修飾できるからである．

体節構造をもった動物には，ミミズのように，全身にわたってほとんど同じ体節をもつものもあり，このパターンは**同規的 homonomous** と呼ばれる．もし全身に沿って異なった種類の体節が存在しているなら，そのパターンは**異規的 heteronomous** と呼ばれる．隣接する体節群が協力しあって，たとえば昆虫の頭部，胸部，腹部といったはっきりした身体領域を形成することも珍しくない．そうした特殊化した領域は，（**合体節化 tagmatization** という過程でつくられた）**合体節 tagmata** と呼ばれる．

多くの生き物は，顕著に体節化されている——たとえばミミズや昆虫がその代表例である．しかし，そのほかの生き物では，いったんできあがった体節構造が大幅に修飾される．たとえば，ヒトは，明瞭に体節化された脊索動物の祖先（おそらく，ほぼ現存のナメクジウオに似ていただろう——13章を参照）から派生したが，私たちのからだの一部には明瞭な体節構造が認められるものの（とくに背骨），そのほかの部分では，領域ごとに分化した発生過程によって，根底にある体節構造は解剖学者にしかわからない．たとえばヒトの頭部は体節化されているように見えない．しかし，顔を動かしたり，顔に感覚を与えたりする脳神経の配置には，明らかな体節構造が存在する．カタツムリのような軟体動物は一般に体節化されていないように見えるが，それでもなお，こうした動物が体節化した祖先に由来するのか否かについては不確かなままである．

以上は，動物界全体を通した，グレードの変化を手短に概観したものである．すなわち，原生生物から後生動物へ，後生動物から真正後生動物へ，二胚葉動物から三胚葉動物へ，放射相称動物から左右相称動物へ（ただし，棘皮動物のように，一部では後戻りも存在する），頭化，無体腔動物から体腔動物へ，無体節動物から体節動物へ（こ

こでも，おそらく軟体動物のように，後戻りが存在する），合体節化，といったものだった．さて，ここで左右相称動物についてさらに詳しく見ていこう．まず本書に示した系統樹の全体的配置について説明し，その配置が従来の扱い（クラウス・ニールセンのものを含む）とどう異なるかについて説明する．その後で，それぞれの門について手短に調べていこう．

左右相称動物の分類：伝統的な考え方と現代の考え方

左右相称動物 Bilateria が，この系統樹に示されている門に分割されることに，動物学者には概ね異論はない．ただし，後述するように，環形動物——体節化された虫——については複数の門に分割している学者も多い．さらには，こうした門が，2つの大きな単系統群——前口動物 Protostomia と後口動物 Deuterostomia——に大別されることも広く合意されている．ただし，すでに述べたように，扁形動物（扁形動物門）は，前口動物と後口動物が互いに分離する以前に出現しており，したがって，扁形動物は，｛前口動物＋後口動物｝を合わせたものの姉妹群に当たるのが正しいと提案している学者もいる．また動物学者たちは，どの門がこの2つの大きな系統群のどちらに属するかについて概ね意見が一致している．具体的には，軟体動物，環形動物，節足動物，線形動物が前口動物であり，棘皮動物と脊索動物（脊椎動物を含むグループ）が後口動物であることにはだれも異論を唱えていない．

しかし，とくに新しい分子生物学的研究は，さまざまな問題点を提起しており，そうした問題点には些細なものもあるが，なかにはきわめて重要なものもある．そのうち以下の3つの点はとりわけ抜きんでて重要である．

まず第1に，前口動物が2つの大きなサブグループ，すなわち，脱皮動物 Ecdysozoa と冠輪動物 Lophotrochozoa に分割されることが注目される．各々のグループは，いくつかの共有派生形質 synapomorphy によって定義できる．もっとも明白なのは，脱皮動物が**脱皮 ecdysis** を行うことである．つまり，この動物たちは，外骨格を丸ごと脱ぎ捨て，新しい外骨格をつくる（それだから，園芸用の小屋には，脱ぎ捨てられたクモの外皮がたまる）．脱皮動物はまた繊毛をもたない．しかしながらもっとも重要な点は，こうした新しいグループが——最初は 18S rRNA，その後には，Hox 遺伝子群を用いた——分子生物学的研究によって定義されていることである．

この系統樹では，それぞれの門が脱皮動物と冠輪動物のどちらに属するかを示してある．形態を基礎にした従来の研究では，前口動物に属する門はまったく異なった形で配置されるのが一般的だった．たとえば，クラウス・ニールセンは前口動物を，螺旋卵割動物 Spiralia と袋形動物 Aschelminthes という2つのサブグループに分割している（ただしニールセン自身，袋形動物は完全に単系統のグループとはいえないだろうと認めていた）．しかし，ニールセンのこの分割は，驚くほど多くの点で，新しい分割法とは異なっている．たとえば，ニールセンは螺旋卵割動物 Spiralia の中に3つのサブグループを含めている．第1のサブグループには，星口動物門 Sipuncula，環形動物門 Annelida，軟体動物門 Mollusca，有爪動物門 Onychophora，緩歩動物門 Tardigrada，節足動物門 Arthropoda，第2のサブグループには苔虫動物門 Bryozoa（つまり外肛動物門 Ectoprocta と内肛動物門 Entoprocta を意味する），第3のサブグループには，扁形動物門 Platyhelminthes と紐形動物門 Nemertini が含まれている．ニールセンの袋形動物 Aschelminthes には，毛顎動物門 Chaetognatha，腹毛動物門 Gastrotricha，線形動物門 Nematoda，類線形動物門 Nematomorpha，鰓曳動物門 Priapula，動吻動物門 Kinorhyncha，胴甲動物門 Loricifera，輪形動物門 Rotifera，および鉤頭動物 Acanthocephala が含まれる——さらに現在では，新しく発見された有輪動物門 Cycliophora がこれに加わる．

こうした細々したことはあまりに専門的に感じ

られるかもしれないが，2, 3の点はとくに重要である．まず第1に，ニールセンは——そして過去100年ほどの動物学者の大半も——（有爪動物と緩歩動物を一緒にした）節足動物門が，環形動物門とも軟体動物門とも密接な関連があることに疑いをもっていなかった．事実，分子レベルのデータが入手できる前だった本書の草稿段階では，私も，3つ組の3本の枝として環形動物門，軟体動物門，汎節足動物門を提示していた（汎節足動物門 Panarthropoda とは，ニールセンが命名したグループで，節足動物門，有爪動物門，緩歩動物門を含む）．さらに，ニールセンは，環形動物，軟体動物，節足動物を，線形動物とは明確に分離している．かれは，環形動物，軟体動物，節足動物は螺旋卵割動物に，線形動物は袋形動物に分類しているからだ．

ところが現在では，分子生物学的研究によって，線形動物は「汎節足動物 panarthropod」と近縁であることが示されている．このことは解剖学的観点からだけでも驚くべきことである．というのも，少なくとも外見上は，両者は互いにまったく似ていないからである．その一方で，節足動物ときわめてよく似た存在に思われる環形動物——いずれも明確な体節をもち，原則的には個々の体節に付属肢をもつ——だが，今では節足動物は脱皮動物，環形動物は冠輪動物に入れられたために，両者はずっと離れた存在になったようだ．しかしながら，環形動物と軟体動物は依然として密接な関係にあるように思われる．これもまた，それぞれの解剖学的特徴からは明白なことではない．

さらに特別に興味深いのは，苔虫動物門 Bryozoa，箒虫動物門 Phoronida，腕足動物門 Brachiopoda である．この3つの門の仲間は，**触手冠 lophophore** と呼ばれる，特殊な摂食用構造物をもっている．これは繊毛で縁取りされた計量スプーンに似ており，過去の多くの動物学者はこれらの触手冠動物 lophophorate が1つのクレードを成すと提案し，公式名称としてしばしば触手冠動物門 Lophophorata が用いられた．こうした動物学者には，この触手冠動物門を前口動物と関連づけた人たちもいれば，後口動物と関連づけた人たちもいたし，さらにはどちらにも属さない第3のカテゴリーに分類した人たちもいた．しかしながら，一部の権威——私が本書で多くの点で準拠しているニールセンも含む——は，この触手冠動物がそもそも真のクレードとは考えていない．ニールセンは，触手冠動物は何度か進化してきたのであって，たしかに驚くべきものであるが，単に収斂の一例にすぎないと論じている．事実，ニールセンは，この触手冠動物に属する複数の門を，考えうるもっとも明確な形で峻別している．かれは，苔虫動物門を前口動物に，箒虫動物門と腕足動物門を後口動物に分類しているのだ．

おわかりのように，新しい分子生物学的研究は，触手冠動物の門に互いに関連があるという従来の考え方を復活させている——ただし，かれらは，軟体動物と環形動物と並ぶ冠輪動物門 Lophotrochozoa の一員たる，前口動物として出現したとされる．しかしながら，この3つが一緒になって1つの真のクレードを形成するとは思えないので，公式名称として「触手冠動物門」という用語を用いるのは不適切である．より具体的にいえば，苔虫動物門は，ほかの2つの門とは明瞭に区別できるようである．私は単に，この触手冠動物の3つの門をすべて，多系統であるより大きな冠輪動物の一部として示すにとどめたが，これもまた現状での不確実さを反映させたものである．

すべて考慮したうえで描かれた前口動物の新分類（さらには，後口動物から箒虫動物門と腕足動物門を離脱させたこと）は，いささか衝撃的なものである．それが古典的な考えに反するからではなく，あまりにも解剖学的なデータと反するように見えるからである．とくに，（ミミズのような）環形動物と（ワラジムシのような）節足動物は，いずれも明白な体節性をもっているし，大まかにいえば，個々の体節に何かしらの付属肢をもっている．この2つは本当に同じ体制をもっているように思える．有爪動物（ときにはカギムシ velvet worm と呼ばれることもある）は，多少は環形動

物に似た構造をもっているが，節足動物にも似ている．私が学生だったころには，この3者——環形動物門，有爪動物門，節足動物門——は理にかなった連続性を示しているように思われた．現在では，有爪動物は依然として節足動物とのつながりをもっているが，環形動物は完全に分離されてしまっている．こうした動物に見られる表面上よく似た，はっきりと体節化された体制は，何度も出現したのかもしれないし，あるいは——こちらもかなり可能性が高いことだが——そもそもきわめて原始的な特性だったにもかかわらず，体節化されていない種々のグループ（環形動物に関係したものも，節足動物に関連したものもある）では失われてしまったのかもしれない．一方，線形動物は——表面的に観察しても，詳細に調べてみても——節足動物とはまったく似ていない．線形動物は（後述するように）体節化されていない一風変わった虫であり，ロブスターやミツバチとの類似性を想像しようにもほとんど似ていない．それでも，線形動物と節足動物には関連があるらしい．

それでは，いったいなぜ，従来の分類は，これほど大きく覆されてきたのだろうか．きわめて明白で広く認められてきた形態学的データを，どうして破棄できるのだろうか．その答えはここでもまた，現代の分子レベルの研究である．実際，従来の情報源と，この新しい情報源との間のもっとも激しい衝突を目撃してきたのが，動物に関する議論だった．本書はその細部を詳述する場ではないが，その現代的研究を1990年代半ばに軌道に乗せたのは，カリフォルニア大学ロサンゼルス校のジェームズ・レイク James Lake 研究室の生物学者たちである．かれらは，いずれも18S rRNAの研究に基づいた重要な2つの論文を発表した．

ケニス・M・ハラニッチ Kenneth M. Halanychと同僚研究者たちが発表した最初の研究では，触手冠動物全体を前口動物に分類すべきだと示唆されている．しかしながらこの研究は，触手冠動物が一貫性のあるクレード（仮の「触手冠動物門」）を形成すると示唆したのではない．箒虫動物門と腕足動物門とが，環形動物や軟体動物とひとまとまりになるように思えたのに対して，苔虫動物門は，こうした動物門をすべて合わせたものの姉妹群として出現していたのだ．したがって，触手冠動物は何度か——苔虫動物門の中と，箒虫動物門および腕足動物門の中とで独立に——進化したのかもしれないし，あるいはまた，触手冠はあらゆる冠輪動物門の原始的な特徴であったのが，後に環形動物と軟体動物では失われたのかもしれない．アンナ・マリー・アギナルド Anna Marie Aguinaldo とその同僚研究者たちが発表した第2の論文では，線形動物，節足動物，および（有爪動物や緩歩動物のような）それに類似した生き物たちが，一貫性のある単一のグループを形成することを示して，これを脱皮動物 Ecdysozoa と命名した．この2つの論文をまとめれば，本書に示したような分類が得られる．すなわち，前口動物は脱皮動物と冠輪動物とに分割される．

ずっと後の1999年になって，まったく別の種類の分子レベルの証拠が登場した．パリ南大学 the Université Paris-Sud のルノー・ドローザ Renaud de Rosa とその同僚研究者が，仮の冠輪動物門（とくに腕足動物と環形動物門多毛類）に含まれるさまざまな仲間と，鰓曳動物，線形動物，ミバエ（もちろん節足動物の一種）といった脱皮動物に分類されている生き物たちの Hox 遺伝子群を調べたのである．Hox 遺伝子を根拠にすると，2つの推定冠輪動物と3つの推定脱皮動物は，実際にはすべて1つにまとまっていた．

現時点では，分子生物学的な証拠は決定的なものではなく，もっと多くの門のより多くの種を研究する必要がある．しかし，ここに示した分類をあえて提示することは，十分に価値のあることに思える．そこで私は，この動物系統樹の大まかな形はニールセンに準拠しているものの，左右相称動物に含まれる門は分子生物学的データに従って再配置した．したがって，この系統樹は主として（いくつか追加はあるものの），アンナ・マリー・アギナルドとその同僚研究者たちが発表した1997年のネイチャー誌の論文に従っている．

では，左右相称動物に属する門を見ていこう．最初は，一番上にある前口動物のグループ，脱皮動物である．

前口動物 PROTOSTOMIA に属する門

脱皮動物 ECDYSOZOA

動吻動物門 Kinorhyncha，鰓曳動物門 Priapulida，胴甲動物門 Loricifera

動吻動物門 Kinorhyncha は，一般に「泥のドラゴン mud dragon」と呼ばれている．この動物門には海底に暮らす 150 種ほどが含まれており，いずれも体長 1 mm 未満である．鰓曳動物門 Priapulida は，短い棒のように見える海産生物であり，17 種だけが知られている．胴甲動物門 Loricifera は新しく発見された門であるが，あらゆる種類の海底堆積物からすでに 100 以上の種が記載されている．胴甲動物もまた顕微鏡サイズの生き物である．

回虫と毛様線虫：線形動物門 Nematoda と類線形動物門 Nematomorpha

類線形動物門 Nematomorpha は「毛様線虫 hair worm」から成り，この名称があるのは著しく細いからだをもつのに，長さが 1 m 以上になることもあるからである．主として節足動物を宿主とする寄生動物である．類線形動物門は一般に線形動物門の姉妹群として示されているが，これが妥当かどうかは明らかでない．そこで私はこの動物を，線形動物や側節足動物と横並びにさせた 3 つ組の 1 つの枝として示している．

線形動物門 Nematoda には，あらゆる動物のなかで生態学上および経済的にもっとも重要な仲間が含まれる．線形動物は一般に，細長くて断面が丸い白色の虫であり，両端にいくほど徐々に細

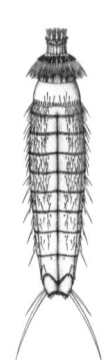

「泥のドラゴン」
mud dragon
Echinoderes aquilonius

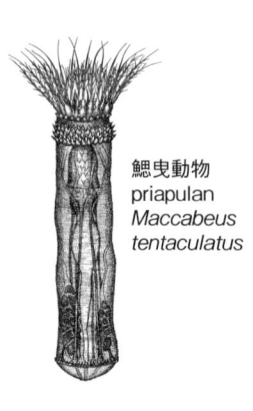

鰓曳動物
priapulan
Maccabeus tentaculatus

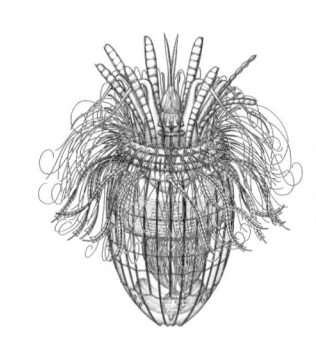

胴甲動物
loriciferan
Pliciloricus enigmaticus

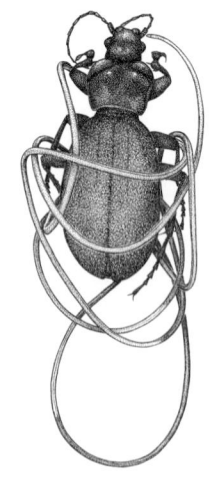

甲虫を襲うハリガネムシ
hair worm
Gordius aquaticus

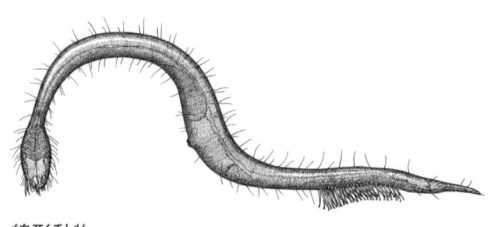

線形動物
nematode
線虫
Draconema cephalatum

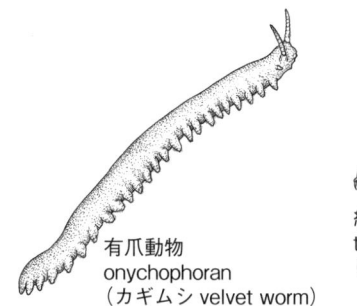

有爪動物
onychophoran
（カギムシ velvet worm）

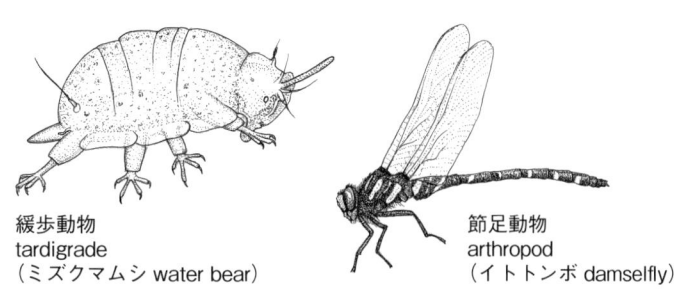

緩歩動物
tardigrade
（ミズクマムシ water bear）

節足動物
arthropod
（イトトンボ damselfly）

くなる（前端と後端を肉眼で見分けるのは難しいことがある），という単純な形をしており，この単純な体制は，門全体で驚くほどほとんど変化しない．しかしながら，この単純性は大きな成功を収めている．新しい海洋研究によって，線形動物がおそらく深海床におけるもっとも一般的なタクソンであることが明らかにされつつあるが，動物，植物，真菌に対する悪名高いありふれた寄生虫としてよく知られており，それ以外の不可思議な生息場所にも適応しているものもいる．ある種などは，ドイツのビール用コースターに特異的に寄生するといわれている．直接的な重要性をもつ例としては，ブタの回虫 round worm である（ヒトにも寄生する）カイチュウ *Ascaris lumbricoides*，そしてはるかに重要性が高く，カによって媒介され象皮病の原因となる小さなバンクロフト糸状虫 *Wuchereria bancrofti*，それに，アメリカ鉤虫 *Necator* のような鉤虫 hook worm の仲間がある．これまでに全体で約2万種の線形動物が記載されているが，本当の種リストに連ねられるべき種の数は何百万種にもなるはずである．実際，地球上にいるすべての種類の動物は，その仲間に固有の寄生虫となる線形動物種を少なくとも1つはもっていると示唆されているほどである．線形動物の驚くべき特性の1つは，そのからだに含まれる細胞数が一定であるらしいということである．しかし，なぜそうでなくてはならないのか，そうした正確さによってどんな利点があるのかについては未解明である．

———

さて，今度はニールセンが側節足動物 Panarthropoda としてまとめている3つの門，すなわち，カギムシ velvet worm の仲間の有爪動物門 Onychophora，ミズクマムシ water bear の仲間の緩歩動物門 Tardigrada，そして節足動物門 Arthropoda である．有爪動物と緩歩動物については8章で論じる（pp.242〜244）し，甲殻類，昆虫類，鋏角類（クモ類とその親戚）や，絶滅した三葉虫類を含む節足動物について8〜11章で説明する．脊椎動物や頭足類と並んで，節足動物はこれまでに存在した中でもっとも並はずれた動物の1つにちがいない．

冠輪動物 LOPHOTROCHOZOA

ヤムシ arrow worm とホシムシ spunculid：毛顎動物門 Chaetognatha と星口動物門 Sipuncula

毛顎動物門 Chaetognatha には，なかなか魅力的で，1対または2対の胸びれと大きな1つの尾びれをもつ，驚くほど魚に似た海産動物が含まれる．その口は，からだの下側に寄っており，キチン質の歯（頑丈で角状の物質）と，餌となる小さな（甲殻動物の）橈脚類 copepod を捕獲するためのカギ形のトゲをもっている．また，頭部の内部に共生している細菌が産生する毒素を使って獲物に毒を盛る．このことは見かけよりも奇妙なものではない．ほかの生き物が産生した器官，細胞，物質を同じように利用する生き物の数は多い．たとえば，一部の軟体動物は，クラゲの刺胞

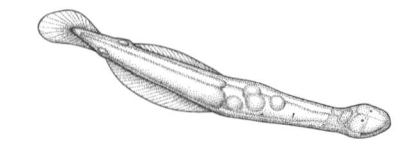

毛顎動物
chaetognath
イソヤムシ
Spadella cephaloptera

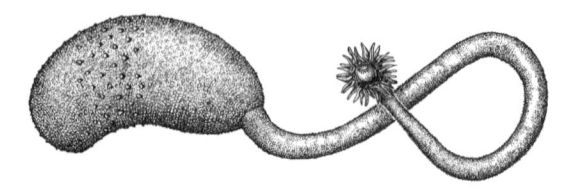

星口動物
sipunculan
マキガイホシムシ
Phascolion strombi

体動物が1つの自然なグループを形成しないことが示されているので，星口動物の位置づけもまだ不確実なままである．

———

さて次は，伝統的には互いに関連があると考えられ，私が多系統の集団として1つにまとめた4つの門である（ただし，有輪動物門 Cycliophora はこの集団に新たに加わった仲間である）．

鉤頭動物門 Acanthocephala，腹毛動物門 Gastrotricha，輪形動物門 Rotifera，有輪動物門 Cycliophora

鉤頭動物門 Acanthocephala は虫のような生き物で，腸を欠いているが，長さは約2mmから，1m近くにも達するものまでさまざまである．幼若期には節足動物内で寄生生活を送るが，成体になると脊椎動物の腸管内に暮らす．したがって，いくらか私たちの経済にかかわりがある．腹毛動物門 Gastrotricha は，一般に虫のような形をした水生の生き物で，約430種が含まれるが，顕微鏡サイズの小さな生き物である．輪形動物門 Rotifera は，何となくジョン・ウィンダムの小説に登場する空想上の植物トリフィド triffid を思わせる姿をした水生の生き物であり，主としてその小ささでよく知られている．既知の1800ほどの種は，長さが1mmに満たない．

有輪動物門 Cycliophora に属する唯一の種はシンビオン *Symbion pandora* である．これをごく

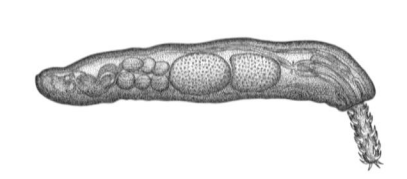

を借用する．毛顎動物には約200種が知られているが，おそらく深海にはもっと多数の種が存在している．

星口動物門 Sipuncula は，約320種ほどの，きわめてぱっとしない生き物たちを含み，すべて海産である．一部はナマコや発芽中のジャガイモのような形をしており，その突起物の先端には触手のついた口がある．しかし，この動物は体腔と脳があり，いくつかの発生上の特性をもっているので，多くの動物学者は，軟体動物，環形動物，節足動物と関連があると考えている．実際，クラウス・ニールセンは，星口動物を上記の主要な3つの門の姉妹群として示している．しかし，最近の分子生物学的研究では，環形動物，節足動物，軟

鉤頭動物
acanthocephalan
コウトウチュウの一種
Acanthocephalus opsalichthydis

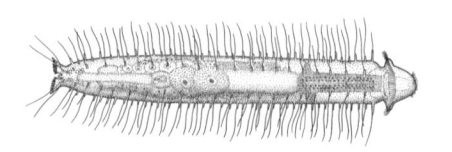

腹毛動物
gastrotrich
Turbanella cornuta

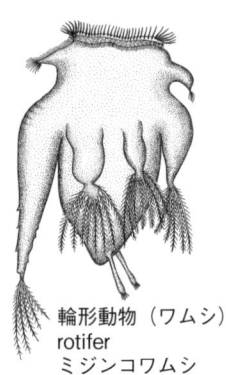

輪形動物（ワムシ）
rotifer
ミジンコワムシ
Hexarthra mira

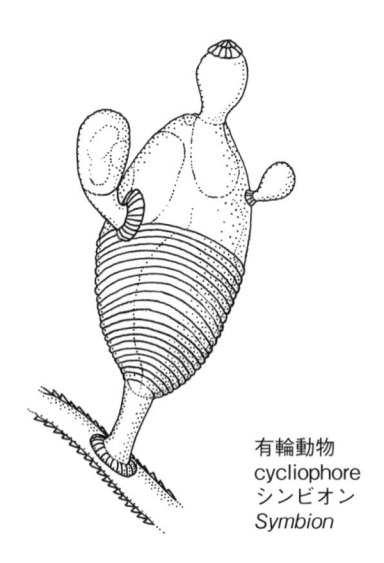

―動物界―

有輪動物
cycliophore
シンビオン
Symbion

最近の1995年に記載したのは，2人のデンマーク人生物学者，ピーター・フンク Peter Funch とラインハルト・クリステンセン Reinhardt Kristensen である．シンビオンは，小さな――3分の1 mm ほどの――動物で，固着性である（一定の場所に固定されている）．この動物は，北海で水揚げされたノルウェー産ロブスターの口器に外寄生しているところを発見された．寄生しているのはメスの個体であり，矮小化したオスが，そのメスに永久にくっついている．最近の分子生物学的研究によれば，シンビオンは鉤頭動物と輪形動物と関連があるとされており，ここでもそのように示している．たしかにこの動物は専門家にしか関心のないものであるが，本当は私たちがいかにものを知らないかをみなに思い出させてくれる．まったく新しい門が，何世紀にもわたってずっと漁をしてきた海域の船の脇から出現することだってあるのだ．

扁形動物 flatworm：扁形動物門 Platyhelminthes

　扁形動物門の動物の基本的体制は，比較的単純である．注目すべきは，真の体腔をもたないことである．扁形動物には約2万種が知られており，これまで3つの綱に分けられてきた．第1のグループである渦虫綱 Turbellaria は，ほとんどが自由生活を送る水生の動物で，研究室でよく使われるプラナリア *Planaria* が含まれる――可愛らしいけれども，ひどく虐待されている生き物で，いつもいつも頭部を半分に分割され，それぞれの半分が新しく鏡像形の自己を再生できることを示すのに使われている．第2のグループである吸虫綱 Trematoda には，たとえば肝吸虫のような吸虫 fluke が含まれる．第3のグループである条虫綱 Cestoda，つまりサナダムシ tapeworm の仲間である．こうした仲間の生き物たちが経済的，社会的に重要なことは明らかである．こうした分類はかなり大ざっぱで便宜的なものである．系統発生上の真実ははるかに複雑なものであり，理想的には，分類は系統発生に基づくものでなくてはならない．

ヒモムシ ribbon worm：紐形動物門 Nemertea

　紐形動物門（Nemertea，ニールセンは Nemertini と呼び，また Rhynchocoela としても知られている）には，900種ほどの既知のヒモムシの仲間が含まれる．紐形動物の大半は海産（ほとんど

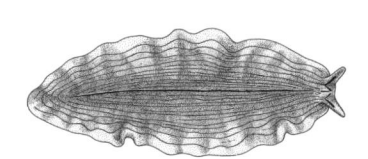

海産ウズムシ類
marine free-living turbellarian
ヒラムシの一種
Prostheceraeus vittatus

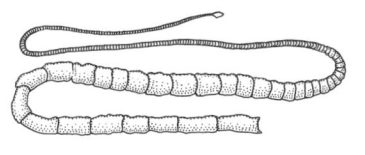

有鉤条虫（サナダムシ）
pork tapeworm
Taenia solium

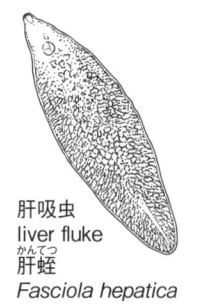

肝吸虫
liver fluke
肝蛭
Fasciola hepatica

ヒモムシ
ribbon worm
クリゲヒモムシ
Tubulanus sexlineatus

は海底に暮らす底生動物)であるが, 淡水産のものもいるし, 陸地の湿った場所に暮らすものも少数存在する. その多くは円筒形をしているが, なかには(とくに遊泳型の仲間には)扁平なものもいる——報告された標本には長さがなんと60 m(!)にも及ぶものもある. ヒモムシは「外翻可能な吻」をもっている. すなわち, 内部の静水圧による力を使って突き出せる中空の吻である. 紐形動物はしばしば扁形動物と近縁のものとして示されてきたし, その姉妹群とまでされることがあるが, 納得のいかない人たちもいる. たとえば一部の動物学者は, 外翻を可能にさせる液体を含む吻は, その内部の空間が真の体腔であり, したがって紐形動物が扁形動物と近縁ではありえず, 軟体動物や環形動物により近い存在だと論じている. ニールセンは, 紐形動物の吻にある空間は, 環形動物や軟体動物の体腔とは相同ではないと述べている. ここでもまた, 分子レベルの研究が問題に決着をつけてくれるはずである. それまでの間は, 紐形動物も, 未整理の多系統のままの冠輪動物の一部として示しておこう.

———

さて次は, これまで常に論争の的になってきた一群の門である. これらの門は集合的に触手冠動物と呼ばれてきた(ときには触手冠動物門 Lophophorata という公式名称を与えられることもある). すなわち, 苔虫動物門 Bryozoa, 箒虫動物門 Phoronida, 腕足動物門 Brachiopoda である.

コケ動物 moss animal：苔虫動物門 Bryozoa(外肛動物門 Entoprocta と内肛動物門 Endoprocta)

「苔虫動物 Bryozoa」とは,「苔の動物」を意味する. すでに触れておいたように, この群には実際には2つの異なった門, すなわち内肛動物門 Entoprocta と外肛動物門 Ectoprocta とが含まれている. コケムシには単生 solitary のものと群生 colonial のものとがあり, 一見すると個々の動物体(個虫 zooid)は, サンゴのようにも見えるが, からだの構造はまったく異なっている. 群体の中には枝分かれしているために, 小さな海藻のようにも見えるものもいるし, 表面を覆うように広がるために, 海藻や石の表面に敷物(マット)をつくるものもいる. よく観察してみると, 表面を覆う型のコケムシは, 蜂の巣様の構造をもっており, 博物学者たちには「海の敷物 sea-mat」として知られていた. なかには苔のように見えるので,「海の苔 sea moss」と呼ばれるものもいる. 一部の外肛動物の群体では, 個虫が多型性を示す. 防衛, 生殖, 清掃をそれぞれ専門にする個虫もいれば, からだを固定させる錨のはたらきをする個虫もいるし, 餌を採る個虫も採らない個虫もいる. 内肛動物には約150種が知られ, 一方, 外肛動物には約4000種のほか, 化石による絶滅種が1種存在する. しかし, この2つのグループの動物は細部においては大きく異なっているので, この両者を姉妹群として扱ったニールセンはきわ

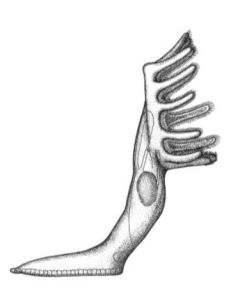

内肛動物
entoproct
Loxosomella elegans

外肛動物
ectoproct
Farrella repens

めて大きな論議を巻き起こしている．

ホウキムシ phoronid：箒虫動物門 Phoronida

　箒虫動物門 Phoronida には，2つの属，フォロニス属 *Phoronis* とフォロノプシス属 *Phoronopsis* に属する 12 種だけが知られている．ホウキムシは実際にはとても可愛らしい動物で，海底にキチン質の管をつくってその中で暮らしている．この生き物のもつ（外肛動物の苔虫動物との関連で上述した）触手冠が，管の上端から扇子のように突き出して，栄養になる粒子を濾しとっている．見かけ上は，環形動物多毛類の一部に似ているが，その体制はまったく異なっている．とくに，ホウキムシの腸は U 字型をしており，肛門が口の近くに開口している．ホウキムシは一般に単生であるが，まとまった塊になるものもあり，一時的に群体をつくることもある．この動物の触手冠にはきわめて高い再生能力があり，切り落としても再生される．

チョウチンガイ
lamp shell
有関節類の一種
Pumilus antiquatus

ホウキムシ
phoronid
Phoronis hippocrepia

チョウチンガイ lamp shell の仲間：腕足動物門 Brachiopoda

　腕足動物門 Brachiopoda は，外見上，ザルガイのような軟体動物の二枚貝に似ている．とくに，外套膜が分泌した二枚貝のような殻をもっている（ただしこの殻は石灰質というよりキチン質のことがあり，底側の殻は 1 本の柄によって底質に固定されているが，表面側の殻は自由に動かせる）．しかし，腕足動物の基本構造は，軟体動物の二枚貝とはおよそかけ離れたものである．これもまた驚くべき収斂の例である．とくに，腕足動物には，ときには先端が殻の外に顔をのぞかせているものの，殻の内部にずっとしまい込んでいる触手冠がある．182 ページで触れたように，多くの動物学者は，腕足動物と箒虫動物とを姉妹群と考えているが，クラウス・ニールセンはこれを否定する．ましてかれは，腕足動物，箒虫動物，外肛動物が 1 つの自然なグループをつくるとは考えていない．

　腕足類は今もなお数多くが生き残っている——およそ 300 の現生種がある——が，かつては今よりはるかに繁栄していた．約 1 万 2 千種もの化石種が知られており，古いものでは先カンブリア時代にまで遡る．腕足動物は，自然によるデザインのうちで，初期の成功作の 1 つである．たしかに，かれらは動く能力をもたない，すなわち固着性の動物であるが，動物とは動き回るはずのものだという前提は，私たちの偏見にすぎない．とくに海中では，多くの動物がじっとしたままで，餌が自分たちのほうにやってくるにまかせる暮らしに十分満足している．運動とは相対的なものである——それゆえに，固着生活という主題には数多くの変奏曲が奏でられる．

————

　系統樹で次に位置する軟体動物門 Mollusca には，腹足類に属するカタツムリやその仲間，二枚貝類に属するハマグリやその仲間，そして，イカ

やタコなど，もしかすると哺乳類に匹敵する知能をもっているかもしれない，颯爽とした頭足類の仲間が含まれる．軟体動物門は並はずれた成功を収めたグループなので，本書では独立した章で扱う（7章）．環形動物門 Annelida も独立した章にふさわしいグループだが，紙幅の関係で困難である（それに，環形動物門の分類は現在もなおとくに流動的な状態にあるという事実もある）．以下の説明はきわめて簡略化したものである．

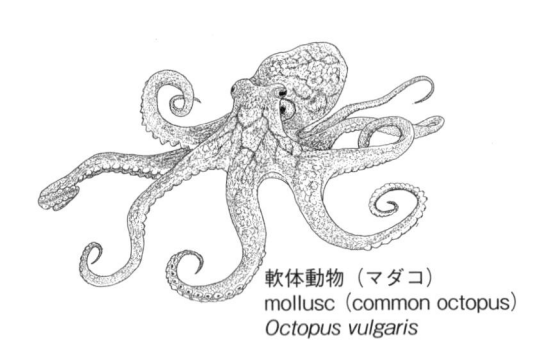

軟体動物（マダコ）
mollusc (common octopus)
Octopus vulgaris

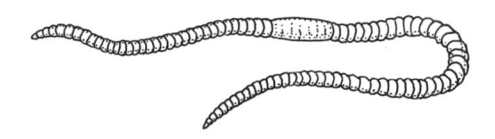

ミミズ
earthworm, *Lumbricus*

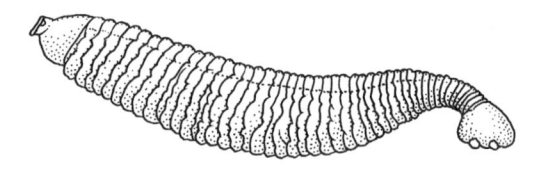

ヒル
leech, *Pontobdella muricata*

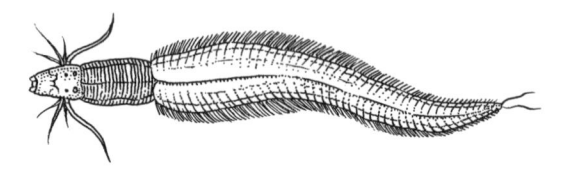

自由生活の多毛類
free-living polychaete
ゴカイの仲間
Nereis irrorata

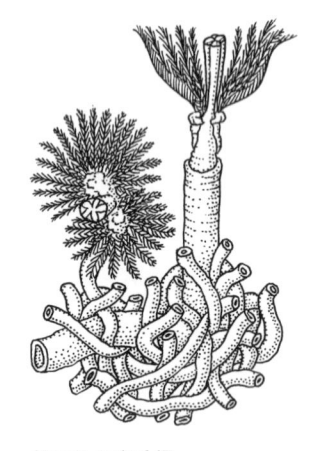

管に住む多毛類
tube-dwelling polychaete

体節に分かれた虫：環形動物門 Annelida

1万5千種ほどの環形動物は，伝統的に3つの主要なグループに分割されてきた——釣り人たちの餌として愛用されるタマシキゴカイ lugworm などの多毛類 Polychaeta，ミミズ earthworm を含む貧毛類 Oligochaeta，ヒル leech の仲間の蛭型類 Hirudinea の3つである．しかし，現在では，貧毛類と蛭型類が1つのクレードを構成し，残りが「多毛類」であると考えられているようだ．しかし，貧毛類には明らかに，明確に識別できる2つの系統が含まれており，そのうちの1つは，ほかの貧毛類よりも蛭型類に近い．したがって，旧来の「貧毛類」というグループは明らかに側系統であり，形容詞として使われる「貧毛類 oligochaete」という言葉は今でも有用ではあるが，これはもはや公式のタクソンとみなしてはならない．残りの「多毛類 polychaete」は，じつにごちゃまぜになったグループである．実際，クラウス・ニールセンは，このグループの中に，専門家の一部がそれぞれを独立した門にすべきと考えるような複数の系統，少なくとも，現時点では既存の門に分類されないような明確に別系統のものを含めている．そうしたものとしては，顎口動物 Gnathostomulida，有鬚動物（Pogonophora，ニールセンはこの中にヒゲムシ類 Frenulata とハオリムシ類 Vestimentifera を含めている），Lobatocerebridae，スイクチムシ類 Myzostomida，ユムシ類 Echiura がある．具体的にはどれと特定できないが，こうした多毛類のどこかに，貧毛類

＋蛭型類｝のクレードと姉妹関係のあるグループが存在する．

興味深いことに，環形動物は，（「ビロードの虫 velvet worm」と呼ばれることもある）有爪動物に似ており，その有爪動物はまた節足動物に似ているので，私が学生だった1950年代には，環形動物，有爪動物，節足動物の3つは，整然とした3つ組として示されていた．環形動物と有爪動物のからだは，内部の圧力——流体静力学的骨格 hydrostatic skeleton——によって支えられているが，節足動物のからだには固い外骨格がついている．しかし，全身に体節がある形態はこの3者のすべてに共通している．当時は分岐論に基づく用語は使われていなかった（ヴィリ・ヘニッヒ Willi Hennig は論文を発表していたが，まだ英国では知られていなかった）が，現在では，有爪動物は節足動物と姉妹関係にあり，環形動物は，｛節足動物＋有爪動物｝と姉妹関係にあるといってよさそうだ．さらに，古典的動物学者たちも，長い間，環形動物と軟体動物との間に強い関係を認めていた．なぜなら，成体では大きく異なった外見をもつものの，両者の発生過程と，（幼生をもつ場合には）プランクトン性の幼生が驚くほど似ている場合があるからである．だから私が学生のころは，軟体動物は，｛環形動物＋有爪動物＋節足動物｝と姉妹関係にあるとされていた．

しかしすでに触れたように，現在では分子生物学的証拠が，こうした座りがよく，常識的なその評価をひっくり返してしまった．それでも環形動物と軟体動物は密接に関連しているようであるし，有爪動物と節足動物は，ニールセンが側節足動物と呼ぶグループの中で，緩歩動物とともにまとめられる理由がある．しかし，環形動物と節足動物は遠くに位置しているようであり，したがって，古典的な環形動物-有爪動物-節足動物という3つ組は，今では完全に袂を分かっている．

————

前口動物に関する超特急のツアーはこれで終わる．動物界を概観するこの章は，真正後生動物のもう1つの大きなグループである後口動物に触れて終わりにしよう．

後口動物 DEUTROSOMIA に属する門

おさらいをしておくと，後口動物は通常は胚が放射卵割をする左右相称動物で，（幼生をもつ場合には）プランクトン性の幼生はトルナリア型であり，からだには基本的に3つの体腔が含まれ，その口は常に，原口とは別に形成され（原口は肛門になることがある），中枢神経は背側を走っている．

ここでもまた，後口動物はきわめて大きな成功を収めた．大きな生態学的影響をもつ少数のグループをもつ．とりわけ（ヒトデ，ナマコなどを含む）棘皮動物門 Echinodermata と，脊索動物門 Chordata を構成する3つのグループの1つである脊椎動物 Vertebrata である．この動物たちは後に別に取り上げる（12〜22章）．ここでは，生態学的には落ちこぼれた仲間たちのうちから，2つ——翼鰓類 Pterobranchia と腸鰓類 Enteropneusta——を取り上げて手短に見ておこう．基本的にはここでも，そうした生き物が存在していることを示すためでもあるし，もっと身近な仲間たちが，進化が試みた多様な変異のうちのほんの一例にすぎないことを示すためである．

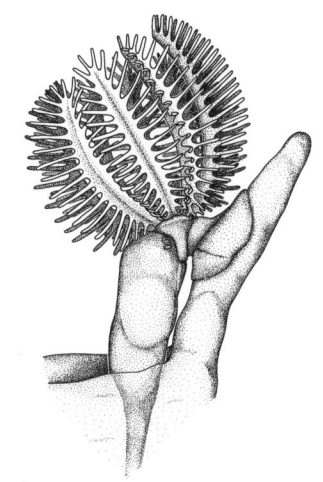

翼鰓類
pterobranch
エラフサカツギの仲間
Cephalodiscus gracilis

翼鰓類 Pterobranchia は，広く知られた2つの属，すなわち，エラナシフサカツギ属（*Rhabdopleura*，4種）とエラフサカツギ属（*Cephalodiscus*，15〜20種）から成る，きわめて小さな門である．おそらく第3の属が存在するが，まだ議論が決着していない．翼鰓類もまた，摂食用の触手を突き出した管が集まった群体をつくる傾向がある．しかしエラフサカツギ属の個虫は，その管内で動き回ることができるし，もし住んでいる場所の環境条件が悪くなればその場所を離れて出店することもできる．腕足動物と同様，翼鰓類は今よりはるかに繁栄した時代を経験した，古代からの生き物である．カンブリア紀から石炭紀にかけての化石記録で目立つ筆石類 graptolite の近縁であるように思われる．事実，1993年には，P・N・リリー P. N. Lilly が，南太平洋でエラフサカツギ属 *Cephalodiscus* の新種を報告し，*C. graptolitoides* と命名したうえで，おそらくこれが筆石の一種だろうと述べている．いいかえれば，筆石は今もまだ絶滅していないことになる．石炭紀以降の化石記録にはこれまで知られていない，古代の翼鰓類そのものである．こうしたことはさほど珍しいことではない．いずれ個別に解説するように，シーラカンスもハラフシグモ（キムラグモ）も，過去何千万年間，ときには何億年間も同様に姿を見せなかったグループから，現存する生き物が発見された例である．

翼鰓類と腸鰓類は，しばしば一緒にして半索動物 Hemichordata とされる（ときには半索動物門とされる）．筆石類もこの仲間に入れられることがある．ニールセンは，半索動物は多系統のグループであり，したがって，タクソンとしての妥当性はないと考えている（しかし，「半索動物」という言葉は，現在でも複数のきちんとした本にも用いられており，この問題の決着はついていない──おそらくこれもまた，分子レベルの研究によって解決されることになるのだろう）．

棘皮動物門 Echinodermata は12章で取り上げるので，次は，一般にはギボシムシ acorn worm として知られる腸鰓動物門 Enteropneusta である．教科書でもっともよく知られた例はミサキギボシムシ *Balanoglossus* である．およそ70種が知られており，穴を掘ったり，その中で暮らしたりしている．すべて虫のような形をしているが，後口動物に典型的な3体腔構造をもっている．

ニールセンは，この腸鰓動物門と脊索動物 chordate の3つの門を合わせて，曲孔動物 Cyrtotreta という新しいグループにまとめている．

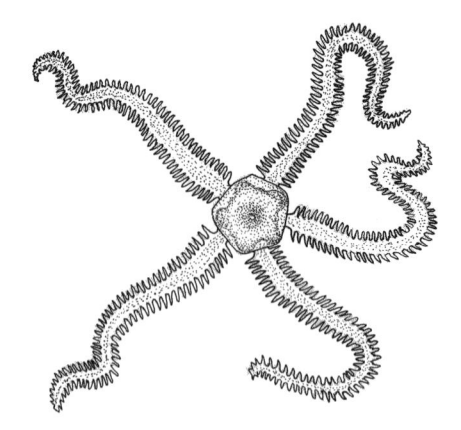

棘皮動物（クモヒトデ）
echinoderm（brittle star）

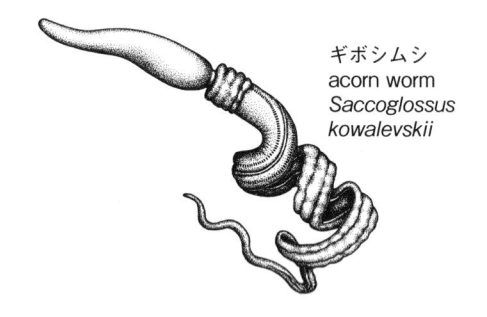

ギボシムシ
acorn worm
Saccoglossus kowalevskii

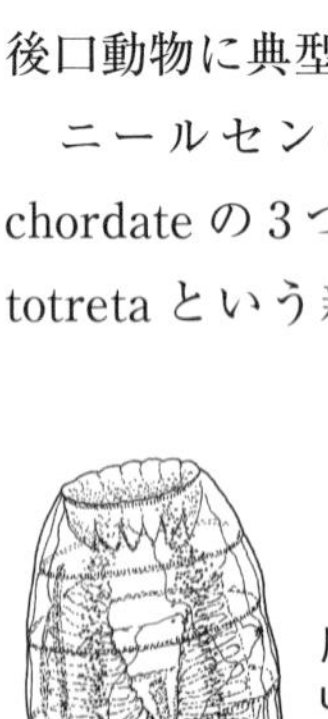

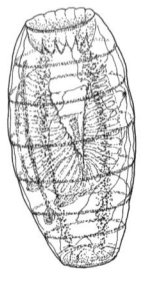

尾索動物
urochordate
ウミタル（ホヤ）の仲間
doliolid tunicate

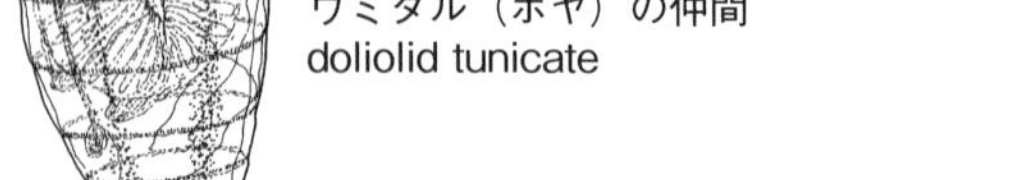

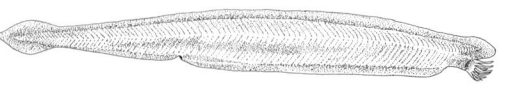

頭索動物
cephalochordate（ナメクジウオ lancelet）

これらを１つに結びつけているものは，ニールセンによれば，咽頭 pharynx ——腸管の最前端部——の両脇にスリット状の孔が開いていて，内胚葉の内側と外界とが直結している点である．いいかえるなら，この曲孔類には鰓孔 **gill slit** がある．原始的には，こうした鰓孔は最初は摂食装置だったようだ．水が口から流れ込むと，鰓孔の表面に並んでいる繊毛が打って鰓孔を流れる水流を起こし，水が流れ去る間に，栄養分のある粒子を捕獲する．おそらくすべての曲孔類では，この鰓孔は呼吸機能ももっている——鰓をもつ脊椎動物（つまり魚類）の大半においては，それが主要な機能になっている．しかし，筋を使ったポンプ作用で水流を起こすのは，脊椎動物と，（ホヤ類を含む）尾索動物 urochordate の一員であるサルパ類だけである．

　系統樹でわかるように，ニールセンは実際，この腸鰓動物を，脊索動物門 Chordata に位置づけた３つのグループの姉妹群として扱っている．脊索動物門 Chordata には，つつましい２つのグループ——尾索動物 Urochordata と頭索動物 Cephalochordata ——に加えて，あらゆる動物の中でもっとも大きく，もっとも賢く，一般にはもっとも見ごたえのあるグループ，すなわち脊椎動物 Vertebrata が含まれる．脊索動物門 Chordata 全体と，主要な個別のグループについては，13〜22 章で後述する．

脊椎動物
vertebrate（アフリカゾウ African elephant）

　では主要な動物のグループについてもっと詳しく見ていこう．まずは，構造は原始的であるが，生態学的意義はきわめて大きな生き物たち，刺胞動物門である．

6章

イソギンチャク，サンゴ，クラゲ，ウミエラ

刺胞動物門 Phylum Cnidaria

現在も生きている真正後生動物のなかで最古であり，体制がもっとも単純なこの動物は，それにもかかわらず，世界中の海洋でもっとも目につき（しかも淡水にさえ少数ながら存在し），また生態学的に重要な仲間でもある．最古の刺胞動物（cnidarian，「c」は発音しない）は，先カンブリア時代に当たる約6億年前の南オーストラリアのエディアカラ化石群の中に出現している．その基本的なからだのつくりは単純な袋である——わずか2つの層の細胞しかない壁でできた胃，すなわち**腔腸 coelenteron** であり，口と肛門を兼ねる1つだけ存在する開口部の周辺に触手をもっている．それでも，とくにサンゴやクラゲは，きわめて影響力の大きな捕食者であり，またほかの動物の餌にもなるし，サンゴは，熱帯雨林以外でもっとも種の多様性に富んだ生息地を提供する，島や珊瑚礁の主要な構成員であり，腕のたつ熟練工でもある．つまり，刺胞動物は，起原が古くて単純な動物であっても，影響力が大きな成功者が多いことを例証している．

刺胞動物の成功と多様性——8000〜9000の現生種が存在する——は，ほとんどがその**二形性 dimorphism** に由来する．この動物たちは2種類の異なったからだの形をとり，それらは相補的な生態学的役割を担う．**ポリプ polyp** は，イソギンチャク型をしており，口や触手は上を向いているのが普通で[註1]，この動物の頂部であるはずの部分は，基底に固定されているか，基底が柔らかい場合にはそこに突き刺さっている．一方，クラゲ jellyfish は**クラゲ medusa**（複数形 medusae）と呼ばれる形をとる．この型の生き物は浮遊し，口や触手は下方を向いている[註1]．一般にポリプは固着性，すなわち一定の場所に居つづけながら，通り過ぎる魚やプランクトンを，食虫植物のように待ちかまえては捕まえて餌にする．クラゲのほうはかなり成り行きまかせのプランクトン生活を送る場合もあるし，積極的に遊泳する場合もある．ポリプ型もクラゲ型も基本的には放射相称形であるが，一部には明白に4つに分かれているもの（つまり，**四放射相称性 quadriradial** もしくは**四節対称性 tetramerous**）もいれば，スリット状の口や精巧な内部構造をもつ花虫類 anthozoan のように，現実には左右相称形をしているものもいる．

【註1】「上方に」とか「下方に」とかいっているが，もちろん，イソギンチャクは岩から下向きにぶら下がるように付着している場合も少なくないので，そのときは実質的に下を向いているし，サカサクラゲ Cassiopeia のようなクラゲでは，口と触手を「上に」向けて泳ぐ．それでもここでの原則は同様に当てはまる．

あらゆるポリプは無性生殖が可能であり，ときには新たなポリプを形成したり，ときにはクラゲをつくったりするが，いずれの場合もそのやり方は多様である．クラゲ型のほうは有性生殖を行い，一般には水中に卵子と精子を放出し，両者が合体してできた胚が，**プラヌラ planula**（複 planulae）と呼ばれる幼生となって分散する．このほかにも幼若型や中間型が存在することがしばしばあり，さまざまな名前で呼ばれている．箱虫類 cubozoan，鉢虫類 scyphozoan，ヒドロ虫類 hydrozoan を含む多くの刺胞動物は，ポリプとクラゲの両方（さらにはプラヌラ幼生やそのほかの幼若型）を含む生活環をもち，**世代交代 alternation of generations** を行うといわれている[註2]．しかし，ヒドロ虫類や鉢虫類の一部には，ポリプ相をまったく欠いているものもいるし，花虫類の大きなグループの一部には，クラゲ相を捨てて，

ポリプが有性生殖と無性生殖の両方を行うようになったものもいる．

【註2】23章で説明するように，植物もまた世代交代を行う．しかしこの2つの現象は直接には比較できない．植物では二倍体世代（生物の細胞が――オスの親とメスの親からそれぞれ1組ずつの――2組の染色体をもつ世代）と，半数体（細胞が1組のみの染色体をもつ世代）とが交代する．これに対して刺胞動物では，（例外はあるものの）動物では普通に見られるように，どちらの世代も2倍体である．配偶子（卵子と精子）だけが半数体である．

ポリプもクラゲも，複雑な構造をもつことがある．ポリプはしばしば石灰質や堅い（昆虫の外骨格のように典型的にはキチンで強化されたタンパク質の）骨格でからだを守る．花虫類や鉢虫類のポリプでは，その腔腸は**隔膜 mesentery** と呼ばれる垂直な膜で部分的に仕切られ，それに伴って，反芻動物の胃と同じように（反芻動物の第一胃，つまりトライプと呼ばれる胃壁の組織に見られるように）吸収性のある内表面の面積が広くなっている．一部のポリプでは触手が枝分かれしている．クラゲでは，口の辺縁部が拡大して「腕状」になっているのが普通である……などといった複雑化を見せる．それでも，ポリプとクラゲの基本構造は，せんじつめれば単純なものである．実際，5章で概説しているように，クラウス・ニールセン Claus Nielsen は著書『動物の進化 *Animal Evolution*』の中で，あらゆる後生動物が初期発生の過程で経験するのは，本質的には，刺胞動物のこのからだのつくりを，複雑にしていくことだと強調している．原腸胚 gastrula と呼ばれるこの形は，2つの細胞層の壁だけからできている（つまり二胚葉性の）――テニスボールのような――中空の球体であり，この球体の片側が押し込まれて（つまり「陥入」して），杯（カップ）状の形になる．この杯の縁に触手を配置すれば，杯を上向きにするか下向きにするかに応じて，ポリプかクラゲかの基本形になる．しかし，刺胞動物の現生種では，体壁をつくっている2種類の細胞は，もう一層のゼリー状の物質（間充ゲル（中膠）mesogloea）で分離されており，なかには間充ゲル内に別の細胞をもつものもいて（ただし真の中胚葉を形成することはない），概して容積を増し，機能性を高めている．クラゲ（英名ゼリーフィッシュ）のゼリーは，この間充ゲルである．

無性生殖能力のおかげで，ポリプは群体をつくることができ，多くのポリプが実際に群体生活を送る．そしてこのことが，その形態や生態の範囲を大きく拡張している．かくして群体サンゴは巨大な珊瑚礁をつくることがある――個々のポリプは，その周囲につくる石灰質の壁を縦横に通り抜ける糸状の組織によって結合しあっているのが普通である．ウミエラ（ヒドロ虫類の一種）では，長く伸びた1本のポリプが中心軸となり，この中心軸が海底堆積物に固定されるとともに，側方ポリプがこの軸から列状，渦状，とさか状に芽を出す．ときには，この親ポリプ群にクラゲが付着したまま残り，群体に貢献することもある．やはりヒドロ虫類の仲間であるクダクラゲでは，クラゲとポリプが結合して――摂食，生殖，防衛などの――さまざまな機能に特化した個虫を1000個も含む，まさに浮遊都市とでも形容すべきものをつくることがある．つまりこうした生き物はきわめて大きな**多型性 polymorphic** をもつ．大西洋軍艦クラゲ man-o'-war of the Atlantic の異名があるカツオノエボシの一種は，まさにそうした構造をもっている．おそらく変形したポリプと思われる大きな1つの個虫が，気体がつまった風船状になり，軍艦全体の浮力を与える一方で，変形した大型のクラゲが主たる泳鐘 swimming bell になる．

しかし，刺胞動物でもっとも傑出した特徴――この仲間すべてを結びつける，ほかの動物やほかのいかなる界の生き物とも区別できる派生形質となる特性――は，刺す細胞にある．**刺細胞 cnidocyte**（あるいは **nematoblast**）と呼ばれるこの細胞は，**刺胞 cnida**（あるいは **nematocyst**）の名前で知られる驚くべき構造物を内包している[註3]．これはさまざまな変異形をもつ――約36種類ほどが記載されている――が，もっとも単純なものでさえ，刺胞は単一の細胞がこしらえたものとしては指折りの驚くべき構造をしてお

り，もっとも複雑なものになれば，自然が発明した最大の驚異の1つという名に恥じないものである．

【註3】クラウス・ニールセンをはじめとする専門家の一部では，cnida と nematocysts を同義語として用いているが，nematocysts は cnida の中の1つのグループにすぎないと考える人たちもいる．

　刺胞とは，要するに細長い中空の管でできていて，静止状態では内側に押し込まれている（陥入している）．ゴム手袋に指をつっこんで裏返したようなものである．しかし，この管は長いので，一般には幾重にもぐるぐる巻きになっている．その先端は一般に逆棘 barb になっており（この逆棘の先端は，管が陥入した状態のときには内側を向いているが，管が伸びた状態になると外に向く），先端には孔が開いていて，そこから毒素が噴出する．一般には機械的接触や化学的接触によって刺細胞が刺激されて，引き金が引かれると，この管が，逆棘もろともにすべて射出され，これに接触した不幸な生き物の皮膚を貫通し，その毒を放出する．この毒素はときに恐るべきものである．何の変哲もなさそうな見かけをしたクラゲ，たとえば箱虫類（立方クラゲ類）のアンドンクラゲの仲間にも，泳いでいる人間の命を奪った例が知られている．

　刺胞を武器にもち，大型のクラゲでは10m以上の長さにも垂れ下がることのある触手を配備した刺胞動物は，恐るべき捕食者である．すべて肉食性である．なかには摂食方法を変えたものもいる．たとえば，ハエ取り紙のように粘液様の糸状体に有機物のかけらをくっつけて捕捉するサンゴもいる．また，造礁サンゴを含む多くのサンゴには，一般にからだの細胞の内部（つまり細胞内）やときには間充ゲル内で暮らす光合成をする原生生物から利益を得ているものも多い．淡水産ヒドロ虫類の中には，たとえばヒドラの一種であるグリーンヒドラ Chlorohydra のように，緑色植物を体内に潜ませているものもいる．潜んでいるのは単細胞の緑藻類であり，現在の植物学者はこれを真の植物に分類する傾向にある（23章参照）．

一方，海産のものでは，クリプトモナス類 cryptomonad や渦鞭毛虫類 dinoflagellate を体内に潜ませている．これは，日常語では**褐虫藻 zooxanthella** と呼ばれ，まったく異なった真核細胞界に属している（3章参照）．いずれの場合も，原生生物のほうは太陽光を浴びるのに適した場所が与えられ，徴用した側のポリプには，少なくとも光合成産物の一部が与えられる．見事な相利共生の実例である．多くのサンゴは，光合成をする共生仲間に依存しており，したがって，海洋上部の有光層でのみ暮らしている．

　以上が，刺胞動物のきわめて手短なスケッチである．起原が古く，単純ではあるが，多様性をもち，成功を収めた仲間であり，ときにはもっとも大きくもっともどう猛なほかの動物たちにとってさえ死をもたらすことのある，きわめて影響力の強い捕食者である．

　しかし，刺胞動物の分類学はいつも問題をかかえている．動物学者の合意が得られているのは，刺胞動物門 Cnidaria が4つの綱——花虫綱 Anthozoa，鉢虫綱 Scyphozoa，ヒドロ虫綱 Hydrozoa，箱虫綱 Cubozoa——に分割されるべきだという点である．さらには，こうした綱のそれぞれを，たいていは同じような目のリストに分割している．ここまではまずまずの出だしである．しかし，こうした綱が互いにどのような関係にあるのか，どの綱がもっとも祖先型に近く，したがって残りのすべてと姉妹関係にあると考えるべきか，といった点になると，動物学者たちの意見はおよそありとあらゆる異論が続出してまとまらない．そして，それぞれの綱の中でも，目どうしの関係について合意が得られていない．たとえば，現代の優れた教科書の双璧である，リチャード・ブルスカ Richard Brusca とゲイリー・ブルスカ Gary Brusca の『無脊椎動物 Invertebrates』（1990）とクラウス・ニールセンの『動物の進化』（1995）でも，重要な点でほとんど正反対の分類をしている．たとえば，ブルスカたちはヒドロ虫類が原始的グループであり，残りのグループ全体と姉妹関係にあると示唆しており，残りの中では，花虫類

が，｛鉢虫類＋箱虫類｝の姉妹群に当たるとしている．これに対してニールセンは，花虫類がそのほかすべての姉妹群に当たり，鉢虫類が，｛箱虫類＋ヒドロ虫類｝と姉妹関係にあると示している．つまり，とくにヒドロ虫類は，片方の分類ではもっとも原始的な位置，もう一方の分類ではもっとも派生的な位置にいるとみなされていることになる．いずれの系統樹も，「古典的な」形態データの解釈に基づいている．私は，分子生物学的データと形態学的データの両方を記載している最新の論文を教えてくれた，当時ワシントンDCのスミソニアン協会に所属し，現在はグアム大学にいるサンドラ・ロマーノ Sandra Romano の水先案内に感謝している．しかし現在のところ（サンドラ・ロマーノの助けを借りながら）まだ一歩一歩データの収集を進めなくてはならない状態である．たとえば，最近出版された研究の中で，刺胞動物のすべての異なったグループに同一の分子レベルの技法を適用した論文は存在しない．しかしながら，刺胞動物の専門家の大半が，かりに全員が細部にわたって同意することはないにせよ，ここで示した分岐系統樹が少なくとも賢明なものだと同意してくれることを信じている．

刺胞動物へのガイド

ポリプは生態学的には食虫植物に似ており，ルネッサンス期の学者たちは実際に植物だと考えていた．これが動物と認められたのは18世紀になってからである．しかし，それでもリンネは，刺胞動物を，カイメン動物やそのほかの2，3の生き物と一緒にして「植虫類 zoophyte」にまとめていた．これは文字通り「動物性の植物」を意味する．19世紀になって，進化に対する誤った考えでよく知られているが立派な分類学者でもあったジャン＝バティスト・ラマルク Jean-Baptiste Lamarck が，クラゲ型刺胞動物，有櫛動物，棘皮動物をまとめて，「放射相称動物 Radiata，仏 Radiaires」に分類した．やはり19世紀初期には，ノルウェーの優れた博物学者マイケル・サルス Michael Sars (1802~69) が，クラゲとポリプが同じ生き物の異なった形態であり，それまでさまざまな属に分類されてきた奇妙な生き物が，刺胞動物の幼生や幼若型であることを示した．

チャールズ・ダーウィンの友人であり擁護者であったトマス・ヘンリー・ハクスリー Thomas Henry Huxley は，1840年代に英国軍艦ガラガラヘビ号による探索的航海中および帰還後に，刺胞動物について多くのことを明らかにした．そして1847年には，ドイツの動物学者カール・ロイカルト Karl Leuckart (1822~98) が，「腔腸動物 Coelenterata」という新しい用語を提案し，そこにはカイメン動物門，刺胞動物，有櫛動物が含まれていたが，後に別の学者が3つの異なった門に分離した．以来，多くの動物学者が，刺胞動物と有櫛動物とを，腔腸動物門という1つの門に再度まとめ直してきたが，現在では刺胞動物と有櫛動物とがまったく独立した仲間であることに異論はない．「刺胞動物」の同義語として「腔腸動物」という言葉を使う人もいる．正直にいえば，私自身が，今でもまだ刺胞動物のことを「腔腸動物」と呼んでしまう傾向がある．総括すれば，「腔腸動物」という用語はこうした多面的な過去があり，その一方で「刺胞動物」は常に1つのものだけを指してきたのだから，後者が望ましいのは明白である．ただ，ちょっと残念な気もする．（英語で「シレンテレイト」と発音されることが多い）「腔腸動物 coelenterate」の音の響きは耳に心地よかった．

すでに述べたように，動物学者は刺胞動物が自然に4つの綱に分かれることに広く同意しているが，それぞれの綱どうしの関係については見解が一致していない．もっとも基本的なグループ——

6・刺胞動物門

刺胞動物門 CNIDARIA
- 花虫綱 Anthozoa
  - 八放サンゴ亜綱 Octocorallia
  - 六放サンゴ亜綱 Hexocollaria
- 鉢虫綱 Scyphozoa
- ヒドロ虫綱 Hydrozoa
- 箱虫綱 Cubozoa

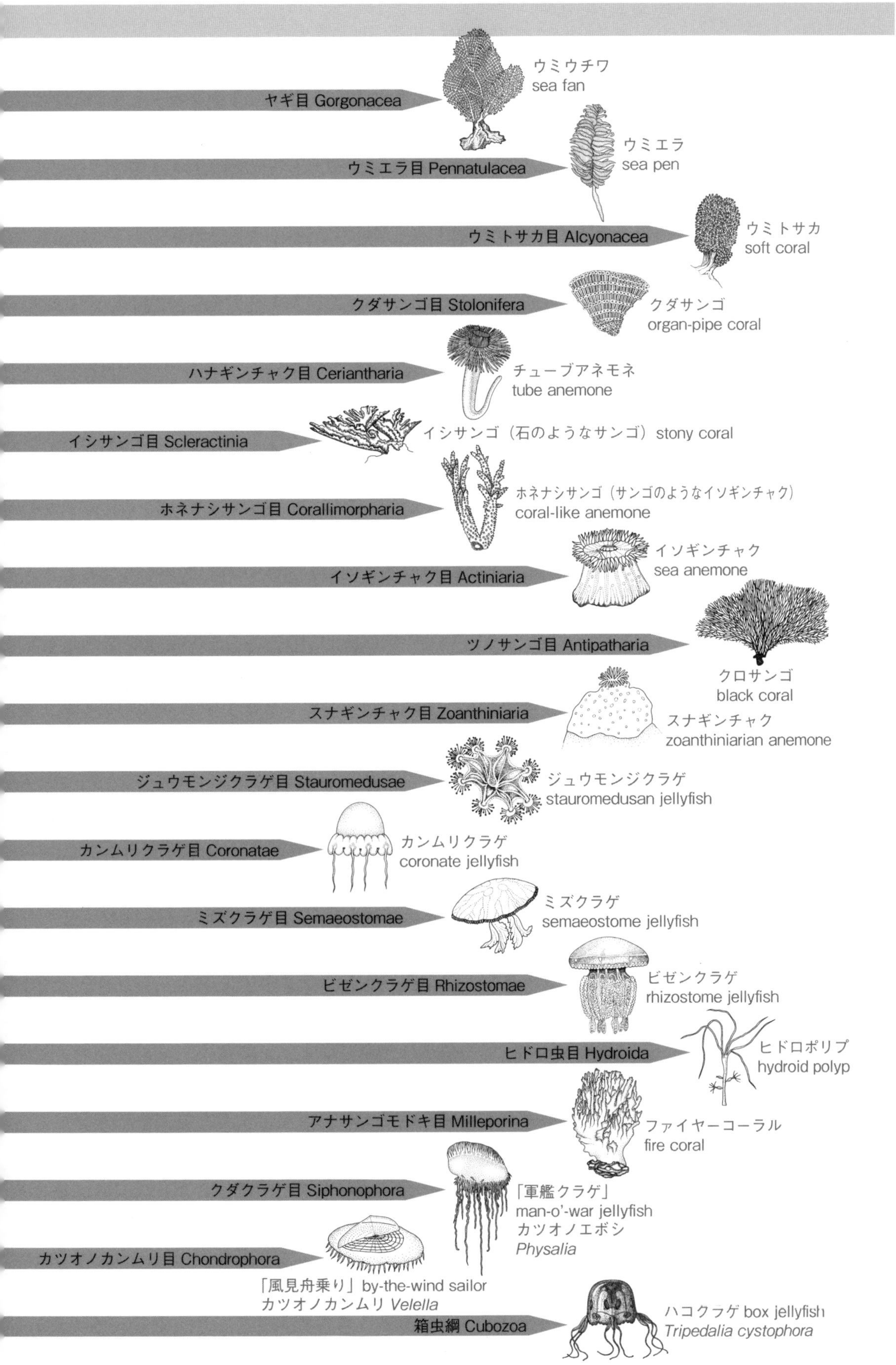

ヤギ目 Gorgonacea		ウミウチワ sea fan
ウミエラ目 Pennatulacea		ウミエラ sea pen
ウミトサカ目 Alcyonacea		ウミトサカ soft coral
クダサンゴ目 Stolonifera		クダサンゴ organ-pipe coral
ハナギンチャク目 Cerianthatia		チューブアネモネ tube anemone
イシサンゴ目 Scleractinia		イシサンゴ（石のようなサンゴ）stony coral
ホネナシサンゴ目 Corallimorpharia		ホネナシサンゴ（サンゴのようなイソギンチャク）coral-like anemone
イソギンチャク目 Actiniaria		イソギンチャク sea anemone
ツノサンゴ目 Antipatharia		クロサンゴ black coral
スナギンチャク目 Zoanthiniaria		スナギンチャク zoanthiniarian anemone
ジュウモンジクラゲ目 Stauromedusae		ジュウモンジクラゲ stauromedusan jellyfish
カンムリクラゲ目 Coronatae		カンムリクラゲ coronate jellyfish
ミズクラゲ目 Semaeostomae		ミズクラゲ semaeostome jellyfish
ビゼンクラゲ目 Rhizostomae		ビゼンクラゲ rhizostome jellyfish
ヒドロ虫目 Hydroida		ヒドロポリプ hydroid polyp
アナサンゴモドキ目 Milleporina		ファイヤーコーラル fire coral
クダクラゲ目 Siphonophora		「軍艦クラゲ」man-o'-war jellyfish カツオノエボシ *Physalia*
カツオノカンムリ目 Chondrophora		「風見舟乗り」by-the-wind sailor カツオノカンムリ *Velella*
箱虫綱 Cubozoa		ハコクラゲ box jellyfish *Tripedalia cystophora*

つまり祖先型にもっとも近いグループ——はどれなのか．本書で示したように花虫綱なのか．それともときどき提案されているようにヒドロ虫綱がそうなのか．

この議論は，ポリプとクラゲのどちらが祖先型なのかという問題に大きく左右される．つまるところ，ヒドロ虫綱にはクラゲとポリプの両方が含まれるが，（サンゴやイソギンチャクを含む）花虫綱にはポリプしか存在しない．しかしながら，ポリプとクラゲのいずれも祖先型ではなかったという仮定も不可能ではない．最初に出現した刺胞動物は，もしかしたら両者の要素を併せもった構造だったかもしれないし（もしそうしたものが想像できるなら，ではあるが），あるいは，いずれともまったく違った形をしていたかもしれない．つまり，現存の型はいずれも派生的なものであって，祖先型は単に絶滅してしまったのかもしれない．しかしながら，現時点ではそうした考えを支持する証拠は存在しないし，さまざまな理由から，現存の型のうちのどちらか一方が最初に進化したという考えのほうがより現実味があるようだ．

ブルスカたちがクラゲを祖先型の候補として論じているのは，それが有性世代であって，精子と卵子を産生するからである．もしこの考えが正しいのであれば，クラゲが存在しない花虫綱はすべての刺胞動物のもっとも基本的な型にはならないだろう．それにブルスカたちは，花虫綱のポリプがもっとも複雑な構造をしていると述べている．しかし，ニールセンを含むほかの学者たちには，ポリプのほうが祖先型であって，クラゲは有性拡散生活相 sexual-dispersive phase の専門型として進化した，後の時代の発明だと論じている．この考えは花虫綱を基本型の候補として復活させており，ヒドロ虫綱が派生的なものであろうと示唆している．実際，ニールセンは，ヒドロ虫綱には高度に派生的であることを示唆するいくつかの特性があると述べており，その神経網の細部——たとえば「高等動物」のものに似たシナプスがある——がその例である（しかし，もしヒドロ虫綱が派生的であれば，「高等」動物はその複雑なシナプスを独立に進化させたことになる——これもまた驚くべき収斂の一例になる）．以上は，両方の立場からの議論のほんの一例であり，表面的にはいずれの説ももっともらしく思われる．しかし，現在姿を見せつつある，分子生物学的研究や分岐学に基づく形態学的証拠では，結局のところ花虫綱が基本型であることが示唆されているように思われる——したがって本書の系統樹ではそのように配置してある．

では，より派生した位置にくる鉢虫綱，ヒドロ虫綱，箱虫綱の3つのグループどうしの関係はどうなのか．もし私たちが真の答えを知っていれば，3つのうちの2つを姉妹群とし，残りの1つをその2つを合わせたものの姉妹群として示すべきである．しかし，現代の分子生物学的研究と分岐学による形態学的研究では，一定の結果が得られていない．箱虫綱が，鉢虫綱の姉妹群なのか，それともヒドロ虫綱の姉妹群なのか，まったく不明である．したがって，現在の知識では，ここに示しているように3者を並列の1組として扱うのが賢明である．

刺胞動物の系統樹は大きくて枝が多い．このことはこの樹が古いことを反映している．この系統樹には，4つの綱のすべて——花虫綱 Anthozoa，鉢虫綱 Scyphozoa，ヒドロ虫綱 Hydrozoa，箱虫綱 Cubozoa——が示されており，最大の綱である花虫綱は2つの亜綱に分割されている．さらに，30ほどの目の中から，18の目を選び，この仲間のさまざまな形態と，素人が遭遇する可能性が高いすべての型を例示してある．

しかし，原核生物で明瞭に認められた現象に注意していただきたい．すなわち，どのクレードをとってみても，きわめて異なった表現型の生き物が含まれることがあるし，その一方で，一見すると類似の表現型をもつ生き物が，複数の，ときには数多くの異なったクレード内で見つかることがある，という現象である．たとえば，素人は刺胞動物には3種類の基本型だけを識別する．すなわち，普通は大ざっぱに「イソギンチャク」と呼ば

れる単生のポリプ，群生して「サンゴ」と呼ばれる傾向がある群体ポリプ，それに，一般には「jellyfish」と呼ばれるクラゲ，の3種類である．少なくとも2つのまったく別の綱——鉢虫綱と箱虫綱——が一般に「クラゲ」と呼ばれているのは明らかだし，ヒドロ虫綱にも，カツオノエボシ *Physalia*，カツオノカンムリ *Velella* といった，一般には「クラゲ」と呼ばれる一連の生き物が含まれる．「サンゴ」にも，「真のサンゴ」である石状（stony）のサンゴのほか，柔らかいもの（soft），棘のあるもの（thorny），火と形容されるもの（fire），多数の小孔をもつもの（milleporan）などがある——分類上は花虫綱とヒドロ虫綱の複数の目にまたがっている．進化の過程が多くの異なったタクソンに類似の表現型を産み出す傾向は自然界全体で認められ，哺乳類もその例外ではない．たとえば，ネコ科 Felidae 以外のさまざまなグループがネコに似ているし，レイヨウ，シカ，エダツノレイヨウ，それに絶滅した南米のプロテロテリウム目の動物（litoptern）といった，遠縁の関係しかない複数の生き物たちが，蹄をもつ平原の俊敏なランナーという形態を再発明している．しかし，刺胞動物（それに原核生物）では，この傾向がとりわけ著しい．その理由は，土台となる体制がきわめて単純なので，どうやら限られた範囲の変異しか許されないためであるらしい．

イソギンチャク sea anemone，サンゴ coral，ウミエラ sea pen：花虫綱 Anthozoa

花虫綱は，2つの亜綱の中に約6000種を含む，刺胞動物最大のグループである．花虫綱の仲間にはクラゲはいない．すべてが海産のポリプで，単独生活を送るものと群体生活を送るものがあり，そのポリプは有性生殖でも無性生殖でも増える．個々のポリプの口はスリット状になっていて，咽頭部につながっている．咽頭はさらに，隔膜で縦に仕切られた腔腸に通じている．間充ゲルの層は厚い．

花虫綱は2つの亜綱に分類される．まず最初は，八放サンゴ亜綱（Octocorallia もしくは Alcyonaria）で，触手の数が8の倍数になっている．2つ目の亜綱の六放サンゴ亜綱（Hexacorallia あるいは Zoantharia）では，触手の数が6の倍数である．多くの「古典的」分類では，このほかに，ツノサンゴ目（Antipatharia，クロサンゴ，あるいはマヨケサンゴ black coral, thorny coral とも呼ばれる）とハナギンチャク目（Ceriantharia，チューブアネモネ tube anemone）という2つの目を含む第3の亜綱 Ceriantipatharia が示されていた．しかし現在では，この2つの目が近縁ではないので1つのクレードとなることはなく，したがって，妥当な亜綱とはなりえないことが明らかになっている．実際，ここの系統樹に示されているように，この2つの目は六放サンゴ亜綱にうまく収まり，ハナギンチャク目が基部に，ツノサンゴ目が高度に派生した位置にくるようである．

ウミウチワ sea fan，ムチサンゴ sea whip，ウミエラ sea pen，ウミシイタケ sea pansy：八放サンゴ亜綱 Octocorallia（あるいは Alcyonaria）

八放サンゴ類には多くの目が含まれるが，ここでは4つの目——ヤギ目 Gorgonacea，ウミエラ目 Pennatulacea，ウミトサカ目 Alcyonacea，クダサンゴ目 Stolonifera——だけを示している．この仲間はすべて群体性で，構成するポリプは，**走根 stolon** と呼ばれるシート状もしくはヒモ状の組織で結合されている．個々のポリプは8つの触手をもち，通常は羽状をしている．

- ヤギ目 Gorgonacea には，普通は明るい色をした，直径数 m になることもある群体性のウミウチワ sea fan やムチサンゴ sea whip など18ほどの科が含まれ，そのからだは一般には角質（硬いタンパク質ゴルゴニン gorgonin），ときには石灰質の骨格で結合されている．1つの科 Isidae では，枝に沿って石灰質と角質のセグメントが交互に配置され

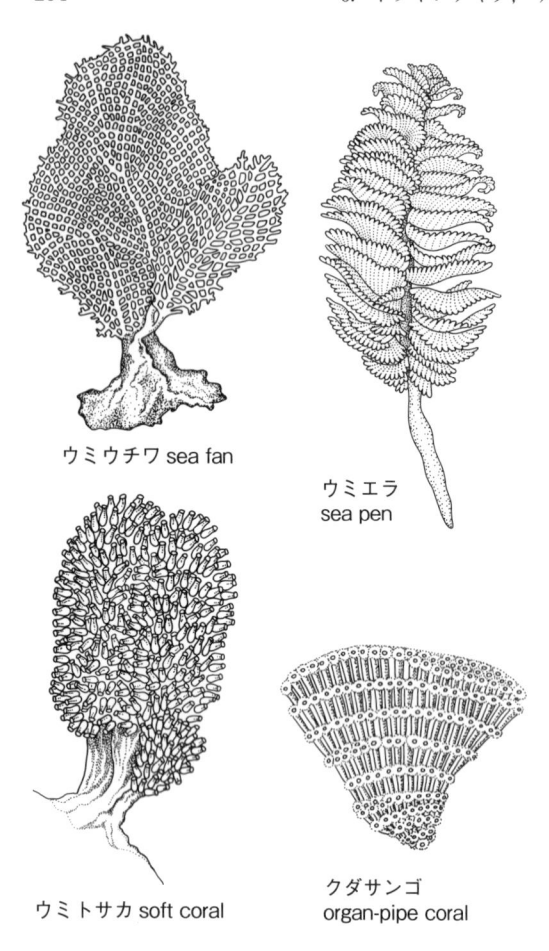

ているので，その枝は柔軟性を示す．
- ウミエラ目 Pennatulacea は，ウミエラ sea pen とウミシイタケ sea pansy から成る．中心部にある細長い一次ポリプが最長1mにもなる茎部 stalk になり，下端にある膨大部 (**支持柄 peduncle**) を使って，生息場所の軟堆積物にからだを固定させながら，二次的なポリプが両脇に枝を伸ばしている．ウミエラ目の動物はしばしば発光性を示す．
- ウミトサカ目 Alcyonacea はウミトサカの仲間 soft coral から成る——肉質で，柔軟性があり，しばしば巨大で，そのポリプの先端 (遠位部) は，もっと小さな基部に引っ込められるようになっている．
- クダサンゴ目 Stolonifera は，長く伸びて底質を覆うように広がったリボン状の走根から伸びた単純なポリプの群体から成り，全体が角質の骨格で覆われている．クダサンゴ目の仲間でもっともよく知られているのは，パイプオルガンの音管サンゴ organ-pipe 'coral' として知られるクダサンゴ *Tubipora* である．

イソギンチャク sea anemone，真のサンゴ true coral，クロサンゴ black coral，ハナギンチャク tube anemone：六放サンゴ亜綱 Hexacorallia（あるいは **Zoantharia**）

六放サンゴ類 Hexcorallian あるいは Zoantharian には，イソギンチャクのように単独生活を送るものも，造礁サンゴのように群体生活を送るものもいるし，むき出しのままのものも，あるいは石灰質やキチン質の骨格をもつものもいる．その腔腸を分割している隔膜は対になっており，通常はその数が6の倍数である．それゆえに「六放」の別名がある．六放サンゴ類 Zoantharian は，1つまたは複数の触手列をもち，多種多様な刺胞 cnidae をもつとともに，その内部の細胞層（内胚葉）の中に無数の褐虫藻を共生させている．六放サンゴ類は，イシサンゴ目 Scleractinia の中に「本物のサンゴ」，つまり造礁サンゴを含むので，生態学的に——そして地理学的に——きわめて大きな影響をもつ．オーストラリアのグレートバリアーリーフは，グレートブリテン島と同じくらいの長さがある．

分類学上は六放サンゴ亜綱にはわずか4つの目が示されることが多い．すなわち，（群体性のイソギンチャクのように見える）スナギンチャク目 Zoanthiniaria，（「サンゴのようなイソギンチャク」といわれる）ホネナシサンゴ目 Corallimorpharia，（「真の」イソギンチャクである）イソギンチャク目 Actiniaria，（「真の」石状のサンゴである）イシサンゴ目 Scleractinia である．しかし，1974年，ドイツ，ハイデルベルクのハヨー・シュミット Hajo Schmidt が，刺胞の形によって花虫綱を分類し，このほかにハナギンチャク目 Ceriantharia とツノサンゴ目 Antipatharia という2つのグループも六放サンゴ亜綱に属することを示唆した．現在では，ニューハンプシャー大学のス

コット・C・フランス Scott C. France と同僚研究者たちが1996年に発表した，ミトコンドリア rRNA の証拠に基づく分子生物学的研究がシュミットの考えを支持している．そこで，本書で示した配置はシュミットの提案に従っている．ハナギンチャク目 Ceriantharia は，残りすべてと姉妹関係にあり，ホネナシサンゴ目 Corallimorpharia とイシサンゴ目 Scleractinia，ツノサンゴ目 Antipatharia とイソギンチャク目 Actiniaria がそれぞれ姉妹関係にある．前述したように，ハナギンチャク目 Ceriantharia とツノサンゴ目 Antipatharia は姉妹関係にあると考えられてきたので，まとめて Ceriantipatharia 亜綱の中に配置していた．しかし，この Ceriantipatharia は——真の関係というよりも，見かけに基づいた誤ったグルーピングなので——現在は用いられていない．

- ハナギンチャク目 Ceriantharia は，ほかのすべての六放サンゴ類と姉妹関係にある．つまりこれが祖先型にもっとも近いことを意味する．ハナギンチャク目の動物は管状のイソギンチャクであり，柔らかい堆積物中に特殊化した刺胞と粘液でつくりあげた管の中で，単独生活を送る細長い動物である．その口の周囲は短い触手で囲まれ，その外側に長くて細い触手がついている．
- イシサンゴ目 Scleractinia には，「本当のサンゴ」，つまり石のようなサンゴが含まれる．生態学上はこのイシサンゴがあらゆる刺胞動物の中でもっとも重要であり，陸塊の創造者としては，あらゆる動物の中でもっとも重要なのは確かである．イシサンゴの仲間は群体生活を送ることも単独生活を送ることもある．からだのまわりに石灰質（アラゴナイト）の外骨格で壁をつくり，それはときに繊細な構造をもつこともあるし，巨大な塊になることもある．造礁サンゴでは，石灰質のブレード（**隔膜 septum**）が隔壁内にまで拡大し，外骨格だけ残すと金銀線細工のような外見に

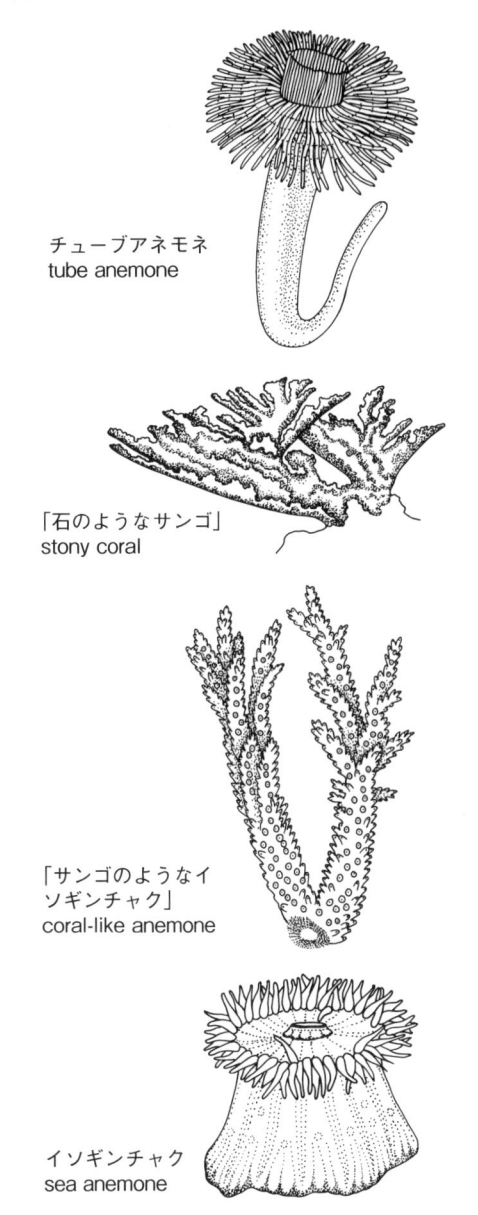

チューブアネモネ
tube anemone

「石のようなサンゴ」
stony coral

「サンゴのようなイソギンチャク」
coral-like anemone

イソギンチャク
sea anemone

なる．イシサンゴの仲間には，24の科に2500以上の現生種が含まれる．ミドリイシ属 *Acropora* だけで150以上の種が含まれる．
- ホネナシサンゴ目 Corallimorpharia は，「サンゴのようなイソギンチャク」から成る．この仲間も，単独生活を送ることもあるし，群体生活を送ることもあり，外骨格を欠いている．たとえば，*Amplexidiscus* とマメホネナシサンゴ *Corynactis* がその例である．ホネナシサンゴの仲間は，イシサンゴの姉妹群と

して出現し，この2つをまとめてときにイシサンゴ Madreporia と呼ばれることがある．

- イソギンチャク目 Actiniaria は，巨大で多様なグループであり，約41科の「本当の」イソギンチャクを含む．その暮らしは単独生活を送るか，クローンをつくるかであるが，群体になることは決してない．石灰質の骨格をもつことはまったくないが，ときにはキチン質の骨格を分泌することがあり，ほとんどは褐虫藻を体内に共生させている．円筒部（この動物の主要部分）にはたいてい小孔が開いていて，収縮するときに水を排出する．この円筒部にはしばしば，こぶ，いぼ，偽触手，小嚢といった飾りがついている．触手は中空で，指のようになっていたり，枝分かれしていたりする．海岸や水族館でみかけるなじみ深いイソギンチャクはすべてこのイソギンチャク目に属し，たとえば，ヒッチハイカーとして知られるヤドカリイソギンチャク Adamsia，ウメボシイソギンチャク Actinia，魅力的で羽毛のように見えるヒダベリイソギンチャク Metridium がいる．

- ツノサンゴ目 Antipatharia は，黒かったり，棘をもったりするサンゴで，ときには高さが6mという，ギリシア神話の怪物ゴルゴンのような巨大な構造物になることもあり，通常は茶色か黒色の固い骨格から，小さなポリプが頭を出している．このポリプには6本の（しかし最大では24本まである）触手があり，引っ込めることはできない．骨格には棘がちりばめられており，それゆえ，ツノサンゴの名称がある（和名ではクロサンゴ，マヨケサンゴとも呼ばれる）．ツノサンゴの仲間は，主として熱帯の深い海に住んでいる．

- 刺胞の構造からすると，スナギンチャク目 Zoanthiniaria はツノサンゴ目 Antipatharia と姉妹関係にあることが示唆される．スナギンチャク目はイソギンチャクに似ているが，通常は群体性であり，そのポリプは走根 stolon と呼ばれる基盤となる組織層によって

クロサンゴ black coral

スナギンチャク zoanthiniarian anemone

連結されている．スナギンチャク目の仲間は適切な骨格はもっていないが，砂やカイメンの骨片をその分厚い体壁に取り込んでいる種が多い．おびただしい数の褐虫藻を共生させていることが普通であり，多くが動物体表生 epizoic である．つまり，こうした褐虫藻は，たとえばヤドカリイソギンチャク Adamsia が，ヤドカリが暮らしている巻き貝の殻の上で暮らすように，ほかの動物の上でヒッチハイク生活をしている．

クラゲ：鉢虫綱 Scyphozoa

鉢虫綱 Scyphozoa には，世界中のクラゲの大部分が含まれる．クラゲ相がずっと長く，ポリプは小さくて目立たないか，あるいはまったく存在しない．しかし，ポリプが存在する場合，それは新しいクラゲを産み出す素晴らしいわざをもっている．ポリプは，まるで工業生産工程ででもあるかのような横分体形成 strobilation の過程によっ

ジュウモンジクラゲ
stauromedusan jellyfish

て，その先端部から次々に横分裂をさせつつ新しいクラゲを切り離していく．クラゲの腔腸は長軸に沿った4つの隔膜で分割されて4つの部屋をもち，実際，この動物は一般に四節対称性 tetramerous を示す．このクラゲには，（内側の細胞層である）胃腔上皮からつくられる生殖巣がある．この綱のクラゲはすべて海生である．海表面近くを浮遊しながらプランクトン生活を送る仲間もいれば，海底近くを泳ぐ——底生生活をする——仲間もいるし，海底に永久に固着した暮らしを送る仲間もいる．4つの目に約200種のクラゲが存在する．

- ジュウモンジクラゲ目 Stauromedusae にはポリプが存在しないが，クラゲがポリプのようなふるまいをする．すなわち，口（「外傘 exumbrella」）から離れた表面が，中心にある粘着性の円盤で底質に付着する．しかし——ポリプにはないが，クラゲではよく見られるように——その生殖様式は例外なく有性生殖である．ジュウモンジクラゲの仲間は高緯度の浅い海に住んでいる．
- カンムリクラゲ目 Coronatae は，（名前の由来となった）冠のような形をした環状に走る溝によって，からだが上部と下部に分かれており，その泳鐘の辺縁は，ホタテガイのようにひだ状に波打っている．カンムリクラゲは一般に海底に見られる積極的な遊泳者である．

- ミズクラゲ目 Semaeostomae には，温帯や熱帯の海で普通に見かけるクラゲの大半が含まれ，温帯の海岸で馴染み深いミズクラゲ Aurelia や，ときに巨大で鮮やかなオレンジ色をしたユウレイクラゲ Cyanea もこの仲間である．ミズクラゲ類の口の四隅は延長されて，ひだ飾りのような幅広い4つの縁弁になっている．
- ビゼンクラゲ目 Rhizostomae のクラゲは，中心部の口を欠いている．その代わりに，口の周辺にある4つの縁弁の端が融合して，複数の吸い込み用の「口」，つまり**小孔 ostiole**を形成し，枝分かれした8本の腕状付属肢内部を走る複雑な水管システムにつながっている．ビゼンクラゲの仲間は小さなものから大きなものまであり，外傘の内側にあるよ

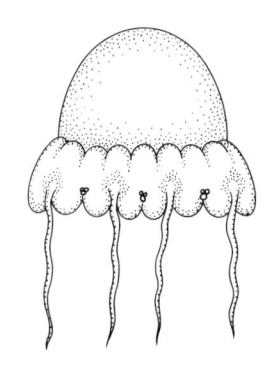

カンムリクラゲ
coronate jellyfish

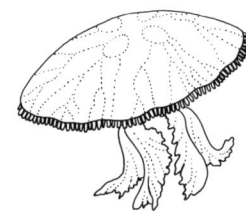

ミズクラゲ
semaeostome jellyfish

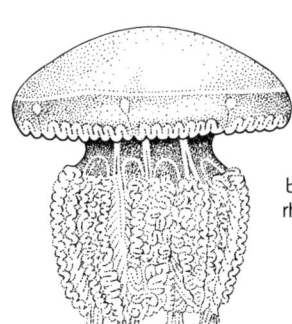

ビゼンクラゲ
rhizostome jellyfish

く発達した筋肉を使って，主として熱帯の海を精力的に遊泳する．具体的には，上下逆さまになって泳ぐサカサクラゲ Cassiopeia がその一例である．

ヒドラ，カツオノエボシ，アナサンゴモドキ：ヒドロ虫綱 Hydrozoa

ヒドロ虫綱はきわめて多様なグループで，クラゲもポリプも含まれるが，どちらか一方が主要な型になる（そしてもう一方の型は，逆に抑圧されたり，存在しなかったりする）ことがある．クラゲ型のものは，一般に小さくて透明であり，ポリプの上に保持されたままであることが珍しくない．ポリプは通常は群体性であり，しばしばさまざまな目的――摂食，繁殖，防御――のための工夫がなされている．多くの仲間が通常はキチン質，ときには石灰質の外骨格をもっている．学術的な面では，間充ゲルには細胞が含まれない．ヒドロ虫綱には現存の7つの目に属する約2700種が含まれ，そのうちの4つの目――ヒドロ虫目 Hydroida，アナサンゴモドキ目 Milleporina，クダクラゲ目 Siphonophora，カツオノカンムリ目 Chondrophora――がとくに注目に値するものと思われる．

- ヒドロ虫目 Hydroida は55以上の科を含み，2種類の亜目に分けられる．第1のグループであるハナクラゲ亜目 Anthomedusae では，ポリプが主要な相となり，ときには完全にクラゲ相を欠いている．このポリプは覆いがなく，外骨格をもたない．この仲間には，ウミヒドラ Hydractinia とクラウミヒドラ Tubularia といった海岸にいる群体性のものもあるし，あらゆる動物学の学生が知っている，単生で淡水産の，クラゲ相をもたないヒドラ Hydra も含まれる．第2のグループであるヤワクラゲ亜目 Leptomedusae では，ポリプは常に群体性であり，生殖や摂食を専門にする個虫をもち，外骨格に包まれており，ほとんどの種がクラゲ相を欠いている．ヤワクラゲ類としては，オベリア Obelia がよく知られている．

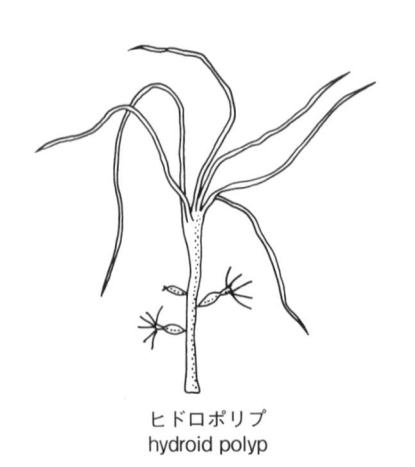

- アナサンゴモドキ目 Milleporina は，いわゆる「ファイヤーコーラル fire corel」から成り，すべて1つの属，すなわち，アナサンゴモドキ属 Millepora に属している．この仲間の群体も複数の種類のポリプを含んでおり，その骨格はサンゴのものに似て，巨大で，外殻を形成する．本物のサンゴと同様，アナサンゴモドキはその細胞内に共生する褐虫藻に強く依存している．自由遊泳するクラゲを産生するのは確かだが，小さいクラゲであり，口や触手はもたない．

- クダクラゲ目 Siphonophora には，自然が生んだもっとも驚異的な生き物の1つである，カツオノエボシ Physalia のような軍艦クラゲ（man-o'-war jellyfish）が含まれる．クダクラゲの仲間は浮遊もしくは遊泳する群体であり，ポリプとクラゲの両方を含んでいるが，刺胞動物の中でもっとも高度の多形性を示す．個虫の示す多様な形態と機能という点でこれに匹敵する多形性を示す生き物は，一部のアリの仲間を含めてほんのわずかしか存在しない．カツオノエボシに浮力を与えている気球（前述したように，おそらく変形したポリプ）には，なぜか一酸化炭素が豊富な気体が詰まっている．泳鐘はクラゲである．クダクラゲには，それぞれは比較的単純な個体

ヒドロポリプ
hydroid polyp

—刺胞動物門—

が密接に協力しあい，さまざまな目的に適応することで，その集合体があたかも単一の複雑な生き物であるかのように，有効に機能する例を見事に見ることができる．

● カツオノカンムリ目 Chondrophora がそもそもヒドロ虫綱 Hydrozoa に属するのかどうかに疑いをもっている動物学者もいるし，ときには，この仲間をきわめて高度に形を変えたクダクラゲの仲間と考える学者もいる．結局のところ，この生き物が，摂食，生殖，防御に特化した個虫から成る群体なのか，それとも，驚くほど高度に特殊化した単一のポリプとみなすのか，それを識別するのは簡単ではない．いずれにしても，この仲間はきわめて高度に派生的な生き物である．この目には，「風見船乗り by-the-wind-sailor」の異名をもつカツオノカンムリ Velella が含まれる．カツオノカンムリは（たしかにポリプの一種ではあるが）クラゲのように浮遊しており，その頂部に三角形の帆をもっている．この帆を使って，まさしくその名にふさわしい暮らしをしている．刺胞動物は汲めども尽きぬ驚きの源である．

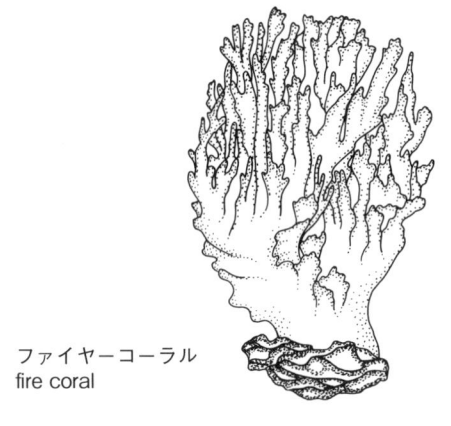

アンドンクラゲ sea wasp とハコクラゲ box jellyfish：箱虫綱 Cubozoa

箱虫類は見かけは明らかにクラゲなので，しばしば鉢虫類のサブグループとして分類されたり，鉢虫類の姉妹群とされてきた．しかし，この仲間が独自の綱であるのは明らかである．だが，現代の分子生物学的研究では，これが鉢虫綱に近いのか，ヒドロ虫綱に近いのかが示されていない．そこで当面の間は，ここで示したように，この3つの綱を並列の3つ組にすべきである．箱虫綱にはポリプもクラゲもある——前者が変態して後者になる．このクラゲは断面が正方形で，四方が平らになっているので，なるほど「箱クラゲ box jellyfish」という呼び名にふさわしい．また，海のスズメバチ sea wasp という異名もその名に恥

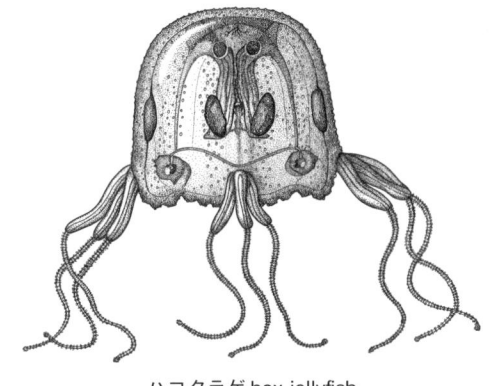

ファイヤーコーラル
fire coral

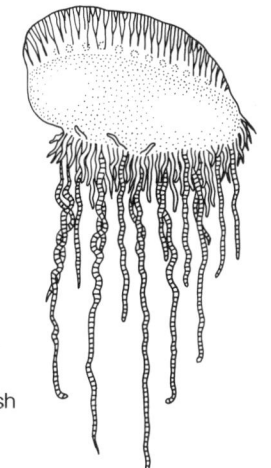

「軍艦クラゲ」
man o'war jellyfish
カツオノエボシ
Physalia

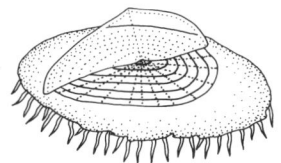

「風見舟乗り」
by-the-wind sailor
カツオノカンムリ
Velella

ハコクラゲ box jellyfish
Tripedalia cystophora

じないものがある——このクラゲの刺胞はきわめて毒性が強く，人間の命さえ奪うことがある．箱虫綱の仲間はあらゆる熱帯の海に生息している．

――――――

さて，以上が刺胞動物たちである．私はときどき，もしこうした生き物たちに思考する能力が備わっていたら，と夢想することがある．もしそれが可能なら，自分たちのことをある種の進化の極致にあると考えるにちがいない．つまるところ，あるものは巨大だし，あるものは島を丸ごとつくるほどだし，世界の海をまたいで帆を使った旅をするものもいれば，人間ほど巨大な生き物を殺せるものもいるし，じつに複雑な生命体，あるいは生命体様の群体をつくるものもいる．はたして進化がこれ以上何を達成できただろうか？

それはさておき，ここで達成されたものの1つは，上皮 epidermis と内皮（endodermis，つまり胃層 gastrodermis）の間に導入された第3の細胞層であり，これによって二胚葉性から三胚葉性の生き物が誕生した．中間にあるこの細胞層——中胚葉——は，まったく新しいさまざまな特殊な器官や，はるかに効率のよい筋組織をつくる材料になった．要するに三胚葉性は，生理学的な多能性，運動，行動，そして究極には知性に，まったく新しい可能性を開いた．本書ではもっとも古くて単純な三胚葉性生物——集合的に，また日常会話で「虫 worm」と呼ばれている生き物たち——について長々と語る紙幅はない．その代わりにここでは，三胚葉の進展における極致の一部に焦点を当てることにする．まずは軟体動物 mollusc である．

7章

二枚貝, 巻き貝, カタツムリ, ナメクジ, タコ, イカ

軟体動物門 Phylum Mollusca

あらゆる分類群は唯一無二の存在である．そもそも，それだからこそタクソンとして認知され，独自の特別な名前が与えられるのである．しかし，文法学者は語法に異論があるだろうが，あるものは，ほかに比べて「より唯一無二（more unique）」である．その意味で軟体動物ほど唯一無二のものはない．何が軟体動物にもっとも近縁なのか——環形動物のような体節のある虫なのか，それとも扁形動物のような体節のない単純な虫のほうなのか——をだれも確実にいえないくらいである．さらに，軟体動物はたしかに識別可能な体制を共有してはいるし，その単系統性を疑う動物学者はほとんどいないが，並はずれて多様性が大きい．それに軟体動物は収斂を多く見せる傾向があり，異なったグループ間の関係はまだ明確になっていない．実際，いくつかのグループ内では，1つの種がどこで終わり，次の種がどこで始まるかが常に明確とは限らない．

しかし，1つ確かなのは，軟体動物が素晴らしい生き物であるということである．もっとも下等な，あるいは退化したり特化したりした端っこには，あらゆる「高等」生物のなかでもっとも不活発な仲間——眼がなく，文字通り脳なしで，泥の中に頭を下にして揺らしたり突っ込んだりしながら，植物のように受動的に栄養分を集めるもの——もいるし，その一方で一部のタコやイカのように，地球上のあらゆる生き物のなかでもっとも威勢がよく，力をもち，壮観な生き物たちもいる．英国の動物学者J・Z・ヤングJ. Z. Young（1907〜97）は，ナポリにある臨海実験所で長年にわたってタコの行動を研究していたが，タコはイヌと同程度の知性をもつと述べている[註1]．実際，タコが慎ましい暮らしを強いられ，その結果，海では魚類やクジラほど優勢な地位にいないのは，ほんの小さな生理学的偶然にすぎない．すなわち，軟体動物の血液中で酸素を運搬する粒子が，脊椎動物がお気に入りの鉄を中心にしたヘモグロビンではなく，銅を中心にしたヘモシアニンであるということだ．ヘモシアニンはそれほど効率がよくない．ヘモシアニンも酸素を集める能力は十分なのだが，酸素不足の組織に簡単に引き渡さない．あたかも貸し出しを渋る司書のように，酸素を配布するよりも貯め込むほうに優れているのだ．したがって頭足類（イカとタコ）は見事なまでにスタミナが不足している．ジェット推進によるダッシュの腕にはしばしば舌を巻くほどだが，脊椎動物のようにじっくり力を出しつづけたり，繰り返しダッシュする能力には乏しい．不名誉なことだろうか——おそらく違うだろう．もし逆になっていたら，本書はもしかしたらイカが書いていたかもしれないが．

【註1】細かな注意．タコの英名「octopus」のpusはギリシャ語であって，ラテン語ではない．したがって，英語における複数形は「octopuses」であって「octopi」ではない．

この身体デザイン上の欠点にもかかわらず，軟体動物はきわめて大きな影響をもっている．無殻で虫のような姿をしたカセミミズ類aplacophoran（カセミミズsolanogasterとケハダウミヒモcaudofoveate）のような慎ましい仲間でさえ，深海の堆積物の表面には無数に存在するし，またそのほかの仲間——イガイ，ハマグリ，バイ，カタツムリ，頭足類——は，海洋食物連鎖の大きな部分を占めるだけでなく，実際，（マオリ族やオーストラリア先住民を含む）数多くの人間集団の安定した食料源となってきたし，現在もそれに変わり

はない．環境汚染によって壊滅してしまうまで，カキは，ヨーロッパの多くの労働者の重要な備蓄食料だったし，酢につけてマリネにしたザルガイ，バイ，タマキビガイ（periwinkle，日常語では「winkle」と呼ばれる）は，今もなお往時を偲ばせる珍味として現役である．しかし，カキ，アワビ，そしてとりわけエスカルゴもまた，グルメ食品としての地位を築いており，それに肉薄して，ホタテガイ，イカ（イタリア料理のカラマリ），イガイ（ムール貝）もつづいている．また軟体動物は，主要な濾過摂食動物かつ腐食性生物であり，海の中の栄養分の循環を促進させているし，イカやバイのようなものは重要な捕食者でもある．貝殻はタカラガイのようにしばしば通貨として使われてきたし，ウィリアム・ゴールディングの『蠅の王』のホラガイ，ジュール・ヴェルヌの『海底二万哩』の巨大イカのように，世界中で偉大なる自然の偶像の一員にもなる．なお，後者の巨大イカは，ハーマン・メルヴィルの『白鯨』のようにどう猛で邪悪と感じられる生き物として描かれているが，これは謂われのない中傷である．軟体動物はまた，重要な害虫になることもある．たとえば，フナクイムシ *Teredo* は船の木材や，現代的な桟橋の橋脚に穴を掘るし，それよりさらに重要なものとして，カタツムリは，肝吸虫の仲間のカンテツ *Fasciola* や，ビルハルツ住血吸虫症の原因となる住血吸虫 *Schistosoma* を保有することがある．

その生態学的多様性と成功とを考えれば，驚くには値しないことだが，軟体動物には見事なまでに種の数が多い．既知の種の数は約10万に上る——しかし，この「約」という言葉は強調しておかねばならない．たとえば，ロンドンの自然史博物館のデイビッド・リード David Reid は，タマキビガイのある種ではきわめて多形性が大きいことを示している．この種は，貝殻の色ばかりでなく，大きさや形まで，住んでいる場所に応じて大きく変化する．強い波に打たれる海岸では，自然選択は，比較的大きくて固着力の強い足をもった個体を好むが，荒波から守られた海岸になると，自然選択はもっと大きくてしっかりした個体に有利にはたらく．これは波に対しては抵抗力が弱いものの，捕食者であるカニと一戦交えるときにはがんばりがきくからだ．解剖による観察をした結果，リードは，じつにさまざまな姿をした貝殻をもち，当然多くの種に見えるタマキビガイが，実際には同一の種に属している可能性を見いだしている．ペニスはとりわけ有効な情報源となる．ペニスは腹足類でとくに大きな器官であり，ヒトにたとえるなら，腕の大きさほどにもなる．その一方で古典的な分類学者が，今では複数の種であると判明したものを1つにまとめてしまっていた例もある．その結果，リードたちは，ヨーロッパで従来4種とされていたタマキビガイが実際には7種であることを見いだしている．

こうした問題に加えて，深海の堆積物中やそのほかの人里離れた場所にのみ生息する多くの軟体動物が，まだ発見されていないという事実がある——最初の生きた単板類（ネオピリナ *Neopilina*）が発見されたのは，ほんの最近の1952年である．このことからも生きた軟体動物の種の真の数を想像することがいかに危険かがわかる．化石の中には，約6万種が知られている．化石の記録は，豊富に遺されているものとそうでないものとがある．二枚貝は堆積物中で暮らしているので，エジプトの貴族階級の人間がミイラになったように，そもそも化石化に備えながら生きているようなものだが，タマキビガイのような巻き貝は，いったん死んでしまうと，波打ち際で粉々に砕けてしまう．

「mollusc」という名称は，17世紀に，「柔らかい」を意味するラテン語 *molluscus* からとって適切に造語されたもので，実際には，「mollusca」という名の皮の薄いナッツの名称から直接借用されたものである．しかし，この名前の発明者は，この言葉を甲殻類のフジツボにも用いている——たしかに軟体動物は明確にほかと区別がつき，現在定義されている軟体動物門は真のクレードであるが，何が軟体動物で何がそうでないのかを決めるのがいつでも容易とは限らないことを印象的に

示している．イソギンチャク，クラゲ，ホヤ，ナマコ，ゴカイ，フジツボは，ときに軟体動物の中にまとめられてきた生き物たちの例であるし，腕足類（チョウチンガイ lamp shell）がようやく軟体動物から切り離されたのは，19世紀も末になってからだった．

しかし，ヴィリ・ヘニッヒ Willi Hennig と分岐学以前の時代，おそらく系統学者は，特別な関係を示さない一般的形質（共有原始形質 symplesiomorphy）と，当該グループにのみ見られ，したがって真の関係を反映している「共有された派生形質」（共有派生形質 synapomorphy）とをきちんと区別していなかったので，軟体動物を定義することは思いのほか難しかっただろう．たとえば軟体動物の名前の由来となったその柔らかいからだは，単なる共有原始形質の1つである．ほとんどの無脊椎動物は柔らかいからだの持ち主である．しかし，軟体動物は以下の3つの著明な共有派生形質によって定義することができる．すなわち，**貝殻 shell** とそれを分泌する**外套（膜）mantle**——「貝殻-外套膜複合体 shell mantle complex」——，やすり状になった特異な摂食器官である**歯舌 radula**，それに，軟体動物に特徴的な鰓である**櫛鰓 ctenidium** の3つである．以下の説明では，読みやすさを考えて原始形質も派生形質もひとくくりにしているが，この3つはとりわけ重要である．

軟体動物の柔らかいからだは，水圧によって内側から支えられている．環形動物や，草本性植物の細胞でも見られる，いわゆる**流体静力学的骨格 hydrostatic skeleton** と呼ばれるものである．この静水圧が支えているのが，典型的な軟体動物の**足 foot** であり，ヒザラガイ（多板類），ネオピリナ（単板類），カタツムリといったものが這い回るのに用いる原始的な形質である．さらに内部の液体を移動させることによって，からだの形を大きく変えることができる．その結果，たとえばカタツムリはその殻から出たり引っ込んだりできるし，多くの二枚貝も足を伸ばしたり引っ込めたりできる．

軟体動物のからだの中の液体が封じ込められている場所は，主として，真の体腔ではなく，発生学的起原が異なる血体腔 haemocoel の中である．体腔そのものは，（「腎臓」に相当する）腎管 nephridium，心臓，生殖巣のまわりにある小さな空間に限定されている．しかし，一部の動物学者は，これらの「体腔らしき」部分は，たとえば環形動物の体腔とは相同ではなく，したがってそもそも体腔と見なすべきではなく，厳密にいえば軟体動物は「無体腔動物」であるとまで主張している（これは少数意見ではあるが，ここでもまた動物どうしの関係が未決着の問題であることを物語っている）．軟体動物の内部器官は1つにまとまった**内臓嚢 visceral mass** になっている．

いうまでもなく，軟体動物はその貝殻によって知られている．それはカルシウムを主とする「石灰質の」甲皮で，馬の覆い布のようにからだの一部を覆う外套膜がもつ特徴的な皮膚の襞から分泌されてつくられる．それでも，どうやら真の貝殻を一度も進化させず，代わりに石灰質の骨片をからだにちりばめた無板類 aplacophoran と総称される軟体動物の2つの綱が存在している．ケハダウミヒモ類 Caudofoveata とカセミミズ類 Solanogastres がそれであり，いずれも典型的な軟体動物よりムシ worm のような姿をしている．無板類のこの2つの綱は一般的には原始的と考えられており，その中途半端な被甲は，貝殻の進化の初期段階を示しているように思われる（といっても，もちろん，現生のケハダウミヒモやカセミミズの仲間をこの先10億年ほど放置して好きにさせれば，かれらが真の貝殻を進化させるはずなどと仮定すべきではない．私たちが正当に理解しうるのは，進化における機械的進展の様子であって，定められた運命ではない）．そうであっても，軟体動物の多くの仲間，とりわけ腹足類や頭足類は，多くの異なった種類の鳥が独立に飛翔能力を失ったように，その貝殻を独立に失ったり，痕跡程度に退化させたりしている．

貝殻の源である外套膜は，軟体動物の種類によっては別の目的にも利用されている．海生腹足

類では，外套膜の下にある腔所，すなわち外套腔 mantle cavity に，「腎臓」（あるいはそれと同等の器官），生殖器官，櫛鰓，さらにときには各種の感覚器官の開口部が隠されている．カタツムリのような陸生腹足類では，櫛鰓が消失し，外套膜に血管がはりめぐらされて肺になっている．多くの二枚貝や頭足類では，外套膜の辺縁が融合して管（**水管 siphon**）を形成し，これが二枚貝の一部では派手なシュノーケルになったり，頭足類ではジェット噴射を可能にさせたりする．裸鰓類やそのほかの自由遊泳する腹足類，それに頭足類では，外套膜に鮮やかな色がつくことがあるし，多くの頭足類では色を変化させることでコミュニケーションをとっている．オオシャコガイでは，外套膜の端に，*Symbiodinium* 属に属する，光合成を行う渦鞭毛虫類の群体を共生させている．この見事な共生関係では，二枚貝が光合成による産物によって利益を得ている一方で，原生生物のほうでは，保護された日の当たる住みかを確保することに加えて，窒素などの栄養分を手にしている．

シャコガイやイガイのような二枚貝では，櫛鰓はさらに別の新しい機能も担っている（ただし呼吸機能も失っていない）．大きく広がって折りたたまれ，一種の網細工状になったその櫛鰓は，二枚の貝殻の間を流れる水流から，餌となる小粒子を漉し採る表面——きわめて効率のよい濾過摂食 filter feeding 用の形態——となる．

軟体動物のすべてがもっているわけではないが，その特徴となっているのが，歯舌 radula として知られる特異な摂食装置であり，多数の歯がついたヤスリ様のものである．一部の軟体動物には，**晶桿体 crystalline style** という固体の構造物内に消化酵素が蓄えられており，あたかも鉛筆の芯が徐々にこすり落とされるようにこれから酵素が少しずつ放出される．また，幼生をもつ種類（つまり海中に暮らすほとんどの仲間）では，軟体動物が真の前口動物であり，環形動物（体節のある虫）や節足動物（昆虫，ロブスターとその親戚）を含む，動物の一大クレードの一員であることを示している．

最初の系統樹には，現生の軟体動物門の8つの綱と，一般に認められた亜綱のすべてが示されており，さらに顕著な目をいくつか追加してある．これは基本的に，ロンドンの自然史博物館（NHM）のジョン・D・テイラー John D. Taylor が編集した『軟体動物の起原と進化的放散 *Origin and Evolutionary Radiation of the Mollusca*』（1996）に準拠している．以下の「ガイド」に書かれたコメントは，テイラーの本と，リチャード・ブルスカ Richard Brusca とゲイリー・ブルスカ Gary Brusca，パット・ウィルマー Pat Willmer の仕事，さらには，NHMのデイビッド・リードたちとの議論に基づいている．

軟体動物へのガイド

動物学者たちは，現在理解されている軟体動物が実際に単系統であることに同意している．つまり，軟体動物の最初の共通祖先のすべての子孫たちが含まれ，それ以外のものは含まれない単一のクレードである．とすれば，3つの疑問が生じる．第1に，どれが軟体動物の祖先なのか？ 第2に，現生している門のどれが軟体動物ともっとも近縁なのか——すなわち，いったいどれが軟体動物の現存する姉妹群とみなせるのか？ 第3に，この大きな軟体動物クレードはどのように分割されるのか？ これらの問題については，きわめて激しい論戦が繰り広げられてきた．そしてようやく，すべてが合理的に解決するかに思われたまさにそのときに，カリフォルニア大学ロサンゼルス校（UCLA）のジェームズ・レイク James Lake の研究室が発表した分子生物学的研究によって，まったく新しい光が当てられている．

最初の2つの問題は一緒に扱うことができる．

なぜなら，もし祖先が判明すれば，おそらくそれに近い現生種を特定することもできるだろう．実際，軟体動物が前口動物の仲間であることを真剣に疑っている人はだれもいないし，あらゆる前口動物が，おそらく扁形動物に分類されるある種のムシを起原とする子孫たちだと推測するのは合理的である．したがって，もっとも関心がもたれる疑問は，軟体動物がそのほかの前口動物の各門とどのような関係があるかだった．もちろん，ほかにも多くの門があるが，生態学的影響においても，種の数においても傑出しているのが，環形動物と節足動物の2つの門である．そこで話を簡単にするために，次の1つの疑問に焦点を当てることができる．前口動物に間違いないこの大きな3つのグループ——軟体動物，環形動物，節足動物——は互いにどういう関係にあるのだろうか．

まず第1に，ほとんどの動物学者は，この3つの大きな前口動物の門が密接に関係していることを，事実上当たり前の前提とみなしている．現在の軟体動物の成体は，一般に，現在の環形動物や節足動物とは見かけが大きく異なっているが，興味深い類似点もある．とくに目につくのは，海生軟体動物の多くが今なおつくりだすプランクトン性の初期胚を，環形動物の胚と比べてみると，見かけも発生過程の細部もよく似ている．胚が似ていることと，とりわけ発生過程の詳細が似ていることが，真の関係を表しているとするのがこれまでの考えだった（この常識にはますます疑問の声が高まっているが）．たしかに環形動物と節足動物は明確な体節をもっており——たとえばミミズのからだは，列車の車両のように，多少なりとも同一の構成単位が連ねられたものが主体である——その一方で，軟体動物はそうした構成にはなっていない．しかしながら，従来の考え方を支持する人たちは，ヒザラガイが7～8個の貝殻をつけていたり，単板類が一連の「腎臓」や鰓をもっていたりするように，原始的な軟体動物には現実に体節化の兆候があると述べている．クラウス・ニールセン Claus Nielsen は『動物の進化 Animal Evolution』の中で，祖先型の軟体動物には具体的に8個の体節があったことを示す「証拠」について述べている．

したがって全体として，従来の動物学者は，環形動物，節足動物，軟体動物すべてが共通の祖先をもち，その祖先は体節構造をもち，それがある種の扁形動物に由来するという考え方に満足してきた．

それでは，軟体動物，節足動物，環形動物どうしの関係はどうなっているのか？ 進化生物学者は一般に——それが事実だと知っているからではなく，もっとも蓋然性が高いという理由で——系統樹の新しい枝は，2分岐によって生じるのであり，多分岐ではないという意見で一致している．いいかえるなら，共通の扁形動物の祖先が，この3つの主要な門を同時に派生させたと考えてはならないということになる．そうではなく，まず最初の枝分かれが起き，その後で第2の枝分かれが起きたと想定しなくてはならない．もしこれが現実に起きたことなら，3つの現生グループのうちの2つは姉妹群 sister group になり，もう1つは外群 outgroup ——つまり残り2つを合わせたものと姉妹関係にある——ということになるだろう．だから，従来の動物学者たちはこう問いかけてきた．軟体動物が｛環形動物＋節足動物｝の姉妹群なのか？ 節足動物が｛軟体動物＋環形動物｝の姉妹群なのか？ あるいはまた，環形動物が｛軟体動物＋節足動物｝の姉妹群なのか？ もしこの主要な3つのグループだけを考慮し，それらの中間のどこかに収まる可能性がある（おそらくその可能性が高い）小さめの門をすべて無視するなら，可能性は上記の3通りしかない．

私たちは，3つ目の可能性は考慮する必要がない．筆者の知るかぎり，節足動物と軟体動物が，それぞれと環形動物との関係よりも近いと示唆した人は皆無である．そうだとすれば，ここで問うべきことは，環形動物は，節足動物と軟体動物のどちらに近いのか，という問いである．

全般的な観察と多くの詳細な解剖学的研究によれば，環形動物は節足動物に近く，軟体動物が外群であるという考えが支持されてきた．環形動物

7・軟体動物門

- 軟体動物門 MOLLUSCA
  - 「無板類」 'aplacophorans'
    - ケハダウミヒモ綱 Caudofoveata
    - カセミミズ綱 Solanogastres
  - 多板綱 Polyplacophora
  - 単板綱 Monoplacophora
  - 掘足綱 Scaphopoda
  - 二枚貝綱 Bivalvia
  - 頭足綱 Cephalopoda
  - 腹足綱 Gastropoda

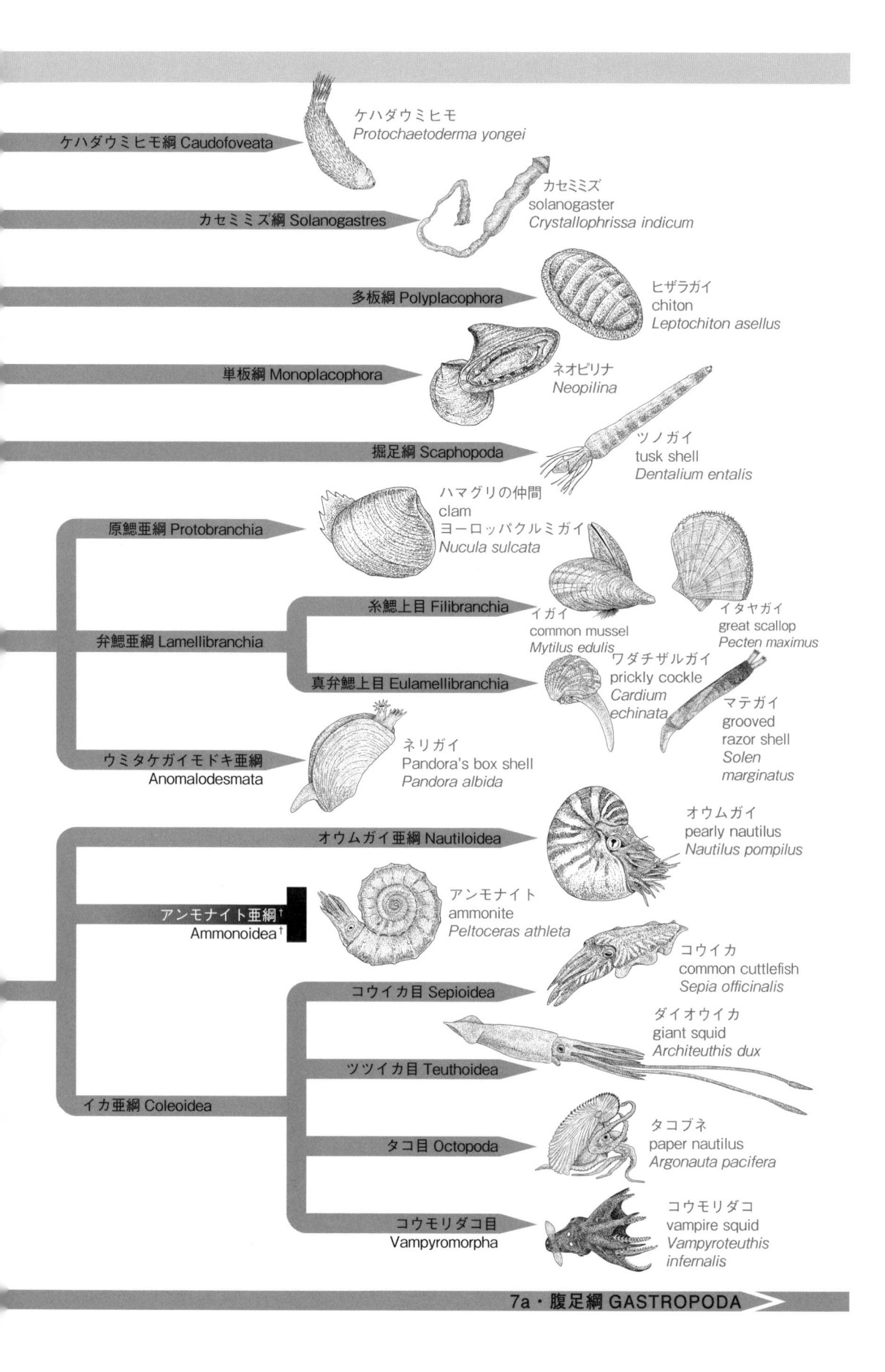

ケハダウミヒモ綱 Caudofoveata — ケハダウミヒモ *Protochaetoderma yongei*

カセミミズ綱 Solanogastres — カセミミズ solanogaster *Crystallophrissa indicum*

多板綱 Polyplacophora — ヒザラガイ chiton *Leptochiton asellus*

単板綱 Monoplacophora — ネオピリナ *Neopilina*

掘足綱 Scaphopoda — ツノガイ tusk shell *Dentalium entalis*

原鰓亜綱 Protobranchia — ハマグリの仲間 clam ヨーロッパクルミガイ *Nucula sulcata*

弁鰓亜綱 Lamellibranchia
- 糸鰓上目 Filibranchia — イガイ common mussel *Mytilus edulis*; イタヤガイ great scallop *Pecten maximus*
- 真弁鰓上目 Eulamellibranchia — ワダチザルガイ prickly cockle *Cardium echinata*; マテガイ grooved razor shell *Solen marginatus*

ウミタケガイモドキ亜綱 Anomalodesmata — ネリガイ Pandora's box shell *Pandora albida*

オウムガイ亜綱 Nautiloidea — オウムガイ pearly nautilus *Nautilus pompilus*

アンモナイト亜綱† Ammonoidea† — アンモナイト ammonite *Peltoceras athleta*

イカ亜綱 Coleoidea
- コウイカ目 Sepioidea — コウイカ common cuttlefish *Sepia officinalis*
- ツツイカ目 Teuthoidea — ダイオウイカ giant squid *Architeuthis dux*
- タコ目 Octopoda — タコブネ paper nautilus *Argonauta pacifera*
- コウモリダコ目 Vampyromorpha — コウモリダコ vampire squid *Vampyroteuthis infernalis*

7a・腹足綱 GASTROPODA

7a ・ 軟体動物門・腹足綱

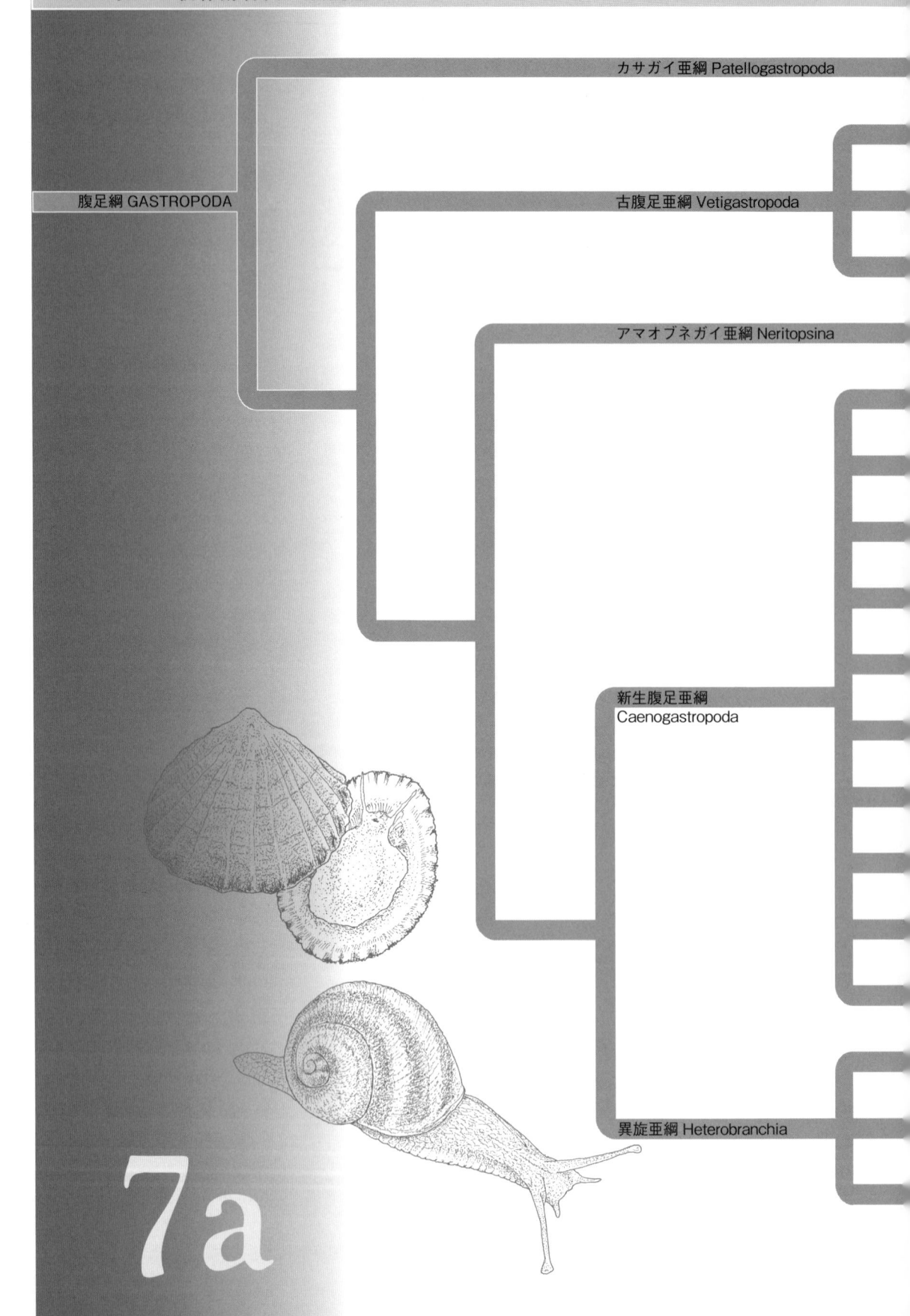

腹足綱 GASTROPODA

カサガイ亜綱 Patellogastropoda

古腹足亜綱 Vetigastropoda

アマオブネガイ亜綱 Neritopsina

新生腹足亜綱 Caenogastropoda

異旋亜綱 Heterobranchia

7a

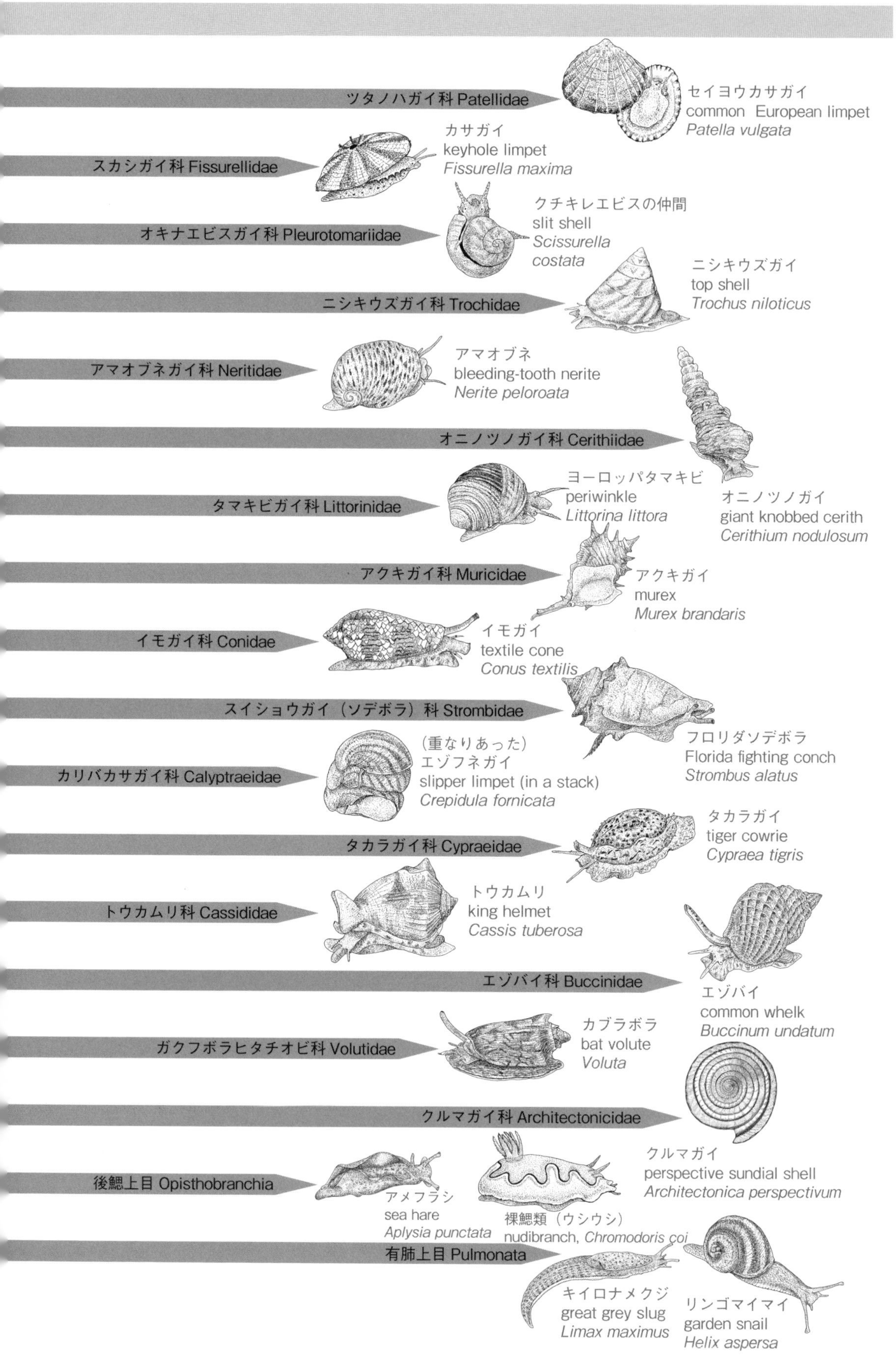

科名 (Japanese)	Family / Order	Common name	Species
ツタノハガイ科	Patellidae	common European limpet	*Patella vulgata* (セイヨウカサガイ)
スカシガイ科	Fissurellidae	keyhole limpet	*Fissurella maxima* (カサガイ)
オキナエビスガイ科	Pleurotomariidae	slit shell	*Scissurella costata* (クチキレエビスの仲間)
ニシキウズガイ科	Trochidae	top shell	*Trochus niloticus* (ニシキウズガイ)
アマオブネガイ科	Neritidae	bleeding-tooth nerite	*Nerite peloroata* (アマオブネ)
オニノツノガイ科	Cerithiidae	giant knobbed cerith	*Cerithium nodulosum* (オニノツノガイ)
タマキビガイ科	Littorinidae	periwinkle	*Littorina littora* (ヨーロッパタマキビ)
アクキガイ科	Muricidae	murex	*Murex brandaris* (アクキガイ)
イモガイ科	Conidae	textile cone	*Conus textilis* (イモガイ)
スイショウガイ（ソデボラ）科	Strombidae	Florida fighting conch	*Strombus alatus* (フロリダソデボラ)
カリバカサガイ科	Calyptraeidae	slipper limpet (in a stack)	*Crepidula fornicata* (（重なりあった）エゾフネガイ)
タカラガイ科	Cypraeidae	tiger cowrie	*Cypraea tigris* (タカラガイ)
トウカムリ科	Cassididae	king helmet	*Cassis tuberosa* (トウカムリ)
エゾバイ科	Buccinidae	common whelk	*Buccinum undatum* (エゾバイ)
ガクフボラヒタチオビ科	Volutidae	bat volute	*Voluta* (カブラボラ)
クルマガイ科	Architectonicidae	perspective sundial shell	*Architectonica perspectivum* (クルマガイ)
後鰓上目	Opisthobranchia	sea hare / nudibranch	*Aplysia punctata* (アメフラシ), *Chromodoris coi* (裸鰓類 ウシウシ)
有肺上目	Pulmonata	great grey slug / garden snail	*Limax maximus* (キイロナメクジ), *Helix aspersa* (リンゴマイマイ)

と節足動物はどちらも明確な体節をもっており，したがってニールセンはこの両者を「真節足動物亜界 Euarticulata」にまとめている．8章で述べたように，この2つの門を概念的に結びつける，あるいはもしかすると文字通りのリンクとなるのが有爪動物と緩歩動物ではないか，と従来は考えられていた．つまり，節足動物はよろいをまとって足をつけた環形動物と考えれば理解しやすかったのだ．したがって，これまでは，何かしらの扁形動物様の（おそらくは真の扁形動物に分類できる）生き物が，軟体動物，環形動物，節足動物の共通の祖先になり，この系統からまず軟体動物と｛環形動物＋節足動物｝の2本の枝ができ，さらに後者の枝から節足動物が分岐して環形動物が残った．証明終わり．

最近まで，おそらく，もっとも急進的な異論を唱えてきたのはパット・ウィルマー Pat Willmer だった．著書『無脊椎動物の関係 Invertebrate Relationships』(1990) の中で，彼女は軟体動物が体節のある祖先に由来するという従来の考え方に真っ向から反論している．代案として彼女は，軟体動物は，環形動物や節足動物の祖先ともなった同一の祖先ではなく，扁形動物から直接枝分かれしたと述べている．実際，軟体動物は，貝殻を身にまとった，複雑化した扁形動物という見方も可能である．なるほど，カタツムリのようなもっと派生した軟体動物では，複数の腎管が融合して単一の腎臓になるけれども，ヒザラガイやカセミミズのような一部の原始的な軟体動物では，腎管のような器官が実際に「連続的」繰り返しの形で生じるのは確かである．しかし，そうした繰り返しは，必ずしも真の体節形成を意味する必要はない，とウィルマーは論じる．結局のところ，扁形動物も，繰り返される複数の対の排泄器官をもっているが，それはからだが体節化しているからではなく，有効な血液系が欠けているために，からだの異なった部位がそれぞれに老廃物処理装置を必要とするからである．原始的な軟体動物には循環系があるが，この扁形動物の特徴をまだ保持している，と説明できる．結局のところ，ウィルマーの議論は，解剖学的特徴に基づく従来の考え方に，数多くの論争の余地があることを示している．

しかし，現在では，これまでのすべての議論が，UCLA のケニス・M・ハラニッチ Kenneth M. Halanych と同僚たち，および，アンナ・マリー・アギナルド Anna Marie Aguinaldo とその同僚たちによる報告によってひっくり返っているようだ．185 ページで説明したように，かれらは幅広い種類の動物たちの 18S RNA を調べ，前口動物が，脱皮動物 Ecdysozoa と冠輪動物 Lophotrochozoa という2つのグループに自然に分割されることを示している．8章の系統樹に示しているように，この新しいグループ分けは，従来の軟体動物，環形動物，節足動物というまとまりをまっぷたつに切り裂いている．従来から考えられていた軟体動物と環形動物とのつながりは残っている——いずれも冠輪動物に属する——が，節足動物はまったく異なるようで，脱皮動物に位置づけられている．したがって，環形動物と節足動物は似ているように「見える」かもしれないが，その類似はこれもまた驚くべき収斂の一例のようである．

少なくとも，動物学者は軟体動物門がここに示す8つの綱に自然に分かれることには概ね同意するので，かりに綱どうしの関係が将来に再考されるとしても，これは価値のあるカタログとして残るはずである．以下の説明では，一般に知られているすべての綱と亜綱，さらには，生態学的視点などからもっとも重要となる一部の目について説明する．

軟体動物の綱

軟体動物門で認められている8つの綱は，ケハダウミヒモ綱 Caudofoveata，カセミミズ綱 Solanogastres，多板綱 Polyplacophora（ヒザラガイ），単板綱 Monoplacophora（単殻綱，ネオピリナ綱），掘足綱 Scaphopoda（ツノガイ），二枚貝綱 Bivalvia，腹足綱 Gastropoda，頭足綱 Cephalopoda（あるいは Siphonopoda）である．最初の2つの綱——ケハダウミヒモ綱とカセミミズ綱——は，虫のような見かけをもつ「無板類 aplacophoran」である．それにつづく3つの綱——多板綱，単板綱，掘足綱——は，生態学上は少数派であるが，少なくとも軟体動物らしい姿をしている．残る3つの綱——二枚貝綱，腹足綱，頭足綱——は，どのような「重要性」の尺度で測ろうと，間違いなくきわめて大きな重要性をもっている．

図をみればおわかりのように，この系統樹の基部には，3つ組の分岐に示されているような不確実さが存在する．無板類のケハダウミヒモ綱とカセミミズ綱は（いずれのグループも堆積物内やその表面での暮らし向きにきわめて専門化しているが，「派生的」でも「退化的」でもなく）原始的と仮定されている．そしてそれぞれが独自性をもった明確な枝として示されている．第3の明確な枝に，残りすべての軟体動物（現実に軟体動物らしい姿をした仲間たち）が含まれる．

この軟体動物の中心グループ内では，複数の貝殻をもつヒザラガイ（多板類）が，まず，それ以外のすべての姉妹群として分岐する．その「残り」には5つの綱が含まれるが，ここでもまた現在の知識では，3つ組の1つとして示さなくてはならない．単板綱は，特異な存在であり，これだけで独自の枝になる．掘足綱と二枚貝綱とが一緒になって第2の枝になる．この2つの綱を結びつける重要な特徴はその外套膜の形態であり，少なくとも足を伸ばしていないときは，両側からその足の事実上すべてを外套膜が包んでいる．腹足綱と頭足綱とは同じグループらしく，第3の枝になる．カタツムリとイカとでは見かけはずいぶん違っているかもしれない（それにライフスタイルも大きく異なる）が，両者の体制は面白いほどよく似ている．いずれの仲間も，外套膜は，内臓嚢が収められているからだの後部の一部だけを覆うだけで，胴部や足は自由に動かせるようになっている．

貝殻をもたない虫のような軟体動物：ケハダウミヒモ綱 Caudofoveata

ケハダウミヒモ綱の仲間は円筒状をした虫であり，そのからだはおそらくキチン（硬い角質状の物質）でできていると考えられる角皮 cuticle に包まれており，その角皮は貝殻というより，むしろ鱗のような石灰質の小棘で覆われている（それゆえ，Chaetodermomorpha ＝「毛」「皮膚」「の形態を有するもの」の別名がある）．この仲間は深海の堆積物内に棲みつき（このライフスタイルは「埋在動物 infaunal」と呼ばれる），上下逆さまの潜穴暮らしをしている．さほどうらやましい暮らしとも思えないが，ハマグリのような多くの二枚貝を含む軟体動物の多くが，この埋在動物としての暮らしを追求している．ケハダウミヒモ綱には，眼も，触手も，（平衡器官である）平衡胞 statocyst もなければ，晶桿体 crystalline style や足もないが，1対の櫛鰓 ctenidium だけは確かにもっている．約70種が記載されているが，その生態についてはほとんどわかっていない．

ケハダウミヒモ
caudofoveate
Protochaetoderma yongei

貝殻をもたない，もっと虫に近い軟体動物：カセミミズ綱 Solanogastres

　カセミミズ綱の仲間も，やはり虫に似ていて，貝殻というよりは棘に覆われた虫である．なかには平らなからだをしているものもいるが，多くは円筒状である．この仲間も，眼，触手，平衡胞，腎管，晶桿体をもたない．歯舌をもつものと，もたないものがいる．この仲間には平らになった足はないが，腹側に粘液を分泌する溝があり，流体静力学的に操作されるので，ほかの軟体動物の足と相同のものと考えられている．

　一見するとぱっとしないかもしれないが，カセミミズの仲間はそれなりの成功を収めている．約250種が記載されており，ほとんどは堆積物の内部か，その表面で暮らしており（このライフスタイルは「表在動物 epifaunal」として知られる），一部の地域では大量に生息している．刺胞動物を餌にするものが多く，一部は刺胞動物の内部に暮らしている．

カセミミズ
solanogaster
Crystallophrissa indicum

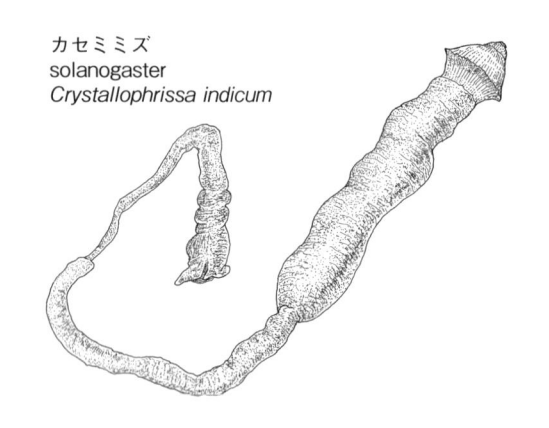

ヒザラガイ：多板綱 Polyplacophora

　ヒザラガイ chiton は，大型でいくぶん平らになったナメクジにも似ている——しかし，その背は，アルマジロのように，8枚（ときには7枚）の石灰質の板で保護されている．外套膜は分厚く肉質であり，背中の板の下をぐるりと一周する肉帯 girdle になっている．多くのグループでは，

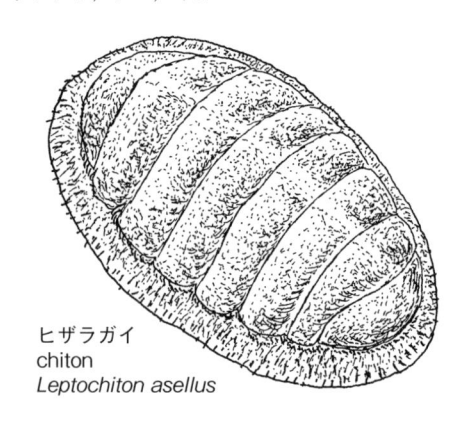

ヒザラガイ
chiton
Leptochiton asellus

この肉帯が板の縁を越えてはみだして板に被さっており，なかには板全体を覆い尽くしているものもいる．一般にこの肉帯には，棘や鱗や剛毛がついている．ヒザラガイには（6対から80対以上まで）たっぷりと櫛鰓があるが，腎管は1対しかなく，眼，触手，晶桿体はない．しかし，歯舌はきちんとそろっている．ほとんどのヒザラガイは岩の多い磯の潮間帯で，かじり喰い草食動物 grazing herbivore として暮らしているが，深海にも少数の仲間がいる．全部で約600種が知られており，3つの目に分類されている．

　ここではヒザラガイを，動物学者が概して考えがちなように，「少数派の」綱として示している．たしかに，たとえば腹足綱の水準からすればさほど種の数も多くないし，生態への影響が大きいわけでもない．しかし，個別にみれば，多くは印象的で，存在感のある動物たちである．

ネオピリナ Neopilina：単板綱（単殻綱，ネオピリナ綱）Monoplacophora

　1952年まで，動物学者たちは，単板綱の生き物が，最古の化石が知られている古生代初期以降まで生き残っていると考える根拠をもたなかった．そうしたときに，デンマークの探索隊が発見したのがネオピリナ *Neopilina galatheae* だった．以来，このほかに，2つの属に含まれる11種が発見されてきた．

　単板綱は独特な解剖学的形態をもち，それゆえ独自の綱に分類すべきだが，ほかの綱との関係に

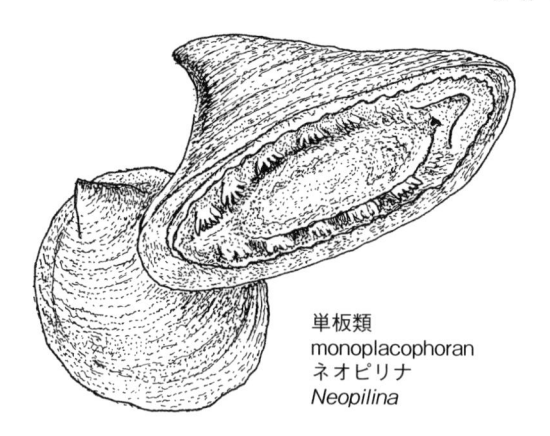

―軟体動物門―

単板類
monoplacophoran
ネオピリナ
Neopilina

ついてはまだほとんど明らかではない（系統樹ではそれゆえに3つ組として示されている）．この仲間はつばなし帽のような1つの貝殻をもち，そのためにありふれたカサガイのような見かけをしている．しかし，2対の生殖巣，6～7対の腎臓（後腎管 metanephridium），奇妙な配置の神経系をもち，眼はなく，触手は口の周辺にだけ存在する．しかし，頭部は小さいものの，たしかに晶桿体と歯舌をもっている．現生種はいずれも体長3cmを超えず，ほとんどが深海に暮らしている．

ツノガイ tusk shell：掘足綱 Scaphopoda

掘足綱では，貝殻は細長く円筒形をしており，――実際に角のように――先細りになっており，その両端が開口している．外套膜は大きく，下側の表面全体を覆うまでに拡大している．頭部は，貝殻の2つの口の大きいほうから突き出ている．頭部は痕跡的で眼がないが，獲物を捕らえて処理するための1つの吻と棒状の触手群とを備えており，歯舌も晶桿体もある．ツノガイにはさらにいくらか円筒形をした足があり，櫛鰓はない．約350種が知られており，8つの科に分類されている．ツノガイの多くは深海に棲んでいるが，ヤカドツノガイ *Dentalium entalis* の貝殻はヨーロッパの海岸に打ち上げられる．

ハマグリ clam，イガイ mussel，カキ oyster：二枚貝綱 Bivalvia

二枚貝綱（Bivalvia，斧足綱 Pelecypoda もしくは弁鰓綱 Lamellibranchiata とも呼ばれる）は，シェフたちが「食用の貝やエビ・カニ類 shellfish」と呼ぶ生き物たちの大部分を占める．ふつうその貝殻は2つの部品，つまり「殻 valve」でできていて，弾性のある靭帯と貝殻にある「歯」（鉸歯 hinge teeth）によって，背側にそった部分が蝶番（鉸装 hinge）になっており，強力な閉殻筋によって閉じられる．頭部は痕跡的で眼も歯舌もないが，その足はふつう左右から押されて平らになった形をしており，足底はない．櫛鰓は1対のみだが，巨大であり，折りたたまれてきわめて効率のよい濾過摂食 filter feeding 用の表面を提供している．外套膜は大きく，その辺縁が融合してしばしば水管となり，水流を吸い込んだり，ふたたび吐き出したりしている（入水管 inhalent siphon と出水管 exhalent siphon）．これは呼吸の

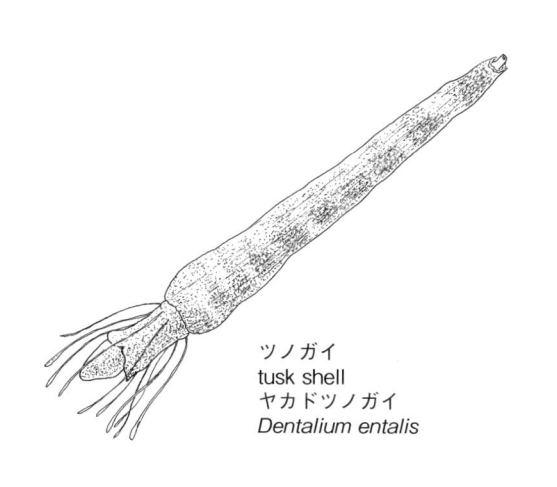

ツノガイ
tusk shell
ヤカドツノガイ
Dentalium entalis

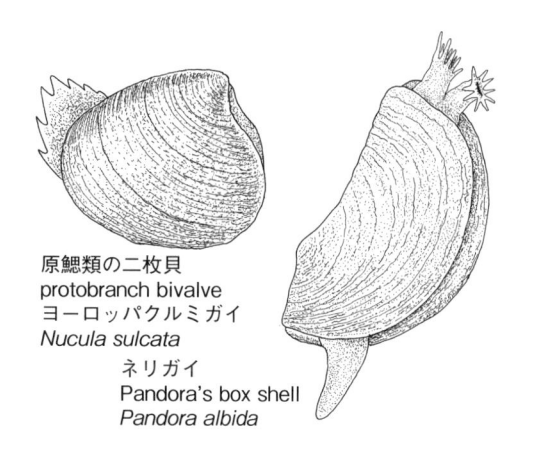

原鰓類の二枚貝
protobranch bivalve
ヨーロッパクルミガイ
Nucula sulcata

ネリガイ
Pandora's box shell
Pandora albida

ためにも摂食のためにも必要である．

二枚貝は，きわめて種類が多く多様で，8000種以上が知られており，ほとんどは海に棲んでいるが淡水にもいる．しかし，その分類に関してはほとんど合意が得られていない．ここでは，二枚貝を少なくとも整然と3つの主要な亜綱に分類した，リチャード・ブルスカとゲイリー・ブルスカに従っている．3つの亜綱のうちの2つは比較的少数派で，原鰓亜綱 Protobranchia には，折り返されていない単純な櫛鰓をもつ原始的な二枚貝が含まれ，またウミタケガイモドキ亜綱 Anomalodesmata には，ネリガイ *Pandora* のような仲間が含まれる．最大かつ抜きん出て重要な3つ目が弁鰓亜綱 Lamellibranchia で，ブルスカたちは鰓の微細構造によって以下の2つの上目に分類している．

- 糸鰓上目 Filibranchia（あるいは翼形上目 Pteriomorpha）は，羽毛状に近い鰓をもつ，より原始的な仲間である．糸鰓上目の仲間は，カキのように底質にからだを固着させたり，イガイのように**足糸 byssal thread** でしっかり固定させたりする傾向があるが，なかには二次的に自由に動くものもいる．この上目に含まれる科としては，たとえばイガイ *Mytilus* を含むイガイ科 Mytilidae，フネガイ *Arca* のように ark shell と呼ばれる種類の二枚貝であるフネガイ科 Arcidae，イタボガキ *Ostrea* のような真のカキであるイタボガキ科 Ostreidae，ハボウキガイ *Pinna*（羽根ペンの貝 pen shell）のようなハボウキガイ科 Pinnidae，イタヤガイ *Pecten* のようなホタテガイ scallop の仲間のイタヤガイ科 Pectinidae がある．

- 真弁鰓上目 Eulamellibranchia（あるいは異歯類 Heterodonta）には，もっとしっかりした構造をもつ鰓がある．外套膜は多少とも融合して，水の出入りを可能にするはっきりした開口部を形成しており，しばしばこうした開口部が外に突き出して水管になっている．このグループは，いくつかの興味深い関係を反映した形で，複数の目に分けられる．ハマグリ目 Veneroida には，ワダチザルガイ *Cardium* のようなザルガイ科 Cardiidae，シャコガイ *Tridacna* のようなシャコガイ科 Tridacnidae，マテガイ *Solen* のような俗称カミソリガイ razor clam のマテガイ科 Solenidae，フジノハナガイ *Chione*（venus clam）のようなマルスダレガイ科 Veneridae が含まれる．オオノガイ目 Myoida には，ニオガイ *Pholas*（piddock）を含むニオガイ科 Pholadidae のように，殻が薄くよく発達した水管をもち穿孔生活を送る仲間，フナクイムシ *Teredo*（shipworm）のように船を破壊するフナクイムシ科 Teredinidae，オオノガイ *Mya*（gaper clam）のようなオオノガイ科 Myidae が含まれる．古異歯目 Paleoheterodonta には，イシガイ Unionoideae 科が含まれ，この仲間には淡水に棲むドブガイ *Anodonta*（swan mussel）がいる．

カタツムリ snail からアメフラシ sea hare まで：腹足綱 Gastropoda

腹足綱の顕著な特徴は**捩れ torsion** である．発生のある時点で，内部器官，つまり内臓嚢を含むからだの一部が，足に対して90度から180度回転する現象である．その結果，消化管と神経系には捩れが生じ，外套膜 mantle と外套腔 mantle cavity はふつう頭部の上にくるようになる．しかし，しばしば見かけることだが，進化の基本的傾

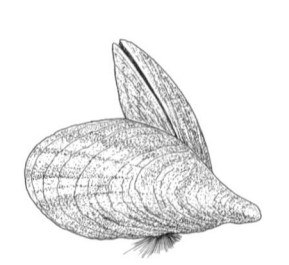

イガイ
common mussel
Mytilus edulis

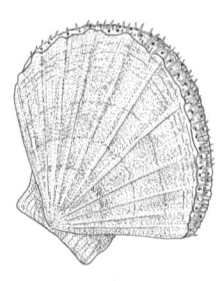

イタヤガイ
great scallop
Pecten maximus

―軟体動物門―

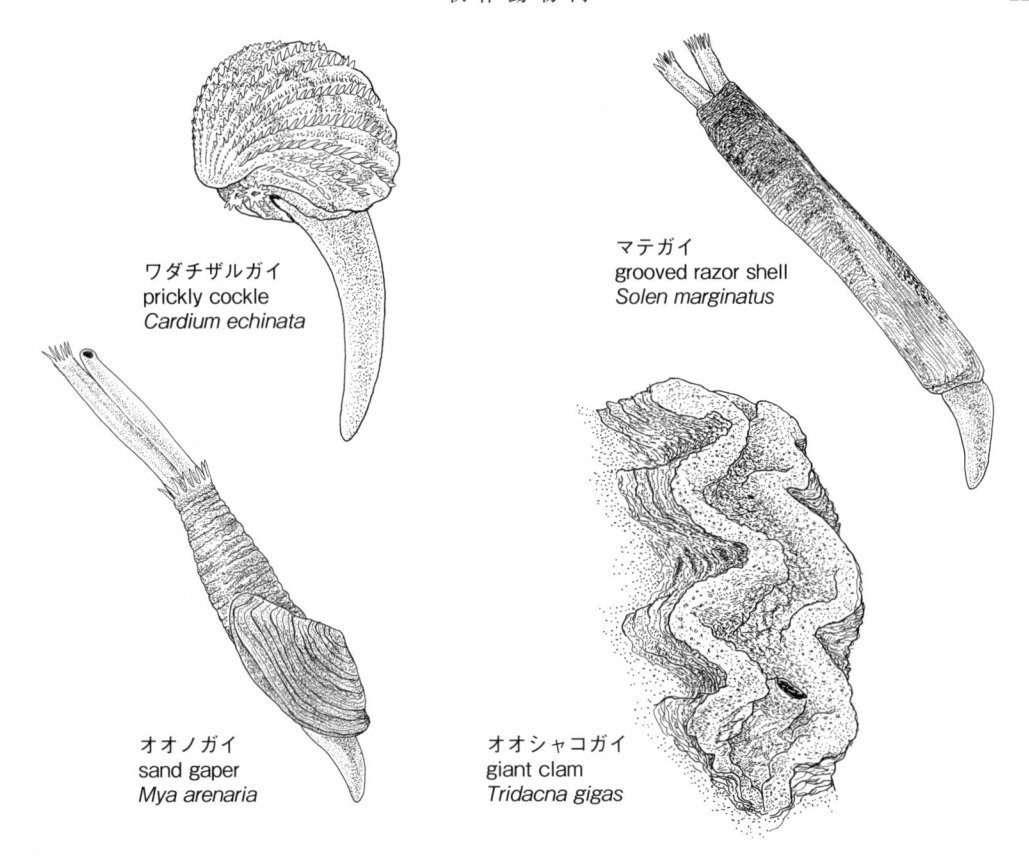

ワダチザルガイ
prickly cockle
Cardium echinata

マテガイ
grooved razor shell
Solen marginatus

オオノガイ
sand gaper
Mya arenaria

オオシャコガイ
giant clam
Tridacna gigas

向らしきものを逆転させ，自ら捩れを元に戻してしまったものもいる（この過程は**捩れ戻り de-torsion** と呼ばれる）．捩れに加えて，腹足綱の貝殻は螺旋状に巻いているのが普通である（ただしこれは捩れとはまったく無関係の現象であり，基本的には管状の貝殻内に内臓嚢を収めるための仕組みである）．腹足綱はふつう，大きくて筋肉質の匍匐用の足をもち，（貝殻をもっている場合には）それを殻内にひっこめることができ，すべてではないが多くの仲間はその際，その貝殻の開口部を**貝蓋 operculum** という蓋で閉じる．頭部には**平衡胞 statocyst** という平衡器官と眼があるが，眼はしばしば退化したり失われたりしている．しかし，腹足綱には1対もしくは2対の触手に加えて，1つの歯舌と1つの晶桿体（これもまた，捕食性の仲間ではしばしば欠けている）がある．とりわけ陸生のカタツムリでは櫛鰓が失われており，その代わりに外套膜内の血管を介して呼吸をするのが普通で，それが肺になっている．

まだほとんどの教科書に書かれている従来の分類では，腹足綱は3つのサブグループに分けられる（ここでは便宜的に亜綱と呼んでよいだろう）．有肺亜綱 Pulmonata には陸生のカタツムリとナメクジ，後鰓亜綱 Opisthobranchia には，ウミウシやアメフラシのような裸鰓類，そして前鰓亜綱 Prosobranchia には残りのすべて――明らかに原始的なカサガイから，はるかに派生的なタマキビガイ Littorinidae とエゾバイ Buccinidae のようなものまで――が含まれる．

しかし，ウィンストン・ポンダー Winston Ponder とデイビッド・リンドバーグ David Lindberg が『軟体動物の起原と進化的放散 *Origin and Evolutionary Radiation of the Mollusca*』（1996）で記述しているように，従来の俯瞰図は過去数年の間に変化しており，そのことがここの系統樹にも示されている．もっとも明白な違いは，かつては3つだった亜綱が5つに増えていることである．そしてかつての亜綱のうちの2つは

その名前は維持されている（有肺亜綱と後鰓亜綱）ものの，元来のリンネの分類階層とは違っている．しかし，もっとも重要なのは，かつての「前鰓亜綱」の仲間が完全に配置され直されたことである．現在では，真のカサガイは独自のカサガイ亜綱 Patellogastropoda におかれ，それは残りのすべてと（原始的な）姉妹関係にあると考えられている．以前の「前鰓亜綱」の残りの仲間は，古腹足亜綱 Vetigastropoda，アマオブネガイ亜綱 Neritopsina，新生腹足亜綱 Caenogastropoda，異旋亜綱 Heterobranchia という，新しい亜綱の残りの4つに分配されている．

セイヨウカサガイ
common European limpet
Patella vulgata

腹足類 gastropod の5つの亜綱

系統樹からわかるように，新生腹足亜綱 Caenogastropoda と異旋亜綱 Heterobranchia の2つの亜綱はもっとも派生した姉妹群である．異旋亜綱 Heterobranchia には現在では，かつての前鰓亜綱から移された1つのグループ——その代表は，クルマガイ科 Architectonicidae に属するクルマガイ——だけでなく，以前には亜綱としての地位を与えられていた残りの2つのグループ——後鰓亜綱 Opisthobranchia と有肺亜綱 Pulmonata——も含まれる．この2つのグループは現在では上目とみなすことができる．それぞれが，多数の科を含み，広く認められた複数の目を含んでいるからである．しかし，この2つの上目は現在では，たとえばタマキビガイとカサガイよりも，ずっと近縁関係にあるものと考えられている．かつては，カタツムリとウミウシは別々の亜綱に分けられ，タマキビガイとカサガイはまとめて同一の亜綱に入れられていた．

- カサガイ亜綱 Patellogastropoda には本物のカサガイ limpet が含まれ，現在では，残りのすべてと姉妹関係にあると考えられている．ツタノハガイ科 Patellidae が代表的な科であり，よく知られたセイヨウカサガイ *Patella*（common European limpet）が含まれる．カサガイの仲間は，単純な円錐型の貝殻をもち，これまで知られているかぎり常に単純な円錐型だけである．これは捩れ戻りの例ではなく，螺旋型の貝殻の祖先に由来するのではない．この性質が，そのほかのすべての腹足類と明瞭に区別される特徴の1つである．

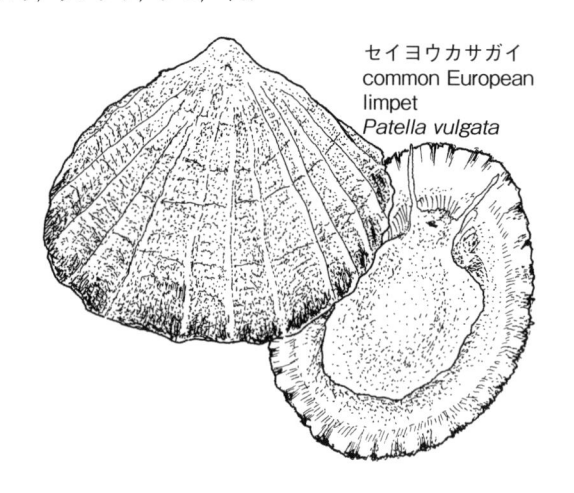

- 古腹足亜綱 Vetigastropoda は，ニシキウズガイ科 Trochidae のニシキウズガイ *Trochus*（common top shell）が含まれる——これの小さな個体はおそらくタマキビガイ periwinkle と間違われるだろう．この亜綱には貝殻に不思議な孔が空いている仲間も含まれ，スカシガイ科 Fissurellidae のカサガイの仲間 *Fissurella*（keyhole limpet），オキナエビスガイ科 Pleurotomariidae のアダンソンオキナエビス *Entemnotrochus*（slit shell）がその例である．

- アマオブネガイ亜綱 Neritopsina は，｛新生腹足亜綱＋異旋亜綱｝と姉妹関係にある．一般にアマオブネガイ科 Neritidae のアマオブネ *Nerita* がこの仲間の代表である．

- 新生腹足亜綱 Caenogastropoda には，ほとんどが海生の多様な腹足類が含まれる．オニノツノガイ科 Cerithiidae のオニノツノガイ *Cerithium*（cerith），タマキビガイ科 Littorinidae のヨーロッパタマキビ *Littorina*（periwinkle），アクキガイ科 Muricidae のアクキガイ *Murex*（murex），イモガイ科 Conidae のイモガイ *Conus*（cone shell），スイ

―軟体動物門―

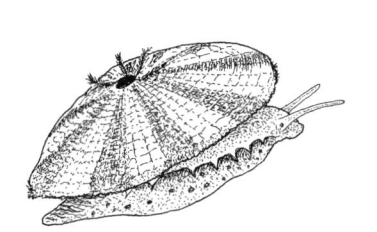

カサガイ
keyhole limpet
Fissurella maxima

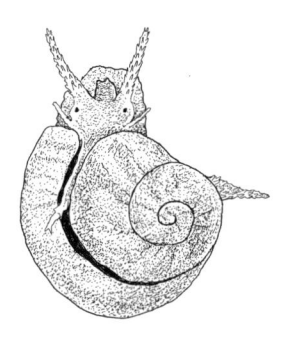

クチキレエビスの仲間
slit shell
Scissurella costata

ニシキウズガイ
top shell
Trochus niloticus

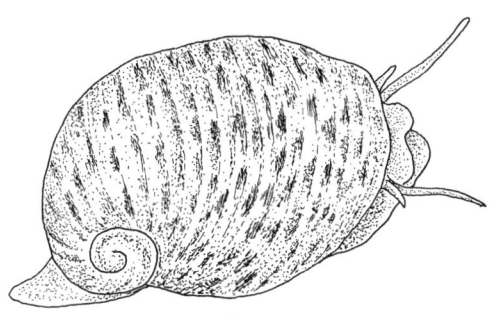

アマオブネ
bleeding-tooth nerite
Nerita peloroata

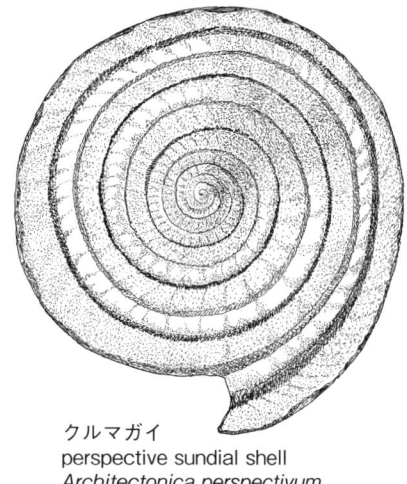

クルマガイ
perspective sundial shell
Architectonica perspectivum

ショウガイ（ソデボラ）科 Strombidae の素晴らしい巻貝 *Strombus* (conch), カリバカサガイ科 Calyptraeidae のエゾフネガイ *Crepidula* (slipper limpet), タカラガイ科 Cypraeidae のタカラガイ *Cypraea* (cowrie), トウカムリ科 Cassididae のトウカムリ *Cassis* (helmet shell), エゾバイ科 Buccinidae のエゾバイ *Buccinum* (whelk) とムシロガイ *Nassarius* (dog whelk), ガクフボラヒタチオビ科 Volutidae のカブラボラ *Voluta* (volute) といったものである.

● 異旋亜綱 Heterobranchia は, クルマガイ科 Architectonicidae のクルマガイ *Architectonica* (sundial shell) を含む. しかし, 異旋亜綱のほとんどは, 後鰓上目 Opisthobranchia と有肺上目 Pulmonata のいずれかに属している. 私がこの2つのグループを上目として示したのは, いずれにもきわめて多くの科が含まれるからである.

ウミウシ sea slug とその仲間：後鰓上目 Opisthobranchia

後鰓上目のからだは一般に, ある程度は捩れが解けており（捩れ戻り）, その貝殻は外部にある場合と内部にある場合がある. しかし, 多くの異なった系統で, 貝殻は独立に退化したり, 完全に失われたりしている. 多くの後鰓類はきわめて美しく, 鮮やかな色をしている. ほかの腹足類のように匍匐せずに, あたかもスペインのダンサーのスカートのように, 拡大した外套膜を波状に運動させて水中を滑走するものもいる. また, 刺胞動物の刺胞細胞 nematoblast を捕獲して, 自分自身の表面組織に取り込むという, 粋な防衛策を講じるものもいる. 従来の分類法では, 後鰓類には100ほどの科を認め, それを9つの目に配置している. こうした目の中には, アメフラシ目（無楯

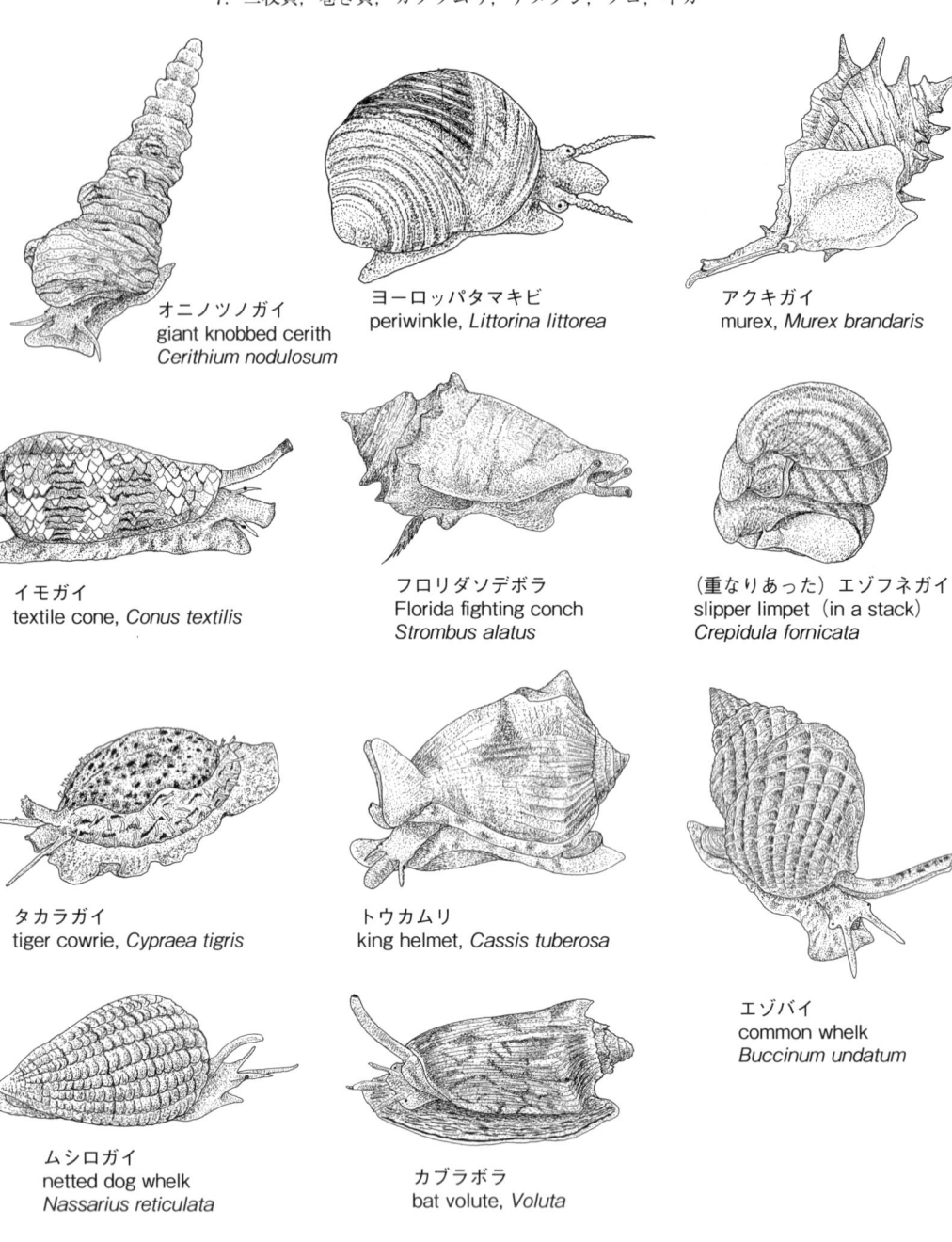

7. 二枚貝，巻き貝，カタツムリ，ナメクジ，タコ，イカ

オニノツノガイ
giant knobbed cerith
Cerithium nodulosum

ヨーロッパタマキビ
periwinkle, *Littorina littorea*

アクキガイ
murex, *Murex brandaris*

イモガイ
textile cone, *Conus textilis*

フロリダソデボラ
Florida fighting conch
Strombus alatus

（重なりあった）エゾフネガイ
slipper limpet (in a stack)
Crepidula fornicata

タカラガイ
tiger cowrie, *Cypraea tigris*

トウカムリ
king helmet, *Cassis tuberosa*

エゾバイ
common whelk
Buccinum undatum

ムシロガイ
netted dog whelk
Nassarius reticulata

カブラボラ
bat volute, *Voluta*

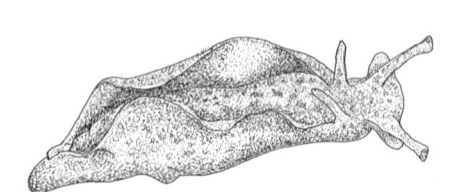

アメフラシ
sea hare, *Aplysia punctata*

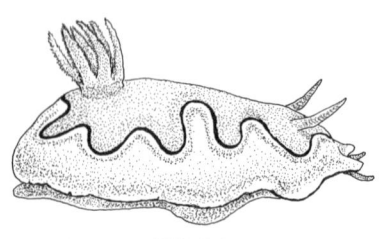

ウミウシ（裸鰓類）
nudibranch, *Chromodoris coi*

類 Anaspidea, sea hare), 真の裸鰓類であるウミウシ目（裸鰓類 Nudibranchia, sea slug), カメガイ目（有殻翼足類 Thecosomata, shelled pteropod), ハダカカメガイ目（無殻翼足類 Gymnosomata, naked pteropod) がある.

カタツムリ snail とナメクジ slug：有肺上目 Pulmonata

　有肺類の中には，庭先でよく見かけるカタツムリやナメクジがいる．この仲間は櫛鰓を失っており（例外が1つだけある），外套腔が，収縮性のある開口部をもつ肺になっている．この仲間は雌雄同体であり，通常は幼生をもたず，ごく少数は海生であるがほとんどは陸上もしくは淡水中に棲んでいる．多くは螺旋状になった貝殻をもつが，複数のグループで殻を失っている．

　ブルスカたちは，有肺上目に3つの目を記載している．Otina のようなオカミミガイ目（原始有肺類 Archaeopulmonata）は，主として沿岸帯に暮らしている．原始有肺類は螺旋状に巻いた貝殻をもち，一般には貝蓋はない．モノアラガイ目（基眼類 Basommatophora）には，潮間帯および淡水産の種類を含み，淡水産のカサガイ limpet がその例である．最後に，そしてずば抜けて重要なのがマイマイ目（柄眼類 Stylommatophora）で，1万5千種ほども認められているカタツムリ snail やナメクジ slug の仲間であり，陸上に棲み，

キイロナメクジ
great grey slug
Limax maximus

リンゴマイマイ
garden snail
Helix aspersa

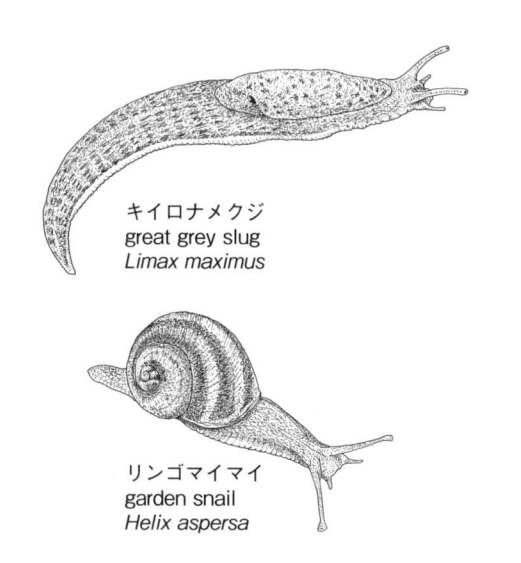

伸縮自在の感覚柄の先端に眼をもっている．よく知られた属としては，庭先にいるカタツムリや加工してエスカルゴにされるリンゴマイマイ *Helix*, 単調なものから縞模様をもつものまで並はずれた多様性を示す貝殻の遺伝研究で有名なモリマイマイ *Cepaea*, 庭にいる典型的なナメクジであるキイロナメクジ *Limax*, 食用になる巨大な陸生カタツムリで，タヒチやその近隣諸島に移入され，地元の農産物の主要な害虫となって壊滅的な影響を与えた――あまりに数が多いため，農民たちは小さな畑ごとに手押し車いっぱいになるほどを集めるのが常だった――アフリカマイマイ *Achatina* がある．このとき，思慮の不足していた政府の生物学者たちが，アフリカマイマイを一掃するために，捕食性カタツムリであるヤマヒタチオビガイ *Euglandina* を移入しようとしたが，代わりに地元のカタツムリだったポリネシアマイマイ *Partula* のほうを全滅させることになった．種の移入というのは危険なゲームである．

イカ squid やタコ octopus などの貴族たち：頭足綱 Cephalopoda

　もはや「進化の頂点」なる表現はおおっぴらに使うにはふさわしくないが，かりにその表現が許されるのなら，頭足綱（Cephalopoda, ときに Siphonopoda とも呼ばれる）は，動物界の中で，節足動物や脊椎動物と並んで，1つの頂点を占めるだろう．650種ほどの現生種の多くは，大型で，動きがすばやくて賢い，輝かしい生き物たちである．原始的な頭足類には，ほかに例のない構造をもった貝殻がある．それは，一連の閉じた部屋になっており，年齢とともに数が増えていき，動物の本体は一番若いできたての部屋に入っている．現生の頭足類では貝殻が螺旋状に巻いているが，化石種の一部ではまっすぐな多室構造の貝殻をもち，円錐帽のような形をしている．こうした原始的な型の一部は巨大になり，貝殻の長さが数 m にもなる．しかし，現生の頭足類では，貝殻は縮小するか，失われている．

頭足類は大きな頭部をもち，口の周辺には筋肉質の触手があり，ときには吸盤や鉤がついている場合とそうでない場合がある．頭足類 cephalopod という言葉は，もちろん，「頭 cephalo と足 pod」を意味している．周辺を環状に取り囲む触手の陰にかくれた口には，オウムのくちばしに似た，ときにはカルシウム（石灰質）で補強された角質（キチン質）のくちばしがあり，そのほかに歯舌ももっている．大型のカメラ様の眼をもち，表面上は人間の眼に似ている（ただし，基本的デザインは大きく異なっている）．外套膜の一部は筋肉質の水管になっており，この管を通して水が強制的に排出されて，自然界ではまれな運動様式であるジェット噴射が可能になる．多くは，**墨汁嚢 ink sac** から墨の煙幕を排出して身を守るし，**色素胞 chromatophore** と呼ばれる色素に満ちた細胞のはたらきによって，（ときにはカムフラージュとして，ときにはコミュニケーション手段として）体色を変えられる種も多い．すべて海生であり，遊泳生活（漂泳性 pelagic）か海底生活（底生 benthic）を送っている．頭足類は重要な捕食動物であり，カニなどを餌にしているが，自分自身がマッコウクジラの重要な餌でもある．

頭足類の3つの亜綱

現生の亜綱には，オウムガイ亜綱 Nautiloidea とイカ亜綱（Coleoidea，コウイカ，ツツイカ，タコ，コウモリダコ）の2つがある．しかし，系統樹上では，第3のアンモナイト亜綱 Ammonoidea も示している．これはアンモナイトがとっくに絶滅している（したがって現生種との関係は分子生物学的手段では決して確認できない）にもかかわらず，化石の記録にはきわめて普遍的に存在し，長期間にわたってとても重要な生き物だったからである．本書では，ウミサソリ（広翼類 eurypterid），板皮類 placoderm，恐竜類 dinosaur，「ソテツシダ seed-fern」といったものも認知しているのだから，アンモナイトも当然加えるべきである．

オウムガイ *Nautilus*：オウムガイ亜綱 Nautiloidea

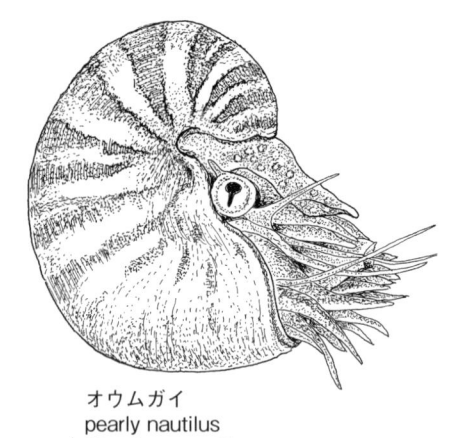

オウムガイ
pearly nautilus
Nautilus pompilus

オウムガイ亜綱はおそらくおよそ4億5000万年前，オルドビス紀に誕生したと考えられ，1万7千種ほどの化石種が記載されている．しかし現在ではただ1つのオウムガイ属 *Nautilus* の6種が，インド太平洋に知られているだけである．オウムガイは，多くの部屋に分かれた，ゼンマイの芽のような形に巻いた貝殻をもつ美しい生き物で，肉質のフードに保護された80〜90本の吸盤のない触手をもっている．オスでは，4本の触手が交尾器官に変形している．そのくちばしはキチン質かつ石灰質である．2対の櫛鰓をもち，そのためこのタクソンには四鰓亜綱（Tetrabranchiata，「branch」には鰓の意味もある）の別名がある．オウムガイ類には墨汁囊や色素胞はなく，眼は角膜やレンズのないピンホールカメラのような構造をしており，平衡胞は単純な構造で，神経系は散在型である．これらをすべて考え合わせると，オウムガイ類が見事に原始的な存在であることが証明されている．

アンモナイト ammonite：アンモナイト亜綱[†] **Ammonoidea**[†]

アンモナイトは少なくとも表面上はオウムガイに似ており，ある程度の関係があるのは明らかである．アンモナイトは現在では絶滅しているが，最初に出現したのはオウムガイより後で，デボン

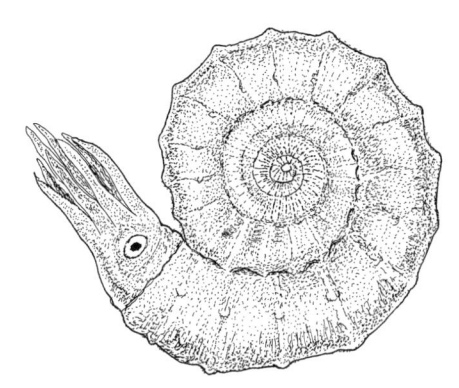

―軟体動物門―

アンモナイト
ammonite
Peltoceras athleta

紀より後（およそ3億5000万年前頃）には，ほとんどオウムガイに置き換わった．きわめて大量に存在するようになったのは確かで，巻いたその貝殻は，だれもが知っている数少ない化石の1つであり，多くの海岸で100万個単位で発見されている．それでも，オウムガイとは異なり，アンモナイトは6500万年前の，白亜紀-第三紀の境界線を越えて生き残ることはできなかった．

コウイカ，ツツイカ，タコ：イカ亜綱 Coleoidea

イカ亜綱には，コウイカ，ツツイカ，タコ，コウモリダコが含まれる．貝殻をもつ仲間もいるが，その場合にも一般には退化しており，多くの種ではまったく失われている．頭部と足はまとまって単一の構造になっている．8〜10本の触手をもち，オスではそのうちの2本が交尾用に変形している．鰓は1対だけであり，そのために──四鰓亜綱（4つの鰓をもつオウムガイ亜綱）とは対照的に──二鰓亜綱 Dibranchiata の別名をもっている．くちばしはキチン質である．眼と平衡胞は複雑で，神経系は集中してよく発達している．また，色素胞も墨汁嚢ももっている．イカ亜綱はオウムガイ亜綱に比べて階層が高位にあるように見えるし，実際にそのとおりである．イカ亜綱には，コウイカ目 Sepioidea，ツツイカ目 Teuthoidea，タコ目 Octopoda，コウモリダコ目 Vampyromorpha の4つの目がある．

● コウイカ目 Sepioidea のコウイカ cuttlefish では，からだが短く，平らになっており，側面にあるヒレを使って泳ぐ．貝殻が存在する場合には，それは体内にあり，一般には，硬骨魚の浮き袋と同様，生きている動物の浮力調整器としてはたらき，平らで石灰質の「イカの骨」の形をとる．イカの「骨」もまた海岸には大量に打ち上げられ，セキセイインコがくちばしを研ぐために与えられる．コウイカのほかの仲間には，螺旋状に巻き，小部屋に分かれた，オウムガイ様の内部貝殻をもつものもある．コウイカには8本の巻いた触手のほかに，スプーン状になった先にしか吸盤がない2本の長い触手（触腕）がある．

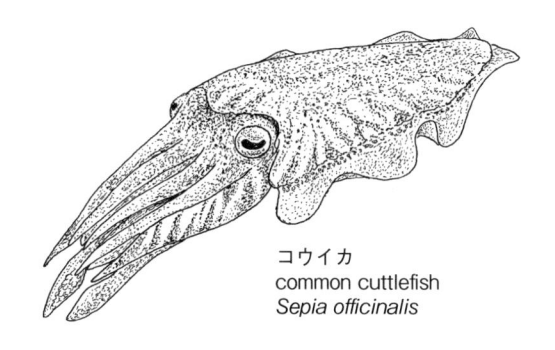

コウイカ
common cuttlefish
Sepia officinalis

● ツツイカ目 Teuthoidea にはツツイカ squid の仲間が含まれる．ツツイカは長い筒状のからだをもち，これにも体側にヒレがあり，内部の貝殻は縮小して平らなタンパク質製の棒状のものになっている．ツツイカには8本の腕と，そのほかに，引っ込められない触手（触腕）を2本もち，全部で10本の腕をもつことから，十腕目 Decapoda の別名がある．ツツイカの吸盤にはしばしば鉤がついている．からだのサイズと移動速度において，最大のツツイカを凌駕できるのは，クジラ目の仲間と最大の魚類たちだけしかいない．

● タコ目 Octopoda にはタコ octopus がいる．短くて丸いからだにはふつうヒレはなく，貝殻も痕跡程度か，まったく失われている．しかし，メスのタコブネ argonaut は，薄く丸

7. 二枚貝，巻き貝，カタツムリ，ナメクジ，タコ，イカ

ダイオウイカ
giant squid, *Architeuthis dux*

マダコ
common octopus, *Octopus vulgaris*

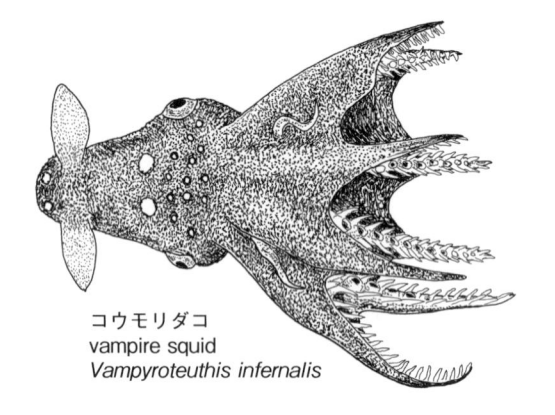

コウモリダコ
vampire squid
Vampyroteuthis infernalis

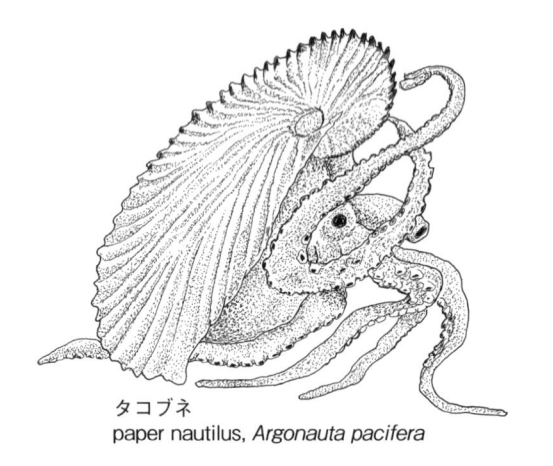

タコブネ
paper nautilus, *Argonauta pacifera*

まった卵鞘を分泌する．タコは，水かきの膜のようになった皮膚で連結された8本の腕をもっている．これまでに知られている200種ほどの大半は，海底で暮らしている．
● 不吉な名称をもつコウモリダコ（英 vampire squid，吸血鬼イカ）はコウモリダコ目 Vampyromorpha に属している．そのからだは丸っこく1対のひれがついており，貝殻は縮小して，葉の形をした透明な痕跡になっている．それぞれに1列の吸盤がついた腕が8本あり，それが水かきの膜のように広がった皮膚ですべて結合されている．このほかに，5対目の触手となる2本の巻きひげ様の細い繊維をもっており，これは引っ込めることができる．コウモリダコはほとんどが深海に棲んでいる．

─────

軟体動物については以上で終わる．前口動物で真に傑出したもう1つの門は節足動物であり，それについて以降の4つの章で取り上げる．

8章

関節のある足をもつ動物たち

節足動物門 Phylum Arthropoda

ダニとフジツボ，ヤシガニとノミ，カブトガニと「ウミグモ」，絶滅した三葉虫と巨大なウミサソリの仲間……．動物界の中で，節足動物門ほど多様で，種の数が多く，バイオマスが大きく，そして，おそらく先カンブリア時代に最初に出現して以来，過去6億年の間，この地球の生態に大きな影響を与えてきた門は存在しない．

三葉虫は，およそ5億4500万年前のカンブリア紀初期から，約3億年後に徐々に姿を消すまで，海に満ちていた．しかし，その後，今にいたるまで，かれらが占めていた海のニッチやその周辺のもっと多くの場所が甲殻類によって乗っ取られている．陸上では，昆虫 insect とクモ類 arachnid ——蜘蛛 spider たち——がもっとも普遍的に存在しており，動物の中でもっとも目立つ存在であることが珍しくない．昆虫，なかでも甲虫には，既知のすべての生物種の約4分の1が含まれる（ただし，第1部1章で述べたように，既知の種の数は真の数に比べて何桁も少なく，もっとも大きな多様性を示す仲間が微生物たちなのは疑いない）．サソリのような姿をしたウミサソリ（広翼類 eurypterid）は，絶滅したクモ類の一種と考える学者とクモ類の姉妹群に当たると考える動物学者がいるが，ときには小型の漕ぎ舟ほどの大きさになり，（顎のある魚類が支配するまでの）一時期，地球上でもっともどう猛な捕食者だった．クモの仲間にもっとも近い，現生の近縁種であるカブトガニは，今もまだ北米やアジアの沿岸に何百万個体も群れており，恐竜時代よりはるか昔の，節足動物の原始的な暮らしを偲ばせてくれる．カブトガニやウミサソリと，その中間に位置するクモ類は，節足動物最大の綱である鋏角類 chelicerate をつくっている．多足類 myriapod ——ムカデ，ヤスデ，およびあまり目立たないその近縁種——は，昆虫や鋏角類と比べると，多様性が少なく，生態学的意義も小さい．しかし，それであってもムカデはなかなかの捕食者であるし，ヤスデは無視できない量の枯れたり腐ったりした植物を始末する．

私たちは節足動物を厄介な害虫と考えることが多い．穀物を台なしにしたり，病気を媒介したりする可能性が高いのは，結局のところ昆虫やダニである．しかし，もし地球の表面にいるすべての節足動物を排除してしまったら，なじみ深い生態系は数週間のうちに崩壊してしまうだろう．生き物たちの長い食物連鎖は，その食料供給を絶たれてしまうだろう．何千という種類の植物が受粉を媒介してくれる動物を失うだろうし，もっと重要なこととして，命に限りがあるすべての生き物の腐敗したなきがらが，ほどなく世界中に散乱することになる．なぜなら節足動物の腐食性生物こそ，有機物の再循環におけるもっとも重要な担い手だからだ．もっとも慎ましやかな生き物が，ある意味でもっとも重要である（ただし，どんな生態系でも，影響の方向は，ボトムアップであると同時に，トップダウン——ゾウから昆虫へ——でもある）．

よく知られたグループに加えて，たとえばカナダのバージェス頁岩 Burges Shale のようなカンブリア紀中期の昔の地層から，古代の節足動物や節足動物様の生き物たちが発見されているが，こうした生き物どうしや現在考えられている節足動物との関係はまだまだ不明な点だらけである．そうした動物の位置づけはあまりにも不確かであり，本書では論じないことにする．しかしながら，いかに奇怪で，素晴らしいものであっても，

バージェス頁岩の動物たちに，ときどき主張されるような，特別に謎めいたことは存在しない．節足動物が，堅くて保護されたからだと，効率がよく柔軟な対応が可能な附属肢をもって最初に出現したとき，それは1つの革命——あらゆる方向へ多様化する大きな可能性を秘めた，まったく新しい体制——だった．そして，深刻な競争がほとんどなかった当時の海中で，そうした動物は実際に，ほとんど無制限に適応放散を展開した．しかし結局のところ，初期の系統のうちごく少数だけが，ほかのものより効率がよいことが証明され，それらが時を得ながら順に放散をつづけ，最終的には初期の試験的な種類を駆逐した．しかし，これと同じ種類のパターン——きわめて多様な形態を生む初期放散が起こり，その中からごく少数が生き残るというパターン——は，硬骨魚，爬虫類，哺乳類，鳥類，ヒト科の動物，顕花植物，といった具合に，事実上どの主要なグループにも見られる．バージェス頁岩の節足動物にとりたてて異常なことはない．新しい系統の始まりに大騒ぎが起こるのは予想される範囲のことである．

節足動物はひどく多様性が大きいが，それでもたしかに単一の統一的な体制を共有しているようであり，19世紀半ば以来，独立した門として認識されてきた．もっとも明白なのは，からだにまとった鎧——体表面にある頑丈な**クチクラ cuticle**——であり，それは硬いタンパク質（硬タンパク質 scleroprotein）とキチン（窒素の結合によって強化された多糖類）でできていて，消化管の前後端の内部にまで伸びた完全な外骨格を形成している．クチクラはところどころ硬くなって，板状の**硬皮 sclerite** になっており，関節運動を可能にさせる柔軟性のある膜によって結合されている．典型的な節足動物のからだは，明瞭に区分けされ，**体節化されて metamerized** いる．もしすべての体節が同じものであれば，それは**同規的体節 homonomous** と呼ばれ，体節によって違いがあれば，それは**異規的体節 heteronomous** と呼ばれる．しかし，もっとも同規的に見える節足動物でも，ある程度は異規的な性質をもつ．たとえば，ゴカイやミミズと同じ水準で同規的な節足動物は存在しない．ほとんどの節足動物で，からだは明瞭に**合体節になって tagmatized** いる．つまり，異なった部位（すなわち**合体節 tagmata**，単数形 tagma）が，たとえば昆虫の頭部，胸部，腹部のように，それぞれ異なった目的に特化している．

節足動物の各体節には一般に，原始的段階から，一対の**関節肢 jointed appendage** がついている．頭部では，関節肢が変形して口器を形成し，ときには触角や鬚などになっている．胸部では外肢やときには鰓になり，甲殻類，昆虫，鋏角類の腹部では，さまざまな役割を担わされる（ただし，腹部の体節は一部またはすべてが失われていることが珍しくない）．つまり，そうした付属肢の並びが，いわばスイスアーミーナイフのような多能性を提供している．

扁形動物よりも上の水準の動物に特徴的な，消化管と体壁との間にある空間，すなわち体腔 coelom は，節足動物ではたいてい**血体腔 haemocoel** に置換されている．すなわちそれは依然として空間であり，体腔と同じだけの容積を占めるものの，胚のときに異なった発生経路を経て生じている．しかし，たとえば環形動物の体腔が，体節ごとに分割されて一連の小部屋を形成するのに対して，節足動物の血体腔は，隔壁で仕切られない船体のように，ただ1つ（もしくはごく少数）の，血液に満ちた連続した腔を形成する．多くの節足動物では，開放型の心臓が生む低い血圧の力で，血液がこの血体腔を漂っている．しかし，なかには血管のあるしっかりした循環系をもつ仲間（典型的には，カブトガニ，ゲジ Scutigera，多くの十脚目甲殻類のように，大型で活発な仲間）もいる．節足動物の神経系は，環形動物や軟体動物のものと同じで，背側の「脳」と対になった腹側の神経索から成っている（節足動物は仰向けになった脊椎動物に似る，というジョフロア・サンチレール Geoffroy Saint-Hilaire の考えを示している）．

節足動物の主要なタクソンとして一般に認めら

れているのは，絶滅した三葉虫類*Trilobitomorpha*，剣尾類 Xiphosura（カブトガニ）を含む鋏角類 Chelicerata，クモ類 Arachnida，甲殻類*Crustacea*，多足類 Myriapoda，昆虫類 Insecta である．多足類は一般に昆虫の姉妹群と考えられ，昆虫の祖先に当たるとまでいわれることがある．しかしながら，後に触れるように，こうした考えには現在では広く異論が提出されている．

これまで分類が困難とされてきた2つのグループは，ウミグモ類 Pycnogonida と，寄生性の舌形類（五口類）Pentastomida である．後者の名称は文字通りには「5つの口」を意味するが，通常は「舌虫 tongue worm」として知られている．しかし現在ではウミグモ類はまったく問題なく鋏角類に属すると思われており（ただし，本書の系統樹では慎重に鋏角類と姉妹関係にあるように描かれている），一方の舌形類は，きわめて特殊化した甲殻類のようである（ただし，ここでは甲殻類と姉妹関係にあるものとしている）．

しかし，今もなお位置づけが難しい節足動物様の現生生物のグループがさらに2つある．「ビロードの虫 velvet worm」と呼ばれる有爪動物 Onychophora と，「水中の熊 water bear」と呼ばれる緩歩動物 Tardigrada である．この両者は葉のような脚をもつので一般に「葉脚類 lobopod」と呼ばれるが，両者には密接な関係がないのは明らかである．不確かな現状では，節足動物，有爪動物，緩歩動物を未解決の3つ組として扱うのが適切だと思われる．別の言い方をすれば，この3者は互いに関連しているが，どれがどれと近い関係にあるのかについてはだれも知らないのである．ニールセンは，節足動物，有爪動物，緩歩動物をひとまとめにした「汎節足動物 panarthropod」という用語を提案しているが，本書の系統樹にもその流れが採用してある．

従来は，汎節足動物，軟体動物，環形動物を結びつけて，もっと大きなタクソンとする考え方もあった．しかし，5章と7章で触れた（p.185とp.215, 220）カリフォルニア大学ロサンゼルス校（UCLA）の研究によって，前口動物の系統樹の中で，|軟体動物+環形動物|と，汎節足動物とは異なった枝に属することが示されている（5aで示した．pp.172～173）．|軟体動物+環形動物|と汎節足動物とは，それぞれ何らかの扁形動物から別個に派生したと仮定するのが妥当なようである．

9章から11章にかけて，甲殻類*Crustacea*，昆虫類 Insecta，鋏角類 Chelicerata をそれぞれ別個に説明する．こうすると多足類には不公平になるので，多足類に関しては本章の末尾で触れておく（pp.251～252）．合衆国と英国で私が行ったさまざまな議論の結果，すべての専門家を納得させるような節足動物の分類をつくるのは不可能なことがわかった（ただし，ほんの少し前のように不一致点の溝があまりにも深いということはないようだ）．だから，本書の系統樹は保守的な妥協案だと理解すべきである．（3つ組の形で示されているような）問題点を提起しているが，それが正解だと主張しているのではない．

節足動物へのガイド

節足動物門の系統発生，ひいては分類に関しては，依然として3つの根本的疑問が未解決である．まず第1に，そしてもっとも基本的なこととして，節足動物は真の単系統なのか――つまり本当に単一のクレードを構成しているのか――という疑問がある．第2に，この節足動物はほかの門とどう関係しているのか，という疑問がある．そして第3に――そしてもっとも込み入った問題として――節足動物の各種のグループどうしがどう関係しあっているのか，という疑問がある．

8・節足動物門

「葉脚類」 'lobopods'

「汎節足動物」 'panarthropods'

節足動物門 ARTHROPODA

大顎類 Mandibulata

甲殻類* Crustacea*

多足類 Myriapoda

昆虫類 Insecta

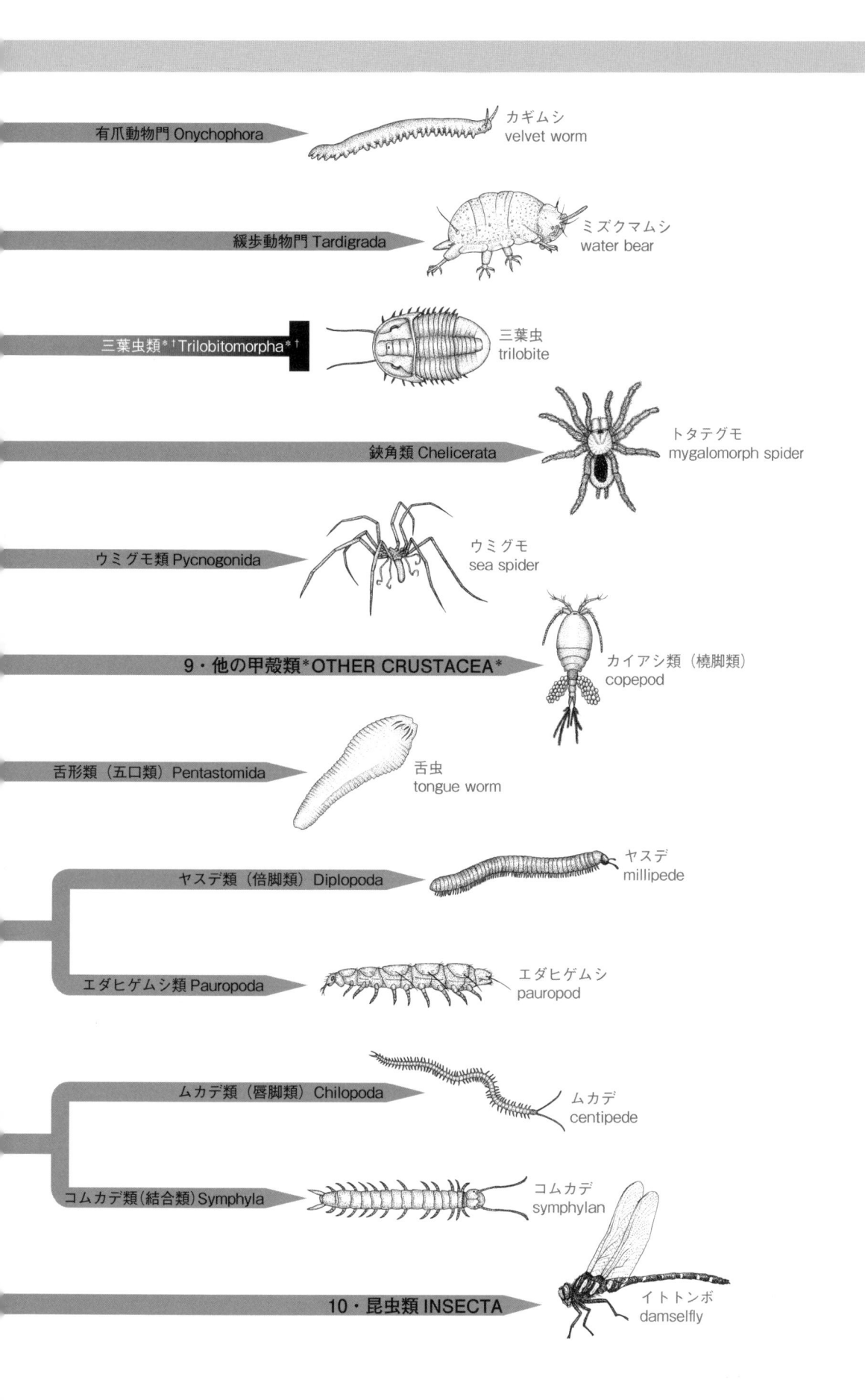

有爪動物門 Onychophora — カギムシ velvet worm

緩歩動物門 Tardigrada — ミズクマムシ water bear

三葉虫類*† Trilobitomorpha*† — 三葉虫 trilobite

鋏角類 Chelicerata — トタテグモ mygalomorph spider

ウミグモ類 Pycnogonida — ウミグモ sea spider

9・他の甲殻類*OTHER CRUSTACEA* — カイアシ類（橈脚類） copepod

舌形類（五口類）Pentastomida — 舌虫 tongue worm

ヤスデ類（倍脚類）Diplopoda — ヤスデ millipede

エダヒゲムシ類 Pauropoda — エダヒゲムシ pauropod

ムカデ類（唇脚類）Chilopoda — ムカデ centipede

コムカデ類（結合類）Symphyla — コムカデ symphylan

10・昆虫類 INSECTA — イトトンボ damselfly

節足動物は，本当に1つのクレードだろうか？

　きわめて大きな成功を収めた節足動物の体制は，はたしてただ1回だけ生じたのか，それとも何度か生じたのか？　節足動物門は，本当に，一貫性をもった単系統群なのか？　私たちは公式の純粋なタクソンの名称として「節足動物門 Arthropoda」と書くべきなのか，それとも，「魚類 fish」とか「微生物 microbe」と同様に，1つのグレードとして「節足動物 arthropod」と書くべきなのか？　この論議はもう何十年も激しい論戦がつづけられている．問題はきわめて複雑である．

　たとえば，別々の節足動物で見かけ上で対応している特性が，共通の祖先に由来するものか，それとも，収斂によって似ているのか――異なった系統群が類似の環境圧に同じようなやり方で適応したので似ているのか――を識別するのはきわめて困難である．たとえば，多足類と昆虫類はいずれも**気管 tracheae** と呼ばれる管を通して呼吸しており，従来はこれが共通の祖先から受け継いだ特性だと考えられてきた．しかし，この両者は，陸上生活への適応の結果として，別々に気管を獲得した可能性もある．そもそも，一部のクモ類や等脚類（たとえば合衆国では「sow bug メスブタの虫」として知られるワラジムシ）にも気管はある．そうした例が山ほどあるため，一部の生物学者は，節足動物門の見かけ上の統一性は幻想にすぎないと論じるほどである．節足動物を結びつけている大いなる類似性は，一般に収斂の結果にすぎないというわけだ．実際，いわゆる「節足動物門」には，それぞれが異なった虫様の祖先から独立に派生した3つの異なった門が混じっているという議論もある．こうした議論の賛成意見と反対意見とを以下で説明しておこう[註1]．

【註1】単系統と多系統に関する従来の動物学における実例については，セントアンドルーズ大学のパット・ウィルマー Pat Willmer が著した『無脊椎動物の関係 Invertebrate Relationships』（1990）に見事に描かれている．

単系統説と多系統説

　節足動物が共通にもつ特性の中で，キチン質の外骨格，関節肢，血体腔といったものは，とくに際だった一部にすぎない．実際にはもっと多くの特性がある．たとえば，環形動物はからだの先端に口があるが，節足動物ではからだの下側（腹側）のやや後方に移動させており，口よりも前に3つの「口前」体節がある．おそらくは最初の節足動物が腹側の口を獲得したのは，海底から食べ物をすくい取るためだったのだろう――しかし，もし別々の節足動物のグループが独自に派生したのであれば，なぜすべての節足動物が3つの口前体節を共通にもっているのだろうか．さらに，少なくとも節足動物の主要なグループの一部，甲殻類，昆虫類，三葉虫類，および――鋏角類の――カブトガニでは，通常の単純な眼に加えて**複眼 compound eye** をもっている．

　こうした類似性は細部にまで及ぶ．たとえば，クチクラには一般に3つの層があり，内側の2つの層は，それ自体が層状構造をしており，キチンの棒が順次積み重なるときに，互いに上下の棒に対してわずかに傾斜している．あらゆる節足動物は外骨格を脱皮しながら成長するが，脱皮の引き金になるのは**エクジソン ecdysone** と呼ばれるステロイド系ホルモンである．動物界のほとんどの門では繊毛が共通の特性の1つになっているのに，節足動物ではこれを欠いている．あらゆる節足動物の筋は，たとえば人間の二頭筋のようにすべて横紋筋であり，人間の腸にあるような，横紋のない平滑筋は存在しない．

　しかしながら，節足動物に見られるこうした類似性の一覧は印象的なものではあるが，それだけで単系統性を示すわけではない．第1部（3章）で説明したように，問題は，あらゆる節足動物が，1つの共通の祖先を共有しているかどうかではない．もちろん，共通の祖先は存在した．しかし，私たち人間も，どこかの時点では節足動物とも，カタツムリとも，さらには，ブナの木とも共

通の祖先をもっている．より重要なことは，最後の共通祖先が節足動物自身だったのかどうかにある．もしそうでなかったとして，それは単なる虫に似た生き物であり，もしその虫に似た祖先がさらに多くの「虫」やそのほかの動物を派生させ，そして，その大いなる共通祖先たる虫から派生した，虫に似た複数の子孫たちのそれぞれから節足動物の複数のグループが派生したのなら，その場合には，節足動物のさまざまなグループは，虫に似た複数の別々の系統から独立に派生したというべきだろう．それはつまり，多系統ということになる．

したがって，いつものことながら，もっとも重要な問いは，「節足動物は何を共通にもっているか」ではなく，「節足動物だけに固有の共通点は何か」である．分岐分類学者たちの言葉を使うなら，実際には，かれらだけの固有の派生形質，つまり共有派生形質 synapomorphy は何か，と問わなくてはならない．

節足動物の共有派生形質はどこにあるか？

節足動物にだけ固有の特性を一覧表にしてみると，上述の一般的な共有特性の一覧ほど説得力のあるものではなくなる．節足動物の一大特徴——キチン質のクチクラ——も，環形動物や線形動物など，そのほかのさまざまな無脊椎動物のグループが共有している．さらに，線形動物のクチクラは，ちょうど節足動物と同じように，少しばかり前腸や後腸に入り込んでいる．線形動物はやはり脱皮の引き金として，エクジソンに類似のホルモンを使う．つまり，どうやら，キチン，脱皮，エクジソンというものはひとまとまりになっているようだ．硬化した硬皮でキチンが見せる特異的なパターンでさえ，祖先に関する情報はほとんど教えてくれないかもしれない．潮だまりの水が蒸発して乾燥するときに，塩が特徴的な形の結晶を自然に形成するのと同じで，キチンという物質は自然にそのように並ぶ性質があるようだ．つまり，特定の種類の物質が，条件が整ったときに自然に見せるふるまいであって，これは化学のなせる不思議にすぎない．

節足動物では，クチクラが厚くなって硬化し，硬皮をつくり，それが実際この動物たちに特有であるのは確かである．しかし，これは話にきっぱり決着をつけられる一手なのだろうか．結局のところ，体節動物のクチクラにそうした肥厚をもたらすには，理屈のうえではほんの少しばかりの遺伝子の変化で十分だった可能性もある．パット・ウィルマーが『無脊椎動物の関係』で指摘しているように，およそ5億4500万年前の先カンブリア時代からカンブリア紀への変わり目の時代には，大きな選択圧がかかっていたと思われる——いったんある生き物が武器をもち，鎧を身にまとうようになれば，ほかの動物たちも先例に従うよう強いられた可能性があるからだ．さまざまな種類の体節をもった虫たちの全部隊が，それぞれ独立に体表を硬くしていった——それによって「節足動物化」するようになった——のかもしれない．

それに，共有特性一覧にあげられた多くの項目は，結局のところすべてが，この基本的な特性，すなわちキチン質の外骨格に幽閉された結果として生じたのかもしれない．エクジソンというホルモンは，必要不可欠な協力者として，それに自動的に付随するようになっただけかもしれない．からだの表面がクチクラに覆われてしまったら，繊毛もはたらけない．だから，節足動物全般で欠けているのかもしれない．（ただし，その一方で，繊毛を欠いていることが些末なことではない可能性も頭に入れておくほうがいいかもしれない．なぜなら，ほかの動物たちでは，繊毛があらゆる機能の担い手になっており，とりわけ，配偶子を混ぜあわせる手助けという，生殖における機能は重要である．それだから，繊毛の欠損こそ，節足動物が単系統であることを支持する証拠だと論じられることもある．なぜなら，それは——その議論によれば——進化がそう何度も試してみたいと考えるような策略であるはずがない（！）からだ）．

固い外骨格によって，節足動物の筋が横紋筋になる傾向も説明できるかもしれない．というの

も，横紋筋は進展性が制限されているとき（つまり，自由に巧みな動きをする余地がほとんどないとき）に最高のはたらきをするからである．また，固い外骨格があれば，体腔が静水圧を提供する必要もない．だから体腔の内部の小部屋は失われ，そのほうが，体腔内部の圧力を均一化するのに適している．その結果生じたのが血体腔，というわけだ．要するに，キチン質の鎧があれば，ほかのさまざまな特性は自動的に生じるように思われる．その一方で，もっと詳細に探っていくと，さまざまな節足動物のグループ間に興味深い違いがあることが明らかになる．たとえば，昆虫類はキノンを使って「なめし tanning」をすることによってそのクチクラを硬化させるが，カブトガニ（アメリカカブトガニ Limulus）を含む鋏角類は，ジスルフィド結合によってタンパク質を結合させる．甲殻類はまた別の戦略をもち，ある種の「なめし」を行うが，その後で無機炭酸塩を付加する．エクジソンの化学的性質もまたグループごとに違いがある．つまるところ，パット・ウィルマーが述べているように，あたかも，違いうるものはすべて現実に違ってみせているかのようである．

節足動物が多系統であることをもっとも強固に主張したのは，1970年代にもっとも活発に仕事をした英国の生物学者シドニー・マントン Sidnie Manton だった．彼女は，口器と外肢という，節足動物にもっとも特徴的と考えられる特性に注目した．彼女は，異なったグループの外肢は，見かけは似ているものの，根本的に異なったデザインをもっていると主張した．そして，決定的なこととして，そうした異なったデザインを互いに拝借したり，何かしら機能するそのすべてを共通の祖先型から派生させたりすることは不可能だと主張した．

口器について考えてみよう．甲殻類，昆虫類，多足類はすべて顎をもっており，従来の分類法の一部では，単系統と想定される「大顎亜門 Mandibulata」にまとめられているのは確かである（実際，私自身も本書でそのようにまとめているが）．しかしマントンは，甲殻類の口器と，昆虫や多足類の口器とでは，根本的にデザインが異なると述べている．たとえば，甲殻類の大顎は，原始的口肢の基部だけでつくられており，顎基 gnathobase（「gnatho-」は「あご」を意味する）になる．これに対して，昆虫と多足類の大顎は，「全部を使った」外肢，すなわち，元になる祖先の外肢にあるすべての体節を取り込んだものである．マントンはさらに「蓋然性 plausibility」という概念ももち出している．彼女の言葉を借りれば，顎基型の顎が全肢型の顎に進化したり，あるいはその逆の進化が起こったりしたという仕組みは，その中間型自体もきちんと機能したと仮定するなら，きわめて理解しがたい（蓋然性が低い）ことである．さらに，初期の中間型がきちんと機能したと仮定するなら，この2種類の顎を派生させた共通の祖先の顎を想像することも難しい．しかし，もちろんそうした中間型もきちんと機能したはずであり，そうでないとその系は絶滅してしまっているだろう．したがって，顎基型の顎をもつ動物と，全肢型の顎をもつ動物とが密接な関係をもっているという蓋然性はとても低い，とマントンは主張する．

実際マントンは，甲殻類の外肢全般と，昆虫類や多足類の外肢との間には，密接な関係などありえないと感じていた．たとえば，甲殻類の外肢は，原始的状態では**二肢型 biramous** であり，個々の外肢は，内突起 endite と外突起 exite の2本に枝分かれしている．この枝分かれ構造は，ロブスターの腹部付属肢に拡大された形で明瞭に認められる．一方の枝が歩脚になり，もう一方が，覆いかぶさる背甲の下側に隠されて見えないものの，鰓になっている．これに対して，昆虫類や多足類の付属肢は**単肢型 uniramous** であり，外肢をもつ兆候はない．マントンはここでもまた，この2つのデザインを結ぶ，蓋然性のある進化経路は想定できないとしている．

こうした理由からマントンは，甲殻類と，｛昆虫類＋多足類｝とが，ある共通の節足動物の祖先から派生したはずがないと述べている．これらは実際には所属する門が異なり，甲殻類が1つの

門，そして昆虫類と多足類は，その付属肢の形態にちなんで命名された「単肢動物門 Uniramia」という新しい門に位置づけられる，と彼女は主張した．彼女はさらに，やはり「全肢型の」顎と単肢型の付属肢をもつことを根拠に，有爪動物もこの単肢動物門に含めている．ただ，この最後の修正には議論が残っている．マントンの支持者のなかにも，このカギムシ類 velvet worm を昆虫や多足類と結びつけるのに気が進まない人たちが存在するからである．そしてまたマントンは，鋏角類と三葉虫類をまとめて，「節足動物」の第3の門に入れている．鋏角類は単肢型の付属肢をもつように見えるが，祖先型はどうやら二肢型だったようだ．アメリカカブトガニ Limulus は最後部の付属肢にはっきりと外肢をもっているし，三葉虫も同様だった．しかしながら，この「外肢」は甲殻類とは別の体節から生じているので，甲殻類と {鋏角類＋三葉虫類} の付属肢が相同でないのは明らかだ，とマントンは主張している．

少なくとも英国では，マントンの影響は大きかった．しばらくの間，私の好きな博物館でも，「単肢動物」，鋏角類（三葉虫類を含む），甲殻類を別々の門として展示していた．しかし，納得のいかない点も数多く残っていた．過去数年の間にも，必ずしも完全に一貫性のある納得のいく話にはなっていないものの，さまざまな証拠が提示され，マントンの前提や結論の一部が徐々に覆されている．したがって，現在の動物学者の多くは，主要な節足動物のグループたち——三葉虫類，鋏角類，甲殻類，多足類，昆虫類——が，実際に1つの真のクレードを形成するという考えを受け入れているようである．

節足動物単系統説への復帰

マントンの時代（それほど大昔のことではないが）以来，多くの新しい証拠が明らかにされてきた．新しい化石が発見されているし，すでに知られていた多くの化石——および多くの現生種——もさらに詳しく研究されてきた．分子生物学的証拠は一般に，ほとんどがマントンの時代以降のものであり，その方面の研究はまだ端緒についたばかりではあるが，特定の特性をコード化している個々の遺伝子を調べることによって，相同性について探求することが可能になりつつある．もし，2つの異なった動物がもつ見かけ上似た特性が，明白に同一の遺伝子によってコード化されていることが証明されれば，両者が本当に相同である可能性はきわめて高い（ただし，必ずしも共有派生形質とは限らない）．

これらの新しい研究は，「単肢動物」の顎が，甲殻類の顎とは大きく異なっているとするマントンの提案に疑義を呈している．たとえば，新しい解剖学的研究によれば，昆虫類の顎が結局のところ，祖先型の付属肢全体を複合させたものではなく，複数の基節 basal segment からのみできていることが示唆されている．また，遺伝子研究でも，昆虫類の付属肢の先端をコード化している遺伝子が，大顎では発現されていないことが示唆されており，つまり，先端そのものが昆虫の顎の構造内に取り込まれていないと考えられる．要するに，昆虫類も，甲殻類と同様に，顎基型の顎をもっているらしい．

さらには，単肢型付属肢と二肢型付属肢との大きな区別は，マントンが主張していたほど基本的な違いではない可能性がある．たとえば，オタワにあるカールトン大学のジャーミラ・クカロワ＝ペック Jarmila Kukalová-Peck は，ロシアで収集され，何十年間も研究されてきた，保存状態のよい化石の一部を，改めて調べ直している．彼女は現在では，原始的な昆虫の祖先の脚が決して単肢型ではないと主張している．その脚には余分の付属肢（「外突起」）があったが，現在ではそれがそっくり失われているのだという．こうした消失現象は，進化の歴史の中では一般的な出来事である．ウマの一指の蹄にしても，原始的な四肢類（四足類）の「五指性 pentadactyl」の蹄から派生したのは明らかである．

この議論そのものが節足動物単系統説を復権させるわけではないが，そうした単系統性を疑う主

要な理由の1つが取り除かれることになる．なぜなら，もしクカロワ＝ペックが正しければ，マントンが単肢動物門にまとめた甲殻類と｛昆虫類＋多足類（＋有爪類）｝とを分離する明確な理由が存在しなくなるように思われるからだ．甲殻類と「単肢動物」との顎は，いずれも本質的には同じものに思われ，またそれぞれの付属肢も，すべてが，多肢性だった何らかの祖先の付属肢から進化してきたと考えても不思議はない．クカロワ＝ペックの議論にはさらに別の新機軸が含まれている．彼女は，あらゆる真の節足動物の外肢が，複数のあるいはすべての体節に枝分かれのある，11個の体節をもつ先祖の外肢から派生したものだと示唆している．これはまさに節足動物が単一の系統だと示唆することになる．しかし彼女は，有爪動物の外肢がこの11体節パターンを共有しないと論じている．したがって，有爪動物はおそらく異なる祖先をもっており，単系統のこの門――節足動物門――には含まれないのだろう．

マントンを否定する議論は確実なものではない．しかし，全般的な証拠は，たしかに節足動物門が1つのクレードであることを示唆しているようであるし，そうでない証拠を提出する責務は常にマントンの側にあった．もしマントンの主要な主張が怪しくなっているのなら，マントン不在の欠席裁判によるものだとしても，節足動物が単系統であるという昔からの印象が再度確立されたようにも思われる．つまり，節足動物門はふたたび真のクレードとしてまとまり，有爪動物はそれから外れた，おそらくは姉妹関係にある別の門になる．

節足動物の単系統説が復活すれば，次に，これも大きな議論が戦わされている次の領域に進むことができる．節足動物がそのほかの種類の動物とどのように関係しているのか，という問題である．

節足動物とのつながり：緩歩動物と有爪動物

導入部で解説したように，有爪動物と緩歩動物との位置づけは難しいが，節足動物と関係をもっていることは確かのようである．この動物たちについては本書のほかの部分では言及されないので，ここで少しばかり触れておく価値があるだろう．

緩歩動物門 Tardigrada は，小さくて――ほとんどは0.5 mm 未満であるが，なかには1.7 mm になるものもある――丸っこい，足が8本ある生き物で，話し言葉で「クマムシ（水熊 water bear）」と呼ばれるのは，顕微鏡下では，まさに年老いたハイイログマのようにのしのしと歩く様子が観察されるからである．Tardus はラテン語の「ゆっくりした」，gradus は「歩み」の意味である．しかし，もし世界が生態系破壊や，また新たな小惑星の衝突によって壊滅するような事態が生じたら，多少なりとも節足動物様の体制をもつ後生動物をその危機から守り通す候補として，緩歩動物の名前があがっても不思議ではない．野生状態では，分厚い壁をもった保護覆い（嚢胞 cyst）を産生し，極端な乾燥条件にも耐えて――何十年も，何百年も，おそらくは何千年でも――生き残り，実験で確かめたところ，純アルコール，電離放射線，真空，-272〜$+149$℃の温度に耐えることができた．緩歩動物の天然の生息環境は，蘚類（コケ類，蘚類自体が乾燥条件によく耐える生き物である）をはじめ，深海から，果ては温泉にまで広がっている．緩歩動物は18世紀後半（1773年）に初めて記載され，現在では，3目8科に属する400種が知られている．風に乗ったり，ほかの動物にくっついたりして容易に移動し，きわめて広範囲に分布している仲間もいる．

しかし，緩歩動物の類縁関係はどうなっているのだろう？　節足動物と同様，この動物のからだ

緩歩動物
tardigrade

は，多層構造になった複雑なキチン質のクチクラに覆われ，このクチクラは周期的に脱皮されるとともに，主として背部が肥厚化して板――節足動物の硬板を思わせるが，必ずしも相同なものではない――になっている．やはり節足動物と同様に，主要な体腔は血体腔であり，その筋は外骨格の下のいくつかの付着点につながって整然と列をなしている――環形動物の連続した筋層とは異なる．しかしながら，緩歩動物の足には関節がない．その足は，体壁が拡大した中空の構造をしており，**葉脚 lobopod** として知られる．一部の種では，その足が入れ子式になった望遠鏡の筒のように一部出し入れができ，先端が鉤爪になっている．緩歩動物は，真の節足動物の祖先が「退化」した子孫かもしれないし，あるいは，単に節足動物に似た別の系統に属するのかもしれない．一般には独立した門，すなわち緩歩動物門 Tardigrada として扱われ，本書でもそのようにしている．

1826 年，ランズダウン・ギルディング師 Reverend Lansdown Guilding が最初に有爪動物を記述したとき，かれはそれをナメクジの一種――軟体動物――だと想定した．ただし，「脚のあるナメクジ」として．実際，有爪動物 Onychophora はナメクジによく似ており，あるいは，14～43 対の「脚」があるので，イモムシに似ているというほうがもっと適切かもしれない．ただし，しばしば明るい色調で虹色に輝く模様をもった体表ゆえに，一般には「ビロードの虫 velvet worm」としても知られている．現在では 2 つの科に 80 種ほどが知られており，1 つの科は熱帯一帯に暮らし，もう 1 つの科は南半球だけに生息している．体長は 1.5 cm から 15 cm 以上まである．つねに湿り気をおびた場所を好む．

有爪動物
onychophoran

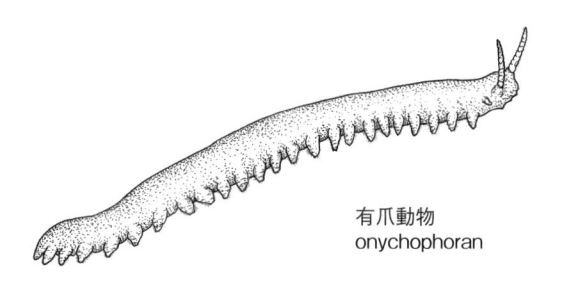

しかし，有爪動物の正体は何なのだろう．この動物ほど大きな動物学上の論争を起こした仲間もいない．多毛類だという学者もいれば，有爪動物は「退化した」節足動物であり，ナメクジ様の暮らしに適応するにつれて，節足動物の特性の一部，とりわけ関節肢を失ったのだと示唆する学者もいる．すでに述べたようにシドニー・マントンは，有爪動物が多足類と昆虫類に近縁の仲間であると論じ，この 3 つのグループを独立した「単肢動物」門にまとめている．この仲間は，しばしば環形動物と節足動物の中間型として示され，ときには節足動物の祖先型に似ていると示唆される．

そうしたグループ間の関係がどうであれ，有爪動物が環形動物「らしい」特性と節足動物「らしい」特性とを併せもっているのは確かだと思われる．環形動物に似て，そして節足動物とはまったく異なって，そのクチクラはほんのわずかしか硬化（肥厚）していない．多くの環形動物と同様に，はっきりしない（つまりほとんど頭化が起きていない）頭部があり，そのからだは明確に同規的である．眼も環形動物のものに似ており，器官の一部には繊毛が生えている．しかしながら，節足動物のように，成長とともに周期的にそのクチクラを脱皮して脱ぎ捨てる．それにまた，節足動物のように（比較的にではあるが）大きく発達した脳をもち，気門 spiracle と気管 trachea を介して呼吸し，血体腔をもち，その周辺にある血液は，背側にある開放型の心臓によってかき混ぜられている．しかしここでもっとも注目されるのは，体表面にある付属肢である．からだの先端から突き出ているものは，節足動物の触角と相同のものだろうか？ もっと広くいうなら，その「脚」は節足動物のものと相同だろうか？ 一部の動物学者はそうだと考えているが，なかには，それが単に体壁が拡張したもの，つまり「葉脚 lobopod」にすぎないと主張する人もいる．いずれにしても，その脚の先端が鉤爪になっているのでこの名前がある．*onycho* はギリシア語で「鉤爪」，*phora* は「～をもつもの」の意味である．

論争は今もつづいている．現在のところは，こ

れを有爪動物門 Onychophora という独自のグループとして残しておき，もう1つの節足動物化 arthropodization の実験例とみなしておくのが一番安全なやり方のようである．おそらくは，「真の」節足動物につながった祖先たちから伸びた枝の1本であり，おそらく独立した系統なのだろう．分子レベルの研究によってこの問題が解決される可能性はあるが，予備的な結果はすっきりしていない．たとえばそうした研究の1つでは，有爪動物を節足動物の中心に配置しているが，多くの無脊椎動物学者はそれはあまりにもナンセンスだと感じている．

現実には，ほとんどの学者が，緩歩動物と有爪動物が節足動物と関係をもっていることを認めているようである．しかしながら，それがどのような関係なのかは不確かなままである．なかには，有爪動物と緩歩動物とは互いに関係して，葉脚門 Lobopoda という1つの門の中に位置すると示唆する学者もいる．しかし，たしかにいずれも葉脚はもっているが，両者は多くの点で大きく異なっている．有爪動物は節足動物と姉妹関係にあり，緩歩動物が｛有爪動物＋節足動物｝と姉妹関係にあると考える人もいるが，緩歩動物のほうが節足動物と特別な関係にあり，有爪動物のほうが外群だと考える人もいる．この問題はあまりにも未解決なことが多いので，系統樹上では単に3つ組として示してある．こうした並びは，有爪動物か緩歩動物のいずれかが節足動物と姉妹関係にある可能性を明言してはいるが，どちらがそうであるかには言及していないし，有爪動物と緩歩動物との間の特定の関係を提案するものでもない．

さらにもう1つ，私が1950年代後半に学生だったとき，節足動物と環形動物が近縁関係にあり，有爪動物がその明らかな中間型であることについて，厳かに，また延々と講釈を聞かされたものだ．たしかに，体節と付属肢と顎をもつ環形動物多毛類から，半ば鎧をまとい半ば脚をもつ有爪動物を経て，節足動物にまでいたる，いかにもありそうなつながりを描くことは可能である．環形動物と軟体動物との間の一般的関係も推定される（たとえば，幼生や神経系の類似性に注目すればよい）．したがって，有爪動物は節足動物と姉妹関係にあり，この両者を合わせたものが環形動物と姉妹関係にあり，さらにこの3つをまとめたものが，軟体動物と姉妹関係にある，という全体像が描けるようである．

しかし，ここにもまた，解剖学的形態に基づく従来の研究と，現代的な分子生物学的研究との意見の不一致がある．そうした論戦は決着がついていないことが珍しくない（伝統的な学問がただちに分子レベルのデータで検証されるわけではない）が，この例では分子生物学的研究のほうに分があるようだ．185ページで説明し，系統樹5a に示したように，UCLA の新しい研究によって，環形動物は触手冠動物に属するが，有爪動物は脱皮動物の一員だと示唆されている．従来の研究でも実際にこれを支持する手がかりもある．つまるところ，有爪動物は脱皮によって成長するが，環形動物にはそれがない．しかし，こうした細部は，伝統的には体型の全般的類似に比べれば重要ではないと考えられてきた．それが今では，この「細部」が何よりも重要であると考えられているようであり，全体的類似性はたしかに驚異的なものではあるが，これもまた単なる収斂の一例というわけだ．

節足動物の親戚たちについての議論はこのくらいにしよう．では，節足動物門内での関係はどうなっているのだろうか？

節足動物たちは互いにどのように関係しているのだろうか？

動物学者たちは，節足動物の主要な5つのグループと有爪動物とを，概ね3通りのやり方で分類してきた（緩歩動物は，節足動物の分類に関する一般的議論には必ずしも登場してこなかった）．

まず第1に，これまでも見てきたように，シドニー・マントンは，節足動物門と有爪動物門に含まれるとされる動物たちが，実際には3つの門に属していると提案した．1つ目が昆虫類，多足

類，有爪動物をまとめた単肢動物門，第2の門は甲殻類，そして，三葉虫類と鋏角類が第3の門である．しかしながら，マントン前もマントン後も，ほとんどの動物学者は節足動物が単系統であり，したがって，節足動物門を真の門の1つとみなすべきだと信じている．つまり，節足動物門の中の主要なグループ——三葉虫類*Trilobitomorpha*，鋏角類Chelicerata，ウミグモ類Pycnogonida，甲殻類*Crustacea*，多足類Myriapoda，昆虫類Insecta——はすべて，その亜門として登場することを意味する（ただし，おそらくウミグモ類は鋏角類に，舌形動物pentastomidは甲殻類にそれぞれ吸収されるべきだろう）．したがって，こうした亜門がそれぞれどう関係しているかを決めなくてはならない．

節足動物門を大きく2つの枝に分ける「TCC系統樹」を支持する人もいる．1つの枝には昆虫類と多足類が，もう1つの枝には三葉虫類trilobite，鋏角類chelicerate，甲殻類crustacean（それぞれの頭文字をつなげるとTCCになる）が連なるという図式である．しかし，甲殻類*，多足類，鋏角類には密接な関連があり，この3つが，大顎類Mandibulata（このグループの階層は特定せず，ディビジョンdivisionとしておく）という1つのグループを構成する，という考えを支持する人たちもいる．甲殻類*には，ほかの2つの祖先に当たることを支持する常識的理由が存在する．大顎類系統樹にせよ，TCC系統樹にせよ，いずれも節足動物門は真の単系統クレードとして示されており，有爪動物は外群とされている．

これまで，現在ではほとんどの動物学者が，節足動物が結局のところ単系統であるという考えを受け入れていることを説明してきた．これに対抗するマントンの示唆は，興味深いものの，誤ったものだと考えられている．そこで，ここでは，TCCと大顎類という2つの考えのいずれを選ぶのかという決断をしなくてはならない．いずれにしても，三葉虫類をなんとか仲間に入れなくてはならない．そこでまずは三葉虫類について手短に見ておこう．

三葉虫：三葉虫類*† **Trilobitomorpha***†

恐竜と同様，三葉虫ははるか昔の時代の象徴となる存在である．三葉虫は約5億4000万年前から，カンブリア紀とオルドビス紀の海洋で繁栄し，少数のものは2億8000万年前のペルム紀まで生き残っていた．三葉虫はきわめて大きな成功を収めた．数も多く，広い範囲に生息し，種の数も4000種を数えるほどに多様化していた．ほとんどは底生生活を送る体長数cmほどのものだったが，なかには60〜70cmになるものもあり，また，1cmにも満たない，浮遊の助けになるとげをもった少数の仲間は，どうやら浮遊生活を送っていたらしい．ほとんどの種は有機物の堆積物detritusを貪る清掃動物scavengerであったようだが，少なくとも一部は濾過摂食者filter feederだった可能性があるし，おそらくは堆積物の中で獲物を待ち伏せする捕食者もいたようだ．

三葉虫はほとんど原型ともいえる「真の」節足動物であり，いくぶん平らになった体節のある鎧に覆われたからだをもち（腹側よりも背側のほうが厚い），通常は複眼を備えた**頭部 cephalon**，**胸部 thorax**，および，からだの後部で一連の体節が融合したように見える肛節（**尾節 pygidium**）の，3つの合体節に分かれていた．「3つの

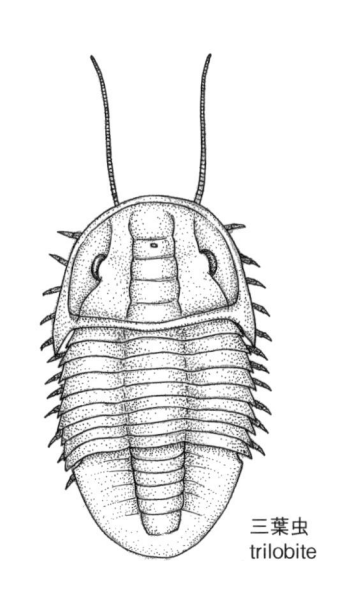

三葉虫
trilobite

「葉」を表す三葉虫の名称は，全長にわたってそのからだが縦に3つに分割されていることに由来する．中央の「葉」が本体で，左右両脇にある「葉」は，背中にある板が伸びたものであり，その下にある付属肢を覆い隠す屋根になっている．付属肢——典型的なものでは胸部に沿って18対ほどある——は，先端が2つに分かれて「二肢型」の形状をしているが，この二肢性が甲殻類や原始的鋏角類のものと相同か否かについてはしばしば議論になり，まだ決着がついていない．

当時，何億年もの間，三葉虫類はずばぬけて重要で，普遍的に存在する節足動物だった．さらに，現在の主要な節足動物のグループが出現したことがわかっている直前の厳しい時代もくぐり抜けて生き延びた．三葉虫類は，たとえば複眼のような，節足動物の共有派生形質をもっている．しかしながら，見事に並んだ二叉の付属肢のような原始性ももっており，柔軟な対応能力——多くのほかの形態に進化できる潜在能力——を示唆している．これまでに見てきたようにシドニー・マントンは三葉虫類を鋏角類と関連づけている．TCC系統樹では三葉虫類を鋏角類や甲殻類と関連づけているが，多足類や昆虫類は別である．そして，（本書で採用している）「大顎類」系統樹では，三葉虫は，ほかのすべてと関連づけられている．

1つ問題なのは，既存の亜門が互いに相当大きく異なっているように思えることだった．だから，動物学者の中には，現生節足動物の1つ，2つなら三葉虫類から容易に派生させることができるが，すべてとなると難しいと考える人もいる．しかし，カリフォルニアのラ・ホーヤにあるスクリプス海洋学研究所のロバート・ヘスラー Robert Hesslerは，三葉虫がきわめて変化しやすかったことを端的に指摘している．三葉虫の中にはきわめて鋏角類に近いものもいたし，甲殻類に似たものもいたのである．

実際，三葉虫を1本の幹グループと考えてしまえば筋が通るようである．三葉虫はまず，何らかの共通のクレード創始者から放散し，さまざまな子孫たちがそこから異なった方向に進化した．そしてその子孫の一部が生き残って最初の鋏角類になり，ほかの一部が生き残って甲殻類になり，残りは戦いに敗れた．もし厳密な分岐分類学にのっとって考えるなら，三葉虫類を1つのタクソンと認めるわけにはいかない．なぜなら，鋏角類と甲殻類の両方の祖先の候補となる三葉虫類自体は1つのクレードではないからだ．しかし，私が本書で採用しているようなもう少しゆるやかな見方に立って，真の側系統群であることを明示するかぎり，側系統群もタクソンとして受け入れることにすれば，多様な三葉虫類のすべてを「三葉虫様亜門*Trilobitomorpha*」と呼ぶことも十分に合理的である．末尾の「-morpha」は三葉虫「様」という意味であり，その多様性を適切に示しているし，星印（アスタリスク）はそれが側系統群であることを示している．

要するに，節足動物における三葉虫類の位置は，四肢類 tetrapod における両生類 Amphibia*の位置と同じ関係にあるようである（ただし，三葉虫類がすべて絶滅してしまったのに対して，両生類は一部が生き残っている点は異なる）．ここの系統樹では，三葉虫類，鋏角類，|甲殻類＋昆虫類＋多足類|の3つの系統を3つ組として示してある．しかし私は，これらの生物のすべてを派生させた幹の部分の生き物たち——三叉フォークの柄の部分——が三葉虫類，少なくとも三葉虫「様」類そのものであることが明らかになるだろうと考えている．

原則的には，現生節足動物のすべてを三葉虫様の祖先から派生させることは容易なことに思われる．いいかえれば，三葉虫類はTCC系統樹，あるいは大顎類を含む1本の系統樹の基部にすんなり収めることができるだろう．しかしそのいずれかを識別するには役立たない．現存しているグループについてさらに詳しく見なくてはならない．

現存する節足動物どうしの関係

実際のところ，従来の動物学の多くと，増加しつつあるほとんどが分子レベルの現代的証拠の

数々は，大顎類が——ここの系統樹に示すように——確固としたグループであることを示唆している．しかし，大顎類の3つのグループが正確には互いにどのように関係しているかについては議論が残っており，そのためにここでは保守的な立場をとって，3つ組として示している．

たとえば，常識に従えば，甲殻類，昆虫類，多足類の間には強いつながりがある．つまるところ，いずれもが顎 jaw をもっているし，明らかに比較可能な補助口器をもっているし，触角を使ってあたりを探る．顎の代わりに箸のような**鋏角 chelicera**，触角 antenna の代わりに**髭 palp**をもつ鋏角類は，明白にこの仲間からはずれるようだ．マントンの議論——甲殻類の顎が，多足類や昆虫類の顎と相同ではないという考え——の妥当性がどうやら否定された現在，顎の型によって実際に1つのクレード，おそらく大顎類と名づけて不都合のないクレードがあることを疑う理由はほとんどないように思われる．それで残るのは以下の2つの問題である．まず第1に，昆虫類，多足類，甲殻類どうしの関係はどのようなものなのか？ 第2に，昆虫類と多足類は何か特別な関係をもっているのか？

この2つの問題を徹底的に追究しだすと，いずれの議論もきわめて複雑なものになる可能性がある．しかし，少なくとも1つ目の問題の答えは，かなり単純な形にまとめることができる．甲殻類，昆虫類，多足類が実際に密接に関係していると認めるなら——広義に定義した——甲殻類が，ほかの2つの祖先に当たると考えるのはまったく筋が通っている．結局のところ，この3つのグループが関係していると示唆するのなら，それはそもそもすべてがある共通の祖先をもつといっているのに等しい．次に問題になるのは，その共通の祖先とはどんな見かけをしていたか，ということである．答えは明白であり，どんな動物学者であっても，それは甲殻類に似た生き物だった，と躊躇なく答えるだろう．

そう考えられる一般的理由はいくつかある．まず第1に，化石の記録では，甲殻類が昆虫類や多足類よりもずっと前に登場している——その時間差は1億年ほどにもなるので，化石記録の信頼性の低さはよく知られているものの，実際に甲殻類が最初に出現したのは確かのようだ．第2に，甲殻類は基本的には海生である（本当の意味で陸生のものはいないし，淡水に暮らす仲間もごく少数である）が，昆虫類と多足類は基本的に陸生である．昆虫類と多足類が初めて陸に上がった動物ではなかったかもしれない（鋏角類が先んじていた可能性は十分にある）が，化石の証拠によれば，

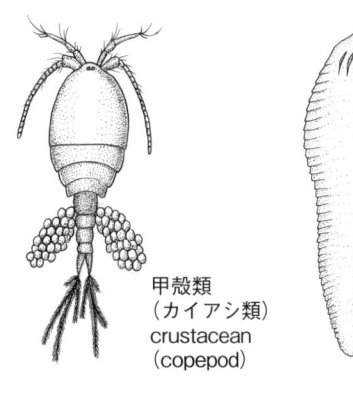

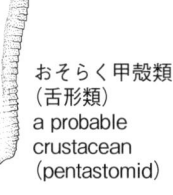

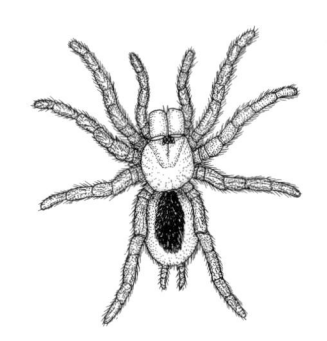

甲殻類（カイアシ類）
crustacean（copepod）

おそらく甲殻類（舌形類）
a probable crustacean（pentastomid）

鋏角類（トタテグモ）
chelicerate（mygalomorph spider）

ウミグモ
pycnogonid

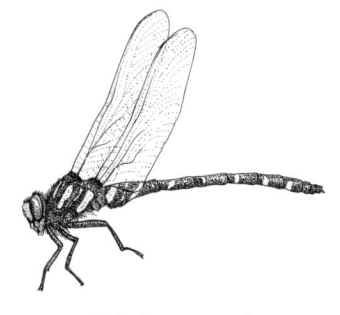

昆虫（イトトンボ）
insect（damselfly）

陸に上がったときはすでに昆虫類と多足類として識別可能な状態だった．化石記録が私たちを欺いていないとするなら，昆虫類と多足類の祖先は海生だったはずだと考えるのが自然である．昆虫類と多足類が陸に上がったとき，海生節足動物は甲殻類か三葉虫類だった——したがって甲殻類がきわめて可能性の高い祖先の候補になるのは確かである．それに甲殻類は，種の数でいえば圧倒的に多い昆虫類に比べても，はるかに多様な体型を示す．これはまさに，昆虫類が甲殻類から派生したサブセットではないかと推測させるパターンである．

　現代の遺伝子研究は，甲殻類と昆虫類の密接な関係も示唆しており，このことは大顎類というくくりの妥当性を支持している．こうした研究の中には，英国ケンブリッジにあるウェルカム研究所のマイケル・エイカム Michael Akam とミハリス・アヴェロフ Michalis Averof によるいくつかの優れた研究も含まれている．かれらは，ブラインシュリンプ *Artemia*（これはもちろん甲殻類の一種）とさまざまな昆虫類の Hox 遺伝子群を調べた．第1部の3章，および第2部の5章で説明したように，Hox 遺伝子群はあらゆる動物が共通にもつ遺伝子で，発生過程においてからだのさまざまな部位の運命を決定している．節足動物では，ひとつづきになった Hox 遺伝子群が体節の運命を決定している——この遺伝子群は，染色体に沿って，それぞれが支配している体節の順序どおりに並んで配置されている．エイカムとアヴェロフはエビ類と昆虫類の Hox 遺伝子群が，薄気味悪いほど似ていること，そして個々の Hox 遺伝子が，エビ類と昆虫類とで実質的に同じ仕事をしていることを発見している．

　実際には，エイカムとアヴェロフの初期の結果を解釈する作業は，見かけほど容易ではない．1つには，昆虫の体制は，エビ型の甲殻類の体制とは，一見した印象よりも似ていないことがある．たとえば，昆虫類では頭部と胸部が明確に識別できるが，甲殻類では両者が多少なりとも融合して頭胸部となっているのが普通である．また，昆虫の胸部にある3つの体節は，甲殻類の頭胸部にあるさまざまな数の体節と，単純な対応関係が存在しない．また，本書全体を通じて見てきたように，類似性それ自体が特別な関係を示すわけではない．たとえば，もしかすると鋏角類の仲間であるサソリの Hox 遺伝子群もまた，エビ類や甲殻類と同じであることが証明されるかもしれない．もしそうなら，TCC 仮説もまた，大顎類という考えと同程度にもっともらしく思えるだろう．しかしながら，少なくとも，ブラインシュリンプなどの無甲類のエビのからだを組織する遺伝子群が，昆虫類のからだを組織する遺伝子群と驚くほど似ていることはいえるし，それは少なくとも，特別の関係があるという考えと矛盾はしない．

　要するに——証拠と合致する——無駄のない考え方は，甲殻類が昆虫類（および多足類）の祖先だ，というものである．もしそうであれば，甲殻類はその定義からして，多系統群になる．厳密に分岐分類学の約束に従うのなら，甲殻類は甲殻綱 Crustacea という公式名称をもつ1つのタクソンとは認められないことになる．しかし，こうした指摘は，やはりまた系統学 phylogeny と分類学 taxonomy を同列に扱う愚を犯しているにすぎないのではないだろうか．紛れなくきちんと定義をし，さらに多系統性があるものには星印をつけて目印にするという約束を守るのなら，多系統群にどこにも誤りはない．こうして，偉大なる四肢類の多系統群であり，やがて哺乳類と鳥類という2つの新しいグレードを生むことになった爬虫類* Reptilia* と同じく，甲殻類* Crustacea* もまた，誇りある地位を保てることになる．

　実際，昆虫類と多足類とは，甲殻類が今日の私たちが知る（9章で説明しているような）複数の綱に分かれた後で，甲殻類から進化してきた可能性も十分ある（これは憶測ではあるが，いくらかは証拠もある）．いいかえるなら，21章で爬虫類の複数の階層から哺乳類や鳥類が出現していることが示されているのとちょうど同じで，昆虫類と多足類は，おそらく，甲殻類* の複数の階層から出現しているように示すべきなのだろう．唯一の

違いは，哺乳類がどの爬虫類と関連し，鳥類がどの恐竜類と姉妹関係にあるかがわかっているのに対して，特定のどの甲殻類が昆虫類や多足類ともっとも密接に関係しているかがわかっていない点にある．したがって現時点では，この系統樹に示したように，甲殻類*，昆虫類，多足類を，未解決の多分岐の3つ組として示すだけにとどめ，本書の将来の版でもっと大胆な話をする余地を残しておくことが一番安全であるように思われる．

それにもう1つ，多くの動物学者が，昆虫類と多足類は密接に関連していると論じてきた．本当にそうなのだろうか？　もしそうなら，その関係の本質は何なのだろうか？

昆虫類と多足類には特別な関係があるのか？

過去数十年にわたって，昆虫類と多足類との関係に関する議論は，およそ論理的に考えられるすべての可能性にまで広げられてきた．少なくとも1930年代以降に優勢だった見方は，多足類は単系統であり，昆虫類と特別の姉妹群関係にある，というものだった．実際，動物学者はこの両者を1つのグループにまとめて，さまざまな名称を与えてきた．その中でもっとも納得のいく名称は，いずれの種類の動物も一対だけの触角 antenna があるという事実を反映させた「触角類 Atelocerata」というものだった【註2】．この2つのグループは，なるほど一見するときわめて大きな違いがある．多足類は細長い同規的体節のからだをもち，数多くの脚がある（「多足 myriapod」はまさにこれを意味する）が，昆虫類の脚は断固として6本であるし，そのからだは明らかに頭部，胸部，腹部に区切られている．しかし，この2種類の動物は，石灰化されない硬い被甲をもち，同じ雰囲気がある．さらに詳しく調べれば，いずれも枝分かれのない（単肢型の）付属肢をもち，いずれも気管で呼吸し，いずれも**マルピーギ管 Malpigian tubule** でできた腎臓様の排泄系をもっている．さらに，いずれにも触角がある——しかし，甲殻類の特性である，第2触角に相当するそれ以外の付属肢はもたない．

【註2】　ほかの名称としては，「触角類 Antennata」（甲殻類やおそらく有爪動物にも触角があるので十分満足のいく名称とは思われない），「単肢類 Uniramia」（ただしマントンは同一の名称を仮想的な ｜多足類＋昆虫類＋有爪動物｜ というグループを指す術語として用いた），および「有気管類 Tracheata」（ただし，さまざまなクモ類や一部の陸生甲殻類にも気管があるので，これも適切とは思われない）がある．

また，多足類は昆虫類と密接に関連するだけでなく，昆虫類の祖先に当たるということがしばしば議論されてきた．最近のある研究では，ヤスデ類とエダヒゲムシ類が姉妹関係にあり，コムカデ類がこの ｜ヤスデ類＋エダヒゲムシ類｜ と姉妹関係にあり，昆虫類が，｜コムカデ類＋ヤスデ類＋エダヒゲムシ類｜ と姉妹関係にあり，さらに，ムカデ類が ｜昆虫類＋コムカデ類＋ヤスデ類＋エダヒゲムシ類｜ と姉妹関係にあることが示唆されている．したがってこの仮説では，昆虫類はまさに多足類の中央から出現したことになる．もちろん，もし多足類が昆虫類の祖先に当たるのなら，側系統によるグループとみなして，多足類*と呼ぶべきである．さらに，もしこれが本当であれば，触角類という言葉は，妥当なクレードとして，堂々と復権することになるだろう．

しかし，多足類はまったくクレードではなく，多足類の中で認められている4つの綱——ムカデ類 Chilopoda，ヤスデ類 Diplopoda，および，あまり知名度が高くないエダヒゲムシ類 Pauropoda とコムカデ類 Symphyla——は互いにさほど強い関係はない，と主張する動物学者もいる．さらにまた，多足類が単系統であってもそうでなくても，昆虫類とは関係がないと論じる動物学者もいる．昆虫類と同様，多足類も甲殻類の祖先に由来するかもしれない．しかしかりにそうであっても，昆虫とは別の系統の甲殻類から派生した，というのだ．

こうした諸問題についてとことん議論していくと，だれしも頭がおかしくなりかねないが，ここでは少しばかり要点を示していこう．私自身は，多足類は昆虫類の祖先であるという1930年代に

始まる議論，もっと具体的にいえば，昆虫類は多足類の**幼形成熟 neoteny** によって生まれたという議論にのっとって教育を受けてきた．幼形成熟とは，幼若期の動物が性的に成熟するようになり，それによって，祖先の幼生型に似たまったく新しい系統の生き物が誕生するような過程を指す．それゆえ，オタマジャクシ様のアホロートルは，サンショウウオの祖先から幼形成熟によって生まれたのである．アホロートルは完全に水生の幼若型であるが，性的に成熟するようになる．甲殻類の一部は，この幼生成熟によってほかのグループから生じたものと考えられており，また，脊椎動物の起原も，もしかしたら幼生期のホヤにあるのかもしれない．このように，幼形成熟という現象は自然界では一般的であり，いくつかの目を見張るような系統群を産み出している．一般に，多足類は胚から成体へと成長する際に，どんどん多くの体節を獲得する．昆虫類が成長を止めた多足類と考えることが一番自然なことではないだろうか？

さらに，この幼形成熟理論がもっともらしく思える一般的理由もある．多足類の同規的体節は，全体的なデザインでみれば，はっきり合体節になった昆虫類のからだよりずっと単純に思える．動物学者たちは一般に，複雑な構造物は単純な構造物から進化すると仮定するが，それは通常筋が通っている．したがって，高度な合体節が発達した昆虫類に同規的な先祖がいたという考えには，ある程度は常識に訴える力がある．

その一方で，さまざまな研究が，昆虫類と甲殻類の特別な関係を支持しているのに，多足類は仲間はずれだと示唆している．たとえば，昆虫類と甲殻類はきわめてよく似た複眼をもっているのに，多足類の単純な眼は異なっている．もっと最近の電子顕微鏡を使った微細構造研究では，甲殻類と昆虫類の個々の神経細胞が，発生途中にきわめてよく似た，しかもきわめて奇抜な経路をたどるように見えるのに対して，多足類の神経は別の発生経路をたどるようである．

これらをすべて考慮してもなお，多足類-昆虫類-甲殻類の関係は，依然としてまったく決着がついていない．現在得られる半数以上の証拠は，大顎類というグルーピングの妥当性を支持する，この3者の全般的関係に与している――しかし，その3者のうちのどれとどれがより密接な関係にあるのか，かりに祖先型に当たるものが存在するとすればどれか，といったことについてはまるでわかっていない．この先数年にわたって，分子レベルの研究が問題解決に寄与するものと期待されるが，生物学者たちは（遺伝子ごとに異なった関連が示唆されるので）もっと多くの遺伝子について，さらにはもっと多くの外群について調べなくてはならない．Hox 遺伝子群を含めたもっと広範囲の遺伝子が，節足動物の全亜門ばかりでなく，できればすべての綱について調べられ，そして精選された外群（とりわけ環形動物と軟体動物）からかなりしっかりしたデータが得られるまで，信頼性の高い分岐原理を適用することはできない．それに当然ながら，決定的な情報を与えてくれるはずの絶滅したグループ――とりわけ三葉虫類――に対しては，分子レベルの手法を適用することが永遠に不可能である．

以上が，ここで節足動物の系統樹をこれほど奥歯にものがはさまったようなやり方で示した理由である．なにしろ，有爪動物，緩歩動物，節足動物を3つ組にし，そして，三葉虫類，鋏角類（＋ウミグモ類），大顎類を第2の3つ組にし，さらに，甲殻類（＋舌形動物），多足類，昆虫類をさらに別の3つ組として示す，という状況である．この系統樹上では触角類は妥当なグループとして認めていない．昆虫類と多足類には特別な関係はないかもしれない．しかしながらこの系統樹にも2点，積極的な判断を示した部分がある．1つは大顎類の妥当性を認めていること，もう1つは多足類の単系統性を認めていることである．この系統樹を現状以上に断定的に記載すれば，非常に多くの真剣な反論の手があがるだろう．これほど「未決着」部分を含む系統樹を見たいと望む分岐学者はいない．しかしながら，何も妥当性がないのに確実さを装うよりは，不確かな点を明瞭に示

鋏角類，甲殻類，昆虫類についてはすべて独自の章を割いている（9〜11章）．多足類には割り当てがないので，先に進む前に，ここで多足類について簡単に見ておこう．

多足類：多足綱 Myriapod

多足綱には4つの亜綱が含まれ，そのうちの2つ（ヤスデ亜綱 Diplopoda とムカデ亜綱 Chilopoda）はだれでも知っているが，残りの2つ（エダヒゲムシ亜綱 Pauropoda とコムカデ亜綱 Symphyla）は，腐葉土などの隠れた場所に生息する，主流からはずれた動物たちであり，専門家にしか知られていない．

多足類の頭は，体制という点では昆虫にきわめてよく似ている．体節数も同じだし，付属肢の配置も同じである．唯一，はっきりした違いは，多足類の第2小顎 maxilla が対になった器官のままであり，融合した1つの下唇 labium になっていない点である．しかし，残りの体節はすべて大同小異の繰り返しであり，頭部より後ろのからだ，つまり**胴体部 trunk** は概して（決して完全にではないが）同規的である．249〜250ページで論じているように，動物学者たちは1930年代以来，概して同規的な多足類の胴体部が，明確に合体節化した昆虫のからだの祖先型だと信じてきた．しかし現在，一部の動物学者はこれに疑問をもっており，合体節化した昆虫類は，合体節化した甲殻類と共通の祖先をもつのであり，多足類の同規性は——おそらく地下生活への適応の結果生じた——2次的なものかもしれないと示唆している．

半乾燥環境に暮らすヤスデ類も少数は存在するが，ほとんどは湿った場所を好み，概していえば，昆虫類が見せる驚異的な適応能力を欠いている．ほとんどのクモ類と同様，しかし多くの昆虫類とは異なって，多足類は間接的なやり方で精子を伝える——基本的には**精包嚢 spermatophore** と呼ばれる容れ物の中にオスが精子を産生し，それをメスが拾うというやり方による．しかし，多足類はそれでも，多くのクモ類と同様に，込み入った求愛行動を見せることがある．たとえば，ほとんどのムカデは，精包嚢を入れるために絹製の「婚姻網」をつくり，ここが求愛儀式の場所になって，求愛の頂点に達するとメスが精包嚢を自分の**生殖口 gonopore** に挿入する．ヤスデは，その脚と大顎を使って抱き合いながら交尾して，精包嚢を受け渡すことがある．多足類の発生は直接的である——すなわち，そこから生まれる赤ん坊は成体のミニチュアのように見える．ただし，ヤスデ類と多くのムカデ類の子どもは，体節数や脚数が成体と比べるとずっと少ない．ここまで直接的な発生は，昆虫類ではもっとも原始的な仲間だけである．

ヤスデ類：ヤスデ亜綱（倍脚類）Diplopoda

ヤスデ millipede は，生息環境内でさまざまなやり方で移動する．腐葉土を押しのけながら前進する「背中が平らな種類」もいるし，トンネル掘りの専門家になったものもいる——土中をブルドーザーよろしく掘り進み，たいていの種（すべてではない！）の好物である腐った植物を探している．甲殻類と同様，ヤスデの硬皮はしばしばカルシウムによって硬化されており，種によっては硬皮が完全な環になって，さらに強度が増している．穴掘りヤスデが前進する際には，その頭部をひょいとかわす動作をするので，胴部の最初の体節がまともに力を受けることになる．この体節を**頸節 collum** と呼び，きわめて分厚く頑丈になっている．工学的原理によれば，脚の数が多い動物ほど強い力を出せる——ヤスデは数百本に及ぶ脚がある．脚数の最高記録は東南アジアのある種がもっており，325対である．性的に成熟した後には，さらに多くの体節や脚を追加するヤスデもいる．しかし，過剰な長さゆえに生じる脆弱性を避

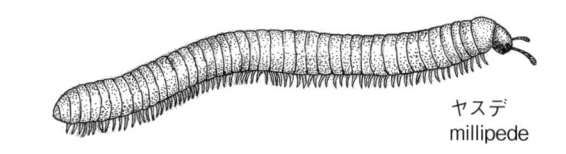

ヤスデ
millipede

けるために，ヤスデの体節のほとんどは隣接した2つが1つに融合しており，見かけ上は1つの体節に2対の脚があるように見える．そのために倍脚類 Diplopoda の名前がある．ヤスデ類はきわめて成功した仲間であり，世界中で1万種が知られている．

エダヒゲムシ：エダヒゲムシ亜綱 Pauropoda

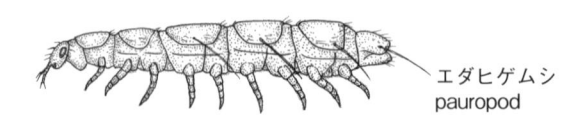

エダヒゲムシ pauropod は，羽のない昆虫や，クモ類の一部の目と同様，取るに足らない落伍者の印象がある．エダヒゲムシは小さく——体長わずか 0.5〜1.5 mm——脚のついた胴体節は 9〜11個しかない．その一部はヤスデ類と同様に融合して，**重体節 diplosegment** をつくっている．世界中に分布しているが，湿り気のある土壌や腐葉土の中にだけ生息し，(一部のクモ類と同様に)気管や心臓をもたないのが普通で，酸素は単純に拡散によって，その柔らかい(石灰化していない)クチクラの表面から出入りする．エダヒゲムシには眼もない．明らかに，不要なものは発達しなくなったのだろう．それでも5科500種ほどが知られている．

ムカデ：ムカデ類（唇脚類）Chilopoda

ヤスデが概ね菜食主義であるのに対して，ムカデ centipede は肉食性である．ヤスデと同様，ほとんどのムカデは，独自の穴を掘ったり，すでにある隙間を利用したりしながら，土壌や腐葉土の中をゆっくり移動する．しかし，少数は地表を疾駆する捕食者であり，長い脚と，第1体節の付属肢が変形してできた，有毒の捕捉用鋏角をもっている．ゲジ目の Scutigera はハエを追跡して，毎秒 42 cm という速度で疾走する．体長比で同じ速度が出せるチーターがいるとしたら，音速の壁を超えるほどの速度である．オオムカデ Scolopendra の毒は小さなトカゲを麻痺させるほどの強さがある．からだを起こして，飛翔中の昆虫を捕まえる仲間もいる．しかし，興味深い多様性も存在する——とりわけミミズのように穴掘り生活をするジムカデ geophilomorph の仲間たちは，からだを膨らませ，胴部にある筋の蠕動収縮によって前進する．約20科2500種ほどが知られている．このくらいにとどまっているのは驚きである．

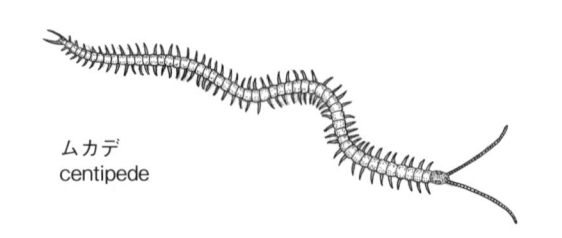

コムカデ：コムカデ類（結合類）Symphyla

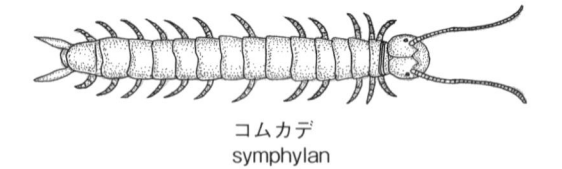

エダヒゲムシがヤスデの貧しい親類であるように，コムカデ類 symphylon はムカデの目立たない姉妹に当たる．コムカデ類は昆虫と特別な関係にあると主張する動物学者たちもいる——実際，昆虫の祖先はコムカデ類の祖先から進化したかもしれない．しかし，この考えを強く否定する学者もいる．エダヒゲムシと同様，コムカデにも眼がなく，からだも小さい (0.5〜8 mm)．体節は14個だけで，先頭から12個の体節にはそれぞれ1対の脚がある．最初の3つの体節には気管があるが，必要な酸素のほとんどはおそらくその柔らかいクチクラの表面から得ているのだろう．コムカデ類は土壌中や腐りかけの植物の中に棲んでいる．既知の2科に120種がいる．

―――――――

以下の3つの章では，節足動物の主要なグループである，甲殻類，昆虫類，鋏角類をもっと詳しく見ていこう．

9章

ロブスター，カニ，エビ，フジツボなど

甲殻亜門* Subphylum Crustacea*

　汚染のない池をネットでひとすくいすれば，少なくとも3つの科の4つの目に属する甲殻類の仲間を見つけることができる．「水中ノミ water flea」と呼ばれる枝角類のミジンコ，淡水産の端脚類であるヨコエビ，中央部にきょとんとしたような1個の眼をもち，買い物かごを下げた宇宙ロケットを思わせる，どこか漫画的な橈脚類（ケンミジンコ），ぜんまい仕掛けのメレンゲダンスのように，忙しくツーッ，ツーッと動く，大きめの甲殻にゆるく包まれた貝形類（カイミシ），といったものだ．海岸では，軟体動物を装ったフジツボ，海岸に打ち上げられたコンブなどの中にいるハマトビムシ，潮だまりや岩の下にいるカニがいる．自然の美の一部は魚屋の軒先にもいる．ロブスター，カニ，そして，「シュリンプ shrimp」とか「プローン prawn」とかいった名前で大まかにまとめられているいくつかのグループを含む「エビ」．エビっぽさは，原始的で一般的な甲殻類のモチーフであり，多くの目に繰り返し登場する．庭園ならどこにでもいるワラジムシ（アメリカ人はメスブタの虫 sow bug と呼んでいる）は，唯一，本当に陸上生活者になった甲殻類である．しかし，多くのカニは陸上に上がっており（ただし，繁殖時には海に戻るのが普通である），すばらしいヤシガニ——ヤシの木に登ってその実を餌にする，きわめて大きく育ったヤドカリ科の仲間——もその一例である．しかし，さらに謎めいた形態の仲間も数多く存在する．寄生性のウンモンフクロムシは，新たに真菌のような形態を発明し，その宿主の中で菌糸状に広がる．甲殻類は，ケンミジンコの触角にくっついているしみのような寄生性の小さな仲間から，巨大な7kg級のメイン州産ロブスターや，さしわたしが3mにもなるタカアシガニまで，大きさはさまざまである．

　およそ5万種の甲殻類が知られているが，未発見のものはその数倍に及ぶかもしれない．かりにそうだとしても，昆虫類よりははるかに種の数が少ない——しかし3つの理由から，その形態や生活方法の面でははるかに大きな多様性を示す．まず第1に，集団としての甲殻類はきわめて起原が古く，少なくとも5億年は前のカンブリア紀にまでゆうに遡る．したがって，進化し，放散するためのもち時間がたくさんあったことになる．第2に，ほとんどが水中生活を送るので，体型にさまざまな制限を与える重力の束縛から逃れている．また，乾燥の心配もないので，たとえばオキアミのように鰓を思いきり垂らしておくことができる．さらに水は，動物の大きさに応じてじつにさまざまな媒質を提供してくれる．小さい動物の世界では，粘性が問題になり，水は糖蜜のようにねっとりしている．大きい動物の世界では慣性が問題になる．物理学者は，このことをレイノルズ数の大小を使って論じる．したがって小さな生き物では，先端に**剛毛 seta**のついたちらちら動く付属肢は櫂のはたらきができ，推進力をもたらす器官となる．一方，大型の生き物では，同じ付属肢でもそのはたらきは，動物がじっとして動かないまま水を送るだけになり，濾過摂食のための道具になる．こうして同じ甲殻類でも，大型のものと小型のものとでは，物理的に異なった世界に暮らしている．

　第3に，甲殻類は無限の多様性を生み出すのにふさわしい，きわめて成功した体制をもっている．（最大で32個ほどにもなる）体節にはそれぞれ1対の，基本的には二肢型の付属肢がついているが，重力による足かせがなければ，多くの異

なった形態をとることができ，遊泳，歩行，攻撃，交信，生殖，摂食，呼吸といった機能，しかも，ときにはこうした機能のいくつかを同時に提供する．典型的な甲殻類は，動くスイスアーミーナイフとでもいえようか．極端な寄生生活を送り，そのからだを改造してしまった一部の甲殻類を別にすれば，あらゆる甲殻類は明確に合体節化されて，頭部と胴部に分かれ，ほとんどの仲間では胴部がさらに，胸部と腹部に分割されている．ただし，ムカデエビ remipede やカシラエビ cephalocarid の仲間では，胴部は実際上，同規的に見える．胸部と腹部の体節数は変化するが，頭部の体節は常に5個である．頭部にある5対の付属肢は，2対の触角 antenna，1対の大顎 mandible，2対の小顎（顎脚 maxilla）になっている．ほとんどの甲殻類はその前端部を**甲皮 carapace**，つまり**頭部の楯 cephalic shield** で保護している．また甲殻類に特徴的なものとして，やがて触角と小顎になる3対の付属肢のみをもった，プランクトン性の**ノープリウス幼生 nauplius larva** がある．これ以外の体節と付属肢は後に追加される．しかし，このノープリウス期をとばす甲殻類も多いし，また，ノープリウスと成体との間にさらにいくつかの幼生期を経る仲間もいる．

私が本書に示した2本の系統樹のほとんどは，リチャード・ブルスカ Richard Brusca とゲイリー・ブルスカ Gary Brusca が著書『無脊椎動物 Invertebrates』（1990）で提示した考え方に基づいているが，カリフォルニア州ラ・ホーヤのスクリプス海洋研究所のロバート・ヘスラー Robert Hessler とウィリアム・ニューマン William Newman の注釈も参考にしている．主要な系統樹には，現在認知されている主要な科と亜科のすべてが含まれているが，膨大な数の目については一部のみしか示されていない．この系統樹に関して，私は以下にすぐ述べる理由によって，いささかの自由を行使させてもらっている．

甲殻類*へのガイド

節足動物門はまったく問題のない単系統の門としてふたたび認識されてきたので，甲殻類は鋏角類や昆虫類と同様，1つの亜門として扱うことができる．甲殻類に対してそうした高位のリンネ式階層を与えることによって——アゴアシ類 Maxillopoda，エビ類（軟甲類 Malacostraca），そのほかという——大きなグループを「綱」と呼ぶことができ，それはきわめて具合がよいことに思われる．

2つの系統樹のうちで——甲殻類全体を示した——最初のものでは，この甲殻亜門を1つのクレード，つまり，真の単系統のタクソンとして示している．私たちが「甲殻類」と認めるすべての生き物が，同一の甲殻類の祖先から進化したと示唆するのは，間違いなく理にかなったことと思われるので，少なくとも分岐学上の基準は満たされている．しかしながら，この共通の祖先が実際には何だったのかについてはだれも答えを知らない．ロバート・ヘスラーのように，甲殻類は雑多な「三葉虫様類」——8章で説明した，はるか昔に絶滅した三葉虫やそれに似た生き物たち——の種々の階層から誕生したと示唆する人もいる．しかし，最新の古生物学的証拠によれば，甲殻類の起原は，三葉虫をはじめとする既知の節足動物のどれよりも古いことが示唆されており，分子生物学的証拠も甲殻類がきわめて古い生き物であることを示している．

8章で説明したように，現在では，甲殻類，昆虫類，多足類が特別な関係をもっており，実際，この3者で大顎類と呼べるグループが形成されるというすぐれた証拠が存在する[註1]．それにまた，少なくとも，昆虫類および（または）多足類の祖先そのものが甲殻類だった可能性もある（かなり可能性が高いという人もいるだろう）．甲殻

類の中に昆虫類や多足類の祖先が含まれるかどうか確かなことはわからないが，とくに常識に照らして考えれば実際にそのとおりだという可能性はあるように思われる．化石の記録では，甲殻類は昆虫類よりも約1億5000万年先に出現したことが示唆されているし，昆虫類の祖先が海で暮らしていたことはきわめて確からしく思われる．したがって，昆虫類の共通の祖先が，甲殻類，あるいははるか昔に絶滅した何らかの海生多足類であったと考えるのは，少なくとも合理的な仮説である．甲殻類の起原がきわめて古いことを考えれば，この祖先は，多足類や昆虫類だけでなく，鋏角類よりも古いのかもしれない——もしかすると，三葉虫の祖先であった可能性すらある．つまり，節足動物の主要な系統枝間の関係は現時点では議論に決着がついていないものの，甲殻類がそのすべての基本グループだと判明する可能性があるということだ．この点については，分子レベルの研究によってさらに解明が進むはずである．しかし，こうした現状にもかかわらず，甲殻類から少なくとも1つはほかのタクソンが派生したのは確かで，したがって——哺乳類と鳥類の両方を派生させたのは間違いない爬虫類*と同様に——側系統であるのはまず確かだと思われる．したがって，爬虫類*という名称に*がつけられるのとまったく同じく，甲殻類*にも*をつけるべきである．

【註1】 大顎類 Mandibulata のリンネ式分類法における階層は，門と亜門の中間のどこかに位置する．新リンネ印象主義の精神に照らせば，このグループには公式の階層を与えないままにしておくことが賢明のように思われる．

　主要な系統樹では，甲殻亜門が6つの綱に分かれることが示されているが，（リチャードとゲイリー・ブルスカの考えをはじめとする）ほとんどの分類では，綱の数は5つだけである．私がここで追加した6番目の綱は，寄生性の「舌虫 tongue worm」，すなわち舌形動物（五口動物 Pentastomida）であり，私が議論した動物学者たちはこれが，アゴアシ類と特別な類縁関係をもつ，退化した甲殻類であることに同意しているようである．実際，最新の分子生物学的証拠では，舌形動物が本当にアゴアシ類であり，このアゴアシ類の中の亜綱か目として示すべきであることが示唆されている．この仲間をアゴアシ類の姉妹群として示すことは，途中経過としては妥当な位置づけであると思われる．

　甲殻類の複数の綱どうしの関係はどうなっているのだろうか？　昆虫類や多足類と同様，ここでも同規性の問題が中心になる．たとえば動物学者たちは，主として常識に基づくこととして，祖先型の体型は複雑よりも単純である傾向があると感じてきた．さらにまた，同規性は異規性よりも単純であると感じるのが普通だった．だから，この2点を合わせれば，甲殻類の共通の祖先は同規的なからだをもつはずだと考えがちである．しかし節足動物（8章）と昆虫（10章）の項で説明しているように，すべてがそれほど単純とは限らない．英国ケンブリッジにあるウェルカム研究所のマイケル・エイカム Michael Akam が示唆しているように，異規的なからだから同規的なからだを進化させるほうが，その逆よりもずっと容易なことかもしれない．したがって，同規性は二次的な進展としてさまざまな場面で独立に生じたとも考えられる．多くの鳥たちが，それぞれ別個に翼を単純化させて飛べなくなったのとちょうど同じようなものである．たとえば，ワラジムシ（等脚目 Isopoda）の見かけ上の同規性は，明らかに二次的な性質である．だからおそらく——本当に可能性だけであるが——同規的な甲殻類の共通祖先を探す作業は，迷い道に入り込む可能性がある．

　こうした警告にもかかわらず，権威ある専門家のほとんどは同規的な甲殻類の祖先を探し求めてきており，有力な候補として2つの名前があがっている．カシラエビ類 cephalocarid と最近発見されたムカデエビ類（有橈脚類）remipede である．スクリプス海洋学研究所のロバート・ヘスラーは，何十年もかけて甲殻類を詳細に観察し，この2つのなかではカシラエビ類が格段に有望な祖先候補であると示唆している．この仲間の特性のほとんどが原始的なものであり，容易に基本的

9・甲殻亜門*

甲殻類* CRUSTACEA*

- カシラエビ綱 Cephalocarida
- ムカデエビ綱 Remipedia
- 鰓脚綱 Branchiopoda
- 舌形綱 Pentastomida
- Maxillopoda アゴアシ綱
- フジツボ亜綱（蔓脚亜綱） Cirripedia
- エビ綱（軟甲綱） Malacostraca

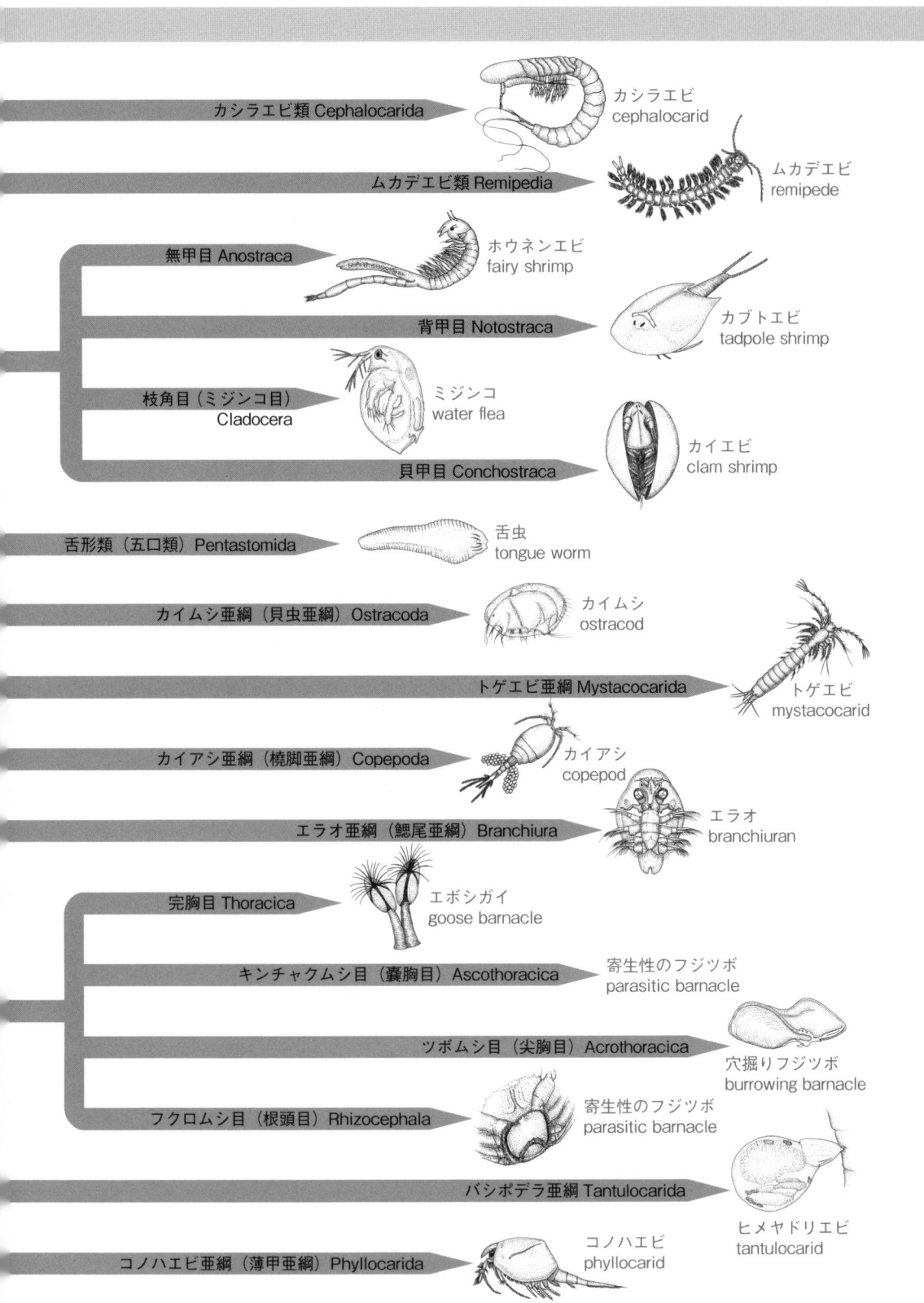

カシラエビ類 Cephalocarida — カシラエビ cephalocarid

ムカデエビ類 Remipedia — ムカデエビ remipede

無甲目 Anostraca — ホウネンエビ fairy shrimp

背甲目 Notostraca — カブトエビ tadpole shrimp

枝角目（ミジンコ目）Cladocera — ミジンコ water flea

貝甲目 Conchostraca — カイエビ clam shrimp

舌形類（五口類）Pentastomida — 舌虫 tongue worm

カイムシ亜綱（貝虫亜綱）Ostracoda — カイムシ ostracod

トゲエビ亜綱 Mystacocarida — トゲエビ mystacocarid

カイアシ亜綱（橈脚亜綱）Copepoda — カイアシ copepod

エラオ亜綱（鰓尾亜綱）Branchiura — エラオ branchiuran

完胸目 Thoracica — エボシガイ goose barnacle

キンチャクムシ目（嚢胸目）Ascothoracica — 寄生性のフジツボ parasitic barnacle

ツボムシ目（尖胸目）Acrothoracica — 穴掘りフジツボ burrowing barnacle

フクロムシ目（根頭目）Rhizocephala — 寄生性のフジツボ parasitic barnacle

バシポデラ亜綱 Tantulocarida — ヒメヤドリエビ tantulocarid

コノハエビ亜綱（薄甲亜綱）Phyllocarida — コノハエビ phyllocarid

9a・真軟甲亜綱 EUMALACOSTRACA

9a ・ 甲殻類・真軟甲亜綱

シャコ上目 Hoplocarida

アナスピデス上目（ムカシエビ上目）Syncarida

オキアミ目 Euphausiacea

エビ上目（本エビ類）Eucarida

十脚目 Decapoda

真軟甲亜綱 EUMALACOSTRACA

エビ亜目 Pleocyemata

フクロエビ上目 Peracarida

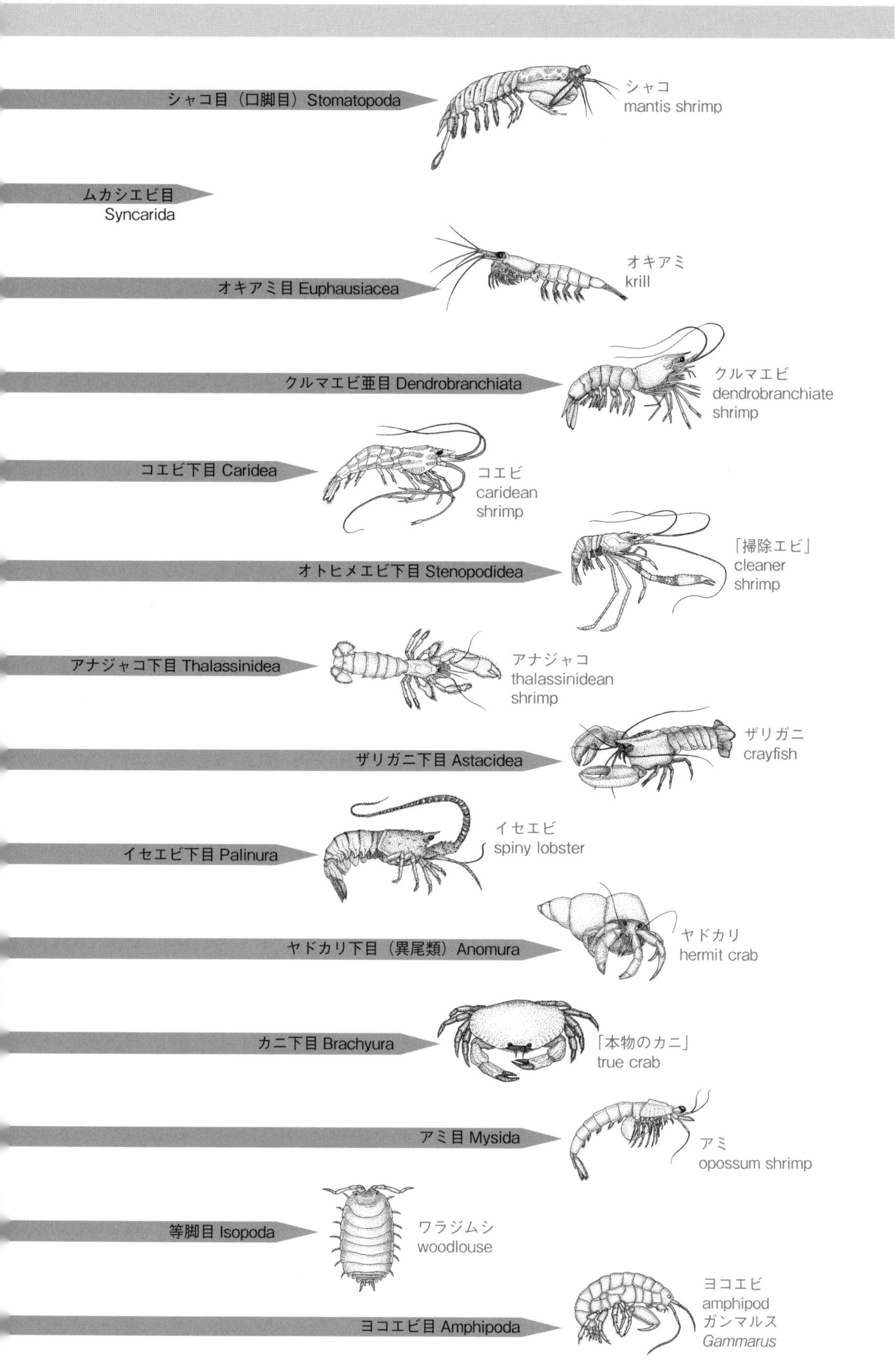

シャコ目（口脚目）Stomatopoda	シャコ mantis shrimp
ムカシエビ目 Syncarida	
オキアミ目 Euphausiacea	オキアミ krill
クルマエビ亜目 Dendrobranchiata	クルマエビ dendrobranchiate shrimp
コエビ下目 Caridea	コエビ caridean shrimp
オトヒメエビ下目 Stenopodidea	「掃除エビ」cleaner shrimp
アナジャコ下目 Thalassinidea	アナジャコ thalassinidean shrimp
ザリガニ下目 Astacidea	ザリガニ crayfish
イセエビ下目 Palinura	イセエビ spiny lobster
ヤドカリ下目（異尾類）Anomura	ヤドカリ hermit crab
カニ下目 Brachyura	「本物のカニ」true crab
アミ目 Mysida	アミ opossum shrimp
等脚目 Isopoda	ワラジムシ woodlouse
ヨコエビ目 Amphipoda	ヨコエビ amphipod / ガンマルス *Gammarus*

な甲殻類の候補となりうる．一方のムカデエビ類には，原始的に見える胴部をもっているものの，頭部は高度に派生的であり，ヘスラーはこうした根拠に基づいて，おそらく祖先とはなりえないだろうと示唆している．これに対する反論もある．しかしながら私はヘスラーの意見に従って，カシラエビ類をほかのすべての甲殻類に対する姉妹群として示しているので，あらゆる現生甲殻類の中で，もっとも甲殻類の共通祖先に密接な関連をもっていると示唆していることになる．ムカデエビ類については，深い位置の3つ組分岐の1つの枝として示すだけにとどめている．つまるところ現時点では，その正確な位置づけを知っている人はだれもいないし，多分岐の形に描いたのは，未知の領域をはっきり示そうという意図によるものである．そうした3つ組表示は，さらなる証拠（ほとんどは分子レベルのものになるだろう）がより明瞭な姿を示してくれるまでの，一種の現状引き延ばし策ととらえておく必要がある．

この3つ組の残りの2つの枝には，それほど大きな異論はないはずである．最近の分岐学研究（リチャード・ブルスカとゲイリー・ブルスカの研究を含む）では，残りの甲殻類（すなわち甲殻類からカシラエビ類とムカデエビ類を除いたもの）が2本の大きな枝に分岐することが示唆されている．ミジンコなどの鰓脚類 branchiopod が属する枝と，｛アゴアシ類 maxillopod ＋軟甲類 malacostracan｝が属する枝である．このことが系統樹上に示されている．すでに説明したように，本書で唯一，ブルスカたちの提案と違っているのは，アゴアシ類と並んで舌形動物を含めている点である．

一般に，よく知られた甲殻類のほとんど――カニ，ロブスター，エビ，オキアミ，ワラジムシ，フジツボ，大型の仲間のすべて――は，アゴアシ綱 Maxillopoda とエビ綱（軟甲綱）Malacostraca に属している．この2つの綱は全甲殻類の中でもっとも派生的な仲間と考えられ，両者は一般に姉妹群として示される．舌形動物を無視すれば，ここに示した系統樹は通例に従ったものである．

アゴアシ類を6つの亜綱，エビ類を2つの亜綱に分けるやり方はブルスカたちに準拠している．すべての亜綱を含めてある――ただし，ご覧いただけるように，抜きん出て重要でかつ多様性に富む真軟甲類 Eumalacostraca の枝は，別個に示している．この2本の枝を合わせても，アゴアシ類と軟甲類に含まれる目の一部しか示していない．甲殻類としてよく知られているもの，生態学的に大きな意義をもつもの，甲殻類の体型と生活方法の多様性を最大に示せるようなものを選んでいる．しかし，ブルスカたちと同様，この系統樹には鰓脚類 branchiopod，蔓脚類 cirripede，真軟甲類 eumalacostracan についてはすべての目を示している．

甲殻類*は，自然界の見せる極端な不均一さを見事に例示している．容易に判別できることも，そうでないこともあるちょっとした利点のために，一部の系統枝は何十種類もの生息地に何千という種に適応放散する一方で，同じように見える枝が目立たない存在にとどまることもある．たとえば――1つの完全な綱として位置づけられている――カシラエビ類とムカデエビ類はいずれも，ほんの少数の種しか含んでいないが，単なる1つの目にすぎない十脚目 Decapoda には，ごく普通のエビからロブスターやヤドカリまで，もっとも目につく甲殻類のほとんどが含まれている．

カシラエビ類：カシラエビ綱 Cephalocarida

カシラエビはムカデエビ類よりも，わずかながらエビに近い姿をしているが，それでもまだかなり同規的なからだをもっているし，そのほかの多くの点でより原始的に思われる．体長はわずか2.0～3.7 mm ほどしかなく，海底の有機堆積物(デトリタス)を餌にしている．4属9種のみが知られているが，潮間帯から1500 mの深海まで，生息範囲は広い．ロバート・ヘスラーはこの綱が，ほかのすべての甲殻類の姉妹群に当たると考えており，ここでもその考えに従って示してある．

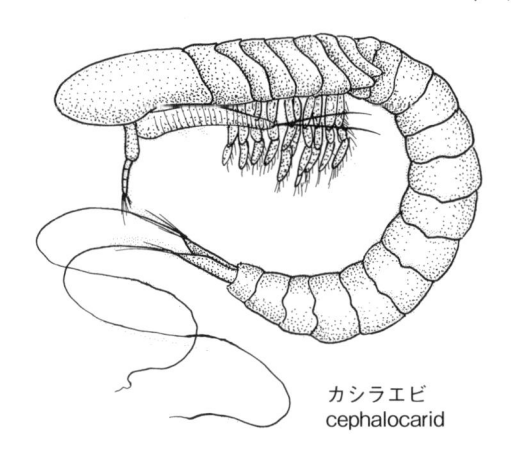

カシラエビ
cephalocarid

ムカデエビ類：ムカデエビ綱 Remipedia

ムカデエビ類（有橈脚類）はこの数十年間で初めてグランドバハマ島の洞穴で発見されたばかりだが，これが節足動物の完全な1つの綱を代表していたことは，私たちが生物界についていかにものを知らないかを例示している．この動物は付属肢を打ちながら背中を下にして泳ぐ．最大でも3cmにしかならない小型の生き物だが，第2顎脚から注入した毒で，クモのように獲物を麻痺させる，どう猛な捕食者である．ほとんどの動物学者の考えでは，こうした**顎脚 maxilliped**が，クモの鋏角と相同だとは考えにくいだろう．しかし，もし現在考えられているように甲殻類の起原が本当に古く，なおかつ，それが鋏角類の祖先に当たるのなら，そうした相同性もありえないことではない．ただし，もっとも注目すべきは，ムカデエビ類のヤスデ様のからだである．しかしながらすでに述べたように，この特徴が本当に原始的なものかどうかは明確ではないし，ムカデエビ類と甲殻類の祖先との間の特別に密接なつながりを示しているかどうか定かでない．

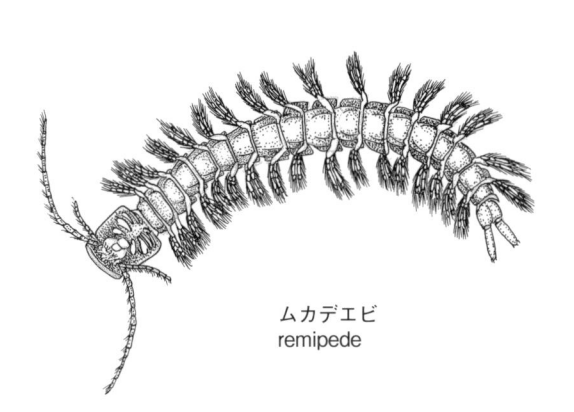

エビとミジンコ：鰓脚綱 Branchiopoda

全体的に見て，鰓脚類はきわめて多様であるため，その単系統性に疑問をもってきた人は多い．しかし通常は一貫性をもった1つのグループとして示されるので，さらに新たな証拠が発見される

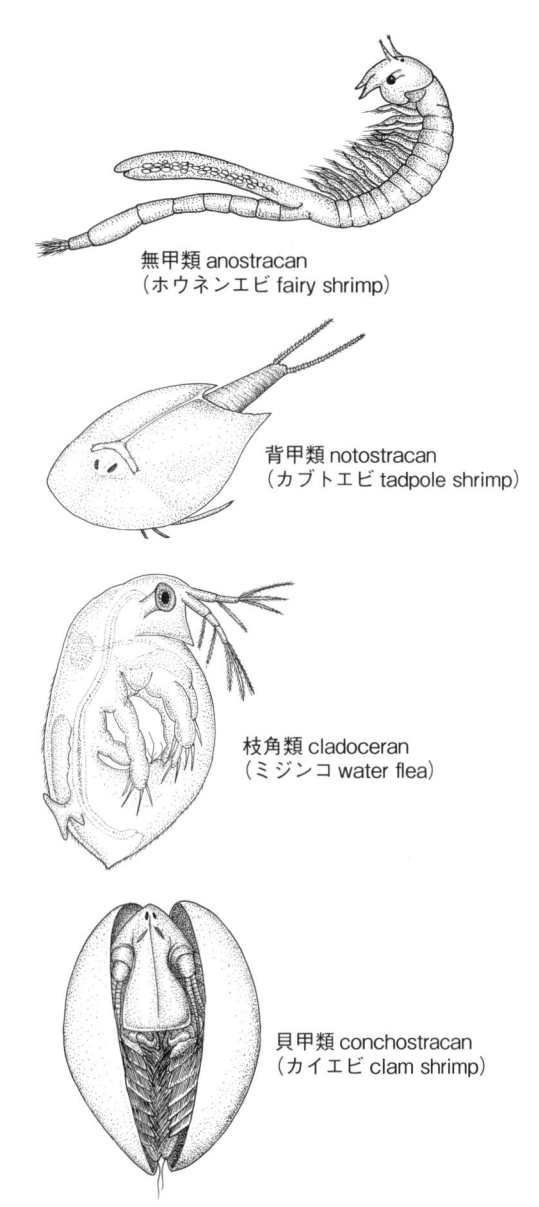

ムカデエビ
remipede

無甲類 anostracan
（ホウネンエビ fairy shrimp）

背甲類 notostracan
（カブトエビ tadpole shrimp）

枝角類 cladoceran
（ミジンコ water flea）

貝甲類 conchostracan
（カイエビ clam shrimp）

までの間は，ここで示したように扱われる．一般に，無甲目 Anostraca，背甲目 Notostraca，枝角目（ミジンコ目）Cladocera と貝甲目 Conchostraca の4つの目に分けられる．

- 無甲目 Anostraca には，たとえばブラインシュリンプ Artemia のようなホウネンエビ類 fairy shrimp が含まれる．この仲間は見かけはか細くて弱々しいが，実際には爪のように頑丈で，乾燥と塩分の濃い水に耐えなくてはならない束の間の水たまりに暮らし，そこで水鳥たちに欠かせない餌となっている．
- 背甲目 Notostraca には，珍しいオタマジャクシ型のエビがいる．この仲間は，頭部のみを覆う幅広い甲皮をもつが，胸部より後ろは長く伸びているだけなので，オタマジャクシのような見かけをしている．現生の9種はすべて内陸部の一時的な水たまりに暮らし，乾燥に耐える卵を産む．有機堆積物（デトリタス）を餌にするもの，腐肉を漁るもの，捕食するものがいる．カブトエビ Triops は甲殻類に属する害虫の一種であり，水田の泥を掘り起こして，若い稲を駆逐する．
- 枝角目（ミジンコ目）Cladocera にはミジンコ Daphnia（water flea）が含まれ，水生生物飼育者には魚の餌として重宝がられている．単一の甲皮が正中線に沿って折り曲げられており，軟体動物の小さな二枚貝のように見える．そして触角を打ちながら泳ぐ．約400種が知られている．
- 貝甲目 Conchostraca には約200種のカイエビ clam shrimp が含まれる．二枚貝のようになった甲皮の中に，頭部だけでなくすべてのからだが包まれており，その甲皮には小さな二枚貝のような同心円状の成長線まで描かれている．

舌虫：舌形綱 Pentastomida

舌形類 pentastomid，別名「舌虫 tongue worm」は，奇妙な小さい虫のような生き物で，体長2～13 cm，すべて脊椎動物の肺や鼻腔内で吸血寄生虫として暮らしている——通常の宿主は爬虫類だが，ときには哺乳類や鳥類の場合もあり，「終末宿主 definitive host」となる．多くは中間宿主も必要としており，終末宿主の中にいる幼生は腸管に穴を開けて，糞とともに体外に出ると，ほとんど種類を問わない別の脊椎動物に移る．この中間宿主は一般に，その後また別の終末宿主に食べられて，寄生生活環が一巡りする．舌形動物はきわめて多様性が高い．95種しか存在しないが，2目7科に分類されるほどさまざまな種類がいる．

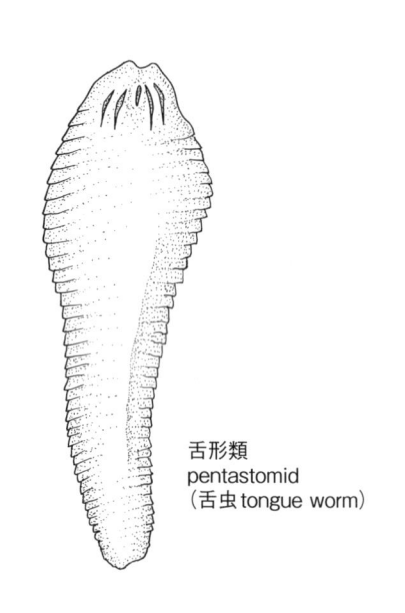

舌形類
pentastomid
（舌虫 tongue worm）

緩歩動物や有爪動物のように，舌形動物には葉脚 lobopod という「脚」があり，それは単に体壁が延長しただけのように見えるし，やはりその先端は鉤爪に終わっている．脚は2対——全部で4本——ある．多くの舌形動物が口元にもっている「吻」と合わせて，こうした突起構造は5つの口先をもつような見かけになり，それが「五口動物 pentastomid」という名前の由来になっている（文字通り，5つの penta-，口 stom を意味している）．この点を除けば，舌形動物は，やはり緩歩動物や有爪動物と同じく，環形動物とも節足動物ともとれる特徴を併せもっている．たとえば，薄

くて通気性のある非キチン質のクチクラをもち，環形動物のような筋層をそなえた筋肉質の体壁をもっている．しかしながら——節足動物と同様に——脱皮を繰り返して成長し，その主要な体腔は血体腔である．

興味深いことに，そしてたしかに意義深い事実として，舌形動物の第1段階の幼生は，甲殻類のノープリウス幼生に似ている．そのため1970年代と1980年代のさまざまな動物学者たちは，この動物が甲殻類の仲間だろう——おそらくはアゴアシ類の仲間であり，表面上は環形動物に似たその柔らかいからだは，寄生生活による退化を反映したものにすぎない——と示唆していた．結局のところ，ほかの多くの甲殻類も寄生生活者だし，舌形動物よりさらに大きく変化したものもいる．こうした理由から，舌形動物はアゴアシ類の姉妹群として示すのが合理的なようである．最近の分子データも，この動物がアゴアシ類であることを示唆している．

フジツボ，カイムシ，ケンミジンコ：アゴアシ綱 Maxillopoda

軟体動物かと思わせる固着性のフジツボ，奇妙な寄生性フジツボなどの寄生生活者，プランクトン性のカイムシ（貝虫類）やケンミジンコ（橈脚類）——このようにアゴアシ類はきわめて多様性に富み，亜綱だけでも6つに分かれ，さらにさまざまな上目や目に分類される．すでに見てきたように，アゴアシ類にはおそらく舌形動物も含まれるはずである．しかし，（舌形動物は別にして）すべてのアゴアシ類は基本的に似た体制をもっているように思われる．どれも高度に短縮化されたからだをもち，一般に5-6-4体制，すなわち，頭部5体節，胸部6体節，腹部4体節の体制が基本になっている．こうした理由などから，アゴアシ類は単系統だと考えられている．

カイムシ亜綱（貝虫亜綱 Ostracoda）

貝甲類（カイエビなど）と同様，カイムシ類 ostracod には，二枚貝のザルガイの殻のような，からだと頭を覆う甲皮 carapace がある．これもまた収斂進化の好例である．しかし，カイムシ類は付属肢の配置が異なっており，カイエビのような成長環は存在しない．2000種ほどのカイムシ類の大半は（海の底を）這ったり，穴を掘ったりしている底生生物だが，プランクトン生活者も多く，また，7000mもの深海にもいる．少数は，陸上の湿気の多い生息地にもいる．

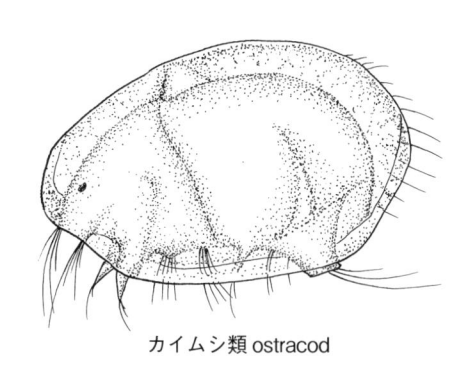

カイムシ類 ostracod

ヒゲエビ亜綱 Mystacocarida

ヒゲエビ類 mystacocarid は，小さくて（長さ1mm未満），虫のような姿をしており，頭部の明確な体節化など，原始的な特性を維持している．

カイアシ亜綱（橈脚亜綱 Copepoda）

カイアシ類 copepod には甲皮がないが，頭部に豪華な楯をもっており，そのおかげで，どこかオタマジャクシに似た見かけになっている．そして多くのものが，中心部に一つ目巨人のような眼をもっている．ほとんどはプランクトン性（池をひしゃくですくったときによく見かけられる獲物）であるが，なかには底生生活を送ったり，もっぱら魚や無脊椎動物に寄生するものもいる．成体ではプランクトン生活を送る仲間にも，幼生のときには腹足類，環形動物多毛類，あるいはときに棘皮動物の中に寄生するものがいる．

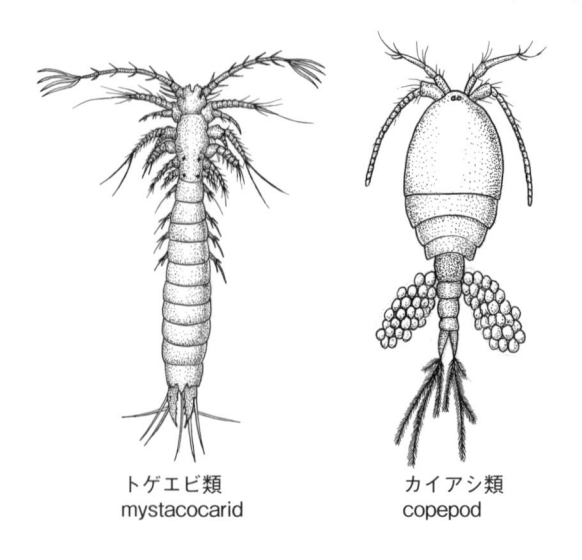

トゲエビ類
mystacocarid

カイアシ類
copepod

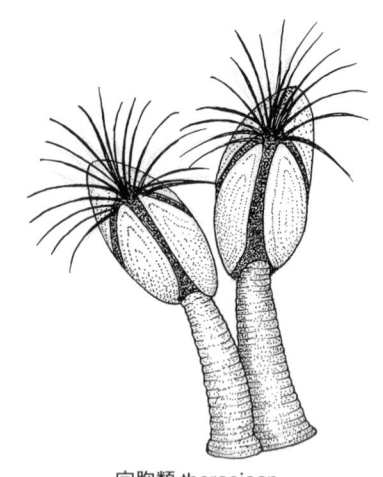

完胸類 thoracican
（エボシガイ
goose barnacle）

エラオ亜綱（鰓尾亜綱 Branchiura）

　エラオ類 branchiuran は，甲殻類の中で，クモ類のマダニに相当する存在である．エラオ類は平らなからだをもち，その顎脚を使って魚にしがみつく．その際には，ひれの後ろや鰓蓋の後ろの乱流の少ない場所を選び，血液や体液を吸い取る．付着生活の合間には，その胸肢を使って遊泳する．約130種が知られている．

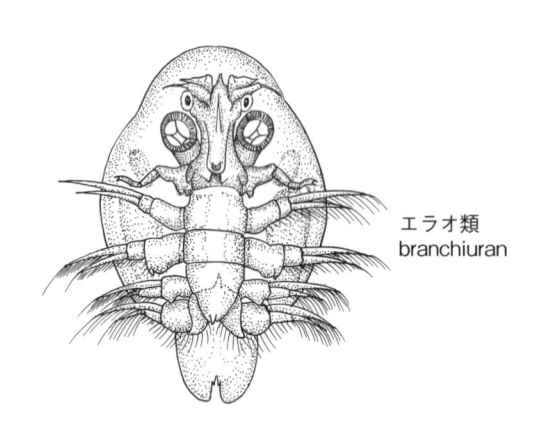

エラオ類
branchiuran

フジツボ亜綱（蔓脚亜綱 Cirripedia）

　フジツボ類 barnacle は，あらゆる動物のなかでもっとも驚くべき生き物の1つである．4つの目の中でもっとも有名なのは，フジツボ acorn barnacle やエボシガイ goose barnacle などの完胸目 Thoracica である．フジツボは長い間，軟体動物に分類されていた．実際，フジツボの甲皮は袋状になり，石灰質の「殻」を分泌するいかにも軟体動物らしい「外套膜」になっている．運動能力のあるフジツボの幼生は，その頭部を自ら岩，船，ときにはクジラに固着させ，貝殻状の防御柵を構築し，剛毛で縁取りされたその（「毛のような」）付属肢を水中で揺らしながら餌を捕捉する．エボシガイはいろいろな点で似ているが，**肉茎 peduncle** という柄をもつ点がフジツボと異なる．

　岩やクジラに単に付着するだけでなく，いっそう寄生生活への傾斜を強めていったフジツボ類の目もさらに3つある．たとえば，キンチャクムシ目（嚢胸目 Ascothoracica）は，花虫綱と棘皮動物の寄生生物体である．この仲間はまだ，はっきりと甲殻類であると認められる，カイアシ類のようなからだをもっている．ツボムシ目（尖胸目 Acrothoracica）には，サンゴや軟体動物の貝殻に穴を掘る小さな仲間もいる．しかし，もっとも風変わりな寄生生活者は，フクロムシ目（根頭目 Rhizocephala）に属する仲間で，実質的に真菌のような形態を再発明しており，ほかの甲殻類，主として十脚目に寄生している．ウンモンフクロムシ *Sacculina carcini* がよく知られ，この動物は成熟すると，カニの腹部の下に吊り下がった生殖器官の袋になり，からだのそれ以外の部分は，腐敗病を起こす真菌の菌糸のように，宿主のカニのすべての爪先にまで広がっている．

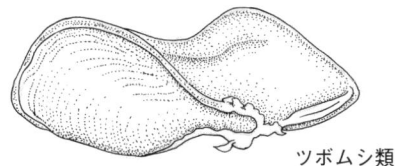

ツボムシ類
acrothoracican barnacle

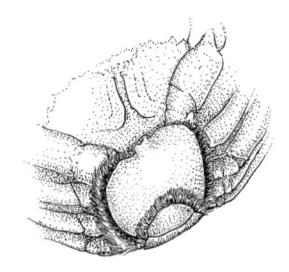

フクロムシ類
rhizocephalan barnacle
（ウンモンフクロムシ
Sacculina, カニに寄生）

しかし，蔓脚類の幼生は運動能力をもっており，カイムシ類のようなほかのアゴアシ類の成体と似ているものもいる．この事実は，こうした複数の亜綱が互いに関係しているという考えを強めており，カイムシ類が，性的に成熟したフジツボの幼生が固着ステージを捨てて——すなわち幼形成熟（ネオテニー）によって——生じた可能性を示唆している．

バシポデラ亜綱 Tantulocarida

アゴアシ類の最後で最小の亜綱もまた，成体になると，ほとんどはほかの深海産甲殻類を宿主とする寄生生活者である．この仲間はかなり退化している——腹部を失い，斑点のような姿をしており，大きさは 0.5 mm 未満と小さい．かつては，橈脚類や蔓脚類などのさまざまなアゴアシ類に分類されていたが，1980 年代に独自の亜綱にまとめられた．

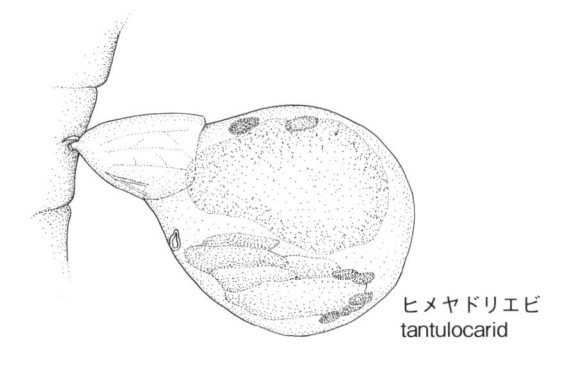

カニとロブスター：エビ綱（軟甲綱 Malacostraca）

甲殻類で一番有名なのがこの軟甲類である．この軟甲類の階層には，広げた脚のさしわたしが 3 m にもなるタカアシガニのように無脊椎動物最大の種（ライバルは節足動物最大の座を争うウミサソリのような広翼類）や，体重が 7 kg にもなる合衆国メイン州産のロブスターといった，さまざまな華麗な生き物たちが含まれる．軟甲類は極端に不均一ながら，2 つの亜綱に分けられる．コノハエビ亜綱（薄甲類 Phyllocarida）はより原始的な体制をもつと考えられ，5-8-7 の体節と尾節 telson から成り，一方，圧倒的に数が多いエビ亜綱（真軟甲亜綱 Eumalacostraca）の体制は，5-8-6 の体節と尾節である．軟甲類は複眼をもち，真軟甲類では例外はあるものの，普通は眼柄の先に眼がある有柄眼になっている．

コノハエビ亜綱（薄甲亜綱 Phyllocarida）

まず，イリエガメのような形をした多少なりともエビに似た生き物を頭に描いていただきたい．そして前端に大きな屋根状の甲皮をつけ，からだの後ろには厚くて徐々に細くなる尾をつける．ただし，コノハエビ phyllocarid は小さい生き物である——体長はたいてい 5〜15 mm であり，1 種だけ 4 cm ほどの大きさになる．コノハエビ目（狭甲類 Leptostraca）6 属 20 種のみが知られている．すべて潮間帯から深さ約 400 m の海中に暮らしている．ほとんどは酸素濃度が低い環境を好むようであり，1 つの種は，ガラパゴス諸島と東太平洋海膨の深海にある熱水噴出孔付近で発見された．真軟甲類との違いは，腹部体節を余分にもつ

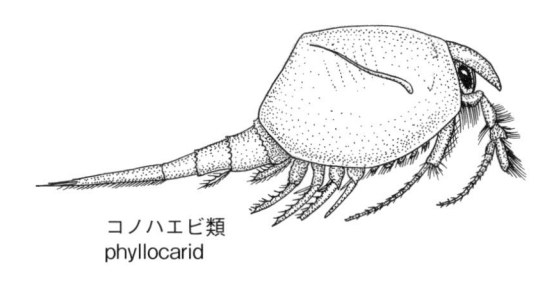

ヒメヤドリエビ
tantulocarid

コノハエビ類
phyllocarid

ことと，木の葉状になった胸部付属肢，すなわち「葉脚」をもつ点である．全般的にみてコノハエビ類は，生物学的にはさして大当たりをとれなかった生き物の典型であるが，きわめてうまく活用した特別のニッチで生き残っている．

真軟甲亜綱 Eumalacostraca

この亜綱にはすべての軟甲類の99.9％が含まれ，このことは当然ながら，全甲殻類の大半を含むことになる．ここでもまた，ロブスターからカニ，イタチのように素速い動きをみせる細長くてしなやかなエビ，もたもたしたワラジムシ，さらには少数のマダニに似た寄生虫まで，大きさと形はさまざまである．きわめて多様性に富み，また種の数が多くて，生態学的，経済的重要性も大きいので，本書ではこの亜綱だけに独自の系統樹を示した．しかしながら，真軟甲類はきわめて多様であるにもかかわらず，明確な共有派生形質がいくつか存在する．特筆すべきは，胸部——**胸節 thoracomere**——の体節のうちの最大3つが頭部と融合して，**頭胸甲 cephalothorax** になっていることと，そうした体節の付属肢が変形して，余分の小顎——**顎脚 maxilliped**——になり補助的な役割を果たしていることである．こうした様子は，あたかも私たちが観察しやすくしてくれているかのようなロブスターで，見事に見てとることができる．系統樹および以下の説明では，リチャード・ブルスカとゲイリー・ブルスカが認めている真軟甲類の4つの上目のすべてをとりあげているが，目については重要なものだけに限っている．

シャコ上目 Hoplocarida

シャコ類には，1つの目，すなわちシャコ目（口脚目 Stomatopoda, mantis shrimp）が含まれる．シャコは細身で大型（2〜30 cm）の動物であり，熱帯や亜熱帯の海で見事に適応したどう猛な捕食者であり，昆虫類でいえばカマキリやトンボの幼虫（ヤゴ）のように，魚などの獲物を，獲物を捕らえるのに適した（この場合には，第2胸

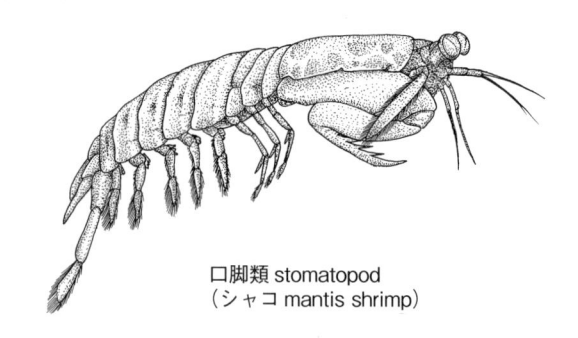

口脚類 stomatopod
（シャコ mantis shrimp）

肢が変形してできる）蝶番つきの巨大な付属肢で捕らえる．シャコは，柔らかい堆積物に穴を掘ったり岩の割れ目の中に身を潜める待ち伏せ狩猟者である．その長い筋肉質の腹部と小さい甲皮ゆえに，狭い穴の中でも身をひねることができ，そのおかげで，素速く泳いで獲物の目前に移動できる．約350種が知られている．

アナスピデス上目（ムカシエビ上目，厚エビ類 Syncarida）

この仲間には2目で合計150種ほどが知られている．このムカシエビ syncarid shrimp の仲間はぱっとしない生き物で，甲皮を欠き，付属肢が退化している点が目につく．その退化傾向は，幼若期の特徴が成体になっても保持される幼形成熟（ネオテニー）のためとされている．ムカシエビ類は湖，池，川で這ったり泳いだりしている．海生のものはない．

エビ上目（本エビ類 Eucarida）

エビ上目には，生態学的，経済学的影響がきわめて大きな，オキアミ目 Euphausiacea と十脚目 Decapoda という2つの重要な目が含まれる．

● オキアミ目 Euphausiacea に属するのはオキアミ類 krill である．種の数は90ほどにすぎないが，海表面から5000 m もの深海までのあらゆる海洋環境内に——しばしば1 m^3 あたり1000個体（湿重量600 g）の密度で——大量に発生する．多くの動物がこれを餌にしており，なかでももっとも有名なのは，力強

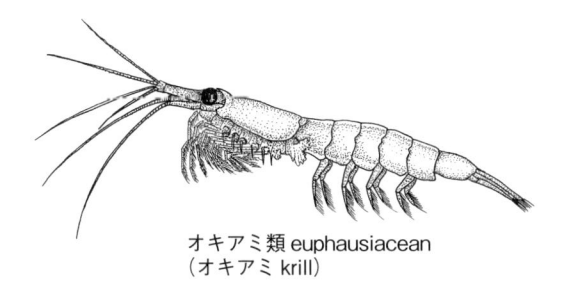

オキアミ類 euphausiacean
（オキアミ krill）

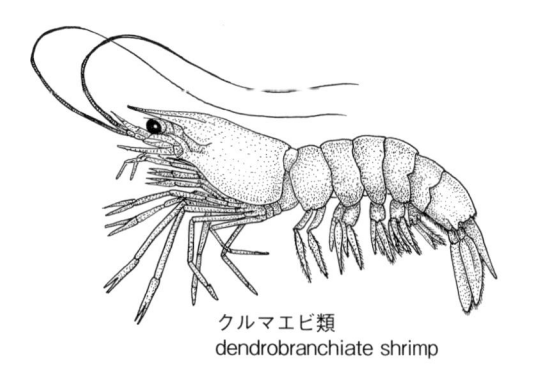

クルマエビ類
dendrobranchiate shrimp

いヒゲクジラ類である．南極ではこのオキアミが，高緯度生態系が――熱帯地方とはまったく対照的に――膨大な数になるごく少数の種によって支えられているという事実を見事に例証している．オキアミを食べる仲間には，クジラばかりではなく，大型脊椎動物のなかでもよく知られたカニクイアザラシ crabeater seal もいて，このカニクイアザラシはさらにヒョウアザラシ leopard seal の餌になる（ヒョウアザラシはオキアミも食べる）．大ざっぱにいえば，オキアミは十脚目のエビに似ているが，十脚目とは異なり，オキアミには顎脚がなく，胸部の鰓を甲皮の外側にもっている．この保護されない鰓は，かれらが泳ぐ際に（オキアミはすべて遊泳生活を送る），あたかも羽毛のような見かけをもたらす．

● 十脚目 Decapoda には，たとえば見事なロブスター lobster やカニ crab のような，動物界にさん然と輝く傑作が含まれ，さらには，一般にシュリンプ shrimp とかプローン prawn と呼ばれるよく似たいくつかの仲間をはじめ，大きな商業的重要性をもつものがいる．軟甲類の一員であるので，胸部には8つの体節があり，付属肢が8対ある．しかし，十脚目はこの付属肢のうちの最初の3対を補助的な口器，すなわち顎脚として使っており，残りの5対の**胸脚 pereopod** が，単肢性もしくはわずかに二肢性の「脚」になっており，その一部は鉤爪になっていることがある．5対で10本の脚になるので，それが十脚目の名前の由来になっている．頭胸甲の

表面は甲皮になっており，両側に伸びて鰓を覆う「鰓室」になる．その鰓は脚の先端についている．

十脚目には通常2つの亜目が認められている．その1つのクルマエビ亜目 Dendrobranchiata は，最長で30 cm にまで成長するクルマエビ penaid shrimp やサクラエビ sergestid shrimp の仲間で 450 種があり，商業的にきわめて重要である．この仲間は特徴のある「根鰓状の dendrobranchiate」鰓で識別される．もう1つのエビ亜目 Pleocyemata には，そのほかの十脚目がすべて含まれ，見通しをよくするためにこのエビ亜目はしばしば7つの下目に分類される．そのうちの3つの下目が通常「エビ（シュリンプ）」と呼ばれるもので，2000 種ほどの「コエビ caridean shrimp」が含まれるコエビ下目 Caridea，多くは珊瑚礁に暮らし掃除エビ cleaner shrimp などを含むオトヒメエビ下目 Stenopodidea，スナモグリ mud shrimp, ghost shrimp などのアナジャコ下目 Thalassinidea である．

十脚目エビ亜目の4つ目の下目であるザリガニ下目 Astacidea には，ザリガニ crayfish やはさみをもったロブスターが含まれる．胸脚の最初の3対は常に爪状（**はさみ chelate**）になっており，第1対が最大の爪になる．ここにも収斂現象が認められる．サソリのはさみとは明らかに似ているが，ザリガニとサソリとはせいぜい遠い関係でしかない．ザリガニ類の腹部は大きくて筋肉質であり，

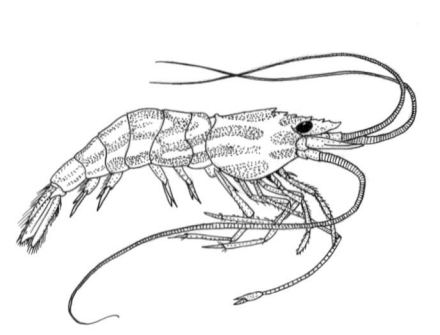

コエビ類 caridean shrimp 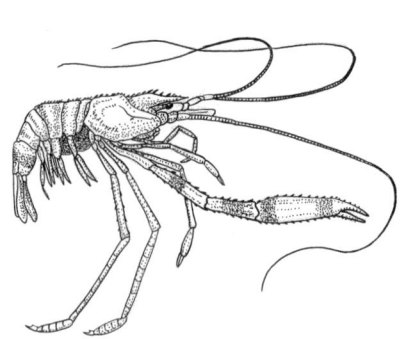　　　オトヒメエビ類（「掃除エビ」）　　　アナジャコ類
　　　　　　　　　　　　　　　stenopodidean shrimp　　　　　thalassinidean shrimp

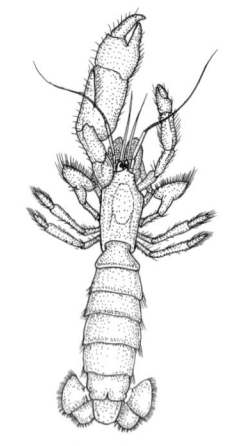

ザリガニ類 astacidean
（ザリガニ crayfish）

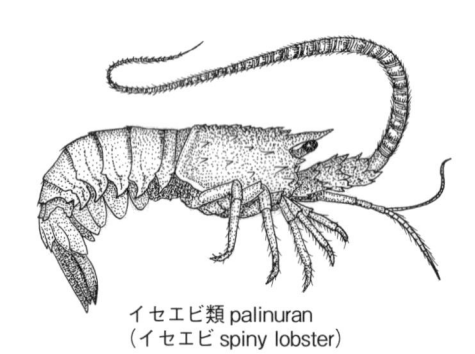

イセエビ類 palinuran
（イセエビ spiny lobster）

末端に力強い尾扇 tail fan がついている．成長させはたらかせるには多大なエネルギーが必要なのに，なぜそうした強力な尾をもっているのか，（少なくとも私には）明白な理由はわからない．もちろん，腹部を湾曲させることによって，素速く退却させられるようになる．しかしおそらくはもっと日常的な理由であり，その大きなはさみを活用できるように，単にからだを安定させるためなのだろ

う．トラクターも前端のシャベルを活用するには同様の固定用の支えが必要になる．ロブスターは海生であるが，ほとんどのザリガニは淡水に棲んでいる．ただし，少数のザリガニは，湿った土の中に暮らし，複雑で大きな穴を掘ることもある．イセエビ spiny lobster やセミエビ slipper lobster は，イセエビ下目 Palinura に属する．この仲間はロブスターに似ているが，巨大なはさみはもたない．なかには胸脚がまったくはさみになっていない種類もいる．

　残る2つの下目はいずれも「カニ」である．ヤドカリ下目（異尾類 Anomura）には，奇妙だが素晴らしいヤドカリ hermit crab，カニダマシ porcelain crab，スナホリガニ mole and sand crab などが含まれ，その腹部はヤドカリのように柔らかくて非対称形になっているか，もしくは，カニダマシのように短くて対称形のものが，胸部の下に曲げこまれている．もちろんヤドカリは，その傷つきやすい腹部を腹足類の貝殻の中にしまいこんでいる．この仲間では，すべての異尾類と同様に，胸脚の第1対がはさみになり，第2，第3の胸脚を歩行用に使っているが，第4，第5対はずっと退化している．ヤシガニ robber crab は巨大な，半陸上性のヤドカリの仲間で，ココナツの樹にのぼってその実を餌にし

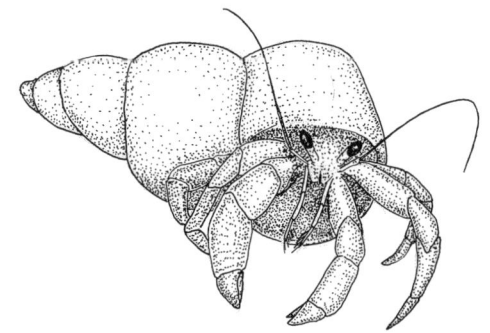

異尾類 anomuran
(ヤドカリ hermit crab)

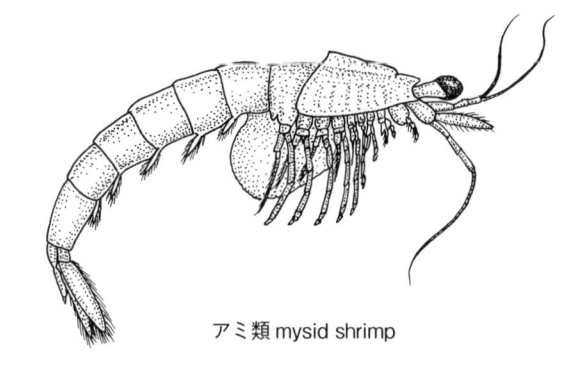

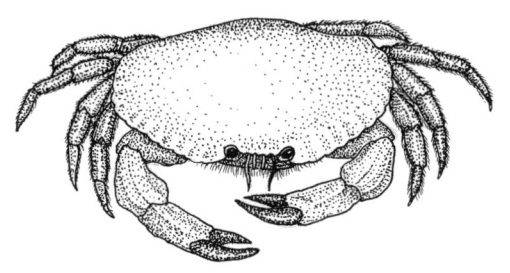

カニ類 brachyuran
(「本物のカニ」true crab)

アミ類 mysid shrimp

ている．ヤシガニは自然界の中でも並はずれて不思議な生き物である．

　最後にくるカニ下目（短尾類 Brachyura）が本物のカニである．この仲間では，腹部は対称形であるが，かなり縮小して，一般に幅が広く扁平な胸部の下にたたみこまれている．ほとんどは海生であるが，熱帯にいる驚くべき種類には半陸上性のものもいる．ただし，海から離れて生きることはできず，産卵と幼生の発生は海中で行われる．カニはきわめて多様な種類があり，生態学的，経済学的にもきわめて重要である．たとえばオーストラリアでは，マングローブの木を育てたり生息域を広げさせたりする主役はカニが担っている．

フクロエビ上目 Peracarida

　真軟甲綱の4つの上目の最後に当たるフクロエビ上目には，約2万5千種——既知の甲殻類のかなりの割合——が含まれ，形態も生活様式もじつにさまざまである．オキアミに似た遊泳生活者から，匍匐生活者やダニのようなものまでいる．大きさは，体長数 mm のプランクトンから，50 cm 近くにもなる海底匍匐生活者まで幅広い．陸上もしくは海中で，捕食，腐食，寄生など，およそあらゆる種類の暮らしを展開している．それでもなお，フクロエビ上目は，それが単系統であることを示唆する一連の特徴を共有している．この仲間はすべて大顎に蝶番式の関節を余分にもつ．また，やがて小型の成体になって出てくるまで子どもを育児嚢に入れて育て，この生活様式は，（幼生期のない）**直接発生 direct development** と呼ばれる．

　ブルスカたちは著書『無脊椎動物』の中で，フクロエビ類に9つの目を列挙しており，そのうちの7つの目は姿がエビに似ている．このなかから，表面上はオキアミに似た，アミ目 Mysida (opossum shrimp) を1つだけ示しておく．ここでもまた，甲殻類の異なったタクソンに，ごく当たり前にエビに似た形態が登場することに注目してほしい．フクロエビ類でこれ以外の2つの目，すなわち，ワラジムシ目（等脚目 Isopoda）とヨコエビ目（端脚目 Amphipoda）とはもっと多様性に富んでいる．

●ワラジムシ目（等脚目）には，ワラジムシ woodlouse (sow bug) など約1万種が含まれる．ワラジムシは，陸地に侵入した甲殻類のなかでもっとも成功を収めてきた．この動物における「直接発生」は，陸生のカニとは

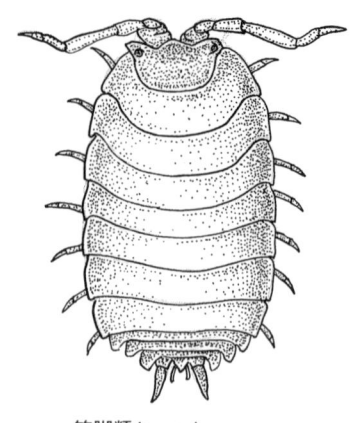

等脚類 isopod
（ワラジムシ woodlouse）

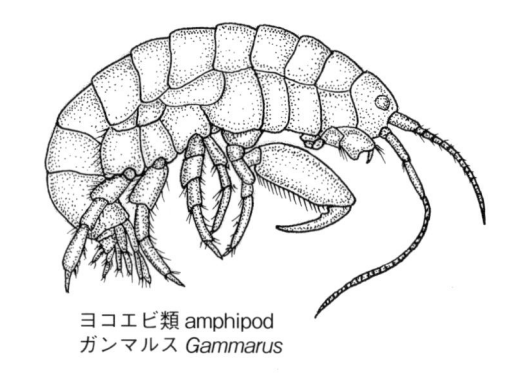

ヨコエビ類 amphipod
ガンマルス *Gammarus*

違って，繁殖に水を必要とせず，昆虫類や一部のクモ類に匹敵するような，空気呼吸を可能にする「擬気管 pseudotrachea」さえもっている．しかし，ほとんどの等脚類は淡水もしくは海生であり，最大のものは海底に住み，50 cm にも達する——まるで巨大な硬いワラジムシのように見える——巨大なオオグソクムシ *Bathynomus* である．等脚類のなかには，半寄生もしくは完全寄生生活を送るものもいて，魚類やほかの甲殻類の組織液を吸って暮らしている．

● ヨコエビ目（端脚目 Amphipoda）にもやはり約 1 万種が含まれる．ほとんどが，甲皮はもたないものの，なんとなくエビのような姿をしている．しかし少数のものはシラミのような姿をしており，クジラにしがみついて生きている．体長が 1 mm しかないものもいるし，深海産の大型のものになると 25 cm に達する巨大なものもいる．海洋の多くの生息地において，ヨコエビ目は生物量（バイオマス）の大半を占めている．なかにはクラゲの体内に隠れ家を見つけてそこで子どもを育てたり，どうやら宿主のクラゲを食べてしまったりする種もいる．おそらくヨコエビ亜目でもっとも有名なのは，池をすくって観察する人によく知られたガンマルス *Gammarus*「エビ」と，潮間帯で，海岸に打ち上げられたコンブの中で跳ね回っているハマトビムシ beach-hopper であろう．半陸上生活をさらに進めた仲間もいて，庭園や温室内の湿った土壌中に姿を見せる．ヨコエビ亜目には約 6000 種が存在するが，その分類はまだいくぶん流動的要素が残っている．

————

かくして甲殻類*は，もっとも起原が古く，生態学上重要で，多様性に富み，一般に華麗な姿をもった動物集団の 1 つである．本書の記述はほんの概要にすぎず，完璧に網羅しようとしたら，まるまる 1 冊の本が必要になるだろう．次章では，おそらくこの甲殻類の子孫と思われる生き物たち，すなわち昆虫類について見ていこう．

10章

昆　虫
昆虫亜門 Subphylum Insecta

　昆虫類は，これまでに生存した中でもっとも特筆すべき生き物である．地球上で現在知られているすべての動物のおよそ3分の1が昆虫類であり，その種の数はゆうに50万を超える．実際のところ，既知のすべての動物の約5分の1が甲虫類——昆虫亜門の鞘翅目（甲虫目 Coleoptera）という単一の目のメンバーたち——である．鞘翅目の1つの科にすぎないゾウムシ類（ゾウムシ科 Curculionidae）だけで，既知の種の数——6万5千種以上——は，軟体動物を除く，節足動物以外のどの動物の門よりも多い．しかも，もし熱帯林の奥地をなんとか調べることができるとすれば，さらに多数の新種が発見されることは疑いない．

　昆虫類は，外洋だけを例外として，硫黄温泉や油徴（石油が浸みだした場所 oil seep）も含めたこの地球上のあらゆる環境に暮らしている．しかもこの大量絶滅の時代にあって，人類が汚れない世界から変化させつつある，ときにはぞっとさせられるような新しい環境でさえも活用しながら，昆虫類の多くの種はかつてない繁栄を見せている．たとえば，原始的なシロアリ目（等翅目 Isoptera）に属するシロアリにとって，自分たちの食料供給——枯れ枝——を増やし，多くの種が巣作り場として使う草原を拡大させる森林破壊は好都合である．いささか大げさにも思えるある推定によれば，私たちの惑星には，成人と子どもをすべて含めた人間1人あたりで750 kgのシロアリがいるという．昆虫類は，植食者 herbivore，腐食者 scavenger，糞食者 dunk-eater，寄生者 parasite，さらには，ハヤブサと同様に飛翔しながら獲物を捕獲するトンボのような（「誇り高い」という形容詞をつけたくなる）どう猛な捕食者 predator まで，およそ考えうるありとあらゆる生活様式を追求している．

　昆虫類はまた，花蜜食者 nector feeder としてもすぐれており，したがって，植物の花粉媒介者 pollinator としても卓越した存在である．ハチドリ，多くのコウモリ，有袋類たちもまた花蜜食者であり，花粉媒介者であるが，こうした動物は後になってやってきて糖分のごちそうの分け前にあずかった新参者たちである．裸子植物と昆虫類（おそらく甲虫類）は，顕花植物が進化する以前でさえ，動物による授粉の技を開拓していた．しかし，被子植物が出現したとき，そうした植物と多くの昆虫の仲間たちは，数多くの巧妙な共生手段によって共進化した．

　昆虫類は手の込んだ愛情表現をすることがある．ごく少量のきわめて特異性の高いフェロモン，目も眩むような襞飾りや色合いや点滅する光によって互いに刺激しあい，求愛やときには交尾が，一度に何時間も，さらには何日間もつづくことがある．多くの種は飛びながら交尾するが，自由落下の瞬間にすばやくことを終えることもある．一部の昆虫類——とりわけシロアリや，ミツバチ，スズメバチ，アリなどの各種の膜翅目の仲間——は社会生活を送り，それはほかの生き物たちではほとんど到達できない水準の協同関係にまで至っている．おそらくこれに匹敵するのは，生殖能力のある女王と性的に抑圧された労働者たちがいるハダカデバネズミくらいだろう．しかし，またもや，こうした生活様式を最初に発明したのは昆虫類である．

　よく使われる「成功」の判断基準のなかで，昆虫類が満たしていないのはからだの大きさである．なぜならば，ほとんどの昆虫類は長さが 0.5 cm から，2〜3 cm ほどしかない．大きさが制

限されている（少なくとも一般にはそう考えられている）のは，その呼吸方法にあり，硬い表面に開いた**気門 spiracle** に通じる**気管 trachea** 系では，昆虫類が酸素を取り込む能力には限界がある．一部の昆虫類——アザミウマ，甲虫の一部，寄生性のスズメバチ——は，顕微鏡が必要なほど小さい．それでも，比較的大型になる昆虫類もいて，赤道アフリカにいるゴライアスオオツノコガネ（英 the Goliath beetle）のオスは 70〜100 g になるし，ナナフシ目の「小枝昆虫」の一部では体長が最高 30 cm にも達する．ずば抜けて大きかったのは，体長と羽根のさしわたしが 1 m にも達していた古代のトンボの仲間である．

昆虫類はまた，個々の行動の「可塑性」に欠けている．可塑性とは，とりわけ類人猿，ネズミ，リス，イヌ，ゾウといった多くの哺乳類で見られる臨機応変の対応能力のことである．そうではあるが，昆虫の一部は，一見したときに感じられる愚直さ（だからミツバチは自分の舌の長さでは届かない深さにある蜜を求めて花に頭をつっこむ）よりも，柔軟な対応をとることがあるようだ．哺乳類のような知性には欠けているかもしれないが，そうした不足を行動の複雑さと，環境への微少な適応によって補っている．

あらゆる動物がそうであるように，昆虫類の成功もその体制によってもたらされる．昆虫類の体制はごちゃごちゃせず簡素なものであり，それがさまざまな変化を産み出すのに役立っている．一番特徴的なことは，昆虫類のからだが，3つの明確な合体節に分かれていることである．頭部は6個の基本的な体節からできており，**触角 antenna**（複 antennae）（第2体節），**大顎 mandible**（口器のすぐ後ろの第4体節上），**小顎 maxilla**（複 maxillae）（第5体節，甲殻類の第1小顎と相同），**下唇 labium**（複 labia）（第6体節上——祖先型の第2小顎が融合して形成され，一般には垂れ蓋状の構造物）といった4対の付属肢がついている．昆虫類はまた通常は**複眼 compound eye** をもち，ときには大きなものであるが，これをもたない仲間も多い．胸部には常に3つの体節があり，それぞれの体節が1対の歩脚をもつので，合計で6本になる（このため昆虫類には「六脚類 hexapod」という別名がある）．胸部第1体節の背側にある硬皮は**前胸背板 pronotum**（複 pronota）を形成し，イナゴ（直翅目）のような一部の仲間では，イートン校の制服の硬い襟をきっちり巻いているように見える．

現生昆虫類のほとんどは**翅 wing** をもっている——「ほとんど」がもっているのは，飛翔能力こそが昆虫に成功をもたらした真の秘密であり，翅を進化させた仲間は，生態学的にも，多様性の点でも，そうでない仲間を凌駕してきたからだ（ただし，後で論じるように，翅をもつ昆虫類の多くが——鳥類と同様に——後に飛翔能力を失っている）．昆虫類は，第2胸節（中胸 mesothorax）と第3胸節（後胸 metathorax）に翅をつけている．ただし，甲虫類では中胸にある翅が分厚くなって**翅鞘 elytron**（複 elytra）と呼ばれる楯となり，後部にある飛翔用の翅を保護しているし，ハエやカなどの仲間（双翅目 Diptera）では，後胸の翅が小さくなって**平均棍 haltere** と呼ばれる飛翔用安定装置になっている．翅はクチクラが延長したものであり，翅を支える翅脈は種の同定の際に役立つが，これはおそらく気管が変形して派生したものである．

翅および飛翔を可能にさせるメカニズムは，おそらく昆虫類でただ一度だけ進化したのであり，そのため，あらゆる昆虫類は1つのクレード，すなわち，有翅昆虫綱 Pterygota（翼や羽を意味するギリシャ語の pteros に由来する）と呼ばれる昆虫類の1つの綱を構成する．実際，有翅昆虫類は，脊椎動物では少なくとも3回は独立に飛翔能力が進化したのに対して，真の飛行ができる唯一の無脊椎動物である．だが，昆虫の翅はいかにして進化したのだろうか？　ここには2種の疑問がある．まず第1に，どんな選択圧がその進化を促したのか，要するになぜ翅が進化したのかという問いである．そして第2に，祖先のからだのどの部分から進化したのか，という問いである．

こうした問いの第1——なぜ昆虫が翅を進化さ

せたか——は，人間の眼についてときどき問われる疑問に似たところがある．いずれの場合でも，問題は中間型を想像することにある．つまり，完全に進化した人間の眼がすばらしい器官であり，それに明白な価値があることは理解できるが，それは段階を踏んで進化してきたはずである．とすれば進化途上の眼にはどんな価値があるのか？光を集めて投影するための網膜ができるよりも前に，いったいどんな自然選択圧がレンズを進化させようとしたのだろう？　あるいは，光を集めるレンズがなかったら，網膜にいったいどんな価値があるのか？　もし現代の生物学者たちが考えているように自然選択がはたらく——遺伝子の偶然の突然変異によって，たまたま有利にはたらく小さな身体的変化がもたらされる——とするなら，レンズと網膜といったこんなに複雑な２つの要素が，どうしたら並行して進化しえたと考えられるだろうか．同様に，昆虫の飛翔能力も，単に目に見える翅だけで実現されるのではない．進化した昆虫類では翅がはばたくときに変形する胸部骨格全体の改造も必要になるし，精妙な筋や神経の配置も必要になる．動かす筋肉ができるよりも前に，はたして——クチクラが拡張した突起である——翅にどんな意味があったのだろう？　あるいは，動かすものが存在しない時点で，どうやって自然選択は筋の進化を好んだのだろうか？

こうした疑問点の数々は，反進化論者たちが考えそうなほどには決定的な問題ではない．進化途上の眼であっても，まったく眼がないよりはましである．網膜も，かりにピントを合わせるレンズがなくてもきわめて有用である．未発達の段階でも，明暗を識別できるし，動きを認識できる．実際のところ，１個の光受容器でさえ役にたつのだから，まして網膜が無用のわけはない．レンズはそもそも透明な保護装置として進化し，後に焦点を合わせる能力を発達させたのかもしれない．もっとも単純にいえば，凸状に湾曲させるだけでことたりる話である．たとえばダーウィン自身が指摘しているように，多くの原生生物のもつ単純な眼点にいたるまで，人間の眼よりはるかに単純な眼をもつ生き物は数多く観察できる．中間段階を想像するだけでなく，実際に機能する中間型の例を考えることも，きわめて容易である．

同じように，昆虫類の最初の翅も，おそらくは筋肉が付着していない単なるクチクラの突起にすぎなかったのだろう．それにもいくつかの機能を考えることができる．呼吸の役に立っていたのかもしれない．あるいは，ゾウの耳や一部の爬虫類の背板のように，熱交換装置として進化させた可能性があり，実際，チョウの翅もそうである．チョウは明け方になると翅に日光を浴びてからだを暖め，活動性を高めている．おそらく初期の昆虫類には，ハマトビムシからクモ，カンガルーにいたる多くの生き物と同じように，跳ねるものもいただろう（跳躍は困難を切り抜けるためのすぐれた方法である）——そして，垂れ下がったフラップは，安定性を高め，まっすぐに着地する確率を高めてくれたはずだ．現在のバッタ類はこの原則を見せてくれる．ただし，もちろんバッタ類が滑空するのに使う翅は原始的なものではなく，現在の昆虫がもつ真の翅である．実際に何が起こったのかを確実に知ることはできないが，フラップを動かす筋肉が存在する以前でさえ，それがさまざまな形で有用なものだったことは確実に推測することができる．フラップが先にできてから，後になって筋肉が進化したのだろう．絶滅したムカシアミバネムシ目（古網翅目 Palaeodictyoptera）には，胸背板（胸部体節のそれぞれの表面にある背側の**板 notum**（複 nota））から突き出た固定された突起があり，これが翅の前身だった可能性がある．

ではこうしたフラップはどのようにして進化したのか？　学者のなかには，体壁が拡大してできたと示唆する人もいるし，水生昆虫の祖先の鰓から進化したと考える人もいる．現代の甲殻類がこれに対する手がかりを与えている[註1]．たとえば，多くの甲殻類（カニ，ロブスター，エビ）の鰓は，付属肢の先端の関節から突き出した羽毛状の構造物である．とりわけオタワにあるカールトン大学のジャーミラ・クカロワ＝ペック Jarmila

Kukalová-Peck が示しているように，昆虫類の祖先にある脚の最先端の関節が，現在の昆虫類の体壁内に統合されるようになり，それによって鰓がうまく体壁の上に移動したという強い証拠がある．そうした構造物が，私たちがここで仮定する必要がある，流体力学にかなう熱交換機能をもったフラップへと改造されたとも考えられるだろう．

【註1】 古代の甲殻類のいずれかが昆虫の祖先だったと考える動物学者もいるが，それに同意しない人もいる．しかし，最初の「真の」昆虫の両親が甲殻類でなかったとしても，甲殻類は依然としてこの原理を例示している．

昆虫の翅の前身が甲殻類の鰓から進化したという考えは，現在ではミハリス・アヴェロフ Michalis Averof（現在はドイツ，ハイデルベルクのヨーロッパ分子生物学研究所に所属）とスティーヴン・コーエン Stephen Cohen による新しい興味深い証拠によって支持されている．2人は1997年に，昆虫類の翅の発生に関与した遺伝子が，ブラインシュリンプ Artemia（英 brine shrimp）の付属肢の先にある鰓の発生を促進する遺伝子と相同であることを報告した――これは，アヴェロフがケンブリッジ大でマイケル・エイカム Michael Akam と共同で行った Hox 遺伝子に関する（8章で説明した）研究を発展させたものだった．(同一の門に属しているという意味では）明らかに関連している2つの生き物に生じる，構造上の類似性をもったこの2種類の器官が，同一の遺伝子によって形成されることが証明されるのなら，この2つの器官が相同であるという主張には十分な根拠がある．ある器官の機能と構造がそれほど激しく変化したとしても，それはとりたてて驚くようなことではない．顎骨が耳の骨になり，脚が手になり，などなど，この種のことは自然界では常に起きている．自然選択は日和見主義であり，新たに発明するよりも，流用したり，改造したりする道を選ぶ傾向が強い．

最後に，昆虫類の3番目の合体節である腹部は，原始的なものでは11個の体節をもっている．ただし，多くの目でこの数は喪失や融合によって少なくなっている．腹部に真の付属肢をもつのはもっとも原始的な昆虫類（および一部の幼虫）だけであるが，多くの昆虫類が腹部の最後の体節に**尾角 cercum**（複 cerci）をもっている．この尾角は一般には感覚器官であるが，ハサミムシ（革翅目 Dermaptera）ではものを掴むのに適したはさみになっている．

昆虫類の詳細な分類に関してまったく意見が一致する昆虫学者を見つけるのは容易でない．学者の権威ある意見も数多く存在する．昆虫類は生態学的にも経済学的にもきわめて大きな影響をもつので，昆虫学は何千人という生物学者を惹きつける独自の専門領域となっており，そのなかにはきわめてすぐれた学者もいる．ここに示した系統樹は，2つの主要な情報源から統合したものであり，この2つは細部での小さな食い違いはあるが実際上は同じ内容をもっている．すなわち，リチャード・ブルスカ Richard Brusca とゲイリー・ブルスカ Gary Brusca の『無脊椎動物 Invertebrates』（1990）と，N・P・クリステンセン N. P. Kristensen の『オーストラリアの昆虫類 The Insects of Australia』（1991）の中で評価の高い「現存する六脚類の系統発生」の章である．ブルスカもクリステンセンも，有翅昆虫類を25の目に分割している．ただし，ほかの権威のなかにはもっと多くの目を提案している人もいる．本文では，基本的な25の目に言及しているが，そのうちの8つは重要性が低いので，系統樹には――本当に重要な――17の目だけを示している．

昆虫類へのガイド

ほとんどの現生昆虫類は，翅をもっているか，翅をもっていた先祖の子孫で二次的に翅を失った仲間である．つまり，現生昆虫類のほとんどは，公式には有翅綱 Pterygota と呼ばれる――1つの

綱としてもよいだろう——一大クレードに属している．しかし，翅を捨てたのではなく，最初から進化させなかった，翅をもたない少数の重要な昆虫類も存在している．この仲間は，「翅がない」ことを意味する無翅類 apterygote と呼ぶことができる．

分岐分類学以前の時代には，無翅類は公式のグループとして無翅亜綱 Apterygota に分類されることが一般的だった．しかしここの系統樹が示しているように，この仲間は単一のクレードを構成していない．事実，ここには5つの別々の系統枝——トビムシ類 Collembola，カマアシムシ類 Protura，コムシ類 Diplura，イシノミ類（古顎類）Archaeognatha，シミ類 Thysanura——が存在し，明らかに特別な関係があるトビムシ類とカマアシムシ類を除けば，それぞれまったく別個の存在である．したがって，「無翅類」という用語は今も有用な形容詞ではあるが，従来のタクソン名として使われた無翅亜綱という表現は捨てるのが望ましい．かくして，昆虫類におけるパターンは，哺乳類や鳥類と同じものになる．すなわち，こうした大きな集団では複数の別々の系統枝が生じたが，いずれの場合にも，ただ1本の枝だけが主流となってきている．鳥類では，8本の枝のなかで新鳥類 neornithine だけが唯一生き残っているし，哺乳類では，やはり8本の枝のなかで生き残っているのは，獣類 therian と卵生の単孔類（現存しているのはカモノハシとハリモグラのみ）だけである．

昆虫類はすべて6本の脚をもっている——これは重要な共有派生形質である．それゆえ，六脚類 Hexapoda という別名がある．しかし，分類学者たちがそれぞれ「六脚類」という用語を異なった意味に用いてきたために，この点には混乱がある．たとえば，「六脚類」を単に「昆虫類」の別名として使う人もいるし，｛有翅昆虫綱＋シミ目＋古顎目｝を「昆虫亜綱 Insecta」と呼んで，グループ全体を表すのに「六脚類 Hexapoda」を使う人もいる．実際，｛有翅昆虫綱＋シミ目＋古顎目｝は1つのクレードを形成しており，このグループに共通する特徴の1つは口器を備えていることである．この3者のグループでは口器が顔の前面に堂々と突き出しており，そのために**外顎 ectognathous** と記載される．これとは対照的に，トビムシ類 Collembola，カマアシムシ類 Protura，コムシ類 Diplura では顔が口器のまわりに発達しているので，口器はくぼみの中に奥まっているように見え，この状態を**内顎 entognathous** と呼ぶ．しかし，この内顎状態は，ときに想定されるような単なる原始的な状態ではない．というのも，コムシ類と｛カマアシムシ類＋トビムシ類｝とは，それぞれ独自に内顎状態を進化させたからである．さらにまた，混乱を深めるだけのことだったが，シドニー・マントン Sidnie Manton は1970年代に「昆虫亜綱 Insecta」という用語を，翅のある昆虫類だけに限定して用いたので，彼女にとっては「有翅昆虫綱 Pterygota」と同義であり，無翅類のグループはそれぞれ別個の亜綱と見なしていた．

本書では，最初の，そしておそらくはもっとも一般的な考え方を採用している．すなわち，六脚類と昆虫類を同義語として扱う（この約束だと読者は「六脚類」という言葉は冗長だと思われるだろうが）．では，命名法に関する議論はこれくらいにして，いつものとおり系統樹を上から下にたどりながら，生き物たちそのものについて見ていこう．

翅のない昆虫：「無翅類」に属する綱

この系統樹が示しているように，現生無翅類は主要な5つのグループに分かれ，それぞれきわめて昔に枝分かれしているので，論理的には，シドニー・マントンが提案したように，多少なりとも高い階層の綱に分類するに値する．それに，私は，生態学的状態と系統学的状態とのこうした対比，つまり，そうした下位の生き物はそれだけ系統樹の根元近くで分かれた枝として表すべきであるという考え方を好む．これらのうちの3つの綱——トビムシ類，カマアシムシ類，コムシ類——

10・昆虫亞門

昆虫亞門 INSECTA

「無翅類」'apterygotes'

有翅昆虫綱
Pterygota

10

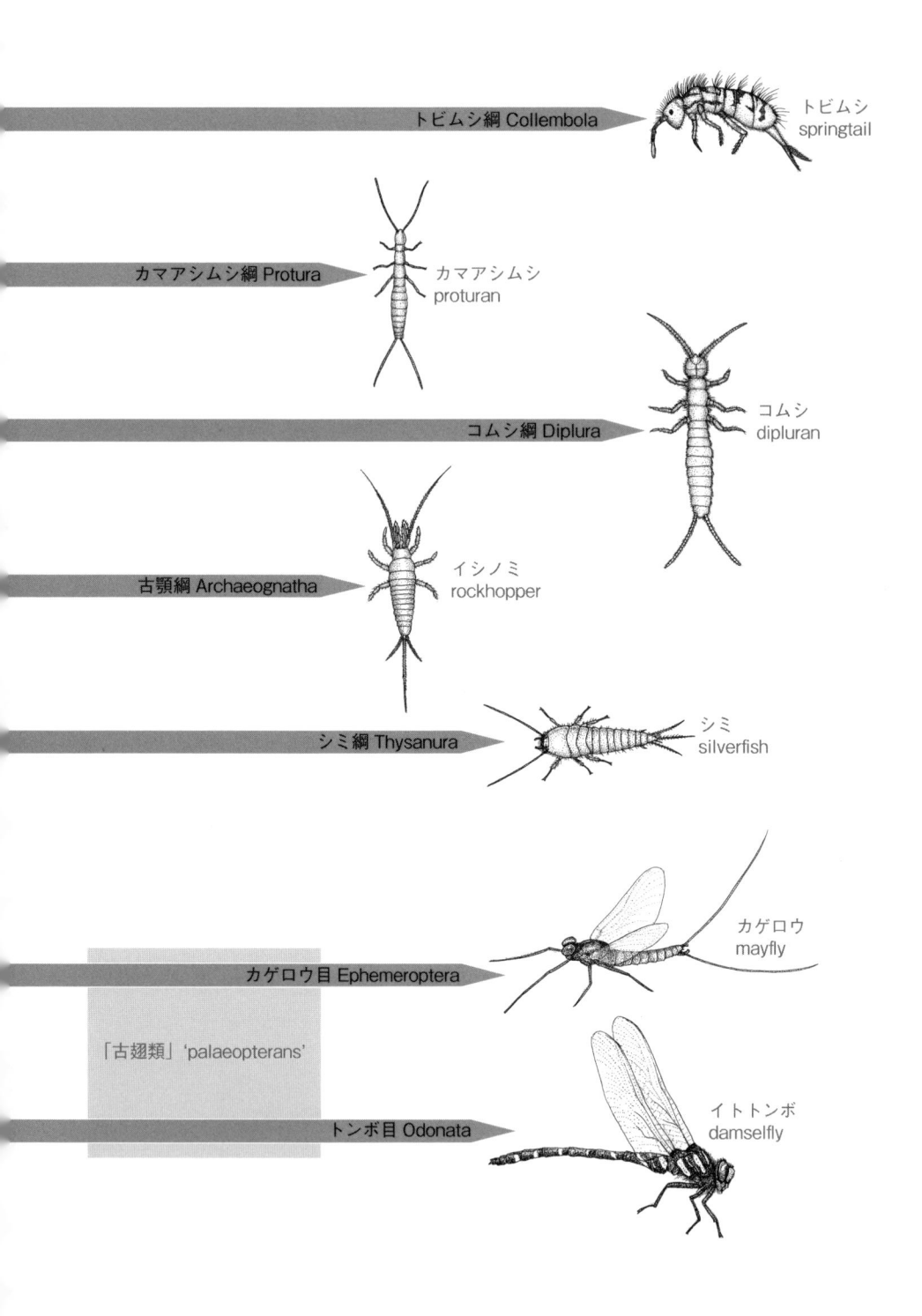

トビムシ綱 Collembola — トビムシ springtail

カマアシムシ綱 Protura — カマアシムシ proturan

コムシ綱 Diplura — コムシ dipluran

古顎綱 Archaeognatha — イシノミ rockhopper

シミ綱 Thysanura — シミ silverfish

カゲロウ目 Ephemeroptera — カゲロウ mayfly

「古翅類」 'palaeopterans'

トンボ目 Odonata — イトトンボ damselfly

10a・新翅亜綱 NEOPTERA

10a・昆虫亜門・新翅亜綱

- 新翅亜綱 NEOPTERA
  - 直翅類 Orthopterodea
    - 網翅上目 Dictyoptera
  - 半翅類 Hemiopterodea
  - 完全変態類 Holometabola

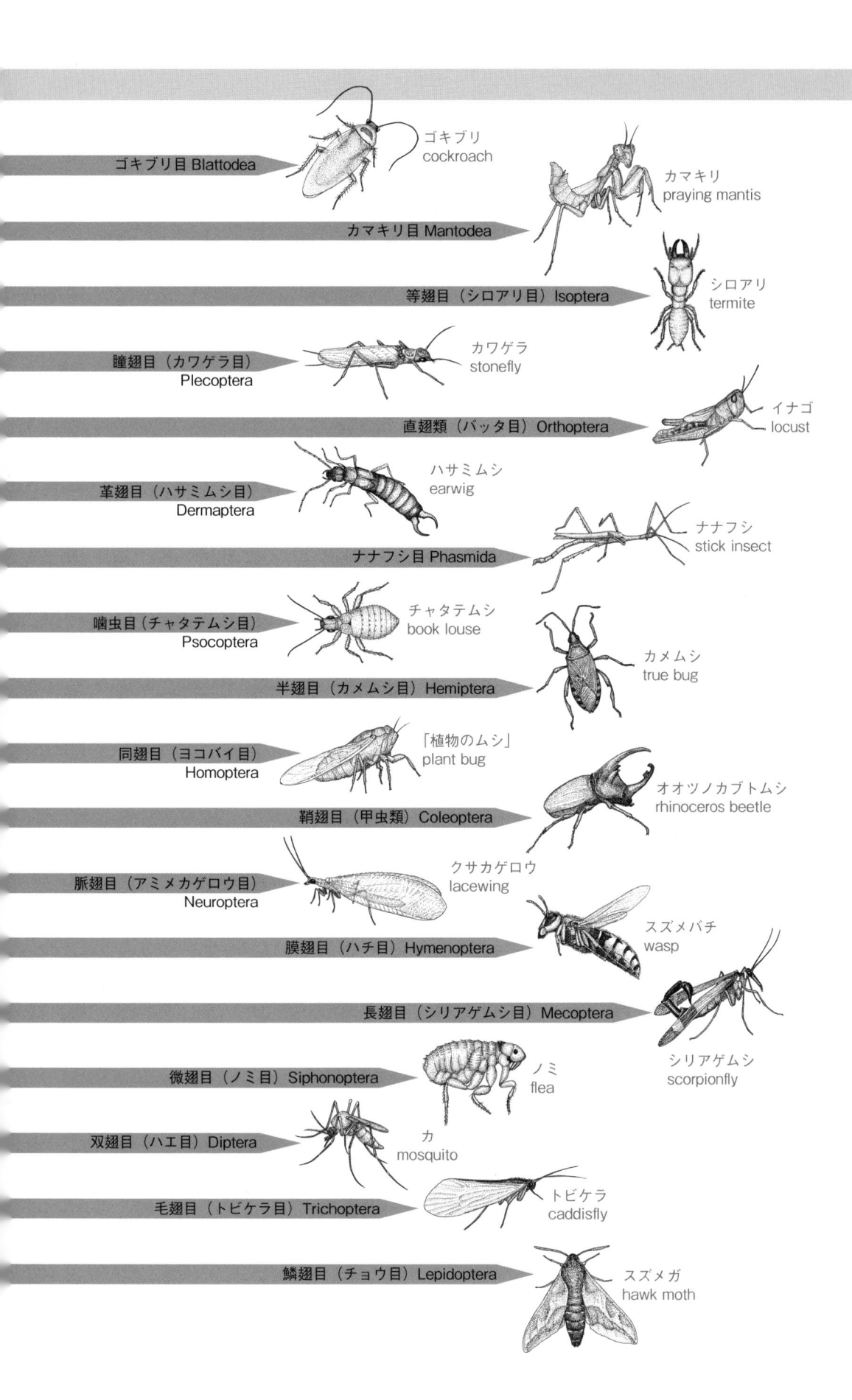

ゴキブリ目 Blattodea	ゴキブリ cockroach
カマキリ目 Mantodea	カマキリ praying mantis
等翅目（シロアリ目）Isoptera	シロアリ termite
襀翅目（カワゲラ目）Plecoptera	カワゲラ stonefly
直翅類（バッタ目）Orthoptera	イナゴ locust
革翅目（ハサミムシ目）Dermaptera	ハサミムシ earwig
ナナフシ目 Phasmida	ナナフシ stick insect
噛虫目（チャタテムシ目）Psocoptera	チャタテムシ book louse
半翅目（カメムシ目）Hemiptera	カメムシ true bug
同翅目（ヨコバイ目）Homoptera	「植物のムシ」plant bug
鞘翅目（甲虫類）Coleoptera	オオツノカブトムシ rhinoceros beetle
脈翅目（アミメカゲロウ目）Neuroptera	クサカゲロウ lacewing
膜翅目（ハチ目）Hymenoptera	スズメバチ wasp
長翅目（シリアゲムシ目）Mecoptera	シリアゲムシ scorpionfly
微翅目（ノミ目）Siphonoptera	ノミ flea
双翅目（ハエ目）Diptera	カ mosquito
毛翅目（トビケラ目）Trichoptera	トビケラ caddisfly
鱗翅目（チョウ目）Lepidoptera	スズメガ hawk moth

は外顎類であり，残る古顎類とシミ類は内顎類である．古顎類とシミ類は，外顎性の顎が進化した後で，しかし翅が進化するよりも前に出現したといってよいだろう．すでに示したように，これらのグループのうちの 2 つ（トビムシ類とカマアシムシ類）は関係があるようだが，それ以外は別個の存在である．

翅をもたないこの 5 つの綱は，多足類と同様，すべて間接的な授精方法をとる．すなわち，精子を精包囊 spermatophore に入れて伝える（これとは対照的に，飛翔昆虫類は交尾を行う）．この無翅類たちはまた，翅をもたない昆虫類がしばしば見せるように，異なった独自のステージを経て成体になるのではなく，（幼虫が成虫とほぼ同じ形になる）**直接発生 direct development** をする（訳註：「不完全変態」と同義）．一般に，翅をもたない昆虫類は——多足類や地味なクモ類，それにまた甲殻類のワラジムシと同様に——湿った場所に暮らす生き物である．

トビムシ：トビムシ綱 Collembola

トビムシ springtail は少なくとも一般名をもらっているほどには名前が知られている．「バネの尻尾」という英語の一般名の由来は，腹部の第 4 もしくは第 5 体節の付属肢に由来しており，それは一種の水圧バネになっている（血体腔液の圧力で動作する）．腹部はかなり短く，体節は 6 個以下であり，気管を失っていることも珍しくない（これも，拡散だけで十分である）．眼は独特であり，1 つの派生形質である．その眼は最大 10 個に及ぶ「単眼」から成り，それぞれは複眼の側面が融合して形成されているようだ．別の言い方をすれば，その眼は派生的でありながら，単純化された複眼のように見える．その口器は咬んだり咀嚼したりするためのものである．11 科約 2000 種が知られている．

カマアシムシ：カマアシムシ綱 Protura

カマアシムシ proturan は究極的に地味である．眼がなく，白っぽく，大きさも 2 mm を超えることはない．吸うための口器をもつ．触角は痕跡的であるが，奇妙なことに，第 1 歩脚をもち上げて，触角のはたらきをさせる．まれな生き物だが，約 100 種が知られている．

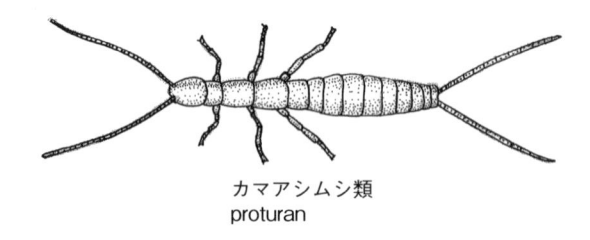

カマアシムシ類
proturan

コムシ：コムシ綱 Diplura

コムシはさらに白っぽくて眼がなく，体長はどれも 4 mm 未満である．しかし，こちらにははっきりと気管があり，体節数 10 の腹部には，**腹胞 stylus**（複 styli）と呼ばれる 7 対の単純な付属肢がついている．口器は咀嚼するためのものである．7 科約 100 種が知られている．

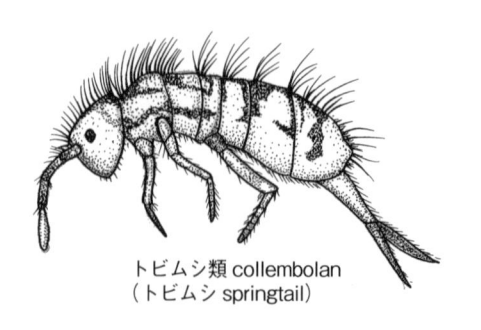

トビムシ類 collembolan
（トビムシ springtail）

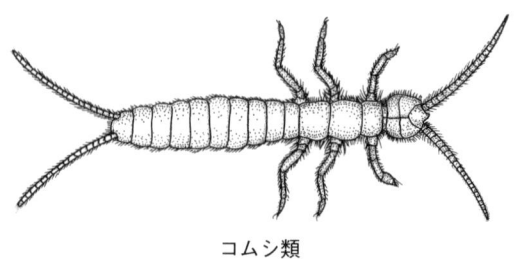

コムシ類
dipluran

シミとイシノミ：シミ綱 Thysanura と古顎綱 Archaeognatha

これもまた小さな生き物である．シミ（紙魚，英 silverfish）はほとんど退化した複眼と，咬んだり咀嚼したりするための顎をもつが，古顎類（イシノミ rockhopper）は頭部の正中線上に接する巨大な複眼をもち，その顎は，岩から藻類や地衣類をはぎとるために特殊化したつるはし状になっている．どちらのグループも，腹側部に突き出た腹胞（3～7対）と，長くて先が三叉に分かれた尾（尾部フィラメントでできた一種の3枚つづきの祭壇画（トリプティク））で識別される．一部のシミは，家庭内のちょっとした害虫として人間に影響を与える．この2つの綱には，命名された種が約700含まれる．

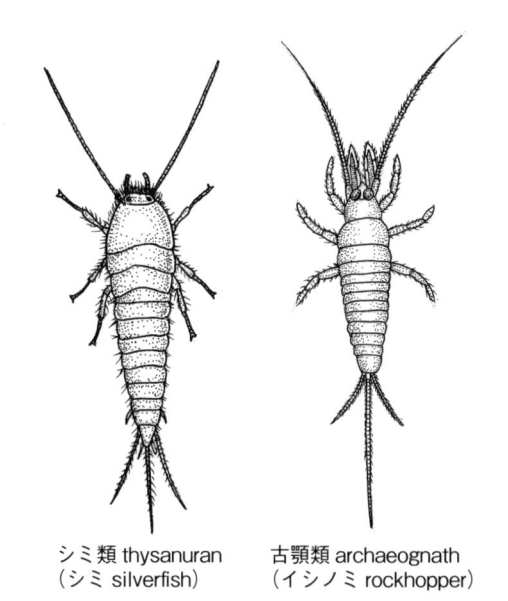

シミ類 thysanuran　　古顎類 archaeognath
（シミ silverfish）　　（イシノミ rockhopper）

———

さて無翅類はこのくらいにしよう．昆虫類の圧倒的多数が翅をもっており，もしそうでないとしても，それは，飛べない鳥のように，一度もっていたものを捨てたからである．飛翔能力こそが昆虫類を重要で，なおかつ興味深いものにしている．あらゆる飛翔昆虫は1つのクレードに属している——有翅昆虫綱という階層に合理的に位置づけられる．

翅をもつ昆虫：有翅昆虫綱 PTERYGOTA

有翅昆虫類は，飛翔様式によって2つの大きなグループに分けられる．まずカゲロウ目（蜉蝣類 Ephemeroptera）とトンボ目（蜻蛉類 Odonata，トンボ dragonfly とイトトンボ damselfly）という2つの目はある種の飛翔をするが，それは空気力学的分析や化石記録が教えるところでは，原始的なものである．具体的には，この仲間は胸部に垂直方向の（背腹方向の）筋肉をもっており，それが翅をただ引っ張る形で，エネルギーを「直接的に」翅に伝える．（「原始的」が必ずしも「洗練されていない」という意味にならないことに注意していただきたい．トンボは，飛翔中に静止したり，反転したり，空中で昆虫の獲物を捕獲したりする，驚異的な飛翔者である）．一方，ミツバチやハエなどのこれ以外のすべての飛翔昆虫では，体軸に沿った強力な筋肉が胸部の形を歪ませることによって，翅を「間接的に」動かしている．

従来の分類では，カゲロウ目とトンボ目をまとめて古翅下綱 Palaeoptera に分類し，それ以外——ゆうに20を超える目が含まれる大多数——を新翅下綱 Neoptera に入れていた．現在の分岐分類学の時代になると，ことはそれほど単純ではない．新翅類はたしかに1つのクレードを構成するように思われ，新翅下綱は公式のタクソンとして残すことができる．しかしここでも，かつての「古翅類」は，実際には密接な関係がない，ゆるやかな側系統的な集合体であるように思われ，したがって，「古翅類」という用語は，非公式の形容詞として扱うのが最善である．古翅類の翅に見られる精密なパターンもまた原始的であり，休息時の翅の休め方もそうである．飛行機のようにただまっすぐ伸ばしたままにするか，腹部に沿って翅の背面どうしを押しつけたりしている．それに対して新翅類ではさまざまな方法で腹部の上に翅をたたむことができる．

古翅類に属する目

カゲロウ：カゲロウ目（蜉蝣類 Ephemeroptera）

カゲロウ mayfly は 1 日だけの女王である．側面にある鰓と大きな口器をもつ水生幼虫の時期が，カゲロウの生活環の大部分を占めるが，成虫になると，痕跡的な口器しかもたず，まったく何も食べないで，交尾の相手を見つけて産卵するまでの間——数時間か数日間——生きている．ことを素早く行うために，カゲロウはときに結婚のための巨大な群れをつくり，空中で交尾する．カゲロウに独特のものとして，**亜成虫齢 subimago instar** と呼ばれる成虫に近い段階があり，この亜成虫には翅があるが，翅はからだのほかの部分と同様に別の膜に包まれている．カゲロウは長い尾毛をもち，通常はその中間の 1 本が長くなっている．カゲロウには約 2100 種が知られている．

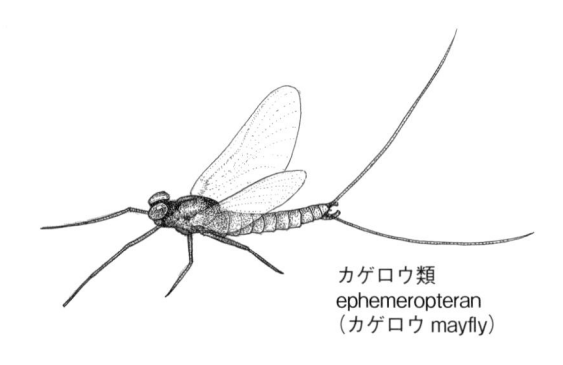

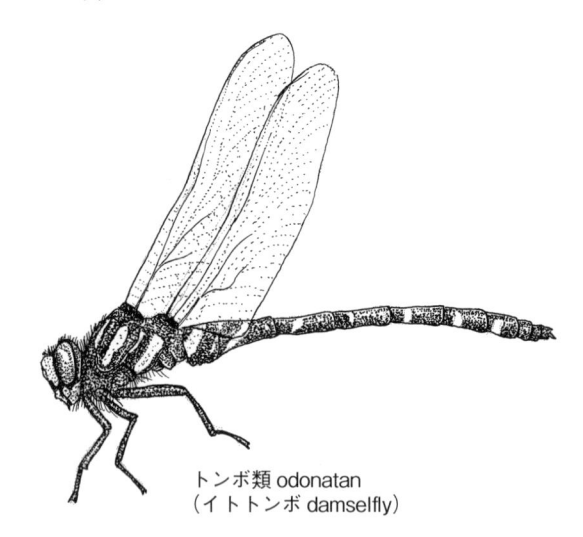

トンボ類 odonatan
（イトトンボ damselfly）

カゲロウ類
ephemeropteran
（カゲロウ mayfly）

トンボとイトトンボ：トンボ目（蜻蛉類 Odonata）

トンボ dragonfly とイトトンボ damselfly は，コウモリ，アマツバメ，ハヤブサと同様に，華麗な空中捕食者である．トンボ目は，獲物になる昆虫の位置をその巨大な複眼で見極める．そして，まっすぐ前方に突き出して籠状にした脚——私の知るかぎり，自然界でもっとも捕虫網に近いもの——で獲物を捕らえると，巨大な大顎で噛み砕く．トンボ目の主要な 2 つの系統枝であるトンボとイトトンボは，古翅類が休息時に翅を休める 2 つのやり方を見せてくれる．トンボは飛翔時と同じ形のまままっすぐ伸ばし，イトトンボは背中の上で，翅の背面どうしを押しつけた形にたたむ．幼虫（未成熟のステージ——以下を参照）は水生であり，直腸鰓をもっている．この幼虫もまた恐るべき捕食者であり，長く伸びる舌状に変形した下唇を使って，小魚などの小さな生き物たちを捕らえる．変態時になると，幼虫は水中から陸上に這いだし，見事な成虫 imago が麗しの空目がけてまっすぐ飛び立つ．トンボ目には 5500 種以上が知られている．

トンボ目とカゲロウ目のどちらが新翅類に近いのかははっきりしない．しかし，カゲロウ目は現生の有翅昆虫類のなかで唯一，翅を獲得した後になってさらにもう 1 回脱皮をするので，ほかのすべての有翅昆虫類とは異なっているという議論がある．だが，化石の証拠から，ほかの仲間にも亜成虫として翅をもつものがいたという主張もある．もしこの主張が正しいのなら，亜成虫の翅は昆虫類の原始的な特徴の 1 つであり，ほかのグループでは——互いに独立に——それを失ったが，カゲロウではそれがたまたま保持されてきた，と論じなくてはならない．そうであれば，カゲロウの亜成虫に翅が保持されていることをもって，カゲロウがほかの有翅昆虫類の姉妹群に当た

るとする議論は不十分であろう．しかし，そのほかの証拠によって，トンボ目がそれ以外の姉妹群に当たるとも示唆されているが，この場合にもカゲロウ目は別扱いされている．つまり，本書に示した――カゲロウ目と新翅類との間にトンボ目をおいた――並べ方は，少なくともよりすぐれたものが提案されるまでは，現状では最善のものである．

新翅亜綱 Neoptera

新翅亜綱は，主として昆虫類の発生の仕方（卵から成虫にどのように変化するか）によって，3つの主要なグループ，一般にはディビジョンdivisionと呼ばれるグループに分かれる．節足動物である昆虫類は成長するために脱皮をする必要がある．いったん硬化したらその被甲は伸びることができない．このことは，節足動物の生活が，否応なく複数のステージに分かれることを意味する．そしてこのことは，個々のステージに自然選択が別個に作用しうる（そして実際に作用する）ことを意味し，成虫とは構造も生活様式も大きく異なる幼若形を産み出すことが珍しくない．この現象は甲殻類においてめざましく，その幼生は成虫とはまったく見かけが異なることもある．この現象は昆虫類でも認められる．しかし，幼虫が成虫とどのくらい異なるかは，新翅類のこの3つのグループによって違いがある．

たとえば，3つのディビジョンのうちの2つ，直翅類 Orthopterodea と半翅類 Hemiopterodea では，発生は直接的であり，**不完全変態 hemimetaboly** と呼ばれる．その幼虫の形態は，例外はあるが一般に**若虫 nymph** と呼ばれており，成虫とそっくり同じなわけではない（ただし，しばしばよく似ている）が，体節のあるからだと6本の脚をもっており，見かけが昆虫であることは明白である．一貫して欠けているのは翅と性的成熟である．この若虫が脱皮と脱皮の間に過ごすさまざまなステージのそれぞれを**齢 instar** と呼び，成体を**成虫 imago** と呼ぶ．

しかし，3つ目のグループ，完全変態類 Holometabola では，発生は間接的であり，**完全変態 holometaboly** を行う．その生活環は――卵のステージ以降では――明確に分かれた3つの相に分割されることに特徴がある．まず最初が，摂食と成長に専念する**幼虫 larva** で，きわめて多様な形態のどれか1つをとる．幼虫はしばしば蠕虫のような見かけをしている――脚があることも，ないことも，あるいは，**腹脚 proleg** と呼ばれる，葉脚のような腹部の突起をもつこともある．こうした幼虫には，「地虫 grub」（鞘翅類 Coleoptera），「蛆虫 maggot」（ハエ），「毛虫 caterpillar」（鱗翅類 Lepidoptera）といった，さまざまな一般名がある．しかし，それぞれの目の中でも，驚くほどの違いがあることがある．たとえばハエの幼虫は蛆虫だが，近い関係にあるカの幼虫は活発な遊泳生活者（ボウフラ）になる．しかし，幼虫の外形がどうであれ，その内部にはあちこちに**成虫原基 imaginal disc** と呼ばれる胚組織があり，この原基から最終的な成虫がつくられる．

2つ目のステージは**蛹 pupa** である．表面上は不活発で，環境が厳しいときに昆虫が休眠状態に入る役目をすることもあるが，内部では大騒動が起きている．幼虫の組織はほとんどが――実際，成虫原基を除くほとんどが――破壊される．こうしたものが成長し，再組織化されて，成虫の翅，生殖器官，複眼，などそのほかすべてのものがつくられる．破壊された幼虫の組織が原料になる．蛹はときに，絹によって覆われ，**繭 chrysalis** をつくることがある．そして最終的に成虫が蛹から出現する．幼虫から蛹，蛹から成虫への移行を**変態 metamorphosis** と呼ぶ．

ディビジョン直翅類 Orthopterodea

ゴキブリ目 Blattodea，カマキリ目 Mantodea，シロアリ目（等翅類 Isoptera）の3つの目は明らかにまとまりがあり，ときにはこれらを網翅上目 Dictyoptera にまとめることもある．ゴキブリは実際には――シロアリの祖先に当たる――側系統のグループである可能性がある．この3つの目

に，カワゲラ目（瞳翅類 Plecoptera），バッタ目（直翅類 Orthoptera），ハサミムシ目（革翅類 Dermaptera），ナナフシ目 Phasmida を加えたものをまとめて直翅類とし，単純に「ディビジョン」と記載しておくのが便利である．この直翅類は一般に原始的であり，不完全変態をし，2対の翅をもち，咬んだり咀嚼したりする口器をもっている．

ゴキブリ：ゴキブリ目 Blattodea

ゴキブリ cockroach は，革のような前翅と，大きな団扇のような後翅をもつ扁平なからだをしており，走るための長い脚をもっている．胸部第1体節にある背側の硬皮（背板 tergite）――**前胸背板 pronotum**――が，翅の前面でくっきりした楯になっている．腹部の末端付近には目立つ**尾葉 cercus** がある．ゴキブリは**卵鞘 ootheca** と呼ばれる鞘に産卵する．ほとんどのゴキブリは熱帯に暮らしているが，なかには温帯にいるものもいる．洞窟，砂漠，アリや鳥の巣といった場所に暮らすものもいる．雑食性のゴキブリもいるが，もっと限られた種類の餌を食べるものもいる．なかには樹木を食べて生きているものもいて，腸内細菌叢にセルロースの消化を助けさせている．シロアリは，ゴキブリに似た祖先から進化してきた

ものと考えられている．ゴキブリの一部はよく知られ，害虫としてひどく恐れられている．英国ではしばしば「黒い甲虫 black beetle」と呼ばれるが，色が黒いわけでも甲虫に似ているわけでもない．合衆国では，英国のクモ恐怖症の代わりに，同じくらい「ゴキブリ恐怖症」が幅をきかせている．しかし，3700種ある既知のゴキブリのうち，家屋内に暮らしているのは40種に満たない．

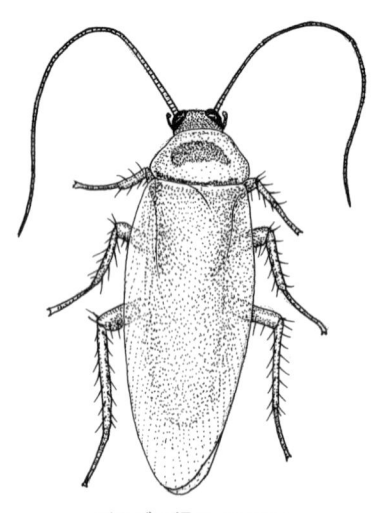

カマキリ：カマキリ目 Mantodea

狩りの名人としてはカメレオンが有名だが，昆虫類が出した答えはカマキリ mantis である．静かにうまく身を隠し，ひと突きで――ただしカメレオンのように舌ではなく，大きな狩猟用の前肢を使って――昆虫やクモを捕獲する．カマキリは，長くてしばしば手の込んだ首のようになった胸部前端部（前胸 prothorax）の先に，巨大な複眼がついたきわめて可動性の高い頭部をもち，潜望鏡のように使う．前翅は厚くなり，後翅は膜状である．メスのカマキリは，しばしば交尾の最中に，交尾相手を食べてしまうことで有名である．このやり方はぞっとさせられるが経済的でもあり，熱烈なダーウィン信奉者であれば，交尾相手を食べるメスは，それによって，そのオスがほかのメスを授精させない保証が得られるというところかもしれない．ほかのメスに子どもが生まれれば，自分自身の子どもの競争相手になるからである．1800種あるカマキリのほとんどは熱帯に暮らしている．温帯にも少数がいる．

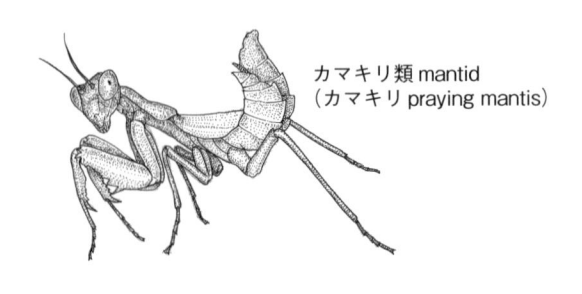

カマキリ類 mantid
（カマキリ praying mantis）

シロアリ：シロアリ目（等翅類 Isoptera）

シロアリ termite は小さくて，柔らかいからだ

ゴキブリ類 blattodean
（ゴキブリ cockroach）

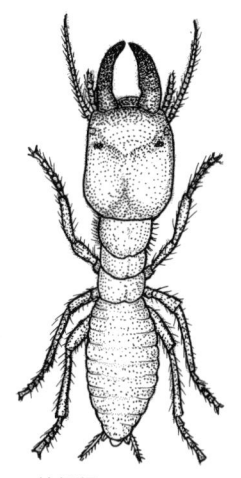

等翅類 isopteran
（シロアリ termite）

をもち，木を餌にする．シロアリは，膜翅類（とくにミツバチ，スズメバチ，アリ）とともに，**真社会性 eusocial** と呼ばれる極端な協同体生活形態を発明した．真社会性の社会では，女王と専門のオスだけが生殖を行い，残りは一般労働者や防衛のための「兵士」といった明確なカーストを構成しており，実質的に不妊であるのが普通である．哺乳類にも真社会性を示すものがいて，とりわけ地下生活を送る齧歯類のハダカデバネズミが有名だが，この仲間では不妊は可逆的現象であり，女王が死んだときには，労働階級のオスやメスが生殖能力をもつようになる．

シロアリの巣は，ときには高さが数 m になり，地下には広大で複雑な迷宮を備えたすばらしいものである．そのすぐれた換気方式の秘密を，ようやく建築家たちが理解しはじめたばかりである．すべてのシロアリは腸管内に微生物を棲まわせて，木のセルロースを消化させている．原始的なシロアリの仲間は原生動物の鞭毛虫類を利用するが，進化したシロアリは細菌を好む．熱帯林が伐採され（食料と空間が同時に提供され）るにつれて，シロアリはますます数を増やしており，その腸管内に暮らす動植物相が発生するメタンガスが，地球温暖化に無視できない影響を与えている．約 2000 種のシロアリが知られている．

カワゲラ：カワゲラ目（瞳翅類 Plecoptera）

カゲロウと同様，カワゲラ stonefly でも水生の若虫の期間がその生活環の大部分を占める．淡水では，カワゲラは重要な捕食者であると同時に，自らも重要な餌になる．成虫の口器は縮小しており，成虫になっても摂食はするが，短命であり，交尾後は長く生き残れない．休息時にからだの上でたたまれる，原始的な翅脈をもった翅，長い触角，そして——通常は——長くて関節構造をもった尾角 cercus によって識別される．約 1600 種のカワゲラが知られている．

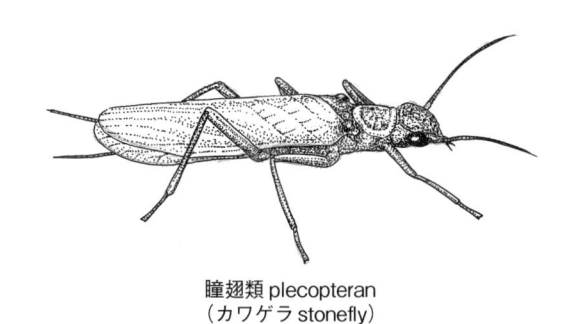

瞳翅類 plecopteran
（カワゲラ stonefly）

バッタ，イナゴ，コオロギ：バッタ目（直翅類 Orthoptera）

バッタ類 grasshopper の形は見間違いようがない．左右方向に平らになって断面が縦長のからだ，大きな頭部，イートン校の制服の固い襟のように大きな前胸背板，革のような前翅，団扇のような後翅，しばしば大きく発達し，跳ねたり見事な跳躍をするためにばねの力を蓄えて曲げられた後肢，といった特徴がある．最大の昆虫類の一部

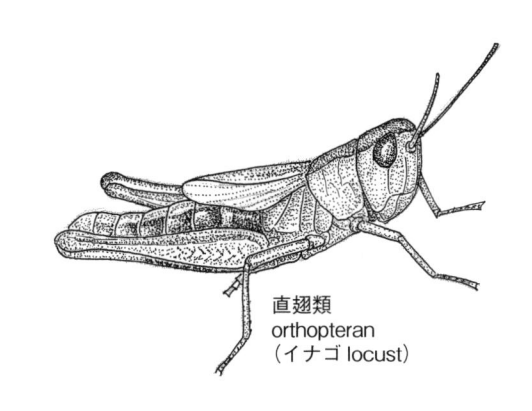

直翅類
orthopteran
（イナゴ locust）

は直翅類である——体長が12 cm，広げた翅の幅が24 cmにもなる．雑食性のものや，なかには捕食性のものもいるが，ほとんどは草食性である——イナゴ locust は穀物を大量に食べる．直翅類の一部，とりわけオスは，特殊な形になった前翅どうしや，後脚の腿節と前翅の特殊な翅脈とをこすり合わせることによって（しかし，後脚どうしをこすり合わせることはない！），摩擦音による**鳴き声を出す stridulate**．コオロギ cricket は，種ごとに異なる鳴き声を出す．多くの場合，この鳴き声が種を区別する唯一の手がかりである．（熱帯を舞台にしたあらゆるアメリカの映画に登場する種は，マニアたちには「ハリウッドコオロギ」として知られている）．約2万種の直翅類が知られている．

ハサミムシ：ハサミムシ目（革翅類 Dermaptera）

ハサミムシ earwig はほとんどが熱帯産だが，温帯に暮らす種も多い．ハサミムシは，しっかり硬化し，ものをつかむのに適した尾角によってすぐに識別できる．この尾角はさまざまな目的に使われるが，たとえば，膜性の後翅（もし存在していれば）を，小さな革状の保護用前翅内にたたみこむのを助けたりする．ハサミムシについてはほとんど知られていないが，多くは夜行性で，雑食性の清掃動物（スカベンジャー）のようである．メスは育児に熱心で，不完全変態の若虫たちが，母親のまわりにかたまっていることも珍しくない．約1100種のハサミムシが知られている．

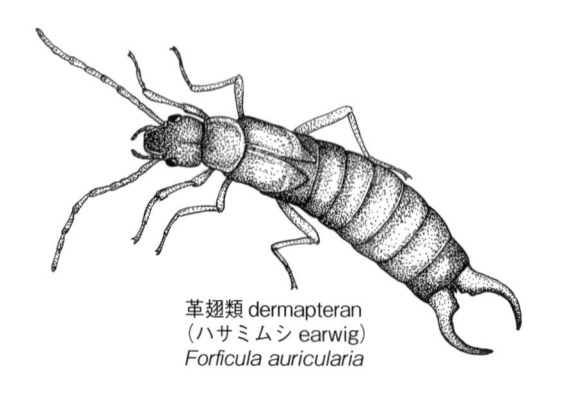

革翅類 dermapteran
（ハサミムシ earwig）
Forficula auricularia

木の枝や葉などに偽装する昆虫たち：ナナフシ目 Phasmida

ナナフシ phasmid は一般に偽装の名人で，木の枝のような細長いからだをもつか，植物の葉にそっくりの，しばしば飾りもついた平らなからだをもつ．ハサミムシと同様，ナナフシも団扇のような後翅を，短くて革状の前翅の下に隠しもっている——ただし，こうしたものはときには欠けていることがある．ナナフシは草食性である．ほとんどは4 cm未満であるが，木の枝状のナナフシでは35 cmにもなるものがいる．2500種以上のナナフシが知られている．

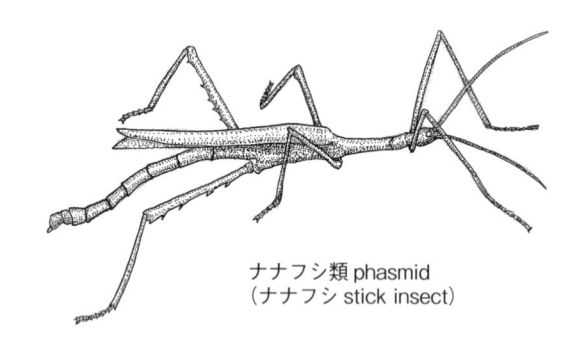

ナナフシ類 phasmid
（ナナフシ stick insect）

ディビジョン半翅類 Hemipterodea

さらに別の7つの目——チャタテムシ目（噛虫類 Psocoptera），アザミウマ目（総翅類 Thysanoptera），ジュズヒゲムシ目（絶翅類 Zoraptera），カメムシ目（半翅類 Hemiptera），シラミ目（吸蝨類 Anoplura），ハジラミ目（食毛類 Mallophaga），ヨコバイ目（同翅類 Homoptera）——がディビジョン半翅類 Hemipterodea を構成する．これらの仲間たちは，経済的な特性をもっている——解剖学的特徴が一般に単純化されているのだ．たとえば，触角は一般に短く，尾角はなく，翅は存在する場合でも，翅脈相が単純になっている．液体を餌にするものもいて，その口器は皮下注射器のように突き刺して吸い上げるのに適している．直翅類と同様に，不完全変態によって発生するが，1回もしくは2回，蛹のようなステージをもつものもいる．

系統樹に示し本文で説明しているのは，半翅類のうちの3つの目——チャタテムシ目，カメムシ目，ヨコバイ目——だけである．

チャタテムシ：チャタテムシ目（噛虫類 **Psocoptera**）

チャタテムシ psocopteran（英 book louse, bark louse）には長くて糸状の（鞭状の）触角と，噛み砕くための口器がある．小さい虫だが，必ずしも微小というわけではなく，体長1〜10 mm ほどである．多くのカタツムリと同様に，チャタテムシは一般に微小植物相（ミクロフローラ）——藻類や真菌類——を餌にしており，そうした微小植物相のある湿った場所に暮らしている．こうした場所には，食料品店，博物館のコレクション，さらには装丁された本も含まれるので，チャタテムシは害虫になることがある．約2600種のチャタテムシが知られている．

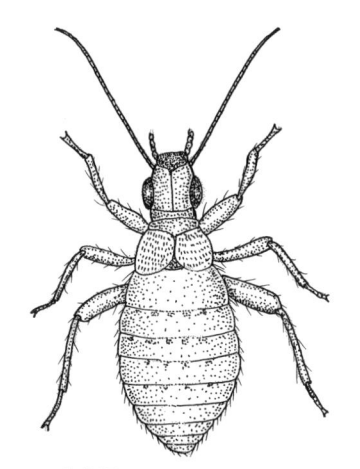

噛虫類 psocopteran
（チャタテムシ book louse）

真の「ムシ」：カメムシ目（半翅類 **Hemiptera**）

英語でいう虫（bug）は多様性に富み，刺したり吸ったりするための口器として，関節構造のある吻をもつ，生態学上重要な生き物である．ゴキブリと同様に，前胸背板 pronotum はとても目につく顕著な楯になっている．2対の翅は休息時は腹部に沿ってたたまれており，後翅よりも小さい

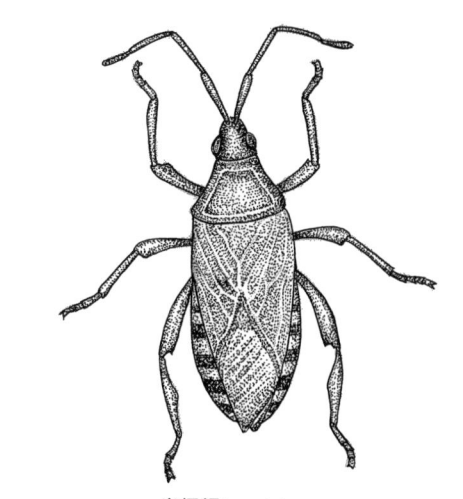

半翅類 hemipteran
（カメムシ true bug）

前翅は，からだに近い部分（基部）は硬くなっているが，翅の先端（末梢部）に近づくにつれて膜状になっている．この仲間の多くは草食性であり，一部は経済的にもきわめて重大な影響を及ぼす害虫である．しかし捕食性のものも多いし，一部は脊椎動物の外部寄生虫 ectoparasite として特化している．トコジラミ bedbug のようにきわめて強い痒みをもたらすものもあるし，深刻な病気を媒介するもの（媒介動物 vector）もいる．たとえば，アフリカ睡眠病（双翅類のハエによって媒介される寄生虫が病原体）に相当する南アメリカのシャーガス病を起こす原生動物を媒介する．半翅類には，マツモムシ backswimmer やフウセンムシ water boatman のような愛らしい生き物も含まれる．巨大な目であり，約3万5千種が知られている．

セミやアリマキの仲間（「植物のムシ **plant bug**」）：ヨコバイ目（同翅類 **Homoptera**）

植物のムシ plant bug たちは，刺して吸うための吻，腹部の上にテント状についている2対の翅，大きな前胸背板，しばしば跳躍に適応した後肢，そして多くの仲間でロウ状の分泌物で保護されたからだ，といった特徴をもつ．この同翅類は，要するに，ウンカ（plant hopper, leafhopper），ツノゼミ tree hopper，アワフキムシ

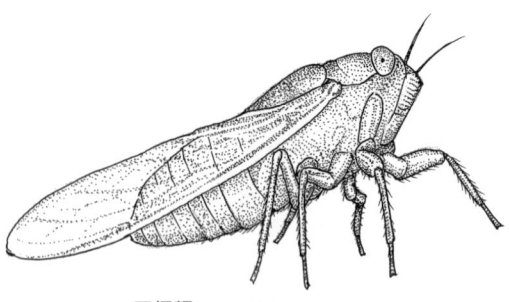

同翅類 homopteran
(「植物のムシ」'plant bug')

(spittlebug, froghopper), コナジラミ whitefly, アリマキ aphid, セミ cicada, カイガラムシ scale insect, コナカイガラムシ mealy bug であり, 植物の樹液を吸い, 穀物をしおれさせたり, ウイルスを媒介したりして, しばしば大きな害をもたらす. ほとんどの種が過剰の糖分を肛門から「蜜」として染み出させる. 3万3千種以上が知られ, 世界中のほとんどの環境に生息している.

ディビジョン完全変態類 Holometabola

完全変態類に通常分類される8つの目には, 自然界でも屈指の美しさを体現した仲間が含まれる. この仲間は, 「完全な」変態をして発生する昆虫類であり, 幼虫 (将来の翅の原基は内部にもっている) は, 成虫とはまったく異なる生活をしているのが普通である. 完全変態類の8つの目はすべて記述しておく必要がある.

甲虫類：鞘翅類 Coleoptera

革質や角質の保護用翅鞘 elytron に変化した前翅をもつ重装備の昆虫のからだが, じつはあらゆる形態のなかでもっとも柔軟性に富むということなど, いったいだれが想像できるだろうか？ だが, 地球上で既知の種すべての3分の1近くがこの甲虫類なのである. 6万5千種がゾウムシ weevil であるが, このほかにも, オサムシ ground beetle, ハネカクシ rove beetle, ハンミョウ tiger beetle, カミキリムシ long-horned beetle, ハムシ leaf beetle, コメツキムシ click

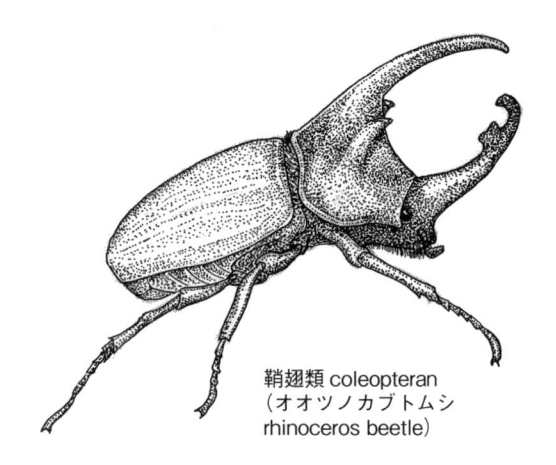

鞘翅類 coleopteran
(オオツノカブトムシ rhinoceros beetle)

beetle, シバンムシ death-watch beetle, テントウムシ (ladybug, アメリカ人はこれを ladybird と誤称しているが, 捕食者と被捕食者とを混同したものである), ミズスマシ whirligig beetle, どう猛な淡水産のゲンゴロウ diving beetle といったものから, ホタル firefly やツチボタル glow-worm といった特殊能力を発達させた驚くべき仲間まで, 数多くの種類がいる. 甲虫類には30万種が知られているが, さらに何十万種もいるのは間違いない.

クサカゲロウ lacewing, ウスバカゲロウ ant-lion, ラクダムシ snakefly：アミメカゲロウ目（脈翅類 Neuroptera）

成虫の脈翅類は, 腹部の上にテントを張ったような, きわめて翅脈の発達した翅をもっている. 咬んだり噛み砕いたりするための口器をもち, 多くの種がほかの昆虫類を捕獲して餌にする. 幼虫や蛹の形態は驚異的である. 幼虫にも十分発達し

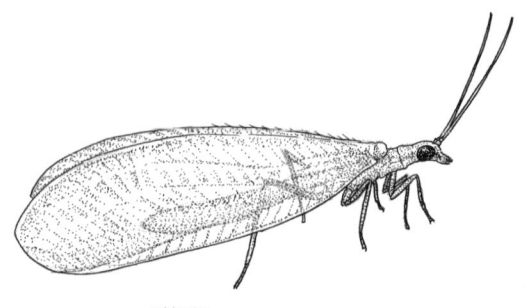

脈翅類 neuropteran
(クサカゲロウ lacewing)

た脚があり，蛹もまた，自由に動く付属肢と機能する大顎をもち，変態以前から歩くことがある（ただし摂食はしない）．脈翅類には47種以上が知られている．

アリ，ミツバチ，スズメバチ，ハバチ：ハチ目（膜翅類 Hymenoptera）

膜翅類では，小型で膜状の後翅が，鉤状のものによって前翅と結合し，1つの機能単位をつくっている．ほとんどは咬むための口器をもっているが，ミツバチ bee のように，長く伸びた下唇を花蜜をなめるための舌として使うものもいる．最初の昆虫花粉媒介者 insect pollinator となったのはおそらく甲虫類で，被子植物が進化する前に裸子植物と共生関係を築いていた．しかし，花蜜食と虫媒を芸術の域まで高めたのは，膜翅類（とりわけミツバチ）と鱗翅類（チョウやガ）たちだった．こうした昆虫たちが顕花植物の進化の骨格をつくり，同時に自分たちも共進化した．しかし，膜翅類はこれ以外にも多様な摂食方法をもっている．もっとも驚くべきものは，多くの寄生性のヒメバチであり，ほとんどはごく小さいが，卵をほかの昆虫の体内に産みつけ，幼虫はその昆虫の内側から食い破って出てくる．この仲間は，生物学的害虫対策の道具として広く活用されている．

メスの膜翅類は二倍体であり，通常のように，両親から1組ずつ受け継いだ染色体を2組もっている．ところが，オスは1組しか染色体をもたない半数体である．このことは，メスの膜翅類は母親の遺伝子の半分しか受け継がないが，父親の遺伝子はすべて受け継ぐことを意味している．この結果，膜翅類のメスの姉妹——ワーカー蜂——は，それぞれの遺伝子の4分の3が同じものということになり，社会生物学の理論によれば，並はずれた協同作業が促進されると予測される．実際，この仲間は協同作業を行う．膜翅類は真社会性の行動を，何度も独立に再発明している（驚くほどシロアリと似ている）が，（シロアリとは異なり）単独行動をする膜翅類も多い．

膜翅目には2つの亜目がある．より原始的なハバチ亜目（広腰類，無針類 Symphyta）は，「腰幅の広い」ハバチ sawfly やキバチ horntail の仲間であり，オスとメスの見かけは似ていて常に翅をもち，幼虫は一般に毛虫様である．ハチ亜目（細腰類，有針類 Apocrita）には，もっと進化したアリ ant，ミツバチ bee，スズメバチ wasp などがいて，腹部の第1，第2体節の間に明瞭なくびれ（「腰」）がある．これらが，より社会性の高い種類であり，しばしば明確なカースト制のある巣の中に暮らし，脚のない，地虫に似た幼虫の面倒を見る．ハバチ亜目には約4700種，ハチ亜目には約1万2500種が知られている．

シリアゲムシとその仲間：シリアゲムシ目（長翅類 Mecoptera）

シリアゲムシ scorpionfly は細身の生き物で，休息時には細い膜状の翅をからだの両脇にたた

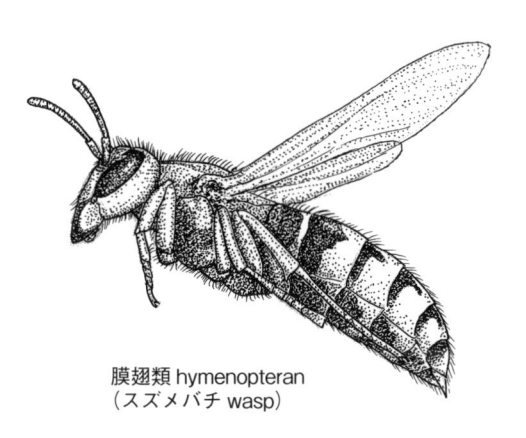

膜翅類 hymenopteran
（スズメバチ wasp）

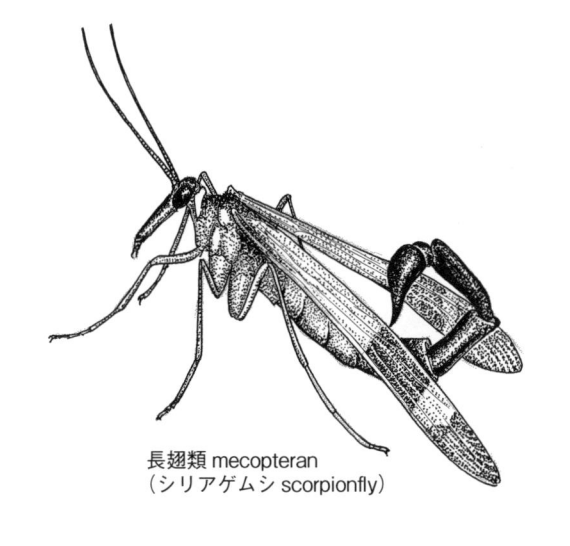

長翅類 mecopteran
（シリアゲムシ scorpionfly）

み，長くて細い脚をもち，体長の半分ほどの長さの触角がある．メスには1対の尾角があり，オスにはサソリの針に似た，複雑で目立つ生殖器がある（英名の scorpionfly はこれに由来する）．ほとんどは森の中に暮らしており，花蜜食や腐食性のものもいるし，ほかの昆虫類を捕食するものもいる．世界中で約500種のシリアゲムシが知られている．

ノミ：ノミ目（隠翅類，微翅類 Siphonaptera）

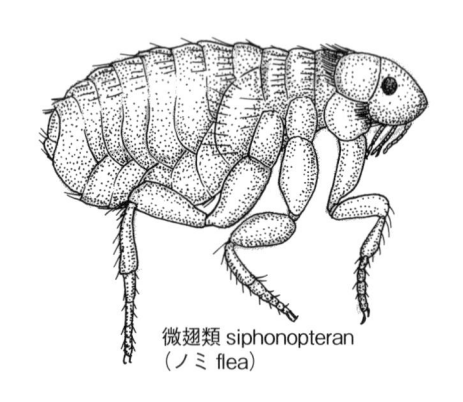

微翅類 siphonopteran
（ノミ flea）

ノミ flea は，鳥類や哺乳類に対する小さな（5 mm 未満の）外部寄生者であり，刺したり吸ったりするための口器，つかまったり跳ねたりするための脚，簡単に捕まらないための硬い被甲つきの圧縮されたからだをもっている．触角は短く，頭部の両脇にある深い溝の中に収められている．複眼は欠けていることが多い．シラミと同様，ノミも翅を捨てている．幼虫は宿主とは離れているが近い場所——たとえば巣内にたまったゴミの上——で餌を食べ，蛹は繭をつくる．なかには宿主となる種を厳密に決めているものもいるが，いろいろな種にうまく飛び移るものもいる．ほかの害虫や病原体を，宿主から宿主へと伝播させることもある．たとえば，寄生虫をイヌからイヌへ，あるいはイヌからネコへ，ペスト菌を齧歯類どうしのあいだ，そして齧歯類から人間へと伝播させる．約1750種のノミが知られている．

ハエ，カ，ヌカカ：ハエ目（双翅類 Diptera）

双翅類 Diptera とは「2枚の翅」という意味であり，前翅のみが翅として機能し，後翅は平均棍 haltere と呼ばれる，飛翔時の安定装置になっている．大きな可動性の高い頭部に巨大な複眼を備えた双翅類は，それに相応しいすぐれた視力をもつ優秀な飛翔者である．食性は——捕食，腐食，糞食，吸血のように——さまざまで，口器も，ぬぐい取り，吸い取り，なめ取りといった目的に適応しており，吸血種ではさまざまな部位が刺通用の**吻管 stylet** になっている．双翅類の幼虫は，真の脚をもたない蛆虫であるが，なかには歩行用の腹脚 proleg や偽足 pseudopod をもつものもいるし，水中でのさまざまな暮らしに適応しているものもいる．

双翅類は，温泉，石油の浸みだした場所，ツンドラの水たまり，果ては浅い海水中まで，世界中の驚くほど広い範囲の環境に生息している．双翅類はまた，マラリア，黄熱，アフリカ糸状虫症（カ）から，サシガメなどの昆虫によって媒介される南米のシャーガス病と類似のアフリカ睡眠病（ツェツェバエ tse tse fly）のように，病気を媒介するすべての昆虫のなかでもっとも重要な仲間である．カやツェツェバエのほか，双翅類には，ニクバエ flesh fly，イエバエ house fly，サシバエ stable fly，ツリアブ bee fly，ハナアブ hover fly，ミバエの仲間 picture-winged fly，ヌカカ biting midge，ユスリカ midge，幼虫が植物の根をかじる「革ジャケット（leatherjacket）」の異名をもつガガンボ crane fly（「足長おじさん daddy-long-legs」）が含まれる．約15万種の双翅類が知られている．

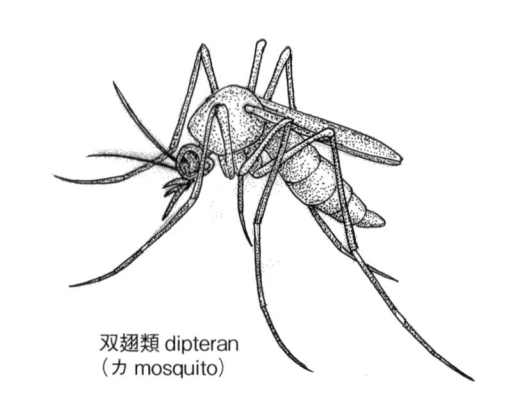

双翅類 dipteran
（カ mosquito）

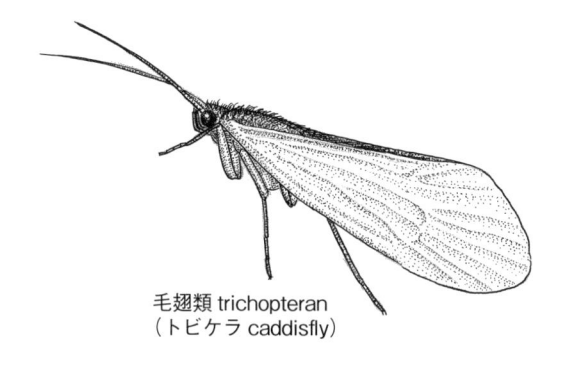

毛翅類 trichopteran
（トビケラ caddisfly）

鱗翅類 lepidopteran
（スズメガ hawk moth）

トビケラ：トビケラ目（毛翅類 Trichoptera）

　トビケラ caddisfly の成虫は小さなガのように見えるが，そのからだは鱗粉ではなく，毛で覆われている．脚は長細く，剛毛のような触角は，体長と同じかそれ以上の長さがある．2対の翅は腹部の上に屋根のようにたたんで休息する．餌になるのは液体である．トビケラの幼虫は成虫よりもよく知られている．この幼虫は地下に，絹で固めた砂粒や屑で「家」や入れ物をつくり，その中で主として草食性の腐食動物として暮らしている．トビケラには約7000種が知られている．

チョウ butterfly とガ moth：チョウ目（鱗翅類 Lepidoptera）

　昆虫類の話の掉尾を飾る鱗翅類は，その締めくくりにまことにふさわしい．なぜなら，この仲間こそ，真に自然界の輝ける存在だからだ．鱗翅類だけが，そのからだ，頭部，翅が，粉のような鱗粉で覆われている．成虫は主として細長い**吻 proboscis** で花蜜を吸い，その吻管は1対の第1小顎からつくられて，未使用時にはコイル状に丸まっている．毛虫型の幼虫は，腹部の第3～6体節に4対の腹脚をもち，主として緑色の植物を餌にするが，アリの巣にただで入り込み，宿主の幼虫を捕獲するというチョウ large blue butterfly（訳註：日本ではゴマシジミなどが同様の生活環をもつ）の幼虫など，面白い例外もある．鱗翅類には約12万種が知られている．

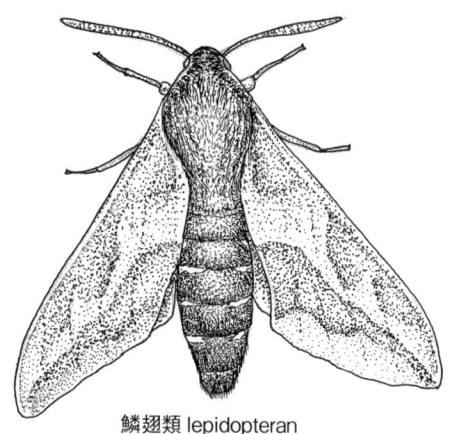

11章

クモ, サソリ, ダニ, ウミサソリ, カブトガニ, ウミグモ
鋏角亜門とウミグモ亜門 Subphylum Chelicerata and Subphylum Pycnogonida

鋏角亜門には，クモ綱 Arachnida，カブトガニ綱（剣尾類 Xiphosura），ウミサソリ綱（広翼類 Eurypterida）が含まれる．クモ綱は，現在ではすべて陸上生活を送るグループ——クモやサソリなど——である．カブトガニ綱はカブトガニであり，とっくの昔に絶滅したウミサソリ綱（広翼類）は表面的にはサソリに似ていたが，ときには小型の船ほどの大きさまで成長し，過去を通じて最大の無脊椎動物だった．広翼類は，私たちが恐竜に思いをはせるときに感じる畏怖の気持ちをもって記憶すべきである．現代の分子生物学的証拠によれば，ひょろひょろした弱々しいウミグモ類も，真の鋏角類かもしれないことが示唆されている．しかし，このことはまだ疑問なく確立したようには思えないので，当面の間，ウミグモ類は鋏角類の姉妹群として扱っておくのが一番安全であろう．

現生クモ類の既知の種のおよそ半数は，噛みついて毒を出し，絹をあやつる術を身につけている．しかしクモ類には，ひどく恐れられているが現実には悲しいほど虐げられているサソリやヒヨケムシ（英名で「太陽のクモ sun spider」とか「風のクモ wind spider」と呼ばれる）も含まれ，後者はときに果敢にも熱帯の太陽の下に姿を見せ，本当に風のように疾駆できる．さらには，馴染み深いザトウグモも含まれ，英語での通称を「足長おじさん daddy-long-legs」という（紛らわしいことに，*Pholcus* 属のクモにも，ガガンボにも同じこの名前がついている）．そのほか，各種のダニやマダニもこの仲間で，どこにでもいる寄生虫であり病気の媒介動物であり，生態学的にも経済学的にも世界的に重要である（実際には，クモよりもダニの種の数のほうが圧倒的に多いと思われるが，あまり詳しく研究されていない）．

このほかさらに，サソリモドキ（ムチサソリ），コヨリムシ，ウデムシ，カニムシ，クツコムシといった，ほとんど知られていない少数のクモ類がいる——これらは一般に小型で，まれなものも含まれるようであり，ほとんどが石の下，洞窟内，腐葉の中といった暗くて湿った場所に潜んでいる．そして最後に，かつては栄えたクモ類の目のなかで，ペルム紀-三畳紀の境界を越せなかった生き物たちがいて，このなかではクモに似たパレオカリオノイデス目 Trigonotarbida がもっとも重要である．

「クモ綱 Arachnida」という用語は，陸生の鋏角類にだけ適用されるのが慣例になっており，実際，クモ類は最古の陸生動物だった可能性もある．少なくとも，現在知られている最古のクモ類の化石は，4億1700万年前のシルル紀にまで遡る．しかし，鋏角類全体で見れば，陸生になる前にきわめて長い期間を海中で過ごしていた．既知の最古の鋏角類は，カンブリア紀中期の時代に海で暮らしていたサンクタカリス *Sanctacaris* である．サンクタカリスが，鋏角類に特徴的な口器である鋏角をもっていたかどうか，化石では明らかになっていないが，それ以外の鋏角類の特徴は示している．現生のクモ類のなかでは，サソリが長く海で暮らしていた歴史をもっていることが知られており，それは一部が陸に上がった後も長くつづいていた——そして初期の海生種には，体長が1mにもなる巨大なものもいた．マンチェスター大学のポール・セルデン Paul Selden は，現在のザトウグモ類を含む，ザトウムシ類（ザトウグモ類 Opiliones）も，陸に上がる前の海中生活時代があったかもしれないと示唆している．（クモ類

に分類されない鋏角類の2大グループの1つである）カブトガニ類 Xiphosura は，北米やアジアの東海岸で，現在も何百万個体もの群れが，まるで小さなゼンマイ仕掛けのおもちゃのような姿を見せてくれる．ウミサソリ類（広翼類）は4億5000万年以上前のオルドビス紀に最初に出現し，ペルム紀まで生存したが，シルル紀とデボン紀に本領を発揮し，しばらくの間——顎のある魚類に追いやられるまでの間——地球上でもっとも恐れられた捕食者の代表格だった．当時，これに匹敵したのは，おそらく，ツツイカの遠い親戚筋に当たる大型のアンモナイトだけだっただろう（7章参照）．

概していえば，鋏角類はこれまでも現在も，きわめて大きな成功を収めており，素晴らしく多様性に富んでいる．約6万5千種が知られ，そのうち約3万5千種がクモ類である．しかし，今後さらに，とりわけダニ類の研究が進めば，現在のリストは大きく拡張されるはずである．大きさでいえば，大は広翼類から，小はミツバチの毛の先にただ乗りできるようなダニ類までさまざまである．こうした広い範囲をもつタクソンといえば，哺乳類，条鰭類（魚類），爬虫類，甲殻類，軟体動物くらいしかない．鋏角類の生活様式も同様に多様であるが，その生態学的成功は，捕食技術を進化させたことによっており，ほとんどは現在も捕食者——一部は待ち伏せ者，一部は追跡者——として暮らしつづけている．

鋏角類の基本的な摂食方法は，その短剣のような**鋏角 chelicera** を使い，一般には突き刺したり切り刻んだりして，餌をぐちゃぐちゃにつぶすというものである——それは，あたかも米飯を箸で処理するような感じである．その後で，処理し終わった塊に消化酵素をふりかけ，液状になった組織を吸い取る．カニムシ false scorpion やもっと進化したクモでは，もっと精密な方法を使い，鋏角を獲物に突き刺して，消化酵素を注入してから半ば液状化した栄養分を吸い取ってしまう．ザトウグモや一部のダニの仲間は固形物の餌を消化できる．しかし鋏角類には腐食生活者（カブトガニやザトウグモ），植食生活者（一部のダニ），寄生生活者（一部のダニやマダニ）もいる．鋏角類の多くはきわめて特殊化した摂食者であるが，何でも食べる仲間もいる．

しかしながら，鋏角類はどれも，明らかに同一の基本体制をもっている．そのからだは，明確な2つの合体節だけに分かれている．前方にある合体節（前体部，**頭胸部 prosoma**）は，甲皮のような楯で全体あるいは一部が覆われ，6個の体節があり，それぞれの体節に1対の付属肢がある．最初の2対が**鋏角 chelicera** と**脚鬚 pedipalp**であり，残りの4対が歩脚になっている（広翼類の多くでは最後の対は櫂状に変形している）．こうして前体部には，頭部と付属肢とが配置されている．後方にある合体節，すなわち「腹部」に当たる**後胴体部 opisthosoma** には12個の体節がある．たとえば広翼類やサソリでは，後胴体部がさらに，**中体部 mesosoma** と，尾のような**後体部 metasoma** とに分かれているが，これは昆虫類の3合体節体制とはまったく別のものである．

鋏角と脚鬚，とくに後者はじつにさまざまな目的に使われる．鋏角類にとってこれらは，ゾウの鼻のようなものである．鋏角類の名前のもとにもなっている鋏角は基本的には噛み切るためのものであるが，軍刀のように突き刺すために使われたり，ペンチのように押しつぶすために使われたりもしており，さらに（クモ類では）毒の注入にも使われる．脚鬚は，知覚作用（鋏角類には触覚がない），コミュニケーション（たとえば交尾中のカニグモ類はこれを振る），獲物の捕獲（サソリ，カニムシ（＝ニセサソリ），ヒヨケムシ）といった用途があり，さらに（クモ類などの）一部の仲間では精子の運搬にも使われる．原始的な鋏角類では後胴体部にも付属肢がついていて，それは現在でもなおカブトガニ類で見ることができる．現在の鋏角類のほとんどは，腹部付属肢の大半を失っているが，特別な目的のために今も付属肢をもつ仲間もいる．たとえば，サソリ類の腹部にある奇妙な**櫛状板 pectine** やクモ類の**出糸突起 spinneret** がその一例である．原始的な仲間で

は，後胴体部の終末は**尾節 telson** になっており，サソリ類ではそれが毒針になっている．鋏角類は一般に正中線上にある単純な眼をもっているが，一部（たとえば，剣尾類，広翼類，絶滅したサソリ類）には両脇に複眼もある．

コヨリムシ類や最小のダニ類のような，もっとも小さなクモ類では，皮膚表面を介したガス交換によって呼吸を行うが，ほとんどの鋏角類は各種の専用呼吸装置をもっている．カブトガニや，サソリ類の初期の水生祖先たちは**書鰓 book gill** をもっていた（書物のページのように，呼吸用のシートが束ねられた構造をしており，各「シート」は中空で，内部には血液に似た「血リンパ」が満たされている）．現在のサソリ，クモ，ムチサソリなどは**書肺 book lung** をもっている（書鰓と同様の構造をもつが，空気呼吸に適応している）．クモ，カニムシ，ヒヨケムシなどには気管がある．

書肺をもつクモ類では，血液中の酸素運搬色素が，銅を核にもつ青色をしたヘモシアニンである．ヘモシアニンは，脊椎動物が使っている鉄を核にした赤色のヘモグロビンより酸素親和性が高く，酸素濃度がきわめて低いときにしか酸素を手放さない傾向がある．したがってヘモシアニンは，組織内における急速な酸素の放出よりは，酸素の貯蔵のために役立つ．そうしたわけで，ヘモシアニンをもつクモ類は間欠的に極端に活発な動きをみせるが，拍子抜けするほどスタミナに乏しく，ほとんどの時間は見事なまでに不活発である．こうした生活様式を典型的に示しているのが，円網をつくるクモ類である．軟体動物のタコもまたヘモシアニンをもっており，不活発さと瞬発的行動を合わせもつ点ではよく似ている．気管をもつクモ類は一般にヘモシアニンをもたず，こうした仲間の中には，跳躍するハエトリグモや一部のダニ類，ザトウグモのように，きわめて活動的なものもいる．

最後に，「海のクモ」と無頓着に呼ばれているが，もっと正確にはウミグモ綱 Pycnogonida とも呼ばれる（さらには，この綱のもっとも重要なウミグモ目（皆脚目 Pantopoda）にちなんで「ウミグモ pantopod」と呼ばれることもある），小枝のようなからだをもつ一群の生き物について触れておこう．ウミグモ類は世の中にはほとんど影響を与えず，ごく少数の種のリストを構成するだけだが，解剖学的にはほかのどれとも異なっており，大きな独自のタクソンに位置づけなくてはならない．ウミグモ類は明確に合体節化されていないようだが，鋏角類の付属肢配列をもっており，最初の2対はおそらく鋏角と脚鬚と相同なものであろう．実際には，このウミグモ類は一般に独立したグループではあるが，鋏角類の姉妹群に当たるものと認識されている．

鋏角類の系統樹とそれに付随する解説は，基本的にメリーランド大学のジェフリー・シュルツ Jeffrey Shultz の考えに基づいており，そのほかに，マンチェスター大学のポール・セルデンとヴァージニア州のハムデン・シドニー・カレッジのビル・シアー Bill Shear の意見を盛り込んでいる．以下の鋏角亜門へのガイドで説明するように，ジェフリー・シュルツはいくつかの点で鋏角類の分類においてかなり過激な考え方をとっているので，この系統樹は本書の中で唯一，保守的とはいえないものである．しかしながら，そうした考えが従来の正統派の考え方とどこが異なっているかは個別に明記してある．

鋏角亜門へのガイド

この系統樹の主な特徴は，ほとんどの動物学者を憤慨させることはないだろう．ここに示すように鋏角亜門が実際に単系統群であることにはほとんどの人が同意している．ウミグモ類は，鋏角亜門の姉妹群として独自の存在として示してある．これはもしかすると誤りかもしれない．たとえ

ば，ウミグモ類が退化したクモ類である可能性もなくはない．本書ではウミグモ類を亜門と位置づけたが，通常は1つの綱か1つの目として扱われている．つまるところ，もしウミグモ類が鋏角類の姉妹群に当たるのなら，リンネ式分類法が一貫性を保つためには両者は同一の分類階層をもたなくてはならず，きわめて少数の種しかいない目立たない仲間であるという事実によってこの問題を左右させるわけにはいかない．ウミグモ類の位置に決着をつけるはずの分子レベルの研究が現在進行中である．

そしてまた，私がこれまで鋏角類の系統発生に関して見聞きしてきた話では，カブトガニ類（剣尾類 Xiphosura）が，それ以外のすべての姉妹群に当たるとされている．したがってここには問題はない．広翼類（ウミサソリ類 eurypterid）がクモ類 Arachnida の姉妹群に当たることもまた広く認められている．少なくとも，現在知られている証拠をうまく説明する一番妥当な考えである．従来の多くの考え方では，カブトガニ類と広翼類を節口類 Merostomata という1つのグループにまとめ，節口類をクモ類の姉妹群としている．しかし，現在の研究では，カブトガニ類と広翼類とが共有する性質は原始的なものばかりであるため，両者の間の特別な関係は否定されている．したがって，クレードには当たらないし，「原生生物 protist」とか「微生物 microbe」などとは違って，おおまかな記述をするための言葉としてもほとんど用途のない「節口類」という用語は，完全に破棄するのが一番よいと思われる．

さて，ここまではほとんど論争の火種はなかった．しかしジェフリー・シュルツはここで明確に従来の考えと袂を分かち，クモ綱を走脚亜綱 Dromopoda と小尾亜綱 Micrura とに分割する．系統樹でわかるように，シュルツのいう走脚亜綱にはザトウグモ，サソリ，カニムシ（＝ニセサソリ），ヒヨケムシが，小尾亜綱にはそれ以外のものが含まれ，そのなかでもダニ類（ダニ目 Acari）とクモ類（クモ目 Araneae）が生態学上も数の上でもずば抜けて重要である．しかし，多くの動物学者がこの分類で一番度肝を抜かれるのは，サソリ類の位置づけである．たとえば，現代の鋏角類の分類でもっとも権威のある論文は，1979年に出版されたP・ヴァイゴルトP. Weygoldt と H・F・パウルス H. F. Paulus の論文である．2人はサソリ類をそのほかのすべてのクモ類の姉妹群に位置づけており，広翼類を｛サソリ類＋そのほかのクモ類｝の姉妹群としている．したがって2人は，サソリ類がとくに原始的であり——実質的にそのほかのクモ類の祖先に当たり——，サソリ類は広翼類と特別な関係があると示唆している．そのほかの多くの研究でも，サソリ類と広翼類とは特別に密接な関係があると認めている（ただし，ジェフリー・シュルツの言によれば「最近のものではなく，権威あるものでもない」）．

これに対してシュルツは，広翼類とサソリ類の特別な関係を一切否定し，それを強調している．たしかに，両者に表面的な類似点は存在する．しかしシュルツは，両者が共有する特性は収斂か共有原始形質によるものだという．実際，広翼類にはあまりに多くの原始的性質があるために，その系統的位置を定めるのが難しい，とシュルツは述べている．分岐学の観点からだけ見れば，広翼類は，クモ類の系統樹において複数の場所のどこにでも位置づけることができる——走脚類のなかのザトウグモの遠い親戚とすることもできるし，小尾類の中のクモ類とダニ類の中間に位置づけることもできる．広翼類全体がまた，側系統あるいは多系統の集団である可能性すらあり，その複数の集団は別々の場所に位置づけられるのかもしれない．いずれにしても，本書における広翼類の位置づけ——それ以外のすべてに対する原始的な姉妹群——は，一種の常識に基づく妥協の産物である．広翼類はすべて絶滅して久しいので，この問題を解決してくれる分子レベルの証拠を期待することはできない．

これとは対照的に，サソリ類は外見上は非常に原始的に見えるが，その内部構造は高度に派生的な性質をもっている，とシュルツはいう．かれは

11・鋏角亜門とウミグモ亜門

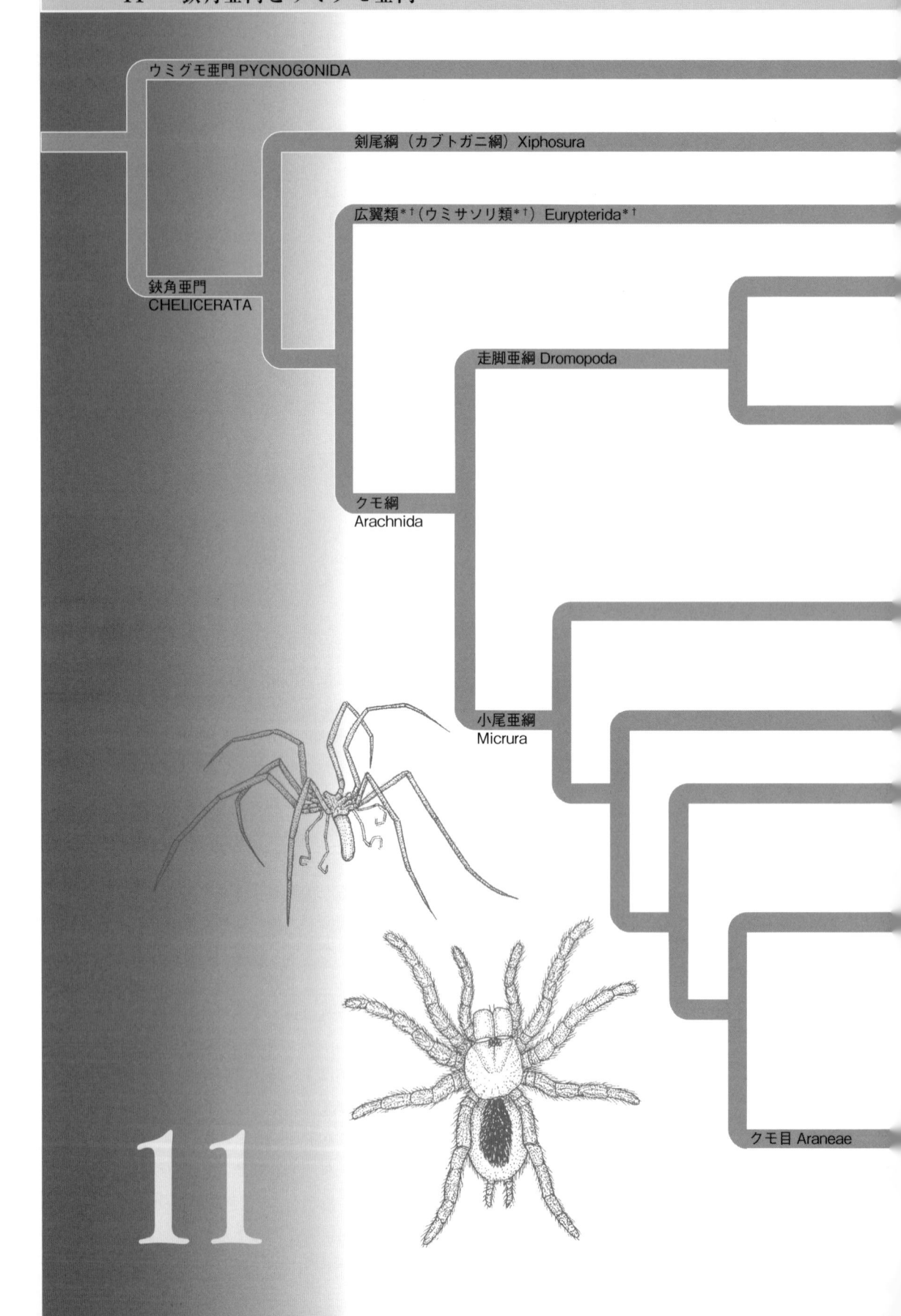

- ウミグモ亜門 PYCNOGONIDA
- 鋏角亜門 CHELICERATA
  - 剣尾綱（カブトガニ綱）Xiphosura
  - 広翼類*† （ウミサソリ類*†）Eurypterida*†
  - クモ綱 Arachnida
    - 走脚亜綱 Dromopoda
    - 小尾亜綱 Micrura
      - クモ目 Araneae

11

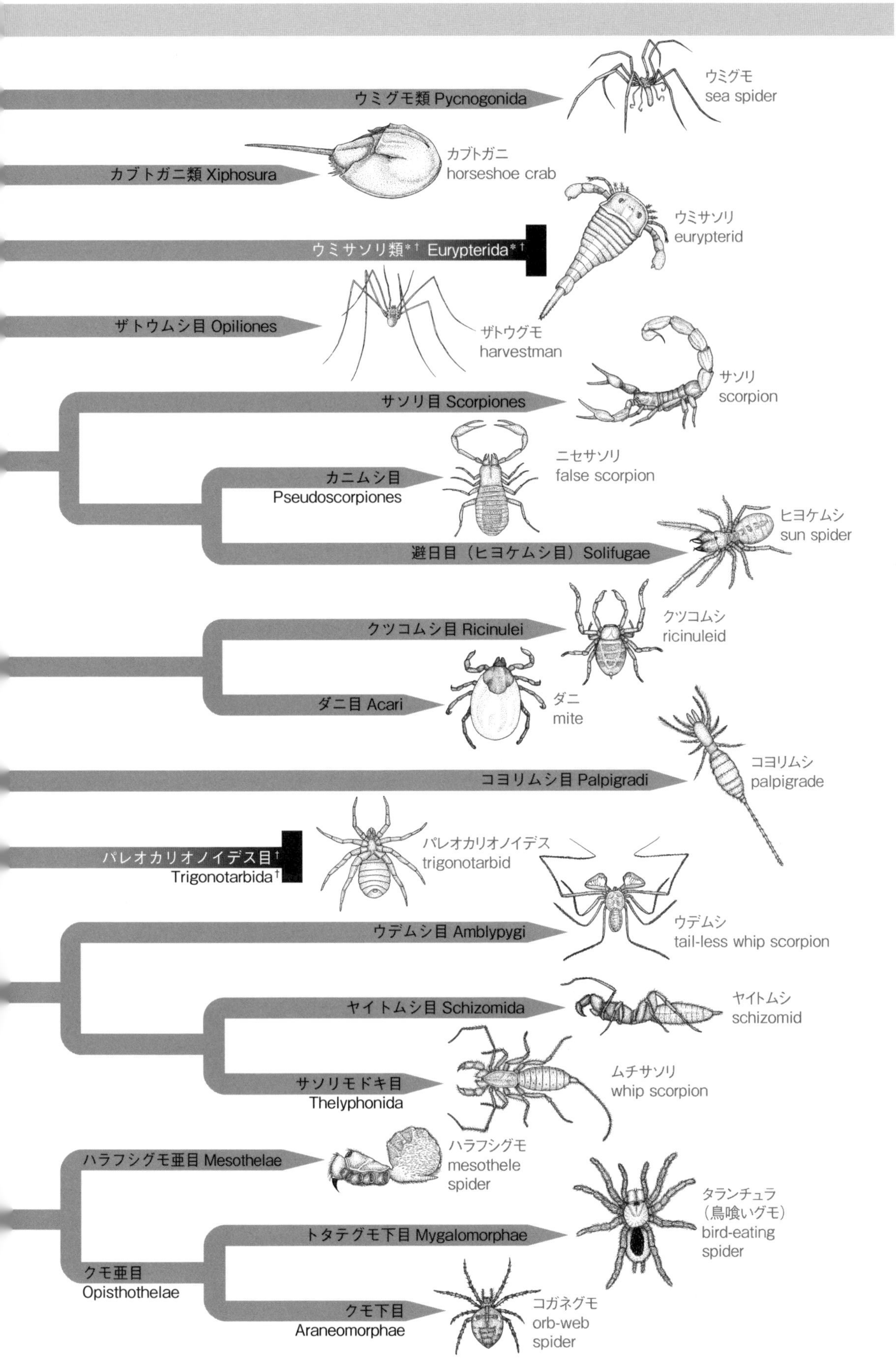
ウミグモ類 Pycnogonida
ウミグモ
sea spider
カブトガニ類 Xiphosura
カブトガニ
horseshoe crab
ウミサソリ類*† Eurypterida*†
ウミサソリ
eurypterid
ザトウムシ目 Opiliones
ザトウグモ
harvestman
サソリ目 Scorpiones
サソリ
scorpion
カニムシ目
Pseudoscorpiones
ニセサソリ
false scorpion
避日目（ヒヨケムシ目）Solifugae
ヒヨケムシ
sun spider
クツコムシ目 Ricinulei
クツコムシ
ricinuleid
ダニ目 Acari
ダニ
mite
コヨリムシ目 Palpigradi
コヨリムシ
palpigrade
パレオカリオノイデス目†
Trigonotarbida†
パレオカリオノイデス
trigonotarbid
ウデムシ目 Amblypygi
ウデムシ
tail-less whip scorpion
ヤイトムシ目 Schizomida
ヤイトムシ
schizomid
サソリモドキ目
Thelyphonida
ムチサソリ
whip scorpion
ハラフシグモ亜目 Mesothelae
ハラフシグモ
mesothele
spider
クモ亜目
Opisthothelae
トタテグモ下目 Mygalomorphae
タランチュラ
（鳥喰いグモ）
bird-eating
spider
クモ下目
Araneomorphae
コガネグモ
orb-web
spider

さらに，サソリ類は，ザトウグモ，カニムシ，ヒヨケムシとこうした派生的性質の多くを共有しており，したがって，これらの仲間すべてが走脚亜綱にまとめられると示唆する．この点が，ここに示した系統樹でもっとも議論を呼んでいる点である．シュルツの系統樹からサソリ類を切り取り，広翼類と残りのクモ類との間に独自の枝として配置すれば，少数の些細な点を除けば，その系統樹の残りの特徴はさほど大きな異論を呼ぶことはないだろう．サソリ類は現在でも存在しているので，適切に選択されたクモ類や非クモ類の外群とサソリ類とを分子レベルで研究すれば，いずれはシュルツ説の是非が概ね判定されることになるだろう．少なくとも，もし分子生物学的研究によってサソリ類がそれ以外の「走脚類」と特別な関係をもたず，実際にそれ以外のクモ類のどれとも異なることが示されれば，シュルツの考えは誤っていることが示唆される．

しかしながら，主要な鋏角類のグループ間の関係がまだ論議中であるとはいえ，そうしたグループそれ自体の信憑性と構成についてはほとんど目立った議論はない．ほとんどの動物学者は，クモがクモであり，コヨリムシがコヨリムシであることに異論をもたない．では，そうした個々のグループについて見ていこう．

カブトガニ：カブトガニ綱（剣尾類 Xiphosura）

広翼類と同様に，カブトガニ類は先カンブリア時代後期というはるか昔に出現した可能性があるが，もっとも早期の化石はオルドビス紀のものである．このうちの3属（4種）は現在もなお，あたかも初期の鋏角類の生活がどのようなものだっ たかを伝えるかのように，奇跡的に生き残っている．北米のアメリカカブトガニ *Limulus*，東南アジアのカブトガニ *Tachypleus*，マレーシア，タイ，フィリピンのマルオカブトガニ *Carcinoscorpius* である．いずれも浅い海に暮らしており，一般にはきれいな砂浜を好み，海底を這ったり，その少し下にもぐったりして，小型の無脊椎動物を餌にしたり，腐食生活を送ったりしている．鋏角類の常として，カブトガニ類も多様な食性を見せる．北米大西洋沿岸にいるアメリカカブトガニ *Limulus polyphemus* は，不本意かもしれないが，きわめて有名な実験動物として活躍しており，アジア産のカブトガニは人間が食用にしている．

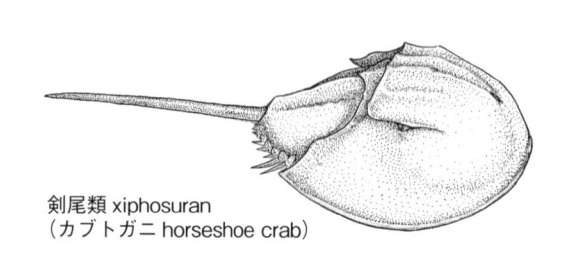

剣尾類の触脚 pedipalp と歩脚はすべて（ものをつかむための）鋏角になっており，こうした鋏角のいずれかを用いて餌を集めると，それを腹部正中線上にある顎基 gnathobase まで運ぶ．餌はそこで小片に砕かれ，巧みに口まで移される．剣尾類の前体部第6体節の付属肢は，柔らかい底質でからだを支えるように末端が変形している（広翼類のものは櫂状になっていた）．カブトガニ類の後胴体部も広翼類とはまったく異なっており，体節はなく，分割されていない．カブトガニ類はまた，後胴体部に書鰓をもつ，鋏角類では唯一の現生種である．

広翼類*†（ウミサソリ類*†）Eurypterida*†

これまでに知られているもっとも早期の広翼類の化石はオルドビス紀のもので，ほぼ5億年前のものである．しかし，証拠はないものの，広翼類の起原はこれよりもはるかに昔だった可能性がある．広翼類はシルル紀とデボン紀，さらにはゆうにペルム紀にいたるまで繁栄していた．しかも，この（2億5000万年にも及ぶ）長期間を通じ，やがて魚類が海を支配するまで，繁栄をきわめた——海産の捕食者として肩を並べるのは大型のアンモナイト類のみであり，淡水では並ぶものがなかった．少なくとも広翼類の科の半数は，体長80 cm 以上の種を含み，プテリゴトゥス類 ptery-

剣尾類 xiphosuran
（カブトガニ horseshoe crab）

—鋏角亜門とウミグモ亜門—

ウミサソリ類
eurypterid

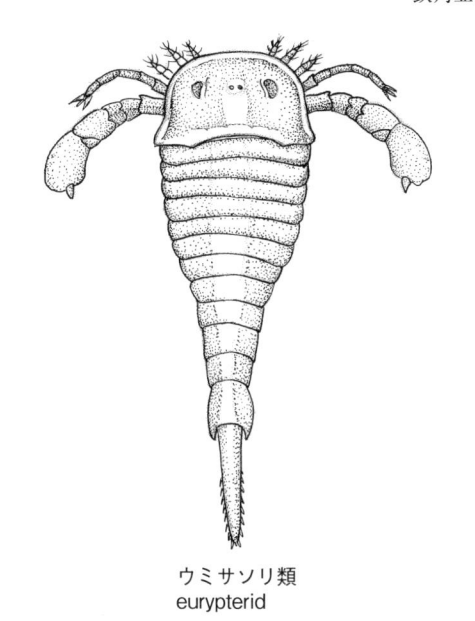

gotidのように体長が2mを超すものもいた.

　広翼類の解剖学的多様性からすれば，その生活様式も多様だったことが示唆される．広翼類が多少なりとも泳いでいたことは明白である．なぜなら，ほとんどの種類で前体部第6体節の付属肢（解剖学的には歩脚の最後の対に相当する）が櫂状になっていたからだ．その解剖学に関する最近の研究では，（異論はあるものの）少なくとも広翼類の一部が，この櫂を8の字状に動かしながら，後方に強くかいて浮力を得て，前方にかくときはほどほどにすることで，実質的に水中をペンギンのように「飛んで」いたのではないかと示唆されている．一部は，陸に上がってヒカゲノカズラの中空の幹にこもるようになったのかもしれない．そうした場所で広翼類の化石が発見されている．

　広翼類の摂食様式もまたおそらく多様なものだっただろう．鋏角がきわめて小さくなったものもいれば，巨大化してものをつかむための形になったものもいた．泳ぐ広翼類のなかには，サソリ類のように後胴体部が体節化していて，鰓を覆う弁のついた中体部と，細長い後体部に分割されているものもいた．カルシノソーマ Carcinosoma では，後体部の先端に，サソリのものにきわめてよく似た，湾曲して先端の尖った尾節がついており，もしかすると毒腺が備わっていたかもしれない（ただしこれには証拠はない）.

　恐竜類と同様，広翼類は，古代エジプト王オジマンディアスのような，栄華をきわめたものの冷酷なる定めを示してくれる．つまり，繁栄し，広く放散し，2億5000万年近くにもわたってしばしば支配的地位になったあれほど素晴らしい生き物たちが，ついにはすべて消え去る運命にあったことを．わずか1種でも生き残ってくれて，私たちがこの目で楽しむことができたとしたら，どんなによかったことだろう．

クモ：クモ綱 Arachnida

　あらゆる鋏角類のなかで，地球を受け継いだのはクモ類だった．クモ類にはもっとも目立ち，名前を知られた仲間たち——クモ，サソリ，ザトウグモ，ダニ，マダニ——が含まれ，既知の現生鋏角類の約6万5000種のほとんどを輩出している．クモ類の前体部は，全体もしくは一部が，甲皮状の楯で覆われているが，後胴体部は（サソリ類のように）体節化されているものと，（ほとんどのクモ類やダニ類のように）体節化されていないものとがある．後胴体部は（クモ類のように）分割されていないものと，（サソリ類のように）中体部と後体部に分割されているものがある．後胴体部の付属肢は存在しないか，サソリ類の櫛状板 pectine やクモ類の出糸突起 spinneret のような特殊な器官に変形している．ふたたび水中に戻った一部のダニ類と少数のクモ類を除けば，クモ類は陸生である．クモ類は気管あるいは書肺，もしくはその両方を使って呼吸する．広翼類や剣尾類と違って，クモ類は一般に複眼をもたない（ただし古代のサソリの一部には存在した）．その大きな複数の単眼が，路上でヘッドライド光を反射する標識用のガラス玉（キャッツアイ）のように，前体部から突き出している．絶滅したパレオカリヌスなどの仲間 trigonotarbid が，退化過程の中間的な段階の眼の様子を申し分なく例示してくれる．

ザトウグモ：ザトウムシ目（ザトウグモ類 Opiliones）

ザトウムシ類もまた，広く知られた仲間である．おそらくもっとも目につく特徴は，前体部と後胴体部とが融合して，単一の丸みのある箱形になっている点である．既知の5000種ほどの大半は，南米や東南アジアの熱帯地域に棲んでいるが，寒帯地方も含めたあらゆる気候帯の湿った日陰にもいて，ときには，温帯地方の郊外にある庭を囲む柵の横木の下で，群れを成していることもある．英語の一般名では「収穫人 harvestman」と呼ばれることが多いが，これは実際に秋に成虫になるからである．しかし「足長おじさん daddy-long-legs」という呼び名も，体長は通常2 cm 未満なのに脚の長さが最長で10 cm もあるこうした生き物にはふさわしい（しかしながら，ザトウグモに対するこの見方は偏ったものである．というのも，熱帯地方にいる種類の多くは比較的短い脚しかもたないからだ）．ザトウムシ類は，小型の無脊椎動物を脚鬚で捕まえ，鋏角を使って噛み砕くという捕食者となることもあるが，動物の死骸や腐った植物を餌にして清掃役を務めることもある．ザトウムシ類は小さい固体粒子を摂食できる数少ないクモ類に属する．さらには1対の忌避腺をもっており，キノン類やフェノール類を含む分泌物を出して，攻撃者を撃退する．

生殖の際，大部分のクモ類はオスからメスに間接的に精子を受け渡す．たとえばオスのクモは，その目的のために地上につくった小さな網に精子を射出し，それを脚鬚の先端にある大きなヘラ（オスを識別する特徴）で集めると，メスの後胴体部の下側にある生殖口に注入する．ほかのクモ類のなかには，メスのからだを離れるときに，その卵に蓋をするものもいる．しかし，オスのザトウグモは，クモ類としてはほとんど唯一の例外として，メスと直接交尾するためのペニスをもっている．そうした例外はほかに，一部のダニ類が該当するだけである．

本物のサソリ：サソリ目 Scorpiones

サソリ類 scorpion は，ヘビやワシと同様，象徴図像の素材となっている．脚鬚は大きなペンチのようになっており，獲物を捕まえて短い鋏角へと押しつけるのに使われ，鋏角がその獲物をつぶしてしまう．後胴体部は明確に2つの部位に分かれている．最初の中体部には，生殖口と，**気門 stigma** と呼ばれる4対の（書肺に通じる）開口部，それに，下側に1対の**櫛状板 pectine** がある．この櫛状板は，最終歩脚の近くにある生殖口のすぐ後方にV字型に外向きに突き出しており，櫛のような形をしている．後体部には付属肢はないが，末端部に尾節があり，これが毒針になっている．サソリは，サーカスの曲芸師よろしく，背中を反らせて獲物にその毒針を突き刺す．サソリ類が主として獲物にするのは昆虫類だが，ほかのサソリを主な獲物にする仲間もいる．大型のサソリはトカゲやヘビを標的にし，北米産のある種の

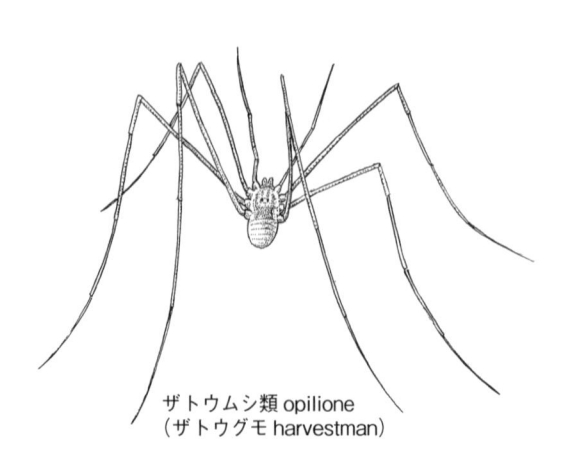

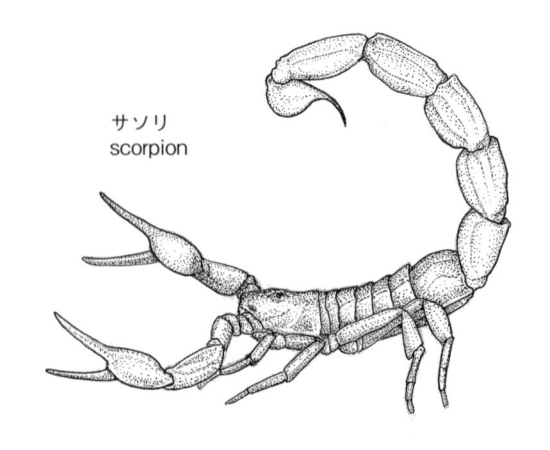

ザトウムシ類 opilione
（ザトウグモ harvestman）

サソリ scorpion

毒液はコブラ毒に匹敵するほど強力だといわれる．そうしたサソリが人間の命を奪った例もある．一部のサソリは体長が18 cm——クモ類のなかで最大——にもなるが，以下に述べるように，少なくとも部分的に水中生活をしていた絶滅種のなかには，体長が1 mに達したものもいた可能性がある．

大部分のサソリは夜行性である．サソリは，**触毛 trichobothrium**（何の機能を果しているか未知の櫛状板とは異なる）と呼ばれている感覚毛がとらえた振動によって，獲物を検知する．サソリは長生きであり（オーストラリア産の種には少なくとも30年は生きることが知られているものがいる），成長も比較的ゆるやかである．その生涯戦略は，ほとんどの無脊椎動物よりもトラのそれに似ている．1200種ほどいる現生サソリ類の大半は，砂漠か雨林のいずれかに暮らしており，現実に樹上生活を送るものもいる．しかし，なかには地中海地方に暮らすものもいるし，ロンドン近郊の南エセックスには移入された種までいる．

こうして全般的に見れば，現在のサソリ類は明確に陸生であるが，最近の研究ではサソリ類の起原が水中にあり，実際，サソリ目全体が基本的に水生動物であったことが示唆されている．さらに，古代の水生サソリ類には，現代のサソリ類では失われた鰓を保護するための覆いがあったのは明白である．ただしそれは広翼類にも存在していた．

具体的にいえば，現在知られている最古のサソリ類の化石は，4億2500万年ほど前のシルル紀中期から出土している．ニューヨーク州のデボン系で発見された，もっと後の時代の*Tiphoscorpio*には，からだの構造の細部はほとんど失われているものの，本物の鰓があったことが現在では明らかになっている．化石になって石炭となった植物が茂っていた石炭紀の沼地では，サソリ類はおそらく水陸両生生活を送っていたのだろう．ビル・シアーと共同研究者たちは最近になって，真の空気呼吸をしていたサソリ類が，約4億年ほど前のデボン紀初期という昔から存在していた証拠を示している．しかし，元来の，しかももっと多様な水生生活サソリ類は，陸生種が登場するずっと以前から——じつに約2億1000万年前に終了した三畳紀のずっと後までも——存在していた．なかにはきわめて巨大な仲間もいた．デボン紀初期の*Praearcturus gigas*は体長が1 mあったし，*Brontoscorpio*もそれとさして変わらない大きさをもっていた．たしかにこうした巨大サソリが陸に上がった可能性もあるが，この大きさの生物だと，脱皮のために水中に戻らなくてはならなかったはずだ．なぜなら，古い甲皮を脱ぎ捨てた後，新しい甲皮が硬化するまでは，そのからだが支持を必要としたはずだからだ．現生種で最大の種類は，相対的に見れば弱々しいものたちである——もしかしたら，数億年にわたってつづいたサソリ類の栄華の時代が水中にあったことを，語りかけているのかもしれない．

ニセサソリ：カニムシ目 Pseudoscorpiones

2000種ほどのカニムシ false scorpion のからだは小さく，最大でも7 mmほどしかないが，成功を収めた，したたかな仲間たちである．世界中で，石の下や，生ゴミ，土，樹皮，動物の巣の中といった，さまざまな生息地に暮らし，砂浜を好む種もいる．カニムシはじつにサソリによく似ており，はさみ状の脚鬚には，やはり，獲物を麻痺

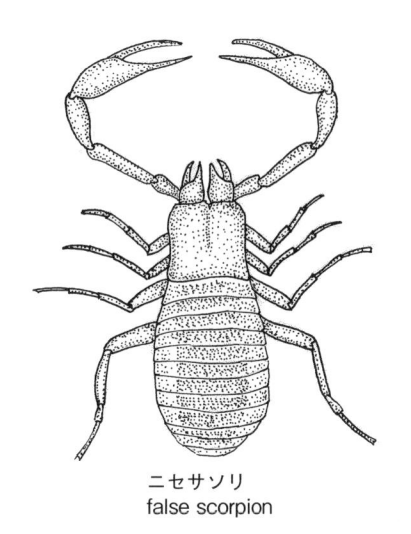

ニセサソリ
false scorpion

させる毒腺がある．カニムシはふつう獲物——たとえばダニ——を脚鬚でつかみ，そのはさみで獲物を引き裂いて体液を吸う．カニムシのなかには「便乗行動」を実践するものもいる．自分より大きな動物にただ乗りし，脚鬚を使ってしがみついているのだ．たとえば，イエカニムシの仲間の *Chelifer cancroides* はふつう，イエバエにただ乗りしているので，人間と共存していることが多い．

ヒヨケムシ：ヒヨケムシ目 Solifugae

900種ほどが知られているヒヨケムシ類（solifugid あるいは solpugid，避日類 Solpugida）は最長7cmになり，見かけは驚くほどクモに似ている．実際，この動物が「太陽のクモ sun spider」と呼ばれるのはしばしば日中に狩りをするからであり，「風のクモ wind spider」と呼ばれるのは，オスが途方もないほどの速度で駆けるからである．しかし，ヒヨケムシがクモ類と別のものであるのは間違いない．前体部と後胴体部のいずれも明瞭に体節構造をもち，毒はもたず，巨大な鋏角で獲物を引き裂くだけである．シロアリなどの節足動物を好む種が多いが，たいていはもっと嗜好範囲が広い．多くは，アメリカ，アジア，アフリカの熱帯および亜熱帯の砂漠に暮らしている．ヒヨケムシ類は一般にカニムシ類の姉妹タクソンとして示されている．

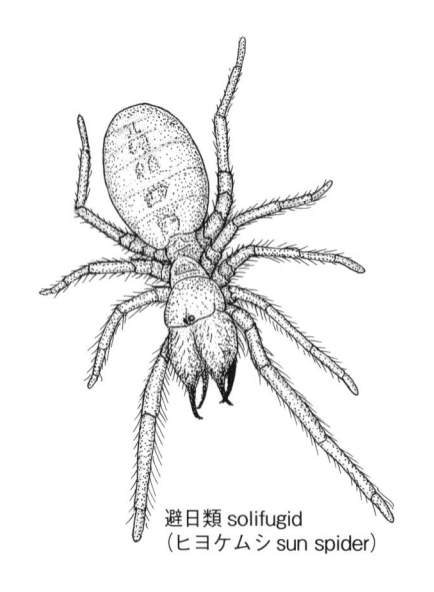

クツコムシ：クツコムシ目 Ricinulei

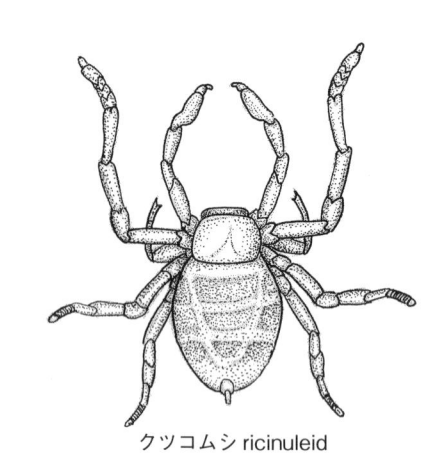

クツコムシ ricinuleid

35種ほどが知られているクツコムシ類 ricinuleid は印象的な仲間ではない．動きがすばやくない捕食者で，西アフリカと熱帯アメリカの洞窟や腐葉土の中にいる小さな無脊椎動物を餌にしている．いずれも体長は1mmを超えない．しかし，クツコムシ類はおそらく，あらゆる鋏角類のなかでもっとも数が多くて経済的影響の点でも重要なダニ類と姉妹関係にある．

ダニ，マダニ，ツツガムシ：ダニ目 Acari

既知のダニ mite の種の数は，クモ類よりも少なく，「わずか」3万種だけである．しかしこのことは，ダニ類が単に，比較的目立たない存在である事実が反映されているにちがいない．何万種——おそらくは何十万種——もが未発見であり，その多くが，熱帯林の中でまだ発見されていない多くの生物たちの体内や周辺で，寄生生活や共生生活を送っていることを疑う人はいない．ダニ類は，甲虫類や線虫類と並んで，その多様性がおそらくまだほとんど把握されていない生き物として傑出した存在である．

ダニ類の生活様式はきわめて多様である．ほとんどは陸生であるが，一部は水中生活を送るし，捕食者もいれば，雑食性のもの，植食性のものもいるし，多くは寄生虫であり，また，多くがきわ

避日類 solifugid
（ヒヨケムシ sun spider）

めて特殊化した存在である．あまりにも多様であるために，一部のダニ学者のなかには，ダニ類は単系統ではなく，小さいからだと圧縮された形——ほかの生き物には手が出せない小さなニッチに潜り込むことができ，したがって数多くのさまざまな生活様式に専念することができる形——をそれぞれ独立に採用した，種々のクモ類の寄せ集めにすぎないと示唆する人たちもいる．しかし，ジェフリー・シュルツは，多様性それ自体は多系統性を意味するものではないと指摘している．成功した系統枝は，爆発的に適応放散することが珍しくない．さらに分岐学的論理を適用しながら，シュルツは問いかける．もしダニ類が多系統だとすれば，ダニ類の一部はほかのダニ類よりもダニ以外の生き物の一部とより密接に関連していることになる．もしそうだとするなら，ダニ類に属さないそうした仮想的な親類はいったいどこにいるのか．これに対する納得のいく答えは存在しない．しかし，もし既知のすべてのダニ類で，それぞれが，ダニ以外の生き物との関係より，ダニ類どうしの関係のほうがより密接なものであれば，そのダニ類は定義によって単系統ということになる．しかしながら，ダニ類が単系統であれ，そうでないのであれ（ただし本書では単系統だと仮定しておく），ダニ類はアシナガダニ亜目 Opilioacariformes，寄生ダニ亜目 Parasitiformes，ダニ亜目 Acariformes の 3 つの亜目に分割される．

- アシナガダニ亜目 Opilioacariformes のダニは一般に原始的である．少なくとも腹側には後体部 opisthoma の体節を保持しており，その後体部は，体軸を横断する溝によって前体部（prosoma 頭胸部）と分離されている．アシナガダニ亜目は雑食性であり，熱帯林の林床と乾燥した温帯の生息地で捕食者として暮らしている．
- 寄生ダニ亜目 Parasitiformes には，自由生活や共生生活（寄生生活）を送っている世界中のダニ類 mite やマダニ類 tick が含まれる．自由生活をしている仲間は，土壌，腐葉土，分解中の倒木，苔の中や，昆虫類や小型哺乳類の巣の中にいる．その多くは小型の無脊椎動物を餌にしており，幼虫のときも成虫になってからも，常にほかの動物（多くはほかの節足動物）の表面を棲みかにしている．その関係は，ときには単なる便乗にすぎない——ダニ類は単にただ乗りしているだけ——こともあるが，真の寄生生活を送る寄生ダニもいる．

寄生ダニ類でもっともよく知られているのはマダニ類であり，その滑らかな鋏角で，宿主である脊椎動物（および甲虫が一例）の皮膚を切り開いてしがみつきながら，外部寄生虫として暮らしている．この仲間はすべてのダニ類のなかで最大であり，血液をいっぱいに吸った個体は 2～3 mm までふくらむこともある．「堅い」マダニ類（マダニ科 Ixodidae）は，何日間も，ときには何週間もつづけて爬虫類，鳥類，哺乳類に噛みついたまま，餌を頂戴する．こうした仲間の一部は，ロッキー山紅斑熱を媒介するアンダーソンカクマダニ *Dermacentor andersoni* のように，病気を媒介する．「柔らかい」マダニ類（ヒメダニ科 Argasidae）は，マダニ科のもつ背側の頑丈な楯がなく，鳥類と哺乳類，とりわけコウモリから，典型的には一度に 1 時間未満という短時間しか吸血しない．宿主に付着していないときは，土壌中の割れ目やすき間に身を潜めている．この仲間も病気を媒介することがあり，カズキダニの仲間 *Ornithodoros moubata* が媒介するダニ熱，すなわちアフリカ回帰熱 African relapsing fever がある．

- ダニ亜目 Acariformes には，コナダニ類 acarid の大部分の種が含まれる．一般にダニ mite と呼ばれるものと，ツツガムシ chigger と呼ばれるものがある．概してその生活様式はきわめて多様である．陸上で自由生活を送る仲間は，緯度や経度を問わず，あらゆる土

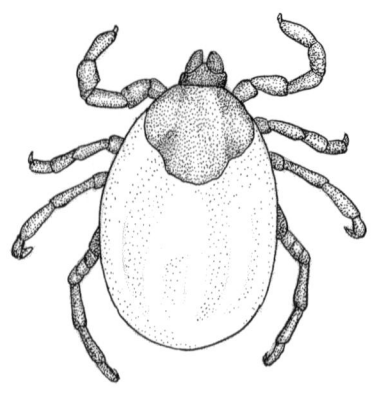

ダニ acariform mite

壌，腐葉，コケ類，地衣類，真菌類の中で暮らしている．（果食性，すなわち果物を餌にするものも含めて）植食性のものもいるし，捕食者もいるが，その多くは固体も液体も餌にすることができる．穀物に深刻な害を与える害虫もいる一方で，生物学的な害虫対策に使われるものもいる．少数の水中生活者は，「懸濁物食 suspension feeder」であり，小さな粒子をこし取って餌にする．そのほかの多くの仲間は，別の生き物と関連しながら生きており，その多くは真の寄生虫である．宿主としては，海産および淡水産の甲殻類，淡水産昆虫類，海産軟体動物，陸生のマイマイやナメクジ，陸生節足動物，あらゆる陸生脊椎動物の外表面，両生類，鳥類，哺乳類の鼻孔がある．そのほかの多くは寄生ではなく，便乗している．

植食性のダニ類を「捕食者 predator」と呼ぶか「植物寄生虫 plant parasite」と呼ぶかは，概して好みの問題であるようだ．多くの寄生ダニ類 parasitiform と同様，寄生性のダニ類 acariform も，甚大な被害を与えることがある．イヌニキビダニ *Demodex cani* はイヌに疥癬を起こすし，ニキビダニ *D. folliculorum* とコガタニキビダニ *D. brevis* はいずれもヒトの額にできるできものに関係しているが，前者が皮脂腺に棲んでいるのに対して，後者は毛包を好む．極端なニッチ棲み分けの好例である．ヒトのニキビダニは見かけ上は何も害を与えていないようだが，類似のダニ類は多くの動物に疥癬を起こし，ヒツジの毛を台なしにし，鳥の羽毛を抜けさせる．

コヨリムシ：コヨリムシ目 Palpigradi

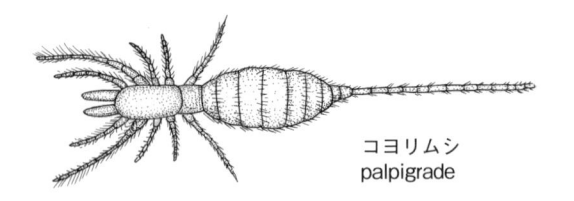

コヨリムシ palpigrade

コヨリムシ palpigrade は最小主義のクモ類である．既知の60種ほどのコヨリムシのうち，体長が3mmを超えるものはなく，そうした小ささのおかげで，循環系やガス交換器官が不要になっている．必要な酸素はすべて，組織の厚みだけの無色の甲皮を通じて手に入れる．ほとんどの仲間は岩の下から，一部は洞窟内で見つかるが，世界中のさまざまな場所で発見されているのだから，おそらく，存在してもただ見過ごされているだけの可能性が高い．概していえば，コヨリムシ類は奇妙で不可解な生き物であり，その進化の道筋は退化のそれであった．正直なところ，この生き物についてはほとんどわかっていない．

パレオカリオノイデス：パレオカリオノイデス目[†] Trigonotarbida[†]

パレオカリオノイデス trigonotarbid は少なくとも外見上はクモ類のように見えるが，明確に体節化された腹部をもっている．この仲間は陸に上がった最初の動物たちの1つである――イングランド西部から発掘されたもっとも初期の化石は，シルル紀のものと思われる．もっとも保存状態がよいのは，1920年代に初めて記載されたスコットランドで発見されたデボン紀のものと，ニューヨークのものである．しかしパレオカリオノイデスの化石は，アルゼンチン，スペイン，チェコスロバキア（当時），ドイツなど，いたるところで発見されている．既知のパレオカリオノイデスの

パレオカリオノイデス
trigonotarbid

ウデムシ
amblypygid

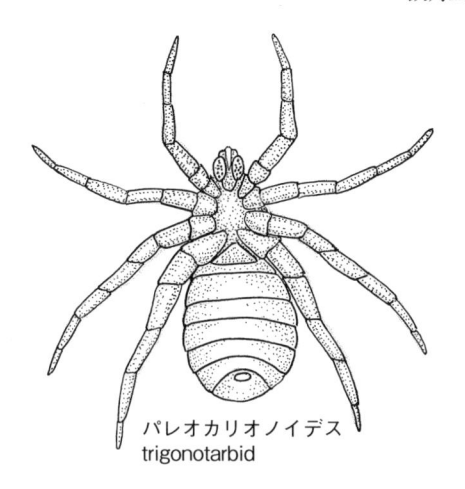

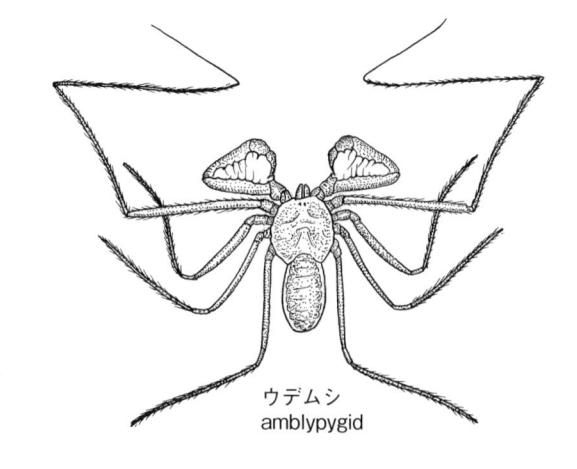

化石で最初に記載されたのは，ヴィクトリア女王が英国王座に即位した1837年に，英国の地質学者で牧師でもあったウィリアム・バックランド William Buckland によるものである．その化石は石炭紀後期のもので，その時代にはおそらくパレオカリオノイデスはクモ類よりも重要な存在であり，少なくとも同一のニッチの一部を支配していたようである．パレオカリオノイデスは本書ではクモ類と姉妹関係にあり，もっとも近い関係にあるものとして示してある．その場所かその近くに属していたことは確かである．

尾のないムチサソリ，ウデムシ：ウデムシ目 Amblypygi

70種ほどのウデムシ類 amblypygid は，最大で3cmになる奇妙で恐ろしい動物である．外見はムチサソリ（p.306）のようであるが，内部はクモ類に似ている（ただし出糸突起と毒腺はもたない）．昔の系統学者のなかには，これがクモ類と姉妹関係にあると考えた人もいたが，ジェフリー・シュルツはこの説を否定している．この仲間は闇に生きる動物である．多くの暑く湿気の多い森の中で，腐葉の中や樹皮の下を素速く横歩きしながら夜間に狩りをするが，洞窟に暮らすものも少数いる．サソリモドキ uropygid やヤイトムシ schizomid と同様，このウデムシの第1歩脚は触肢になっている．しかし，ウデムシ類では，これがじつに体長の5倍もの長さにもなるような目立つ感覚器であり，体長5cmの生き物が25cmもの触肢をもっていることがある．したがって，スティーヴンソンの『宝島』に登場する目の見えないピューのように，ウデムシ類は獲物に触れて存在を確認する．そして，クモ類に典型的なやり方で，脚鬚で獲物を捕まえると，鋏角で引き裂き，獲物の体液を吸い尽くす．

ヤイトムシ：ヤイトムシ目 Schizomida

ヤイトムシ類 schizomid は，体長が1cmに満たない約80種から成る小さなグループで，腐葉中，石の下，穴の中で，陸生節足動物らしい普通の暮らしを，ほとんどは熱帯や亜熱帯のアジア，アフリカ，アメリカで営んでいるが，温帯にも少数存在する．ヤイトムシ類を小さなサソリモドキの仲間として分類する人もいるが，前体部が分割されているし，尾節は鞭状の形をしていない．しかし，サソリモドキ類と同様，ヤイトムシ類の第1歩脚は感覚器になっており，この仲間も敵を撃退する忌避腺をもっている．

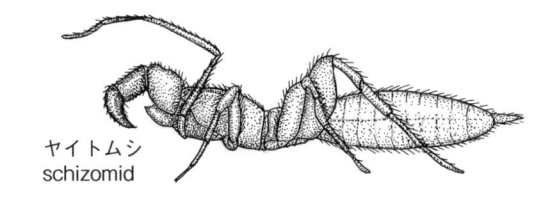

ヤイトムシ
schizomid

ムチサソリ：サソリモドキ目（Thelyphonida, または Uropygi）

100種ほど知られているサソリモドキ類 uropygid は，体長1～8cmの中型の生き物で，ほとんどは東南アジアで栄えているが，合衆国南部や南米にも少数存在し，アフリカに移入された種もある．この仲間の体型は全般的にはサソリに似ており，サソリと同様，さまざまな無脊椎動物を脚鬚で捕らえ，鋏角に運んですりつぶす，夜間に活動するハンターである．一般に，岩の下や腐葉の中といった湿り気のある場所に身を潜めているが，砂漠環境に適応した仲間もいる．したがって，一般的生態においても，サソリと似ていることになる．しかし，ムチサソリには，サソリとは異なる特徴があり，その特徴をほかのグループと共有している．たとえばムチサソリの第1歩脚は，獲物を見つけるための「触肢」として適応している．さらに，（それほどこの仲間に固有のことではないが）肛門の近くに，酸やキノン類を分泌する忌避腺をもっている．こうした酸の一部は高濃度の酢酸を含み，そのために一部のムチサソリは「vinegaroon（vinegar は食用の酢の意味）」として知られている．

クモ：クモ目 Araneae

だれもが「クモ類 arachnid」という言葉を知っている理由は，クモの存在がよく目につき，種類が多く，どこにでもいて，魅力にあふれ，不気味な存在で，なおかつ賢いからである．動物がみせる偉業のなかでも，クモ類がみせるクモの巣を張る作業は，イルカの跳躍やハヤブサの急降下と並んで，思わず息をのむほどである．しかしクモ類は，鋏角亜門全体のなかではわずか1つの目を代表しているにすぎない．クモ学者たちは，約3万5千種のクモを記載し，伝統的に，ハラフシグモ亜目 Mesothelae とクモ亜目 Opisthothelae の2つの亜目に分けてきた．

● ハラフシグモ亜目 Mesothelae　ハラフシグモ類は「上げ蓋クモ trap-door spider」と呼ばれ，蝶番のあるネコの出入り用ドアのような，絹製の蓋がついた穴の中に暮らしている．このクモは，不用意な無脊椎動物が通りすがると，蓋を開けて飛びかかり，蓋を閉じてゆっくりと餌にありつく．ハラフシグモ類の一部は小さい——体長1cm程度——が，なかには3cmになるものもいる．しかし，ハラフシグモ類だけがこうした蓋つきの罠をもつクモではない．まったく無関係の別の仲間にも同じ方法を採用しているものがいる．

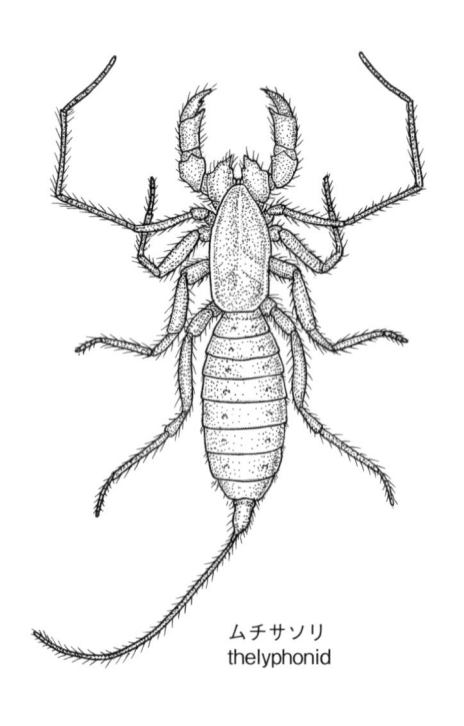

ムチサソリ
thelyphonid

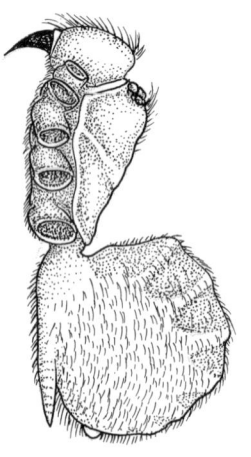

ハラフシグモ
mesothele spider

ハラフシグモ類は2つの重要な解剖学的特徴によって識別される．まず第1に，ハラフシグモ類の鋏角が，剣歯トラの牙のように，正顎的に（顔の面に平行に）動く——このクモ類は鋏角で獲物をひと突きする——点である．このやり方がうまくいくのは，獲物が固い支持面にしっかり固定されている場合（あるいは，剣歯トラの獲物のように，きわめて重いとき）に限られる．第2に，かつより決定的なことに，ハラフシグモ類の後胴体節が原始的に見える点である．その後胴体節はいまもなお明瞭な体節化の徴候を示している．

- クモ類の大部分の種は，第2の亜目であるクモ亜目 Opisthothelae に属している．その後胴体部は体節化されておらず，袋のような「腹部」となっていて，その表面は光沢をもっていたり，ふさふさしていたり，ビロード状になっていたりするのが普通である．クモ亜目はさらに2つの下目に分けられる．1つ目のトタテグモ下目 Mygalomorphae には，まぎれもなく畏怖を覚えるクモたちが含まれる．15ほどの科のなかから，ここではわずかに3つだけを示している．トタテグモ科のクモは，原始的なハラフシグモ類と同様に，上げ蓋つきのトンネルをつくる．ジグモ *Atypus affinis* のようなジグモ科 Atypidae のクモ類は，袋状になったいわゆる「財布クモの巣 purse-web」をつくるクモである．オオツチグモ科 Theraphosidae には大型のクモ類が含まれる．日常会話では「タランチュラ tarantula」と呼ばれている，鳥喰いグモ bird-eating spider や毛深い足太クモ hairy thick-limbed beast がその例である．トタテグモ類では，脚鬚が大きく，付加的な歩脚の役割を果たしている．ハラフシグモ類と同様，トタテグモ類の鋏角は正顎的に動く．クモ亜目の第2の下目は，クモ下目 Araneomorphae である．これには，道や流れの上にクモの巣を張ってぶらさがったり，カーペットの上を足高に疾走して暗がりに姿を消したりするような，だれもが知っている約75科の「典型的な」クモ類が含まれる．このクモ類では，鋏角は「鉗子状顎 labidognathous」，つまりピンセットのように先端が接する形で出入りするようになっている．したがって，このクモ類は，獲物を押さえつけるための固い支持構造を必要としない．クモの巣の上で，獲物を捕らえてそこで食べることができる．

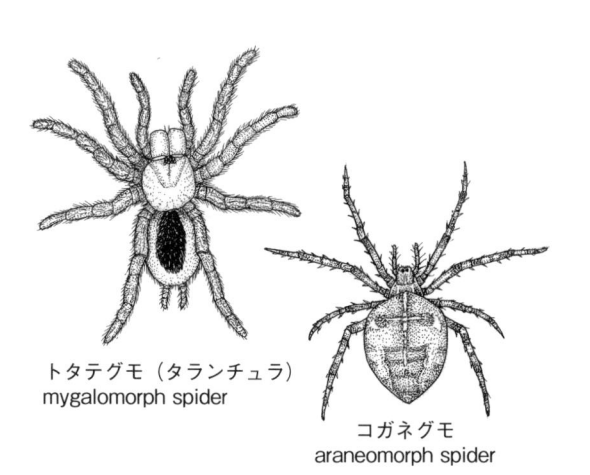

鋏角の一連の特徴に加えて，クモ類が一般に共有しているものは，毒と絹である．クモ類の毒は，神経毒として作用する一種のタンパク質分解酵素であり，前体部の腺の中に保持され，**牙 fang**——鋏角の第2末端節より先に形成される——の先端にある穴から射出される（サソリ類では毒腺が後胴体部にあったこととは対照的である）．絹は後胴体部にある腺で産生され，後胴体部の付属肢に由来する出糸突起から吐き出される．原始的なクモ類は4対の出糸突起をもっていたようであり，このことは現在の一部のハラフシグモ類でも同様である．しかし，ほかの大半のクモ類は3対の出糸突起をもち，なかには2対のみ，さらには1対だけのクモもいる．

絹 silk はそれ自体が自然の驚異の1つである．グリシン，アラニン，セリンといったアミノ酸を主成分とする複合タンパク質の一種である．液体の形で産生され，クモのからだから外に出るとき

トタテグモ（タランチュラ）
mygalomorph spider

コガネグモ
araneomorph spider

に重合して硬化し，ナイロンに匹敵する強度と2倍の弾性をもつ，複雑で繊細な構造をした繊維になる．クモ類は，さまざまな目的のために異なった品質の絹を産生する腺を，およそ6種類もっており，獲物をくるんだり，卵のための繭をつくったり，クモの巣の主要な糸や捕獲糸をつくったりする．さらには，葉から身を投げて絶壁にいどむ登山者のようにぶらさがり，捕食者から逃れてまた活動を再開するために，クモ類が歩きながら引きずる「引き糸」を提供したりもする．その特別な特性ゆえに，クモの絹は生物工学者たちの標的になっており，丈夫で弾性のあるそのタンパク質を産生する遺伝子を微生物に組み込み，培養している．夢物語に思えるかもしれないが，この技術はどうやら成功を収めているようである．ちなみに，クモの絹でつくられたシャツは弾丸でも穴が開かないという．しかし，同時に弾性体でもあるので，弾丸はその布地ごとからだに深くめりこむ．だから，シャツそのものに損傷がないという事実はおそらくほとんど慰めにはならないだろう．

　コガネグモ科 Araneidae のような，円網をつくるクモが巣を張る腕前は，なんともおそるべきものである．オニグモ *Araneus* のように多くの種は，クモの巣全体を30分もかからずに完成させることができ，ほとんどが一晩で新しい巣をつくる．良質のタンパク質を浪費しないようにするため，古い巣は食べてしまうので，リサイクル率は桁外れに高い．科学者たちは絹のアミノ酸に放射性物質の標識をつけ，その標識が，絹を食べた後ほんの数分で，出糸突起の栓から新たにしみ出た新しい絹の中に再出現することを明らかにしている．

　馴染み深いクモ類の大半は，根っからの単独生活者のようである．しかし，若いときはきわめて社会性の高いものも多く，一部の種では若いクモたちが，白鳥の雛のように母親の背中にかたまって乗っている．さらに印象深いことに，少なくとも6つの科に属する20種の熱帯産のクモ類は，巣を張ったり，獲物を捕らえたり，若いクモを育てたりするのに協力しあうことが知られている．卵をクモの巣につるしておくこともあり，その卵を複数のメスが世話している．

　事実上すべてのクモ類は捕食者であり，当惑させられるほど多様な捕獲技術を使って獲物をしとめる．数多くのクモの巣で見られるような捕獲，先端に接着剤をつけた1本の糸によるフライフィッシング，古代ローマの網闘士（レーティアーリウス）よろしく絹製の網を使った投網，穴や絹製の漏斗に潜んでいることが多い待ち伏せ，ハエトリグモ Salticidae で見られるような跳躍，ドクグモ Lycosidae で見られるような追跡，驚くべきヤマシログモ Scytodidae のように接着剤を吐きかけることによる捕獲まで，多種多様である．いったん捕まえた獲物は，毒液を注入して麻痺させたり，殺したりしてから，典型的なクモ類のやり方でごちそうになる——獲物を鋏角に押し当てると，歯状に並んだ突起で押しつぶし，消化酵素の液体をかけて，その結果できるスープを吸う．口と咽頭部にあるフィルタによって，1 μm（1 mm の1000分の1）より大きな食べ物は飲み込まないようになっている．ほとんどのクモ類は夜間に狩りをするが，ハエトリグモやドクグモのように，特別にほかのやり方をする必要のあるものは例外である．一部の種の若い個体は，どうやらしばらくの間は，花粉を餌にして生きているようである．

　たまたまアレルギー体質だったり，別の理由で特別に過敏だったりしたら，およそどんな動物と接触しても苦しめられることがあるかもしれない．しかし，一般に人間にとって危険と考えられている動物は数えるほどである．その短いリストには約24種類のクモが含まれており，この中には，米国産のクロゴケグモ black widow of America，ブラジル産のコモリグモの一種 Brazilian wolf spider，ドクイトグモ brown recluse spider，漏斗型の巣をつくるオーストラリア産の大型のクモの一種 Australian funnel-web，および数種類のドクグモ類がいる．

ウミグモ類へのガイド

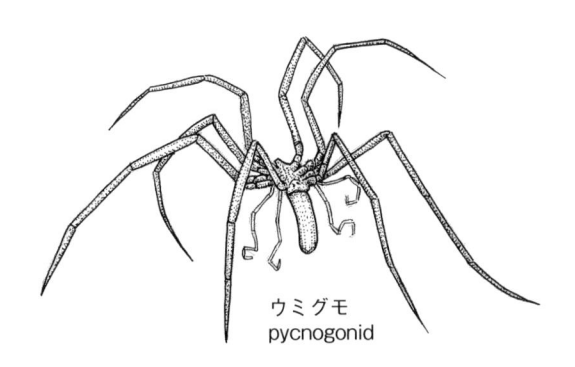

ウミグモ
pycnogonid

英国南部のサセックスには，ベルリンとは双子の町だと主張するある村（名前を失念した）がある．それとまったく同じように，まるでパイプクリーナーを組み立ててつくったかのように見える，きゃしゃな海産の生物で，目立たない存在であるウミグモ類 pycnogonid は，普遍的に存在する壮大な鋏角類の姉妹群に当たるとしても不思議はない．

最古のウミグモ類はデボン紀に遡り，最近の分類では，86属に1000種ほどの現生種が認められている．さまざまな有機物を餌にするが，前方に突き出した**吻 proboscis** があるため，選択肢の幅は狭くなっている．ウミグモ類の合体節は明瞭ではないが，小さく，痕跡的な腹部が存在する．ウミグモ類が本当に鋏角類と関係しているかどうかは，主として，ウミグモ類の最初の2つの体節の付属肢と，鋏角類の鋏角と脚鬚との関係次第である．もしこうした付属肢どうしが本当に相同なら，この2つの亜門は間違いなく姉妹群であり，ウミグモ亜門と鋏角亜門とは単一のクレードを構成することになる．したがって一部の人が主張しているように，それを「鋏角形類 Cheliceriformes」と呼ぶこともできるだろう．しかし，もしウミグモ類と鋏角類とが密接に関連していないとしたら，もちろん「鋏角形類」は合理的なグループではないだろう．分子生物学的研究によって，まもなく真の関係が明らかにされるはずである．おそらく，ウミグモ類は，カブトガニよりもクモ類に近い，──「退化」したものであったとしても──真正の鋏角類であることが証明されるのではないだろうか．ここでもまた私たちは，しばらくの間，白黒がつくのを静観しなくてはならない．

12章

ヒトデ, クモヒトデ, ウニ, カシパン, ウミユリ, ウミヒナギク, ナマコ
棘皮動物門 Phylum Echinodermata

棘皮動物 echinoderm——ウミユリ, ヒトデ, ウミヒナギク, クモヒトデ, ウニ, カシパン, ナマコ——はきわめて奇妙な動物である. 現生種の一部では一見しただけでは明白ではないにせよ, そのもっとも驚くべき特徴は, **五放射相称 pentaradial symmetry** の体制にある. 全体の見かけが似たものを探すと, ほかの動物よりも, 植物のヒナギクに近い. それでも, この五放射相称は二次的なものである. もっとも初期の, 棘皮動物様の祖先は, 左右相称の形をしていた. 現在の棘皮動物の幼生も左右相称である. 放射相称のからだは, あたかもサボテンに咲く花のように, 幼生の一部分から成長する. しかし, 海のキュウリ sea cucumber の英名をもつ仲間——ナマコ類 holothurian——では, こうして得た二次的な放射相称のからだをふたたび左右相称の形態に戻しており, 内部の構造がそのことを示している.

さらにまた, ものごとをいっそう複雑にすることになるのだが, 今日の棘皮動物の祖先たちは, 柄で底質にからだを付着させ, 口も肛門も両方とも上方に向けていた. そして現在のウミユリ類 crinoid——ウミユリやウミシダ——はこの旧来の形態を保持している (ただし後者は柄を失っている) ものの, それ以外のグループは上下をひっくり返してしまい, ヒトデやクモヒトデに見られるように, 口を下向きに向けるようになっている. ただし, この生き物たちの肛門は, 上を向くようにふたたび移動した——現在では口と反対側についている (口のある側を「口極 oral」側と呼び, その反対側を「反口極 aboral」側と呼んでいる). しかし現在のナマコ類は, 体側を下にして横たわっている. つまるところ, 棘皮動物を観察するには, 多くの時間をかけて, いろいろな角度からながめ, どのように組み立てられているのかの感覚を体得するようにしなくてはならない.

それでもまだ, 奇妙な点がある. 棘皮動物は, 放射相称の形態を進化させる以前からすでに, 中胚葉の細胞——筋細胞をつくるものと同一の細胞層——から発生した, カルシウムを土台にした内部骨格を発達させていた. それは, とりわけ節足動物に見られる外胚葉性の骨格とは明確に異なっている. 脊椎動物の骨格もまた中胚葉性である点に注意していただきたい. しかし, 棘皮動物の骨格は, 骨ではなく, **骨片 ossicle** という構成要素で組み立てられており, それぞれの骨片はふつう多孔性, すなわち「硬組織」構造をもっている. ウニ類では, この骨片が融合して, 一種の内部骨格である**殻 test** になる——しかしナマコ類では, 骨片が, 筋肉質の体壁内部にばらばらに**骨片 spicule** のまま埋め込まれており, ヒトデ類とクモヒトデ類では, こうした両極端な構造の中間のどこかに位置する.

さらにまた——独自のものとして——棘皮動物は, **水管系 water vascular system** と呼ばれる, 驚異的な水力学系を内部にもっており, これは体腔にある複数の部屋のうちの1つに由来している. この水管系の内部にある液体は, まわりにある海水とは組成が異なっている (たとえば, タンパク質を含み, カリウム濃度が高い) が, 通常は**多孔板 madrepore** を介して海水と通じている. この多孔板は, 少なくともヒトデとクモヒトデでは反口極側の表面に存在する. この水管系が操作しているのは, とりわけ, **管足 tube feet** であり, 柔らかい肉質の足として体表面から突き出し, 付着, 移動から, 呼吸, 摂食にいたるまでさまざまなはたらきをする. 管足は, 口に向かっ

て走る**歩帯溝 ambulacral groove** の中に存在し，ヒトデの腕の下側にはっきり見える．

そして，あたかも動物とは何かという常識などあざ笑うかのように，棘皮動物にはなんと脳が存在しない．棘皮動物は，環状になった見事な神経系を口の周辺にもっているものの，それを組織化する明瞭な中枢部は存在しない．それにもかかわらず，棘皮動物の多くは重要な捕食者である（少なくとも理づめで考えれば，私たちは動ける捕食者には脳が不可欠だと考えてしまいがちである）．

さらに——種を識別するための特性には通常取り上げられていないが——棘皮動物の体表面には，街路に立っている保安柱のようなさまざまな構造物が存在している．これらには小さな隆起や可動性の棘（echinos は棘，「derma」は皮膚を表すギリシャ語である）が含まれ，さらには，**叉棘 pedicellaria** と呼ばれる棘状の構造物をもつものもいる．叉棘は先端にものをつまむはさみをもち，あたかも独立した生き物であるかのように見える．独自の神経や筋をもち，からだのそのほかの部分とは独立に，外界に対して反射運動をしているかのようだ．こうした叉棘が動物本体の一部分であり，外部寄生虫のようなものとは違うことを理解するには長い時間がかかった．

しかし，いかに奇妙な存在であるとしても，棘皮動物は，動物の大きな系統樹にぴったりした位置を占めている．棘皮動物の幼生は，脊索動物と同じ系統上にある，何の疑念もない新口動物であることを示してくれる．実際，1986 年に，ロンドンにある自然史博物館のリチャード・ジェフリーズ Richard Jefferies は，棘皮動物が脊索動物と姉妹関係にある——さまざまな共有派生形質を共有している——ことを示唆している．ほとんどの動物学者はこの考えを否定しているようであるが，それでも棘皮動物と脊索動物とに大きなつな

がりがあることは疑いない．

また，意外に感じられるかもしれないが，棘皮動物は例外なく海生で，どうやらこれまでも常にそうであったにもかかわらず，生態学的にはきわめて大きな成功を収めている．棘皮動物は海洋の数多くの状況で主たる活躍をみせる存在であり，ときには恐るべき最上位の捕食者になることもある．現生種では 6 綱約 7000 種が知られているが，このほかに，化石種が 1 万 3 千種もあって 20 以上の綱に分類されている．こうした種は 5 億年以上前のカンブリア紀まで遡る．つまり，棘皮動物は，現在もきわめて重要な存在であると同時に，きわめて長く印象的な過去をもっている．

本書の系統樹では，現生種のいる綱を，代表的な少数の目とともに示してある．少なくとも綱の水準では，どれがどこに属するかについての異論はほとんどないが，クラウス・ニールセン Claus Nielsen が『動物の進化 *Animal Evolution*』(1995) の中で，ウミヒナギク類 Concentricycloidea をヒトデ類 Asteroidea に含めるよう選択しているのに対して，多くの現代の学者たちはそれを高度に修飾されたウニ類 echinoidean だと考えている．本書では慎重な立場をとり，ウミヒナギク類を，ヒトデ類とウニ類と並列にした 3 つ組分岐の 1 つとしている．この系統樹は，現生群が互いにどう関係していると考えられるかを示すとともに，重要な化石種の一部と考えられるものとの関係も示している．この系統樹はたしかに——2 つの基本的な必要条件である——合理性と体系性を満たしたものであるが，ニールセンが指摘しているように，現生の棘皮動物内の関係でさえ，まだ普遍的な共通理解は得られておらず，絶滅種についてはさらに意見が一致していない．これもまた，時間が経てば解決するのかもしれない．

12・棘皮動物門

棘皮動物門 ECHINODERMATA

有柄亜門 Pelmatozoa

遊在亜門 Eleutherozoa

12

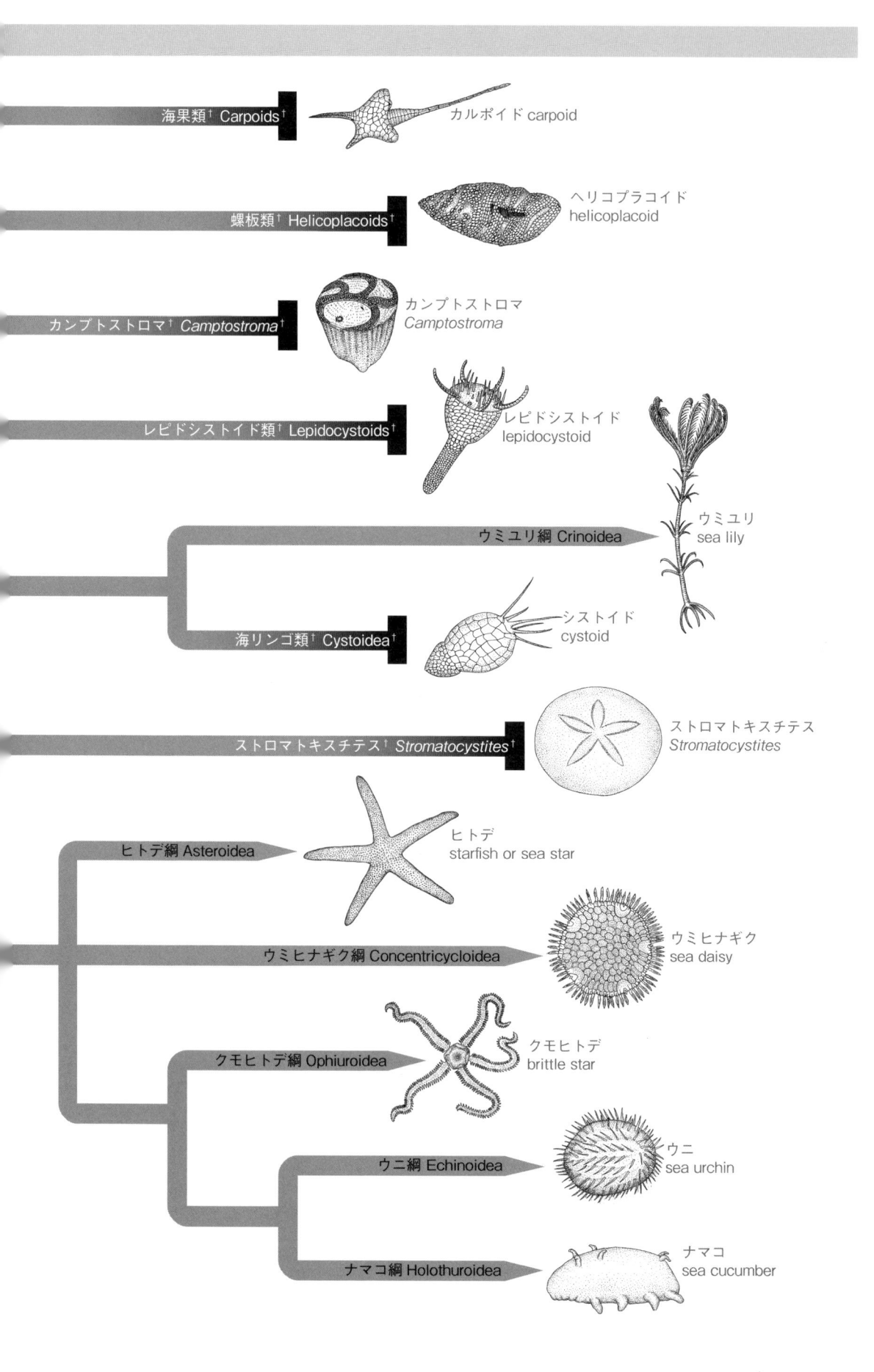

海果類† Carpoids† — カルポイド carpoid

螺板類† Helicoplacoids† — ヘリコプラコイド helicoplacoid

カンプトストロマ† *Camptostroma*† — カンプトストロマ *Camptostroma*

レピドシストイド類† Lepidocystoids† — レピドシストイド lepidocystoid

ウミユリ綱 Crinoidea — ウミユリ sea lily

海リンゴ類† Cystoidea† — シストイド cystoid

ストロマトキスチテス† *Stromatocystites*† — ストロマトキスチテス *Stromatocystites*

ヒトデ綱 Asteroidea — ヒトデ starfish or sea star

ウミヒナギク綱 Concentricycloidea — ウミヒナギク sea daisy

クモヒトデ綱 Ophiuroidea — クモヒトデ brittle star

ウニ綱 Echinoidea — ウニ sea urchin

ナマコ綱 Holothuroidea — ナマコ sea cucumber

棘皮動物へのガイド

　分類は系統発生——進化の歴史——に従ったものでなくてはならないから，私たちは棘皮動物がどのような経路をたどって出現したのかを問う必要がある．これまでの課題は2つの面がある．1つはもっともらしいシナリオを提示すること——実際にどのような進化の経路が可能だったかを示すこと——と，もう1つは，考えられるその経路を化石の証拠と関連づける作業である．棘皮動物については，説明すべき項目がたくさんあり，結びつける実物のいない断点が山ほど残っている．

　まず第1に，化石の証拠によれば，棘皮動物はカンブリア紀に爆発的に適応放散している．おそらく，先カンブリア時代でさえ，棘皮動物様の祖先は存在していただろう．それはもしかすると，穴を掘って暮らす左右相称動物で，それが後に穴から這いだして，海底近くに群れるようになったのかもしれない．しかし，カンブリア紀，さらにはオルドビス紀がかれらの最盛期だったと考えるのが妥当である．ナマコ類を除く現生綱のすべてが，オルドビス紀までに出現していたことが知られており，カンブリア紀に知られていたすべての綱は，後に，古生代のうちに死に絶えている．このカンブリア紀の仲間が歩帯板 ambulacral plate をもっていたのも確かであり，（おそらくは）管足を伴った，棘皮動物に特徴的な水管系ももっていたことを示している．説明が求められる重要な特徴の1つが，五放射相称の進化である．初期の仲間には左右相称のものも，奇妙な非対称のものも，三放射相称のものも存在した．現在の理論では，左右相称から三放射相称を経て，現在の五放射相称が誕生したことになっている．しかしそれにしても，それがどのように生まれたかという疑問は依然として残っている．もともと左右相称だった動物が，どのようにしたら五放射相称になれるだろうか．

　今までのところ，2つの主要な仮説が覇を競っている．第1の仮説では，棘皮動物の祖先は本質的には蠕虫のようなものであり，そうした祖先のなかで頭が尾と結合し，安全ベルトというかドーナツ状のからだになったという．そして（ここからが話のポイントなのだが），そのドーナツの別々の区画から腕が伸びてきて，そのとき，5つの腕がたまたま好まれた数だった，というのだ（ただし，現生種のなかには5の倍数本の腕をもつものもいるが）．第2の仮説では，初期の左右相称棘皮動物がまっすぐに立ち上がり，ずんぐりとした小さな人形のような姿になったと考えている．しかしこの人形には，ちょうどバレリーナが着るチュチュのような幅広のスカートがついていた．このチュチュが複数の区画に分けられていた．それからまたこの人形は上下につぶれるようになり，頭は足の中に潜り込んだが，チュチュはしっかりと居残って，5つの腕になった，というのだ．

　しかしながら，ストーニー・ブルックにあるニューヨーク州立大学のグレッグ・レイ Greg Wray が行った，いくつかの素晴らしい分子レベルの研究によれば，上記の2つの仮説のいずれも誤っていることが示唆されている．ここでもまた，必要な洞察をもたらしてくれたのはホメオティック遺伝子群であり，これらの遺伝子は（大ざっぱにいえば）発生途中の動物における各部位の運命を決めている．実際，レイは「*engrailed*（波形縁の）」という名前の遺伝子——これ自体は Hox 遺伝子の一種ではなく，Hox 遺伝子群に随伴しているだけだが，やはり Hox 遺伝子群と同様に，頭から尾に向かう動物の長軸に沿って組織を適切に配列する作業に関与する遺伝子——に焦点を当てている（Hox 遺伝子群に関するさらに詳細な説明は，第1部5章を参照のこと）．レイはまず，クモヒトデからのこの遺伝子を（レイ自身の表現によると）「釣り上げた」．そしてこの遺伝子に対して種々のマーカーを適用し，発生途中

のクモヒトデで，この遺伝子が発現している部位を示すことに成功した．この遺伝子は，クモヒトデのそれぞれの腕で，同じように発現していることが明らかになった．それはあたかも，それぞれの腕が独立した生き物であるかのようだった．別の言い方をすれば，大ざっぱにいってクモヒトデは頭と尾がつながった一匹の環状の蠕虫ではなく，頭をつきあわせて結合した5匹の独立した蠕虫のようなものになる．棘皮動物の放射相称性の謎は解けたかに思われるが，その解答は，自然界でしばしば見られるように，人間の想像の範囲を超えていた．

棘皮動物の発生におけるある一面は，グレッグ・レイの解答の妥当性をひときわ高めている．すなわち，幼生の一部分が成長して五放射相称の若い成体が発生する過程である．このとき，幼生組織の残りの組織は，成長途中のこの成体に単純に再吸収されて消えていく．原則的には，このことは見かけほどとてつもない現象ではない．結局のところ，完全変態昆虫（10章参照）にしても，不要になった幼生器官を原材料として使いながら，「成虫原基 imaginal disc」と呼ばれる少数の組織片を土台にして，蛹の中で自己再構成を行うのだから．さらに哺乳類にしても，胎盤というかなり大きな胎児組織を出生時に一気に捨ててしまう．しかし，この発生様式を観察すれば，Hox 遺伝子群に，周囲にある組織を使って事実上ゼロから新しい動物を組み立てる自由が与えられている仕組みが理解しやすくなる．発生におけるこの停止−再開方式は奇妙に思えるかもしれないが，現実にうまくはたらいており，この主題に関しては動物界全体にわたって数多くの変化形が存在する．

さて，理論についてはこのくらいで十分だろう．歴史的な事実は，多種多様な棘皮動物の化石群によってうかがい知ることができるはずだ．動物学者たちは，こうした化石から，とりわけ重要に思えるものの候補を識別しており，本書の系統樹にもその一部が示してある．すなわち海果類 carpoid と螺板類 helicoplacoid，海リンゴ類 cystoid，レピドシストイド類 lepidocystoid，それに，カンプトストロマ *Camptostroma* とストロマトキスチテス *Stromatocystites* といった少数の属である．

海果類 carpoid は，カンブリア紀初期から登場する．いくぶんアンバランスではあるが，この仲間は左右相称形だった．硬組織の骨片など，棘皮動物の特徴の一部を明確に備えていたが，水管系をもっていたかどうかはわからない．この仲間はおそらく懸濁物食であり，溝のある腕（すなわち brachiole）に食べ物を捉えて，それを口まで運んで食べていたのだろう．ほとんどの動物学者が海果類は棘皮動物に分類されないと感じているのは，主としてこの仲間が放射相称性をもたないからである．海果類はしばしば，棘皮動物と姉妹関係にある門として示されている．海果類が棘皮動物か否かという問題は，後期の単弓亜綱爬虫類が哺乳類か否かという問題とちょうど同じで，議論する価値がある．ただし，そうした議論が，その動物たち自体，およびそれらの関係についての理解に役立つ場合に限られる．単なる意味論上の議論であればほとんど役に立たない．いずれにしても，海果類は棘皮動物の姉妹群として示されるのが一般的であり，それは合理的な考えであるので，本書でもその論理を踏襲する．

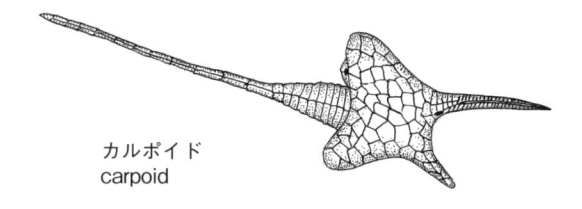

カルポイド
carpoid

螺板類 helicoplacoid は，放射相称形を示した最初の系統であり，それゆえ，最初の本物の棘皮動物として示されるのが通例である．本書もこの考えを採用している．しかし，この仲間は五放射相称ではなく三放射相称であり，おそらく食べ物を口まで運んでいた3つの覆いのない歩帯溝の存在に反映されている．この仲間は明らかに（歩帯溝に沿って走る）水管系をもっており，おそらく口の近くに開いた多孔板をもっていた．そして口は，からだの先端ではなく側面についていた．

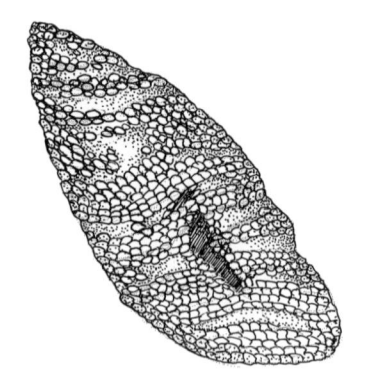

ヘリコプラコイド
helicoplacoid

カンプトストロマは，既知のなかでは，五放射相称をもっとも初期に達成した仲間の1つである．カンプトストロマは1本の柄をもち，現在のウミユリ類のように，口と肛門の両方を上側（口側）表面にもっていた．カンプトストロマはおそらく，螺板類の子孫であると同時に，後のあらゆる棘皮動物の姉妹群に相当する（つまりその祖先に類似している）ものと思われる．もしこれが正しければ，じつに重要な生き物である．レピドシストイド類は，ウミユリ類（現生のウミユリ類）や，ウミユリ類に類似した古代の海リンゴ類 Cystoidea が含まれるクレードと姉妹関係にあるものと思われる．そうすると，残るストロマトキスチテスが，現在生き残っているすべての綱と姉妹関係にある（想定される共通祖先と密接な関係をもつ）と考えられる．

現生の仲間たちのなかでは，ウニ類とナマコ類が互いに姉妹群の関係にあると考えられている．クモヒトデ類は ｛ウニ類＋ナマコ類｝ と姉妹関係にあり，また，ヒトデ類は ｛クモヒトデ類＋ウニ類＋ナマコ類｝ と姉妹関係にあるとされてきた．1986年という近年になって記載されたウミヒナギク類 Concentricycloidea や，これ以外の現生の綱についてはまだ最終的な決着がつけられていない．ウミヒナギク類を発見した A・N・ベイカー A. N. Baker, F・W・E・ロウ F. W. E. Rowe, H・E・S・クラーク H. E. S. Clark は，この仲間がヒトデ類の姉妹群に当たると示唆しているが，現在の多くの学者は変異したウニ類だと考えている．本書では，ジョエル・クラクラフト Joel Cracraft が推奨するやり方に従い，不明確な部分が存在することに正直である（それと同時に，合理的な範囲で最新の考えに基づく）ために，ウミヒナギク類は3つ組分岐の1本の枝として示してある．

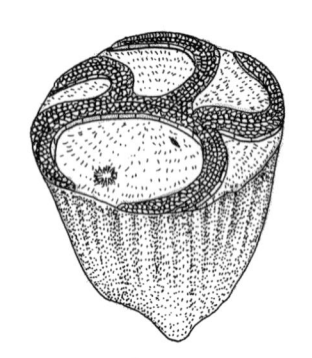

最後に，動物学者のなかに，ウミユリ類と海リ

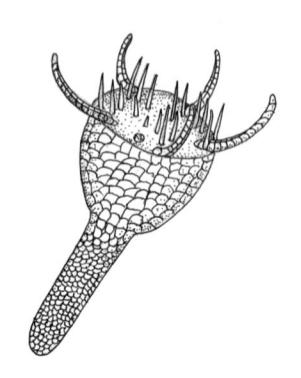

カンプトストロマ
Camptostroma

レピドシストイド
lepidocystoid

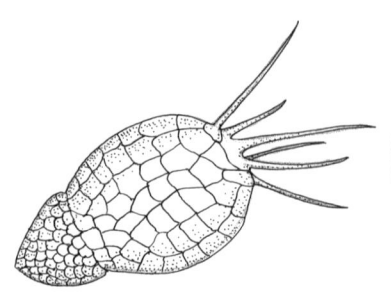

シストイド
cystoid

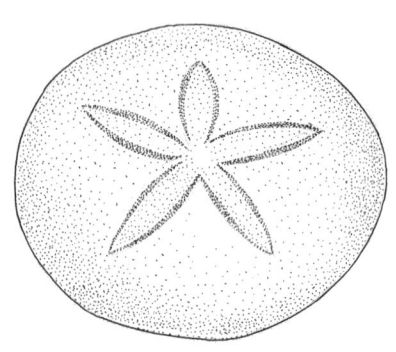

ストロマトキスチテス
Stromatocystites

ンゴ類とを独自の亜門にまとめて，有柄亜門 Pelmatozoa と呼び，それ以外の現生種をすべてもう 1 つの遊在亜門 Eleutherozoa と呼んでいる人がいることを指摘しておこう．これは，最近になって改訂された，昔からある考えの 1 つである．この考え方は，ウミユリ類以外のあらゆる現生種が——7000 種ほどいる現生棘皮動物のうち約 6400 種が含まれる——単一のクレードに属するという点を強調している．

以下，現生の棘皮動物の綱について手短に紹介しよう．

ウミユリとウミシダ：ウミユリ綱 Crinoidea

ウミユリ類 sea lily は，上下逆さまにしたヒトデ類のように口側を上に向け（ただし，消化管は途中で後戻りするように曲がっているので，肛門も上を向いている），反口極側（口と反対側）が柄で底質に付着しており，その姿は花のように見える．しかし，一部のウミユリ類は柄を失っており，これはウミシダ類 feather star でも同様である．ウミユリ類は，よく発達した腕の筋によって，腕の先端を支えにしながら，中心部の円盤を完全に底質から浮かせて歩いたり，あるいは，ある一時点では腕の半分が上向き，残り半分が下向きになるよう腕を交互に動かして遊泳したりできる．ウミユリ類もウミシダ類も，懸濁粒子を腕に捕捉し，栄養分のあるものを選り分けながら，管足と繊毛を使って上向きの口まで運んで餌にしている．これが棘皮動物の管足，ひいては水管系全体の起原なのかもしれない．ウミユリ綱には約 625 種の現生種が知られている．

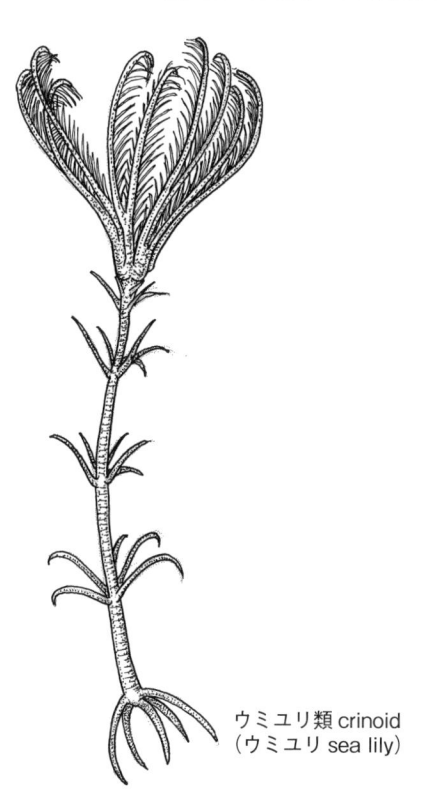

ヒトデ（あるいは「海の星 sea star」）：ヒトデ綱 Asteroidea

ヒトデ綱は，きわめて大きな成功を収め，大きな影響をもつヒトデ starfish，あるいは（アメリカ人たちがいうように）「海の星 sea star」のことで，5 つの目に 1500 種ほどが存在している．この仲間は 5 本以上の腕をもつ星形のからだをしており，腕は中心部の円盤に対して明確な「関節」なしに結合している．ヒトデ綱は，管足を使った移動，有効打と回復打を区別する個々の足の運動，短縮，伸長，粘着，裏返しから回復するときの屈曲といった卓越した腕前の数々を示してくれ

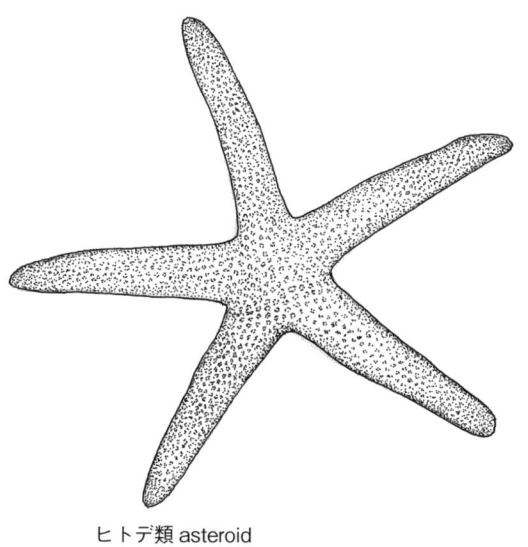

ウミユリ類 crinoid
（ウミユリ sea lily）

ヒトデ類 asteroid
（ヒトデ starfish or sea star）

る．管足の動きは同調していない——多足類の足の調和のとれた（継時性の metachronal）動きとはまったく異なる——が，からだ全体を引きずる動きは滑らかである．ほとんどのヒトデ類の動きはゆっくりしているが，ヤツデヒトデ *Pycnopodia* のような少数の種は，素早く動くことができる．

大部分のヒトデ類は腐食性か，あるいは，日和見的な捕食者で，並はずれた摂食方法をみせる．胃をからだの外に「裏返し」て突き出し，餌になる獲物全体を覆うように広げ，消化酵素を分泌して，溶けてできるスープを吸い取るのだ．この方法から逃れられるものはほとんどいない．ヒトデ類は，きつく閉じられた二枚貝の殻のすき間にさえ胃をこじ入れ，逃げ場のない内部の肉質を溶かしてしまうことができる．海岸の潮間帯に暮らし，磯の潮だまりに見られるヒトデ類のほとんどは，マヒトデ目 Forcipulatida に属している．サンゴのポリプを餌にし，オーストラリアの大堡礁（グレートバリアリーフ）に甚大な被害を与えてきた有名なオニヒトデ（*Acanthaster*，英 crown-of-thorns starfish）は，ヒメヒトデ目 Spinulosida の仲間である．餌を特定のものに限っている仲間もいる．たとえば，太平洋北東部のエゾニチリンヒトデ *Solaster stimpsoni* は，ナマコだけしか餌にしないし，ニチリンヒトデ *S. dawsoni* はそのエゾニチリンヒトデだけを餌にする．少数の懸濁物食のヒトデもいて，プランクトンや有機堆積物（デトリタス）を餌にしている．

ウミヒナギク類：ウミヒナギク綱
Concentricycloidea

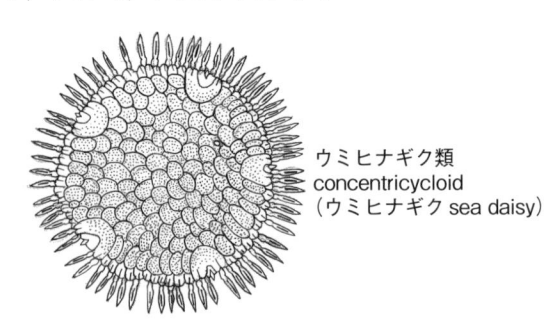

ウミヒナギク類 sea daisy は，直径が 1 cm 未満の小さな生き物であり，1988 年という近年になって，ニュージーランド沖の深海で，沈んだ木の上で発見された．そのからだは，周辺に棘の環がついた円盤状をしているが，外側に突き出した腕は存在しない．シャリンヒトデの仲間の *Xyloplax turnerae* と *X. medusiformis* の 1 属 2 種のみが知られている．ウミヒナギク類の消化管は著しく小さくなっており，*X. turnerae* では不完全な消化管とともに胃があるが，*X. medusiformis* では消化管がまったく存在しない．この仲間は，その（下向きの）口極側表面全体を覆う膜，すなわち縁膜 velum を介して，腐った木の表面にいる細菌に由来する有機物を直接吸収しているのかもしれない．実際のところこの縁膜が，永久に裏返しに突き出されたヒトデ類の胃に相当する，消化管の役割を果たしているのだろう．

クモヒトデとテズルモズル：クモヒトデ綱
Ophiuroidea

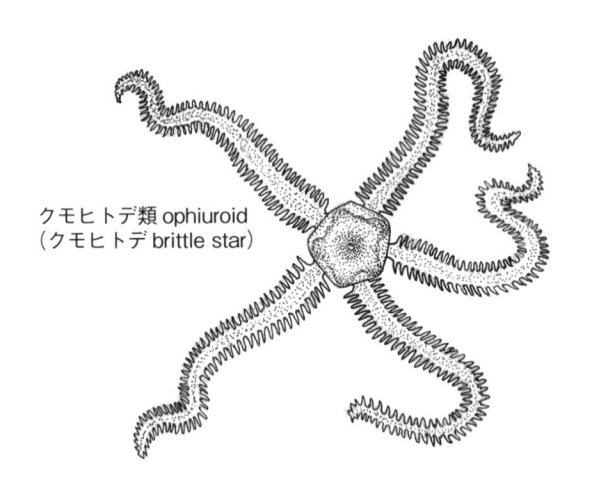

クモヒトデ綱——クモヒトデ類 brittle star とテズルモズル類 basket star——でも，からだは星形をしており，一部の種では先のほうが分岐した 5 本の腕をもっている．しかし——ヒトデ類とは対照的に——その腕は中心部の円盤とは明確に区切られている．その腕は自由にかつ力強く水平

方向に動かすことができるが，上下方向には動かせないので，もし腕を上向きに曲げようとすると折れてしまう——それゆえにクモヒトデ類は「もろいヒトデ brittle star」という英名をもっている．しかし，側方への動きによって，這い回ったり，しがみついたりすることができ，ときには穴を掘ることもある．摂食方法は，捕食から懸濁物食までさまざまで，複数の摂食方法を使える種もいる．たとえば，腕を水中で波打たせ，有機物を粘液に捕捉し，足を使ってそれを丸めて口に運ぶ種もいるし，テズルモズル類のなかには，まるでタコのようにその腕を大型の獲物に絡ませるものもいる．概していえばこのクモヒトデ綱はきわめて多様性が大きい——そして大きな成功を収めている．約 2000 種が存在する．

ウニとカシパン：ウニ綱 Echinoidea

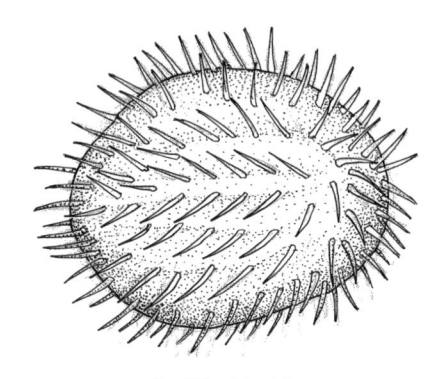

ウニ類 echinoid
（ウニ sea urchin）

ウニ綱には，ウニ類 sea urchin とカシパン類 sand dollar が含まれ，そのからだは球体か円盤のような形をしている．一部はその放射相称形を変形させて左右相称形になっているが，もちろん棘皮動物の放射相称そのものが（幼生が左右相称形であることからわかるように）二次的な性質である．ウニ綱で特徴的なことは，骨片が融合して 1 つの完全な殻になっていることで，海岸の土産物として広く愛好されている．また，この動物は可動性の棘によって守られている（それゆえ，ウニは英語で「海のハリネズミ sea urchin」と呼ば

れている）．

ウニ綱に属する 2 つの亜綱は今なお存在している．ウニモドキ亜綱 Perischoechinoidea は，しばしばより原始的な仲間と考えられており，大型の鉛筆状の棘をもっている．ほとんどの種が絶滅しているが，現在でも約 140 種が現存している．もう 1 つのウニ亜綱 Euechinoidea には，4 つの上目に約 800 種が含まれる．このうちの 2 つ——ガンガゼ上目 Diadematacea とウニ上目 Echinacea ——には「正形 regular」ウニ類が含まれ，3 つ目の顎口上目 Gnathostomata は左右相称形に戻っており，カシパン類が含まれる．4 つ目の偏口上目 Atelostomata には「不正形 irregular」ウニ類が含まれる．

ウニ類の重要な特徴は，**アリストテレスの提灯 Aristotle's lantern** と呼ばれる，からだの中心部にある奇妙な骨格構造物にある．これには 5 つの硬い歯がついており，中世の研削盤を思わせるような筋交いや筋肉でできた驚くべき複合体を使って動かされる．カシパン類ではこの提灯が大きく変形しており，歯が小さくなっているし，ウニ類のなかにもまったくこの「提灯」を欠いている仲間がいる．ウニ類は概して植食性（あるいは藻食性）だったり，栄養粒子を餌にしたりするが，なかには捕食性のものもいる．ウニ類は，足と可動性の棘の両方を使って移動する．多くのウニが穴を掘り，なかにはアリストテレスの提灯の歯を使って，硬い岩に穴をあけ，その中に自分のからだを埋もれさせるものもいる．カシパン類は柔らかい堆積物の表面や内部に暮らしているが，ときには固い表面にいることもあるし，ときには，可動性の棘を使って穴を掘り，完全に自分を埋もれさせていることもある．

ナマコ：ナマコ綱 Holothuroidea

棘皮動物の最後に登場するナマコ類，英名「海のキュウリ sea cucumber」は，肉質のからだをもっている．その骨格は縮小して，筋肉質の体壁内にばらばらに埋もれた骨片になっている．ナマ

ナマコ類 holothuroidean（ナマコ sea cucumber）

コ類のからだはソーセージ形をしており，口が先端にくるように，からだを横たえているように見える．口の周辺は，指のようなものから葉のようなものまでさまざまな形の8〜30本ほどの触手が囲んでいる．この触手の数や形が，現存するナマコ類の3つの亜綱を定義する助けになる．

ほとんどのナマコ類は，さまざまな底質の表面で暮らしたり，柔らかい堆積物の中にもぐったりしているが，なかには岩の割れ目や下に居を構えているものもいるし，頼りなく漂泳している少数のものもいる．ナマコ類は，足と体壁の筋運動によって這う．標準的な摂食方法は，生きたプランクトンを含む懸濁粒子を，粘液に覆われた触手を使って捕捉することであり，捕えられた餌は口まで運ばれる．しかし，なかには触手を使って底質上の有機物を摂食する仲間もいる．

ナマコ類は，驚くべき技を2つもっている．1つは内臓放出 evisceration で，種によって口からの場合と肛門からの場合があるが，消化管全体が吐き出される．実験的には，さまざまなストレスにさらされたときにこの内臓放出が起きるが，自然界でこれを起こす理由は不明である．しかしおそらく，頭足類の墨の煙幕のように，吐き出された腸が一種のおとりになるのだろう．いずれにしても，失われた内臓は通常再生する．一部の属では，ときには，（第2の技として）後腸を破って，**キュビエ器官 Cuvierian tubule** として知られる中空のねばねばした糸の塊を放出し，いじめてくる相手にまきつかせる．野生のナマコ類をいたずらしたときに実体験した著者としては，これがきわめて不快なものだったと証言できる．

13章

ホヤ，ナメクジウオ，脊椎動物

脊索動物門 Phylum Chordata

　脊索動物門は，地球上の進化によってもたらされたもっとも興味深く，劇的で，多くの点でもっとも完成された生物を含んでいる．たとえば脊椎動物亜門にはサメやエイ，チョウザメやマカジキ，ハイギョやカエル，カメや恐竜，ダチョウやハチドリ，クジラ，トラ，コウモリ，リス，ゾウ，ヒトなどがいる．そのうえ，はるか以前に絶滅したいくつかの綱の動物もいる．そのなかには，厚い鎧をまとった板皮類 placoderm，棘魚類 acanthodian，無顎でしばしば鎧をもち，一般に「甲皮類 ostracoderm」とよばれる複数のグループが混在した「魚類」，そして1980年代から脚光を浴びるようになってきたが，今もなお謎が残されているヤツメウナギ様のコノドント conodont という生物などが含まれる．

　脊椎動物は，節足動物やときには軟体動物とならんで，世界の生態系の大部分の基本様態を決定している．なぜなら食物連鎖の頂点にいる生物は，少なくとも下位の生物が上位の生物の生活を決めるのと同じ程度には下位のものの生活を決めるからである．脊椎動物がいなかったら，この5億年ほどの地球上の生命は悲しいほど貧弱であっただろう．とりわけ，脊椎動物以外の系統が哺乳類のような知性を発達させたと考える十分な理由はないのである．したがってほかの生物を評価玩味できるような生物が出現したとはとても思えない．トマス・グレー Thomas Gray が主張したように，空想上の砂漠に咲く花は，どのような花もその美しさを認められることはないだろう．

　脊索動物門には，脊椎動物亜門のほかにも——系統的には疑問の余地のない理由から——脊椎動物の元気さや輝きをまったく欠き，救いようもないほど地味な，さらに2つの亜門が含まれる．脊椎動物の姉妹にあたるのが頭索類 Cephalochordata，すなわちナメクジウオの類であり，とくによく知られているのはナメクジウオ Branchiostoma（アンフィオキサス）である．これは顎も眼もなく，透明な細長い生物で，見かけ上は小型のウナギそっくりである．{脊椎動物＋頭索類}の姉妹群にあたるのが尾索類 Urochordata で，海の水鉄砲，あるいは被嚢をもっているので被嚢類ともよばれる．多くは固着性で，ときとして鮮やかな色を持ち，慣れないスクーバダイバーはよくイソギンチャクとまちがえる．

　ここでもまた，脊索動物門は全体として奇妙な系統図をもっている．いにしえの貴族の家族になぞらえれば，その肖像画が薄暗くて鍵のかかるギャラリーに密かに吊るされているような集まりである．5章の動物界の主要な系統樹に見られるように，脊索動物全体の姉妹群は腸鰓動物 Enteropneusta，すなわちギボシムシ Blanoglossus の仲間である．クラウス・ニールセン Claus Nielsen はその著『動物の進化 Animal Evolution』で脊索動物と腸鰓動物を統合して曲孔類 Cyrtotreta という上位のグループとした．この曲孔類がまた，特殊な翼鰓類 pterobranch と——とてもあり得ないと思われるかもしれないが——棘皮動物 echinoderm と結びつけられている．

　要約すると，脊索動物，とりわけ脊椎動物のなかには，もっとも力強く，もっとも速く，多様で，もっとも柔軟な対応能力をもち，かつて存在した生物のなかで，もっとも知的な生物が含まれている．この脊索動物たちは，ほとんどが固着性か，そうしたがっているように見える動物たちの階層から生じている．その一部（とくに棘皮動物）は，軽蔑的な意味ではなく文字通りに脳をも

たないのだ．脊索動物は，簡単に言えば，奇妙な仲間をもっている．自然は，どうやら私たちを驚かせたがっているようだ．

脊索動物の系統樹全体は，その一部をニールセンの『動物の進化』の考えによっている．一方，系統樹の脊椎動物の部分は，マイケル・ベントン Michael Benton の『脊椎動物の古生物学 Vertebrate Palaeontology』（第 2 版，1997），ならびに，ストーニーブルックにあるニューヨーク州立大学のアクセル・マイヤー Axel Meyer とブラウン大学ロードアイランド校のクリスティーヌ・ジャニス Christine Janis の考えに主として基づいている．

脊索動物へのガイド

脊索動物は第 2 部（5 章）で論じたように，さまざまな原始的 plesiomorphic 特性によって後口動物であることが分かっている．その特徴の 1 つとして，卵割が完全でよく見える種の若い胚で観察される螺旋卵割がある．しかし，ここでより興味があるのは，門に固有の派生形質，すなわち，共有派生形質 synapomorphy である．

第 1 に——これは腸鰓類，すなわちギボシムシと共有する性質であるが——脊索動物の腸管の先端がたいていいくらか拡大して**咽頭 pharynx** を形成することと，とくに重要な鍵となる形質として，一連の**鰓孔 gill slit** が，内側（内胚葉細胞層）から外側（外胚葉細胞層）まで咽頭を貫通していることである．鰓孔は**鰓棒 gill bar** によって区切られており，これは脊椎動物のような複雑な生物ではよく発達した**鰓弓 gill arch** となっている．多くの脊索動物の鰓孔は，外胚葉が外側にふくらんでできた一種の囊のなかに収まっていて，被囊類では前端の全体がゆるめ袋の中に収まっている．しかしサメのようないくつかの動物では，孔は動物の体表にその立派な開口部が見える．成体の四肢動物（4 本足の陸上動物）は鰓孔を欠いている．それでも四肢動物の胚は，ウマやヒトのように完全な陸上動物であっても，一時的には発生途中にその兆候を示すのである．

ニールセンがこの 2 つを統合して曲孔類 Cyrtotreta をつくったのは，腸鰓類と脊索動物がともに鰓孔をもつからである．しかし脊索動物は以下の 3 つの共有派生形質をもっている．それらは脊索動物だけに特異的，特徴的なもので，しかも腸鰓類とは共有していない．

- 脊索動物のからだは，しっかりした膜の中にぎっしりと詰め込まれた細胞でできた円筒状の棒によって強化されている．大部分の動物学者はこの棒を**脊索 notochord** と呼んでいるが，ニールセンはこれを単に「索 chord」と呼んでいる．尾索類（被囊類）では索は後端に限局されているので，ニールセンはこれを尾索（urochord）と呼ぶ．かれは「脊索」という用語を，頭索類や脊椎動物の，全身に伸びている索をさすためにとっているのだ．実際，かれは頭索類と脊椎動物を一緒にして「脊索類 Notochordata」にすべきだと提唱している．もちろん，典型的な脊椎動物では，原始的な脊索の細胞からなる棒は，**脊柱 vertebral column** を形成する一連の骨によって置き換えられる．
- 脊索動物の中枢神経系は背側に沿った管であり，**背側神経索 dorsal nerve chord** と呼ばれる．これは外胚葉の陥入によって形成される．
- 脊索動物はその生涯の少なくともある時期に，体の後端の両側に筋肉の帯をもち，それによって「尾」を振ったりくねらせたりして，体を動かすことができる．この筋繊維は縦方向に配列されている．すなわち動物の前後軸に沿って走っている．しかし，ふつうはこの**縦走筋 longitudinal muscle** は分割されて

いて，動物は体の「周囲に」ジグザグの筋肉の帯があるように見える．このパターンはツノザメなどの魚類で容易に見ることができる．実際のところ，もし体が内部骨格によって強化されていなければ，縦走筋が収縮すると，体を曲げるのではなく縮めることになるだろう．脊索動物の祖先では後体腔（体腔の一変形，5章参照）が静水力学的な骨格を与えていたと考えられる．しかし今では索，あるいは脊椎動物では脊柱がその任務を負っている．

実際はこれら3つの鍵になる脊索動物の特性，すなわち索（あるいは脊索），背側神経索，縦走筋は，おそらく一緒に進化したのだろう．それらは現に胚の中で，相互に依存しながら発生するのは確かだ．

脊索動物はまた，咽頭の基部にある**内柱 endostyle** という奇妙な器官によっても区別される．これは繊毛をもった細胞の集合からなり，尾索類と頭索類では粘液を分泌する．その粘液が食物を捕らえ，その栄養分をのせたまま，一続きのベルトコンベアーのようにはたらく繊毛の運動によって食道に運ばれる．この**粘液繊毛摂食 mucociliary feeding** は美しいとはいえないがちゃんとはたらく．また私には理由が分からないが，原始的な内柱の細胞はヨウ素も捕らえる．脊椎動物では，無顎類のヤツメウナギの（アンモシーテスと呼ばれる）幼生を例外として，内柱は存在しない．しかし詳しく調べてみると，**甲状腺 thyroid gland** の多くの細胞が内柱の細胞と同じものであることが示されている．いいかえれば，脊椎動物では内柱が甲状腺という重要な内分泌腺に進化したようだ．ヨウ素を吸収する能力は重要な性質になった．なぜなら，甲状腺の主要なホルモンの1つであるチロキシンは，不可欠な要素としてヨウ素を含むからである．ここにも進化的日和見主義が見られるようだ——祖先爬虫類の顎の余分な骨が，爬虫類から由来した哺乳類では耳小骨として転用されているように．

脊索動物（および，話を大きくするためには，そこに関連する腸鰓類と翼鰓類を含めてもよいだろう）を一つのグループとして見るとき，種々の一般的な進化的テーマを読み取ることができる．まず第1に，鰓孔は本来濾過摂食に用いられている．水は口から入り，鰓弓上の繊毛によって鰓の間をゆっくり流れる．いいかえればこの咽頭装置全体は本来微小な食物の摂食に役立っているのだが，おそらくそれはまた，酸素を多く含んだ水が鰓弓の薄い組織上を流れるのだから呼吸の面でもつねになにかしらの機能を果たしてきたのだろう．尾索類や頭索類ではその効率が，粘液繊毛メカニズムを提供する内柱に由来する粘液によって高められる．しかし，鰓弓上の繊毛が必要な水流を生み出すという点で，基本的システムは同一である．より後に登場した種類，すなわちヤツメウナギのアンモシーテス幼生や魚類では，水流は繊毛だけではなく咽頭の筋肉の収縮によって，口から鰓孔を通して運ばれる．

それと同時に，咽頭装置の機能も変化した．脊椎動物は微粒子の濾過摂食者であることをやめて，より大型の獲物の捕食者となったからである．それゆえ鰓孔はもはや摂食には関与せず，その代わり，呼吸に集中するようになった．それは現生の魚類に明瞭に認められる．魚類では鰓は血管に富み，羽毛状になっている．ただ，現在の魚類の多くは新たに濾過摂食法を発明したことに注意してほしい．鰓の内側に付随する種々の装置によって水流中の食物を実際に濾し取るのである．チョウザメの一種であるヘラチョウザメは驚くべきやり方でこれを行う．つまり，鰓をエビ取りカゴのように広げながら泳ぐのである（p.356に摂食中のヘラチョウザメの絵がある）．このやり方は，ヒゲクジラのそれを思わせる．ただ，もちろんクジラはすでに余分の水を排出する鰓孔を失っていて，水を口から吸い込み，そこから押し出すのである．話を完結させると，脊椎動物はもはや食物を捕らえるために多量の粘液を分泌する必要はなく，内柱もその仕事から解放されて甲状腺という別の機能をもつようになっている．

摂食と呼吸はここまでにしよう．脊索動物は，

13・脊索動物門

脊索動物 CHORDATA

脊椎動物
Vertebrata

「無顎類」'agnathans'

顎口類
Gnathostomata

硬骨魚類 Osteichthye

13

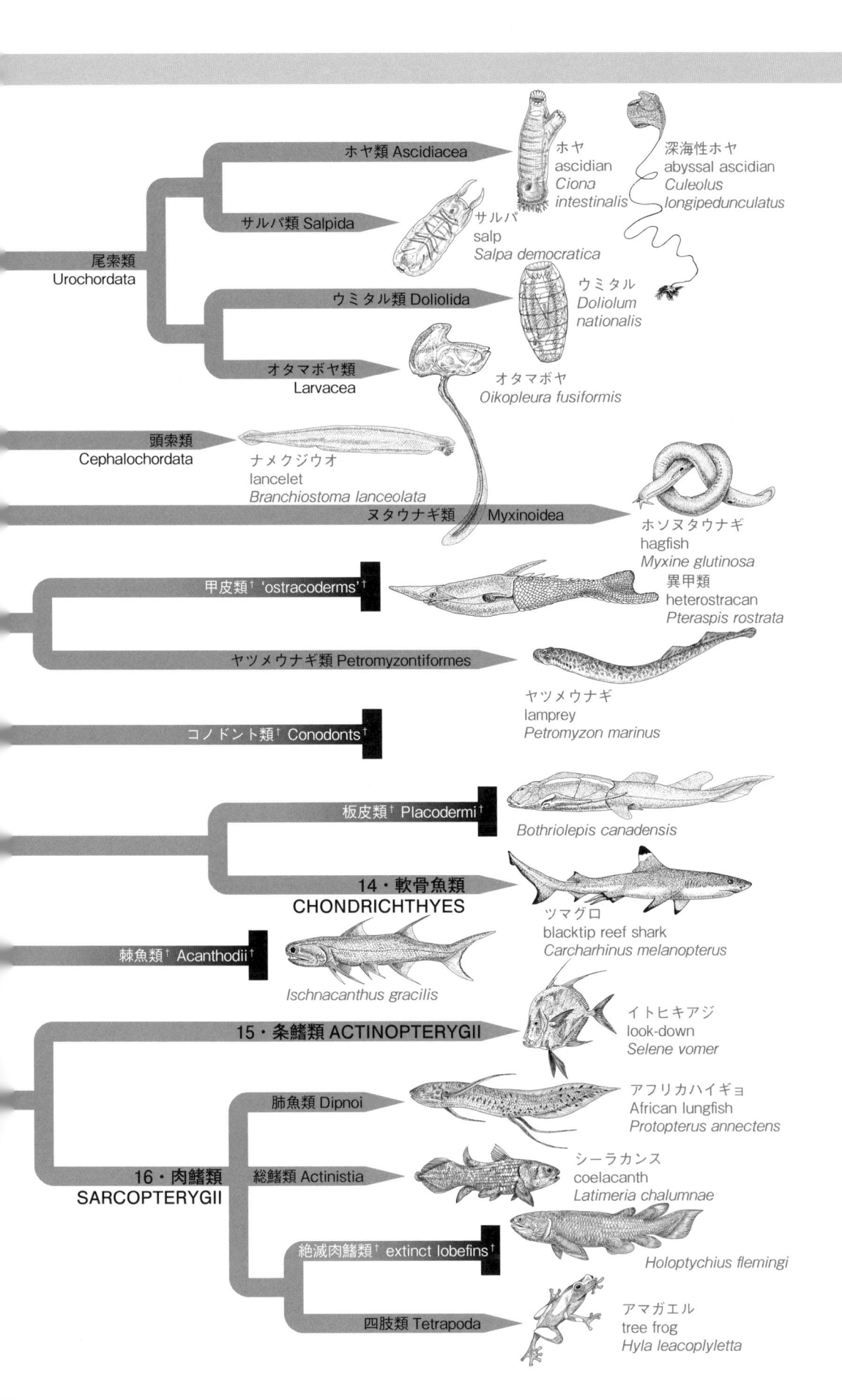

尾索類 Urochordata	ホヤ類 Ascidiacea	ホヤ ascidian *Ciona intestinalis* / 深海性ホヤ abyssal ascidian *Culeolus longipedunculatus*
サルパ類 Salpida	サルパ salp *Salpa democratica*
ウミタル類 Doliolida	ウミタル *Doliolum nationalis*
オタマボヤ類 Larvacea	オタマボヤ *Oikopleura fusiformis*

頭索類 Cephalochordata — ナメクジウオ lancelet *Branchiostoma lanceolata*

ヌタウナギ類 Myxinoidea — ホソヌタウナギ hagfish *Myxine glutinosa*

甲皮類† 'ostracoderms'† — 異甲類 heterostracan *Pteraspis rostrata*

ヤツメウナギ類 Petromyzontiformes — ヤツメウナギ lamprey *Petromyzon marinus*

コノドント類† Conodonts†

板皮類† Placodermi† — *Bothriolepis canadensis*

14・軟骨魚類 CHONDRICHTHYES — ツマグロ blacktip reef shark *Carcharhinus melanopterus*

棘魚類† Acanthodii† — *Ischnacanthus gracilis*

15・条鰭類 ACTINOPTERYGII — イトヒキアジ look-down *Selene vomer*

16・肉鰭類 SARCOPTERYGII
- 肺魚類 Dipnoi — アフリカハイギョ African lungfish *Protopterus annectens*
- 総鰭類 Actinistia — シーラカンス coelacanth *Latimeria chalumnae*
- 絶滅肉鰭類† extinct lobefins† — *Holoptychius flemingi*
- 四肢類 Tetrapoda — アマガエル tree frog *Hyla leacoplyletta*

もっと一般的なレベルで，明らかに２つの道を模索した．まず，大部分の尾索類に見られるように，あるものは固着性の道をたどった．成体は高級なイソギンチャクよろしく岩に固着する．しかし尾索類は運動性の幼生をもっている．その典型的なものはオタマジャクシ型で，その機能は生息する新しい場所を探し出すことである．簡単にいえば，典型的な被嚢類のこの生活スタイルは，人間社会に喩えられよう．運動性は子供らしい探索行動であり，その目的はおとなになって落ち着く場所を探すことにある．しかし被嚢類のなかの変節者であるオタマボヤ類 Larvacea は，中年の落ち着きを拒否し，生涯オタマジャクシ型を保持する──これもまた，ネオテニーの一例である．脊索動物のほかの２つの亜門である頭索類と脊椎動物は，固着性を選択しなかった．かれらはその運動性によって輝きを放つ．魚類では体に沿った筋肉の列がすばらしく強力な推進エンジンを提供する．これは，チーターの柔軟なからだに見られるように，かなり修正されてはいるものの，陸上動物でも保持されている（ただし，運動の面は横方向から垂直方向に変化している）．

こうした一般的な主題は十分明瞭である．しかしこの事例の歴史的事実，つまり異なる脊索動物種が互いにどのような関係をもって進化してきたかということは，それほど明確ではない．主要な理論が２つある．１つは，元になる脊索動物は被嚢類に類似したものであり，頭索類と脊椎動物が被嚢類から，オタマボヤ類と同じように，ネオテニーによって進化した，と主張する．もう１つの考えは，ニールセンによって唱えられ，本書の系統樹にも示されているもので，被嚢類は昔も今も進化的な袋小路の位置にいた，というものである．いいかえれば，最初の脊索動物祖先は，被嚢類様ではなく，海底を這っていたというのだ．それゆえ，一般的にいえば，それには２つの進化的オプションがあった．より底生に適応して被嚢類様になるか，あるいは底から逃れて遊泳生物になるかである．あるものは最初のオプションを選択して尾索類となり，ほかのものは運動性の方向を選択して脊索動物 Notochordata，つまり頭索類と脊椎動物になった．

最後に，脊索動物とその類縁動物を分類するまた別の方法があることを手短に触れておこう．'BEPS' という略称で有名な Borradaile, Eastham, Potts, Saunders による『無脊椎動物学 The Invertebrata』は，その３版（1959）が（３章に述べたように）1960年代初頭の大学における私の標準教科書であったのだが，そのなかに典型的な古典的分類が示されている．この著者たちは，原索動物 Protochordata と呼ばれる大きなグループを想定し，そのなかに脊索動物 Chordata という１門を含めた．さらに脊索動物を４つの亜門に分けた．そのうちの３つは尾索動物，頭索動物，脊椎動物で，すでに述べたとおりである．しかし４つ目をかれらは半索動物と呼び，そのなかに──綱として──腸鰓類，翼鰓類，そして絶滅したがかつては多く生息していた筆石類 Graptolita を含めた．私が（分岐論以前の）この伝統的なシステムを取り上げたのは，「半索動物 Hemichordata」という用語が依然としてあちこちで登場するからである．しかし，クラウス・ニールセンが議論するように，「半索動物」が，すっきりしない側系統のグループであるのは明らかである．そして，かれが提唱し，５章の系統樹に示したように，いくつかの半索動物の綱は独立した門として分類する方が明らかに望ましい．しかし，ここでもまた，脊索動物に近縁ではあるが脊索動物との共有派生形質をもたないいくつかの門を記載するのに「半索動物」という非公式の用語を残しておくことは便利な場合もあるだろう．

では，脊索動物の３つの亜門を１つ１つ見ていくことにしよう．

ホヤまたは被嚢類：尾索動物亜門 Urochordata

尾索類のおよそ1250種のうちで，典型的でよく知られたものは，磯などにへばりついている，小さくて明るい色をしたゼリーの袋のようなもの

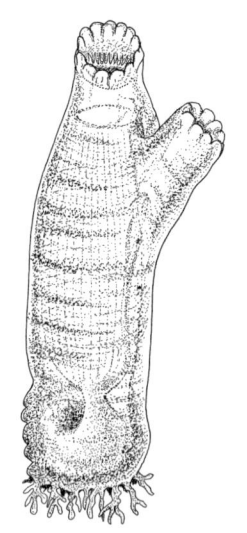

—脊索動物門— 327

を，普通は，外胚葉から形成されるやや大きめの**被嚢 tunic** が枕カバーのように囲んでいる——それゆえ「被嚢類」という別名がある．「海の噴水 sea squirt」という一般名は，この動物が余分の水を放出する様を指している．被嚢類はその摂食場所を，運動性のあるオタマジャクシ幼生のときにみつけ，その1グループであるオタマボヤ類（尾虫類）は幼生の尾を，成体になってもネオテニーとして維持している．

尾索類は伝統的に3綱に分けられる．ホヤ類 Ascidiacea，タリア類 Thaliacea，オタマボヤ類 Larvacea である．しかしニールセンは，タリア類にはまったく異なる2つの系統が含まれていることを指摘しており，その2つをサルパ類 Salpida とウミタル類 Doliolida と呼び，全部で4綱に分類している．ホヤ類，つまりホヤ綱 Ascidiacea は厚くてしっかりした被嚢をもち，群体性のものもある．サルパ綱 Salpida は透明な被嚢をもち，それはときに派手な色彩をしている．ウミタル綱 Doliolida は薄いクチクラに覆われた薄い外胚葉をもち，ときとしてその被嚢の大部分を脱ぎ捨てて，体表に付着物がつかないようにしている．オタマボヤ綱 Larvacea は体全体を包むフィルターとなる物質を分泌して，まるで家の中にいるようになっており，筋肉質の尾を動かしてそのフィルターに水を通してプランクトンを集めている．

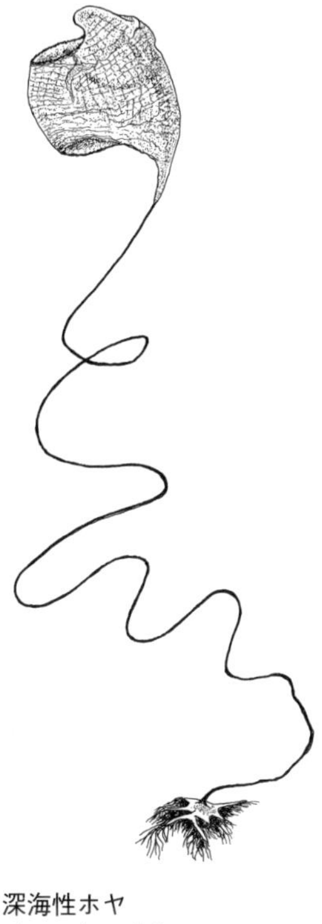

ホヤ（カタユウレイボヤ）
ascidian
Ciona intestinalis

である．この生き物は，大きく開けた口から繊毛によって水を取り込み，粘液に食物を捕らえ，余分な水を咽頭の鰓孔から放出することで，周囲から栄養分をこし取っている．鰓孔をもつこの咽頭

深海性ホヤ
abyssal ascidian
Culeolus longipedunculatus

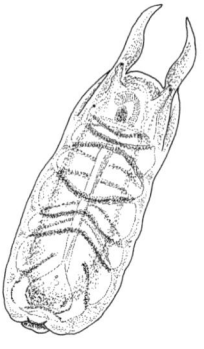

サルパ
salp
Salpa democratica

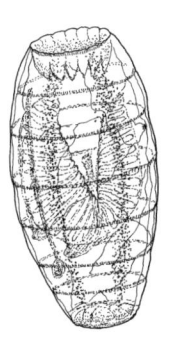

ウミタル
doliolid
Doliolum nationalis

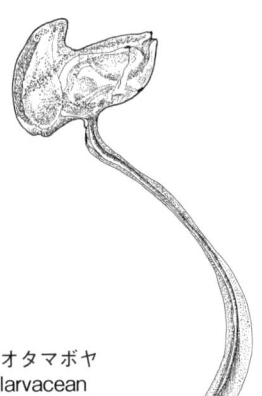

オタマボヤ
larvacean
Oikopleura fusiformis

ナメクジウオ：頭索動物亜門
Cephalochordata

　頭索動物には2科25種しかいない．もっとも一般的なものはナメクジウオ *Branchiostoma* で，伝統的には amphioxus と呼ばれていた．その生涯を粗い砂地に半分身を隠して過ごす．頭索類は脊索動物を要約したような動物である．実質的に頭部を欠き，ヤナギの葉のような体は透明で，脊索が頭から尾まで走り，体の両側に筋肉の列があってそれでからだをくねらせて泳ぎ，あるいはからだを砂に潜り込ませる．広い咽頭には特徴的な摂食用の平行になった鰓孔がある（それは原始的脊索動物に典型的に見られるU字型をしている）．頭索類全体について使われる lancelet（小さい槍）という用語がじつにぴったりしている．頭索類は脊椎動物と多くの形質を共有しているので，これら2つのグループは明らかに姉妹群である．しかしナメクジウオとその仲間は固有派生形質 autapomorphy をいくつかもっている．その中の1つが幼若体における特殊な左右非対称性であり，これらの性質は，現在われわれが知っている頭索類が，脊椎動物の祖先を含みえないことを示している．

脊椎動物：脊椎動物亜門 Vertebrata
または有頭動物 Craniata

　脊椎動物は骨性の骨格によって脊索動物のほかの動物から明確に区別される．**骨 bone** は硬くて可動性のない脊索を，変形はしないがある程度可動性をもった脊柱（背骨）へと変化させた．それらの骨が背側の神経を包み，保護している．頭部では骨が脳を包んでいる．それゆえ脊椎動物は別名として**有頭動物 Craniata** ともいわれる．そして，この保護なしには脊椎動物の脳が，多くの場合に見られるような驚異的な器官に進化することはなかった，と考えるのは理にかなっているだろう．脊椎動物以前の脊索動物では安定器として働いていた皮膚の垂れ幕も，骨に支えられることによって，それ自身の筋肉を獲得し，体壁とは独立した運動が可能になり，柔軟で可動性のある鰭や四肢に進化することができた．しかし，自然はもちろんそれで満足することはない．

　骨性の骨格が進化した以後に見られる1つの進化的傾向は，それをより重くより強くすることであった．脊椎動物の（鳥類を除く）すべての綱で，重厚な鎧を身につけた生物が存在している．しかしもう1つの傾向もあって，それは骨格を軽くすることであった．たとえば現生の魚類の頭蓋は多くが無駄を省いたものであり，薄くて強い骨板を，賢明にも，もっとも効率の良い場所に配置しているし，鳥類の骨格はもっとも経済的な航空力学のモデルになっている．いくつかのグループ，とくに現生のヌタウナギとヤツメウナギ，サメ，エイ，ギンザメ（軟骨魚類）および条鰭類のいくつかのグループでは，少なくともその主要な骨格系では骨を完全に放棄して，軟骨というゴムのような支持組織で代用している．しかし骨は脊索動物，少なくともその一部を脊椎動物にしたし，脊索動物をその他大勢にしなかったのは脊椎動物なのである．実際，融通性と生態学的インパクトの点で，脊椎動物は節足動物に匹敵する．

　コノドント（ヤスリ状の歯）の最初の化石は，4億9500万年以上前のカンブリア紀に見つかっ

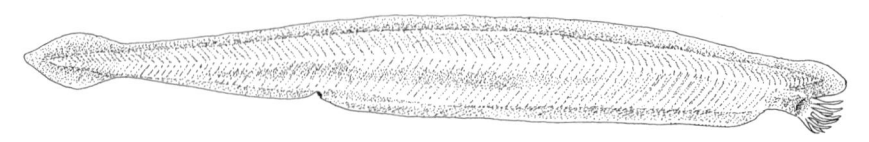

ナメクジウオ
lancelet
Branchiostoma lanceolata

ている．もしこれが脊椎動物であるなら（今では議論の余地はないようだ），この亜門の知られているもっとも古い代表者ということになる．これを別にすると，知られているもっとも初期の脊椎動物はカンブリア紀につづくオルドビス紀に出現した．しかし単にまだ見つかっていないだけの，より初期の動物がいた可能性はある．初期の種類はまちがいなく骨性で，しかも多くはすぐに重厚な鎧を獲得し，体の外部も内部も骨性であった．しかしかれらは顎を欠いていた．かれらは顎がないので，吸着したり削り取ったりするさまざまな方法で摂食していたはずである．ずっと以前に絶滅した古代の「甲皮類 ostracoderm」はしばしば目を見張るような鎧を身につけていたが，顎はなかった．しかし現存する無顎脊椎動物は，ヌタウナギやヤツメウナギのように裸でウナギに似た動物だけである．顎のある脊椎動物は無顎の種類から生じ，**有顎動物 Gnathostomata** という明確なクレードを形成している．無顎の種類は伝統的に「無顎類 Agnatha」として分類されてきたが，このグループは側系統でしかも高度に変異に富んでいるので，この公式名称は放棄されるべきである．しかし小文字のaで始まる「**無顎の agnathan**」という非公式の用語は有用な形容詞として保持してもよいであろう．

脊椎動物の諸グループを，分岐論とリンネの伝統の両方のしきたりを満足させるように分類することは困難である．少なくとも系統そのものは，多くの主要なタクソンに劣らないほどに明らかにされている．それは脊椎動物がよく研究されていて，よい化石を提供してくれるからである．しかし命名と階層決定の作業になると問題が生じる．そこで私は，以下で述べるギリシャ・ラテン語の公式名称をもつ主要なグループはすべて綱である，とだけいっておこう．ヌタウナギ綱 Myxinoidea（ヌタウナギ），ヤツメウナギ綱 Petromyzontiformes（ヤツメウナギ），板皮綱 Placodermi，軟骨魚綱 Chondrichthyes（サメとエイ），棘魚綱 Acanthodii，条鰭綱 Actinopterygii，ハイギョ綱 Dipnoi（ハイギョ），総鰭綱 Actinistia（シーラカンス），四肢綱 Tetrapoda（四足の陸生脊椎動物）．「甲皮類 Ostracoderm」はあまりに雑多なので，系統樹には非公式の形で入れておいたが，以下でもう少し詳しく取り扱う．コノドントはコノドント綱 Conodonta としてもいいかもしれない．一方，「絶滅肉鰭類」はこれまた1つの雑多な集合体であり，（肉鰭綱 Sarcopterigyii に関する）16章でより詳細に扱う．

しかしこの単純なスキームは2つの問題を提起する．第1に，硬骨魚類 Osteichthyes（「骨性の魚類」の意）という巨大なクレードは明らかに2つの亜クレードに分けられる．すなわち条鰭類と肉鰭類である．条鰭類を綱の階層に位置づけるなら，論理的には肉鰭類も綱でなければならない．しかし肉鰭類は少なくとも4つの主要なクレード，すなわち，ハイギョ類，シーランカス類，雑多な絶滅肉鰭類，四肢類を含む．もっと悪いことに，今度はその四肢類が，両生類，爬虫類，鳥類，哺乳類などとして知られる動物たちを含んでいて，そのそれぞれが伝統的には綱の階層に配置されているのである．

そこで私は，新リンネ印象主義（第1部5章参照）の精神に従がって，無駄な抵抗はやめにして恣意的であることに同意すべきだと提案しよう．本書では，条鰭類をリンネの綱，肉鰭類を多くの綱を含む特定できない階層の大きなグループとして扱っていく．純粋主義者はこれは混乱だ，というだろう．しかしほかのどんな可能な解決方法でも，これより混乱が少ないわけではない．生物の系統的歴史は真実である．ここに提示する系統樹は，利用可能な最善のデータに基づき，分岐分類学の規則に従っているもので，その真実を反映するように試みている仮説である．しかし名称とリンネ的階層は単なる備忘録であり，情報の引き出しであり，したがって実用的でなければならない．ここでやっているように条鰭類を綱として扱い，肉鰭類をいわば「上上綱」のように扱うのは一貫性がない．しかしその欠点を心に留めつつ，用語を用いるなら，互いに意見を交わしたり，現代の文献を過去4世紀のそれと結びつけたりでき

最後に「魚 fish」という用語の意味について．動物学者にとって「魚」はグレードを表す用語である．基本的に流線型で，基本的に遊泳者であり，主として体のくねりによって推進し，鰓で呼吸する脊椎動物は集合的に魚と呼ばれる．実のところ，四肢類に属さない脊椎動物はすべて魚である．そしてすぐわかるように，これはきわめて多数のまったく異なる系統の生物を含んでいる．実際，ある魚はほかの魚よりははるかに四肢類に近い．条鰭類は肉鰭類（四肢類，ハイギョ，シーラカンスを含む）の姉妹群であるから，サケはサメよりはウマに近いといえる．しかしサケとサメはどちらも正しく「魚」と呼ぶことができる．しかし，多くの伝統的な教科書に登場する公式の名称である「魚類 Pisces」は，現在の分類学では居場所が見あたらない．

では，後の章ではあまり詳細に論じない脊椎動物のグループに焦点を当てて，主要なものを簡単に見ていくことにしよう．

顎のない脊椎動物：無顎類 Agnathan

古代の絶滅した無顎類には2つの主要なグループが知られている．ヤツメウナギに似たコノドントと甲皮類である．

コノドント conodont はごく最近の1983年になって初めてその歯によって記載された．最初は多くの人がそれがそもそも脊椎動物であるかということさえ疑った．しかし1990年代半ばにすぐれた化石が日の目を見て，とりわけこの動物が，体の側面に脊索動物とよく似た筋肉の帯をもっていること，脊椎動物様の大きい眼をもつことが分かり，ほとんどの動物学者は今ではコノドントが脊椎動物の一員であることを認めている．しかしかれらは不思議な特徴を持っている．それは些細なことと片づけられない特徴で，コノドントには鰓の兆候さえないのである．でもそれは，パリの古生物学研究所のフィリップ・ジャンヴィエ Phillipe Janvier が述べたように，鰓がこれまで化石化できなかっただけなのかもしれない．このような証拠は，コノドントが顎口類にかなり近縁であることを示唆し，それは私が系統樹に示したとおりである．

「甲皮類 ostracoderm」 はしばしば鎧を着ていて，オルドビス紀やデボン紀に大いに多様化した．昔はそのすべてが公式に甲皮類 Ostracodermi（「骨性の皮膚」）として分類されていたが，今では私たちが甲皮類と呼ぶグループは少なくとも5種類の明確に分けられる綱を含んでいることが明らかである．もちろんそのすべてが，ずっと以前に絶滅している．

「甲皮類[†]」 'ostracoderms'[†]

知られている「甲皮類」で最古のものは**異甲類 Heterostraci**であり，その前端はきわめて多様な形をした巨大な骨性の頭部楯（頭甲）で覆われていた．いくつかのもの（キアタプシド cyathapsid）は完全に全身が骨性の板とうろこによって囲まれていた．しかし異甲類は明らかに複雑な体制をもっていた．よく保存された化石の形態からは，かれらが感覚器官をもっていて，現生のいろいろな魚類のように，水中での動きや弱い電流によって獲物を検出することができた，と示唆されている．

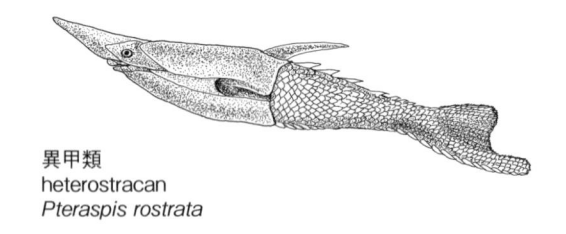

異甲類
heterostracan
Pteraspis rostrata

「甲皮類」のうち2つの綱は重厚な鎧を欠いていた．シルル紀後期からデボン紀初期，つまり4億2000万年から4億年前の**テロードゥス類 Thelodonti**はあまりよくわかっていないが，ひし型をして，髄腔をもつ象牙質でできていた奇妙なうろこが，からだのあちこちに数多くついていたらしい．既知の5種のテロードゥスの1つは，体

長がおよそ 70 mm で，平たく，幅広の鼻面と広い口をもっていた．欠甲類 Anapsida もテロードゥスと同様に，重厚な頭部の楯を欠いていた．

「甲皮類」の残り2つの綱も厚い鎧を被っている．**ガレアスピス類 Galeaspida** は中国のデボン紀初期から注目すべき化石がいくつか出土しているが，これは幅の広い頭部楯をもち，しばしば特徴的な突起の列がある．もう1つのシルル紀後期～デボン紀初期にいた**骨甲類 Osteostraci** は，顎口類の姉妹群であると考えられている．これは異甲類と同様に頭部に重厚な鎧を被り，典型的なものでは頭部楯が平たくなり，ブーツの先端のように半月形にカーブしていた．しかしかれらは時間が経つにつれて変異が多くなり，あるものは弾丸形，あるものは四角形，あるものは六角形，あるものは前方または後方に向いた棘をもっていた．骨甲類は明らかに高度に成功したグループであった．しかし顎のない動物は顎のある動物と競争するのが容易ではないことを知ったはずである．そしてデボン紀になると顎口類が大きく多様化するようになった．

現生の無顎類：ヌタウナギとヤツメウナギ

無顎類の2つのグループは今でも私たちと共に生きている．しかし残念なことにどちらも「甲皮類」のあの印象的な重々しい構造は保持していない．実際のところ，どちらもずっと「縮小」されていて，すべりやすいウナギに似た形態になっている．ただしウナギとは違って，対になった鰭や支持構造としての肢帯をもたず，骨格は完全に軟骨性である．これらの2種類はヌタウナギとヤツメウナギ，つまり**ヌタウナギ綱 Myxinoidea** と**ヤツメウナギ綱 Petromyzontiformes** である（この名称 Petromyzontiformes は長々しいが，Petromyzon がこの仲間のもっとも有名な属名であり，みかけほど手に負えないものではない）．

この両者は外見が似ているので円口類 Cyclostomata という綱に一緒におかれていた．実際，

ヤツメウナギ（ウミヤツメ）
lamprey
Petromyzon marinus

ホソヌタウナギ
hagfish
Myxine glutinosa

現在の動物学者の一部は依然として，これらの類似性は単なる収斂ではなく，真の共有派生形質であって，円口類は完全に確固たるタクソンであると主張している．しかし大部分の学者は類似性は収斂もしくは原始形質 plesiomorphy によるものであって，細部の解剖学的な差異は大きいと感じている．たとえばヤツメウナギは頭部の頂上に1個の鼻孔をもち，それは脳の下の嚢に通じている．一方，ヌタウナギの1つの鼻孔は直接咽頭と結合している．ヤツメウナギは頭の両側に2個ずつの半規管をもつがヌタウナギは1個ずつだけである，などといったことだ．それゆえ両者は現在では，系統樹に示すようにまったく異なる系統，すなわちヌタウナギ類とヤツメウナギ類とされている．事実，系統樹が示すように，ヌタウナギはほかのすべての脊椎動物の姉妹群として生じている（ただしヌタウナギは，そのからだが明らかに縮小されて特殊化しているので，最古の脊椎動物でないのは明白である）．一方，ヤツメウナギはすべての顎口類の姉妹群である．要するにヤツメウナギはヌタウナギよりも顎口類により近縁である．

すべてのヌタウナギは海産で，柔らかい堆積物の中に埋もれて生息している．口は6本の触手で囲まれ，角化した歯をもつ板を備え，食物とする

虫や腐敗死体をつまんで捕まえるために，この板を口から出したり引っ込めたりできる．その摂餌方法は奇妙で，動物のなかでも独特である．かれらは自らのからだで結び目をつくり，その結び目を移動させながら獲物の肉を抱きかかえ，それを絞りちぎるのである．

それとは対照的に，30種ほどのヤツメウナギはほかの魚類の外寄生動物であり，吸い口のような口で魚類に吸着する．その口には，やはり尖った歯のリングが備わっていて，外に突き出せる歯のついた「舌」を使って獲物をかじりとる．ヤツメウナギはその生活の少なくとも一部を淡水で過ごす．かれらはそこで産卵する．その生活環はサケやマスのそれと似ている．

しかしながら，シルル紀の後に嵐のように登場し，デボン紀に無顎類のほとんどを一掃してしまったのは顎をもった動物，顎口類であった．

顎のある脊椎動物：顎口類 Gnathostomata

伝統的には，顎は鰓弓の最初の3組から生じたということになっている．魚類では，それぞれの組が，いくつかの異なった骨性要素からできている．一般的な仮説では，これらの要素の一部は下顎に，また一部は上顎に取り込まれ（多くの魚類では，現生のものでも，上顎はその上の頭蓋とは分離されている），さらにほかのものは頭蓋そのものに吸収されたと考えられている．これにはいくつかの問題がある．たとえば，顎口類の鰓弓の骨は無顎類のそれとは相同ではないように思われる．顎口類は明らかに，本来の骨の組を新しい組で置き換えている．したがって無顎類の鰓弓から顎口類の顎への直接の移行はないように見える．また，このような直接の移行を示す適切な化石も存在しない．しかし少なくとも常識的なレベルでは，この考えは明白に理にかなっている．すなわち鰓弓と顎に「なんらかの」関連があるのは確かであろう．

系統樹では顎口類に8つの系統があることを示している．はるか昔に絶滅したが立派な風貌をした**板皮類 placodermi** は一般に**軟骨魚類 Chondrichthyes** の姉妹群であると考えられている．軟骨魚類は現在のギンザメ，エイ，サメを含む軟骨性の魚類の巨大なクレードである．これら2つをまとめたものが，一般に，残りすべての魚類と四肢類の姉妹群であると考えられる．**棘魚類 Acanthodii** は伝統的には条鰭類と肉鰭類の姉妹群と考えられてきた．棘魚類はときに「棘のあるサメ」と呼ばれる．かれらはまったくサメではないのだが，確かに棘はもっている．

条鰭類 Actinopterygii は鰭にすじのある魚類であり，今日でもきわめてふつうに存在している．実際，かれらはあらゆる現生脊椎動物の中でもっとも多様化している．その姉妹群であり大きなクレードをなす**肉鰭類 Sarcopterygii** は，現生のものもいる**ハイギョ Dipnoi**，**総鰭綱 Acti-**

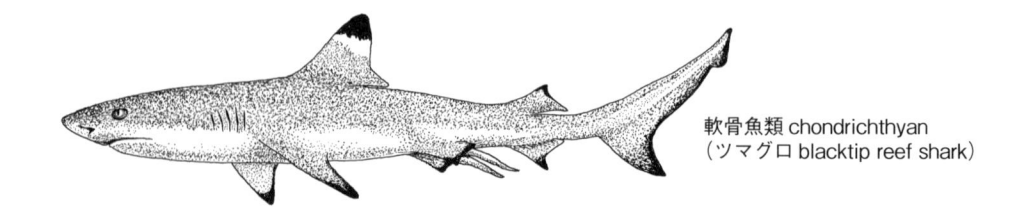

条鰭類 actinopterygian
（イトヒキアジ look-down）

軟骨魚類 chondrichthyan
（ツマグロ blacktip reef shark）

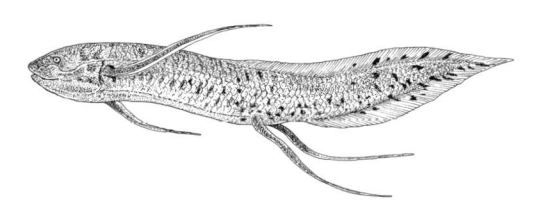

肺魚類 dipnoan
（アフリカハイギョ African lungfish）

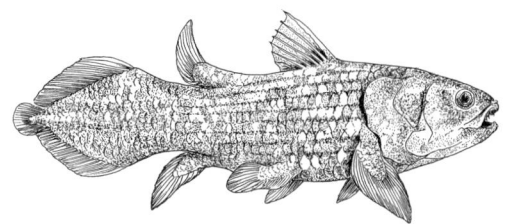

総鰭類 actinistian（シーラカンス coelacanth）

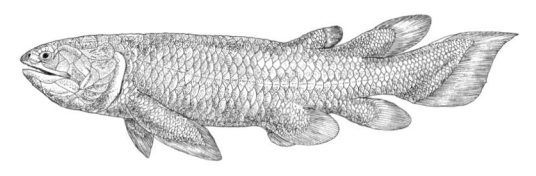

絶滅肉鰭類 extinct lobefin

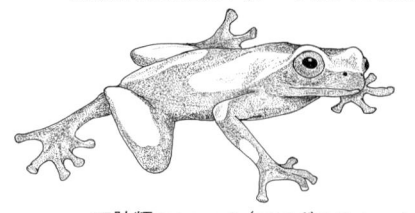

四肢類 tetrapod（アマガエル tree frog）

nistia に含まれる現生のシーラカンスとその類縁の絶滅動物，絶滅したさまざまな総鰭類の動物たち，それに「**両生類 amphibian**」と現在の四肢類 Tetrapoda を含んでいる．この2つの大きな系統，すなわち条鰭類と肉鰭類は姉妹群であり，この2つを一緒にして，伝統的に**硬骨魚類 Osteichthyes** と呼ばれる1つのクレードとなる．このように重要なクレードに確立した公式の名称があるのはいいことではあるが，分岐分類学のしきたりでは硬骨魚類というクレードはそこから派生するすべてのグループを内包するべきであり，それはこのクレードが爬虫類，鳥類，哺乳類も含むことを意味する．「硬骨魚類」は「骨性の魚類」を意味するから，それを文字通り受け入れれば，あなたも私もトラもコマドリも，すべて硬骨魚類ということになる．もちろん「硬骨魚類」という用語は分岐分類学以前につくられたものであり，そのころは分類学者はこの用語を骨性の魚類のみに適用して満足であった．このようにここでもリンネ式と分岐分類学の命名法の衝突の例が見られる．（骨性の魚類としての）硬骨魚類はデボン紀から知られており，条鰭類と肉鰭類の区別は非常に早くからはっきりしていた．

軟骨魚類，条鰭類，そして肉鰭類の種々のグループについては以下の諸章で説明するが，ここでは板皮類と棘魚類について簡単に述べておこう．

板皮類：板皮綱† Placodermi†

多くの板皮類はデボン紀の海を共有した「甲皮類」の一部と表面的には類似している．その前端が骨性の楯で保護されており，ときにはその非対称的な尾（異尾）まで厚いうろこに覆われていたからである．しかし板皮類は顎をもっており，そのために，はるかに恐ろしげな風貌だった．事実，デボン紀後期の板皮類のあるものは体長が10mに達していた．それは当時まで存在した脊椎動物のなかで群を抜いて大きなものであり，当時もっとも恐ろしい捕食者であった．典型的なも

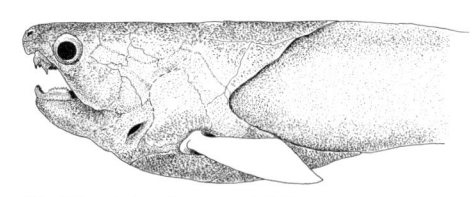

板皮類のよろいをかぶった頭部
armoured head of a placoderm
Compayopiscis croucheri

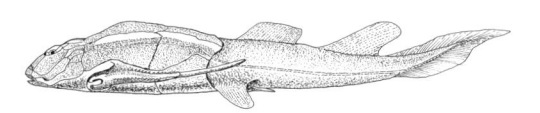

板皮類
placoderm
Bothriolepis canadensis

のはそれぞれの肢帯から吊り下がった対になった鰭をもち，多くは強力な泳者だったにちがいない．加えて，体の前端を覆っていた鎧は工学的にも進歩していた．その鎧は頭の後ろに蝶番があり，それによって板皮類は，私たちと同じように下顎を下げて口を開けることができたし，また頭の前端を持ち上げて口を開けることもできた．もしかするとかれらの一部は，現在のアジサシなどの鳥が水面でやるように，下顎を柔らかい泥の中に入れてすくうことによって餌をとっていたのかもしれない．しかも，下顎を下げるだけでなく，頭の前端を上げることも同時に行うほうが，さらに容易であったかもしれない．板皮類はその形と大きさがきわめて多様であり，極端に変異に富むようになった．およそ200属が知られており，ふつうそれらは9つの目に分けられている．しかし属の半分以上は単一の目，**節頸類 Arthrodira** に属している．

　板皮類が正確に系統のどこに位置するかは長い間の論争であった（今でもそうである）．しかし私が意見を聞いたほとんどの動物学者は，それが軟骨魚類の姉妹群であった，あるいは姉妹群である，という考えに賛成しているので，系統樹にはそのように示されている．

棘魚類：棘魚綱† Acanthodii†

　知られている最古の棘魚類はシルル紀のもので，それゆえ最古の板皮類よりなお古い．ただし，この系統樹が正しければ，板皮類-軟骨魚類の系統の最古のメンバーは，少なくとも最古の棘魚類と同程度に古いはずだ（このように，しっか

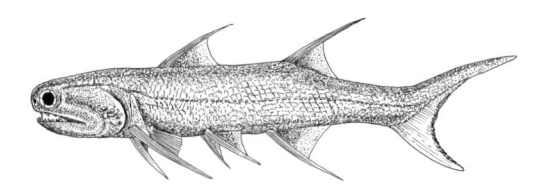

棘魚類
acanthodian
Ischnacanthus gracilis

りした分類は，われわれが探すべき化石の種類を予言する助けになる）．棘魚類は一般に小型で，体長20 cm未満であり，鰭や棘が目立っていた．1〜2本の背鰭，1本の尻鰭，1本の非対称的な尾をもち，胸鰭と腹鰭は長い棘に変形していることもあった．初期のタイプは腹側に最大で6対の棘をもっていた．棘魚類という名称は，これらの棘にちなんでいる．これとは別に，そのからだは骨と象牙質からできた，小型でぴったり重なり合ったうろこで覆われていた．おそらくうろこの数は生涯決まっていて，うろこは体とともに大きくなったと思われる．大部分の棘魚類は歯をもち，おそらくは捕食者だった．ある棘魚類の化石はその内部に小さい魚類を含んでいた．しかし歯のない種類もいて，それらはおそらく濾過摂食者だったのだろう．その鰓には鰓篩があった．棘魚類はデボン紀には数が多く，いくつかの系統は約2億8000万年前のペルム紀初期まで生きのびた．

　脊椎動物の序論としてはこれくらいで十分だろう．以下の9つの章では脊椎動物のいろいろな種類を詳しく，あるいは簡単に見ていこう．まず古代の，そして賞賛すべきサメとエイの仲間から始めよう．

14章

サメ，エイ，およびギンザメ
軟骨魚綱 Class Chondrichthyes

　魚類のうち3種類，すなわちギンザメ，サメ，エイの仲間が軟骨魚綱 Chondrichthyes を構成する．これら3種類のうちでは，系統学的にも生態学的にももっとも繁栄しているのはサメである．エイには大型で印象的なものもいるが，全体としては愛すべき，軟体動物の粉砕者である．ギンザメにはネズミウオ ratfish とかウサギウオ rabbitfish と呼ばれるものが含まれ，やはり硬い食物を粉砕して食べ，多くは深海生活に特殊化している動物である．サメは，このグループでは最強の捕食者であり，その一部は，すばらしいスピードを誇り海の覇者ともいうべきイルカにとってさえ脅威である．ある種のサメはアシカのような哺乳類を捕らえるように特殊化し，多くのものは摂食あるいは繁殖のために内陸近くまでやってくる．多くはテリトリーをもっている．

　ある種のサメは泳いでいる人を襲い，もっとまれには人を食うので，広く恐れられ，しばしば憎まれている．私たちは，もし陸上動物の最高捕食者の縄張りに騒々しく立ち入れば，その動物に襲われることを不思議とは思わない．しかしサメに関しては，たとえばグリズリー熊やトラなどにはなされない非難まで受けているように思われる．しかし多くのサメが捕食するのはほかの魚類である．もっとも，ジンベイザメやウバザメのように体長が12 m以上に達する，頭抜けて大型のものは，ヒゲクジラのようにプランクトンを食べている．ジンベイザメは小型の魚類も餌にしている．

　サメ類の生殖方法は驚くほど多様である．交接による体内受精は普通であり，この際，オスは生殖口周囲の「交尾器」を用いてメスに接合する．ネコザメのような一部のサメは**卵生 oviparous**，すなわち卵を産む．その卵は普通，**人魚の財布 mermaid's purse** と呼ばれる皮状のさやに収まっている．卵生は一般に原始的状態と考えられている．アブラツノザメなどの種は**卵胎生 ovoviviparous** である．かれらは卵を産むが，それをメスの生殖管中に孵化までおいておき，その後孵化した幼若動物が放出される．しかしまた，メジロザメのように，**真の胎生 viviparous** のものもいる．かれらは幼若動物を産むだけでなく，その子宮内で栄養分を与える．しかもときにはメスの生殖管中で一種の「ミルク」を産生し，幼若動物がそれを摂取する（しかもこのミルクは，13%の固形成分を含むほど濃い場合がある）．さらに，ときには哺乳類の胎盤様の構造まで発達する．さまざまな形の胎生は，サメやエイの間で少なくとも3回独立に進化したようだ．いくつかの種では，さらに，子宮内の**卵食 oophagy** と呼ばれる摂餌方法も進化させた．これはなんとなく不気味で，サメにさらに新たな神秘性を与えてきた．つまり，子宮内のより大きな幼若動物が，より小さな同胞を食べるのである．たぶんあまり美的とはいえないが，機能的ではある．

　「軟骨魚類」という用語は「軟骨性の魚類」を意味する．その骨格が真の骨を含まないからである．ただ，脊索は骨化して骨のような椎骨を形成する．顎口類の魚類は全体として骨のある無顎類から進化したと考えられるから，真の骨が欠如していることは二次的な性質だと考えなくてはならない．板皮類は（13章の系統樹に示されているように）今では軟骨魚類の姉妹群であると広く認められており，もちろん間違いなく骨の鎧をつけていた．

　軟骨魚類は骨がないという点で，肉鰭類や条鰭類に代表される硬骨魚類と明らかに異なってい

る．またそのほかにも目に見える，あるいは目立たない差異もある．軟骨魚類は肺や浮き袋を欠いている．それらは，硬骨魚類のあるものでは空気呼吸を可能にしたり，多くの硬骨魚類で水と同じ比重（中立浮力 neutral buoyancy）を与えてくれる．しかし，軟骨魚類は水より比重が大きく，泳いでいなければ沈んでしまう．しかしその非対称な尾は，左右に打つことによって浮力を与え，またその大きくて脂肪に富んだ肝臓は浮力を増加させる．鰓は外部から見える．サメは頭部の後ろに5～7個の鰓孔をもつ．ギンザメでは鰓孔は頭蓋の下にしまいこまれている．エイでは口と鰓孔は下面にある．しかし軟骨魚類は，条鰭類の鰓を保護している骨性の鰓蓋を欠いている．軟骨魚類のうろこも条鰭類のきれいに重なり合うかわらのようなうろことはまったく異なっている．それは**楯鱗 placoid** といわれ，小さい歯のようなものである．そしてサメの立派な歯は，全身を覆う楯鱗とひとつづきのものらしい．サメの典型的な尾は，すべてではないものの，非対称的，つまり異尾 heterocercal であり，上の鰭が下よりかなり大きい．一方，少なくとも現生の硬骨魚類では（真骨魚類のように）対称的，つまり同尾 homocercal である（ただし土台になる骨格はそうではない）．漁師の底曳き網にかかって上がってくるツノザメ dogfish などは小型のサメである．だれもこれをタラ cod と混同したりするはずもない．どちらも「魚 fish」ではあるが，まったく異なる動物である．

軟骨魚類は全体としては多様である．サメは一般的に魚雷型をしているが，エイの胸鰭は体と融合して三角翼の飛行機に似た美しい形をなしている．これは自然界には並ぶものがないように思われ，あえてこれに近いものといえば，軟体動物裸鰓類の一部の自由遊泳動物くらいだろうか．それでも軟骨魚類は現生の条鰭類に比べるとずっと多様性が少なく，種の数も少ない．条鰭類が2万4千種以上であるのに対して，サメ，エイ，ギンザメで750種に満たない．しかしこれは大部分の軟骨魚類は体のサイズがかなり大きく，一方，条鰭類の多くは小さいことにもよるであろう．この世界は，小さい動物よりも，大きい動物が生存する空間が少ないのである．さらに，軟骨魚類で淡水に生息するように進化したのは，たとえばアマゾンに生息するアカエイの一種 *Potamatrygon* のようなごく一部であり，一方，この地域には何千種にもおよぶ条鰭類の淡水魚がいる．

要約すると，条鰭類はあらゆる水性の生息域に放散していったが，軟骨魚類は一般的に，主として海の環境において捕食者として特殊化した．しかし海域の捕食者としてのニッチでは，軟骨魚類は比肩するものがない．全体として見ると，軟骨魚類と条鰭類の生態的関係は，およそ10万年前の更新世のオーストラリアにおける爬虫類と哺乳類の関係に似ている．哺乳類は形態と行動でより多様化していたが，爬虫類には巨大なトカゲやヘビ，そして素早く行動する陸生のワニがいて，最高の捕食者としてのニッチをほぼ占有していた．

軟骨魚類は分類が容易でない．現生の種類に関する分子生物学的研究はそれほど盛んではなく，化石記録も，少しばかりすばらしいものもあるが，きわめて断片的である．軟骨は化石化しないので，絶滅種のほとんどはその歯からうかがい知れるだけである．それゆえここに掲げた系統樹は，ほかのほとんどのものよりかなり憶測を多く含むものとみなさなくてはならない．しかしこれは現在の考え方と，マサチューセッツ大学アムハースト校で魚類生物学と系統学をしっかり学んだウィリアム・ビーミス William Bemis の研究によるものである．ビーミス自身は，ニューヨークのアメリカ自然史博物館にいたゲイリー・ネルソン Gary Nelson に多くを負うている．

軟骨魚類へのガイド

まず第1に述べておかなければならないのは，動物学者は常に軟骨魚綱をギンザメ，サメ，エイの3種類に分けるが，実際は2つの主要な区分しかない，ということである．1つは**全頭類 Holocephali**（ギンザメ）であり，もう1つは**板鰓類 Elasmobranchii**（サメとエイ）である【註1】．しかもこの分類ではエイ類 Rajiformes は現生の板鰓類9目のうち1目を占めるにすぎず，残りの8つの目はすべてサメである．しかしサメのうちのカスザメ類 Squatiniformes とノコギリザメ類 Pristiophoriformes は実際にはエイに似ていて，サメとエイの2つの動物群の間の連続性を示唆している．もう1つ留意しなければいけないのは，もっと一般的に，系統樹に示した板鰓類の区分には多分岐 polychotomy という未解決部分が残されているということである．実際，4分岐した1つの枝には，おそらくはほかの現生種とは明らかに異なっていると思われるネコザメ目以外の，すべての現生板鰓類が含まれている．そしてカスザメ類，ノコギリザメ類，エイ類が，いくぶん憶測の強い3分岐を形成している．端的にいえば，現生サメ類，エイ類の分類は十分とはいえない状況である．しかしここに示した分類は，この複雑なグループを理解する役に立つであろうし，それは解決への第一歩であるにはちがいない．

【註1】分類学者は板鰓類をしばしば，上目とでも呼ぶべき4つの大きいグループに分ける．そのうち3種類は絶滅した種を含み，その1つが，現生のサメとエイを含む「セラケ Selachii」である．これに言及したのは，単に，セラケが多くの教科書に登場するからである．私自身はこの用語は無用のものと考えている．

ギンザメ：全頭亜綱 Holocephali

ギンザメは現在，亜北極圏と北極圏の深海だけに暮らしている．その口は硬い食物を砕く「歯板 tooth plate」を備え，基部に毒嚢をもつ背棘を

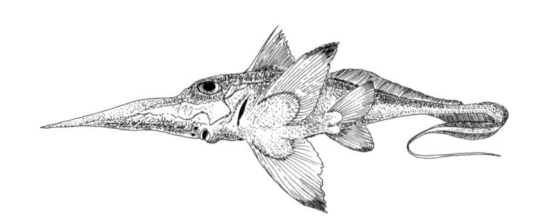

テングギンザメ
long-nosed chimaera
Harriotta raleighana

もっている．現生のおよそ30種は3科に分類される．1つ目がゾウギンザメ科 Callorhynchidae である．2つ目が，ギンザメ科 Chimaeridae で，むちのような尾をもつことからときにネズミウオ ratfish とも，また，奇妙な魚らしくない頭部にちなんでウサギウオ rabbitfish とも呼ばれることもあるし，単にギンザメ（キメラ chimaera）ともいわれる．3つ目がテングギンザメ科 Rhinochimaeridae で，鼻の長いギンザメである．化石種との関係には問題が残っており，ギンザメたちの歴史はほとんど知られていない．しかし，ジュラ紀のイスキオドゥス *Ischyodus* が現生種の姉妹種とみなされている．全体としてギンザメは，進化の主流からはずれた奇妙な支脈である．

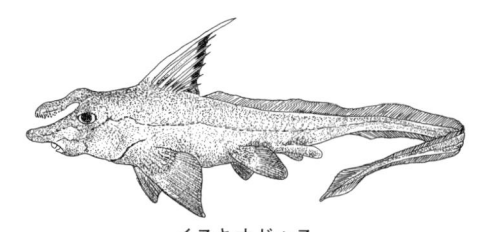

イスキオドゥス
Ischyodus

サメとエイ：板鰓亜綱 Elasmobranchii

古生代後期のデボン紀，石炭紀，ペルム紀からは，板鰓類の化石が数多く発掘される．そのうち

14・軟骨魚綱

軟骨魚類 CHONDRICHTHYES

板鰓類 Elasmobranchii

ユーセラケ Euselachii

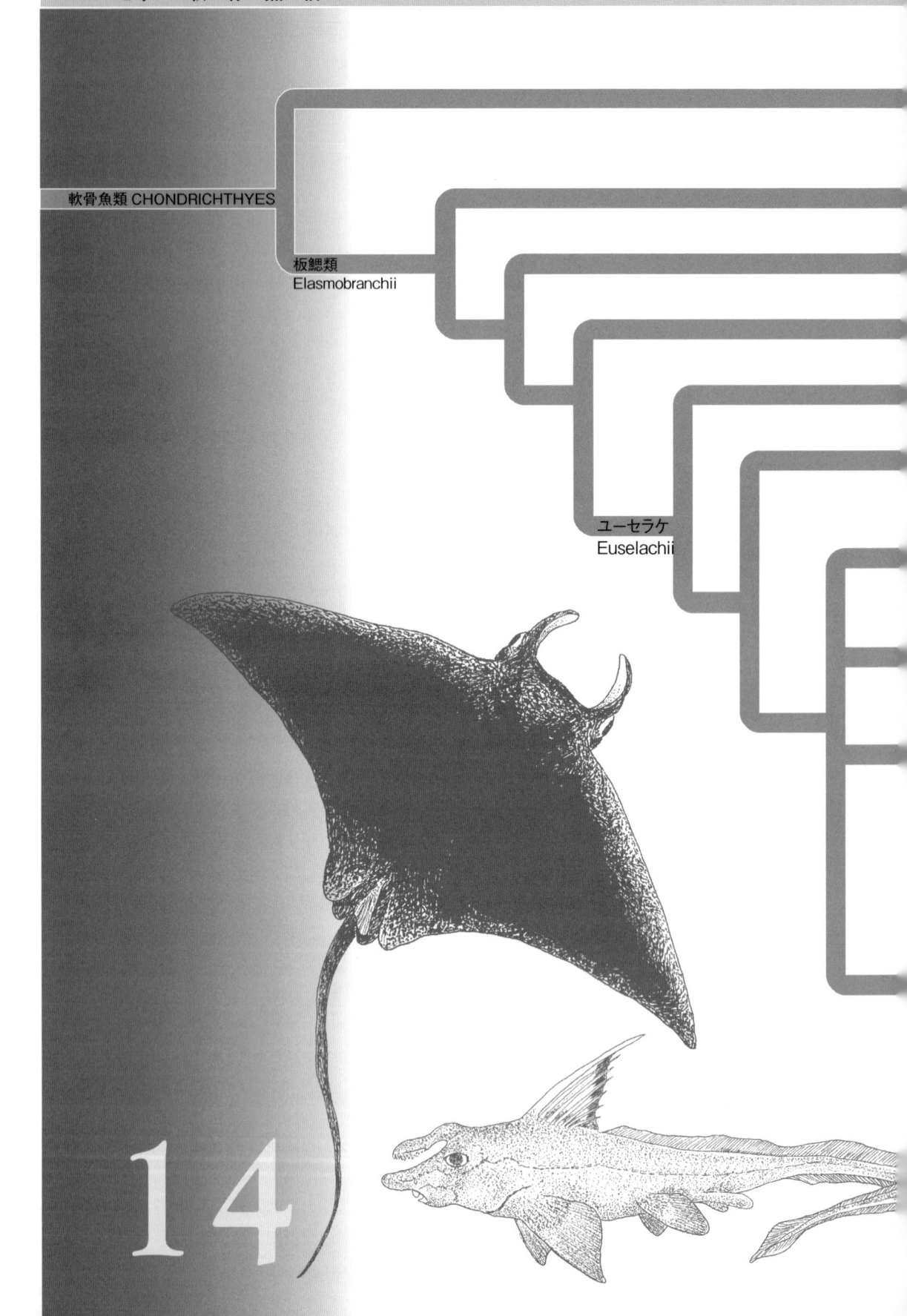

14

イスキオドゥス† *Ischyodus*†

イスキオドゥス
Ischyodus

全頭類 Holocephali

テングギンザメ
long-nosed chimaera
Harriotta raleighana

クラドセラケ† *Cladoselache*†

クラドセラケ
Cladoselache fyleri

クセナカンツス† *Xenacanthus*†

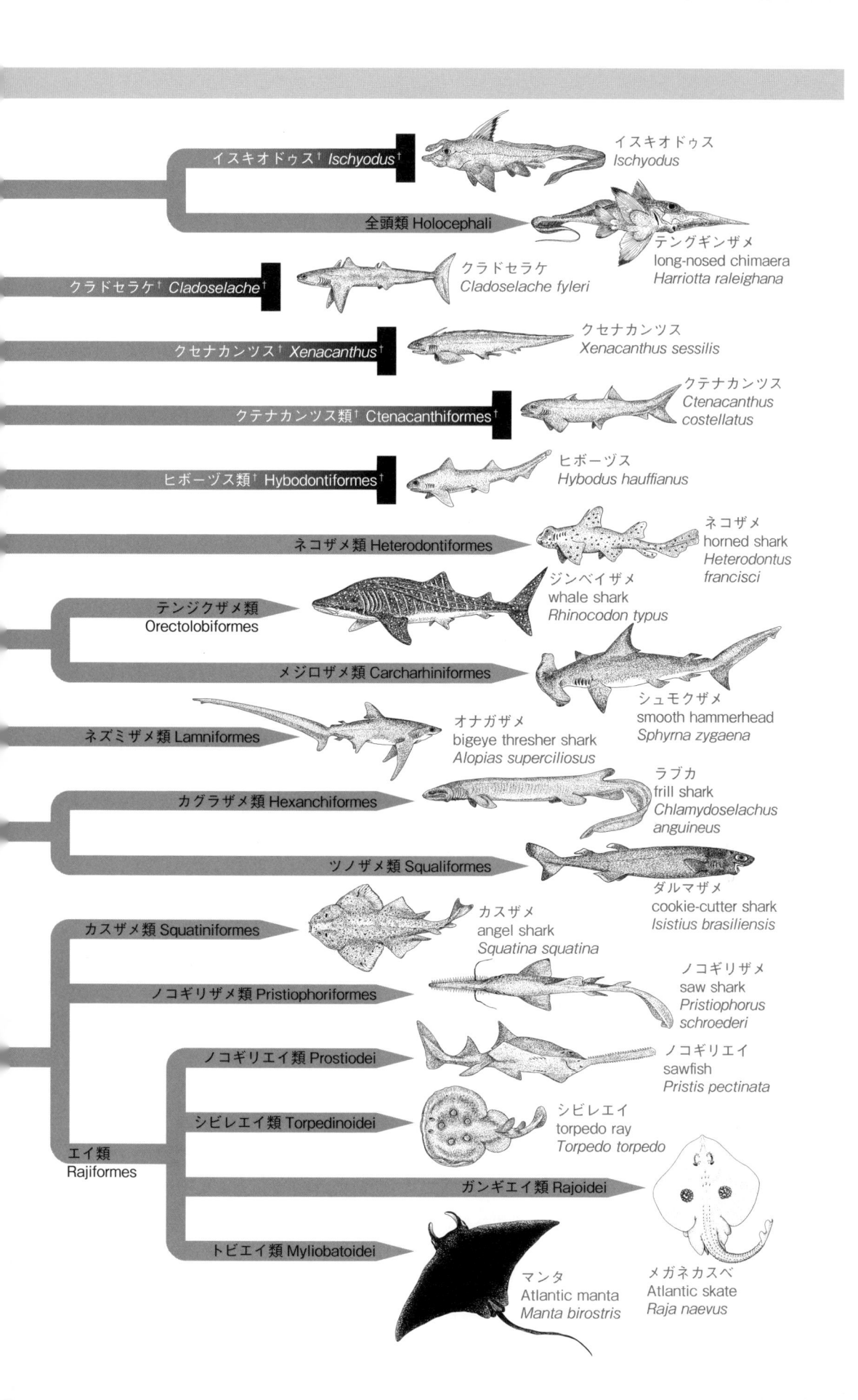

クセナカンツス
Xenacanthus sessilis

クテナカンツス類† Ctenacanthiformes†

クテナカンツス
Ctenacanthus costellatus

ヒボーヅス類† Hybodontiformes†

ヒボーヅス
Hybodus hauffianus

ネコザメ類 Heterodontiformes

ネコザメ
horned shark
Heterodontus francisci

テンジクザメ類 Orectolobiformes

ジンベイザメ
whale shark
Rhinocodon typus

メジロザメ類 Carcharhiniformes

シュモクザメ
smooth hammerhead
Sphyrna zygaena

ネズミザメ類 Lamniformes

オナガザメ
bigeye thresher shark
Alopias superciliosus

カグラザメ類 Hexanchiformes

ラブカ
frill shark
Chlamydoselachus anguineus

ツノザメ類 Squaliformes

ダルマザメ
cookie-cutter shark
Isistius brasiliensis

カスザメ類 Squatiniformes

カスザメ
angel shark
Squatina squatina

ノコギリザメ類 Pristiophoriformes

ノコギリザメ
saw shark
Pristiophorus schroederi

ノコギリエイ類 Prostiodei

ノコギリエイ
sawfish
Pristis pectinata

シビレエイ類 Torpedinoidei

シビレエイ
torpedo ray
Torpedo torpedo

エイ類 Rajiformes

ガンギエイ類 Rajoidei

トビエイ類 Myliobatoidei

マンタ
Atlantic manta
Manta birostris

メガネカスベ
Atlantic skate
Raja naevus

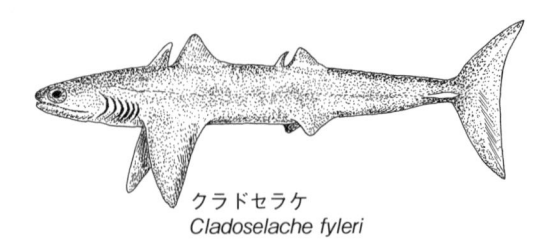

クラドセラケ
Cladoselache fyleri

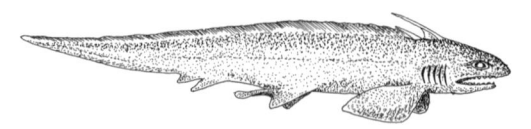

クセナカンツス
Xenacanthus sessilis

とりわけ2種類が一般に紹介されている．その1つ，デボン紀の**クラドセラケ *Cladoselache*** はそのほかすべてのサメやエイの姉妹群であると考えられ，全体としてサメに似ている（ただし口は前端についている）．尾は対称的（同尾）であるが，尾の骨格は明らかに上部の鰭だけに限定されている．こうした初期のものはきわめて多様で，あるものは現生種のもたない特殊な装身具を身につけていた．たとえばデボン紀から三畳紀までの奇妙なクセナカンツス *Xenacanthus* は葉状の鰭をもち，表面上はイモリのような体形をし，「原正尾 diphycercal」として知られる尾と，頭部の後ろのユニコーンのような長い棘をもっていた．

ここに示した体系ではサメとエイはすべて**ユーセラケ Euselachii** として分類されている．これは上目の階層におくのが適切であろう．このなかには2つの絶滅した目がある．すなわち，クテナカンツス類 Ctenacanthiformes はデボン紀後期と石炭紀前期の地層から見つかり，2本の背鰭のそれぞれの前に太いはっきりした棘をもつヒボーヅス類 Hybodontiformes は三畳紀から白亜紀のものである．動物学者のなかにはヒボーヅス類は現生ネコザメ目に類似していると感じている人もいる．現生の種には以下の9目がある．

ネコザメとポートジャクソンネコザメ：ネコザメ目 Heterodontiformes

ネコザメ類（英 bullhead shark）のネコザメとポートジャクソンネコザメはほかのすべての現生グループの姉妹群とみなされている．すなわちサメ類の初期の分枝である．ネコザメ科 Heterodontidae という1科のみがあり，ネコザメ属 *Heterodontus* という属が1つだけある．そのなかに8種があり，1つがポートジャクソンネコザメ *H. portusjacksoni* である．ネコザメは小型で底生のサメで，軟体動物を砕いて食っている．絶滅したヒボーヅスと同様に，2本の背鰭の前に棘をもっている．卵生であり，卵殻は特徴的な螺旋形をしている．

ネコザメ
horned shark
Heterodontus francisci

テンジクザメ：テンジクザメ目 Orectolobiformes

テンジクザメ類（英 carpet shark）には31種しかいない．しかしかれらは7科14属にわたっ

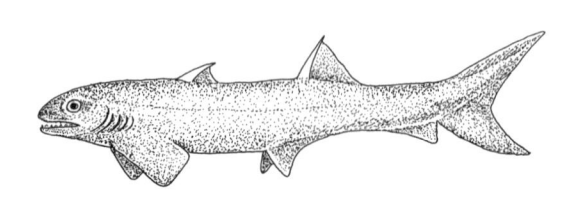

クテナカンツス
ctenacanthiform
Ctenacanthus costellatus

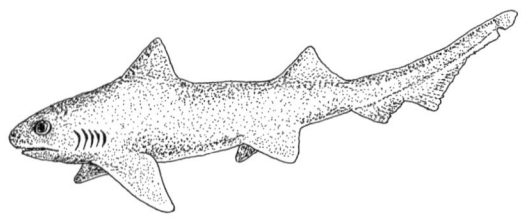

ヒボーヅス
hybodontiform
Hybodus hauffianus

モンツキテンジクザメ
epaulette shark
Hemiscyllium ocellatum

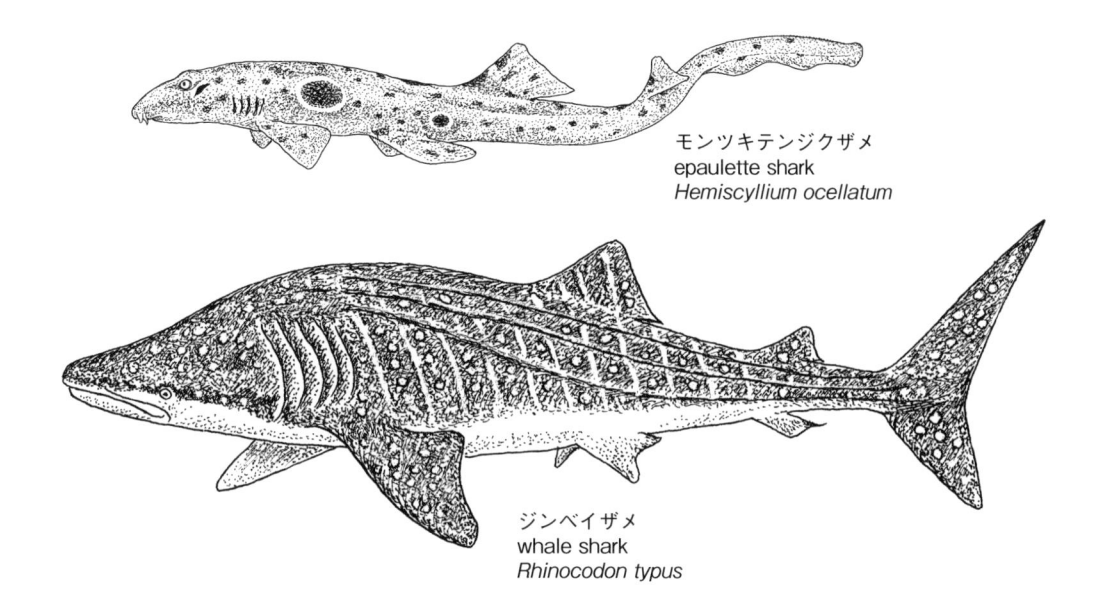

ジンベイザメ
whale shark
Rhinocodon typus

ていてきわめて多様である．オーストラリアに生息するオオセ科 Orectolobidae のオオセ *Orectolobus* は小型で鈍重で，身を隠して（カモフラージュして）暮らしている．コモリザメ科 Ginglymostomatidae のテンジクザメ（英 nurse shark）はやはり鈍重であるが，体長が 4.3 m に達することがあり，生殖のために浅瀬まで来ることもあるので，海水浴客に危険を及ぼすことがある．巨大なジンベイザメ *Rhinocodon typus*（英 whale shark）はジンベイザメ科 Rhinocodontidae の唯一の代表である．これは魚類中最大のもので，しばしば体長が 12 m を超え，ときには 18 m（約 60 フィート）に達する．しかしジンベイザメの歯は小さく，ヒゲクジラのようにプランクトン食であるが，小型魚類を食べることもある．テンジクザメ類はすべて卵生である．

メジロザメ：メジロザメ目 Carcharhiniformes

メジロザメ目（英 ground shark）はここでは

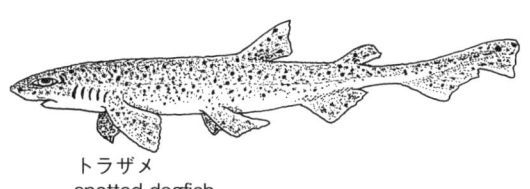

トラザメ
spotted dogfish
Scyliorhinus canicula

テンジクザメ目の姉妹群として示している．これもまた大きくて多様性に富んだグループである（7 科 47 属の 208 種）．あるものは卵生，いくつかは卵胎生，そしてあるものは真の胎生を示す．多くは大型で，人間にとって危険な種もある．この 7 科のうちトラザメ科 Scyliorhinidae，ドチザメ科 Triakidae，メジロザメ科 Carcharhinidae の 3 科はメジロザメ目の多様性を示すのに役立つだろう．

トラザメ科（英 cat shark）には 15 属 96 種がいる．小型で鈍重，底生（深海）で，卵生である．多くの種の中の一部は dogfish と総称されている．ドチザメ科（9 属 39 種）は英名を hound shark といい，イヌホシザメ *Mustelus canis*（英 smooth dogfish）のような小型のもの，カリフォルニア沿岸の深海に生息するトラフザメ *Triakis maculata*（英 leopard shark）のような中型のものなどがいる．ネコやイヌに関する普通の英語の名前がサメの仲間ではごちゃごちゃに使われている．トラザメ cat shark やドチザメ hound shark にはホシザメ dogfish が含まれ，ホシザメにはトラフザメ leopard shark が含まれる（公式の，あまり融通のきかない科学的名称が重要である理由の 1 つがここにある）．

メジロザメ科（13 属 15 種）はいささかぞっと

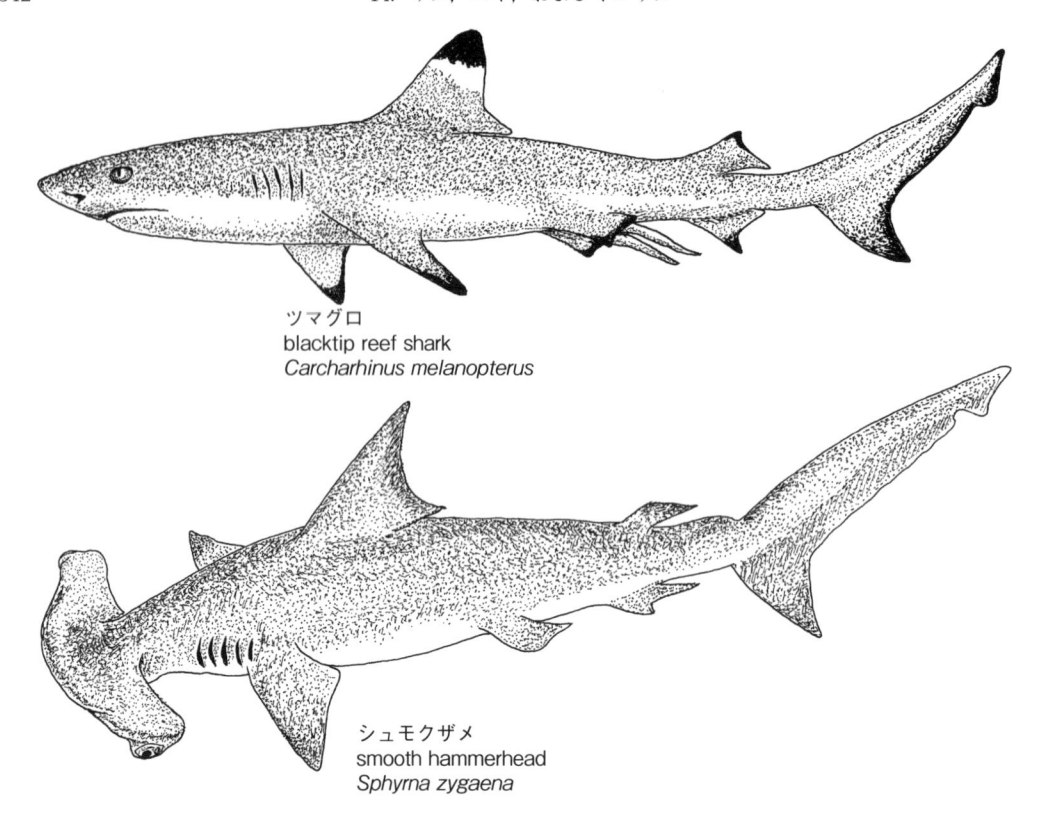

ツマグロ
blacktip reef shark
Carcharhinus melanopterus

シュモクザメ
smooth hammerhead
Sphyrna zygaena

するような，しかし適切な名称をもつ「鎮魂曲サメ requiem shark」を含んでいる．大きさは中型のものから，きわめて大型のものまでいる．あるものは淡水にも生息でき，多くは水泳をする人にとって危険である．その中には，人々がこんなところにはサメがいないだろうと思い込んでいる川にまで上がって驚かすものもいる．上顎の歯は普通，下顎の歯より広い．ビーミスが述べたように，その歯はまさに「ナイフとフォーク」である．メジロザメは胎生である．メジロザメ科にはメジロザメ属 *Carcharhinus* が含まれ，オオメジロザメ *C. leucas*（英 bull shark）のように大型で海岸近くにいる危険なものなどがいる．ニシレモンザメ *Negaprion brevirostris*（英 lemon shark）も大きくて危険である．イタチザメ *Galeocerdo cuvier*（英 tiger shark）は7.5 mに達する巨大な生き物で，短くて幅の広い鼻面をもっている．シュモクザメ属 *Sphyrna*（英 hammerhead shark）は，頭部の横に張り出した「翼」の先端に眼と鼻孔がついている．ヨシキリザメ *Prionace glauca*（英 blue shark）は，なんともエレガントでほっそりしたサメで，長い胸鰭をもっている．外洋に暮らし，しばしば海面で日光浴をする．驚くほど多産で，1回の出産で28〜54匹の幼若個体を産む．

ネズミザメ：ネズミザメ目 **Lamniformes**

ネズミザメ類（英 mackerel shark）には16種しか含まれていないが，この目も高度に多様であり，7科10属から成る．オオワニザメ科 Odontapsidae（英 sand tiger shark）は，典型的な種では口から突出した長くて細い歯をもっている．

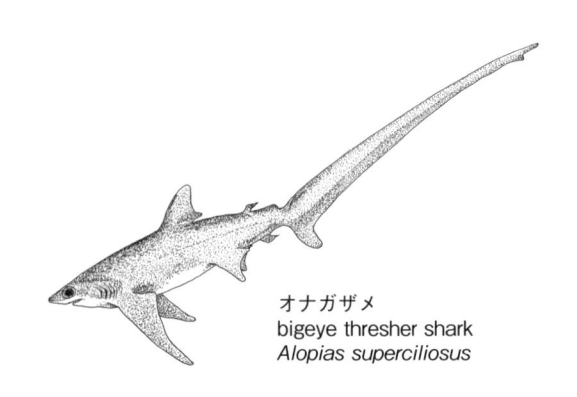

オナガザメ
bigeye thresher shark
Alopias superciliosus

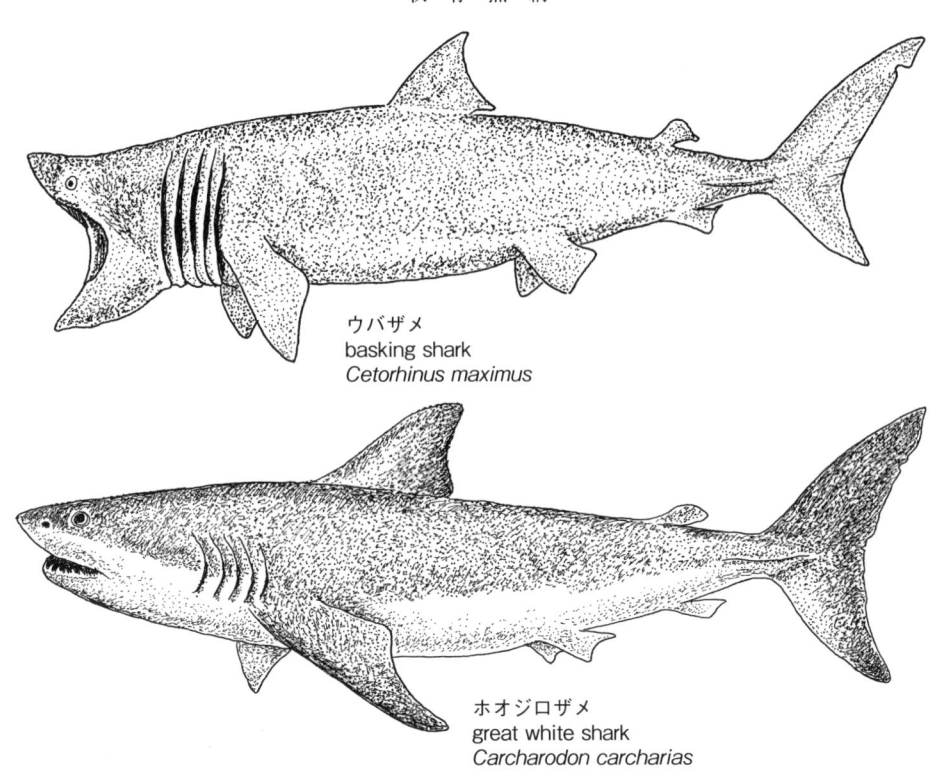

ウバザメ
basking shark
Cetorhinus maximus

ホオジロザメ
great white shark
Carcharodon carcharias

かれらは，子どもが子宮内で同胞を食ってしまう卵食を行うグループである．メガマウスザメ科 Megachasmidae は 1 種のみである．濾過摂食性のメガマウスザメ *Megachasma* は（体長 15 m を超える）その巨大なサイズにもかかわらず，つい最近になって発見された．すばらしい形のオナガザメ科 Alopiidae はオナガザメ *Alopias* 1 属（英 thresher shark）である．オナガザメは巨大な尾をもち上鰭が長くて帆のようにカーブしている．そしてその尾で小型の魚を打ち，気絶させて，捕食を容易にしている．ウバザメ科 Cetorhinidae も 1 種のみを含んでいる．ウバザメ *Cetorhinus maximus*（英 basking shark）は，体長 15 m に達する巨大なサメであるが，濾過摂食者なので，危険はない．

ネズミザメ科 Lamnidae はその名が目の名前になっている（3 属 5 種）．この種類は体高が高く，重量があり，胸鰭は幅が広くて長い．尾鰭はマグロやサバのように三日月形をしている．歯の数は比較的少ないが，個々の歯は，大きかったり，極端に大きかったりすることがある．ネズミザメ科にはホオジロザメ *Carcharodon carcharias*（英 great white shark）が含まれていて，これは体長が 8 m（26 フィート）に達する．巨大な三角形の歯をもっており，子どもを産み，海産哺乳類を捕食するために，カリフォルニアの沿岸にやってくる．これまでに海水浴客やサーファーを殺害してきた．アオザメ *Isurus*（英 mako shark）はすばらしい高速遊泳者である．その子どもは卵食をする．ネズミザメ *Lamna*（英 probeagle shark）はアオザメよりのろまであり，これもまた卵食する．ネズミザメ類は「温血動物」である．つまり，マグロ（条鰭類）と同様に熱交換システムをもっていて，体温を環境より高くすることができ，それによって代謝速度を上げる．

ラブカとカグラザメ：カグラザメ目 Hexanchiformes

カグラザメ目は 2 科のみを含む．ラブカ科 Chlamydoselachidae はラブカ（英 frill shark）1 種を含み，これは体は長く，深海の海底近くに生息し，（通常の 5 個ではなく）6 個の鰓孔をもっ

ニシオンデンザメ
Greenland shark
Somniosus microcephalus

ダルマザメ
cookie-cutter shark
Isistius brasiliensis

ラブカ
frill shark
Chlamydoselachus anguineus

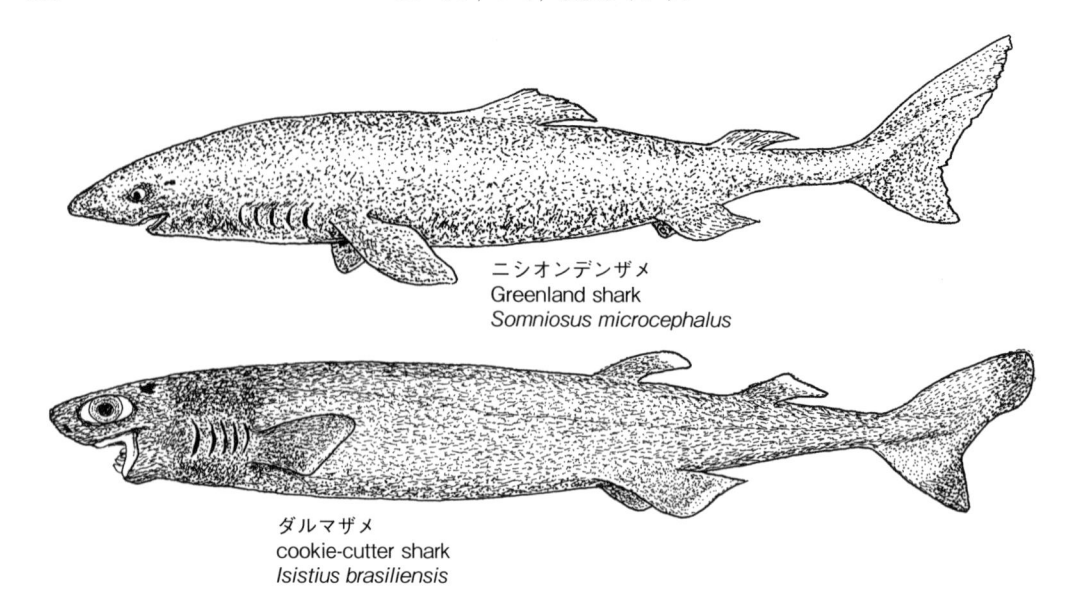

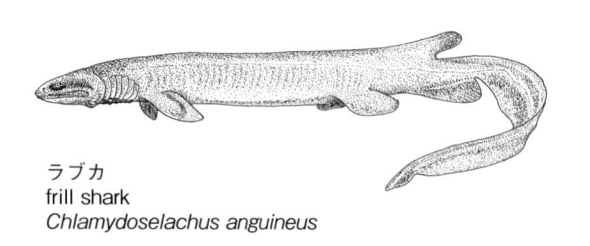

ている．カグラザメ科 Hexanchidae（英 cow shark）は3属4種を含み，その代表は6個の鰓孔をもち六鰓サメと呼ばれるカグラザメ *Hexanchus* と，7個の鰓孔をもつ七鰓サメ，つまり，エドアブラザメ *Heptranchius* である．

オンデンザメ，ダルマザメ，ツノザメ：ツノザメ目 Squaliformes

ツノザメ目（3科23属74種）はカグラザメ目の姉妹群と思われる．オンデンザメ sleeper shark はいくつかの途方もない動物を含んでいる．もっとも有名なのはグリーンランドのニシオンデンザメ Greenland shark で，北極地方では最大の6.4 m に達する．しかしその *Somniosus microcephalus* という学名に含まれる眠りを意味する somni- が，このサメの特徴をよく示している．このサメは，海表面で居眠りしているところにボートでつっこんでいっても動かないほど鈍重である．これに類縁のダルマザメ *Isistius*（英 cookie-cutter shark）は深海性で，腹部が蛍光を発し，大型の脊椎動物から肉片を嚙み取る．ツノザメ *Squalus acanthias*（英 spiny dogfish）は移動性で，アメリカ北海岸に豊富に見られる．ただし，水温が4〜16℃の低温の海域だけである．ツノザメは卵胎生である．

カスザメ：カスザメ目 Squatiniformes

カスザメ目（1属12種）は平らで一見するとエイ目に似ている．しかし，エイとはちがって，その幅広い胸鰭は頭部とも胴体の後方部分とも融合していない．英語の「天使のサメ angel shark」という一般名はふさわしい．これはエイというよりはサメのように泳ぐ．すなわち胸鰭をはばたかせるのではなく，尾を横に振って前進する．温帯の沿岸水域に生息する．カスザメは系統樹ではま

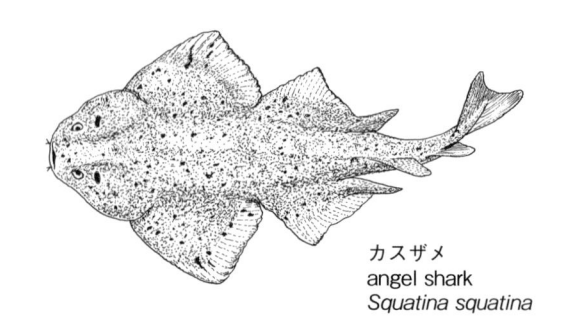

カスザメ
angel shark
Squatina squatina

―軟骨魚綱―

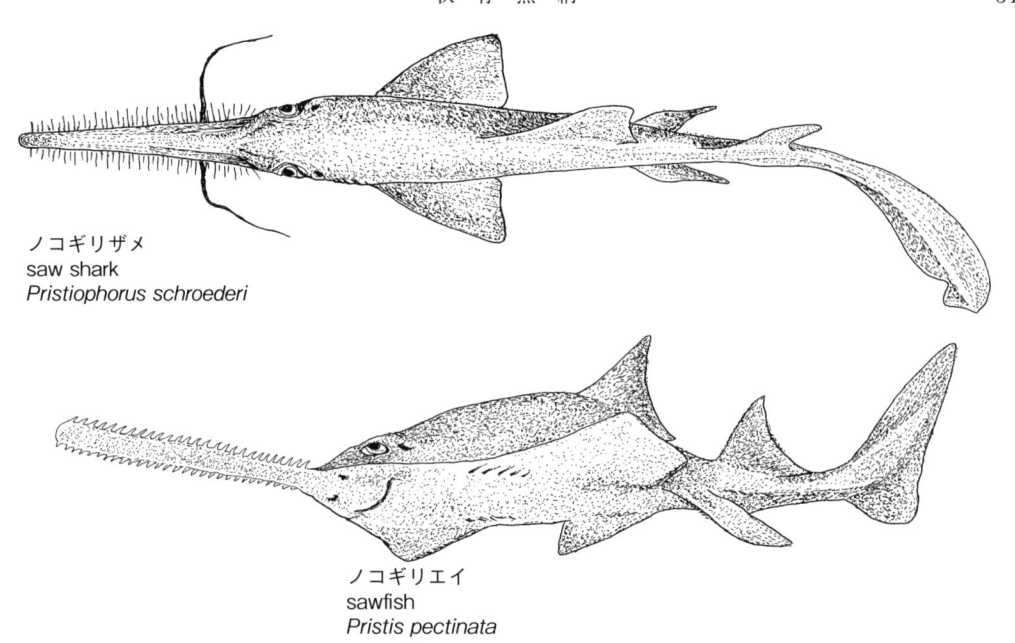

ノコギリザメ
saw shark
Pristiophorus schroederi

ノコギリエイ
sawfish
Pristis pectinata

だ未解決の3分岐の1本として示されている．つまり，このサメは以下のノコギリザメ目やエイ目と近縁と思われるが，その関係の本質は不明である．

ノコギリザメ：ノコギリザメ目　Pristiophoriformes

ノコギリザメ saw shark には2属5種しかない．その1つの *Pristiophorus* 属では鰓孔が5個であり，もう1つの *Pliotrema* 属では6個である．しかしかれらの顕著な特徴は鼻面にあり，そこについている平らな刃には，大きい歯とと小さい歯が交互に並んでいる．主として熱帯産であり，インド洋から太平洋に生息する．

エイ，ガンギエイ，ノコギリエイ，シビレエイ：エイ目 Rajiformes

エイ目の魚類は，体の両側に広がり，体側と頭に融合した胸鰭を用いて水中を進む．全体としてからだは平坦で，目と呼吸孔は上側に，口と鰓孔は下側についている．どれも口蓋を横断する敷石状の歯をもち，貝類のような獲物を砕くのに使う．現生の軟骨魚類のゆうに半分以上はエイ目に属する．12科にわたって52属456種がいる．この大きくて多様な目は4つの亜目，すなわち，ノコギリエイ類，シビレエイ類，ガンギエイ類，トビエイ類にうまく分類される．

● ノコギリエイ亜目 Prostiodei はノコギリエイ sawfish の仲間である（1科2属6種）．ノコギリザメと同じように，その鼻面は歯のついた刃になっている．しかしノコギリエイの歯は大きさが等しい．北大西洋のノコギリエイ *Pristis* はほとんど6mにも成長する．ノコギリエイは卵胎生である．

● シビレエイ亜目 Torpedinoidei はシビレエイ torpedo の仲間である（2科11属38種）．ヤマトシビレエイ科 Torpedinidae は電気エイ electric ray であり，タイワンシビレエイ科 Naricinidae は少し小さめの電気エイである．ある種の条鰭類（とくにデンキ「ウナギ」）と同様に，シビレエイは獲物をしびれさせるのに十分な電流を筋肉（この場合は鰓の筋肉）で発生させる．大西洋のタイセイヨウヤマトシビレエイ *Torpedo nobiliana* は1.8mにまで成長する．

● ガンギエイ亜目 Rajoidei はサカタザメ guitarfish, ガンギエイ skate, エイ ray を含む

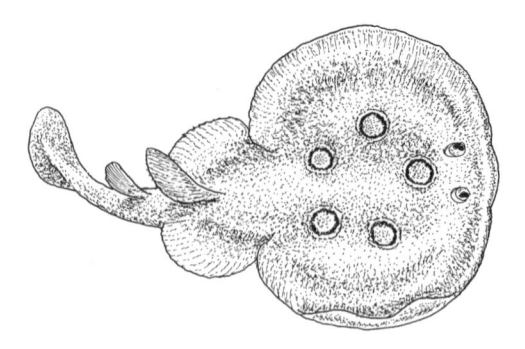

シビレエイ
torpedo ray
Torpedo torpedo

マンタ（オニイトマキエイ）
Atlantic manta
Manta birostris

（3科22属209種）．サカタザメ科 Rhinobatidae はサカタザメ類である（7属45種）．エイに似た三角形の頭をもつが，サメに類似の尾と胴体をもつ．またほとんどのサメと同様につり下がった口をもち，サメのように泳ぐ．ガンギエイ科 Rajidae はいわゆるエイで（18属，200以上の種），ガンギエイ *Raja* を含む．エイは卵生である．陸に打ち上げられる「人魚の財布 mermaid's purse」の大部分はガンギエイのものである．

● トビエイ亜目 Myliobatoidei はアカエイ stingray，トビエイ eagle ray およびその仲間を含む（6科23属158種）．アカエイ科 Dasyatidae はアカエイたち（9属70種）で，名前にある sting は，背鰭の変形した1本または2本の棘に由来する．棘にはギザギザがあったり，ひげがあったりし，その基部には毒腺をもつ．エイやガンギエイとは異なり，アカエイやトビエイは胎生である．ポタモトリゴン *Potamotrygon* は南アメリカの淡水産アカエイである．トビエイ科 Myliobatidae はトビエイたち（7属43種）である．トビエイ科の亜科であるイトマキエイ亜科 Mobulinae はもっともすばらしいエイ，すなわちマンタ（オニイトマキエイ，英 manta）を含む．これは横幅が6m，重量が2tにもなることがある．しかしマンタはほとんどの真の巨大な軟骨魚類と同様，濾過摂食者である．

———

全体として軟骨魚類は壮麗な仲間たちである．そのなかには現在の世界でもっとも大きく，また生態的に重要な生物がいる．かれらはその一部がじつに危険であるために，悪しき烙印を押されてしまっている．また，過去数億年間，驚くほど変化していないので，人々は軽蔑的かつ通俗的意味で「原始的」であると思っている．しかしこれまで見てきたように，かれらはいくつかの驚くべき適応を遂げてきた．そのなかには「胎盤」，「ミルク」，「温血性」など，哺乳類を彷彿とさせるようなものも含まれている．それに，ある熱狂的なサメファンが私にいったことだが，「なぜ勝利の方程式を変えなきゃならないんだ？」

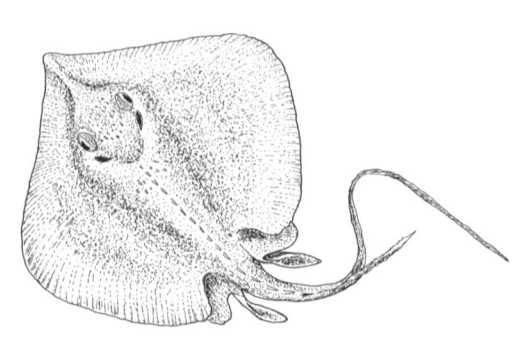

アカエイ
Atrantic stingray
Dasyatis sabina

15章

すじのある鰭をもつ魚類

条鰭綱 Class Actinopterygii

　脊椎動物の既知の種のほとんど半分は鰭にすじをもつ魚類，すなわち条鰭類 Actinopterygii であり，2万種以上が知られている．いくつかの科，たとえば有名で経済的にも重要なティラピア Tilapia を含むシクリッド科 Cichlidae には 1000 以上の種がいる．アフリカのビクトリア湖1つでも最近まで300種のシクリッドが生息していた．しかし2万という数字はおそらくひどく少なめの見積もりであろう．なぜなら，隔離された小さい水域や小川には時間とともにそこに固有の魚類が進化するであろうし，とくに熱帯森林などの広大な領域では系統的な研究がほとんど始まっていないからである．現生の条鰭類の本当の数は，ゆうに4万を超えるはずだ．

　魚類は泳ぐ必要性にしばられているので，私たちはその形が流線型であると期待しがちかもしれない．しかし条鰭類は驚くほど多様な形態を示す．大部分はたしかに多少なりとも流線型をしている．しかし多くの魚は左右から激しく圧縮されている．それはとりわけ，これらの魚が狭い空間を巧みに泳ぐことを可能にしている．たとえばシテンヤッコ angel fish が海藻などの間を縫うように泳ぐ場合がそうである．また，日常語として「平らな魚」と呼ばれるものは，これも左右から圧縮されているが，その側面を底に横たえている．ナマズ catfish やアンコウ anglerfish を含むある種の魚は背腹方向に扁平になっており，やはり普通は底の近くで餌をとっている．表面が硬い魚もいるし，ウナギ eel のように滑らかなものもいる．フグ puffer fish は体を棘のあるボールのようにふくらませることができ，これは明らかに捕食者を撃退するためである．ハコフグ box fish は文字通り立方体である．そしてタツノオトシゴ sea horse は背鰭をひらひらさせて垂直方向に立って泳ぐ．タツノオトシゴの尾は，推進力を提供するほとんどの魚の尾と違って，クモザルのそれのように，ものをつかむことができ，海藻にからだをしっかり固定させることができる．その長い鼻面で小さい掃除機のように餌を取り込む．そして，メスではなくオスのタツノオトシゴは，腹部の袋の中で子どもを育てる．どんな空想作家でもタツノオトシゴを発明することはできなかったであろう．

　多くの条鰭類は，ドラゴンフィッシュ dragon fish のように，重力の制約から解放されている水生動物のみが享楽できるような，えり飾りや棘で飾られている．魚類の色彩と模様は，とても信じがたいほどである．ただ，もっとも色彩に富んだ生き物が多数生息しているサンゴ礁では，このけばけばしさが自分を引き立たせるためなのか，身を隠すためなのかは判別しがたい．なぜなら，あらゆるものがあまりに色彩に富んでいて，ちらちら交錯する色彩が目をあざむいて保護してくれるからである．大きさの範囲もきわめて広い．ある種のハゼ goby は脊椎動物中でもっとも小さく，体長はわずか 7.5 mm で体重は 5 mg ほどしかない．一方，アドリア海，黒海，カスピ海に生息してボルガ川やダニューブ川で産卵する巨大なシロチョウザメ Acipenser huso（英 beluga）は，体長 4 m 以上に達し，ほぼ 1 t にもなる．大洋に暮らすマンボウ Mola mola（英 sunfish）は平均して体長が 2 m あり，1 t を超えるのが普通である（1 t は 100 万 g，1 g は 1000 mg であるから，最大の硬骨魚類は最小のものの 1 億倍もの重さということになる．簡単にいうと条鰭類は信じがたいほど多様なのである）．

条鰭類はまさに分類を必要とするグループである．きわめて多数の種類があり，その化石記録は豊かである．したがってきちんと分類しないかぎり，それらについてあいまいに言及することさえ難しい．それゆえ，過去数十年にわたって，もっともすぐれた系統学者の一部が条鰭類に引きつけられてきた．しかし条鰭類はまた，系統学に基づいて分類することがいかに難しいかを示すことにもなった．なぜなら，どれがどれと類縁関係にあるかを正確に決定することはきわめて困難であることが今もなおどんどん明らかにされており，それゆえ文献は多く，しかも決着しない論争が多いからである．サケ salmon やマス trout のような，一般的でよく研究されているグループでさえ，首尾一貫した系統に収めることが依然として難しい．

ここに示した系統樹は，謝辞に述べた何人かの権威によるものである．しかし主な出典はマサチューセッツ大学アマースト校のウィリアム・ビーミス William Bemis による．かれはこの10年ほどここに示した分類を発展させてきた．一方，ビーミス自身は，とくにアメリカ自然史博物館のゲイリー・ネルソン Gary Nelson に負うている．

条鰭類へのガイド

13章で説明したように，顎のある脊椎動物のうちの5綱が正しく「魚」と呼ばれている．そしてこれらのいくつかの綱は多様性と生態学的重要性の点で，実質的に互いに地位を引き継いできた．初めての魚類はシルル紀に出現した．板皮類と棘魚類はその初期の仲間であったが，現在では完全に絶滅した顎口類に含まれる2つの綱というだけの，心もとないラベルにしかすぎない．残りの3つの魚類の綱はどれもデボン紀には出現していた気配を見せているが，どれもがやがて繁栄のときを迎え，今日でもわれわれとともに暮らしてはいるものの，それぞれの歴史は異なる経緯をたどった．今日ではサメ，エイ，ギンザメに代表される軟骨魚類（14章）は，何度かの放散によって栄えたが，最後のものは恐竜が繁栄していたジュラ紀のものであり，現生の主要な軟骨魚類の起原はその時代にまで遡ることができる．肉鰭類のクレードにいる肉質の鰭をもつ魚類たちは，少なくとも石炭紀までは条鰭類を凌駕していたが，中生代に没落し，現在ではハイギョの3属とシーラカンス1属を残すだけに衰退している．

条鰭類は肉鰭類の姉妹群とみなされ，どちらも4億1700万年前のシルル紀に共通の祖先から生じたと考えられている．しかしその祖先が何であったかは未知である．条鰭類は肉鰭類に比べるとスロースターターであり，石炭紀までは劇的に放散することはなかった．しかしそれからはもう躊躇することはなかった．条鰭類は連続的に放散しつづけ，それは今でもつづいている．現生の条鰭類の少なくとも99％は真骨魚類（または真骨類）Teleostei という亜綱に属している．真骨魚類はジュラ紀までは出現しなかった．現生の大部分の真骨魚類は白亜紀または新生代に生じている．手短にいえば，アメリカ自然史博物館のジョン・メイジー John Maisey が指摘したように，魚類全体としてははるか古代にまで遡れるが，現生真骨魚類の大部分の科は決して古代のものではないのである．そして，新生代（過去6500万年間）は陸上の光景に基づいて，なるほど「哺乳類の時代」と呼ばれておかしくないが，同じように「真骨魚類の時代」と呼んでもいいかもしれないのである．

条鰭類は真のクレードとして認められ，少なくとも半ダースほどの共有派生形質でまとめられている．そのなかで重要でもっとも明白な形質は，このグループの名前にもなっている条鰭である．その鰭は，それぞれが細い軟骨性または骨性の棒でできた放射状の扇のまわりに組み立てられてい

る．このようなスタイルの鰭は，軽くて，折りたたみが可能で，可動性をもつ，という偉大な技術革新であったし，現在でもそうである．そのデザインは，1本の基盤的な骨の周囲につくられる肉鰭類の鰭とはまったく対照的である．肉鰭類の鰭が重量を支える肢に進化してきただろうということは容易に理解できる．そして肉鰭類のどれか（どれであるかはまだ確実ではない）は，疑いもなく四肢動物の祖先である．しかし扇のようにつくられた鰭は重量を支えることには向いておらず，ドジョウ loach やトビハゼ mudskipper などは胸鰭の硬い条を使ってある程度は「歩く」ことができるものの，条鰭類は一般には，いかにも魚らしい魚に——間違いなく，あらゆる時代を通じてもっとも成功した魚に——ずっととどまることに満足してきた．

条鰭類をまとめているもう1つの形質は単一の背鰭である（肉鰭類とサメ類は普通2つある）．条鰭類のうろこもいくつかの点で特殊化している．たとえば，それらはエナメル質に似た**ガノイン ganoin**によって覆われている．そしてそれぞれのうろこの前方には突起があり，それが1つ前のうろこのくぼみと関節をつくっている．さらに，条鰭類では腹鰭と胸鰭は異なる特徴をもっているが，肉鰭類とサメではこれらの2組の鰭は実質的に同じものである．

条鰭類のグレードとクレード

1840年代以来，動物学者は条鰭類の中に連続した「グレード」を認めてきた．いくつかの生物学界では支配的である「進歩」の概念に慎重であることが流行しているが，伝統的に「高等」といわれるグレードが進化の中では後になって出現したことも，またそのようなグレードは工学的な客観的基準から判断すると以前のタイプより技術的にすぐれていることも疑いがない．最近まで分類学者は異なるグレードに公式のタクソンの地位を与え，条鰭類を「軟質類 Chondrostei」，「全質類 Holostei」，「真骨魚類 Teleostei」の3種類に分けていた．しかし現在の分類学者は，昔の「軟質類」と「全質類」はいくつかの異なる系統を含むことを認識しており，古典的な3種類の中では真骨魚類のみが公式のタクソンとして残されている．とはいうものの，残りの2つの用語も非公式の形容詞，たとえば「軟質類の chondrostean」とか「全質類の holostean」という表現では今も利用されている．

これらのグレードは骨格全般の構成変化について，それとなく教えてくれる．とくに，骨と筋肉の配置の変化によって，一般に，軽くなっても必要な強さを保ち，より柔軟で，効率よく摂食し呼吸することを可能にする可動性の高い頭蓋と口をもった動物を生みだしたことがわかる．とりわけ現生真骨魚類の頭部の骨と筋肉が口内が陰圧になることを可能にしているので，それによって口は酸素を多く含む水を吸飲でき，水はその後で鰓を通して排出される．また，小型の獲物を摂食する種では，呼吸だけでなく摂餌にもこの技術を利用する．機能的な意義はそれほどでないにしてもよく目につくのは，尾の形態変化である．「軟質類」グレードに属するチョウザメでは，尾はサメと同様に非対称的，すなわち**異尾的 heterocercal**である．しかし大部分の真骨魚類の尾鰭は対称的，すなわち**同尾的 homocercal**な概観を与えるようになっている．

軟質類グレードのさまざまな系統は石炭紀から三畳紀に放散し，その骨格がほとんどあるいは完全に軟骨でできている（いた）ことから名づけられた．しかし，骨性の祖先に由来する軟質類が骨を失ったことは二次的なものにちがいなく，もちろん14章の軟骨魚類と特別な関係はない．ほとんどの軟質類は，漠然と「パレオニスクス類 palaeonisciformes」という名前で呼ばれる多系統のグループに属している．この仲間はデボン紀から知られ，三畳紀より後にはまれになり，ついには白亜紀にほとんどが絶滅した．しかし軟質類の2系統だけは今も生存しており，それがポリプテルス類 Polypteriformes とチョウザメ類 Acipenseriformes である．この2種類を合わせたものが伝

15・条鰭綱

条鰭類 ACTINOPTERYGII

'軟質類' 'chondrostei'

チョウザメ類 Acipenseriformes

セミオノーツス類 Semionotiformes

Neopterygii
新鰭類

アミア類 Amiiformes

真骨魚類 Teleostei

15

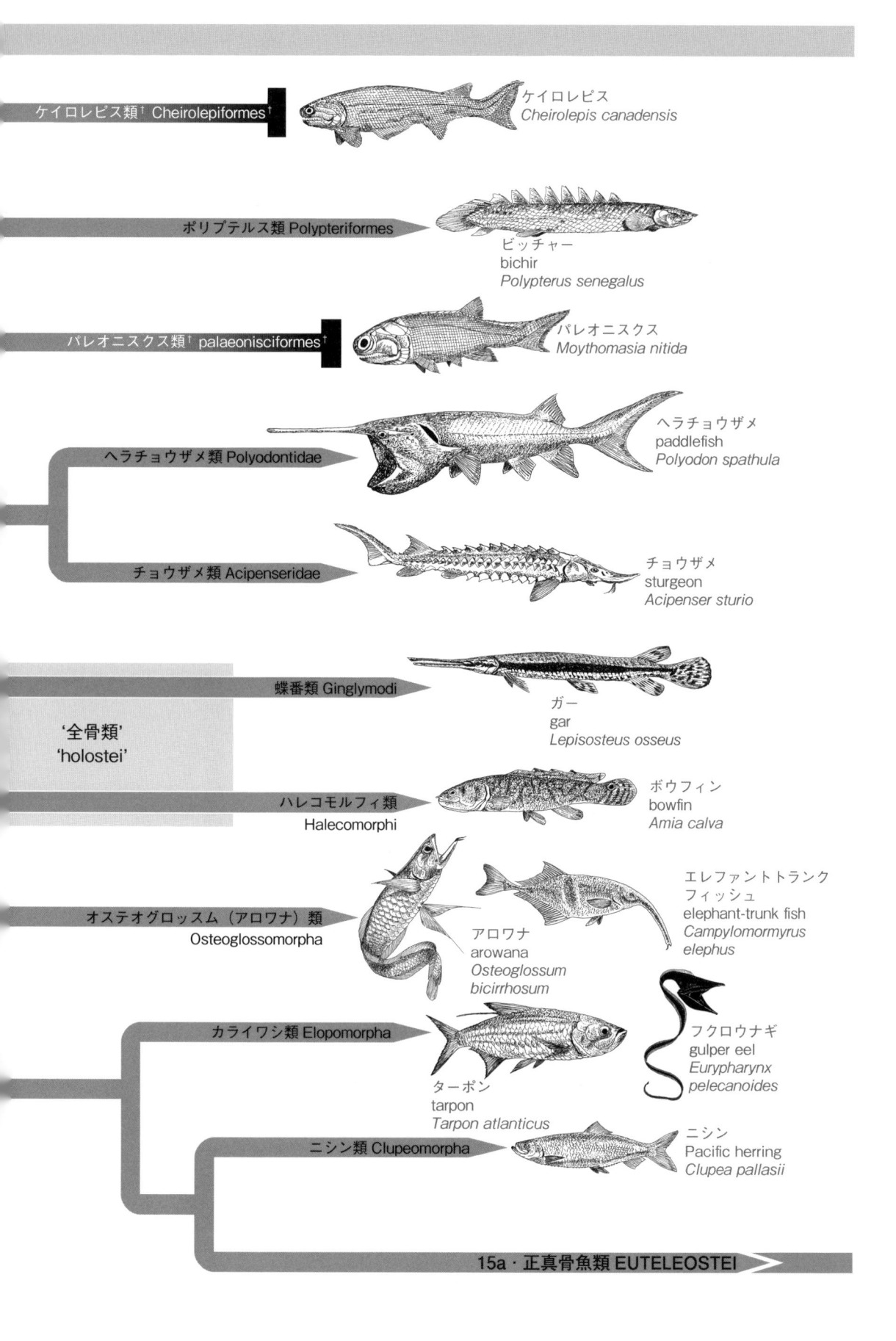

| ケイロレピス類† Cheirolepiformes† | ケイロレピス *Cheirolepis canadensis* |

| ポリプテルス類 Polypteriformes | ビッチャー bichir *Polypterus senegalus* |

| パレオニスクス類† palaeonisciformes† | パレオニスクス *Moythomasia nitida* |

| ヘラチョウザメ類 Polyodontidae | ヘラチョウザメ paddlefish *Polyodon spathula* |

| チョウザメ類 Acipenseridae | チョウザメ sturgeon *Acipenser sturio* |

'全骨類' 'holostei'

| 蝶番類 Ginglymodi | ガー gar *Lepisosteus osseus* |

| ハレコモルフィ類 Halecomorphi | ボウフィン bowfin *Amia calva* |

| オステオグロッスム（アロワナ）類 Osteoglossomorpha | アロワナ arowana *Osteoglossum bicirrhosum* | エレファントトランクフィッシュ elephant-trunk fish *Campylomormyrus elephus* |

| カライワシ類 Elopomorpha | ターポン tarpon *Tarpon atlanticus* | フクロウナギ gulper eel *Eurypharynx pelecanoides* |

| ニシン類 Clupeomorpha | ニシン Pacific herring *Clupea pallasii* |

15a・正真骨魚類 EUTELEOSTEI

15a ・ 条鰭類・正真骨魚類

正真骨魚類 EUTELEOSTEI

15a

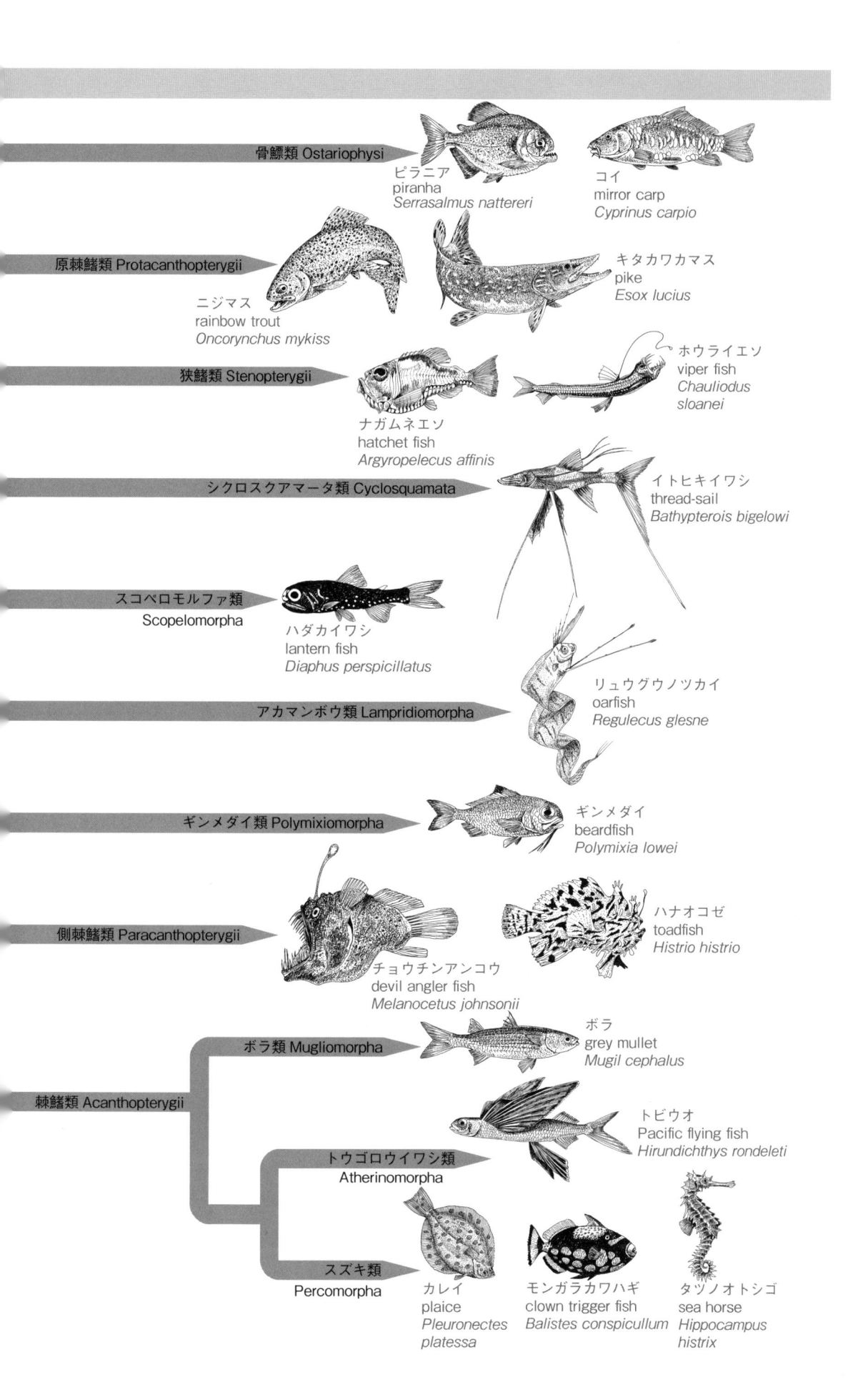

骨鰾類 Ostariophysi
ピラニア piranha *Serrasalmus nattereri*
コイ mirror carp *Cyprinus carpio*

原棘鰭類 Protacanthopterygii
ニジマス rainbow trout *Oncorynchus mykiss*
キタカワカマス pike *Esox lucius*

狭鰭類 Stenopterygii
ナガムネエソ hatchet fish *Argyropelecus affinis*
ホウライエソ viper fish *Chauliodus sloanei*

シクロスクアマータ類 Cyclosquamata
イトヒキイワシ thread-sail *Bathypterois bigelowi*

スコペロモルファ類 Scopelomorpha
ハダカイワシ lantern fish *Diaphus perspicillatus*

アカマンボウ類 Lampridiomorpha
リュウグウノツカイ oarfish *Regulecus glesne*

ギンメダイ類 Polymixiomorpha
ギンメダイ beardfish *Polymixia lowei*

側棘鰭類 Paracanthopterygii
チョウチンアンコウ devil angler fish *Melanocetus johnsonii*
ハナオコゼ toadfish *Histrio histrio*

棘鰭類 Acanthopterygii

ボラ類 Mugliomorpha
ボラ grey mullet *Mugil cephalus*

トウゴロウイワシ類 Atherinomorpha
トビウオ Pacific flying fish *Hirundichthys rondeleti*

スズキ類 Percomorpha
カレイ plaice *Pleuronectes platessa*
モンガラカワハギ clown trigger fish *Balistes conspicullum*
タツノオトシゴ sea horse *Hippocampus histrix*

統的に，現在では役割を終えた「軟質類」を構成していた．

　全質類グレードの魚類は三畳紀からジュラ紀にかけて出現，放散し，かなり多様化した．この仲間も，今日ではセミオノーツス類 Semionotiformes のガー（英 gar，ガーパイク garpike ともいう）とアミア類 Amiiformes のボウフィン（英 bow fin）が属する複数の系統を含んでいる．伝統的分類学ではこれら2つの系統は一緒にまとめて「全質類」とされていたが，現在の生物学者はこの2系統に特別な関係はなく，むしろアミア類はおそらく真骨魚類の姉妹群だろうと考えている．真骨魚類のほうはジュラ紀に放散を始め，以来，その勢いは衰えを知らない．

　つまり，要約すると，ここの系統樹は条鰭類が，それぞれ亜綱として階層づけできる7つの主要なグループに分かれることを示している．ここでは基準属（type genus）であるケイロレピス属 Cheirolepis によって代表されている**ケイロレピス亜綱 Cheirolepiformes** は，もっとも古い条鰭類の亜綱で，残りすべての姉妹群である．「軟質類」亜綱の中では，**ポリプテルス亜綱 Polypteriformes** に現生のビッチャー bichir とアミメウナギ reedfish が含まれる．絶滅した**パレオニスクス亜綱 palaeonisciformes** はいろいろな種類がまざった群である（そのために，最初の p は小文字で綴り，公式の群でないことを示している）．**チョウザメ亜綱 Acipenseriformes** はチョウザメ sturgeon とヘラチョウザメ paddlefish によって代表される．残る3つの亜綱は**新鰭類 Neopterygii**（公式の階層名を与える必要はほとんどない）というグループにまとめられる．新鰭類に属する亜綱の最初の2つはかつての「全質類」に相当し，**セミオノーツス亜綱 Semionotiformes**（ガー）と**アミア亜綱 Amiiformes**（ボウフィン）を含む．**真骨魚亜綱 Teleostei** は「現代的硬骨魚類」であり，大きくて多様なグループである．これはさらに詳細な下位分類を必要とする．

　では，主要な条鰭類のタクソンを順に要約していこう．

ケイロレピス：ケイロレピス亜綱† Cheirolepiformes†

　ケイロレピス *Cheirolepis* はとくにスコットランドの中期デボン紀のものがよく知られているが，似たものが世界的に見つかっていて，真の最初の条鰭類魚類であると一般に認められている．おそらくケイロレピスが残りすべての祖先であり，もしそうでないとすれば，そのごく近縁のものが祖先だったのだろう．いずれにしても系統樹ではケイロレピスを，残りすべての姉妹種として示してよい．ケイロレピスはおそらく，大きな眼と速い運動能力をもった捕食者で，棘魚類，板皮類，そして肉鰭類を摂食していた．しかしさほど大きくはなく，典型的なものは体長25 cm ぐらいで，その体は堅く，強力な尾で前進した．尾ははっきりと異尾であるが，外見的には尾鰭がほとんど対称形であるように見せている．ケイロレピスはとくに泳ぎが上手というわけでもなかった．その腹鰭は急速な方向転換ができるような可動性をもっていなかった．

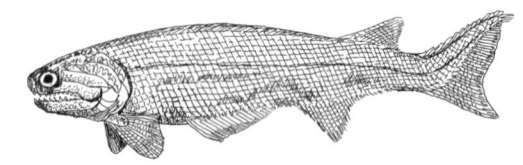

ケイロレピス
Cheirolepis canadensis

　ケイロレピスは素敵なうろこをもっていた．そのうろこは菱形をしており，全体にわたって斜めに配列され，尾の部分では突起とくぼみで関節をつくっていた．尾の上端には水を切り裂く大型の突出したうろこがあった．頭蓋は骨性の頬部があって重厚であり，それは条鰭類の基本的な状態と考えられている．そもそもその頭部はいくつかの互いに動きうる半独立の単位からできていて可動性が高く，そのおかげで顎を大きく開いて口を開けることができた．それでも頭蓋と口は，後の条鰭類のものほどは可動性も高くなく，器用でも

―条鰭綱―

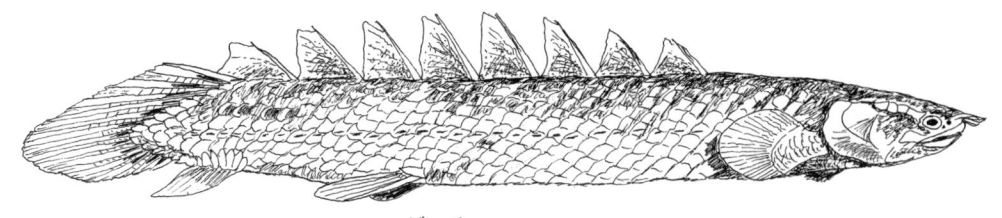

ビッチャー
bichir
Polypterus senegalus

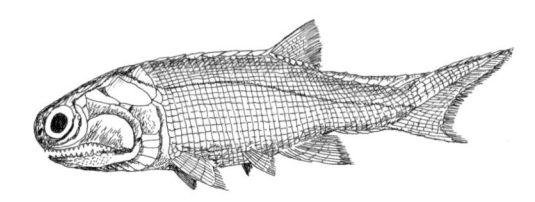

パレオニスクス
palaeonisciform
Moythomasia nitida

なかった.

ビッチャーとアミメウナギ：ポリプテルス亜綱
Polypteriformes

ポリプテルス亜綱は現生の条鰭類魚類の中ではもっとも古い系統である．2属のみが残っている．ポリプテルス属 *Polypterus*, すなわちビッチャー bichir は10種からなり, アミメウナギ属 *Erpetoichthus* はアミメウナギ1種 reedfish のみを含む．アフリカの川の浅瀬ではビッチャーは恐るべき捕食者であり, ゆったり泳ぎながら突然ほかの脊椎動物や無脊椎動物に突進する．かれらは多くの点で原始的である．その顎や平らな頭蓋を構成する骨の可動範囲は限定されている．骨は骨というよりは軟骨性で,「軟質類」に似ている．うろこは強大で菱形をしている．尾はまだ異尾である．ビッチャーの背鰭はからだの全長を走り,「小離鰭 finlet」に分かれ, それぞれの前方に棘がある.

ビッチャーは若いときには外鰓をもち, 成体になるとほかの魚類と同様の鰓をもつ．しかし同時に高度に血管系が発達した肺ももち, そのために成体は, 陸上でこそ生存できないものの, きわめて低酸素状態の水中でも生存できる．実際は多くの条鰭類が肺または肺に似た消化管からの突出物をもっているが, 軟骨性の骨格が軟骨魚類と関係していないのと同様に, 肺をもつ条鰭類がとりわけハイギョ類 Dipnoi や四肢動物と関連しているわけではない．肺（と幼若個体の外鰓）は単に硬骨魚類の原始的な形質であるにすぎないのだろう．真骨魚類では,「肺」は浮き袋となり, 主として浮力の制御に用いられている（いくつかのグループでは二次的な機能をもつが, それについては後述する）.

パレオニスクス類† palaeonisciformes†

かつて軟質類と呼ばれたタクソンは, もともとチョウザメとヘラチョウザメを含むものとして考えられた．しかし時間とともに, ある程度よく似た化石が次第に多く発見され, 古生代と中生代から約200属が含められることになった．しかし現在の分岐分類学的研究は, チョウザメとヘラチョウザメを一緒にして, クレードと考えられるチョウザメ亜綱 Acipenseriformes に属させている．一方, パレオニスクス類は明らかに異なるいくつかの系統を含んでいて, あるものはたしかにチョウザメ類とごく近縁であるが, ほかのものはいくつか「軟質類性」の特徴を備えてはいるものの明確に異なっている．ここでは私はすべての系統を非公式の「パレオニスクス類」としてまとめている．このようないいかげんな扱いは, かれらが複雑で, はるか昔に絶滅し, 専門家のみに知られているからという理由からのみ正当化されるものだ．しかしかれらの時代にあってはきわめて重要

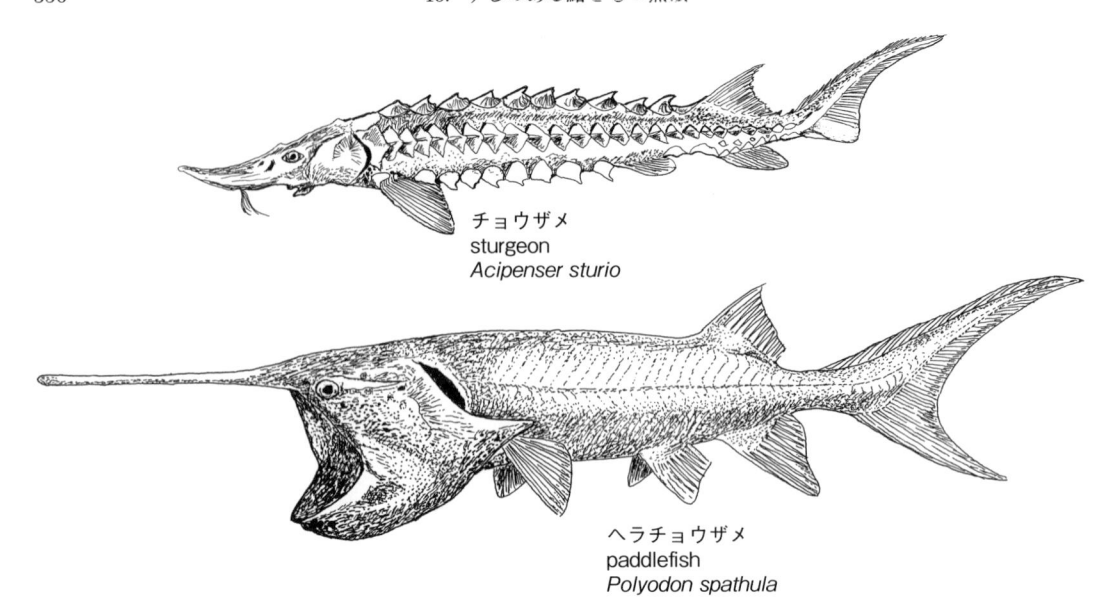

チョウザメ
sturgeon
Acipenser sturio

ヘラチョウザメ
paddlefish
Polyodon spathula

な生き物たちであった.

チョウザメとヘラチョウザメ:チョウザメ亜綱 **Acipenseriformes**

チョウザメ亜綱はチョウザメ sturgeon とヘラチョウザメ paddlefish という2つの現生グループを含む. とくに**チョウザメ科 Acipenseridae** には20を超える種が存在し, 真骨魚類を除けば硬骨魚類最大の科となっている. かれらは北半球のあらゆるところに生息し, 一部は条鰭類の中で最大である. 一方, ヘラチョウザメ科(ポリオドン科 Polyodontidae)には2属しかない. その1つはミシシッピ川に, 他方は揚子江(とその近傍の川)に生息する. どちらも高度に可動性のある顎をもつが, アミア類や真骨魚類の系統とはまったく別の, しかもそれぞれ独立した系統として進化をとげてきた.

チョウザメはあまり骨化していない骨格をもち, うろこは5列に縮小し, 骨板になっている. かれらはキャビアの主要な源である(主要な, というのは, ヘラチョウザメも使われるからである). ヘラチョウザメは本当に珍しい体型をしている. 体長は最大2mに達し, その長い平らな鼻面(「へら」あるいは「櫂」)は体長の3分の1にも達する. ここに示した図は, 鰓弓を広げて大きな籠をつくり, プランクトンや小型魚類を濾し取るヘラチョウザメたちの摂餌方法を示している.

新鰭類魚類　Neopterygian Fish

新鰭類は残りの3つの亜綱を含む.「全骨類」であるセミオノーツス亜綱 Semionotiformes とア

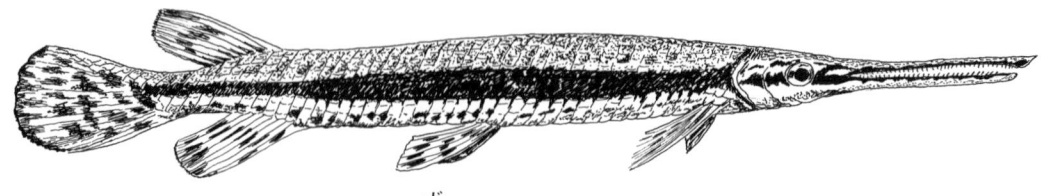

ガー
gar
Lepisosteus osseus

ミア亜綱 Amiiformes，それに真骨魚類 Teleostei である．新鰭類には技術革新と呼んでもいい進化を見ることができる．それはより大きな柔軟性と軽量化をもたらすうろこの厚さの減少，そして同尾（対称性の尾）への傾向である．さらに，とくに重要なのは，顎の可動性の増加と，水を口から取り込んで鰓から排出する流れを制御する能力の増加である．

ガー：セミオノーツス亜綱 Semionotiformes

現生のセミオノーツス類はガー gar，あるいはガーパイク garpike である．既知の7種が唯一の**蝶番目 Ginglymodi** の唯一のガー科（レピソステウス科 Lepisosteidae）を構成する．ガーは浅くて植物の多い淡水に生息するどう猛なハンターである．今日では北アメリカからキューバに限定されているが，化石はヨーロッパ，アフリカ，南アメリカから発見されている．ガーはビッチャーと同様に空気で呼吸できるが，両者の肺は形も構造も異なっている．ガー *Lepisosteus* 自身は体長1〜4mで，温帯の淡水，あるいは汽水に生息する．獲物に飛びかかり，長い顎に生えている尖った歯でかみつく．まったく同じ属を白亜紀まで遡ることができるので，「生きた化石」と呼んでもよい．これは常に少ない多様性のなかで，ゆっくりと，しかし確実に生存してきた系統である．

今日では全骨類はほとんど残っていない．しかし過去，とくにジュラ紀には多くの種類がいた．たとえばセミオノーツス *Semionotus* などの25属を含む絶滅したセミオノーツス科 Semionotidae は，小型で活発な魚類であり，ほぼ対称的な尾と大きな背鰭と腹鰭をもっていた．セミオノー

ツス類は北アメリカの東海岸に面したところなどいくつかの地域では大いに多様化していた．同じ湖に10〜20種が存在したこともしばしばである．その全動物相はどうやら大旱魃によって一度に絶滅したようだが，現在のアフリカの湖に生息するカワスズメ cichlid のように，環境が改善されるとまた進化を開始した．

ボウフィン：アミア亜綱 Amiiformes

現生のアミア類はボウフィン bow fin である．これには唯一の目として**ハレコモルフィ Halecomorphi** があり，たった1つのアミア科 Amiidae が含まれる．ボウフィンはジュラ紀（2億600万年〜1億4400万年前）に最初のものが知られ，今では硬骨魚類の姉妹群と考えられている．ボウフィンは北アメリカの淡水に生息している．ついでながら，北アメリカには世界中でも系統的にもっとも重要な現生魚類の一部が生息している．たとえば，驚くほど多様な硬骨魚類にくわえて，チョウザメ，ヘラチョウザメ，ガー，そしてボウフィンがいる．ボウフィンは体長が0.5〜1mで，ほとんど体長と同じぐらいのものも含めて，どのような生物でも餌にする．

現在ではただ1つの大陸にアミア *Amia* 属の1種のみが生息するだけだが，白亜紀と新生代にはヨーロッパ，アフリカ，中東，アジア，そして北アメリカからほかの多くの種が見つかっている．ハレコモルフィ目 Halecomorphi には，三畳紀にまで遡るいくつかの科にまたがる多くの種が含まれる．かれらは接続骨および方形骨を含む特別な顎関節に特徴がある．それによって，より原始的な魚類より可動性が高く，融通の利く口をもつことができた．しかしアミア類の顎は，パレオニスクス類のものと，可動性が高くもっとも器用な顎をもつ硬骨魚類との中間型である．

ボウフィン
bowfin
Amia calva

「現生」条鰭類：真骨魚亜綱 Teleostei

　真骨魚類 Teleostei はものすごく多様である．かれらはまさに，ほとんどの人が「魚」というときに思い浮かべる生き物たちである．それでもかれらはたしかに単系統であるように思われる．つまりかれらはすべて，おそらく中生代初期に生息していた同一の祖先に由来したことを意味する．いくつかの共有派生形質が真骨魚類を結びつけている．そのなかでもっとも明瞭なのは，同尾的な尾と可動性の大きい口である．同様に重要であるのは，真骨魚類が**浮き袋 swim-bladder** を大いに，そしていろいろに利用していることである（もっともこの形質はかれらに特異的ではないので共有派生形質ではない）．これは消化管が分岐したもので，おそらく一方ではビッチャーの肺と，他方ではハイギョや四肢類のものと相同である．しかし真骨魚類では普通は盲嚢になっていて，酸素が供給される血管からそれを吸収してその内部を満たしたり，血管に酸素を放出して空にしたりできる．浮き袋は主として魚類が努力しないでも望みの深さにとどまれるように中立浮力 neutral buoyancy を与えることに役立つが，多くのグループではさらに，（ドラムフィッシュのように）音を発生させたり，（ニシンのように）聴覚を増強したりするのに役立つよう変形している．

　ゲイリー・ネルソンは膨大な真骨魚類の仲間をおよそ40の目に分割した．ただし，ときには50目以上に分ける生物学者たちもいる．しかしこれらのグループを大づかみにしたい人にはありがたいことに，この40目は，一見すると単系統の4つの「列 series」に自然に分かれる．骨性の舌を意味する**オステオグロッスム（アロワナ）類 Osteoglossomorpha**，種々のウナギやターポンを含む**カライワシ類 Elopomorpha**，ニシンやその類縁を含む**ニシン類 Clupeomorpha**，そしてサケやマンボウからタツノオトシゴやヒメハヤなどの上記以外のすべてのグループを含む**正真骨魚類 Euteleostei** の4つである．この4列のうちでは，正真骨魚類が少なくとも30目を含んで断然大きい．しかしウィリアム・ビーミスはこれらの目が9つの上目（そのうちの1つはさらに3つの区に分かれる）にグループ分けできることを示した．それがここの系統樹に示されており，以下にその概観を述べることにする．

　実際は認められている真骨魚類の目が単系統であるかどうかは確かでない．もっと多くの研究，とりわけ分子レベルの研究が必要である．しかしここに示した分類は，このきわめて難解なグループについて理解することをたしかに助けてくれるであろうし，残されている研究も，根本的な再構成というよりは細部にかかわるものであろう．

骨性の舌：オステオグロッスム類 Osteoglossomorpha

　オステオグロッスム類（アロワナ類）には，現生の唯一の目であるオステオグロッスム目 Os-

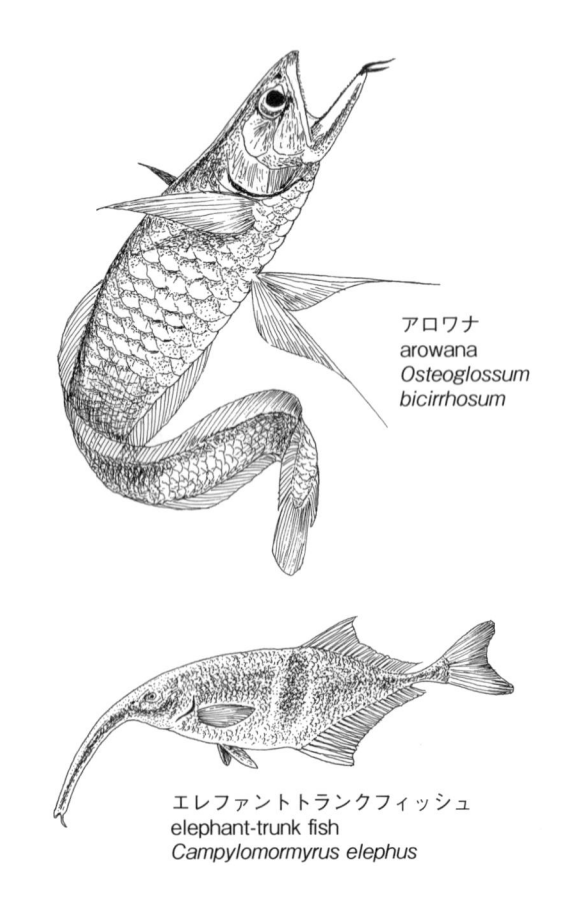

アロワナ
arowana
Osteoglossum bicirrhosum

エレファントトランクフィッシュ
elephant-trunk fish
Campylomormyrus elephus

teoglossiformes におよそ150種の現生種がいる．これはおそらくジュラ紀後期に生じ，現在では主要な2つのグループを形成している．一方は南アメリカのアロワナ arowana のような輝かしい生物を，他方はナギナタナマズ featherback, 旧世界のナイフフィッシュ knifefish, および驚くべき100種ほどのアフリカ産エレファントトランクフィッシュ (elephant-trunk fish = 「ゾウの鼻魚」) からなるモルミュルス科 Mormyridae を含んでいる．これらすべてを結びつけているのは「骨性の舌」である．この舌は歯と組み合わせて上口蓋に押しつけた獲物を引き裂く．アロワナは巨大な筋肉質のウナギのように見え，洪水で冠水したアマゾンの水面から高くジャンプして，頭上の葉にいる昆虫やそのほかの獲物を捕らえる．エレファントトランクフィッシュは対照的に，（いろいろな形の）長い鼻面をもっていて，高度に発達した電気定位 electrolocation システムを用いて河床の獲物を探し回る．条鰭類の多くのグループは独立に，獲物を探し出し方向を定めるために電気を用いる方法を発達させた．デンキウナギの場合には獲物に電気ショックを与えることまでするが，それについては後述する．

ウナギ，ソトイワシ，カライワシ，ターポン：カライワシ類 Elopomorpha

カライワシ類のおよそ650種の外形は，これもまた驚くほど多様である．一方にはアーネスト・ヘミングウェイを熱狂させた動きの速いターポン tarpon がいるし，他方ではウナギ eel もいる（そもそも「Elopomorpha」はウナギ型を意味している）．またウナギの仲間であるモトアナゴ conger やウツボ moray も頑丈で印象的ではある．かれらを結びつけるのはその幼生の特別な形態である．幼生は薄くて葉のような姿をしており，**レプトケファルス leptocephalus** と呼ばれる（ただし，カライワシ類のそれぞれの幼生は，ウナギの「シラスウナギ elver」のように固有の名前をもつものもある）．レプトケファルス幼生は移住の前に長い距離を移動することがある．カライワシ類

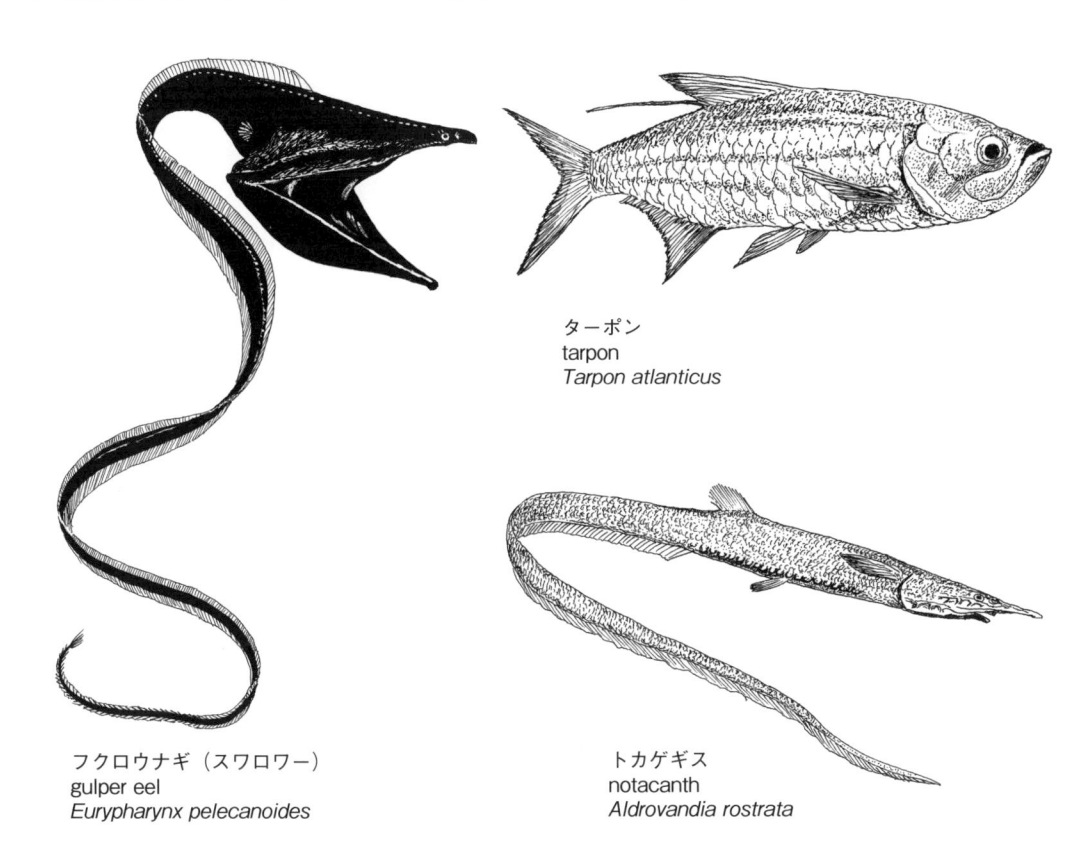

ターポン
tarpon
Tarpon atlanticus

フクロウナギ（スワロワー）
gulper eel
Eurypharynx pelecanoides

トカゲギス
notacanth
Aldrovandia rostrata

は白亜紀初期から知られているが，これはとくに古いというわけではない．

ウナギは高度に変形している．体が顕著に長く伸びたこと以外にも，腰帯 pelvic girdle を失い，また上顎の構成要素は融合している．しかしウナギの基準に照らしても，フクロウナギ saccopharyngoid（スワロワー swallower）はとんでもなく奇妙である．これらはうろこ，肋骨，尾鰭を失い，その頭部は（マイケル・ベントン Michael Benton の『古脊椎動物学 Vertebrate Palaeontology』の言葉をかりれば）いまや「小さい頭蓋が先端にちょこんと乗っただけの，巨大な上下の顎そのものにすぎない」．実際フクロウナギは，バネ仕掛けの上に顎が乗っているようなもので，海底にびっくり箱のように潜んでいて，それ自身の数倍も大きい獲物でも待ち伏せして，通りがかったところをそっくり飲み込んでしまう．

ニシンとカタクチイワシ：ニシン類 Clupeomorpha

ニシン類には現生 300 種以上と，白亜紀初期に遡る 150 種の化石種が知られている．しかし現生のすべてのタイプはニシン目 Clupeiformes に含まれ，これはよく目立ち，成功を収めているニシン herring とその類縁である．ニシンの細い骨は筋肉の間，ときには筋肉の内部にまで入り込み，独特の格子状の配列をしており，それが優れたしなやかさを与えている．しかしニシン目のメンバーを結びつけるもっとも明瞭な共有派生形質は浮き袋にあり，それが前方の頭蓋まで伸びて内耳とつながり，一種の音響室としてはたらく点にある．ニシンとカタクチイワシ anchovy はプランクトン食であり，実に巨大な集団を形成するので，漁業の主要な対象となっている．

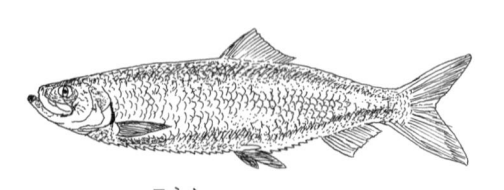

ニシン
Pacific herring
Clupea pallasii

完全に現代的な条鰭類魚類：正真骨魚類 Euteleostei

真骨魚類の圧倒的多数（約 30 目の 375 科に約 1 万 7 千の現生種）は正真骨魚類 Euteleostei に含まれる．したがって条鰭類は，本書のいたるところで繰り返し見られる原則を示していることになる．つまり，あるクレード，この場合は真骨魚類は，初期には多くの異なる形態を試みるが，典型的には，これら多くのデザインの中から 1 つだけが抜け出して，多様性においてほかのすべてを凌駕するのである．それでも正真骨魚類は少数の大きなグループに分けることができる．現代の数人の権威は 3 グループに分けている．第 1 のサケ類 Salmoniformes は，サケ salmon やマス trout とその類縁を含み，全体としては原始的なグループと考えられ，残念なことに多系統とも思われる．第 2 の骨鰾類 Ostariophysi はコイ carp, ヒメハヤ minnow, ナマズ catfish などの大部分の淡水性魚類を含み，第 3 の新真骨魚類 Neoteleostei には残りのすべてが含まれる．

しかしこの分類でウィリアム・ビーミスは新真骨魚類をさらに 7 つの上目に分割していて，したがってかれが主張し，ここで示すシステムでは，新真骨魚類には 9 つの上目が認められる．骨鰾類は実質的に同じままである．かれが原棘鰭上目 Protacanthopterygii と呼ぶグループは基本的に伝統的なサケ類と同じである．それについで 7 つの新真骨魚類上目がくる．それではしめくくりに，骨鰾類，原棘鰭類，狭鰭類 Stenopterygii, シクロスクアマータ類 Cyclosquamata, スコペロモルファ類 Scopelomorpha, アカマンボウ類 Lampridiomorpha, ギンメダイ類 Polymixiomorpha, 側棘鰭類 Paracanthopterygii, 棘鰭類 Acanthopterygii の各上目について述べることにしよう．

●**骨鰾上目 Ostariophysi** は巨大なクレードで，おそらく 1 万にも及ぶ種を含む．つまり

コイ
mirror carp
Cyprinus carpio

ピラニア
piranha
Serrasalmus nattereri

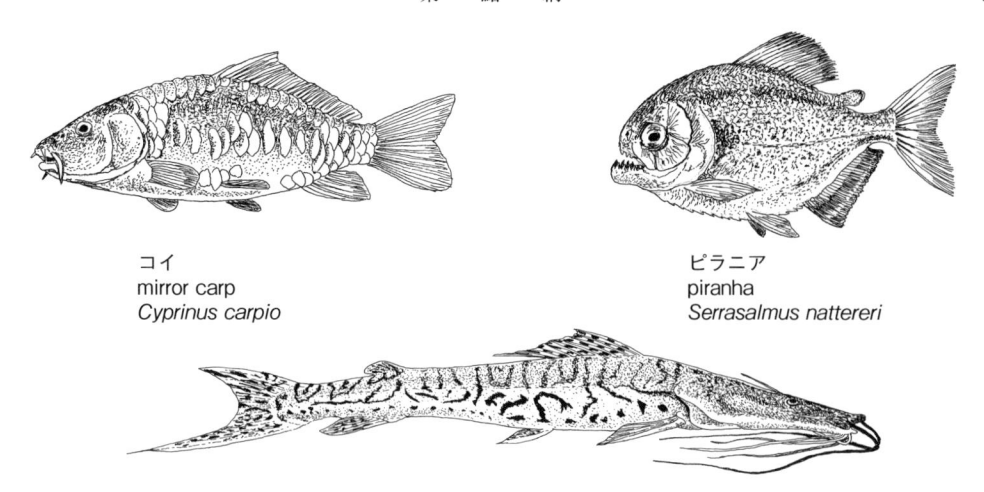

タイガーシャベルノーズキャット（ナマズ）catfish, *Pseudoplatystoma tigrinum*

真骨魚類で知られている種の半分に当たる．ビーミスは現生5目をここに入れる．前骨鰾目 Anotophysi はサバヒー milkfish を含む．コイ目 Cypriniformes では，コイ carp, ソウギョ grass carp, ゼブラフィッシュ zebrafish, ウグイ dace, チャブ chub, 多くのヒメハヤ minnow, およびバーブ barb がコイ科 Cyprinidae に，ドジョウ loach がドジョウ科 Cobitidae にそれぞれ含まれる．カラシン目 Characiformes もおよそ1000種を含む大きなグループで，その大部分は淡水種である．ピラニア piranha, ネオンテトラ neon tetra, 淡水ムネエソ hatchetfish, そしてカラシン characin の種々のグループがある．デンキウナギ目 Gymnotiformes はデンキウナギ electric eel とナイフフィッシュ knifefish を含む．そして最後に，集合的にナマズ catfish と呼ばれるおよそ2000種がナマズ目 Siluriformes を形成する．

骨鰾類を結びつけるのは**ウエーバー小骨 Weberian ossicle** と呼ばれる特別な器官である．変形した肋骨と頸部椎骨が浮き袋の先端から耳まで音の通路を提供している．こうして浮き袋が音響室として作用し，魚に飛び込んできた音が大きく増幅される．

- **原棘鰭上目 Protacanthopterygii** は現生3目を含み，サケ salmon, マス trout, キュウリウオ smelt, カワカマス pike などの伝統的なサケ目の大部分を包含する．
- **狭鰭上目 Stenopterygii** は現生2目を含み，ライトフィッシュ light fish と海生ムネエソ hatchetfish が含まれる．
- **シクロスクアマータ上目 Cyclosquamata** はイトヒキイワシ thread-sail というふだん目立たない現生1目を含む．
- **スコペロモルファ上目 Scopelomorpha**（別名 **myctophiform**）は，ハダカイワシ lantern fish という現生1目を含む．これは発光器 photopore から光を発する．
- **アカマンボウ上目 Lampridiomorpha** は現生1目を含み，アカマンボウ opah, チューブアイ tube-eye, リボンフィッシュ ribbonfish, リュウグウノツカイ oarfish などがいる．
- **ギンメダイ上目 Polymixiomorpha** はギンメダイ1目 beardfish を含む．
- **側棘鰭上目 Paracanthopterygii** は現生5目を含む．すなわちタラ cod, チョウチンアンコウ anglerfish, サケスズキ troutperch, カクレウオ pearlfish, ガマアンコウ toadfish である．
- **棘鰭上目 Acanthopterygii** は大きくて複雑

15. すじのある鰭をもつ魚類

原棘鰭類

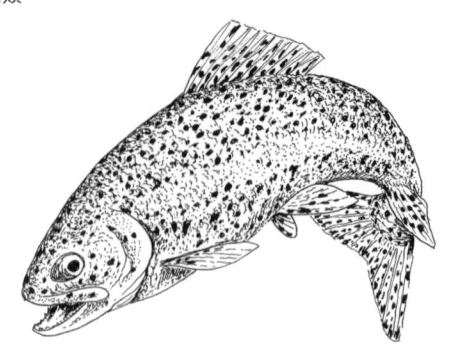

ニジマス rainbow trout, *Oncorynchus mykiss*

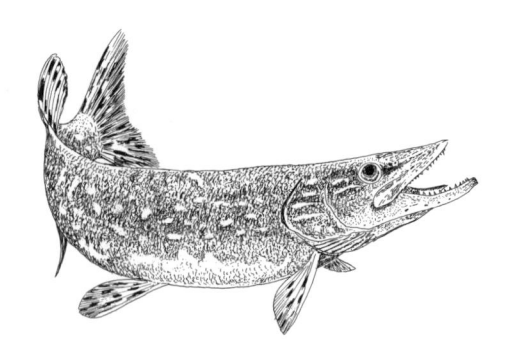

キタカワカマス pike, *Esox lucius*

狭鰭類

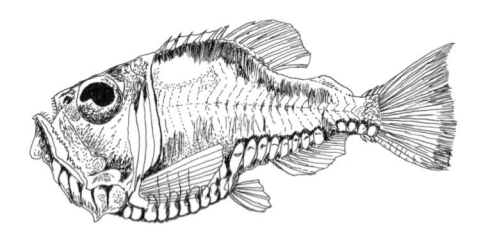

ナガムネエソ hatchet fish, *Argyropelecus affinis*

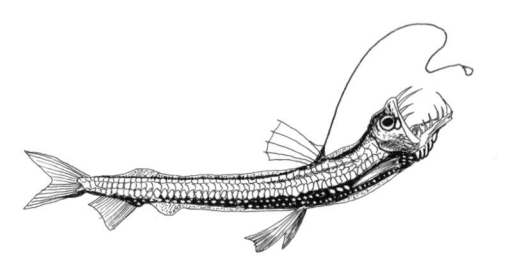

ホワライエソ viper fish, *Chauliodus sloanei*

シクロスクアマータ類

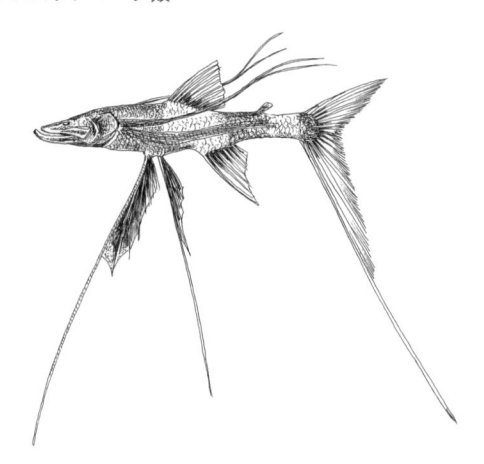

イトヒキイワシ thread-sail, *Bathypterois bigelowi*

アカマンボウ類

リュウグウノツカイ oarfish *Regulecus glesne*

スコペロモルファ類

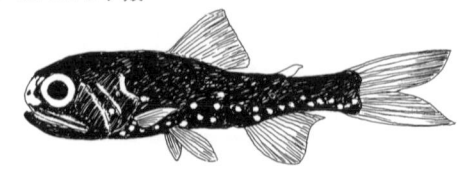

ハダカイワシ lantern fish, *Diaphus perspicillatus*

ギンメダイ類

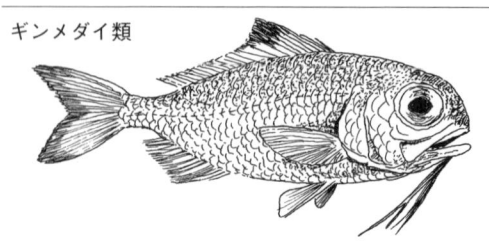

ギンメダイ beardfish, *Polymixia lowei*

―条　鰭　綱―

側棘鰭類

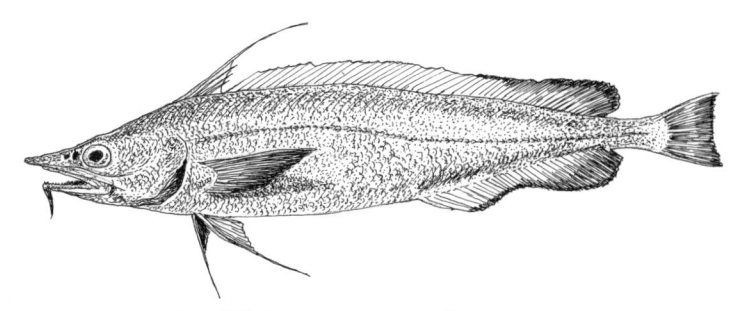

カナダダラ deep-sea cod, *Antimora rostrata*

ハナオコゼ toadfish, *Histrio histrio*

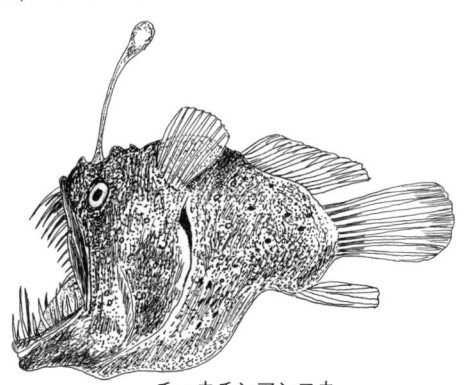

チョウチンアンコウ devil anglerfish
Melanocetus johnsonii

トウゴロウイワシ類

ダツ Gulf needlefish, *Strongylura pterura*

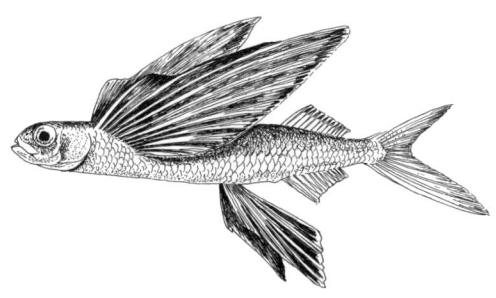

トビウオ Pacific flying fish, *Hirundichthys rondeleti*

ボラ類

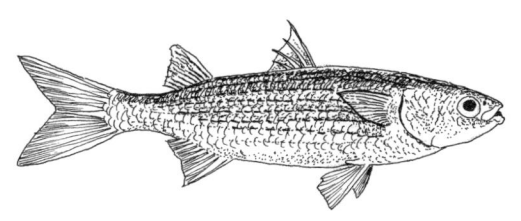

ボラ grey mullet, *Mugil cephalus*

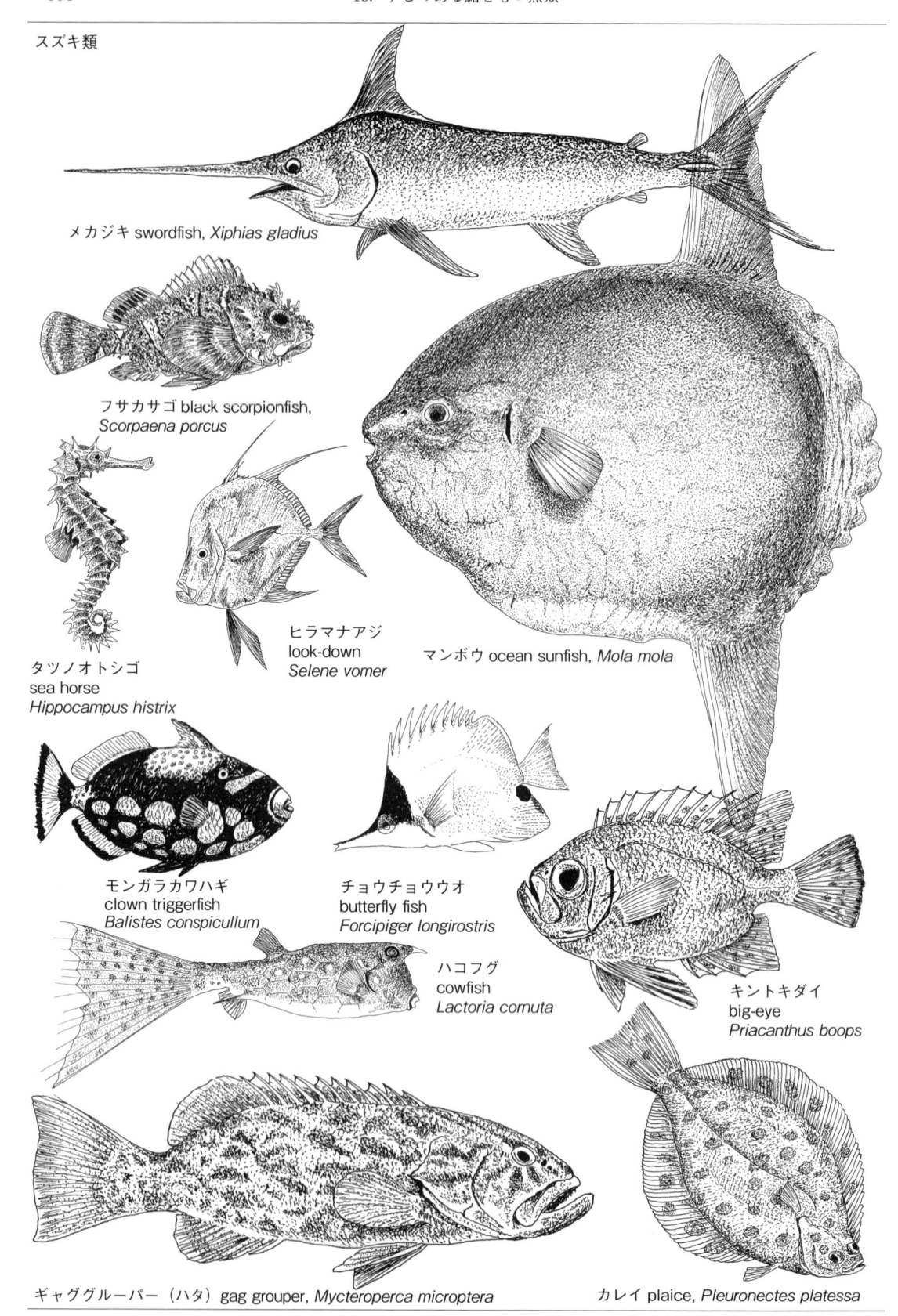

364　　　　　　　　　　　　　15. すじのある鰭をもつ魚類

スズキ類

メカジキ swordfish, *Xiphias gladius*

フサカサゴ black scorpionfish, *Scorpaena porcus*

タツノオトシゴ sea horse *Hippocampus histrix*

ヒラマナアジ look-down *Selene vomer*

マンボウ ocean sunfish, *Mola mola*

モンガラカワハギ clown triggerfish *Balistes conspicullum*

チョウチョウウオ butterfly fish *Forcipiger longirostris*

ハコフグ cowfish *Lactoria cornuta*

キントキダイ big-eye *Priacanthus boops*

ギャググルーパー（ハタ）gag grouper, *Mycteroperca microptera*

カレイ plaice, *Pleuronectes platessa*

なグループであり，棘のある鰭をもつのでその名がついた．かれらも頑丈なからだをもっているが，それでも尾によって強力な推進力が生まれ，このメンバーの一部は，あらゆる硬骨魚類，いや，あらゆる海産動物の中でもっとも速い．たとえばマグロ tuna は時速 70 km にも達する．ウィリアム・ビーミスは棘鰭類を 3 列に分割している．**ボラ目 Mugilomorpha** はボラ mullet の現生 1 目を含む．**トウゴロウイワシ目 Atherinomorpha** は現生 3 目を含み，カダヤシ killifish, トウゴロウイワシ silverside, サヨリ halfbeak, ヨウジウオ needlefish, トビウオ flying fish がいる．**スズキ目 Percomorpha** は 9 目を含み，トゲウオ stickleback, タツノオトシゴ sea horse, カサゴ scorpionfish, ヒラメ flatfish,「トゲウナギ spiny eel」などがいる．しかしスズキ目の大部分はスズキ類 Perciformes の 7000 に及ぶ種であり，その中にはスズキ perch, カワスズメ cichlid, フエダイ snapper, イサキ grunt, ニベ drum, コバンザメ remora, マンボウ sunfish, ダーター darter（矢魚）など，多くが含まれる．

本書の全体を条鰭類でいっぱいにすることも容易である．かれらはきわめて成功した，多様で，影響力のあるグループである．しかし私たちは硬骨魚類の中の条鰭類の相棒であり，その姉妹群に当たる肉鰭類に進まなければならない．これにはさらなる「魚」のグループたちに加えて四肢類も含まれている．

16章

総鰭類と四肢類

肉鰭類 Sarcopterygii

　脊椎動物亜門（椎骨をもつすべての動物）は硬骨魚類 Osteoichthyes という大きなクレードとして1つの頂点をきわめているが，それは2つの姉妹クレードに分けられる．その第1のものが条鰭綱 Actinopterygii で，これについては前章で述べた．第2は，いくつかの綱からなるグループで，全体として肉鰭類 Sarcopterygii を形成する．

　前章で見たように，条鰭類の「肢」は条で支えられている鰭で，すばらしく可動性が高く，自在に動くが，実質的に依然として鰭にとどまるよう運命づけられている．それでも，一部の条鰭類は危険を冒して陸に上がった（たとえばウナギ eel, ムツゴロウ mudskipper, キノボリウオ climbing perch など）し，多くは空気呼吸も可能であるが，かれらはすべて間違いようもなく魚類である．しかし肉鰭類では，肢は中心の支柱の周りに形成されている．この肢は鰭として役立ち，肉鰭類──非公式に「総鰭類 lobefin」とよばれる──は，かつては条鰭類よりはるかに目立った存在だった．しかし今日私たちに残された肉鰭類は，ハイギョ Dipnoi（英 lungfish）の3属とシーラカンス Actinistia（英 coelacanth）のみである．ただ，もっと重要なことは，肉鰭類の1系統において支柱をもった肢が脚にまで進化し，その所有者は陸に上がることが可能になった，という点にある．こうして肉鰭類は，真に陸生の唯一の脊椎動物，すなわち四肢類 Tetrapoda（四足類，四足動物）として知られるクレードのメンバーたちを生じたのである．

　現生四肢類の中にははっきりした2つのクレードを見ることができる．それは進化の順序を反映している．第1のクレードは成体の時期のほとんど，あるいは実質的にすべてを陸上で過ごすが，裸で保護物質のない卵を，乾燥を避けるために水中に生まなければならない動物である．かれらは生殖のためには水辺に戻らなければならず，その幼生 larva(e) は必然的に水生である．これらの生物は最初は基本的に魚類のように生活し，ついで陸生の四肢類へと変態するという，二重生活を謳歌している．それゆえかれらは日常語では「両生類 amphibian」とよばれ，ギリシャ語の「2つの amphi」，「生 bios」に由来する．じつは多くの両生類は，幼生を陸上で生み，魚類に似た幼生期を省略するためのその場しのぎの方法をいろいろ工夫しているが，しかし全体としては二重性が残っている．過去には多くの両生類の系統が存在したが，現在ではただ1つ，平滑両生綱 Lissamphibia だけが生き残っている．これはカエル，ヒキガエル，サンショウウオ，イモリ，そして肢を失ってミミズのような姿になった熱帯産の変わり者，アシナシイモリを含んでいる．

　しかし「両生類」という階層から，新しいグレードの生き物たちが進化した．その卵は，いくつかの膜や，典型的には皮質の殻か石灰質の殻によって囲まれていたため，乾燥に対抗できたし，陸上に産み落とすことができた．その保護膜の1つは**羊膜 amnion** とよばれ，それによってこれらの生物は全体として羊膜類とよばれる．実際これらの生物はすべて単一のクレードに属し，そのクレードも公式に，そして適切に羊膜類 Amniota として知られている．系統樹が示すように，羊膜類は，爬型類 Reptiliomorpha（後述）という，より大きな四肢類のクレードで，唯一，生き残っている部分である．羊膜類は「爬虫類」と呼ばれる生物のほかに，哺乳類や鳥類というさまざまな生物を含んでいる．

要約すると，条鰭類は魚類として残った．今日かれらは脊椎動物の中でもっとも種の数が多い綱であるが，それでもそれはすべて依然として魚類である．対照的に肉鰭類は2つの進化的および生態的転換をとげて，3つのグレードを生み出した．最初のものは魚類のままにとどまり，残り2つが四肢類——つまり半陸生の「両生類」と完全に陸生の羊膜類——になった（ただし，羊膜類の一部はクジラや魚竜のように海に戻ることを選択したが）．以下の6つの章（17〜22章）では，羊膜類のさまざまなサブグループに焦点を当てる．本章では肉鰭類の最初の2つのグレードを紹介する．すなわち，肉鰭類魚類——ハイギョ類と総鰭類——および両生類である．両生類は最初の四肢類である．まず総鰭類が両生類という四肢類に変わるにはどのような変化が必要であっただろうか．

水中から陸上への転換

水中生活から陸上生活へ進もうと試みる生物は4つの新しい急務に対応しなければならない．まず，重力に対抗する方法を見いださなければならない．空気を呼吸しなければならない．乾燥を避けなければならない．さらに，水中ではなく，空中により適した感覚を進化させなければならない．

陸生脊椎動物は，否応なく常に存在を主張する重力に対抗して，背骨を吊り橋のようなアーチに変化させ，その背骨に胴部の器官をつり下げる必要があった．さらにその「橋」を，動物の全体重を地面に垂直に伝える肢で支えなくてはならなかった．原始的な形でも，尾部と頭と首の重さによってからだの両端が下方向に引っ張られるので，脊柱は上方に「突出する」ことになる．ディプロドクス *Diplodocus* のような巨大な四足恐竜がその原理を正確に示している．しかし魚類の脊柱は，左右には曲げられるが，短縮不能なただの棒である．横にした魚の両端をつかむと，その体は下にたわむ．水中生物から陸生生物への転換は，椎骨の主たる部分，つまり**椎心 centrum**の量をまし，椎骨の形を工夫して関節を作り，背側に反ろうとしたら固定させるようにすることによってなされる．また典型的には，その構造は，とりわけ胸部で，種々の形と配置をもつ肋骨によっていっそう強化されている．

今や体重は弓形の脊柱からつり下げられ，この重量は地面に直接伝えられるはずである．肢は体を支えなければならず，そのために肢は体内で胸帯 pectral girdle や腰帯 pelvic girdle と結合し，それらがさらに背骨にしっかり付着していなければならない．しかし魚類では胸帯は頭蓋，あるいは少なくとも鰓弓と結合している．もしこの配置が陸生動物でも残存しているなら，一歩ごとに頭蓋全体が振動してしまうことになる．だから胸帯と頭部は独立させなくてはならない．一方，腰帯の問題は別である．魚類の腰帯骨が単に筋肉質の体壁中に保持されているのに対して，陸生動物は背骨にしっかり付着した硬い骨性のソケットを必要とするからである．肢の先端では，体重に耐える脚を必要とし，そこには立って体重を支えるクッションと，体重を分散させるための広がったつまさきがつく．

空気呼吸そのものは，おそらく初期の陸生脊椎動物にとって重要な問題ではなかった．多くの条鰭類はある種の肺をもっていたし，現生の肉鰭類も同様である．要するに水は，とくに高温で静止しているときは極端に酸素が欠乏することが少なくない．だから，おそらく肺は硬骨魚類にとって原始的性質の1つだったのだろう．鰓は陸上では邪魔者になった．なぜなら，空気中ではあまりうまくはたらかないし，むしろ乾燥をもたらすからである．興味深いことに，グリーンランド東部のデボン紀後期のアカントステガ *Acanthostega* のような，初期の四肢類の少なくとも何種類かは，その鰓を保持していた．すなわち，かれらは肢をもっていたのに水生のままだったのである．ロードアイランドにあるブラウン大学のクリスティーヌ・ジャニス Christine Janis は「魚類と四肢類のギャップは狭くなりつつある」とコメントして

もっぱら陸上に生息する動物にとって，呼吸上の主要な問題はおそらく，酸素の獲得ではなく，余分な二酸化炭素の排出にある．二酸化炭素は水に溶けるので，その排出は水中では容易である．私たち自身のように長い陸上での進化史をもつ哺乳類でさえ，呼吸反射は血中の酸素レベルによって駆動されるのではなく，二酸化炭素の量によるのである．私たちがあえぐのは二酸化炭素がたまったせいである．

陸生動物は乾燥の問題を種々の方法で解決しているが，もっとも直接的なのは単に不透性の皮膚を発達させることである（多くの魚類はともかくもそうした皮膚をもっている）．興味深いことに，カエルやイモリのような現生両生類は高度に腺が発達した皮膚をもっていて，それで常に湿気を保ち，またその皮膚を通して酸素を獲得し，二酸化炭素を排出している．おそらく古代の両生類の一部もそのような皮膚をもっていただろうが，大型でより陸生に近い両生類は不透性の皮膚をもっていたと思われる．陸生型の動物で鰓が失われたことも乾燥を低下させたし，羊膜をもつ卵を生むことが最後の仕上げであった．

さらに，陸生動物はその感覚器官も修正する必要がある．とくに陸生脊椎動物は，魚類が水の振動を拾い上げる感覚系である**側線器官 lateral-line organ** を放棄して，振動する**鼓膜 eardrum** の周辺に形成した耳を重用した．しかし水生両生類の一部には側線を維持しているものもいる．

実際は，このような変化――あるいは少なくとも骨格と関係するがゆえに化石で認められる変化――は，約4億年前のデボン紀初期のころから多くのさまざまな肉鰭類にその兆候を見ることができる．それで，私たちは四肢類がほぼそのころに誕生したということができる．デボン紀が進行し，石炭紀に入るとともに，これらの初期の四肢類は飛躍的に多様化し，多くは大型化し――一部はほぼ現生のワニほどまでに大きくなり――いっそう陸生の程度を強めたものもいた．多くのほかのものは水に戻ることさえした．こうした初期の――漠然と「両生類」とよばれる――非羊膜類四肢類は，そのうちの1系統である爬型類 Reptiliomorpha が羊膜類を生じるまで，支配的であった．石炭紀に始まり，ペルム紀を経て三畳紀にいたって羊膜類が栄えるようになると，非羊膜類は衰退した．事実，初期両生類の系統の大部分はペルム紀中期（およそ2億6000万年前）までに絶滅し，三畳紀を超えて（およそ2億4800万年前より後まで）生存したのは，分椎類 Temnospondyl というクレードに属する完全に水生のタイプのみであった．分椎類の2グループのみが三畳紀を超えて生存した．そのうちの1つはオーストラリアに生息し，白亜紀まで生き残った．もう1つは平滑両生類 Lissamphibia を生じ，これが現生両生類，すなわちカエル frog, ヒキガエル toad, イモリ newt, サンショウウオ salamander, そして特殊なアシナシイモリ caecilian たちである．

平滑両生類は両生類グレードの遅咲きグループを代表している．現生の両生類には現生哺乳類とほぼ同数の種がいるし，羊膜類以前の「両生類」の全盛期に匹敵する数の属があると思われる．かれらは世界中の湿った土地，熱帯林，そしてときには乾燥した土地でも，コウノトリやコウモリの餌として，また重要な捕食者として，大きな生態学的意義を担っている．だれでもいいからオーストラリア人にオオヒキガエルのことを聞いてみれば，それがわかるはずだ．

全体的な背景はこのくらいにしよう．今や現生と絶滅した生物そのものを見るときである．この系統樹と以下の説明では，ブリストル大学のマイケル・ベントン Michael Benton, ロードアイランドにあるブラウン大学のクリスティーヌ・ジャニス Christine Janis, ゴードン・ハウズ Gordon Howes, そしてストーニーブルックにあるニューヨーク州立大学のアクセル・マイヤー Axel Meyer に負うところが大きい．

総鰭類，ハイギョ，および「両生類」へのガイド

　まずは命名についてひとこと．系統樹の先端におけるグループはすべてが同じ階層ではない．現生のクレードである**肺魚類 Dipnoi**，**総鰭類 Actinistia**，**平滑両生類 Lissamphibia** は「綱」と考えることができる．しかしそのほかで唯一の現生グループである羊膜類 Amniota は3綱からなるグループで，おそらく公式の階層がないままにしておくのが最善であろう．（多くを占める）絶滅種に関しては，イクチオステガ *Ichthyostega* は属名，パンデリクティス類 panderichthyid は科名と考えることができる．そのほかは読者が適当と考える階層にしておいていいだろう．それでは系統樹に従って話を進めよう．

肉鰭類　Sarcopterygian Fish

　肉鰭類の魚類は条鰭類より以前に栄えた．デボン紀には，しばらくの間はかれらが支配的魚類であった．いくつかの絶滅グループが知られているが，そのうち2つの主要なグループのみが示されている．**ポロレピス類 Porolepiformes** とオステオレピス類 **Osteolepiformes** である．これらといくつかの絶滅肉鰭類を合わせて，以前は「扇鰭類 Rhipidistea」として分類された．しかしそれらは独立のクレードであるから，この用語を完全に捨てるか，あるいは**扇鰭類 rhipidistean** を絶滅肉鰭類をさす非公式の形容詞として用いるのが適当であろう．また以前は，肺魚（ハイギョ）を除くすべての肉鰭類（すなわちすべての絶滅タイプとシーラカンス）を「総鰭類」として分類していた．それで動物学者は伝統的に肺魚類と総鰭類という肉鰭類の魚の2綱を認めていたのである．ここでも総鰭類という公式の名称は，明らかにいくつかの絶滅系統を含んでいるので，重複した名称である．しかし非公式の**総鰭類 crossopterygian** という用語は残しておく価値がある．

　肉鰭類の輝かしい日々ははるか昔に終わりを迎えたが，現在でも2つの綱が残っている．

ハイギョ：肺魚綱 Dipnoi

　ハイギョは今日わずか3属にまで縮小してい

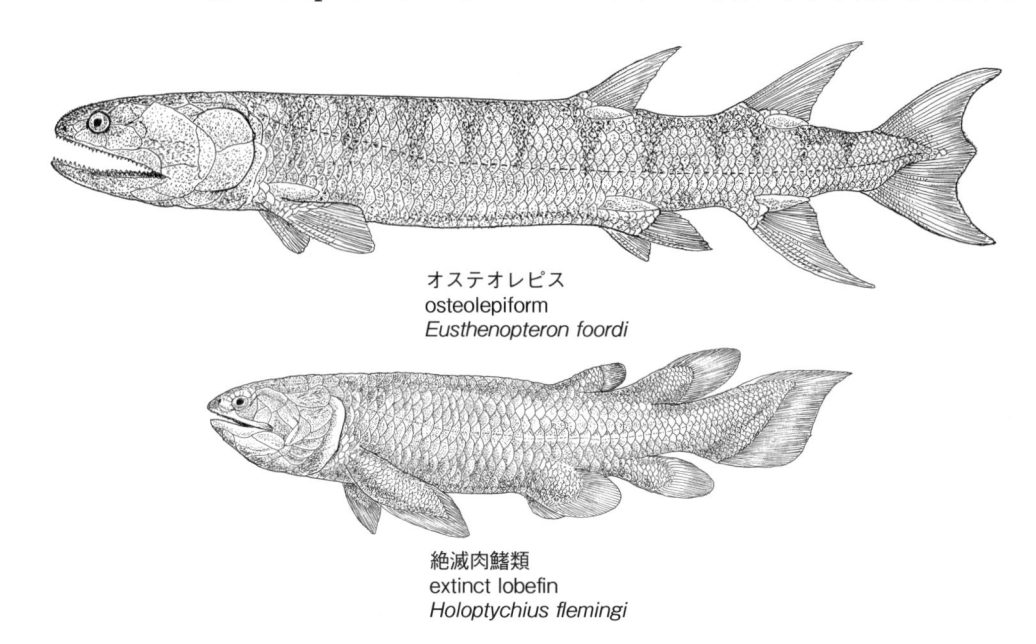

オステオレピス
osteolepiform
Eusthenopteron foordi

絶滅肉鰭類
extinct lobefin
Holoptychius flemingi

16 · 肉鰭類

肉鰭類 SARCOPTERYGII

'総鰭類' 'crossopterygians'

'扇鰭類' 'rhipidisteans'

四肢類
Tetrapoda

蛙型類
Batrachomorpha

'両生類'
'amphibians'

爬型類 Reptiliomorpha

16

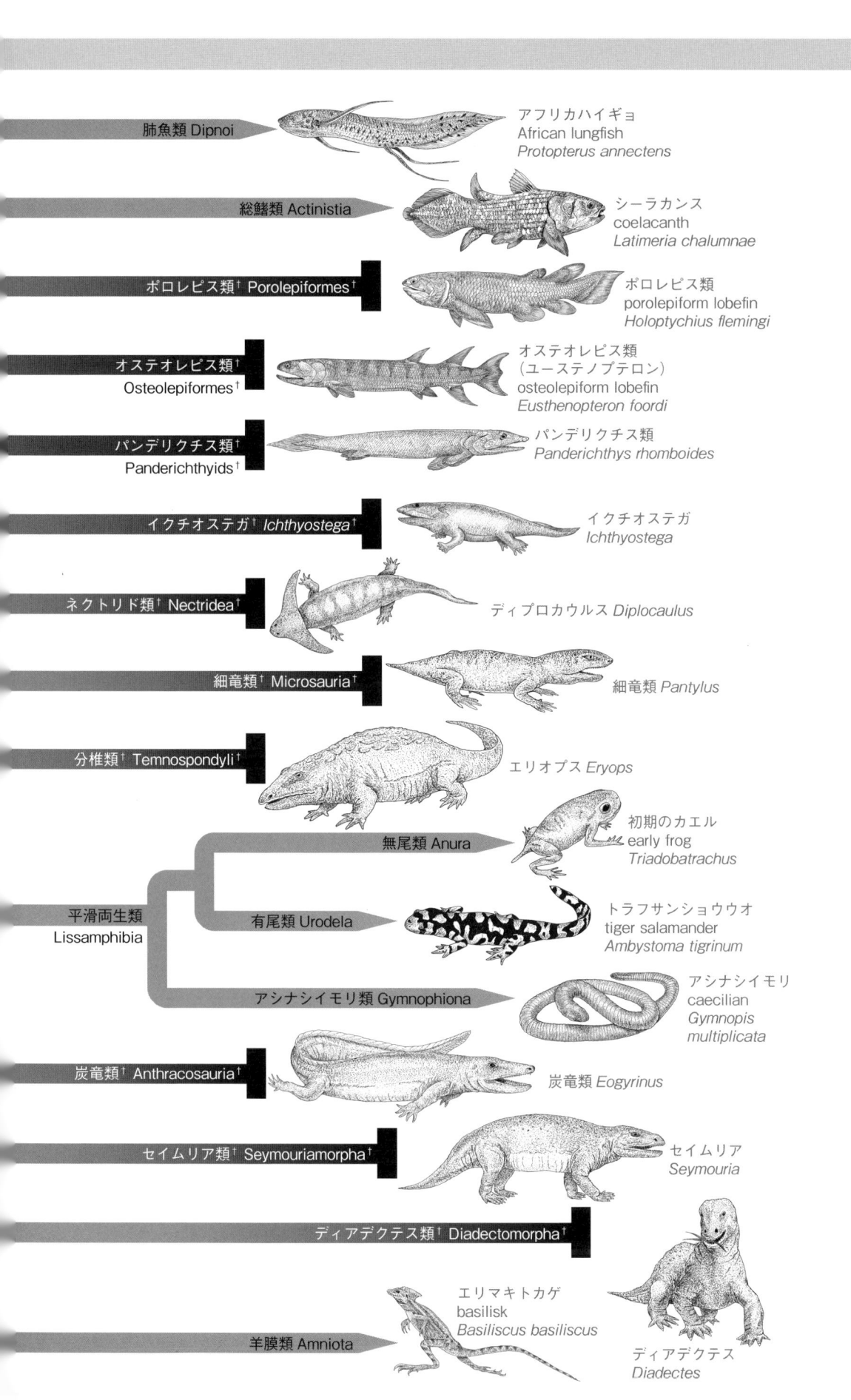

肺魚類 Dipnoi		アフリカハイギョ African lungfish *Protopterus annectens*
総鰭類 Actinistia		シーラカンス coelacanth *Latimeria chalumnae*
ポロレピス類† Porolepiformes†		ポロレピス類 porolepiform lobefin *Holoptychius flemingi*
オステオレピス類† Osteolepiformes†		オステオレピス類（ユーステノプテロン） osteolepiform lobefin *Eusthenopteron foordi*
パンデリクチス類† Panderichthyids†		パンデリクチス類 *Panderichthys rhomboides*
イクチオステガ† *Ichthyostega*†		イクチオステガ *Ichthyostega*
ネクトリド類† Nectridea†		ディプロカウルス *Diplocaulus*
細竜類† Microsauria†		細竜類 *Pantylus*
分椎類† Temnospondyli†		エリオプス *Eryops*
平滑両生類 Lissamphibia — 無尾類 Anura		初期のカエル early frog *Triadobatrachus*
平滑両生類 Lissamphibia — 有尾類 Urodela		トラフサンショウウオ tiger salamander *Ambystoma tigrinum*
平滑両生類 Lissamphibia — アシナシイモリ類 Gymnophiona		アシナシイモリ caecilian *Gymnopis multiplicata*
炭竜類† Anthracosauria†		炭竜類 *Eogyrinus*
セイムリア類† Seymouriamorpha†		セイムリア *Seymouria*
ディアデクテス類† Diadectomorpha†		ディアデクテス *Diadectes*
羊膜類 Amniota		エリマキトカゲ basilisk *Basiliscus basiliscus*

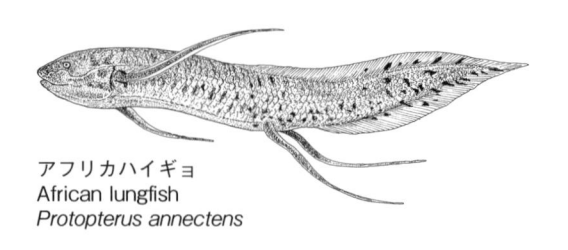

アフリカハイギョ
African lungfish
Protopterus annectens

る．南アメリカのレピドシレン属 *Lepidosiren*，オーストラリアのネオケラトドゥス属 *Neoceratodus*，そしてアフリカで最大の淡水魚であるプロトプテルス属 *Protopterus* である．ハイギョは太ったウツボのようなからだつきをしていて，その原産の湖や川では恐るべき捕食者である．しかしかれらは鰓をもっているにもかかわらず肺ももっていて，空気呼吸もできる──それゆえおぼれ死ぬこともあるが，それでもかれらは酸素が欠乏した池などでも生存できる．池が干上がるとかれらは「夏眠」する．底の泥にもぐり，粘液質のまゆをまとって，もっといい季節が巡ってくるのを待つのである．

シーラカンス：総鰭類 Actinistia

総鰭類は現在唯一の種，いわゆるシーラカンス *Latimeria chalumnae*（英 coelacanth）のみを含む．*Latimeria* は 1938 年になってやっと，マダガスカル近くのコモロ島周辺の深海から網にかかって発見された．その後ときおり捕獲され，野生の集団は数百匹と考えられている．しかし 1938 年の驚くべき捕獲以前には，動物学者は総鰭類が恐竜より以前の白亜紀に絶滅したと信じていた．

シーラカンス
coelacanth
Latimeria chalumnae

化石記録と動物学のあらゆる知識は，四肢類が肉鰭類魚類の階層から生じたと主張する．そうなると，総鰭類（あるいはハイギョ）のどの系統が**四肢類 Tetrapod** を生じたかという疑問が生まれる．あるいはもっと公式に分岐論的にいえば，どの肉鰭類が四肢類の姉妹群なのだろうか．

どの肉鰭類が四肢類の姉妹群だろうか

じつはすべての肉鰭類魚類，少なくともここに示したすべてのグループが，かつて一度は四肢類の姉妹群の候補として議論された．ハイギョ類と総鰭類という現生の 2 グループはもちろん分子レベルの方法で研究することが可能であるが，絶滅グループは化石の骨からしかわからない．いくつかの分子レベルの研究はハイギョが四肢類に近いことを示唆し，ほかの研究はシーラカンスに味方する．アクセル・マイヤーはミトコンドリア DNA の研究に基づいてハイギョ類と総鰭類が互いに姉妹群であり，両者の共通祖先のあるものが四肢類に対して姉妹群であることを示唆した．ミトコンドリア DNA は比較的急速に突然変異し，一般的には比較的最近に分岐したグループを区別するのに用いられる．ハイギョとシーラカンスはおそらく 4 億年前に分岐した．それでもなお，マイヤーの研究は明確な結果を与えている（しかしかれは，シーラカンスの材料はあまり理想的な材料でないことを指摘している．なぜなら深海からたまたま引き上げられる標本は，生物学者がそれに到達する前にマダガスカルの波止場で日光にさらされている傾向があるので，分子レベルの研究を始めるには理想的ではない）．シーラカンス，ハイギョ，四肢類は互いに比較的短時間，つまり 2000 万〜3000 万年の間に分岐したと思われるが，それはおよそ 4 億年前のことである．あるグループがはるか以前の比較的短い時間に分岐したのであれば，どのような分子生物学的方法をもってしてもその分岐の順序を見いだすことは困難である．

しかし解剖学的には，いくつかの絶滅肉鰭類は

現生のどのグループより，四肢類の姉妹群候補になりそうである．ポロレピス類とオステオレピス類がどちらも提案されたが，この両者のうちではオステオレピス類が最有力候補である．じつはデボン紀のオステオレピス類であるユーステノプテロン *Eustenopteron* はすでにその肢に，四肢類に存在するものと同じ骨のいくつかをもっていた．つまり胸鰭には上腕骨，橈骨，尺骨があり，また典型的な四肢類の手首の骨もいくつかあったし，腹鰭には大腿骨，頸骨，腓骨といくつかのくるぶしの骨があった．しかしユーステノプテロンの鰭の使い方は，四肢類の肢の使い方とは異なっていた．たとえば鰭は後方を向いていて，陸上を歩くことはできなかったと思われる．真に歩行のための肢となるには，これらの骨質の鰭は手首やくるぶしに付加的な骨を進化させる必要があったし，体重を分散させるために指のある手や足を獲得する必要があったし，肢の角度と姿勢が変化し，さらに後肢と前肢が地面と4点で接触できるように真のひじとひざを獲得する必要があった．

本当に「魚類」と考えられる生物の中で，オステオレピス類は確かに四肢類にもっとも近いと思われる．しかし今では，完全に，あるいは主として水生ではあったにもかかわらず，魚類としての生き方を放棄したと思われる生物が候補として出現した．それが絶滅したパンデリクチス *Panderichthys* である．ここではもっと一般的に，そして非公式に「パンデリクチス類」と呼ぶことにしよう．パンデリクチス類はワニのような生物で，長くて平坦な鼻面をもち，眼は頭部の頂上にあるので，浅い水中に潜んでいたように思われる．そのほかの肉鰭類よりも，これが今では四肢類の姉妹群の有力候補とみなされている．

パンデリクチス類† panderichthyid†

パンデリクチス類は四肢類が出現した道筋について新たな見方をうながした．動物学者は伝統的に，古代の「扇鰭類」魚類が乾燥しつつある池で立ち往生し，新しい池を見いだすために陸上をさまよったときに四肢類が誕生した，と考えてきた．パンデリクチス類はこれとは異なる起原を示唆する．浅い水中を徘徊しながら獲物を捕える肉鰭類の1つのグレードが進化したという考えである．これは眼が半分水面上にあり，陸上では体を支えるには弱すぎるが，水の支えがあれば十分すばやく推進できる肢によって底をかいて体を動かした．同じように（といっても深海での話だが）エビは，陸上では弱すぎる脚でその重い体を推進し，海底を完璧に滑走する．浅い水中を泳いだことがある人はこの技術を知っているだろうし，これはとても気持ちのいいものである．温暖なデボン紀には浅い礁湖が広がっていただろうから，このような生息地にはことかかなかったであろう．浅い水は温まりやすく，酸素が欠乏しがち（気体は冷水の方がよく溶ける）なので，このような環境では空気呼吸が有用だったはずだ．こうして私たちは，空気呼吸と歩行肢がどのようにしてまったく独立に進化してきたかは理解できる——ある動物が歩行肢をすでに発達させはじめていたとしても，肺と同時に鰓も保存していても不思議はない．肺と歩行肢は独立に進化したが，それでもそれらは同一の状況の中で進化したのだろう．

要するに，パンデリクチス類は肉鰭類と四肢類の間の，真に納得のいくつながりを提供してくれる．

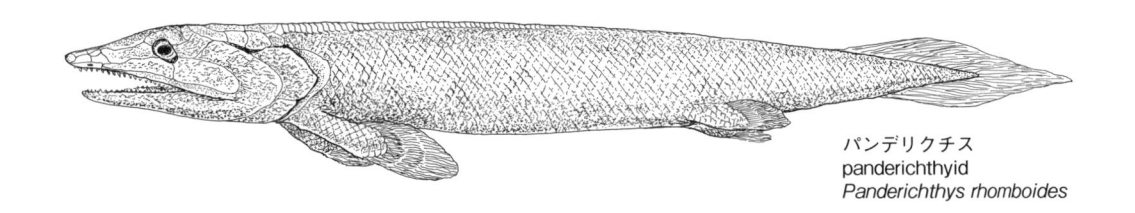

パンデリクチス
panderichthyid
Panderichthys rhomboides

「両生」という意味

伝統的動物学者は，かつて公式に「両生類 Amphibia」と呼ばれた大きな綱を認めていた．系統樹からわかるように，このグループは途方もなく多様な（ほとんどが絶滅した）生物を含んでいる．そしてもっと重要なことに，このグループは羊膜類を生じたので，側系統である．このグループが側系統なので，現在の動物学者は「両生類」という用語は完全に捨てて，羊膜類でない四肢類を単に「非羊膜類四肢類」と呼ぶことを提案している．私自身が提唱している新リンネ印象主義の規則を使うなら，アステリスクを側系統状態の目印として，このグループは両生類* Amphibia*と呼ぶことができるだろう．しかしバランスからいうと，大文字で始める公式のグループ名としての Amphibia，および Amphibia* を捨てて，小文字で始める「amphibian」という用語を非公式に保持するのが最善だろう．この用語は，完璧に識別できるグレードを指している．結局のところ「両生類」は「非羊膜類四肢類」より，かなりスマートな用語だし，伝統的な命名法と現代的な命名法の間の便利なかけはしとなる．

現生両生類（カエル，ヒキガエル，イモリ，サンショウウオ，アシナシイモリ）について公式に述べようとするなら，それらを平滑両生綱 Lissamphibia と呼ぶことができるし（かれらは真のグレードであるから），あるいは平滑両生類 lissamphibian と（非公式に）呼ぶこともできる．しかし私たちが，たとえばある生態における現生の種類のみについて語っていることが明らかな場合には，博物学者がいつもしているように，かれらを単に「両生類 amphibian」と呼ぶことができる．しかし，もし両生類 Amphibia をアステリスクなしで，すべての両生類とそこから生じたすべての羊膜類を含む一大クレードの名称として用いるなら，それは四肢類と同義となる（四肢類は，公式の階層を与えることにはあまり意味はないように思われるが，真のクレードである）．同義語を両方とも維持することには意味はない．どちらかを残すのであれば，明らかに両生類より四肢類が望ましい．

それでは両生類を上から下まで見てみよう．

最初の四肢類か？：イクチオステガ† *Ichthyostega*†

デボン紀後期のイクチオステガは，およそアザラシ形の体型をしていて，最初の四肢類と考えても不思議はないいくつかの生物の1つである．これは蛙型類 batrachomorph の系統に属するか，あるいはここに示したような，ほかのすべての両生類の姉妹群であるかもしれない．アザラシと同様に体を支持する前肢と，鰭に似た後肢をもつ．ただし，咬みつきやすい顎のついた頭と，魚のような短い頸をもっていて，とてもハンサムとはいいがたい．胸帯 pectral girdle は明らかに頭蓋から分離していて，これは陸上生活の必須要件の1つである．イクチオステガは依然として基本的に肉鰭類に似ていたから，その背骨は弱く，重力によって下にたわみがちだったにちがいない．しかしこの動物は発達した肋骨を備えていて，それは下縁に沿って張り出し，強力な胸腔を形成してい

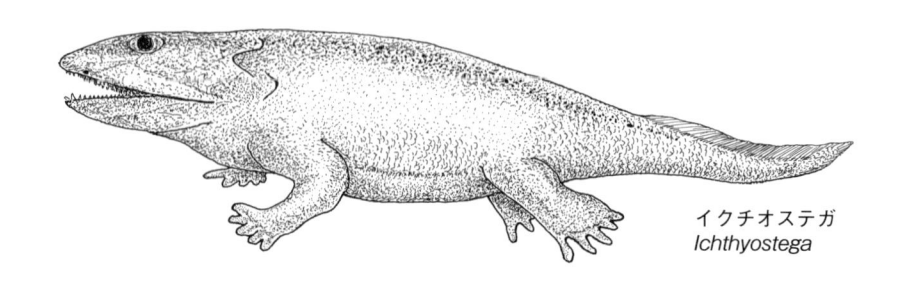

イクチオステガ
Ichthyostega

たので，おそらく背骨の弱さを補っていたのだろう．ただ，イクチオステガは明らかにほとんどの時間を水中で過ごした．側線器官を保持し，尾鰭をもち，おそらく尾の強力な動きで泳いでいだ．また鋭い歯をもち，おそらく魚を捕食した．最初のイクチオステガは1932年にグリーンランド東部で発見され，それ以後，ほかの個体も見つかっている．

ところで，最初の四肢類はそれぞれの肢に5本の指をもっていたというのが少なくとも100年（あるいはもっと）のあいだ，事実上の基本信念（ドグマ）だった．あるいは分岐論者なら，五指性 pentadactyly は四肢類の共有派生形質であるというところだろう．しかし今では，イクチオステガは後肢には7本の指をもっていたことが明らかになっている．ただし前肢については不明である．同じくグリーンランド東部から出土している，もう少し水中生活が多かったらしいアカントステガ Acanthostega は，前肢に8本の指を，そしてロシアのデボン紀の四肢類であるトゥルルペトン Tulerpeton はそれぞれ6本の指をもっていた．だから，五指性が進化するまでには時間がかかっていることになる．しかし爬型類が生じたときまでには五指性はたしかに確立していたので，それは少なくともすべての羊膜類にとっては原始的な性質であるといえる（これは羊膜類自身と，それを含む爬型類というより大きなグループの両者に共通の性質である）．

残りのすべての四肢類は蛙型類または爬型類である．系統樹は両生類が1つの大きなクレードを形成していることを示しているが，それはより小さな2つのクレード，蛙型類 Batrachomorpha と爬型類 Reptiliomorpha に明確に大別される．古いタイプの分類では古代の両生類を異なった2つに分けていた．迷歯類 Labyrinthodonta と空椎類 Lepospondyla である．迷歯類はより大型の種類を含み，その歯のエナメル質が巻き込まれていたのでその名がある．空椎類は小型で，歯の構造は単純だった．しかし現在ではこの分類は自然でないことが明らかになっている．ただ迷歯類は大きく，空椎類は小さいというだけのことで，そのほかの形質は単に大きさの差と関連しただけだった．しかし蛙型類と爬型類への大別は，たしかに，四肢類の系統を反映している．この2つのタクソンの運命は大きく異なっていた．

蛙型類　Batrachomorpha

蛙型類は，四肢類の大きな2つのクレードのうち，より明確に「両生類」的生き物たちだった．Batrachos はギリシャ語で「カエル」を意味し，博物学者は伝統的に現生両生類を 'batrachian' と呼んでいた．現生の両生類である平滑両生類は蛙型類である．蛙型類はデボン紀と石炭紀に栄え，きわめて多様化した．多くのものは水に戻った——これはそれ以後，長頸竜や魚竜，そしてクジラやマナティまで，多くの四肢類がたどった道である．多くのものは現生のアシナシイモリのように肢を失ってヘビやウナギのような形になった．ここでは表現型の多様性と系統の複雑さを示すために，古代のタイプをほんの少しだけ選んだ．すなわち，ネクトリド類 Nectridea，細竜類 Microsauria，そして分椎類 Temnospondyli である．

ネクトリド類[†]　Nectridea[†]

ネクトリド類は石炭紀後期とペルム紀初期に繁栄し，古代の両生類がどれほど奇妙になりえたかを示している．もちろん多くは単にイモリのような外見であり，遊泳用の長くて平らな尾をもっていた．しかしペルム紀初期のオクラホマやテキサスにいたディプロカウルス Diplocaulus やディプロケラスピス Diploceraspis は驚くほど奇妙な半月型の頭部をもち，その「角」が頸の後方までのびている．これをマイケル・ベントンはブーメランになぞらえた．この「角」は年齢とともに伸張した．これは水力学的目的にかなっていて，水底から餌をとらえてジャンプするときに「揚力」を与えると考えられてきた．しかし私には，これは

ネクトリド類
nectrid
Diplocaulus

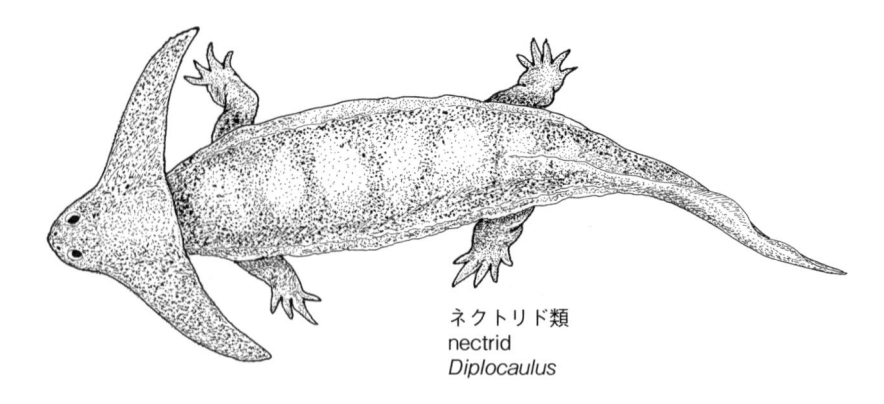

クジャクの尾やヘラジカの角，あるいは多くの現生イモリの首飾りがまさしくそうであるように，性選択の結果として発達した性質のように思われる．メスのネクトリド類は，ブーメランに似た頭部をもつオスを好んだのかもしれない（しかし性選択説は，オスがメスよりもブーメランに似た頭部をもっていたことを示さないかぎり，有力な説にはならない）．

細竜類[†] Microsauria[†]

細竜類はより小型の両生類（以前は「空椎類」lepospondyli として知られていた生物）の中で最大のグループで，11科を擁している．かれらは石炭紀後期からペルム紀初期（つまりおよそ2億9000万年前をはさんだ前後の期間）に栄えた．あるものは，石炭紀のオハイオにいた初期のトゥディタヌス *Tuditanus* のように，トカゲに似た，陸生の暮らしをしていた．同じころにチェコスロバキアに生息していたミクロブラキス *Microbrachis* のように，明らかに水に戻り，四肢も肢帯も小さかった仲間もいた．明らかに掘穴性の細竜類もいた．要するに細竜類は急速に，かつ広範囲に放散した（もちろん「急速に」という用語は相対的な表現であり，実際には，何千万年という時間がかかっている）．

分椎類[†] Temnospondyli[†]

分椎類は蛙型類で最大のグループである（今でも最大のグループであるということができる．また，多くの人は現生の平滑両生類も分椎類だと議論することもあるが，ここではかれらを単に姉妹群として示している，平滑両生類を除く）．分椎類はペルム紀から白亜紀までずっと存続した．ペルム紀初期の北アメリカにいたエリオプス *Eryopus* のように，確かに陸生のものもいた．エリオプスは体長が2mあり，明らかに当時のその場所における最高の捕食者の1つであった．ほかのペルム紀初期の分椎類は，現生のガリアル（インドの川に生息する鼻面の細いワニ，英gharial）のような姿をした魚食者だった．中生代の分椎類には15科が知られていて，大部分は平らな頭部と縮小した肢をもつ水生のタイプであった．しかし中生代はまさに爬虫類の時代であり，わずかな分椎類がその時代のほぼ最後まで生

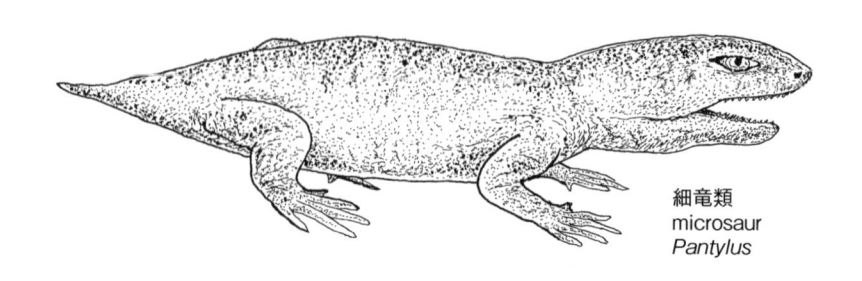

細竜類
microsaur
Pantylus

—肉　鰭　類—

分椎類
エリオプス
Eryops

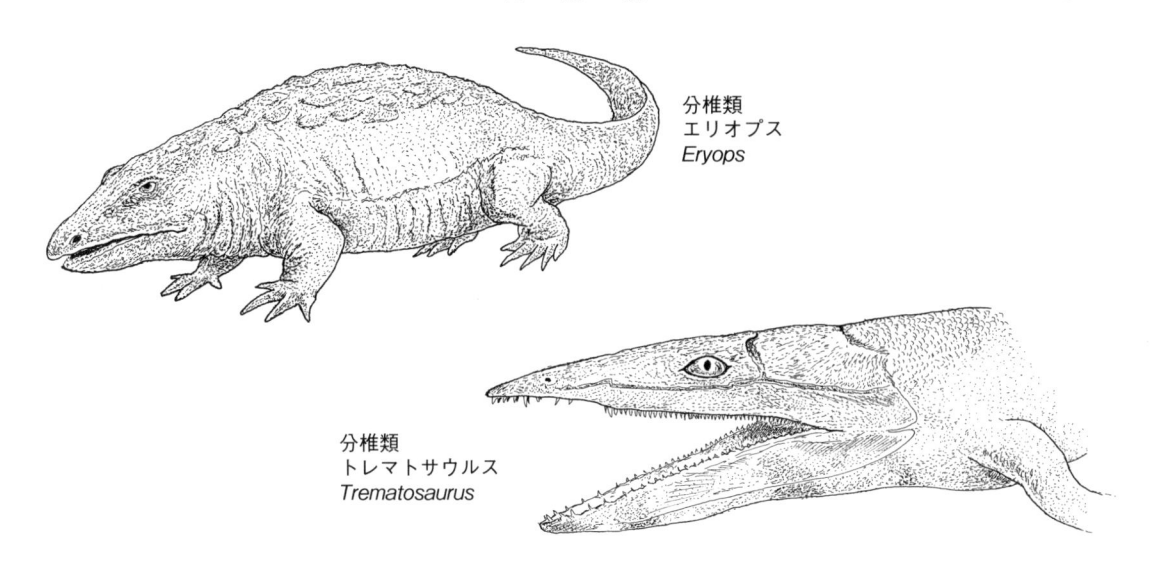

分椎類
トレマトサウルス
Trematosaurus

き延びたにしても，大部分は三畳紀に絶滅した．三畳紀が終了する前に，分椎類の1系統が平滑両生類を生じ，その子孫たちが現在の私たちとともにいると考えられている．

現生蛙型類：平滑両生綱 Lissamphibia

現生両生類の3目はまったく異なって見える．**無尾目 Anura** はカエル frog とヒキガエル toad のおよそ 3500 種を含む．**有尾目 Urodela** は 360 種のイモリ newt とサンショウウオ salamander である．そして，ときに無足類 Apoda ともいわれる**アシナシイモリ目 Gymnophiona** はアシナシイモリ類 caecilian のおよそ 200 種を含む．アシナシイモリ類は，足のない縞模様のある体つきから，どう見てもミミズか足のないムカデのようにしか見えない．かれらは熱帯の土壌中でかれら

とよく似た生物をさがしながら穴を掘って暮らしているので，ほとんど知られていない．しかしすべての平滑両生類は，その単系統性を示唆する性質を共有している．その性質の中には歯の基部と歯冠が繊維質の組織帯で隔てられていることや，奇妙な有柄歯 pedicellate tooth も含まれる．平滑両生類を1つに結びつけている分岐的解析では，平滑両生類は分椎類の中に収められている．平滑両生類は三畳紀に生じたが，もっとも初期のタイプは主としてジュラ紀と白亜紀の散在した化石によって知られている．

カエルとヒキガエル：無尾目 Anura

現生のカエルはジャンプに高度に適応している．その後肢は極端に長く筋肉質で，長く伸びたかかとのために「5回屈曲 five-cranked」の形をしている．前端は着地のショックを吸収するよう

初期のカエル
Triadobatrachus

現生のカエル（アマガエル）
Hyla leucophyletta

に適応している．体は短く，胴部には4本の椎骨しかなく，肋骨もなく，後方の椎骨は融合して尾柱 urostyle とよばれる棒状構造と長い骨盤となっている．もっとも初期のものは三畳紀初期のマダガスカルにいたトリアドバトラクス Triadobatrachus で，これはすでに，椎骨数の減少（といっても4本までは少なくない！），退縮した肋骨，伸張した骨盤などの性質を示していた．ジュラ紀初期の南アメリカにいたヴィアレラ Viaraella は，椎骨は9本まで減り，まだ肋骨の痕跡があったものの，そのほかの点ではいかにもカエル的な姿をしていた．しかし現生のおよそ20科の無尾類のうち，中世代まで遡ることができるのは一部だけである．大部分は新生代，すなわち過去6500万年間でのみ知られている．平滑両生類は，おそらく中生代を生き延びた唯一の両生類であるが，きわめて活発に放散した仲間でもある．

イモリとサンショウウオ：有尾類 Urodela

有尾類はそれほど特異ではない．イモリ newt やサンショウウオ salamander の形は単純に四肢類の原型そのものである．しかしその多くが独特の生活様式をもっている．有名なアホロートル axolotl は動物学にネオテニーのもっとも明瞭な例を提供している．アホロートルは体長がおよそ30 cm というかなりの大きさに成長するが，その全生活を通じて巨大な幼生のままでいて，性的には成熟するが，幼生と同じけばだった幼い鰓をもちつづける．かれらが終生水生生活をするのは適応によると思われる．アホロートルが生息するメキシコ高地では陸上より水中の方が食物が多いのである．ほかの類縁のサンショウウオも，条件によってネオテニーを見せることがある．幼生の形態のままでいることもあるが，もし条件がよければその鰓を失って正常の成体になるのである．また別の有尾類は両生類的傾向を示して肢を失う．アメリカ合衆国南部のサイレン siren は前肢は保持しているが後肢は完全に失っているし，これも合衆国南部にいるウナギに似たアンフィウマ Amphiuma の4本の小さい肢はそれぞれ2本の指をもっているにすぎない．さらにダルマチア地方（クロアチア）のカルスト地域の洞窟に生息する，盲目でウナギに似たホライモリ blind olm は，小さい肢に3本の指のみをもつ．

アシナシイモリ：アシナシイモリ目 Gymnophiona

最後に，この世のものとも思えない無肢のアシナシイモリ caecilian は，北アメリカのジュラ紀初期から最近に報告された化石や，ブラジルの白

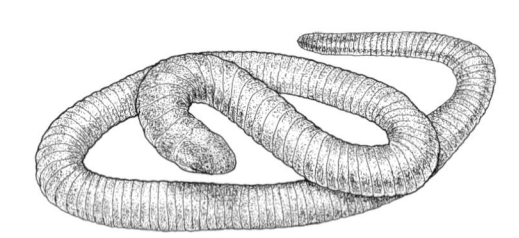

アシナシイモリ caecilian
Gymnopis multiplicata

トラフサンショウウオ
tiger salamander
Ambystoma tigrinum

亜紀後期と暁新世のわずかな椎骨を除くと，ほとんど化石記録がない．その蠕虫様の体型は胴部が伸張した結果で，椎骨は200にも及ぶ．尾は一般的に短い．しかし頭部は，ムカデなどのように土中を突き進むために金棒のように硬くなっている．

――――――

蛙型類は羊膜類以前の世界で占めていた陸上のニッチをもはや占拠していない．しかし今日まで残っている1グループ，平滑両生類は依然として哺乳類とほぼ同数の種を含み，世界中で大きな生態学的意義をもっている．たしかに平滑両生類は第三紀に本領を発揮するようになった．第三紀はふつう「哺乳類の時代」とよばれるが，それはまた「平滑両生類の時代」ともいうことができる（もちろん鳴鳥類，ヘビ，硬骨魚類，チョウ，顕花植物の時代でもある）．脊椎動物の化石記録において平滑両生類は重要であるが，過去2億5000万年を支配した四肢類クレードは，蛙型類の姉妹群である爬型類である．

爬型類 Reptiliomorpha

爬型類は大きな2つの四肢類クレードのうちで，より爬虫類的なものだった（今もなおそうである）．かれらは石炭紀のある時点で羊膜類を生じた．その系統は蛙型類の系統と同様に驚くほど複雑である．この複雑さの一部は，爬虫綱*に関する次章と，その後の哺乳類と鳥類に関する章で示される．しかしここでは，羊膜類と明らかに関係している3つの基幹的グループについて簡単に述べるのが適当であろう．その3つのグループとは，**炭竜類 Anthracosauria**，**セイムリア類 Seymouriamorpha**，そして羊膜類の姉妹群と考えられている**ディアデクテス類 Diadectomorpha** である．

炭竜類† Anthracosauria†

炭竜類 Anthracosauria（意味は「炭のトカゲ」）は，大きな生態学的意義をもっていたようだ．これは石炭紀初期からペルム紀後期までの，中程度の大きさの肉食性の約15属を含む．一部は陸生だったと思われるが，水に戻った仲間たちもいたようだ．

セイムリア類† Seymouriamorpha†

セイムリア類は系統上きわめて重要である．このグループはペルム紀に生息し，その名はペルム紀初期のセイムリア *Seymouria* に由来する．それは体長約60 cmの活発な陸生動物で，アメリカ合衆国の南西部にかなり多数が生息していた．もっとも重要なことは，その強力な肢が，以前の大部分のものよりはっきりと体を地面からもち上げていたことである．セイムリア類は明らかに爬虫類を生じた系統に近かった．

ディアデクテス類† Diadectomorpha†

石炭紀後期からペルム紀初期までいたディアデクテス類は，おそらく，すべての初期爬型類のな

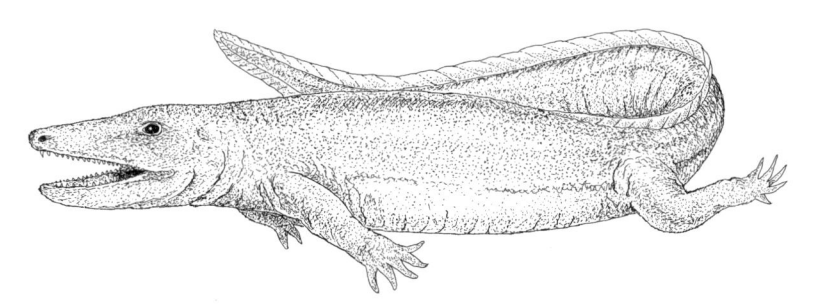

炭竜類 anthracosaur
Eogyrinus

セイムリア類 seymouriamorph
Seymouria

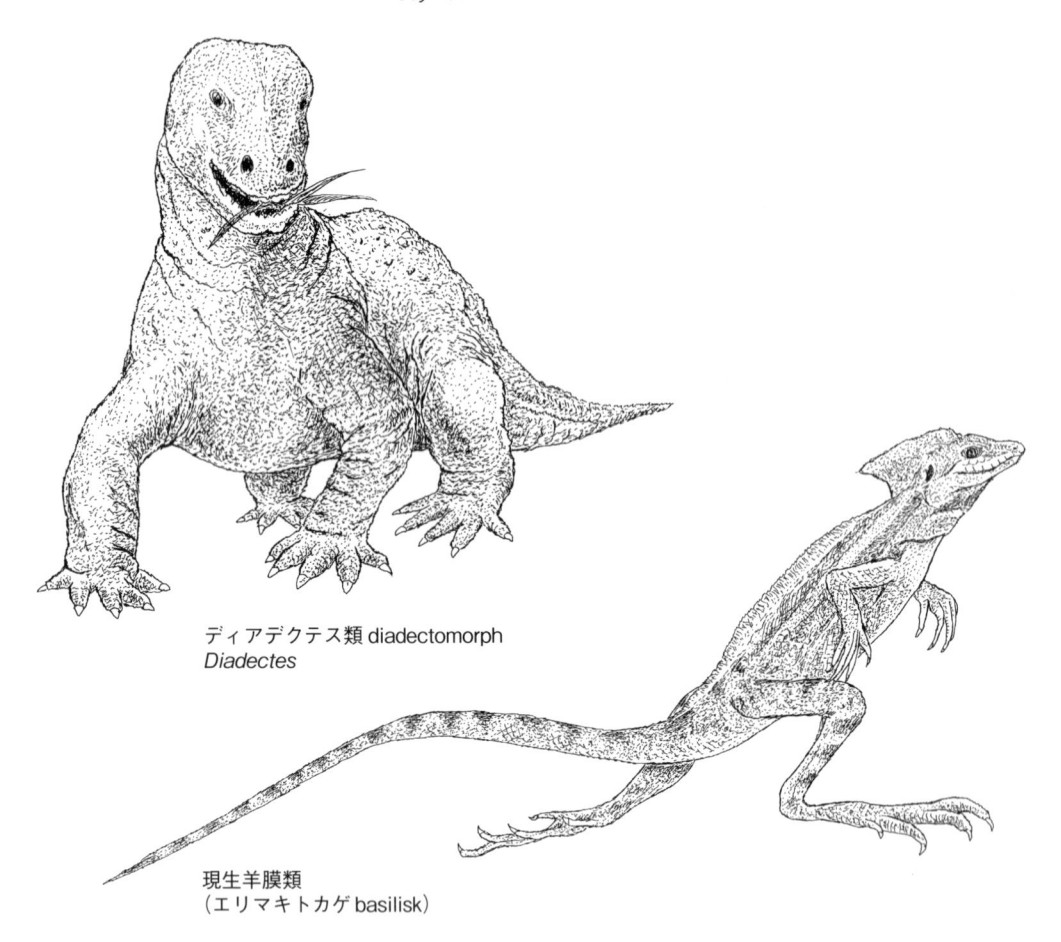

ディアデクテス類 diadectomorph
Diadectes

現生羊膜類
(エリマキトカゲ basilisk)

かでもっとも重要であった．これはまちがいなく爬虫類の姉妹群と思われ（つまりその祖先とも思われ），それゆえ残りの羊膜類すべての姉妹群でもあるようだ．合衆国西部のディアデクテス *Diadectes* はかなりがっしりした体型で，強力な肢帯を備えた短い肢のほか，太い椎骨と肋骨をもっていた．明らかにそれは最初の陸生草食脊椎動物の仲間であった．くぎのような前歯で植物を噛みとると，ほほにそって並んだより平坦な歯列ですりつぶしていたと思われる．

さて私たちはいよいよ羊膜類そのものにまで到達した．以下の6つの章では，詳しさはさまざまであるが，この羊膜類たちについて説明していく．

17章

爬虫類
爬虫綱* Class Reptilia*

爬虫綱*は巨大で，まとまりがなく，古くからの，そして驚くほど多様なグループである．これは過去と現在にこれまで生存した動物たちの中でも指折りのすばらしい仲間を擁している．爬虫類は基本的に陸生で，恐竜という，古今東西で最大の陸生脊椎動物を含んでいる．ニューメキシコのジュラ紀後期の草食性のセイスモサウルス *Seismosaurus* が最大のものである．1996年までは，ティラノサウルス・レックス *Tyrannosaurus rex* が最大の陸生捕食者と考えられていたが，現在の私たちは，カルハラドントサウルス・サハリクス *Carharadontosaurus saharicus*（「サハラのサメのような歯の爬虫類」）を知っている．これは推定の体長が14 m，おそらくそれ以上あり，そのステーキナイフのような歯から，たしかに肉食性だったことがわかる．

爬虫類は途方もなく多様なエコモルフ ecomorph [註1]と生活様式を試してきた．陸上ではスプリンター（4足と2足）になったもの，サイのように重々しく歩くもの，それに，一部の系統では肢を失うほどまでに穴掘り動物になった多くのものがいた．樹上で繁栄した爬虫類も多い．また，海や淡水に戻ったグループも数多い．ときには現在のガラパゴス諸島におけるウミイグアナのように半水生だったり，もっと水生に専念しようとしたものもいる．その中には，巨大なトカゲである白亜紀のモササウルス，首長竜，ノトサウルス，プラコドントがいるし，とりわけイルカのように完全に海生になった魚竜がいた．さらに，爬虫類のまったく独立した2系統が強力な飛翔を，まったく異なるやり方で発達させた．すでに絶滅したが一時は隆盛をきわめた翼竜と，系統的には空飛ぶ恐竜といってよい鳥類である．

【註1】「エコモルフ」は特定の生息場所や生活様式に適応した体型のことである．たとえば哺乳類の中では多くの異なるグループ，シカ，レイヨウ，ウマなどが大型のひづめをもつ疾走する哺乳類というエコモルフを採用した．

爬虫綱*のアスタリスクに注意されたい．これは甲殻類*（これも極度に多様である）と同じように側系統グループであることを意味している．爬虫類の階層からは哺乳類と鳥類のクレードが進化し，それらは爬虫綱*からは排除されている．分岐論者はそのようなグループ分けを嫌い，爬虫綱*を，アスタリスクがあろうとなかろうと公式のタクソンとは認めない．しかし私には（そして多くのほかの生物学者には），もし爬虫綱*という用語を削除すると，いっそう複雑になるだけだと思われる．たしかに，爬虫綱*は，分岐論の受容可能な基準では定義できない．爬虫類は一連の共有派生形質では公式に定義することはできない．かれらは単に，哺乳類の特性（幼若動物に対する哺乳など）や鳥類の特性（羽毛など）をもたない羊膜類としかいいようがない．たしかに爬虫類の皮膚はうろこをもつことが多い．しかしこれは共有原始形質である．うろこは鳥類の肢にもある（ネズミの尾にだってあるといえるかもしれない）からである．したがって爬虫類はクレードというよりグレードである．

しかし爬虫類*はたしかにクレードとしてのいくつかの性質ももっている．とくに注目すべきは，すべての羊膜類（爬虫類＋哺乳類＋鳥類）が，前章で紹介した爬型類様両生類の1種類である単一のクレード創始者から生じたらしいことである．したがって爬虫綱*はクレードの一面を表している．つまり，哺乳綱と鳥綱という姉妹クレー

ドを独立させた残りである．それゆえ爬虫綱*はきちんとしたグループであり，きちんとしていることは分類の主要な要求の1つである．私たちは爬虫綱*を分岐論の用語では定義できないが，しかしそれが正確に何を意味するかは容易に述べることができる．

それに加えて，もし分岐論者が要求するように爬虫綱*という用語を捨ててしまうと，別の不都合を抱え込まざるを得ない．私たちの大部分が「爬虫類」といっている生物を分岐論者が呼ぶときには「非哺乳類非鳥類羊膜類」といわなければならないだろう．同様に大部分の博物学者は本能的に恐竜と鳥類をはっきり区別する．しかし鳥類は恐竜から進化したと考えられるから，分岐論者は，たとえばティラノサウルス・レックス Tyrannosaurus rex を，「非鳥類恐竜」といわなければならない．そこここでちょっとした側系統を認めるほうが簡単だと思われる．もう1つ，分岐論者であれば哺乳類や鳥類を含めたすべての羊膜類クレードを呼ぶのに，アステリスクなしの爬虫類という用語を容認するだろう，ということにも注意してほしい．しかしこれでは，ヒトとウマとスズメが爬虫類であるということになり，もちろん「爬虫類」は「羊膜類」と同義であるから重複語になってしまう．したがって，さしあたっては，「非哺乳類非鳥類羊膜類」を意味する「爬虫綱*」を使いつづけよう．

爬虫類，哺乳類，鳥類全体のクレードを定義する「羊膜類」という用語は，卵の構造に由来する[註2]．両生類は陸に移行するに当たって，半分しか課題を達成できなかった．かれらは，すでにいくつかの魚類グループが試みていた空気呼吸を継続し発展させた．かれらは初めて，水によって支えられなくてもからだをはっきりと地面からもち上げることのできる骨格と，とりわけ肢帯を発達させた．しかしかれらは陸上での生殖の一歩手前で終わってしまった．かれらのからだはむき出しで，したがってすぐ乾いてしまう卵を産んだし，今でもそうである．卵に湿度を与えるために卵を飲み込み，胃の中で孵卵するカエルのような数少ない発明家を除けば，両生類は繁殖のためには水に戻らなくてはならず，幼若体は水生の幼生，すなわちオタマジャクシである．

【註2】もちろん大部分の現生哺乳類は生きた子を産む．そうしなければ子が溺れてしまう海で子を産んだ魚竜を含めた一部の爬虫類も同様である．しかし卵生の哺乳類も依然として存在しており，哺乳類の妊娠の細々した細部から，その卵生とのつながりがおのずとうかがい知れる．

爬虫類は陸上への移転を完了した．それは，ブリストル大学のマイケル・ベントン Michael Benton が「自分専用の池」（プライベート）と呼んだものを卵に供給することで達成された．爬虫類の卵はいくつかの膜で仕切られ，その全体が，気体ガスの流れは許すが水分の蒸発は阻止する半透過性の卵殻で覆われている．卵殻は通常石灰質であるが，ウミガメ，ヘビ，何種類かのトカゲなどでは毛皮質である．新たに発明された内部の膜は，胚と卵黄嚢を囲む**漿膜 chorion**，呼吸にかかわり，老廃物を貯蔵するので発生とともに拡張する**尿嚢 allantois**，漿膜の内側にあって胚を包む**羊膜 amnion** である．爬虫類は両生類よりも卵の中に多くを投資し，より手厚く保護しているので，一般に両生類よりも卵の数は少ない．鳥類や哺乳類は爬虫類の卵の基本的構造を維持していて，羊膜類 Amniota というクレードの名称はいうまでもなく羊膜に由来している．

現生の爬虫綱*は4つの主要なグループにおよそ6500の種を含んでいる．カメ類 Chelonia に属するおよそ270種のウミガメ，リクガメ，イリエガメ，有鱗類 Squamata のおよそ3700種のトカゲ，2300種のヘビ，140種のミミズトカゲ，現在ではニュージーランドの島に限定されているムカシトカゲ類 Sphenodontia の数種のムカシトカゲ，そしてワニ類 Crocodylia の22種のアリゲーター，クロコダイルとガリアルである．したがって，私たちは爬虫類を落伍者と考えがちだが，今もなお哺乳類より多くの種を含み，地球のあらゆる場所，決して限定しているわけではないがとくに熱帯では生態的に重要である．食物が少なかったり，空間が制限されたりしているところ，とくに

砂漠や島では，爬虫類は哺乳類より有利なことが多い．というのも，現生の爬虫類は変温動物であり，そのことは，むだに環境より体温をかなり高く保つ必要がなく，体重あたりの食物の量も少なくてすむことを意味しているからである．だから爬虫類は，ガラパゴスのウミイグアナやリクイグアナ，そしていろいろな島のゾウガメなどのように，今日でもときとして最上位の草食動物になる．それにもっと多くの場合，インドネシアのコモドオオトカゲとオーストラリアのゴアナ（どちらもオオトカゲ），熱帯の川や海岸のクロコダイル，そして場合によってはヘビなどのように，最上位の捕食者でもある．

しかし系統樹が示すように，今日の爬虫類は輝かしい過去の繁栄の名残である．生存は極端にまばらである．事実，系統樹に示される22の主要な系統のうち，現存しているのはわずか6系統だけであるし，そのうちの2つである哺乳類と鳥類は一般に爬虫類とはみなされない．爬虫類の主要な系統は大部分が絶滅した．かつて巨大な系統であった単弓類 Synapsida は哺乳類としてのみ生存している．無弓類 Anapsida はカメ類として生存しているが，海産のメソサウルス mesosaur [註3]（下記のモササウルス mosasaur と混同してはならない）など多くのほかの「側爬虫類」としての無弓類グループは，ずっと以前に消滅した．巨大な海生双弓類 diapsid ——板歯類 placodont，魚竜 ichthyosaur，偽竜類 nothosaur，首長竜類 plesiosaur ——がどれも私たちとともにいないことは本当に残念である（スコットランドのネス湖に生息しているという，きわめて遠くから撮影された首長竜を除いて！）．鱗竜類 lepidosaur はムカシトカゲ sphenodon と有鱗類 squamate（ミミズトカゲ amphisbaenid を含むトカゲとヘビ）として生き残っている．しかしかれらもすばらしい仲間たちを失っている．その中には，コモドオオトカゲ Komodo dragon とゴアナ goanna を含む現生のオオトカゲ monitor lizard の類縁である，白亜紀のモササウルス mosasaur という恐ろしげな海産動物がいる．ワニと鳥類だけが，主竜形類 Archosauromorpha という巨大なグループの生存者である．主竜形類は三畳紀に栄えたリンコサウルス類 rhynchosaur と，その後の恐竜類 dinosaur などの主竜類 archosaur を生じた．

【註3】少なくとも一部の動物学者はメソサウルスを「側爬虫類」に含めるが，完全に無弓類の外においている人たちもいる．初期のこのような生物はしばしば分類が困難である．

3億年以上にわたる爬虫類の歴史で，現生の1種に対して少なくとも100種が存在したにちがいない．それゆえ過去と現在の爬虫類の完全な目録は最低限でも50万種であり，おそらくはそれ以上であろう．まったくこれは残念なことである．爬虫類というすばらしいグループがこれほど完全に消滅したことはじつに悲しいことである．だから，生き残ってくれた種については，それだけいっそう感謝しなければならない．

爬虫類の起原は古く，かつ多様であったので，その系統樹は，わかりやすくするために少し刈り込まなくてはならない．この系統樹は，剪定していない状態では専門家にとってさえ迷子になりかねない茂みなのである．それでここの系統樹は，すべての現生グループとすべての主要な絶滅グループを示すとともに，私が省略した複雑さに敬意を表し，また多様な体型の例を示すために，絶滅した少数のはずれものたちを含めている．この分類は，私が長年にわたってすばらしい会話を重ね，その『古脊椎動物学 Vertebrate Palaeontology』（1997）が古典ともなっているマイケル・ベントンの考えに根ざしている．ただし，かれの間違いについては臆せずに指摘している．爬虫類の古生物学も多くのすばらしい学者を引きつけているので，その基盤は常に変化し，どの系統樹も決定版とは主張できないでいる．

爬虫類*へのガイド

爬虫綱*Reptilia*は**単弓類 Synapsida** と**竜弓類 Sauropsida** の2つに大別される．後者の竜弓類はさらに**無弓類 Anapsida** と**双弓類 Diapsida** に大別される．したがって，単弓類，無弓類，双弓類という3つの大きなグループがあることになる．

単弓類，無弓類，双弓類という用語は頭蓋側面のいくつかの穴，すなわち**側頭窓 fenestration** の存在，あるいはそれがないことを意味する．無弓類では頭蓋は骨が切れ目なく箱状になっている．単弓類では側面の下方に一個の窓がある．そして双弓類ではこのような窓が2つあり，1つは下方（単弓類と同じ）に，もう1つは側面の上方にある．これらの側頭窓は頭蓋を軽くし，またより重要なこととして筋肉の付着面をより多く供給し，また収縮する筋肉を大きくするスペースを供給している．これらは派生形質であり，工学用語でいえばたしかに機能的改善を示しているといってよいだろう．

しかし種々の海生双弓類，すなわち，板歯類，魚竜類，偽竜類，首長竜類は，**広弓 euryapsid** と呼ばれる別の形式の窓を進化させた．その頭蓋は1個の窓のみをもつが，それは側面の上方，双弓類の上の窓と同じところに位置している．広弓類はすべて水生である．これらの顕著な類似性のゆえに，多くの分類学者は第4の亜綱「広弓類」を提案した．しかし現在では広弓性は単に双弓類状態に由来しただけのものと思われている．さらに広弓類の窓は少なくとも独立に2回——一度は魚竜の中で，そしてもう一度は板歯類と偽竜類と首長竜類の中で——進化したらしい．かくて広弓類亜綱はもはや公式には認められないが，形容詞としての「広弓」は依然として有用である．

もっとも初期の爬虫類は石炭紀から知られ，無弓類であった．ゆえに無弓状態が原始的である．本当の無弓亜綱に含まれる動物は無弓性を維持している．しかしこの形質は爬虫類*全体の共有原始形質であるから，それでは亜綱を定義できない．実際は，無弓類のメンバーはほかのまったく別の共有派生形質をもっているので（その細部に立ち入って時間をとる必要はないが），真のクレードとして認められている．系統樹が示すように無弓類と双弓類は姉妹群と考えられ，両者を合わせたものが竜弓類になる．単弓類はしたがって

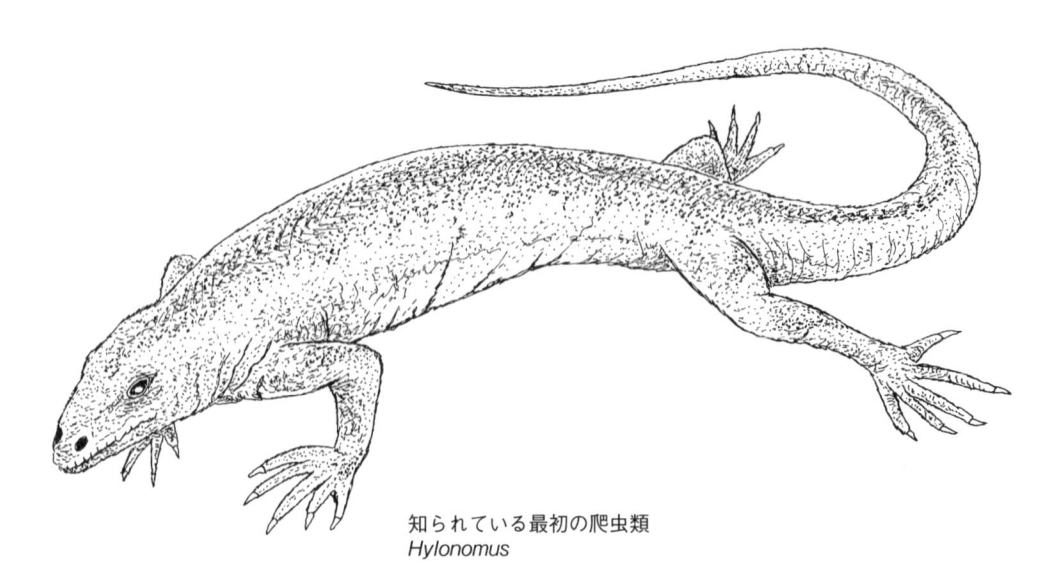

知られている最初の爬虫類
Hylonomus

竜弓類の姉妹群と考えられる.

知られている最初の疑いのない爬虫類は,具体的には,ノバスコシアの石炭紀(およそ3億1000万年前)の地層から出土しているヒロノムス Hylonomus である.これは,尾も含めた体長が20 cmほどの,小型のトカゲのような動物で,頭は小さく,頭蓋の骨は軽く,その小さくて鋭い歯は無脊椎動物を餌にしていたことを示している.少し後期のパレオチリス Paleothyris の頭蓋はヒロノムスのものよりよくわかっており,それは明らかに両生類にはない顎の筋肉(翼状筋 pterygoideus)群をもっていて,それはおそらく可動性を増大させてくれたと思われる.要するに爬虫類は両生類よりすぐれた摂食者である.

理想的にはこれら初期の爬虫類の卵化石を検討し,それが本当に羊膜類のものかを確かめることが望ましい.しかし実際はもっとも古い爬虫類のものと思われる卵は,テキサスのペルム紀,およそ2億7000万年前の地層から出た化石である.それで,私たちは初期のタイプが爬虫類かどうかを,その骨から判断しなければならない.たとえば体部に対する頭部の大きさは古代の両生類よりも爬虫類のほうが小さい.また爬虫類の頭蓋背部の骨はとくに縮小している.ヒロノムスとパレオチリスはこれらの爬虫類の基準を満たしている.かれらは石炭紀に暮らしていたので,最初の羊膜類(つまり爬虫類)は,およそ3億5000万年前から少し経った,石炭紀初期に出現したと推測するのが合理的である.

ついで爬虫類の異なるグループが次々と波のように出現し,まずある主要なタクソンが優勢になり,ついで別のタクソン,また別のタクソン,というように交代していった.単弓類爬虫類はペルム紀という初期のころにピークに達し,その系統は依然として——哺乳類として——私たちとともにある.しかし,しばしば「爬虫類の時代」といわれる中生代には双弓類が支配的であった.草食性のリンコサウルスが三畳紀に広く生息し,ついで三畳紀から白亜紀の最後まで世界の大陸は恐竜類のものであった.かつて優勢であったグループのいくつかは,おそらく単なる気候変動(それはもしかしたら,地球上の大陸移動における大陸の分離と衝突によったのかもしれない)とか,あるいは,ときには隕石の衝突などを含む何らかの「破滅的大惨事」がもたらした大絶滅で姿を消したように思われる.地球の歴史における最大級の絶滅は,およそ2億4800万年前のペルム紀の終わりに起こった.これが,古生代と中生代の境界を表している.化石記録はまた,三畳紀末の大絶滅を示唆しており,これがリンコサウルス類を消滅させたのかもしれない.もっとも有名な大絶滅はおよそ6500万年前の白亜紀末のもので,これが恐竜を絶滅させた.

単弓類 Synapsida

単弓類全体は哺乳類 Mammalia を含む.もし爬虫類グレードの単弓類について言及したいなら,私には単に「単弓類爬虫類」というのがいいと思われる.この表現に反対する脊椎動物学者もいるが,それがなぜだか私にはわからない.単弓類はクレードを,「爬虫類」はグレードを定義している.これ以上簡単な方法があるだろうか.系統樹が示すように,単弓類クレードは盤竜類 Pelycosauria* と獣弓類 Therapsida という2つの亜綱に分かれる.

帆のある爬虫類とその仲間たち:盤竜類*† Pelycosauria*†

盤竜類 pelycosaur の6科は,真に重要な生態学的インパクトをもたらした最初の爬虫類である.かれらは石炭紀後期に出現し,ペルム紀初期に優勢となり,その当時のものと知られている全爬虫類の属の70%を占めている.盤竜類の少なくとも3グループでは,おそらく独立に,その背中に顕著な「帆」を発達させた.これは皮膚でできていて,椎骨の神経突起がとても長く伸びたもので支えられている.これらの帆の機能は確かではないが,そこには豊富な血液の供給があり,お

17・爬 虫 綱*

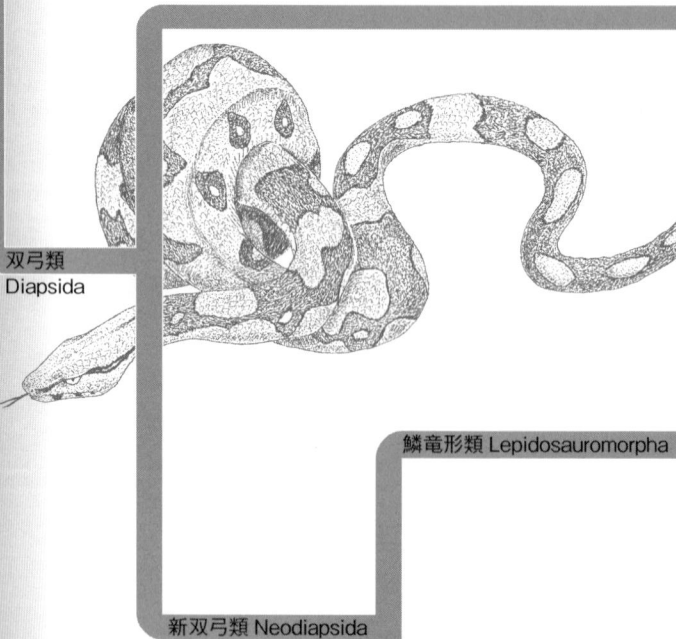

爬虫類* REPTILIA*
- 単弓類 Synapsida
- 竜弓類 Sauropsida
  - 無弓類 Anapsida
  - 双弓類 Diapsida
    - 鱗竜形類 Lepidosauromorpha
    - 新双弓類 Neodiapsida
    - 主竜形類 Archosauromorpha

盤竜類*† Pelycosauria*†　　ディメトロドン *Dimetrodon*

獣弓類 Therapsida
- ディキノドン類*† Dicynodontia*†　ディキノドン *Dicynodon*
- キノドン類† Cynodontia†　プロキノスクス *Procynosuchus*
- 18・哺乳類 MAMMALIA　ハイイロリス grey squirrel *Sciurus carolinensis*

カメ類 Testudines あるいは Chelonia　ゴーファガメ gopher tortoise *Gophus polyphemus*

側爬虫類† parareptiles†　メソサウルス mesosaur *Mesosaurus*

ヤンギナ類† Younginiformes†　ヤンギナ *Youngina*

魚竜類† Ichthyosauria†　イクチオサウルス *Ichthyosaurus*

鰭竜類 Sauropterygia
- 板歯類† Placodontia†　プラコドゥス *Placodus*
- 偽竜類† Nothosauria†　ノトサウルス *Nothosaurus*
- 首長竜類† Plesiosauria†　エラスモサウルス *Elasmosaurus*

鱗竜類 Lepidosauria
- ムカシトカゲ類 Sphenodontida　ムカシトカゲ tuatara *Sphenodon punctatus*
- 有鱗類 Squamata　ニシダイヤガラガラヘビ western diamond-back *Crotalus atrox*

17a・爬虫類*・主竜形類 REPTILIA*・ARCHOSAUROMORPHA

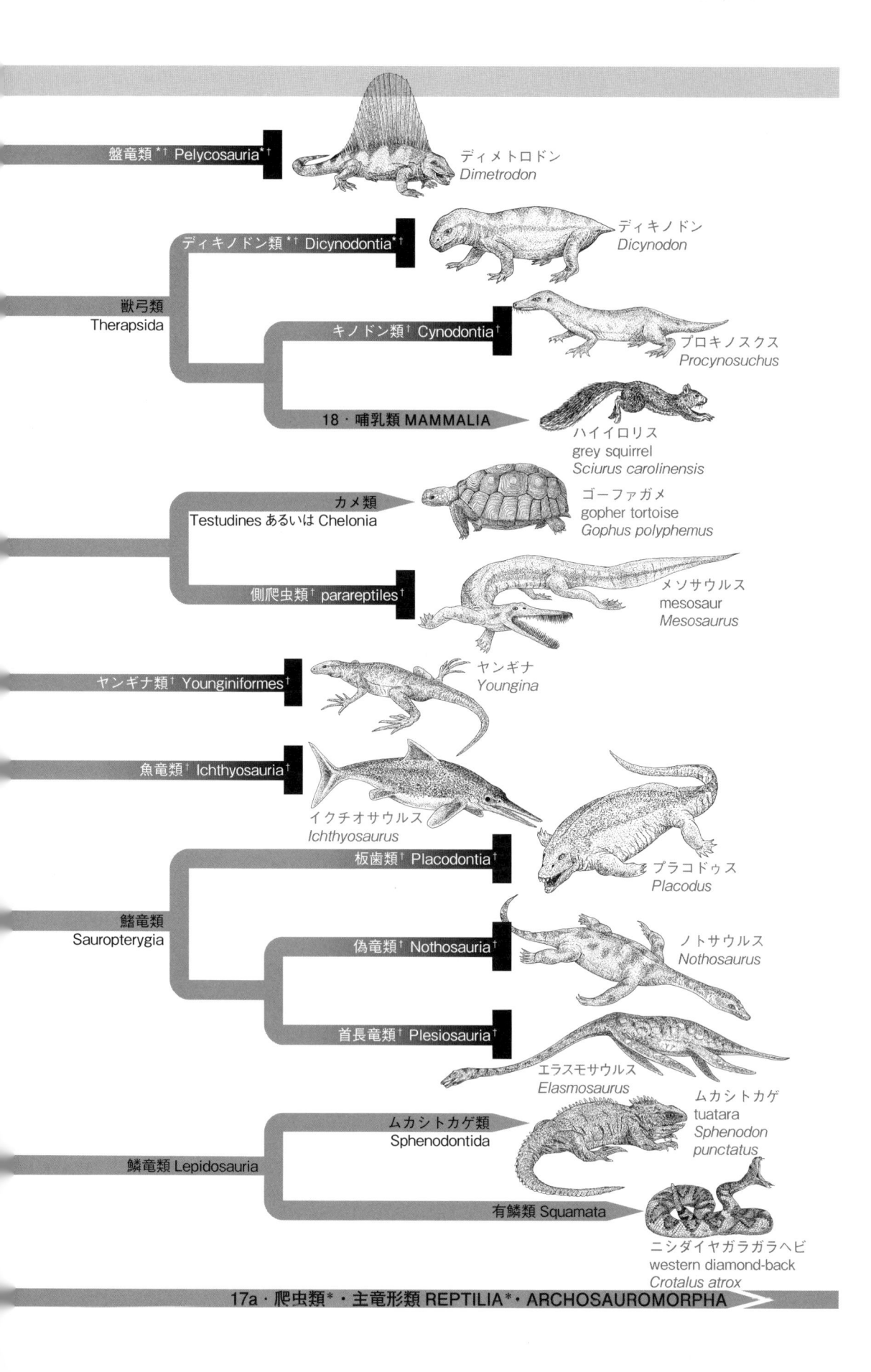

17a ・ 爬虫類*・主竜形類

主竜形類 ARCHOSAUROMORPHA

主竜類
Archosauria

鳥頸類
Ornithodira

恐竜類
Dinosauria

リンコサウルス類† Rynchosauridae†　　ヒペロダペドン *Hyperodapedon*

原始竜類† Prolacertiformes†　　タニストロフェウス *Tanystropheus*

基幹主竜類（槽歯類）†
basal archosaur（Thecodontia）†　　ユーパルケリア *Euparkeria*

ワニ類 Crocodylotarsi　　ガリアル gharial *Gavialis gangeticus*

翼竜類† Pterosauria†　　プテラノドン *Pteranodon*

鳥盤類† Ornithischia†　　ハドロサウルス類 コリトサウルス *Corythosaurus*

竜盤類 Saurischia

他の竜盤類† other saurischians†　　カルノサウルス類 ティラノサウルス・レックス *Tyrannosaurus rex*

マニラプトル類 Maniraptora

21・鳥類 AVES　　カッショクペリカン brown pelican *Pelecanus occidentalis*

ドロマエオサウルス類† Dromaeosauridae†　　ドロマエオサウルス類 ベロキラプトル *Velociraptor*

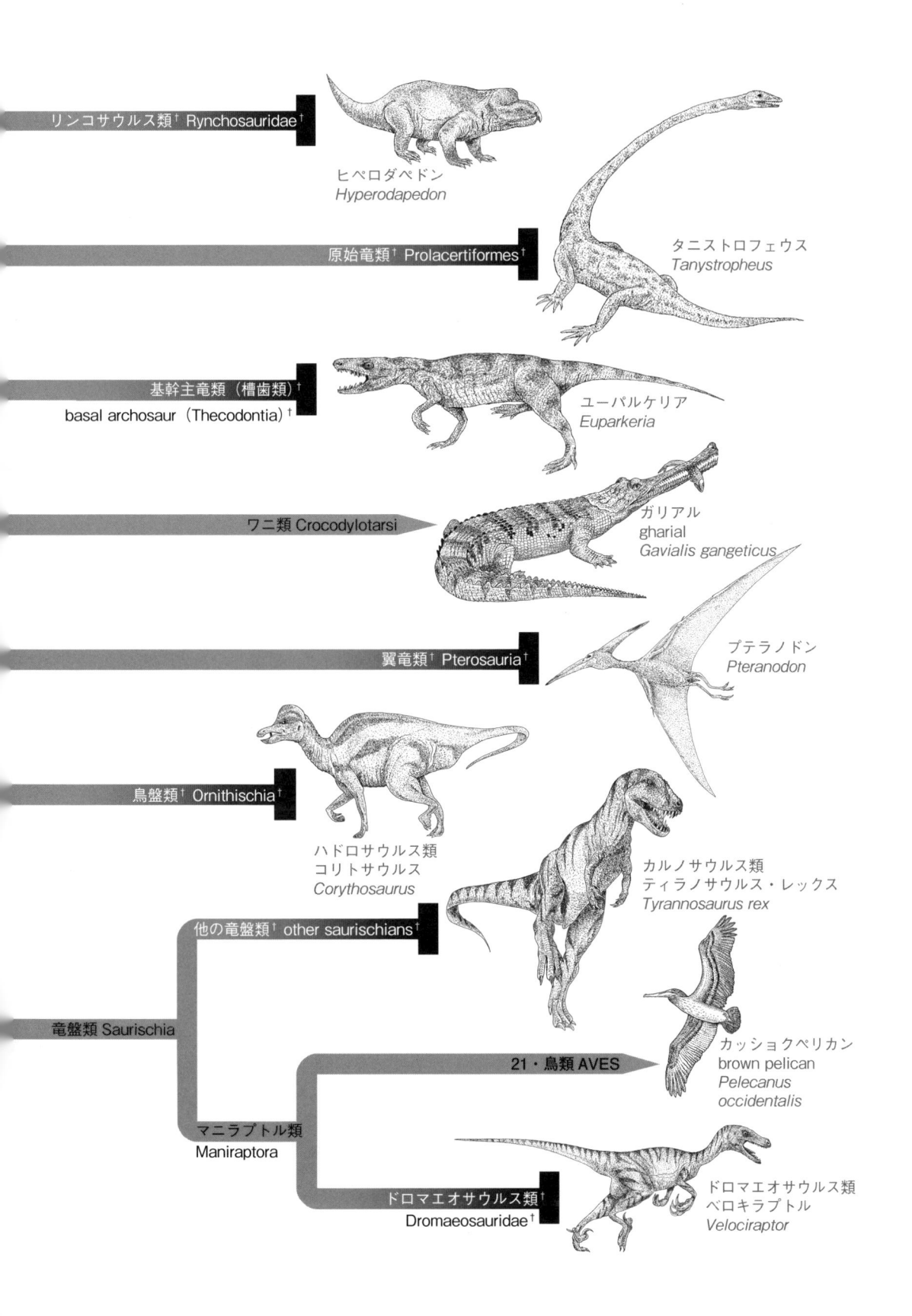

盤竜類 pelycosaur
ディメトロドン
Dimetrodon

そらく体温調節を助けていたのであろう．それがきわめて効率がよかったことは，簡単な物理学でもわかる．エダフォサウルス *Edaphosaurus* は帆のある草食の爬虫類で，系統樹に示したディメトロドン *Dimetrodon* は肉食だった．しかし大部分の盤竜類は帆をもっていなかった．盤竜類*は，ペルム紀後期にこの階層から哺乳類様爬虫類である獣弓類が生じたので，側系統グループとみなされる．

哺乳類様爬虫類：獣弓類 Therapsida

　獣弓類はクレードであり，単弓類クレードの唯一の現生メンバーである哺乳類を含んでいる（爬虫類グレードの獣弓類は三畳紀までしか生存しなかった）．獣弓類はいくつかのサブグループに分かれるが，その2つしか系統樹には示していない．すなわちディキノドン類 Dicynodontia とキノドン類 Cynodontia である．ディキノドン類は70以上の属に放散し，そのあるものはペルム紀後期の主要な肉食動物であり，一方，ほかのものは優勢な草食動物であった．3m以上の大型のものもいた．カンネメイリア *Kannemeyria* は細くとがった鼻面と頭部のとさか，巨大な肋骨，太い肢をもっていた．ゴルゴノプス類 gorgonopsian は，頭蓋が1mに達する恐ろしげな肉食類である．その1つ，アルクトグナトゥス *Arctognathus* は犬歯トラのような巨大な犬歯をもち，その顎は90度も開けることができた．

　キノドン類のクレードは哺乳類を含み，爬虫類グレードのキノドン類はペルム紀から三畳紀に進むに従ってより哺乳類的になった．具体的には，キノドン類は頭蓋の下方が広く広がった頬骨弓

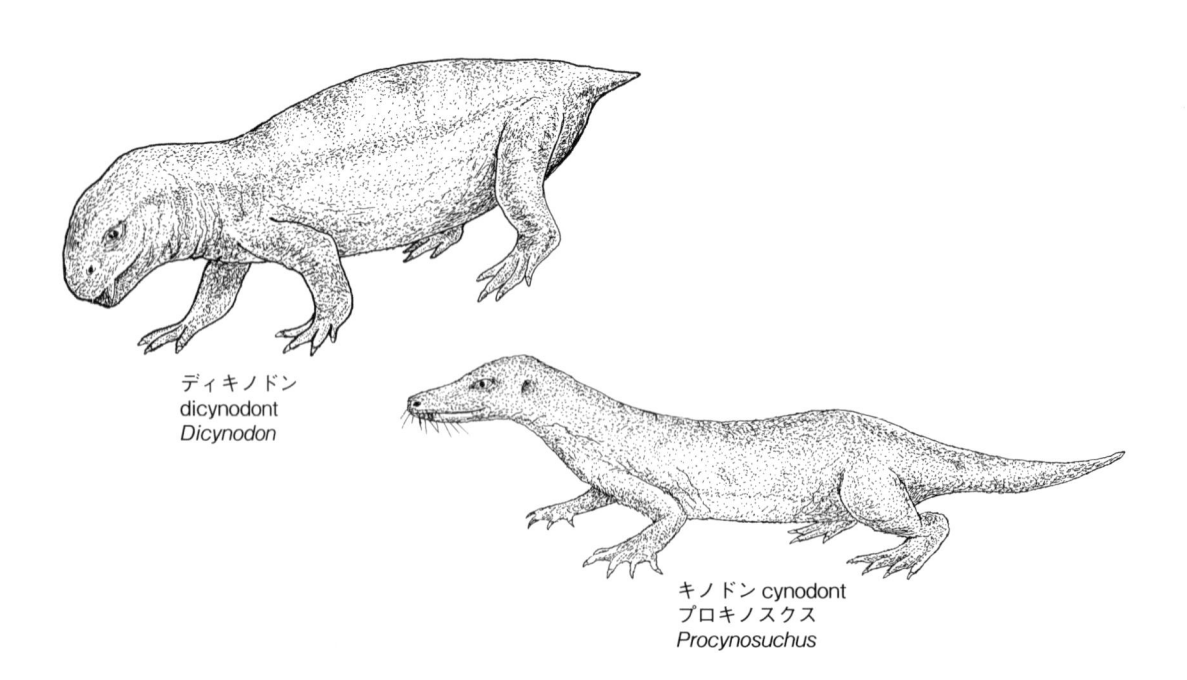

ディキノドン dicynodont
Dicynodon

キノドン cynodont
プロキノスクス
Procynosuchus

zygomatic arch を示しはじめ，それは大きな顎筋の付着を可能にした．また下顎の歯骨 **dentary bone** が大きくなり，これは哺乳類の下顎の唯一の骨として残っている．さらに，典型的な哺乳類の二次口蓋 **secondary palate** が段階的に発達した．南アフリカのペルム紀後期のプロキノスクス *Procynosuchus* は典型的な初期のキノドン類である．それが昆虫食だったという人も，カワウソのような魚食だったという人もいる．このような初期の動物から，およそ2億3500万年前の三畳紀中期には，哺乳類になるべき生物が出現していた．つまり，哺乳類がいかに古いものであるかに注意してほしい．かれらは6500万年前に恐竜が絶滅するまで真の意味で繁栄することはなかった．しかしかれらの最初の出現は最初の恐竜より「前」なのである．

———

単弓類はこれでおしまいである．単弓類は背中に帆をもつものなどを含めて，きわめて奇妙なメンバーもいる初期のグループであるが，このクレードは私たち自身を含んでいる．爬虫類*の第2の大きな系統は竜弓類であり，これはさらに2つの亜綱，無弓類 Anapsida と双弓類 Diapsida に分かれる．

無弓類 Anapsida

リクガメ tortoise，ウミガメ turtle，ヌマガメ terrapin は，唯一の現生無弓類爬虫類である．かれらはカメ目 Testudines あるいは Chelonia というクレードを構成する．

リクガメ，ウミガメ，ヌマガメ：カメ目 Testudines あるいは Chelonia

三畳紀後期から知られている最初のカメ類はその頭を甲羅の中に引き込むことができなかった．しかしジュラ紀から現在にいたる後のタイプはそうすることができる．**曲頸亜目 Pleurodira** のより原始的なタイプは，その頭を引っ込めるのに

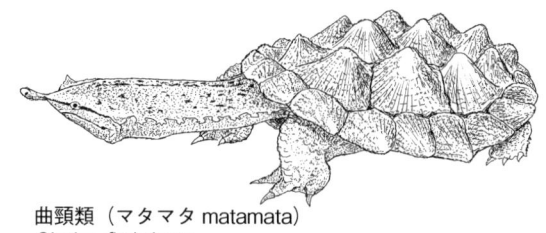

曲頸類（マタマタ matamata）
Chelus fimbriatus

潜頸類（ゴーファガメ gopher tortoise）
Gophus polyphemus

頸を横に曲げた．現生のものではヘビクビガメ snake-neck やマタマタ matamata がそれに当たる．**潜頸亜目 Cryptodira** のカメは，なじみのあるリクガメのほとんどがそうであるように，頭を垂直にS字型に折りたたむ．カメ類は依然として相当に成功し，広範囲に生息するグループである．ただ，巨大なリクガメの一部は，人と家畜の拡散によってこの数世紀の間ひどく苦しめられてきた．その中には現在では絶滅してしまったマダガスカルのゾウガメ giant tortoise が含まれる．非海生カメの最大のものは鮮新世のベネズエラのスツペンデミス *Stupendemys* で，その甲羅は長さが2.2 mに達した．おそらくもっとも奇妙なカメは，主として更新世のオーストラリアにいた角のあるカメで，その突起のある頭蓋はさしわたしが50 cmもあった．

メソサウルスとその類縁たち：「側爬虫類」† 'parareptiles'†

無弓類はさらに，かつては多系統と仮定され，ほとんど純粋に便宜的理由から「側爬虫類」としてまとめられた半ダースほどの科を集めたグループを含んでいる．その中には，ペルム紀初期の南

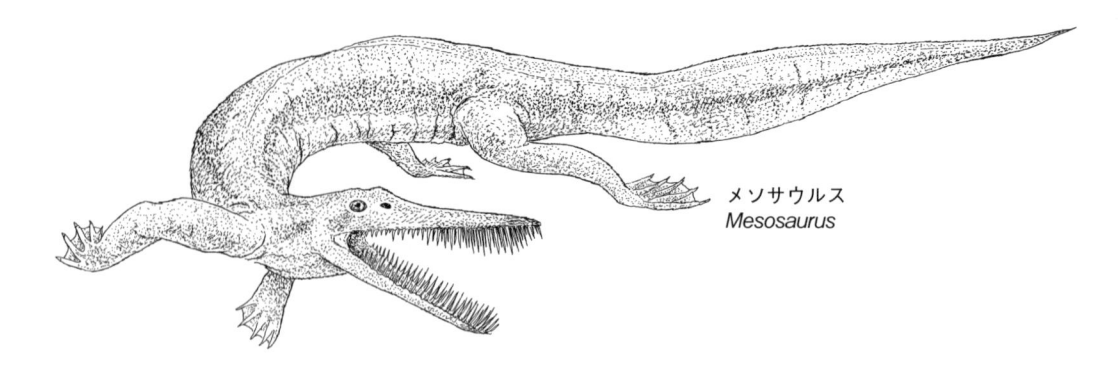

メソサウルス
Mesosaurus

アメリカや南アフリカの**メソサウルス類 Mesosauria**【註1】がいる．これは本当に水に戻った最初の爬虫類である．体長1mぐらいしかないが，長い体部と首をもち，明らかに泳ぐのに用いられた長くて平らな尾をもっていた．また長くてとがった顎には互い違いに重なり合った歯があり，これは現生のカニクイアザラシやヒゲクジラの歯のように濾過器として用いられたと思われる．しかし重要な点は，最近の研究が，メソサウルスとほかの「側爬虫類」の相互関係や，メソサウルスとカメ目との関係を示し，無弓類全体が真のクレードとして出現したことを明らかにしたことである．すでに指摘したように，このグループにその名を与えた形質，すなわち無弓の頭蓋では，それが単に原始的な爬虫類の特徴であるがゆえに，このグループの定義に用いることはできない．

【註1】p.383 の註3参照．

双弓類　Diapsida

もっとも大きくて複雑な爬虫類のクレードは双弓類 Diapsida である．これはカメ類を除く現生のすべての爬虫類，のちに鳥類を生じる恐竜類，飛行する爬虫類，リンコサウルスとして知られる古代の，かつては優勢であった草食動物，魚竜，首長竜類，そして頭蓋が広弓的な形質をもつほかの水生爬虫類のグループ，さらにずっと以前に絶滅した基幹的タイプと，ここに含めるにはあまりに多数で難解な系統上の小枝のグループ，を含んでいる．最初の時点，つまり石炭紀における化石記録は，すでに双弓的傾向をもち始めた少数の基幹的生き物たちの存在を示している．ペルム紀までに2つの明らかなサブクレードを認めることができる．ヤンギナ類 Younginiformes と新双弓類 Neodiapsida である．

古生物学者は近年，ヤンギナ類を爬虫類の系統樹のあちこちに入れ替えることを繰り返している．おそらくその外見があまりに一般的なトカゲ的であり，位置を決めるのが困難だからである．最近までかれらは現生のトカゲやムカシトカゲを含む有鱗類の姉妹群とみなされてきた．しかしトカゲ的形態は単に原始的なものであり，現在ではヤンギナ類はほかのすべての双弓類に対する姉妹

ヤンギナ younginiform
Youngina

群と考えられている．かれらはそのような立場にふさわしいほど古く，ペルム紀にはたしかに出現しており，ペルム紀を終息させ三畳紀に導いた大絶滅によって消滅している．ヤンギナ類には陸生のものも，水生のものもいた．ヤンギナ *Youngina* が典型的な種類であり，ペルム紀後期のトカゲのような姿をした昆虫食または肉食の動物で，短い首と長い肢をもち，体長は 30〜40 cm だった．

爬虫類を真に発展させたのは，もう 1 つの双弓類の枝，**新双弓類 Neodiapsida** である．系統樹が示すように，この枝はさらに 2 本の大きなクレード，**鱗竜形類 Lepidosauromorpha** と**主竜形類 Archosauromorpha** に分かれる．鱗竜形類はさらに，その正確な関係がわからないので 3 分岐的に示されている 3 つのクレードに分かれる．すなわち**魚竜類 Ichthyosauria**，首長竜を含む**鰭竜類 Sauropterygia**，そして**鱗竜類 Lepidosauria** である．

鱗竜形類 Lepidosauromorpha

新双弓類 Neodiapsida の 4 つの大きな系統は水生，つまり主として海生であった．魚竜類はそれ自身で 1 つのクレードを形成し，そのほかの板歯類 Placodontia，偽竜（ノトサウルス）類 Nothosauria，首長竜類 Plesiosauria の 3 グループは鰭竜類 Sauropterygia という第 2 のクレードを形成する．どれも広弓的頭蓋をもっているが，今ではかれらが双弓類から派生し，もともとの 2 つの側頭窓のうち下方のものが失われたサブグループであると考えられている．広弓的形質は独立に 2 回，あるいはおそらく 3 回，すなわち，板歯類，魚竜類，{偽竜類＋首長竜類} において生じたと考えられる．偽竜類と首長竜類は共通の祖先をもち，合わせて 1 つのクレードを形成すると考えられる．

魚竜類[†]：Ichthyosauria[†]

魚竜類は驚異的な生物である．その名称は「魚のトカゲ」を表すが，実際はイルカの爬虫類版である．それは著しい流線型をなし，首はなく，肢は櫂状で，魚類と同じような異尾をもっている．また深い海の水圧に耐えるための骨で強化された大きな眼をもち，鼻孔は鼻面の後方に位置している．くぎのような歯は，かれらが魚食であったことを示している．かれらはさぞ成功しただろうと思わせる姿をしていて，実際そのとおりだった．三畳紀初期に最初に出現してから中生代の末期まで，きわめてよく似た形態を保っていた．しかし三畳紀後期にその体長は最大——およそ 15 m——に達していたようだ．かれらは幼若動物を産んだ．いくつかの有名な化石は，まさに出産時の母と子を示しているようだ．赤ん坊はどうやらイルカと同様に，尾から先に生まれており，空気呼吸する水生動物には明らかに意味のある予防対策だった．

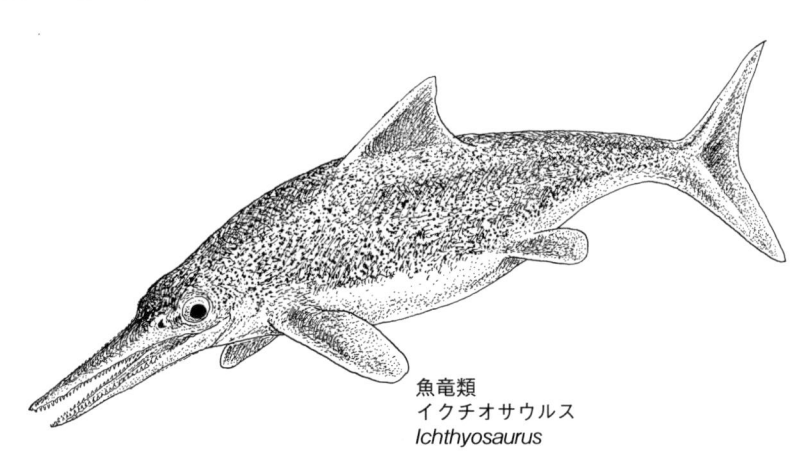

魚竜類
イクチオサウルス
Ichthyosaurus

板歯類，偽竜類，首長竜類：鰭竜類† Sauropterygia†

　板歯類 Placodontia の大きくて重い体は水生に適しているとは思われないが，じつはその化石は三畳紀中期の中央ヨーロッパの浅い海底床に多い．その名のもとになっている口蓋の板状の歯は，軟体動物を餌にしていたことを示唆する．おそらく軟体動物をへら状の門歯でこじ開けたのであろう．

　偽竜類 Nothosauria は細長い動物で，頭は小さく，首と尾は長く，推進のために用いていたその尾と櫂状の肢をもっていた．歯はくぎ状で，これも魚類を餌にしていたことを示唆する．体長はおよそ20 cmから4 mにわたり，三畳紀中期の中央ヨーロッパの化石がもっともよく知られている．ノトサウルス *Nothosaurus* が典型的な代表者である．

　最初の**首長竜類**（プレシオサウルス類）**Plesiosauria** は三畳紀末に出現し，偽竜類の子孫であると思われる．一般的に偽竜類より大きく（典型的なものは体長2〜14 m），頑丈な肢帯についた強力な櫂状の肢で推進した．遊泳行動は浮力を生んだように思われ，水力学的には現生のウミガメやペンギンの遊泳と比肩しうる，一種の「水中飛翔」をしていたのである．首長竜類には首の長いものと短いものと，いくつかの明確なグループがある．ネス湖の怪物は首長竜であるとしばしばいわれてきたが，そもそもこの仲間が現存するというきわめて可能性の低い条件下でなら，候補にはなるだろう．首の長い種類はゆっくり泳ぎ，おそらく待ち伏せして魚を捕らえていたと思われる．**プリオサウルス類 Pliosauria** は首長竜類のサブグループで，長くて頑丈な頭蓋をもち，首は通常短く，おそらくより速く泳ぐことができたので，獲物を追い詰めて捕獲できたであろう．プリオサウルス類は体長が最大12 mに達し，ほかの首長竜や魚竜を餌にしていたかもしれない．

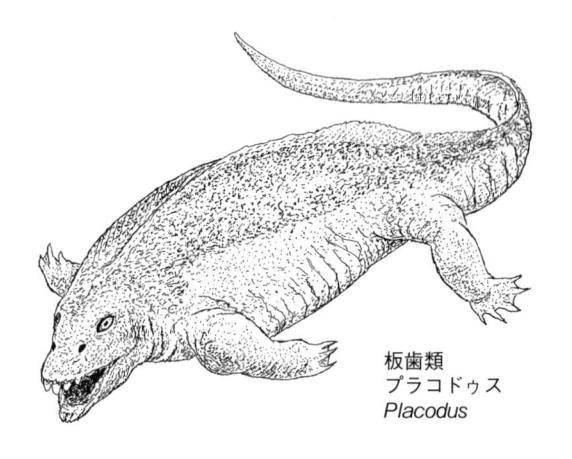

板歯類
プラコドゥス
Placodus

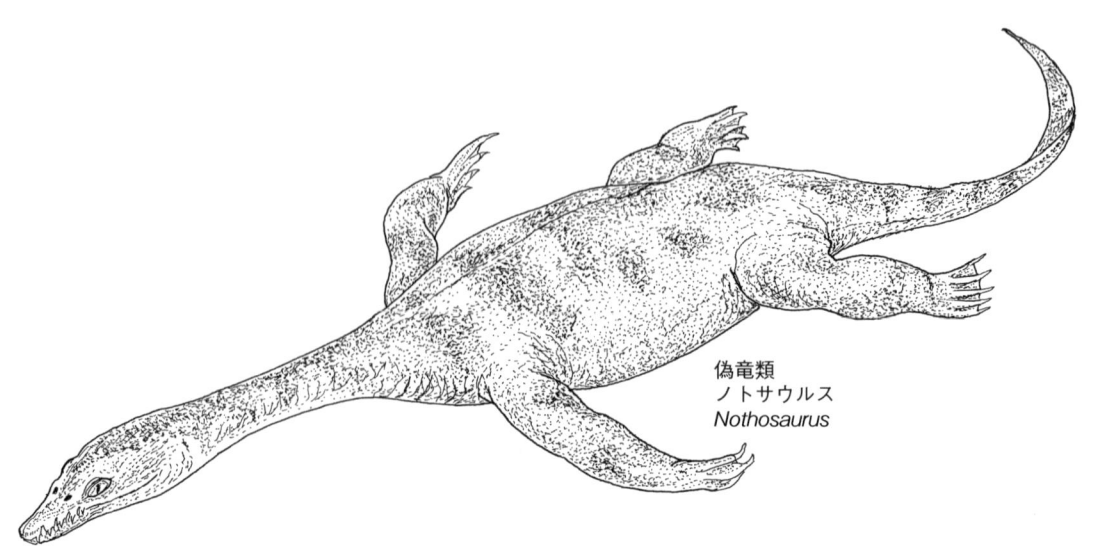

偽竜類
ノトサウルス
Nothosaurus

鱗竜類 Lepidosauria

鱗竜形類の第3の大きな枝は鱗竜類であり，その多くはヘビ snake，トカゲ lizard，ムカシトカゲ sphenodont, tuatara として現在でも生存している．鱗竜類はさらに2つの明確なグループに分けられる．**ムカシトカゲ目 Sphenodontida** と**有鱗目 Squamata** である．

ムカシトカゲとその類縁：ムカシトカゲ目 Sphenodontida

ムカシトカゲ類は全体の姿はトカゲに似ているが，不思議なほど，柔軟な頭蓋といったトカゲの特性をもたない．また脱皮もしない．現存種はきわめて少ない．ムカシトカゲは，10世紀頃人間がニュージーランドの本土に到着してから一掃されてしまい，いまではニュージーランドの少数の限られた島に生息している．しかしムカシトカゲはかつて広く分布していた．たとえばその化石はイングランドでも見つかっている．

ヘビ，トカゲ，ミミズトカゲ：有鱗目 Squamata

有鱗目は，ヘビ snake と，特殊な穴掘り動物であるミミズトカゲ amphisbaenid，そして一般にトカゲ lizard と呼ばれる生物を含んでいる．有鱗類は全体として2つの顕著な形質をもっている．第1に，かれらは体を清潔にかつきれいにするためにときどき脱皮する[註1]．第2に，かれら

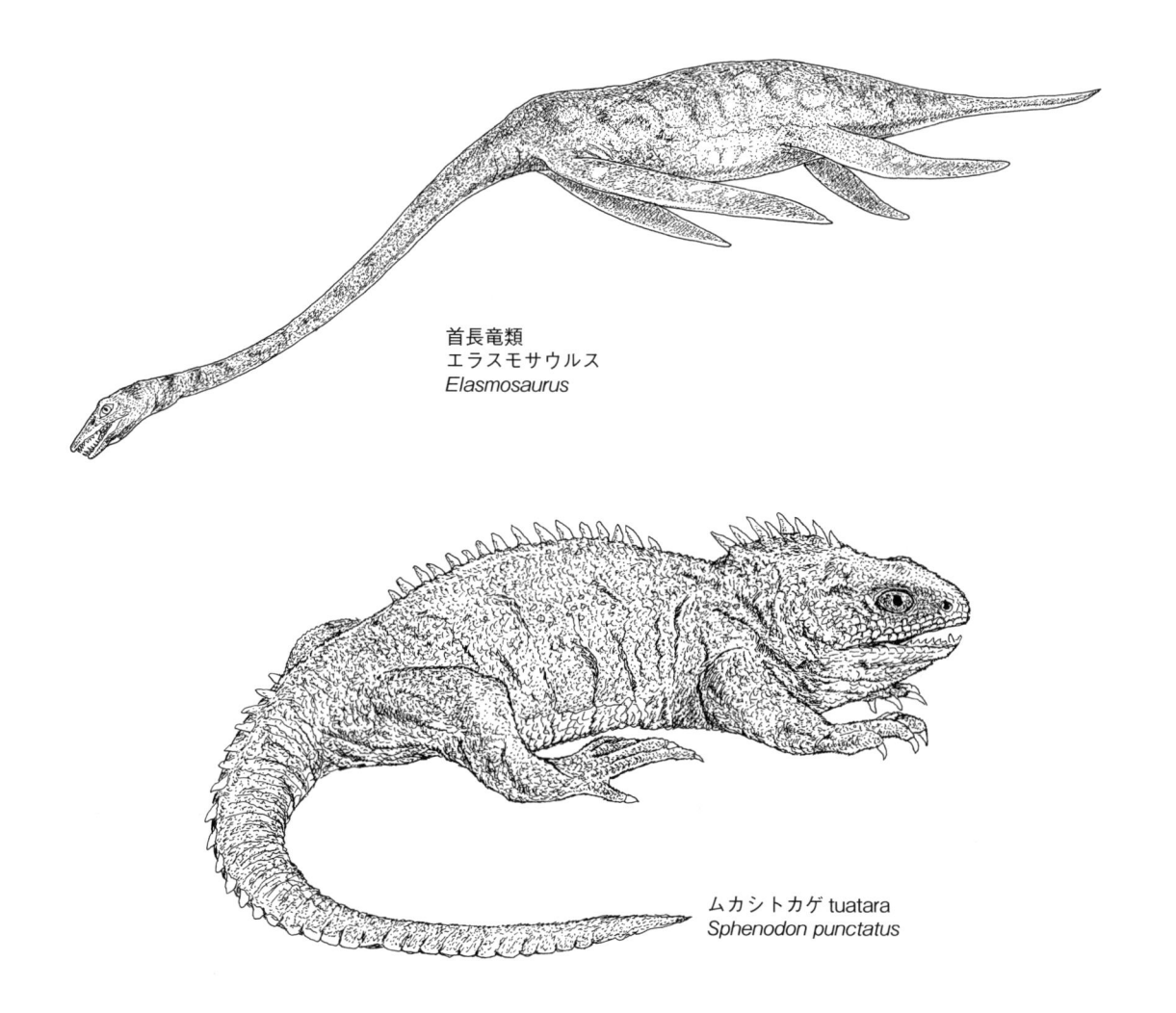

首長竜類
エラスモサウルス
Elasmosaurus

ムカシトカゲ tuatara
Sphenodon punctatus

の頭蓋と顎は驚くべき関節をもっていて，それが柔軟性と強靱性を与えている．それゆえかれらは一方では，本来なら噛みつけないような大きな獲物にも顎を開いて噛みつけるし，また一方では獲物を強力にかつ平均した力で捕まえることができる．

【註1】もちろんほかの生物も同様に脱皮する．しかしほとんどの動物では常に少しずつ皮膚がはがれる．実際，ハウスダストの大部分は人間の皮膚片である．有鱗類はきつくなった服を脱ぐように，一度に脱ぎ捨てる．私たちがそうしないのは幸いなことだ．もしそうだったら，さぞかし不気味なことだろう．

現生グループはジュラ紀後期（およそ1億6000万年前）から知られているが，有鱗類の最古の化石はジュラ紀中期から知られていて，目全体としてはそれ以前に出現したと考えなくてはならない．ヘビ，トカゲ，ミミズトカゲという便宜的な有鱗類の区分は，基礎となる真の系統とは合致しない．事実，この目には6つのサブグループがあり，それぞれはしばしば下目とみなされる．ヘビ類 Serpentes はヘビを含む．ミミズトカゲ類 Amphisbaenia はもちろんミミズトカゲである．ほかの4つ，ヤモリ類 Gekkota，イグアナ類 Iguania，トカゲ類 Scincomorpha，オオトカゲ類 Anguimorpha はすべて，一般に「トカゲ」と呼ばれる．

伝統的な分類はたいてい4つのトカゲグループをトカゲ亜目 Lacertilia にまとめており，多くの場合これにミミズトカゲも含まれる．しかしこうしたトカゲのグループどうしは必ずしもそれぞれがヘビに対するより相互に近くはないので，トカゲ亜目は側系統である（それに「トカゲ亜目」という名称は重複していて，冗長に思われる）．6つの下目の関係は完全には確立していないが，トカゲ類とオオトカゲ類はもっとも派生的で，姉妹群の関係にある．ミミズトカゲ類とヘビ類は近縁で，これを合わせたものが，トカゲ類とオオトカゲ類の姉妹群だと考えられる．ヤモリ類はこれら4つの姉妹群に当たり，イグアナ類は残りすべてのグループの姉妹群である．ムカシトカゲ類は有鱗類全体の姉妹群である．

● **ヘビ類 Serpentes** は白亜紀初期から知られている．獲物を絞め殺すコンストリクタータイプのものが最初に出現した．毒ヘビのタイプは始新世後期まで知られていない．ヘビは主として第三紀，すなわち過去6500万年の間に多様化した．その放散は主たる獲物である哺乳類の放散と並行していた．つまり，万が一にも疑念の残る読者がいないように繰り返すと，このことは，私たちが「優勢な」動物と認めるグループが必ずしも好き勝手にしていたのではないことを示している．ヘビ類は，鳥類，硬骨魚類，顕花植物，チョウや膜翅類といった昆虫類とともに，第三紀が多くのグループにとっての栄光の時代であり，それが単なる「哺乳類の時代」ではないことを例示してくれる．現生の最大のヘビは体長が6〜7mに達するコンストリクターであるが，かつて生存した中で最大のものは暁新世の北アフリカに生息しており，約9mにも達したと思われる．

● **ミミズトカゲ類 Amphisbaenia** は，穴掘りに適応した特殊な生物であり，両生類におけるアシナシイモリに相当する．多くの（すべてではないが）ミミズトカゲは肢を失い，一方でその頭は小さくなって丸い金づち状になっており，それを使って土の中を進む．アシナシイモリ同様に滅多に姿が見られないの

ニシダイヤガラガラヘビ
western diamond-back
Crotalus atrox

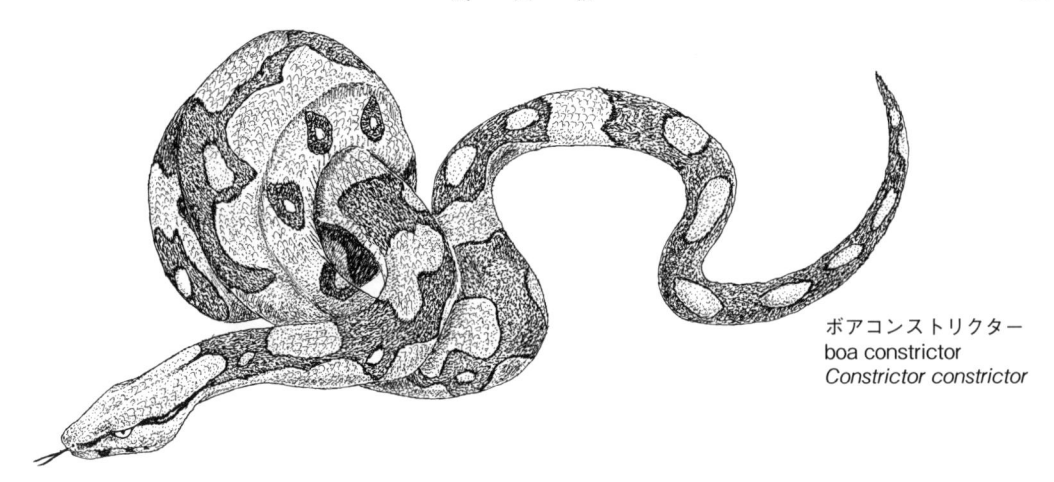

ボアコンストリクター
boa constrictor
Constrictor constrictor

ミミズトカゲ
amphisbaenid
Amphisbaena

トッケイヤモリ
Malayan house gekko
Gekko gecko

で，詳細は知られていないが，それでもおよそ140種が知られている．

- **ヤモリ類 Gekkota** のヤモリ gekko は壁を登ったり天井を横切ったりする驚くべき能力で知られている．パキスタンやインドの多くの家庭では壁の絵のうらにヤモリの家族を住まわせていて，それらはときおり飛び出しては不注意な昆虫を捕まえる．

- **イグアナ類 Iguania** は新世界のイグアナ iguana（その1つに水上を走ることのできる驚くべきバジリスク basilisk がいる），旧世界のアガマトカゲ agamid lizard，そしてカメレオン chameleon を含んでいる．

- **トカゲ類 Scincomorpha** はヨーロッパの種々のトカゲ，地中海の岩を駆け回る生物，そしてイングランドのトカゲやスナカナヘビ sand lizard を含む．

- **オオトカゲ類 Anguimorpha** はトカゲ類の中でもっとも多様な仲間である．現生のものはコモドドラゴン Komodo dragon などのオオトカゲ（オオトカゲ科 Varanidae），ヨーロッパのアシナシトカゲ（'slow worm'）などほとんどが無肢のアシナシトカゲ，有毒のアメリカドクトカゲ giant monster などを含んでいる．また白亜紀後期には，絶滅した海生アシナシトカゲの3科もいる．その中で，**モササウルス mosasaur** は圧巻である．モササウルスは頑丈な頭蓋をもつ魚類食の動物で，体長は3～10 m に達した．

しかし圧倒的な見事さ，大きさ，長く記憶にとどまるといった点で，どの動物グループも主竜形類には及ばない．

バジリスク
Basiliscus basiliscus

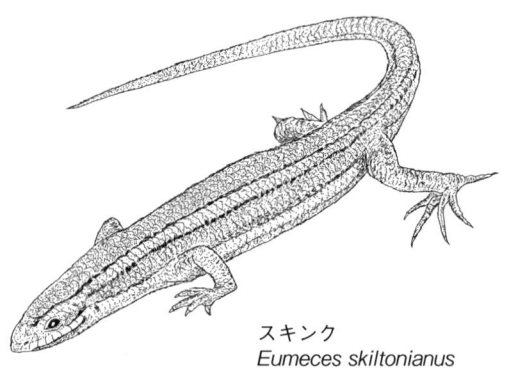

スキンク
Eumeces skiltonianus

主竜形類 Archosauromorpha

　系統樹を一瞥しただけで，主竜形類がこれまでに生存したもっとも驚異的な爬虫類のいくつかを含んでいることがわかる．すなわち，リンコサウルス類，恐竜類，ワニ類，そして飛翔する翼竜類などであり，また変形した恐竜類である鳥類も生じた．これ以外の初期のタイプのいくつかも，並はずれた多様性を示すためだけでも記述する価値がある．

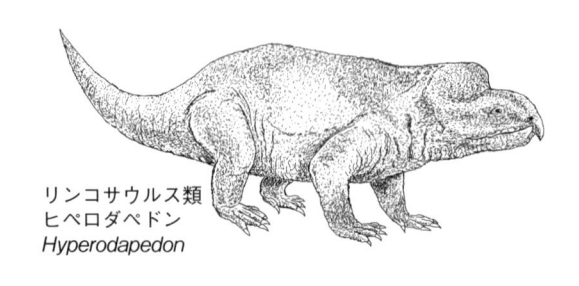

リンコサウルス類
ヒペロダペドン
Hyperodapedon

　リンコサウルス類（**リンコサウルス科 Rynchosauridae**）はここではほかのすべての主竜形類の姉妹群として示されている．かれらは三畳紀にはもっとも優勢な草食類であった．多くの地域で発見される草食類の全骨格の半分を占める．それは巨大な生物で，上から見ると三角形の頭をもち，その基部は頭の長さよりも幅が広かった．そして下顎は単一の蝶番で開閉され，前後には動かず，ペンナイフの刃のように上顎に収まる方式であった．これは「精密剪断システム precision shear system」と呼ばれている．リンコサウルス類は「ソテツシダ類」などの丈夫な植物を食うのに適応していたと思われる．また少なくともヒペロダペドン *Hyperodapedon* のようないくつかの種類では，塊茎を掘り起こすのに用いたのか，後肢に巨大な爪があった．リンコサウルス類は三畳紀を生き抜くことはなかった．

　原始竜類 Prolacertiformes はペルム紀後期に出現し，三畳紀に放散した．この仲間は2つの理由で言及する価値がある．第1にこれは途方もない動物である．少なくとも，あるものはただ何となくトカゲ風であるが，長くて硬い首を発達させたものたちがいた．中央ヨーロッパのタニストロフェウス *Tanystropheus* では首は胴部の2倍ほどの長さがあった．そしてその首はたった9個ないし12個の椎骨しか含んでいないので，柔軟性はなかったにちがいない．ただ，これらの椎骨に長い突起があったことは，強力な筋肉が付着し

原始竜類
タニストロフェウス
Tanystropheus

ていたことを示唆している．タニストロフェウスがどのような生活をしていたかは不明であるが，その歯は肉食であることを，その肢は海生であることを示唆する．それでおそらくこの動物は浅い海に生息してその長い首で魚類を追っていたと思われる．原始竜類は，**主竜類 Archosauria** という爬虫類の中でももっとも驚くべき動物の姉妹群に当たることが，特筆すべき点である．

主竜類の大きなクレード

系統樹が示すように，主竜類の大部分は**ワニ類 Crocodylotarsi** と**鳥頸類 Ornithodira** の2つの大きな系統に大別される．しかし，ワニ類や鳥頸類の固有形質をまだ獲得していなかった**基幹主竜類 basal archosaur** という初期の主竜類グループもいた．分岐論以前の古生物学者はこの基幹主竜類を槽歯類 Thecodontia というグループにまとめていた．しかし「槽歯類」はまとまりの

ない集合体であり，原始的主竜類の初期の放散を代表しているにすぎず，その1つがワニ類，また別のものが最初の鳥頸類を生じた．私は伝統的な用語を好むが，この場合は「槽歯類*」（側系統グループ）という公式の用語も，それに伴う「槽歯類的」という形容詞も排除するのがもっとも安全である（少なくとも混乱を生じない）と思う．「基幹主竜類」という用語は中立的で，この生物を正確に記述している．つまり，最初の原始的主竜類で，ワニ類や鳥頸類の祖先を含んでいる．

基幹主竜類[†] Basal archosaurs[†]

三畳紀は主としてリンコサウルス類と単弓類によって支配されていた．しかし原始的な基幹主竜類（以前は槽歯類 Thecodontia として知られていた）もかなり有力な生物であった．そして三畳紀が終わると基幹主竜類は単弓類の肉食性のニッチを引き継いだのである．

ほとんどの基幹主竜類は主竜類の標準からすると小型であった．南アフリカのプロテロスクス *Proterosuchus* は典型的である．細身で体長がおよそ1.5 m であった．その長い歯は，効率のいい捕食者であったことを示しており，おそらく小型の単弓類をエサにしていたのだろう．同時代にいた単弓類と，現生のサンショウウオやトカゲと同様に，プロテロスクスは，上腕と大腿が外向きになり，膝は常に曲がった，不格好な歩き方をしていた．しかしそれは，典型的な主竜類の形質ももっていた．丸いというより平らな歯，頭蓋の鼻

基幹主竜類
ユーパルケリア
Euparkeria

孔と眼窩の間の余分な窓（側頭窓 fenestra），第四転子 fourth trochanter と呼ばれる大腿骨の余分なこぶのような突起である．このようにプロテロスクスそれ自身はそれほどわくわくさせられる生物ではないが，人目を引く系統の初期の生物の仲間である．基幹主竜類でもっとよく知られたユーパルケリア *Euparkeria* は明らかにより進歩していた．これは体長がたった 0.5 m しかないが，可動性の足首のある長い肢をもち，四足で，もしくはそうしようと思えば二足で歩くことができたであろう．ユーパルケリアの歯は後のすべての主竜類と同じで，個別に歯槽に収まっていた．これは捕食者であった．

古代と現生のワニ類：ワニ類 Crocodylotarsi

現生のワニ類はどれも似たり寄ったりの外見をしている．典型的なものは，川岸（ときには海岸）を這っていて，体の半分は水中，半分は外にあり，あるものは魚を（ガリアルのように）捕食し，あるものは（ワニのように）通りかかった哺乳類を襲う．しかし現生ワニ類の匍匐は原始的性質ではない．かれらは，たとえ短い肢であっても，体をもち上げることもできる．かれらの祖先は，匍匐が現在の生活様式に対する二次的な適応であることを示している．

ワニ類は三畳紀に生じ，三畳紀中期から後期にかけて多くの形態へと放散した．初期の多くのタイプは二足歩行であった．三畳紀の主なワニ類の捕食者はラウイスクス類（ラウイスクス科 Rauisuchidae）であり，これはときには体長が 7 m にも達し，明らかに陸生であった．全身の形はワニ的であり，長くて太い尾をもっていたが，顎は短く，魚の捕食には適していなかったようだ．そしてかれらはその肢を，恐竜や，あるいは現生哺乳類のように，台座の支柱のようにからだの下に保っていた．

それでも多くの初期のワニ類は現生のワニ類の形態と生活様式を実際に試していた．三畳紀のインドから見つかっている原始的なフィトサウルス科 Phytosauridae のパラスクス *Parasuchus* は長い顎をもち，からだの位置が低くて，はっきりとガリアルに似ていた．しかし，その鼻腔は現生のワニ類のように水上に出るようにもち上がってはいたものの，鼻の先というよりは眼に近いところにあった．パラスクスは明らかな魚食であったが，化石の胃の内容物は，それがリンコサウルス類や原始竜類のような陸生動物も，おそらくは現生のワニ類のように水中に引きずり込んで食っていたことを示している．最初のワニは捕食者であった（爬虫類のどの新しい系統でも基幹タイプはたいてい捕食者であったらしい！）が，その後では草食のタイプも進化した．**アエトサウルス aetosaurs**（スタゴノレピス科 Stagonolepidae）は知られている最初の草食性主竜類である．そのからだも全体としてはワニ的であるが，ややずん

ガリアル
gharial
Gavialis gangeticus

ぐりしている．そしてワニ類がしっかり噛むことのできる歯列のある長い顎をもっているのに対して，短い頭と，シャベルのように先端が上を向いた鼻面をもっており，おそらくは根を掘るのに適していた．

しかし，この広範囲なワニ類の系統は，現在ではたった22種しか生き残っていない．それらは3科に分けられ，魚食のガビアル gavial（あるいはガリアル gharial）であるガビアル科 Gavialidae，ワニ類 crocodile のクロコダイル科 Crocodylidae，そしてアリゲーター alligator であるアリゲーター科 Alligatoridae である．これらの3科は近縁であり，**ワニ目 Crocodylia** の正鰐亜目 Eusuchia（「真のクロコダイル」）におかれている．ワニ目はジュラ紀に出現したが，現生の正鰐類は後発の種類であり，白亜紀後期まで出現しなかった．すべての初期ワニ類とは異なり，現生ワニ類は完全な二次口蓋をもち，哺乳類と同様に摂食と呼吸が同時にできる．これはワニのようにバッファローなどの大型の獲物を水中に引きずり込んで生きている動物にとってはきわめて都合がよい．しかしワニの口蓋は哺乳類のものとは相同ではない．正鰐類は今日でも重要な存在であるが，過去にはもっと輝かしい時代があった．白亜紀後期と第三紀には，ヨーロッパでは北はスウェーデンまで，北アメリカではカナダまで広がっており，熱帯や亜熱帯にも何ダースもの種が存在していた．ワニ類も，第三紀が哺乳類のみの時代ではないことを示している．

ワニ類の姉妹群で，主竜類の重要なもう1つのグループが鳥頸類である．このグループは，かつて生存したもっともすばらしい生物，すなわち翼竜類，恐竜類，鳥類を含んでいる．

翼竜類，恐竜類，および鳥類：鳥頸類 Ornithodira

鳥頸類は主竜類の第2の主要な系統であり，**翼竜類 Pterosauria** と**恐竜類 Dinosauria** という2大クレードに分けられる．恐竜類からは，伝統的に**鳥綱 Aves** におかれている鳥類が生じた．したがって鳥頸類は翼竜類，恐竜類，鳥類という大きな3つのエコモルフを含んでいる．

飛翔する爬虫類：翼竜類† Pterosauria†

羊膜類は真の強力な飛翔を3回，コウモリ，鳥類，翼竜類で発明してきた．多くのほかのもの，ヘビ，トカゲ，ウェイゲルティサウルス weigeltisaurs，種々のポッサム possum，リスなどは滑空を発明した．翼竜類は三畳紀後期に最初に生じ，ジュラ紀を通じてかれらの大部分は小型（カラス程度の大きさ）のままであったが，生態的には重要な魚食者であった．しかしかれらは白亜紀に文字通り放散した．たとえば，ランフォリンクス *Rhamphorhynchus* は魚を突き刺して保持するのに適応した長くて間のあいた歯をもっていた．それは，長い下嘴を水中に入れたまま水面を飛ぶ，カモメ gull やアジサシ tern の仲間のアジサシモドキ skimmer のようにして魚を捕らえた．ほかのタイプは歯をすべて，あるいはほとんど失ったが，それでも魚をすくい上げることができ，広いのどに直接その獲物を送り込んだ．プテロダウストロ *Pterodaustro* はそれぞれの顎に柔

翼竜類
プテラノドン
Pteranodon

軟な歯を何百本ともっていて，プランクトンを捕らえた．もっと陸上に適応したものもいた．ディモルフォドン *Dimorphodon* の歯は短く，おそらくは昆虫食であった．カンザスで発掘されたプテラノドン *Pteranodon* は巨大で，翼の長さは5〜8 m に及び，頭部は後方に顕著な「風見鶏」を装備して，そのためにおよそ1.8 m に達し，胴体よりも長かった．テキサスのケツァルコアトルス *Quetzalcoatlus* はさらに大きかった．翼長が推定で11〜15 m あり，あらゆる時代を通じて最大の飛翔動物である．これは第二次世界大戦中のイギリスの戦闘機であるマークⅠスピットファイアより30％大きい．

翼竜類の翼はコウモリや鳥類の翼とは興味深い対照を示す．翼竜類の翼では長く伸びた第4指から，おそらく骨盤の先端まで膜が張られていて，それがカモメのような長くて細い外観を与えていた．そして第1，2，3指は突出したまま残り，翼をたたんだときにはおそらく機能を残していた（たぶん翼竜は樹木をよじのぼることができただろう）．そのからだは短く，骨盤の骨は鳥類と同様に融合しており，なによりも骨盤の強化が重要であった．翼竜が陸上で，コウモリがよくやるように4本足で駆け回ったか，あるいは鳥類のように二足で動いたり走ったりしたか，この問いは依然として議論が決着していない．しかしかれらはコウモリや鳥類のように高い体温を維持していたようだ．少なくとも化石印象は，かれらが毛をもっていたことを示している．翼竜のたった一種でもいいから，白亜紀末の大絶滅を生き延びられていたらどんなにかよかっただろう．かれらは明らかに，魅力的な生物だった．

しかし，さらに驚くべき生物は恐竜類である．

恐竜類：恐竜上目 †**Dinosauria**†

多くの古生物学者は，恐竜類は主として表面的な類似性によって，本当は無関係な生物たちが詰め込まれた多系統グループであると議論してきた．しかしマイケル・ベントン Michael Benton などは恐竜類をクレードとして扱っており，私もここではそのようにする．恐竜類をまとめる共有派生形質は，骨盤と真にボール・ソケット関節でつながった大腿骨で，そのボールは哺乳類におけるものと同様に大腿骨の軸からある角度をもって突出している．また，後肢を哺乳類のように動物体の真下におき，体重を柱として支える配置も共有派生形質である．これは真の陸上生活を示す特徴である．多くのほかの爬虫類（トカゲも含めて）では，上肢は依然として胴体から横に張り出し，ひじやひざの部分は常に曲がっている．

便宜的に恐竜類を上目の階層におくことができる．それによって恐竜の大きなグループに目の階層を割り当てられる．それらの目は，**竜盤目 Saurischia** と **鳥盤目 Ornithischia** である．Saurischia は「トカゲ様の骨盤」を意味する．恥骨は前方を向くので骨盤全体は横から見ると三角形になる．Ornithischia は「鳥様の骨盤」を意味し，恥骨は尾に向かって後方に曲がっているので，骨盤を横から見ると，現生の鳥類のように長くて平らに見える．しかしこの類似性は表面的なものにすぎない．実際には，鳥綱は竜盤類から生じたからである．

「トカゲ様骨盤」恐竜類：竜盤目 †**Saurischia**†

竜盤類恐竜は2つの亜目，獣脚類と竜脚形類に分類される．**獣脚類 Theropoda** は多くのサブグループを含んでいる．たとえば基幹的な**ケラトサウルス類 Ceratosauria** に含まれるジュラ紀のケラトサウルス *Ceratosaurus* は大きい尾をもつ二足歩行動物で，その全体の姿は人々が一般的な恐竜を思い浮かべるときのイメージにマッチしている．肉食の**カルノサウルス類 Carnosauria** は，ティラノサウルス・レックス *Tyrannosaurus rex* や，ほっそりしてすばやく動いたオルニトミムス類 Ornithomimidae の仲間などの著名な恐竜を含んでいる．獣脚類の第3のグループは**マニラプトル類 Maniraptora** で，オヴィラプトル科 Oviraptoridae の奇妙な卵食オヴィラプトル（「卵どろぼう」を意味する）たちを含んでいる．マニ

― 爬 虫 綱*―　　　　　　　　　　　　　　　　　　　　　　　403

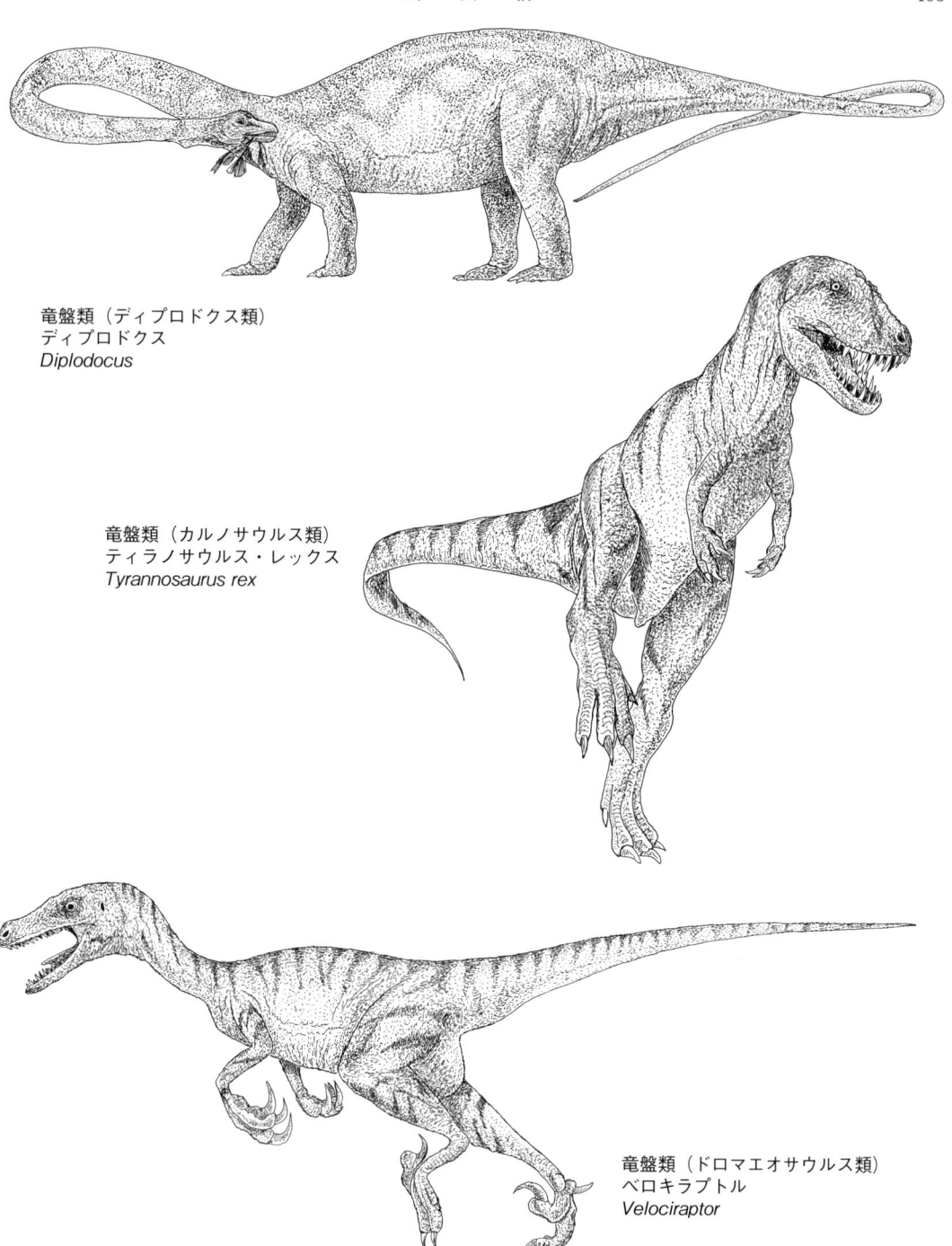

竜盤類（ディプロドクス類）
ディプロドクス
Diplodocus

竜盤類（カルノサウルス類）
ティラノサウルス・レックス
Tyrannosaurus rex

竜盤類（ドロマエオサウルス類）
ベロキラプトル
Velociraptor

ラプトル類には鳥綱の姉妹群とみなされる**ドロマエオサウルス科 Dromaeosauridae** も含まれている．つまり，鳥類はこの恐竜クレードのまっただなかから出現しているのだ．新リンネ式の階層を当てはめるなら，鳥類は，恐竜上目竜盤目のマニラプトル下目の末裔たちと考えることができる．

竜脚形類 Sauropodomorpha は原竜脚類 Prosauropoda と竜脚類 Sauropoda を含む．後者のもっとも有名な例はブラキオサウルス類 Brachiosauridae の草食性のブラキオサウルス brachiosaur たちと，ディプロドクス類 Diplodocidae

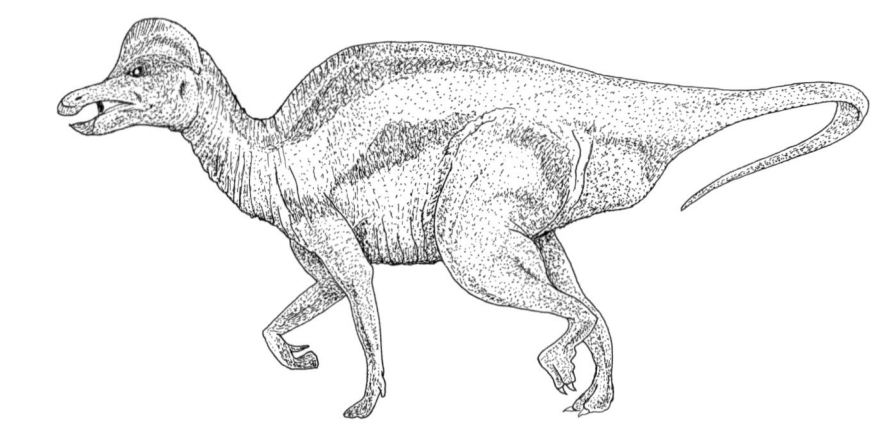

鳥盤類（ハドロサウルス類）*Corythosaurus*

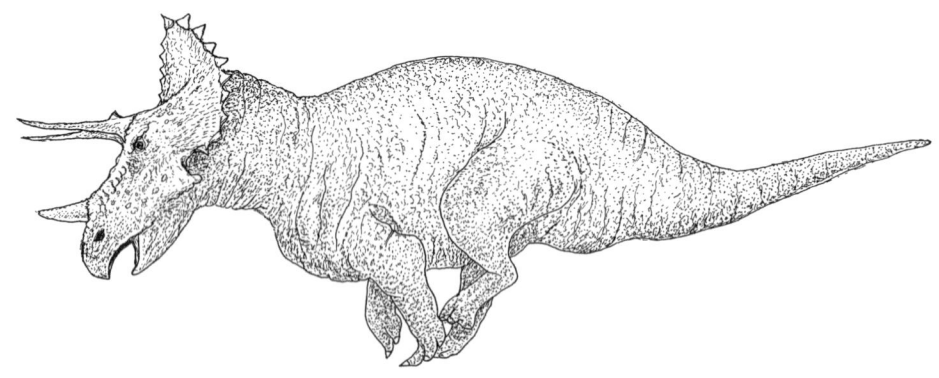

鳥盤類（角頭類）
トリケラトプス *Triceratops*

のディプロドクス *Diplodocus* である．

「鳥様骨盤」恐竜類：鳥盤目† **Ornithischia**†

　鳥盤類は表面的に鳥類様の骨盤をもち，角脚類と装楯類を含む．**角脚類 Cerapoda** は有名なイグアノドン *Iguanodon* などのイグアノドン類 iguanodont，「カモのような嘴」をもつハドロサウルス類 hadrosaur，そしてトリケラトプス *Triceratops* など大きな角のある顔をもつケラトプス類 ceratopsid を含む．**装楯類 Threophora** は大きな突起のある尾と背中に沿って配列された垂直の板をもつアンキロサウルス類 ankylosaur とステゴサウルス類 stegosaur を含む．おそらくその尾は防御に，背中の板は温度制御に用いられたのだろう．

———

　一冊の本をすべて恐竜に費やすことは簡単だろうが，それは多くの人たちがすでに行っている．恐竜がいかにすばらしくても，系統学の書物では，爬虫類という巨大な茂みの中の1本の系統の小枝にすぎない，ということを指摘しておくべきだろう．ただ，この小枝は，1億6000万年（2億2500万年前から6500万年前まで）にわたって，ほかの爬虫類すべてより断然成功することになった．主竜類が私たちに残したのが鳥類とワニ類だけなのを考えれば，とても悲しく残念である．

　以下の5つの章では，爬虫類から生じた2つの新しいクレード——およびグレード——について見ていく．系統的にいえば1つは単弓類である哺乳類，もう1つは双弓類，もっと具体的にいえば恐竜類の階層から出現した鳥類である．まず哺乳類から始めよう．

18章

哺 乳 類
哺乳綱 Class Mammalia

　哺乳類はものすごく種の数が多いというわけではない．G・E・コルベット G. E. Corbet と J・E・ヒル J. E. Hill はその古典的な『世界哺乳類種リスト *A World List of Mammalian Species*』の第3版（1991）で，4327種を現生種としてリストした．しかしからだのサイズが大きい動物は必然的に小型のものより種数は少ない．なぜなら世界はそれほど多くの個体群を受け入れるわけにはいかないからだ．それに現生種の数がきわめて少ないグループも過去にはもっと多くの種を含んでいたことが知られている．たとえば現生のサイにはたった5種しかいないが，過去5000万年の化石記録は少なくとも200種がいたことを示している．そしてその中には過去最大の哺乳類である，バルキスタン（パキスタンの1地域）の漸新世から出土するパラケラテリウム *Paraceratherium*（インドリコテリウム *Indoricotherium*，バルキテリウム *Baluchitherium* とも呼ばれる）も含まれる．私たちにはわずか2種のゾウしか残されていないが，化石によると少なくとも150種がいた．最初の哺乳類（あるいは少なくとも動物学者が哺乳類と呼ぶもの）は，およそ2億1000万年前の三畳紀後期に生じた．そしてそれ以後，現在存在する1種について少なくとも100種が存在したと考えるべき根拠がある．つまり，かつて存在した全哺乳類種は40万を超えると思われる．これは現生の既知の全甲虫カタログに匹敵する数である．

　しかし，4300程度の現生種は，最高という賛辞を受ける動物を多く含んでいる．ヒゲクジラ baleen whale はかつて生息した動物中で最大である．重さでは，もっとも巨大な恐竜さえ凌駕する．陸上動物のどれもチーター cheetah ほど速くは走れないし，いずれもイヌ dog やウマ horse ほどのスタミナはない．哺乳類のいくつかの独立した系統は驚くほどの行動の多様性と新規性をもつ生物を生み出してきた．これはその根底にある大きな知性を示唆している．そのような動物として，ブタ pig，リス squirrel，イルカ dolphin，イヌ，私たちヒトを含む多くの霊長類などがある．要するに哺乳類は脊椎動物の中で，からだの形態の点でも生活様式の点でも，もっとも多様である．小型哺乳類の標準的な体型はトガリネズミ shrew やネズミ rat のそれで，からだは低くて地面に近く，肢が四隅についているものである．しかしより大型の四肢哺乳類は，たとえばヒョウ leopard，サイ rhino，ラクダ camel，シカ deer，ゾウ elephant など幾通りもの形態を採用した．おまけに，カンガルー kangaroo，クモザル spider monkey，ヒト，クジラ whale，コウモリ bat，モモンガ flying squirrel など特別な形態をもつ特別な仲間も多い．

　このように多様で，行動が多彩であり，一般にからだも大きくて強い哺乳類が，地球上における多くの，おそらくは大部分の環境において食物連鎖の頂点あるいはその近くにいることは，少しも驚くことではない．たしかに，魚類は海ではより大きな役割をもち，鳥類は依然として空中を支配し，爬虫類はしばしば島における支配的動物である．しかし全体としては哺乳類は生態系の特徴を決める，新生代の中心的存在であった．すなわち，哺乳類以外のどの生物が生存し生き残るかを決める「鍵になる」生物なのである．

　哺乳類は現在これほど成功しているし，これほど輝かしく生き生きとしているし，化石記録からはおよそ6500万年前に恐竜類が退場した後に真

に存在感を示しはじめてきた，といったことから，動物学者と民俗学者はしばしばその歴史と重要性を誤り伝えてきた．たとえば私たちは，哺乳類はすぐれているので，恐竜を押しのけたと教えられた．恐竜はどうしようもない愚か者で，その圧倒的な巨体にはそれに見合う知性が欠けていた，などと伝承も伝えている．しかし，どちらかといえば，化石の記録は正反対の事実を示唆している．もちろん，第1に，多くの恐竜は決して愚か者ではなかったことが次第に明らかになっている．かれらはしばしば複雑な社会生活を営み，現生鳥類のようにその幼若者をよく世話した．しかし第2に，哺乳類に通じる単弓類爬虫類と恐竜を生じた双弓類はほとんど同時代に放散を始めたようだし，この2系統に限って比較すれば，双弓類の恐竜類のほうが勝利したと思われるのだ．

最終的に哺乳類に至る単弓類の系統は，恐竜が現れるよりずっと前のペルム紀後期，およそ2億5000万年前には明らかに存在した．三畳紀までに，キノドン類 cynodont として知られる，イタチやイヌのサイズの単弓類はすでに明確に哺乳類的であり，大部分の古生物学者は三畳紀後期のモルガヌコドン類 morganucodont は哺乳類として分類されるべきであると感じている．しかしこの時代には恐竜はまだその最盛期に達しておらず，それにはまだ1億5000万年を要したのである．それでも，哺乳類が恐竜と共存していた全時代を通じて，哺乳類は生態的には日陰者であり，スカンクより大きいことは滅多になく，たぶん地中や樹上の隅で，それもたいていは夜間に生活していたと思われる．恐竜を滅したものが何であるかは依然として未知であるが，隕石によって引き起こされた劇的な気候変動がもっとも有力な説とされる．このような災害の助けがなかったら，哺乳類は依然として脇道でこそこそしていただろう．

じつは，そもそも哺乳類がどのようにして，なんとか進化の道を歩めてきたかを説明することはもっと難しい．なぜならかれらこそ，恐竜類とその双弓類の仲間があれほど広く優勢になった中生代になっても，生存しつづけた唯一の単弓類のメンバーだからである．私自身の提案は（これまでこのように述べたものを見たことはないのだが），哺乳類の初期の，そしてその後もつづいた成功は，その**恒温性 homoiothermy**にあるというものである．初期の哺乳類が，今日のイヌやヒトがそうであるように，常に「温血性」であると仮定する必要はない．おそらくかれらの一般的な体温は（カンガルーなどの有袋類のように）低かったかもしれないし，その体温を変動させ，ときには（今日のナマケモノなどの貧歯類のように）低下させたかもしれない．しかしかれらは初期の段階から，爬虫類や昆虫類などの「変温動物 poikilotherm」のように駆け回ることによってではなく，まさに熱の供給の用途のためにエネルギーを産生することで，環境よりもかなり体温を上げられた，と仮定することができるだろう．それによってかれらは夜間に餌探しができるようになり，ほとんどが昼行性の双弓類との競争を避けられた．現生のコウモリは，同じような理由から夜行性であることを余儀なくされているようだ．もしかれらが昼間に飛翔すれば，（それ自身が双弓類恐竜の系統に属する）捕食性の鳥類に捕まってしまうからである．

多くの証拠がこの見解を支持している．第1に，化石骨からしかわからないことであるが，今はなきキノドン類でさえ毛皮をもっていたと思われる．三畳紀のトリナクソドン *Thrinaxodon* のようなキノドンはその鼻面の周囲に小さい穴をもっていた．一部の動物学者が示唆しているように，これは現生哺乳類のものと類似しており，ほおひげに神経と血管を伝えていたのかもしれない．つまり，トリナクソドンとその仲間は，毛の変形したほおひげをもっていた可能性がある．毛の第1の機能は熱を保持することである．毛を生やすにはコストがかかる．からだが内部から暖められないと，それは何の役にも立たないだろう．これは推測ではあるが，納得のいく説明である．

初期哺乳類が温血性であったことの，これほど直接的ではないがもっと目につく証拠は，キノドン類の爬虫類的状態から真の哺乳類にまでいた

る，下顎と歯の一定方向の進化が提供してくれる．爬虫類の下顎はいくつかの骨から構成されているが，（ジュラ紀中期以後の）哺乳類のものは，**歯骨 dentary**[註1]という1個の骨からなる．1個の骨からなる構造のほうが強いように思われる．哺乳類下顎の単一の歯骨はついで，頭蓋と咬み合うための新しい突起，すなわち下顎頭 condylar を進化させた．キノドン類と哺乳類はまた，下顎を閉じるための強力な筋肉である**咬筋 masseter**を歯骨の外側に新たに進化させた．この筋肉は，顎が単一の蝶番で支えられているときのように上下のみに動くのではなく，横向きにも動くことを可能にしている．歯の摩耗状態からすると，おそらく最後の種類を除けば，キノドン類が顎を横向きに動かすことはなかったようだ．しかし哺乳類は横方向にも動かせる．同時に哺乳類の歯は，爬虫類のものより特殊化していて，その表面が咬み合う，すなわち**咬合する occlude**ようになっている——つまりぴったり合った粉ひきうすのように，効率のよいすりつぶし表面となって互いに咬み合っているのである．おそらく，歯が互いによく整列する必要があったので，哺乳類は生涯に2組の歯だけをもつのが普通になった——「**乳歯**」**deciduous tooth**と永久歯である．一方，爬虫類は一生を通じて歯を失いながらそれを補うのが普通である．それに加えて，キノドン類は口腔と鼻腔の間に完全な二次口蓋 secondary palate を進化させた．もともとこの口蓋は，管状の鼻を強化するためだけに役立っていたのだろうが，哺乳類には食物を噛みながら同時に呼吸できる，という余禄をもたらした．これは口蓋を欠く爬虫類にはできない芸当である．

【註1】祖先爬虫類の顎の骨の1つである関節骨は，今では哺乳類の中耳の**槌骨** malleus になっている．これは鼓膜の音を内耳に伝える3つの骨の1つである．もう1つの哺乳類の中耳の骨である**砧骨** incus は爬虫類の上顎にある方形骨に由来する．第3の**鐙骨** stapes は爬虫類も含むすべての四肢動物に共通である．

こうしてあれこれ考えてみると，哺乳類の摂食装置は爬虫類より強力であり，驚くほど効率がいい．食物を飲み込む前にもっと徹底的に処理するのである．それは，哺乳類が恒温性であり，恒温性は変温性より多くのエネルギーを必要とするからである（だから，現生の哺乳類は，同程度の体重の現生爬虫類の10倍の食物を必要とするのが普通である）．したがって恒温性は高くつく．しかし，ライバルたちが冷えて動きを止めてしまっている夜間に餌探しをすることで生存の道が拓けるなら，自然選択はそれに有利に作用するであろう．

哺乳類がまず，毛をもった準温血性の夜間摂食者として進化したという概念には，多くの事実が整合するように思われる．第1に，夜間の動物は嗅覚を大いに利用する傾向がある．哺乳類は全体としては嗅覚にすぐれている．皮脂腺はしばしば香腺としてはたらくが，これは哺乳類に典型的なものである．これは現生両生類の皮膚腺と（少なくともおよそは）相同である（そして現生爬虫類や鳥類ではほとんど消失している）．毛皮は匂いには有用な助けになる．分泌物は体毛から風に乗って効率よく広がっていく．哺乳類はその名のように，ミルクを産生することで知られている．それによって幼い子どもに哺乳する．現生哺乳類のもっとも原始的な単孔類 monotreme のカモノハシ platypus やハリモグラ echidnas は，その祖先である爬虫類を思い起こさせるかのように今でも卵を産むが，それでも子どもに哺乳する．ただ，かれらには乳首がなく，赤ん坊は母親の体表から栄養分をなめとらなければならない．教科書は普通，乳腺が汗腺から進化したと示唆しているが，哺乳は哺乳類全体にいきわたっている一方で，汗をかくこと（少なくともからだを冷却する目的の発汗）は必ずすべてにあるわけではない．私は，乳腺と汗腺はどちらも香腺から進化したのであり，哺乳類では匂いの機能が最初に進化したと考えるほうが，はるかに確からしいと思っている．現在の人間は体臭を減らそうと努めるが，私たちの祖先はそうでなかった．そして私には，ヒトの大人の体毛がもっとも匂いの強い体部に生えてくるのは，決して偶然ではないように思われる．それはあたかも初期の哺乳類が匂いで自らを

誇示しようとした「欲求」が，今の私たちの潔癖性にもかかわらず，いまだに私たちとともにあることを示しているかのようである．

最後に，哺乳類の頭蓋より後ろにある骨格も，さまざまな特別の特徴をみせる．たとえば，爬虫類の肢は，原始的な形として，現在のトカゲの肢のように胴体から横に広がっているが，哺乳類の肢は胴体の下におかれている．このことを可能にするために，哺乳類は肢帯の関節の角度を変え，その肢の関節群についても形を変えてきた．こうした哺乳類は体重を直接その脚にかけるようになり，このことは大型動物では大きな機械的利点をもたらしている．さらに，トカゲが走るときには，その胴体を横方向にくねらせなくてはならず，それが肺を効率よく満たすさまたげになっているが，哺乳類ではそうしたくねりは不要なので，走りながらでも完全な呼吸ができる．

哺乳類は，その起原が何であれ，その進化を推し進めた力が何であれ，恐竜のいなくなった世界で見事に成功したことは明らかである．哺乳類は，南極から北極まで，天空から大洋の最深部まで，利用可能なあらゆる生息場所で，飛翔者，泳者，走者，穴掘り者，そしてなにより思考者などのすべてを生み出した．系統樹はすべての現生の目と，すでに絶滅した系統の主要なものを示している．これは主として，ニューヨークのアメリカ自然史博物館のマイケル・ノヴァセック Michael Novacek，カリフォルニア大学サンタバーバラ校のアンドレ・ワイス André Wyss，ロードアイランドのブラウン大学のクリスティーヌ・ジャニス Christine Janis との会話およびかれらの論文に基づいている．またジョン・G・フリーグル John G. Fleagle のすばらしい『霊長類の適応と進化 Primate Adaptation and Evolution』（第 2 版，1999）からも引用している．

哺乳類へのガイド

1945 年に出版されてその後に大きな影響を与えた，アメリカの古生物学者ジョージ・ゲイロード・シンプソン George Gaylord Simpson（1902～84）の教科書も含めて，哺乳類の伝統的な分類では哺乳綱は原獣類と獣類という大きな 2 つの亜綱に分けられていた．原獣類 Prototheria には単孔目（カモノハシ目）という唯一の現生グループが含まれている．これはアヒルのような嘴をもつカモノハシ platypus とハリモグラ echidnas の（2 属の）2 種のみによって代表される目である．これらは卵を産んで孵化したての子どもを袋に入れて育む．**獣類 Theria** は，しばしば「下綱」の階層におかれる 2 つの大きなグループを含む．第 1 は**後獣類 Metatheria** で，有袋類という唯一の目を含む．したがって後獣類は単に有袋類といってもよいくらいだ．有袋類はまだ発生のごく初期の子を産んで，（決してすべてではないが）多くは子を袋に入れて育てる．獣類の第 2 のグループは**真獣類 Eutheria** で，子を産み，それは一般に出生時には有袋類より発生が進んでいる．ときにはほとんど誕生の瞬間から，（ロバの子のように）機敏で活発である．

【訳註】日本では，文部科学省の「学術用語集」によって，動物名，とくに脊椎動物の目名が伝統的なものから大幅に変わった．霊長目がサル目に，齧歯目がネズミ目に，食肉目がネコ目に，などである．本書では基本的に伝統的な用語を採択したが，一部ではこれら新しい用語も付記してある．

この伝統的な分類は今では大きく修正されている．「獣類」は依然として成り立っていて，亜綱とみなされうる．いずれにしてもこれは真のクレードである．なぜなら有袋類と真獣類は明らかに近縁であるし，実際に，白亜紀初期（およそ 1 億 2000 万年前）の南北アメリカから，きわめてそれらしい共通祖先と思われる化石が出るからである．したがって有袋類と真獣類はいずれも，そのころに出現したということができる．

しかし「原獣類」はもはや公式のタクソンとはみなされない．中生代の化石から，少なくとも8つの明らかに非獣類哺乳類の系統が知られている．このうち単孔類は今でも私たちとともにいる．一方，絶滅した仲間でもっとも有名なのはモルガヌコドン類と多丘歯類である．大部分の絶滅系統は数個の歯と顎からのみ知られている．しかしそれらは，かれらがたしかに哺乳類であることや，互いに異なっていることを示すのに十分である．ただ，かれらはどれも小型で，「トガリネズミ様」と呼ばれる一般的な哺乳類の形態をしていたので，よく似ていた．動物学者は伝統的に絶滅タイプはどれも卵生であると仮定してきた．だが，多丘歯類のようなものでは，もしかすると胎生を発明していたとしてもおかしくない（胎生は爬虫類と同様に，哺乳類でも何回か現れたのかもしれない）．いずれにしても「原獣類 Prototheria」はきちんとしたクレードではない．しかし小文字で始める「原獣類 prototheria」は，「（ゆるく定義された）獣類ではない哺乳類」を意味する日常語として使うことができる．

また明らかに，子を産むということは哺乳類グループ全体に当てはまる明瞭な性質の1つではない．歴史上の大部分の哺乳類の系統は，おそらく卵生であっただろう．はっきりと胎生である獣類は8つないしそれ以上の系統の中の1つにすぎない――それは現生鳥類が鳥綱の少なくとも8つの異なる系統の1つにすぎないのと同様である．哺乳類が全体としてどのようなものかの感覚をつかむために，非獣類を簡単に見ておく必要がある．

哺乳類世界の周辺：非獣類 Non-therians

哺乳類世界の周縁に接するように――哺乳類に含めたがる人とそうでない人がいるが――**モルガヌコドン類 Morganucodonta** がいる．これは三畳紀後期に中国とヨーロッパで生じ，ジュラ紀後期まで世界各地に存続した．このグループ名のもとになった属はモルガヌコドン属 *Morganucodon*（*Eozostrodon* ともいう）であり，頭部を

モルガヌコドン類
メガゾストロドン
Megazostrodon

除くその骨格の大部分は未知である．しかし近縁の南アフリカ産のメガゾストロドン *Megazostrodon* の骨格はもっとよく知られていて，どちらも真の哺乳類のように――実際，現生のトガリネズミのように――行動し，見かけも似ていたと思われる．しかしその頭蓋と歯はいくつかの特徴的な，おそらく原始的な性質をもっている．たとえば，爬虫類の下顎にあった歯骨の後ろの骨が依然として歯骨に付着していて中耳には取り込まれていない．けれどもモルガヌコドンはおそらく毛をもっていて，現生哺乳類と同様に幼若動物に哺乳した．

単孔目（カモノハシ目）Monotremata は今でも私たちとともにいる．カモノハシ（カモノハシ科 Ornithorhynchidae，英 platypus）とオーストラリアの2種類のハリモグラ（ハリモグラ科 Tachygossidae，英 echidnas）である．既知のもっとも古い化石は白亜紀の歯の化石であるが，かれらはジュラ紀中期に出現したと思われる．かれらは，（哺乳類は子を産むという考えを脇においておけば）哺乳類の識別に使われる特徴をすべ

単孔類（カモノハシ duck-billed platypus）
Ornithorhynchus anatinus

18・哺 乳 綱

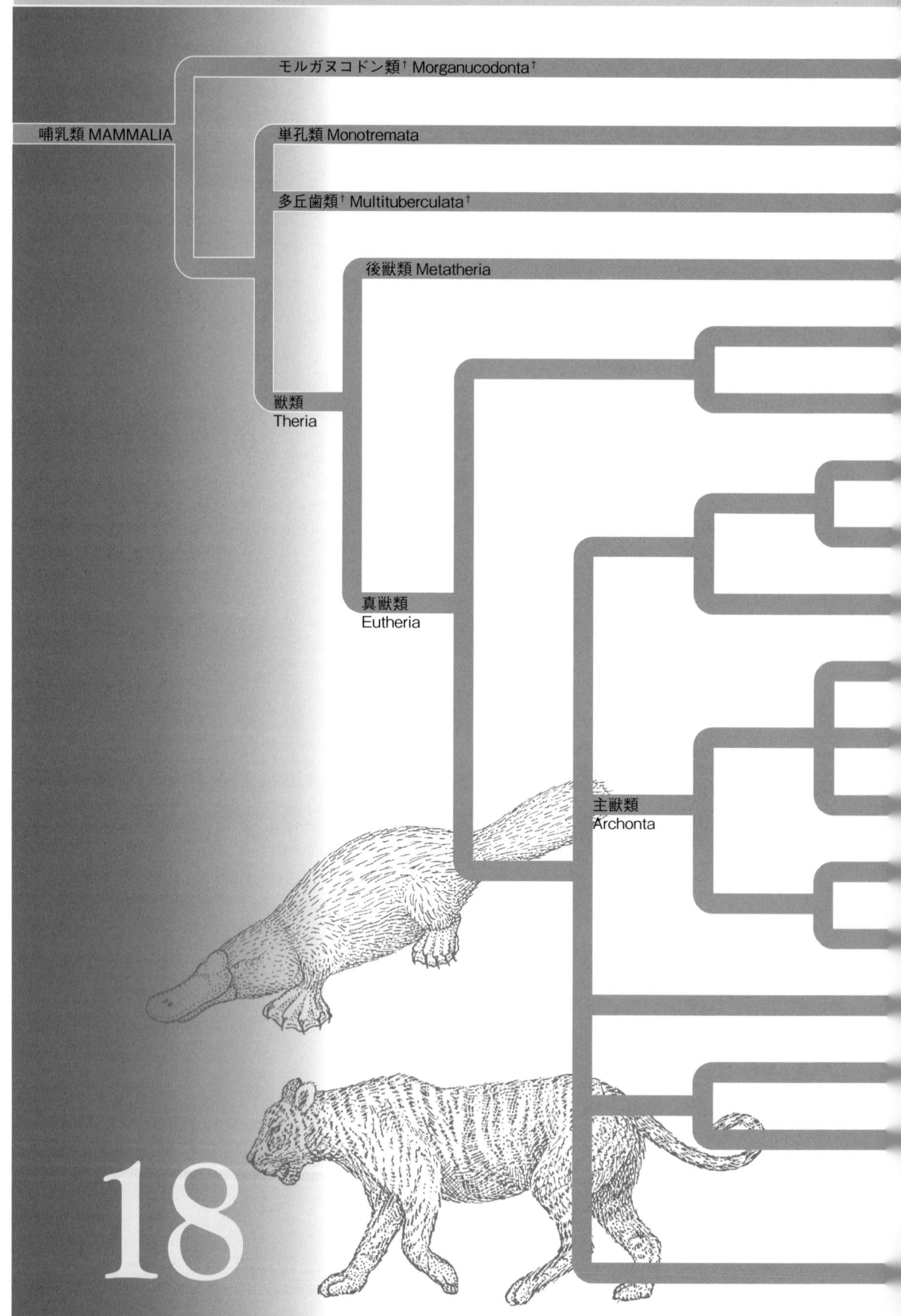

哺乳類 MAMMALIA
モルガヌコドン類† Morganucodonta†
単孔類 Monotremata
多丘歯類† Multituberculata†
後獣類 Metatheria
獣類 Theria
真獣類 Eutheria
主獣類 Archonta

18

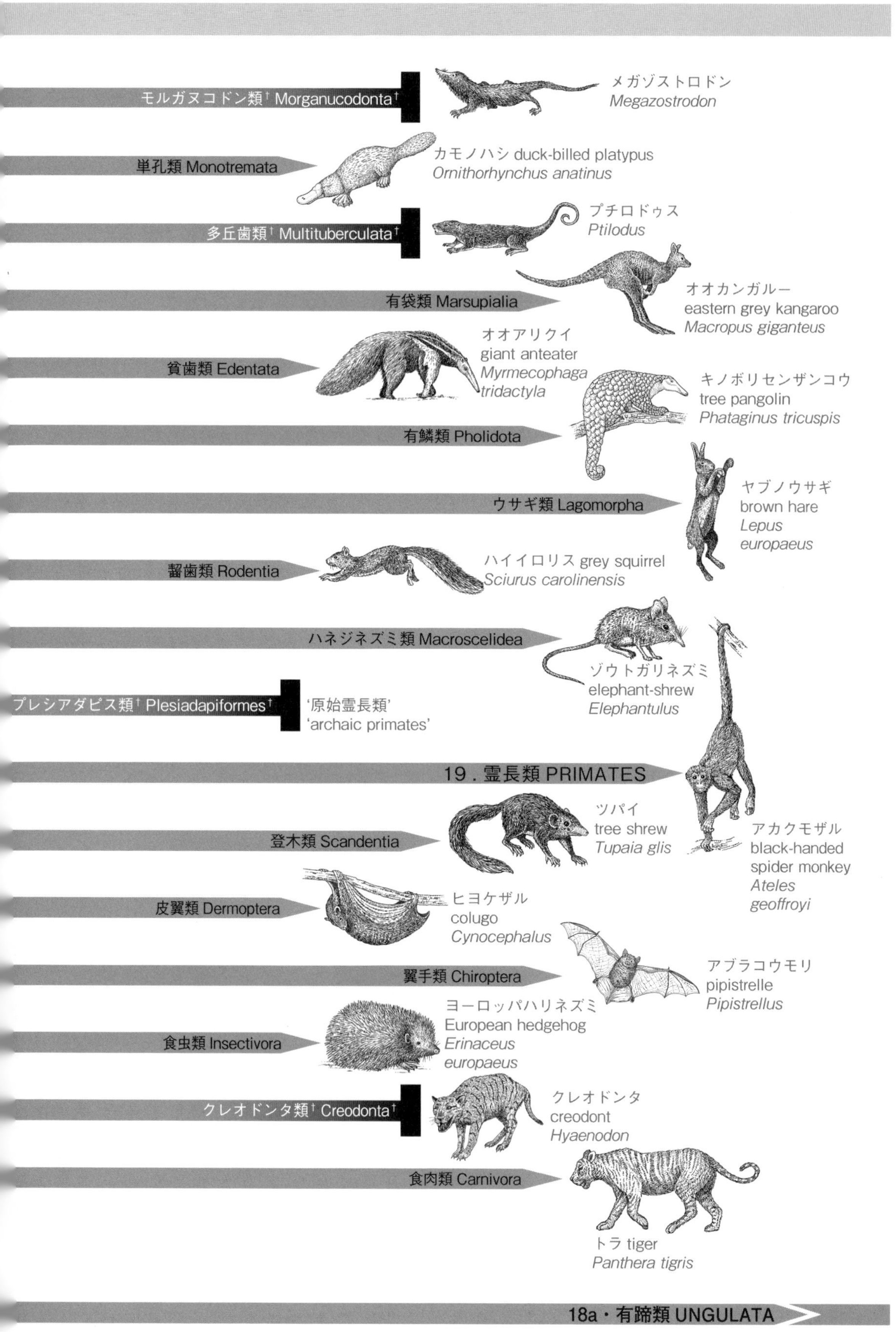

モルガヌコドン類† Morganucodonta†		メガゾストロドン *Megazostrodon*
単孔類 Monotremata		カモノハシ duck-billed platypus *Ornithorhynchus anatinus*
多丘歯類† Multituberculata†		プチロドゥス *Ptilodus*
有袋類 Marsupialia		オオカンガルー eastern grey kangaroo *Macropus giganteus*
貧歯類 Edentata		オオアリクイ giant anteater *Myrmecophaga tridactyla*
有鱗類 Pholidota		キノボリセンザンコウ tree pangolin *Phataginus tricuspis*
ウサギ類 Lagomorpha		ヤブノウサギ brown hare *Lepus europaeus*
齧歯類 Rodentia		ハイイロリス grey squirrel *Sciurus carolinensis*
ハネジネズミ類 Macroscelidea		ゾウトガリネズミ elephant-shrew *Elephantulus*
プレシアダピス類† Plesiadapiformes†	'原始霊長類' 'archaic primates'	
19. 霊長類 PRIMATES		
登木類 Scandentia		ツパイ tree shrew *Tupaia glis*
		アカクモザル black-handed spider monkey *Ateles geoffroyi*
皮翼類 Dermoptera		ヒヨケザル colugo *Cynocephalus*
翼手類 Chiroptera		アブラコウモリ pipistrelle *Pipistrellus*
食虫類 Insectivora		ヨーロッパハリネズミ European hedgehog *Erinaceus europaeus*
クレオドンタ類† Creodonta†		クレオドンタ creodont *Hyaenodon*
食肉類 Carnivora		トラ tiger *Panthera tigris*

18a・有蹄類 UNGULATA

18a ・ 哺乳類・有蹄類

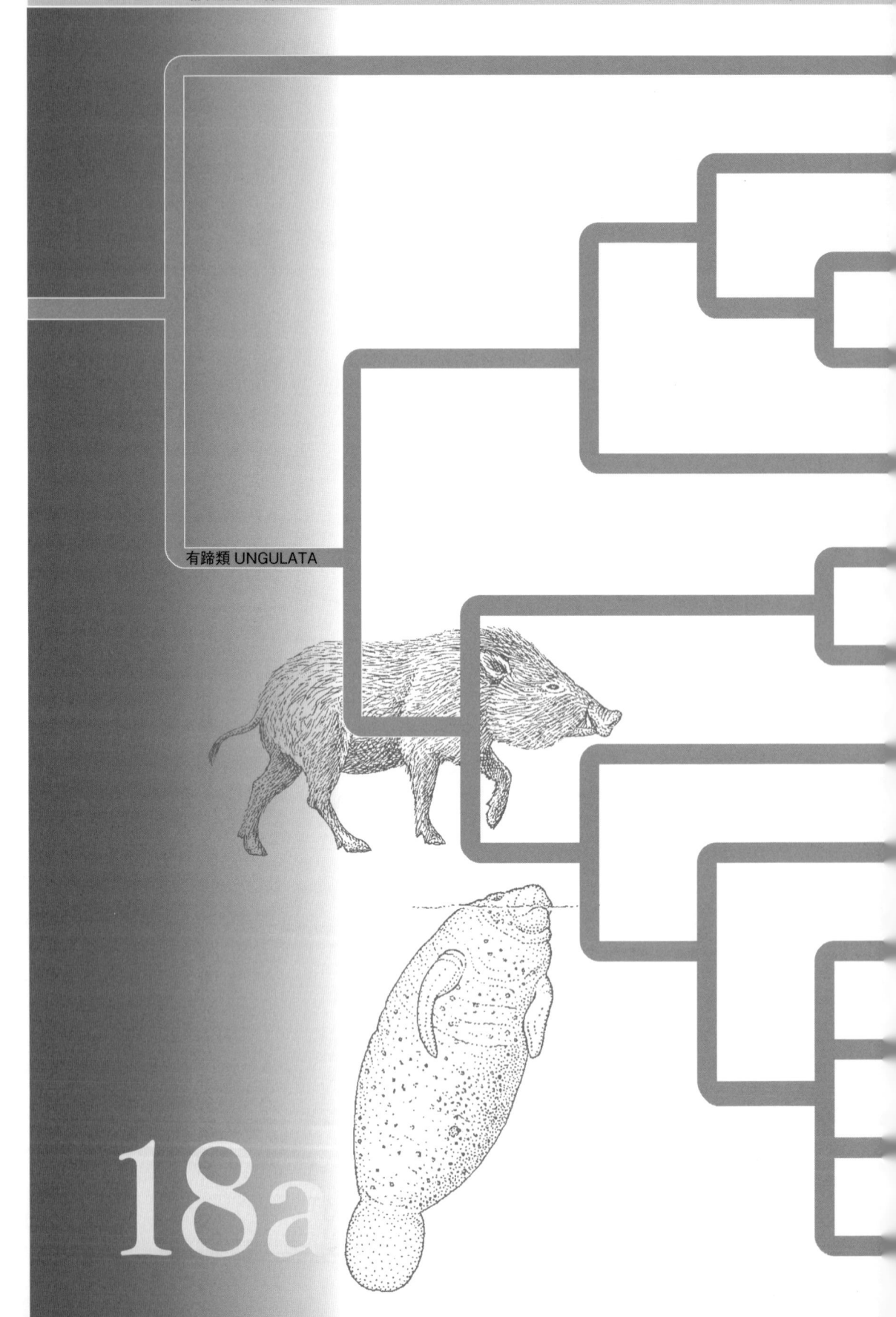

有蹄類 UNGULATA

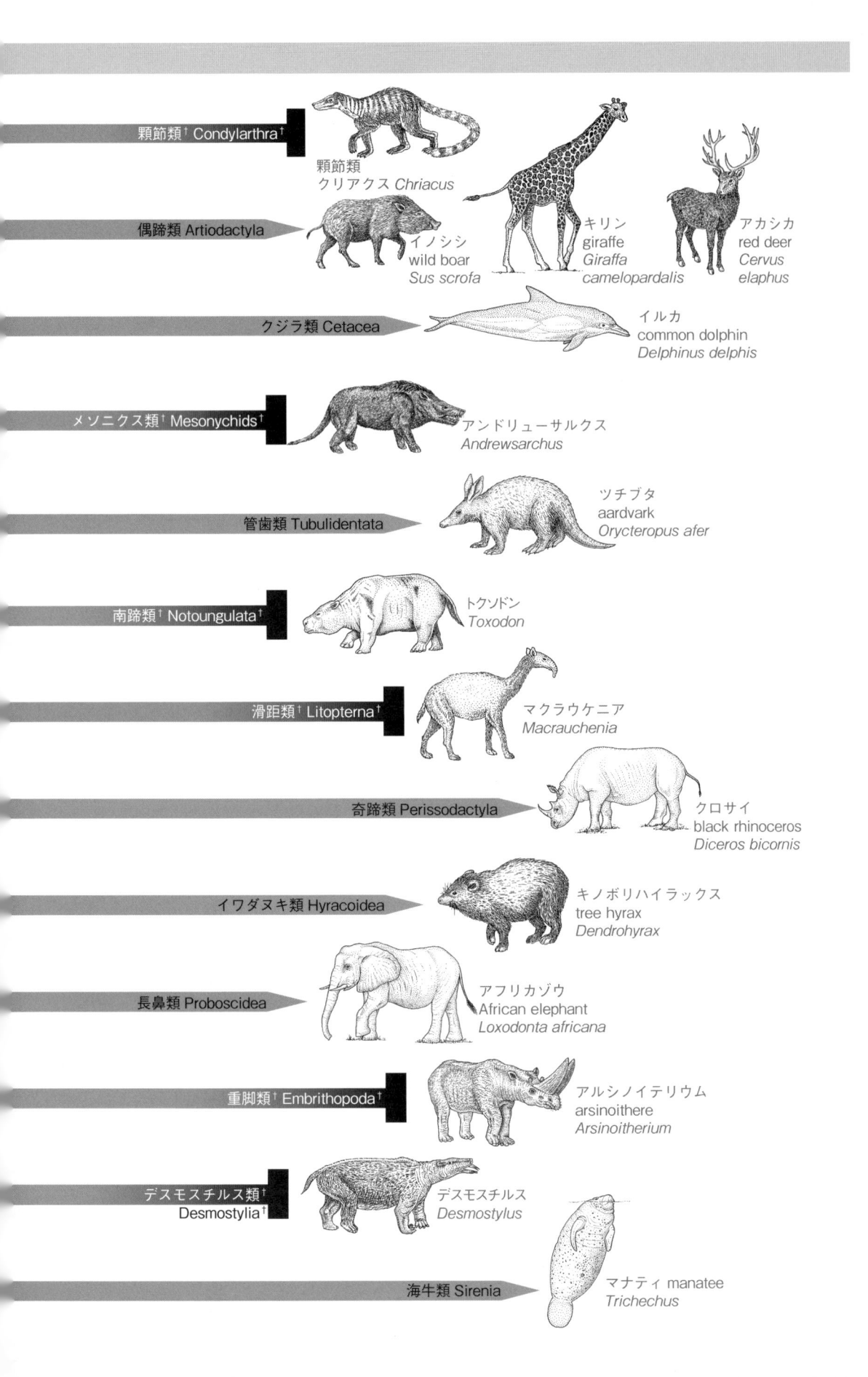

顆節類† Condylarthra†	顆節類 クリアクス *Chriacus*
偶蹄類 Artiodactyla	イノシシ wild boar *Sus scrofa* / キリン giraffe *Giraffa camelopardalis* / アカシカ red deer *Cervus elaphus*
クジラ類 Cetacea	イルカ common dolphin *Delphinus delphis*
メソニクス類† Mesonychids†	アンドリューサルクス *Andrewsarchus*
管歯類 Tubulidentata	ツチブタ aardvark *Orycteropus afer*
南蹄類† Notoungulata†	トクソドン *Toxodon*
滑距類† Litopterna†	マクラウケニア *Macrauchenia*
奇蹄類 Perissodactyla	クロサイ black rhinoceros *Diceros bicornis*
イワダヌキ類 Hyracoidea	キノボリハイラックス tree hyrax *Dendrohyrax*
長鼻類 Proboscidea	アフリカゾウ African elephant *Loxodonta africana*
重脚類† Embrithopoda†	アルシノイテリウム arsinoithere *Arsinoitherium*
デスモスチルス類† Desmostylia†	デスモスチルス *Desmostylus*
海牛類 Sirenia	マナティ manatee *Trichechus*

てもっている．

　しかし中生代の最大の哺乳類グループは**多丘歯目 Multituberculata** であり，これはゆうに新生代の始新世まで生き残っていた．かれらは全体的には齧歯類様の雑食性の動物であり，その当時の標準からするときわめて多様性に富んでいた．プチロドゥス *Ptilodus* の外見はリスに似ていて，リスと同様に後肢を後ろに向けることができたので，頭を下にして樹から下りることができた．しかしリスよりはむしろキンカジュウ kinkajou に似て，枝をつかむことのできる巻尾をもっていた．さらに多丘歯類は咬頭（小突起）のついた何列もの歯列ももっていた——歯列はときには長く，それで個々の歯はくしのように見えた．かれらが卵生であったか子を産んだかは不確かである．しかしその骨盤は狭く，現生の有袋類のようにとても小さくて未熟な子を産んだことが示唆される．

　さらに，多丘歯類が単孔類より獣類に近かったのか，それとも｛単孔類＋獣類｝の姉妹群だったのかも明らかではない．多丘歯類を研究しているポーランドのゾフィー・キーラン＝ジャワロフスカ Zofie Kielan-Jawarowska は，多丘歯類は内耳の蝸牛管が爬虫類のようにコイル状になっていないのに対して，単孔類の蝸牛管は半回転，獣類のそれは2回転半しているので，多丘歯類は単孔類より原始的であると考えている．しかし肩帯の証拠からは，多丘歯類は獣類に近い．アンディ・ワイスは，自分が頭部の証拠を有利に見がちだといっている．頭部の形態はおそらく頭部より後ろの骨格より保守的である必要があるからである．多丘歯類はずっと昔に絶滅したので，分子生物学的手法はこの議論の助けにはならない．本章に付した系統樹では，単孔類，多丘歯類，獣類を3分岐として描いている——疑問の余地があるときには，安全で賢明な示し方である．

　最後に，動物学者のなかには，哺乳類がきわめてなめらかにキノドン爬虫類につながるので，哺乳類というクレードの境界を定めるのは困難であると感じている人もいる．したがってかれらは，哺乳類という用語を現生の哺乳類に限定し，絶滅「原獣類」を「哺乳類型類」と呼ぶことを好んでいる．しかしもし絶滅した多丘歯類が単孔類よりも獣類に近いとすると，今日の哺乳類は多系統になってしまう（たとえ多丘歯類が，単孔類から獣類の間のどこかに枝を伸ばしているクレードであったとしても，定義によって哺乳類から多丘歯類が除かれることになるからである）．動物学者のなかには，ここに示したように，モルガヌコドンや多丘歯類などの絶滅した原獣類をすんなりこの綱に入れて哺乳類として定義することに満足する人たちもいる．

　「原獣類」は中生代にもっとも普通の哺乳類であったが，白亜紀以後，だんだんと支配的になったクレードは獣類であった．獣類は新生代を「哺乳類の時代」にした立役者である．

子を産む動物：獣類 Theria

　「獣類の therian」という用語は，子を産むことそのものではなく，産むための特別なやり方を意味している．つまり，胚は出産の前に胎盤 placenta を通じて子宮で養われるのである．有袋類と真獣類はどちらも胎盤をもっている．真獣類だけを「胎盤哺乳類」と呼び，有袋類は胎盤をもたないかのようにいうのは完全な間違いである．しかしこの2グループの間には重点のおき方に違いがある．そもそもどちらも子は最初は子宮で育てられて，出生後は哺乳で育てられる．また，どちらのグループも，出産は都合によって移動できる祝日のようなものだ．つまりある場合には（たとえばウマのように）胎児は相当に発達するまで子宮内で発生し，そのことは哺乳期の重荷を相当に

多丘歯類
プチロドゥス
Ptilodus

減らす．またある場合には，胎児はまだきわめて未熟な状態で生まれ，出産から自分で餌をとれるようになるまでの期間のすべての栄養が哺乳によって供給される．しかし，一般的には，有袋類ではこのバランスが早めの出産に大きく傾くのに対して，真獣類では胎盤期の貢献がずっと大きいのが普通である（ただし，クマなど，きわめて未熟な子を産むものもいる）．

たしかに，一部の有袋類では，胚は子宮内で長い時間を過ごし，妊娠が長期にわたるようにみえる場合もある．しかしこのような有袋類（たとえばカンガルーやワラビー）では，子宮内での発生が単に**休眠 diapuse** に入るだけ，つまり若い胚がときには数カ月も静止状態に入るだけである．子宮での成長が再開されると，その成長は普通数日しかつづかない．しかしこの短い期間に，胚は，真獣類哺乳類と同様に胎盤から養分をとる（ただし有袋類の中には胎盤の構造が真獣類より単純なものもいる）．有袋類には子の生後，それを巣においたり，背中に背負ったりするものもいるが，カンガルー kangaroo，ウォンバット wombat，コアラ koala，肉食のタスマニアデビル Tasmanian devil，フクロネコ quoll など大部分の現生グループでは，子を腹部の育児嚢にずっと入れておく．子はそこでほとんど常に乳首に吸いついている．

有袋類と真獣類は大きく異なっているが，それでも明らかに共通祖先を共有していた．かれらはともに獣類の系統を構成しているので，獣類は真のクレードである．モルガヌコドン類と多丘歯類はよく似ている（それは単にかれらの体型がより一般的な原始型であるからである）とはいえ，有袋類と真獣類の系統的差異は，一見すると似ているモルガヌコドン類と多丘歯類の差よりはるかに少ない．有袋類と真獣類の共通祖先は，どうやら白亜紀の初期，およそ1億2000万年前には生息していたらしい．このことは当然，有袋類と真獣類自身もそのころに出現し，5000万年以上も恐竜類と一緒に生きていたことを意味する．実際，現生真獣類のいくつかの目，齧歯類，重歯類（ウ

サギなど），霊長類，そして原始的な貧歯類は，まず間違いなく恐竜が絶滅するよりずっと以前に出現していた．私は，白亜紀の草食恐竜が汁気の多い葉を求めて樹冠を探しているその鼻先で，世界最初のリスのような霊長類が文句をいっている図を想像するとうれしくなる．

有袋類 marsupial：後獣類 Metatheria

現生の有袋目 Marsupialia の282種のうち1種を除いてすべてのものがオーストラリア，ニューギニア，そして南アメリカだけに生息している．例外は，北アメリカにいるアメリカのオポッサム科 Didelphidae の1種である．実際は，ニュージーランドのオポッサム possum やイングランドのペンニンヒルにいるウォンバット wombat のように，そのほかの地域に生息する有袋類も少しはいるが，これらは人間によってもち込まれた（「導入された」）のである．

有袋類の特別な自然分布は，かれら自身の移住と，大陸が静止していないという事実によっている．実際，大陸は長い時間の間に地球の表層を活発に移動しているのである．有袋類は白亜紀初期に現在の北アメリカを形づくっている陸地で誕生したと考えられている――少なくとも，最古の有袋類化石がそこで見つかっている．しかし白亜紀初期には，世界のすべての大陸は北方の**ローラシア Laurasia** と南方の**ゴンドワナ Gondwana** という2大大陸に集合していた．現在の北アメリカは，グリーンランドやユーラシアとともにローラシアの一部にすぎなかった．一方ゴンドワナは，今日の南アメリカ，アフリカ，マダガスカル，インド，オーストラリア，ニューギニア，ニュージーランドおよび南極大陸に当たる大陸塊を含んでいた．有袋類は何らかの方法で――すでに失われた一時的な陸橋を通るか，あるいは植物などのマットを「いかだ」のように用いるかして――ゴンドワナにたどり着いたのである．少なくとも化石記録は，かれらが南アメリカと南極大陸を経てオーストラリアに到着したことを示してい

るようである（有袋類がヨーロッパとアジアを経てオーストラリアに到着したという別の仮説もある．しかしこれは現在では適切ではないと考えられている．ヨーロッパやアジアにもいくつか有袋類の化石が発見されているが，それらはアフリカのものも含めて，始新世になってグリーンランド経由でユーラシアにきた北アメリカの仲間たちと思われる）．

ゴンドワナは白亜紀以前，ジュラ紀にはすでに分裂を始めていた．ただオーストラリアは始新世まで南極大陸から分離しなかったし，南アメリカは中新世初期，およそ2500万年前まで南極大陸に結合していた．ゴンドワナの分裂後，南極大陸は（考えうるかぎり南に当たる）南の極地に残り，ほかの断片は北に移動した．アフリカは中東を介してアジアと接触していた（またジブラルタルを介していることもあった．海面がときに沈降してジブラルタル海峡が干上がったことがあるからである）．一方，インドは勢いよくアジアに衝突してその正面の陸地を隆起させ，それがヒマラヤ山脈となった．しかしオーストラリアは島――いわば「島大陸」――のまま残り，過去4000万年にわたって孤高の独立性を保っていた．しかしオーストラリアはときどきニューギニアと結合し（どちらも同じテクトニックプレート上にある），この両者が最後に分離したのは，最後の氷河期が終わった1万年前より最近のことである．南アメリカはおよそ2500万年前から350万年前（鮮新世中期）まで島として独立していた．その後ようやく，パナマ地峡によって北アメリカと接触した．この会合によって**大交換 Great Interchange**が可能になり，このとき，多くのアメリカの動物が北から南へ押し寄せた．これは全地球的な冷却期における赤道に向けた移動であり，南から北への移動は比較的少なかった．

ゴンドワナ由来の大陸のうち，南アメリカ，オーストラリア，ニューギニアのみが野生の有袋類をもっている（南極大陸には完全な陸上脊椎動物は生息していない）．オーストラリアと南アメリカの2つの有袋類のグループは，互いに完全に分離し，世界のほかの地域とも事実上隔離されて進化した．この2つの島大陸は，白亜紀以後，同じ大陸塊の一部であったことはないからである．今日の有袋類は極度に多様であって，私を含めて多くの動物学者は，かれらを本当に同じ1つの目に押し込めるべきなのか，これが南を軽視した北中心主義の反映にすぎないのではないかと疑問に思っている．しかし，明らかな解剖学的，生態学的多様性にもかかわらず，分子レベルの証拠によれば――かれらの歴史からすれば驚くべきことではないが――有袋類内の大きな区分は南アメリカとオーストラリアの種の間に存在する．ちなみに，北アメリカに1種だけ存在するオポッサムは，最初の有袋類がただ生き残っただけの子孫ではない．これは鮮新世に南アメリカと北アメリカの2大陸が接触した後で，南から北に移住したものであり，北アメリカで知られている最古のオポッサムの化石は更新世のものである．オーストラリアのオポッサムは北アメリカのものとはまったく異なっていて，類縁関係もない．オーストラリアのオポッサムはクスクス科 Phalangeridae に属している．

現生有袋類が真獣類哺乳類のさまざまな形態と並行的な類似をみせる程度は，並はずれたものである．そのことはヨーロッパ人が最初にかれらに与えた名前に反映されている．「フクロモグラ marsupial mole」，「フクロネズミ marsupial mouse」，「フクロネコ marsupial cat」といった具合だ．ちなみに後の2者は，フクロネコ科 Dasyuridae という同じ科に属している．少なくとも1930年代までは，フクロオオカミ thylacine wolf（現在は単に thylacine）として知られてい

オオカンガルー
eastern grey kangaroo
Macropus giganteus

たイヌに似た有袋類もいた．またアンデスのミズオポッサム yapok はカワウソに似ている．それに加えて，（フクロモモンガ glider と呼ばれる）滑空する種類，大型のモルモットに似た種類（ウォンバット wombat），そして真獣類世界には匹敵するもののない種類もいる——最後のものとしては，おそろしく有毒なユーカリの葉をなんとかエサにした，注目すべきコアラ koala や，そしてなによりも，その驚くほど効率のよいジャンプ運動が，かつて生存したすべての大型動物の中でも類のないカンガルー類 macropod（カンガルー kangaroo とワラビー wallaby）がいる．

しかし，過去には多くの，まったく異なる，そして同様に注目に値する有袋類が存在した．体高が3mに達する1本指の顔の短いカンガルーやオーストラリアにいたサイのサイズのディプロトドン diprotodont などである．ディプロトドンはウォンバットに似て，アボリジニーが到着してからも長く生存しており，バニイップ怪物の伝説のもとになったと考えられる．またいわゆる「フクロライオン marsupial lion」と呼ばれるチラコレオ Thylacoleo は，ヒョウぐらいの大きさで，犬歯ではなく門歯が変形したサーベル状の歯や，大きくて目につく臼歯，そしてもっと顕著で大きな爪のついた親指をもっていた．南アメリカのチラコスミルス Thylacosmilus はどう見ても剣歯ネコそっくりだった．南アメリカにはさらに多くの多様なボルヒエナ類 borhyaenid がいて，大部分は（多くの肉食類のように）小型でフェレットに似ていたが，なかにはむしろイヌやクマに似ているものもいた．

有袋類はもっと多くを語るに値する仲間であるが，私たちは真獣類に進まなければならない．

真獣類 Eutheria

真獣類哺乳類の中で，ナマケモノ sloth，アルマジロ armadillo，アリクイ anteater などを含む**貧歯目 Edentata** が，残りの哺乳類と異なっていることを疑う人はいないだろう．それにマイケル・ノヴァセックを含めた幾人かは**センザンコウ目（有鱗目）Pholidota** を残りすべてに対する姉妹群とみなしている．したがって本書の系統樹では，｛貧歯類＋有鱗類｝を残りすべてに対する姉妹群として示している．

しかし非貧歯類真獣類の中の仲間たちどうしの関係となると，いささか決めるのが難しい．ただ，少なくとも——下記のいくつかの例外を除けば——非貧歯類真獣類のそれぞれをどの目におくかまでは，それほどの困難はないと一般に考えられており，ほとんどの動物学者は，現生の16の目とすでに絶滅した6つの目を含む，ここの系統樹に示された目に不満はないだろう．しかしそうした目の間の正確な関係を決定することは容易ではない．その理由は現生の鳥類の場合と同様である．つまり現生哺乳類の大部分の目は，（恐竜類が絶滅して間もない）およそ6500万年前〜5600万年前の暁新世に，それぞれ数百万年という短時間で生じたのであり，そんな昔に押し合いへし合い状態で起こった進化的現象の順序を決めるのは難しい．さらに，伝統的な解剖学的手法によって投げかけられた問題に光を与えるはずの現代的な分子生物学的研究も，部分的にしか機能していない．その研究は伝統的な考えを支持することもあるが，少なくとも今のところは，混乱を増すばかりに見えることもある．

この系統樹は異なる目の間の関係をある程度は示している．しかしここに示した関係の多くは議論の余地がある．たとえば，多くの人は齧歯類 rodent とウサギ類（重歯類 lagomorph，ウサギ rabbit とノウサギ hare）が本当に近縁なのか，それとも単に収斂によって類似するようになったのか，決めかねている．しかしごらんになるとわかるように，系統樹に示した非貧歯類真獣類の24目は，5つの系統にグループ分けされており，5本の枝をもつ多分岐系統をつくるように描かれている．いいかえればこの系統樹は，5つの主要な系統が出現した順序については述べていないことになる．だがこの系統樹は，この5つの大系統が共通の祖先をもち，｛貧歯類＋センザンコウ類｝

の姉妹群である共通の祖先をもつことを主張するとともに，どれかの枝に分類された複数の目は，ほかの枝に含まれる目に対してよりも互いに近縁であることも仮定している．

以上は，慎重な扱いである．これ以外では，ウサギ類と齧歯類（ネズミ類）は長脚類 macroscelidean（ハネジネズミ elephant shrew）とともに残りのすべてに対する姉妹群とみなすべきであり，この「残り」の中では霊長類（サル類）primate，プレシアダピス類（「原始的霊長類」）plesiadapiform，登木類 scandentian（ツパイ tree shrew），皮翼類 dermopteran（ヒヨケザル colugo）および翼手類（コウモリ類）chiropteran が 1 つの自然系統を形成し，一方，食虫類（モグラ類）insectivore，食肉類（ネコ類）carnivore，すべての有蹄類（偶蹄類（ウシ類）artiodactyl，奇蹄類（ウマ類）perissodactyl，長鼻類（ゾウ類）proboscidean など）がまた別の系統を形成する，と示唆する考えもある．しかし 5 本枝の多分岐を確信をもって再分類するに足るだけの十分な証拠はなさそうだ．

それでは，明らかにほかのものと異なる 2 種類から出発して，主要な哺乳類の目を詳しく見ていこう．

アリクイ，アルマジロ，ナマケモノ，センザンコウ：貧歯目 Edentata（異節目 Xenarthra）と有鱗目 Pholidota

貧歯類（異節類とも呼ばれる）は**貧歯目 Edentata** に属し，形態はきわめて多様であるが普通は単系統であると考えられている．かれらは明らかに特殊であり，たとえば隣り合った椎骨の間に余分な関節点がある——それゆえ「異節」を表す Xenarthra の名がある．かれらは南アメリカだけにいる．有袋類（と，後に見るような，地域限定のさまざまな絶滅有蹄類たち）と並んで，かれらは，動物が隔離されて進化すると，ほかの場所で進化した動物に比べてどれほど特殊な形態を生みだすのかを如実に示している．現生の貧歯類は大型のアリクイ giant anteater と 3 種の小型アリクイ anteater，ナマケモノ sloth の 2 属（フタユビナマケモノ 3 種とミツユビナマケモノ 2 種），8 属 20 種のアルマジロ armadillo を含む——アルマジロの 1 種，ココノオビアルマジロ common long-nosed armadillo は，大交換時代に南から移住して，合衆国南部でも繁栄している．しかしごく最近までいた貧歯類には，はるかに印象的なものがいる．グリプトドン glyptodont はカメ型生活に対する哺乳類からの解答のような生き物である．かれらは皮骨から形成されたゴルフボールのような丸い「甲」をもっていたが，なかには小型の自家用車ぐらいの大きさのものもいた．オオナマケモノ giant sloth も巨大で——体重が 2 t になるものもあり——きわめて多様で繁栄していた．かれらは南北アメリカが接触すると，北アメリカでもいたるところに広がった．オオナマケモノは普通，後肢で立ち上がり，その巨大なかぎづめを木に伸ばしているように描かれ，一般に「地面のナマケモノ」と呼ばれる．しかしその後肢は曲がっているし，足のつめはかぎづめ状であるので，私はかれらが木に登っていたと信じている．これが特殊な考えであることは承知しているが，そう考えてはいけないという理由もわからない．あのグリズリー grizzly bear でさえ木に登るし，ホッキョクグマ polar bear も，少なくともコンクリート以外に興味をもてる環境を与えている少数の動物園では，実際に木に登っているではないか．たしかにオオナマケモノにはグリズリーよりかなり大きいものもいるが，クマはあれほど身のこなしが速いのである．私はなにも，

オオアリクイ
giant anteater
Myrmecophaga tridactyla

オオナマケモノがリスのように飛び回ったといっているのではなく，樹上性のナマケモノ程度のことはできただろうと示唆しているだけである．

（マイケル・ノヴァセックに基づく）ここの系統樹は，貧歯目を**有鱗目**（センザンコウ目）**Pholidota**（センザンコウ pangolin）の姉妹群として示している．有鱗目はアフリカと東南アジアに生息する，うろこをもった食虫性の1科のみを含んでいる．そしてこの2目を合わせたものが，ほかのすべての真獣類に対する姉妹群となっている．たしかに，真獣類全体が有袋類から分離したすぐ後に，貧歯類が残りのグループから分かれたことを多くの証拠が示唆している．

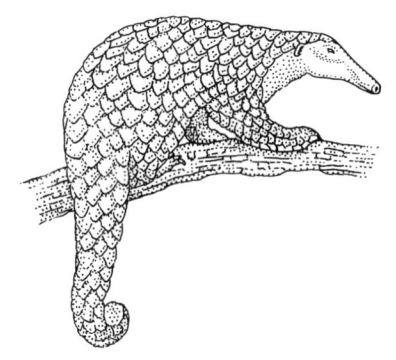

キノボリセンザンコウ
tree pangolin
Phataginus tricuspis

ヤブノウサギ
brown hare
Lepus europaeus

ハイイロリス
grey squirrel
Sciurus carolinensis

ウサギ，齧歯類，ハネジネズミ：ウサギ目（重歯目）Lagomorpha，齧歯目 Rodentia，ハネジネズミ目 Macroscelidea

この3つの目が類縁だとする提案は，きわめて大きな議論となっている．まず第1に，ウサギ rabbit，ノウサギ hare，ナキウサギ pika を含む**ウサギ目 Lagomorpha** が，ラット rat，マウス mouse，リス squirrel，テンジクネズミ guinea-pig，ハリネズミ porcupine など，すべての現生哺乳類種の4分の1を含む**齧歯目 Rodentia** と類縁か否かという問題がある．これら2グループの明らかな類似性により，ジョージ・ゲイロード・シンプソンを含む多くの動物学者は，両者をまとめてグリレス上目 Glires に入れようとした．しかしこの両者の間には，明らかな，あるいはそれほど目立たない差異もある．たとえば，齧歯類は上顎前面に2本の齧歯（かじる歯）のみをもつのに対して，ウサギ類では前面の歯の後ろにそれを支持するようにもう1対の歯があり，合計で4本をもつという事実がある．新しい分子生物学的研究にも齧歯類とウサギ類は互いに大して関係がないことを示唆するものがある．しかしマイケル・ノヴァセックは，齧歯類とウサギ類を姉妹群として提示し，アンディ・ワイスはグリレス上目が，哺乳類のほかの上目と同様に「十分支持され

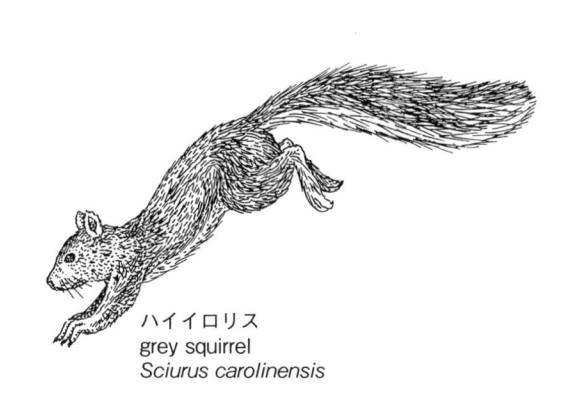

ている」と主張する．それで，ここでは系統樹に示したようにした．

　だが，齧歯類の中にまで新たな問題が生じている．テルアビブ大学のダン・グラウア Dan Graur たちが，テンジクネズミが齧歯類とはまったく異なるという分子レベルの証拠を提示しているのだ．たしかに，テンジクネズミやヤマアラシを含むテンジクネズミ類 hystricimorph という齧歯類の亜目は，齧歯類内の古い枝であると常に考えられてきた．しかし齧歯類が全体として真のクレードであることを疑う人はほとんどいなかった．グラウアの研究は依然として議論のまとである．ほかの齧歯類や非齧歯類についてのより多くの証拠が必要である．もしかれが正しいとすれば，どれだけはっきりした並行現象があるとしても，齧歯類は少なくとも2つの目に分解されなければならない．それでももしグラウアが正しいなら，解剖学によって系統を作成しようと努力している人たちは「荷物をまとめて退散する準備をするほうがいいかもしれない」とワイスはいう．

　ハネジネズミ目 Macroscelidea（ハネジネズミ elephant shrew）——風変わりな，しかし謎の多い，トガリネズミに似た鼻の長い12種の動物——は，哺乳類の系統の中であちこち位置が変えられてきた．一度は「本物の」トガリネズミやモグラとともに食虫目 Insectivora に入れられたし，その食虫目がまた，一般に登木目 Scandentia（ツパイ tree shrew）と，つまりは霊長目と結びつけられてきた．しかしハネジネズミ目，齧歯目，登木目が異なる系統であることは以前から明らかであり，現在では登木目だけが霊長目と近縁であ

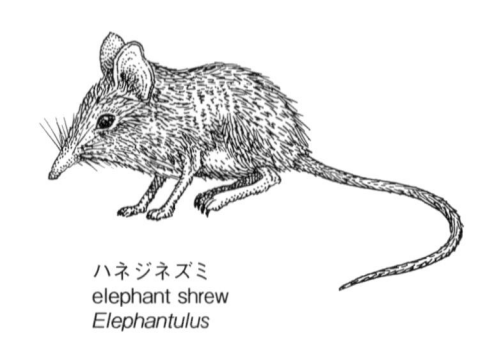

ろうと考えられている．ハネジネズミ目がグリレス類とともに現在仮定されている地位を保てるかどうかは，今後の課題である．

霊長類，「原始霊長類」，ツパイ，ヒヨケザル，コウモリ：霊長目 Primates，プレシアダピス目[†] Plesiadapiformes[†]，登木目 Scandentia，皮翼目 Dermoptera，翼手目 Chiroptera

アブラコウモリ pipistrelle
Pipistrellus

　霊長類 Primates（キツネザル，ガラゴとロリス，メガネザル，サル，類人猿），プレシアダピス類（原始霊長類），登木類（ツパイ），皮翼類（ヒヨケザル），および翼手類（コウモリ）は一般に，**主獣類 Archonta** と呼ばれるグループにまとめられることが多い．この位置づけはおおむね正しいように思われる．しかしこの数年，コウモリ類が単系統であるかどうか，そしてそれと霊長類の関係について議論が起きている．

　翼手目（コウモリ目）Chiroptera は，一般に，かつ異論なく，オオコウモリ亜目 Megachiroptera（英語の日常語ではしばしば 'megabat' と呼ばれる）とコウモリ亜目 Microchiroptera（'microbat'）という2つの亜目に分けられる．前者はオオコウモリ flying fox のように果実食であり，後者は音響定位（エコロケーション echolocation）によって，飛びながら昆虫を捕食する残りのすべての種類を含んでいる（オオコウモリはこの機能をもたない）．オオコウモリ類は一般にコウモリ類の祖先であり，両者を合わせて真のクレードを形成すると考えられている．

ハネジネズミ
elephant shrew
Elephantulus

しかし，近年の動物学者，とくにクイーンズランド大学のジョン・ペティグリュー John Pettigrew は，オオコウモリ類とコウモリ類は近縁ではないと論じている．ペティグリューも両者が翼の構造などの点でよく似ていることを認めている．しかしかれは，それと同時に大きな違い，とりわけ脳の微細構造に差異があることを指摘する．そして脳構造の詳細は，翼の構造より系統について多くを語ってくれる，とかれは示唆する．なぜなら翼の構造は直接に飛翔効率に影響を与え，ひいては生存に影響するので，厳しい自然選択にさらされ，それゆえ異なる系統でも共通の環境の圧力に応答して，似た進化を遂げても不思議はないからだ．一方，脳の詳細はそのような明らかな機能的意義をもたず，自然選択にはさらされないので，異なる系統で収斂することは少ない．ペティグリューは，オオコウモリ類はヒヨケザル類にもっとも近く，両者の脳は細かい点で類似しており，それゆえオオコウモリ，ヒヨケザル，そして霊長類が1つのクレードを形成すると主張する．つまりかれはオオコウモリ類を実質的に「飛翔する霊長類」とみなしているのだ．

しかし，オオコウモリ類とコウモリ類が非常に異なる脳をもつのは，コウモリ類の脳が高度に派生的だからだ，と議論する人たちもいる．コウモリ類はエコロケーションを利用し，オオコウモリ類はそうでない．そうしてみると考えられるのは，オオコウモリ類の脳がコウモリ類よりヒヨケザル類や霊長類に近いのは，単にオオコウモリ類，ヒヨケザル類，霊長類が（どれもエコロケーションに付随する特別な性質がないので）より原始的な性質を共有しているという理由である．分子レベルの証拠も，オオコウモリ類とコウモリ類が姉妹群であって，コウモリは全体として単系統であるという伝統的な考え方に味方しているようである．ここに示した配置，すなわち，コウモリが全体としてヒヨケザル類（**皮翼目 Dermoptera**）の姉妹群であり，これら2つが霊長類とツパイ（**登木目 Scandentia**）の姉妹群であるという配置は，おおかたの支持を得られるであろう．

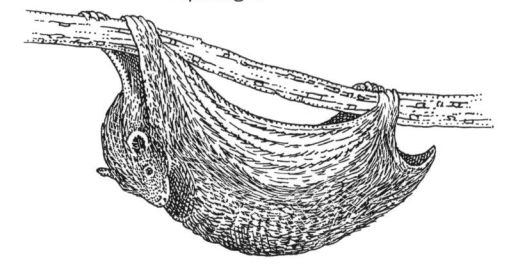

プレシアダピス目 Plesiadapiformes は霊長類に似た哺乳類の，多様なグループであった．かれらは大まかには原猿類に似ていて，暁新世と始新世初期に北アメリカ，ヨーロッパに生息していたし，今もアジアには生息しているらしい．かれらはしばしば「原始霊長類」と呼ばれ，霊長類の亜目として扱われてきた．しかし最近の証拠によれば，プレシアダピス類はツパイ——さらにはヒヨケザル——ほどにも霊長類に近くないことが示

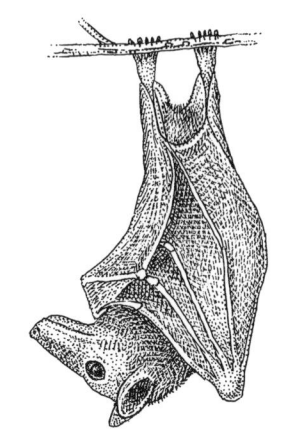

霊長類
（アカクモザル black-handed spider monkey）

ヨーロッパハリネズミ
European hedgehog
Erinaceus europaeus

されたので，私はここでは独立の目として示した．かれらは小型でずっと以前に表舞台から姿を消したので，わざわざ取り上げることはないと思われるかもしれない．しかしかれらの繁栄した時代にあっては，プレシアダピス類は非常に成功したグループだった．化石の豊富ないくつかの場所では，かれらはもっとも一般的な哺乳類であり，現在では霊長類と齧歯類が受け継いだニッチを占めていたのは確かである．

私たち自身を含む霊長類については19章で詳細に見ていく．

トガリネズミ，モグラ，ハリネズミ：食虫目 Insectivora

現生の食虫目 Insectivora はトガリネズミ shrew，モグラ mole，ハリネズミ hedgehog を含む．かれらは哺乳類の分類学者にやむことのない問題をもたらしている．分類学的には問題は2つであるようだ．第1に，共有原始形質の問題である．つまり，食虫類は原始的な哺乳類の一般的体型を保存していて，ほとんど付加された派生形質をもたない．それゆえかれらはほかの一般的な特徴をもつ哺乳類と一緒にグループ化されがちであった．第2に，収斂の問題がある．食虫類は昆虫の外骨格をつぶすのに適応した，とがった咬頭のある小さい歯をもっている．しかし，近縁ではないことが確実なほかの昆虫食動物も同じ特性をもっている．これらの理由から食虫類は過去にツパイ（登木類）と結びつけられ，それを通じて霊長類やコウモリ，さらにはハネジネズミ（ハネジネズミ類）と結びつけられた．また，現生の食虫類があまりにも多くの原始的特徴をもっているので，食虫目は実際に古い種類であり，すべてのほかの哺乳類の祖先と近縁である，と一般に仮定されてきた．しかし今ではこの考えも捨て去られたように思われる．原始的特徴の維持についてはイエスである．原始的哺乳類の形態は昆虫食に特化した動物には理想的だからである．しかし，古い祖先哺乳類との特別な関係については，答えはノーである．

したがって，素直に食虫類を独立した目として示すのが一番安全だろう．それをどこにおくかが難しいが，ほかの現生の目との明白な関係はなく，特別古い種類であるとする十分な理由もない．これが，さらに証拠が得られるまで，このように系統樹に示すことにした理由である．

特化した食肉類：クレオドンタ目† Creodonta† と食肉目 Carnivora

この陸生食肉哺乳類は（恐竜の衰退後の）新生代に生じ，そのすべてが3つの目に収まる．最初

クレオドンタ類
ヒアエノドン
Hyaenodon

の大型食肉類を生み出した系統は顆節目 Condylarthra である．これは原始的でまとまりのつかないグループで，分類が難しく，ここでは簡便にすべての有蹄類 ungulate（後述）の姉妹群として示されている．顆節類は暁新世初期に繁栄し，絶滅して久しい．

たしかに肉食といえる残り2つの目は，いまでも私たちとともにいる**食肉目 Carnivora** と，その姉妹群に当たり，中新世後期に最終的に消滅した**クレオドンタ目 Creodonta** である．この2つのうち，より昔から知られているのは食肉類で【註2】，暁新世初期にはカワウソに似た生物だった．最古のクレオドンタ類は暁新世後期になって現れる．しかしクレオドンタ類のほうが先に栄えたと思われる．なぜなら，食肉類が始新世中期の後半までカワウソ的なままであったのに対して，クレオドンタ類は暁新世後期までには何種類かの大型捕食者を生み出していた（そしてより以前の顆節類に取って代わった）からである．要するに，食肉類のほうが早く出現したが，大型捕食者のニッチを埋めたのはクレオドンタ類のほうが先だったのである．

【註2】ここではいらいらさせられる用語の紛わしさがある．小文字のcで始まる「食肉類 carnivora」や「肉食の carnivorous」という形容詞は「肉を食するすべての生物」を意味する．ティラノサウルス *Tyrannosaurus* やサメはまさしく「食肉類」と呼ぶことができる．しかし「食肉目 Carnivora」は哺乳類の1タクソンであ

り，真正のクレードである．問題は，齧歯目 Rodentia のメンバーを齧歯類 rodents というのと同じで，食肉目のメンバーを日常語で呼ぼうとするとそれらを食肉類 carnivores といわなければならないことである．

クレオドンタ類は高度に成功した．かれらは2つの大型肉食動物の系統を生み出した．第1はネコに似た**オキシアエナ oxyaenid** で，始新世中期まで全世界で支配的な肉食動物であったが，その時期に絶滅した．ついで始新世後期に残ったクレオドンタ類が大型肉食動物の第2の波を生じた．キツネやオオカミに似た**ヒアエノドン hyaenodont** である．ヒアエノドンは始新世後期と漸新世には北アメリカで支配的であったが，その後，北アメリカでは絶滅した．しかしアフリカとアジアでは中新世後期まで重要な捕食者として生き残った．

暁新世に食肉類はネコに似た系統（「ネコ類 feliform」）とイヌに似た系統（「イヌ類 caniform」）に分かれていた．ネコ類は現生の**ネコ上科 Feloidea** を生じた．この上科は，**ネコ科 Felidae**（cat），**ジャコウネコ科 Viverridae**（civet），**マングース科 Herpestidae**（mangoose），**ハイエナ科 Hyaenidae**（hyaena），および絶滅したネコによく似た**ニムラウス科 Nimravidae** を含んでいる．イヌ類は，現生の2つの上科を生じた．**イヌ上科 Canoidea** は**イヌ科 Canidae**（dog）のみを含む．**クマ上科 Arctoidea** は，**クマ科 Ursidae**（bear）と**アライグマ科 Procyonidea**（アライグマ racoon とハナグマ coati），および**イタチ科 Mustelidae**（イタチ weasel，カワウソ otter，アナグマ badger，クズリ wolverine）を含む．最近の分子生物学的研究によれば，ジャイアントパンダ giant panda は基本的にクマ（クマ科）の一種であり，一方，レッサーパンダ（レッドパンダ red panda）はアライグマ科に属する．ネコ上科は旧世界のグループとして生じ，イヌ上科は新世界で生じた．クマ上科は最初旧世界にいたが，後に新世界に何回も侵入している．アライグマ科はほとんどすべてが新世界に属するが，アジア産のレッサーパンダは例外である．

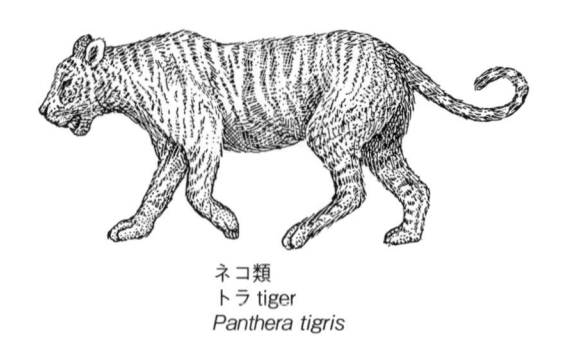

ネコ類
トラ tiger
Panthera tigris

　現生の鰭脚類 Pinnipedia——アザラシ seal, アシカ sealion, セイウチ walrus——は，食肉目の亜目として分類されるのが普通であるが，クマ上科と明らかな類縁がある．伝統的にかれらは単系統であると考えられてきたが，この数十年の間に，一部の動物学者がじつは2系統ではないかと示唆してきた．つまり，アシカとセイウチはクマに関係があり，アザラシはイタチに近い，というのである．しかし第1部の3章で述べたように，アンディ・ワイス Andy Wyss の分岐学的研究によれば，鰭脚類はやはり単系統で，セイウチはアシカよりアザラシに近く，鰭脚類全体がクマの姉妹群であることが示唆されている．

　では，**有蹄類 Ungulata** という一大集団と，そこから由来するグループに進もう．

「有蹄類 ungulate」：蹄のある哺乳類とその仲間

　単純化された分類では，普通，ひづめをもつ動物をすべて「有蹄目 Ungulata」という単一の目に入れている．ラテン語の *ungula* はひづめを意味する．しかし今では有蹄目のいろいろなグループ間の差異がきわめて大きく，起原が古いことが明らかなので，伝統的に「有蹄目」1つに入れられていた動物は，（少なくとも現生のものは）4目に分けられている．**偶蹄目 Artiodactyla** は偶数の指をもつ（「分趾蹄 cloven-hoofed」）動物で，ウシ cattle, シカ deer, ブタ pig, カバ hippopotamus, ラクダ camel などである．**奇蹄目 Perissodactyla** はその体重を中指で支えていて，現生のものではウマ horse, サイ rhino, バク tapir がいる．**長鼻目 Proboscidea** は現在では2種のゾウ elephant のみによって代表されるが，過去にはマンモス mammoth, マストドン mastodont, ステゴマストドン（ゴンフォテリウム gomphothere），デイノテリウム deinothere など多数がいた．19世紀のリチャード・オーウェン Richard Owen 以来，ハイラックス類 hyrax, すなわち**イワダヌキ目 Hyracoidea** も名誉会員として有蹄類に含まれている．ハイラックスは聖書では「テンジクネズミ cavy」として登場する．オーウェンはそれが見かけはテンジクネズミ guinea pig に似ているが，有蹄類と類縁があることを認め，とくに奇蹄類と関係していると示唆した（もっともその後，長鼻類により近い点があるとする強力な説も出ている）．ハイラックスを飼育している私の友人の動物学者は，それが「気難しいシェットランドポニーのように振る舞うし，同じぐらい頭がいい」といっている．

　伝統的な「有蹄目」は，すでに絶滅して現生のどの目にも属さない，ひづめのある一連の動物たちも含んでいる．これらも現在ではいくつか異なる目に分けられている．そうした絶滅グループの中に，漸新世のアフリカにいた**重脚類 Embrithopoda** がある．これは，鼻の両側に強大なライフル銃の照準のような1対の大きな角をもった，見かけがサイに似たアルシノイテリウム arsinoithere などの注目すべき動物を含んでいる．絶滅有蹄類のうちの4目は南アメリカ特産であり，もっとも有名なのは**南蹄目 Notoungulata** と**滑距目 Litopterna** である．どちらもきわめて多様で，ほかの有蹄目に属する動物と収斂してよく似た動物たちを含んでいる．たとえば南蹄目のトクソドン *Toxodon* は角のないサイと似ているし，滑距目のマクラウケニア *Macrauchenia* は首の長いラクダに似る．

　現生と絶滅した多くの目が伝統的な「有蹄類」の中核に関連していることは明らかである．そしてこれらの大部分はひづめをもたず，必ずしも大部分の伝統的有蹄類のような草食性ではない．たとえばクジラを含む**クジラ目 Cetacea** は，もちろん肢がない（後肢はなく前肢は鰭に変化してい

る）が，有蹄類の階層から生じた．**海牛目 Sirenia**（マナティ manatee とジュゴン dugong）も明らかに有蹄類起原であり，そのもっとも近い現生動物はゾウである．絶滅した**デスモスチルス目 Desmostylia** も海牛類や長鼻類に関係があり，これも半水生でひづめがなかった．アフリカ産のシロアリを食うツチブタ aardvark，すなわち**管歯目 Tubulidentata**（アリクイにも似ているし，ブタにも似ているし——本当にどう記述していいかわからない）でさえ有蹄類に属するように思われるが，これは完全に確かとはいえない．

私たちは有蹄類がウシやウマやゾウのように草食の専門家だと思いがちである．しかし馴染みのあるいくつかの有蹄類でさえ，食性に関するこの先入感からはずれている．たとえばブタは雑食性である．クジラは地球上でもっとも旺盛な肉食の動物であるし，最初の大型陸上肉食哺乳類に含まれることをすでに見た**顆節類 condylarth** も有蹄類であった．（ジョージ・ゲイロード・シンプソンはまた，有蹄類は食肉類やクレオドンタ類と特別な関係にあるとして，これらのすべてを Ferungulata という1つの「区 cohort」に入れるよう提案したが，この考えはすでに捨てられている．）

要するに，「有蹄類」はその伝統的な意味を失っている．このグループは，ひづめをもつ（主として）草食動物の単一の目としてみなすわけにはいかない．しかし「有蹄類」はそれでもクレード——真獣類の単系統の系統——である（これを「区」と呼べなくもないが，ここでは「系統」としよう）．この系統には現生の7目（偶蹄目，クジラ目，管歯目，奇蹄目，イワダヌキ目，長鼻目，海牛目）と多くの絶滅した目が含まれ，絶滅した目ではそのうちの6目を系統樹に示している．系統樹の有蹄類を上から下へたどってみよう．

顆節類† Condylarthra†

有蹄類クレードのトップにいて，すべての真の

顆節類
クリアクス
Chriacus

有蹄類とその直接の近縁種たちに対する姉妹群として示されているのが顆節類である．しかし顆節類がここで姉妹群の位置に示されているのはあくまでも便宜上である．なぜなら，いわゆる「顆節類」は，おそらくは独立の5ないし6系統をすべてまとめてしまったグループだからである．これらのグループは，暁新世に，全地球生態というびんから恐竜という栓が取り除かれたときに，急速に放散した大型および中型の哺乳類の，ごちゃごちゃした集団から生じた系統である．顆節類はあらゆる「基幹グループ」の生き物たちがかかえる問題を提示している．すなわちどれがどれと関係しているのか，どの系統が絶滅の運命を定められていたのか，どの系統が偶蹄類やゾウなどに進化する運命だったのかを特定することがきわめて難しく，ほとんど不可能に近いのである．顆節類でもっともよく知られているのはアルクトキオン類 arctocyonid である．これはアライグマ racoon に似ているが，植物を砕くのに適したより幅広の臼歯をもっていた．類縁関係を明らかにすることがもっとも困難な，ごく一般的な外見をもつ動物である．

ウシ，シカ，ブタ，および類縁動物：偶蹄目 Artiodactyla

さて，私たちは「真の」有蹄類までたどりついた．最初にあげるものは，適切なことに偶蹄類である．これはすべての動物の中でもっとも重要である．この仲間は圧倒的な種の数を誇り，もっとも強くもっとも速いもの，もっとも賢いもの，

イノシシ
wild boar
Sus scrofa

もっとも美しいもの，そして（たとえば個体数やおよそのバイオマスで計測して）生態学的にもっとも成功している仲間を含んでいる．大別すると，3つの大きいグループがいる．非反芻類 non-ruminant,「偽反芻類 pseudo-ruminant」，そして反芻類 ruminant である．非反芻類はブタ，ペッカリー peccary（新世界のブタ），およびカバである．「偽反芻類」はラクダの仲間であり，ラマ llama，アルパカ alpaca，グアナコ guanaco，およびビクーナ vicuna も含まれる．かれらは「真の」反芻類とは生理的な詳細が異なる反芻を行う．

「真の」反芻類はすべての草食動物の中でもっとも完成された動物である．ブラウザーは樹木や灌木の葉を食べ，グレイザーはもっぱら草を食べる．どちらにせよかれらは，バクテリアの詰まった巨大な発酵室——こぶ胃（ルーメン rumen）と呼ばれる変形した胃——で，硬い植物をきわめて効率よく消化する．とりわけそのバクテリアが，細胞壁のセルロースを，動物にエネルギーを供給する物質に分解してくれる．反芻類には普通6科がおかれる．マメジカ科 Tragulidae, ジャコウジカ科 Moschidae, シカ科 Cervidae, キリン科 Giraffidae, プロングホーン科 Antilocapridae, ウシ科 Bovidae である．

マメジカ科はマメジカ類 chevrotain, すなわち「ネズミジカ mouse-deer」とも呼ばれる仲間である．中央アフリカと東南アジアの森林にいる，ダイカー duiker（小型のレイヨウ）に似た小型の4種が含まれる．ジャコウジカ科は東アジアのジャコウジカ musk deer の3種を含む．ジャコウジカはシカに似るが角を欠き，オスの上の犬歯は目につく牙になっている（いくつのシカでも同じことが認められる）．シカ科は既知の「真の」シカ34種を含む．かれらは世界中で非常に大きな成功を収めている．北方のカリブー caribou やトナカイ reindeer の大群も含まれるし，熱帯でも繁栄している．そのサイズも南アメリカのプーズー pudu のように小さいものから，北アメリカ北部やヨーロッパの巨大なヘラジカ giant moose（または elk）まで，広範囲にわたっている．

キリン科はシカ科に近縁である．キリン科は現在ではわずか2種，すなわちキリン giraff とオカピ okapi のみを含む．しかし過去にはずっと多く

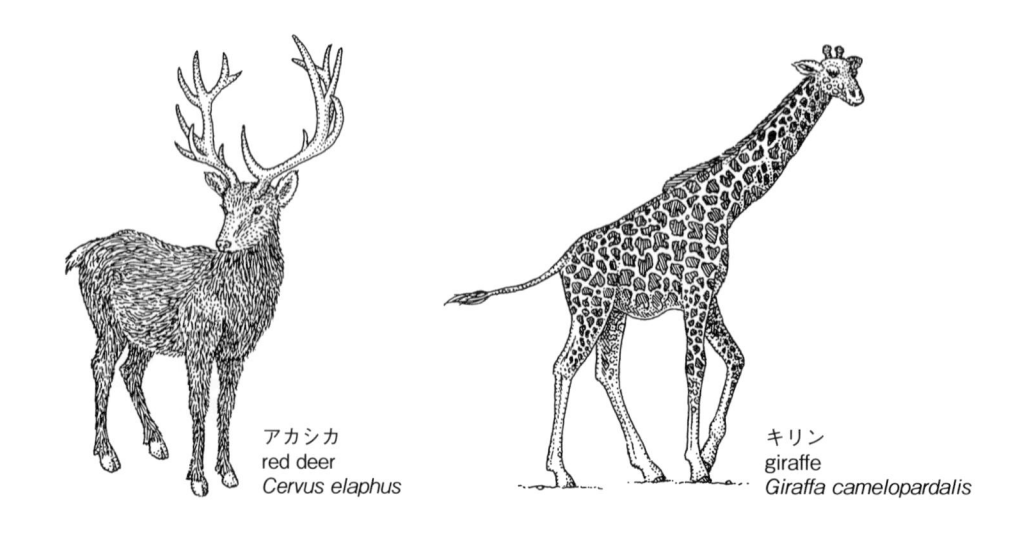

アカシカ
red deer
Cervus elaphus

キリン
giraffe
Giraffa camelopardalis

―哺乳綱―

のキリン類がいた．その一部には角があり，シカとの類縁を主張しているかのようだった．プロングホーン科はかつては広く分布していたが，現在ではプロングホーン pronghorn 1種のみに縮小してしまった．これは外見はレイヨウ antelope に似ているが，その角は枝分かれをしていて，その外皮を生涯にわたってはげ落としながら再生させる．

ウシ科は偶蹄類諸科の中でもっとも力が強く，さらにはすべての陸生哺乳類の中でもっとも強力な一派である――実際かれらがまさに景観を決める目印になっている．5亜科が広く認められている（この場合の「亜科」は有用な階層である）．ウシ亜科 Bovinae はウシ cattle と「らせん角の」レイヨウ antelope であり，8属23種が現生である．ヤク yak，バイソン bison，バッファロー buffalo，ガウア gaur，アノア anoa，ニアラ nyala，クーズー kudu，ボンゴ bongo，ブッシュバック bushbuck などがいる．ダイカー亜科 Cephalophinae はダイカー duiker などで，2属17種がある．オリックス亜科 Hippotraginae はグレイザーのレイヨウ24種を含み，ウオーターバック waterbuck，トピ topi，ヌー gnu，インパラ impala，オリックス oryx，アダックス addax などがいる．レイヨウ亜科 Antilopinae ――ガゼル gazelle とローヤルアンテロープ dwarf antelope ――はすべての大型哺乳類の中でももっとも種数が多く，30種を数える．最後に，やや異質のものが詰め込まれている「ヤギレイヨウ goat antelope」がヤギ亜科 Caprinae を形成している．その26種には，アジアのステップに生息するサイガ saiga，シャモア chamois とその仲間，ジャコウウシ musk ox，そして世界中のヤギ goat とヒツジ sheep の17種が含まれる．どのようなものさしで測ろうとも，ウシ類はいつの時代にも真に成功している哺乳類の仲間である．

クジラ，イルカ，ネズミイルカ：クジラ目 Cetacea

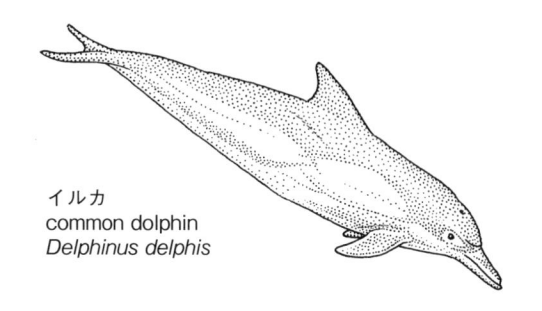

イルカ
common dolphin
Delphinus delphis

現在では偶蹄類にもっとも近い現生の仲間はクジラ whale，イルカ dolphin，ネズミイルカ porpoise を含むクジラ類 cetacean であると考えられている．本書では偶蹄類とクジラ類の2目は姉妹群として示されている（絶滅したメソニクス類 mesonychid が中間にいる．それについては後述）．しかしじつは，最近の分子生物学的研究は，クジラ類が偶蹄類の中から派生した枝であることを示している．その意味でクジラは，その肢がはるか昔に鰭に縮小された「有蹄類」である．もちろん草食でもない．オキアミ（甲殻類），魚，イカ（マッコウクジラの常食）を好んで食べるクジラ，イルカ，ネズミイルカはもっとも肉食性の強い動物である．大型で常に深海を航海している動物としてはそれ以外の選択肢はほとんどない．

メソニクス類† Mesonychid †

メソニクス類はここではクジラ類の直近の姉妹群として示されている．これは暁新世に出現した多様なグループで，恐竜が去ったのちに現れた最初の大型哺乳類の仲間である（じつは，メソニクス類 mesonychid，すなわちメソニクス科 Mesonychiidae は，アクレオディ Acreodi と呼ばれる目の1科にすぎない．しかしどんな古生物学者で

アフリカスイギュウ
African buffalo
Synceros caffer

メソニクス類
アンドリューサルクス
Andrewsarchus

ツチブタ
aardvark
Orycteropus afer

も「メソニクス類 mesonychid」といい,「アクレオディ」という用語は耳にしたことがない。したがってここでももっとも普通に用いられる用語を使うほうがいいだろう)。メソニクス類はひづめをもっているが,大きな肉にくらいつく歯ももっているので,かれらが肉食であることがわかる。もっとも有名なメソニクス類はアンドリューサルクス *Andrewsarchus* で,普通は重量のあるトラのように,決して人に好かれない姿で描かれる。トラのようではあるが,つめはなくて小さいひづめがあり,長くてワニのような巨大な頭をもっている。実際,アンドリューサルクスはかつて存在した肉食哺乳類としては最大で,もっとも恐ろしげな顎をもっており,体長は 4 m,頭蓋は 1 m に達した(それでも現生の哺乳類の標準からすると脳は小さかった)。しかしクジラも初期のものは比較的長くて歯のある顎をもっていた。ヒゲクジラは歯を失ったりしているが,現生クジラは一般に巨大で長い頭部をもつようになった。アンドリューサルクスのような何らかのメソニクス類がおそらくクジラ類の祖先であり,段階を経ながら,次第に水中生活に適応していったのであろう。

ツチブタ類:管歯目 **Tubulidentata**

系統樹では |偶蹄類＋メソニクス類＋クジラ類| の姉妹群として示されている管歯目は,現生のたった 1 種,ツチブタ aardvark のみを含んでいる。その名のとおり,まさしくブタに似ているが,シロアリの巣を強力なつめで破壊し,長くてヘビのような舌で巣の住人を掻き出して生きている。ツチブタが有蹄類に属するという考えは,分子レベルの研究に基づいているが,これは解剖学的研究とは相反するという人もいる。動物学者によってはツチブタを貧歯類やセンザンコウ類と一緒にしている——しかしこれもまた収斂の一例であるともいえるだろう。

南アメリカの 4 つの絶滅有蹄類:南蹄目†**Notoungulata**†,滑距目†**Litopterna**†,雷獣目†**Astrapotheria**†,火獣目†**Pyrotheria**†

南蹄目と滑距目についてはすでに簡単に述べた。雷獣目と火獣目を合わせて,かれらは南アメリカに固有の絶滅有蹄類のカルテットを形成している。かれらがどのようにしてそこに到達したかは不明であるが,一般的に,暁新世のあるときに南アメリカと北アメリカ,そして北アメリカとユーラシアの間に陸橋(あるいは近接した島の鎖)が確立したことを仮定しないと,南アメリカの哺乳類の由来は説明できない。その場合,南アメリ

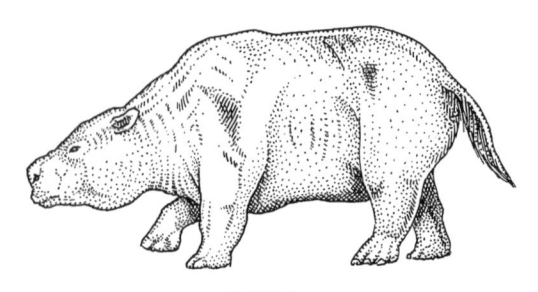

南蹄類
トクソドン
Toxodon

滑距類
マクラウケニア
Macrauchenia

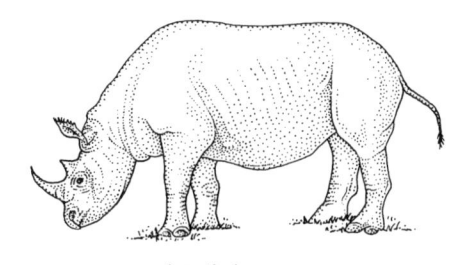

クロサイ
black rhinoceros
Diceros bicornis

カの有蹄類の諸目は，ローラシアを起原としたのだろう．最近の分岐学的研究は，南アメリカの有蹄類がおそらく奇蹄類に関連していることを示唆するが，かれらは完全に独自の道を進化した．あるものは南アメリカが鮮新世に（ふたたび）北アメリカと結合したのちに絶滅した．おそらくかれらはラクダ類（現生のラマなどの仲間の祖先），ペッカリー（旧世界のブタの類縁であるが，別科），シカ，ウマ，ゴンフォテリウム，バクなど，北からやってきた侵入者に太刀打ちできなかったのであろう．しかしもしかしたらかれらは単に世界が冷却し，好んでいたサバンナ（樹木のある草原）が樹木のない草原であるプレイリーやパンパスに変化したために絶滅したのかもしれない．もしこのシナリオが正しければ，侵入者たちはすでに樹木のない草原にある程度適応していたのである．しかし南アメリカの有蹄類のうちあるもの，たとえばマクラウケニア *Macrauchenia* は，およそ１万1000年前の人類の最初の侵入まで生存していた．かれらが今日ともにいないことを，人類である私たちは悲しんでしかるべきかもしれない．

ウマ，サイ，バク，およびかれらの絶滅した仲間：奇蹄目 Perissodactyla

現生奇蹄目にはウマ horse，サイ rhino，バク tapir が含まれる．しかし過去にはこの目はカリコテリウム類 chalicothere も含んでいた．これは大きな動物で，ウマのような頭とナマケモノのような前肢をもっている．この前肢には柄の長いフォークのように２分岐した特別なつめがついていて，おそらく植物を切り取るのに用いたのであろう．分岐学的研究は，奇蹄類のもっとも原始的なものはブロントテリウム brontothere であったと示唆している．これは，始新世中期にバクぐらいのサイズのさまざまな動物に放散したが，のちにはでこぼこした顔の巨大なサイのような動物を生み出した．

ハイラックス：イワダヌキ目 Hyracoidea

さてここで，謎の多いイワダヌキ目のハイラックス hyrax である．かれらはすでに述べたように，テンジクネズミに似ている．今日，3属の8種が知られている．ロックハイラックス rock hyrax とブッシュハイラックス bush hyrax はナミビアからエチオピアやエジプトまでのアフリカの砂漠のへりにある岩の周囲にコロニーをつくって生息する．一方，キノボリハイラックス tree hy-

キノボリハイラックス
tree hyrax
Dendrohyrax

重脚類，アルシノイテリウム *Arsinoitherium*

アフリカゾウ African elephant, *Loxodonta africana*

デスモスチルス類，デスモスチルス *Desmostylus*

rax はより孤居性である．リチャード・オーウェンはかれらが奇蹄類に関連していると示唆した最初の人物である．最古のウマは，オーウェンはそれがハイラックスだと考えたのでヒラコテリウム *Hyracotherium* と呼ばれている（「エオヒップス *Eohippus*」（アケボノウマ）という日常語のほうがずっと望ましい）．その後の学者はハイラックスはむしろ長鼻類により近いと考えた．近年カリフォルニアのドン・プロテロ Don Protero とその共同研究者は，結局のところオーウェンが正しかった，すなわちハイラックスは奇蹄類に属すると述べている．しかし，現在進行中の分子生物学的研究では，どうやら長鼻類との関係が支持されているようである．本書ではハイラックスを奇蹄類と長鼻類（およびそのほかの比較的重量のある動物群）の中間においている．

長鼻類，アルシノイテリウム類，および海牛類：長鼻目 Proboscidea，重脚目† Embrithopoda†，デスモスチルス目† Desmostylia†，海牛目 Sirenia

最後に，（ノヴァセックの考えに従った）系統樹では，長鼻目を，絶滅グループである重脚目，デスモスチルス目，そして現生の海牛類を含む多分岐の一部として示している．すべての哺乳類の目と同様に，かれらは古いグループであり，互いに短い間に次々に出現したのは明確なので，その出現順序はアメリカの古生物学者がよくいうように，「接戦で勝敗を決しがたい」のである．

長鼻目 Proboscidea は，現在では2種のみであるが，始新世に出現して以来少なくとも150種を生じた．そして現生種が生息するアフリカとアジアのみならず，ヨーロッパ一帯や南北アメリカでの全生態系に途方もないインパクトを与えてきた．たとえば，ゾウがいるかいないかということは，森林が残るかどうか，もし残るとすればどのような森林が広がるかも決定するのである．**重脚目 Embrithopoda** はすでに述べたように，強大で重々しい，始新世後期のアフリカにいたアルシノイテリウム類である．**デスモスチルス目 Desmostylia** は重量のある短い肢をもつ草食動物で，どうやら半水生の暮らしをしていたらしい．**海牛目 Sirenia** は，現在はマナティ manatee とジュゴン dugong（別名「海牛 sea-cow」）で代表され，海岸および川に生息する穏やかな草食動物である．クジラ類，デスモスチルス類，海牛類，そして偶蹄類のカバを加えて，「有蹄類」は水に対する親和性をもっているように思われる．

—哺　乳　綱—

マナティ
manatee
Trichechus

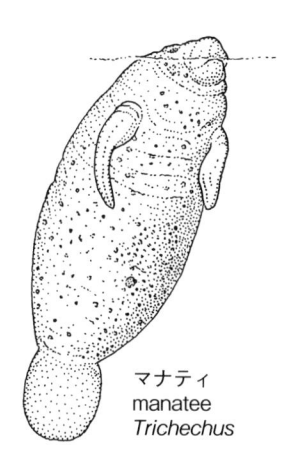

結論として，伝統的に認められた哺乳類の個々の目は，少なくとも現生のものについては，十分に解析に耐える基盤があるようだ．つまり伝統的な目は全体として真のクレードであるように思われる．ただとくに齧歯類については問題が残っている．目と目の間の関係はずっと難しい問題である．しかしここに示した配列はたしかに十分意味のあるものであり，多くの支持を得るものだろう．顆節類のような基幹グループは問題を起こしつづけているし，たぶん今後もそうであろう．かれらははるか昔に生息していて，化石記録はまばらである．しかも，明らかに「派生的」で特別の特徴をたくさん備えた動物へと進化する時間のなかった生き物は，系統樹のニッチに適合させるのが本質的に困難である．

人間としての自己愛が主たる理由であるが，今や私たち自身が属する哺乳類の目，すなわち霊長目についてもっと詳しく見るのが適切であろう．

19章

キツネザル，ロリス，メガネザル，サル，類人猿

霊長目 Order Primates

　現生の霊長類はキツネザル類，ロリス類，ガラゴ類，東南アジアのメガネザル類，新世界と旧世界のサル類，そしてテナガザル類と，私たち自身もそのメンバーに数えるべき大型類人猿を含んでいる．それらは間違いようもなく１つの種類である——どれも丸くて知能の高い脳，立体視の可能な前方を向いた眼，可動性の前肢，器用な手をもっている．それでも動物学者は霊長目がきわめて定義しにくいことを知っている．

　霊長類はほかの大部分の哺乳類と比較して，たしかに体重あたりの脳は大きいが，これは程度の問題である．眼はなるほど前方を向くが，ほかの哺乳類にも同様のものはいる．その眼窩は骨によって完全に囲まれているが，この点も霊長類に固有ではない．霊長類は胸にただ１対の乳腺をもつが，それは海牛類やゾウも同じである．その指やつまさきは感覚のするどい肉趾をもつが，それはツパイでも同じである．その関節は，足首はどの種類でも，また肩もときとして可動性が高いが，リスも可動性のある足首をもっている．手や，そしてしばしば足もとても器用だが，リスの手足も（ある程度は）器用である．何種類かの霊長類では親指が完全に対向性であるが，これもすべての霊長類に共通ではない．かれらはかぎ爪ではなく爪をもっていて，これはたしかに霊長類に固有の特徴のように思われるが，それでこのグループ全体を定義するほどのことではないし，実際には，かぎ爪をもつ霊長類もいる．

　要するに，特徴的で疑いもないように思われる性質のほとんどが，たとえば偶蹄類のひづめのような共有派生形質として決定的なものとはみなせないのである．その多くは哺乳類の原始的性質であり，共有原始形質にすぎない．しかしキツネザル，ガラゴ，メガネザル，サル，類人猿を見れば，私たちはそれらが関係していると「感じられ」る．この事実があまりにも明白であるがゆえに，まさにその理由から，私たち自身とサルとの関係をことさらに否定しようと躍起になる人たちもいる．形態は真の関係に対する信頼のおける指標にはならないが，霊長類については，形態の印象がなかなか拭いきれない．

　しかし，明白な固有の特殊性がないということが，じつは霊長類の強みである．容易に特徴化ができる目では，哺乳類の基本的な性質から特殊な機能を進化させたり，あるいはときにそれを完全に失ったりしている．たとえばコウモリの翼，ゾウの台座のような肢，ヒゲクジラのひれと歯の喪失，ウマの肢における指の減少などである．対照的に，霊長類は基本的な哺乳類の特性を何ひとつ失わなかったように見える．かれらは中生代哺乳類の形質を維持している．それは羊膜類の一般的性質である後肢と前肢の５本指（いわゆる五指性の肢）にまで及んでいる．しかしかれらはこれらの形質を維持しながらそれを土台にして自分をつくり上げた．一般的な四肢類の形態は，改良はされたが，つくり直されることはなく，霊長類に全般的な高い自由度を与えた．これに迫る能力をもつのはクマ，アライグマ，リスといった動物だけであるが，霊長類はそれらすべてを凌駕している．

　霊長類は身体的に自由がきき，その器用さ，からだの協調性，奥行き方向の視力などを改善したので，きわめてすぐれた樹上生活者となることができた．実際は，樹上生活と構造や機能の改善とは相互に刺激しあって進んだ．自然選択は，霊長類が樹木に生息しているからこそ，器用さと，それに付随する感覚と神経系に有利に作用したので

ある．もし霊長類がハリネズミのように腐葉土に穴を掘って暮らす動物であったら，自然選択によってこれらの性質が選択されることはなかっただろう．しかし，霊長類がより器用で活発になるにつれて，今度はそれが，樹上生活という選択肢をいっそう適切なものにしたのである．

しかし多くの霊長類は，すべてではないにしてもほとんどは地上での生活を選択した．大型の絶滅キツネザルであるメガラダピス *Megaladapis* は，紀元後数世紀のうちにマダガスカルに人類が到着してまもなく絶滅したのであるが，これはおそらくほとんど地上生活であった．多くの旧世界サルはヒヒも含めてほとんどあるいは実質的に完全に地上で生活するようになった．類人猿ではゴリラは主として地上性であるし，もちろんもっとも変わりものの類人猿であるホモ *Homo* もそうである．しかしこれらの動物は樹上生活で獲得した自由度と改良点を地上生活にもち込んだ．地上生活を始めた霊長類は，イヌやブタのようにずっと地上生活をしていた哺乳類とはまったく違っているのである．

霊長類はグループとしてはおそらく驚くほど古い．実際，霊長類は有袋類，貧歯類，齧歯類と並んで白亜紀に起原すると考えられる数少ない現生の目の1つである．じつは真の霊長類（キツネザルやメガネザル）のもっとも古い化石は，およそ5500万年前の始新世初期になって初めて出現する．それより古い霊長類様の化石は霊長類ではなく，プレシアダピス類のものであることがわかっている．18章で述べたようにプレシアダピス類は「原始霊長類」と呼ばれるが，現在では独立の目とされている．

しかし知られている最古の霊長類化石が最初の霊長類を代表していないと信じる多くの十分な理由がある．たとえば，現生霊長類にはおよそ200種があり，もし知られている最古の化石が5000万年以上古ければ，（絶対に確実ではないが，少なくとも妥当な生態学的の基本ルールに基づいて）それ以後少なくとも数千種の霊長類が存在したはずだと計算される．しかしこれまでにおよそ250種の化石しか知られていない．これはかつて生存したにちがいない数の数%にすぎない．また一般的に，古生物学者は，自分たちが発見した最古の化石がその生物のもっとも初期のサンプルを代表しないことを知っている．化石化は普通まれなできごとであり，したがって動物は一般的で広く分布した状態にならないと，化石をなかなか残さないし，どのようなグループも長い時間をかけなければ一般的で広く分布するには至らない．

こうした考察をまとめると，チューリッヒ大学のロバート・マーチン Robert Martin のように，一部の霊長類学者は，もっとも初期の霊長類は知られている最古の化石より少なくとも30％古いはずだ，と結論している．5500万年に30％を加えると，ゆうに7000万年になる．もし最初の真の霊長類がこのぐらい古いとすると，それは末期の恐竜と同時代を過ごしたことになる．樹木の中にいるかれらが，巨大な爬虫類が木の葉の間を嗅ぎ回るたびに，警戒の鳴き声をたてているのを想像するのは愉快ではないか．

ここに示した系統樹は，さまざまな書物や論文に基づいている．そのなかにはロバート・マーチンが Nature 誌に載せた2編の論文，デイヴィッド・ディーン David Dean とエリック・デルソン Eric Delson の Nature 論文，そしてマイケル・ベントン Michael Benton の『古脊椎動物学 *Vertebrate Palaeontology*』（1995）が含まれる．新世界サルの節は『ケンブリッジ人間進化百科事典 *The Cambridge Encyclopedia of Human Evolution*』のアルフレッド・ローゼンバーガー Alfred Rosenberger が記述した項目から，そして旧世界サルの節は同じ百科事典のエリック・デルソンの解説から採った．またG・B・コルベット G. B. Corbet とJ・E・ヒル J. E. Hill のすばらしい『世界哺乳類種リスト *A World List of Mammalian Species*』（1991）からも示唆を得ている．さらに本章は，ニューヨークのアメリカ自然史博物館のイアン・タッターソール Ian Tattersall，ロンドン自然史博物館のクリス・ストリンガー Chris Stringer，当時はリバプール大学，現在はワシン

トン DC にあるジョージ・ワシントン大学のバーナード・ウッド Bernard Wood との会話からも情報を得ている．

ここの系統樹には，現生霊長類の11の（人によっては10とすることもある）すべての科と，過去のいくつかの重要な系統と注目すべき化石を含めている．後者はもっとも重要と思われる絶滅タイプの紹介とともに，現生グループの理解を助けるのに役立つ．古い系統には1つだけの属 (*Proconsul, Sivapithecus, Dryopithecus, Australopithecus*) で代表される例もある．また私はサルと類人猿については現生の属をすべて含めた．この系統樹は全体としては指導的専門家の意見に卑屈なほど従っているが，これは全員が同意する意見を表すものでない．なぜならそのような総意は存在しないからである．

霊長類へのガイド

系統樹を上から下に見ていくと，霊長類は便宜的に3つのグレードに分けられている．「**原猿類 prosimian**」は現生のキツネザル lemur, ロリス loris, ガラゴ bushbaby, メガネザル tarsier のほか，絶滅したアダピス類 adapid とオモミス類 omomyid を含む．ついで，旧世界と新世界のサル monkey, 最後にヒト human を含む類人猿 ape である．分岐論以前には分類学者は2つの明瞭な亜目を認めていた．すべての原猿類を含む原猿亜目 Prosimii と，サルと類人猿を含む真猿亜目 Anthropoidea である．しかし系統樹が示すように原猿類は大きく分かれた2系統を含むので，せいぜいのところ側系統である——それゆえこの公式名は捨てなければならない．しかし小文字で始まる原猿類 prosimian はこのグレードを示すのに有用な形容詞である．一方，**真猿亜目 Anthropoidea** はクレードでありこの用語は正当なものである（非公式の「サル類 simian」も代わりに用いてよい）．

最近まで古霊長類学者は，その化石が暁新世から知られている（そして明らかにはるか白亜紀まで遡って存在した）第4のグレードも認めていた．これは公式にはプレシアダピス類 Plesiadapiformes, 非公式には「原始霊長類 archaic primate」として知られていた．しかしロバート・マーチンはプレシアダピス類はおそらく霊長類よりはヒヨケザル colugo（皮翼類）に近縁であるという．私がここでプレシアダピス類について触れるのは，それが多くの伝統的なそして最近の教科書にもしばしば登場するからである．しかしそれはおそらく実際には「原始霊長類」ではなかったので，これ以降は言及しない．

全体として，原猿類から真猿類までたどると，いくつかの進化的傾向を観察することができる．たとえば原猿類はサルや類人猿より長い鼻面をもつ傾向がある（ただしヒヒ baboon は長いイヌのような顔を再獲得した）．また原猿類は真猿類より嗅覚に頼る傾向がある．しかし真猿類における鼻面の短縮は眼が最前線に出ることを可能にし，2つの視野が完全に重なって明白な立体視をもたらした．

食物の傾向もある．もっとも原始的な霊長類は（ツパイ目のツパイなどのように）昆虫食であり，一方，サル類と類人猿はより果実食と葉食に向かった．しかし霊長類では種々の程度の雑食性が普通に見られ，ヒヒ，チンパンジー，そしてもちろんヒトはかなりの量の肉を食べる．タマリンやマーモセットなどのマーモセット類は昆虫や樹液を食するが，原始的とは思われない．どうやらかれらは単に，原猿類やツパイ類の食習慣を再進化させただけのようだ．

霊長類はまた運動に関する種々の変化傾向を示している．もっとも初期の霊長類は長さの等しい四肢をもち，胸は短く，胴体と骨盤は長い．サルにもこの一般的な形態を維持しているものがいる．たとえばヒヒは主として地上性であるが，あ

るものは樹上性で，頑丈な枝の上側を走る．キツネザル，ガラゴ，メガネザルの中には，長い後肢を獲得し，それによって大ジャンプが可能になったものたちがいる．対照的に，南アメリカのクモザルなどのサル類と類人猿は短い後肢と長い前肢をもち，とくにクモザル，テナガザル，もっと体重の重いオランウータンやチンパンジーは，ブラキエーション brachiation（枝わたり）という，腕を交互に使ってからだを支えながら移動させる技術を開発した．これらの動物はこのようにして，肩の大きな可動性，樽のような胸，短い体幹，そして胴体が垂直に維持されたときに内臓を支える水盤型の骨盤などを獲得した．ヒトはこれらの強力な腕と胸を，地上に降りたときに携えてきて，それをほかの目的に用いた．そして類人猿の曲がった後肢を土台にし，もしかするとすべての動物の中でもっともエネルギー効率のよい二足歩行の道具に発達させた．

最後に，しかし重要なこととして，系統樹を下がってくると，脳が，体重に対する割合でも絶対量でも，より大きくなることに気づく．そして脳の増大とともに社会的複雑さも増す．たとえばサル類と類人猿には，一夫一妻制のもの（テナガザルなど），1頭の優越したオスのいる一夫多妻制のもの（ゴリラなど），一夫多妻制ではあるが集団内に数頭の生殖可能なオスがいるもの（チンパンジーなど）がいる．一般的に，一夫多妻制が進行するにつれて性的二型 sexual dimorphism（雌雄間の差異）が増大する．自由度がきわめて高いヒトは，どのような家族形態がもっとも自然であるか決定するのにいくぶん困難をかかえているが，一夫一妻制への傾向があるのは確かのようだ……ある程度は．

さて，系統樹の要素を詳細に見ていくことにしよう．

原猿類 prosimian

原猿類は現生のキツネザル lemur, ロリス loris, メガネザル tarsier, そして絶滅したアダピス類 adapid とオモミス類 omomyid を含んでいる．かれらは，大きくて一般的に前方を向いた眼，平らな爪，感覚の鋭い肉趾をもった指先，胸にある2つの乳房，などの特性をもつ，明白な霊長類である．しかしかれらは，明らかにもっと一般的で原始的な哺乳類の特徴，すなわち，長い鼻面，嗅覚への大きな依存，嗅覚中枢が視覚中枢に勝っている脳ももっている．サルや類人猿は「猿類」であるから，「原猿類」という用語は記載するには悪くない．

しかし「原猿類」は記載のための用語にすぎず，系統学の用語ではない．系統樹が示すように，全霊長目のもっとも深い区分線はまさに原猿類の中央を走っているのである．大部分の霊長類学者は，一方の枝にキツネザルとロリスが，他方の枝にメガネザルなどがいることに同意している．そしてメガネザルがサル類や類人猿に近縁であり，キツネザルやロリスは別の独立したものだと，すべてではないにしてもほとんどの霊長類学者が主張している．キツネザル・ロリスグループとメガネザルグループの深い区分は，明らかにはるか昔，おそらくはまだ恐竜類が絶滅していなかった白亜紀に起こったものであろう．ただし，真のキツネザルやメガネザルのもっとも古い化石はおよそ5000万年前の始新世まで遡るにすぎない．

もっとも古くて疑いもなく霊長類と認められる化石は，暁新世から見つかっており，伝統的にアダピス類とオモミス類と命名されている．はるか昔に絶滅した2つのグループに属する．古霊長類学者はかつて**アダピス類 adapid とオモミス類 omomyid** を一緒にして「基幹霊長類」とすることで同意していた．しかし近年2つの点が変更された．第1に，多くの霊長類学者が今では，アダピス類はキツネザル・ロリス系統に近く，オモミス類はメガネザル・真猿類系統に属すると信じている．第2に，かつてのアダピス類は，今では少なくとも異なる2系統を代表すると考えられている．その1つがおそらくキツネザルの姉妹群であり，もう1つはずっと離れている．一般的に

19・霊 長 目

霊長類 PRIMATES

'原猿類'
'prosimians'

真猿類（サル類）Anthropoidea

狭鼻類 Catarrhini

19

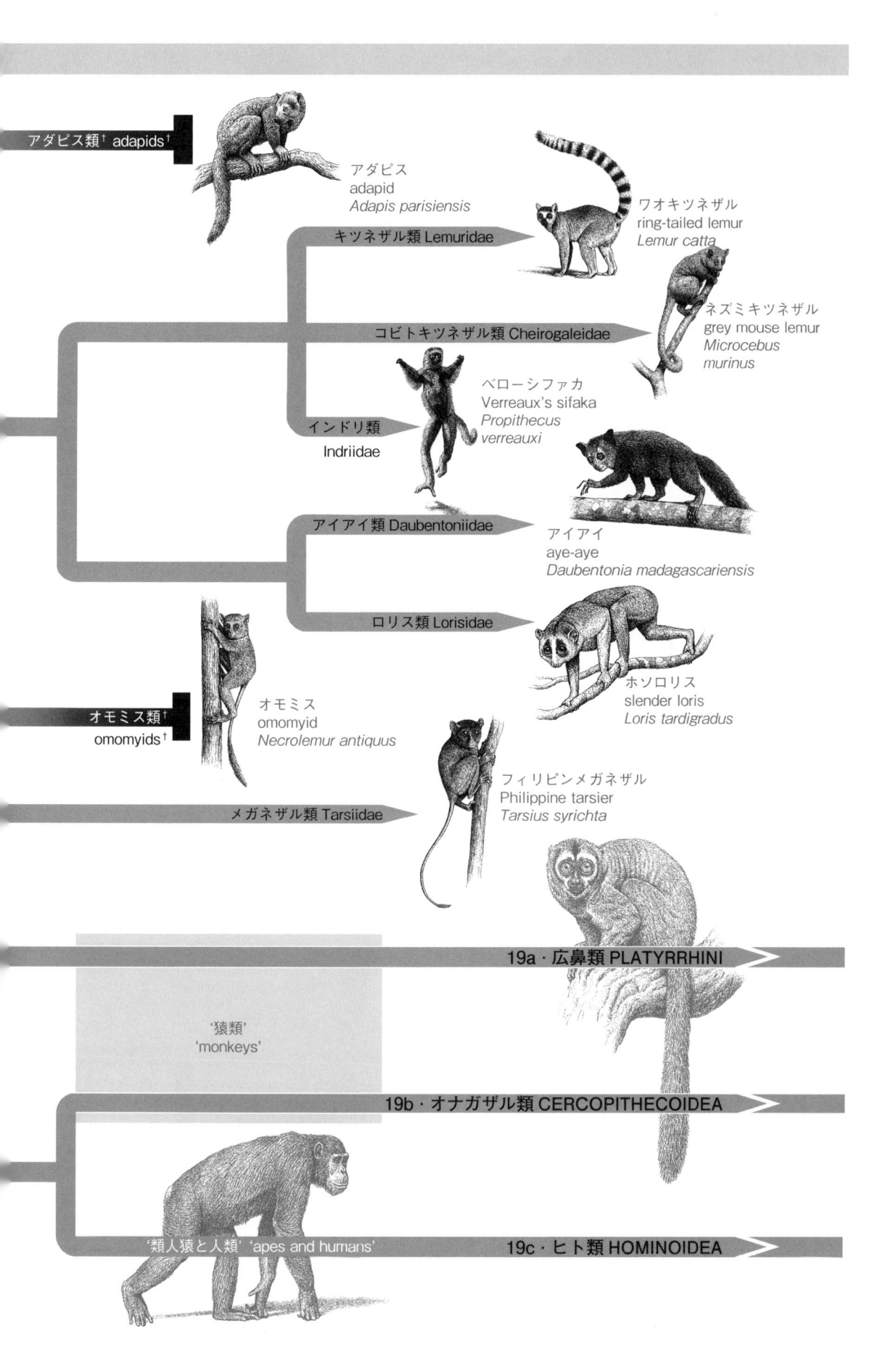

アダピス類† adapids†

アダピス
adapid
Adapis parisiensis

キツネザル類 Lemuridae

ワオキツネザル
ring-tailed lemur
Lemur catta

コビトキツネザル類 Cheirogaleidae

ネズミキツネザル
grey mouse lemur
Microcebus murinus

インドリ類
Indriidae

ベローシファカ
Verreaux's sifaka
Propithecus verreauxi

アイアイ類 Daubentoniidae

アイアイ
aye-aye
Daubentonia madagascariensis

ロリス類 Lorisidae

ホソロリス
slender loris
Loris tardigradus

オモミス類† omomyids†

オモミス
omomyid
Necrolemur antiquus

メガネザル類 Tarsiidae

フィリピンメガネザル
Philippine tarsier
Tarsius syrichta

19a・広鼻類 PLATYRRHINI

'猿類'
'monkeys'

19b・オナガザル類 CERCOPITHECOIDEA

'類人猿と人類' 'apes and humans'

19c・ヒト類 HOMINOIDEA

19a・霊長類・広鼻類

広鼻類 PLATYRRHINI
- オマキザル科 Cebidae
  - マーモセット亜科 Callitrichinae
  - オマキザル亜科 Cebinae
- クモザル科 Atelidae
  - クモザル亜科 Atelinae
  - サキ亜科 Pitheciinae

19a

マーモセット属 *Callithrix*

ピグミーマーモセット属 *Cebuella*

コモンマーモセット
common marmoset
Callithrix jacchus

ライオンタマリン属 *Leontopithecus*

タマリン属 *Saguinus*

ゲルディモンキー属 *Callimico*

オマキザル属 *Cebus*

ノドジロオマキザル
white-faced capuchin
Cebus capucinus

リスザル属 *Saimiri*

クモザル属 *Ateles*

アカクモザル
black-handed spider monkey
Ateles geoffroyi

ウーリークモザル属 *Brachyteles*

ウーリーモンキー属 *Lagothrix*

ホエザル属 *Alouatta*

サキ属 *Pithecia*

シロガオサキ
white-faced saki
Pithecia pithecia

アカホエザル
red howler monkey
Alouatta seniculus

ヒゲサキ属 *Chiropetes*

ウアカリ属 *Cacajao*

ヨザル属 *Aotus*

ヨザル
owl monkey
Aotus trivirgatus

ティティ属 *Callicebus*

19b・霊長類・オナガザル類

オナガザル類
CERCOPITHECOIDEA

オナガザル科
Cercopithecidae

オナガザル亜科
Cercopithecinae

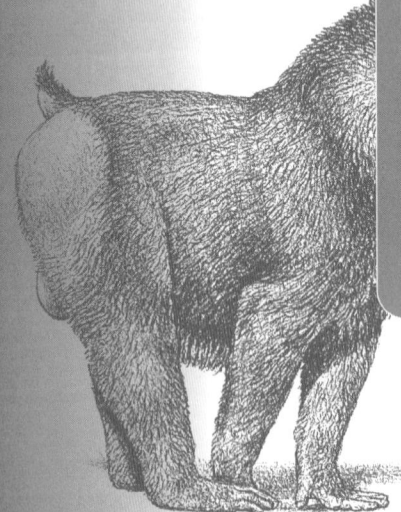

コロブス亜科 Colobinae

19b

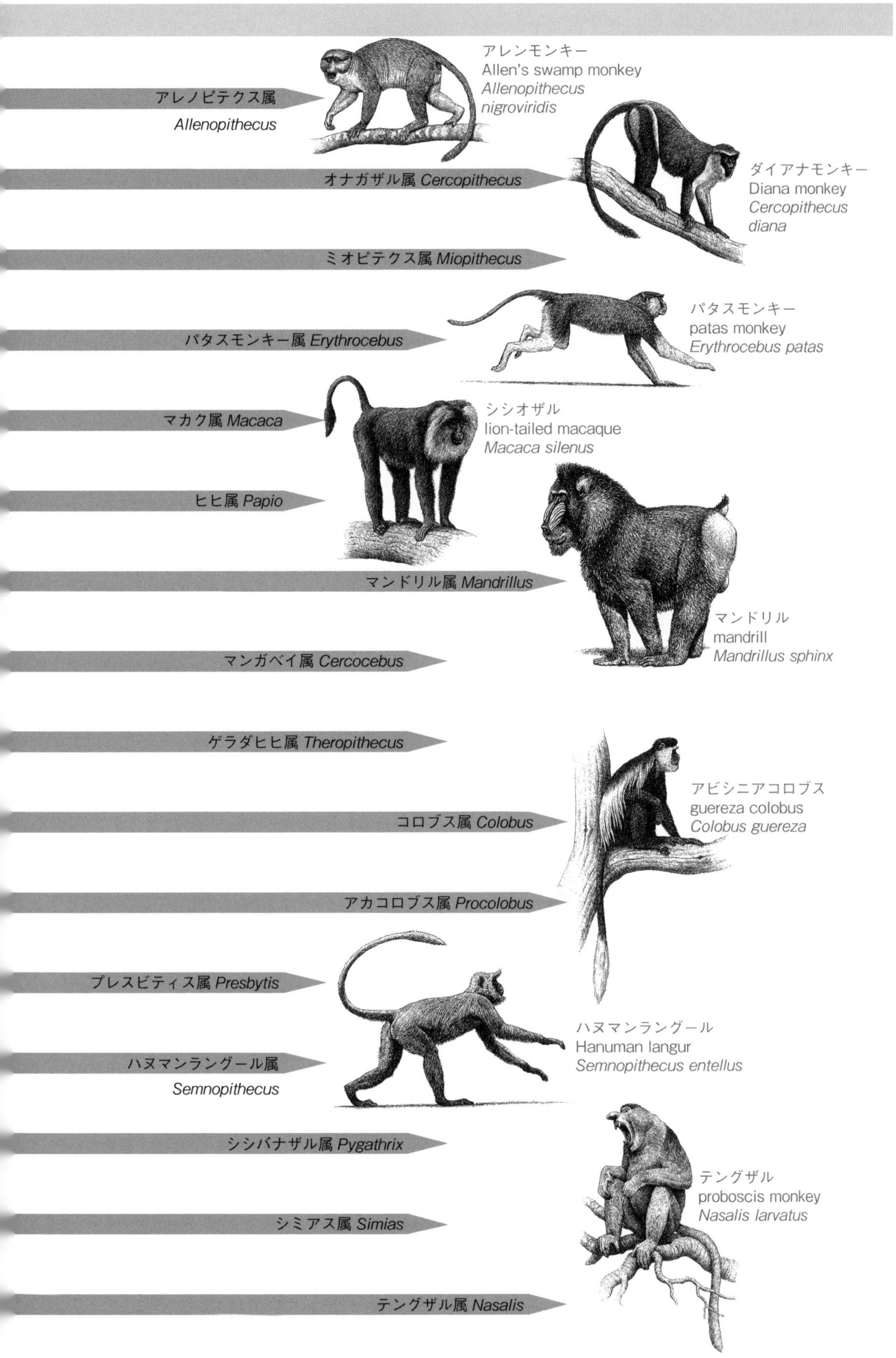

アレノピテクス属 *Allenopithecus*	アレンモンキー Allen's swamp monkey *Allenopithecus nigroviridis*
オナガザル属 *Cercopithecus*	ダイアナモンキー Diana monkey *Cercopithecus diana*
ミオピテクス属 *Miopithecus*	
パタスモンキー属 *Erythrocebus*	パタスモンキー patas monkey *Erythrocebus patas*
マカク属 *Macaca*	シシオザル lion-tailed macaque *Macaca silenus*
ヒヒ属 *Papio*	
マンドリル属 *Mandrillus*	マンドリル mandrill *Mandrillus sphinx*
マンガベイ属 *Cercocebus*	
ゲラダヒヒ属 *Theropithecus*	
コロブス属 *Colobus*	アビシニアコロブス guereza colobus *Colobus guereza*
アカコロブス属 *Procolobus*	
プレスビティス属 *Presbytis*	ハヌマンラングール Hanuman langur *Semnopithecus entellus*
ハヌマンラングール属 *Semnopithecus*	
シシバナザル属 *Pygathrix*	テングザル proboscis monkey *Nasalis larvatus*
シミアス属 *Simias*	
テングザル属 *Nasalis*	

19c ・ 霊長類・ヒト類

ヒト上科
HOMINOIDEA

テナガザル科 Hylobatidae

ヒト科／ショウジョウ科
Hominidae／Pongidae

19c

プロコンスル
Proconsul africanus

プロコンスル属† *Proconsul*†

テナガザル（ギボン）
white-handed gibbon
Hylobates lar

テナガザル属 *Hylobates*

シヴァピテクス
Sivapithecus indicus

シヴァピテクス属† *Sivapithecus*†

オランウータン属 *Pongo*

オランウータン
orang-utan
Pongo pygmaeus

ドリオピテクス
Dryopithecus laietanus

ドリオピテクス属† *Dryopithecus*†

ローランドゴリラ
lowland gorilla
Gorilla gorilla

ゴリラ属 *Gorilla*

チンパンジー属 *Pan*

チンパンジー
chimpanzee
Pan troglodytes

20・ヒト科（狭義）HOMINIDAE *s.s.*

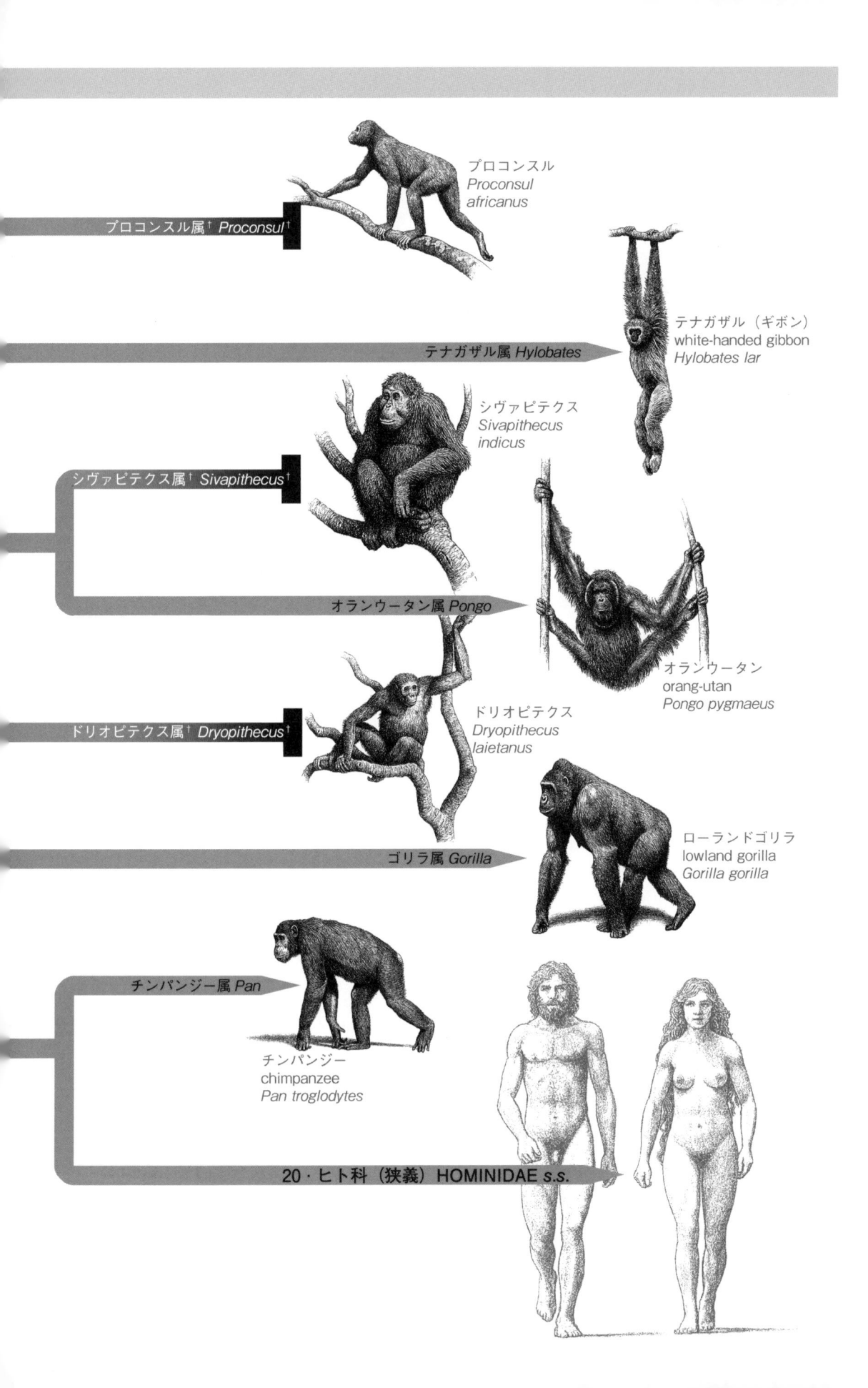

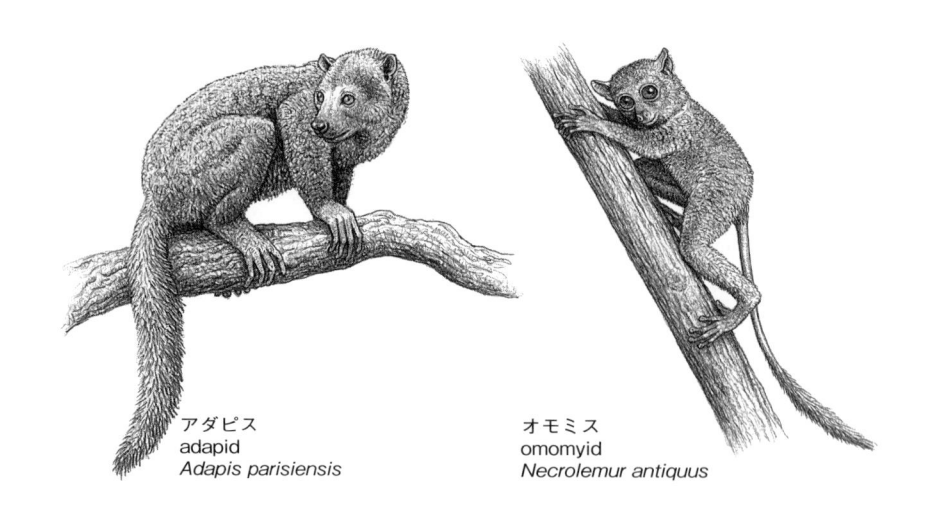

アダピス
adapid
Adapis parisiensis

オモミス
omomyid
Necrolemur antiquus

「アダピス類」と呼ぶことは依然として有用であるが、それは多系統であるらしいので、私は系統樹では「adapid」と、小文字で始まる非公式名で書くにとどめている。オモミス科 Omomyidae という公式の名称が今後も確実に生き残るかどうかはわからないが、いずれにしても非公式に「オモミス類 omomyid」と呼ぶのが慎重な態度であろう。

現生原猿類にはキツネザルとロリスで5科、さらにメガネザルの1科が含まれる。

キツネザルとロリスの5科

原猿類の3科、キツネザル科、コビトキツネザル科、インドリ科は普通、キツネザル類 lemur と呼ばれ、どれもマダガスカル島に固有である。私たちはこうした島大陸に感謝しなければならない。マダガスカルがなければ、キツネザル（やそのほかの）系統は生き残れなかっただろう。同様に、オーストラリアがなければ、カンガルーもコアラもまったく進化しなかったはずだ。

●**キツネザル科 Lemuridae** はコルベットとヒルが「大型キツネザル」と呼んだ仲間である。およそ11種が知られているが、かれらはほとんど森林の生息者で、私たちがまだ知らないものもいるにちがいない。またイタチキツネザル属 *Lepilemur* をどのように分類するかについてはほとんど合意がない。いずれにしてもキツネザル属 *Lemur* には、美しく、有名なリング状の模様のある尾をもつワオキツネザル *L. catta*（ring-tailed lemur）がいる。ペッテルス属 *Petterus* にはクロキツネザル black lemur やチャイロキツネザル brown lemur といったかわいいキツネザルが属する。ジェントルキツネザル属 *Hapalemur* はジェントルキツネザル

ワオキツネザル
ring-tailed lemur
Lemur catta

―霊長目―

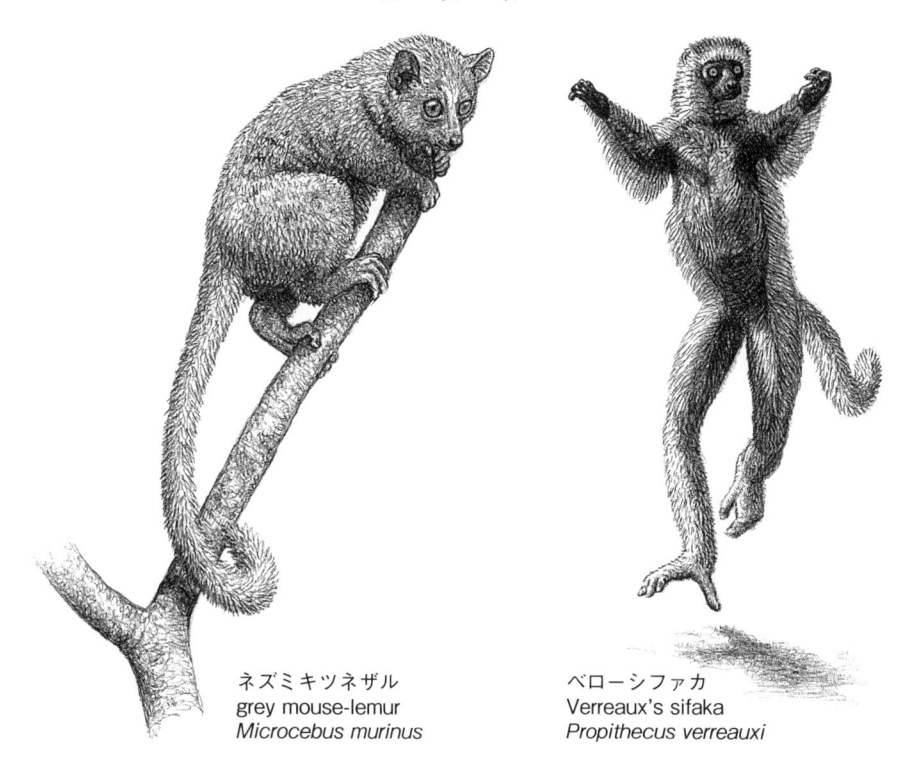

ネズミキツネザル
grey mouse-lemur
Microcebus murinus

ベローシファカ
Verreaux's sifaka
Propithecus verreauxi

gentle lemur である．エリマキキツネザル *Varecia*（ruffed lemur）は大型で騒々しい，えりまきのついたキツネザルである（ジャージー動物園にいるエリマキキツネザルの集団は，海峡を渡ってでも見に行く価値がある）．イタチキツネザル属はイタチキツネザル weasel lemur やハイイロイタチキツネザル sportive lemur を含む．

● **コビトキツネザル科 Cheirogaleidae** はネズミキツネザルとコビトキツネザルで，7種が知られ，どれも森林に生息する．一般に4属が認められている．ネズミキツネザル属 *Microcebus*（コクレルネズミキツネザル属 *Mirza* を含む）はネズミキツネザル mouse lemur，コビトキツネザル属 *Cheirogaleus* はコビトキツネザル dwarf lemur，ミミゲコビトキツネザル属 *Allocebus* はミミゲコビトキツネザル hairy-eared dwarf lemur，フォークコビトキツネザル属 *Phaner* はフォークコビトキツネザル fork-marked lemur である．

● **インドリ科 Indriidae** は「飛びキツネザル」で，実際よく跳躍する．アヴァヒ属 *Avahi* はアヴァヒ woolly lemur，シファカ属 *Propithecus* はシファカ sifaka の3種，そしてインドリ属 *Indri* はインドリ indri を含む．

また，キツネザルとは異なるが，アイアイ科 Daubentoniidae とロリス科 Lorisidae という類縁の姉妹群がある．

● **アイアイ科 Daubentoniidae** は，唯一の種で

アイアイ
aye-aye
Daubentonia madagascariensis

ある興味深いアイアイ Daubentonia madagascariensis (aye-aye) の科である．これは巨大な眼をもち，また長い爪のついた細長い中指があり，それで樹皮の下の昆虫を捕まえる．その探るようなまなざしと凝視の組み合わせが，それを見たマダガスカルの人々に，アイアイは悪魔であると思わせた．私はジャージー動物園で一度だけアイアイを見た．それは思いがけないほど大きく，ネコほどもあった．しかしかれらの振る舞いはきまぐれだった．かわいい動物である．どうして悪魔などと思われたのだろう．

● **ロリス科 Lorisidae** は，キツネザル・ロリス系統のクレードで，唯一マダガスカルに生息しない現生のメンバーであり，実際にはインド，東南アジア，アフリカに暮らしている．コルベットとヒルは8属をリストしている．ホソロリス属 Loris は南インドおよびスリランカのホソロリス slender loris 1種を含む．スローロリス属 Nycticebus は東南アジアのスローロリス slow loris とピグミースローロリス pygmy slow loris を含む．ポットー属 Perodicticus は中央アフリカとケニアの森林に生息するポットー potto である．アンワンティボ属 Arctocebus は，ニジェール河とザイールの周辺に生息するアンワンティボ angwantibo である．つぎにガラゴ bushbaby の4属がある．いずれもアフリカの中央部，西部，東部に生息し，ガラゴ属 Galago とコビトガラゴ属 Glagoides (bushbaby)，オオガラゴ属 Otolemur (オオガラゴ greater bushbaby)，ハリヅメガラゴ属 Euoticus (ハリヅメガラゴ needle-clawed bushbaby) である．

最近までこれら4属はおよそ10種を含むと考えられていた．しかしこの数年，オクスフォードブルックス大学のサイモン・ベアダー Simon Bearder は西アフリカで（ガラゴたちは夜行性なので）フラッシュを用いて研究し，2種のガラゴがいるだろうと考えていた場所ごとに，典型的には6種ほどがいることを見いだしたのである．1つには，このとらえどころのない生物があまり研究されてこなかったからでもあろうし，もう1つには，多くの夜行性あるいは地下性の生物（多くのフクロウやマウスのグループを含む）が，視覚ではなく，音や匂いで同種かどうかを識別するので，見かけが他種とよく似ているからであろう．したがって動物自身は同種かどうかがわかっているが，人間は——動物学の専門家でさえ——しばしばわからないのである．ベアダーは，アフリカには少なくとも40種のガラゴがいると見積もった．そして最近の分子生物学的研究は，おそらくかれらが少なくとも3科に分けられることを示唆している．しかし，かれらの住む森林は破壊されつつあるから，少なくともそのうちのいくつかの種は，生物学者が気づく機会を得るよりも前に消滅してしまうのはほぼ確実であろう．

以上がキツネザル・ロリスのクレードの，私たちが知るかぎりの現生の属である．原猿類にはキツネザルとロリスとはまったく分離されたもう1つのグループがある．**メガネザル科 Tarsiidae** のメガネザルである．

メガネザル：メガネザル科 Tarsiidae

メガネザル tarsier の外観は小さなガラゴのようである．しかし表面下では明らかな差異があり，メガネザル・ロリス系統は，ずっと昔の中生代に分離したことが示唆される．この2つのグループが共有する特徴は，霊長類の共有原始形質か収斂によるものであり，その中にはネコのような顔つきとか跳躍用の後肢といったものがある．

ホソロリス
slender loris
Loris tardigradus

フィリピンメガネザル
Philippine tarsier
Tarsius syrichta

本科にはメガネザル属 *Tarsier* の4種のみが含まれ，どれもインドネシアとフィリピンに生息している．しかしガラゴに関するサイモン・ベアダーの経験に照らせば，これらの森林にもっと多くの種がいないと考えることのほうが驚きだろう．

サル類と類人猿：真猿類 Anthropoidea

現生霊長類で知られているすべての科の半数以上，すなわち10〜11科のうち6科が原猿類である．しかし生態学的にも種数の点でも，原猿類は真猿類，つまりサル類と類人猿に負けつつある．それは後者が——ここでもまた，おそらくは始新世に——最初に出現して以来ずっと，その傾向にある．サル類と類人猿は原猿類と比較すると（もちろんほかのすべての哺乳類と比較しても）絶対的大きさでも相対的大きさでも大型の脳，より短い顔（つまり，鼻先が短くなったことを意味する），そしてより複雑な社会生活をもっている．

サル類 monkey が最初に出現したのはほぼ間違いなく始新世にまで遡ると思われるが，疑いなく真猿類のものと思われる最古の化石は，およそ3400万年前に始まった次の漸新世初期のものである．これらの化石でもっとも有名なのはエジプトピテクス属 *Aegyptopithecus* で，エジプトの ファユム地域と呼ばれる，サハラ砂漠の東端にある，哺乳類の化石が豊富に出土する場所で発見された．しかしエジプトピテクスの時代には，ファユムは青々とした湿気の多い森林であった．そしてエジプトピテクスの化石のそばからは，浮いている蓮の葉の上を伝ってしっかり歩くことのできるジャカナ lily trotter の，細長くて針のような足骨の化石が出ている．しかしここでは，私は現生真猿類に焦点を当て，新世界ザルの2科から話を始める．

新世界ザル：オマキザル科 Cebidae とクモザル科 Atelidae

新世界ザルの2科には60種以上いて，現生のすべての霊長類のおよそ30％を占める．新世界ザルは**広鼻下目 Platyrrhini** を形成する．この名称は「平らな鼻」を意味し，鼻孔が外を向いていて，よりまっすぐな鼻と正面を向いた鼻孔をもつ旧世界ザルである**狭鼻下目 Catarrhini** と好対照である．およそ4000万年前に最初に出現して以来，広鼻下目は狭鼻下目や原猿類と同じぐらいの属を擁してきたと思われる．

一見したところでは新世界ザルは旧世界ザルほど多様でないように見える．なぜならかれらはすべて，今もこれまでも樹上生活者であったからである．一方，旧世界ザルはしばしば地表に下りようと冒険し，草原にも広がった．しかし南アメリカの森林は広大で複雑で，多くのニッチを提供したので，広鼻類はそれにふさわしく放散した．したがって，詳しく調べてみれば，新世界ザルは旧世界ザルより生活様式が多様なのである．食生活ではタマリン tamarin やマーモセット marmoset のような昆虫食やゴム食から，果実食のウアカリ uakari や葉食のホエザル howler まで広がっている．そして標準的な広鼻類の移動はリスザル squirrel monkey やノドジロオマキザル capuchin が見せるように四肢を使った木登りであるが，タマリンやマーモセットはリスのようにはね回ってみせるし，ギボンのようにブラキエーション（枝

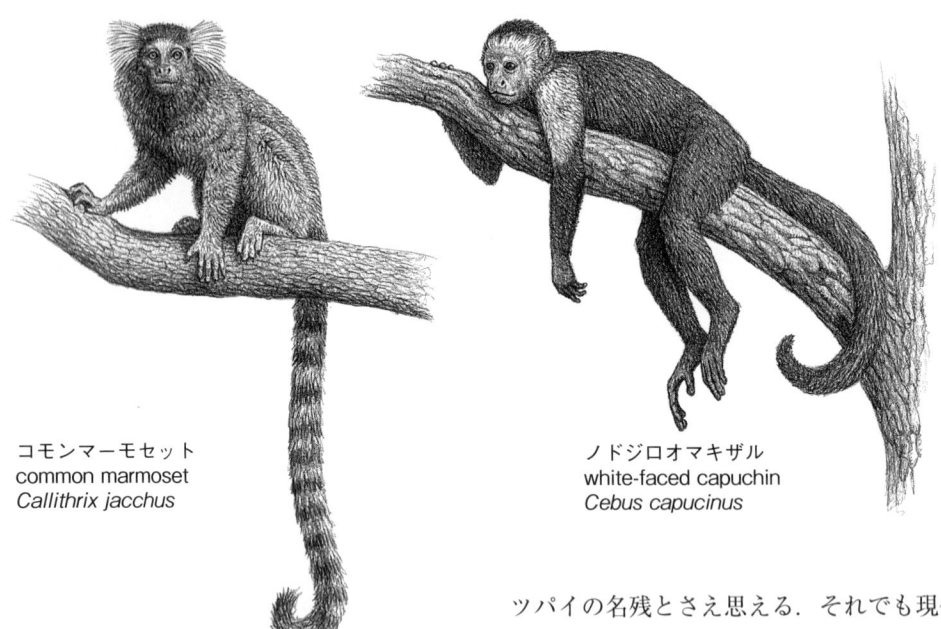

コモンマーモセット
common marmoset
Callithrix jacchus

ノドジロオマキザル
white-faced capuchin
Cebus capucinus

わたり）をするクモザル spider monkey もいる．ただしクモザルはすばらしい把握力をもった尾の助けを借りており，その尾たるや，まさに 5 番目の肢として役立っている．近縁のウーリーモンキー woolly monkey もブラキエーションするが，その程度は低い．

広鼻類の分類が容易でないことは，とりわけ，化石記録からあまり有用な助けが得られないという理由が大きい．化石記録はわずか数百個の断片のみである．基本的にかれらは明らかな 5 グループに分けられる．第 1 にマーモセット（マーモセット属 *Callithrix* とピグミーマーモセット属 *Cebuella*）は明らかにタマリン（ライオンタマリン属 *Leontopithecus* とタマリン属 *Saguinus*）と近縁である．またゲルディモンキー属 *Callimico* は，いくぶんかは違っているが，これも同じグループに属するようだ．マーモセットとタマリンは小さくてひだの少ない脳，指や（親指以外の）つまさきには爪ではなくかぎ爪，そして複雑でない臼歯をもっている．かれらは嗅覚におおいに依存しており，必ず二卵性双生仔を産む（大部分のサルと類人猿は単仔性である）．小型の脳，かぎ爪，単純な歯は原始的性質のようにも見える——

ツパイの名残とさえ思える．それでも現代の霊長類学者の多くは，これらは派生形質だと感じている——小型化したことに伴う二次的適応だというのである．小型であるがゆえに，かれらは樹冠のすぐ下の領域を利用し，昆虫やゴムを摂食することができる．かぎ爪は枝がかりそめにもつかめないほど太いときには爪より有利であるし，実際アルフレッド・ローゼンバーガー Alfred Rosenberger がコメントしているように，かれらはおそらくその肢をフックのように使っている．運動の点では（食物は異なるが）タマリンとマーモセットは霊長類によるリス的生活への回答である．

広鼻類の明らかな第 2 のグループはリスザル squirrel monkey（リスザル属 *Saimiri*）とノドジロオマキザル capuchin（オマキザル属 *Cebus*）である．これらは手回しオルガン弾きが連れている典型的なサルたちであり，（体重に対して）大きい脳と丸い頭蓋，短い顔面，そして近くに寄った眼をもっている．ヨーロッパではオランダのアッペンヒュール霊長類センターで，チュウチュウいうリスザルのすばらしい群れを見ることができる．ここでは多くの霊長類が，訪問者の間をほとんど野生のまま駆け回っている．

果実食のクモザル spider monkey（クモザル属 *Ateles*），ウーリークモザル woolly spider monkey（ウーリークモザル属 *Brachyteles*），そして

アカホエザル
red howler monkey
Alouatta seniculus

アカクモザル
black-handed spider monkey
Ateles geoffroyi

ウーリーモンキー woolly monkey（ウーリーモンキー属 *Lagothrix*）が，明らかな第3のグループを形成する．葉食のホエザル howler（ホエザル属 *Alouatta*）はしばしば独自の亜科に分けられる——その特別なのどは，すばらしい呼び声が出せるように適応していて，かれらはまるで異なる動物のようにも思われる．しかしローゼンバーガーがいうように，ホエザルは疑いもなく「分岐した」クモザルである．クモザルは自然界でもっともアクロバットの上手な一員である．一方，ウーリーモンキーはもっとも魅力的な霊長類の一員である．かれらをよく知る人（コーンウォールのルーにはすばらしいウーリーモンキーの聖域があり，そこでかれらを見ることができる）は，サルの中でもっとも知能が高いと示唆している．

サキ saki（サキ属 *Pithecia*），ウアカリ uakari（ウアカリ属 *Cacajao*），およびヒゲサキ bearded saki（ヒゲサキ属 *Chiropetes*）は第4のグループを形成する．これらは奇妙な動物である．たとえばアカウアカリ red uakari はひたいや頭頂部がはげていて，ピンクあるいは緋色をしている．もっとも奥深いアマゾン流域に生息している仲間もいる．そこは一年のかなりの間，川が氾濫し，水深があまりに深いので大きな樹木さえ覆われてしまい，魚やカワイルカが枝の間を泳ぎ回る．ここに棲むグループは肉厚の果実の皮をむくための強力な門歯と犬歯，種子を噛み砕くための臼歯をもち，さらには有毒な葉を食べたりもする．奇妙なことにウアカリは，ときとして広鼻類の中でももっとも進んだ地上性を示す．というのも，かれらは洪水が引いた後で種子や発芽した芽をあさりに地上に降りてくるからである．

最後に，ティティ titi（ティティ属 *Callicebus*）とヨザル owl monkey, douroucouli（ヨザル属 *Aotus*）は，小さな家族集団をつくって動き回る小型の果実食動物である．ティティは昼間に活動し，ヨザルはその名前と大きな丸い目が示すように，夜間に活動する．

さて，これら5つのグループは互いにどのように関係しているのだろうか．そして公式の分類はどうあるべきだろうか．伝統的に新世界ザルは2科に分けられてきた．Callitrichidae（旧・マーモセット科）はマーモセット，タマリン，ゲルディモンキーを含み，一方，Cebidae（旧・オマキザル科）はそのほかすべてを含む．これは論理的で単純で，おそらく霊長類の専門家でない大部分の動物学者が依然として主張するものであろう．

しかしアルフレッド・ローゼンバーガーが述べ

シロガオサキ
white-faced saki
Pithecia pithecia

ヨザル
owl monkey
Aotus trivirgatus

ているように，広鼻類の分類は依然として「流動的な状態」にある．たとえば多くの霊長類学者は，長年ゲルディモンキーとほかのマーモセット類の間にはっきりした境界線を引いてきた．そこでP・ハーシュコヴィッツ P. Hershkovitz はゲルディモンキーを独自の科，Callimiconidae に入れた（つまり新世界ザルを全体として Cebidae, Callitrichidae, Callimiconidae の3科に分けた）．しかしほかの霊長類学者には，また別の区別を重視した人もいた．S・M・フォード S. M. Ford は1986年に Cebidae を2つに分けた．かれはオマキザル，リスザル，ティティ，ヨザルを Cebidae に残し，クモザル，ウーリークモザル，ウーリーモンキー，ホエザルとサキ，ヒゲサキ，ウアカリを新科である Atelidae に入れた．Callitrichidae はゲルディモンキーとタマリン，マーモセットを含む形で，もとのまま残された．

しかし本書で採用している分類は，ローゼンバーガーが提唱したもので，『ケンブリッジ人間進化百科事典』（1992）に準拠している．系統樹が示すようにローゼンバーガーは，**クモザル科 Atelidae** を残したが，これはもはやオマキザルとリスザルを含んでいない．かれはこの2種類がマーモセット，タマリン，ゲルディモンキーに近いと感じている．そこでオマキザル，リスザル，マーモセット，タマリン，ゲルディモンキーの5種類が今や新装された**オマキザル科 Cebidae** を形成することになった．Callitrichidae 科は脱落した——というよりマーモセット亜科 Callitrichinae としてオマキザル科の下におかれるようになった．

ローゼンバーガーはその分類の基礎を，難解な特性の分岐学的解析においている．その細部に時間をかける必要はない．かれの分類に興味深い特徴が含まれるのは明らかである．たとえば，オマキザルとウーリーモンキーの全体的な類似は収斂に基づくかあるいは単に両者が原始的であるせいである．オマキザルの半巻き尾とホエザルやクモザルの完全な巻き尾はたしかに収斂を表している．かぎ爪や嗅覚への依存といったタマリンとマーモセットの「原猿類的」性質は，派生的性質とみなされる．サル的特徴とマーモセット的特徴を少しずつもつゲルディモンキー *Callimico* の位置は，より明確なものになった．それはたしかに一種の中間生物なのである（実際，「ゲルディモンキー」と呼ばれることもあるし，「ゲルディマーモセット」と呼ばれることもある）．しかし系統樹からわかるように，ローゼンバーガーは新

たに定義したオマキザル科を2つの亜科に分けた．つまり**オマキザル亜科 Cebinae** と**マーモセット亜科 Callitrichinae** である．そしてさらにマーモセット亜科を2族に分離している．

ローゼンバーガーは新しく定義したクモザル科の中で，クモザル，ウーリークモザル，ウーリーモンキー，ホエザルを**クモザル亜科 Atelinae** という1つの亜科に入れ，さらにこの亜科をクモザル，ウーリークモザル，ウーリーモンキーを含む族と，ホエザルのみの族に分けた．サキ，ヒゲサキ，ウアカリ，ヨザルとティティは第2の**サキ亜科 Pitheciinae** を形成する．しかし，この亜科もふたたび2族に分類される——つまりサキ，ヒゲサキ，ウアカリが1つの族，ヨザルとティティがもう1つの族である——が，かれがこれらの表面的には異なるサル類を1つのグループにまとめたことは興味深い．表面的にはヨザルとティティはむしろオマキザルやリスザルと似ていて，伝統的にはそれらと同じグループに入れられていた．

全体として，新世界ザルに関するローゼンバーガーの分類は，これまでのところもっとも満足すべきもののようにも思われる．しかしそれが本当に決定版といえるかどうかは，今後を待たなければならない．

旧世界ザル：オナガザル科 Cercopithecidae

旧世界ザルは現在，アフリカ，インド，東南アジアに生息している．依然としてヨーロッパに足場をもつのは，バーバリマカク *Macaca sylvanus* 1種のみである．これは一般にバーバリ類人猿と間違って呼ばれる（マカクは尾が非常に短いからである）もので，ジブラルタルの岩山に生息し，観光客の呼びものになっている．しかしヨーロッパからも，旧世界ザルの多くの化石が出土する．バーバリマカクとニホンザル *Macaca fuscata* は，熱帯および亜熱帯の外で生息するものとしては，ヒト以外では唯一の霊長類である（ニホンザルはしばしば雪の中で凍えている姿がフィルムに収められているし，ときには日本の温泉で寒さをしのいでいる）．全体としてオナガザルにはおよそ80種がいる．それゆえ全霊長類の3分の2以上——200種強のうち140種以上——は旧世界ザルまたは新世界ザルである．

オナガザル科は**オナガザル亜科 Cercopithecinae** と**コロブス亜科 Colobinae** にきれいに分けられるように思われる．オナガザル亜科はほほ袋をもっていて，そこに食料をため込み，およそ何でも食べるが，主として果実を好む傾向がある．臼歯はあまり特殊化しておらず，咬頭も低くて丸い．門歯は比較的大きく，下顎の門歯は内側の表面にエナメル質を欠いている——これは，齧歯類と同様，常に歯を鋭く研いでおけるようにするための特徴である．オナガザル類は樹上性のこともあるが，多くは地上性である．その目は寄っていて，鼻は長く，とくにヒヒでは長い．対照的にコロブス類は葉食で，胃は，反芻類と同様に植物を発酵させるために特殊化している．臼歯には高くて鋭い咬頭があり，一方で門歯は，オナガザルのものよりもからだの大きさに比して小さい．コロブスはほとんどすべて樹上性で，親指は小さいか，ほとんどない．眼は広く離れていて，顔は短い．

エリック・デルソン Eric Delson はオナガザル亜科を2族に分けた．最初の族は5属を含む．アレノピテクス属（アレンモンキー属）*Allenopithecus* はアレンモンキー Allen's swamp monkey の仲間である．オナガザル属 *Cercopithecus* はオナガザル guenon の大きな属である．アフリカのサハラ以南の森林やサバンナに広く生息し，サバンナのダイアナモンキー Diana monkey の亜種であるベルベット vervet やブラッザモンキー De Brazza's monkey などの有名な種を含む．ミオピテクス属（コビトグエノン属）*Miopithecus* はガボンのタラポインモンキー talapoin である．パタスモンキー属 *Erythrocebus* は東アフリカのパタスモンキー patas monkey である．オナガザル亜科の第2の族も5属を含む．マカク属 *Macaca* はすでに登場した．アジアから北アフリカに16種（1種はヨーロッパ）いる．マンガベイ属

452   19. キツネザル，ロリス，メガネザル，サル，類人猿

アレンモンキー
Allen's swamp monkey
Allenopithecus nigroviridis

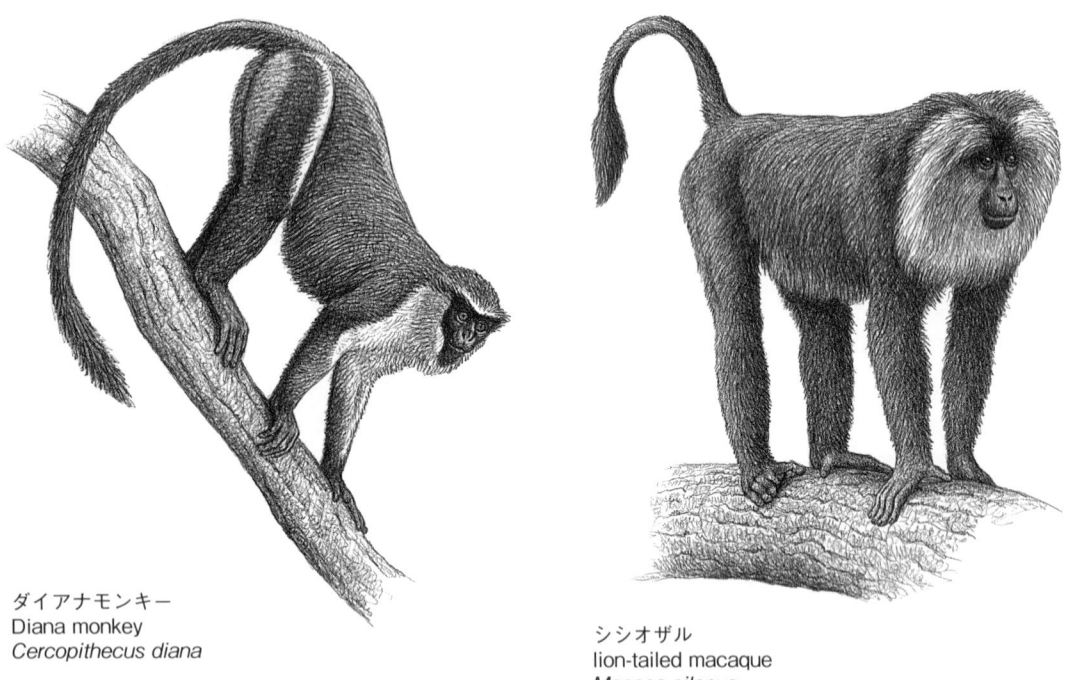

ダイアナモンキー
Diana monkey
Cercopithecus diana

シシオザル
lion-tailed macaque
Macaca silenus

パタスモンキー
patas monkey
Erythrocebus patas

マンドリル
mandrill
Mandrillus sphinx

アビシニアコロブス
guereza colobus
Colobus guereza

Cercocebus はアフリカのマンガベイ mangabey である．ヒヒ属 *Papio* はサバンナのヒヒ baboon である——通常5種に分類されるが，実際はかつてアフリカからアラビアにいたる連続体だったと思われる．マンドリル属 *Mandrillus* はマンドリル mandrill とドリル drill で，森林に生息するヒヒである．ゲラダヒヒ属 *Theropithecus* はエチオピアの草原に生息するゲラダヒヒ gelada である．

デルソンはコロブス亜科も2族に分類する．最初のものは2属のみを含む．コロブス属 *Colobus* はアフリカ西部，中部，東部のもので，絹のような毛と，ふさふさしたほうきのような尾をもつ，すべてのサルの中でもとくに美しい種をいくつか含んでいる．アカコロブス属 *Procolobus* は西アフリカのオリーブコロブス olive colobus などである．最後に残りの5属が第2の族を構成する．シシバナザル属 *Pygathrix* は北ベトナムや中国のトンキンシシバナザル snub-nosed monkey や，ベトナム，ラオス，カンボジアのドゥクラングール Douc langur を含む．ハヌマンラングール属 *Semnopithecus* はハヌマンラングール Hanuman langur を，シミアス属 *Simias* はスマトラのマンタワイ島のブタオラングール pig-tailed langur を含んでいる．テングザル属 *Nasalis* はボルネオに

ハヌマンラングール
Hanuman langur
Semnopithecus entellus

生息し，葉食で悲しげな顔つきをしたテングザル proboscis monkey であり，プレスビティス属 *Presbytis* はインドと東南アジアのリーフモンキーであり，スレリス surelis と呼ばれる．

旧世界ザル（**オナガザル科 Cercopithecoidea**）は，**ヒト上科 Hominoidea** すなわち類人猿の明らかな姉妹群である．これらのグループは上科の階層におくこともできるだろう．

類人猿：ヒト上科 Hominoidea

チャールズ・ダーウィン Charles Darwin は

テングザル
proboscis monkey
Nasalis larvatus

（1871年の『人間の由来 *The Descent of Man*』で）人間が類人猿に由来することを初めて疑いの余地なく示した．そしてさらに私たちの種がアフリカに生じたこと，さらに，私たちにもっとも近縁なのは現生のアフリカの類人猿たち，すなわち，チンパンジー属 *Pan* とゴリラ属 *Gorilla* であることを示唆した．ここの系統樹にも示されているとおり，ダーウィンは現在，この3つの点について，いずれも完全に正しかったと考えられている．さらに1960年代後半からの分子生物学的研究は，人類がわずか700万年前〜500万年前に——多くの証拠は500万年前を支持している——チンパンジーやゴリラと共通の祖先をもっていたことを示している．しかし，ダーウィン以後，分子レベルの証拠が利用可能になる以前に活動した多くの古生物学者は，私たちの種を現生類人猿からできるだけ遠くに分けたいと望んだように思われる．そして私たちの系統が2500万年より以前の漸新世というはるか昔に「大型類人猿」（アフリカの類人猿とオランウータン）から独立に進化したのかもしれないと示唆した．かれらは私たちの系統をヒト科 Hominidae と呼び，すべての大型類人猿をまとめてショウジョウ科 Pongidae とした．

1970年代以前のいくつかの論文では，中新世初期の東アフリカにいたプロコンスル *Proconsul* がヒトの系統の初期の代表者であるといわれた．そして中新世後期のアジアのシヴァピテクス *Sivapithecus* が同じ系統の，もっと後のメンバーだとされた．要するに，プロコンスルからシヴァピテクスを経てホモ属 *Homo* にいたる系統が描かれたのである．私がこれら2種類の絶滅生物をここで取り上げたのは，かれらが20世紀の古生物学の文献であまりにも重く扱われたからである．しかし系統樹からわかるように，現在認識されているかれらの地位は変化した．プロコンスルは現在では一般的で原始的な初期類人猿とみなされ，その後のすべての類人猿の姉妹群と考えるのがふさわしい．そして後の時代のシヴァピテクスの標本は，現生のオランウータン，すなわち *Pongo* 属の近縁種であることが明らかになった．私はヨーロッパの中新世中期から後期に知られていたドリオピテクス *Dryopithecus* を，おそらくはアフリカの現生類人猿に近縁の化石の候補として系統樹に入れた．しかしドリオピテクスは，1500万年前から800万年前までの中新世中期から後期に生存した大型類人猿のいくつかのタイプの1つにすぎず，今日の大型類人猿の種々のタイプとどのように関係しているかについては，合意は得られていない．

これらの化石はそれぞれしかるべき場所に収めたので，今度は現生の種類に焦点を当てよう．東南アジアのテナガザル科 Hylobatidae はすべてがテナガザル属 *Hylobates* に属するテナガザル（ギボン gibbon）の9種を含んでいる．その一種 *H. syndactylus* はフクロテナガザル siamang として知られている．テナガザルは主なブラキエーション動物で，見るものの心臓が止まるほど華麗に枝の間をスイングする．しかし，多くの野生の骨格には骨折が治癒した痕跡があるので，かれらもときには失敗するにちがいない．テナガザルは一夫一妻制で，雌雄はとてもよく似ている．

さて，いよいよ，論争の盛んな分野にやってきた．すでにみたように，伝統的に，*Homo* 属の人

プロコンスル
Proconsul africanus

シヴァピテクス
Sivapithecus indicus

ドリオピテクス
Dryopithecus laietanus

類と，その絶滅した直接の類縁であるアウストラロピテクス *Australopithecus* は，ヒト科 Hominidae におかれ，大型類人猿（テナガザルを除くすべて）はオランウータン科（ショウジョウ科）Pongidae に放り込まれていた．しかし近年の分子的研究は，チンパンジー *Pan* と現生人類には驚くほどの遺伝的類似性があることを示した．ヒトとチンパンジーの DNA の約 98％はほとんど同じなのである．ヒトとゴリラもとてもよく似ている．したがって多くの人はかれらを異なる科に入れる十分な理由はないと感じている．しかし，科レベルの区分はいずれにしても恣意的であり，DNA の立場から離れれば，人類は明らかにチンパンジーとはまったく異なるのであり，ほかのすべての動物とは質的に異なる生活様式とインパクトをもたらした新たな生態系を創造してきた，と論じる人たちもいる．これらの伝統主義者たちは，単なる遺伝学だけが分類の「唯一の」基盤で

はないという．この議論に基づけば，系統樹を正しく描くのは真の系統を示すのに重要であるが，それぞれのクレードに与えられる階層は，常識的基盤に基づいて便宜的に工夫されることになる．したがって伝統主義者は，オランウータン科とヒト科の区別を維持しようとする．

私は迷っていることを告白しなければならない．もし霊長類学者全体が，すべての大型類人猿をヒト科に入れてオランウータン科を廃止することに同意するなら，それはそれでいいだろう（ちなみにヒト科という用語はリンネによって最初に提唱されたのであって，命名法の規則では，後発のオランウータン科という名称のほうを捨てるべきである）．もし大多数がヒト科をヒトとアウストラロピテクスのためにとっておくというのであれば，それも十分受け入れられる．また，私が本書に仮に示したように，ヒト科を現生のアフリカ人に，オランウータン科をオランウータンとシヴァピテクス Sivapithecus に割り当てると決定するのなら，私もそれに満足できる．ここで私は，現在いろいろな意見があることを示そうとしているだけであり，読者は文献ではそのうちの1つに出会うであろう．この命名法については20章でまた議論しよう．

いずれにしても，現生の4属は**オランウータン**

テナガザル（ギボン）
white-handed gibbon
Hylobates lar

アウストラロピテクス・アファレンシス
Australopithecus afarensis

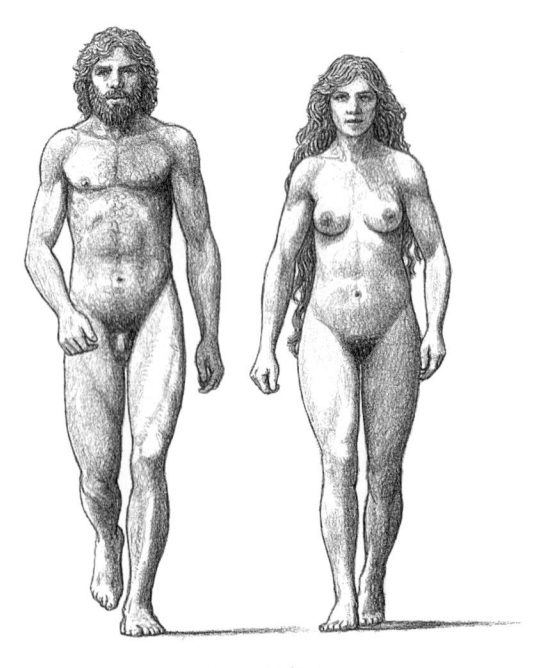

ホモ・サピエンス
Homo sapiens

科（ショウジョウ科）**Pongidae** と **ヒト科 Hominidae** のどこかに分類しなければならない．オランウータン属 *Pongo* (orang-utan) はスマトラとボルネオの2亜種を含む．両者は少し違っている（染色体も少し違う）が，動物園では容易に交配し，明らかな不都合もない．チンパンジー属 *Pan* には2種いる．*Pan trogodytes* は「普通」のチンパンジー，*Pan paniscus* は伝統的に「ピグミーチンパンジー」と呼ばれている．しかし最近はほとんどの霊長類学者が後者を「ボノボ bonobo」という別称で呼ぶことを好んでいて，「ピグミーチンパンジー」という用語は事実上消滅している．ゴリラ *Gorilla* 属は1種 *Gorilla gorilla* のみを含むといわれているが，3系統がある．すなわち西ローランドゴリラ，東ローランドゴリラ，およびマウンテンゴリラ（ディアン・フォッセー Dian Fossey（訳註：ゴリラの研究家として有名なアメリカの動物学者）によって有名

オランウータン
orang-utan
Pongo pygmaeus

チンパンジー
chimpanzee
Pan troglodytes

ローランドゴリラ
lowland gorilla
Gorilla gorilla

になった）である．しかし，現在，これらのグループは独立の種として考えるべきだと感じている人もいる．

チンパンジーとゴリラのどちらがヒトにより近いかは正確にはわかっていないので，原則に従うなら，ゴリラ，チンパンジー，ヒトを3分岐として示すしかなかっただろう．しかしいろいろなことを考え合わせると，分子生物学的研究は，わずかな差ながら，チンパンジーのほうが近いという解剖学的印象を支持するように思われる．したがってここに示した配列になった．

ヒトとその直接の（絶滅した）類縁者たちについては次章で議論しよう．

20章

ヒトと直近の仲間たち

ヒト科（狭義）Family Hominidae s.s.

　章題のs.s.は，ラテン語のsensu stricto，つまり「厳密な意味で」の短縮形である．これに対置されるのがヒト科s.l.，つまり「sensu lato 広い意味で」になる（訳註：以下，前者を「ヒト科（狭義）」，後者を「ヒト科（広義）」と表記する）．sensu stricto は「ヒト科」が私たち自身のHomo属と，たまたますべてが絶滅してしまっている近縁の属のみを指す，という意味である．絶滅したヒト科の動物は，知られている最古のヒト科の属であるアルディピテクスArdipithecus，おそらくはアルディピテクスから進化したアウストラロピテクスAustralopithecus，基本的にがっしりした顎をもつアウストラロピテクスであるパラントロプスParanthropus といったものである．このほかにも，私たちが知らないヒト科（狭義）の属がいるかもしれないし，すでに確立しているこれら4属の一部はさらに分割され，新しい属を形成するかもしれない．とくにパラントロプスはパラントロプスとジンジャントロプスZinjanthropus に分けられるべきであろう．しかしアルディピテクス，アウストラロピテクス，パラントロプス，ホモは，地球上にこの順序で出現し，広く認められている4つの属である．「ヒト科（広義）」には，このほかにチンパンジー，ゴリラ，オランウータンや，ドリオピテクスなどの絶滅タイプも含まれる．

　もちろんこうしたことはたいへんに煩雑で，おそらく退屈でさえあるかもしれないが，19章で大まかに触れたように，現実に今，2つの考え方が存在する．古人類学者のなかには，チンパンジー，ゴリラ，ヒトは遺伝学的にきわめて類似しているので，同じ科に入れるべきであり，その科は，Hominidae が最初に用いられて先取権があるので，Pongidae ではなく Hominidae と命名すべきだ，と主張する人たちがいる．もっと離れたオランウータンまで，新しく定義されたヒト科（広義）に入れる人がいるし，それを認めない人もいる．一方で，同様に有名だがより伝統的な古人類学者のなかには，ヒトはチンパンジーやゴリラと遺伝的に近いけれども，ヒトはまるで異なる体型と生活様式を発展させてきた，と指摘する人たちもいる．たしかに，私たちヒトの生態は，チンパンジーも含めたほかの生物とはまったく異なるので，実質的に新しい世界を形成している，と議論することもできるだろう．伝統主義者はそれゆえヒト科はホモ属Homo とその絶滅した近縁のみを含むべきだというのである．これがヒト科（狭義）の考えである．

　それに加えて，伝統主義者は，膨大な古人類学の現存する文献が「hominid」というときにはそれはヒト科（狭義）を指すのだと論じる．ほとんどすべての書物や論文で，「ヒト科」という用語がアフリカの類人猿を含むことは意図されていない．もし私たちが「ヒト科」という用語を広げてチンパンジーやゴリラを含めるようにしたら，かれらもヒト類になってしまい，すべての伝統的文献は読者を混乱させることになる．それは「正確さのための代償だ」ということもできるかもしれない．しかしこの議論は，一部の人が考えるよりずっと説得力がない．たしかに，系統樹は知られているかぎりの真実を反映しているべきであり，チンパンジー，ゴリラ，ヒトの遺伝的類似度を強調すべきであろう．しかし私たちがクレードや亜クレードに与える新リンネ式の命名は，理解とコミュニケーションを容易にするという便宜のためにある．その立場に立てば，「hominid」を定義

し直し，Pongidae（あるいはその一部）の名前を変更することは大きな混乱を生じるであろうから，今のままにしておくのが最善である．

　あれこれ考えてみると，私は伝統主義者に味方するほうに傾いている．「hominid」を再定義することは得られるものより問題のほうが多い．ある人々は倫理的立場に立って，チンパンジーをヒト科に入れればもっと丁寧に扱うようになるだろう――たとえばワクチンの作用の検査に使おうなどと思わなくなるだろう――というかもしれない．しかし私はそういう議論には反対である．私たちがほかの動物すべてに敬意をもって接するのは，それが私たち自身に近縁だと感じるからではなく，動物たちがすべて私たちの仲間だからである．オランウータンは私たちからずっと離れているから，チンパンジーよりひどく扱ってもいいなどと議論する人がいるだろうか．もう一度繰り返すと，もし伝統的なヒト科とオランウータン科を維持したところで，系統学の確固たる原則が危うくなることはない．なぜなら，本書の読者はすでに，新リンネ印象主義の意図が――司書の仕事のように，思考やコミュニケーションを容易にするために――系統樹を都合のよいまとまりに切り分けることにあるのを知っているからである．この目的のために新リンネ印象主義は，甲殻類*や爬虫類*のように表記される側系統グループを認めるし，同じ趣旨で，クレードによって定義されるタクソンと同様にグレードによって定義されるタクソンも受容する．ヒトはたしかにチンパンジーやゴリラと同じ狭いクレードに属するが，私たちヒトが新しいグレードを形成したのは疑う余地がない．本章ではこれ以後，「ヒト科 Hominidae」あるいは「ヒト科の」というときには，狭義のヒト科の意味で用いる．

　私たち自身の属である *Homo* とチンパンジー属 *Pan* に代表される類人猿には多くの解剖学的差異がある．とくに以下の3点は顕著である．

　第1に，私たち（*Homo*）はかつて生存した動物の中でもっとも巧みな二足歩行生物である．私たちは完全に直立して歩行し，しかもきわめてよく平衡を保てる．それは，二足歩行の恐竜が，サーカスの綱渡り人がもつポールのように，強大な首と尾で前後にバランスを保つのではなく，神経系が見事に協調してはたらくからである．ちょうど同じように，現在の戦闘機は――たとえば第一次世界大戦の複葉機と比較すると――空力学的には不安定なのに，搭載している反応性のいいコンピュータによってうまく飛行を維持できる．私たちは直立することで，脊椎を垂直に保ち，頭蓋は儀仗杖の先端のにぎりのように，そのてっぺんに位置している．椎骨の上端と関節する頭蓋の部位は，**大後頭孔 foramen magnum** と呼ばれ，頭蓋の真下にある．長くて筋肉質の脚は，垂直になった胴体の下に垂直の柱を形成している．これと対照的にチンパンジーは，地上では脊椎をほぼ水平にして四足で移動する．大後頭孔はヒトのように頭蓋の真下にあるのではなく，かなり後ろのほうにあり，したがって，頭部はほぼ水平な脊椎の前方に位置している．チンパンジーの後肢は短く，曲がっている．かれらは二足歩行もできるが，かなりよちよちした歩き方である．チンパンジーは，カール・ルイスはいうにおよばず，私たちのだれとも二足のかけっこ競争ではかなわない．知られているアウストラロピテクスの少なくとも一部――とくに最古のものの1つであるアファレンシス *A. aferensis*――にも，直立して歩行したという証拠がある．これはヒトとまったく同じではないが，チンパンジーよりはヒトに似た歩き方だったのは確かだ．これがアウストラロピテクスをヒト科（狭義）に含める1つの理由である．

　第2に，ヒトは絶対量でもからだのサイズに対する相対量でも，巨大な脳をもっている．チンパンジーの脳容積はおよそ400 ml であり，これはほとんどの哺乳類の基準でいえば大きい．しかし私たちヒトの脳は平均で1450 ml である．一般に，化石人類はその脳容量が700 ml を超えるときに（アウストラロピテクス属ではなく）*Homo* 属に含めることを認める傾向がある．古代のアルディピテクス *Ardipithecus* や大部分のアウスト

ラロピテクス，パラントロプスの脳は，むしろチンパンジーのものに近い．

　第3に——これは最初の2つに比べるとマイナーな形質であるが——ヒトは類人猿よりずっと平らな顔と小さい犬歯をもっている．現生のチンパンジーとゴリラはイヌのような巨大な犬歯をもっていて，それをディスプレイに利用している．一方，ヒトはより小さな犬歯をもっており，それはものを食べるのに有用で，門歯の補助として役立っている．また，現生の類人猿は突出した眼窩上隆起ももっているが，私たちにはない．しかしホモ・エレクトゥス H. erectus やホモ・ネアンデルタレンシス H. neanderthalensis のような Homo 属の古い種の一部には，たしかに目立つ隆起があった．したがって，眼窩上隆起は（突出した顔面とは違って）類人猿の特徴とはいえない．アルディピテクス，アウストラロピテクス，パラントロプスも，チンパンジーよりは小型の犬歯と平らな顔面をもっていた．

　ヒトがゴリラよりもチンパンジーに近いことは，まだ100パーセント確実にはなっていない．巨視的解剖学はそうであることを示唆する——私たちはゴリラよりチンパンジーに似ている——が，外見はときに私たちをあざむくことを知っている．分子データは，チンパンジーがゴリラより少し私たちに近いことを示唆するが，証拠は決定的ではない．いずれにしてもほとんどの人類学者はヒトがチンパンジーにもっとも近い，いいかえれば Pan 属が私たちの姉妹群であると仮定する傾向がある．

　前の章で述べたようにダーウィンは，はっきりした科学的仮説として，チンパンジーとヒトが近縁の親戚であることを最初に明瞭に宣言した．しかし多くの一般人だけではなく，生物学者もこれを受け入れるのに消極的で，それは1960年代までつづいた．古生物学の世界を心底ゆさぶったのは，チンパンジーとヒトがじつはわずか300万年前に分岐したことを示唆した，DNAの研究であった．幾人かの生物学者はこのニュースにただただ仰天した．それはちょうど，1859年にダーウィンがすべての生物はある原始的な共通祖先から進化したと示唆したときに多くの人が受けたのと同様の衝撃であった．類人猿とヒトがそんなに最近に独立した道を歩みはじめたことはありえない，と指摘した生物学者たちもいた．実際，アウストラロピテクス・アフリカヌス Australopithecus africanus は1960年代にはすでに知られており（最初の標本の発見は1925年），それは正真正銘のヒト科の生き物であったにもかかわらず，およそ300万年前に生存していたと思われていた．だから，ヒト科はそれ以前に類人猿と分離したはずである．だが，1970年代から80年代にも分子生物学的証拠が蓄積されていった．分子と化石の証拠を総合して，現在では多くの古人類学者は類人猿——すなわち Pan 属の直接の祖先——が，中新世後期の700万年前〜500万年前のどこかで最初のヒト科と分かれたと確信している．

　チンパンジーとゴリラがアフリカ産であるという事実と，それになにより現在の化石と分子レベルの証拠は，類人猿とヒト科の分離が実際にアフリカで起こったことを示唆している．これはダーウィンが『人間の由来 Descent of Man』で提唱していたことである（かれはほとんどのことで正しかった）．事実，これから紹介するように，ヒト科の進化の中で本当に重要な変化の「大部分」はアフリカで起こっている．ヒト科として知られている有名な4属はどれもアフリカで生じたし，その中には Homo 属も含まれ，私たち自身，すなわちホモ・サピエンス Homo sapiens もそうである．

　ヒト科を類人猿から分岐させ，二本足で上手に歩かせ，これほど巨大な脳を進化させたものは何だろうか．そしてどちらの形質が最初なのだろうか．最初のヒトは大きな脳を進化させる前に二足歩行したのか，あるいは直立する以前に脳が発達していたのだろうか．

ヒトはなぜ，どのように進化したか

　まず第1に，世界中の気温が過去4000万年の

間に低下してきたことがわかっている[註1]．そして冷却はときとして急激に進むことがあった．そのような突発的気温低下の1回は500万年前，もう1回は250万年前に起こった．そして気温の低下は，アフリカの南部と東部ではいっそう強められた．大陸のプレートがぶつかるにつれて陸地が隆起していたからで，その結果として現在のナイロビやヨハネスブルグは海抜数千メートルに位置している．気温が低下すると降雨も少なくなり，どちらかといえば暖かくて湿った気候を好む樹木が草に取って代わられる傾向がある．このようにして500万年前にはアフリカの東部と南部の熱帯林は開けた森林に変わりつつあった——つまり中世のイングランドの（ロビン・フッドがいたシャーウッドの森のような）森林のように，樹木の間があき，樹冠の間には広い隙間が生じた．250万年前には，開けた森林は，現在でもアフリカの多くの場所を覆っている，樹木のあるサバンナに変化した．鬱蒼とした森林もぽつぽつとは存在したが，大部分が山地や川のある谷に沿ったところだけであった．

【註1】その理由，さらに人類が進化した背景については，私の著書『昨日より前の時代 The Day Before Yesterday』（1995）（USAでの表題は『有史より前の時代 The Time Before History』）で説明している．

それゆえ，最初のヒト科——まずアルディピテクス，ついでアウストラロピテクス——は，開けた森林に適応していたと思われる．系統的にはかれらはヒト科である——その化石は私たちとの関係を示している——が，脳容量の点ではかれらはずっと類人猿に近かった．生態的にもかれらは森林の類人猿に似ていた．ヒヒの類人猿版といったところである．しかしおよそ250万年前に森林が，木のあるサバンナに変化するころ，アウストラロピテクス類のあるものは背が高くなり，より大きな脳を発達させ，最初のホモ属 Homo が誕生した．

「最初に進化したのは直立歩行か，それとも脳か」という問いは，古人類学に多くの「苦悩」と内紛をもたらした．ビクトリア朝後期と20世紀初期の人類学者は，初期の人類が二足性と直立したからだを進化させる以前に，まず大きな脳を進化させたと信じたがった——じつのところ，多かれ少なかれそのことを当然と考えていた．こうした昔の学者は，実際，人間の進化は「脳が先導」したと考えることを好んだのである．これは脳に優位性を与えるものであり，そのことは正しく，また当然と考えられた．したがってかれらは，私たちの最初のヒト科の祖先は，類人猿的なからだの上に大きな頭をもっていた——すなわちその頭部は，私たちのものと同じような巨大で丸い頭蓋と，類人猿的な前に突き出した顎が組み合わさっていた——にちがいないと考えた．1912年，いまだにだれか不明のにせものづくりが，（アングロサクソンの墓からもってきた）現代人の染色した頭蓋骨を，染色し変形させたオランウータンの顎骨とともにサセックス州，ピルトダウンの砂利採取場に埋めて，上のような考えを増長させることになる．イギリスの指導的古人類学者たちは，このでっちあげ化石を私たちの直接の祖先，すなわち，有名な，いや悪名高い「ピルトダウン人」として受容したのである．幾人かの生物学者はずっとうさんくさいと思っていたにもかかわらず，最終的に（染料と骨の化学的解析によって）このねつ造の真相があばかれたのは1950年代になってからだった．しかしこのねつ造は，（もしかしたら犯人が意図したことを超えて）成功した．というのは，それが当時の偏見に適合したからである．類人猿的な顎の上に乗った大きな頭蓋は，科学者の期待していたものであり，そこにあったのがまさに，類人猿的な顎と大きな頭蓋そのものだった．

しかし，この考えの嘘を最初に示した化石は，すでに1925年，南アフリカケープ地方北部のタウング Taung（当時はタウングス Taungs と呼ばれた）の石灰坑で発見され，解剖学者レイモンド・ダート Raymond Dart（1893～1988）によってヒト科として正しく記載されていた．化石は頭蓋の一部であった．その顔面と歯は明らかにヒト科の形態をしていたが，頭蓋は小さかった．こう

して小さい脳と人類的顔立ちをもった初期のヒト科──ホモの祖先候補──が現れたのである．ダートはその新しいヒト科の生き物をアウストラロピテクス・アフリカヌス Australopithecus africanus と呼んだ．これは「アフリカ産の南方の類人猿」という意味である．アウストラロピテクスという名称は不運であった．アウストラロはオーストラリアと音が似ているし，ダートはこの化石が人類的であることを強調したかったのに，ピテクスは類人猿を意味していたし，アウストラロはラテン語でピテクスはギリシャ語という不統一もあって古典純粋主義者をいらいらさせた（ダートはオーストラリア生まれであり，このことも純粋主義者をいらいらさせた）．しかしもし，人間の顔と小さい脳をもつアウストラロピテクスが人類の直接の祖先であるなら，類人猿の顔と大きい脳をもつピルトダウン人は祖先ではありえない．ところが，ピルトダウン人の発見者たちは，ねつ造が最終的に明らかになる 1950 年代までそれを支持し，本物であるアフリカヌスはいばらの道を歩んだ．ダートによるタウングでの頭蓋の発見以後，南アフリカではアフリカヌスのほかの化石が発見された．それらの正確な年代決定は難しいが，すべてはおよそ 300 万年前～200 万年前と思われる．

タウングの頭蓋のみではアフリカヌスが直立歩行したかどうかは決定できなかった．それだけでは，人類進化の重要な疑問──大きい脳が先か直立歩行が先かという問い──はまだ解決できなかった．これに解答を与えたのは，アメリカの古人類学者ドン・ジョハンソン Don Johanson のチームがエチオピアのハーダーで 1974 年に発見した初期人類の化石骨格だった．かれらはのちにこの化石をアウストラロピテクス・アファレンシス Australopithecus afarensis と命名した．「ルーシー」というニックネームがついたこの骨格は，頭蓋骨の一部と，腕の骨，骨盤，足の骨の一部など，頭蓋骨以外のかなりの骨を含んでいた．これらの骨と，のちに発見されたほかの骨は，疑いの余地なく，アファレンシスが直立歩行していたことを示した．のちに 1978 年と 1979 年に，メアリー・リーキー Mary Leaky のチームは，タンザニアのラエトリで，おそらくはアファレンシスによって残されたと思われる，360 万年前の足跡を発見した．それは，アウストラロピテクス類が，現在の私たちとほとんど同じように歩行したことを示している．アファレンシスは 380 万年前から 300 万年前まで生存し，アフリカヌスの直接の祖先と考えられている．というわけで今や問題は解決をみた．実質的に私たちと同じ直立歩行が，大きい脳よりも明らかに先行していたのである．要するに人間の進化は「脳に先導された」のではない．私たちの祖先は，その足で先導されたのである．

それでは，脳はいつ，なぜ，どのように発達したのだろうか．上述のように，世界の気温はおよそ 250 万年前に突然低下し，植生の生育条件はそれに伴って厳しくなった．すでに開けた森林によく適応していたアウストラロピテクス類は，どうやら 2 つの方法で対応したらしい．アウストラロピテクスの 1 系統──あるいはおそらく数系統（少なくとも南アフリカの 1 系統と東アフリカの 1 系統）──は，植物をすりつぶすための巨大な臼状の歯を備えたより大きな顎骨を発達させた．これらの「頑丈な」タイプは一般にパラントロプス属 Paranthropus にまとめられる．ただ，後に見るように，パラントロプスはおそらく，それぞれ 2 種を含む 2 つの属に分けられるべきである．もう 1 つの系統のアウストラロピテクス類は，小さい顎を維持したまま脳を発達させた．これらの顎の小さい，より「華奢な」タイプは，およそ 230 万年前までに，脳容量が 700 ml に達した．恣意的ではあるものの，この容量が，一般にホモ属 Homo となる閾値と受け取られている．エール大学の古人類学者であるエリザベス・ヴァーバ Elizabeth Vrba は「パラントロプスは問題を噛んで解決しようとし，ホモは考えて解決しようとした」と述べている．やがて，ホモ属の戦略が支配的になっていく．

しかし，最初のホモの脳の 700 ml と，現代人の 1450 ml の間には大きな隔たりがある．しかも

この2倍の増加はおよそ200万年の間に達成されたのである．重要な進化的変化はきわめて長い年月を要するという伝統的信念のもとに教育された生物学者にとって，これは信じがたい増加率である．それではこれはいかにして，なぜ起こったのだろうか．

私たちはいかにしてこれほどの脳を発達させたか

私たちは，過去の多くの人がしたように，反論をする矛先をおさめ，大きい脳とそれに伴う知性は有利になるはずであって，それゆえ自然選択によって支持されるはずだ，と考えることもできよう．しかしこの議論は正しくない．脳は高価な器官である．私たちの脳は全代謝エネルギーの20％を必要とする（それは私たちが熟慮していても休んでいてもそうなので，残念ながら一生懸命考えるだけでスリムになれるわけではない）．もし知性を生存や生殖の成功を高める目的に使わなければ，そしてそのような利点が，避けられないコストを凌駕しなければ，自然選択は脳の発達を支持しないだろう．加えて，ほとんどすべての哺乳類の系統は，恐竜が絶滅したとき以来過去6500万年にわたってより大きな脳を発達させてきた――例外は，有毒な葉を摂食するコアラなどのように，特別な専門家として生きている動物である．しかしどの系統も，ホモ・サピエンス *Homo sapiens* が現在享受しているほど大きな，脳/体比を達成しているわけではない．だから，私たちはただ単に批判の矛先をしまいこむわけにはいかない．極端な脳への投資の利点が，なぜ私たちの特定の系統ではコストを上回り，ほかの哺乳類系統ではどうやらそうでなかったのかを説明しなければならない．そして，もしそうであるなら，私たちの脳が過去200万年の間にこれほど急速に増大する資力をいかにして手に入れたのかにも，説明が必要である．

じつは，説得力のありそうな仮説が主として3つある．第1は，「生存選択」と呼ばれ，自然選択のもっとも単純な形に基づいている．つまり日々の環境の浮き沈みにもっともよく打ち勝つ生物が有利になる，ということである．第2は，ダーウィンの性選択概念に根ざすもので，動物の形質の一部は異性を誘引する必要性によって形成される，というものだ．第3は，「社会選択」の概念に基づくものである．これは単に自然選択の一変種であり，動物はその社会集団の中で協調し，効果的に競争できる場合にもっともよく生存できる，という考えである．これら3つの考えを順番に検証してみよう．

生存のための脳

脳がより大きくなっても，その増大がすぐになにがしかの見返りをもたらす行動に翻訳されえないかぎり，生存の増大にはつながらないだろう．たとえば（私が『昨日より前の時代』で推測したように），突然に作家ジェーン・オースティン（イギリスの作家）の脳を与えられたとしても，魚のタラには何の利点もないだろう．なぜならタラはその考えを書き留める身体的手段をもたないからであり，かりにタラが何か書いたとしても，だれもそれを評価しないからである．こういうすばらしい能力を付与された魚は，疑いもなく逆方向に選択されるだろう．そうした性質はコストばかりかかって，報酬は何ももたらさない．

最初の地上性のヒト科の動物は，樹上性の，多くは果実食の類人猿に由来した．樹木の中では，果実食の動物だったヒト科の祖先は，ものをうまくつかめる器用な手と，きわめて可動性の高い肩を発達させていた．この後者の性質は，めったに強調されないが，考えてみると，前肢が自由に可動する例は哺乳類ではまれなことであり，しかも私たちの成功にとって必須である．たとえばネコはきわめてすばしこい生物であるが，私たちのように周囲の，事実上あらゆるところに腕を回すことはできない．エアロビクスのクラスにいる年配の女性は，腕を回すのがややぎこちないかもしれないが，それでも可能である．ネコはルドルフ・ヌレエフ（ロシアのバレーダンサー）より柔軟な

からだをもっているのに，そうした芸当はできない．そして，考えてみれば，器用さということは，肩が自由に動かなければほとんど無駄である．もしウマが優れた仕立て職人と同じ手をもっていたとしても，両手を正しい相対的位置にもってくることができないので，針に糸を通すことができないだろう．

原始的な四肢類は四足歩行であった．4本すべての足が歩行に用いられた．二足歩行をめざした少数派のうち，たとえばティラノサウルス・レックス Tyrannosaurus rex のようなものは実質的に前肢を失った．T. rex は後肢の上に顎があるようなもので，その前肢は痕跡的なものになっていた．鳥類は前肢を特殊化した翼に変えた（あるいは，ときには翼をペンギンのように櫂足に変えた）．しかし，それらが飛翔をやめた（空中にしろ水中にしろ）とき，ダチョウやキウイに見られるように，翼はやはり痕跡的になった．哺乳類のなかにはある程度二足で歩いたり立ったりして，前肢を「手」として用いることができるものもいるが，こうした臨時の二足歩行者は基本的に四足歩行にとどまり，依然として手を運動に用いている．これはクマやリス，そして大部分のサルやゴリラに当てはまる．かれらは手も上手に使うが，やはり基本的に四足歩行者である．

しかしヒトが地上に降りて二足歩行になったとき，かれらは T. rex のように簡単に前肢を放棄したり，鳥類のように単一の専門的な目的をもった肢を発達させたりしなかった．そうではなく，かれらは樹上生活のために進化させた器用さと可動性を新たな目的に活用し，さらに多様な新しい目的に利用しはじめた．私たちの手と腕は，ひとたび運動のやっかいな仕事や制約から解放されると，多目的の道具や武器になった．哺乳類の中でこれに比較できる多面性と可動性をもつ唯一の器官は，ゾウの鼻だけである．

人類の祖先が，たとえばアキレスのような腕の可動性と強さを，あるいはピカソのような器用さを進化させる以前でさえ，新たに自由になったかれらの腕と手は有用だったろう．ものを運べるのは役に立つ．そのことは，食物の収集や子どもの世話など，広い範囲の可能性を開く．道具の作成ももちろん有用である．ジェーン・グッドール Jane Goodall が発見したように，チンパンジーは枝や葉からいろいろな道具をつくる．そして今では，何頭かのチンパンジーが石の細工もすることが知られている（ただし，かれらは森林の動物なので，普通は植物材料で仕事をするほうが多い）．石は，もっとも粗野な使い方では骨や果実を砕いて，その中のおいしいものを取り出す棍棒として役立ち，ほんの少しの手間で尖らせただけでも，切り裂いたり皮をはいだりする鋭いエッジが得られる．

もう1つ過小評価されているのが，ものを投げるヒトの投擲技術である．ものを上手に投げるチンパンジーもいる．しかしもっとバランスのいいヒトは，さらに上手に投げることができる．投擲はまったく新しい戦術を可能にしてくれる．ヒトは離れたところから相手を殺したり傷つけたりできる数少ない動物である．そしてごくまれにチンパンジーがそれをする以外には，大型動物としては私たちが唯一その能力をもっている．なんとかこれに近い能力をもつほかの動物といえば，テッポウウオ（水を吹きかけてハエを捕らえる），毒をはきかけるコブラ，そして毒をはいたり網を投げかけたりする，少数のクモくらいである．もっともデンキウナギはものを投げないでも，離れた獲物を電気ショックで動けなくしたり殺したりできる．離れたところで相手を殺すことのできる動物は，ひづめや角の反撃を受けることなく大型の獲物を攻撃したり，もっとも危険な捕食者の攻撃でさえ遅らせたりできる．ダビデは石でゴリアテを倒した．現代のピグミーは槍でゾウを倒す．投擲は石器と同様，私たちの祖先の生活をただ単に容易にしただけではなく，それ以前のものとはまったく異なる生態的戦術を与えることになった．道具と投擲は私たちを新たな種類の動物に変えた．つまり，自分と同じか，それ以上に大きな動物を，自らのリスクなしに殺すことができるような種類の動物である．

道具をつくることのできる動物は，きっとよりすぐれた道具をつくれるほど有利にちがいない．そして大型の獲物を狩ったり，大型の捕食者をかわしたりできる動物は，よりすぐれた戦略を手にすれば，大きな利益を得るだろう．したがって私には，脳の増大（とそれに応じた知性の増大）がそのような動物に直接的な利益をもたらし，それゆえ自然選択が有利に作用すると思われる．しかしすでに器用な動物がより大きな脳を発達させると――新たな精神能力をさらによく活用するために――自然選択はより進んだ器用さへの進化に味方するだろう．こうして私たちの祖先は，非常に緻密で急速な進化的適応を生じてきたことが多くの場面で知られているフィードバックループを発達させた．つまり「共進化 coevolution」の原理である．ダーウィンはランとその花粉を仲介するガの例でこのことに気づいた．ランの花はガの吻に適応するようになり，一方で，ガの吻がこんどはランの特殊性により細かく適応するようになる．これが繰り返されて，ついには，互いに見事に適応しているが，互いに依存しあうような驚くべき2種の生物が生まれるのである．ヒト科では，同一種内の中の異なる2つの器官に共適応が見られる．脳は手に適応し，ついで手が脳に適応し，これが繰り返される．

これが，私たちの祖先がその巨大な脳をあれほど急速に進化させえた1つの方途であるのかもしれない．最初の人類はすでに器用な手をもっていた．大きい脳はかれらがその手をより効果的に使うことを可能にした．このことがさらなる脳の発達を刺激し，それがさらに……．これが伝統的な説明である．しかし現在ロンドン大学にいるジョフリー・ミラー Geoffrey Miller は――ダーウィンの性選択の機構による進化という考えに基づく――まったく異なるメカニズムを提案している．ダーウィンは動物は配偶者を見つけなければ生殖できないこと，多くの動物にとってはそれは配偶者を引きつける必要性を意味することを指摘した．それでクモ，魚類，鳥類，哺乳類，そして求婚ディスプレイをする動物ならどれもが，オスは自分がいかにすばらしいかをメスに示すのである．

セックスのための脳

オスの動物が配偶者を引きつけるのに示すディスプレイの質は，ゴクラクチョウの飾り羽やクジャクの尾など，しばしば大胆で奇抜なものである．しかしそれらはただ無意味に飾り立てているのではない．その所有者はおしゃれではあっても，見てくれだけを気にしているのではなく，メスの好みも単なる気まぐれではない．たとえば，オクスフォード大学のビル・ハミルトン Bill Hamilton が指摘したように，明るい羽毛をもつ鳥は薄暗い羽毛の鳥に比べて寄生虫にとりつかれにくい．つまり色彩が多く，コストのかかっているディスプレイは健康の証でもあるのだ．底にある理由は何であれ，ディスプレイを究めようとするオスの性癖と，もっとも華やかにディスプレイするオスに対するメスの偏愛は，もう1つのフィードバックループを形成する．その概念は偉大な数学者で生物学者であったR・A・フィッシャー R. A. Fisher によって認識されたもので，「フィッシャーのランナウェイ」といわれている．大きな尾をもつクジャクは大きな尾を好むメスと交配する．そのつがいの息子は大きな尾をもたらす遺伝子を受け継ぎ，娘は大きな尾に対する好みを受け継ぐ．こうして大きな尾をつくる能力とそれに対する好みという2つの形質は共進化し，互いを強化し，世代を重ねるごとに誇張される．

ミラーは，クジャクが麗々しい尾を用いて将来の配偶者に強い印象を与えるように，初期のヒト科のオスも，その大きい脳を活用したのではないか，と示唆している．この考え方では，クジャクが配偶者にすぐれた飛翔力やら，餌になる種子を見つける特別に鋭い眼やらでアピールしないのと同じで，ヒトの脳も，単に実用性を誇示するのに使われるのではない．そのディスプレイは，それを演じる者が強さや知性の余力をもつことを示すように，意図的に軽いものになっている．こうしてヒト科のオスは，長い時間の間に，将来の配偶

者に強い印象を与える発声技術，ウィット，芸術性を発達させた．そしてかれらがその力を発揮すればするほど，生殖の成功率が増した．ミラーは，ラスコーの洞窟からロンドンのナショナル・ギャラリーにいたる偉大な詩や絵画の数々は，主として性的ディスプレイの実践であると示唆している．

そしてもう1つ，私たちは仲間の人類と協調してやっていく助けとするために，大きい脳を発達させたという考えがある．道徳という観点からも，そして単に生存という観点からも，これはもっとも重要である．

社会性のための脳

人類は途方もないほど社会的な動物である．実際，私たちの偉大な知性は，もし他人と考えを共有しなければきわめて限られた利益しかもたらさないだろう．人類は協力して，偉大な集合的知性——もう1つの大きな革新——を操作しているのである．マット・リドリー Matt Ridley は最近の『徳の起原 Origins of Virtue』(1996) において，人類の生存は，真正の社会性昆虫であるハチやシロアリのみが匹敵できるような，労働の個人間での分業に依存している，と説得力のある議論を展開した．実際，私たちはどの瞬間の生存も相互に依存している．そして私たちはとぎすまされた社会的スキルをもっているので，現在のようにきわめて緊密な形で一緒に仕事をすることができる．こうしたスキルは，解析してみると驚くほど複雑であることがわかっており，これにも圧倒的な脳の力を必要とする．リバプール大学のロビン・ダンバー Robin Dunbar は，最大の脳をもつ霊長類がもっとも複雑な社会システムをもつと指摘した．

————

このように，およそ300万年前〜100万年前の間に，ヒトの巨大な脳の成長を加速させたと思われる可能な3つの道筋がある．その成長加速は前例もなく，もちろん繰り返されることもなかった爆発的なもので，とりわけ，さまざまな生物の王国内部に，おそらくやがては顕在化する機会を待っている潜在能力がある可能性を例示している．いうまでもなくこの3つのルートは相互排他的ではない．私はいずれもが人間の脳の発達に役割を果たしたのだろうと考えている．性選択は，クジャクの高価な尾の進化を促してきたように，たとえ高価であってもヒトの脳でも急速な進化をもたらしえただろう．実際のところ，この進化的ルートは，当該の器官が過度に飾り立てたものであるからこそ成功するのである．一方，初期の人類がすでに大きな脳をもっていなかったとすれば，性選択メカニズムがどのようにしてはたらいたかということを理解するのは難しい．それに対して，手と脳のフィードバックループがどのようにしてこのプロセスを動かしえたのかは，容易に理解することができる．どちらのメカニズムも共進化という手段が何かしらからんでいる．一方は手と脳，他方ではオスのディスプレイとメスの好みである．両方を一緒に考えてみれば（両者が一緒に作用してはならないと考える理由はまったくない），ヒトの脳がまじめな生活技術——狩り，園芸，工芸——に長けているだけでなく，風変わりなものや一見無駄なものに強い好みをもつことの理由がわかるだろう．さらに，増大する社会的複雑さが，手と脳の協同作業をいっそう促進する．たとえば，道具を使う社会は，もし人々が分業すればより効率よく進むだろう．最良の槍をつくる人は必ずしも最良のハンターではない．理想的には，道具製作者と狩猟者は，協同作業の社会的技術を十分に進化させるべきなのである．

結論として，私たちは，祖先がなぜこれほど巨大な脳をこれほど急速に発達させたかの確かな理由は決して知ることができないだろう．しかし，化石の証拠や，人間社会に関する知識や，十分な基盤をもつ（概して検証可能で，実際に検証ずみの）進化理論に基づいた，きわめて有力な仮説がいくつかある．そしてこれこそが，おそらく，はるか昔の生物について，私たちが到達しうる理解にもっとも近いものである．では，生物そのものに立ち返って，化石記録が私たちに何を語るかを

聞くことにしよう.

――――――

以下の記述は主として,『昨日より前の時代』(1995)というヒトの進化に関する自著のために行った研究に基づいているが,出版以後の新しい化石発見についても解説している.『昨日より前の時代』で用いた引用文献は,その参考図書に詳細にリストしてある.

ヒト科へのガイド

分岐論的原則に基づいて構築される現在の系統樹は,2つの行動目標をもっている.もちろん分類を提供することがその1つであるが,同時に――系統に基づいているがゆえに――進化的歴史を要約するという試みでもある.それは完全で疑う余地のない真実を示すことはない.なぜなら疑いのない真実などというものは,私たちには決して知りえないからである.それは利用可能な証拠によって,できるかぎり真実に近づくための,大胆な試案(望むらくはもっともありそうな試案)を示す.しかしヒト科の歴史の証拠はとりわけ乏しく(とはいえ,常によくなりつつあるが),したがって解釈と議論の余地を広く残している.加えて(一部の観察者がいうように)古人類学者はとりわけ個人主義的であり,この分野は競争意識に満ちあふれていて,多くの対立する仮説のそれぞれに熱心な唱道者がいる.つまり広いコンセンサスなどはなく,たとえあったとしてもそのコンセンサスが真実であるかどうかは保証の限りではないだろう.宇宙も歴史もあるがままに存在するのであり,科学者が同意した姿に自らを適合させることはない.

ここに示している系統樹は,ほかの樹と同様に,一方ではヒト科の祖先と互いの関連を仮説としてまとめたものであり,他方では多くの書物に掲げられている多くの異なるそして対立する系統樹の妥協の産物である.それは間違っているかもしれないが,少なくとも良識的なものである.この系統樹は,ヒト科の既知の種をすべて示している.ただ,新たにチャドから発見されたアウストラロピテクス・バーレルガザーリ *Australopithecus bahrelghazali* だけは,確信をもってここに含めるにはあまりにもわずかしか情報がないので除外した.*Pan* 属(チンパンジー)はヒト科の姉妹群として示されている.アルディピテクス・ラミドゥス *Ardipithecus ramidus* が残りすべてのヒト科の姉妹群として示されている.アウストラロピテクス・アナメンシス *Australopithecus anamensis* が,ほかのアウストラロピテクス類とパラントロプスとホモの姉妹群である.さらにアウストラロピテクス・アファレンシス *Australopithecus afarensis* が残りすべてのヒト科の姉妹群(つまり祖先)の候補として示され,重要な役割を担わされている.系統樹の中ほどにある3分岐――つまりアウストラロピテクス・アフリカヌス *Australopithecus africanus* とアウストラロピテクス・ガルヒ *A. garhi*,パラントロプス *Paranthropus*,そして第3の枝にホモ *Homo* がいる3分岐――は,美しくはないが正直である.これらの種々の系統の間の関係はほとんど明らかでない.

しかし系統樹を上から下まで読み取ると,私たちに通じる進化的ルートに関して,少なくともある程度のイメージをもつことができる.

最初のヒト科:アルディピテクス・ラミドゥス[†]
***Ardipithecus ramidus*[†]**

アルディピテクス・ラミドゥス(以下ラミドゥス)はもっとも最近に記載されたヒト科の1つで,カリフォルニア大学バークレー校のティム・ホワイト Tim White らによって1994年に記載された.しかしこれはたしかに知られている最古のヒト科人類である.見つかっている化石片には,

―ヒト科（狭義）―

アルディピテクス・ラミドゥス
Ardipithecus ramidus

判断の重要な鍵になるからだの部分が含まれている．この化石は1992年から1993年に発見された．それはエチオピアのアファール地方，アワシュ川近くのアラミスというところの化石化した火山灰（凝灰岩）中に存在し，440万年前のものとされた．最初ホワイトとその同僚たち（訳注：日本の諏訪元もその1人）はこの新たに発見した人類を，すでに知られていたアウストラロピテクス類にちなんで，アウストラロピテクス・ラミドゥス *Australopithecus ramidus* と命名したが，のちにそれが別属といっていいほど異なっていることがわかった．「Ardi」は地面あるいは床を意味し，種小名の「ramidus」はアファール語で「根」を意味する「ramid」からきている．

アラミスの化石は，古生物学者が発見したいと望み，まさに期待していたとおりの形質の組み合わせを示した．すなわち，アウストラロピテクス・アファレンシス（以下アファレンシス）より類人猿的で，チンパンジーほど類人猿的でなく，そして両者の性質を備えていたのである．化石片は，乳歯を含む歯の完全なセット，2つの頭蓋骨基部，そしてめったにないことだが，左腕の3本の骨すべてを提供した．歯は，この動物が類人猿とアファレンシスのまさに中間にいることを示した．犬歯は依然として目立っているが，ホワイトは，それがチンパンジーのものと比較すると「低くて丸い」と述べている．さらに，下顎の犬歯はすりきれていて，ディスプレイよりは摂餌に用いられたかのように見えた．犬歯やほかの歯のエナメル質はチンパンジーのもののように薄くて，ヒトのものほど厚くはないし，アファレンシスほどさえも厚くはない．発見された乳歯は下顎の第一小臼歯で，これは類人猿やヒト科の間で互いの関係を決定するのにもっとも多くの情報を提供する歯である．ラミドゥスではこの歯はチンパンジーのように細くて，ヒトのように幅広ではない．ホワイトたちによれば，これは「知られているどのヒト科のものよりチンパンジーのそれに近い」．

腕の骨は破壊されていて，そのために実際は生前のそれがチンパンジーのように長かったのか，ヒト科のように短めであったのかは不明である．しかし残っていた断片は，たしかにチンパンジーと人類の特徴が混在した「モザイク」性を示している．残念なことに，重要な問題――ラミドゥスがヒトのように直立歩行であったか，類人猿のようにぎこちなく歩いていたかという問題――はまだ解決されていない．この化石は足の骨が含まれていない．しかし頭蓋骨の背側の形は，直立性を示唆している――大後頭孔がチンパンジーよりかなり前方にあるのだ．だから，ラミドゥスはまさに二足歩行への途上にあったと考えられる．これは少なくともアウストラロピテクスと類人猿をつなぐ，可能性の高い「リンク」である．

ある興味深い仮説によれば，ラミドゥスがじつはチンパンジーと人類の分離以前の時代のものであって，両者の共通祖先と近縁だったのかもしれないと示唆されている．これもたしかにありうることである．アルディピテクスはチンパンジーよりはヒトに近いが，チンパンジーのほうが明らかに類人猿的であるからといって，あらゆる点でより原始的で，それゆえ古いと考えるのは間違いである．チンパンジーは，おそらくヒト科と分離した後に進化させた多くの派生形質をもっている．そして私たちとチンパンジーの共通祖先は，少なくとも同程度に私たちとチンパンジーに似ていた

20・ヒ ト 科

ヒト科（狭義）
HOMINIDAE

20

チンパンジー Pan

アルディピテクス・ラミドゥス† Ardipithecus ramidus†

アウストラロピテクス・アナメンシス† Australopithecus anamensis†

アウストラロピテクス・アファレンシス† Australopithecus afarensis†

アウストラロピテクス・ガルヒ† Australopithecus garhi†

アウストラロピテクス・アフリカヌス† Australopithecus africanus†

パラントロプス・ロブストス† Paranthropus robustus†

パラントロプス・エチオピクス† Paranthropus aethiopicus†

パラントロプス・ボイセイ† Paranthropus boisei†

ホモ・ハビリス† Homo habilis†

ホモ・ルドルフェンシス† Homo rudolfensis†

ホモ・エレクトゥス† Homo erectus†

ホモ・エルガステル† Homo ergaster†

ホモ・ハイデルベルゲンシス† Homo heidelbergensis†

ホモ・サピエンス Homo sapiens

ホモ・ネアンデルタレンシス† Homo neanderthalensis†

かもしれないのである．しかしここでは，広いコンセンサスに従いながらも注意深い見解を採用している．すなわち，アルディピテクスがチンパンジーとの分離後に生じ，それがヒト科（狭義）の系統の基部に位置すると仮定している．

したがって現在の証拠に基づくと，アルディピテクスはやがてアウストラロピテクスを生じたが，それまでの200万年のあいだ生存したことになる．これはホモ属自身とほぼ同じ長さの期間に当たる．

アウストラロピテクス類：アウストラロピテクス[†] *Australopithecus*[†] とパラントロプス[†] *Paranthropus*[†]

アウストラロピテクス類の中には，2通りの進化的傾向が認められる．いくつかの系統は「華奢な」ままで，比較的軽い骨と中程度の歯と顎をもっていた．一方，あるものは，堅い植物をすりつぶすのに適した重々しい顎と歯を発達させた「頑丈型」となった．華奢型のポリシーのほうが成功したように思われる．すべてのアウストラロピテクスははるか昔に絶滅したが，頑丈型が子孫を残さずに死滅したのに対して，華奢型の一部はおそらく私たちホモを生じたからである．

既知のアウストラロピテクスのもっとも古い種はアウストラロピテクス・アナメンシス *Australopithecus anamensis*（以下アナメンシス）である．化石は最初1960年代に発見されたが，それが独立した種であることは，ミーブ・リーキー Meave Leakey とその同僚たちがケニア北部でより多くの化石を発見して確認された．アナメンシスのこれまでのすべての化石年代は420万年前～380万年前とされる．全体としてアナメンシスはアファレンシスとよく似ている（これについてはすぐに詳しく述べる）．

アナメンシスが登場するまでは，既知のアウストラロピテクス類の最古のものはアファレンシスであった．この種の最初の標本が「ルーシー」で，エチオピアのアファールで1974年に発見された．「ルーシー」自身はおよそ300万年前より少し昔に生存していたが，アファレンシスという種はおよそ380万年前～370万年前に最初に出現し，およそ300万年前まで存続した．したがって「ルーシー」はアファレンシスとしては終わりのほうの代表なのである．この種は東アフリカ一帯に暮らしており，アウストラロピテクス類としては長いあいだ生存していた．

アファレンシスはラミドゥスと同様にヒトと類人猿の特性のみごとなモザイクを示すが，よりヒト側に傾いている．ヒト的性質としては直立した竹馬のような脚があり，これが真の二足歩行を可能にしたことが知られている．そしてまっすぐ立つと1mから1.5mの身長があった．腕は足に比べると短めではあったが，現代人のそれほど短くはない．しかし脳は小さかった．その容積は類人猿程度の400～500 m*l* であった．また少なくともある程度は類人猿のような突き出た犬歯をもっていた．アファレンシスは骨の細い，華奢な骨格の生物で，顎や歯は大きくも小さくもなく，明らかに雑食性の食事に適していた．

私たちが知っている次に古い東アフリカのアウストラロピテクス類は，アウストラロピテクス・

アウストラロピテクス・アファレンシス
Australopithecus afarensis

ガルヒ *Australopithecus garhi*（以下ガルヒ）である．このアウストラロピテクス類の骨格の一部は，1999年になって，ようやくエチオピアのブウリから報告された．その発見者であるエチオピアの古人類学者ベルハネ・アスファウ Berhane Asfaw と同僚たちは，この化石をおよそ250万年前のものとした．かれらは同時に，同じ時代の石器を近くで見つけ，ガルヒがこれらの道具を製作したことを示唆した．もしそうであるなら，ヒト，つまりホモ属が石器を製作する生物として定義できるという考えは，永遠に葬り去らなければならない．さらに，アスファウとそのチームは，ガルヒの化石の近くに，あたかも解体されたかのような傷のついた動物の骨を発見した．このことは，まず第1にガルヒが肉を常食としていたこと，第2にかれらがこの目的のための道具を用いたことを示唆している．

アウストラロピテクス・アフリカヌス *Australopithecus africanus*（以下アフリカヌス）は，レイモンド・ダート Raymond Dart が1925年に同定して命名したものであり，ガルヒと同時代であるが，アフリカ東部よりむしろアフリカ南部に，およそ300万年前～200万年前に生息していた．アフリカヌスはおよそ1.1～1.4 mの身長があった．その犬歯はアファレンシスより顕著ではなく，これもヒト的状態への移行の一例に見える．すでに述べたように，アフリカヌスがおそらく私たち自身の祖先であること，あるいは現代分岐論者の言葉では，少なくともホモの姉妹群に当たるという，本当の意義をだれもが認識できるようになったのは，1950年代にピルトダウン人の欺瞞が最終的にあばかれてからであった．

最後に，もう1つの華奢なアウストラロピテクス類であるアウストラロピテクス・バーレルガザーリ *Australopithecus bahrelghazali* が，最近になってチャドで記載された．これは350万年前から300万年前のものであり，同じ時代の東アフリカのアウストラロピテクス類（つまりアファレンシス）から西に2500 kmのところに生息していたので，初期のアウストラロピテクスがこれまで考えられていたよりずっと広く分布していたことを示している．アウストラロピテクス・バーレルガザーリについてはほとんど知られていないので，あえて系統樹には入れない．

アフリカヌスの時代に世界の気候はふたたび冷却化し，アフリカの森林はサバンナにとって代わられ，それとともに植生はまばらになった．そしてアウストラロピテクスの少なくとも1系統が，明らかに雑食性からより植物食へとシフトし，優勢になった堅い植物に適応して，大きい歯とそれを収める頑丈な顎を発達させた．この系統は今では一般的にパラントロプス *Paranthropus* として知られる属を生じた．これらの生物は依然として昔の名前である「頑丈なアウストラロピテクス」とも呼ばれる．しかしもちろん今では「パラントロプス類」と呼ばれるべきである．じつはパラントロプスには異なる2系統があり，これらはまったく異なる系統を代表する可能性があり，そうであるなら，異なる属名を与えられるべきである．

しかしさしあたって，多くの古人類学者は，南アフリカに200万年前～100万年前に生息したパ

アウストラロピテクス・アフリカヌス
Australopithecus africanus

パラントロプス・ロブストス
Paranthropus robustus

ラントロプス・ロブストス *Paranthropus robustus*（以下ロブストス）を認めている．これも比較的背の低い生物で，身長は 1.1〜1.3 m である．しかし華奢なアウストラロピテクスより体重があり，脳容量はおよそ 530 m*l* であった．これは華奢型より大きい（ただし体重に対する比では大きくはない）．パラントロプス類の第 2 のグループは東アフリカと，おそらくマラウィにも生息していた．2 つの種が認められている．よく知られているのは，あとの時代のパラントロプス・ボイセイ *Paranthropus boisei*（以下ボイセイ）で，1959 年にメアリー・リーキーによって最初に発見され，夫のルイス Louis によってジンジャントロプス *Zinjanthropus* あるいは「クルミ割り人 Nutcracker Man」と命名された．この種はおよそ 230 万年前〜120 万年前に生息していたと見積もられている．もし東アフリカのパラントロプス類がロブストスと近縁でないことが最終的に明らかになれば，かれらは新しい属名を必要とし，ジンジャントロプスが優先権をもつ．パラントロプスにしろジンジャントロプスにしろ，ボイセイは極端に頑丈な体つきであり，身長は 1.2〜1.4 m，

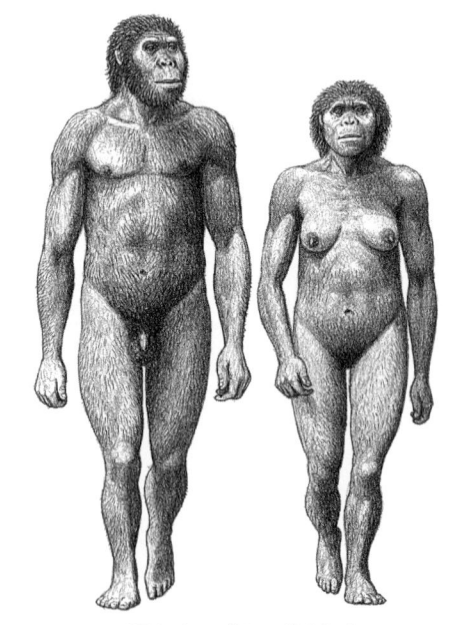

パラントロプス・ボイセイ
Paranthropus boisei

410〜530 m*l* の小さめの脳をもっていた．東アフリカでボイセイに少し先立って存在したのが，よく似てはいるがボイセイほど極端でないタイプの，別種の位置を与えられたパラントロプス・エチオピクス *P. aethiopicus* である．このパラント

—ヒト科（狭義）—

パラントロプス・エチオピクス
Paranthropus aethiopicus

ロプス類の注目すべきケニアの化石は，「黒い頭蓋骨（ブラックスカル）」と呼ばれ，アラン・ウォーカー Alan Walker によって1985年に発見された．この種は260万年前〜230万年前ごろに生息していた．

およそ250万年前の新たな，より厳しい環境に，アウストラロピテクス類の別のグループがまた別の適応を示した．この系統はアファレンシスやアフリカヌスの華奢な体型を維持しながら，より背が高く，より脳が大きくなった．こうして誕生したのがホモ属 *Homo* である．

最初の人類：ホモ・ハビリス† *Homo habilis*† とホモ・ルドルフェンシス† *Homo rudolfensis*†

明らかにホモ属に属すると考えることのできる最初の人類は，アフリカ東部と，おそらくはアフリカ南部にいたホモ・ハビリス *Homo habilis*（以下ハビリス）である．最大のハビリスはアウストラロピテクスより少し背が高いが，それでも1〜1.5 mにすぎなかった．しかしその脳は容積が600〜800 mlあって，明らかにアウストラロピテクスより大きかった．ただし，それでも現生人類（1200〜1700 mlの範囲）のおよそ半分である．1964年にハビリスを初めて発見し命名したのは，ルイス・リーキー，ジョン・ネイピア John Napier，フィリップ・トバイアス Phillip Tobias だっ

たが，その当時は懐疑的な意見を浴びせられた．この新しいヒトはホモ属に入れるに十分なほどアウストラロピテクスと異なっていないと感じる人も，ホモ・エレクトゥス *Homo erectus*（以下エレクトゥス）の別の化石にすぎないと主張する人もいた．しかし現在ワシントンDCにあるジョージ・ワシントン大学のバーナード・ウッド Bernard Wood は，ハビリスはたしかにアウストラ

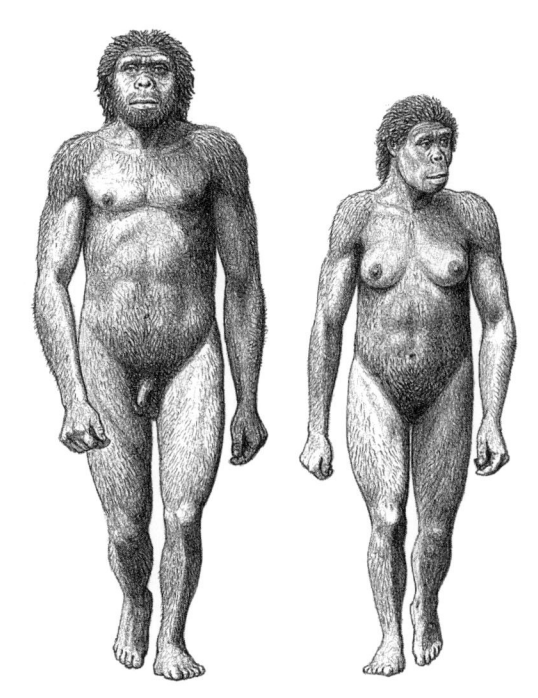

ホモ・ハビリス
Homo habilis

ホモ・ルドルフェンシス
Homo rudolfensis

ロピテクスともエレクトゥスとも異なると述べている．かれはまた，「ハビリス類」はハビリスとホモ・ルドルフェンシス *H. rudolfensis*（以下ルドルフェンシス）（ルドルフェンシスは現在のトゥルカナ湖の旧称であるルドルフ湖にちなんで，別の専門家によって命名された）という異なる２種を構成すると示唆した．ハビリスとルドルフェンシスはおよそ230万年前〜160万年前の間しか生存しなかったようで，アフリカから出ることはなかったらしい．

ハビリス類は，きわめて興味深いいくつかの特徴をもっている．たとえば，その化石は粗製の石器とともに出土し，最近になってガルヒが発見されるまでは，かれらがもっとも初期の道具製作人類であると考えられたのである．それゆえ，「器用な」という意味の「habilis」という名前が与えられている．フィリップ・トバイアスは，ハビリスとルドルフェンシスの頭蓋の中には，現生人類では言語と結びついている領域であるブローカ野の兆しがある，と示唆している．それではハビリス類には言語を使用した兆しもあったのだろうか．多くの人はこれを疑問視するが，この考えはもちろん大変に興味深いものである．

背が高く直立の人類：ホモ・エレクトゥス[†] *Homo erectus*[†] とホモ・エルガステル[†] *Homo ergaster*[†]

ハビリスの１つ——バーナード・ウッドはそれはハビリスというよりはルドルフェンシスであったと示唆する——が，エレクトゥス（「直立人」）を生じた．エレクトゥスは最初180万年前の地層から発見された．ここにもまた，複数の種がいたと考えられている（第２の種はホモ・エルガステル *Homo ergaster*,「働き人」と呼ばれている）．これらは一緒にして「エレクトゥスグレード」と集合的に呼ぶほうが簡便であろう．背の高さではかれらは現生のホモと比肩しうるし，その脳は750〜1250 ml であり，ハビリスの脳の大きいものや，現代人の小さい脳と重なっている．エレクトゥスグレードの人々は，おそらく160万年前に，アフリカを離れて移動した最初の人類であったと思われる．かれらはもっとも遠いところではアジアまで到達した．実際，最初に発見されたエレクトゥスは，1890年にジャワのトリニルでユージーン・デュボア Eugène Dubois が発見したものだった（ただ，かれは発見したその化石をピテカントロプス *Pithecanthropus* と呼んだ）．

ホモ・エレクトゥス
Homo erectus

ホモ・エルガステル
Homo ergaster

エレクトゥスが中国やジャワでごく最近の10万年前まで生存したという報告もあるが，古人類学者のなかには，これらの人類がより現代的なホモ・ハイデルベルゲンシス *Homo heidelbergensis*（以下ハイデルベルゲンシス）に含まれる——あるいは，この最近の種類は別種に属する——という人たちもいる．これも議論のあるところである．

エレクトゥスグレードの人々やその石器は，東南アジアの島々でも発見されてきた．かれらはどのようにしてそこに到達したのだろうか．何の問題もない場合もある．ジャワやスマトラはかつて大陸の一部であり，（もっとも最近では最後の氷河期末に）海面が上昇して切り離されたにすぎないからである．しかし現在，オーストラリアやインドネシアの科学者たちは，フロレス島で，およそ84万年前にエレクトゥスがつくったとされる石器を発見した．フロレス島は深い海溝に囲まれていて，一度も大陸とは陸続きになれなかったはずである．フロレス島に到達するにはこれらの古代人は少なくとも2回の航海をしなければならず，その1回が25 kmもある．エレクトゥスがそれほど昔に船を建造したと考えられるだろうか．それ以外にかれらはどのようにして海を渡ったのだろうか．

現在ではエレクトゥスグレードの多くの化石がアフリカで見つかっている．バーナード・ウッドによれば，エレクトゥスは，従来は私たちの直接の祖先といわれたが，そうではありえないような固有の特徴をもっているという．かれらは，高度

ホモ・ハイデルベルゲンシス
Homo heidelbergensis

ホモ・ネアンデルタレンシス
Homo neanderthalensis

に成功した種とはいえ，進化的袋小路にいた．たとえば，エレクトゥスの頭蓋骨は，私たちとは異なり，後ろ側が内側に傾いて鋭い棚をつくっている．ウッドはエルガステルが人類の祖先の最有力候補だと信じている．エルガステルはその故郷（アフリカ）にとどまって進化し，「古代サピエンス archaic *Homo sapiens*」と呼ばれる人類を生じた．これが現在では多くの古人類学者によってハイデルベルゲンシスと呼ばれる（その名前は，過去にすばらしい「古代化石」のいくつかが見つかったドイツの地名にちなむ）．ハイデルベルゲンシスは，ネアンデルタール人と私たち自身の祖先である．

「古代」人：ホモ・ハイデルベルゲンシス† *Homo heidelbergensis*† とホモ・ネアンデルタレンシス† *Homo neanderthalensis*†

ここで，いくつかの分類学的混乱が生じている．最初の「古代人 archaic humans」は少なくとも 40 万年前，（もし古人類学者がスペインのグラン・ドリナからの新しい発見が「古代」的であると同意するなら）さらに遡る 80 万年前に，アフリカに出現した．一般的にいえば「古代的」という形容詞は，筋の通った適切なものに思われる．これらの人々はエレクトゥスグレードの人々より有意に大きい脳をもっている．それは 1100〜1400 ml で，最大のものは現生人類の範囲に十分入っている．しかし「古代人」は突出した前額隆起や低くて傾いた頭蓋骨など，見かけ上，原始的な性質ももっていた．かれらがバスを待つ列に並んでいたら，さぞかし目立ったことだろう．

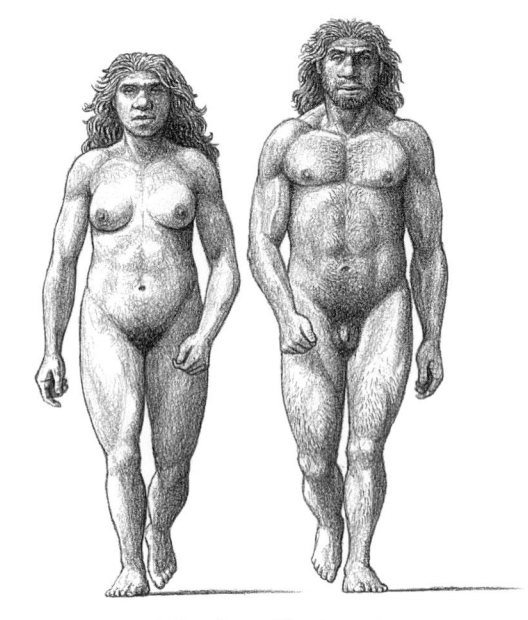

混乱が生じるのは，「古代人」グレードが実質的にすべての旧世界（かれらは決してアメリカには到達しなかった）から知られていて，しかも場所と時期によって相当に変異があるからである．その理由から古人類学者は異なる「古代人」に異なる種名を当ててきた．たとえば，「ローデシア人」にはホモ・ローデシエンシス *Homo rhodesiensis*，中国に発見されたものにはホモ・ダリエンシス *Homo daliensis* などである．しかしこれらの集団が，本当に互いに隔離されていて，独立した種として認められるべきか，あるいは現生人類がそうであるように，ある連続した集団を構成

しているのか，本当のところはだれも知らない．ここに示した区分は妥協の産物である．伝統的に「古代サピエンス」と呼ばれていたものの大部分はハイデルベルゲンシスとしてある．伝統的に種の地位をもっているとされている「古代人」はホモ・ネアンデルタレンシス H. neanderthalensis（ネアンデルタール人，以下ネアンデルタレンシス）である．実際に注目を集めた最初のネアンデルタール人は1856年にドイツ，デュッセルドルフの近くのネアンデル谷で発見された．その骨はときとして，病気で変形した現代人の骨とかコサック兵のものであろうなどといわれた．それが古代人類のものであると認識されたのはずっと後になってからである．

ネアンデルタール人と「古代人」（ハイデルベルゲンシス）との関係，さらにはサピエンスとの関係は不確かである．ネアンデルタール人を「古代人」の極端な種類であるとする人たちもいるし，現代人の亜種（つまり Homo sapiens neanderthalensis）として扱う人たちもいる．ここの系統樹では，ネアンデルタレンシスは独立した種で，サピエンスの姉妹種であり，どちらの種もハイデルベルゲンシスの階層から生じたと示唆している．これは間違っているかもしれないが，理にかなっている（それに，きれいにまとまっている）．

ネアンデルタール人は大きな脳をもっていた．最大の脳は1750 mlで，現生人類で知られている最大のものさえ凌駕している．しかしかれらは同時に，発達した前額隆起，広くて平らな鼻，後退した顎と前額，大きい歯，そしてなにより広い筋肉付着部のある重厚な骨ももっていた．このようにネアンデルタール人は身体的には極端に強力であったが，その精神的能力は判断が難しい．かれらは死者を埋葬したように思われるし，その際に儀式を行ったというういくつかの（論争はあるが）証拠もあり，これはある程度文化が発達していたことを示唆する．しかしかれらはその歴史の中で一貫して同じ種類の道具を製作しつづけており，したがって明らかに発明者ではなかった．そして

かれらが何らかの言語に似たものを利用したかということも，やはり議論がある．ネアンデルタール人は中東からヨーロッパ全土で知られているが，9万年前以後，その歴史の最後に出現したもっとも極端なタイプは，北ヨーロッパに暮らしていた．したがってかれらの極端な身体的発達は，寒冷に対する適応であると考えても差し支えないだろう，としばしば指摘されてきた．しかし化石記録は，ネアンデルタール人の特徴が，それほど極端でないものからおよそ30万年の間に段階的に進化したことを示しているように思われる．

ネアンデルタール人はおよそ3万年前まで生存していた．完全に現代的な人類，つまり私たちのような真のサピエンス H. sapiens はおよそ4万年前にヨーロッパに到達した．したがって，これら2種が，少なくとも1万年の間，共存していたのは明らかである．ネアンデルタール人がなぜ絶滅してしまったかは知られていない．おそらくは私たちの祖先のほうがこの地域をより効率よく開発したのだろう．私たちの祖先が単により器用なハンターだったり，植物採集の腕前が上だったりした可能性もある．しかし私には，それだけではないように思える．ネアンデルタール人が単なるハンターまたは採集者を超えることがなかったのに対して，現生人類は初期からその環境を制御したのではないだろうか．

考古学者は伝統的に，人類が農耕を開始したのはおよそ1万年前の中東で，いわゆる「新石器革命」のときだったと論じている．結局のところ，考古学的証拠がそれを示唆しているようだ．しかし私は『ネアンデルタール人，盗賊，農夫 Neanderthals, Bandits, and Farmers』(1998)で，新石器時代のずっと以前から人類は——たとえばオーストラリアのアボリジニーのように野火を賢く利用することによって——動物の動きをコントロールすることを学び，さらにはもっとも有用な植物を保護し，広めることを学んでいた，と議論した．いいかえれば，私たちの旧石器時代の祖先は単なるハンターや採集者ではなく，獲物管理人

であり，準園芸家であった——私はこの組み合わせを「原農耕 proto-farming」と呼んだ．人類学者がよく観察すれば，現在の狩猟や採集に従事する人々は，その意味ではたいていが「原農耕者」であることがわかる．したがって，サピエンスはおそらくそのすぐれた狩猟と畑の管理でネアンデルタレンシスを凌駕したのかもしれない．あるいは，増す一方のサピエンスの侵略的活動が，ついには，より受け身なネアンデルタレンシスの生活に直接に干渉するようになったのかもしれない．

　一方，私たちの祖先が，そのすぐれた知力と技術によって，単純にネアンデルタール人を狩り，一掃してしまったということも，少なくとも可能性はある．大量殺戮は現生人類では普通のことである．それはもしかしたら，古代から受け継がれた性癖であるかもしれない．

　古人類学者は依然として，ネアンデルタール人が絶滅する以前に，現生人類がネアンデルタール人と交雑したか，したとすればどの程度か，そしてどれほどのネアンデルタール人固有の遺伝子が私たちの集団中に存在するか，を議論している．第1部（2章）で述べたように，いくつかのネアンデルタール人の化石では奇跡的によくDNA断片が保存されていて，それによれば，かれらとサピエンスの間にはほとんど交雑がなかったことが示唆されている．ただしこれはまだ最終結論ではない．

現生人類：ホモ・サピエンス *Homo sapiens*

　私たちの種，ホモ・サピエンスは，どうやら10万年前か，あるいはその少し前に，これもアフリカで（ただし中東という証拠もある）誕生したようだ．初期の現生人類は軽い骨，平らで秀でた前額，およそ 1450 ml の脳を収めたドーム型の頭蓋，そして小さい歯と顎をもっていた．そのような記述にぴったり適合する人類がヨーロッパに到達したのは，およそ4万年前だったことが知られている．最初のオーストラリア人は少なくとも4万年前に，しかしおそらくは6万年前に東南ア

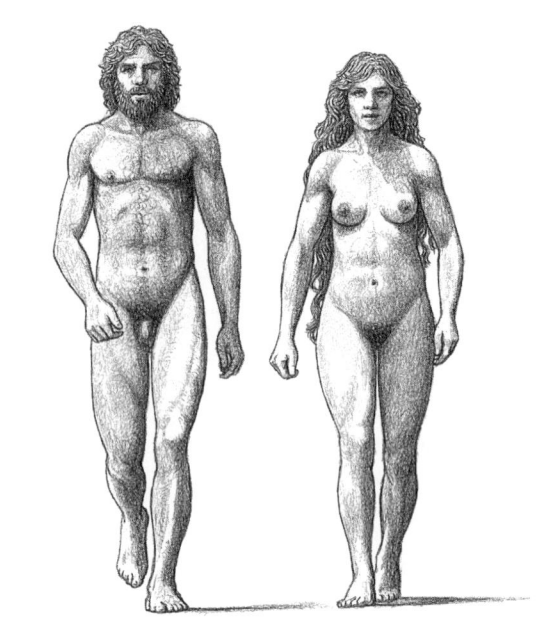

現代人，ホモ・サピエンス
Homo sapiens

ジアから到達した．かれらはその旅を，ある種の小舟だけを使ってなしとげたのかもしれない——だとすれば，これは途方もない偉業である．その後アジアの人類は，少なくとも1万5000年前には北アメリカに渡り，さらにその後の2000年ほどの間に南アメリカ南端にあるティエラ・デル・フエゴまで広がった．その途中でかれらは，大型の野生哺乳類のほとんどを殺し，そのエピソードは「更新世の過剰殺戮 Pleistocene Overkill」と呼ばれている．最初のアメリカ人は海を渡って到達したのではなく，海面が今より 200 m も低かったと考えられる氷河期に，アラスカとシベリアを結んでいたベリンギアという広い陸地を渡ったのである．

私たちはどれほど知っているか

　一般的に現在の古人類学者のほとんどは，ヒト科の主要なグループ——アルディピテクス，華奢型と頑丈型のアウストラロピテクス類，ホモ属，エレクトゥスグレードの人類，「古代型」と現代のサピエンス——が，すべてアフリカ起原であるとみなしている．ダーウィンはヒト科はアフリカ

に起原したにちがいないと推測していた．しかしそのかれでさえ，アフリカの寄与がいったいどれほどのものであるかまでは想像できなかった．現在の考え方では，ヒト科の系統の一部——エレクトゥス，「古代型」，現在のサピエンス——が，一連のディアスポラ（訳註：バビロン捕囚後ユダヤ人が四散したことを比喩的に用いている）の中で，アフリカを出て移動したとされている．

しかし古人類学者のなかには，人間の進化にいくぶんちがったストーリーを考えている人たちもいる．たとえば少数の人は，ホモ属が——エレクトゥスとして——たった一度だけアフリカに生まれ，その後，異なる地域で異なる種類に進化し，それが現在の人種となっていると議論する．しかし（私を含めて）大部分の人々は，このシナリオはいささか極端だと考えている．私は，最初にエレクトゥス，ついでハイデルベルゲンシス，最後にサピエンスという3段階の移動モデルでさえ，たぶん保守的にすぎると信じている．私には，エレクトゥスの時代以後，人類の集団は何回もアフリカを出た——しかもまた戻ってきた——と思われる．そしてその途上で出会ったほかの集団を殺し，もしかしたら交雑し，おそらくはその両方を行った．私たちが化石から集めることのできるものは，結局のところ，きわめて豊かな全体像を解き明かすごくごくわずかな手がかりにすぎない．それはいわば，第二次世界大戦の戦闘機の翼のかけらやら，いくつかの手榴弾を発見したようなことにすぎない．

また，より多くの化石証拠が，人間の歴史以前のできごとを，さらに昔に遡らせているように思われる．すでに見たように，もっとも初期の（アフリカの東部の）石器は，今では少なくとも250万年前まで遡り，おそらくアウストラロピテクスによって製作されたものと考えられる．槍の柄もドイツで発見されている．それは現在の競技用の槍と同様によくバランスが取れているが，これは100万年も前のもので，おそらくエレクトゥスによってつくられたものである．そして前に述べたように，もしかするとエレクトゥスは84万年前に何らかの小舟を製作する能力をもっていた可能性もある．

現在広く認められているヒト科の4属は，系統樹に示すように少なくとも15種を含んでいる．おそらくすでに知られているそれらの中間的な化石は，15種以上の種を代表しているかもしれない．分類学の「分割屋」には，この数字を20まで，あるいはもっと多くまで増やす人がいるかもしれない．それに，おそらくは，過去には私たちが単に知らないだけのヒト科の種が存在したであろう．それでも私たちは，おそらく，過去に生存したヒト科の種のおよその数をすでに知っているはずだ．過去300万年の間，そして最後のネアンデルタール人が姿を消したおよそ3万年前まで，どの時期を見ても，複数の異なるヒト科の生物が存在した．たとえば，100万年よりちょっと前には，ロブストスがまだ南アフリカにいたし，もっと頑丈なボイセイが東アフリカで繁栄し，エルガステルはアフリカにその足跡を印しつつあり，エレクトゥスはアジアを通って中国に達していた．ケンブリッジ大学のロバート・フォーリー Robert Foley は生態学的理由から，アフリカとユーラシアが一度に養えるヒト科の種が5つを超えることはなさそうだと議論している．もしそれが正しければ，私たちはヒト科のかなりの部分をすでに知っていると思われる．

これが私たち自身の科をざっと見渡した概観である．しかし動物の系統に関する私たちの議論は人類で終わるわけではない．人類は哺乳類であり，哺乳類は脊椎動物の中で最後に進化したというわけではない．鳥綱 Aves は哺乳類より新しい．時系列に従ってきた私たちは，次に鳥類を見ていかなければならない．

21章

鳥　類
鳥綱 Class Aves

　生き物のグループには「それが正確にはなにか」を決めるのが難しいものもあるが，鳥類については間違いようもないと思われる．それは哺乳類同様，温血，すなわち恒温性 homoiothermic であり，羽毛 feather をもち，そして全身が見事に飛翔に適応している．たとえばその骨格は縮小されて，融合して強固になっている．肋骨や胸骨 sternum は軽くてコンパクトな箱形になり，（ダチョウやその類縁などの非飛翔性の走鳥類 ratite 以外の）すべての現生鳥類の胸骨は，巨大な飛翔筋の付着点を提供する鋭い「キール」として前方に突出している．前肢の指骨は羽毛をつり下げる支柱となっており，さらに骨盤と尾は実質的に1つのユニットを形成している．実際，骨性の尾はほとんど消失し，切り株のような**尾端骨 pygostyle** となっている．私たちが鳥の「尾」と呼んでいるのは伸びた羽毛にすぎない．個々の骨は，とくに小型の鳥類では，重量がほとんどないと感じられるほど軽く，からだの内部の支柱としてはたらく極小の網のようになっている．これは機械工学の傑作といっていい．鳥類は歯を欠くが，骨性の堅いくちばしが歯と同じ役割を果たし，くちばしは，海ガモの一種アイサ merganser に見られるように，しっかり餌をつかむためにぎざぎざになっていることもある．空気は肺からその奥にある気嚢に流れ込み，これは重量を減らすとともに酸素の交換速度を上げている．頭蓋は丸く，飛翔が要求する途方もない調節と知覚とに優れた脳を納めている．全体を通してみると，鳥類は間違いようのないものに思われる．恒温性，羽毛，そして飛翔への適応が繁栄をもたらしている．

　1世紀以上にわたって，鳥類の進化の歴史もまた単純明快なものと考えられてきた．生物学者は，進化がものごとのありようだと感じはじめて以来ずっと，鳥類が爬虫類に由来することに同意してきた．現生鳥類は，鱗の生えた足を含めて明らかに爬虫類的な多くの特徴をもっている．より具体的には，19世紀初頭の優れたアマチュアは，鳥類が（爬虫類のなかの）双弓類であることをすぐに認識し，ダーウィン Darwin の親友にしてその擁護者であったトマス・ヘンリー・ハクスリー Thomas Henry Huxley も鳥類の祖先は恐竜類のなかに探すべきだと論じた学者の1人であった．一部の生物学者は依然として鳥類をワニと関連づけようと試みたり，鳥類の祖先をもっとも原始的な主竜類や，主竜類でないものに求めようとしたりしているが，ほとんどの生物学者は鳥類の系統，すなわち単系統の鳥綱を，肉食性の獣脚類恐竜のなかにおくことに賛同している．分岐論の専門家にとっては，鳥類は恐竜類そのものなのである．かれらがティラノサウルス・レックス Tyrannosaurus rex とその仲間だけに限定して言及したいときは，それをアヒルやスズメから区別するために「非鳥類恐竜」と言う．

　鳥類と（とくに恐竜に限定しない）爬虫類全体とのつながりは，1861年にババリアの古生物学者がシソチョウ Archaeopteryx のほぼ完全な骨格を記載して以降，疑問の余地がなくなった．1877年には状態がもっといい化石がみつかり，その後4つの化石（と1本の羽毛の化石）が発見された．シソチョウは爬虫類と現生鳥類の特徴を見事に結びつけるように思われた．それは明らかに羽毛をもっていた．その反転印象が化石の骨を囲む岩の中に，奇跡のように保存されていた．それは間違いようもない鳥類的な翼をもっていた（ただし，それぞれの翼の屈曲部に，依然として3つの機能

的な爪をもってはいたが)．それはまた，長い爬虫類的な尾と爬虫類的な歯をもっていた．この化石はおよそ1億5000万年前のジュラ紀のものであり，それはいうまでもなく恐竜類がまだ相当に繁栄している時代だった．

それ以後長い間，つい数年前まで，鳥類がなんであって，現生のグループが(少なくとも概略としては)，どのような生物からどのように進化したかを理解するのは，とても簡単なことと考えられていた．しかし進化生物学者は，過去にもしばしばそうであったように，**定向進化 orthogenesis** と **目的論 teleology** として知られる哲学的な罠にまたしてもはまってしまったようだ．定向進化は，ある仮定上の祖先状態から現在の状態まで，横道にそれることなく直線的に変化する系統進化史観の1つである．ヒトの進化はしばしば，足を引きずって歩く，脳の小さいサルから，栄光に満ちて直立する，偉大な脳をもった今日の我々にいたる，直線的な競争として示されてきた．しかし20章に記述したように，ヒト科の進化は(初期のパラントロプスを含めて)多くの曲がり角を経由しており，私たちの特別の勝利は決してあらかじめ定まったものではなかった．目的論(ギリシャ語の teleos は「終点」を意味する)では，進化とは何かしらのプランに従って起こる——つまりある生物の系統はあらかじめどのようなものに進化するかを知っている——と含意される．したがって，定向進化と目的論の色に染まった生物学者は，鳥類の進化を，弱々しくしか羽ばたけなかったシソチョウからタカやアホウドリにいたる，あらかじめ定められた確固たる進歩として描く傾向があった——ペンギンのように，ほかのもっと魅力的なライフスタイルのために飛翔を放棄した数少ない変わり者はいたにしても．

しかし，シソチョウのような祖先から現生の鳥類にいたる系統が存在したには違いないが，決してそれは鳥綱が追求した唯一の道ではない．実際のところ鳥類の歴史は，どの局面でも難しい問題に突き当たる．もっとも根本的なこととして，そもそも鳥とは何であるかという問いに答えるのも，かつて考えられていたほど容易ではない——少なくとも，絶滅した種類も考慮に入れればそうである．そして，シソチョウ(あるいはそれに似た生物)の子孫の一部は，現生鳥類にいたる空を開拓するルートを追求したにちがいないが，断固としてそうしなかったものたちもいた．私たちは，たまたま現在まで生存している新鳥類亜綱 neornithine だけでなく，それを超える鳥類全体を見なければならない．そして，そうしてみると，「鳥類」という概念は，最初に思っていたよりはいくぶん記述が困難になる．

羽毛の問題

最近まで羽毛はだれもが同意できる形質であると思われていた．現在のものであれ過去のものであれ，ある生物が羽毛をもっていれば，それは鳥類である(あった)．しかし1998年にヂ・チエン(季強) Ji Qiang と中国，カナダ，合衆国の同僚たちが，中国，遼寧省のジュラ紀後期または白亜紀初期の地層から，シチメンチョウほどの大きさの2種類の獣脚類恐竜の部分骨格を発見したと報告した．これら2種類の恐竜はきわめて興味深いものであった．というのは，かれらが飛翔できたことを示唆するものはなにもなかったのに，はっきりと羽毛をもっていたからである．チャンと同僚たちはこの新しく発見された種をプロターケオプテリクス・ロブスタ *Protarchaeopteryx robusta* およびカウディプテリクス・ゾウイ *Caudipteryx zoui* と命名した．

だれもこの新たに発見された羽毛恐竜がシソチョウの祖先であるとは考えない．かりにそうだとすれば，それはとんでもない偶然である．そのうえ，かれらはジュラ紀後期のものであるかもしれず，年代が最近すぎるのである．しかしかれらはシソチョウと類縁があるにちがいない．なぜなら，羽毛はただ1回だけしか進化しなかったと考えるのが妥当だからである．それゆえ，鳥類のもっとも古い既知の種類であると分類されているシソチョウは，プロターケオプテリクスやカウディプテリクスを含むより大きな羽毛恐竜のグ

ループに属すると考えられる．鳥綱の範囲をこれらの生物まで含めるように拡大しないかぎり，羽毛はもはや鳥綱を定義する性質ではないと言わざるをえない．羽毛はもはや鳥類の共有派生形質とは考えられない．それはいくつかの恐竜と共有する原始的性質にすぎないことになる．もちろん現生鳥類のみを考慮するときは，このような厳密な記述にとまどわされる必要はない．しかし専門家は再考する必要がある．

この新しい中国の恐竜たちはまた，羽毛の起原——つまりそもそもなぜ羽毛が生じたかという問い——に再考を迫っている．それについては，保温（断熱 insulation），飛翔，そして主として性的ディスプレイの意味でのディスプレイ，の3つの主要な仮説がある．

保温というアイデアは，一見すると強力である．哺乳類のところで考えたように，体温を維持するコストがきわめて高いとしても，温血になるにはいくつものもっともな理由がある．一部の生物学者は依然として何種類かの恐竜は恒温性であったと主張し，少なくとも小型の恐竜は保温によって利益を得ていた，と考えている．現生鳥類はたしかに，もし恒温性と結びついた高い代謝率をもっていなかったら，あれほどよく飛翔できないであろう（ただし，これは単なるボーナスであったかもしれない．自然選択は将来を見通さない．将来いつか飛翔に好都合になるかもしれないというだけで，恒温性に有利にはたらいたはずはない！）．中国からの新しい発見は，保温説と合致する．あるいは，少なくとも，羽毛が常に飛翔と結びついているのではないことを示すものであり，それゆえ保温が理にかなった代わりの仮説として残るのである．

一方，ニューヨークのアメリカ自然史博物館のルイス・チアッペ Luis Chiappe が論じているように，今では，白亜紀の真性の鳥類の一部は完全に恒温性ではなかった，と考えられている．後により詳細に論じるが，このことはその骨の微細構造から推定できる．これらの鳥類はシソチョウよりずっと最近のもので，もしかれらが完全に恒温性でなかったとすれば，おそらくシソチョウもまた恒温性ではなかっただろう．しかし，もし羽毛がその所有者が温血性を進化させる以前に進化したのであれば，このことは羽毛が保温以外の理由，たとえば飛翔などの理由でまず進化したことを示唆する．しかしここで私たちはまた，羽毛はもっていたが明らかに飛翔しなかった中国の恐竜に戻ってしまうのである．もちろんなんとか妥協をはかることもできる．たとえば，現生哺乳類にも，ほかより恒温性が低いものたちがいる．有袋類は真獣類より体温を低く保つし，貧歯類（アルマジロ，ナマケモノなど）は，少なくともある程度は，体温が環境温度に左右されるにまかせる．したがって不完全な恒温性は，すでに知られていて確立された戦略なのである．そして羽毛はこのことを助けたかもしれない．たとえそうであっても，羽毛が温血性を意味するという仮説は，思ったよりきれいに成立しないようであるし，そのことは，羽毛が飛翔を意味するという考えも，羽毛が鳥類と同義であるという考えについてもやはり同じである——私たちが，直感的に納得のいく形よりも「鳥類」を広く定義しないかぎりにおいて．

私が批判に耐えると信じている考えは，これまでほとんど議論されてこなかったもの，つまり性選択の考えである．性選択は，一般に，ダーウィンが1871年（『ヒトの由来と性に関連した選択 The Descent of Man and Selection in Relation to Sex』）で最初に提案してから少なくとも1世紀は過小評価されていた．生物学者たちは，交配相手を引きつける——自分をよく見せびらかす——というだけのことは，進化における重要な原動力になどなりはしないと考えていたようである．しかし現代の考え方を少しでも加味するなら，これほど重要なことはない．なぜなら，交配相手を見つけることのできない生物はその遺伝子を伝えることができないからである．一方，交配相手を見つける能力を助長する遺伝子は，それ自身が伝えられる機会を大いに増加させる．クジャクはその典型である．これほど明らかに性的ディスプレイに

投資している動物はいない．しかしすべての生物は，交配相手を引きつけるための時間と労力を使わなければならない．少なくともそうしない生物は子孫を残せずに死滅し，その遺伝子もともに消滅する．

現生爬虫類は性的ディスプレイの魔法使いである．そのフリルや斑点がクジャクに匹敵するものも多い．多くのものはゴクラクチョウのように気取って歩いたり，頭を上下に振ったりして求愛する．羽毛はうろこに由来すると思われる．ぎざぎざがついたりとげがついたりして，光を反射する斑点付きの大きなうろこ．自分をみせびらかすのにこれはなんとよい道具だろうか．現在の私たちには気まぐれと思われるような羽毛の特徴——いわくいいがたい微妙な色彩，きらきら反射する光，種々の羽冠，精妙な振動——は，おそらくそもそも羽毛を進化させはじめたきっかけだったのではないだろうか．ひとたび羽柄や羽毛が生じると，それらはより実際的なビジネス，つまり保温とかさらには飛翔といった仕事にも転用することができただろう．しかし，現生爬虫類が気のある交配相手の前で気取って歩くさまをじっくり観察するだけでも十分である．そうすれば，この親類たちが，保温には無関係でも，ましては飛翔など夢にも思わなくても，羽毛からどんな利益を得られたかを理解できるのではないだろうか．

しかし羽毛が発達すると，それは別の用途にも前適応した．太陽光を反射し，空気を保持することができたので，羽毛は容易にすばらしい保温の道具となることができた——現在のハクチョウやケワタガモの胸では保温力がその極みに達している．またそれはすばらしい飛翔のための道具ともなることができた．軽くて丈夫で，堅いけれども柔軟性があり，表面積が大きい．申し分なしである．鳥類の飛翔は，翼竜やコウモリのように皮膚の翼ではなく，羽毛を使って行われる．現生鳥類の飛翔は驚異的であり，その利点は明らかであるが，初期にはそれは荒削りで効率が悪く，困難なものだったはずだ．それではそもそも飛翔はどのように進化してきたのだろうか．

飛翔の問題

シソチョウは明らかに飛翔した．それは羽毛をもっていたし，その風切羽 pinion の曲線と非対称性は，まずまちがいなくそれが飛翔に用いられたことを示している．それではシソチョウはどのように飛び，どれほど上手に飛んだのだろうか．それははばたく翼をもつ強力な飛翔者であったのか，それとも多くのムササビのように単に滑空しただけなのか．シソチョウはしかるべき解剖学的特徴をもたなかったので飛翔できなかった，という人たちもいる．とりわけ，現生鳥類において飛翔筋が結合するキールが大きく突出した胸骨をもっていなかった．しかし，コウモリはそのような工夫がなくても大変上手に飛翔するではないか，と指摘する人もいる．コウモリはその強力な筋肉を別のところに付着させており，もしかしたらシソチョウもそうだったかもしれない．多くの人は現在，はばたきは弱かったものの，シソチョウが真のはばたき鳥であったと認めている．その長い尾と紙飛行機のような形からすると，現在練習生を訓練するのに用いられる種類の飛行機と同様，きわめて安定性が高かったのだろう．対照的に，現在の戦闘機は安定性がはるかに低いが，ずっと速くて操縦性にすぐれ，空中にとどまるには高度の訓練を受けたパイロットと高速のコンピュータを必要とする．同じように，現在のスズメなどの鳥類はシソチョウよりはるかに安定性は悪いが，ずっと操縦性が高く，かれらもまた，空中にとどまるには速い反応と精密な調節に頼っている．

はばたきだったのか，滑空だったのか，どんな飛び方をしていたにせよ，その飛翔は弱かったにちがいない．そのどこに利点があったのだろうか．それは自然選択によって有利とみなされたのだろうか．もし飛翔が初期には否応なく弱々しいものであったなら，そもそもそれはどのように進化できたのだろうか．シソチョウの祖先は——シソチョウにもあった翼の爪の助けを借りて——森林の樹冠によじ登っていて，やがてムササビやト

ビヘビやトビガエルのように木から木へと滑空するようになり，さらにはより強力なはばたきで滑空の距離を伸ばしていったと考えた人もいた．しかしその後の研究では，シソチョウが生息していたことが知られている——ドイツのゾーレンホーフェンのラグーン近くの——場所では，植生はわずかで，高さも3メートルしかなかったことが示されている．このことは，もう1つの，もっと確からしい仮説に味方する．すなわちシソチョウはほかの小型肉食獣脚類の恐竜たち——たとえばドロマエオサウルス，プロターケオプテリクス，カルディプテリクスなど——のように，陸上を走りまわり，飛んでいる昆虫を捕らえるために空中に飛び上がることもあった，という説である．

私にはどちらの考えも状況を限定しすぎていると思われる．多くの動物はジャンプすることでいろいろな形の利益を得ている．飼育されているネコやイヌの仲間，つまりディンゴ，オオカミ，キツネなどは，齧歯類や昆虫類の狩りをするとき（どれもみな狩りが好きである），獲物の視線の後方から接近し，直接の退路を断ちながら，やおら空中高くジャンプして前肢から着地する．反対に，現生のキジは捕食者から逃れたり木に止まるために，林床から垂直に飛び上がる．カンガルーのジャンプは，その祖先たちが森林で下草をうまく通り抜けるために進化してきたと考えられている．トビウオは捕食者をかわし，エネルギーを節約するために空中に飛び出す——空気は水より粘性が低く，波の高さの風に乗ればエネルギーは不要である．バッタは安全のためと障害物を避けるためにジャンプし，さらにその跳躍を原始的な飛翔でコントロールする．視点を広げてみれば，私たちの祖先であるアウストラロピテクスは，明らかに，低地の開けた森林地帯で進化した．その場所は，縮尺を適切に変えてみれば，カラス程度の大きさであったシソチョウの生息地とそれほど違ってはいないだろう．ヒト科の動物にとっても，おそらくシソチョウにとっても，その生育場所のまばらな植生は，そうでなければ2次元の地面にしばられたかれらの陸生生活に，垂直方向の新たな次元，しかもきわめて役に立つ次元を追加してくれた．

これらすべてのことを考慮して私は，シソチョウの暮らしは，ある程度はアウストラロピテクスのようであり，またある程度は現在のジサイチョウ ground hornbill のようだったと考えている．つまり，シソチョウは開けた森林地帯に棲む捕食性の何でも屋であったが，それ自身も容易に捕食される立場にあった．ジャンプをすることは，バッタや原始的なカンガルーのように障害物をさけ，キジのように身を守り，レミングを捕らえるオオカミのように思いがけない角度から攻撃することを助けた．進化は常に一歩一歩進むというダーウィンの考えに賛同できない神学者は，「半分の眼は何の役に立つか」と問う．それに対する回答は，完全な暗黒中に生息しているのではない生物にとって，どのような視覚であれ，それはまったくないよりはましであり，明と暗を識別できる程度の視力であっても，少しでも改善されればその分だけ報償に値する，というものである．したがって，実際のところ，感受性ゼロの状態から，ゴッホのような高度の感受性にまでいたる段階的な進歩を想定することは容易である．同じ趣旨で，ちょっとしたジャンプにも，それがふさわしい地域では数多くの使い道がある．もし腕のはばたきがその生物の能力の限界をはばたいた分だけ広げるのなら，それだけすぐれたものになる．こうしてフルマカモメやハヤブサの優雅さと力強さにまで，徐々に近づけるはずである．

さらに2点，考慮すべきことがある．第1に，飛翔はエネルギーと神経能力の両面でコストがかかり，横風の害など，飛翔ゆえの害をもたらすこともある．だから，自然選択が時として飛翔の喪失に有利にはたらくこともあるのは——ちょうどしばしば眼の喪失を選ぶことがあるのと同じことで——驚くにはあたらない．それによって鳥類は実質的に獣脚類の状態に戻れるのである．鳥綱全体にしろ，とりわけ新鳥類にしろ，多くの鳥類はこうして飛翔能力を放棄して，より単純な姿に戻った．つまり，飛翔がすばらしいことに思える

からといって，それは自然選択が常に飛翔しないものより飛翔するものを好むことを意味しない．このことは私たちの系統における知性についても同じことである．

第2に，ルイス・チアッペが改めて強調したように，タクソンというものは，生活様式ではなく，系統的関係によって定義されるべきものである．鳥類は1つのクレードである．全体として鳥綱という単系統の綱を形成している．鳥類のもっとも目立つ特性は飛翔である．しかしそれは鳥類というクレードのメンバーが必ず飛翔しなければならないことを意味しない．かれらが飛ばなくても驚く必要はない．チアッペがいうように，私たちは哺乳類というクレードのメンバーがある特定の生活様式を採用すべきだなどとは求めない．クジラのように魚類の形態を再発明したり，コウモリのように飛翔したりする哺乳類がいても驚かない．それであれば，なぜ鳥類がより制限されたものであると考えなくてはならないのか．なぜ鳥類は哺乳類と同様に自由に放散してはいけなかったのだろうか．現実に，鳥類には哺乳類ほどの柔軟性が認められない．そして確かに，生存している鳥類の亜綱（新鳥類）と大部分の絶滅した亜綱のメンバーたちはすべて，基本的に飛行者であり，だいたいが似たりよったりである．しかし知られている2つの亜綱の仲間は明らかに飛行者ではなく，その1つの，モノニクス属 *Mononykus* で代表される絶滅鳥類では，前肢はごく小さな突起にまで縮小されていて，それがどんな機能を果たしていたかは想像の域を超えない．モノニクスは私たちに基本的な教訓を思い出させてくれる．すなわち，あらゆるタクソンは原則としてあらゆることを試す可能性があるので，特定のタクソンが特定の生活様式を追求すべきものだと仮定してはならないし，そして，進化は一定方向に起こるものではなく，ましてや前もって定められた特定のゴールに向かうものなどと仮定してはならないのだ．

鳥類へのガイド

ここの系統樹はルイス・チアッペによって描かれた，鳥類の8亜綱を示している．ただしいくつかの綱には1属しかない．つまり鳥類は，最古の真の鳥類だと伝統的に考えられているシソチョウから，ほとんどの人が「鳥」というときに思い描く新鳥類たち（これ自体の系統樹は22章にある）にまで広がっている．ただしこの新鳥類は，じつは鳥世界のなかの，唯一の現生の仲間である．この系統樹にはまた，伝統的に鳥類の姉妹群と見なされている肉食獣脚類恐竜の科，すなわちデイノニクス *Deinonycus* がもっともよく知られているドロマエオサウルス科も示されている．プロターケオプテリクス *Protarchaeopteryx* とカウディプテリクス *Caudipteryx* はおそらくデイノニクスとシソチョウの間に入れられるべきであろう．

デイノニクス（ドロマエオサウルスの代表）は白亜紀初期のモンタナから出土する注目すべき生物である．体長は3m，体高は1mに達し，その体と長い尾をぴんと水平に保っていた．そして，曲がってぎざぎざしたステーキナイフのような恐ろしげな歯をもっていた．デイノニクスはまちがいなく獣脚類恐竜であるが，鳥類的な形質ももっていた．よく発達した前肢にはその半分もの長さを占める手がついている．手首の部分は鳥とよく似ている．後肢は鳥とプロポーションが似ていて，短い大腿骨と4本の指をもっている．第二指の先端は強力な爪になっていて，この動物が走るときに地面をしっかりとつかむ助けになっていた

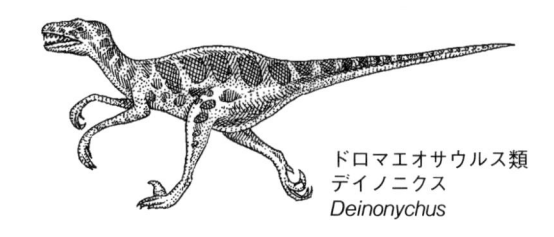

ドロマエオサウルス類
デイノニクス
Deinonychus

21・鳥　綱

マニラプトル類
Maniraptora

鳥類 AVES

メトルニス類
Metornithes

オルニトラセス類
Ornithoraces

21

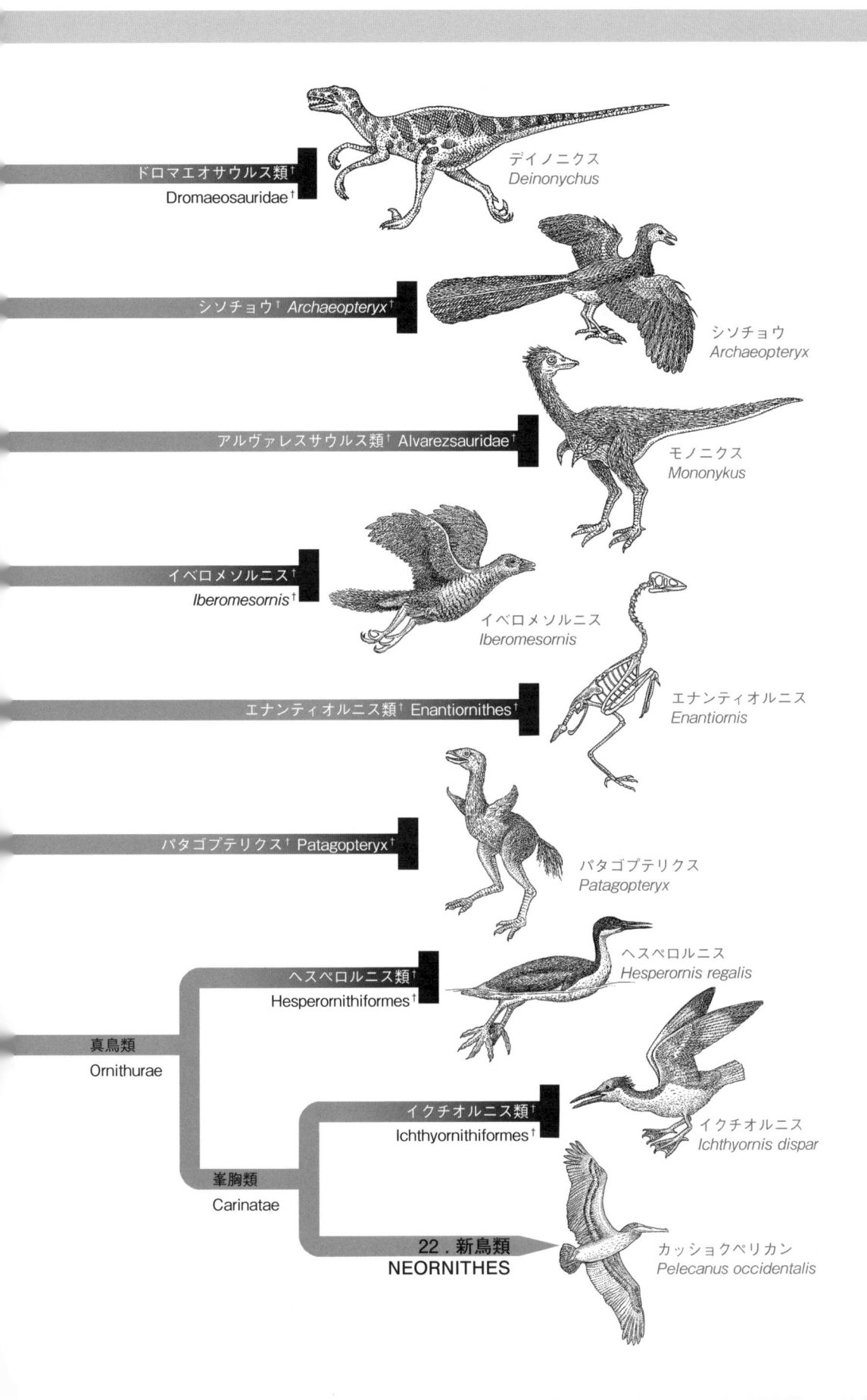

ドロマエオサウルス類† Dromaeosauridae†	デイノニクス *Deinonychus*
シソチョウ† *Archaeopteryx*†	シソチョウ *Archaeopteryx*
アルヴァレスサウルス類† Alvarezsauridae†	モノニクス *Mononykus*
イベロメソルニス† *Iberomesornis*†	イベロメソルニス *Iberomesornis*
エナンティオルニス類† Enantiornithes†	エナンティオルニス *Enantiornis*
パタゴプテリクス† *Patagopteryx*†	パタゴプテリクス *Patagopteryx*
ヘスペロルニス類† Hesperornithiformes†	ヘスペロルニス *Hesperornis regalis*
イクチオルニス類† Ichthyornithiformes†	イクチオルニス *Ichthyornis dispar*

真鳥類 Ornithurae
峯胸類 Carinatae

22. 新鳥類 NEORNITHES — カッショクペリカン *Pelecanus occidentalis*

だろうし，おそらく獲物の腹を裂くのにも使われたのだろう．デイノニクスは「恐ろしい爪」を意味する．少なくとも，多くの現生鳥類が，ヘビクイワシ secretary bird，闘鶏のニワトリ fighting cock，ダチョウ ostrich のように，足を下向きに振り下ろす一撃を使って敵と戦い，殺すということは，興味深い事実である．

しかし系統学的には，ドロマエオサウルス科ははるか昔に絶滅した，既知の獣脚類のおよそ6つの科の1つにすぎない．その姉妹群である鳥類は，もっと長く生き残ってきた．その1つの亜綱である新鳥類は，第三紀まで，さらには現在もなお生きつづけている．

鳥類の8亜綱

シソチョウ† *Archaeopteryx* †

すでに述べたように，鳥類として最初に同定されたシソチョウ *Archaeopteryx* は，1861年にバヴァリアの（かつての）沼沢地から出土した化石で記載された．より初期の標本が1855年にハーレムでも見つかっていたが，それは翼竜の一種プテロダクチル pterodactyl と誤認されていた．

シソチョウは原始的な爬虫類的形質と現生鳥類のそれが見事に組み合わさっている．羽毛をもち，前述のようにおそらく少なくとも弱いはばたき飛翔をしていた．羽毛をもって飛翔したので，シソチョウは常に，既知の最古の鳥類と見なされてきた．しかし，もし分類学者が鳥類の境界をもっと広げるべきだと考えるなら，最近になって中国で発見された羽毛の生えた恐竜類は，この地位をおびやかす可能性はある．古典的な分類学者なら，シソチョウがすべての後の鳥類の祖先であると主張するかもしれないが，第1部（3章）で述べたように，既知の特定の化石が本当にその祖先そのものであるという可能性はほとんどない．シソチョウとすべてのほかの鳥類が，それ自身も鳥類であった共通の祖先をもっている，と考えるほうがずっと安全であろう．その祖先は実際には，おそらく，あらゆる鳥類の姉妹群としてのシソチョウによく似ていて，そちらのほうがもしかしたらかれらの祖先であったかもしれない可能性を残すことになる．

中生代の残りの期間にシソチョウの跡を継いだ鳥類については，ようやく少しだけ解明されはじめたところである．白亜紀で知られているタクソンの数は，1990年代に倍増し，とりわけ中央アジアや南アメリカから毎月のように化石が出土している．しかしそうした化石記録は依然として断片的で，混乱させられるものだ．明らかにシソチョウより鳥類的なものもあれば，——少なくとも外見的には——それほど鳥類的ではないものもいる．厳密な分岐学的解析なしには化石をより分けることさえ始まらないし，モノニクスのような例では，それが鳥類起原のものかどうかを認識することさえ困難である．しかし一般的には，知られている化石は，白亜紀初期の終わりまでには，そして白亜紀後期のあいだ，鳥類は大きさも生活様式も多様になり，非飛翔性のランナーや足を使ったダイバーから，渉禽類や樹木生活者まで，さまざまに変化した．

モノニクス *Mononykus*：アルヴァレスサウルス科† **Alvarezsauridae**†

系統樹に示された第2の主要な鳥類グループは，現在のところアルヴァレスサウルス科にまとめられている少数の属によって代表される．アルヴァレスサウルス *Alvarezsaurus* のように南アメリカから出土するものもいる．しかし最初に発見

シソチョウ
Archaeopteryx

され，しかももっとも風変わりな姿をしていたのは，中央アジアのゴビ砂漠の白亜紀後期から出土した，シチメンチョウぐらいの大きさのモノニクス Mononykus だった．

アルヴァレスサウルス類
モノニクス
Mononykus

モノニクス（「1本の爪」を意味する）は，専門家でない人間の眼にはとても鳥類とは思われない．これは非飛翔性で，長い後肢をもち，走るときは恐竜と同じで腰を動かしており，現生の鳥類のように膝を動かすのではなかった．しかしそれだけなら，後ろ半分のからだについては，シソチョウのように爬虫類的だと考えられるかもしれない．モノニクスが変わり者であるポイントは前肢にある．前肢は小さな支柱のように縮んでいる——とても頑丈で，骨は鳥類のように融合しているが，とても飛翔に使える代物ではない．実際のところこれが何に用いられていたかは不明である．それが穴掘りに用いられたと示唆する人たちもいるが，ルイス・チアッペはほとんどありえない，と否定している．おそらくそれは，交尾中にオスがメスをしっかりつかまえておくのに役にたつサメの交尾器 clasper のように使われたのであろう．

しかし現在ではモノニクスの完全な頭骨が見つかり，とりわけその眼の眼窩は鳥類との類似性を示している．もちろんそのような特徴は独立に進化したかもしれない．しかし共通の祖先という考え方は，より確からしく，より「節約的 parsimonious」な説明を与える．現在の分類学で認められているすべての原則は，モノニクスが鳥綱に収まるべきであることを示しており，したがってこの系統樹は，それがもっともよく落ち着くところ，すなわち後の鳥類すべての姉妹群であることを示している．

イベロメソルニス† *Iberomesornis* †

3番目の亜綱も公式名称をもたず，こちらはスペインの白亜紀初期から出土した，これまた少数の化石から知られている．唯一の属はスズメ大の大きさのイベロメソルニス Iberomesornis である．その翼と肩はシソチョウよりよく飛翔したことを示唆する．その前腕（尺骨 ulna）は現生鳥類と同様，上腕（上腕骨 humerus）より長いため，てこの力と効率が改善され，肩帯の烏たく骨 coracoid はシソチョウより方杖状で，より強い支持を与えている．イベロメソルニスの肢は木に止まるのに完全に適応していて，これもまた，非常に初期に進化した現生鳥類の特徴である．

イベロメソルニス
Iberomesornis

イベロメソルニスの既知の化石は1億2500万年前のものなので，モノニクスの既知の化石より古い．しかしそのことは，この系統がより古いことを意味するわけではない．そのような判断をするには，化石記録はあまりにも断片的である．これらの動物の解剖学的特徴に関する分岐学的な解析は，モノニクスが先に現れたことを示唆しており，そのことを系統樹に反映させてある．

エナンティオルニス類[†] **Enantiornithes**[†]

多くのエナンティオルニス類は，1億3000万年前の白亜紀初期から中生代のほとんど末期に至るまで，世界中から知られている（それらの化石は，かれらが6500万年前よりも前に絶滅したことを示唆している）．全体としてエナンティオルニスは，鳥類の歴史においても，私の考えでは白亜紀の生態系においても，きわめて重要な存在である．エナンティオルニスの化石はほとんど1世紀も前から知られていたが，それが有名になったのは1970年代の新しい発見以後であり，中生代の鳥類における多様でかつ独立した一大亜綱としてのその重要性が記載されたのは，ようやく1981年になってからだった．1980年代までは，かれらは鳥類ではない獣脚類に配置されているか，あるいは無理矢理，現代のグループの中に押し込められていた．

エナンティオルニス
Enantiornis

すべてのエナンティオルニスは相当によく飛翔できたように見える．あるものは肢が長く，海岸近くに生息していたし，水生のものもいた．しかし，大部分はおそらく陸地に生息し，木に止まっていた．初期のエナンティオルニスは，たとえば中国のカタイオルニス *Cathayornis* やシノルニス *Sinornis* のように，小型で歯をもっていた．しかし後期のエナンティオルニス *Enantiornis* などの翼はさしわたしが1m以上になり，もっと後の種類，たとえばゴビプテリクス *Gobipteryx* は歯をもたなかった．現生鳥類の姉妹群であるイクチオルニス類 Ichthyornithiformes は歯をもっていたと思われるので，鳥類は複数回，歯を失ったと結論せざるをえない．しかしこれは少しも奇妙なことではない．結局のところ非鳥類恐竜類の多くのグループも歯を失っている．

エナンティオルニスの骨の微細構造（組織学）は，きわめて興味深い．現生の鳥類や，現生に近いヘスペロルニス類 Hesperornithiformes では，骨は豊かな血液を供給され，その成長パターンは急速で連続的であり，とぎれることがなかった．この種のパターンは，成長が季節によって明瞭に遅らされることがない場合に期待される——そしてそれは，外界の気候があまり問題にならない温血動物に見られるパターンである．ところがエナンティオルニスの骨にはほとんど血管がなく，成長は明らかにゆっくりで，季節性をもっている．実際，どうやらかれらは，孵化後，何度も季節を経ながら成長していたようだ．一方，ほとんどの現生鳥類の骨は1年で成体の大きさに達する．ということは，驚くべきことに，エナンティオルニスや——おそらくそれに先立つほかの鳥類たち——は，現在の意味での真の恒温性をもっていなかったように思われる．ルイス・チアッペは，かれらの代謝は，たとえば現在のトカゲと鳥たちの中間に位置していただろうと示唆している．恒温性という現生鳥類の重要な特徴は，どうやらもっと後の鳥類の発明なのである．この発見は，ほかの恐竜類が恒温性であったという示唆にも疑問を投げかけることにもなるはずだ．

パタゴプテリクス[†] **Patagopteryx**[†]

これもまた，独自の亜綱を形成するに十分な特異性をもってはいるが，まだ亜綱名をもたない鳥類である．この鳥類は，鳥類が飛翔性になるだけ

パタゴプテリクス
Patagopteryx

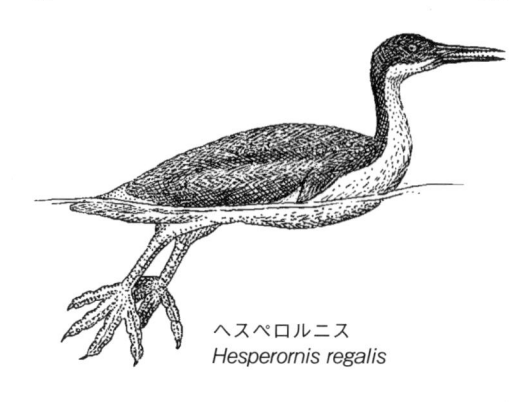

ヘスペロルニス
Hesperornis regalis

でなく，恐竜のように二足で走ることへの回帰も常に選択肢の1つであることを示している．このグループの唯一の属は，パタゴニアで発見されたニワトリぐらいの大きさのパタゴプテリクス *Patagopteryx* である．これもまた，当初は，新鳥類亜綱に属する現生の鳥類である，非飛翔性の平胸類 ratite だと考えられた．しかしパタゴプテリクスは現生の鳥類，いやそれどころか，系統樹が示すような，新鳥類とイクチオルニス類とヘスペロルニス類を含む**真鳥類 Ornithurae** 全体がもつ特別な「派生」形質の多くを欠いている．パタゴプテリクスは平胸類でないばかりでなく，その近くにすらいない．実際にはこれは真鳥類の姉妹群に当たるのである．

ヘスペロルニス類 Hesperornithiformes

ヘスペロルニス類は中生代の鳥類でもっともよく知られたものである．歯をもち，非飛翔性で，骨格がしっかりしていて，足で水中を泳ぐ魚食性のダイバーであった（現生のアヒルやカイツブリのように泳いだが，ウやペンギンのように水中を「飛翔」することはなかった）．その足はカイツブリのようにみずかきをもっていて，しばしば原始的なカイツブリやアビとみなされたり，ときには水生の古顎類 paleognath，つまり平胸類の類縁とさえみなされてきた．しかし多くの証拠からヘスペロルニス類は，現生の鳥類とイクチオルニス類を含む**竜胸類 Carinatae** の姉妹群であるとされる．ヘスペロルニス類は主として白亜紀後期のヨーロッパ東部とアジア西部で知られている．

イクチオルニス類† Ichthyornithiformes†

白亜紀後期のイクチオルニス類はアジサシぐらいの大きさの飛翔性の鳥で，その化石は19世紀以後，北アメリカの西部内陸から見つかっている．これは現生鳥類グループの姉妹群であるが，依然として爬虫類的な歯をもっている．それでもこれもまたかつては誤って現生鳥類，とりわけチドリ類 Charadriiformes ——渉水鳥 wader であるカモメやウミスズメなど——と結びつけられていた．

イクチオルニス
Ichthyornis dispar

新鳥類 Neornithes

いよいよ現生鳥類，新鳥類 Neornithes である．これは鳥類の知られている8亜綱のなかで唯一，今も生存している仲間である．このパターンは自然界では繰り返し現れる．成功した新しいクレードが放散し，新しい多くの種類と体制を生み出し，その中で最終的にはたった1つが繁栄するのである．しかしここでもまた，生き残ったグループが放散して，先行したすべてのグループをすべてまとめたほどの多様な形態と生活様式をもつようになることがわかる．確かに，現生鳥類にはモノニクスのような鳥はいない．しかし走る鳥や，飛ぶことのない鳥も多く，これらは祖先の獣脚類から受け継いだ性質をもう一度試そうとしている．

新鳥類は現生鳥類であるが，じつは中生代にもその代表者がいた．アヒル，ニワトリ，アホウドリなどは，どれも白亜紀後期に類縁の鳥類がいた．白亜紀に鳥類学者がいて，これらすべての鳥類や翼竜類を含めて，威風堂々たる鳥類の隊列をじかに観察できたとしたら，どんなにかよかったであろう．しかし，今も新鳥類という賞賛すべき鳥類がいるのだから，不満をいう筋合いではあるまい．かれらが次章の主題である．

新鳥類
(カッショクペリカン brown pelican)

22章

現生鳥類
新鳥亜綱 Subclass Neornithes

　鳥類の知られている8亜綱のうち，ただ1つのみが今日私たちのまわりにいる．新鳥類である．事実，新鳥類のみが過去6500万年に相当する新生代まで生存した．それゆえ私たちが「鳥」というときには「新鳥類」を指すのである．

　新鳥類というこの単一の亜綱は，中生代の後期に鳥綱全体が試みたほとんどすべての生態的ニッチと生活様式を，もう一度開拓してきた．ほとんど，というのは，翼のないモノニクスが開発したニッチを除いているからである．この鳥が生物学者にも解明されていない暮らしを送ってきたのはたしかで，現在のどの生物もまねしていないような暮らしぶりだった．現生の鳥類は1万種ほどが知られていて（たえず新種は発見されているが），これらは27目に分けられそうに思われる——そのうちのスズメ目 Passeriformes の1つの目だけで，すべての現生鳥類の5分の3を占めている．全体として新生代の新鳥類は，白亜紀の鳥類全体と同じくらい多様である．新生代の新鳥類の大部分は今日の大多数と同様に飛翔性であって，祖先から受け継いだ翼と羽毛というすばらしい形質を十分に利用している．しかしあるものは伝統的な恐竜の生活様式に回帰し，非飛翔性の二足歩行のランナーとして再出現した．またあるものはダイバーという第3の道を開拓した．これらの鳥は，カイツブリ grebe（あるいは白亜紀のヘスペロルニス *Hesperornis*）のように足を使うか，あるいは翼を使って水面下を「飛翔」することで，水中を進んでいる．この最後の例では，（すべてではないがウ cormorant やウミスズメ auk のように）飛行力を維持しているものも，（ある種のウミスズメや，すべてのペンギンのように）失っているものもいる．

　飛翔はすばらしい逃避メカニズムであり，摂餌や営巣にまったく新しいニッチを提供する．それは二次元世界を三次元に転換し，それによって世界の構造を変化させる．しかも空中を移動することは水中や陸上を移動するより簡単である．多くの鳥類は——たとえ小さなものであっても——定期的に大陸から大陸へ，あるいは地球の端から端まで飛ぶ．それゆえ多くの科の多くの鳥にとって，地球全体が生息場所となっている．というよりはむしろ，飛翔する鳥類は，さまざまな空間や季節を通して，その生息場所を複合化して利用している——ここの沼沢地からあちらの樹林へ，さらにどこかのひさしから河口へ，というように．たとえばツバメは北半球温帯の長い夏の日を十分に楽しむと，北半球の冬には熱帯暮らしに出かけ，その生涯を常に温暖なところで過ごすことができる．ほかにも，たとえばキョクアジサシ Arctic tern は，終わりのない光を求めて，実質的に南極と北極の間を行き来する．

　しかし飛翔は巨大な対価（コスト）も要求する．飛翔にはすべての解剖学的構造がそれに適合しなければならないし，巨大なエネルギーの注入を必要とするし，それは危険でもある——島に暮らす飛翔する鳥は海に吹き飛ばされることもあるのだ．それゆえ自然選択は，しばしば飛翔しないことに有利に作用し，新鳥類の諸目の中にも飛翔しないハト pigeon（ドードー dodo や，ロドリゲスソリテアー solitaire），飛翔しないウ cormorant やウミスズメ auk，多くの飛翔しないアヒル duck やガン goose，飛翔しないコウノトリ ibis（ロドリゲス島やハワイの種を含む），ほとんど飛翔しないオウム parrot（ニュージーランドのカカポ kakapo），などがいる．これに加えて，平胸類やペン

ギンなどの非飛翔性の目がある．もし，鳥の主要な生息地が島でなかったとしたら，今日でも私たちはもっと多くの飛べない鳥を知っていたことだろう．残念なことに島では容易に生命が脅かされることがこの数世紀の間に明らかになっている．一部の鳥は，船乗りや入植者によって絶滅させられてしまった．ドードー，ロドリゲスソリテアー，オオウミガラス giant auk，さらに，ニュージーランドのモア moa やマダガスカルのエピオルニス（リュウチョウ（隆鳥）elephant bird）といった鳥たちである．

新生代を通じて新鳥類と哺乳類（もう1つの恒温性四肢動物）は飛翔と陸生性を開拓してきた．鳥類は空中での試合に勝利を収めたように見える．なぜなら，コウモリ bat には800種以上（すべての現生哺乳類の5分の1）がいるが，その大部分は夜行性だからである．その理由の1つは，鳥類との競合であると思われる．コウモリが飢えたために，たまさかに昼間の飛行を敢行すれば，ものの数時間でタカ hawk に捕まってしまう．一方，哺乳類は明らかに地上での戦いに勝利した．しかしアフリカのダチョウ ostrich やアフリカとユーラシアのノガン bustard のように，大型で成功している地上性の鳥類もいる．またそれほど遠くない過去にも，南アメリカのフォルスラコス様の鳥 phorusrhacoid のように，ワシのようなくちばしをもち，頭はウマほどにも大きかった，巨大な陸生捕食者の新鳥類がいた．しかし多くの非飛翔性鳥類は，哺乳類との深刻な競争があまりない島やオーストラリアのような島大陸（あるいは，鮮新世までの南アメリカ）に生息している．もし哺乳類が，恐竜と同様に，中生代末期に絶滅していたら，非飛翔性の鳥類が，現在の哺乳類が占めているニッチの大部分を占めていただろうと考えるのが自然である．現在スイギュウやレイヨウがいるところには巨大なリュウチョウの群が闊歩していたであろうし，現在ライオンやオオカミがいるところにはフォルスラコスの仲間たちの大群がいたであろう．簡単にいえば，中生代には恐竜の存在が哺乳類の可能性の顕在化を阻害し，新生代には——恐竜の直接の子孫である——鳥類の可能性を哺乳類が阻害しているのである．

新鳥類は多様性に富んではいるが，現在の生物学者はこれが単系統のグループ，すなわちクレードであることをほとんど疑わない．かれらはヘスペロルニス類やイクチオルニス類のような絶滅した種類と原始的形質を共有している．たとえば，尾端骨 pygostyle（短く融合した尾）や融合した骨盤 fused pelvis である．しかしかれらはまた，**歯のないくちばし toothless beak** のような，独自の特別な派生形質ももっている．まだ未解決のこともある——たとえば新世界の猛禽類は本当に猛禽類なのか，あるいは変形したコウノトリなのか，だれにも明確には答えられないようだ——が，新鳥類の異なる種類は定義することがそれほど難しくなく，明確に分離した目に分けることができる．アヒルはアヒル，ハトはハトである．しかし，目どうしの関係となると解決がずっと難しかった．主として現生の目が，互いに，新生代初期の短い時間内に放散したからである．ずっと以前の出来事で，しかもきわめて近接して生じた系統学的な事象を識別することはきわめて難しいことで有名である．

本章の系統樹は27の新鳥類の目を示し，それらの間の関係を示そうと試みており，ニューヨークのアメリカ自然史博物館のジョエル・クラクラフト Joel Cracraft の考えに基づいている．かれは鳥類の系統学に厳密な分岐学的原則を適用しようとしているほんのひと握りの分類学者の1人である．しかし，ごらんになればおわかりのように，この系統樹には多くの多分岐が残されている．このデータは目のグループ（あるいは列 series）間の大まかな関係を教えてくれるが，それぞれの目が出現した正確な順序までは決定てきていない．

新鳥類へのガイド

　鳥類――ここでは新鳥類――の系統，したがって現在の鳥類分類学は，依然として容易には解明されていない．化石は極端に少ないし，思ったより助けにならない．いうまでもなく，現生鳥類の形態が主要な手がかりであるが，鳥類の進化は収斂に満ちあふれている．それは主として，飛翔とダイビングが形態に大きな制約を課すからである．それに鳥類もまた，多くのほかの生物と同様に，急速な分岐を起こす傾向がある．

　近年の重要な分類学的研究はエール大学のチャールズ・シブリー Charles Sibley とオハイオ大学のジョン・アールキスト Jon Ahlquist によってなされた．かれらはすべての鳥を再分類するために DNA ハイブリダイゼーション法（2 章）を用いて，多くの新しい見解を提案した．しかしかれらのお気に入りの手法は，いくつかの欠点ももっている．とくに，この方法は異なる種間の DNA の全体としての類似性や距離を明らかにするが，単なる原始的な類似性と，派生した類似性を区別することは本質的に不可能である．しかし，この派生した類似性のみが特別な関係を反映するのである．シブリーとアールキストの業績は偉大な先駆的研究というべきものであって，その知見の数々はこれから数十年の鳥類分類学に影響を与えずにはいないだろう．かれらは今後検証されるべき多くの仮説を提唱している．しかしその結論は今のところ決定的とは考えられない．形態やミトコンドリアと核の DNA の特性に基づいた分岐分類学的研究が必要である．そうした研究は現在，アメリカ自然史博物館のジョエル・クラクラフトやワシントン DC にあるスミソニアン研究所のマイケル・ブラウン Michael Brown の指揮のもとに遂行されつつある．21 世紀の初頭には，現生鳥類の系統をより詳細に，より信頼性をもって記述することができるようになるはずだが，まだそれは実現されていない．

　以下のページに要約されているジョエル・クラクラフトによる現在の分類は，それを支持する証拠も多いが，多分岐に反映されているように（完全には要約しきれていないが），解決されるべき古くからの謎も依然として残っている．さらに，私は，オウム目 Psittaciformes（オウム），カッコウ目 Cuculiformes（カッコウ，ロードランナー，エボシドリ），キヌバネドリ目 Trogoniformes（キヌバネドリ）の位置に関しては，かれの意見を聞き出すことができなかった．私はこれらの種類については，チャールズ・シブリーの仮説に基づいて配列した．すなわち分岐図（クラドグラム）上ではこれらの種類をカイツブリからスズメにいたる大きな新顎類クレードに所属させ，およそアマツバメ，フクロウ，カワセミ，キツツキの近くの場所においている．もちろん異なる方法を用いた異なる専門家の考えを混ぜるのは満足できることではないが，私は，未整理のままぶら下がっているグループを残すよりは，およそでいいからすべてに暫定的な場所を与えるほうがよいと思う．まず第 1 に重要なことは明示することである．真実はまだ手に入らない野望のままではあるが，事実なくしては到達できない．そしてもちろん，真実と確実性は決して同じものではない．

　それでは，進行途中の成果を見ているという点に気にとめながら，系統樹を調べていこう．新鳥類は全体として 2 つの明瞭なグループに分かれる．ダチョウとシギダチョウを含む**古顎類 Palaeognathus** と残りのすべてを含む**新顎類 Neognathus** である．この 2 つはその口蓋の形態によって区別される．普通この 2 つを区別するうえで言及される形質は，じつは原始形質と派生形質の混合したものであるが，口蓋の形質は妥当なものと思われる．

22 · 新鳥亜綱

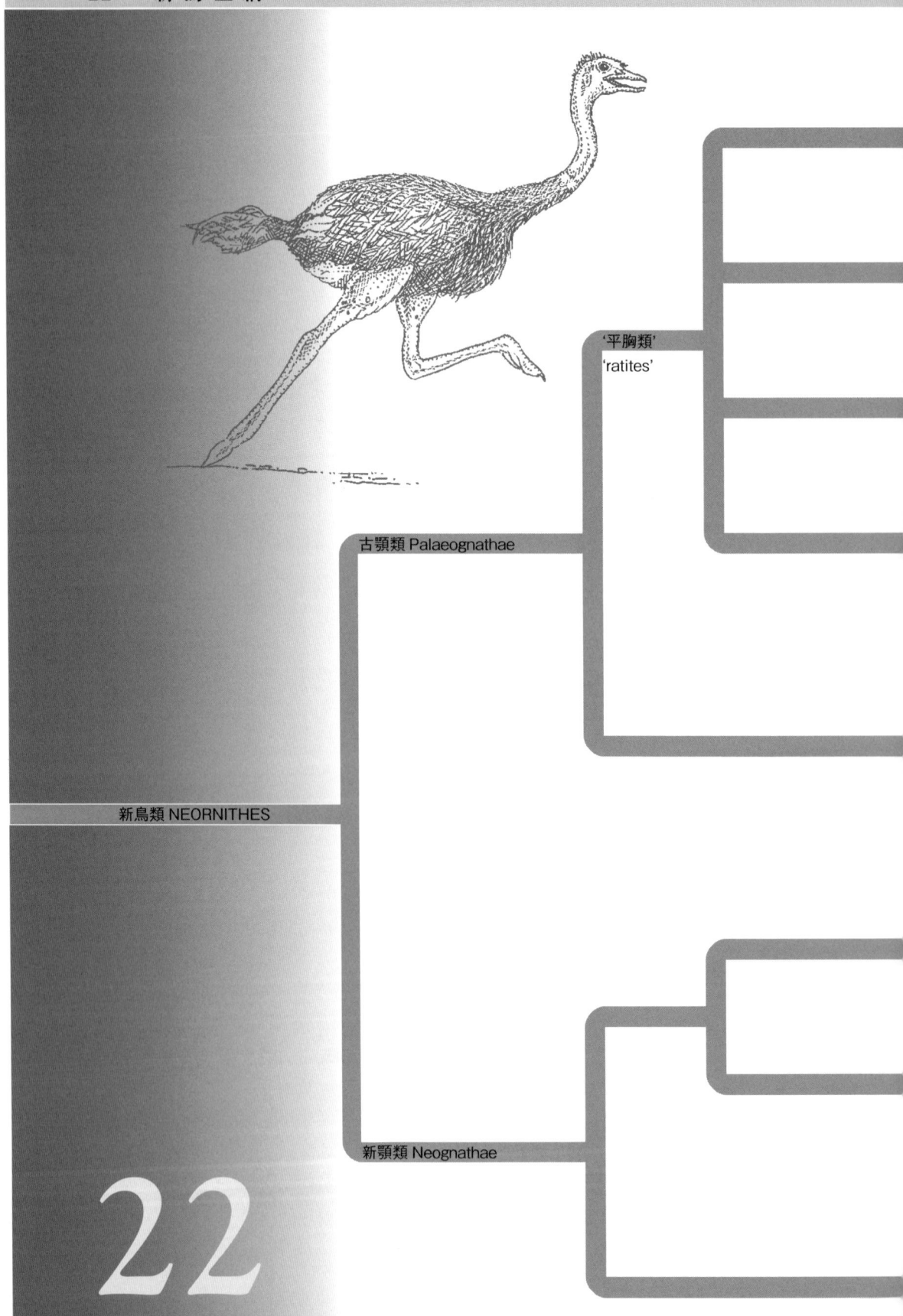

'平胸類'
'ratites'

古顎類 Palaeognathae

新鳥類 NEORNITHES

新顎類 Neognathae

22

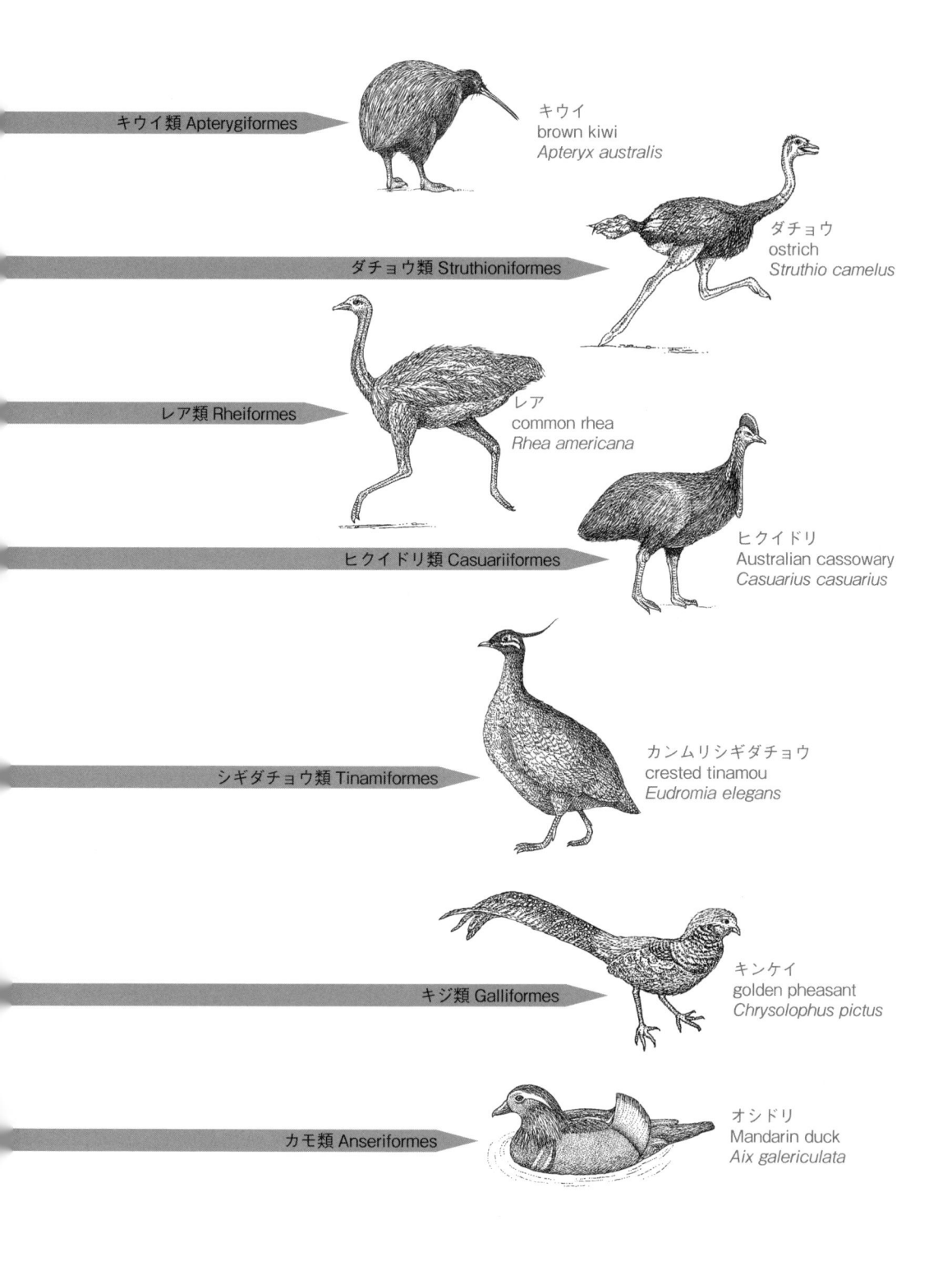

キウイ類 Apterygiformes

キウイ
brown kiwi
Apteryx australis

ダチョウ類 Struthioniformes

ダチョウ
ostrich
Struthio camelus

レア類 Rheiformes

レア
common rhea
Rhea americana

ヒクイドリ類 Casuariiformes

ヒクイドリ
Australian cassowary
Casuarius casuarius

シギダチョウ類 Tinamiformes

カンムリシギダチョウ
crested tinamou
Eudromia elegans

キジ類 Galliformes

キンケイ
golden pheasant
Chrysolophus pictus

カモ類 Anseriformes

オシドリ
Mandarin duck
Aix galericulata

22a・他の新顎類 OTHER NEOGNATHS

22a・新鳥亜綱新顎類（つづき）

新顎類 NEOGNATHAE

列1

列2

列3

列4

列5

列6

列7

カイツブリ類 Podicipediformes	カンムリカイツブリ great crested grebe *Podiceps cristatus*
アビ類 Gaviformes	ハシグロアビ great northern diver *Gavia immer*
ペンギン類 Sphenisciformes	ジェンツーペンギン gentoo penguin *Pygoscelis papua*
ペリカン類 Pelecaniformes	カッショクペリカン brown pelican *Pelecanus occidentalis*
ミズナギドリ類 Procellariformes	ワタリアホウドリ wandering albatross *Diomedea exulans*
ツル類 Gruiformes	ソデグロヅル Siberian crane *Grus leucogeranus*
チドリ類 Charadriiformes	セグロカモメ herring gull *Larus argentatus*
サギ類 Ardeidae	アオサギ grey heron *Ardea cinerea*
ハト類 Columbiformes	モリバト woodpigeon *Columba palumbus*
コウノトリ類 Ciconiiformes	シュバシコウ white stork *Ciconia ciconia*
オウム類 Psittaciformes	テンニョインコ princess parrot *Polytelis alexandriae*
ハヤブサ類 Falconiformes	ハクトウワシ bald eagle *Haliaeetus leucocephalus*
フクロウ類 Strigiformes	メンフクロウ barn owl *Tyto alba*
カッコウ類 Cuculiformes	カッコウ European cuckoo *Cuculus canorus*
ヨタカ類 Caprimulgiformes	ヨーロッパヨタカ European nightjar *Caprimulgus europaeus*
アマツバメ類 Apodiformes	アマツバメ common swift *Apus apus*
キヌバネドリ類 Trogoniformes	メキシコキヌバネドリ mountain trogon *Trogon mexicanus*
カワセミ類 Coraciiformes	カワセミ common kingfisher *Alcedo atthis*
キツツキ類 Piciformes	アカゲラ great spotted woodpecker *Dendrocopos major*
スズメ類 Passeriformes	シロカザリフウチョウ emperor bird of paradise *Paradisaea guilielmi*

古顎類　Paleognathae

平胸類 ratite は非飛翔性で，その翼は退化して痕跡的になり，飛翔筋が付着するはずの胸骨の深いキールを欠いている．しかし新鳥類の姉妹群（すなわちイクチオルニス類，21章を参照）はたしかにキールをもっていたので，その喪失は二次的なものと推測できる．平胸類の最大の鳥はニュージーランドのモア moa とマダガスカルのエピオルニス（隆鳥 elephant bird）であるが，かれらは有史時代になってから——モアは10世紀以降にマオリ族によって，エピオルニスは西暦の最初の数世紀間に初期のマダガスカル人によって——絶滅に追いやられた．それゆえ私たちに残された平胸類は4目のみで，それぞれにはほんの数種のみが属しており，それらの目は，南半球のゴンドワナ大陸に分布していた．ニュージーランドのキウイ kiwi は**キウイ目 Apterygiformes**, アフリカ（さらにはアラビア）のダチョウ ostrich は**ダチョウ目 Struthioniformes**, 南アメリカのレア rhea は**レア目 Rheiformes**, そしてオーストラリアのエミュー emu と北オーストラリアとニューギニアのヒクイドリ cassowary は**ヒクイドリ目 Casuariiformes** を，それぞれ構成する．おそらくダチョウ，レア，エミュー，ヒクイドリは3つの目に分けるほどのことはなく，1つまたは2つの目でも重要な差異を反映させること

キウイ
brown kiwi
Apteryx australis

ダチョウ
ostrich
Struthio camelus

レア
common rhea
Rhea americana

ヒクイドリ
Australian cassowary
Casuarius casuarius

―新鳥亜綱―

ができるだろう．しかし疑いの余地があるときは，よく考えもせずにまとめられたグループをふたたび分割するより，分割しすぎたグループをまとめ直すほうが簡単なので，まとめるよりは分割しておいたほうがよいであろう．

シギダチョウ tinamou は明らかに別の目，**シギダチョウ目 Tinamiformes** を構成する．これは残りすべての平胸類の姉妹群である．シギダチョウは南アメリカに生息する鳥で，速く飛び，地上に営巣する．形態でも生活様式でもウズラ grouse とよく似ているがまったく無関係である．

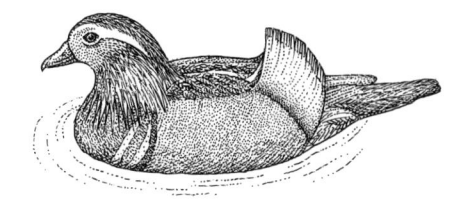

オシドリ
Mandarin duck
Aix galericulata

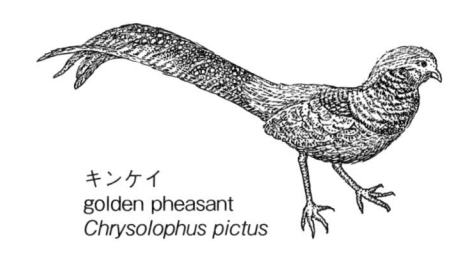

キンケイ
golden pheasant
Chrysolophus pictus

カンムリシギダチョウ
crested tinamou
Eudromia elegans

新顎類　Neognathae

新顎類も 2 つの主要なグループに分かれる．第 1 は**キジ目 Galliformes**（英 fowl）と**カモ目 Anseriformes**（英 waterfowl）からなる．ちょっとみるとこの 2 つの関係は驚くべきものである．ニワトリ chicken やキジ fowl は，アヒル duck やカモ goose やハクチョウ swan とは似ても似つかぬものである．しかしカモ類には，シチメンチョウほどの大きさのサケビドリ screamer も含まれている．この鳥は南アメリカに生息して，ほかのカモ類同様に水中を歩いたり泳いだりするが，その足のみずかきはごくお粗末であり，はっきりと

キジに似たくちばしと顔をもっている．一方のキジ目は，ツカツクリ megapod，ホウカンチョウ curassow，シャクケイ guan，ライチョウ grouse，ニワトリ chicken，キジ pheasant，クジャク peafowl，ホロホロチョウ guineafowl，シチメンチョウ turkey，そしておそらく南アメリカの奇妙なツメバケイ hoatzin も含んでいる．ツメバケイの孵化したばかりのひなは翼の屈曲部にシソチョウのような 2 本の爪をもっているが，これらは鳥が成熟するにつれて失われる．全体として，農家の庭にいる鳥たち――ニワトリやシチメンチョウやアヒルやカモ――が，残りすべての新顎類の姉妹群に当たる原始的な新顎類の仲間であり，鳥類の系統学にすばらしい教材を提供しているということは，考えてみると愉快である．

ジョエル・クラクラフトは残りの新顎類を 17 目に分類して，当面のところは満足している．その大部分は伝統的な目に対応しているが，かれはサギ科 Ardeidae をコウノトリ stork やフラミンゴ flamingo（コウノトリ目 Ciconiiformes）から独立させた．ただしそれはまだ独立した目として広く容認されているわけではない．この 17 目は 7 つの主要な列 series（「列」は非公式ではあるが系統学的には妥当なグループである）にまとめることができるように思われる．それぞれの列は 1～4 つの目を含んでいる．しかし，前述のよう

カンムリカイツブリ
great crested grebe
Podiceps cristatus

ジェンツーペンギン
gentoo penguin
Pygoscelis papua

ハシグロアビ
great northern diver
Gavia immer

にクラクラフトが発表した列ではキヌバネドリ trogon, オウム parrot, カッコウ cuckoo が除外されている. それらは私がおよその場所に入れ込んでおいた. あちこちに多分岐が生じているのは望ましいことではない. 系統はおそらく一連の2分岐として進行するので, 最終的には完成された系統樹にそのことが反映されるべきである. シブリーとアールキストは実際に, より完成された系統を提供した. しかしジョエルは注意を喚起している. 現在の証拠は仮の記述を許容するだけであって, その段階での多分岐は我々の無知を, あるいはより楽観的にいえば「進行中の研究」を示している, とジョエルはいう. しかし, 現状の理解だけでも, 新鳥類の分類学は多くの興味ある洞察——そして多くの未解決の謎——に満ちている. まずクラクラフトの7つのグループを1つずつ見ていき, その後で, 省かれている3種類, すなわち, オウムとカッコウとキヌバネドリについて手短に記述しておこう.

列1　カイツブリ, アビ, ペンギン

クラクラフトの列1は**カイツブリ目 Podicipediformes**(英 grebe), **アビ目 Gaviformes**(英 diver), **ペンギン目 Sphenisciformes**(英 penguin)を含む. 以前の分類学ではカイツブリは形態的根拠によりアヒルと結びつけられていた. 一方, ペンギン目はもちろんたしかに新顎類ではあるが, しばしばほかのすべての目とは異なる独自の目とされていた. しかしペンギンは, ここでもまた分岐がどれほど容易に私たちの目をあざむくかを示している. 見かけはまったく違って見えるが, ペンギンのDNAは, そのほかのいくらか原始的な水鳥, カイツブリやアビたちと類似している.

列2　ペリカンとアホウドリ

列2は, いくらか異論はあるものの, **ペリカン目 Pelecaniformes** と**ミズナギドリ目 Procel-**

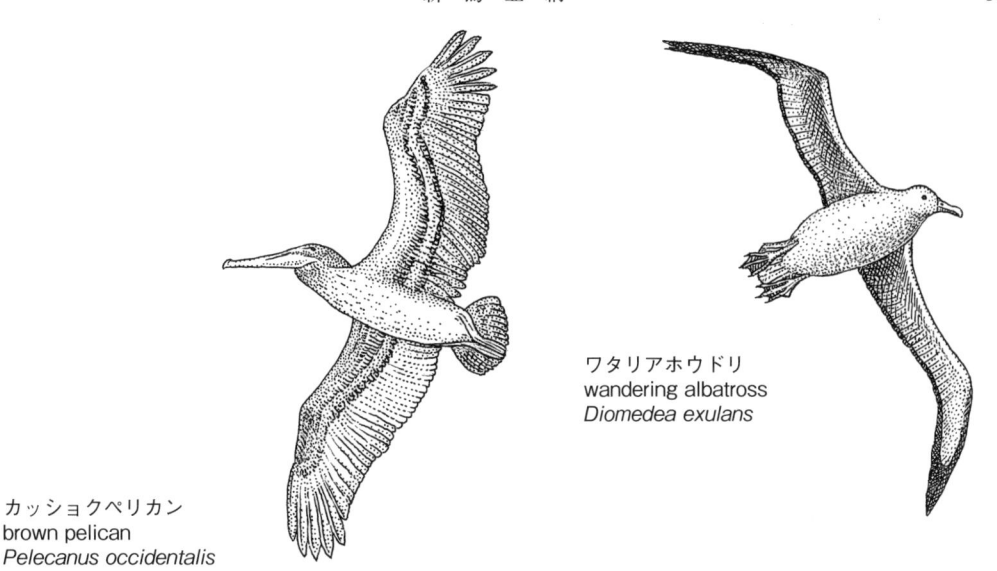

カッショクペリカン
brown pelican
Pelecanus occidentalis

ワタリアホウドリ
wandering albatross
Diomedea exulans

lariformes を結びつけている．前者は大型で変異の大きいグループで，ペリカン pelican，ネッタイチョウ tropicbird，ウ cormorant，シロカツオドリ gannet，カツオドリ booby，グンカンチョウ frigatebird，およびヘビウ anhinger（または darter，'snakebird' と呼ばれる，フロリダなどに生息するウに似たダイバーで，体を水面下に沈めたまま泳ぐので，頭と頸だけが水面から出ている）を含んでいる．ミズナギドリ目はその「管鼻 tube-nose」によって識別される．鼻孔が上くちばしとともに管状に伸びて，短いストローのようになっている．ミズナギドリ目は，アホウドリ albatross，フルマカモメ fulmer，ミズナギドリ shearwater，ヒメウミツバメ storm petrel，ウミツバメ diving petrel を含む．断崖の気流に乗るフルマカモメは外見上はカモメに似ている．かれらは，鳥類のなかでもっとも孤独でロマンティックなアホウドリの小型版と考えてみるとよい．

列3 ツル，クイナ，カモメ，サギ，ハト

列3は4つの目をつないでいる．**ツル目 Gruiformes** はツル crane とクイナ rail（バン moorhen とオオバン coot など）と，種々のあまり知られていない鳥たち，すなわち，クイナモドキ mesite，ミフウズラ hemipode，ツルモドキ limpkin，ノガン bustard を含んでいる．**チドリ目 Charadriiformes** は渉禽類であるレンカク jacana，シギ snipe，ミヤコドリ oystercatcher，チドリ plover，タゲリ lapwing，シギ sandpiper，セイタカシギ stilt，ソリハシセイタカシギ avocet，ヒレアシシギ phalarope，イシチドリ stone curlew，カモメ gull，トウゾクカモメ skua，アジサシ tern，ハサミアジサシ skimmer，ウミガラス guillemot やオオハシウミガラス razor bill やツノメドリ puffin などのウミスズメ類 auk を含んでいる．**ハト目 Columbiformes** はハト pigeon であるが，ドードー dodo やロドリゲスソリテアー solitaire，サケイ sandgrouse も含んでいる．もし野生のハトがこれほど普通に見られなかったら，私たちはハトをもっと高く評価するだろう．この仲間には世界でもっとも絶滅の危機に瀕していて美しい種類，それに，もっともタフな飛行家の一部が含まれている．この列の最後は，サギ heron，サンカノゴイ bittern，シラサギ egret で，**サギ科 Ardeidae** を構成する．サギとその仲間は，伝統的には，一般的な形態に基づいてコウノトリ目 Ciconiiformes と同じグループとされてきた．分子はここでも別の物語を語ってくれる．

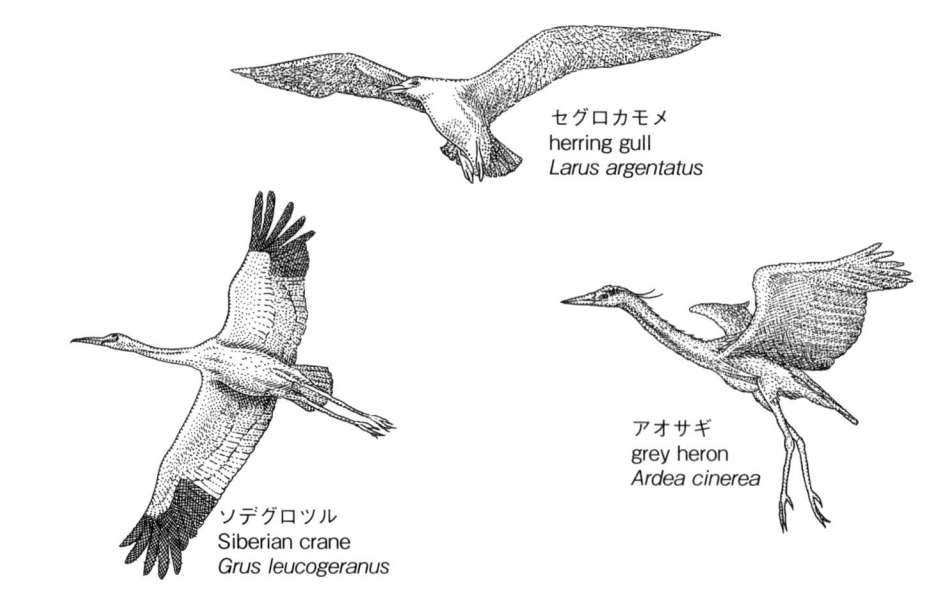

セグロカモメ
herring gull
Larus argentatus

ソデグロヅル
Siberian crane
Grus leucogeranus

アオサギ
grey heron
Ardea cinerea

モリバト
woodpigeon
Columba palumbus

シュバシコウ
white stork
Ciconia ciconia

列4 コウノトリとその仲間

列4は**コウノトリ目 Ciconiiformes** のみを含んでいる．このグループは伝統的にヒロハシサギ boatbill, ハシビロコウ whalehead, シュモクドリ hammerhead, どこにでもいる種々のコウノトリ stork, トキ ibis, ヘラサギ spoonbill, そしてフラミンゴ flamingo を含んでいる．

列5 昼行性の捕食鳥とフクロウ

列5は**ハヤブサ目 Falconiformes** という昼行性の捕食鳥と，主として夜行性の捕食鳥である**フクロウ目 Strigiformes** を含んでいる．この列にはまだ多くの論争がある．伝統的な鳥類学者はハヤブサ目を広く定義して，旧世界のハゲワシ vulture, タカ hawk, ワシ eagle, トビ kite, チュウヒ harrier, 普遍的で美しいミサゴ osprey, ハヤブサ falcon, カラカラ caracara, さらにはアメリカのハゲワシ（コンドル condor を含む）とヘビクイワシ secretarybird を含ませている．

多くの分類学者が，類似性の多くは収斂によるものと考え，このグループを分解しようと試みてきた．結局のところ，空から急襲して捕食する鳥類（swooping raptor, rapt- はラテン語の「捕まえる」の意）は，その起源が何であれ，かぎ爪 talon とフックのついたくちばし hooked beak をもつようになると予想されるだろう．それはちょ

ハクトウワシ
bald eagle
Haliaeetus leucocephalus

メンフクロウ
barn owl
Tyto alba

うど，肉食哺乳類が，どの目に属するものであれ，強大な犬歯をもつようになるのと同じである．多くの鳥類学者は新世界のハゲワシとコンドルがコウノトリの類縁であると示唆してきた——コンドルを子細に見てみれば，その意味がわかるだろう．シブリーとアールキストによるDNAハイブリダイゼーション法の研究でも，新世界の捕食鳥類とコウノトリが結びつけられている．しかしアメリカ自然史博物館で行われている現在の研究は，少なくとも現時点では，伝統的な見解——すなわちコンドルとその類縁はハヤブサ目に属するという見解——を再確認している．しかしこの議論はまだ決着がついていない．また，鳥類学者の一部にはフクロウが単系統ではなく，昼行性の捕食鳥類とは無関係であると主張する人もいる——しかしここでもまた，DNAの研究は異なる結果を示しているようだ．フクロウ目は現在のところクレードであり，ハヤブサ目の姉妹群として出現したという考えのほうが確からしい．ジョエル・クラクラフトは，フクロウをヨタカ目のヨタカと結びつける試みを否定している．そうするには，節約性の原理に反する特別な強い根拠を必要とするから，というのがその理由である．

列6 ヨタカとアマツバメ

列6は，興味深いことに**ヨタカ目 Caprimulgiformes** を**アマツバメ目 Apodiformes** と結びつけている．前者は薄暮性または夜行性で，その巨大な大きく開く口で知られる奇妙な鳥類グループを含む．すなわちアブラヨタカ oilbird，ガマグチヨタカ frogmouth，タチヨタカ potoo，ズクヨタカ owlet nightjar，およびヨタカ nightjar である．アマツバメ目は，ちょっと見たところでは，これ以上はないほど別の仲間ではないかと思える，アマツバメ swift とハチドリ hummingbird を含んでいる．しかしアマツバメはよく見ると，ヨタカと似ていなくもない．どちらも飛んでいる昆虫を大きく開けた口で捕らえるし，どちらも長い先細の翼をもっている．総合的に見ると，アマツバメは分岐と収斂のすばらしい例を提供してくれる．アマツバメは外見でも生活様式でも，もっとも近い類縁であるハチドリとはまったく異なっている．一方で，かれらはツバメに似ている．フォーク状に先端が割れた尾をもち，しばしば飛んでいる昆虫をツバメと一緒に捕まえる．しかしツバメは樹上鳥類 perching bird の名があるスズメ目に属するのである．このように系統学の知識

ヨーロッパヨタカ
European nightjar
Caprimulgus europaeus

というものは，まったく新しい認識の地平を開いてくれる．

列7 カワセミ，キツツキ，スズメ

列7は大部分の現生鳥類を含み，3つのかなり大きな目に分かれる．**カワセミ目 Coraciiformes** はカワセミ kingfisher，ハチクイ bee-eater，ブッポウソウ roller，ヤツガシラ hoopoe，サイチョウ hornbill である．**キツツキ目 Piciformes** はキツツキ woodpecker，ゴシキドリ barbet，ミツオシエ honeyguide，キリハシ jacamar，オオハシ toucan である．もう1つは，樹上鳥類である**スズメ目 Passeriformes** という巨大な目である．スズメ目は現生鳥類種のおよそ60%を含んでいる．温帯北半球でだれでも知っているのは，シジュウカラ tit，スズメ sparrow，アトリ finch，タヒバリ pipit，セキレイ wagtail，ツバメ swallow，イワツバメ martin，ヒバリ lark，ミソサザイ wren，ウグイス warbler，ツグミ thrush，ホシムクドリ starling，カワガラス dipper，カケス jay，カラス crow，そしてスズメ目最大のワタリガラス raven などである．バードウオッチャーはレンジャク waxwing，キバシリ tree creeper，ゴジュウカラ nuthatch，モズ shrike などを探し求める．北アメリカの人々は，ムクドリモドキ blackbird（どちらも blackbird と呼ばれるが，ヨーロッパのクロウタドリとはまったく無関係である），ムクドリモドキ grackle，コウウチョウ（香雨鳥）cowbird，マネシツグミ mockingbird をよく知っている．熱帯や新熱帯のスズメ類には，動物の中でももっとも派手好きな種類がいて，性選択によって動物がどれほど変化できるかを示している．ハジロカザリドリ cock-of-the-rock，カサドリ umbrellabird，コトドリ lyrebird，そしてゴクラクチョウ bird of paradise などである．

ここでは古くからよく知られたパターンがある．多くのグループの中で1つだけが拡大して，ほかのものすべてを合わせたより数が多くなる現象である．しかしスズメ類の見かけの種数の多さを「優勢」ということと混同してはならない．もちろんかれらは驚くほど多様であるが，かれらは基本的には小型の樹上性鳥類のニッチを開拓しつづけているだけである．かれらは自分たちの習性の面ではすぐれている——化石記録は，少なくとも中新世までは小型の昼行性鳥類のニッチを我がものにしていたカワセミ目との競争に勝ったことを示している．しかし，スズメ目がこれほど多様であるのは，主としてかれらがとくに小型だからである．小型の動物にとって世界はより大きな場所であり，より多くのニッチを提供してくれる．つまり，スズメ目は，齧歯類が哺乳類の中で多数を占めるのと同じ理由で数が多いのである．とん

カワセミ
common kingfisher
Alcedo atthis

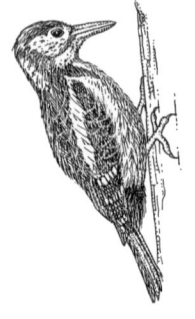

アカゲラ
great spotted woodpecker
Dendrocopos major

シロカザリフウチョウ
emperor bird of paradise
Paradisaea guilielmi

でもなく多様で目立つのだが，大型で必然的にあまり多様化できない鳥類たちには挑戦できないニッチを占めているというのが本質である．

ジョエル・クラクラフトの元来の分類から除かれていたグループ，すなわちオウム目，カッコウ目，およびキヌバネドリ目は，どれもはっきりした目ではあるが，系統的にどこに入れるかを決めるのは困難である．

オウム：オウム目 Psittaciformes

オウム目はきわめて多様であるが，それでもはっきりした特色をもっていて，少なくとも315種が知られている．その中には，オウム parrot，インコ parakeet，バタン cockatoo，オカメインコ cockateel，メキシコインコ conure，ヒインコ lory，セイガイインコ lorikeet，コンゴウインコ macaw，ボウシインコ amazon，ボタンインコ lovebird，セキセイインコ budgeringar がいる．あるものは切り株のような尾をしている（ヨウム African grey やバタン）が，大部分は長い尾をもつ（ボウシインコ，コンゴウインコ，セキセイインコ）．体長はパプアのピグミーインコ pygmy parakeet の9cmから，南アメリカの豪華なスミレコンゴウインコ blue hyasinthine macaw のおよそ102cmにまで及んでいる．しかしオウム目は，その大きい頭部と短い頸，大きく曲がったくちばし，「蝋膜 cere」と呼ばれる，くちばしの根元の部分にきれいに上にそろった鼻孔（セキセイインコのように裸出していることもあるが，しばしば羽毛で覆われる），対趾足 yoke-toe と呼ばれる，前方に2本，後方に2本のつま先がある，つかまるための強力な足などから，見誤ることはない．かれらは現在，熱帯に広く生息している（アフリカでは少ない）が，以前はより広範囲に生息していた．その古生物学的記録は十分ではないが，中新世にはフランス，北アメリカ，そしてカナダからも化石が出る．より最近でも，その生息範囲は今よりずっと広く，19世紀にはカロライナインコ Carolina parakeet がノースダコタやニューヨークでも繁栄していて，その最後の個体が殺されたのは，つい最近の1920年代，フロリダのエバーグレード国立公園だった．

オウム類の習性はほぼ均一である．大部分は主として種子を摂食し，大半は樹木のむきだしの穴に巣をかける．しかし少数のものは，ピグミーインコのようにシロアリの塚を壊して巣をかけたり，アルゼンチンのハイイロインコ grey-breasted parakeet のように（ときにはアメリカオシドリ wood duck やオポッサム opossum などの他種とともに）協同巣をつくったりする．さらにニュージーランドのカカオウム kaka parrot は地虫をつついて食べているし，その仲間のケアオウム kea はヒツジを襲う凶暴な捕食者である．ニュージーランドにはまた，知られている唯一の飛ばないオウムであるカカポ kakapo がいる（ただしこの鳥は最長82m滑空したことが知られている）．オウムはグループとしてはもっとも絶滅の危機に瀕している仲間である．300ほどの種のうちおよそ200が野生での生存が脅かされていると考えられている．

エボシドリ，カッコウ，ミチバシリ：カッコウ目 Cuculiformes

カッコウ目は2科を含む．エボシドリ科 Musophagidae（「バナナ食」を意味する）の既知の19種と，カッコウ科 Cuculidae のカッコウ cuckoo，ミチバシリ roadrunner，バンケン coucal である．エボシドリ touraco は体長が38～63cmあ

テンニョインコ
princess parrot
Polytelis alexandriae

り，長い尾をもつ大型の鳥で，典型的なものはとさかをもつ．かれらはアフリカの森林の奥深くに，つがいもしくは小家族で生息し，リスのように枝に沿って走る（同様に飛ぶことも上手である）．カッコウ（やオウム）のようにエボシドリの足は対趾になっている（2本の指が前方，2本が後方を向いている）が，ミサゴ osprey やフクロウ owl のように外側の指を前方か後方かどちらか一方に動かすことができる．

　カッコウ科のカッコウは「社会的寄生 social parasitism」でよく知られている．すなわち，卵をほかの鳥の巣に産んで，里親にひなを育ててもらうのである．人々は里親がなぜそれを我慢しているか（なぜこの大きな醜いひなに気づかないのか）不思議に思う．しかし最近の研究は，大きくて恐ろしげなカッコウの母がそばにいて，ひながちゃんと世話をされているかを監視しているので，里親はそうせざるをえないのだ，ということを示唆している．実際は，鳥類の中でカッコウだけが社会的寄生者なのではない（ほかのものとして，ミツオシエ honeyguide やハタオリドリ weaver finch がいる）し，自分で営巣するカッコウもいる．アメリカ南西部のミチバシリは，アニメ『ルーニー・テューンズ』のロード・ランナーのキャラクターがそのイメージを不朽のものとしたように，長くて丈夫な足で時速37 km で疾走し，強力なくちばしで小型のヘビやトカゲをつついて食物とする．近縁のマレーカッコウ Malayan ground cuckoo は体長約60 cm である．

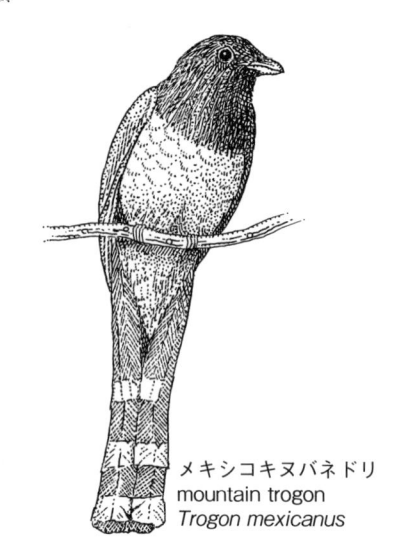

メキシコキヌバネドリ
mountain trogon
Trogon mexicanus

キヌバネドリ：キヌバネドリ目 Trogoniformes

　最後にキヌバネドリ目は，アメリカ，サハラ以南のアフリカ（3種），インドからフィリピンにいたるアジアの，合計で34種からなる1科を含んでいる．この鳥は美しい．まるで類縁のないゴクラクチョウとの収斂進化について語ることもできるだろう．とくに中央アメリカの，繁殖期のオスのケツァール quetzal は60 cm に及ぶ尾羽をひきずっていて，それをアステカやマヤの人々は鳥を殺さずに集めている（キヌバネドリ trogon の皮膚は非常に薄くて弱く，羽毛が簡単に落ちるからである）．キヌバネドリもまた対趾足をもっているが，内側の（2番目の）指が後方を向いている（オウムやカッコウでは外側の4番目が向きを変えている）．キヌバネドリは主として飛びながら昆虫を捕らえて食べる．

　これで私たちの動物界の旅は終わりである．最後の3つの章はもっぱら植物について説明しよう．

カッコウ
European cuckoo
Cuculus canorus

23章

植　　物
植物界 Kingdom Plantae

独立栄養の大型真核生物には3つの大きな界が存在する．紅藻，褐藻，および，緑藻を含む植物である．この3つの界の中で，陸地に侵入して成功したのは植物だけであり，しかも緑藻はほとんどが水中にとどまっているので，上陸したのは一部分（有胚植物 embryophyte として知られる仲間）にすぎない．陸生植物の現生約25万種は，陸上のすべての生き物の中でもっとも目につく存在である．苔類，ツノゴケ類，蘚類，ヒカゲノカズラ類，イワヒバ，ミズニラ類，古生マツバラン類，トクサ類，シダ類，ソテツ類，イチョウ類，針葉樹類，そして一群の顕花植物類——こうした植物たちそのものが，森林であり，草原であり，ツンドラである．実際，植物たちは（光合成によって実現される）独立栄養生物であり，陸上の食物連鎖の土台として不可欠である．つまり，ほかのすべての生物の第1の基盤を提供している．しかし，真菌類の助けがなければ，そもそも植物自体も陸上での現在の地位を築くことは決してなかっただろう．

それでも，そもそも植物とは何かという問題に関して，もっとも権威ある植物学の識者の間でさえ意見の一致を見ない部分が残されている．今もなお緑藻を「原生生物」と考え，真菌類，紅藻類，褐藻類と同様に，それを独自の界（あるいはもう少し下位のタクソン）に位置づけることを好む人もいる．しかし，緑藻と陸生植物とは——陸生植物の祖先が緑藻であることに対する疑いを払拭するには十分なほど——きわめて多くの共通項がある．陸生植物も緑藻も，同一種類のクロロフィルをもち，光合成の補助的粒子として種々のカロチノイドをもっている．いずれも，葉緑体の内部にでんぷんを蓄積するのに対して，紅藻や褐藻では，光合成産物を葉緑体の外部に蓄える．セルロースは陸生植物の細胞壁の主要な成分であり，緑藻の一部の細胞壁でも重要な役割を果たしている．このように，生化学的，微細構造的な類似性は明らかであり，こうした性質が共有派生形質であることを疑う根拠はないので，緑藻と陸生植物は1つの真のクレードを構成する．現在，分子レベルの証拠がこの印象を確かなものにしつつある．したがって，系統発生学的には，緑藻と陸生植物を——植物界 Plantae という——同一の界に位置づけることはきわめて正当な考えであり，本書ではこの考えに従っている．

上記のように定義された植物界内部では，藻類から顕花植物にいたる，一連のグレードを識別することができる．異なったグレード間には一連の移行が存在する——いや，むしろ，並行して進む2種類の一連の移行が存在している．その1つはきわめて明白なものであり，生活様式や全般的構造のいずれにもどこかしら関係があるもので，ここでは「生態形態的 ecomorphic」関係と呼ぶことにしよう．もう1つはもっと難解であるものの，重要度は決して低くないもので，ここでは「隠れた cryptic」関係と呼ぶことにする．

植物界内での生態形態的移行

単細胞から多細胞へ

もっとも明白な移行は，生態上，かつ，構造上の移行，つまり生態形態的移行である．一番最初の植物が単細胞の藻類であったことは明らかであり，そうしたなかから複数の種々の系統が独立に多細胞性 **multicellularity** を発達させた．たとえば，アオサ藻綱の緑藻 green seaweed と，有

胚植物という一大クレードを形成する植物とは，それぞれ異なった原生生物の祖先から進化してきたにちがいない．このことを別の表現にするなら，アオサ藻綱のクレードも，シャジクモを含むクレードであるコレオカエテ類も，それに有胚植物類のクレードも（私はこのクレードに対する公式名を知らない），その中にグレードでいえば（単一細胞か少数の細胞集団でできた）原生生物に当たる仲間を含み，真の多細胞生物である仲間も含んでいることになる．つまり，原則として多細胞性というのは実現がそれほど困難な作業ではない．なぜなら，少なくとももっとも基本的な水準では，それに必要になるのは細胞の分離を伴わない細胞分裂（無性生殖）にすぎないからだ．こうしてできた細胞塊内に含まれる個々の細胞が進化して，種々の程度で依存しあうようになり，別々の機能を担うように特殊化しはじめ，そしてついには，ワラビとかブナの木のような真の多細胞生物の特徴である，真の組織とか徹底的な細胞間の協同作業が出現するようになった．

水中から陸上への移行

　第2の大きな移行は，水中——淡水——から陸上への移行だった．この移行を完成させたのは植物の系統のなかでただ1つだけだった．この移行は，ある意味で生態学的には単純なものだった．光は，陸上のほうが豊富に入手できる．光合成圏は理論上は地表から大気の先端にまで上方向に広がっているが，水中では表面から数m下に進むと光は急速に減退する．陸上なら，呼吸のための酸素と栄養分としての二酸化炭素といった重要な気体が自由に流れている．さらに，窒素のようなそのほかの重要な栄養分も豊富である．しかし陸上にはさまざまな問題も存在する．光と空気の中にとどまりつつ，乾燥という問題を回避しなくてはならない．

　あらゆる（苔類以上の）陸生植物は，少なくとも部分的には，空気と接している表面のすべて，あるいは大部分をロウ質の層，すなわち**クチクラ cuticle** を発達させることで解決している．しかし，このやり方によって水分の喪失は減らせるものの，重要な気体の交換もまた制限されることになる．そこで，その難点を補償するために，（苔類以外の）あらゆる陸生植物はその葉や，しばしば茎の部分にも，「口」を意味する**気孔 stoma**（複 stomata）と呼ばれる開口部をもっている．本物の口と同様，この気孔も閉じることができ，水分の喪失が過剰になったときには閉じている．

　苔類，ツノゴケ類，蘚類は，現存の陸生植物ではもっとも基本的な生き物である．最近までこの仲間は，「蘚苔類 Bryophyta」という「門 division」にまとめて分類されるのが一般的だった．しかし現在では，この3者は異なった系統であることが認められており，「蘚苔類 bryophyte」という言葉は，このグレードを記述するために——非公式に——用いられている．しかし，現在も（少なくとも一部の植物学者の間では）公式名として「蘚苔類 Bryophyta」の名称が，蘚類の分類名として使われている．苔類，ツノゴケ類，蘚類は，ほとんどの場合，こうした気体と水の問題を，からだを小さく保ち，湿り気のある場所で暮らすことによって解決している．動物ではワラジムシやクマムシが採用しているのと同じ方法である．また，やはりクマムシと同様，多くの蘚類は，しばしば常識はずれまで乾燥に耐える能力を有している．

　さらに2つの適応が重要である．まず第1に，陸生植物の胞子体（「胞子体」については後で説明する）が真の胚 embryo を介して発生するようになったことで，この胚は初期段階では，身を守る仕事を配偶体に任せている．したがって，陸生植物のクレード全体を有胚植物門 Embryophyta[註1]，あるいは非公式には有胚植物 embryophyte と呼ぶことができる．第2に，陸生植物は胞子 spore を進化させた．これは風によって運ばれる散布体となるもので，小さく，栄養分は最小限だが防水されている．これがきわめて重要な新発明だった．動物では爬虫類の頑丈で石灰化した甲がこれに匹敵する仕組みである．

【註1】生物学者のなかには，植物界 Plantae のなかに，藻類のグレードの植物もすべて含めるべきだという考えを認めない人もいる．そうした人たちにとって「植物界」とは「有胚植物類 Embryophyta」と同義になる．しかし，真に系統発生に基づく分類であれば，有胚植物門（亜界と呼ぶべきかもしれない）が植物界の中の真のクレードになるためには，緑藻を含めなくてはならない．

配管：維管束植物

蘚類には，茎の部分に**管状要素 tracheary element** と呼ばれる特殊な細胞の束があり，これが成体のさまざまな場所に水分と栄養分を運んでいる．「より高位の」グレードに属する植物では，こうした管状要素が進化して，**仮道管 tracheid** として知られる，もっと特殊化した道管になっており，そうした植物は**維管束 vascular** 植物と呼ばれている．こうした管は，地面から水分や栄養分を吸い上げたり，光合成産物を葉から移動させたりする作業を迅速に行うのに必要であり，もし維管束がなければ植物は大きく育てない．維管束植物 Tracheophyta という――現在では古生マツバラン類，トクサ類，シダ類，ソテツ類，イチョウ類，針葉樹類，マオウ類，被子植物（顕花植物）類を含む――クレードは，もっとも派生的で効率のよい管をもっており，一部のユーカリノキや熱帯林の高木たちのような巨大な被子植物，セコイアやベイマツのような針葉樹といった，あらゆる植物のなかで最大の仲間が含まれている．絶滅したリニア植物 rhyniophyte やゾステロフィルム植物 zosterophyllophyte，および，ヒカゲノカズラ類 Lycophyta のクレードでは，概してこうした維管束は十分に発達していない．しかしヒカゲノカズラ類も大きく成長できる．少なくとも絶滅種のなかには高さが 40 m にもなる重要な木が含まれていた．巨大なウミサソリと初期の爬虫類の化石が，こうした古代のヒカゲノカズラ類の木の中空になった幹の内部で発見されている．

維管束植物は実質的にロウソクの芯のようなはたらきをしており，地面から仮道管を通じて吸い上げられた水が，最終的には葉から蒸発する「**蒸散流 transpiration stream**」の流れをつくっている．こうして土壌中の水含量を調節し，その結果，一帯の土地の性質や気候全体に影響を与えている．たとえば草地は，それが存在しない場合よりも土壌を乾燥状態に保つはたらきをするかもしれない．それを見事に例示したのが，最近の氷河期末期にユーラシア大陸北部の大平原で起きた出来事である．このとき，乾燥した草地は，湿り気の多いぬかるんだ蘚類にとって代わられ，それまで草をはんで暮らしていたマンモスの大群は消えてしまった．従来は，気候の変化がこうした変化をもたらし，その結果，マンモスたちが受難のときを迎えたと考えられていた．しかし現在では，因果関係をまったく逆に物語る生物学者たちもいる．そうした人たちは，草地はマンモスたちが草を食べることによって維持されていたのであり，かれらが絶滅に追いやられたのは，植生が変化したからではなく，およそ1万年ほど前に氷河期が終わりを迎えたときにユーラシア大陸北部にどっと戻ってきた，旧石器時代後期の狩りをする人間たちのせいだと示唆している．マンモスが一掃されたとき，維管束植物の草が繁茂し，やがてそれが維管束をもたない蘚類に駆逐された．その結果，乾燥した草原（ステップ）は，湿気の多い凍てついたツンドラに場所を譲った．しかし，視点を北から反対側の南に移せば，熱帯林の背の高い木々が木陰をつくり，蒸発による水分喪失を抑え，ただ流れ去ってしまうはずの雨期の水分を保持している．こうして熱帯の木々は環境改善に役立ち，地球上でもっとも豊かな生物相を保持しているのである．そうした木々が存在しなければ，こうした地域は，多くの場合，ときどき洪水にみまわれる砂漠になっているはずだ．

胞子から種子への移行

維管束植物の中で，さらに3つの移行が認められる．いずれも，生殖と散布とが関係している．たとえば，ヒカゲノカズラ類，シダ類，トクサ類は，ちょうど苔類と同じように，胞子を使って生殖し，自らを散布する．しかし――1番目の移行として――こうした胞子をもつ植物には，ヒカゲ

ノカズラ類のようにただ一種類のみの胞子をつくる**同形胞子性 homosporous** のものもあれば，イワヒバ *Selaginella* のようにそれぞれメスとオスに対応する大型の**大胞子 megaspore** と小型の**小胞子 microspore** をつくる**異形胞子性 heterosporous** のものもある．そして——2番目の移行として——ソテツ類，イチョウ類，針葉樹類，顕花植物類，および絶滅したそれらの姉妹群では，生殖と散布のためのもっと精密な構造物，すなわち，自前の食料をたっぷり蓄えた**種子 seed** と呼ばれる構造物をつくる．

シダ類，トクサ類，古生マツバラン類は従来，公式にはシダ植物類 Pteridophyta に分類されていた．しかし，これらのグループも，各種の「コケ類」のタクソンと同様，きわめて異なった系統として扱われている．しかし，非公式の「シダ類 pteridophyte」という名称は，現在でも，胞子によって生殖する維管束植物のグレードを表す言葉として残されている．

むき出しの種子から保護された種子への移行

種子をもつ植物に，残るもう1つの移行が認められる．一部の——従来は「裸子植物 gymnosperm」と呼ばれた——グループでは，未受精卵すなわち，メスの器官がつける胚珠 ovule がむき出しになっている．少なくとも何層かの組織に保護されて湿気は保たれているが，侵入してくる花粉はその胚珠に直接はたらきかける．しかし，もっと高度な種子をもつ植物（被子植物 angiosperm）では，胚珠は組織層で完全に包み込まれた状態にあり，花粉は，胚珠を包んでいる細胞のすき間にある路をつき進む長い花粉管を伸ばすことによって，はじめて胚珠と接触できる．「シダ植物」と同様，「裸子植物」ももはや公式のタクソンの名称としては使われていない．それは，ソテツ類，イチョウ類，針葉樹類を含む側系統群であり，むき出しの種子をもつグレードの植物を説明するために，非公式な場面でだけ役立っている．しかし，「被子植物」（あるいは被子植物類 Angiospermae）は，現在も公式のタクソン名として残っている——公式名称として1950年以来変わらずに残っているものとして私が覚えている，たった1つの昔ながらの名称である．しかし，次の章で見るように，被子植物は従来から「単子葉類 monocot」と「双子葉類 dicot」とに分類されてきたが，この分割はもはや，かつて考えられていたほど単純明快なものではない．

隠れた移行

性

決して重要さにおいて劣るわけではないが，これと別に並行して起きた一連の移行は，はるかに目立たないものである．最初の真核生物の細胞はすべて，1組の染色体だけ，すなわちただ1組の遺伝子をもっていたので，「半数体 haploid」と呼ばれた．こうした初期の種類は性の営みを行っていた可能性もあるし，そうでなかった可能性もある（ただし筆者は，真核生物は一般にきわめて初期段階から真の性をもっており，性がないことは普通は二次的な現象だと考えている）．性がどのようにして生じたのかの詳細は，ここで時間をかけることではないが，ともあれいったん性が生じてしまうと，その利点は明白だった．短期的には，即座に子孫の多様性を増してくれるので，疫病が広がる可能性を低下させるし，長期的には，絶え間ない遺伝子組み換えを通じて，進化の可能性を大きく広げてくれる．性はさらに，組み換えを通じて，その系統から有害な突然変異遺伝子を排除することを可能にする．性にはもちろん，2つの細胞の融合が関与する．そこで，そうした融合が起きた直後に，2つの半数体細胞は，1個の「二倍体 diploid（倍数体）」細胞を形成し，2組の遺伝子をもった細胞になる．

こうして，真の性の営みを行う生物はすべて，半数体の細胞の「世代」と，二倍体の世代とを交互にもつことになる．これが，性によってもたらされる，単純な論理的帰結である．ここで問題になるのは，どちらの世代のほうが目につく存在か，ということだ．私たち人間のような動物で

は，この疑問はかなりばかげたものである．私たちのからだをつくる細胞は二倍体である．半数体世代の細胞は配偶子 gamete ——二倍体の接合子（zygote：接合子とは単細胞の初期胚）をつくるためにその場かぎりで形成される卵子と精子——だけである．しかし，アリマキなどのそのほかの動物の一部では，半数体の「配偶子」が単為生殖によって増殖し，半数体の子孫世代を生み出すことがあり，それはときに，自力で自由生活をする成体になる．こうして，「世代交代」という表現の真の意味が明らかになってくる．

世代交代

　植物では，**世代交代 alternation of generations** が重要な特徴になっている[註2]．たとえば，ある種の単細胞藻類では，通常の状態が半数体である．しかし，2つの半数体細胞が，あたかも配偶子であるかのように融合して，1つの二倍体接合子を形成することがある．ついでこの二倍体はただちに「減数分裂」を行って娘細胞を形成し，それぞれがふたたび半数体になる．つまり，こうした藻類では，半数体が通常の状態であり，性的な融合の直後にだけ短期間の二倍体期間が存在することになる．しかし，単細胞の藻類よりずっと複雑な植物では，二倍体の接合子がただちに半数体に戻ることはない．その代わりに，まったく新しい有機体へと成長する．たとえば，英語で海のレタスと呼ばれるアオサ *Ulva* では，接合子が増殖して，馴染み深い平らな緑色の構造体，すなわち**葉状体 thallus** を形成し，それが海から打ち上げられると，岩や桟橋一帯を覆うことになる．そして，この葉状体の特別な部位が半数体の胞子を産生すると，それが急速に成長して，食用となるさらに多くの葉状体になる．こうした新しい葉状体の細胞は半数体であるにもかかわらず，見かけは二倍体の親とまったく同じである．この半数体の葉状体がつぎに配偶子を産生し，それが融合して接合子となると，成長してふたたび二倍体の葉状体に育つ．二倍体の葉状体は**胞子体 sporophyte** 世代，半数体の葉状体は**配偶体 gametophyte** 世代と呼ばれている．二倍体の胞子体は，こうして半数体の配偶体世代と交代し，アオサの場合には，強力な顕微鏡がなければ，特定の葉状体がどちらの世代に属するかを判別することはできない．

【註2】植物における世代交代が，刺胞動物のものとはまったく異なることに注意すること．後者（少なくとも一部のグループ）では，クラゲ様のクラゲ世代が，イソギンチャク様のポリプ世代と交代する．しかし，刺胞動物ではそれと同時に倍数性（染色体数）が変化することはない．クラゲとポリプはいずれも二倍体であり，配偶子だけが半数体である．

配偶体から胞子体への移行

　しかし，すべての陸生植物を含む一部の植物では，配偶体と胞子体の世代は見かけがまったく異なっている——それぞれの役割もグレードごとに変化する．たとえば，蘚類（コケ類）やそのほかの苔類（ゼニゴケ類）では，配偶体世代が支配的である．私たちのまわりの壁面や樹木の幹で見かける蘚類は半数体である．しかし，蘚類が胞子を散布するためにときどき伸ばす，小さな街灯柱のような形をした構造物は，二倍体の胞子体である．この胞子体は比較的短命で，あまり目立たないが，より複雑な構造をもっている．

　しかし，維管束植物になると，胞子体のほうが支配的になる．シダ類の葉は，二倍体の胞子体である．半数体の配偶体は一般に短命で目立たない葉状体であり，ゼニゴケ類（苔類）のように地面にぴったり貼りついている（ただし，植物着生性のヒカゲノカズラというシダ類では，配偶体が大きくて恒久的に存在しており，宿主となる木の幹に派手に貼りついており，あたかも，それからぶら下がる胞子体の葉の「土台」となっているかのように見える）．種子植物では配偶体をさらにいっそう目立たなくして，単なる種子の一部分にしている．被子植物では，配偶体はごく少数の細胞にまで切り詰められている．

　こうして，この隠れた水準では，まず最初に，性的な融合によって生じる二倍体が短期間，ところどころに散りばめられただけの半数体が認めら

れる——無性のままでいる半数体がそこここに切れ目ない変異として存在しつづける．そのつぎに，真の世代交代への移行が認められ，ときには，半数体と二倍体の相の区別が明確に見えない場合もある．ついで，半数体の配偶体がはっきりと支配的な世代交代へ，さらには二倍体の胞子体が優位な世代交代へと移行し，ついには，配偶体がほぼ完全に抑圧されて，きわめて念入りに探索しなければ存在が確認できないほどになる．

さらに，胞子体が優位な植物の配偶体の中でも，1つの移行が認められる．たとえば，ヒカゲノカズラ類やトクサ類といった同形胞子植物の均一な胞子は，ただ1種類だけの配偶子に育つのが普通であり，それはメスの生殖器（**造卵器 archegonium**）とオスの生殖器（**造精器 antheridium**）の両方をもつ．しかし，イワヒバのような異形胞子植物の大胞子と小胞子は，発芽して2種類の異なった配偶体をつくり，造卵器だけをもつものと，造精器だけをもつものとになる．

———

かくして，ここに示すのが，植物のクレード——すなわち植物界——である．基部には緑藻があり，それが複数の系統に分岐している．1つの系統はやがて陸生植物，すなわち有胚植物類 Embryophyta に発展する．後者は，「コケ類 bryophyte」，胞子をもつ「ライコ植物類 lycophyte」，「シダ植物 pteridophyte」といった一連のグレードを経て，むき出しの種子をもつ種子植物（「裸子植物 gymnosperm」），そして最終的には顕花植物 angiosperm にまで進化する．

この系統樹は，基本的には，マサチューセッツ州にあるハーヴァード大学のマイケル・J・ドノヒュー Michael J. Donoghue が雑誌 *Annals of the Missouri Botanical Garden* (1994) に発表した論文に基づいている．しかし，この系統樹には，ポール・ケンリック Paul Kenrick とピーター・クレイン Peter Crane が *Nature* 誌に発表した論文と，ケンリックとクレーンの優れた著書『陸生植物の起原と初期多様化 *The Origin and Early Diversification of Land Plants*』(1997) で示した考えも取り込んでいる．さらには，ピーター・レイヴン Peter Raven，レイ・エヴァート Ray Evert，スーザン・アイヒホルン Susan Eichhorn の『植物の生物学 *Biology of Plants*』第5版からも情報を得ている．植物学の命名規則はきわめて多様であり（植物学者ごとに，同一のグループを異なった名称で呼ぶ傾向がある），ここに示した名称は，主として『植物の生物学』に基づいている．名の通った標準的教科書に準拠することが無難であろう．

植物界へのガイド

ここに示した系統発生樹には，情けないほど大きなむらがある．一部のグループは（有節植物門 Sphenophyta のように）公式のラテン語名称がつけられているのに，(針葉樹類 conifer のように)日常語が用いられているものも，(シダ植物「門」Pterophyta のように)もっと上位のグレードのタクソンであるかのような語尾をもつものも，(緑藻「綱」Chlorophyceae やイワヒバ *Selaginella* のような属名のように）科やそのほかのグレードの語尾をもつものも混じっている．またこの系統樹には，ミクロモナド micromonad，リニア植物 rhyniophyte，ベネチテス類 bennettitalean，キカデオイデア cycadeoid（あるいはキカデオイデア植物門 Cycadeoidophyta とも呼ばれる），原裸子植物類 progymnosperm など，多系統の可能性があるグループも含まれている．たくさんの多分岐が残されていることも残念である．

しかしながら，植物の分類は，現在ことのほか揺れ動いている状態にあるのが実情である．どんな系統樹でも現在進行中の仕事を反映しているものだが，植物に関してはその仕事がいくぶん常軌を逸している．絶滅した多くのタクソンを現存す

るグループに統合しなくてはならないが，その両者から得られるデータがきわめて異質である．たとえば，現生植物の系統分類学が，分子生物学的研究によって現在きわめて肥沃なものになりつつある一方で，絶滅したグループの多くは，現存する子孫をもたず，その構造や相互関係を推測する手がかりは化石以外に存在しない．新しい発見と従来の標本の再検討によって，全体像は常に変化している．

したがって，たとえば，長く初期の陸生植物群と考えられてきたリニア植物 rhyniophyte は，現在では多系統だと考えられているようである（したがって本書では公式名である「リニア植物門 Rhyniophyta」と表現することを断念した）．さらにやっかいなことに，これまでリニア植物のたしかな1属と思われてきたクックソニア *Cooksonia* も，現在では多系統と考えられている――一部の「クックソニア」はどうやらリニア植物よりもヒカゲノカズラ類に近いようである．そしてここにも，本書を通じてあちこちに顔を出す問題が存在する．すなわち，現在，系統分類学の指導的立場にある生物学者の一部は，少なくともリンネ流の階層（ランク）決定や命名法の細部にほとんど関心を示さず，たとえば，単一の属名でことを済ませてしまう――属名によって目や綱全体を表すことを認める――ことを諒としているのである．そうした人たちは，たとえばイワヒバ類 Selaginellale で現存する唯一の仲間がイワヒバ属 *Selaginella* であるように，注目するグループがただ1つの属によって知られているのなら，こうした命名法はきわめて合理的だろう，と指摘する．しかし，その結果として得られる分類は，少なくとも18世紀の偉大なリンネの水準に照らして見ると，雑然としたものに見える．その一方で，ものごとが流動的な現状においては，限られた寿命しかない可能性の高い，精緻なギリシャ・ラテン語による呼び名を発明することも，たしかにばかげたことに思われる．したがって私は，現在の不幸な事態を遺憾に感じる一方で，読者には犯人探しに血道を上げないようお願いしたい．現段階で想定される適切な表現にしても，ほとんどは願望的思考であるのかもしれないのだから．

しかし，ここで示している系統樹がその基本的目的を果たしているのも事実である．高い階層に属する植物すべてのタクソンを含むと同時に，絶滅した主要なグループも適切と思われる場所におかれている．そのような絶滅したグループには，初期の維管束植物のなかで目立つ存在であるリニア植物類 rhyniophyte，ゾステロフィルム類 zosterophyllophyte，トリメロフィトン類 trimerophyte，石炭紀の大森林を形成したが，現代のヒカゲノカズラ類に近い大型のライコ植物類 lycophyte，現生のすべての種子植物の祖先を含むように思われる原裸子植物類 progymnosperm，それに別名のキカデオイデア類 cycadeoid が示唆するような現生ソテツ類 cycad の近縁ではなく，現在のマオウ類 gnetophyte や被子植物 angiosperm の仲間と考えられるベネチテス類 bennettitalean が含まれる．

この系統樹の基部（向かって左側）に存在する3分岐に注目していただきたい．一番上の枝は，藻類の2つの大きなグループで構成されている．すなわち，海レタス sea lettuce として知られる緑藻類を含むアオサ藻綱 Ulvophyceae と，淡水産の有名なクラミドモナス *Chlamydomonas* とオオヒゲマワリ *Volvox* などが属する緑藻綱 Chlorophyceae である．一番下の枝には，陸生植物類（発生の過程で，真の胚の段階をもつために，集合的に有胚植物類 Embryophyta と呼ばれることもある）と，さらにシャジクモ類 Charales とコレオカエテ類 Coleochaetales という2種類の藻類が含まれ，絶滅したこの仲間の1つに，陸生植物の共通祖先が含まれるものと考えられている．上記の2本の枝の中間に，ぎこちなく不明瞭な形で居座っているのが，少数の単細胞藻類である．これは従来，「ミクロモナド門 Micromonadophyta」と集合的に呼ばれてきた仲間であるが，多系統である可能性も十分あるため，ここではミクロモナド類 micromonad の名称を与えるにとどめている．ミクロモナド類がここに位置するのは場

23・植 物 界

植物界
PLANTAE

「緑藻」'green algae'

有胚植物類
Embryophyta

「コケ類」'bryophytes'

ライコ植物類
Lycophyta

23

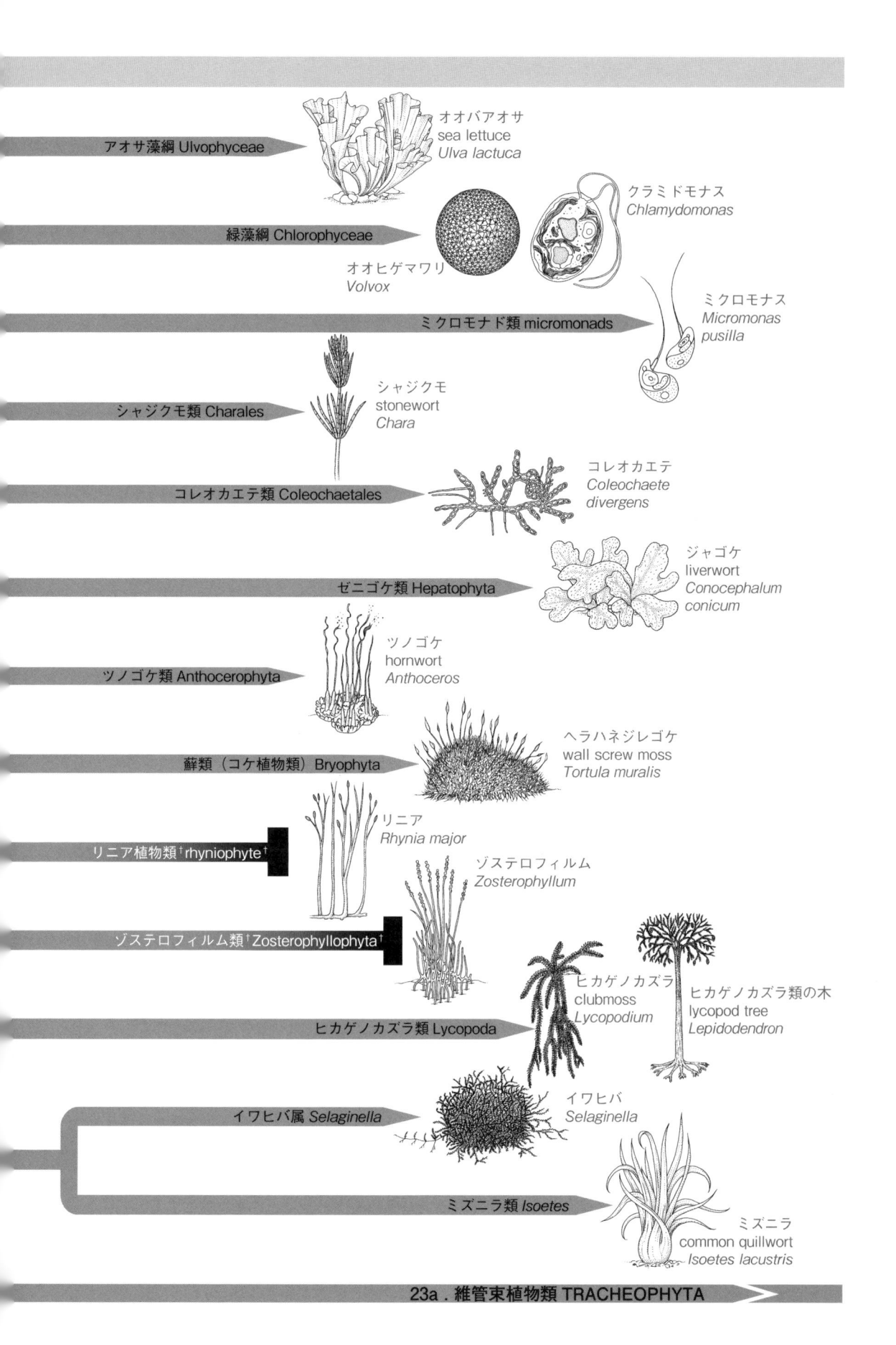

アオサ藻綱 Ulvophyceae	オオバアオサ sea lettuce *Ulva lactuca*
緑藻綱 Chlorophyceae	オオヒゲマワリ *Volvox* / クラミドモナス *Chlamydomonas*
ミクロモナド類 micromonads	ミクロモナス *Micromonas pusilla*
シャジクモ類 Charales	シャジクモ stonewort *Chara*
コレオカエテ類 Coleochaetales	コレオカエテ *Coleochaete divergens*
ゼニゴケ類 Hepatophyta	ジャゴケ liverwort *Conocephalum conicum*
ツノゴケ類 Anthocerophyta	ツノゴケ hornwort *Anthoceros*
蘚類（コケ植物類）Bryophyta	ヘラハネジレゴケ wall screw moss *Tortula muralis*
リニア植物類† rhyniophyte†	リニア *Rhynia major*
ゾステロフィルム類† Zosterophyllophyta†	ゾステロフィルム *Zosterophyllum*
ヒカゲノカズラ類 Lycopoda	ヒカゲノカズラ clubmoss *Lycopodium* / ヒカゲノカズラ類の木 lycopod tree *Lepidodendron*
イワヒバ属 *Selaginella*	イワヒバ *Selaginella*
ミズニラ類 *Isoetes*	ミズニラ common quillwort *Isoetes lacustris*

23a．維管束植物類 TRACHEOPHYTA

23a · 植物界・維管束植物類

維管束植物類
TRACHEOPHYTA

「シダ植物類」'pteridophytes'

「裸子植物類」'gymnosperms'

被子植物門
Anthophyta

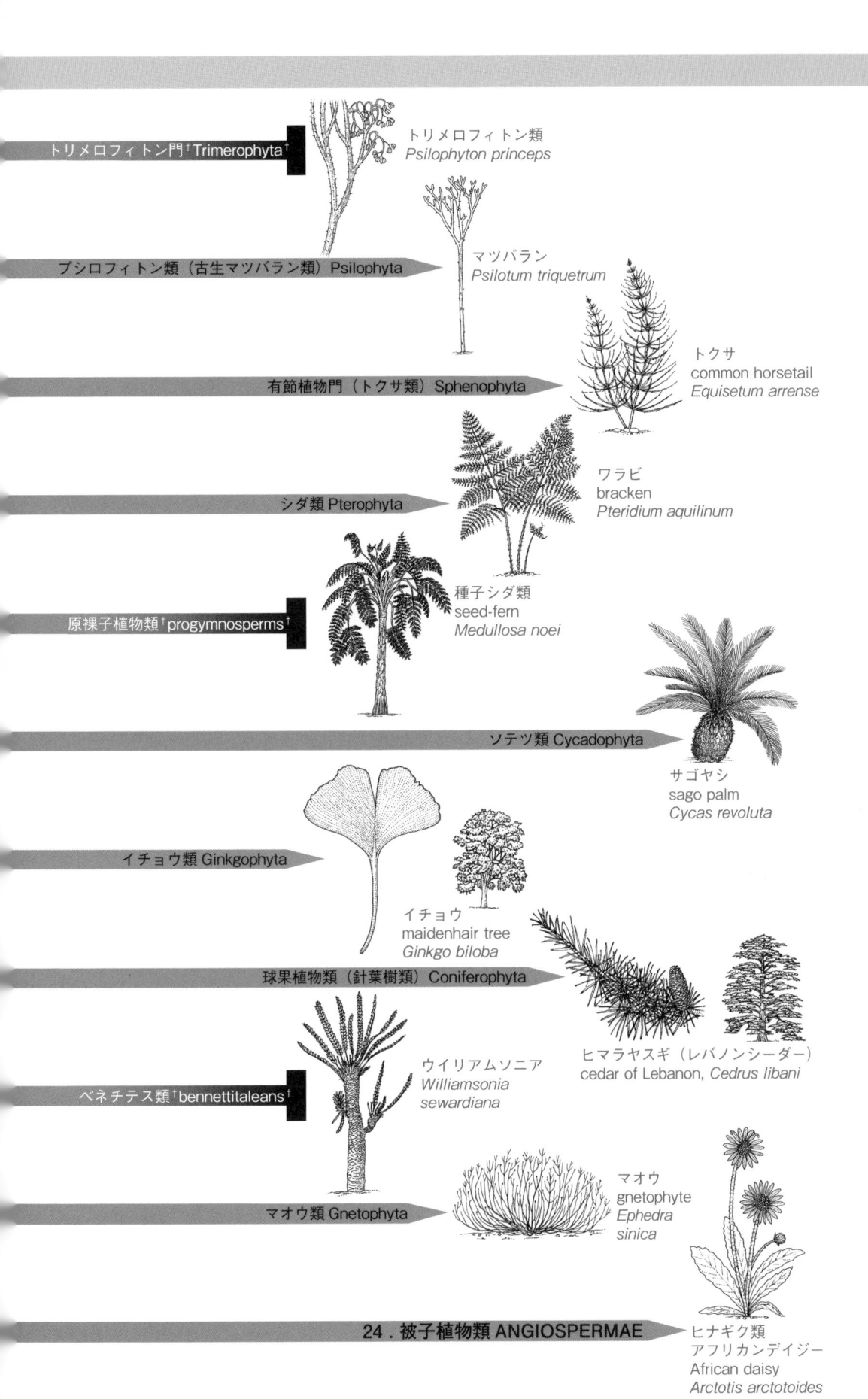

トリメロフィトン門† Trimerophyta†
トリメロフィトン類
Psilophyton princeps

プシロフィトン類（古生マツバラン類）Psilophyta
マツバラン
Psilotum triquetrum

有節植物門（トクサ類）Sphenophyta
トクサ
common horsetail
Equisetum arrense

シダ類 Pterophyta
ワラビ
bracken
Pteridium aquilinum

原裸子植物類† progymnosperms†
種子シダ類
seed-fern
Medullosa noei

ソテツ類 Cycadophyta
サゴヤシ
sago palm
Cycas revoluta

イチョウ類 Ginkgophyta
イチョウ
maidenhair tree
Ginkgo biloba

球果植物類（針葉樹類）Coniferophyta
ヒマラヤスギ（レバノンシーダー）
cedar of Lebanon, *Cedrus libani*

ベネチテス類† bennettitaleans†
ウイリアムソニア
Williamsonia sewardiana

マオウ類 Gnetophyta
マオウ
gnetophyte
Ephedra sinica

24. 被子植物類 ANGIOSPERMAE
ヒナギク類
アフリカンデイジー
African daisy
Arctotis arctotoides

違いな印象があるかもしれないが，カリフォルニア大学バークレー校のブレント・ミシュラー Brent Mishler が雑誌 Annals of the Missouri Botanical Garden (1994) でコメントしているように，系統発生学的にはその上下にある 2 つの大きな枝の中間にうまく位置づけられるように思われる．

一部の系統を結びつけるために示される非公式の名称は，数十年前まで広く認められてきた，伝統的な「ディヴィジョン division」を指す言葉であり，こうした名前は現在もまだ教科書に登場する．「緑藻類 green algae」は緑藻類からコレオカエテ類に至るあらゆるグループを含む．「コケ類（蘚苔類）bryophyte」は，苔類（ゼニゴケ類，liverwort），ツノゴケ類 hornwort，蘚類 moss を含む．「ライコ植物類 lycophyte」というグループ名は人によって異なった意味で使われているが，本書でも示しているようにヒカゲノカズラ類 clubmoss と，絶滅した高木性の近縁とを含むのは確かである．さらに「シダ植物 pteridophyte」には，古生マツバラン類 psilophyte，トクサ類 horsetail，シダ類 fern が含まれる．こうした用語は，クレードよりもグレードを記述していることが普通だが，それでも日常会話では今も価値をもっている．

では，さまざまなグループについて順番に手短にながめていこう．緑藻類というグレードには，きわめて多様性に富んだ 7000 種以上が含まれている．多くは単細胞であるが，アオサ藻綱 Ulvophyceae の一種で，メキシコ産の驚くべきミル Codium magnum のように，卓球のラケットより幅が広く，2 階建ての家より背が高いものもいる．これまで見てきたように，「藻類」には，植物の主要な 3 つの系統のすべてにまたがった，少なくとも 5 種類の明確なグループが存在する（もしミクロモナド類が多系統であれば，おそらくそれ以上の数になる）．ここではまず，系統樹の一番上にある系統，すなわち，アオサ藻綱 Ulvophyceae と緑藻綱 Chlorophyceae から始める．

緑色の海藻：アオサ藻綱 Ulvophyceae と緑藻綱 Chlorophyceae

この 2 つの大きいグループを結びつけ，かつ，陸生植物やその仲間との違いを明らかにする大きな特徴は，有糸分裂の方法，すなわち細胞分裂の際に染色体を分離させる過程にある．たとえば，陸生植物とその直接の近縁である藻類では，核を囲んでいる膜が，染色体分離の際に消失し，有糸分裂が終わった時点で再形成される．しかし，アオサ藻類や緑藻類では，有糸分裂の間を通じて常にそのまま残っている．このことと，そのほかの重要な細かな相違点ゆえに，アオサ藻類や緑藻類と，それ以外の植物とに根本的な区別——植物の歴史の根源における系統発生的な分離——があることが示唆される．

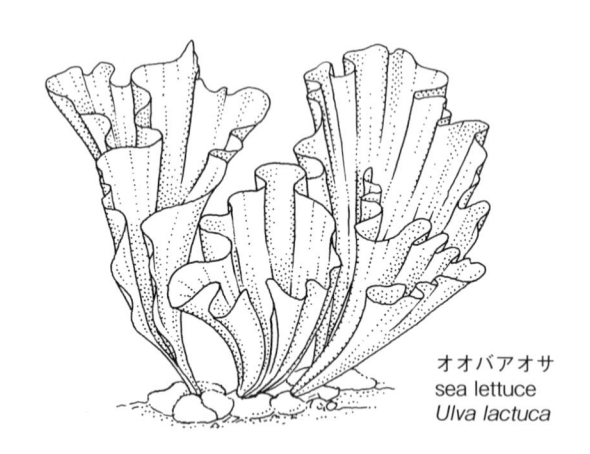

オオバアオサ
sea lettuce
Ulva lactuca

アオサ藻綱 Ulvophyceae には，私たちのほとんどが「緑色の海藻 green seaweed」と呼ぶものの大半が含まれる．緑藻類には淡水産の種も多いが，アオサ藻類は，基本的に海産の緑藻類だけで構成されている．ほとんどが多細胞である．多くの場合，細胞は縦方向に接してつながり，細長い繊維状になる．たとえば，マリモ Cladophora では，淡水産でも海産でも，この繊維が密につまった敷物になる．多核細胞性 coenocytic とか**シンシチウム syncytial** とか呼ばれるように，個々の細胞には多数の核が含まれている．冷たい淡水

に生息するヒビミドロ *Ulothrix zonata* もまた繊維状ではあるが，その細胞に含まれる核は1つだけである．アオサでは，細胞が2層に配列されて，大型の平らな**葉状体 thallus** になり，**付着部 holdfast** によって底質に固定されている．海のレタスという英語の一般名はきわめて当を得た名前である．というのも，潮が引くと，干された洗濯物よろしく岩の上にアオサは顔を出し，それが湿ったレタスそっくりに見えるからだ．

緑藻綱 Chlorophyceae には緑藻のほとんどの種が含まれている．さまざまな単細胞の種が含まれ，鞭毛をもつものともたないものとがある．なかには群体生活を送る習性をもつものもいるし，運動性をもつ（動き回る能力をもつ）ものと，そうでないものとがいる．また一部は真の多細胞であり，こうした仲間には，繊維をつくるものも，**柔組織 parenchyma** と呼ばれる平らな細胞層をつくるものもいる．緑藻類は主として淡水に暮らしているが，少数の単細胞の仲間は沿岸付近でプランクトン生活を送っているし，上陸して，雪や土壌の中や，木材の表面で暮らすものもいる．

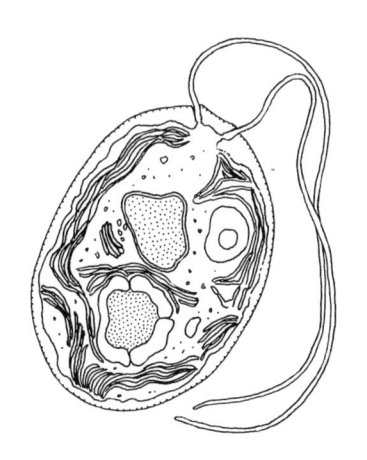

産の「原生生物」であり，一般に西洋梨型と形容されるその単細胞の前端には2本の鞭毛が生えており，それを水中ですばやく，しかし断続的に動かす．クラミドモナスの個々の細胞には光感受性のある眼点があり，そこにはロドプシンの色素が含まれている――ヒトの眼にあるロドプシンと相同であり，渦鞭毛虫類のものとも相同だと思われる．ロドプシンがきわめて古い起原をもつ分子であるのは明らかである．こうした眼点によって，クラミドモナスは適切な強度の光の場所へと導かれる．ストレスを受けたクラミドモナスは，鞭毛を失い，その細胞壁がゼリー状になるが，環境条件が改善されれば元気を取り戻す．クラミドモナスは無性的にも有性的にも生殖し，後者の有性生殖では異なった種類の交配型の融合が関与する．

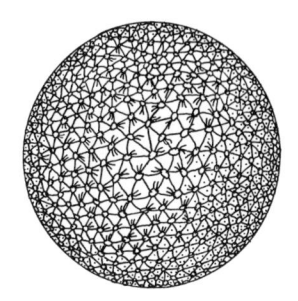

群体性緑藻類
colonial chlorophycean
オオヒゲマワリ
Volvox

単細胞緑藻類
unicellular chlorophycean
クラミドモナス
Chlamydomonas

緑藻類でよく知られている――植物学のあらゆる講義で採り上げられる――こととして，クラミドモナス *Chlamydomonas* からヒラタヒゲマワリ *Gonium*，タマリヒゲマワリ（クワノミモ）*Pandorina*，タマヒゲマワリ *Eudorina*，オオヒゲマワリ *Volvox* まで，しだいに複雑さを増す一連の藻類の話がある．クラミドモナスは一般的な淡水

しかし，ヒラタヒゲマワリ，タマリヒゲマワリ（クワノミモ），タマヒゲマワリ，オオヒゲマワリでは，実質的にクラミドモナスと同一の細胞が集まって，自律的な有機体としてはたらく群体を形成する．もっとも複雑なタマヒゲマワリのような属では，異なった種類の細胞集団がそれぞれ別の役割を担っている――その結果，私たち自身のような「真の」多細胞生物でさまざまな組織が行っているのとまったく同様に，「労働」を分業している．ヒラタヒゲマワリでは，こうした群体には4，8，16，あるいは32個の細胞が含まれ，ゼリー状の基質内でゆるやかに結合して楯状の形になり，すべての細胞の鞭毛がいっせいに水を打って群体を移動させる．群体内の細胞をばらばらに

しても，それぞれが新たな群体を形成する能力がある．タマリヒゲマワリでは，16 または 32 個の細胞が球形もしくは卵形の群体をつくり，これが水中をコークスクリューのように前進するが，前と後の区別があり，前部に大きめの眼点がある．この仲間でもすべての細胞が群体再生能力をもっている．タマヒゲマワリでは群体がさらに大きい——32，64，あるいは 128 個の細胞から成る．この群体では，一部の細胞では再生能力が失われる．したがってここから専門分化が始まることになる．オオヒゲマワリが究極の姿であり，500～6 万個のクラミドモナス様の細胞が中空の球体をつくり，それが水中で時計回り方向に回転し，再生に参加する細胞は少数派に属するようになる．こうしてオオヒゲマワリは「群体 colony」と「有機体（多細胞生物）organism」との境界線を越えたことになる．

　クロレラ Chlorella のように，鞭毛と眼点をもたない単細胞の緑藻類もいる．基本的にはこうした形態は，緑色をした浮遊する小さな球体である．アミミドロ Hydrodictyon では，多核の細胞が，網目状ストッキングのような網状構造をつくる．細長い繊維状のフリッツシエラ Fritschiella のように，陸上で成長し，底質（たとえば湿り気を帯びた壁など）の近くに接する「茎」や，そこから内部に入り込む「仮根」など，表面的には陸生植物と似ているものもいる．つまり，アオサ藻類と同様，緑藻類もきわめて多様性が大きい．

ミクロモナド類 micromonad

　ミクロモナド類はもしかすると多系統の混じりものである可能性もあるが，おそらくは単細胞の「鞭毛虫類」の単系統群——原型的な「原生生物」——であろう．多系統という可能性が残るので，公式の科名であるミクロモナド植物科 Micromonadophyceae という名称に固執するのは賢明ではないように思われる．アオサ藻綱と緑藻綱との正確な関係，また一方で，シャジクモ類，コレオカエテ類，陸生植物との正確な関係は不明確だ

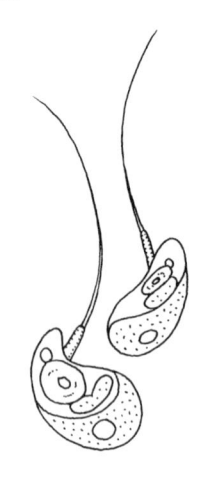

ミクロモナド類
micromonad
ミクロモナス
Micromonas pusilla

が，分子生物学的研究によれば，両者の中間に位置することが示されている．しかしながら，この仲間が系統樹の中間的位置にあることは，アオサ藻類の多細胞性と，有胚植物類の多細胞性とがまったく独立なものであることを強く示している．

シャジクモ類 Charales とコレオカエテ類 Coleochaetales

　系統樹に描かれた最後の 2 つの藻類である，シャジクモ類 Charales とコレオカエテ類 Coleochaetales は，陸生植物を含む系統と関係している．実際，古代の一部の仲間が，陸生植物の祖先だった．伝統的な分類では，この 2 つのグループをまとめて，「車軸藻類 Charophyceae」と呼

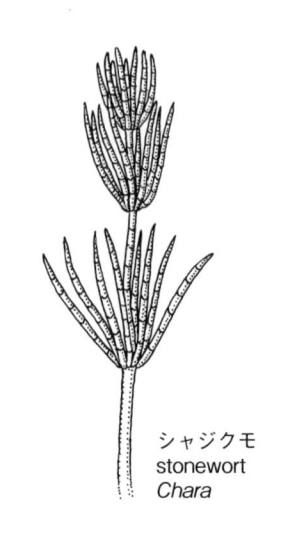

シャジクモ
stonewort
Chara

ぶのが一般的である．

　シャジクモ類は英語の一般名を「石の草 stonewort」という．淡水や汽水域に暮らす風変わりで小さな植物で，現生のものでは約250種が知られている．かなり頑丈な石灰化した細胞壁をもつものもいて，化石として残りやすい．その構造は複雑である．陸生植物のように，シャジクモ類は先端近くの細胞分裂によって成長し（先端成長 apical growth），繊維状のその「茎」は，節 node で区切られた一連の節間 internode によって構成され，そこから，輪状に並んだ短い枝が伸びる．卵子と精子を介した有性生殖を行い，後者は驚くほど複雑な造精器の中で形成される．

　コレオカエテ類 Coleochaetales の一部の属は，枝分かれした繊維状の形態をとるが，細胞が円盤状になるものもいる．コレオカエテ Coleochaete は，水面下にある水中植物の表面で成長する．陸生植物の祖先は，このコレオカエテ類の階層の中に存在するものと考えられている．示唆されている類似点は，多層構造になった造精器や，生化学的特性や細胞分裂の細部といったものである．しかし，現生コレオカエテ類は独自の特殊化を示しており，それゆえ，陸生植物の直接の祖先であるという考えは否定されている（実際の祖先はおそらく，はるか昔に絶滅したのだろう）．

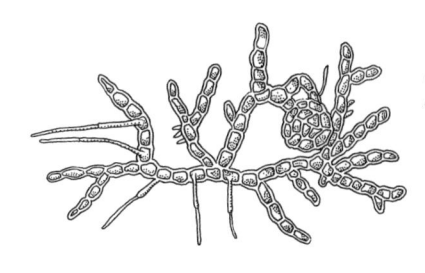

コレオカエテ
Coleochaete divergens

陸生植物：有胚植物類 Embryophyta

　最初の陸生植物は，おそらくコレオカエテ類に似た藻類で，約4億5000万年前のオルドビス紀後期に上陸を試みたものと考えられる．オルドビス紀の間でさえ，クチクラや胞子の兆しとか，管状要素——特殊化した細胞の柱で，植物全体に水を運ぶ管——に似た細長く伸びた細胞といった，進展の徴候が認められている．そして当然であるが，私たちの知っている最古の化石でさえ，この仲間の最初の生物でないことはまず間違いないだろう．藻類とは異なる最初の陸生植物の明確な化石は，およそ4億3000万年前のシルル紀に発見されている．興味深いことに，この最古の陸生植物は，根に共生して暮らす真菌類と菌根関係を築いていたらしいと考えられている．ひょっとすると，陸生藻類の先駆者たちも，真菌類と共生して暮らしており，それが原始的な地衣類となったのかもしれない．いずれにせよ，菌根性の真菌類が，陸地への移行に重要な役割を果たしたことは確かである．

先駆者たち：「コケ類（蘚苔類）bryophyte」

　現生の陸生植物のなかでもっとも起原が古い仲間——非公式には「コケ類 bryophyte」と呼ばれている仲間——には，苔類（Hepatophyta, ゼニゴケ類 Marchantiopsida とも呼ばれる，英 liverwort），ツノゴケ類（Anthocerophyta, Anthocerotopsida, 英 hornwort），コケ植物類（Bryophyta, 蘚類 Bryopsida[註3]とも呼ばれる，英 moss）の3つのグループが含まれる．系統発生的には，この3者は別々のグループであるが，種々の一般的（原始的）特徴を共通にもっている．この3者とも，配偶体世代がずっと目につき，長い時間その状態でいる．いずれも**仮根 rhizoid**と呼ばれる短い糸状の構造物——水分や栄養分の吸収を専門の仕事としないので，維管束植物の根というより海藻の付着部に匹敵する——を使って地面にからだを固定する．多くの藻類とは異なり，コケ類はきわめてはっきりとした配偶子——真の運動性を備えた精子と卵子——を産生する．しかし，卵子は，メスの配偶体内部にあるフラスコ型の特殊な器官によってしっかり固定されており，（おそらく最初は雨によってメスのところまで流れていった）精子は，液体で満たされた保護用の細胞

の管を通って，卵子まで泳ぎ着かなくてはならない．受精後，接合子はしばらくの間，保護を必要とする真の胚として成長する．このように，コケ類の生殖様式は，原始的で本質的に原生生物のやり方と，「高等」陸生植物の典型的なやり方の中間に位置している．

コケ類の3つのタクソンはこれだけの共通点をもっている．しかし，これを超えたところでは，3者は明確な違いを見せる．

【註3】ゼニゴケ綱 Marchantiopsida，ツノゴケ綱 Anthocerotopsida，蘚類綱 Bryopsidaは，ポール・ケンリックとピーター・クレインが採用した命名法である．

ゼニゴケ：苔類（Hepatophyta，あるいはゼニゴケ類 Marchantiopsida）

約6000種ほどいるゼニゴケ類は，真の陸生植物，少なくとも現生陸生植物のなかではもっとも下等な生き物である．系統樹に示されているように，ゼニゴケ類は，このほかのすべての陸生植物の姉妹群に当たるものと見なすべきである．この仲間には，ほかの陸生植物がもつ典型的な特徴の1つ——葉にある気孔——が欠けている．しかしながら，そのほかの陸生植物の基本的な特徴，すなわち，二倍体すなわち胞子体世代の初期に発生を開始した若い接合子が真の胚を形成する——親の配偶体とは栄養面で独立の存在になることを意味する——という特徴をはっきりと有している．もっとも脆弱な状態にある若い時期の生き物を保護することは，陸上での暮らしを成功させる鍵になると思われる．まったく同じように，爬虫類，鳥類，哺乳類に代表される真の陸生脊椎動物の先駆けだった羊膜類 amnioteは，その胚を，殻やそのほかの付加的な膜をもった卵の中に保護している．

（少数派ではあるが）ゼニゴケ類の一部は，小さいが分厚い海藻のように，厚くて平らな葉状体でできているものがあり，ゼニゴケ *Marchantia* がその典型である．ほとんどのゼニゴケ類——少なくとも4000種——は，蘚類と同様に，葉状である．しかしながら，蘚類とは異なり，その葉は太い中肋 midrib を欠いており，普通は主要な2列に配置され，その下に第3の小さな葉の列がある．ほとんどの葉は同じ大きさで，螺旋状に配置される傾向にある．

ツノゴケ類：ツノゴケ植物門（**Anthocerophyta** または **Anthocerotopsida**）

ツノゴケ類は風変わりな植物の小さなグループである——6属にわずか100種が知られているだけであり，ツノゴケ属 *Anthoceros* がもっともよく知られている．ツノゴケ類は表面上はゼニゴケ類と似ており，しばしば根出葉（ロゼット葉）のように配列された肉質の葉状体をもち，大きさは1セント硬貨ほどである．ゼニゴケ類はそのほかの植物の姉妹群として出現しているようだが，ツノゴケ類は，ほとんどの植物細胞が1つの細胞あたり複数の葉緑体をもっているのに対して，大きな葉緑体が1つしか含まれない，といった点など，緑藻と共通する奇妙な性質をいくつかもっている．その一方で，ゼニゴケ類を除くすべての陸生生物と同様に気孔はもっている．ツノゴケ類の葉状体には，ゼニゴケ類と同じように，空隙がた

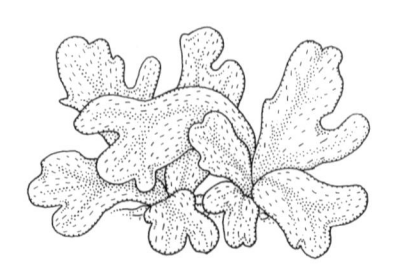

ジャゴケ
liverwort
Conocephalum conicum

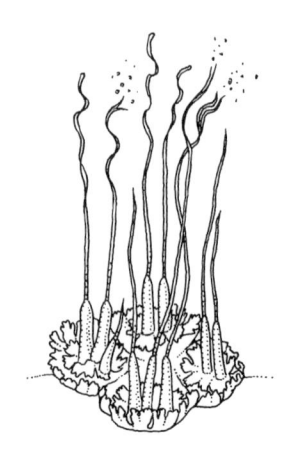

ツノゴケ
hornwort
Anthoceros

くさんある．しかし，ゼニゴケ類の空隙には空気が詰まっているのに対して，ツノゴケ類のものは粘液で満ちており，その中にはネンジュモ属 Nostoc の藍藻類 cyanobacteria が潜んでいる——ネンジュモ類は，大気中の気体窒素を，植物の栄養分として役立つ可溶性の窒素化合物に変換する窒素「固定」者なので，具合のよい共生形態である．

ツノゴケ類は原則として，ほかのコケ植物類と同様に，配偶体である．しかしツノゴケ類は自分のからだの上に多数の胞子体を伸ばすことが珍しくなく，それは緑色をしており，ときには高く成長することもある．それゆえ，枝角を生やしたような外観になり，名前の由来ともなった．

蘚類：コケ植物門（Bryophyta または Bryopsida）

蘚類は，種の数（約9500）で見ても，きわめて大きな生態学的影響で見ても，もっとも大きな成功を収めたコケ植物である．成功した蘚類は，熱帯地方から南極大陸にいたる世界中に存在し，たいていは湿気のある場所に暮らしているが，ときには砂漠にもいるし，少数は海岸にも存在する（ただし，真の海生になることはない）．ミズゴケ属 Sphagnum のつくる泥炭ゴケは，世界の陸地の少なくとも1%——合衆国の半分に相当する面積！——を覆っている．それでも，地衣類と同様，蘚類は大気汚染（とりわけ亜硫酸ガス）にはきわめて敏感である．

一般に「コケ moss」と呼ばれる植物をまとめて短い一覧表にする向きもあるが，実際にはそうしたものは蘚類には属していない．たとえば，本当は地衣類である「トナカイゴケ reindeer moss」，ライコ植物類に属する「ヒカゲノカズラ clubmoss」，（パイナップルと関連のある）顕花植物の一種である「サルオガセモドキ Spanish moss」，さらには藻類の仲間である「葉状紅藻 sea moss」や「トチャカ Irish moss」がその例である．真の蘚類には，「真の」蘚類であるマゴケ亜綱 Bryidae，泥炭ゴケであるミズゴケ亜綱 Sphagnidae，グラニット・モスと呼ばれるクロゴケ亜綱 Andreaeidae の3つの主要な系統がある．

「真の」蘚類：マゴケ亜綱 Bryidae この仲間は「典型的な」コケ（蘚類 moss）である．配偶体であるその主要な植物体は，高さが0.5 mmから50 cmあり，わずか1層の細胞だけで構成され，一般に螺旋状に配置される葉をもっている．多くはその茎の中に，維管束植物類の仮導管などの導管と明らかに相同なハイロイド hyroid と呼ばれる導通細胞をもっている．さらに，水を導通させる細胞の周囲に**篩要素 sieve element** をもつものもあり，これは「より高等な」植物の **篩部 phloem** に似ている．蘚類は，オスの造精器が産生する精子が，水滴やときには昆虫によってメスの造卵器に運ばれることによって増殖する——昆虫によって運ばれるときは，はるか遠くまで移動することもある．

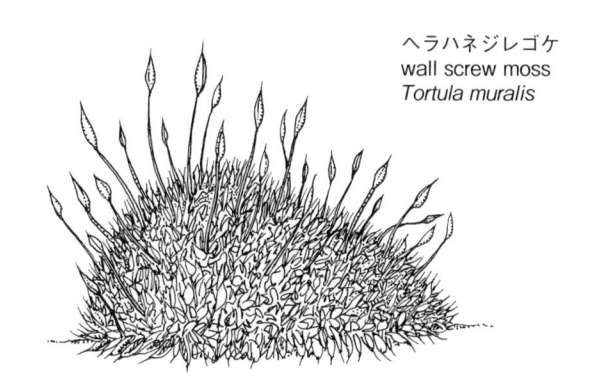

ヘラハネジレゴケ
wall screw moss
Tortula muralis

マゴケ類は一般に2種類の習性のどちらかを採用している．1つは，小さな枝分かれのある直立した配偶体をもつ「クッション」状のもので，通常は先端に胞子体がついている．もう1つは大きく枝分かれした「羽毛」状のもので，枝の部分は地面を這い，胞子体は側面についている．いずれの場合も，**胞子囊 sporangium**（複 sporangia）の蒴（さく）から，1つの蒴あたりなんと5000万個もの胞子が，この仲間にきわめて特徴的な方法で放出され，蒴の先端が蓋のように開くとその後ろに**蘚歯 peristome** と呼ばれるギザギザの「歯」のような環状構造がある．蘚類は，分節化，すなわ

ち，**無性芽 gemma**（複 gemmae）と呼ばれる小さな多細胞のかたまりを産生することによって，無性的にも増殖する．

泥炭ゴケ peat moss：ミズゴケ亜綱 Sphagnidae ミズゴケ亜綱に含まれる約350種すべては，ミズゴケ属 *Sphagnum* というただ1つの属に属しており，生態学的にみれば，あらゆる属のなかでもっとも大きな成功を収めている属である．ミズゴケ類はマゴケ類とは明確に異なっており，この2つのグループははるか昔にはっきりと分岐している．ミズゴケ類の配偶体の茎は分岐度が大きく——1つの節あたり5つに分岐することも珍しくない——先端に近くなるほど分岐数も多くなるので，先端はモップのようになっている傾向がある．成熟すると仮根がなくなり，葉には中肋がない．

ミズゴケ類の葉は，まとまると明るい緑色や赤っぽい色に見え，きわめて珍しい構造をもっている．水を蓄える中空の死んだ細胞を生きた細胞が取り囲んでいる．そのためにミズゴケ類は自重の20倍もの水を含むことができる．これは，この仲間が暮らしている湿気の多い土地に対する見事な適応の例であり，長く生き残るのに役立っている．したがってミズゴケ類は創傷治療の際のガーゼや包帯として利用されている（とりわけ第一次世界大戦中に多用された）．綿製のガーゼや包帯がこれに置き換わってしまったのは，一見すると清潔に見えるという理由にすぎない——綿は自重の4～6倍の水しか含むことができない．ミズゴケ類の胞子体は球形もしくはそれに近い形をしており，色は赤から褐色である．胞子嚢をもつ植物の通例どおり，ミズゴケ類も乾燥によって変形し，割けることによってその胞子を散布するが，ミズゴケ類のやり方は見物である．耳に聞こえる音をたてながらはじけ，胞子を遠くまで広く飛散させる．

ミズゴケ類によって形成される泥炭地がその広大な土地を維持している理由は，1つには侵入者を撃退しているからである．ミズゴケ類は水素イオンを産生し，それによって泥炭がpH 4という高度の酸性になる．これは汚染のない環境としてはほとんど例のないものである．

グラニット・モス：クロゴケ亜綱 Andreaeidae グラニット・モス（「花崗岩コケ granite moss」）には2つの属しか存在しない．クロゴケには約100種が含まれ，岩の上，とりわけ花崗岩の上，山の上，北極の高地といった場所に，小さい暗緑色や褐色のかたまりをつくる．クロゴケ *Andreaea* は，胞子嚢の萌に生じた裂け目から胞子を拡散させる．クロマゴケ *Andreaeobryum* は1976年にアラスカで発見されたばかりである．この仲間が胞子を飛散させるときには，胞子嚢は先端部まで割ける．

導管のある植物たち：リニア植物，ライコ植物，維管束植物

コケ植物類の階層から，維管束をもつ植物のグレード——かつ，クレード——が出現した．この系統樹では，維管束をもつすべての植物を1つの大きなクレードとして示し，このクレードを小さな3つのクレード，すなわち，リニア植物類 rhyniophyte，ライコ植物類 Lycophyta，維管束植物類 Tracheophyta に分割している．ここに示した系統樹の形はポール・ケンリックとピーター・クレインに直接準拠しているが，命名にはいくぶん新規なものもある．私は植物分類学の専門家ではないので，読者には，おそらく前例のないやり方で私が僭越な命名をしているのではないかと感じられる向きもあろう．そこでまずは，命名にあたっての考え方について以下で説明したい．

まず第1に——最後のグループのことを最初に述べるが——現在の多くの植物学者は「維管束植物類」の名称を，真の維管束をもつグループ全体——すなわち，現存する古生マツバラン類，有節植物類（けつ葉植物類），トクサ類，シダ植物類，ソテツ類，イチョウ類，針葉樹類，マオウ類，被子植物類（顕花植物類）に加えて，すでに絶滅した原裸子植物類とベネチテス類の雑多な仲間のすべて——に適用している．しかし，多くの植物学

者が絶滅したトリメロフィトン類を維管束植物類から除外しており，これをほかの仲間の姉妹群として示している．だが，ピーター・クレインは（私信の中で），トリメロフィトン類とそのほかの維管束植物類との関係については完全な解明にいたっておらず，少なくとも当面は，本書で示したような多分岐の1つとして示すべきだと示唆している．もしこのように示すのであれば，維管束植物類と名づけられるグループにはトリメロフィトン類も含めるべきである．いずれにしても，現在では，トリメロフィトン類がほかの維管束植物類と共通の祖先を共有していたことに異論を唱える人はいないようである．したがって，クレードの公式名称としての維管束植物類に，それ以外の仲間とともにトリメロフィトン類を含めることはまったく正当なことと考えられる．

しかし，維管束をもつ植物には多様で幅広い仲間が含まれているが，それらの維管束は，きわめて高度に発達した真の維管束植物の形をとるとは限らない．こうした仲間にはヒカゲノカズラ類（絶滅した近縁種も含む），現生のイワヒバ類，ミズニラ類，および絶滅したゾステロフィルム類も含まれる．私の知るかぎり，本書で用いているライコ植物類Lycophytaという言葉が，これらのグループ全体を指す用語として用いられたことはない．なかには，ライコ植物類という用語はヒカゲノカズラ類Lycopodaだけを指すものとしている学者もいる．この場合には，「ライコ植物類」と「ヒカゲノカズラ類」は同義になる．ピーター・レイヴンとその同僚たちは，『植物の生物学』の中で，ライコ植物類の中にヒカゲノカズラ類，イワヒバ類，ミズニラ類を含めている．しかし，もし（ピーター・レイヴンの示唆に従って）本書で示しているように，ゾステロフィルム類が｛ヒカゲノカズラ類＋イワヒバ類＋ミズニラ類｝の姉妹群に当たるのなら，これもまたライコ植物類の一員に加えるほうが，整然として論理的であり，系統発生上も妥当である．そうすれば，ライコ植物類と維管束植物類という簡潔な分割も可能になる．命名法に合わせて事実を曲げることが許され

ないのは明らかだが，事実と考えられることに既存の命名法を再調整することにはまったく問題がない．それゆえ本書ではこのような方針を採った．

ヒカゲノカズラ類，ゾステロフィルム類，イワヒバ類，およびミズニラ類はすべて，**小葉 microphyll** として知られる種類の小さな葉をもっており，それは茎が単純に拡大したものとして形成される．シダ植物類や顕花植物など，そのほかのほとんどの維管束植物の葉は**大葉 macrophyll** であり，おそらくは，同時に成長した側方への一群の分岐構造が合体し（すなわち「吻合し」）て，平らな**葉身 lamina** を形成したものであろう．しかし，小葉をもつことを，ライコ植物類を定義づける特徴の1つと考えてはならない．小葉はおそらく単に原始的な特性（共有原始形質）の1つにすぎないのであり，共通した派生特性（共有派生形質）ではない．

ここで示しているようなリニア植物類 rhyniophyte は一般に，ライコ植物類と維管束植物類の両方を含む，より派生した植物のすべての姉妹群と考えられている．以前に述べたように，本書で「rhyniophyte」と表記し，「Rhyniophyta」としないわけは，おそらくこの仲間が多系統だからである．従来の分類法では，リニア植物類，ゾステロフィルム類，トリメロフィトン類を合わせて「原維管束植物類 protracheophyte」とまとめるのが普通だった．しかし，本書でこの用語を採用しなかったのは，この3つのグループが，ここの系統樹で示しているように，別の枝に属することが明らかだからである．

リニア植物類[†] rhyniophyte[†]

多系統のリニア植物類の名前は，最初の化石が発見された場所に近い，スコットランドのリニア Rhynie村にちなむものである．最古のものは4億2000万年以上前のシルル紀のもので，約3億8000万年前のデボン紀中期までには絶滅している．既知のすべてのリニア植物類のなかで最古の

ものはクックソニア *Cooksonia* であり[註4]，緑色の枝分かれしたマッチのような先端が泥から 6.5 cm ほど頭を出していた．クックソニアはデボン紀中期までに絶滅している．リニア植物類でもっともよく知られた属は，もっと大型のリニア *Rhynia* で，枝分かれしたアスパラガスのようにその茎は約 20 cm ほど頭を出していた．リニア植物類はきわめて原始的な見かけをしており，葉のない 2 分岐した枝の先端に胞子の詰まった胞子嚢をもっていたが，その茎の内部構造は，今日の多くの維管束植物のものと似ていた．

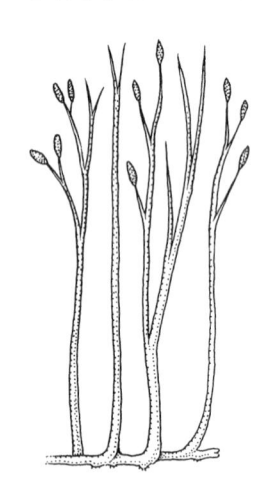

リニア植物類
rhyniophyte
リニア
Rhynia major

【註4】しかし，クックソニアがおそらく多系統であろうという上の記述に注意していただきたい．実際，クックソニア属とされている植物のなかには，ほかのリニア植物と関係しているものも，おそらくヒカゲノカズラ類により近い関係にあるものも存在する．

ゾステロフィルム類[†] **Zosterophyllophyta**[†]

ゾステロフィルム類もまたデボン紀のものである．この仲間も葉のない 2 分岐に枝分かれしており，茎の先端だけに気孔があったので，茎の根元のほうは泥の中に埋もれていた可能性がある．表面的には，現在のアマモ *Zostera* に似ていた．アマモは日常会話では「海草 sea grass」と呼ばれている（しかし「草 grass」ではない）海生顕花植物であり，ジュゴンやガラパゴス諸島のウミイグアナの餌になっている．リニア植物類とは異なり，ゾステロフィルム類は短い柄の側面に球形もしくは腎臓の形をした胞子嚢をつけていた．ゾステロフィルム類はリニア植物類とは峻別され，ヒカゲノカズラ類，イワヒバ類，ミズニラ類の姉妹群である（かつ，その祖先を含んでいる）ように思われる．

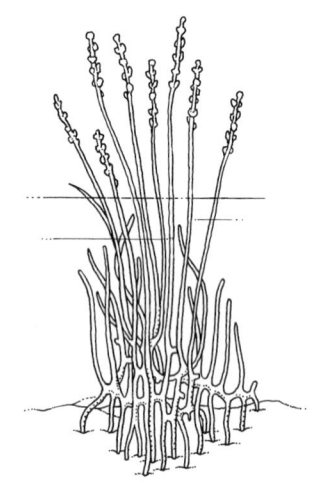

ゾステロフィルム類
zosterophyll
ゾステロフィルム
Zosterophyllum

ライコ植物類 Lycophyta

ヒカゲノカズラ類と絶滅したその近縁種：ヒカゲノカズラ類 Lycopoda

本書で定義したヒカゲノカズラ類には，現生のヒカゲノカズラ類 clubmoss と熱帯産のその近縁種，および，絶滅した直近の近縁種が含まれる．このように定義したヒカゲノカズラ類が，おそらくゾステロフィルム類の子孫として，デボン紀に出現したのは明らかである．少なくとも 6 目が知られており，現生のヒカゲノカズラ類はぱっとしない見かけをしているが，絶滅した昔の種類は高さが 40 m にもなる大木だった．それでもなお，初期の維管束植物の，単純な 2 分岐構造をもっていた．ヒカゲノカズラ類の木は石炭紀に繁栄し，炭化したその化石が，私たちが使う石炭の大半を形成したが，ほとんどはペルム紀末には絶滅した．現在まで生き残る種がいなかったことは，審

美的には大きな損失である——もし1種でも生き残っていたら，イチョウ類のように，過去の素晴らしい眺めをかいま見せてくれていたはずである．

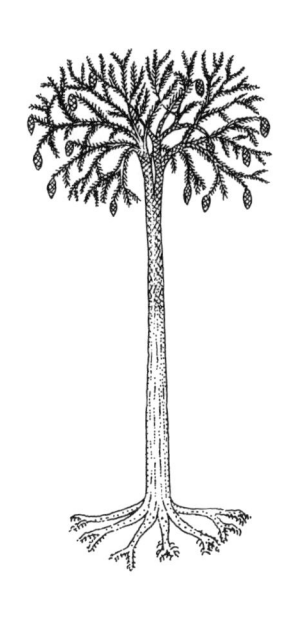

ヒカゲノカズラ類の木
lycopod tree
Lepidodendron

ヒカゲノカズラ科 Lycopodiaceae に属する現生のヒカゲノカズラ類と熱帯産のその近縁種は，蘚類とは明確に異なる．外見上は蘚類のように見えるこの植物は胞子体であり，一方，「本物の」蘚類は配偶体である．既知の現生種約400種の大半は公式にはヒカゲノカズラ属 *Lycopodium* と呼ばれていたが，この雑多な仲間を含む属は，現在ではさらに分割されており，その数はおそらく20属以上に及ぶ．ほとんどのヒカゲノカズラ類は熱帯産であり，熱帯産の種のほとんどは *Phlegmarius* 属に属している．熱帯産の仲間は植物に着生しており，通常見分けるのが難しい．温帯地域で有名なヒカゲノカズラ類は森床の住人であり，冬になっても緑色をしているので目立つ存在である．

ヒカゲノカズラは同形胞子をつくる．胞子は発芽すると，2つの性をもつ配偶体になり，メスの造卵器もオスの造精器も同じ個体につく．配偶体は，緑色をした葉状体をもち光合成をすることもあるし，地下で光合成をせず菌根を形成することもある．造卵器と造精器は成熟するまでに6〜15年かかる．ヒカゲノカズラ類は鞭毛を2本もつ精子を産生する．精子は造卵器まで泳ぎついて首の部分を下って，内部の卵にまで到達しなくてはならない．

イワヒバ属 *Selaginella*

イワヒバ属 *Selaginella* はイワヒバ科 Selaginellaceae で唯一の属であり，イワヒバ科はイワヒバ目 Selaginelles で唯一の科である．したがって，科や目の名前は落として，あらゆるイワヒバ類をイワヒバ属と呼ぶことは合理的に思える．しかし，このイワヒバ属には700種が知られている．ほとんどは湿気の多い場所に生息しているが，少数の種は砂漠に馴染んでおり，「フッカツソウ resurrection plant」の異名があるニューメキシコ州，テキサス州，およびメキシコのテマリカタヒバ *S. lepidophylla* のように，乾燥した季節には休眠状態になることもある．イワヒバ類は一般に小さなシダ類のように見えるが，その葉は，本物のシダ類のような大葉ではなく，むしろヒカゲノカズラ類のような小葉である．しかし，ヒカゲノカズラ類とは異なり，イワヒバ属は異形胞子をつくる．その大胞子と小胞子とが発芽して，オスとメス別々の配偶体になる．イワヒバ類もまた，精子は造卵器内の卵まで泳がなくてはならないので，生殖には水が必要である．イワヒバ類では陸

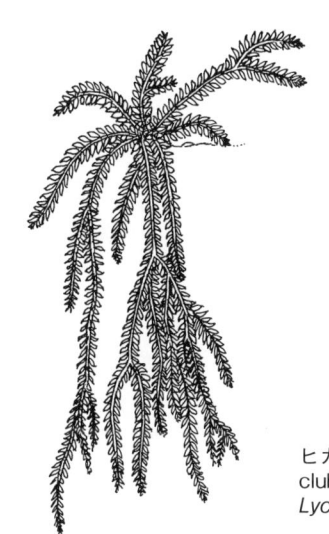

ヒカゲノカズラ
clubmoss
Lycopodium

地の「征服」は不完全である．

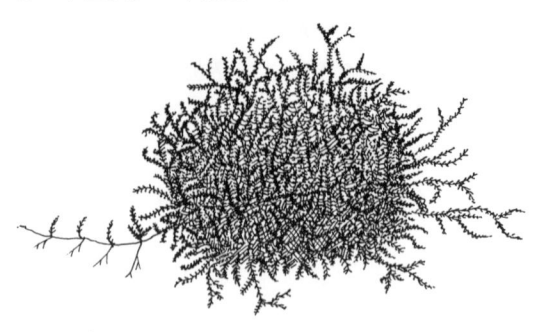

イワヒバ
Selaginella

ミズニラ類：ミズニラ *Isoetes*

ここにもまた，現生属がただ1つだけの大きなタクソンが存在する．ミズニラ *Isoetes* である．これは興味深い植物で，短くて肉質の地下の球茎をもち，上部には羽毛のような小葉，下部には根がある．ミズニラ類は水中や，ときどき干上がってしまう水たまりで成長する．

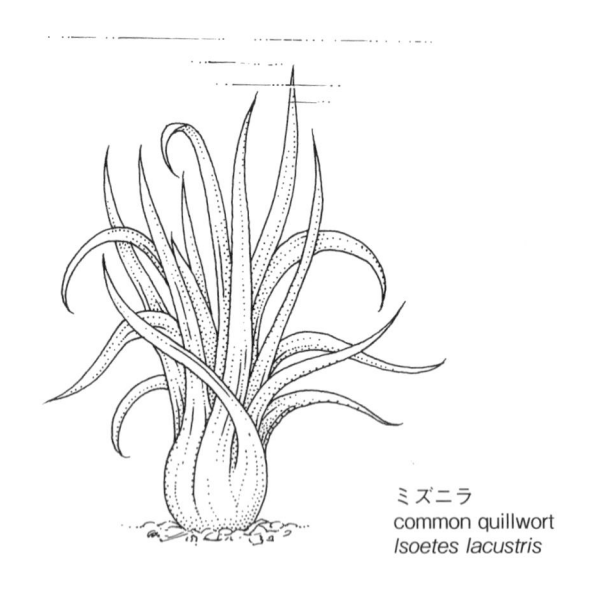

ミズニラ
common quillwort
Isoetes lacustris

維管束植物類 TRACHEOPHYTA

トリメロフィトン類：トリメロフィトン門† **Trimerophyta**†

トリメロフィトン類は，デボン紀のおよそ3億9500万年前から3億7500万年前の期間だけ生息していた．この仲間もほかの「原維管束植物」のような，葉のない2分岐で枝分かれした姿をしていたが，おそらく最大1mほどまで成長した——リニア植物類やゾステロフィルム類よりずっと大きく，構造もより複雑だった．植物学者のなかには，トリメロフィトン類はリニア植物類から直接生じたものであり，すべての維管束植物類の姉妹群に当たる——したがって，「失われた環（ミッシング・リンク）」として重要な地位を占める——と示唆してきた人もいる．しかし，このトリメロフィトン類とそのほかの維管束植物との関係は現在はまだ不明確であり，本書で描かれているように，多分岐の枝の1つとして示すべきである．

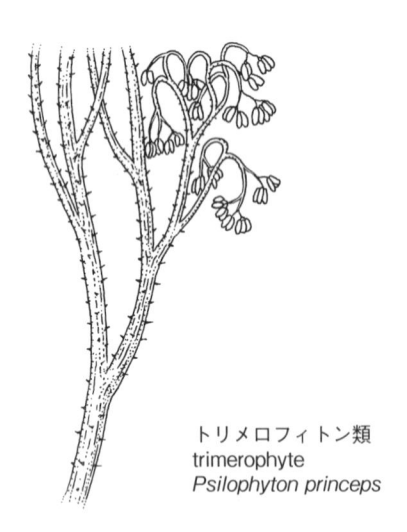

トリメロフィトン類
trimerophyte
Psilophyton princeps

シダ植物グレード

古生マツバラン類：プシロフィトン類 **Psilophyta**

古生マツバラン類 psilophyte は私たちをシダ植物グレードの植物たちに導いてくれる．すなわち，高度に派生した維管束をもつ真の維管束植物であるが，生殖は胞子によって行われる仲間である．しかし，古生マツバラン類はたいへん奇妙なグループである．根も葉もないこの仲間はリニア

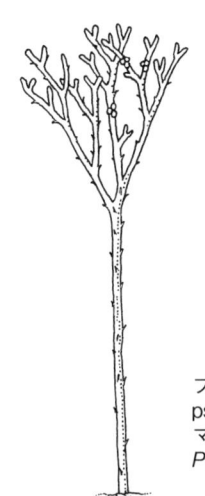

植物類に似ている．現存するただ2つの属は，フロリダや合衆国南部の諸州，ハワイ，プエルトリコの温室でよく見かける雑草のマツバラン属 *Psilotum* と，オーストラリア，ニュージーランド，および南太平洋のほかの場所で着生植物の1つとして成長するイヌナンカクラン属 *Tmesipteris* である．いずれの属も側方に伸びた枝に胞子を産生し，それが地下で発芽して，共生する真菌類から栄養をもらって地下で配偶体になる．胞子体——これが目に見える植物体——が，この配偶体から「足」を伸ばして成長し，後に分離する．

トクサ類：有節植物門（けつ葉植物門）Sphenophyta

小川のそばとか，森林の縁とか，湿り気のある場所ならどこでも，トクサ類 horsetail が見つかる可能性が高い．筆者の生まれ故郷のロンドンでは，鉄道脇の土手にトクサ類が豊かに生い茂っており（現在では以前より珍しいものになっているようだが），そうした退屈な風景の中でさえ，ひどく原始的で魅惑的な趣を与えてくれていたことを覚えている．トクサ類の起原はデボン紀にあり，ヒカゲノカズラ類と同様，デボン紀後期から石炭紀にかけて，高さが最大で18 m，幹の直径が50 cm近くにもなる蘆木（ロボク）と呼ばれる巨木を生みだした．約3億年前の石炭紀後期には，その量

と多様性とが最大になった．現在では，トクサ属 *Equisetum* だけが生き残っている．しかし，この *Equisetum* 属は，3億年前の *Equisetites* 属とほとんど同一であり，したがって *Equisetum*/*Equisetites* は，現存する属としては世界最古のものと考えてもおかしくないかもしれない．

トクサ類の茎は，はっきりと区切られた節があって，どこか竹に似ており，節（ふし）からは針状の葉——おそらく縮退した大葉——が輪生する．節と節の間の茎，すなわち節間部は，シリカ（ケイ酸）で補強されているので，トクサは従来からポットを磨くのに用いられており，「砥草（とくさ）」の名前はそれに由来する．トクサ類は同形胞子をつくり，傘のような「胞子嚢柄 sporangiophore」の辺縁にある胞子嚢の中に胞子をもっている．こうした胞子嚢柄をつけた生殖用の茎は，ときにはクリームのように白く，ほとんどクロロフィルをもたない．胞子が発芽すると，大きさがピンの頭ほどの自由生活をする緑色の配偶体になり，栄養分が豊富な泥のある場所で成長する．配偶体は雌雄両性もしくはすべてオスであり，3〜5週間で成熟する．ここでもまた，複数の鞭毛をもつ精子が卵に到達するには水が必要であり，水からの自由は不完全である．

シダ：シダ類 Pterophyta

現生種がおよそ1万1000種いるシダ類 fern は，花をつけない植物のなかで，もっとも多様性の大きな最大のグループである．ほとんどの種は熱帯に暮らしており，さほど大きくないコスタリカの島に1000種ほどもいる一方で，合衆国とカナダでは両方を合わせても380種しかいない．しかし，多様性は小さいとはいえ，多くの温帯地域にも，どこにでもいるワラビ bracken のような大型のシダ類が繁茂している．熱帯産シダ類の約3分の1は，樹木に着生している．馴染みのある種類のほとんどは，切れ込みのある羽状複葉をもつが，なかには大型で「全縁性」葉をもつものもいる．カニクサ *Lygodium* は攀縁植物（よじのぼり植物）の一種で，その葉柄は長さが20m以上にもなる．木といえるほどの大きさにまで簡単に育つ種も多い——ヘゴ *Cyathea* のように，ときには高さが24m以上，葉の長さが5m以上に達することもある．しかし，こうした最大の種でさえ，マツやオークの幹が毎年成長して大きくなるような2次的成長は存在しない．ヘゴの茎は30cmも厚さがあるように見えるが，その厚みの大半は，繊維質の根を覆う鞘によってもたらされたものである．

シダ類は大きく2つのグレードに分けられる．より原始的な**真嚢シダ類 eusporangiate** では，胞子を入れる胞子嚢が層になった細胞から形成されるが，より派生的な**薄嚢シダ類 leptosporangiate** では，胞子嚢は単独の細胞群からつくられる．現生シダ類のほとんどは同形胞子をつくる——実際のところ，異形胞子をつくるのは，水生シダ類の2つの目と絶滅したさまざまなシダ類に限られる．これまでシダ類には数多くの目が認められているが，本書ではそのうち5つだけを以下で説明する．

真嚢シダ類の2つの目：ハナヤスリ目 Ophioglossales とリュウビンタイ目 Marattiales

真嚢シダ類に属するのは2つの目——ハナヤスリ目 Ophioglossales とリュウビンタイ目 Marattiales——だけである．

ハナヤスリ目で現存する属はわずか3つだけであり，そのうちの2つであるハナワラビ属 *Botrychium*（英 grape fern）とハナヤスリ属 *Ophioglossum*（英 adder's tongue）は，北半球の温帯地方に広く生息している．この仲間の配偶体は塊茎状をして地下にある．ハナヤスリの一種 *Ophioglossum reticulatum* は，1260本の染色体——既知の生物のなかでは最大の本数——をもっている．

リュウビンタイ目のシダ類は熱帯産で，起原は石炭紀に遡る．現在では6つの属に約200種がある．絶滅した仲間に，木生シダ類のプサロニウス *Psaronius* がいる．

薄嚢シダ類の最大の目：真正シダ目 Filicales

ほとんどのシダ類は薄嚢シダ類であり，そのほとんど——35科320属に広がる約1万500種——が真正シダ目 Filicales に属している．真正シダ目は同形胞子をつくり，胞子が入った胞子嚢は一般に，黄色，褐色，黒色に色づいていること

ワラビ
bracken
Pteridium aquilinum

が珍しくない——そして，線状，点状，あるいは大きな斑状に整列した——**胞子嚢群**（**sorus**，複**sori**）と呼ばれる群れをつくっている．多くの種で，この若い胞子嚢群は，**胞膜**（**indusium**，複**indusia**）として知られる特別に伸びた構造物に覆われている．胞子は発芽して，雌雄両性のハート型をした配偶体となり，それが湿った植木鉢の外側などの湿った場所で成長する．複数の鞭毛をもつ精子は卵まで泳ぎつかなくてはならないので，生殖には依然として水が必要である．

水生シダ類：デンジソウ目 Marsileales とサンショウモ目 Salviniales

薄嚢シダ類には，2つの水生シダ類 water fern の目も含まれ，いずれも異形胞子をつくる——現存するシダ類で異形胞子をつくるのはこの2つの目である．しかし，それ以外の点ではこの2つの目はきわめて異なっており，別々の陸生祖先から独立に進化してきたことはまず間違いない．

デンジソウ目 Marsileales に含まれるのは，約50種をもつデンジソウ属 *Marsilea* を含め，3つの属だけである．この目の仲間は泥の中で育ち，しばしば水面に四つ葉のクローバーに似た葉を浮かべている．デンジソウ類の干ばつにも強い胞子嚢果は，100年間の乾燥保存後にも発芽能力を保っている．

サンショウモ目 Salviniales に含まれる属はわずか2つであり，いずれも小型で浮遊性である．サンショウモ *Salvinia* には3つの葉があり，浮遊性の根茎上に輪生している．3枚の葉のうちの2枚は長さ約2cmほどで切れ目がなく，浮力を保つための毛に覆われている．しかし3枚目の葉は，白っぽい根の塊のように細かく裂けており，水中に垂れ下がっている——ただし，これが根でなく葉であることは，胞子嚢をつけることから明らかである．アカウキクサ *Azolla* は，中国や東南アジアの稲田の中で浮いている小型のシダ類で，経済的にきわめて重要な存在である．アカウキクサは，アオウキクサに似たその葉の中に小さな袋をもっており，そこに藍藻細菌のアナベナ *Anabaena azollae* が入っている．アナベナは窒素を固定するはたらきをもつ．したがって，伝統的な稲田では，アナベナを宿したアカウキクサが，土地の肥沃さを支える主要な源になっている．

種子植物 seed plant

種子 seed は，爬虫類の閉鎖卵 cleidoic egg に匹敵する，自然のすばらしい発明の1つである．種子は胚——若い胞子体——を乾燥から守り，それによって陸上生活という最終的な目標に解答を与えた．種子植物はすべて異形胞子をつくる．オスに当たる小胞子 microspore をつくる小胞子嚢 microsporangium と，メスに当たる大胞子 megaspore をつくる大胞子嚢 megasporandium とをもつ．しかし種子植物では，大胞子がきわめて小さくなった大配偶体 megaspore になり，それが由来した大胞子の中にとどまっている．そして大胞子がこんどは大胞子嚢内に収められており，この構造全体が**胚珠 ovule** と呼ばれている．こうして，傷つきやすいメスの側の半数体の配偶体世代全体が，折りたたまれ，小さく詰め込まれている．これまでに知られている最初の種子らしき構造物は，3億7000万年ほど前のデボン紀後期に登場している．

オスの側の小胞子は，**花粉 pollen** と呼ばれる小さな包みの中で，いわば親細胞に庇護された状態にあり，風や動物——甲虫，ミツバチ，ハチドリ，「フクロミツスイ honey possum」，コウモリなど——によって，待ち受ける胚珠まで運ばれる．イチョウ類やソテツ類では，種子のない植物のように花粉が精子を産生するが，精子が放出されるのは，**花粉管 pollen tube** によって胚珠まで運ばれたときに限られる．花粉管は花粉から伸び出し，メスの配偶子を取り囲んでいる保護組織を突き抜ける．ほとんどの種子植物は，運動性のある精子をまったく使わないですませており，受精は花粉管を介するだけで行われるので，オスの配偶子は実質的に細胞核だけの大きさに小さくなる．こうして，イチョウ類やソテツ類も含むあら

ゆる種子植物では，オスとメスの配偶子のきわめて注意深く調和のとれた結びつきによって受精が行われ，それは陸生動物では普通に見られる交尾と細部まで対比できるものである．いずれの場合にも，配偶子は水の媒介をいっさい必要としない．したがって，生殖面に関しては，種子植物は完全に水から自由な存在である．

種子それ自体は，受精した胚珠と，母親の植物が用意したそれ以外の保護層——**種皮 seed coat**——とが一緒になったものである．現生植物のほとんどでは，胚（若い胞子体）は，種子が散布される以前に種子内で発生する．これはおそらく，気候条件が極端で，ときには寒冷や乾燥にさらされたペルム紀の間に，自然選択によって促進された工夫であろう．つまり，種子とは，一連の新発明を備えた，すぐれた装置である．それでも自然はこれを一度きりではなく，少なくとも2回は発明しているようだ．あらゆる種子植物の究極の祖先は，おそらくトリメロフィトン類だった．トリメロフィトン類はデボン紀に，原裸子植物類 pro-gymnosperm と呼ばれる，もっと派生的なグループを生みだした．しかし，生殖に関係しない栄養部，とりわけ維管束構造においては，原裸子植物類は現在の針葉樹類に似ており，それによって間違いなく現代的な姿になるとともに，これこそまさに後のグループの祖先だろうと示唆される．

デボン紀にはさらに，どうやら別の進化的事象の中で，原裸子植物類が2つのまったく別の種類の種子植物を生みだしたようだ．現在では絶滅したそのうちの1つが，種子シダ類 seed-fern（かつては Pteridospermophyta と呼ばれた）だった．この種子シダ類は石炭紀の間ずっと，さらには三畳紀まで栄えた．この仲間はシダ類に似た葉をもっていたが，断じてシダ類ではなかった．そして「真の」種子植物の祖先でもなかった．つまり，種子シダ類の種子と，真の種子植物の種子とは，これもまた驚くべき収斂現象の一例である．

真の種子植物は，上記とはまったく別の原裸子植物類から生じた単一のクレード——1回の進化的事象——として登場したものと考えられる．このクレード内には6つの系統が存在し，そのうちの5つは現在も生き残り，1つは絶滅した．現存する系統にはソテツ類（Cycadophyta あるいは Cycadales），イチョウ類 Ginkgophyta，球果植物類（針葉樹類，Coniferophyta），変わり者のマオウ類 Gnetophyta，顕花植物である被子植物類 Angiospermae がある．絶滅した1つの門——おそらく多系統だが——は，ソテツに似たキカデオイデア類 Cycadeoidophyta であり，別名ベネチテス類 bennettitalean としても知られる．ソテツ類，イチョウ類，針葉樹類を合わせて，非公式に「裸子植物類 gymnosperm」と呼ぶことがある．系統樹で示されているように，裸子植物類は1つのクレードを形成していないが，「裸子植物類」をグレード名として記述するときには役に立つ．この言葉は「剥き出しの種子」を意味しており，被子植物の場合とは異なり，これらの植物の胚珠が，保護的な細胞層によって完全には覆われていないことを示している．

植物学者が古生マツバラン類，トクサ類，シダ類，原裸子植物類がどのような順序でトリメロフィトン類から派生したのか（仮に派生したものとして）を確信できていないように，種子シダ類，ソテツ類，イチョウ類，針葉樹類が，原裸子植物類からどのような順序で出現したかもまだ不明である．したがって，ここでもまた多分岐図を

種子シダ類
seed-fern
Medullosa noei

―植物界―

描くことになる．ベネチテス類，マオウ類，被子植物類の関係も，当面は3分岐として示すのがせいぜいである．もちろんこうした配置が理想ではない．しかしこれが現状を正直に示したものであり，どこが明確でどこが不明確な領域なのかをきちんと見定めている（ものと期待する）．さてそれでは，真の種子植物たちをグループごとに手短に眺めていこう．

ソテツ類：Cycadophyta

ソテツ類 cycad のなかには，ヤシに似ていたり，巨大なパイナップルに似ていたりするものもいて，細長い，あるいは丸みを帯びた幹の下には落葉が模様を描き，生きた葉は植物の先端部に羽飾りのようにかたまっている．しかし，ソテツ類はヤシでもパイナップルでもない．ソテツはソテツである．ソテツ類は少なくとも3億2000万年前の石炭紀に出現し，表面的には似ていたキカデオイデア類，すなわちベネチテス類とともに中生代に繁栄した．したがって，中生代は単なる「恐竜の時代」ではなく，「恐竜，ソテツ，ベネチテスの時代」だった．現在では11属140種ほどのソテツ類が生き残っており，そのほとんどは大型で，なかに18m以上に成長するものもいる．多くは有毒だが，一部には「サゴ」として知られる可食性の髄をもつものもいて，「サゴヤシ sago palm」という一般名はこれに由来している．

ソテツ類は依然として運動性のある精子を使って生殖する．といっても，蘚類やシダ類の精子のように地域全体にばらまくような移動をする必要はなく，花粉管を使って胚珠の中に整然ともちこまれる．花粉そのものは一般に昆虫，普通は甲虫（とりわけ現在ではゾウムシ）が媒介して散布されるようである．事実，はるか石炭紀に最初の花粉媒介昆虫となったのは甲虫類だった可能性があり，ソテツ類が昆虫媒介性の最初の植物だったとしても不思議はない．ソテツ類とそれに付随する甲虫の組み合わせに比べれば，顕花植物とミツバチ，チョウ，ガといった共生体は新参者ということになる．

イチョウ類：Ginkgophyta

イチョウ類での生き残りはただ一種，イチョウ *Ginkgo biloba* である．イチョウ属 *Ginkgo* は，8000万年前の白亜紀後期以来，ほとんど変化しておらず，それ以外のイチョウ類の起原は2億8000万年前のペルム紀初期に遡る．現代のイチョウは野生ではほぼ絶滅したものと考えられる

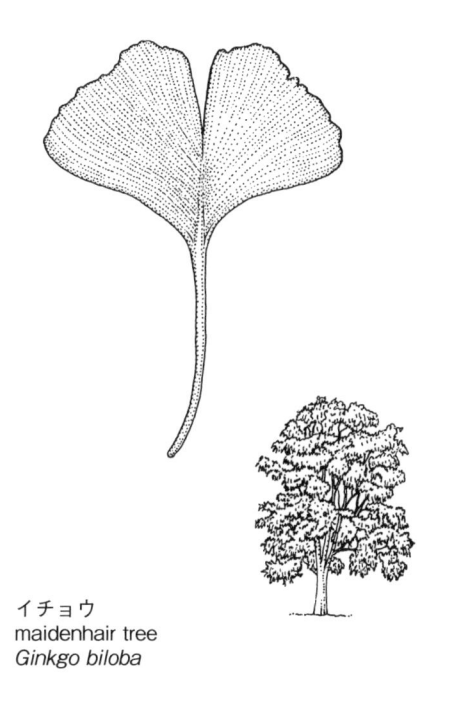

サゴヤシ
sago palm
Cycas revoluta

イチョウ
maidenhair tree
Ginkgo biloba

が，世界中の公園で高さ30mにも成長して繁茂し，落葉前には見事な黄金色の秋の色を見せてくれる．イチョウ類はまた，大気汚染にかなり強いため，とりわけ都市部に適応している．オスとメスの木は独立の植物体をつくる．メスの胚乳は，肉質で可食性の実となるので，中国の人たちはこれを食べる（さらに季節どきにはニューヨークの中央公園に採取しにくる）．面白いことに，この胚乳は，木から落ちるまでは受精しないようだ．

針葉樹類：球果植物類 Coniferophyta

針葉樹類 conifer は現存する「裸子植物類」のなかでは図抜けて大きなグループであり，50属に550種ほどが存在している．もちろん，現在のところ23万5千種を数える被子植物と比べれば，種の数もずっと少ないし，見かけもずっと均一である．しかし，針葉樹類はきわめて大きな成功を収めており，しばしば地球上の広大な領域を単一種で覆いつくしたかのような，巨大な森林を形成する．現存する世界最大の木は針葉樹の一種，セコイア *Sequoia sempervirens* であり，樹高が117mにも達する．ただし，オーストラリア産の「山の灰 mountain ash」（実際には「灰」ではなくユーカリ属の巨木）が，現生顕花植物では一番背が高く，セコイアはこれに肉薄している．

針葉樹類は少なくとも3億年前の石炭紀後期から知られていた．初期の原始的な仲間のなかで目立っていたのは，コルダボク類 Cordaite であり，これはまた，石炭のもとになった巨大な森林にも大きく貢献していた．現代の針葉樹類の多くは，乾燥に適応したような特性をもっており，おそらくは，石炭紀につづく，寒冷で乾燥したペルム紀の間に多様化したことを反映しているのだろう．

ほんの少数の属だけで，現在の針葉樹類の大半が説明される．もっとも目立つのは90種ほどが含まれるアカマツ属 *Pinus* で，ユーラシアと北米の広大な地域の支配的存在であり，南半球でも広く植林されている．アカマツの葉は，現生針葉樹類のなかでは独特である．すなわち，その葉は側方に短く出た枝につき，その生長は「決定的」，つまりあらかじめ定められている．あらゆる木のなかでもっとも長生きなのは，ブリッスルコーンマツ *Pinus longaeva* で，個々の葉は最長で45年間は生きつづける．しかし，マツ類はこれほど長い期間にわたって同じ葉を維持しているので（通常なら2〜4年間），大気汚染にはきわめて感受性が高い．

しかし，針葉樹類の驚くべき明確な特徴は，上記のようなことではない．明確な特徴は**球果 cone** と，それに含まれる種子にある．球果にはオスとメスの2種類がある．一般には両者とも同じ木につくられるが，授粉は通常，別の木についたオスの球果によって行われる（したがって，こうした木々は一般に「異系交配」の状態にある）．メスの球果は通常，成熟するまでに2年間かかる．1年目の春に胚乳が授粉し，2年目の秋になって，成熟した種子が風媒を助ける翼とともに木から落ちる．この種子は2世代の胞子体——種皮と胚——の組み合わせでできており，さらに，胚のための備蓄栄養素を提供する配偶体世代も含まれている．ロッジポールマツ *Pinus contorta* の

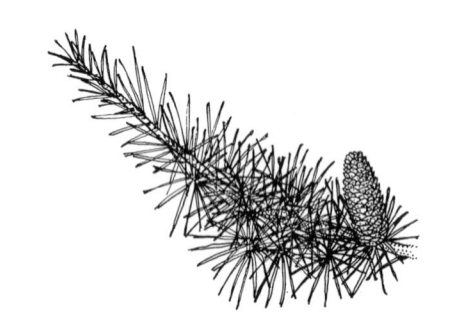

ヒマラヤスギ
（レバノンシーダー）
cedar of Lebanon
Cedrus libani

ような一部の種では，球果の鱗片が分離して種子を放出するのが，きわめて高い温度にさらされたときに限られる．すなわち，木が山火事によって焼けこげた後にだけ種子が放出されるのである．オーストラリアの多くのユーカリノキなど，このほか多くの木が同様に火事に依存している．

　針葉樹類のなかでこのほかよく知られた属には，モミ属 *Abies*，トウヒ属 *Picea*，ツガ属 *Tsuga*，ベイマツ属 *Pseudotsuga*，イトスギ属 *Cupressus*，ハイネズ属 *Juniperus*，ヌマスギ属 *Taxodium*，**仮種皮 aril** と呼ばれる肉質の赤い杯状の果実をつけるイチイ科 Taxaceae，レッドウッド redwood の名で知られるセコイア属 *Sequoia*，アケボノスギ dawn redwood の名で知られるメタセコイア属 *Metasequoia* といったものがある．メタセコイアは白亜紀から中新世にかけて（9000万年前〜1500万年前），北米大陸の西部と北部でもっとも大量に存在した針葉樹類で，絶滅したものと考えられていたが，1944年になって，中国の四川省で現在もちゃんと生きていることが再発見された．現在，メタセコイアはロンドンのキューガーデンや，ミズーリ州セントルイスなどの植物園で背を伸ばしている．南半球で目立つ針葉樹はナンヨウマツ類 araucaria である．この仲間は経済的にきわめて重要であり，北半球の人には，枝が絡みあってサルにも登れないということでモンキーパズル monkey-puzzle tree と呼ばれ，郊外の庭の多くに自慢の植物として植えられるチリスギ *Araucaria araucana* として親しまれている．

被子植物門 Anthophyta

ベネチテス類[†]：Cycadeoidophyta[†]

このキカデオイデア類 cycadeoidophyte，すなわちベネチテス類 bennettitaleans は，見かけの上では現在のソテツ類に似ているが，生殖方法の詳細は異なっている．ジュラ紀や白亜紀の背景に登場する植物の大半を占めていた．すべて絶滅し，現在，この目で見られないのは残念である．このグループは多系統の可能性もある．

ベネチテス類
bennettitalean
ウィリアムソニア
Williamsonia sewardiana

マオウ類：Gnetophyta

　マオウ類 gnetophyte は，すべての種が花蜜を産生して昆虫をひきよせ，おそらく授粉の助けにしているという小さな事実も含めて，被子植物との共通点がたくさんある．こうした類似性は並行進化のためだとしばしば考えられてきたが，現在ではマオウ類は被子植物類の真の姉妹群だということが一般に認められている．最初の被子植物類はおそらく，現生種とは異なるマオウ類の階層から出現したのであろう．

　現存するマオウ類には，大きく異なっているが明確な関連のある3つの属に，約70種が存在するだけであり，じつに驚くべき存在である．グネツム属 *Gnetum* には約30種の木とつる性植物とが含まれ，双子葉類の葉とよく似た，大型で肉厚の葉をもっている．湿気の多い熱帯地方一帯に生息している．マオウ属 *Ephedra* には約35種が含まれ，そのほとんどは枝分かれの多い灌木であり，小さくて目立たないその鱗毛は，表面的にはトクサ類のものに似ている．マオウ属の種は多くが砂漠に生息している．ウェルウィッチア（サバクオモト，*Welwitschia*）は，あらゆる植物のなかでもっとも奇妙な存在である．植物体の大半は

マオウ類
gnetophyte
マオウ
Ephedra sinica

マオウ類
gnetophyte
ウェルウィッチア（サバクオモト）
Welwitschia mirabilis

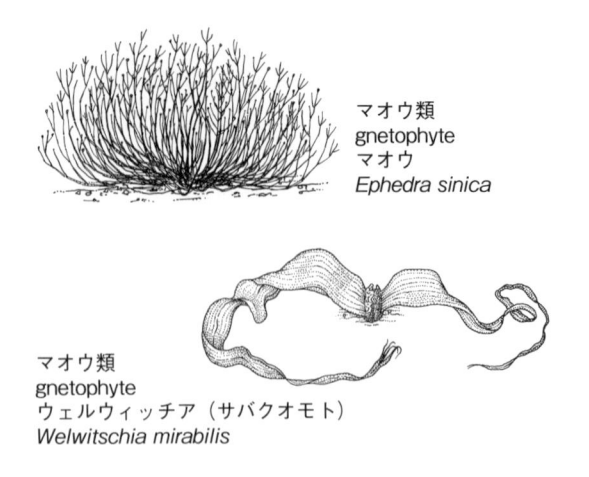

砂質の地面に埋もれていて，地表に顔をのぞかせている部分は，重量感のある木質の凹型の円盤で，その周囲に球果をつけた枝が伸びており，2本だけ，靴ひも状のほとんど枯れているとしか思えない葉がついている．この葉は端から端まで裂けていて，そのためこの植物は打ち上げられた海藻のかたまりか，捨てられた紙テープの山のように見える．ウェルウィッチアは，アフリカ南西部のアンゴラ，ナミビア，南アフリカの沿岸砂漠地帯に生息している．

花をつける植物：被子植物類 Angiospermae

さてようやく被子植物 angiosperm までやってきた．化石の記録によれば，被子植物が最初に出現したのは約1億3000万年前の白亜紀初期である．しかし，そのときにはすでに多様性が認められるので，その起原はジュラ紀にまで遡るはずである．被子植物が陸上のすべての景観を支配したということはできない．なぜなら，針葉樹類が広大な地域を覆い，木性シダ類が一部の熱帯の山頂を支配し，ミズゴケ *Sphagnum* が北半球のツンドラ地帯に地球上のすべての小生活圏(ビオトープ)でも最大のものを創出させているからだ．しかし，全体的に見れば，被子植物が世界の大陸を支配しているのは明確であり，巨大な熱帯雨林や高緯度地域の落葉樹林と，その中間にある多種多様なニッチのほとんどを占めている．そして被子植物は植物のなかでもっとも多様性が大きく，23万5千種——全植物種の90％以上——を擁している．したがって，この仲間を独立した章で取り上げる価値があるのは間違いない．

被子植物類
angiosperm
（アフリカンデイジー African daisy）

24章

顕花植物

被子植物綱 Class Angiospermae

　被子植物 angiosperm は花をつける植物であり，どこかかなり例外的な場所——海洋を航行するヨットとか，ツンドラ地帯とか，雲に覆われた高山とか，どこかの針葉樹林の奥地とか——に暮らしているのでないかぎり，周囲にはこの顕花植物 flowering plant が存在するだろう．被子植物類は少なくとも1億3000年前の白亜紀初期以来，着実に世界への影響を強めてきており，陸上のもっとも困難なニッチを除くほとんどの場所と淡水を占領している．そして陸上からふたたび海中，少なくともその境界まで後戻りさえしてきた．アッケシソウ *Salicornia* (glasswort)，イネ科のスパルティナ *Spartina* (salt-marsh grass)，マングローブの沼地をつくる多数の種の木々，それに，水中に実際に花を開かせ，マナティやガラパゴス諸島のウミイグアナといった多くの海産生物の餌になっているアマモ *Zostera* ('eelgrass') などがその例である．

　被子植物類のサイズと形態の範囲はとてつもなく大きい．オーストラリアの「マウンテンアッシュ（山の灰）」（実際にはユーカリノキの一種）のように，背の高さが世界最高の植物の座を針葉樹類のレッドウッド（セコイア）と争っている大きなものから，直径が1 mmにも満たない浮き葉にまで縮小した世界最小のウキクサの一種，ミジンコウキクサ *Wolffia* といった小さなものまで広がりがある．ウキクサ類 duckweed は単子葉類であり，これが属するウキクサ科 Lemnaceae は，オランダカイウ arum lily が属するサトイモ科 Araceae と密接な関係がある．最小の花はピンの頭より小さいくらいである．反対に最大の花は，インドネシア産の寄生植物ラフレシア *Rafflesia* のものである．ラフレシアの栄養体部分は，真菌の「菌糸体」のようなものにまで削ぎ落とされ，宿主の形成層（増殖組織）の中に枝を伸ばしているが，直径が1 mにもなるその花は，腐肉の臭いを発して，魅力に抗しきれないハエを集めて授粉させている．ラフレシアは，光合成や自身の根から栄養分を吸収することを部分的にあるいは完全にあきらめ，ほかの被子植物に寄生して生きるようになった，3000種ほどいる顕花植物の一例である．そのほかの多くは，ハマウツボ broomrape やヤドリギ mistletoe のように，身近な路傍にいるありふれた植物である．

　進化的な視点でいえば，顕花植物は遅れてきた新人のように見える．紛れもない被子植物の化石は，約1億2700万年前の白亜紀初期のものであり，メルボルンでは，コショウ科 Piperaceae に属する現在のコショウ pepper に似た小さな花が約1億2000万年前の化石になっている．しかし，多くの植物学者は顕花植物の起原はこれよりずっと古いと考えており，ジュラ紀，さらには三畳紀の被子植物の遺物が見つかったという散発的な報告もある．さらに，多くの植物学者が指摘していることだが，もっとも初期の紛れもない被子植物の花粉は裸子植物の花粉と似ており，ずっと古いものはどれも判別が不可能なだけかもしれない．したがって，もし仮にもっと古い被子植物の花粉が発見されたとしても，それは誤った判断を下される可能性がある．さらに分子生物学的証拠の一部も，従来から考えられてきた単子葉類と双子葉類という，被子植物の2大グループが，2億年以上前に分岐したことを示唆しており，そうであれば，被子植物全体の起原はそれよりさらに古いことを意味するはずだ．

　しかし一方で，被子植物と密接な関係をもつべ

ネチテス類とマオウ類とが，2億2500万年前の三畳紀以降にしか発見されておらず，そしてこれらが被子植物の起原より古くなくてはならないと指摘する植物学者もいる．被子植物の起原が圧倒的に古いことを示唆した分子生物学的証拠は，ほかのすべてのデータからあまりにも大きくはずれており，誤りにちがいないし，白亜紀以前の被子植物とされる化石は現実には決定的なものではない．こうした証拠をすべて考え合わせれば，被子植物の起原が白亜紀初期よりずっと古いと考える合理的理由はほとんどないように思われる．実際のところ，被子植物は1億4000万年から1億3000万年前ごろに出現し，それから急速に放散しただけにすぎないのだろうと考えても筋が通っている．化石の記録によれば，現在の多くの科，さらには現在の属の多くが，9000万年前までに出現したことを示している．多くの植物学者は，被子植物が単系統かどうかにも疑いの目を向けてきた．しかし，現在得られている証拠は，被子植物が，一連の明確な特性によってはっきり識別できる真のクレードであることを明瞭に示している．

被子植物を被子植物たらしめているものは何か？

以下の5つの特徴が際立っている．まず第1の，そして被子植物のもっとも明白な特徴は，花それ自体である．それぞれの花は，原則として，性と関連した構造物と補助的構造物とが4つの「輪」になっている．外側にあるのは支持構造体である**萼片 sepal**であり，緑色をしていることもあれば，花弁のように色がついていることもある．萼片の内側にあるのが**花弁 petal**で，一般には鮮やかな色をもち，昆虫たちを引き寄せる（ただし，私たち人間に見える模様は，昆虫たちを引き寄せる模様とは異なるかもしれない――なぜなら，昆虫は紫外線を認識できる傾向にあり，昆虫たちにとって花は「紫外線色」をしているかもしれないからである）．花弁の内側にあるのが集合的に**雄ずい群 androecium**と呼ばれている雄性要素で，数はさまざまな**雄ずい**（おしべ，**stamen**）が含まれる．現在の被子植物における個々の雄ずいは，床上スタンドランプのように，**花粉 pollen**を産生し，やがて放出する先端にある**葯 anther**と，それを支える**花糸 filament**の2つの部分で構成されている．花の中心部にあるのが雌性部で，集合的に**雌ずい群 gynoecium**と呼ばれており，1つ以上の心皮で構成されている．個々の**心皮 carpel**は基部に1つの**子房 ovary**をもち，そこには胚珠（卵細胞とそれに栄養を与える組織）が含まれる．その上には，先端に**柱頭 stigma**をもつ**花柱 style**が載っており，花粉を受け取るために特殊化している．しかし，「花」というこの基本主題には無数の変奏曲が存在する．たとえば，雌雄異花のものもあるし，萼片や花弁を欠いているものもある．

進化の歴史のなかで，花が正確にどのように出現したのかについては，依然として不明確なままである．現在の花は，風もしくは動物――主として昆虫，鳥，コウモリ，ときにはそれ以外の哺乳類――の助けを借りて受粉する．風媒花の多くは，草の仲間の花のように，明らかに高度に派生的であるし，ラン，キンギョソウ，ヒナギクなどの多くの虫媒花もまた派生的である．しかし，一部の風媒花のなかには，コショウのように明らかに原始的なものもあるし[註1]，原始的な虫媒花には，キンポウゲ，スイレン，モクレンなどが含まれ，その花はじつに華やかではあるがデザインは単純であり，花を構成する部品は互いに分離し，きわめて明瞭に，自然の原始的形態の1つである螺旋形に並んでいる（ついでながら，もっとも原始的な形態がもっとも美しい場合が珍しくないことに注意していただきたい）．「原始的」という形容詞は，生物学的文脈でいえば，「共通祖先の形に近い」という意味である．もし被子植物類がほんとうに単系統なら，このことはすべての顕花植物が単一の共通祖先を共有していることを意味する．とするなら，その共通祖先は，コショウのように小さい風媒花だったのだろうか，それと

も，モクレンのように大きくて立派なものだったのだろうか？　同時に両方ではありえないだろう．この2つのデザインが互いに相容れることはない．

【註1】この文脈における「コショウ」とは，コショウ科に属する「本物の」コショウを指しており，ナス科 Solanaceae の果実である「スウィート・ペッパー sweet pepper」，つまり，トウガラシ（チリ）とは異なる（訳者註：日本語の世界では，むしろ英語の pepper が，いわゆる胡椒だけではなく，ナス科の唐辛子やピーマン，ミカン科の山椒などを指す語にも含まれることを知っておくべきだろう）．

　実際のところ，植物学者たちは，被子植物の進化に対して虫媒が最初の拍車をかけたのであり，風媒は顕花植物のなかで二次的に生じたという考えを一般に支持している．虫媒には，正確さという圧倒的な利点がある．虫媒植物は花粉の生産を比較的少量に抑える余裕があり，それが必要とされる場所に正確に運ばれる．したがって，虫媒植物は個体や個体群が広く分散していても，配偶者を探し当てることができる．このことによって，数が少なく遠く離れたニッチにおいて少数の個体群が生き残る確率が高まり，それがひいては，多様な種の進化を促進させる．昆虫の最初の花粉媒介者はおそらく甲虫であり，その子孫たちは今でも現生ソテツ類の授粉をしている．現在では昆虫の花粉媒介者として主要な地位を占めるチョウやミツバチは，おそらくもっと後になって登場したものだろう．進化的にいえば，被子植物はおそらくソテツ類やベネチテス類に相乗りさせてもらい，何千万年もの間に，さまざまな昆虫たちと相互に益のある関係を共進化させてきたのだろう．最初の被子植物（少なくともその一部）は，魅惑的な美女のように，きまぐれな昆虫たちをおびき寄せた．

　しかし，もっとも基本的な進化上の疑問は，チャールズ・ダーウィンによって提起され，それは今もなお答えが得られていない．花の生殖器官どうしの関係，さらにはほかの植物の生殖器官との関係である．モクレンの螺旋形が，裸子植物の球果の形といったどんな関係にあるのか（そもそも関係があるのか）．昆虫を引き寄せるために進化した鮮やかな色の花と，ソテツ類やベネチテス類でそれに匹敵する器官との間に，（もし存在するとして）どんな相同性があるのか．昔の多くの植物学者が答えを求めてこの問題に取り組んだが，得られた結論は現在のところ決定的なものではない．この問題には分子レベルの研究が決着をつけてくれるかもしれない．花の別々の部分や，別の植物の対応する部分をコードしている個々の遺伝子が同定される可能性もあるはずだ．昆虫類と甲殻類の口器が相同か否かを明らかにする助けとなっている研究と同類のものである．その一方で，花のさまざまな部品が裸子植物の球果とどこまで相同なのか，それとも単に相似構造なのかといった点の理解の程度は，19世紀初頭のジェイン・オースティン Jane Austen の時代とほとんど変わらず不確かなままである．といってもこの領域の研究者を非難しているのではなく，その仕事がきわめて困難であることが反映されているにすぎない．

　被子植物に共通して見られる第2の大きな特徴は，**胚珠 ovule** が，親の植物が提供した組織層によって完全に覆い尽くされていることにある．受精は**花粉管 pollen tube** を介して行われる．花粉管は，真菌類の菌糸のように花粉から伸び，内部に精子の核をもったまま，花柱内に穴を掘り，胚珠に達する．

　第3の共通点は，被子植物がほかのどんな植物よりも**胞子体 sporophyte** を強調していることである．実際，雄性配偶体はわずか3個の細胞にまで縮小され，これだけで花粉が形成される．2つは精子細胞になり，もう1つが花粉管をつくる．雌性配偶体もわずか7個の細胞に縮小されている．このうちの1つが卵細胞である．もう1つの細胞——これについては以下の段落でさらに説明する——には2個の細胞核が含まれている．したがって，7個の細胞が全部で8個の細胞核をもっていることになる．こうした7個の配偶体細胞が，胚乳の重要な要素である**胚嚢 embryo sac** を構成する．こうした配偶体をつくるさまざまな細胞の核は，もちろんすべて半数体である．

それぞれの核には1組の染色体だけが含まれている．

　第4の共通点は，被子植物には**重複受精 double fertilization**という奇妙な現象が見られることである——ただしこの現象は，被子植物の近縁で現存する最古の仲間であるマオウ類gnetophyteにも見られる．おそらくこれは絶滅したベネチテス類でも行われていたのだろう．そうであれば，重複受精は被子植物すべて（23章の系統樹を参照）の共有派生形質の1つといえるかもしれない．動物の視点から見れば，重複受精という現象はひどく不可思議なことに思われる．その名前のとおり，受精が重複して行われるのである．まず，花粉内にある精子の2つの核の1つが，卵細胞と融合して新たな胚になる．その一方で，花粉内のもう1つの精子の核が，核を2つ含むメスの配偶体と融合する．こうして，内部に3組の染色体，すなわち，2つはメスの配偶体，1つは外から来たオスの配偶体に由来する染色体をもつ細胞が形成される．こうしてできた「三倍体」細胞が増殖して**内乳 endosperm**（内胚乳）になり，発生する胚に栄養組織を提供する．

　重複受精が胚と内乳の両方を提供するこの仕組みは，自然選択のご都合主義を見事に例示している．望ましい構造物（ここでは内乳）が，ただ単に近くにあっただけの細胞が一緒にまとめられてできている可能性がある——哺乳類の耳骨の2つが，爬虫類の顎とその周辺の余分の骨からつくられたことを想起させる．しかし，なぜ進化はそんなふうに作用しなくてはならなかったのだろう？雄性細胞と雌性細胞とをこのように二次的に融合させ——2つの核をもつ特殊なメス細胞を用意させ——て内乳細胞塊をつくりだす必要があったのだろうか．筆者は，これは遺伝子群のスイッチがオン/オフされるやり方，そして，比較的組織化されない方法で分裂して栄養供給塊をつくる組織を産生する必要性，また一方で，そうした増殖組織が癌組織のように植物本体を乗っ取ってしまわないよう，両者の間に明確な遺伝的境界線を引く必要性とが関係しているのではないかと考えている．いずれにしても，重複受精は被子植物の重要な特徴であり，どうやらその仲間の「花植物anthophyte」の特徴でもあるらしい（訳註：後者については現在は否定的な研究がある）．

　そして最後の5番目として，被子植物は，ほかに例のないいくつかの植物性構造体——とりわけ，ほかの維管束植物のもつもっとも特殊化していない維管束細胞に比べて，もっと効率的に，植物全体に栄養分を運ぶ**篩部 phloem**にある特殊な**篩細胞 sieve cell**——を進化させている．

　被子植物を識別するこうした5つの特性に加えて，ほかのグループにも存在することがあるものの，一般には被子植物に共通して認められるいくつかの性質がある．たとえば，多くの被子植物は落葉性である——これはおそらく熱帯地方で干ばつから身を守るために進化した仕組みであるが，現在ではより明確に高緯度の冬季環境での耐性を上げるために役立っている．針葉樹類で落葉性を採用している種は，カラマツやラクウショウ（落羽松）といったごく少数に限られる．多くの被子植物はその生活環全体をなんとか1年以内に完了するし，なかにはさらに短い期間で完了させるものもいる．こうした仲間が一年生植物である．これもまた，まったく新しい数多くの展望につながる，高い柔軟性を与えることになった．顕花植物は種子の形で越冬し，翌年の季節に発芽したり，ときには何年間も次の発芽を待つことが可能になっている．急速な成長を見せる，道ばたに生える「雑草」の多くは，そうした日和見主義者たちである．被子植物以外の維管束植物では，草本herbaceous form——事実上，木質部をもたず，細胞の静水圧でのみ支えられている植物体——の形をとるものはきわめて少ない．しかし，被子植物には草本が満ちあふれている——木質部がないことによって，きわめて急速に生長可能であり，それによってもたらされる可能性がある利点をすべて享受している．さらに一般的に，被子植物はその習性においてももっとも大きな多様性を示す．木本性つる植物 liana，草本性つる植物 vine，高木 tree，匍匐植物 creeper といったさまざまな

形で生長するし，困難なときに耐えて生き延びるためにさまざまな工夫——塊茎 tuber，根茎 rhizome，鱗茎 bulb など——を見せてくれる．

そしてまた，被子植物はあらゆる種子のなかでもっとも頑丈な種子をつくることがあり，それは生き延びて広い範囲に散布され，厳しい冬を幾度も乗り越えたり，きわめて長期間の干ばつに耐えたりすることがある．そうした種子の頑丈さと，風，水，動物によって散布されるための多くの工夫に，正確な授粉を行う仕組みとが一体になって，被子植物の生殖はあらゆる植物のなかでもっとも効率が高くなっている．さらに，被子植物は真核生物のなかでもっとも偉大な「薬理学者」でもあり，きわめて多様な化学物質を産生して，それによってとりわけ病気や草食動物から身を守っている．ちなみに，草本性であることの特質——急速な生長，きわめて効率の高い授粉と（時間的，空間的）種子散布——を如実に体現しているのが，次章で説明するキク科の植物たちである．

全体として，私たちは被子植物のすばらしさにただただ畏敬の念を抱かざるをえない．ヴィクトリア朝時代には「進歩」というものを「宿命」とか道徳的優位性とかと一体化しようとする傾向があったせいもあって，進化による「進歩」という観念を信奉していた．だが，現在はもはやそうした時代ではない．しかしながら，花というものを，花粉と卵子を一体化させ，その結合によって生じる種子を散布させる一種の機械と考えるなら，この機械がきわめて効率がよいことを認めざるをえない．技術者の目で，この機械がこなすべき仕事と，被子植物がそれに対処するために身につけた解決策を客観的に評価すれば，いかにすぐれたものであるかに納得がいくはずだ．被子植物が——始新世初期以来の——過去5000万年間で，世界が着実に寒冷化し多くの面でストレスが高まってきた中で，見事なまでに繁栄し，生息域を拡大し，多様な種を生み出してきたことは確かである．しかし，伝道の書にもあるように，「必ずしも速い者が競走に勝つのではなく，強い者が戦いに勝つのでもない」．被子植物も好き放題に世界を席巻してきたのではない．非顕花植物もまた繁栄し，多くの状況において被子植物を凌駕している．蘚類，シダ類，針葉樹類は今もなお，広大な陸地で優占種になっているし，海洋においても，褐藻や紅藻，すなわち植物とは異なる巨大な独立栄養生物たちが今なおのびのびと暮らしている．

被子植物の分類は，現在，興味深い段階にある．植物学者たちは，リンネの時代以前でさえ，まじめに分類に取り組みはじめていたし，19世紀初期に起原をもつ多くの考え方が今も通用していると同時に，将来にわたってずっと存続する可能性もある．結局のところ，以前の世紀には多くのすぐれた植物学者たちが存在していたし，もし現代的な手法によってかつての学説がすべて覆されることになっても，そうした手法のほうに疑いがもたれ，見捨てられることになることだってあるだろう．しかしながら，現在，分子生物学的研究や化石に基づく分岐学の手法や新しいデータは，教科書や一般向けのガイドで主流となっている伝統的分類には再考，それもときには根本的再考が必要なことを示唆しつつある．しかし，残念なことに，整然として包括的で，しかも本当に系統分類学を土台にした分類を提供しようとする研究は，現在もなお，まさに「進行中」である．伝統的分類は整然とし，包括的であるが，現代の研究はますますその仮定に疑問を投げかけつつも，それに匹敵するだけの整然とした（なおかつ広く受け入れられた）代案を提供できないでいる．

そこで以下のガイドでは妥協策をとることにした．示されている系統樹はシカゴ大学フィールド博物館のピーター・クレイン Peter Crane の分岐学的研究に基づいている（具体的には，P・J・ルドール P. J. Rudall らが編集した『単子葉類：系統分類学と進化 Monocotyledons: Systematics and Evolution』（1995）で，パトリック・ヘレンディーン Patrick Herendeen とピーター・クレインが著した『単子葉類の化石史 The Fossil History of the Monocotyledons』と，ピーター・クレイン，エルス・マリー・フリース Else Marie

Friis, カイ・ラウンスガード・ペダーソン Kaj Raunsgaard Pederson がネイチャー誌に発表した論文に示されている)——これらの引用文献の詳細については，出典の項に示してある．

しかし，少なくともすべての顕花植物について整然とした概観を提示し，いかなる新分類であれ土台にすべき伝統的体系は無視できない．私はこれと，新しい考えの数々とを結びつけようとも努めた．それに，新しい考えと旧来の考えとの対比をじっくり眺めて，両方を吟味できるようにすることが重要だとも考えている．そこで，V・H・ヘイウッド V. H. Heywood が編集した『世界の顕花植物 Flowering Plants of the World』(1978)における伝統的な分類も引用している．この本は私が愛用している参考文献の1つ——そのままで再版に値する古典の1冊——である．しかしこの本は，分岐学の考えや分子データが本格的に始動する直前の1970年代に書かれたものであり，そこで認識されているグループの多くに再考が必要なのは間違いない．したがって，以下に示すのは，現状を反映した，いくぶん異種混合を伴った分類である．

被子植物へのガイド

植物学者は伝統的に顕花植物を，双子葉類 Dicotyledoneae と単子葉類 Monocotyledoneae の2つのサブグループに明確に分けてきた．単子葉類には，イネ，ユリ，タマネギ，アヤメ，ヤシ，アナナス（パイナップルやその近縁）などが含まれ，古典的定義における双子葉類にはそれ以外のもの——オーク（ブナ），キク，エンドウ，キャベツなど——が含まれていた．植物学的には，こうした分割は，子葉 cotyledon の枚数に基づいており，双子葉類では一般に2枚，単子葉類では1枚だった．英国の偉大な博物学者ジョン・レイ John Ray（1627〜1705）がこの分割を最初に示唆したのが1703年であり，あらゆる植物分類学者のなかでもっとも影響力のあったアントワーヌ＝ローラン・ド・ジュシュー Antoine-Laurent de Jussieu（1748〜1836）も，子葉の根本的重要性を強調していた．現在の植物学者の大半は，顕花植物が双子葉類と単子葉類にきれいに分かれていることを当たり前のことだと考えている．ヴァーノン・ヘイウッドもこの分割を好んだ．一般に，まず最初に双子葉類，次いで単子葉類が列挙される．

まずたいていの目的には，このように双子葉類と単子葉類に単純に分割するだけで十分目的を達成できる．整然としていることは確かである．しかし，本書の系統樹に示されているように，ピーター・クレインなどの分岐学的研究では，双子葉類と単子葉類との単純な分割は真の進化的関係を反映しておらず，したがって「自然」であることを旨として追究する分類の基礎とすべきでないことが示唆されている．実際のところ，単子葉類は現実に真のクレードを構成しているものの，すべての双子葉類の単純な姉妹群という位置づけにはなっていない．単子葉類クレードは，ちょうど鳥類のクレードが恐竜類から出現したように，双子葉類の階層(ランク)から出現している．しかしながら，この場合，現生双子葉類のほとんどは，実際には，クレインが「真双子葉類」と呼んでいる1つのクレードを形成している．原始的な一部の双子葉類——たとえばスイレン，コショウ，モクレン——が別に分けられるだけである．全体的に見て，クレインの系統樹では，被子植物に6つの主要なグループを認めているのに対して，古典的系統樹では2つだけになっている．

この系統樹に関してはひとこと必要だろう．ピーター・クレインとかれに近い同僚たちは，多くの現代分類学者たちと同じで，自分たちの使う命名法を調整してこれまでの慣習と整合性をもたせることに時間を割こうとしない傾向がある．つまり，リンネ流の（なおかつ厳格なヘニッヒ流

―被子植物綱―

の!)慣習では,等価な階層のグルーピングは同一の語尾になるよう求められる.伝統的には,植物の上目の名称は「-idae」で終わり(動物の科の語尾と混同しないよう注意),植物の目は「-ales」,植物の科は「-aceae」で終わる.しかしお気づきのように,クレインの主要な6つのディビジョン(division,階層に関しては未特定とするほうがいいかもしれないが,呼ぶとしたら亜綱だろうか)は,スイレン類 Nymphae*ales*,コショウ類 Piper*ales*,単子葉類 Monocot,ウマノスズクサ類 Aristolochi*aceae*,木質モクレン類 Woody Magnoli*id*(Magnoliidae の短縮形を暗示させる呼び名),真双子葉類 Eudicot のように,さまざまな語尾をもっている.それと同時に,系統樹の右側に描かれたグループ(上目,あるいは未特定の階層と考えるべきかもしれない)には,科名としてふさわしいような名称もあれば,伝統的命名法では上目としか思えない名称もある.

多くの伝統主義者たちには,こうした命名が粗雑で間に合わせ的なものと感じられるかもしれない.しかし多くの現代研究者は,言語学的慣習に長々とかかずらうほど人生は長くないと考えているにすぎない.筆者自身は,分類が現実にあるべき姿について広い合意が得られているときには,名称を整理する試みにも価値があるかもしれないと考えている.しかし,そうした条件が整うまでは,現時点で広く知られている名称をいろいろといじれば,ただ混乱を引き起こすだけだろう.そうしたわけで,当面は,粗雑で間に合わせの名称を採用することにする.

ただ,重要なことは,現代の分岐学的研究によって,伝統的なグループの多くが,実際には古典的分類が暗に示しているような進化的意義をもたないと示唆されていることである.たとえば,単子葉類は真のクレードとして出現しているが,もはやそれを2つのクレードのうちの1つとみなすことはできない.単子葉類は6つのうちの1つを代表している——そして残り5つを従来の分類では「双子葉類」と呼んでいた——のである.

ヘイウッドは双子葉類を,モクレン上目 Magnoliidae,マンサク上目 Hamamelidae,ナデシコ上目 Caryophyllidae,サルナシ上目 Dilleniidae,バラ上目 Rosidae,キク上目 Asteridae,という6つの上目に分けていた.クレインが定義する6つの主要なディビジョンのうちの4つ,すなわち,スイレン類(Nymphaeales,スイレンとその直近縁種),コショウ類(Piperales,コショウとその近縁種),ウマノスズクサ類(Aristolochiaceae,ウマノスズクサとその近縁種),木質モクレン類(Woody Magnoliids,伝統的にはモクレン目の一部)は,ヘイウッドの古典的分類のモクレン上目 Magnoliidae に属していた.もちろん,木質モクレン類には,モクレン属 *Magnolia* が含まれており,モクレン類 Magnoliales もモクレン上目 Magnoliidae も,その名前に由来する.クレインの分類で残る2つは,事実上,古典的な分類を踏襲している.単子葉類は自然群(真のクレード)の位置にとどまっているし,真双子葉類には伝統的な双子葉類の大半が含まれているからである.

しかし,伝統的なモクレン上目がほとんど完全にバラバラにされてしまったことは,驚くべきことでもないし,多くの点で有益でもある.というのも,モクレン上目には,原始的な被子植物のほとんどすべてが含まれているからだ.それでもなお,これまで見てきたように,原始的な仲間を結びつけるものは,その原始性を除いてほとんど存在しない.コショウ類は小さな花をつけ風媒性であるが,モクレン類とスイレン類はたっぷりと花をつける虫媒性であり,一見するとそれほど異なっているとは思えない.伝統的な分類法では,原始性それ自体(あるいは感じ取れる原始性)が,別々の生き物を1つにまとめる十分な根拠になるものと一般に考えられていた.たとえば,下等に見えるがそれ以外の点では大きく異なっている哺乳類たちが,いろいろな場面で「食虫類」としてひとまとめにされてきた.本書全体を通じて,新しい主要なグループが生じるときには,それが適応放散する——多くの形態をとる——ことを見てきた.一般的にいって,初期に出現した種

24・被子植物綱

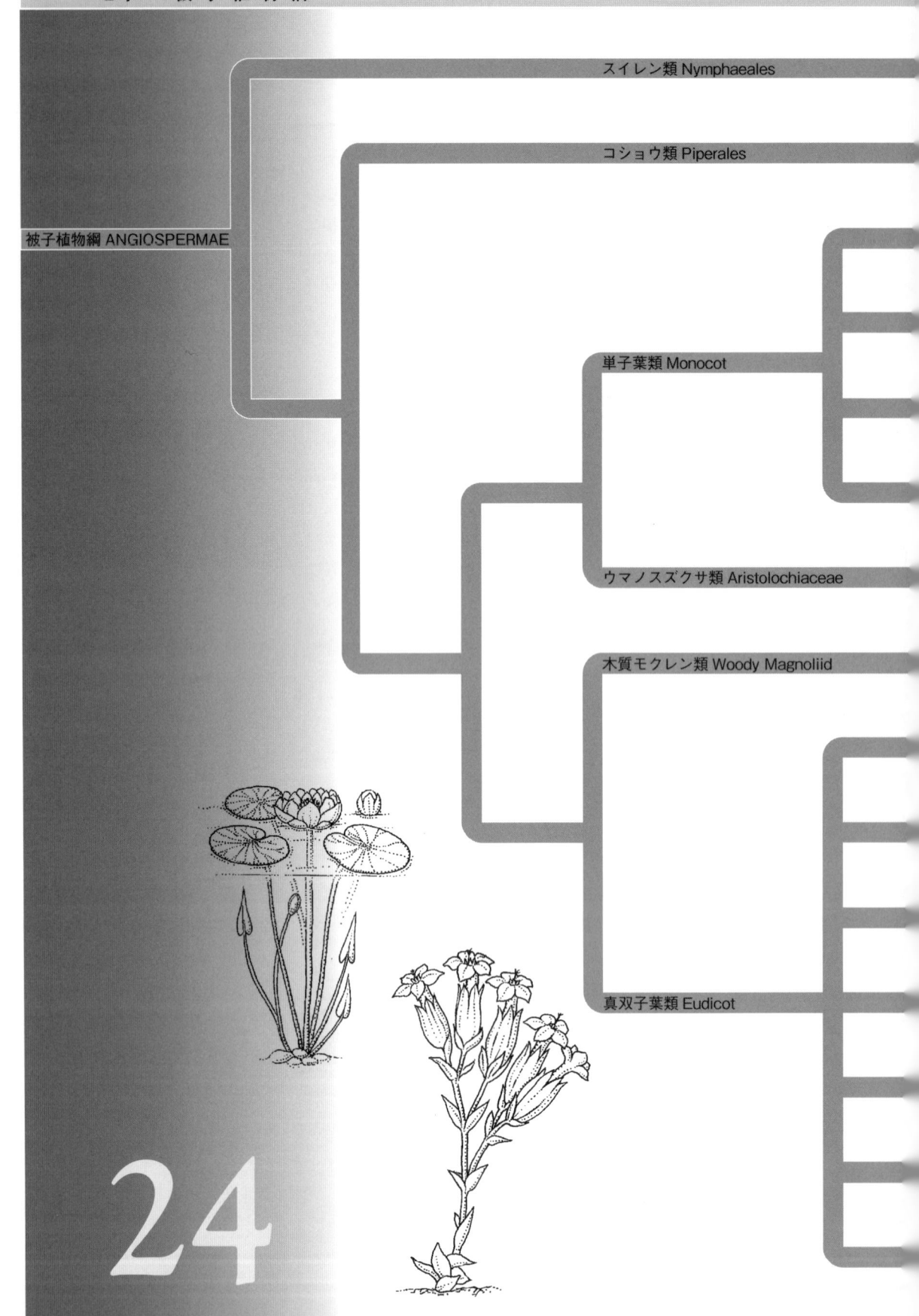

- 被子植物綱 ANGIOSPERMAE
  - スイレン類 Nymphaeales
  - コショウ類 Piperales
  - 単子葉類 Monocot
  - ウマノスズクサ類 Aristolochiaceae
  - 木質モクレン類 Woody Magnoliid
  - 真双子葉類 Eudicot

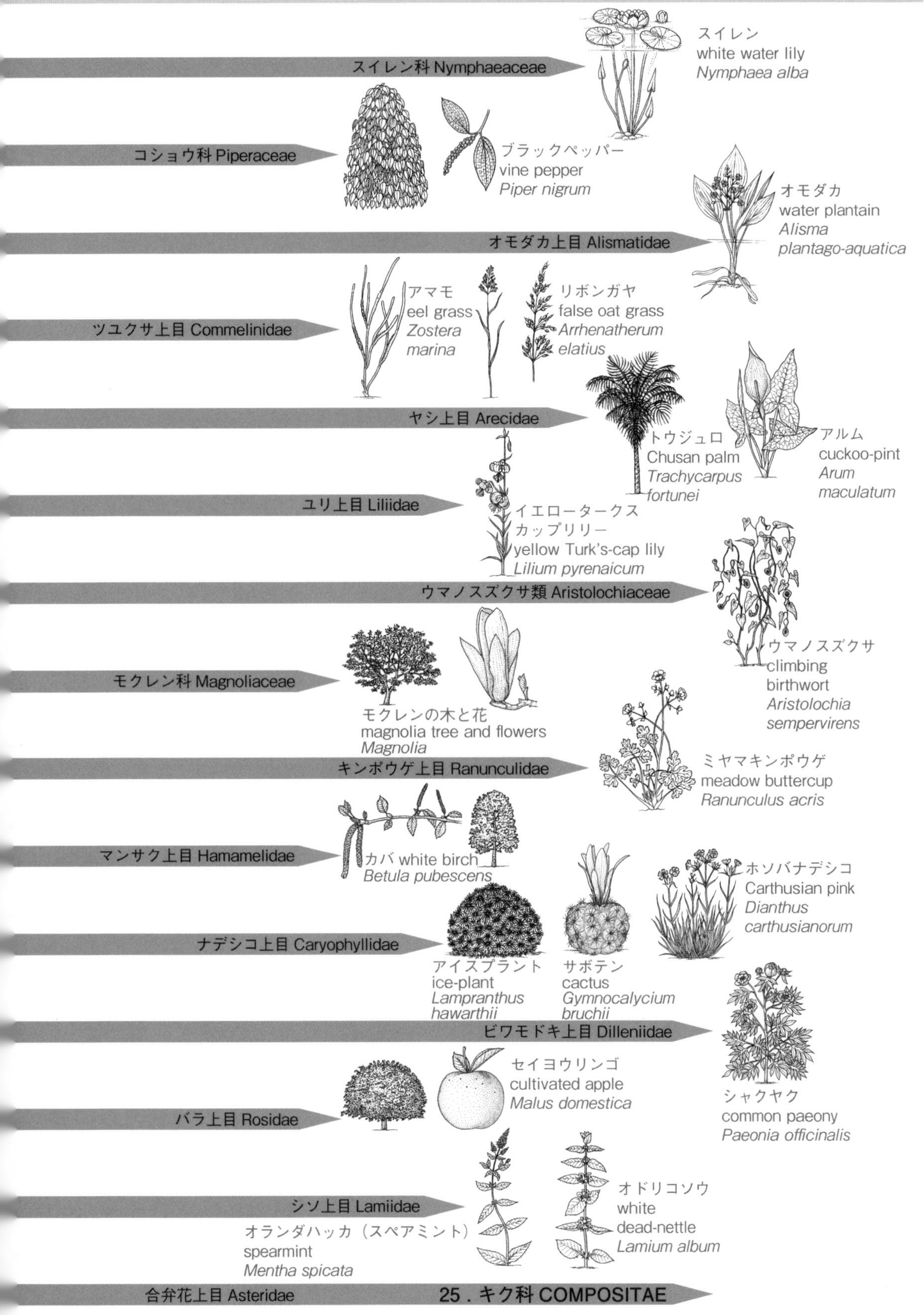

スイレン科 Nymphaeaceae

スイレン
white water lily
Nymphaea alba

コショウ科 Piperaceae

ブラックペッパー
vine pepper
Piper nigrum

オモダカ上目 Alismatidae

オモダカ
water plantain
Alisma plantago-aquatica

ツユクサ上目 Commelinidae

アマモ
eel grass
Zostera marina

リボンガヤ
false oat grass
Arrhenatherum elatius

ヤシ上目 Arecidae

トウジュロ
Chusan palm
Trachycarpus fortunei

アルム
cuckoo-pint
Arum maculatum

ユリ上目 Liliidae

イエロータークスカップリリー
yellow Turk's-cap lily
Lilium pyrenaicum

ウマノスズクサ類 Aristolochiaceae

ウマノスズクサ
climbing birthwort
Aristolochia sempervirens

モクレン科 Magnoliaceae

モクレンの木と花
magnolia tree and flowers
Magnolia

キンポウゲ上目 Ranunculidae

ミヤマキンポウゲ
meadow buttercup
Ranunculus acris

マンサク上目 Hamamelidae

カバ white birch
Betula pubescens

ホソバナデシコ
Carthusian pink
Dianthus carthusianorum

ナデシコ上目 Caryophyllidae

アイスプラント
ice-plant
Lampranthus hawarthii

サボテン
cactus
Gymnocalycium bruchii

ビワモドキ上目 Dilleniidae

セイヨウリンゴ
cultivated apple
Malus domestica

シャクヤク
common paeony
Paeonia officinalis

バラ上目 Rosidae

シソ上目 Lamiidae

オドリコソウ
white dead-nettle
Lamium album

オランダハッカ（スペアミント）
spearmint
Mentha spicata

合弁花上目 Asteridae

25．キク科 COMPOSITAE

類のほとんどは消え去る運命にある．だから，初期哺乳類の主要なグループのうち，少なくとも6つは絶滅してしまっているし，鳥類で知られている8つの主要なグループのうちの7つは消え去っている（新鳥類 neornithine だけが生き残っている）し，バージェス頁岩で認められている初期節足動物のほとんどは，カンブリア紀を生き残ることができなかった．しかし，被子植物の初期の6本の枝については，現在まで生き残ったように思われる．そのうちの2本の枝，すなわち単子葉類と真双子葉類が，きわめて豊かな小枝を伸ばしたのに対して，残りの4本の枝は依然として多くの原始的特性を保持したままである．しかし，もし系統発生を私たちの指針とするのであれば，こうしたより原始的なグループをただひとまとめにするわけにはいかない．

つまり，大まかにいえば，それが伝統的分類と現代的分類との明確な違い，ひいては違いの背景にある考え方の差異である．以下の被子植物を通覧した説明は，いつものとおり，図の上から下に順番に並べてある．

スイレンとその仲間：スイレン類 Nymphaeales

スイレン類はスイレン water lily とその直近の仲間たちである．スイレン科 Nymphaeaceae がこのグループの主な科である．系統樹が示しているように，スイレンはほかのすべての被子植物の姉妹群として出現している．少なくとも花の基本的体制において，最初の被子植物の祖先型からほとんどはずれていないものと考えられるグループである．

コショウとその仲間：コショウ類 Piperales

コショウ類は，原始的と考えられている，被子植物のもう1つのグループであり，小さな花をつけ，風によって授粉する．コショウ科 Piperaceae に属するのがいわゆるコショウ pepper である（調味料の原料になるものであり，スウィート・ペッパー sweet pepper といわれるナス科のシシトウガラシとは別物である）．近縁のドクダミ科（Sauruaceae，系統樹では示していない）は，東アジアと北米産の小さなグループで，ときには「トカゲのしっぽ lizard tail」と呼ばれ，民族料理のレシピにある園芸植物の一部もこの科に含まれる．

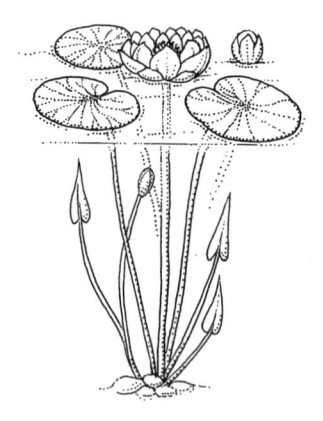

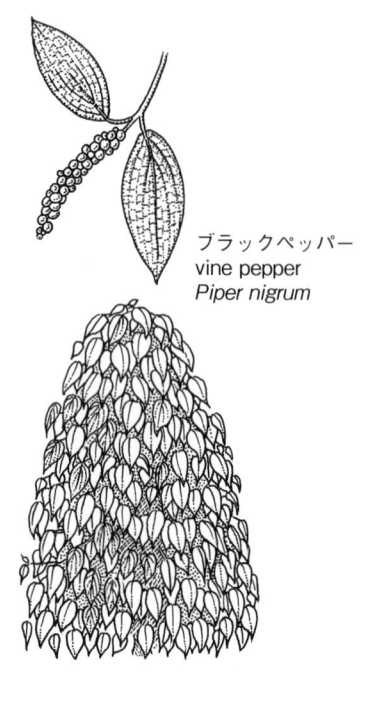

スイレン
white water lily
Nymphaea alba

ブラックペッパー
vine pepper
Piper nigrum

―被子植物綱―

単子葉類 Monocot

　単子葉類は伝統的に定義されたものとほとんど同じである．この仲間には，既知の現生被子植物全体のおよそ5分の1（22%）が含まれる．ここに示した4つの上目は，ヘイウッドの定義に基づくものである．ヘイウッドの定義におけるオモダカ上目 Alismatidae には4目16科が含まれる．これらの科のなかで目立つのはオモダカ科（Alismataceae，英 water plantains，これがそのまま上目名としても使われている），ヒルムシロ科（Potamogetonaceae，英 pondweed），アマモ科（Zosteraceae，英 'eelgrass'）である．全体として，オモダカ上目は自然群とは見えない．雑多な水生単子葉類を1つにまとめただけにすぎないように思われる．

　ヘイウッド分類におけるツユクサ上目 Commelinidae には9目20科が含まれ，そのうちの一部は，大きな生態学的，経済学的重要性をもっている．このなかには，イネ科（Poaceae または Gramineae，英 grass，もちろんここには穀類 cereal が含まれる），イグサ科（Juncaceae，英 rush），カヤツリグサ科（Cyperaceae，英 sedge），パイナップル科（Bromeliaceae，パイナップル pineapple）のほか，アメリカ南部の湿地帯にある樹木を覆っているサルオガセモドキ（英語では「スペインの苔 Spanish moss」のような一群の着生植物），バショウ科（Musaceae，バナナ類 banana），ショウガ科（Zingiberaceae，ショウガ ginger，カルダモン cardamon，ウコン turmeric を恵んでくれる）がある．

　ヤシ上目 Arecidae に含まれるのはわずか4目5科を数えるのみである――しかし，ここにもいくつか目立つ植物が含まれる．そうしたものとして，ヤシ科（Arecaceae または Palmae，英 palm），本章の初めにふれたウキクサ科（Lemnaceae，英 duckweed），そして，サトイモ科（Araceae，別格のアルム cuckoo-pint などを含むサトイモ aroid の仲間）がある．

オモダカ
water plantain
Alisma plantago-aquatica

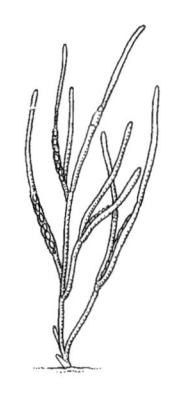

アマモ
eel grass
Zostera marina

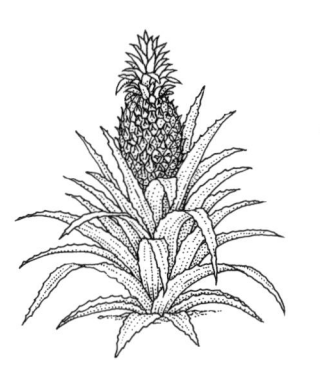

パイナップル
pineapple
Ananas comosus

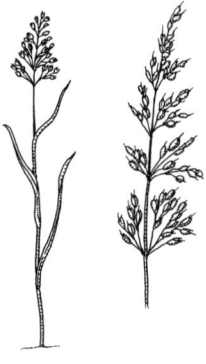

リボンガヤ
false oat grass
Arrhenatherum elatius

トウジュロ
Chusan palm
Trachycarpus fortunei

アルム
cuckoo-pint
Arum maculatum

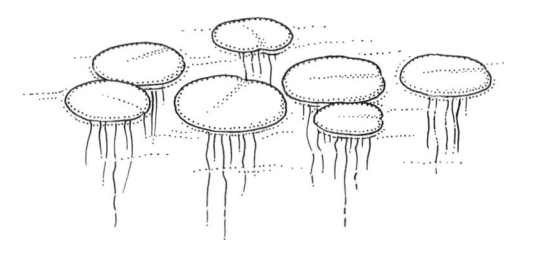

ウキクサ greater duckweed, *Spirodela polyrhiza*

最後のユリ上目 Liliidae に含まれるのは2目16科だけであるが，ここでもまた，いくつかきわめて重要な科がある．そうしたものとして，熱帯地方の水路で目立つ雑草の1つであるホテイアオイ water hyacinth が含まれるミズアオイ科 Pontederiaceae，アヤメ科（Iridaceae，英 iris），ユリ科（Liliaceae，ユリ lily のほか，分類によってはタマネギ onion を含む），ヒガンバナ科（Amaryllidaceae，ラッパズイセン daffodil），リュウゼツラン科（Agavaceae，サイザル麻 sisal を含むリュウゼツラン類 agave），見事な容姿のススキノキ科（Xanthorrhoeaceae，先端に草の穂をつけた，小さなヤシの木のように見える「草の木 grass tree」），ヤマノイモ科（Dioscoreaceae，温帯地方の道ばたに花を咲かせるタムス black briony から，熱帯地方できわめて重要なヤムイモ yam までが含まれる），ラン科（Orchidaceae，およそ1万8千種と多くの雑種が含まれるランの仲間）がある．

イエロータークスカップリリー
yellow Turk's-cap lily
Lilium pyrenaicum

既知の単子葉類で最古のものは，白亜紀初期のものである．単子葉類は概して草本性であるため，きわめて化石になりにくいと考えられる．しかし，もしこの時期に本当に単子葉類が出現し，さらにもし被子植物全体もほぼこの頃に出現した

のだとすれば，単子葉類が顕花植物の初期の仲間であることは明らかである．被子植物全体と同じく，単子葉類も白亜紀中期に多様性を増した．バショウ科（バナナ類）とヤシ科といった科が確立されたのは，8000万年前の白亜紀後期であり，現在の仲間の多くは新生代早期にはすでに存在していた．

ウマノスズクサとその仲間：ウマノスズクサ類 Aristolochiaceae

ウマノスズクサ類には7つの属に600以上の種が含まれる．多くは木本性つる植物であり，室内用鉢植え植物として育てられるものもある．アリストロキア *Aristolochia macrophylla* は「オランダ人のパイプ Dutchman's pipe」，*A. ornicephala* は「鳥の頭 bird's head」，オオパイプバナ *A. grandiflora* は「ペリカンバナ pelican flower」と呼ばれている．熱帯や温帯地方のいたるところに広く分布しているが，オーストラリアには存在しない．この仲間の分類はずっと困難だった．ヘイウッドはこのウマノスズクサ類をモクレン上目 Magnoliidae に分類していたが，モクレン類と共通にもっている特徴は，単なる原始的性質かもしれない．多くの植物学者が，単子葉類との類似性に注目している．系統樹からわかるように，クレ

ウマノスズクサ
climbing birthwort
Aristolochia sempervirens

―被子植物綱―

インはこれを単子葉類の姉妹群に位置づけ，単子葉類と古典的な「双子葉類」を結ぶ環としている．

モクレン類：木質モクレン類 Woody Magnoliid

　非公式の名称としての木質モクレン類 Woody Magnoliid には，古典的分類のモクレン科 Magnoliaceae が含まれ，モクレン属 *Magnolia* とユリノキ属 *Liriodendron*（英 tulip tree）がよく知られている．大型で螺旋形のその花は，明らかにスイレン類とよく似ている．一般に，あらゆる被子植物のなかでもっとも原始的と考えられてきたが，現在ではその地位を失い，真双子葉類の姉妹群と位置づけられている．つまり，真双子葉類の祖先はモクレン類と似ていたものと想定できる．

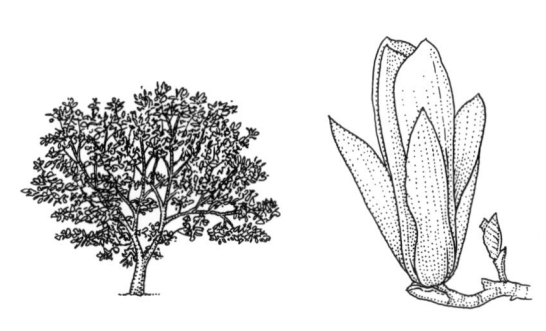

モクレンの木と花
magnolia tree and flower, *Magnolia*

真双子葉類 Eudicot

　最後の真双子葉類 Eudicot は，すべての顕花植物の少なくとも70％を含んでいる．ここに示した上目群は，必ずしもヘイウッドの分類とは一致しない．たとえば，ヘイウッドはキンポウゲ上目 Ranunculidae とシソ上目 Lamiidae をここに指名していない．かれは，前者――キンポウゲとその仲間――を，モクレン上目 Magnoliidae 内の1つの目（キンポウゲ目 Ranunculales）に含めているし，後者――ハッカやチークとその仲間――を，合弁花上目 Asteridae 内のシソ目 Lamiales としている点が異なる．この点を除けば，大まかな枠組みは類似しており，ここでは古典的なリストに従う．

キンポウゲ上目 Ranunculidae

　キンポウゲ上目にはキンポウゲ科 Ranunculaceae を含み，モクレン類のように，明確に分離した花弁をもち，基本的に原始的構造をしている．キンポウゲ属 *Ranunculus*（英 buttercup）のほか，この科にはクリスマスローズ属 *Helleborus*，オダマキ属 *Aquilegia*，オオヒエンソウ属 *Delphinium*，イチリンソウ属 *Anemone*，ハンショウヅル属 *Clematis*，タロタネソウ属 *Nigella* といった，園芸種として好まれる属が含まれる．

ミヤマキンポウゲ
meadow buttercup
Ranunculus acris

マンサク上目 Hamamelidae

　マンサク上目には，スズカケノキ科（Platanaceae, 英 plane），マンサク科（Hamamelidaceae, アメリカマンサク hazel gum やモミジバフウ sweet gum），カバノキ科（Betulaceae, カバ birch, ハンノキ elder, クマシデ hornbeam を含

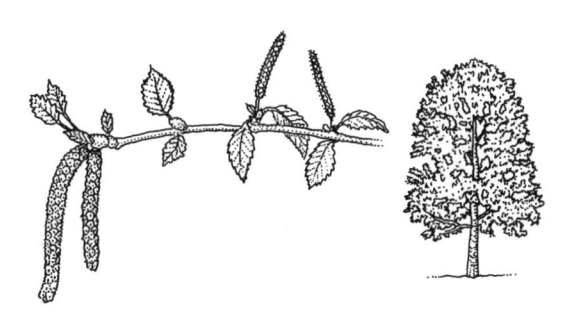

カバ white birch, *Betula pubescens*

む），ブナ科（Fagaceae，ブナノキ beech，ナラ（オーク oak），ヨーロッパグリ sweet chestnut）のような多様な木本植物の科が含まれる．

ナデシコ上目 Caryophyllidae

　ナデシコ上目は，表現型を見ればきわめて多様な集まりである．古典的分類では，この上目には，サボテン科（Cactaceae，英 cactus），ツルナ科（Aizoaceae，アイスプラント ice-plant やメセンブリアンテマ mesembryanthemum），ナデシコ科（Caryophyllaceae，カーネーション carnation），オシロイバナ科（Nyctaginaceae，ブーゲンビレア bougainvillea），ヒユ科（Amaranthaceae，ヒモゲイトウ love-lies-bleeding やアンデスの重要な穀物アマランサス amaranth），アカザ科（Chenopodiaceae，テンサイ sugar beet，ホウレンソウ spinach，アリタソウ Good-King-Henry やアカザ fat hen，そして，これも南米のもう1つの伝統的な基本食物になっているキノア quinoa），オカヒジキ科（Batidaceae，オカヒジキ saltwort），タデ科（Polygonaceae，ソバ buckwheat，ダイオウ rhubarb，ギシギシ sorrel），イソマツ科（Plumbaginaceae，ラベンダー lavender）が含まれている．

ビワモドキ上目 Dilleniidae

　ビワモドキ上目には，ボタン科 Paeoniaceae，ツバキ科（Theaceae，チャ（茶 tea）とツバキ camellia），オトギリソウ科（Guttiferae，マンゴスチン mangosteen），シナノキ科（Tiliaceae，ライム lime やツナソ（ジュート jute）），アオギリ科（Sterculiaceae，ココア cocoa），パンヤ科（Bombaceae，バオバブ baobab やバルサ balsa），驚くべき仲間をもつアオイ科（Malvaceae，ワタ（綿 cotton），ゼニアオイ mallow，タチアオイ hollyhock，英語で「女性の指 lady's fingers」あるいは「ビンディ bindhi」と呼ばれるオクラ），ニレ科（Ulmaceae，ニレ elm やエノキ hackberry），クワ科（Moraceae，イチジク fig，アサ（麻 hemp），クワ mulberry），イラクサ科（Urticaceae，ニセホウレンソウ stinging nettle），サガリバナ科（Lecythidaceae，ブラジルナッツノキ Brazil nut），スミレ科（Violaceae，英 violet），トケイソウ科（Passifloraceae，英 passion flow-

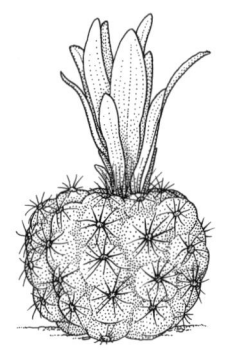

シャクヤク
common paeony
Paeonia officinalis

サボテン
cactus, *Gymnocalycium bruchii*

アイスプラント
ice-plant
Lampranthus hawarthii

ホソバナデシコ
Carthusian pink
Dianthus carthusianorum

er），パパイヤ科（Caricaceae，ポーポー pawpaw），シュウカイドウ科（Begoniaceae，ベゴニア begonia），ウリ科（Cucurbitaceae，キュウリ cucumber，ペポカボチャ marrow，メロン melon，ヒョウタン gourd，カボチャ squash, pumpkin，といったもの），ヤナギ科（Salicaceae，ヤナギ willow，ハコヤナギ aspen，ポプラ popla），フウチョウソウ科（Capparaceae，フウチョウボク casper），アブラナ科（Cruciferae，キャベツ cabbage，カブ turnip，カラシ mustard），ツツジ科（Ericaceae，ギョリュウモドキ heather，アザレア azalea，シャクナゲ rhododendron），アカテツ科（Sapotaceae，グッタペルカ gutta percha，キャラメル菓子のようなサポジラ sapodilla，チューインガムの原料となるチクル chicle），サクラソウ科（Primulaceae，英 primrose）が含まれる．

バラ上目 Rosidae

バラ上目には，もちろんバラ科 Rosaceae が含まれるし，リンゴ apple，セイヨウナシ pear，プラム plum，モモ peach，キイチゴ（ラズベリー raspberry），クロイチゴ（ブラックベリー blackberry）といったすばらしい果実の多くもこの仲間である．しかし，バラ上目にはさらに多くの，モウセンゴケ科（Droseraceae，モウセンゴケ sundew やハエジゴク Venus' fly-trap），ベンケイソウ科（Crassulaceae，マンネングサ stonecrop やバンダイソウ houseleek），ユキノシタ科（Saxifragaceae，ユキノシタ saxifrage やスグリ currant など），マメ科（Leguminosae，この偉大な科は，人間の食物としてはイネ科についで2番目に重要なエンドウ pea，インゲンマメ bean，ナンキンマメ groundnut，レンズマメ lentil といった豆類を含み，さらには，むしり喰いやつまみ喰いをする草食動物にとってきわめて重要なツメクサ（クローバー clover）やアカシア acacia も提供してくれる），ヒルギ科（Rhizophoraceae，マングローブ mangrove とその仲間），フトモモ科（Myrtaceae，チョウジノキ clove のほか，約600種がオーストラリアの乾燥地域を支配している驚嘆すべきユーカリ属 *Eucalyptus*），ザクロ科（Puniaceae，英 pomegranate），アカバナ科（Onagraceae，clarksia，フクシア fuchsia，アカバナ willow-herb），ミズキ科（Cornaceae，ハナミズキ dogwood），ゴンドワナ大陸時代の驚くべき遺産であるヤマモガシ科（Proteaceae，プロテア *Protea*，バンクシア *Banksia*，シノブノキ *Grevillea*），モチノキ科（Aquifoliaceae，ヒイラギ holly），巨大で多様な仲間を含むトウダイグサ科（Euphorbiaceae，トウダイグサ spurge，主食として収穫されるキャッサバ（イモノキ cassava），および，トウダイグサ属 *Euphorbia* に属する驚くほど見かけがサボテンそっくりのいくつかの種を含む），ブドウ科（Vitaceae，ブドウ grape やアメリカヅタ Virginia creeper），トチノキ科（Hippocastanaceae，セイヨウトチノキ（マロニエ horse chestnut）），カエデ科（Aceraceae，英 maple），カンラン科（Burseraceae，ニュウコウ（乳香）frankincense やミルラ myrrh），ウルシ科（Anacardiaceae，カシューナッツ cashew やマンゴー mango），センダン科（Meliaceae，マホガニー mahogany），ミカン科（Rutace-

セイヨウリンゴ
cultivated apple
Malus domestica

ae，各種柑橘類果物 citrus fruits），クルミ科（Juglandaceae，クルミ walnut，ヒッコリー hickory，ペカンナッツ類 pecan nut），アマ科（Linaceae，アマ（亜麻 flax）やアマニ（亜麻仁 linseed）），フウロソウ科（Geraniaceae，フウロソウ（ゼラニウム cranesbill）やテングシアオイ（ペラルゴニウム pelargonium）），ツリフネソウ科（Balsaminaceae，ホウセンカ balsam），キンレンカ科（Tropaeolaceae，キンレンカ（金蓮花）nasturtium），ウコギ科（Araliaceae，セイヨウキヅタ ivy，ヤクヨウニンジン ginseng，イチジク様の葉をもち庭園の低木になるヤツデ *Fatsia* を含む），セリ科（Umbelliferae，ニンジン carrot，アメリカボウフウ parsnip，アンゼリカ angelica，ウイキョウ fennel，セロリ celery，コリアンダー coriander など多数の仲間たち），といったものも含まれている．

シソ上目 Lamiidae

シソ上目には，園芸用ハーブとして最大の科であるシソ科 Labiatae が含まれており，ハッカ mint，タイム thyme，マヨラナ marjoram，セージ sage といったものは，すべてシソ科の一員である．

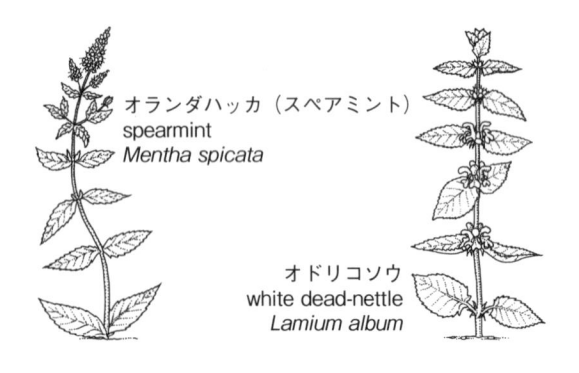

合弁花上目 Asteridae

従来の分類で定義されている合弁花上目には，以下のようなじつにさまざまな科が含まれている．マチン科（Loganiaceae，フジウツギ buddleia や，ストリキニーネが抽出されるマチン *Strychnos*），リンドウ科（Gentianaceae，英 gentian），キョウチクトウ科（Apocynaceae，ニチニチソウ periwinkle やセイヨウキョウチクトウ oleander），モクセイ科（Oleaceae，オリーブ olive，トネリコ ash，ライラック（ムラサキハシドイ lilac），イボタノキ privet），圧倒的陣容をほこるナス科（Solanaceae，ジャガイモ potato，トマト tomato，トウガラシ capsicum，ナス aubergine，園芸植物として好まれるホオズキ Chinese lantern，さらに多数の薬用植物），ヒルガオ科（Convolvulaceae，サンシキヒルガオ bindweed，アサガオ morning glory，サツマイモ sweet potato），ムラサキ科（Boraginaceae，ルリヂシャ borage，ヒレハリソウ（コンフリー comfrey），ワスレナグサ forget-me-not），オオバコ科（Plantaginaceae，英 plantain），ゴマノハグサ科（Scrophulariaceae，ジギタリス（キツネノテブクロ foxglove）やキンギョソウ antirrhinum，さらには，いくつかの悪名高い寄生植物が含まれ，そのうちもっとも重要なのは熱帯地方の多様な穀物に損害を与えるストリガ *Striga*，英 witchweed である），ハマウツボ科（Orobranchaceae，エニシダ broomrape などの寄生植物），ノウゼンカズラ科（Bignoniaceae，英語で「インドの豆 Indian been」といわれるキササゲ *Catalpa*），キキョウ科（Campanulaceae，ホタルブクロ bellflower），きわめて多様でおそらく多系統

と考えられるアカネ科（Rubiaceae，クチナシ gardenia，コーヒー coffee，キナノキ cinchona），スイカズラ科（Caprifoliaceae，ニワトコ elder やスイカズラ honeysuckle），そして，圧倒的なキク科（Compositae または Asteraceae，ヒナギク daisy，タンポポ dandelion，アザミ thistle など広く存在する科であり，経済的に求められる仲間にはヒマワリ sunflower，アーティチョーク artichoke（チョウセンアザミ global artichoke とキクイモ Jerusalem artichoke の両方），レタス lettuce がある）である．

―――――

現時点では，被子植物に関して満足のいく分類，すなわち，整然として包括的で，しかも，系統発生に従っているというポストダーウィン主義の観点から「自然」である分類を示すことは難しい．しかし，幸いなことに，被子植物で最大の科であり，もっとも派生的な存在であるキク科（Compositae または Asteraceae）については，十分合理的な安定性があるように思われる．本書の第2部を，満足のいく整然とした説明をして終えるために，この科について次章で詳しく見ていくことにする．うまくすれば，今後数年のうちに，顕花植物のすべての科について，いや少なくとも主要な科について，同程度の確信をもって説明できるようになるかもしれない．

25章

ヒナギク，アーティチョーク，アザミ，レタス

キク科 Family Compositae（または Asteraceae）

　すべての顕花植物のうちの約10％が，合弁花上目 Asteridae という一大グループにおける最大の科であるキク科（Compositae または Asteraceae【註1】）に属している．キク科には，ヒナギク，ヒマワリ，マリーゴールド（マンジュギク，キンセンカ），キク，カモミール（カミツレ）やヨモギギク，ノボロギクとサワギク，タンポポ，ダリア，レタス，アザミ，ヒゴタイ，さらに，アーティチョーク（チョウセンアザミとキクイモの両方）が含まれる．多くは草本であり，キオン属（セネシオ属 Senecio）の多くの種のように多肉植物もいる．南アフリカの見事な巨大キオンのように大型のものもいる．多くは低木性であり，この科は水生植物や高木が比較的少ないといわれているが，全体で見れば決して少なくない．一部は，「小木 treelet」と呼ばれている．多くが一年生であるが，永存性の多年生の仲間もいて，後者には，気候が乾燥して厳しいときには地表での生長をあきらめ，塊茎や根茎として地下で耐える，多くの「地中植物 geophyte」が含まれる．

【註1】改訂された植物命名規約では，あらゆる植物の科の名称は，その科で最初に公式に記載された属の名称に基づいて命名するよう求められており，かつての名称であった Compositae は，現在では，シオン属 Aster（ただしこれは，花屋でいう「アスター」とは異なり，英語で「聖ミカエル祭ヒナギク the Michaelmas daisy」と呼ばれるシオンの仲間である）に由来する「Asteraceae」が公式名称になっている．したがって多くの植物学者は公式には「Asteraceae」という名称を使って話すが，非公式には今も「the composites」という言葉を口にする．

　キク科には約1500属に約2万5千種が存在している——被子植物の科では最大規模である．驚嘆するほど多様なラン科は，種分化を育む熱帯林でほとんど進化してきたが，それでも1万8千種ほどにすぎない．エンドウ，インゲンマメ，アカシア，ツメクサ（クローバー），ハリエニシダなどを擁するマメ科も1万7千種ほどであり，イネ科も9000種ほどにすぎない．

　生態学上，草本のキク科植物には，もっとも成功を収めた先駆者たち——新しく拓かれた土地への侵入者たち——の多くが含まれている．したがって，この仲間たちも，ゴキブリやスズメのように，人類の産業化に依存して繁栄する悪名高い選ばれた生き物たちに属している．しかし，人間もキク科植物を遠くまで広範囲に散布させてきたものの，そもそも人類が登場するずっと以前から，かれらは生息可能なあらゆる大陸——南極大陸を除くすべての大陸——にすでに侵入しおえていた．初期のキク科植物の化石記録は散発的なものであるが，もっとも妥当な推測によれば，およそ6000万年前，恐竜たちが姿を消し，現生哺乳類の目がそれぞれの地位を占めつつあった暁新世に起原があるとされている．化石はめったに存在しないものの，キク科植物は南米か太平洋沿岸に起原があると推測される．その理由は，南米において遺伝的変異がもっとも大きく，キク科の一部の連が——もっとも原始的なものも含めて——南米にしか存在していないからである．南米のキク科植物はある種の頂点をきわめており，春に輝くばかりの彩りを添えている．

　キク科植物がこれほど広範囲に拡大した大きな理由は，種子をきわめて効率よく散布する点にあるが，その過程のなかで大陸の移動にも助けられた可能性もある．過去6000万年の間に，かつてのゴンドワナ大陸のインド島は，南太平洋を北上し，アジア南部に横づけされた．北米とユーラシアとの間には，シベリアとアラスカ，グリーンランドとアイスランドの間に陸橋ができたり消え

りした．そして，北米のローラシア大陸と南米のゴンドワナ大陸とが，最後にパナマで合体した．

多くのキク科植物は人間にとって有用であるが，それが全体に占める割合はほんの少しでしかない．珍重される貴重な園芸花——キク，ダリア，ヒャクニチソウ，コスモス，マリーゴールド——も多いし，多肉質のキオン（セネシオ）のように，専門家が熱烈に崇拝するものも多い．アーティチョークやレタスのように，多くは食用に適し，ヒマワリに代表されるように重要な栄養源になっているものも少数存在する．数百（と推定されている）種は，カモミールティーのように煎じて使われ，その多くは薬効がある．タンポポとチコリ（キクニガナ）にはカフェイン様の物質が含まれているので代用コーヒーにもなり，戦時中に包囲された社会の多くを救ってきた．キオンなどの多くはセスキテルペン類を産生し，口にすれば概してひどく苦い．ベニバナ（サフラワー）などは染料になる．また，殺虫剤になるものもある——有名なものは，ジョチュウギク（除虫菊）の天然原料の代表であるシロバナムシヨケギク *Tanacetum cinerariifolium* である．少数ではあるが，アフリカの *Brachylaena* のように木材（ムフフ Muhuhu）になるものもある——高級品ではないが，フェンスには適している．乳液（ラテックス）を産生するものも多く，タンポポ属 *Taraxacum* の一種など，いくつかの種がゴムをつくる．新世界に生息するグアユール灌木 *Parthenium argentatum* は，（トウダイグサ科の一種である）パラゴムノキ *Hevea* の代用としてきわめて有望と考えられている．

キク科植物の種数が多く，広く遍在しており，生態学的な影響が大きく，人間の暮らしでも卓越した存在であることは，基本的にはその2つの顕著な特性に依存しているようだ．まず第1に，その精妙な花は，卵子の受精という面でも，種子の散布という面でも，驚くほど効率がよい．また第2に，キク科植物はすぐれた化学者であり，比類ないほど多様な精油や複雑な化学物質を産生し，自らの子孫を助けたり，草食動物や病原体を撃退したりしている．

精妙なるキク科の「花」

典型的な花は，たとえばキンポウゲやスイレンのような原始的な状態で見られるように，外側には通常緑色をした，複数の萼片 sepal から構成された支えとなる**萼 calyx**，内側にはしばしば鮮やかな色をした花弁 petal からなる**花冠 corolla**，中心部には——花糸 filament と葯 anther からなり，花粉 pollen を分配するための複数の雄ずい stamen と，卵子 ovary と柱頭 stigma とからなり，花粉を受け取る花柱 style とでできた——生殖器官の集合体がある．昆虫，鳥，コウモリによって授粉が行われる花は，媒介動物を誘うために，花弁の基部に**蜜腺 nectary** をもっている．こうした花全体の構造は**花床 receptacle** の上に乗っている．

しかし，キク科植物の「花」は，実際には，一群の花がまとまった1つのもの——1つの単位に融合した，全体で1つの，ぎっしり詰まった**花序 inflorescence**——として機能している．この花序内の1つ1つの花は**小花 floret** と呼ばれ，集団として集まった全体（たいていの人が通常「花」と呼びそうなもの）は，植物学的には**頭状花序**（**capitulum**，英語では「小さな頭」を意味する）と呼ばれている．ヒナギクのこの頭状花序を取り囲んでいる緑色をした支持構造物は，一見すると萼に見えるし，同じ役割を果たしているが，これは苞葉 bract でできており，**総苞 involucre** と呼ばれる．

頭状花序内にある個々の小花には普通萼がないが，ときには基部に固い毛が環状についていることがあり，これが集まって**冠毛 pappus** を形成し，一般には萼の代わりをしているものと考えられている．しかし，1つの頭状花序にある小花が二型性を示す，つまり異なった形態をもっていることも珍しくない．その場合，ある型は特定の機能に専門分化しており，それぞれ別の目的に適応し，全体としてもっと典型的な花の機能を果たす

ようになっている．そうした専門集団の協同体は，自然界に共通して見られるテーマである．特殊化したクラゲとポリプが群体をつくって1匹のクラゲ個体として活動しているカツオノエボシ *Physalia* の例を思い出していただくとよい．

ヒナギクのような典型的な頭状花序では，その小花が明確な2つのグループに分かれている．すなわち，花序の中心部にある**中心小花 disc floret** と，キンポウゲでいえば周囲の花弁のようなはたらきをする**周辺小花 ray floret** とがある．中心小花では個々の花冠が，中心からの放射線に沿って対称になるように（すなわち「放射相称 actinomorphic」に）並んでおり，1つの花冠は先端に等しい大きさの5つの裂片がついた単純な管になっている．周辺小花は非対称形か「左右相称 zygomorphic」であり，片側が伸びて一種の紐状になって花弁のはたらきをしている．タンポポやチコリのように，中心小花の片側が伸びて周辺小花と似ている例もある（ただし，それでも中心小花のもつ5つの裂片は保持している）．一部のキオン（セネシオ）のように，キク科には，中心小花しか存在しない頭状花序もある．ノボロギクや一部の多肉質の仲間などのそのほかのキオン類では，頭状花序に周辺小花をもつ個体とそうでない個体とがある．ノボロギクでは，周辺小花の存在の有無は単一遺伝子で決定されており，したがって，周辺小花がある個体とない個体とが，肩を並べて生えているのが一般的である．

さらに，すぐにはわかりにくい特殊化も存在している．特筆すべきは，典型的なキク科の小花が，ほとんどの種類の花と同じく両性（雌雄同体）であることである．しかし，一部の種の一部の小花では，雄性生殖器が抑制された結果，機能的には花がメスになっていることもあるし，花柱が存在していても機能していないためにその小花がオスになることもある．周辺小花はときには例外なくメスになり，また，完全に不稔になっているものもある（中性花）．

その花粉散布の仕組みは驚異的なものであり，キク科植物と，きわめて近縁と考えられているカリケラ科 Calyceraceae などの少数の科だけに見られる．たとえば，5本の雄ずいの花糸が，花冠の管の基部についており，それぞれの葯が互いに横並びに接して1つの管を形成している．葯は裂開し——割れて——花粉を内側に放出する．個々の小花内部では，雄ずいが花柱より前に生長して成熟する．したがって，花柱は生長するにつれて，葯がすでに形成している環の中をピストンのように突き進むことになる．花柱は花冠の端から突き抜けて頭を出すまで生長し，それとともに，花粉を同時に押し出す．典型的には，花柱の腕が分裂し，あたかも先が2つに分かれたフォークのような姿になる．

「ポンプ」機構として知られるこの花粉散布法は，キク科植物に典型的なものである．しかし，一部は，花柱に環状に並んだ毛がついていて，ほうきのブラシのように花粉を押し出すものもいる．どちらの場合も，花柱が葯の部分を通過しているときには花柱はまだ未成熟な状態にあり，くっつけた花粉によって受精することはできない——この段階では純粋に散布を助けるはたらきをしているだけである．花柱が成熟するときには，その下にある葯はすでにほとんどの花粉を落とし終えている．しかし，万一，柱頭が別の頭状花序からの花粉を捕捉しそこねると，一部の種では柱頭がさらに生長をつづけ，フォーク状に分かれた先端が逆向きに折れ曲がって，それ自体や近くの小花の中に依然として残っている花粉のどれかと接触する．こうして，他家受粉に失敗しても，多くのキク科植物の花は代わりに自家受粉を行うことができる．一般には他家受粉のほうが優れているものの，自家受粉であっても何もないよりはまし，ということだろうか．しかし，おそらくは，他家受粉と自家受粉との組み合わせが，最善の戦略なのだろう．異系交配によって遺伝子は組み換えられ，それによって多様性がもたらされることが保証される一方で，自家受精は，とりあえずうまくいくことがすでに明らかな遺伝子の組み合わせをあまり大きく変えることなしに，成功した個体が伝播されることを保証してくれるのだから．

単一の頭状花序における小花の協同体は，何日間もあるいは何週間も――個々の花の寿命よりもはるかに長く――はたらきつづけることがある．すでに見てきたように，普通は他家受精を積極的に試みるが，もし異系交配に失敗したら自家受精も行える．そしてまた，個々の小花には独自の蜜腺が備わっているので，訪れる昆虫は蜜を吸うためにそれぞれの花に吻を差し入れなくてはならないし，そのたびに吻は柱頭と葯のわきを通り過ぎることになるし，もっと開放的で気前のよい蜜腺をもった一般的な花であれば，昆虫はさして苦労せずにご馳走にあずかり，授粉の効率は悪くなりそうである．だからキク科植物の花は，三重にくるまれたチョコレート菓子のように，魔法のようにうまく詰め込まれているのである．さらに，ポンプ機構によって，花粉は長期間にわたって放出されること――散布のためにはもっとも効率のよい手段――が保証されるし，ヒナギク *Bellis* のような一部の種では，昆虫が接触するときにだけ花粉が放出される．すべてをこのように詰め込むことにはさまざまな二次的な利点もあり，このおかげで，たとえば，蜜腺が雨水に覆われる可能性はほとんどなくなる．

少数のキク科植物は風媒性のようである（とりわけオーストラリア産の一部の種）が，動物が媒介する授粉が基本である．基本的には昆虫が媒介するが，鳥類やコウモリ類の場合もある．キク科植物の偉大な専門家でかつてレディング大学に所属していたゴードン・ローリー Gordon Rowley は，次のように推測している．まず，周辺小花が一定数存在し，花が黄色または藤色で，さらに香りがほとんどあるいはまったく存在しないときには，ミツバチやマルハナバチが媒介者になる可能性が高い．そして，周辺小花がなく，中心小花が長くて，色が鮮やかな赤か藤色であるが，やはりほとんど香りがしない場合には，チョウ類が授粉者になる確率が高い――花が垂れ下がっているときには鳥類が授粉を担うだろう．したがって，セネシオ（青光木）*Senecio amaniensis* は鳥媒性の可能性がある．しかし，周辺小花が存在し，中心小花が小さく白色で目立たないが，花には香りがあるときには，（その香りがかび臭いような匂いの場合には）甲虫類やハエ類が授粉者となり，（甘い香りがする場合には）ガの仲間が授粉者になるだろう．ローリーはこうした考え方が推測にすぎないことを強調している．しかし，これは検証可能な仮説である．

キク科植物はまた，その種子をきわめて効率よく拡散させる．その単一の種子は子房壁内にとどまっており，したがって，たいていの人が「種(たね)」と呼んでいるものは，実際には果実であり，ときには「菊果（下位痩果）cypsela」と呼ばれることもあるが，乾燥したものは**痩果 achene**，肉質のものは「**石果 drupe**」としばしば呼ばれている．キク科植物の「種子」の一部は，粘着性があったり，とげがついていたりして，動物によって運ばれる．ほかに風で散布されるものもある．翼がついているものもあるが，多くは，タンポポのように，冠毛がパラシュートの役割をしている．しかし，島に限局して生息する仲間には冠毛を失ったものもある――おそらく，島に暮らす多くの鳥が翼を失ってしまったのと同じ理由によるのだろう．島暮らしでは，風にさらわれて海洋まで吹き飛ばされてしまう危険がある．

被子植物のキク科以外の科にも，少なくともおおまかな見かけがキク科植物のものに似た，コンパクトに詰まった花序を進化させたものがいくつか存在する．カリケラ科（Calyceraceae，南米産の小さな科）やマツムシソウ科（Dipsacaceae，ナベナ teasel やマツムシソウ scabious を含む）のように，キク科と関連があり，その複合花序を同一の共通祖先から進化させた可能性もある．しかし，ツルナ科（Aizoaceae，マツバギクの仲間 mesembryanthemums や，並はずれて硬いイシコロマツバギク *Lithops* が含まれる科）のように，表面上はキク科の花と似た花をもっているが，キク科とはまったく近縁関係にないものもあり，そうした「花」はまったく独立に進化したはずである．これもまた，顕著な収斂の一例である．

化学者としてのキク科植物

あらゆる生き物は，否応なく，すぐれた有機化学者たらざるをえない．どんな生き物でも，タンパク質，脂質，核酸をはじめとして，「ビタミン」と呼んでいるあいまいな区分に属する補助的なさまざまな物質群を産生しなくてはならない．キク科植物は普通，その種子に栄養となる油を蓄え，人間はそこからヒマワリ油やベニバナ油(サフラワー油)を搾り取る．さらにキク科植物はすべて，もっと一般的なブドウ糖(グルコース)の重合体であるデンプンではなく，果糖(フルクトース)という単糖の重合体であるイヌリンという形で炭水化物を蓄える傾向がある．イヌリンは，キクイモ Jerusalem artichoke に独特の香りを与えるし，格別の食べ応えがある．イヌリンはありふれたものではないが，キク科植物だけに限定されたものではない．たとえば，キキョウ科(Campanulaceae，ホタルブクロ bellflower を含む科)は，キク科とも関連がありそうだが，これもイヌリンを産生する．

しかし，ほとんどの植物も，自らの日々の生活に関与しない，多様な「二次的代謝産物」を産生する．こうした物質に，タンニン類，アルカロイド類，テルペン類，精油(エッセンシャル・オイル)類(「エッセンシャル」というのは，「ネセサリー(必要な)」ではなく，「精の(エキス)」を意味する)がある．いずれも脂質を基本骨格に変形したものではあるが，アルコール類，フェノール類，アミド類など，すべてまとめれば壮大な種類がある．その産生には多くのエネルギーを必要とすることがあるし，合成には，特殊な構造にまとめられた一連の複雑な酵素の連鎖が関与していることが珍しくないので，産生機構もまた遺伝的に複雑なもののはずである．もしこうした二次的代謝産物が，生存に相応の貢献をしていないとしたら，自然選択はそうしたエネルギーを使う作業や，そうした遺伝的に複雑な仕組みを顧みることはなかったはずである．こうした代謝産物が，草食動物や寄生生物を撃退するのに役立っているのは明らかであり，それがなければ，キク科植物はこれほど成功した先駆者となるのに役立った，軟組織，草本性，急速生長という特性を身につけることもなかっただろう．そして，当然のことであるが，キク科植物がきわめてすぐれた化学者であるおかげで，私たち人間はそれを——食料や木材としてばかりでなく，染料，殺虫剤，薬品，ゴムの原料として——多様に利用できるのである．

―――

以下の分類に対する解説や，仮定した系統樹に関しては，キュー王立植物園のスペンス・ガン Spence Gunn と，キュー植物園随一のキク科植物専門家であるニコラス・ヒンド Nicholas Hind にお世話になった．

キク科植物へのガイド

顕花植物の分類は，分岐学や分子生物学的技法がそれぞれ影響力をもつようになるにつれ，現在は流動的状態にあり，最新の考え方と伝統的な分類との折り合いをつけるのは容易でない．この目的だけのために，洪水のような学会の数々が間断なく開催されている．たとえば，従来の一部の分類では，合弁花上目 Asteridae は9つの目を含み，そのなかに40以上の科が含まれており，キク科 Compositae はキク目 Asterales を構成する唯一の科だった．しかし，本書の系統樹に示しているように，現代の研究では，キク科が，(広く定義した)キキョウ科，ナベナ teasel やマツムシソウ scabious を含むマツムシソウ科 Dipsacaceae，温室用低木として高く評価されるハツコイソウ *Leschenaultia* やクサトベラ *Scaevola* を含むクサトベラ科 Goodeniaceae，マツムシソウに似た花をもつ南米産の小さな科であるカリケラ科 Calyceraceae ともっとも密接に関連していることが示

唆されている．従来の分類では，一見してキク科植物の近縁に見えるこうした仲間たちは，一般に複数の目に散らばっているのが普通だった．合弁花上目全体がさらに整理される必要があるのは明らかである．

しかし，キク科そのものは，明確に定義された一貫性をもったグループである．英国の偉大な植物学者ジョージ・ベンサム George Bentham (1800～84) は，1873 年にこう述べている．「キク科植物に属するか属しないかを口にすることに，いささかなりともためらいを覚える曖昧さの残る種は，ただ1つでさえ想起できない」．キク科はたしかに単系統である．しかし，この科はきわめて大きく，また多様でもあるので，長いあいだ細かく分けられてきた．19世紀初期には，フランスの植物学者アンリ・カッシーニ Henri Cassini がキク科を19連に分類し，この区分はその後大きく再編されてきたものの，かれのオリジナルの名前の多くは今なお生き残っている．ニコラス・ヒンドが現在も認めているのは，系統樹に示した14の連だけである．

ニコラス・ヒンドは，私が本書で強調してきた考えをもつすべての人たちと同様に，分岐学的な基準を採用している．したがって，(本書のあらゆる系統樹と同様に) ここの系統樹も，(あれこれ脚註をつけていない!) 分岐図である．しかし，もっと古典的なキク科植物の分類も，分岐的分類と並んで残存している．この分類ではキク科植物を3つの亜科に分割しており，もっとも原始的で，バーナデシア連 Barnadesieae を含む (分類によってはさらにコウヤボウキ連 Mutisieae も含まれる) Barnadesioideae 亜科，(アキノノゲシ連 Lactuceae，ショウジョウハグマ連 Vernonieae，リアブム連 Liabeae，ハゴロモギク連 Arctotideae を含む) タンポポ亜科 Cichorioideae，および，それ以外のすべてを含むキク亜科 Asteroideae である．実際のところ，もしここに示した系統樹が正しいのであれば，ごらんのようにキク亜科だけが真の単系統ということになる．ただし，残る2つの亜科名は参照する目的に役立つのは明らかである (そもそもそうでなければ，こうした名称が発明されることもなかっただろう)．タンポポ亜科も，もしヒレアザミ連 Cardueae が含まれていなければ，(キク亜科の姉妹群に相当する) 単系統になっていたはずである．ヒマワリ連 Heliantheae とヒヨドリバナ連 Eupatorieae という関連し合った2つの連は，もっとも「派生した」キク科植物と考えられる．ただし，ヒマワリ連はかつて，もっとも原始的なキク科植物であり，ほかのすべての祖先に当たるとまで考えられていたことがあった．

Chuquiraga とその仲間：バーナデシア連 **Barnadesieae**

バーナデシア連は南米産である．この連 (あるいは亜科) には *Barnadesia* や *Chuquiraga* (基本的には柵として使えるだけだが，ともかく使用できる木材を供給するだけの大きさをもった数少ないキク科植物の1つ) が含まれる．

Mutisia とその仲間：コウヤボウキ連 **Mutisieae**

コウヤボウキ連は，従来のいくつかの分類では Barnadesioideae 亜科に含まれている．コウヤボウキ連には90属に約1000種が含まれる——ほとんどは南米産で，たとえばスティフティア *Stifftia* や装飾として用いられるムチシア *Mutisia* がある．しかし，ガーベラ *Gerbera* のような，アフリカやアジアに産し，やはり装飾に用いられるものも含まれている．

ヒレアザミとその仲間：ヒレアザミ連 **Cardueae**

北欧の人たちに圧倒的になじみ深いのが，きわめて目につくヒレアザミ連であり，80属約2600種ほどの仲間たちには，アザミ thistle，ヒゴタイ globe thistle，チョウセンアザミ globe artichoke,

25・キ ク 科

合弁花上目 ASTERIDAE

関連する科

キク科 COMPOSITAE

キク亜科 Asteroideae

25

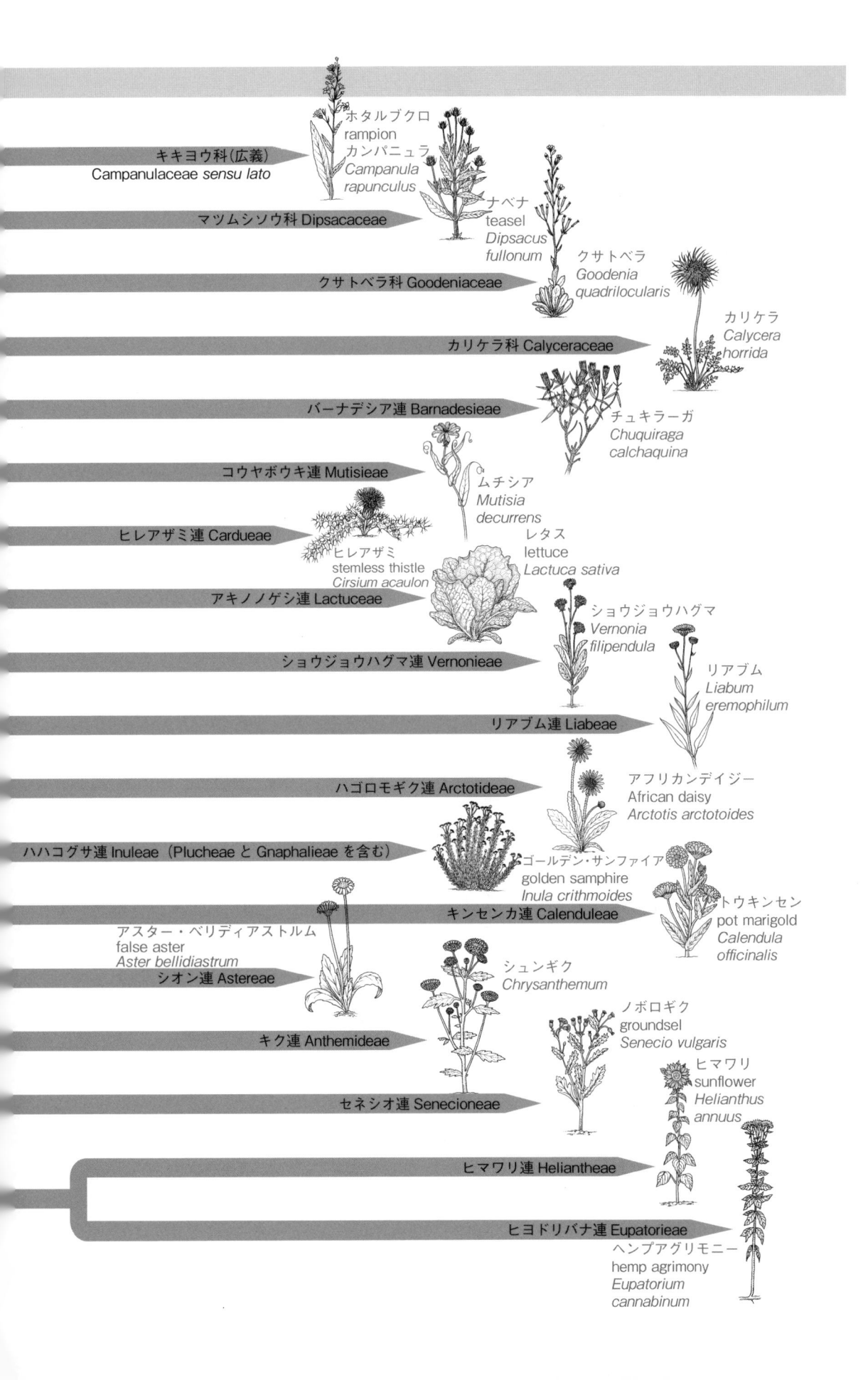

キキョウ科（広義） Campanulaceae sensu lato — ホタルブクロ rampion カンパニュラ *Campanula rapunculus*

マツムシソウ科 Dipsacaceae — ナベナ teasel *Dipsacus fullonum*

クサトベラ科 Goodeniaceae — クサトベラ *Goodenia quadrilocularis*

カリケラ科 Calyceraceae — カリケラ *Calycera horrida*

バーナデシア連 Barnadesieae — チュキラーガ *Chuquiraga calchaquina*

コウヤボウキ連 Mutisieae — ムチシア *Mutisia decurrens*

ヒレアザミ連 Cardueae — ヒレアザミ stemless thistle *Cirsium acaulon*

アキノノゲシ連 Lactuceae — レタス lettuce *Lactuca sativa*

ショウジョウハグマ連 Vernonieae — ショウジョウハグマ *Vernonia filipendula*

リアブム連 Liabeae — リアブム *Liabum eremophilum*

ハゴロモギク連 Arctotideae — アフリカンデイジー African daisy *Arctotis arctotoides*

ハハコグサ連 Inuleae（Plucheae と Gnaphalieae を含む）— ゴールデン・サンファイア golden samphire *Inula crithmoides*

キンセンカ連 Calenduleae — トウキンセン pot marigold *Calendula officinalis*

シオン連 Astereae — アスター・ベリディアストルム false aster *Aster bellidiastrum*

キク連 Anthemideae — シュンギク *Chrysanthemum*

セネシオ連 Senecioneae — ノボロギク groundsel *Senecio vulgaris*

ヒマワリ連 Heliantheae — ヒマワリ sunflower *Helianthus annuus*

ヒヨドリバナ連 Eupatorieae — ヘンプアグリモニー hemp agrimony *Eupatorium cannabinum*

ベニバナ safflower がいる．アザミ――英国に生息するのはヒレアザミ属 Carduus とアザミ属 Cirsium ――は，ただもう見事であり，そのトゲのある葉は草食動物をうまく撃退する備えになっているし，肉付きのよい冠毛つきの果実は，種子の散布に素晴らしく適したものである．アザミの生息する国では，条件が整った日にはアザミの種子が大気を埋め尽くすこともある．ヒゴタイ Echinops は花の密集度をさらに一段階高める，複雑な仕掛けを採用している．ヒゴタイの頭部は，多くの別々の頭状花序が集まって構成された花序になっている．ヒナギク daisy のように，通常の頭状花序の花床は，実際には多くの別々の小花を支える土台になっているので，これは二次的な花床である．ヒゴタイの花床になると多くの頭状花序を支えていることになるので，三次的な花床である．ときにはまた，多くのヒゴタイの頭部がまとまり，したがって四次的な花床を形成する場合もある．キク科植物がいったんこうした密集させるわざを身につけてしまうと（これには組織的階層の上位に位置し，ほかの遺伝子群の活性を指揮する遺伝子群の変異が必要であろう），もはや立ち止まる理由はなかった．チョウセンアザミはキナラ属 Cynara に属しており，起原は地中海と南西アジアにある．ベニバナ Carthamus tinctorius は，多価不飽和脂肪酸に富み，したがって，（単なる味や薬理的意義ではなく）真に栄養学的意義をもつ数少ない化合物の例である油分を産生する．若くて柔らかい芽も食用になるし，紅色の花は染料になり，ときには食用の添加物サフラン（サフラワーの名はこれに由来する）として も用いられる．

アキノノゲシとその仲間：アキノノゲシ連 Lactuceae

アキノノゲシ連には70属約2300種が含まれ，たとえば，アキノノゲシ属 Lactuca，エンダイブ（Cichorium endivia，英 endive），チコリ（Cichorium intybus，英 chicory），フタマタタンポポ属（Crepis，英名では「タカのあごひげ hawk's beard」），ヤナギタンポポ hieracium，タンポポ属（Taraxacum，T. bicorne はちょっとしたゴムの原料になる），牡蠣のような食感をもつ驚くべき可食根をもつフタナミソウ Scorzonera と，いずれもバラモンジン属 Tragopogon（「ヤギ」を意味するギリシャ語の tragos と「あごひげ」を意味する pogon の合成語）に属するゴーツビアード（英名では「ヤギのあごひげ goat's beard」）と，すばらしい根をもつサルシファイ（セイヨウゴボウ salcify）がある．アキノノゲシ連には，タンポポ Taraxacum やスケルトンウィード（skeletonweed, Chondrilla juncea）など，悪名高い雑草も含まれている．

ヒレアザミ
stemless thistle, Cirsium acaulon

レタス（チシャ）
lettuce, Lactuca sativa

ストケシア Stokesia（ルリギク）とその仲間：ショウジョウハグマ連 Vernonieae

ショウジョウハグマ連には50属1200種ほどが

―キク科―

ショウジョウハグマ
Vernonia filipendula

含まれ，そのほとんどは熱帯産であり，合衆国南東部産のショウジョウハグマ属 *Vernonia* やルリギク属 *Stokesia*（ルリギク，英 Stoke's aster）もその一例である．

リアブム *Liabum* とその仲間：リアブム連 Liabeae

リアブム連は新世界に生息する（キク科植物の標準からすれば，15 属 120 種ほどという）小さなグループであり，中米や南米のリアブム *Liabum* がこれに含まれる．リアブム連は，ほとんどの種が人里離れた場所に暮らしているためよく研究されていないが，なかにはとても美しいものもいる．

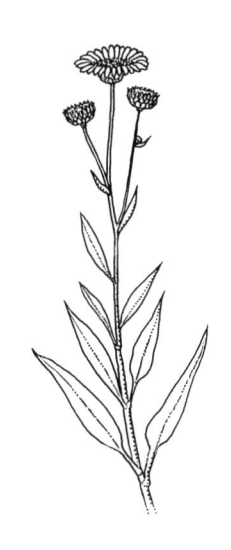

リアブム
Liabum eremophilum

ハゴロモギク *Arctotis* とその仲間：ハゴロモギク連 Arctotideae

ほとんどが南米産で 15 属約 200 種をもつハゴロモギク連 Arctotideae には，装飾花としてすぐれたクンショウギク *Gazania*（ガザニア）やハゴロモギク *Arctotis*（アークトチス）が含まれ，その一種には，アークトチス・ニコラス・ヒンドの異名がある．

アフリカンデイジー
African daisy
Arctotis arctotoides

ムギワラギク *Helichrysum* とその仲間：ハハコグサ連 Inuleae

キク亜科の 7 つの連の最初のものはハハコグサ連 Inuleae（ニコラス・ヒンドがかつての Plucheae と Gnaphalieae を含めた連）である．これもまた，世界中に約 180 属 2100 種ほどを擁する大きなグループである．この連にはムギワラギク属 *Helichrysum* が含まれ，永久花として珍重されており，カレー・プラントの呼び名がある *Helichrysum italicum* は，その葉がまさしくカレーの香りを出す．しかし，*Helichrysum krausii* は有害な雑草である．

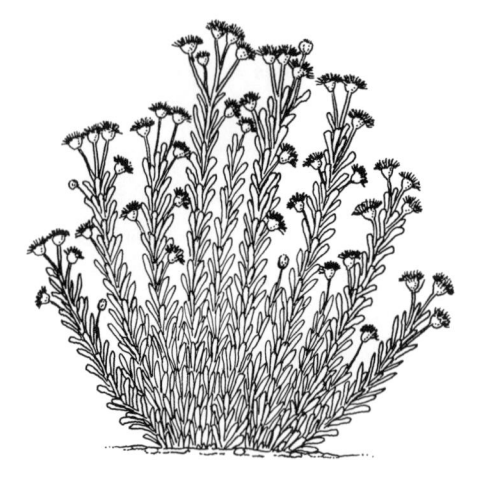

ゴールデン・サンファイア
golden samphire, *Inula crithmoides*

アスター・ベリディアストルム
false aster
Aster bellidiastrum

キンセンカ *Calendula* とその仲間：キンセンカ連 Calenduleae

キンセンカ連には 7 属約 100 種しか含まれていないが，トウキンセン（唐金盞，*Calendula*，英 pot marigold）が含まれる．

トウキンセン
pot marigold
Calendula officinalis

シオン *Aster* とその仲間：シオン連 Astereae

シオン連は，シオン類 aster とヒナギク類 daisy からなる——約 120 属 2500 種ほどの——巨大な連である．シオン属 *Aster* には，ユウゼンギク Michaelmas daisy が含まれ，園芸用ヒナギク garden daisy はヒナギク属 *Bellis*，花屋が「アスター」と称しているのはエゾギク属 *Calliste-phus*，オーストラリア原産の「ヒナギク低木 daisy bush」をつくるのはオレアリア属 *Olearia*，セイタカアワダチソウ golden rod はアキノキリンソウ属 *Solidago* である．

シュンギク *Chrysanthemum* とその仲間：キク連 Anthemideae

一大集団であるキク連には 75 属約 1 万 2 千種が含まれる．多くは装飾用に用いられ，雑草もあるし，よく知られた「化学者」も少なくなく，伝統医学や防虫用のいずれにも活躍している．おそらく，少なくとも 100 を下らないキク科の花や葉が，茶や「煎じ薬」にされているが，その多くはキク連のものである．シュンギク属 *Chrysanthemum* には，コーン・マリーゴールド *C. segetum*（セゲトゥム）が含まれる．かつてシュンギク属に分類されていたこのほかの多くの種が，現在では別の属に再分類されている．たとえば，フランスギク（ox-eye daisy，かつては *C. leucanthemum* と呼ばれていた）は，現在では *Leucanthemum vulgare* とされているし，「独身者のボタン bachelor's button」とも呼ばれるナツシロギク feverfew は，かつては *C. parthenium* として知られていたが，現在では *Tanacetum parthenium* となっている．17 世紀のロンドンの植物学者ジョン・パーキンソン John Parkinson（1567〜1650）は，ナツシロギクが「あらゆる種類の頭痛

―キク科―

シュンギク
Chrysanthemum

ノボロギク
groundsel
Senecio vulgaris

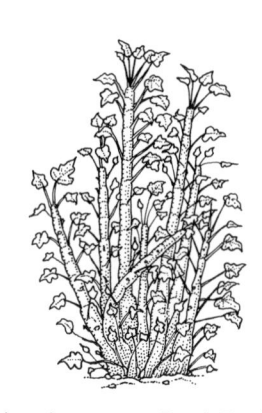

クレイニア・アルティクラータ
（七宝樹）
Kleinia articulata

に著効あり」と言明していたし，現在でも偏頭痛に有効な療法として推奨する人がいる．体温低下作用があり，英語の feverfew という名前はその「解熱作用 febrifuge」に由来するものだろう．ヨモギギク tansy も，薬剤師に重宝されている．しかし，花屋が「キク chrysanthemum」と呼ぶ植物は，現在ではほとんどがデンドランテマ属 *Dendranthema* に移されている．ヨモギ属 *Artemisia* は，ヨモギ mugwort やニガヨモギ wormwood の属である――これもまた薬剤師の薬草となる．シロバナムシヨケギク *Tanacetum cinerariifolium* は，商用の天然除虫菊 pyrethrum の主要原料であり，世界でもっとも重要な殺虫剤の1つである．

セネシオ属とその仲間：セネシオ連 Senecioneae

セネシオ連は 85 属 3000 種からなる，また別の大きな連である――善きにつけ悪しきにつけ，人間の運命の盛衰に多くの点でかかわる．もっとも重要なのが，大規模で多面性を内包するセネシオ属 *Senecio* であり，ゴードン・ローリー Gordon Rowley をして「変幻自在の属」といわしめている．これに匹敵するほど多様なのはトウダイグサ属 *Euphorbia* くらいである．一部のセネシオ類は，ノボロギク *S. vulgaris* やサワギク *S. jaco-baea* のように草本である．有毒なセネシオ類は，ほかの有毒植物すべてを合わせたよりも多くの家畜の命を奪っている．しかし，多くのセネシオ類は，乾燥地帯にさまざまに適応しており（すなわち，「乾生植物 xerophyte」であり），複数のグループが独自に多肉性を進化させている（多肉性は乾生植物になるためのいくつかの方法の1つである）．多肉性のセネシオ類は熱心なファンから，きわめて近縁のクレイニア属 *Kleinia*（実際のところ，クレイニア属とセネシオ属との境界線を引くのは難しい）やオトンナ属 *Othonna* とともに愛好されている．あらゆるキク科植物のなかでもっともすばらしい存在は，南アフリカ産の木本性のセネシオ類と，南米アンデス高地に生息する，「木性ノボロギク tree groundsel」と呼ばれる80種ほどのエスペレティア属 *Espeletia* である．

ヒマワリとその仲間：ヒマワリ連 Heliantheae

ヒマワリ連には 250 属約 4000 種が含まれ，例外が少しはあるが，そのほとんどは新世界産である．ブタクサ属（*Ambrosia*，英名は不老不死をもたらす神々の食べ物アンブロシア）は，神性を感じさせる名称にもかかわらず，クワモドキ（オオブタクサ，*A. trifida*）とともに，合衆国における花粉症の主要な原因になっている有害なブタク

ヒマワリ
sunflower
Helianthus annuus

ヘンプアグリモニー
hemp agrimony
Eupatorium cannabinum

サ *Ambrosia artemisiifolia* を含み，草本としてはさらに，トゲオナモミ *Xanthium spinosum* やオナモミ *X. strumarium* がある．センダングサ属 *Bidens* は，素敵な園芸用コスモスが含まれる属だが，コセンダングサ *B. pilosa*（別名ブラックジャック Black Jack）という草もこの仲間である．中米原産のハンゴンソウ属 *Rudbeckia*，ヒャクニチソウ属 *Zinnia*，ダリア属 *Dahlia* の仲間は，園芸用としてもっとも愛好されている．しかし，あらゆるキク科植物のなかで経済的にもっとも重要なものは，高濃度の不飽和脂肪酸を含むがゆえに珍重されるヒマワリ（*Helianthus annuus*，英 sunflower）であり，きわめて近縁のキクイモ *Helianthus tuberosus* はその塊根がキクイモ Jerusalem artichoke となる．重要な代用ゴム原料である Guyale もヒマワリ属の一種から採れる．

ヒヨドリバナ属とその仲間：ヒヨドリバナ連 **Eupatorieae**

最後に紹介するヒヨドリバナ連に含まれる（120属）1800種ほどの仲間の大半は新世界原産であるが，英国ではヒヨドリバナ属 *Eupatorium* として知られており，とりわけ，ヘンプアグリモニー（*E. cannabinum*，英 hemp agrimony）は，溝や川の両岸によく見られる．

――――――

キク科植物をごく当たり前のものとして注目しないのは簡単である．草としてあまりに多くの種がなじみ深い存在であり，大木のような威厳を示すものも，サボテン cactus やオオマンネンラン giant lily のような奇妙さを示すものもいない．それでも，キク科植物は進化の頂点の1つである．ごく普通に存在しているのは成功を収めているからであり，目立った存在でないのはきわめて効率がよいからである．この仲間は間違いなく，徹底的に調べ上げる価値がある．

第3部
エピローグ

残されたものたちの保護

　本書には，現在の生き物たち，そして，より輝かしいその過去の姿を称える面もある．それは過去を懐かしむものでなくてはならないのだろうか．栄光はすべて過去のものだろうか．未来はどうなのか．このたぐいの本はしばしば陰鬱な調子で終わるが，ほかの終わり方はないのだろうか．現在の保全生物学者は多くの場合，少なくとも大型の（原生生物以外の）陸生真核生物は来たるべき数十年または数世紀の間に絶滅に向かうだろうと示唆する．1世紀は長いようだが，この惑星の45億年に達する歴史からすれば，ほんの瞬きにすぎない．

　ほとんどの陸生生物種は熱帯森林に生息し，それは今やきわめて急速に消滅しつつあるのだから，それらが絶滅せずにいるなどということがありうるだろうか．もちろん海も難を免れるわけではない．多くのクジラやイルカ，そしてマグロのような，大型で商業上より重要な魚類でさえ，明らかに絶滅の瀬戸際にいる．プリンストン大学のアンドリュー・ドブソン Andrew Dobson は，現在の絶滅は正常な種の損失を，少なくとも100倍は超えていると推定している．過去5億5000万年の間に，少なくとも5回の「大絶滅」が起こり，そこでは海産生物種の最大で90％が姿を消した．6500万年前の最後の波では，恐竜（もちろん鳥類を除いて）に別れを告げることになった．だが，過去のそうした絶滅は何千年という時間をかけて生じた．現在進行中の大絶滅は，私たち自身の生存期間という短い間に起こっている．

　このような絶滅は避けられないのではないか．私たちはただささよならと手を振り，「これが生命のさだめだ」というべきではないのか．絶滅は「自然」なことではなかったのか．たとえばサイはすでに絶頂期を終えたと認めるべきではないのか．ミランダ（シェイクスピアの『テンペスト』の登場人物）のすてきな生物たちは，彼女が「すばらしい新世界」と呼んだものに道を譲らなければならないのではないか．私たちはこの潮流を変えるのに何か意味のあることができるのか．私たちが介入することは正しいのか．介入することは神を演じることであり，それは傲慢で冒瀆的とさえいえるものではないのか．

　いや，そうではない．種の損失は不可避ではない．私たちがその一部を失うことは避けられないし，来たるべき数世紀の間にそのすべてを残すことに執着しようとすれば，さらには種のなかの，細々とした亜種や変種などの階層に執着するなら，私たちは必要以上に多くのものを失うであろう．しかし，真剣な投資，すぐれた技術，そしてなにより態度の変化などの本気の取り組みがあれば，私たちは大部分を救うことができるはずだ．

　私たちヒトという種は，ほかの生物が私たちを超えて繁栄する必要性と権利を認めることはできず，認めるべきでもないが，譲歩はする必要がある．ただ文明という現在の概念は広げていかなければならない．人類の課題は，私たちにとってよい世界を創造するだけではなく，未来がつづくかぎり，この地球が，私たちの理にかなった要求と，少なくとも大部分の仲間の生物たちの要求とをうまく受け入れられるようにすることである．これは少なくとも短期間でいえば，仲間の生物たちが死滅するのをただ見送るより，はるかに困難な作業であろう．だが，もしかれらを救えば，その見返りは苦労を大きく上回る．人類と，しだいに質が劣化するその家畜（と，もちろんハエとゴキブリ）だけからなる世界は，悲しくわびしく，

そしておそらく危なっかしい場所であろう．

それでは課題は何で，それはどのように実行できるのだろうか．そして系統学への関心は，保護政策を形づくる際にもし役に立つとしたら，どのような役割を果たせるだろうか．

人間の数の問題

今日の地球において，逃れることのできない最大の生態学的事実は，人間の数である．「大型でどう猛な動物は数が少ない」という生態学的法則がある．それは，かれらが広大な空間を占拠し，餌となるべき多くのほかの動物を必要とするからである．私たち人間はほとんどの動物の基準からいえば大型である（そして動物はほかのほとんどの生物の基準からいえば大型である）．そして私たちはすべての生物の中でもっとも効率のよい捕食者である．ライオンほど強力でもなくワニのように忍耐強くもないが，どちらよりもはるかに賢く，かれらとは異なり，自らを危険にさらさずに離れた距離から殺す能力をもつ．また，捕食するだけではなく，農業によって景観全体を自分の必要性と好みに応じて変えることができる．しかし本書執筆の時点，つまり21世紀の初頭において，私たちは60億人に達し，南極を除くすべての大陸と大部分の島に大群をなしている．大型動物は，捕食者はいうまでもなく，百万単位で数えられるものはめったになく，十万単位でさえきわめて少ない．思いつくのは南極のカニクイアザラシくらいのものである．野生のトラはせいぜい数千頭しか残っていない．サイの5種のうち4種はそれぞれ数百頭にまで減少した．哺乳類の中ではイエネズミとドブネズミ，つまり私たち人間の助けで生きている生物だけが，数のうえでかろうじて私たちに比肩しうる．

およそ1万年前，最後の氷河期が終わって人類が考古学の歴史に残るに十分なほど大規模かつ侵略的に農耕を始めたとき，世界の人口は約1000万人だったと思われる．そのころまでに私たちは世界中にいた．人類は，少なくとも4万年前には東南アジアからオーストラリアに到着し，1万5000年前には（シベリアを通って）北アメリカに到達していたと思われる．そしてそれまでにすでにマンモス，地上性ナマケモノ，アメリカの剣歯トラといった，ライバルの哺乳類を一掃しつつあった．しかし世界の人口は，今日のモスクワの人口程度であった．耕地による農業以後8000年経ったキリストの時代に，人口は1～3億人に達した．10億人になったのはおよそ1800年ごろである．

1万年前から，人口の増加は指数的になった．指数的という言葉は，ただ単に「速い」ということではなく，加速を意味する．つまり毎年増加する数がどんどん増えるのである．現在，世界の人口はほぼ半世紀ごとに2倍になっている．個人も長寿になり，100歳を超える人も珍しくないので，世界の人口はある人の一生の間に，2×2で4倍になる．人口の問題はだれでも知っている陳腐なものになり，それを口にすることは差別にかかわる問題とすら考えられている．しかし，それを嫌って避けても問題は解決しない．人類の数の増加は，この惑星の動乱に満ちた歴史においても，もっとも途方もない生態学的現象の1つである．しかもそれは私たちの眼前で起こっている．私たち自身がその現象の一部なのである．

この増加は私たちに否応なく大きな不幸をもたらすように思われる．現在の人口が60億人で，現在の増加率のままとすれば，2050年（私は多分生きていないが，多くの読者はきっと生きているだろう）には120億人に達する．21世紀末には240億人になるだろう．今はゆりかごにいる多くの乳児は，生きてそのときを目撃することになる．22世紀の半ばには480億人，22世紀末には1000億人に近づく．22世紀はそれほど先ではない．私たちの子どもの多くは22世紀を見ることになる．ひ孫のうち何人かは22世紀のほとんど終わりまでを体験することになるだろう．22世紀は身近なできごとなのだ．

多くの農学者や生態学者は，現在の人口に継続的に食料を供給することでさえ困難になると示唆

している．世界は，数字にすると気が滅入るほどの速さで表土を失いつつある．そして砂漠を灌漑するという英雄的な努力は，たとえば南オーストラリアで如実に見られるように，きわめて大規模な塩害をもたらしている．これは，考える必要もないほど離れた荒れ地の話ではなく，堂々たる植民都市アデレードのすぐ目と鼻の先のできごとなのである．悲観論者たちは，現在の農業が持続可能ではないという．そしてだれも悲観論者が間違っていることを示すに足るだけの知識をもたない（計算があまりにも難しいのであろう）．これとは対照的に，ほかの，もっと強気の人は，今日の農業でさえまだ全体としては原始的であり，現在の技術であってもより注意深く応用すれば，200億人を超える人間でも快適に永続的に養うことができると示唆している．

200億などという大きな数字は，私にはいささか信じがたい．もちろん現在の強力な園芸技術による生産は途方もなく巨大でありうるし，もし私たちが光合成というすばらしい現象の潜在能力を完全に活用できれば，1人の人間をわずか数平方メートルの土地で養うことができるだろう．しかし，実現可能なレベルの投資や体制にとどまらざるをえないのが現実である．ウクライナはすでに小麦で覆われている．楽観論者はそこが端から端まで——それもどれだけ素早く——ポリエチレンで覆われるべきだと考えるのだろうか．数十年はまたたく間に過ぎ，10年ごとに10億人が加わっていく．22世紀の後半には1年に10億人ずつが加わることになる．どうしたらそのペースに追いつけるだろうか．

楽観論者であっても，ハイテクとすばらしい体制がただときを稼げるだけだということを認めなければならない．200億人はもしかしたら持続可能かもしれない．しかし1000億人を養うとなると，その可能性を少しでも示唆する人を，私は知らない．それでもその数字は，私たちの写真をピアノの上に置いておく人々，子どもの子どもの子ども，要するに，私たち自身につながる人々の一生の間に到達しうる数字なのだ．

それでは，そこでいったい何が起ころうとしているのだろうか．考えられないほどおぞましい可能性もある．しかし考えまいとしたところで，それは起こるかもしれない．動物の中には個体数が数年または数十年の間に激増し，そして激減するものもいる．レミングがもっとも有名な例であるが，人類の出現以前のアフリカのゾウの個体群も，何世紀かにわたって増加し，やがて一気に減少した可能性がないわけではない．どうやら，小型動物の大量死は大型動物の激減ほど恐ろしくは感じられないようだ．おそらくスカベンジャーが死体をより速く処理してくれるからであろう．いずれにしても，これから2世紀の間のいつかに，膨れ上がった人口が，連続した凶作によって急速に減少するという事態は考えられないわけではない．いや実際のところ，もし人口が現在の割合で単純に増加すれば，そのほかの道はないであろう．個体数が定常状態あるいはそれに類似の状態に到達することのない動物もいる．その個体数はいつも増加と減少を繰り返している．もしかしたら人類もそのような道をたどるように運命づけられているのだろうか．しかし，それはありえないことのように思われる．なぜなら，人口が増加するごとに世界は少しずつ浸食され，それにつづく崩壊が，その分だけ深刻さを増すからである．

さらに人口の「慣性」の問題がある．私たちの子孫は，たとえば，30年以内に地下水脈の低下や表土の喪失などによって悲劇が起こると予見するかもしれない．そしてこの問題の解決には人口の減少しかないと正しく理解するかもしれない．しかし増加しつつある人々の大部分は若者，実際のところ子どもであって，かれらはまだ自分自身の子どもをもっていないことになる．もし将来の世界の政府が，1組の夫婦の子どもは1人までに制限した最近の中国のように，厳しい人口制限政策を導入したとしても，そして人々がその規制を守った（きわめて大きな疑問のある仮定である）としても，来たるべき数十年間の出生率は死亡率を依然として上回り，全人口は上昇しつづけるだろう．要するに，増えつづける人口は急停止させ

ることはできない．それは弱い逆向きエンジンしか積んでいない，全力前進する大型船のようなものだ．生じる問題が数十年先のことだと予見したとしても，それに対して何かをすることはできないだろう．

もし人口が実際に現在の人口学的動向のとおりにそのまま増加したら，私たちの仲間の生き物たちにはどのような代償が強いられるだろう．かれらのことは，ほとんど後回しにされそうだ．今日のインドの農民は，1年をかけた収穫をほんの1時間でもっていってしまうゾウに対して驚くほど寛容である．ヒンズー教の慈悲深い忍耐力によって，困難を強いられたゾウたちを，ともに苦しむ仲間とみなしているのだ．しかし，このままなら40年ほどで必ず実現するはずの，インドの人口が20億人を突破するという事態になれば，ゾウに対するかれらの苦難に満ちた寛容でさえ，きわめて贅沢なものに思われるようになるだろう．

しかし，1つ重要でおそらく決定的な逃げ道がある．人口数の増加は，依然として上向きである．現状では，毎年，加わる人口が前年より増えているのは確かだ．しかし増加「率」の数値は減少しようとしている．増加率は1960年代に年2%に達していたが，現在では1.6%に下がっているのだ．2%の増加がつづくと40年ほどで人口が2倍になるが，新しい低い数字の率では2倍になるには50年かかる．増加率が現在と同じペースで低下しつづければ，2050年ごろには増加率は0%になるだろう．

安定な人口になるか

つまり，合衆国の人口統計学者が示唆しているように，世界の人口は21世紀中葉には安定化する可能性がある．それまでに人口はおよそ2倍に増加し100億〜120億に達していて，これだけ多くの人々に持続可能なレベルで食料を供給することは容易ではないだろう．それでも人口が安定化すれば，少なくとも一息はつける．課題ははっきり見えてくる．少なくとも原則的には，課題がどんどん膨らみつづけることはない．私たちの子どもたちは，今の私たちのように常に増加する要求を満たすべく食料を調達する必要はないはずだ．

このシナリオにはもう1つとても重要なボーナスもある．一般に人口を減らせるのは，飢饉，戦争，伝染病などの災害だけだと仮定されている．その背後にはある荒っぽい論理がある．つまり，農業，工業，医学が人口を増加させたのであり，それらがなくなるとおそらく人口は減少するという考えだ．これには多くの歴史的前例がある．1840年代のジャガイモ飢饉はアイルランドの人口を劇的に減少させた．1340年代の黒死病はおそらくヨーロッパの人口のおよそ3分の1を失わせた．第二次世界大戦は，ロシアの1世代分の人口に相当する人々をまるまる葬ってしまった，などである．要するに人口の減少は残酷さや暴力と結びついている．

しかし，論理は，そして歴史も，当てにならないことがある．災害が人口に与えるインパクトは一時的なものでしかない．伝染病や戦争や飢饉の後で人口は反発する．実際，人類はほとんどの動物と同様に，機会さえあれば，繁殖することで問題を解決する傾向がある．じつのところ，長期にわたって人口を安定化させる可能性がある唯一の方法は，まったく平和的なものである．現代の社会学的研究は，あらゆることがうまくいっているとき，すなわち裕福で安全が守られ，おとなも子どもも健康なとき，人々はより少ない子をもつ傾向を明らかにしている．東西ドイツ統一以前には，西ドイツの人口は平衡状態で，減りそうであった．イタリアはヨーロッパでは人口増加率が最低である．イタリアは基本的にカトリックの国であり，カトリックは避妊を禁じているにもかかわらずそうなのである．

ちょっと考えるとこれはいささか奇妙に思われる．人々は容易に子どもを育てられるときに少ししか子どもをもたず，そうでないときに多くの子どもをもつ，といっているのだから．しかし生物学的にはこれは完全に意味をなす．1つには，長い期間にわたる人口の減少，つまり数十年あるいは数世紀にわたる人口の安定化と定常的な減少に

は，劇的な制限を必要としない．近年，中国人は人口増加を急停止させようと試みつづけ，1組のカップルに子どもは1人までと制限してきた．しかしもし1カップルあたり平均してちょうど2人の子どもとしたとしても，やがて人口は減少するだろう．結局のところ，1人の子どもをつくるには2人が必要なのだから，1カップルあたり2人の子どもは最少の補充ということになる．しかし子どものなかには，どんな行き届いた社会であっても不幸にして成人に達する前に死んでしまう人もいるだろうし，不妊の場合もあるし，何らかの理由で子どもをもたない選択をする人もいるだろう．そして経験的には，1カップルあたりに生まれる子どもが平均2.3人以下だとその社会の全人口はやがて減少することが示されている．したがってもし人々がカップルあたり2人の子どもをもつことをめざし，3人の子どもをもつカップルが十分に少なければ，人口はたしかに安定してやがては減少するだろう．現在の多くの裕福な社会では，カップルあたり2人で十分のように思われる．

それでは，なぜより多くの子どもをもとうとする人がいるのか．理由はいろいろ考えられる．ただ子どもが好きという場合もある．また，新たな「処女」地を少しでも手に入れたいと必死になっている（かつてのアメリカ西部のような）開拓者の家族は，できるだけ多くの子どもを望んだだろう．それは集団のためでもあり，またより多くの働き手を供給するためであった．しかししばしば人々は，単に保険のため，あるいは地位のために多くの子どもをもうける．もし乳児死亡率が高ければ，そのうちの幾人かが生き残れるように，多くの子どもを必要とする．もし年金がなければ老後に備えて多くの子どもを必要とする．もし女性が社会の中で母親以外の立場がなければ，彼女たちは，子どもを産まなければならない．これらの圧力に対抗する要因，すなわち乳児死亡率を下げる，老後の安全を提供する，女性を解放し権利を与える，といった要因は，どれも平和的なものである．これらの方途は，たとえ人口全体に対して効果がないにしても，社会的に好ましいことであろう．こうしたことが，長期的視点から見た有効な人口抑制をもたらす主要な政策になるという事実は，まったく望外の臨時収入のようなものだろう．年金は社会の重荷である．でもそれは，老後に備えて子どもをもうける必要を減少させるのだから，この惑星の将来を守るために重要な方策である．世界の銀行家や財政家は，自覚している以上に大きな責任を担っている．

人口が2050年ごろに安定しうるし，また，させるべきだと予言する同じ人口統計は，人口が数世紀にわたって100億～120億人程度で維持され（人間の寿命が延びつづけているからであり，これも「人口のもつ慣性」の一要素である），その後は減少するはずだとも示唆している．今日の傾向から見た穏当な予測によれば，減少はおよそ500年後から始まり，そのころには人々の平均寿命は少なくとも100歳に達し，1組のカップルが2人より多い子どもをもつことを，世界中の人は変わり者と見たり，あるいは反社会的とさえ思ったりするようになっているだろう．その後，人口は，私たちの子孫たちが順当と感じる水準にまで低下するかもしれない．これには全体主義的に押しつけられたものという含みはない．子孫たちは（この楽観的シナリオ！では）自分たちの生殖行動を完全にコントロールして，自らの個人的な選択に基づいて，より少ない子どもをもつようになっていくだろう．私は昔，何人かの生態学者に，住み心地のいい世界人口はどれほどと思うかとたずねてみた．さしせまった人間の危機を1970年代から警告してきたカリフォルニアのポール・エールリッヒ Paul Ehrlich は，20億人が適当ではないかと感じていた．アメリカの保全生物学者マイケル・ソウル Michael Soule は，3億人がいい数字であろうと考えていた．3億といえばつまりはキリストの時代に推定されている人口であり，ソウルが指摘するように，それでも当時すでに偉大な文明や文化的な多様性は少なくなく，ギリシャ，ローマ，エジプト，ユダヤ，インド，中国などアジアの多くの国々，南北アメリ

カ，アフリカ，オーストラリアなど多くが出そろっていた．エールリッヒやソウルが反人間主義というわけではない．むしろその逆である．2人とも，もし人類が現実にその数を減らして人口を持続可能な限界以下に維持するなら，私たちの種はきわめて長い時間存続するであろうと指摘する．もしそうしなければ，私たちは破滅しかねない．結局のところ，私たちが長い時間にわたって地球に存在すれば，それだけ多くの人類がこの地球を経験することができるのだ．

富なき報酬

　最後に，当然のことながら，人間の数は問題の半分にすぎないことを認識しなければならない．もう半分は人間の消費である．それはどうやら，理論上の上限なしに増加すると見込まれている．ポール・エールリッヒの指摘によれば，ロサンゼルスに住む，夫婦と2人のかわいい子どもというモデル家族は，本人たちはこの惑星の自分たちの分け前だけを消費していると感じているかもしれないが，それでも結構な大きさのバングラデシュの1つの村よりはるかに多くを消費しているのが実情だ．

　したがって私たちは自分たちの希望を修正しなければならない．世界は成長しているわけではなく，したがって，私たちすべてが無限に富を手に入れられると願うわけにはいかない．すべての人類がカリフォルニア，いや昔の西ドイツにおける中流クラスの生活ですらできると望むのは現実的ではない．上限を認識した経済が必要である．私たちは，ただ単に富の増加という形でなく，努力や功績に報いて地位を与える方法を探さなければならない．もし子孫たちが，だれもが全世界の文化とつながることができるエレクトロニクスの助けを借りつつも，物質レベルでいえば，たとえば現在のギリシャの村人の生活をするのが理にかなっていると受け入れるなら，人類やほかの生物の生存可能性はとてつもなく増大するだろう．

　というわけで，これが楽観的ではあるがそれでも現実味のある人口動向のシナリオである．人口はこれから50年は増加して100億～120億人に達するだろう．そしておよそ500年間はそのレベルにとどまるだろう．その後，そのときどきの子孫たちが受容するレベルまでふたたび減少するはずだ．1000年以内に人口は現在のレベル，すなわち50億～60億人にまで戻るだろう．そしてその後数世紀のうちに，全人口は，たとえば20億人という低いレベルになるかもしれない．

　もし人類がこのような人口カーブを描くなら，1000年後の子孫たちの生活は良好で，着実によくなりつづけるだろう．その20億人ほどの幸運な人々は，暮らしは（少なくともビル・ゲイツというよりはむしろピタゴラスのように）つつましくとも，おそらく150年ほどの健康な人生を楽しむことになるだろう．しかし，今後100年はきわめて緊迫した時代になるのは間違いない．人口は落ち着かないまま増加し，生態系の崩壊を招くかもしれない．安定する可能性もあるが，それは短期的には問題も生むだろう（安定人口は子どもが少ないので，集団の平均年齢が上昇しつづける）．実際のところ，これからの1000年は困難の時代だろう．その間ずっと，（生態的な崩壊がないと仮定して）人口は100億あるいはそれ以上に達し，数世紀はそのレベルを維持し，ふたたび下降して現在の水準に戻るのが1000年も先だからである．それゆえ保全生物学者は，これからの500年ないし1000年を形容するのに，「人口の冬」の時代という表現を生み出した．この時代は人類にとって厳しいし，私たちはやむなく自分の問題をほかの生物に押しつけるから，ほかの生物にとってはもっと厳しい時代である．

　それでもこのシナリオには希望がある．1000年は長いようにも思われるが，本書全体を通じて登場した，多くの生物の系統を形成するのに必要な進化の時間に比較すれば，ほとんど測定さえできないほど短い時間である．不幸なことに私たちの心も進化の産物であり，自然選択は私たちに，いくつか先の季節，あるいは，少なくとも自分たちの子どもの一生の先まで容易に考える能力を与えてはくれなかった．もし保護ということを真剣

に考えるなら，もっと大きな時間を単位にして考える必要がある．1000年，あるいはさらに100万年といった長さが，政策を考える時間の単位として適当であろう．

しかしもっと重要なことは，1000年に及ぶ忍ばせまった人口の冬は無限ではない，ということである．それは容赦なく進むだろうが，やがては終わる．私たちは，仲間である種の生活が否応なくどんどん悪くなりつづけ，ついには壊滅する，と予想する必要はない．私たちの課題は有限なものである．これからの人口の冬の時代を，私たち自身と，できるだけ多くの地上の生物種を保ちつづけることがその課題である．それ以後は，生活は楽になるはずだし，牧歌的なものにさえなるかもしれない．そこで現実の問題は，次の1000年をどのように生き抜くかである．

人口の冬をいかに生き抜くか

この節では私は主として動物について語る．それは，動物に当てはまることは原則としてほかの生物にも当てはまるし，一般的には動物を救うことができればすべてのものを救えるからである．論理的には，動物たちを救済するには2つの可能な方法がある．まず，動物が生息する地域，すなわち生息場所をまるごと保護する方策がある．また，種ごとに救う方法も可能である．種ごとの救済は，必ずというわけではないが，捕獲繁殖を意味している．つまり，専用の保護地域や動物園において，多かれ少なかれ集中的に繁殖させることである．

この2つのアプローチは完全に相補的である．そしてたいへん残念なことに，保全主義者を自認する人の多くがこの2つを対立的にとらえている．少なくとも私が知るかぎり，保全主義者であればだれしも，価値のあるすべての可能な生息場所を救おうと考える．そして，保全における最重要課題はもっとも保護に値する生息場所を見定めることである．生息場所をできるかぎりのエネルギーを投じて保護すべきだという考えはだれも疑

わない．しかし，さまざまな理由をいい立てて，保護繁殖にはその考え方そのものに反対する人をたくさん知っている．

一見したところでは，生息場所の保護がきわめて多くの利点をもたらすように思われるので，捕獲繁殖を含むほかのアプローチは取るに足りないもののように感じられる．もし1つの生息場所を完全に保護できれば，それは1つの種のみを救うのではなく，多くの種を救うことになる．仮に，注目しているのが，その生息場所の少数の種であっても，そのことはやはり真実である．もしトラの保護地域をつくろうとすれば，つまりは，カモシカやシカも救わなければならない．そうでないとトラの獲物がないからである．そしてそうした獲物生物を支える豊富な植生も必要である．そうすれば今度は，その植物たちがほかの多くの生物の餌になり，保護につながることになる．対照的に，トラを動物園で繁殖させるだけだと，救えるのはもちろんトラだけだ．それに，野生の保護のほうがずっと安上がりにも思われる．たとえば1頭のサイを動物園で飼育するには，野生で保護するより100倍費用がかかると計算されている．

野生の生息場所はもちろん不可欠な要素である．もしある動物が野生で生息できなければ，その生存は価値があるだろうか．もし世界に残されたトラが動物園にしかいないなら，トラに何の価値があるだろう．最後に，こんな計算がある．もし陸生真核生物の半数が絶滅の危機にあるとすれば，それは数百万種が危機にあることを意味する．私たちはクロサイやトラのような，あるいはそのほかいくつかの「カリスマ的な巨大脊椎動物」（大型の生物をやや軽蔑的に呼ぶ言葉である）を保護する特別計画は策定できるだろうが，そうした計画を100万もの数の種について実施することはできない．要するに，種ごとの保護計画，あるいは少なくとも種ごとの捕獲繁殖計画は，どれもが大海の一滴にすぎず，姿勢は見せることができても希望があるわけではない．

これらの議論は，絶対的とはいわないまでも強力であると思われる．それはとくに，今でもアフ

リカのサバンナで見られる輝かしい野生生物の群れと，都市の動物公園などでしばしば惨めな日々を耐えている1つがいの，あるいは1頭ずつの動物を比べてみれば明らかである．しかし，私たちがこぞって生息場所の保護のために戦えるとしても，そして悪しき動物園の無意味さと残酷さを憎むにしても，それでも種ごとのアプローチをはなから排除し，とりわけ捕獲繁殖の可能性を軽視することは，大きな誤りである．

たとえば，生息場所の保全が望まれる場合でも，それは選択肢にならないかもしれない．また，それが選択肢であったとしても，なしうる最善のことでさえ十分ではないかもしれない．いろいろな理由から（これについて私は『動物園の最後の動物 Last Animal at the Zoo』で議論したし，O・H・フランケル O. H. Frankel とマイケル・ソウルが『保全と進化 Conservation and Evolution』でより詳細に扱っている），動物のように有性生殖する個体群を長期間生存させようとすれば個体数が十分多くなければならない．小規模の個体群は，病気や「人口の偶然変動性」によって，遅かれ早かれ消滅してしまう傾向にある．「人口の偶然変動性」というのは，純粋に確率的に，雌雄の比率が偏ってしまうことで，その結果としてある世代の個体のすべてが，繁殖力のあるメスもしくは精力的なオスを失ってしまう．小個体群は遺伝的浮動によって遺伝的多様性を失って純系に近づき，そのこと自体も致命的になることがあるし，さらに長期的には，環境がさらに変化したときに，自然選択による進化に必要な遺伝的多様性を失ってしまう．こうした理由から，大まかではあるが妥当な計算によれば，「安全な」最少の個体群は一般的におよそ500個体を含まなければならないことが示唆される．これはそれほど大きな数ではないように思われるかもしれない．しかしたとえばトラ1頭は，野生では，土地の状況にもよるが，10〜100 km^{2}を必要とする．つまり，生存可能な個体群は5万 km^{2}を必要とすることになる．インド政府は，すばらしいトラの保護区をもうけている．これはこの人口の多い国では貴ぶべき行いである．しかしインドにせよほかのどこにせよ，500頭のトラに十分な保護区は存在しない．要するに，長期的に見て「安全」と思われる野生のトラの個体群は世界中のどこにもいないのである．野生の個体群はどれもが，あるいはそのすべてが，21世紀中にいろいろな不運にみまわれて消滅する可能性がある．要するに野生のトラはすでに余生を生きているようなもので，しかもさしあたってその運命を根本的に改善する方策はなさそうだ．

いうまでもなくインドはとくに人口密度が高い．たとえば合衆国は，面積ははるかに大きく，人口はインドの3分の1しかないし，はるかに豊かなのだから，ずっと大きな余裕があるだろう．それでもなお，アラスカを除く合衆国の国立公園でもっとも広いイエローストーンにも，グリズリーに十分な広さはない．そしてハイイロオオカミが，イエローストーンで永住生物としてふたたび繁殖できるかどうかもわからないのである（訳註：ハイイロオオカミは近年個体数が増えて，絶滅危惧種のリストから除かれた．2008年2月）．

私たちが野生生物のためにつくる保護地の中で最大のものは国立公園である．国立公園はもっともよく保護され，法律としても厳しい定めがある．しかし法律は永遠につづくだろうか．22世紀や23世紀の人々に向かって，今の私たちが国立公園を設置しようと選択した地域を保護しつづけるよう伝えられるだろうか．もちろんできない．それに今日存在する公園は，目論まれたとおりの野生の土地として存在しているだろうか．ある場合にはそうだが，そうでないこともある．大部分の野生生物は熱帯の国々に生息し，多くの熱帯の国々は貧乏である．少なくとも北の国々に比べればそうである．熱帯の国々の人々は小規模な農業によって生計を立てている．したがって世界の多くの国立公園には野生生物より多くの家畜が暮らしているし，地図の上では「森林」とされている場所の多くには木が生えていない（私はそのような具体例をあげようとは思わない．なぜなら，この豊かなヨーロッパの国の視点から批判し

ていると思われたくないからである．とくに私の母国イギリスは，先進国の中では保護に関して最悪の記録をもっている．それでも，世界の多くの「国立公園」と呼ばれるものが偽物であるのは事実である）．

さしせまった，あるいはすでに進行している温室効果は，どうやら最後の一撃となるようだ．一部の政治家や少数の科学者はその現実性を否定するが，多くの人は，世界の気候がこの先の 50 年，つまり私たち自身か私たちの子どもの生涯のうちに，はっきりと変化すると感じている．世界は全体としてはより暑く，より湿っていくであろうが，大変動がもたらす渦の中で，より乾燥し，低温になる地域も出てくるだろう．もしメキシコ湾流が逆流するようになったら，イギリスは凍りつくかもしれない．

これからの 1000 年間のどこかで，もしかしたら私たちの生きる人口の冬の間にだって，多くの現存の国立公園における気候は，そこの生息者の許容範囲を超えて変化するかもしれない．オオカミや大型のネコ科の動物ならかなり融通がきくが，草食動物は固有の植生に依存しがちで，植物は普通極端に感受性が高い．世界の気候は過去 100 万年の間に，およそ 10 万年の間隔で劇的に変化してきた．氷河期がやってきては去り，ときにはその間に急激に熱帯性の気候になったりもした．その変化のたびに，世界の動物は赤道近くに移動し，また極地方にもどった．イングランド北部，私が以前よく調査旅行に出かけたヨークシャーの近くに洞窟があり，そこでは熱帯にしかいないカバ類と，雪の下に生育するコケを摂食するトナカイの，両方の化石骨が出る．気候が変化するにつれ，拡大と縮小をくり返す氷の動きに応じて，氷からの遠近はあるがいずれの動物もヨークシャーを通過したのである．

さしせまった温室効果は，氷河期が世界を冷やしたのと同じように劇的に地球を暖めるであろう．しかしかつて世界の野生動物がそうした変化に適応することを可能にした南北方向の移動は，もはや困難である．多くの保全生物学者は，生物が移動することを可能にする南北の「回廊」をもうける必要があると示唆してきた．しかしこれは必要なスケールではまずできそうもない．ナイロビやパリ，あるいはそれに類する地域は回廊の邪魔になる．国立公園で保護されてきたように思われる動物たちは，私たちがその全部を新しい地域に移動させて生態系を再構築しないかぎり，ネズミ取りにかかったネズミのように動けないままに死んでいくだろう．移動させたり生態系を再構築したりすることは原理的には可能であるが，これは一部の人が好むような「自然に任せる」保護ではないし，またその過程で一連の捕獲生殖が含まれるのは間違いない．

費用の点はどうだろう．たとえばヨーロッパ，アメリカ，オーストラリアの飼育場でサイを飼育することは，どのように正当化されるだろう．その原産地ではごくわずかの費用で飼育できるというのに……．だが，それは本当に可能だろうか．1980 年代初頭のジンバブエには，推定で 1500 頭のクロサイがいた．クロサイたちは，効率よく配置され，高価な武器をもった多くの勇敢な管理人によって保護されていた．しかし密猟者がその目をかいくぐって潜り込み，1990 年代半ばには大部分のサイは失われた．ネパールのチットワン公園にいる 400 頭ほどのインドサイは，その頭数より少し多い数の兵士によって保護されている．それでは 1 頭のサイを野生のまま安全に自由に保つには，いったいいくらかかるだろうか．

そのような計算はこれまでちゃんとなされたことがないので，解答はわからない．少なくともチットワンでは計算ができるかもしれない．しかしネパールの兵士には実質的に給料が支払われていないので，費用計算は現実的ではない．対照的に，捕獲生殖は費用がかさむが，少なくとも見積もりをすることができる．いくつかの種はこれまで捕獲状態ではうまく生殖しない（シロサイは困難である．スマトラサイについてはだれも成功していない．ジャワサイはまだ試みられていない）が，少なくともクロサイ，それにおそらくオオインドサイについても，問題は解決しているように

見える．それに加えて，野生には突発事故があるために，野生の集団が長期にわたって生存可能であるためには，少なくとも2500頭の個体を含んでいなければならないと計算されている．これは個体数の変動に対応できる状態でいなくてはならないからだ．しかしその規模の個体群は，南アフリカのシロサイの個体群を除いて，現在野生に存在するどの個体群よりはるかに大きい．野生のスマトラサイは数百頭に減少しているし，ウジョン・クロンに棲むジャワサイで知られている最大の個体群は50頭以下である．一方，捕獲された状態にあるサイの個体群は，個体群の変動の影響からは逃れることができ，一時点で150頭いれば長期間生存することができるはずだ．

いずれにしても，捕獲個体群と野生個体群の，100対1と見積もられている費用比は，説得力に欠けるように思われる．捕獲によるサイの保護は，費用はかかるかもしれないが，少なくとも理論上は成功するはずである．短期的に見て野生では，南アフリカの例を除いて，そもそも成功するという証拠はほとんどない．

全体の数を考えると，おそらく何百万という絶滅危惧種のすべてについて私たちが特別な繁殖プログラムをつくるという希望がもてないのは明らかである．だから，捕獲生殖が実行可能な戦略になることもあるし，そうではない場合もあることを認めなくてはならない．しかしこうした考えはそれほど法外なことだろうか．結局のところ，同じ議論は生息場所の保全にも当てはまる．それはたしかに望ましいことではあるが，それだけでは，現状がそうであるように，たとえばトラや，おそらくはサイを含めたすべての生物に適切な保護を提供できない．私たちはそれが適当である場合には捕獲生殖を利用するしかないのだ．

状況に応じて

捕獲生殖はトラやサイのような，今のところ野生のみでは現実に保護できる可能性がない，大型の陸生脊椎動物にはとりわけ（絶対ではないが）適しているようだ．事実，すべての生物となると途方もなく多様であるが，現生の陸生脊椎動物はわずか2万3000種だけである．哺乳類が約4500種，爬虫類と両生類がそれぞれ5000種ずつほど，そして鳥類が約8500種である．多くはとくに生存が脅かされているわけではない．ドブネズミやイエネズミが明らかな例である．生存が脅かされている種のうち，多くのものは，オーストラリアのフクロアリクイのように，捕獲状態ではあまり生殖しないが，小型であるし，ほどほどの大きさの地域で保護できるので，野生で保護するのが最善である．実際は，現生陸生脊椎動物のおよそ10％のみが捕獲生殖による支援を必要としている．その中には，大型ネコ科動物，霊長類，サイが含まれる．したがって，すべての陸生脊椎動物に必要なバックアップは，およそ2000種についての捕獲生殖プログラムで可能である（考えうる最善の生息場所の保護が同時になされると仮定して）．陸生脊椎動物が地球上で重要な唯一の生物群ではないが，その重要性を否定することはひねくれた考えだろう．そして，現在の動物園がこの課題に本当に心を砕けば，現在の状況の中でも2000の繁殖プランを構築することは可能であろう．要するに，捕獲生殖は，私たちの保護戦略の中に書き込まれるべき，必要で実行可能な戦術なのである．

最後に，前に指摘した点を思い出そう．すぐにしなければならない「短期の」課題は，これからの1000年を通じて，人間と仲間の生物たちのできるだけ多くを維持することである．その後は，状況は好転するだろう．美的にはトラを捕獲状態（捕獲といってもコンクリートの箱に詰めることを意味するわけではない！）におくのは望ましいことではないかもしれないが，そのような監禁は系統の終末を示すものではない．今やニューヨークやウィルトシャーでのんびり過ごしている大型ネコ科動物の子孫は，いずれはその故郷であるインドでシカを追うかもしれない．もちろん動物を野生に帰すことは不可能であると議論する批判者たちもいるが，これは，まったくの誤りである．オウムなどを含む何種類かの捕獲生殖された生物

にはやっかいなものもいるが，生物を野生に戻す真剣な試みの多くは，遅かれ早かれ成功に至っている．完全な家畜動物種の多くが逃走して「野生」化し，ときにはその新しい環境を支配してしまう事実は，すっかり家畜化されていても野生との壁が一般にはきわめて薄いことを示している．世界中で成功した，ときによると行きすぎた成功をみせた野生化動物には，ネコ，イヌ，ウマ，ロバ，ラクダ，スイギュウ，ゾウ，ブタ，サル，ハト，そして何種類かのオウムがいる．そして当然，野生動物を繁殖させようとする保全生物学者の課題は，それらを「家畜化」することではなく，遺伝子と行動の両面において，できるかぎりその野生性を保存することである．

全体として，来たるべき1000年の間に，私たち自身の個体群が次の，巨大ではあるが落ち着いた段階に達する間に，私たちは世界全体を1つのモザイクとして扱わなければならない．もっぱら野生生物だけの野生の地域も必要である．最小の土地で最大の収穫があげられる，耕作に適した農業と園芸のための地域も要る．そしてまた，野生生物と人間が仲良く暮らせる，両者にとってよい地域，つまり，広大な家畜牧場と可能なかぎり野生生物に適した都市も必要である．都市は，しだいに野生動物にとって重要になりつつある．イギリスではキツネは（ハシボソガラスやカナダガンとならんで）都市で見られる野生の1つであり，デリーは猛禽類の世界最大の集合場所である．

野生性そのものも管理しなければならない．これは無償の勤労奉仕や少年少女の仕事で片づくものではない．たとえばアフリカや北アメリカの動物の生態と行動は大陸全体，少なくともそのかなりの部分と連動している．クルーガーやイエローストーンといった最大の国立公園でさえその全体をカバーすることはできない．そうした公園はミクロコスモスではなく，その断片にすぎないのだ．そのどれもが敵対する土地，とりわけ農地によって囲まれている．この野生の土地の断片に生息する生物の個体群は，動物が全大陸を歩き回っていたときのように数を増減させることは許されない．繊細な樹木を支えなければならないし，雑草は排除しなければならない．ある人々にとって「野生の管理」は矛盾語法である．しかしそれなしには，大量絶滅が避けられない．一般的に，野生性は「重層的」なやり方で管理されなければならないであろう．地元の工業のために開発される場所もある．「野生」のまま維持されるが，基本的にはツーリストからの収入を提供できるように，また裕福な外国人が関心をもってくれるように，展示場所として整備される場所もある．そして（専門的な管理者や科学者以外には）聖域として隔離され，少なくとも野生生物が自分たちだけで生きていく何かしらの機会がもてるようにされる場合もあるだろう．オーストラリアのグレートバリアリーフはこのように重層的な管理をされている．こまごました点は場所ごとに異なるが，基本論理はこれしかないように思われる．

もし私たちや仲間の生物が来たるべき1000年を十分な調和をもって生存しようと思うなら，これこそが自分たちに課すべき保全戦略の基本的な姿である．そしてこの先1000年が，よりよい時代の幕開けになるはずだと期待したい．

しかし，最善の意志をもってしても，また，従来をはるかにしのぐ投資と専門的技術をもってしても，現在絶滅が危惧されるすべての生物を救うことはできないであろう．もしすべてを救おうとしたり，目につくものをすべて捕まえたりしようとすれば，私たちと世界は，必要とするもの以上のものを失うだろう．エネルギーを集中すべき生物を決定するには戦略が必要である．系統学は私たちの考えを形づくる助けになれるだろう．

系統学と保全

種の保護における矛盾は避けがたい．ある種にとっていいことはほかの種にとってはよくないからである．たとえば昆虫は背の高い草の中で繁栄するが，多くの鳥（ベニハシガラスが頭に浮かぶ）は家畜がよく食んだ短い草を好む．放置すれば隔離されてしまう生息場所の間に「回廊」を設ける

ことが効果的なことも多い（雑木林の間の生け垣がいい例である）が，しかしまれでデリケートな種は隔離されているほうが繁栄するかもしれない．私たちは何としても野生性と野生生物を管理しなければならないのだが，まずは優先順位を決める必要がある．また，純粋に数の問題もある．なぜなら，私たちは必然的に限りのある空間と資金の中ですべてを救うわけにはいかないからである．それでは優先順位はどうあるべきか．そのための基準はどうあるべきだろうか．

人によって見解は異なる．ある人々は，もっとも目立つ生物が明らかに高い優先順位をもつと考える．ゾウ，大型ネコ科動物，ゴリラ，オウム，ランなどである．この好みはある程度，人間中心的なものである．人間の感覚を楽しませる動物に的を絞る．しかしそうした考えは，単純に自己満足的なものではない．大型で見栄えのする動物たちにはもっとも知的な動物の大部分が含まれており，知性が尊重すべきまれな生物学的性質であるのは確かだ．また大型動物はしばしば全生態系の性格を決定する．ゾウのいる森林はそうでない森林とは生態学的に非常に異なっている．このように広い範囲のインパクトをもつ生き物は「キーストーン種」と呼ばれ，そのような種は，大型のものでもそうでなくても，ほかのすべての種に対して影響を及ぼすので，特別に気を使わなければいけないと多くの生態学者が論じている．

しかし，大型動物に焦点を合わせるのは自己満足にすぎず，悪しき考えだとする人もいる．これらの批判者は，ゾウやトラを「抱きしめたい動物」と揶揄し，一般に「カリスマ的な巨大脊椎動物」という表現を笑い飛ばすために使う．これらの批判者は，しばしば，完全に間違っているとまではいわないまでも，私には相当に疑わしく思われる生態学的な議論を用いる．たとえば，残念なことに高名な生物学者たちが，生態系の性質は食物連鎖の底辺にいる生物，たとえば土壌中の原核生物とその次の昆虫などによって決定されていて，大型の動物は単なる居候である，と議論するのを耳にしたことがある．たとえ真実であったとしても，これは奇妙な議論だろう．甲虫の影響力がより大きいからというだけで，甲虫を救うことに全力を挙げてゾウのことを忘れようと提案するのは妙である．だが，この議論はそもそも間違っているのだ．生態系では影響の矢印はあらゆる方向に向いている．土壌の原核生物は植物相に影響を与え，それが動物に影響する．ここまでは正しい．しかし食物連鎖の頂上にいる生物も下位の生物に大きな影響を与える．ゾウはフンコロガシ（甲虫）の生存を決定する．フンコロガシはゾウの運命を決定しない．ゾウにとって不可欠なのは植生であるが，かれらはなかなか柔軟な摂食者である．かなり広い許容範囲をもつゾウは，どのような植物が提供されているかをあまり気にしない．大型の肉食動物になるとさらに柔軟である．たとえばヒョウは適当なサイズの生物がいるところなら，どのようなところでも生きていける．例をあげればイヌでもヒヒでもガゼルでもシカでもよく，ともかくそうした動物を用意すれば，あとはヒョウが勝手にうまくやってくれる．

どの生物を救うかという議論は，まるまる1つのシンポジウムのテーマとなり，果てしない報告や学術的論文の主題となり，また保存を真剣に考える動物園の主要な関心事である．すでに触れたように，多くの議論は感情の重荷と切り離すことができず，それが解決を困難にしている．「カリスマ的な巨大脊椎動物」の愛好者は，単なる感傷主義に堕しているのだろうか．もしそうだとしても，それでいいではないか．結局のところ保存は，最終的には感情によって推進されるはずだ．

しかし絡まり合った議論の糸は，このような分野で可能な，ほとんど「客観的」といえる議論によって断ち切ることができる．その底にあるそうした議論は系統学によるものである．

現生生物のすべての枝を示した，それもできれば科の水準の枝までもった，一本の系統樹を思い浮かべよう．本書の範囲では，包括的で詳細なそのような系統樹を示すことは不可能である．おそらくフットボール球場ぐらいのカンバスを必要とするだろう（もしかしたら十分な資金のある博物

館はそれに適した壁を提供できるかもしれない）．真核生物の系統樹（2つの原核生物のドメインも書き込まれている）が，おそらく全体の形に関する最適のイメージを与えてはくれるだろう．しかし真の全体像をイメージするには，ほかの系統樹もすべて重ね合わせてみる必要がある——もちろん理想をいえば，その枝の多くは本書で可能な範囲よりはるかに詳しく示されなければならないところだが．それで私は何千という科の中から，2つだけを取り上げることになった．ヒト科とキク科である．重要な門（植物ではそれに相当する階層），たとえば環形動物やシダ植物などは，ほんの少ししかふれなかった．しかし，すべてのものを，少なくとも科のレベルまでのすべてが示された巨大で驚異的な1本の系統樹を想像してみてほしい．

私たちの課題はこの系統樹のできるだけ多くを保存することであろう．少なくとも，密生したすべての枝の代表者が残るように保証することが必要である．もちろん3大ドメインの代表者の一部は，地球そのものが灰燼に帰すまで常に私たちとともにあるだろう．細菌，古細菌，真核生物の一部は，常に私たちとともにいるだろう．また，すべての界が生存できるように保証する必要もある．だから，たとえ私たちが，しつこく害をもたらす原生生物の寄生虫であるランブル鞭毛虫が好きではなくても，それを守るべきなのである．世界保健機関は，かつて天然痘を撲滅したように，ランブル鞭毛虫を数世紀の間に撲滅する方法を見いだすかもしれないが，しかしランブル鞭毛虫のサンプルはどこかの微小動物園で保存の目的で維持されなければならない．

たしかに，すべての門からの代表者が必要である．あらたに発見されたシンビオン（有輪動物）は，見た目はよくない（ハル王子がフォールスタフ（訳註：シェイクスピア『ヘンリー4世』の登場人物）を形容したように，まさしく「腸の袋」である）が，重要なターゲットにちがいない．このようにして，さらに下位のグループを考えていくことになる．私たちがすべての綱，そしてすべての目のメンバーを救える戦略をとるべきなのは間違いない——たとえ実際問題としてすべての科までは救えないにしても．少なくとも現在の系統樹の基本的な姿を写したものを維持しつづけなければならない．1000年の時が経つと，その写しは現在の栄光の影になっているかもしれない．しかし，もし1000年以降に生命が本当により安楽な時を迎えていれば，影はその実体を取り戻すかもしれない．これまで35億年かけて開花してきたタクソンは，その進化の道に戻るべきである．今日の細部は失われるだろう．すべての種が生き延びることができるわけではない．しかしおよその系統的輪郭を保存すれば，過去にいつもそうであったように，新しい細部が生じるであろう．

保護に関するこのような見解は，私たちが必要とする基準を提供してくれそうだ．ゾウは甲虫より重要だろうか．問題は，ゾウがより大型で賢く，私たちと交流でき，その一方で，甲虫は小さくて概して反応に乏しい，ということではない．問題は，長鼻目には現在たった2種類の種，アフリカゾウとアジアゾウしか含まれていないということである．この2種を失えば，およそ5000万年前に出現して以来，少なくとも150の異なる種を生み出してきたことが知られている長鼻目という輝かしい系統を失うことになる．現生ゾウのどちらかを失えば，現存している長鼻目の半分を失うことになる．しかし甲虫目には少なくとも30万の現生種が含まれ，熱帯森林にはおそらくさらに数百万もの種がいる（もっとも私たちが目撃するよりも前に多くは消滅するだろうが）．甲虫の1種を失ってもそれは全体のごくわずかな部分を失うにすぎない．これだけを論拠にすれば，議論の余地はなさそうだ．もし実際にゾウの1種と甲虫の1種のどちらかの選択を迫られたら，ゾウの圧勝だろう．同様に，トラはどんなエビの1種よりも重要である．この基準は明らかにどのグループにも適用される．ミズニラ（訳註：絶滅が危惧されている）は，たとえキクのほうがきれいであるにしても，キク科のどのメンバーより間違いなく重要であろう．

もちろんほかにも考えるべきことがある．費用と実行可能性もその1つである．ある甲虫のための保護プログラムを計画することなら，熱心な個人1人でも可能かもしれない（考えるよりはずっと難しいだろうが）が，ゾウに関する真剣なプログラムを計画するにはよほどの金持ちでなければならない．ただ，個々の甲虫が系統学的理由ではそれほど重要でないという理由だけで甲虫保護計画を軽蔑するのは愚かで悲しいことである．政策は実行可能性とうまく噛みあっていなければならない．私たちは，その多くの種で絶滅が危惧されている世界中の300種ほどのオウムのうち少なくとも一部には，現実に割り当て可能な額よりずっと多くの資金が必要であると判断することもあるだろう．あるいは，ニュージーランドのほとんど飛べないフクロウオウム（カカポ）のような，より極端な種類のオウムの一部は，オウムが切り開いた生物学的可能性の広がりを示すという理由から，特別な注意を払うべきだと考えることもあるだろう．同様に，あのすばらしいオオカブトムシは，甲虫世界の広がりの大きさを示してくれるからこそ，特別に貴重な甲虫であると判断することがあるかもしれない．

また，私たちは，生物学者が「目」と呼んでいるグループの一部は，ほかのグループよりはるかに多様であることを知らなければならない．たとえば甲虫目の中における遺伝的な変異は，鳥綱の現生種における変異よりずっと大きいのは明らかである．それでも，生物学者が数世紀にわたって考え，階層づけしてきたタクソンを，軽視すべきではない．それらは明らかに自然の真実の姿の一部を反映しているのである．そして私には，その姿をガイドとして用いることは，決して愚かなことだとは思われない．したがって私は，全地球的保全の基盤を系統学におくべきだと提案する．ほかにも可能な基準はあるだろう．しかし，これ以上によいものはない．

だが，そもそも，なぜ私たちは頭を悩ませなくてはならないのか．生物たちに介入することなくなすがままにまかせて，地球がつづくかぎり地上のパーティの残り時間を楽しんではいけないのだろうか．本書を終えるにあたって，この問題について少しふれないわけにはいかない．

なぜ保護するのか

現在私たちは世俗的で経済重視の時代に生きている．そのなかで保全学者は，仲間の生物が保護されるべき政治的，経済的理由を提出しようとしかるべき努力をしている．これはもちろん正攻法であり，たしかに必要なことである．その地域の人々の必要性を考慮しない保護政策は疑いなく失敗するであろうし，おそらく失敗すべきであろう．保護主義者の中には，人類がわきにどいて，野生生物に道をゆずるべきだと論じているように思われる人たちもいる．そのような議論は，少なくともあまり魅力的ではない．野生生物と人類の生存の必要性はうまく調整しなければならないし，どちらかを犠牲にするほうが技術的には容易であるが，和解させることこそが課題の本質である．したがって，保全学者はなんとかして，個別の保護政策が地域の経済を破壊するものではなく，むしろそれを推進するものであることを示す必要がある．しかし，そのような議論は必要ではあるが，十分ではない．保護には何か別のもの，プラスアルファの要因が必要である．その要因とは欲求と姿勢である．つまり，私たちは仲間の生物たちの面倒をみるべきであり，それが義務であり，それを達成するためにすすんで犠牲も払うべきだ，という深い確信である．だが，覚悟すべき犠牲は，北にいる私たち自身のものでなくてはならず，私たちが満足を得るためだけにほかの地域の人々が生活手段（ときには生命そのもの）をあきらめるような，豊かな北の国々の私たちの行動とかけはなれた提案をしてはならない．

世俗的で経済的な議論がなぜ「必要であるが十分でない」のだろう．一瞥したところでは，それは十分根拠があるように見える．ケニアはツーリズムを通して，外貨獲得や国家収入の一部をライオンに負っている．海岸を楽しむツーリストもい

るが，主な目当ては野生生物である．主として野生生物に依存している「エコツーリズム」は世界中で大きな力になっている．また，野生植物は医薬品の最大の源であり，もっと多くのそのような宝が未発見のまま埋もれていると示唆している人も多い．このバイオテクノロジーの時代にあって，世界の何百万もの生物の，数え切れないほど多くの遺伝子が，石油や貴重な金属に匹敵する最大の富であることは間違いない．

しかしこれらの議論は，予想ほどはうまく成り立たない．ケニアの野生はツーリストにはすばらしいだろうし，たとえばグレートバリアリーフも同様である．しかしたとえ種はもっと豊富でも，まるでツーリズム向きでない環境もある．大部分の野生種は熱帯森林に生息するが，森林で長つづきのするエコツーリズムを確立するのはきわめて困難である．私はそれを試みた人たちを知っている．インドネシアには，ゾウ，サイ，スマトラトラ，オランウータンなどなど，きわめて多くの野生種がいる．しかしそれらの動物を，東アフリカのサバンナでライオンを見るようにミニバスから見ることはできない．一生を何十万種という野生生物に囲まれて過ごしても，葉以外には何も見ることなく終わるということだってありうるのだ．私は，スマトラのサイについて博士論文を書きながら，一度もその生きた姿を見たことがないという生物学者を知っている．ユジョン・クロンのジャワサイが，間違いなくフィルムに収められたのはわずか一度だけである．クイーンズランドのある植物学者は，眠っているキノボリカンガルーを6時間じっと観察しつづけた，と語ってくれた．だがかれは真の博物学者である．大部分のツーリストはそんな特権のために多額のお金を払わないだろう．もちろん，樹冠の散歩をしたり，半分捕獲状態の生物を使ったりして，熱帯森林で満足のいくツーリズムを計画することは不可能ではないだろうが，とりわけツーリストが，現に間違いなくそうであるように，ハンモックや防水布以上の，たとえば4つ星ホテルのようなものを望むのであれば，ひどく高価なものになるだろう．

それにもし，経済的な議論だけが野生の場所の保護のすべてだとすれば，何かもっと利益の大きいことが登場したら，どうなるだろうか．ある貴重な生物の最後の保護地の下に探鉱者が石油か金を発見したら，保護などは風前の灯火になる．マングローブは野生生物にとってすばらしい安住の地であるが，私自身が経験したように，乗っているボートにクモがあふれ，カが攻撃してきたときには，友好的というにはほど遠い環境だった．フロリダのエバーグレーズやそうしたいくつかの場所はツーリストには向いているが，本当に金儲けをしたいと思ったらそこに穴を掘ってクルマエビを養殖すればいいし，もっといいのは，すべての土地から水を排出してゴルフコースやカジノを建設することだろう．野生生物の遺伝子が富の源泉であることは真実であるが，その擁護者の一部が喧伝するほどではない．すでに同定されている有用な植物は栽培可能だし，まだほかにも多くの植物があるにしてもそれらを探すのは費用対効果が悪いかもしれない．

だから，もっとも「ロマンティック」な保護主義者であっても，かれらが愛する生物を保護するための経済的な理由を探さなければならない．そして考えうる経済的利点をすべて見つけだし，後押ししなければならない．だが，経済は結局のところ勝利には結びつけられない．ケニアとかグレートバリアリーフ，あるいはそのほか少数の奇跡のような場所を除けば，まずほとんどの場合，野生生物を一掃して何か別のことをする方が，常に経済的に有利だと思われる．そうしない理由をほかに見つけなくてはならない．それは何だろうか．それはあいまいに「精神的（スピリチュアル）」と呼ばれることもあるが，「精神的」という語は定義が難しい．それは「審美的」とか「道徳的」と呼ぶこともできるだろう．これらの用語はどのような意味をもつだろうか．

「審美的」はもちろん，私たちが美しいと思うものと関連している．自然は美しい．したがってもし美を好むなら自然も好むはずである．美は，経済的に有用なきっかけにもなる．美しいと思う

ものには金を払うだろう．景観のすばらしい家にはそうでない家より多くの金を払う価値がある．しかし，ここでも，美しいだけでは不十分である．1つには，少なくとも「審美的」を単純に定義した場合，それは人間中心的な考えを意味し，つまり，自己中心性をとりつくろった用語になってしまう．もし美だけが私たちを駆り立てるものであれば，私たちはおそらく美しく驚異的な生物，たとえばトラとかゴリラを救い，それほど派手でないものは見捨てるであろう．その中には，私たちのほとんどが一度も目にすることがなく，目にしたところでどれも似たり寄ったりに見える，絶滅の危機にある有袋類たちも含まれるだろう．さらに，大部分の人々の美的センスは十分な情報に基づいていない．美しい外国の樹木がたくさん生育した植物公園は，カシやトネリコとごくわずかなそのほかの樹木からなる温帯の森より，好ましく見える．しかし菌類や野生の草本，無脊椎動物，鳥類，哺乳類はもとの自然森を好むのである．かれらは結局のところ外国ではなく生息地の樹木に適応している．マイケル・ソウルは，少年のときにサンディエゴの灌木の茂った谷で野生の鳥類の鳴き声を聞いていたと回想している．その谷はいまでも多くの鳴鳥であふれている．しかしかつては何十種類もの鳥が歌っていたが，現在ではマネシツグミやジュウシマツなどの広食性の鳥類のみである．大部分の人には違いはわからない．普通の鳥の歌もまれな鳥の歌と同様に美しい．たとえばイギリスでは，ナイチンゲールも含めてどんな鳥も，ごく当たり前にいるクロウタドリよりすぐれた歌い手ではない．したがって，もし普通に定義される「美」が私たちを導くすべてであるなら，大部分の人はほとんどの野生種が絶滅しても幸せだろうし，かれらがいなくなったことさえ知らないだろう．美は，私たちの感受性が訓練されなければ，私たちを導く指針としては貧弱である．特別な鳴鳥が失われたことを感じとって，それを惜しみ，野生のままのわびしげな沼沢が，それを干上がらせて置き換えたけばけばしい場所より美しいと知る，それが感受性をみがくことである．

しかし道徳には審美以上の意味がある．少なくともある解釈（とくにイマニュエル・カント Immanuel Kant）によれば，道徳とは，私たちのひとりひとりが自分より前に他のものの幸せをすすんで優先させることである．これは他のもののためにすすんで死ぬべきであるという意味ではない——もっとも，何かのために死を選択することもありうるが．そうではなく，道徳の意味は，すすんでなにがしかの犠牲を払うべきだという点にある．（カントによれば）だれか他人を助けても，そうすることが自分にとって何の損失でもなかったり，あるいは報償を期待して援助を提供したりするのは，徳ではない．しかし努力を必要とする援助や期待のない援助には徳がある．もし保全を真剣に考えるなら，この精神に基づくアプローチが必要である．私たちは税金やあるいはもっと間接的な何かで代価を支払う用意をしなければならない．そして少なくともある程度は犠牲を払う用意も必要である．私はギリシャで，池の水を干上がらせたいと願っている1人の女性（ギリシャ人ではない）に出会った．カエルの声で夜どおし眠れないからだという．そう，カエルは睡眠を妨げることもある．でもそれは我慢しなければならない．昆虫は庭の植物を食うだろう．それでいいではないか．だからといって，土地を殺虫剤の毒で満たす理由にはならない．昆虫も美しい．それに私たちの仲間の生物でもある（この文脈では後者のことこそが重要な核心である）．昆虫をそのように見なければ，昆虫には希望がない．17世紀のオランダの植物画家はたいてい，昆虫も美しいことを認めつつ，植物を食っている昆虫を一緒に描き入れた．どこに線を引くかを知ることは難しい．たとえば，南アメリカでシャガス病を媒介する昆虫が人々の家に大量に入り込むのを許すのはばかげている．しかし一般的には，過ちを犯すのなら寛容の側に立つほうがましのはずだ．私たちは良識をもたなければならないが，無力になってしまっている．

しかし，それでもなお，核心にある問いには解

答がなされていないようだ．なぜ犠牲を払わなければならないのか．もしゴルフコースがマングローブより本当に利益が上がる（そしてより多くの人に多くの楽しみを与える）のなら，なぜマングローブを救うのか．たくさんいて丈夫な種が，まれでデリケートな種と同じように目を楽しませてくれるのなら，なぜ後者の心配をするのか．

　実際のところ，私はすべての人を満足させる「十分な」理由があるとは信じていない．あるいは多くの人を確信させる理由さえあるとは思わない．最終的には，仲間の生物たちを保護することが正しく，それらを消滅させることが罪であると感じることこそが必要である．私たちは自らが，個人としても種全体としても，保護者であることを理解しなければならない．保全活動は「神を演じる」ことだとする議論は，私にはこじつけのように思われる．その議論は結局のところ，単に何もせず，生物が死んでいくのを見つめ，その破壊を黙認するが，手を貸すことは認められないことを意味している．宗教のなかには実際にこの消極的な解釈をとるものもあるが，それとは異なる立場もある．キリストは注目すべき干渉主義者である（そしてその結果，ラビとよく問題を起こした）．私はそのような干渉主義が必要であると考える．ただそばに立ち，死にゆくものを見つめるのでは，不作為の罪を免れない．

　しかし仲間の生物を助ける義務があると感じるべきだとする考えは，結局のところ，感情的なスタンスであり，姿勢である．そのような姿勢は「理性的」な議論から単純に外挿することはできない．それは純粋な知性の産物ではない．宗教にたずさわる人々，あるいは少なくとも，創造主であり道徳の審判者でもある神を信じる通常の信者たちは，神に訴えることでそのような姿勢を保つだろう．すなわち私たちは地球における神の代表者であり，神の作品を保護する義務がある，ということである．しかし実際は，全能の創造主あるいは神という概念をもっとも明瞭に内包するユダヤ教，キリスト教，イスラム教は，仲間の種に対するそのような関心を目に見える形で求めてはいない．モーゼの十戒は，私たちに野生生物の面倒をみるようにと語ってはいない．十戒に書かれていてもよさそうなものだが，現実には書かれていない．創世記によれば，神は私たちに野生動物に対する「支配権」を与え，人々はそれをいつの時代にも，いろいろに解釈し，しばしば無関心の正当化に用いてきた．したがって，通常の信者でさえ，神の言葉に訴えることができない．そしてもちろん信者でない人々は，そうしようとも思わないであろう．

　それゆえ，こうした感情的なスタンスや姿勢は，私たちが信じることを選択する以外，まったく土台がないことになる．だが，私はこの点については心配しなくていいだろうと感じている．デイビッド・ヒューム David Hume は，すべての倫理的立場はつまるところ感情に根ざしており，道徳哲学者たちも自分たちがそもそももっていた姿勢を支持する議論を探し出すにすぎない，と指摘している．私たちひとりひとりがなすべき道徳的課題は，自分自身の感覚を探求し，自身の感情的反応をよく吟味し，そして自らの確信に従うことである．

　私自身は，この宇宙の中で意識をもち，この特別な惑星に住み，この地球を多くのすばらしい生物たちと分け合っていることが，私たちに与えられた特権なのだと示唆しておきたい．私たちが生き物たちを破滅させることは容易だが，少しだけ多くの努力で，自らを救うのと同じようにかれらを救うことができるだろう．それはやってみる価値がある．私にはそれがなすべきことだと示すことはできないし，ほかのだれにせよ，それは同じだろう．だが，これ以上に価値のあることを思いつくことは難しい．

出典と推薦書

本書に貢献してくれた情報源は主として3つある．1つ目は，私が受けた教育や，私の個人的な思い入れや，日々の会話のなかで得られたもので（詳細については信頼しているわけではないが）いわば私の遺伝的浮動(ジェネティック・ドリフト)とでも言うべきものである．2つ目は，とりわけ英国と米国ではあるが世界中の傑出した専門家たちとの，すばらしい会話や，気持ちのよい書簡交換によるもので，私はそれを大いに楽しんだ．そしてもちろん3つ目としてきわめて大きく依拠しているものは文字――すなわち教科書や，総説や原著論文を含む学術論文である．

直接に私を手助けしていただいた方々については，別に謝辞のなかでお礼申し上げた．ここでは，私が主に用いた書籍や論文を一覧にしている．世の文献リストのならいとして――包括的であることを意図したものは別として――以下のリストもいくぶん恣意的なものである．本書にとくにかかわりがなくても，私自身が受けた教育のなかで特別な意味合いがあった教科書もリストしている――たとえば，私にとっては古典である1959年の「BEPS」（『無脊椎動物学 *The Invertebrata*』）や，ヤングの『脊椎動物たち *Life of Vertebrates*』の1962年版がそうだ――し，本書の主題全体にも私自身の啓発にもきわめて重要だと認識している論文――たとえば，スラック，ホランド，グラハムのzootypeの遺伝子に関する1993年のネイチャー論文や，マイケル・エイカムとアヴェロスの昆虫類と甲殻類の体制とHox遺伝子に関する1995年のネイチャー論文――も含めている．それに，1999年に出版されたために本書の議論に加える時間がなかったが，まちがいなく重要な，最新の少数の教科書についてもリストに加えている．

章ごとに示した以下のリストは，ほとんどが一般的な教科書から始め，その後に個別の論文を示している．アステリスク（*）をつけたものは，とくにお勧めの文献である．こうしたものには，たまには古典も含まれるが，もっと重要なことは，第2部における種々の「樹」や分類学的要約における私の主要な情報源となっていることである．

第1部 分類の技術と科学

1章 「すてきな生きものたちがこんなにたくさん」

Haldane, J. B. S., quoted by R. C. Fisher (1988). An inordinate fondness for beetles. *Biological Journal of the Linnean Society*, **35**, 131–319.

May, R. (1988). How many species are there on Earth? *Science*, **241**, 1441–9.

2章 分類と秩序の探索

〔本〕

*Darwin, C. (1859). *The origin of species by means of natural selection: or the preservation of favoured races in the struggle for life* (reprinted 1985, Penguin Books, Harmondsworth). ダーウィンは13章(Penguin版の397～434ページ)で，系統学に基づく'自然な'分類の例を見事に示している．

*Mayr, E. (1988). *Toward a new philosophy of biology*. Harvard University Press, Cambridge, MA.

Stevens, P. F. (1994). *The development of biological systematics*. Columbia University Press, New York.

〔論文や本の章〕

Berlin, B., Breedlove, D. E., and Raven, P. H. (1973). General principles of classification and nomenclature in folk biology. *American Anthropologist*, **75**, 214–42.

Krings, M., Stone, A., Schmitz, R. W., Krainitzi, H., Stoneking, M., and Pääbo, S. (1997). Neanderthal DNA sequences and the origin of modern humans. *Cell*, **90**, 19–30.

Martin, R. D. (1981). Phylogenetic reconstruction versus classification: the case for clear demarcation. *Biologist*, **28**, 127–64.

Patterson, C. and Rosen, D. E. (1977). Review of ichthyodectiform and other Mesozoic teleost fishes and the theory and practice of classifying fossils. *Bulletin of the American Museum of Natural History*, **158**, 154–64.

Raven, P. H., Berlin, B., and Breedlove, D. E. (1971). The origins of taxonomy. *Science*, **174**, 1210–13.

3章 自然の秩序：ダーウィンの夢とヘニッヒの解答

〔本〕

*Avise, J. (1994). *Molecular markers, natural history and evolution*, p. 35. Chapman and Hall, New York.

Corbet, G. B. and Hill, J. E. (1991). *A world list of mammalian species* (3rd edn). Natural History Museum Publications/Oxford University Press, London and Oxford.

Hennig, W. (1966). *Phylogenetic systematics*. University of Illinois Press, Urbana.

*Ridley, M. (1986). *Evolution and classification: the reformation of cladism*. Longman, Harlow.

Schwartz, J. H. (1984). *The red ape: orang-utans and human origins*. Elm Tree Books, London.

*Smith, A. B. (1994). *Systematics and the fossil record*. Blackwell Scientific, Oxford.

Sokal, R. R. and Sneath, P. H. A. (1963). *The principles of numerical taxonomy*. W. H. Freeman, San Francisco.

〔論文や本の章〕

Funk, V. A. and Brooks, D. R. (1990). Phylogenetic systematics as a basis of comparative biology. *Smithsonian Contributions to Botany*, No. 73. Smithsonian Institution, Washington, DC.

*Platnik, N. I. (1979). Philosophy and the transformation of cladistics. *Systematic Zoology*, **28**, 537–46.

de Queiroz, K. and Gauthier, J. (1994). Towards a phylogenetic system of biological nomenclature. *Trends in Ecology and Evolution*, **9**, 27–30.

Stewart, C.-B. (1993). The powers and pitfalls of parsimony. *Nature*, **361**, 603–7.

Swofford, D. L. and Olsen, G. J. (1990). Phylogeny reconstruction. In *Molecular systematics* (ed. D. M. Hillis and C. Moritz), pp. 411–501. Sinauer Associates, Sunderland, MA.

Van Valen, L. M. and Maiorana, V. C. (1991). HeLa, a new microbial species. *Evolutionary Theory*, **10**, 71–4.

*Wyss, A. R. (1988). Evidence from flipper structure for a single origin of pinnipeds. *Nature*, **334**, 427–8.

4章 データ

〔本〕

Avise, J. (1994). *Molecular markers, natural history and evolution*. Chapman and Hall, London.

*Hillis, D. M., and Moritz, C. (1990). *Molecular systematics*. Sinauer Associates, Sunderland, MA.

*Kemp, T. S. (1999). *Fossils and evolution*. Oxford University Press, Oxford.

Raff, R. A. and Kaufman, T. C. (1983). *Embryos, genes, and evolution*. Indiana University Press, Bloomington.

〔論文や本の章〕

Akam, M. (1989). Hox and HOM: homologous gene clusters in insects and vertebrates. *Cell*, **57**, 347–9.

Dobzhansky, Th. (1973). Nothing in biology makes sense except in the light of evolution. *American Biology Teacher*, **35**, 125–9.

Fedonkin, M. and Waggoner, B. (1997). The late Precambran fossil *Kimberella* is a mollusc-like bilaterian organism. *Nature*, **388**, 868–71.

Graur, D., Duret, L., and Gouy, M. (1996). Phylogenetic position of the order Lagomorpha (rabbits, hares, and allies). *Nature*, **379**, 333–5.

*Slack, J., Holland, P., and Graham, C. F. (1993). The zootype and the phylotypic stage. *Nature*, **361**, 490–2.

Wray, G. A. (1994). Developmental evolution: new paradigms and paradoxes. *Developmental Genetics*, **15**, 1–6.

5章 クレード，グレード，および各部の名称：新リンネ印象主義の勧め

Long, J. (1995). *The rise of fishes*. Johns Hopkins University Press, Baltimore.

Patterson, C. and Rosen, D. E. (1977). Review of ichthyodectoderm and other Mesozoic teleost fishes and the theory and practice of classifying fossils. *Bulletin of the American Museum of Natural History*, **159**, 85–172.

Sibley, C. and Ahlquist, J. (1990). *Phylogeny and classification of birds: a study in molecular evolution*. Yale University Press, New Haven.

Wiley, E. O., Siegel-Causey, D., Brooks, D. A., and Funk, V. A. (1991). *The complete cladist*, p. 2. University of Kansas Press, Kansas.

第2部 すべての生き物を通覧する

1章 2つの界から3つのドメインへ

Doolittle, W. F. (1999), Phylogenetic classification and the universal tree. *Science*, **284**, 2124–8.

Woese, C., Kandler, O., and Wheelis, M. L. (1990). Towards a natural system of organisms: proposal for the domains Archaea, Bacteria, and Eucarya. *Pro-*

ceedings of the National Academy of Sciences, USA, **87**, 4576-9.

2章 原核生物ドメイン：細菌と古細菌

DeLong, E. F., Ke Ying Wu, Prezelin, B. B., and Jovine, R. V. M. (1994). High abundance of Archaea in Antarctic marine picoplankton. *Nature*, **371**, 695-7.

*Fox, G. E., Stackebrandt, E., Hespell, R. B., Gibson, J., Maniloff, J., Dyer, T. A., *et al.* (incl. Woese, C. R.) (1980). The phylogeny of prokaryotes. *Science*, **209**, 457-63.

Hershberger, K. L., Barns, S. M., Reysenbach, A.-L., Dawson Scott, C., and Pace, N. R. (1996). Wide diversity of Crenarchaeota. *Nature*, **384**, 420.

Huber, R., Burggraf, S., Mayer, T., Barns, S. M., Rossnagel, P., and Stetter, K. O. (1995). Isolation of a hyperthermophilic archaeum predicted by *in situ* RNA analysis. *Nature*, **376**, 57-8.

Kane, M. D. and Pierce, N. E. (1994). Diversity within diversity: molecular approaches to studying microbial interactions with insects. In *Molecular ecology and evolution: approaches and applications* (ed. B. Schierwater, B. Street, G. P. Wagner, and R. DeSalle), pp. 509-24. Birkhauser, Basel.

Mojzsis, S. J., Arrhenius, G., McKeegan, K. D., Harrison, T. M., Nutman, A. P., and Friend, C. R. L. (1996). Evidence for life on Earth before 3,800 million years ago. *Nature*, **384**, 55-9.

Nelson, K. E., Clayton, R. A., Gill, S. R., Gwinn, M. L., Dodson, R. J., Haft, D. H. *et al.* (1999). Evidence for lateral gene transfer between Archaea and Bacteria from genome sequence of *Thermotoga maritima*. *Nature*, **399**, 323-9.

Olsen, G. (1994). Archaea, Archaea, everywhere. *Nature*, **371**, 657-8.

Olsen, G. J., Lane, D. J., Giovannoni, S. J., and Pace, N. R. (1986). Microbial ecology and evolution: a ribosomal RNA approach. *Annual Review of Microbiology*, **40**, 337-65.

Olsen, G. J., Woese, C. R., and Overbeek, R. (1994). The winds of (evolutionary) change: breathing new life into microbiology. *Journal of Bacteriology*, **176**, 1-6.

Pace, N. R. (1991). Origin of life—facing up to the physical setting. *Cell*, **65**, 531-3.

Pace, N. R., Stahl, D. A., Lane, D. J., and Olsen, G. J. (1986). The analysis of natural microbial populations by ribosomal RNA sequences. *Advances in Microbial Ecology*, **9**, 1-56.

Rivera, M. C. and Lake, J. A. (1992). Evidence that eukaryotes and eocyte prokaryotes are immediate relatives. *Science*, **257**, 74-6.

Woese, C. R. (1987). Bacterial evolution. *Microbiological Reviews*, **51**, 221-71.

Woese, C. R. (1994). There must be a prokaryote somewhere: microbiology's search for itself. *Microbiological Reviews*, **58**, 1-9.

Woese, C. R. and Fox, G. E. (1977). Phylogenetic structure of the prokaryotic domain: the primary kingdoms. *Proceedings of the National Academy of Sciences, USA*, **74**, 5088-90.

Woese, C. R., Stackbrandt, E., Macke, T. J., and Fox, G. E. (1985). A phylogenetic definition of the major eubacterial taxa. *Systematics and Applied Microbiology*, **6**, 143-51.

3章 核の王国：真核生物ドメイン

〔本〕

Borradaile, L. A., Potts, F. A., Eastham, L. E. S., and Saunders, J. T. (1959). *The Invertebrata: a manual for the use of students* (3rd edn, rev. G. A. Kerkut). Cambridge University Press, Cambridge.

*Dyer, B. D. and Obar, R. A. (1994). *Tracing the history of eukaryotic cells*. Columbia University Press, New York.

Margulis, L. and Schwartz, K. (1988). *Five kingdoms: an illustrated guide to the phyla of life on Earth* (2nd edn). W. H. Freeman, San Francisco.

〔論文や本の章〕

Freshwater, D. W., Fredericq, S., Bulter, B. S., and Hommersand, M. H. (1994). A gene phylogeny of the red algae (Rhodophyta) based on plastid *rbcL*. *Proceedings of the National Academy of Sciences, USA*, **91**, 7281-5.

Lake, J. A. (1991). Tracing origins with molecular sequences: metazoan and eukaryotic beginnings. *Trends in Biochemical Sciences*, **16**, 46-50.

*Sogin, M. (1994). The origin of eukaryotes and evolution into major kingdoms. In *Early life on Earth*, Nobel Symposium No. 84 (ed. S. Bengtson), pp. 181-92. Columbia University Press, New York.

Turner, S., Burger-Wiersma, T., Giovannoni, S. J., Mur, L. R., and Pace, N. R. (1989). The relationship of a prochlorophyte *Prochlorothrix hollandica* to green chloroplasts. *Nature*, **337**, 380-2.

Wainwright, P. O., Hinkle, G., Sogin, M. L., and Stickel, S. K. (1993). Monophyletic origins of the Metazoa: an evolutionary link with Fungi. *Science*, **260**, 340-2.

4章 キノコ，粘菌，地衣類，サビ菌，黒穂病菌，腐敗病：真菌界

*Berbee, M. L. and Taylor, J. W. (1993). Dating the evolutionary radiations of the true fungi. *Canadian Journal of Botany*, **71**, 1114-27.

Bowman, B., Taylor, J. W., and Brownlee, A. G., Lee, J., Shi-Da Lu, and White, T. J. (1992). Molecular evolution of the Fungi: relationships of the Basidiomycetes, Ascomycetes, and Chytridiomycetes. *Molecular Biology and Evolution*, **9**, 285-96.

Bowman, B., Taylor, J. W., and White, T. J. (1992). Molecular evolution of the Fungi: human pathogens. *Mo-

lecular Biology and Evolution, **9**, 893-904.
Bruns, T. D., Fogel, R., White, T. J., and Palmer, J. D. (1989). Accelerated evolution of a false-tuffle from a mushroom ancestor. *Nature*, **339**, 140-2.
Bruns, T. D., Vilgalys, R., Barns, S. M., Gonzalez, D., Hibbett, D. S., Lane, D. J. *et al.* (1992). Evolutionary relationships within the Fungi: analyses of nuclear small subunit rRNA sequences. *Molecular Phylogenetics and Evolution*, **1**, 231-41.
Bruns, T. D., White, T. J., and Taylor, J. W. (1991). Fungal molecular systematics. *Annual Review of Ecology and Systematics*, **22**, 525-64.
Currah, R. S. and Stockey, R. A. (1991). A fossil smut fungus from the authors of an Eocene angiosperm. *Nature*, **350**, 698-9.
DePriest, P. T. (1995). Multiple origins of lichen symbioses in fungi suggested by SSU rDNA phylogeny. *Science*, **268**, 1492-5.
Edman, J. C., Kovacs, J. A., Masur, H., Santi, D. V., Elwood, H. J., and Sogin, M. L. (1988). Ribosomal RNA sequences shows *Pneumocystis carinii* to be a member of the Fungi. *Nature*, **334**, 519-22.
Gargas, A., DePriest, P. T., Grube, M., and Tehler, A. (1995). Multiple origins of lichen symbioses in fungi suggested by SSU rDNA phylogeny. *Science*, **268**, 1492-5.
*Hawksworth, D. L., Kirk, P. M., Sutton, B. C., and Pegler, P. N. (1995). *Ainsworth & Bisby's Dictionary of the Fungi* (8th edn). CAB International, Oxford.
Johnson, C. N. (1966). Interactions between mammals and ectomycorrhizal fungi. *Trends in Ecology and Evolution*, **11**, 503-7.
Selosse, M.-A. and Le Tacon, F. (1998). The land flora: a phototroph–fungus partnership? *Trends in Ecology and Evolution*, **13**, 15-20.
Simon, L., Bousquet, J., Levesque, R. C., and Lalonde, M. (1993). Origin and diversification of endomycorrhizal fungi and coincidence with vascular land plants. *Nature*, **363**, 67-9.
Swann, E. and Taylor, J. W. (1993). Higher taxa of Basidiomycetes: an 18S rRNA gene perspective. *Mycologia*, **85**, 923-6.
Swann, E. and Taylor, J. W. (1995). Phylogenetic diversity of yeast-producing basidiomycetes. *Mycological Research*, **99**, 1205-10.

5章 動物界
〔本〕
Borradaile, L. A., Potts, F. A., Eastham, L. E. S., and Saunders, J. T. (1959). *The Invertebrata: a manual for the use of students* (3rd edn, rev. G. A. Kerkut). Cambridge University Press, Cambridge.
*Brusca, R. C. and Brusca, G. J. (1990). *Invertebrates*. Sinauer Associates, Sunderland, MA.
*Nielsen, C. (1995). *Animal evolution: interrelationships of the living phyla*. Oxford University Press, Oxford.
*Willmer, P. (1990). *Invertebrate relationships*. Cambridge University Press, Cambridge.
〔論文や本の章〕
Aguinaldo, A. M. A., Turbeville, J. M., Linford, L. S., Rivera, M. C., Garey, J. R., Raff, R. A., and Lake, J. A. (1997). Evidence for a clade of nematodes, arthropods, and other moulting animals. *Nature*, **387**, 489-93.
Arendt, D. and Nubler-Jung, K. (1994). Inversion of dorsoventral axis? *Nature*, **371**, 26.
Carroll, S. B. (1995). Homeotic genes and the evolution of arthropods and chordates. *Nature*, **376**, 479-85.
*Conway Morris, S. (1993). The fossil record and the early evolution of the Metazoa. *Nature*, **361**, 219-25.
Conway Morris, S. (1995). A new phylum from the lobster's lips. *Nature*, **378**, 661-2.
Dilly, P. N. (1993). *Cephalodiscus graptolitoides* sp. nov.: a probable extant graptolite. *Journal of the Zoological Society of London*, **229**, 69-78.
Funch, P. and Kristensen, R. M. (1995). Cycliophora is a new phylum with affinities to Entoprocta and Ectoprocta. *Nature*, **378**, 711-14.
Halanych, K. M., Bacheller, J. D., Aguinaldo, A. M. A., Liva, S. M., Hillis, D. M., and Lake, J. A. (1995). Evidence from 18S ribosomal DNA that the lophophorates are protostome animals. *Science*, **267**, 1641-3.
Knoll, A. H. and Carroll, S. B. (1999). Early animal evolution: emerging views from comparative biology and geology. *Science*, **284**, 2129-36.
Lake, J. A. (1990). Origin of the Metazoa. *Proceedings of the National Academy of Sciences, USA*, **87**, 763-6.
Manton, S. M. and Anderson, D. T. (1979). Polyphyly and evolution of arthropods. In *The origin of major invertebrate groups* (ed. M. R. House), pp. 269-321. Academic Press, London.
Martindale, M. Q. and Kourakis, M. J. (1999). Hox clusters: size doesn't matter. *Nature*, **399**, 730-1.
Rigby, S. (1993). Graptolites come to life. *Nature*, **362**, 209-10.
Robertis, E. M. (1997). The ancestry of segmentation. *Nature*, **387**, 25-6.
Robertis, E. M. and Sasai, Y. (1996). A common plan for dorsoventral patterning in Bilateria. *Nature*, **380**, 37-40.
Rosa, R. de, Grenier, J. K., Andreevas, T., Cook, C. E., Adoutte, A., Akam, M. *et al.* (1999). Hox genes in brachiopods and priapulids and protostome evolution. *Nature*, **399**, 772-6.
*Slack, J., Holland, P., and Graham, C. F. (1993). The zootype and the phylotypic stage. *Nature*, **361**, 490-2.
Winnepenninckx, B. M. H., Backeljau, T., and Kristensen, R. M. (1998). Relations of the new phylum Cycliophora. *Nature*, **393**, 636-7.

6章 イソギンチャク，サンゴ，クラゲ，ウミエラ：刺胞動物門

〔本〕

*Brusca, R. C. and Brusca, G. J. (1990). *Invertebrates*. Sinauer Associates, Sunderland, MA.

*Nielsen, C. (1995). *Animal evolution: interrelationships of the living phyla*. Oxford University Press, Oxford.

〔論文や本の章〕

Bridge, D., Cunningham, C. W., DeSalle, R., and Buss, L. W. (1995). Class-level relationships in the phylum Cnidaria: molecular and morphological evidence. *Molecular Biology and Evolution*, **12**, 679-89.

Chen, C. A., Odorico, D. M., Lohuis, M. T., Veron, J. E. N., and Miller, D. J. (1995). Systematic relationships within the Anthozoa (Cnidaria: Anthozoa) using the 5'-end of the 28S rDNA. *Molecular Phylogenetics and Evolution*, **4**, 175-83.

France, S. C., Rosel, P. E., Agenbroad, J. E., Mullineaux, L. S., and Kocher, T. D. (1996). DNA sequence variation of mitochondrial large-subunit rRNA provides support for a two-subclass organisation of the Anthozoa (Cnidaria). *Molecular Marine Biology and Biotechnology*, **5**, 15-28.

Schmidt, H. (1974). On evolution in the Anthozoa. *Proceedings of the Second Coral Reef Symposium. 1. Great Barrier Reef Committee, Brisbane, October 1974*, pp. 533-60.

Schuchert, P. (1993). Phylogenetic analysis of the Cnidaria. *Zeitschrift für Zoologische Systematik und Evolutionsforschung*, **31**, 161-73.

7章 二枚貝，巻き貝，カタツムリ，ナメクジ，タコ，イカ：軟体動物門

〔本〕

*Brusca, R. and Brusca, G. (1990). *Invertebrates*. Sinauer Associates, Sunderland, MA.

*Taylor, J. D. ed. (1966). *Origin and evolutionary radiation of the Mollusca*. Oxford Science Publications, Oxford.

*Willmer, P. (1990). *Invertebrate relationships*. Cambridge University Press, Cambridge.

〔論文や本の章〕

Fedonkin, M. A. and Waggoner, B. M. (1997). The late Precambrian fossil *Kimberella* is a mollusc-like bilaterian organism. *Nature*, **388**, 868-71.

*Ponder, W. F. and Lindberg, D. R. (1996). Gastropod phylogeny—challenges for the '90s. In *Origin and evolutionary radiation of the Mollusca* (ed. J. D. Taylor), pp. 135-54. Oxford Science Publications, Oxford.

8章 関節のある足をもつ動物たち：節足動物門

Akam, M. and Averof, M. (1995). Hox genes and the diversification of insect and crustacean body plans. *Nature*, **376**, 420-3.

Akam, M., Averof, M., Castelli-Gair, J., Dawes, R., Falciani, F., and Ferrier, D. (1994). The evolving role of Hox genes in arthropods. *Development, 1994 Suppl.*, 209-15.

Averof, M. and Akam, M. (1993). HOM/Hox genes of *Artemia*: implications for the origin of insect and crustacean body plans. *Current Biology*, **3**, 73-8.

Averof, M. and Akam, M. (1994). Insect-crustacean relationships: insights from comparative developmental and molecular studies. *Philosophical Transactions of the Royal Society*, **B347**, 293-303.

Ballard, H. W. O., Olsen, G. J., Faith, D. P., Odgers, W. A., Rowell, D. M., and Atkinson, P. W. (1992). Evidence from 12S ribosomal RNA sequences that onychophorans are modified arthropods. *Science*, **258**, 1445-7.

Friedrich, M. and Tautz, D. (1995). Ribosomal DNA phylogeny of the major extant arthropod classes and the evolution of myriapods. *Nature*, **376**, 165-7.

Kukalová-Peck, J. (1992). The 'Uniramia' do not exist: the ground plan of the Pterygota as revealed by Permian Diaphanopteroidea from Russia (Insecta: Paleodictyopteroidea). *Canadian Journal of Zoology*, **70**, 236-55.

*Manton, S. (1974). Arthropod phylogeny—a modern synthesis. *Journal of the Zoological Society of London*, **171**, 111-30.

Marden, J. H. and Kramer, M. G. (1995). Locomotor performance of insects with rudimentary wings. *Nature*, **377**, 332-4.

Popadic, A. *et al.* (1996). Origin of the arthropod mandible. *Nature*, **380**, 395.

Telford, M. J. and Thomas, R. H. (1995). Demise of the Atelocerata? *Nature*, **376**, 123-4.

*Willmer, P. (1990). *Invertebrate relationships*. Cambridge University Press, Cambridge.

9章 ロブスター，カニ，エビ，フジツボなど：甲殻亜門

*Brusca, R. and Brusca, G. (1990). *Invertebrates*. Sinauer Associates, Sunderland, MA.

Hessler, R. R. (1992). Reflections on the phylogenetic position of the Cephalocarida. *Acta Zoologica* (Stockholm), **73**, 315-16.

10章 昆虫：昆虫亜門

〔本〕

*Brusca, R. and Brusca, G. (1990). *Invertebrates*. Sinauer Associates, Sunderland, MA.

*Willmer, P. (1990). *Invertebrate relationships*. Cambridge University Press, Cambridge.

〔論文や本の章〕

Averof, M. and Cohen, S. M. (1997). Evolutionary origin of insect wings from ancestral gills. *Nature*, **385**, 627-30.

*Kristensen, N. P. (1991). Phylogeny of extant hexapods. In *The insects of Australia* (2nd edn), pp. 125-40. Melbourne University Press, Melbourne.

Kukalová-Peck, J. (1991). Fossil history and the evolution of hexapod structures. In *The insects of Australia* (2nd edn), pp. 141-79. Melbourne University Press, Melbourne.

Shear, W. A. (1992). End of the 'Uniramia' taxon. *Nature*, **359**, 477-8.

11章 クモ，サソリ，ダニ，ウミサソリ，カブトガニ，ウミグモ：鋏角亜門とウミグモ亜門

Briggs, D. E. G. (1986). How did eurypterids swim? *Nature*, **320**, 400.

Selden, P. (1989). Orb-web weaving spiders in the early Cretaceous. *Nature*, **340**, 711-13.

*Selden, P. (1990). Fossil history of the arachnids. *Newsletter of the British Arachnology Society*, **58**, 4-6.

Selden, P. (1993). Fossil arachnids—recent advances and future prospects. *Memoirs of the Queensland Museum*, **33**, 389-400.

Selden, P. (1996). Fossil mesothele spiders. *Nature*, **379**, 498-9.

Selden, P. and Jeram, A. J. (1989). Palaeophysiology of terrestrialisation in the Chelicerata. *Transactions of the Royal Society of Edinburgh, Earth Sciences*, **80**, 303-10.

*Shear, W. (1994). Untangling the evolution of the web. *American Scientist*, **82**, 256-66.

Shear, W. A., Palmer, J. M., Coddington, J. A., and Bonamo, P. M. (1989). A Devonian spinneret: early evidence of spiders and silk use. *Science*, **246**, 479-81.

Shultz, J. W. (1989). Morphology of locomotor appendages in Arachnida: evolutionary trends and phylogenetic implications. *Zoological Journal of the Linnean Society*, **97**, 1-56.

*Shultz, J. W. (1990). Evolutionary morphology and phylogeny of the Arachnida. *Cladistics*, **6**, 1-38.

*Weygoldt, P. and Paulus, H. F. (1979). Untersuchungen zur Morphologie, Taxonomie, und Phylogenie der Chelicerata. *Zeitschrift für Zoologische Systematik und Evolutionsforschung*, **17**, 85-200.

12章 ヒトデ，クモヒトデ，ウニ，カシパン，ウミユリ，ウミヒナギク，ナマコ：棘皮動物門

Baker, A. N., Rowe, F. W. E., and Clark, H. E. S. (1986). A new class of Echinodermata from New Zealand. *Nature*, **321**, 862-4.

*Brusca, R. and Brusca, G. (1990). *Invertebrates*. Sinauer Associates, Sunderland, MA.

Wray, G. A. (1994). The evolution of cell lineage in echinoderms. *American Zoologist*, **34**, 353-63.

Wray, G. A. (1995). Punctuated evolution of embryos. *Science*, **267**, 1115-16.

13章 ホヤ，ナメクジウオ，脊椎動物：脊索動物門

〔本〕

Alexander, R. M. (1975). *The chordates*. Cambridge University Press, Cambridge.

*Benton, M. J. (1997). *Vertebrate palaeontology* (2nd edn). Chapman and Hall, London.

Goodridge, E. S. (1958). *Studies on the structure and development of vertebrates*, Vols 1 and 2. Dover Publications, New York.

*Nielsen, C. (1995). *Animal evolution: interrelationships of the living phyla*. Oxford University Press, Oxford.

*Young, J. Z. (1962). *The life of vertebrates* (2nd edn). Oxford University Press, Oxford.

〔論文や本の章〕

Ahlberg, P. E., Clack, J. A., and Luksevics, E. (1966). Rapid braincase evolution between *Panderichthys* and the earliest tetrapods. *Nature*, **381**, 61-4.

Chen, J.-Y., Dzik, J. Edgecombe, G. D., Ramskold, L., and Zhou, G.-Q. (1995). A possible early Cambrian chordate. *Nature*, **377**, 720-2.

Gabbott, S. E., Aldridge, R. J., and Theron, J. N. (1995). A giant conodont with preserved muscle tissue from the Upper Oligocene of South Africa. *Nature*, **374**, 800-3.

Janvier, P. (1995). Conodonts join the club. *Nature*, **374**, 761-2.

Jefferies, R. P. S. (1990). The solute *Dendrocystoides scoticus* from the Upper Ordovician of Scotland and the ancestry of chordates and echinoderms. *Palaeontology*, **33**, 631-79.

Min Zhu, Xiaobo Yu, and Janvier, P. (1999). A more primitive fossil fish sheds light on the origin of bony fishes. *Nature*, **397**, 607-10.

Pough, F. H., Janis, C. M., and Heiser, J. B. (1999). Origin and radiation of tetrapods in the late Paleozoic. In *Vertebrate life*, Ch. 10. Prentice Hall, Upper Saddle River, NJ.

Purnell, M. A. (1995). Microwear on conodont elements and macrophagy in the first vertebrates. *Nature*, **374**, 798-800.

14章 サメ，エイ，およびギンザメ：軟骨魚綱；
15章 すじのある鰭をもつ魚類：条鰭綱

Bemis, W. E. (1995). Lecture outlines for ichthyology at the University of Massachusetts, Amherst (unpublished).

*Benton, M. J. (1997). *Vertebrate palaeontology* (2nd edn). Chapman and Hall, London.

16章 総鰭類と四肢類：肉鰭類

〔本〕

*Benton, M. (1997). *Vertebrate palaeontology* (2nd edn). Chapman and Hall, London.

Long, J. A. (1995). *The rise of fishes*. The Johns Hopkins University Press, Baltimore and London.

〔論文や本の章〕

Ahlberg, P. E. and Milner, A. R. (1994). The origin and early diversification of tetrapods. *Nature*, **368**, 507-

Coates, M. I. and Clack, J. A. (1990). Polydactyly in the earliest known tetrapod limbs. *Nature*, **347**, 66–9.

Forey, P. L. (1988). Golden jubilee for the coelacanth *Latimeria chalumnae*. *Nature*, **336**, 727–32.

Meyer, A. (1995). Molecular evidence on the origin of tetrapods and the relationships of the coelacanth. *Trends in Ecology and Evolution*, **10**, 111–16.

Shubin, N. H. and Jenkins, F. A. Jr (1995). An early Jurassic jumping frog. *Nature*, **377**, 49–52.

Tabin, C. and Laufer, E. (1993). Hox genes and serial homology. *Nature*, **361**, 692–3.

17章　爬虫類：爬虫綱*

〔本〕

Bakker, R. (1986). *The dinosaur heresies*. Longman Scientific & Technical, Harlow.

*Benton, M. (1997). *Vertebrate palaeontology* (2nd edn). Chapman and Hall, London.

Charig, A. (1979). *A new look at the dinosaurs*. Heinemann/Natural History Museum, London.

Fraser, N. C. and Sues, H.-D, ed. (1994). *In the shadow of the dinosaurs: Early Mesozoic tetrapods*. Cambridge University Press, Cambridge.

〔論文や本の章〕

Caldwell, M. W. and Lee, M. S. Y. (1997). A snake with legs from the marine Cretaceous of the Middle East. *Nature*, **386**, 705–9.

Coria, R. A. and Salgado, L. (1995). A new giant carnivorous dinosaur from the Cretaceous of Patagonia. *Nature*, **377**, 224–6.

Fraser, N. (1991). The true turtles' story. *Nature*, **349**, 278–9.

Hedges, S. B. and Poling, L. L. (1999). A molecular phylogeny of reptiles. *Science*, **283**, 998–1001.

Lee, M. S. Y. (1996). Correlated progression and the origin of turtles. *Nature*, **379**, 812–15.

Motani, R. Y. H. and McGowan, C. (1996). Eel-like swimming in the earliest ichthyosaurs. *Nature*, **382**, 347–8.

Paton, R. L., Smithson, T. R., and Clack, J. A. (1999). An amniote-like skeleton from the Early Carboniferous of Scotland. *Nature*, **398**, 508–13.

Reisz, R. R. and Laurin, M. (1991). *Owenetta* and the origin of turtles. *Nature*, **349**, 324–6.

Rieppel, O. (1999). Turtle origins. *Science*, **283**, 945–6.

Rieppel, O. and deBraga, M. (1996). Turtles as diapsid reptiles. *Nature*, **384**, 453–5.

*Sereno, P. C. (1999). The evolution of dinosaurs. *Science*, **284**, 2137–47.

Sereno, P. C., Forster, C. A., Rogers, R. R., and Monetto, A. M. (1993). Primitive dinosaur skeleton from Argentina and the early evolution of Dinosauria. *Nature*, **361**, 64–6.

Swisher, C. C., Yuan-qing Wang, Xiao-lin Wang, Xing Xu, and Yuan Wang (1999). Cretaceous age for the feathered dinosaurs of Liaoning, China. *Nature*, **400**, 58–61.

Varricchio, D. J., Jackson, F., Borkowski, J. J., and Horner, J. R. (1997). Nest and egg clusters of the dinosaur *Troodon formosus* and the evolution of avian reproductive traits. *Nature*, **385**, 247–50.

Xiao-chun Wu, Sues Hans-Dieter, and Ailing Sun (1995). A plant-eating crocodyliform reptile from the Cretaceous of China. *Nature*, **376**, 678–80.

18章　哺乳類：哺乳綱

〔本〕

*Benton, M. (1997). *Vertebrate palaeontology* (2nd edn). Chapman and Hall, London.

Corbet, G. B. and Hill, J. E. (1991). *A world list of mammalian species* (3rd edn). Natural History Museum Publications/Oxford University Press, London and Oxford.

〔論文や本の章〕

Arnason, U. and Gullberg, A. (1994). Relationship of baleen whales established by cytochrome *b* gene sequence comparison. *Nature*, **367**, 726–8.

D'Erchia, A. M., Gissi, C., Pesole, G., Saccone, C., and Arnason, U. (1996). The guinea-pig is not a rodent. *Nature*, **381**, 597–600.

Gingerich, P. D., Wells, N. A., Russell, D. E., Shah, S. M. I. (1983). Origin of whales in epicontinental remnant seas: new evidence from the early Eocene of Pakistan. *Science*, **220**, 403–5.

Gingerich, P. D., Raza, S. M., Arif, M., Anwar, M., and Xiaoyuan Zhou (1994). New whale from the Eocene of Pakistan and the origin of cetacean swimming. *Nature*, **368**, 844–7.

Graur, D. (1993). Molecular phylogeny and the higher classification of eutherian mammals. *Trends in Ecology and Evolution*, **8**, 141–7.

Graur, D., Duret, L., and Gouy, M. (1996). Phylogenetic position of the order Lagomorpha (rabbits, hares, and allies). *Nature*, **379**, 333–5.

*Janis, C. M. and Jamuth, J. (1990). Mammals. In *Evolutionary Trends* (ed. K. J. McNamara), Ch. 13, pp. 301–43. Belhaven Press, London.

Jin Meng and Wyss, A. R. (1995). Monotreme affinities and low-frequency hearing suggested by multituberculate ear. *Nature*, **377**, 141–4.

de Jong, W. W. (1998). Molecules remodel the mammalian tree. *Trends in Ecology and Evolution*, **13**, 270–75.

Kemp, T. (1982). The reptiles that became mammals. *New Scientist*, 4 March, 581–4.

*Martin, R. D. (1993). Primate origins: plugging the gaps. *Nature* **363**, 223–34.

Mayr, E. (1986). Uncertainty in science: is the giant panda a bear or a raccoon? *Nature*, **323**, 769–71.

Milinkovitch, M. C. (1995). Molecular phylogeny of cetaceans prompts revision of morphological transformations. *Trends in Ecology and Evolution*, **10**, 328-4.

Milinkovitch, M. C., Orti, G., and Meyer, A. (1993). Revised phylogeny of whales suggested by mitochondrial ribosomal DNA sequences. *Nature*, **361**, 346-8.

de Muizon, C. (1994). A new carnivorous marsupial from the Palaeocene of Bolivia and the problem of marsupial monophyly. *Nature*, **370**, 208-11.

de Muizon, C., Cifelli, R. L., and Paz, R. C. (1997). The origin of the dog-like borhyaenoid marsupials of South America. *Nature*, **389**, 486-9.

Norell, M. A. and Novacek, M. J. (1992). The fossil record and evolution: comparing cladistic and paleontological evidence for vertebrate history. *Science*, **255**, 1690-3.

*Novacek, M. J. (1992). Mammalian phylogeny shaking the tree. *Nature*, **356**, 121-5.

*Novacek, M. J. (1993). Reflections on higher mammalian phylogenetics. *Journal of Mammalian Evolution*, **1**, 3-30.

Novacek, M. J. (1993). Genes tell a new whale tale. *Nature*, **361**, 298-9.

Novacek, M. J., McKenna, M. C., Malcolm, C., Neff, N. A., and Cifelli, R. L. (1983). Evidence from earliest known erinaceomorph basicranium that insectivorans and primates are not closely related. *Nature*, **306**, 683-4.

Pough, F. H., Janis, C. M., and Heiser, J. B. (1999). The synapsida and the evolution of mammals. In *Vertebrate life*, Ch. 19. Prentice Hall, Upper Saddle River, NJ.

Rougier, G. W., Wible, J. R., and Novacek, M. J. (1996). Multituberculate phylogeny. *Nature*, **379**, 406.

*Simpson, G. G. (1945). The principles of classification and a classification of the mammals. *Bulletin of the American Museum of Natural History*, **85**, 1-350.

Thomas, R. H. (1994). What is a guinea-pig? *Trends in Ecology and Evolution*, **9**, 159-60.

Wyss, A. R. (1987). The walrus auditory region and the monophyly of pinnipeds. *Nature*, **334**, 427-8.

Wyss, A. R., Flynn, J. J., Norell, M. A., Swisher, C. C., Charrier, R., Novacek, M. J., and McKenna, M. C. (1993). South America's earliest rodent and recognition of a new interval of mammalian evolution. *Nature*, **365**, 434-7.

19章　キツネザル，ロリス，メガネザル，サル，類人猿：霊長目

〔本〕

*Benton, M. (1997). *Vertebrate palaeontology* (2nd edn). Chapman and Hall, London.

Corbet, G. B. and Hill, J. E. (1991). *A world list of mammalian species* (3rd edn). Natural History Museum Publications/Oxford University Press, London and Oxford.

Fleagle, J. G. (1999). *Primate adaptation and evolution* (2nd edn). Academic Press, San Diego.

〔論文や本の章〕

*Delson, E. (1992). Evolution of Old World monkeys. In *The Cambridge encyclopedia of human evolution* (ed. S. Jones, R. D. Martin, and D. Pilbeam), pp. 217-22. Cambridge University Press, Cambridge.

Ford, S. M. (1986). Systematics of the New World monkeys. In *Comparative primate biology*, Vol. 1: *Systematics, evolution, and anatomy* (ed. D. R. Swindler and J. Erwin), pp. 73-135. Alan R. Liss, New York.

*Martin, R. D. (1993). Primate origins: plugging the gaps. *Nature*, **363**, 223-34

Martin, R. D. (1994). Bonanza at Shanghuang. *Nature* **368**, 586-7.

*Rosenberger, A. L. (1992). Evolution of New World Monkeys. In *The Cambridge encyclopedia of human evolution* (ed. S. Jones, R. D. Martin, and D. Pilbeam), pp. 209-16. Cambridge University Press, Cambridge.

20章　ヒトと直近の仲間たち：ヒト科（狭義）

〔本〕

*Darwin, C. (1871). *The descent of man and selection in relation to sex*, Vols 1 and 2 (2nd revised edn, 1874). John Murray, London.

Foley, R. (1987). *Another unique species*. Longman Scientific & Technical, Harlow.

Jones, S., Martin, R., and Pilbeam, D. ed. (1992). *The Cambridge encyclopedia of human evolution*. Cambridge University Press, Cambridge.

Kohn, M. (1999). *As we know it*. Granta Books, London.

*Lewin, R. (1987). *Bones of contention: controversies in the search for human origins*. Simon & Schuster, New York.

Ridley, M. (1996). *Origins of virtue*. Viking, London.

Stringer, C. and Gamble, C. (1993). *In search of the Neanderthals*. Thames and Hudson, London.

*Tudge, C. (1995). *The day before yesterday*. Cape/Pimlico, London (published 1966 in the USA as *The time before history*, Scribner/Touchstone, New York).

Tudge, C. (1998). *Neanderthals, bandits and farmers*. London, Weidenfeld & Nicolson.

〔論文や本の章〕

Brunet, M., Beauvilain, A., Coppens, Y., Heintz, E., Moutaye, A. H. E., and Pilbeam, D. (1995). The first australopithecine 2,500 kilometres west of the Rift Valley (Chad). *Nature*, **378**, 273-5.

Culotta, E. (1999). A new human ancestor? *Science*, **284**, 572-3.

Day, M. H. and Wickens, E. H. (1980). Laetoli hominid footprints and bipedalism. *Nature*, **286**, 385-7.

Gabunia, L. and Vekua, A. (1995). A Plio-Pleistocene hominid from Dmanisi, East Georgia, Caucasus. *Nature*, **373**, 509-12.

Krings, M., Stone, A., Schmitz, R. W., Krainitzi, H., Stoneking, M., and Pääbo, S. (1997). Neandertal DNA sequences and the origin of modern humans. *Cell*, **90**, 1-20.

Leakey, M. G., Feibel, C. S., MacDougall, I., and Walker, A. (1995). New four-million-year-old hominid species from Kanapoi and Allia Bay, Kenya. *Nature*, **376**, 565-71.

Morwood, M. J., Aziz, F., O'Sullivan, P., Nasrruddin, Hobbs, D. R., and Raza, A. (1999). Archaeological and palaeontological research in central Flores, east Indonesia: results of fieldwork 1997-98. *Antiquity*, **73**, 273-86.

Ruff, C. B., Trinkaus, E., and Holliday, T. W. (1997). Body mass and encephalization in Pleistocene *Homo*. *Nature*, **387**, 173-6.

Ward, C., Leakey, M., and Walker, A. (1999). The new hominid species *Australopithecus anamensis*. *Evolutionary Anthropology*, **7**, 197-205.

White, T., Suwa, G., and Asfaw, B. (1994). *Australopithecus ramidus*, a new species of early hominid from Aramis, Ethiopia. *Nature*, **371**, 306-12; and corrigendum (1995), *Nature*, **375**, 88.

*Wood, B. (1992). Origin and evolution of the genus *Homo*. *Nature*, **355**, 783-90.

Wood, B. and Collard, M. (1999). The human genus. *Science*, **284**, 65-71.

21章　鳥類：鳥綱；
22章　現生鳥類：新鳥亜綱
〔本〕

*Austin, A. L. Jr (1961). *Birds of the world*. Hamlyn, London.

Feduccia, A. (1996). *The origin and evolution of birds*. Yale University Press, New Haven.

Sibley, C. and Ahlquist, J. (1990). *Phylogeny and classification of birds: a study in molecular evolution*. Yale University Press, New Haven.

〔論文や本の章〕

Boles, W. E. (1995). The world's oldest songbird. *Nature*, **374**, 21-2.

*Chiappe, L. M. (1995). The first 85 million years of avian evolution. *Nature*, **378**, 349-53.

Chiappe, L. M. (1995). A diversity of early birds. *Natural History*, **104**, 52-5.

Chinsamy, A., Chiappe, L. M., Dodson, P. (1994). Growth rings in Mesozoic birds. *Nature*, **368**, 196-7.

Chinsamy, A., Chiappe, L. M., Dodson, P. (1995). Mesozoic avian bone microstructure: physiological implications. *Paleobiology*, **21**, 561-74.

Cracraft, J. (1986). The origin and early diversification of birds. *Paleobiology*, **12**, 383-99.

Cracraft, J. (1987). DNA hybridization and avian phylogenetics. *Evolutionary Biology*, **21**, 47-96.

Cracraft, J. (1988). Early evolution of birds. *Nature*, **331**, 389-90.

*Cracraft, J. (1988). The major clades of birds. In *The phylogeny and classification of the tetrapods*, Vol. 1: *Amphibians, reptiles, birds*, Systematics Association Special Volume, No. 35A (ed. M. J. Benton), pp. 339-61. Clarendon Press, Oxford.

Ji Qiang, Currie, P. J., Norell, M. A., and Ji Shu-An (1998). Two feathered dinosaurs from northeastern China. *Nature*, **393**, 753-61.

Martin, L. D. and Zhonghe Zhou (1997). *Archaeopteryx*-like skull in enantiornithine bird. *Nature*, **389**, 556.

Maynard Smith, J. (1953). Birds as aeroplanes. *New Biology*, **14**, 62-81. Penguin Books, Harmondsworth.

Milner, A. (1993). Ground rules for early birds. *Nature*, **362**, 589.

*Norell, M., Chiappe, L., and Clark, J. (1993). New limb on the avian family tree. *Natural History*, September, 37-42.

Padian, K. (1998). When is a bird not a bird? *Nature*, **393**, 729-30.

Padian, K. and Chiappe, L. M. (1998). The origin of birds and their flight, *Scientific American*, February, 28-37.

Stapel, S. O., Leunissen, J. A. M., Versteeg, M., Wattel, J., and de Jong, W. W. (1984). Ratites as oldest offshoot of avian stem—evidence from a-crystalline A sequences. *Nature*, **311**, 257-9.

Walker, C. A. (1981). New subclass of birds from the Cretaceous of South America. *Nature*, **292**, 51-3.

23章　植物：植物界
〔本〕

Ingrouille, M. (1992). *Diversity and evolution of land plants*. Chapman and Hall, London.

*Kenrick, P. and Crane, P. (1997). *The origin and early diversification of land plants*. Smithsonian Institution Press, Washington DC.

*Raven, P., Evert, R., and Eichhorn, S. (1992). *Biology of plants* (5th edn). Worth, New York.

〔論文や本の章〕

Chaloner, W. (1989). A missing link for seeds? *Nature*, **340**, 185.

Chase, M. W., Soltis, D. E., Olmstead, R. G., Morgan, D., Les, D. H., Mishler, B. D. *et al*. (1993). Phylogenetics of seed plants: an analysis of nucleotide sequences from the plastid gene *rbcL*, *Annals of the Missouri Botanical Garden*, **80**, 528-80.

*Donoghue, M. J. (1994). Progress and prospects in reconstructing plant phylogeny. *Annals of the Missouri Botanical Garden*, **81**, 405-18.

Galtier, J. and Rowe, N. P. (1989). A primitive seed-like structure and its implications for early gymnosperm evolution. *Nature* **340**, 225-7.

Kato, M. and Inoue, T. (1994). Origins of insect pollination. *Nature*, **368**, 195.

*Kenrick, P. and Crane, P. (1997). The origin and early

evolution of plants on land. *Nature*, **389**, 33-9.

Martin, W., Gierl, A., and Sadler, H. (1989). Molecular evidence for pre-Cretaceous angiosperm origins. *Nature*, **339**, 46-8.

Mishler, B. (1994). Phylogenetic relationships of the 'green algae' and 'bryophytes'. *Annals of the Missouri Botanical Garden*, **81**, 451-83.

24章　顕花植物：被子植物綱
〔本〕

Friis, E. M., Chaloner, W. G., and Crane, P. R. ed. (1987). *The origins of angiosperms and their biological consequences*. Cambridge University Press, Cambridge.

*Heywood, V. H. ed. (1978). *Flowering plants of the world*. Oxford University Press, Oxford.

〔論文や本の章〕

*Crane, P., Friis, E. M., and Pederson, K. R. (1995). The origin and early diversification of the angiosperms. *Nature*, **374**, 27-33.

Doyle, J. A., Donoghue, M. J., and Zimmer, E. A. (1994). Integration of morphological and ribosomal RNA data on the origin of angiosperms. *Annals of the Missouri Botanical Garden*, **81**, 419-50.

Edwards, D., Duckett, J. G., and Richardson, J. B. (1995). Hepatic characters in the earliest land plants. *Nature*, **374**, 635-6.

Herendeen, P. and Crane, P. (1995). The fossil history of the monocotyledons. In *Monocotyledons: systematics and evolution* (ed. P. J. Rudall, P. J. Cribb, D. F. Cutler, and C. J. Humphries), pp. 1-21. Royal Botanic Gardens, Kew.

Lidgard, S. and Crane, P. (1988). Quantitative analyses of the early angiosperm radiation. *Nature*, **331**, 344-6.

Manhart, J. R. and Palmer, J. D. (1990). The gain of two chloroplast tRNA introns marks the green algal ancestors of land plants. *Nature*, **345**, 268-70.

25章　ヒナギク，アーティチョーク，アザミ，レタス：キク科

Bremer, K. (1996). Major clades and grades in the Asteraceae. In *Compositae: systematics*, Proceedings of the International Compositae Conference, Kew, 1994, Vol. 1 (ed. D. J. N. Hind and H. J. Beentye), pp. 1-7. Royal Botanic Gardens, Kew.

第3部　エピローグ

残されたものたちの保護

Frankel, O. H. and Soule, M. (1981). *Conservation and evolution*. Cambridge University Press, Cambridge.

Tudge, C. (1991). *Last animals at the zoo*. Hutchinson Radius, London.

地質年代区分

代 era	紀 period	世 epoch	期間 (単位100万年)	現在からの時間 (単位100万年前)
新生代 Cenozoic	第四紀 Quarternary	完新世 Holocene		0.01
		更新世 Pleistocene	1.8	1.8
	ネオジン（新第三紀） Neogene	鮮新世 Pliocene	3.5	5.3
		中新世 Miocene	18.5	23.8
	パレオジン（古第三紀） Palaeogene	漸新世 Oligocene	9.9	33.7
		始新世 Eocene	21.1	54.8
		暁新世 Palaeocene	10.2	65
中生代 Mesozoic	白亜紀 Cretaceous		77	142
	ジュラ紀 Jurassic		63.7	205.7
	三畳紀 Triassic		42.5	248.2
古生代 Palaeozoic	ペルム紀（二畳紀） Permian		41.8	290
	石炭紀 Carboniferous 　ペンシルバニア紀 　ミシシッピー紀		33 31	323 354
	デボン紀 Devonian		63	417
	シルル紀 Silurian		26	443
	オルドビス紀 Oldovician		52	495
	カンブリア紀 Cambrian		50	545
先カンブリア時代 Precambrian			4055	約4600

訳註：上記の数値は原著出版時のものを残してあるが，その後の国際層序委員会の提案では更新されたものもある．例えば，かつての鮮新世の一部が更新世に移されて，更新世の開始が258.8万年前とされたり，その他にも，各紀の開始時期も少し数値が変更されているものがある．また，かつての二畳紀という呼称はペルム紀となったし，第三紀は公式な区分ではなくなったが，歴史的に使われた名称も括弧内に示している．上記の地質年代区分のほかに，ここでは示されていない年代ごとの地層の名称を用いる区分もあり，その場合には下部の地層が各年代区分の前期，上部が後期にあたる．

訳者補遺

　本書は，著者の言によれば，構想と執筆に10年，そして出版に1年を要した，とある．また翻訳にも数年を要し，したがってその内容はおよそ十数年前の知見に基づいていることになる．一方，近年のゲノム解析の成果として，種々の生物群における分子系統樹が次々と描き改められ，かつ詳細になっていて，その発展は眼を見張るばかりである．また，多くの生物，とくに脊椎動物については新しい化石の発見も相次ぎ，本書の内容が少し古くなっていることは否めない．ここでは脊索動物の系統についての新しい考え方（文献1）と，人類の化石に関するここ10年ほどの新しい発見について，補遺として簡単に解説する．

1. 脊索動物の系統について

　脊索動物は棘皮動物，半索動物とともに新口動物に属することはまちがいない．従来は脊索動物内の系統関係については，ホヤを含む尾索動物が，ナメクジウオを含む頭索動物と脊椎動物に対して姉妹群であり，その分岐後に後2者が分岐した，というのが定説であった．本書にもそう記載されている．これは，尾索動物の成体の形態が頭索動物や脊椎動物のそれと著しく異なること，Hoxクラスター（遺伝子群）の構造が尾索動物では脊椎動物と著しく異なるが頭索動物のそれはきわめてよく類似している（ただし脊椎動物では染色体の倍加によって4つのクラスターがあるが）ことなどがあげられる．

　しかし近年，日本人グループを含む研究者によって，ホヤ（文献2）やナメクジウオ（文献3）のゲノムが解読された結果，脊索動物の進化についてはまったく異なるシナリオが考えられるようになった．つまり，頭索動物が最初に分岐し，その原始的な形質を維持したまま脊椎動物が出現した．尾索動物はむしろ，頭索類から派生したもので，その進化の過程で濾過摂食動物の特徴をはっきりもつようになった，と考えられている．尾索動物は，ゲノムの再構成や一分脱落などにより，そのゲノム構造が頭索動物や脊椎動物とは大きく異なっている．つまり，尾索動物は脊索動物の進化において著しく変異した群であるといえる．

2. 陸上脊椎動物の起原

　いわゆる魚類（この用語が適切でないことは本書からも明らかであるが，著者の新リンネ印象主義に従って用いている）から両生類などの陸上四肢動物が進化した過程については，肉鰭類のうちシーラカンス類がその祖先動物に近いと考え

られてきた．それは鰭の骨が四肢動物の足の骨とよく類似しているなどの理由からである．一方，肺魚類が祖先系であるという主張も1980年代からなされるようになり，さらに現在ではシーラカンス類と肺魚類がともに四肢動物の姉妹群であるとする意見も有力になりつつある（文献4）．

3. 羊膜類，とくにカメ類の進化

羊膜類は，爬虫類（ここでは哺乳類や鳥類を含む）である．その内部での系統については，カメ類が基幹的な形質を残していて，ヘビ・トカゲ類，ムカシトカゲ類，ワニ類，鳥類のグループから分岐したと考えられてきた．このような分類には側頭窓の存在，数および形態が重要な基準とされてきた．しかしここでも分子系統学の成果は，かなり異なる樹を提案するようになった．つまり，カメ類は，羊膜類の中で最初に分岐したのではなく，（哺乳類の分岐に続いて）むしろヘビ・トカゲ類が分かれ，カメ類はワニ類，鳥類と1つのグループを形成する，というのである（文献5）．ただしこの3者の中でカメ類がどのような位置を占めるかについては依然として議論が続いている．

4. 真獣類の起原と進化

哺乳類は，「原始的」な卵生の単孔類，未熟な子を産んで育児嚢で育てる有袋類，そして発達した胎盤をもち十分生育した子を産む真獣類の3系統に分かれる．その関係については，単孔類がまず分岐し，ついで有袋類と真獣類が分岐したと考えられてきた．本書でもそのように記述されている．しかし，18S RNAやミトコンドリアゲノムの解析から，単孔類は有袋類と近く，哺乳類進化の初期に真獣類と分岐した，とする考えも提出されている（文献6）．この単孔類と有袋類を含むグループにはMarsupiontaという名称が与えられている．

真獣類そのものの分類も大きな変革を迫られている．真獣類は比較的短い間に適応放散したために，その真の系統関係については議論があったところである．本書で著者は，真獣類を5つのグループに大別し，まず貧歯類と有鱗類を分岐させている．しかし最近の系統樹（文献7）では，アフリカで進化を遂げたテンレック，キンモグラなどやハイラックス，ゾウなどがまず分岐したとする．これらの群はAfrotheria（アフリカ獣類）と呼ばれる．貧歯類や有鱗類は次に分岐したグループで，Xenarthra（異節類）と呼ばれる．霊長類，皮翼類，ウサギ類，齧歯類はひとまとまりにEuarchontoglires（真アルコントグリレス類，真主齧類）という難しい名前を与えられ，有蹄類，翼手類，食虫類はLaurasiatheria（ローラシア獣類）と命名されている．さらにその後の知見から，有鱗類（センザンコウ目）は異節類ではなく，ローラシア獣類に再配置されている．分子データに基づく真獣類の関係はさらに検討が進められているが，これらの最新の知見は，真獣類の進化に地域が大きく関わっていることを意味している．

5. 人類の進化における最近の発見

人類の進化はいうまでもなく多くの人の関心を集めてきた．20世紀の前半にアウストラロピテクスの化石が発見されてから，いわゆるミッシングリンク（チンパンジーとヒトが分岐してから現代人に至る化石が発見されなかったこと）は次々とその隙間を埋められてきたが，それでもまだ完全なリンクはわかっていない．この10年ほどの間にも新たな化石が，アフリカを中心に発見され，そのつど大きなセンセーションを巻き起こしている．

本書で最初の人類としてあげられているのはアルディピテクス・ラミドゥスである．1992年に発見され，430万年から450万年前と思われている．それまで人類の歴史は400万年前までしかわかっていなかったが，ラミドゥスの発見によってその壁が破られた．その後これより時代をさかのぼる化石として，サヘラントロプス・チャデンシス *Sahelanthropus tchadensis* が2002年に発見され（文献8），これは600から700万年前のものと推定されている．これほど一気に時代をさかのぼるのは驚くべきことで，この化石についてはいろいろな議論が起こった．この化石はチャドから報告され，現地語で「生命の希望」を意味する「トゥーマイ」という愛称が与えられた．またすでに1970年代に発見された歯の化石が，600ないし580万年前のものとして報告された．これにはオロリン・トゥゲネンシス *Orrorin tugenensis* という学名が与えられ，2001年に報告がなされた（文献9）ので，ミレニアムアンセスター（千年紀祖先）と呼ばれた．アルディピテクス属についても，1997年以後カダバ *kadabba* という種の化石が発見され，570から530万年前のものと推定されている．

このようにアウストラロピテクス以前の人類の化石に関する情報が次々と得られる一方，アウストラロピテクスなどの保存状態のよい化石も見つかっている．とりわけ，アファーレンシスの有名な「ルーシー」化石の発見場所からわずか10 kmしか離れていない場所から，3歳ぐらいの女児の化石が見つかった（2000年．発表は2006年，文献10）．これには発見場所の名を付してディキカ・ベビーという愛称がつけられ，ルーシーのこどもか，などと騒がれた．一般に幼児の骨は骨化が完全でないので，化石として残りにくく，ディキカ・ベビーのように完全な骨格が保存されていたことは奇跡的と考えられている．

このように，人類の化石の発見は私たちに，新しい人類進化の姿を明らかにしつつある．

〔八杉　貞雄〕

文　献

1) 長谷川政美（2004）分子系統でたどる生物の歴史．石川統・斎藤成也・佐藤矩行・長谷川眞理子編　マクロ進化と全生物の系統分類．岩波書店，pp. 51-91.
2) Dehal, P., Satou, Y., Campbell, R.K., *et al.*（2002）The draft genome of Ciona intestinalis: insights into chordate and vertebrate origins. *Science*, **298**, 2157-2167.

3) Holland, L.Z., Albalat, R., Azumi,K., *et al.* (2008) The amphioxus genome illuminates vertebrate origins and cephalochordate biology. *Genome Res.*, **18**, 1100-1111.

4) Zardoya, R, Cao, Y., Hasegawa, M. and Meyer, A. (1998) Searching for the closest living relative(s) of tetrapods through evolutionary analysis of mitochondrial and nuclear data. *Mo. Biol. Evol.*, **15**, 506-517.

5) Cao, Y., Sorenson, M. D., Kumazawa, Y., Mindell, D. P. and Hasegawa, M. (2000) Phylogenetic position of turtles among amniotes: evidence from mitochondrial and nuclear genes. *Gene*, **259**, 139-148.

6) Janke, A., Magnell, O., Wieczorek, G., Westerman, M. and Arnason, U. (2002) Phylogenetic analysis of 18S rRNA and the mitochondrial genomes of the wombat, Vombatus ursinus, and the spiny anteater, Tachyglossus aculeatus: increased support for the Marsupionta hypothesis. *J. Mol. Evol.*, **54**, 71-80.

7) Murphy, W. J., Eizirik, E., O'Brien, S. J., *et al.* (2001) Resolution of the early placental mammal radiation using Bayesian phylogenetics. *Scinece*, **294**, 2348-2351.

8) Vignaud, P., Duringer, P., Mackaye, H. T., *et al.* (2002) Geology and palaeontology of the Upper Miocene Toros-Menalla hominid locality, Chad. *Nature*, **418**, 152-155.

9) Senut, B., Pickford, M., Gommery, D., *et al.* (2001) First hominid from the Miocene (Lukeino Formation, Kenya) C. R. Acad. Sci., Series IIA-Earth and Planetary Science 332, 137-144.

10) Wynn, J. G., Alemseged, Z., Bobe, R., *et al.* (2006) Geological and palaeontological context of a Pliocene juvenile hominin at Dikika, Ethiopia. *Nature*, **443**, 332-336.

用語・人名索引

ア

アーウィン, テリー　6, 7
アールキスト, ジョン　67, 75, 497, 504, 507
アイヒホルン, スーザン　516
アヴェロフ, ミハリス　248, 274
アギナルド, アンナ・マリー　185, 220
アクチン　116
亜クレード　70
顎　247
足　213
アスファウ, ベルハネ　473
亜成虫齢　282
亜地下性　149
アデニン　63, 64
鐙骨　407
アフラトキシン　146
アフリカ回帰熱　303
アフリカ睡眠病　135
アミノ酸　64, 65
アメーバ様運動　116
アメリカ自然史博物館　53
アラゴナイト　205
アリストテレス　4, 18, 47, 54
　──の提灯　319
アルカロイド類　562
アルケア　7

イ

イーストハム, L・E・S　132
硫黄細菌　99
維管束　513
異規的　182
異規の体節　234
異形胞子性　514
胃層　210
板　273
遺伝学　62
遺伝子　62, 64
遺伝子指紋　67
遺伝的多様性　580
遺伝的浮動　580
イヌリン　562

異尾　336
異尾的　349
インターノード　44
咽頭　195, 322
イントロン　120

ウ

ヴァーバ, エリザベス　31, 463
ヴァイゴルト, P　295
ウィルキンス, モーリス　63
ウイルス　8
ウィルバーフォース, サミュエル　24
ウィルマー, パット　214, 220, 238～240
ウィルムート, イアン　130
ウィリアム・オブ・オッカム　50, 51
ウーズ, カール　13, 67, 75, 87～89, 96, 100, 101, 105, 108, 109, 111, 112, 114, 120
ウエーバー小骨　361
ウェッブ, リチャード　26
ウォーカー, アラン　475
浮き袋　358
烏たく骨　491
ウッド, バーナード　434, 475, 477
羽毛　35, 482, 483
ウラシル　64

エ

エイヴィス, ジョン　68
エイカム, マイケル　248, 255, 274
永久歯　407
泳鐘　197, 208
栄養胞子　149
エールリッヒ, ポール　577, 578
エイブリー, オズワルド　63
エインズワース　152, 158, 159, 163
エヴァート, レイ　516
エキソサイトーシス　116
エクジソン　238
エコツーリズム　587
エコモルフ　381
エコロケーション　420
枝わたり　435

エッセンシャル・オイル　562
襟細胞　167
塩基　63
塩基対　64
エンドサイトーシス　116
縁膜　318

オ

横分体形成　206
オーウェン, リチャード　19, 23, 24, 33, 40, 430
大型真核生物　88, 129
オースティン, ジェイン　543
オーバー, ロバート・アラン　123, 125
オッカムのカミソリ　50, 52
オルガネラ　117
オルセン, ゲイリー　96
音響定位　420

カ

科　22, 74
界　22, 74, 84
外酵素　148
外顎　275
貝殻　213
貝殻-外套膜複合体　213
外菌根　156
外群　46～48, 215
塊茎　545
解決　46, 49
解決型　49, 51
解決済　49
介在配列　120
外肢　240
階層　17, 22, 74
下位痩果　561
外套　213
外套腔　214, 224
外套膜　224
外突起　240
外胚葉　176
外部寄生虫　287
貝蓋　225
海洋性古細菌　96

化学合成従属栄養生物 99
化学合成独立栄養生物 99
化学合成無機栄養生物 99
下顎頭 407
花冠 559
かぎ爪 506
核 65, 115
萼 559
核遺伝子 119
核学 56
顎基 240, 298
顎脚 254, 261, 266
隔壁 153
萼片 542, 559
隔膜 197, 205
仮根 525
風切羽 485
花糸 542, 559
仮種皮 539
花序 559
花床 559, 566
かじり喰い草食動物 222
下唇 251, 272
化石 59, 61
花柱 542, 559
カッシーニ,アンリ 563
合体節 182, 234
合体節化 182
果糖 562
仮道管 513
ガノイン 349
花粉 535, 542, 559
花粉管 535, 543
花粉媒介者 271
花弁 542, 559
花蜜食者 271
殻 142, 223, 310
カリウム－アルゴン法 61
ガルガス,アンドレア 151
カロチノイド 511
ガン,スペンス 562
還元胞子 149
鉗子状顎 307
間充ゲル 177
間充ゲル(中膠) 197
管状要素 513
乾生植物 569
関節肢 234
完全変態 283
管足 310
カント,イマヌエル 588
陥入 177
管鼻 505
冠毛 559, 561

キ

キーストーン種 584
キーラン=ジャワロフスカ,ゾフィー 414
キール 482, 485
気管 238, 243, 272, 294
擬気管 270
菊果 561
気孔 512
寄生者 271
基節 241
偽足 116, 290
キチン 234
絹 307
砧骨 407
キノン 240
牙 307
気門 243, 272, 300
逆棘 198
脚鬚 293
キャンベル,キース 130
球果 538
旧口動物 57
キュヴィエ,ジョルジュ・レオポルド 23
キュー植物園 19
休眠 415
キュビエ器官 320
鋏角 247, 293
胸脚 267
頬骨弓 390
共進化 271, 466
胸節 266
胸帯 367, 374
胸部 245
共通祖先 44
共有原始形質 12, 38〜41, 43, 55, 56, 178, 213
共有派生形質 39〜44, 46〜48, 56, 166, 213, 239
極微動物 7, 85, 86, 94
ギルディング師,ランズダウン 243
キングス,マチアス 21
菌根 147, 156
菌糸 140, 147
菌糸体 147

ク

グアニン 63, 64
クカロワ=ペック,ジャーミラ 241, 242, 273
櫛鰓 213
櫛状板 293, 299, 300

クチクラ 234, 512
グッドール,ジェーン 465
クラーク,H・E・S 316
グラウア,ダン 55, 420
クラキス,マシュー 179
クラクラフト,ジョエル 49, 58, 67, 316, 496, 497, 503, 504, 507, 509
クラゲ型 196
グラム,ハンス・クリスチャン 101
クリステンセン,ラインハルト 189
クリステンセン,N・P 274
クリック,フランシス 62〜64, 116
グルコース 562
クルミ割り人 474
グレアム,C・F 168
クレイン,ピーター 516, 526, 528, 529, 545〜547, 553
クレード 43〜46, 48, 69, 70, 81
グレード 70
クレード創設者 45
黒い頭蓋骨 475
クロロフィル 122, 511
群生 190
群体 175, 524

ケ

形質 18, 20, 32, 46, 47, 50, 54〜56
系図学 26
頸節 251
形態 20, 54
形態学 54
系統(学) 26, 29, 33
系統樹 3, 13, 26, 50, 69, 80, 81
系統的距離 66
毛皮 35
結節点 44
血体腔 213, 234
ケッテイ 25
ゲノム 66
原核生物 57, 65, 86, 94
嫌気性菌 100
原口 177
原始形質 40
原始祖先形質 143
減数分裂 117
原生生物 86, 88, 115, 131
原生生物界 114
原生動物 86, 131
懸濁物食 304
原腸胚 177, 197
原農耕 480
ケンリック,ポール 516, 526, 528

コ

綱　22, 74
好塩性菌　100
恒温性　406, 482, 484
口器　240
好気性菌　100
広弓　384
口極　310
咬筋　407
咬合する　407
光合成従属栄養生物　99
光合成独立栄養生物　99
鉸歯　223
甲状腺　323
後腎管　223
更新世の過剰殺戮　480
後生生物　167
抗生物質　146
肛節　245
酵素　64
鉸装　223
後体腔　181
後体部　293, 303
硬タンパク質　234
腔腸　196
行動学　54
後胴体部　293
好熱性微生物　97
硬皮　234
甲皮　254, 263
合胞体　130
合胞体の　135
高木　544
剛毛　253
コーエン, スティーヴン　274
コープランド, ハーバート・F　86
5界体系　86, 87
古細菌　7, 57, 87, 94
五指性　47, 241, 375, 432
古生物学　54
個体発生　58
個虫　190, 208
骨片　310
コッホ, ロベルト　94
コッホの原則　94
コドン　64
こぶ胃　426
コペルニクス, ニコラス　83
五放射相称　310
鼓膜　368
固有派生形質　40
コラーゲン　166
ゴルゴニン　203

コルベット, G・B　37, 433, 444, 446
コルベット, G・E　405
コンウェイ・モリス, サイモン　5
根　46
根茎　545
根鰓状の鰓　267
根出葉　526
昆虫花粉媒介者　289
ゴンドワナ　415

サ

鰓弓　322
細菌　7, 94
鰓孔　195, 322
鰓棒　322
細胞外酵素　148
細胞骨格　116
細胞小器官　65, 116, 117
叉棘　311
笹井芳樹　181
蛹　283
サフラン　566
左右相称　560
サルス, マイケル　199
三分岐　179

シ

シアー, ビル　294, 301
シアノバクテリア　86, 122, 123
ジェフリーズ, リチャード　311
季強　483
死骸食　59
自家受粉　560
色素体　117, 119, 122
色素胞　230
歯骨　391, 407
刺細胞　197
篩細胞　544
子実体　146
支持柄　204
翅鞘　272, 288
雌ずい群　542
四節対称性　196, 207
歯舌　213, 214
自然史博物館　19
自然選択　24, 25, 35, 36, 124
自然分類　17, 54
肢帯　408
シトシン　63, 64
子嚢　156, 159
篩部　527, 544
シブリー, チャールズ　67, 75, 497, 504, 507
刺胞　197

子房　542
刺胞細胞　227
四放射対称性　196
姉妹群　49〜51, 215
社会的寄生　510
若虫　283
尺骨　491
シャットン, エドワール　86
ジャニス, クリスティーヌ　322, 367, 368, 408
ジャンヴィエ, フィリップ　330
種　21, 22, 24, 74
収縮性　116
縦走筋　322
従属栄養生物　98, 112
柔組織　523
重体節　252
重複受精　544
周辺小花　560
終末宿主　262
収斂　30, 143
種子　514, 535
樹枝状菌根　156
樹枝状体　156
出糸突起　293, 299, 307
ジュシュー, アントワーヌ=ローラン・ド　20, 23, 33, 546
出水管　223
種の起原　17, 18, 23, 24, 27, 39, 58, 124
種皮　536
シュミット, ハヨー　204
シュライデン, マティーアス　85
シュルツ, ジェフリー　294, 295, 303, 305
シュワルツ, カーリーン　85, 86, 131, 134, 140, 152, 166
シュワルツ, ジェフリー　41〜43, 48
シュワン, テオドール　85
楯鱗　336
子葉　546
小花　559
小核　137
小顎　254, 272
晶桿体　214
小孔　174, 207
蒸散流　513
篩要素　527
上皮　210
小胞子　514, 535
小胞子嚢　535
小胞体　116
小木　558
漿膜　382
小葉　529

小離鰭 355
上腕骨 491
触脚 298
食作用 98
触手冠 184
植食者 271
植物 511
触毛 301
書鰓 294
触角 247, 249, 254, 272
書肺 294
ジョハンソン，ドナルド（ドン） 59, 463
ジョフロア・サンチレール，エチエンヌ 180, 234
ジョンソン，クリストファー 149
人為選択 25
真核生物 57, 65, 86, 114
真核生物ドメイン 114
腎管 182, 213
新口動物 57
人口の冬 578, 579
シンシチウム 130, 522
真社会性 285
真正細菌 57, 87
真の胎生 335
心皮 542
シンプソン，ジョージ・ゲイロード 408, 419, 425
新リンネ印象主義 22, 46, 53, 69, 70, 77

ス

水管 214
水管系 310
スウォフォード，デイビッド 6
数量分類学 38, 39
数量分類学者 47
ストロマトライト 98
ストリンガー，クリス 433
スペンサー，ハーバート 124
スラック，ジョナサン 168
スワン，エリック 151, 161, 162

セ

性 514
成因相同 33
成因相同性 32
成因相同的 32
成因的相同 32, 34, 35, 56
生化学 54
生殖口 251
性選択 484
清掃動物 245
生態形態的 511
生態的形態 30

生態的地位 114
成虫 282, 283
成虫原基 283
性的ディスプレイ 484
性的二型 435
精包嚢 251, 280
精油類 562
石果 561
脊索 322
脊柱 322
セジウィック，アダム 24
セスキテルペン類 559
世代交代 117, 196, 515
接合球体 158
接合子 135, 515
節足動物化 244
節約的 51, 491
セルデン，ポール 59, 292, 294
セルロース 511
前胸 284
前胸背板 272, 284, 287
蘚苔 527
染色体 63
前体腔 181
前体部 303
先端成長 525
前適応 121, 485
セントラルドグマ 62
繊毛 118

ソ

痩果 561
瘡痂病 159
走根 203, 206
創世記 23
造精器 516
相同 32〜36, 56
相同的 32
総苞 559
造卵器 516
相利共生 124, 147
ソウル，マイケル 577, 578, 580, 588
ゾーレンホーフェン頁岩 50
ソーンダース，J・T 132
ソギン，ミッチ 13, 55, 67, 88, 125
属 21, 22, 74
族 22, 75
側系統 70, 72
側系統（の） 46
側系統群 81
足糸 224
側線器官 368
側頭窓 384, 400
祖先 49, 50

タ

ダーウィン，チャールズ 17, 18, 23, 25, 27, 28, 39, 42, 54, 55, 60, 84, 87, 124, 453, 461, 466, 480, 482, 484, 486, 543
ダート，レイモンド 59, 462, 463, 473
ダイアー，ベッツィー・デクスター 122, 125
大核 137
大顎 254, 272
体系学 3〜6, 18, 57
体腔 181
大孔 174
大交換 416
大後頭孔 460
体腔動物 182
対趾足 509
体制 168, 177
胎生 409
堆積物 245
体節 182
体節化 234
体節形成 181
大絶滅 573
第2小顎 251
大配偶体 535
胎盤 414
大胞子 514, 535
大胞子嚢 535
大葉 529
第四転子 400
多核細胞性 522
他家受粉 560
タクソン 44〜46, 69, 70
タクソン名 81
多型性 197
多系統 46
多系統群 82
多系統性 73
多孔板 310
多細胞性 511
多細胞生物 524
タッターソール，イアン 433
脱皮 183, 238
多肉植物 558
多肉性 569
多分岐 49
ダルトン，ジョン 19
単系統 46, 70
単系統群 81
単肢型 240
担子器 156
単生 190
タンニン類 562

用語・人名索引

ダンバー，ロビン 467
タンパク質 62～65
担輪子幼生 180

チ

チアッペ，ルイス 484, 487, 491, 492
地衣類 147
チエン，ヂ 41, 483
地下性 149
地上性 149
地中植物 558
窒素固定細菌 95
チミン 63, 64
中間宿主 262
中膠 177
中心小花 560
中性花 560
中体腔 181
中体部 293
柱頭 542, 559
虫媒 543
虫媒花 542
中胚葉 177, 181
チューブリン 116
中立進化 66
中立浮力 336, 358
中肋 526
鳥媒性 561
超微細構造 20
直接発生 269, 280
沈降係数 56
チンパンジー 41～43

ツ

椎心 367
槌骨 407

テ

ディーン，デイヴィッド 433
定向進化 483
底生 230
テイラー，ジョン 151, 158, 160～162, 165, 214
デオキシリボース 63
適応 32
適者生存 124
テニスン卿，アルフレッド 124
手引き 19
デプリースト，ポーラ 152, 156
デュボア，ユージーン 476
デルソン，エリック 433, 451, 453
テルペン類 562
デロング，エドワード 96, 109
転移 RNA 65

電気定位システム 359
伝令 RNA 65

ト

頭化 181
同規的 182
同規的体節 234
頭胸甲 266
頭胸部 293, 303
同形胞子性 514
頭状花序 559, 566
胴体部 251
同尾 336
同尾的 349
頭部 245
動物体表生 206
頭部の楯 254
独立栄養生物 98, 112
突然変異 66
ドノヒュー，マイケル・J 516
トバイアス，フィリップ 475, 476
ドブジャンスキー，テオドシウス 24, 61
ドブソン，アンドリュー 573
ドメイン 22, 75, 87
トランスファー RNA 65
トルナリア 180
ドローザ，ルノー 185
トロコフォア 180
貪食作用 117

ナ

内顎 275
内菌根 156
内臓嚢 213
内臓放出 320
内柱 323
内突起 240
内乳 544
内胚乳 544
内胚葉 176
内皮 210

ニ

ニールセン，クラウス 166, 169, 177, 178, 182～184, 187, 189, 192, 194, 195, 197～199, 202, 215, 220, 311, 321, 322, 326
肉茎 264
肉帯 222
二形性 196
二肢型 240, 253
二次口蓋 391, 407
二重らせん 63, 116

ニッチ 114
二倍体 117, 514
二胚葉動物 176
二分岐 49, 51
二名式 84
二名法 21, 22
乳歯 407
入水管 223
ニュートン，アイザック 18, 19
ニューマン，ウィリアム 254
尿嚢 382
人魚の財布 335

ヌ

ヌクレオチド 63

ネ

ネイピア，ジョン 475
ネオテニー 378
捩れ 224
捩れ戻り 225
ネルソン，ゲイリー 336, 348, 358
粘液繊毛摂食 323
粘菌類 88
年代決定 61

ノ

ノヴァセック，マイケル 408, 417, 419, 430
嚢状体 156
嚢胚 177
ノード 44, 48, 50, 69
ノープリウス幼生 254

ハ

ハーヴィ，ウィリアム 18
パーキンソン，ジョン 568
バージェス頁岩 5, 60, 233
ハーシュコヴィッツ，P 450
バービー，メアリー 158, 160, 161, 165
パアボ，スバンテ 21
胚 36, 57, 58, 180, 512, 536
媒介動物 287
配偶子 515
配偶体 515
胚珠 514, 535, 543
倍数体 514
背側神経索 322
胚嚢 543
背板 284
ハイロイド 527
ハウズ，ゴードン 368
パウルス，H・F 295
ハクスリー，トマス・ヘンリー 24, 71,

199, 482
バクテリア 7
はさみ 267
パストゥール, ルイ 7, 85, 94, 133
派生形質 40
派生した 40
パターソン, コリン 77
爬虫類 70
バックランド, ウィリアム 305
発光器 361
発生学 20, 54, 57
波動毛 118, 152
翅 272
歯のないくちばし 496
ハミルトン, ビル 466
ハラニッチ, ケニス・M 185, 220
反口極 310
バンクス, サー・ジョセフ 23
半数体 117, 514

ヒ

ビーミス, ウィリアム 336, 348, 358, 360, 365
尾角 274, 285
髭 247
微好気性菌 100
微細形態 54
微細構造 56, 57
尾索 322
皮脂腺 407
微絨毛 167
ヒストン 116
ビスビー 152, 158, 159, 163
微生物 86, 88, 94
尾節 245, 294
尾扇 267
尾端骨 482, 496
尾柱 378
ヒト 41〜43
被囊 327
ヒューム, デイビッド 589
尾葉 284
漂泳性 230
表形学 38, 39
表在動物 222
ヒル, J・E 37, 405, 433, 444, 446
ピルトダウン人 462
ヒンド, ニコラス 562, 563, 567

フ

フィコビリプロテイン 122
フィッシャー, R・A 466
フィッシャーのランナウェイ 466
風媒性 561

フェデュッキア, アラン 71
フェドンキン, ミハイル 60
フォード, S・M 450
フォーリー, ロバート 481
フォッセー, ディアン 457
フォン・ベーア, カルル・エルンスト 58
不完全変態 283
複眼 238, 272
腹脚 283, 290
腹胞 280
腐食者 271
腐生生物 145, 148
付着根 142
付着部 523
フックのついたくちばし 506
ブドウ糖 562
ブラウン, マイケル 497
ブラキエーション 435
プラスミド 65
プラトン 25
プラヌラ 196
プラトニック, ノーマン 52
フランクリン, ロザリンド 63
フランケル, O・H 580
フランス, スコット・C 204
ブランズ, トム 149, 151, 157
フリーグル, ジョン・G 408
フリース, エルス・マリー 545
フルクトース 562
ブルスカ, ゲイリー 198, 214, 254, 255, 260, 266, 274
ブルスカ, リチャード 198, 214, 254, 255, 260, 266, 274
フレッシュウォーター, ウィルソン 137
フレデリック, スザンヌ 137
ブレナー, シドニー 64
プロゲノート 113
プロティスタ 7
プロテオバクテリア 121
プロテロ, ドン 430
吻 291, 309
分化全能性 130
吻管 290
分岐 29, 30
分岐学 5, 6, 54, 132
分岐図 13, 43, 44, 46, 49〜53, 70
分岐分類学 87
分岐論 28, 41, 42, 52, 54
分岐論者 41, 45, 48
フンク, ピーター 189
分子系統学 68
分子生物学 54, 62

分子時計 66
糞食者 271
分生子(分生胞子) 159
分節 181
分類 3
分類学 3, 4, 18, 19

ヘ

ベアダー, サイモン 446, 447
ヘイウッド, V・H 546, 551, 553
ヘイウッド, ヴァーノン 546
ベイカー, A・N 316
平均棍 272, 290
平行進化 30
平衡胞 225
ペイス, ノーマン 7, 96, 99, 111, 112
ベーリンギア 31
ヘスラー, ロバート 246, 254, 255, 260
ペダーソン, カイ・ラウンスガード 546
ヘッケル, エルンスト 58, 86, 88
ヘニッヒ, ヴィリ 5, 27, 28, 39, 41, 43, 49, 50, 52, 54, 69, 74, 84, 87, 142, 213
ペティグリュー, ジョン 421
ヘモシアニン 211, 294
ヘレンディーン, パトリック 545
変温動物 406
変形体の 135
変形分岐論 52
ベンサム, ジョージ 563
変態 283
ベントン, マイケル 322, 360, 368, 375, 382, 383, 402, 433
鞭毛 97, 118

ホ

ホイッタカー, ロバート 86〜88, 115, 131
放散 26, 29
胞子 132, 512
胞子体 515, 543
胞子囊 135, 158, 527
胞子囊群 535
胞子囊柄 158, 533
放射性同位元素 61
放射相称 176, 560
胞胚 177
胞膜 535
ボウマン, バーバラ 150, 151, 156
苞葉 559
ポーリング, ライナス 63, 66
ホールデーン, J・B・S 6
保温 484
捕獲繁殖 579

歩脚　298
墨汁嚢　230
捕食者　271
保存(されている)　33
歩帯溝　311
歩帯板　314
ポッツ，F・A　132
ポッパー卿，カール　52
骨　328
ホメオティック　168
ホメオティック遺伝子群　34, 168
ホメオボックス　168
ボラダイル，L・A　132
ホランド，ピーター　168
ポリプ　196
ポリプ型　196
ホワイト，ティム　468
ホワイト，トム　151
ボンダー，ウィンストン　225

マ

マーギュリス，リン　85, 86, 118, 119, 131, 134, 139, 140, 152, 166
マーチン，ロバート　433, 434
マーティンデイル，マーク　179
マイア，エルンスト　24〜26
マイコトキシン　146
埋在動物　221
マイヤー，アクセル　322, 368, 372
繭　283
マルピーギ，マルチェロ　18, 56
マルピーギ管　249
マントン，アイリーン　167
マントン，シドニー　240, 242〜244, 246, 247, 275

ミ

ミオシン　116
未解決　49
未解決型　49
ミシュラー，ブレント　522
蜜腺　559, 561
ミトコンドリア　56, 57, 65, 117, 119, 121
ミトコンドリア遺伝子　66, 119
ミトコンドリアDNA　66, 67
ミラー，ジョフリー　466, 467

ム

無顎の　329
無根　48
無性芽　528
無体腔動物　182

メ

メイシー，ジョン　348
命名法　15, 69, 84
メタン生成古細菌　99
メッセンジャーRNA　65
メレシュコフスキー，C　118, 119
メンデル，グレゴール　32, 62
メンデレーエフ，ディミトリ　20

モ

目　22, 74
目的論　483
モネラ　86
門　22, 74

ヤ

夜間摂食　407
薬　542, 559
ヤング，J・Z　211

ユ

有機体　524
融合した骨盤　496
有根　48
有糸分裂　117
雄ずい　542, 559
雄ずい群　542
有性拡散生活相　202
有性生殖　66
有胚植物　511
有柄歯　377

ヨ

葉脚　243, 262
幼形成熟　250, 265
葉状体　142, 515, 523
葉身　529
幼生　58
腰帯　367
幼虫　282, 283
羊膜　366, 382
羊膜類　70
葉緑体　66, 117, 122
翼状筋　385

ラ

落葉性　544
ラテックス　559
ラバ　24, 25
ラマルク，ジャン=バティスト　19, 199
卵割　180
卵細胞　543
卵子　559

卵鞘　284
卵食　335
卵生　335
卵胎生　335

リ

リーキー，ミーブ　472
リーキー，メアリー　463, 474
リーキー，ルイス　475
リード，デイビッド　212, 214
リドリー，マーク　39
リドリー，マット　467
リネウス，カロルス　9, 20
リボース　64
リボソーム　65
リボソームRNA　65, 128
流体静力学的骨格　193, 213
リリー，P・N　194
鱗茎　545
リン酸　63
リンドバーグ，デイビッド　225
リンネ，カルル・フォン　9, 21〜23, 27, 74, 77, 84, 85, 88, 199, 226

ル

ルイス，メアリー　474
ルーシー　463, 472
ルーメン　426
ルドール，P・J　545

レ

齢　283
レイ，グレッグ　314, 315
レイ，ジョン　18, 546
レイヴン，ピーター　76, 516, 529
レイク，ジェームズ　15, 111, 185, 214
レイノルズ数　253
レーウェンフック，アントン・ファン　7, 18, 56, 84〜86, 94
レドビーター，B・S・C　167
レプトケファルス　359
レマーク，ロベルト　85
連　22, 558

ロ

ロイカルト，カール　199
ロウ，F・W・E　316
蠟膜　509
ローゼン，D・E　77
ローゼンバーガー，アルフレッド　433, 448, 449〜451
ローラシア　415
ローリー，ゴードン　561, 569
濾過摂食　214, 223

濾過摂食者　245
ロゼット葉　526
ロバーティス，E・M　180
ロマーノ，サンドラ　199
ロング，ジョン　75, 76
ロンドン自然史博物館　52, 53, 77
ロンドン動物学会　19
ロンドンリンネ協会　23

ワ

ワイス，アンディ　414, 419, 420, 424
ワイス，アンドレ　37, 38, 408
ワイリー，E・O　70
ワッガナー，ベンジャミン　60
ワトソン，ジェームズ　63, 64, 115

A

aboral　310
achene　561
acoelomate　182
actin　116
actinomorphic　560
adaptation　32
aerobe　100
African relapsing fever　303
agnathan　329
Aguinaldo, Anna Marie　185, 220
Ahlquist, Jon　67, 75, 497
Akam, Michael　248, 255, 274
allantois　382
alternation of generations　117, 196, 515
ambulacral groove　311
ambulacral plate　314
amnion　366, 382
amoeboid movement　116
anaerobe　100
androecium　542
animalcule　85
antenna　247, 249, 254, 272
anther　542, 559
antheridium　516
antibiotic　146
apical growth　525
apomorphy　40
arbuscular　156
arbuscular mycorrhizae　156
Archaea　7
Archaebacteria　87
archegonium　516
aril　539
Aristotle　4, 47
Aristotle's lantern　319
arthropodization　244
asci　156
Asfaw, Berhane　473
ascus　159
Austen, Jane　543
autapomorphy　40
autotroph　98
Averof, Michalis　248, 274
Avery, Oswald　63
Avise, John　68

B

Baker, A. N.　316
Banks, Sir Joseph　23
barb　198
basal segment　241
basidia　156
Bauplan　168
Bearder, Simon　446
Bemis, William　336, 348
Bentham, George　563
benthic　230
Benton, Michael　322, 360, 368, 382, 402, 433
Berbee, Mary　158
binominal　21
biochemistry　54
biramous　240
blastopore　177
blastula　177
body plan　168
bone　328
book gill　294
book lung　294
Borradaile, L. A.　132
Bowman, Barbara　150
brachiation　435
bract　559
Brenner, Sydney　64
Brown, Michael　497
Bruns, Tom　149
Brusca, Gary　198, 214, 254, 274
Brusca, Richard　198, 214, 254, 274
Buckland, William　305
bulb　545
Burges Shale　233
byssal thread　224

C

calyx　559
Campbell, Keith　130
capitulum　559
carapace　254, 263
carpel　542
Cassini, Henri　563

centrum　367
cephalic shield　254
cephalization　181
cephalon　245
cephalothorax　266
cercum　274
cercus　285
cere　509
character　18, 32
Chatton, Edouard　86
chelate　267
chelicera　247, 293
chemoautotroph　99
chemoheterotroph　99
chemolithotroph　99
Chiappe, Luis　484
chloroplast　117
choanocyte　167
chorion　382
chromatophore　230
chrysalis　283
cilia　118
cilium　118
circus　284
clade　44
clade founder　45
cladist　41
cladistics　5, 28
cladogram　13, 44
Clark, H. E. S.　316
class　22
classification　3
cleavage　180
cnida　197
cnidocyte　197
coelenteron　196
coelom　181
coelomate　182
coenocytic　522
coevolution　466
Cohen, Stephen　274
collum　251
colonial　190
colony　175, 524
common ancestor　44
compound eye　238, 272
condylar　407
cone　538
conidiospore　159
conserved　33
contractile　116
convergence　30, 143
Conway Morris, Simon　5
Copeland, Herbert F.　86

coracoid 491
Corbet, G. B. 37, 433
Corbet, G. E. 405
corolla 559
cotyledon 546
Cracraft, Joel 49, 67, 316, 496
Crane, Peter 545
Crick, Francis 62, 116
crystalline style 214
ctenidium 213
cuticle 234, 512
Cuvier, Georges Léopold 23
Cuvierian tubule 320
cypsela 561
cytoskeleton 116

D

Dalton, John 19
Dart, Raymond 59, 462, 473
Darwin, Charles 17, 28, 453, 482
Dean, David 433
de Rosa, Renaud 185
deciduous tooth 407
definitive host 262
DeLong, Edward 96
Delson, Eric 433, 451
dendrobranchiate 267
dentary 407
dentary bone 391
DePriest, Paula 152
derived 40
detorsion 225
detritivorous 59
detritus 245
diapause 415
dichotomy 49
dimorphism 196
diploblastic 176
diploid 117, 514
diplosegment 252
direct development 269, 280
disc floret 560
divergence 29
DNA 62, 63, 63
DNA-DNA hybridization 67
DNA-DNA 雑種形成法 67
Dobson, Andrew 573
Dobzhansky, Theodosius 24, 61
domain 22, 87
Donoghue, Michael J. 516
dorsal nerve chord 322
double fertilization 544
drupe 561
Dubois, Eugène 476

Dunbar, Robin 467
dunk-eater 271
Dyer, Betsey Dexter 123

E

eardrum 368
Eastham, L. E. S. 132
ecdysis 183
ecdysone 238
echolocation 420
ecomorph 30, 381
ecomorphic 511
ectoderm 176
ectognathous 275
ectomycorrhizae 156
ectoparasite 287
Ehrlich, Paul 577
Eichhorn, Susan 516
electrolocation 359
elytron 272, 288
embryo 180, 512
embryo sac 543
embryology 20, 54
embryophyte 511
endite 240
endocytosis 116
endoderm 176
endodermis 210
endomycorrhizae 156
endoplasmic reticulum 116
endosperm 544
endostyle 323
entognathous 275
epidermis 210
epifaunal 222
epigeous 149
epizoic 206
Erwin, Terry 6
ethology 54
Eubacteria 87
eukaryote 65, 114
euryapsid 384
eusocial 285
evisceration 320
exhalent siphon 223
exite 240
exocytosis 116
exoenzyme 148

F

family 22
fang 307
feather 482
Fedonkin, Mikhail 60

Feduccia, Alan 71
fenestra 400
fenestration 384
filament 542, 559
filter feeder 245
filter feeding 214, 223
finlet 355
Fisher, R. A. 466
flagella 118
flagellum 97, 118
Fleagle, John G. 408
floret 559
Foley, Robert 481
foot 213
foramen magnum 460
Ford, S. M. 450
fourth trochanter 400
Fossey, Dian 457
France, Scott C. 205
Frankel, O. H. 580
Franklin, Rosalind 63
Fredericq, Suzanne 137
Freshwater, Wilson 137
Friis, Else Marie 545
fruiting body 146
Funch, Peter 189
fused pelvis 496

G

gamete 515
gametophyte 515
ganoin 349
Gargas, Andrea 152
gastrodermis 210
gastrula 177, 197
gemma 528
genealogy 26
Genesis 23
genetic fingerprinting 67
genus 21, 22
Geoffroy Saint-Hilaire, Étienne 180, 234
geophyte 558
gill arch 322
gill bar 322
gill slit 195, 322
girdle 222
gnathobase 240, 298
Gondwana 415
gonopore 251
Goodall, Jane 465
gorgonin 203
grade 70
Graham, C. F. 168

Gram, Hans Christian　101
Graur, Dan　55, 420
grazing herbivore　222
Great Interchange　416
Guilding, Reverend Lansdown　243
Gunn, Spence　562
Guyale　570
gynoecium　542

H

Haeckel, Ernst　58, 86
haemocoel　213, 234
Halanych, Kenneth M.　185, 220
Hamilton, Bill　466
halophile　100
haltere　272, 290
Harvey, William　18
haploid　117, 514
hemimetaboly　283
Hennig, Willi　5, 28, 69, 84, 213
herbivore　271
Herendeen, Patric　545
Hershkovitz, P.　450
Hessler, Robert　246, 254
heterocercal　336, 349
heteronomous　182, 234
heterosporous　514
heterotroph　98
Heywood, V. H.　546
hierarchy　17
Hill, J. E.　37, 405, 433
Hind, Nicholas　562
hinge　223
hinge teeth　223
histone　116
Holdane, J. B. S.　6
holdfast　142, 523
Holland, Peter　168
holometaboly　283
homeobox　168
homeotic　168
homocercal　336, 349
homoiothermic　482
homoiothermy　406
homologous　32
homology　32
homonomous　182, 234
Homoplasious　32
homoplastic　32
homoplasy　32
homosporous　514
hooked beak　506
Howes, Gordon　368
Hox complex　167

Hox gene complex　34
Hox genes　66
Hox 遺伝子　34, 168
Hox 遺伝子群　43, 66, 167, 248
Hox 遺伝子複合体　34
Hox 複合体　167
humerus　491
Hume, David　589
Huxley, Thomas Henry　24, 71, 199, 482
hydrostatic skeleton　193, 213
hypha　140
hyphae　147
hypogeous　149
hyroid　527

I

imaginal disc　283
imago　282, 283
incus　407
indusium　535
infaunal　221
inflorescence　559
inhalent siphon　223
ink sac　230
insect pollinator　289
instar　283
internode　44
invagination　177
involucre　559

J

Janis, Christine　322, 367, 368, 408
Janvier, Phillipe　330
jaw　247
Jefferies, Richard　311
Johanson, Donald (Don)　59, 463
Johnson, Christopher　149
jointed appendage　234
Jussieu, Antoine-Laurent de　20, 33, 546

K

Kant, Immanuel　588
karyology　56
Kenrick, Paul　516
key　19
Kielan-Jawarowska, Zofie　414
kingdom　22, 84
Kings, Mathias　21
Koch, Robert　94
Kourakis, Matthew　179
Kristensen, N. P.　274
Kristensen, Reinhardt　189
Kukalová-Peck, Jarmila　241, 273

L

labidognathous　307
labium　251, 272
Lake, James　15, 111, 185, 214
Lamarck, Jean-Baptiste　19, 199
lamina　529
larva　58, 283
lateralline organ　368
Laurasia　415
Leadbeater, B. S. C.　167
Leaky, Mary　463
Leakey, Meave　472
Leeuwenhoek, Anton van　7, 18, 56, 84, 94
leptocephalus　359
Leuckart, Karl　199
lichen　147
Lilly, P. N.　194
Linnaeus, Carolus　9, 21
Linné, Carl von　9, 21
Lindberg, David　225
lobopod　243, 262
Long, John　75
longitudinal muscle　322
lophophore　184
Louis　474

M

macronucleus　137
macrophyll　529
madrepore　310
Maisey, John　348
malleus　407
Malpigian tubule　249
Malpighi, Marcello　18, 56
Man, Nutcracker　474
mandible　254, 272
mantle　213, 224
mantle cavity　214, 224
Manton, Irene　167
Manton, Sidnie　240, 275
Martin, Robert　433
Martindale, Mark　179
Margulis, Lynn　85, 118, 166
masseter　407
maxilla　251, 254, 272
maxilliped　261, 266
Mayr, Ernst　24
medusa　196
mega-eukaryote　88
megasporandium　535
megaspore　514, 535
meiosis　117

meiospore 149
Mendel, Gregor 32, 62
Mendeleyev, Dmitri 20
Mereschkowsky, C. 118
mesentery 197
mesocoel 181
mesoderm 177, 181
mesogloea 177, 197
mesosoma 293
metacoel 181
metamerized 234
metamorphosis 283
metanephridium 223
metasoma 293
metazoan 167
methanogen 99
Meyer, Axel 322, 368
microaerophile 100
microbe 86, 88
micronucleus 137
microphyll 529
microsporangium 535
microspore 514, 535
microvilli 167
midrib 526
Miller, Geoffrey 466
Mishler, Brent 522
mitochondria 56, 117
mitosis 117
mitospore 149
molecular biology 54
molecular clock 66
Monera 86
monophyletic 46
morphology 20, 54
mRNA 65, 67
mtDNA 66, 67
mucociliary feeding 323
multicellularity 511
mutation 66
mutualism 124, 147
mycelium 147
mycorrhizae 147, 156
Mycotoxin 146

N

nauplius larva 254
Napier, John 475
nectary 559
nector feeder 271
Nelson, Gary 336, 348
nematoblast 197, 227
nematocyst 197
Neolinnaean impressionism 69

neoteny 250
nephridia 182
nephridium 213
neutral buoyancy 336, 358
neutral evolution 66
Newton, Isaac 18
Newman, William 254
Nielsen, Claus 166, 197, 215, 311, 321
nitrogen-fixer 95
node 44
nomenclature 15
notochord 322
notum 273
Novacek, Michael 408
unsolved 49
nucleus 65, 115
numerical taxonomy 38
nymph 283

O

Obar, Robert Alan 123
occlude 407
Ockham, William of 50
Olsen, Gary 96
ontology 58
oophagy 335
ootheca 284
operculum 225
opisthoma 303
opisthosoma 293
oral 310
order 22
organelle 116
organism 524
orthogenesis 483
osculum 174
ossicle 310
ostia 174
ostiole 207
ostium 174
outgroup 47, 215
ovary 542, 559
oviparous 335
ovoviviparous 335
ovule 514, 535, 543
Owen, Richard 19, 24, 33

P

Pääbo, Svante 21
Pace, Norman 7, 96
palaeontology 54
palp 247
pappus 559

parallel evolution 30
paraphyletic 46
parasite 271
parenchyma 523
parsimonious 51, 491
Parkinson, John 568
Pauling, Linus 63
Paulus, H. F. 295
Pasteur, Louis 7
Patterson, Colin 77
pectine 293, 299, 300
pectral girdle 367, 374
Pederson, Kaj Raunsgaard 546
pedicellaria 311
pedicellate tooth 377
pedipalp 293, 298
peduncle 204, 264
pelagic 230
pelvic girdle 367
pentadactyl 47, 241
pentadactyly 375
pentaradial symmetry 310
pereopod 267
peristome 527
petal 542, 559
Pettigrew, John 421
phagocytosis 98, 117
pharynx 195, 322
phenetics 38
phloem 527, 544
photoautotroph 99
photoheterotroph 99
photopore 361
phycobiliprotein 122
phylogenetic distance 66
phylogenetic tree 26
phylogeny 26
phylum 22
pinion 485
placenta 414
placoid 336
planula 196
plasmid 65
plasmodial 135
plastid 117
Platonick, Norman 52
Pleistocene Overkill 480
plesiomorphy 40, 143
poikilotherm 406
pollen 535, 542, 559
pollen tube 535, 543
pollinator 271
polychotomy 49
polymorphic 197

polyp 196
polyphyletic 46
Ponder, Winston 225
Popper, Sir Karl 52
Potts, F. A. 132
pre-adaptation 121
predator 271
proboscis 291, 309
progenote 113
prokaryote 65
proleg 283, 290
pronotum 272, 284, 287
prosoma 293, 303
Protero, Don 430
prothorax 284
protist 115
Protista 86, 88
protocoel 181
Protoctista 114
proto-farming 480
Protornaezoa 178
pseudopod 290
pseudopodium 116
pseudotrachea 270
pterygoideus 385
pupa 283
pygidium 245
pygostyle 482, 496

Q

Qiang, Ji 41, 483
quadriradial 196

R

radially symmetrical 176
radiate 26
radiation 29
radula 213, 214
rank 22
Raven, Peter 76, 516
Ray Evert 516
ray floret 560
Ray, John 18, 546
receptacle 559
Reid, David 212
Remak, Robert 85
resolved 49
rhizoid 525
rhizome 545
Ridley, Mark 39
Ridley, Matt 467
RNA 62, 64
Robertis, E. M. 181
Romano, Sandra 199

rooted 48
Rosenberger, Alfred 433, 448
Rosen, D. E. 77
Rowe, F. W. E. 316
Rowley, Gordon 561, 569
rRNA 65, 67
Rudall, P. J. 545
rumen 426

S

saprobe 145, 148
Sars, Michael 199
Saunders, J. T. 132
scab 159
scavenger 245, 271
Schleiden, Matthias 85
Schmidt, Hajo 204
Schwann, Theodor 85
Schwartz, Jeffrey 41
Schwartz, Karlene 85, 166
sclerite 234
scleroprotein 234
secondary palate 391, 407
sedimentation coefficient 56
Sedgwick, Adam 24
seed 514, 535
seed coat 536
segment 182
segmentation 181
Selden, Paul 59, 292
sepal 542, 559
septa 153
septum 205
seta 253
sexual dimorphism 435
sexual-dispersive phase 202
shared 32
Shear, Bill 294
shell 213
shell mantle complex 213
Shultz, Jeffrey 294
Sibley, Charles 67, 75, 497
sieve cell 544
sieve element 527
silk 307
Simpson, George Gaylord 408
siphon 214
sister group 49, 215
Slack, Jonathan 168
social parasitism 510
Sogin, Mitch 13, 55, 67, 88, 125
solitary 190
Soule, Michael 577
sorus 535

species 21, 22, 24
Spenser, Herbert 124
spermatophore 251, 280
spicule 310
spinneret 293, 299
spiracle 243, 272
sporangia 158, 527
sporangiophore 158, 533
sporangium 527
spore 132, 512
sporophyte 515, 543
stamen 542, 559
stapes 407
statocyst 225
stigma 300, 542, 559
stolon 203, 206
stoma 512
Stringer, Chris 433
strobilation 206
style 542, 559
stylet 290
stylus 280
subclade 70
subhypogeous 149
subimago instar 282
suspension feeder 304
Swann, Eric 151, 161
swim-bladder 358
swimming bell 197
Swofford, David 6
symplesiomorphy 12, 38, 40, 178, 213
synapomorphy 40, 166, 213, 239
syncytial 135, 522
syncytium 130
systematics 3, 18

T

tagma 234
tagmata 182, 234
tagmatization 182
tagmatized 234
tail fan 267
talon 506
Tattersall, Ian 433
taxon 44
taxonomy 3, 18
Taylor, John 151, 158, 161
Taylor, John D. 214
TCC系統樹 245
teleology 483
telson 294
Tennyson, Alfred Lord 124
tergite 284
test 142, 310

tetramerous 196, 207
thallus 142, 515, 523
thermophile 97
thoracomere 266
thorax 245
thyroid gland 323
Tobias, Phillip 475
toothless beak 496
tornaria 180
torsion 224
totipotency 130
trachea 243, 272
tracheae 238
tracheary element 513
tracheid 513
transformed cladistics 52
transpiration stream 513
tree 544
treelet 558
trichobothrium 301
trichotomy 179
tRNA 65
trochophore 180
trunk 251
tube feet 310
tube-nose 505
tuber 545
tubulin 116
tunic 327

U

ulna 491
ultrastructure 20, 54
undulipodia 118
undulipodium 118, 152
uniramous 240
unrooted 48
urochord 322
urostyle 378

V

VA 菌根 156
valve 223
VAM 156
vascular 513
vector 287
velum 318
vertebral column 322
vesicle 156
vesicular-arbuscule mycorrhiza 156
visceral mass 213
viviparous 335
von Baer, Karl Ernst 58
Vrba, Elizabeth 31, 463

W

Waggoner, Benjamin 60
Walker, Alan 474
water vascular system 310
Watson, James 63, 116
Webb, Richard 26
Weberian ossicle 361
Weygoldt, P. 295
White, Tim 468
White, Tom 151
Whittaker, Robert H. 86
Wilberforce, Samuel 24
Wiley, E. O. 70
Willmer, Pat 214, 220, 238
Wilmut, Ian 130
Wilkins, Maurice 63
wing 272
Woese, Carl 13, 67, 75, 87
Wood, Bernard 434, 475
Wray, Greg 314
Wyss, André 37, 408
Wyss, Andy 424

X

xerophyte 569

Y

yoke-toe 509
Young, J. Z. 211

Z

zooid 190
zygomatic arch 391
zygomorphic 560
zygosphere 158
zygote 515

生物名索引

ア

アークトチス　567
アーティチョーク　557
アードウルフ　31
アイアイ　446
アイアイ科　445
アイサ　482
アイスプラント　554
アイメリア　138
アヴァヒ　445
アヴァヒ属　445
アウストラロピテクス　455, 459, 460, 462, 472
アウストラロピテクス・アナメンシス　468, 472
アウストラロピテクス・アファレンシス　463, 468
アウストラロピテクス・アフリカヌス　461, 463, 468, 473
アウストラロピテクス・ガルヒ　468, 472
アウストラロピテクス・バーレルガザーリ　468, 473
アエトサウルス　400
アオイ科　554
アオカビ　146
アオギリ科　554
アオサ　139, 515
アオサ藻綱　517, 522
アオザメ　343
アカウアカリ　449
アカウキクサ　95, 535
アカエイ　346, 336
アカエイ科　346
アカコロブス属　453
アカザ　554
アカザ科　554
アカシア　555
アカテツ科　555
アカネ科　557
アカバナ　555
アカバナ科　555
アカパンカビ　159, 161

アカマツ属　538
アガマトカゲ　397
アカマンボウ　361
アカマンボウ上目　361
アカントステガ　367, 375
アキノキリンソウ属　568
アキノノゲシ属　566
アキノノゲシ連　566
アクキガイ　226
アクキガイ科　219, 226
アクチノミケス属　108
悪魔のイグチ　164
アクラシス菌　131, 134
アクラシス菌界　136
アクレオディ　427
アグロバクテリウム　104
蛙型類　374, 375
上げ蓋クモ　306
アケボノウマ　430
アケボノスギ　539
アゴアシ綱　260, 263
アゴアシ類　254
アサ　554
麻　554
アサガオ　556
アザミ　557, 563
アザミウマ目　286
アザミ属　566
アザラシ　37, 38, 424
アザレア　555
アジアゾウ　585
アシカ　37, 38, 424
アジサシ　505
足長おじさん　290, 292, 300
アシナガダニ亜目　303
アシナシイモリ　368, 377, 378
アシナシイモリ目　377, 378
アシナシトカゲ　397
アダックス　427
アダピス類　434, 435
アダンソンオキナエビス　226
厚エビ類　266
アツギケカビ　157
アツギケカビ属　159

アッケシソウ　541
アトリ　508
アナグマ　423
アナサンゴモドキ　208
アナサンゴモドキ属　208
アナサンゴモドキ目　208
アナジャコ下目　267
アナスピデス上目　266
アナタケ目　164
アナベナ　95, 108, 535
アノア　427
アピコンプレックス　132
アピコンプレックス界　138
アピコンプレックス類　143
アビ目　504
アヒル　36, 495, 503
アファレンシス　472
アブラツノザメ　335
アブラナ科　555
アブラヨタカ　507
アフリカゾウ　585
アフリカマイマイ　229
アホウドリ　505
アホロートル　378, 250
アマ　556
亜麻　556
アマオブネ　226
アマオブネガイ亜綱　218, 226
アマオブネガイ科　219, 226
アマ科　556
アマツバメ　507
アマツバメ目　507
アマニ　556
亜麻仁　556
アマモ　139, 541
アマモ科　551
アマランサス　554
アミア　357
アミア亜綱　354, 357
アミア科　357
アミア類　354
アミガサタケ　156, 159, 161
アミガサタケ属　159
アミヒラタケ　164

アミミドロ　524
アミメウナギ　354, 355
アミメウナギ属　355
アミメカゲロウ目　288
アミ目　269
アメーバ　131, 132
アメフラシ　224, 225
アメフラシ目　227
アメリカオシドリ　509
アメリカカブトガニ　241, 298
アメリカ鉤虫　187
アメリカヅタ　555
アメリカドクトカゲ　397
アメリカボウフウ　556
アメリカマンサク　553
アヤメ科　552
アライグマ　423, 425
アライグマ科　423
アリ　289, 289
アリクイ　417, 418
アリゲーター　401
アリゲーター科　401
アリストロキア　552
アリタソウ　554
アリマキ　287, 288
アルヴァレスサウルス　490
アルヴァレスサウルス科　490
アルクトキオン類　425
アルクトグナトゥス　390
アルクトドス　31
アルケオグロブス　110
アルシノイテリウム　424
アルシノイテリウム類　430
アルディピテクス　459, 460, 462
アルディピテクス・ラミドゥス　468
アルパカ　426
アルファプロテオバクテリア　104
アルベオール　137
アルマジロ　417, 418
アルム　551
アレノピテクス属　451
アレンモンキー　451
アレンモンキー属　451
アロワナ　359
アワフキムシ　287
アンキロサウルス類　404
アンコウ　347
アンズタケ　163
アンズタケ目　163
アンゼリカ　556
アンダーソンカクマダニ　303
アンドリューサルクス　428
アンドンクラゲ　209
アンフィウマ　378

アンフィオキサス　321
アンブロシア　569
アンモナイト　230
アンモナイト亜綱　217, 230
アンワンティボ　446
アンワンティボ属　446

イ

イースト　146
イエカニムシ　302
イエネズミ　574, 582
イエバエ　290
イカ　229
イカ亜綱　217, 230, 231
イガイ　36, 223, 224
イガイ科　224
維管束植物　513
維管束植物類　528, 532
イグアナ　397
イグアナ類　396, 397
イグアノドン　404
イグアノドン類　404
イグサ科　551
イクチオステガ　374
イクチオルニス類　492, 493
イグチ属　163
イグチ目　163
異甲類　330
イサキ　365
イシガイ科　224
イシコロマツバギク　561
イシサンゴ　206
イシサンゴ目　204, 205
イシチドリ　505
石の草　525
イシノミ　281
イシノミ類　275
異歯類　224
イスキオドゥス　337
イセエビ　268
イセエビ下目　268
異節目　418
異節類　418
異旋亜綱　218, 226, 227
イソギンチャク　176, 203, 204
イソギンチャク目　204, 206
イソマツ科　554
板形動物門　174
イタチ　37, 423
イタチ科　423
イタチキツネザル　445
イタチキツネザル属　444, 445
イタチザメ　342
イタボガキ　224

イタボガキ科　224
イタヤガイ　224
イタヤガイ科　224
イチイ科　539
イチジク　554
イチョウ　537
イチョウ属　537
イチョウ類　536, 537
イチリンソウ属　553
イトスギ属　539
イトトンボ　281, 282
イトヒキイワシ　361
イトマキエイ亜科　346
イナゴ　285, 286
イヌ　31, 405, 583, 584
イヌ科　423
イヌ上科　423
イヌナンカクラン属　533
イヌニキビダニ　304
イヌ類　423
イネ科　551
異尾類　268
イベロメソルニス　491
イボゴケ属　165
イボタノキ　556
イモガイ　226
イモガイ科　219, 226
イモノキ　555
イモリ　368, 377, 378
イラクサ科　554
イルカ　405, 427, 573
イワダヌキ目　424, 429
イワツバメ　508
イワヒバ　514
イワヒバ科　531
イワヒバ属　517, 531
イワヒバ目　531
イワヒバ類　517
インクキャップ　163
インゲンマメ　555
インコ　41, 509
隠翅類　290
インドサイ　581
インドの豆　556
インドリ　445
インドリ科　445
インドリコテリウム　405
インドリ属　445
インパラ　427

ウ

ウ　36, 495, 505
ウアカリ　447, 449, 451
ウアカリ属　449

ウイキョウ 556	ウミグモ綱 294	エダヒゲムシ亜綱 252
ウーリークモザル 448, 451	ウミグモ類 235, 309	エダヒゲムシ類 249
ウーリークモザル属 448	ウミサソリ 72, 73, 230, 233	エドフォサウルス 390
ウーリーモンキー 448, 449, 451	ウミサソリ綱 292	エドアブラザメ 344
ウーリーモンキー属 449	ウミサソリ類 293, 295, 298	エナンティオルニス 492
ウエイゲルティサウルス 401	ウミシイタケ 203	エナンティオルニス類 492
ウェルウィッチア 539	ウミシダ 317	エニシダ 556
ウォーターバック 427	ウミシダ類 317	エノキ 554
ウォンバット 415, 417	ウミスズメ 495	エビ 253, 261
ウキクサ科 541, 551	ウミスズメ類 505	エビ亜目 267
ウキクサ類 541	ウミタケガイモドキ亜綱 224	エピオルニス 496, 502
ウグイ 361	ウミタル綱 327	エビ綱 260, 265
ウグイス 508	ウミタル類 327	エビ上目 266
ウコギ科 556	ウミツバメ 505	エビ類 254
ウコン 551	ウミトサカ目 203	エプシロンプロテオバクテリア 106
ウサギ 417, 419	海のキュウリ 319	エボシガイ 264
ウサギウオ 335, 337	海の苔 190	エボシドリ 509
ウサギ目 419	海の敷物 190	エボシドリ科 509
ウサギ類 418	海のスズメバチ 209	エミュー 502
ウシ 424, 427	海のハリネズミ 319	エラオ亜綱 264
ウシ亜科 427	海の噴水 327	エラオ類 264
ウシ科 426	海の星 317	エラナシフサカツギ属 194
蛆虫 283	ウミヒドラ 208	鰓曳動物門 183, 186
ウシ類 418	ウミヒナギク綱 318	エラフサカツギ属 194
ウスバカゲロウ 288	ウミヒナギク類 311, 316	エリオプス 376
渦鞭毛虫 138, 143	ウミユリ 317	襟鞭毛虫類 89, 132, 166, 167, 174
渦鞭毛虫界 138	ウミユリ綱 317	エリマキキツネザル 445
渦鞭毛虫類 122, 198	ウミユリ類 310, 317	エレファントトランクフィッシュ 359
ウズラ 503	海リンゴ類 315, 316	園芸用ヒナギク 568
ウツボ 359	海レタス 517	円口類 73, 331
ウデムシ 305	ウメボシイソギンチャク 206	エンダイブ 566
ウデムシ目 305	ウラベニイグチ 164	エントアメーバ 128, 131, 132, 142
ウデムシ類 305	ウラベニイロガワリ 164	エントアメーバ界 136
ウナギ 347, 359	ウリ科 555	エンドウ 555
ウニ 319	ウルシ科 555	
ウニ亜綱 319	ウンカ 287	**オ**
ウニ綱 319	ウンピョウ 31	
ウニ上目 319	ウンモンフクロムシ 253, 264	オヴィラプトル 402
ウニモドキ亜綱 319		オヴィラプトル科 402
ウニ類 311, 316, 319	**エ**	黄金色植物 122, 141, 143
ウバザメ 335, 343		黄金色植物界 141
ウバザメ科 343	エイ 335, 337, 345	黄色コウジカビ菌 146
ウマ 405, 424, 429, 583	エイ目 345	黄色ブドウ球菌 108
ウマノスズクサ類 547, 552	エイ類 337	オウム 36, 41, 495, 504, 509, 582〜584
ウマ類 418	エオサイト 111	オウムガイ 230
ウミイグアナ 381	エオヒップス 430	オウムガイ亜綱 217, 230
ウミウシ 225, 227	エキビョウキン 140, 146	オウムガイ属 230
ウミウシ目 229	エジプトピテクス属 447	オウム目 497, 509
ウミウチワ 203	エスペレティア属 569	黄緑色植物 140, 143
ウミエラ 203	エゾギク属 568	黄緑色植物界 140
ウミエラ目 203	エゾニチリンヒトデ 318	オオインドサイ 581
ウミガメ 391	エゾバイ 225, 227	オオウミガラス 36, 496
ウミガラス 36, 505	エゾバイ科 219, 227	オオカブトムシ 586
ウミグモ 294	エゾフネガイ 227	オオガラゴ 446
	エダヒゲムシ 252	オオガラゴ属 446

生物名索引

オーク 554
オオグソクムシ 270
オオコウモリ 420
オオコウモリ亜目 420
オオシャコガイ 214
オオセ 341
オオセ科 341
オオツチグモ科 307
オオトカゲ 383, 397
オオトカゲ科 397
オオトカゲ類 396, 397
オオナマケモノ 418
オオノガイ 224
オオノガイ科 224
オオノガイ目 224
オオパイプバナ 552
オオバコ科 556
オオハシ 508
オオハシウミガラス 505
オオバン 505
オオヒエンソウ属 553
オオヒゲマワリ 517, 523
オオブタクサ 569
オオマンネンラン 570
オオムカデ 252
オオメジロザメ 342
オオワニザメ科 342
オカピ 426
オカヒジキ 554
オカヒジキ科 554
オカミミガイ目 229
オカメインコ 509
オキアミ 253
オキアミ目 266
オキアミ類 266
オキシアエナ 423
オキナエビスガイ科 219, 226
オクラ 554
オサムシ 288
オシロイバナ科 554
オステオグロッスム目 358
オステオグロッスム類 358
オステオレピス類 369
オダマキ属 553
オタマボヤ綱 327
オタマボヤ類 326, 327
オットセイ 37
オトギリソウ科 554
オトヒメエビ下目 267
オトンナ属 569
オナガザメ 343
オナガザメ科 343
オナガザル 451
オナガザル亜科 451

オナガザル科 451, 453
オナモミ 570
オニイトマキエイ 346
オニグモ 308
オニツノガイ科 219
オニノツノガイ 226
オニノツノガイ科 226
オニヒトデ 318
尾のないムチサソリ 305
オフィオストマ目 159
オベリア 208
オポッサム 415, 416, 509
オポッサム科 415
オマキザル亜科 451
オマキザル科 447, 450
オマキザル属 448
オモダカ科 551
オモダカ上目 551
オモミス類 434, , 435
オランウータン 41〜43, 587
オランウータン科 455, 456
オランウータン属 457
オランダカイウ 541
オランダ人のパイプ 552
オリーブ 556
オリーブコロブス 453
オリックス 427
オリックス亜科 427
オルニトミムス類 402
オレアリア属 568
オンデンザメ 344

カ

ガ 291
ガー 354, 357
ガー科 357
カーネーション 554
ガーパイク 354, 357
ガーベラ 563
カイアシ亜綱 263
カイアシ類 263
カイエビ 262
カイガラムシ 288
海果類 315
海牛 430
海牛目 425, 430
海生双弓類 383
貝形類 253
外肛動物 174
外肛動物門 183, 190
貝甲目 262
カイチュウ 187
回虫 187
カイツブリ 495

カイツブリ目 504
カイムシ 253, 263
カイムシ亜綱 263
貝虫亜綱 263
カイムシ類 263
海綿 167
カイメン 174
カイメン動物 166, 167
カイメン動物門 174
ガウア 427
カウディプテリクス 483, 487
カウディプテリクス・ゾウイ 483
カエコミケス 158
カエデ科 555
カエル 368, 377
カカオウ 509
カカポ 36, 495, 509, 586
ガガンボ 290
カキ 223
カギムシ 184, 187
角脚類 404
顎口上目 319
顎口動物 192
顎口類 332
革翅目 274
革翅類 286
ガクフボラヒタチオビ科 219, 227
カグラザメ 343, 344
カグラザメ科 344
カグラザメ目 343
カクレウオ 361
カケス 508
カゲロウ 282
カゲロウ目 282
蜉蝣類 282
花崗岩コケ 528
カサガイ 225, 226, 229
カサガイ亜科 218, 226
カサゴ 365
カサドリ 508
ガザニア 567
風見船乗り 209
カシ 588
カシパン 319
カシパン類 319
カシューナッツ 555
火獣目 428
カシラエビ 254
カシラエビ綱 260
カシラエビ類 254, 260
カズキダニ 303
カスザメ 344
カスザメ目 344
カスザメ類 337

顆節目　423
顆節類　425
風のクモ　292, 302
カセミミズ　211
カセミミズ綱　216, 217, 222
カセミミズ類　213
ガゼル　427, 584
カタイオルニス　492
カタクチイワシ　360
カタツムリ　224, 225, 229
カダヤシ　361
渦虫綱　189
花虫綱　199, 203
ガチョウ　36
カツオドリ　505
カツオノエボシ　203, 208
カツオノカンムリ　203, 209
カツオノカンムリ目　209
滑距目　424, 428
カッコウ　504, 509, 510
カッコウ科　509, 510
カッコウ目　497, 509
褐色植物　122
褐色植物界　141
褐藻　141
褐藻類　144
褐虫藻　198, 204
カナダガン　583
カニ　253, 267
カニ下目　268
カニクイアザラシ　267, 574
カニクサ　534
カニダマシ　268
カニムシ　293, 301
カニムシ目　301
カバ　424, 426, 553
カバノキ科　553
カビ　159
ガビアル　401
ガビアル科　401
カブ　555
カブトエビ　262
カブトガニ　233, 298
カブトガニ綱　292, 298
カブトガニ類　293, 295
カブラボラ　227
カボチャ　555
カマアシムシ　280
カマアシムシ綱　280
カマアシムシ類　275
ガマアンコウ　361
カマキリ　284
カマキリ目　284
ガマグチヨタカ　507

カミキリムシ　288
カミソリガイ　224
カメガイ目　229
カメムシ目　286, 287
カメ目　391
カメ類　382
カメレオン　397
カモ　503
カモシカ　579
カモノハシ　407〜409
カモノハシ科　409
カモノハシ目　408, 409
カモミールティー　559
カモメ　505
カモ目　503
カヤツリグサ科　551
カライワシ類　358, 359
カラカラ　506
ガラゴ　434, 446
ガラゴ属　446
カラシ　555
カラシン　361
カラシン目　361
カラス　41, 508
カラマツ　544
ガリアル　401
カリケラ科　560, 561
カリコテリウム類　429
カリバカサガイ科　219, 227
カリブー　426
カルシノソーマ　299
カルダモン　551
カルノサウルス類　402
カルハラドントサウルス・サハリクス　381
ガレアスピス類　331
カレー・プラント　567
カロライナインコ　509
カワウソ　423
カワカマス　361
カワガラス　508
カワゲラ　285
カワゲラ目　285
革ジャケット　290
カワスズメ　357, 365
カワセミ　508
カワセミ目　508
ガン　495
ガンガゼ上目　319
カンガルー　405, 415, 417
カンガルー類　417
ガンギエイ　345, 346
ガンギエイ亜目　345
ガンギエイ科　346

柑橘類果物　556
完胸目　264
環形動物　174
環形動物門　183, 192
カンジダ・アルビカンス　159
カンジダ・ユチリス　159
カンジダ属　159, 161
管歯目　425, 428
完全変態類　288
カンネメイリア　390
カンバタケ　164
カンピロバクター・ピロルス　104, 106
カンプトストロマ　315, 316
緩歩動物　235
緩歩動物門　183, 187, 242
ガンマプロテオバクテリア　105
ガンマルス　270
カンムリクラゲ　207
カンムリクラゲ目　207
カンラン科　555
冠輪動物　183, 187, 220

キ

キアタブシド　330
キイチゴ　555
キイロナメクジ　229
キウイ　35, 502
キウイ目　502
キオン　559
キカデオイデア類　517, 536, 539
基幹主竜類　399
基眼類　229
鰭脚類　424
キキョウ科　556, 562
キク　569
キク亜科　563
キクイモ　557, 562, 570
キク科　557, 558
キク上目　547
キク目　562
キク連　568
キササゲ　556
キジ　503
ギシギシ　554
キシメジ科　163, 164
キジ目　503
寄生ダニ亜目　303
キツツキ　508
キツツキ目　508
キツネ　434, 583
キツネザル　435
キツネザル科　444
キツネザル属　444
キツネノテブクロ　99, 556

生物名索引

奇蹄目　424, 429
奇蹄類　418
キナノキ　557
キナラ属　566
キヌバネドリ　504
キヌバネドリ目　497, 510
キネトプラスト　135, 143
キノア　554
キノドン類　390, 406
キノボリカンガルー　587
キノボリハイラックス　429
キバシリ　508
キバチ　289
偽反芻類　426
ギボシムシ　193, 321
ギボン　454
キメラ　337
キャッサバ　555
キャベツ　555
球果植物類　536, 538
旧口動物　169
吸蝨類　286
旧世界ザル　451
吸虫　189
吸虫綱　189
キュウリ　555
キュウリウオ　361
鋏角亜門　292
鋏角形類　309
狭鰭上目　361
狭甲類　265
キョウチクトウ科　556
狭鼻下目　447
恐竜上目　402
恐竜類　383, 401
キョクアジサシ　495
棘鰭上目　361
棘魚綱　329, 334
棘魚類　321, 332
曲頸亜目　391
曲孔動物　194
曲孔類　321, 322
棘皮動物　310, 321
棘皮動物門　193
魚竜　381, 383
ギョリュウモドキ　555
魚竜類　393
キリハシ　508
鰭竜類　393
偽竜類　383, 393
キリン　426
キリン科　426
キンカジュウ　414
キンギョソウ　556

ギンザメ　335, 337
ギンザメ科　337
キンセンカ連　568
キンチャクムシ目　264
キンポウゲ科　553
キンポウゲ上目　553
キンポウゲ属　553
キンポウゲ目　553
ギンメダイ　361
ギンメダイ上目　361
キンレンカ　556
金蓮花　556
キンレンカ科　556

ク

グアナコ　426
グアユール灌木　559
クイナ　36, 505
クイナモドキ　505
クーズー　427
空椎類　375
偶蹄目　424, 425
偶蹄類　418
クサカゲロウ　288
草の木　552
クシクラゲ　176
クジャク　503
クジラ　405, 427, 573
クジラ目　424, 427
クスクス科　416
クズリ　423
クセナカンツス　340
クダクラゲ目　208
クダサンゴ　204
クダサンゴ目　203
クチナシ　557
クックソニア　517, 530
クツコムシ　302
クツコムシ目　302
クツコムシ類　302
掘足綱　216, 217, 223
グッタペルカ　555
クテナカンツス類　340
グネツム属　539
首長竜　381
首長竜類　383, 393, 394
クマ　31, 37
クマ科　423
クマシデ　553
クマ上科　423
クマムシ　242
クモ　299, 306
クモ亜目　307
クモ下目　307

クモ綱　292, 299
クモザル　405, 448, 451
クモザル亜科　451
クモザル科　447, 450
クモザル属　448
クモノスカビ　158
クモヒトデ　318
クモヒトデ綱　318
クモヒトデ類　318
クモ目　306
クモ類　295, 306
クラウミヒドラ　208
クラゲ　196, 197
クラドセラケ　340
グラニット・モス　527, 528
クラミジア界　106
クラミドモナス　132, 517, 523
グラム陰性菌　101
グラム陽性菌　101, 107
クリイロチャワンタケ　159
グリーンヒドラ　198
クリスマスローズ属　553
グリズリー　418, 580
グリプトドン　418
クリプトモナス類　198
グリレス上目　419
クルーズトリパノソーマ　135
クルマエビ　267
クルマエビ亜目　267
クルマガイ　226, 227
クルマガイ科　219, 226, 227
クルミ　556
クルミ科　556
クレイニア属　569
クレオドンタ目　422, 423
クレンアーキオータ界　110
クロイチゴ　555
クロイボタケ目　159
クロウタドリ　588
クローバー　555
クロキツネザル　444
クロゴケ　528
クロゴケ亜綱　527, 528
クロゴケグモ　308
クロコダイル科　401
クロサイ　579, 581
クロサンゴ　203, 204, 206
クロストリジウム　108
クロボキン類　161, 162
黒穂病菌　162
クロマゴケ　528
グロムス　159
グロムス目　159
クロレラ　524

クロロビウム属　107
クロロヘルペトン属　107
クワ　554
クワ科　554
クワノミモ　523
クワモドキ　569
軍艦クラゲ　208
グンカンチョウ　505
クンショウギク　567

ケ

ケアオウム　509
珪藻　143
珪藻類　142
ケイロレピス　354
ケイロレピス亜綱　354
ケカビ　157, 158
ケカビ目　158
ゲジ目　252
ケツァール　510
ケツァルコアトルス　402
欠甲類　331
結合類　252
臼歯目　419
臼歯類　417, 418
ケットゴケ　164
けつ葉植物門　533
ケハダウミヒモ　211
ケハダウミヒモ綱　216, 217, 221
ケハダウミヒモ類　213
毛深い足太クモ　307
毛虫　283
ゲラダヒヒ　453
ゲラダヒヒ属　453
ケラトサウルス　402
ケラトサウルス類　402
ケラトプス類　404
ゲルディモンキー　450
ゲルディモンキー属　448
ケルプ　141
原維管束植物類　529
原猿亜目　434
原猿類　434, 435
顕花植物　516, 541
原棘鰭上目　360, 361
原口動物　169
ゲンゴロウ　288
原鰓亜綱　217, 224
原始紅藻綱　137
原始的霊長類　418
剣歯トウ　574
剣歯ネコ　31
原始有肺類　229
原獣類　408

原始竜類　398
原始霊長類　421, 434
原生生物　174
原生動物亜門　132
剣尾類　292, 295
剣尾類　298
ケンミジンコ　253, 263
原裸子植物類　517, 536
原竜脚類　403

コ

ゴアナ　383
コアラ　415, 417
コイ　361
コイ科　361
古異歯目　224
コイ目　361
コウイカ　231
コウイカ目　217, 231
コウウチョウ　508
香雨鳥　508
甲殻類　248
口脚目　266
後口動物　169, 179, 193
硬骨魚類　329, 333
後鰓亜綱　225
後鰓上目　219, 227
後獣類　408, 415
紅色細菌　104
紅色植物　122
紅色植物(紅藻)界　136
後生動物　174
紅藻　136
紅藻類　143
鉤虫　187
甲虫目　271
甲虫類　288
噛虫類　286, 287
腔腸動物　199
腔腸動物門　177
鉤頭動物　183
鉤頭動物門　188
好熱性細菌　109
好熱性水素細菌　109
コウノトリ　495, 503, 506
コウノトリ目　503, 505, 506
広鼻下目　447
甲皮類　321, 330
合弁花上目　553, 556, 558, 562
酵母　159
酵母菌　146
コウボキン　159
コウマクノウキン属　157
コウモリ　405, 496

コウモリ亜目　420
コウモリダコ　231, 232
コウモリダコ目　217, 231, 232
コウモリ類　418
コウヤボウキ連　563
広腰類　289
広翼類　233, 292, 293, 295, 298
コエビ　267
コエビ下目　267
ゴーツビアード　566
コーヒー　557
コオロギ　285, 286
コーン・マリーゴールド　568
古顎綱　281
古顎類　275, 493, 497, 502
コガタニキビダニ　304
コガネグモ科　308
ゴキブリ　284
ゴキブリ目　284
コクシジウム　138
コクシジオイデス・イミティス　150
ゴクラクチョウ　508
穀類　551
コクレルネズミキツネザル属　445
コケ　527
コケ植物門　527
コケ植物類　525
コケ動物　190
苔虫動物門　174, 183, 184, 190
コケ類　516, 522, 525
ココア　554
五口動物　254, 262
五口類　235
ココノオビアルマジロ　418
古翅下綱　281
ゴシキドリ　508
ゴジュウカラ　508
コショウ　541, 550
コショウ科　541, 550
コショウ類　547, 550
コスモス　570
古生子嚢菌類　160
古生マツバラン類　522, 532
コセンダングサ　570
骨甲類　331
骨鰾上目　360
骨鰾類　360
コトドリ　508
コナカイガラムシ　288
コナジラミ　288
コナダニ類　303
コノドント　321, 328, 330
コノハエビ　265
コノハエビ亜綱　265

生物名索引

コノハエビ目　265
コバンザメ　365
コビトガラゴ属　446
コビトキツネザル　445
コビトキツネザル科　445
コビトキツネザル属　445
コビトグエノン属　451
ゴビプテリクス　492
コフキサルノコシカケ　164
古腹足亜綱　218, 226
ゴマシオゴケ属　165
ゴマノハグサ科　556
コムカデ　252
コムカデ類　249, 252
コムシ　280
コムシ綱　280
コムシ類　275
コメツキムシ　288
古網翅目　273
コモドオオトカゲ　383
コモドドラゴン　397
コモリグモ　308
コモリザメ科　341
コヨリムシ　304
コヨリムシ目　304
ゴライアスオオツノコガネ　272
コリアーキオータ界　110
コリアンダー　556
ゴリラ　435, 584, 588
ゴリラ属　454, 457
ゴルゴノプス類　390
コルダボク類　538
コレオカエテ　525
コレオカエテ類　517, 524
コレラ菌　105
コロブス亜科　451
コロブス属　453
コンゴウインコ　509
根足虫綱　132
根頭目　264
コンドル　506
ゴンフォテリウム　424
コンフリー　556

サ

サイ　405, 424, 429, 573, 587
サイガ　427
鰓脚綱　261
鰓脚類　260
サイザル麻　552
サイチョウ　508
サイトファーガ　107
鰓尾亜綱　264
財布クモの巣　307

細胞性粘菌　132, 136
細胞性粘菌類　143
細腰類　289
細竜類　376
サイレン　378
サカサクラゲ　208
サカタザメ　345
サカタザメ科　346
サガリバナ科　554
サキ　449, 451
サギ　505
サキ亜科　451
サギ科　503, 505
サキ属　449
サクラエビ　267
サクラソウ科　555
ザクロ科　555
サケ　348, 360, 361
サケイ　505
サケスズキ　361
サケビドリ　503
サケ目　361
サケ類　360
サゴヤシ　537
ササゲカビ　131
サシバエ　290
サソリ　292
サソリ目　300
サソリモドキ　305
サソリモドキ目　306
サソリモドキ類　306
サソリ類　295, 300
サッカロミケス属　161
サッカロミケス目　159
サツマイモ　556
サトイモ　551
サトイモ科　541, 551
ザトウグモ　300, 292
ザトウグモ類　292, 300
ザトウムシ目　300
ザトウムシ類　292
サナダムシ　189
サバクオモト　539
サバヒー　361
サピエンス　479
サビキン類　161, 162
サポジラ　555
サボテン　570
サボテン科　554
サメ　335, 337
左右相称動物　169, 177, 183
左右相称動物門　176
サヨリ　361
ザリガニ　267

ザリガニ下目　267
サル　434, 583
サルオガセモドキ　527, 551
ザルガイ科　224
サルシファイ　566
サルナシ上目　547
サルノコシカケ　145
サルパ綱　327
サルパ類　195, 327
サルモネラ菌　105
サル類　418
サワギク　569
サンカノゴイ　505
サンクタカリス　292
サンゴ　203
サンシキヒルガオ　556
サンショウウオ　250, 368, 377, 378
サンショウモ　535
サンショウモ目　535
三胚葉動物　177
三葉虫　233, 245
三葉虫様亜門　246
三葉虫類　245

シ

シアノバクテリア　108
ジアルジア　132, 133, 143
ジアルジア属　133
シイタケ　163
シーラカンス　366, 372
シヴァピテクス　454, 456
ジェントルキツネザル　444
ジェントルキツネザル属　444
シオン属　568
シオン類　568
シオン連　568
シカ　405, 424, 579, 584
シカ科　426
枝角目　262
シギ　505
シギダチョウ　503
シギダチョウ目　503
ジギタリス　556
ジグモ　307
ジグモ科　307
シクリッド科　347
シクロスクアマータ上目　361
四鰓亜綱　230
糸鰓上目　217, 224
ジサイチョウ　486
四肢綱　329
シシバナザル属　453
シジュウカラ　508
糸状菌　159

四肢類　366, 372	重脚目　430	シラウオタケ属　163
シソ科　556	獣脚類　402	シラサギ　505
シゾサッカロミケス　160	重脚類　424	シラスウナギ　359
シソ上目　553, 556	獣弓類　390	シラミ目　286
シソチョウ　5, 50, 482, 485, 486, 490	住血胞子虫類　138	シリアゲムシ　289
始祖鳥　50	ジュウシマツ　588	シリアゲムシ目　289
シソ目　553	重歯目　419	シロアリ　284
シダ植物　516, 522	重歯類　417	シロアリ目　271, 284
シダ植物類　514	ジュート　554	シロカツオドリ　505
舌虫　235, 255, 262	シュードモナス　105	シロキクラゲ　162
シダ類　522, 534	ジュウモンジクラゲ　207	シロキクラゲ目　162
シチメンショウ　503	ジュウモンジクラゲ目　207	シロサイ　581, 582
シテンヤッコ　347	獣類　408, 414	シロチョウザメ　347
シナノキ科　554	十腕目　231	シロバナムシヨケギク　559, 569
シネココッカス　122	ジュゴン　425, 430	真猿亜目　434
子嚢菌門　146, 151, 159	種子シダ類　536	真猿類　447
シノブノキ　555	種子植物　535	新顎類　497, 503
シノルニス　492	主獣類　420	唇脚類　252
シバンムシ　288	樹上鳥類　507	新鰭類　354
シビレエイ　345	ジュズヒゲムシ目　286	新鰭類魚類　356
シビレエイ亜目　345	十脚目　267	真菌　144
シファカ　445	シュモクザメ属　342	真菌様類　131
シファカ属　445	シュモクドリ　506	新口動物　169
刺胞　204	主竜形類　383, 393, 398	真骨魚亜綱　354, 358
刺胞動物門　176	主竜類　383, 399	真骨魚類　348
シミ　281	シュリンプ　267	新翅亜綱　283
紙魚　281	シュンギク属　568	新翅下綱　281
シミアス属　453	ショウガ　551	ジンジャントロプス　459, 474
シミ綱　281	ショウガ科　551	真獣類　408, 417
シミ類　275	条鰭綱　329	新真骨魚類　360
ジムカデ　252	条鰭類　332, 347	真正後生動物　169, 174, 175
地虫　283	鞘翅目　271	真正紅藻綱　137
ジャイアントパンダ　423	鞘翅類　288	真正シダ目　534
ジャガイモ　556	ショウジョウ科　454〜456	真正粘菌　143
ジャガイモ胴枯れ病原菌　140	ショウジョウハグマ属　567	真正粘菌類　131, 134, 142
ジャカナ　447	ショウジョウハグマ連　566	新生腹足亜綱　226
シャクケイ　503	渉水鳥　493	新世界ザル　447
シャクナゲ　555	条虫綱　189	真節足動物亜界　220
シャコ　266	小尾亜綱　295	新双弓　392, 393
ジャコウウシ　427	ショウロ　149, 164	真双子葉類　547, 553
ジャコウジカ　426	触手冠動物　184	真鳥類　493
ジャコウジカ科　426	食虫目　420, 422	新鳥類　494, 495
ジャコウネコ科　423	植虫類　199	新鳥類亜綱　483
シャコガイ　224	食虫類　418	真軟甲亜綱　266
シャコガイ科　224	食肉目　422, 423	真軟甲類　260
シャコ上目　266	食肉類　418	真嚢シダ類　534
シャコ目　266	植物　144	真の酵母　159, 160
シャジクモ類　517, 524	植物界　511	真のサンゴ　204
車軸藻類　524	植物のムシ　287	シンビオン　188, 585
シャモア　427	食毛類　286	シンビオン属　169
シャリンヒトデ　318	女性の指　554	ジンベイザメ　341, 335
ジャワサイ　581, 582, 587	除虫菊　569	ジンベイザメ科　341
シュウカイドウ科　555	触角類　249	真弁鰓上目　217, 224
収穫人　300	シラウオタケ　164	針葉樹類　536, 538

ス

スイカズラ　557
スイカズラ科　557
スイギュウ　583
スイクチムシ類　192
スイショウガイ科　226
水生シダ類　535
水中の熊　235
水中ノミ　253
スイレン　550
スイレン科　550
スイレン類　547, 550
スウィート・ペッパー　543, 550
スカシガイ科　219, 226
ズクヨタカ　507
スグリ　555
スケルトンウィード　566
スコペロモルファ上目　361
スズカケノキ科　553
スズキ　365
ススキノキ科　552
スズキ目　361
スズキ類　365
スズメ　508
スズメノチャヒキ　162
スズメバチ　289
スズメ目　495, 508
スタゴノレピス科　400
スッペンデミス　391
スッポンタケ　164
スッポンタケ目　164
スツリガ　556
スティフティア　563
ステゴサウルス類　404
ステゴマストドン　424
ストケシア　566
ストレプトミケス属　108
ストロマトキスチテス　315, 316
スナカナヘビ　397
スナギンチャク目　204
スナホリガニ　268
スナモグリ　267
スパルティナ　541
スピロヘータ　106
スピロヘータ界　106
スペインの苔　551
スマトラサイ　581
スマトラトラ　587
スミレ科　554
スミレコンゴウインコ　509
スミロドン　31
スライムネット　139
スルフォロブス　120, 121

スレリス　453
スローロリス　446
スローロリス属　446
スワロワー　360

セ

セイウチ　37, 38, 424
セイガイインコ　509
正鰐亜目　401
青光木　561
正真骨魚類　358, 360
セイスモサウルス　381
セイタカアワダチソウ　568
セイタカシギ　505
セイムリア　379
セイムリア類　379
セイヨウカサガイ　226
セイヨウキヅタ　556
セイヨウキョウチクトウ　556
セイヨウゴボウ　566
セイヨウショウロ　149, 161
セイヨウショウロ属　159
セイヨウトチノキ　555
セイヨウナシ　555
セージ　556
セーブ　164
脊索動物　326
脊索動物門　174, 193, 321
脊索類　322
セキセイインコ　509
脊椎動物　169, 193, 328
脊椎動物亜門　321, 328
脊椎動物門　169
赤痢アメーバ　136
セキレイ　508
セゲトゥム　568
セコイア　538, 541
セコイア属　539
舌形綱　262
舌形動物　254
節頸類　334
舌形類　235
接合菌綱　158
接合菌門　151
接合菌類　158
節口類　295
絶翅類　286
節足動物門　183, 187
ゼニアオイ　554
ゼニゴケ　526
ゼニゴケ類　525, 526, 522
セネシオ　559, 561
セネシオ属　569
セネシオ連　569

ゼブラフィッシュ　361
セミ　287, 288
セミエビ　268
セミオノーツス　357
セミオノーツス亜綱　354, 357
セミオノーツス科　357
セミオノーツス類　354
ゼラニウム　556
ゼリーフィッシュ　197
セリ科　556
セレウス菌　94, 108
セロリ　556
尖胸目　264
扇鰭類　369
潜頭亜目　391
線形動物門　183, 186
先口動物　169
前口動物　169, 179
前骨鰾目　361
前鰓亜綱　225
センザンコウ　419
センザンコウ目　417, 419
蘚苔類　512, 522, 525
センダン科　555
センダングサ属　570
線虫　7
全頭亜綱　337
全頭類　337
ゼンマイカビ　159
繊毛虫　137
繊毛虫綱　132
センモウヒラムシ　174
蘚類　512, 522, 525, 527

ソ

ゾウ　405, 424, 430, 575, 576, 583〜585, 587
ゾウガメ　391
総鰭綱　329, 332
走脚亜綱　295
双弓類　384, 392
ソウギョ　361
総鰭類　366, 369, 372
ゾウギンザメ科　337
掃除エビ　267
装楯類　404
双子葉類　514, 546
総翅類　286
双翅類　290
槽歯類　399
走鳥類　482
草本　544
草本性つる植物　544
ゾウムシ　288

生物名索引

ゾウムシ科　271
ゾウムシ類　271
ゾウリムシ　114, 132, 138
ゾウ類　418
側棘鰭上目　361
側生動物　175
側爬虫類　391
ゾステロフィルム植物　513
ゾステロフィルム類　517, 530
ソテツシダ　230
ソテツ類　517, 536, 537
ソバ　554
ソリハシセイタカシギ　505

タ

ダーター　365
ターポン　359
ダイアナモンキー　451
ダイオウ　554
ダイカー　426, 427
ダイカー亜科　427
大顎亜門　240
大顎類　245, 247
袋形動物　183
タイセイヨウヤマトシビレエイ　345
大腸菌　94, 105
タイム　556
太陽のクモ　292, 302
苔類　512, 525, 526
タイワンシビレエイ科　345
タカ　496, 506
タカアシガニ　253
タカのあごひげ　566
タカラガイ　227
タカラガイ科　219, 227
多丘歯目　414
多丘歯類　409
タゲリ　505
タコ　229, 231
タコブネ　231
タコ目　217, 231
タスマニアデビル　415
多足綱　251
多足類　251
タチアオイ　554
ダチョウ　41, 490, 496, 502
ダチョウ目　502
タチヨタカ　507
タツノオトシゴ　347, 365
脱皮動物　183, 185, 220
タデ科　554
ダニ　302
ダニ亜目　303
タニストロフェウス　398

ダニ目　302
ダニ類　303, 304
多板綱　216, 217, 222
タヒバリ　508
タマキビガイ　212, 225, 226
タマキビガイ科　219, 226
タマシキゴカイ　192
タマチョレイタケ属　164
タマネギ　552
タマヒゲマワリ　523
タマホコリカビ　131
タマリヒゲマワリ　523
タマリン　434, 447
タマリン属　448
タムス　552
多毛類　192
タラ　361
タラポインモンキー　451
タランチュラ　307
ダリア属　570
タリア類　327
ダルマザメ　344
タロタネソウ属　553
単殻綱　222
端脚目　270
単弓類　384, 385
単孔目　408, 409
単孔類　407
担子菌門　151, 161
担子菌類　146
単肢動物門　241
単子葉類　514, 546, 547, 550
炭疽菌　108
単板綱　216, 217, 222
短尾類　268
タンポポ　557, 566
タンポポ亜科　563
タンポポ属　559, 566
炭竜類　379

チ

チーター　405
チクル　555
チコリ　566
膣トリコモナス　134
チドリ　505
チドリ目　505
チドリ類　493
チャ　554
茶　554
チャイロキツネザル　444
チャタテムシ　287
チャタテムシ目　286, 287
チャブ　361

チャワンタケ属　159
チャワンタケ目　159
チューブアイ　361
チューブアネモネ　203
チョウ　291
長脚類　418
鳥頭類　399, 401
鳥綱　401
超好熱性細菌　109
腸鰓動物　321
腸鰓動物門　194
腸鰓類　193, 194
チョウザメ　354, 356
チョウザメ亜綱　354, 356
チョウザメ科　356
チョウザメ類　349
チョウジノキ　555
長翅類　289
チョウセンアザミ　557, 563, 566
チョウチンアンコウ　361
チョウチンガイ　191
蝶番目　357
鳥盤目　402, 404
チュウヒ　506
長鼻目　424, 430
長鼻類　418
チョウ目　291
直翅類　283, 285
チラコスミルス　417
チラコレオ　417
チリ　543
チリスギ　539
チンパンジー　435, 455, 457, 460
チンパンジー属　454

ツ

ツェツェバエ　290
ツガ属　539
ツカツクリ　503
ツグミ　508
ツクリタケ　163
ツタノハガイ科　219, 226
ツチブタ　425, 428
ツチボタル　288
ツツイカ　231
ツツイカ目　217, 231
ツツガムシ　302, 303
ツツジ科　555
ツナソ　554
ツノガイ　223
ツノゴケ植物門　526
ツノゴケ属　526
ツノゴケ類　512, 522, 525, 526
ツノザメ　344, 336

生 物 名 索 引   631

ツノザメ目　344
ツノサンゴ　206
ツノサンゴ目　203, 204, 206
ツノゼミ　287
ツノメドリ　505
ツパイ　418, 420, 434
ツバキ　554
ツバキ科　554
ツバメ　508
ツボカビ　131, 157
ツボカビ門　151, 157
ツボムシ目　264
ツメクサ　555
ツメバケイ　503
ツユクサ上目　551
ツリアブ　290
ツリフネソウ科　556
ツル　505
ツルナ科　554, 561
ツル目　505
ツルモドキ　505

テ

ディアデクテス　380
ディアデクテス類　379
ディキノドン類　390
泥炭ゴケ　527, 528
ティティ　449, 451
ティティ属　449
デイノコッカス　109
デイノテリウム　424
デイノニクス　487
ディプロカウルス　375
ディプロケラスピス　375
ディプロドクス　367, 404
ディプロドクス類　403
ディプロトドン　417
ディプロモナド界　133
ディメトロドン　390
ディモルフォドン　402
ティラコスミルス　31
ティラコレオ　31
ティラノサウルス・レックス　381, 402
デスモスチルス目　425, 430
テズルモズル　318
テズルモズル類　318
テナガザル　435, 454
テナガザル科　454
テナガザル属　454
テマリカタヒバ　531
テマリクラゲ　176
デルタプロテオバクテリア　105
テルモトガ　109
テルモプラズマ　120〜122

テルモモノスポラ属　108
テロードゥス類　330
デロビブリオ属　105
デンキウナギ　361
デンキウナギ目　361
電気エイ　345
テングギンザメ科　337
テングザル　453
テングザル属　453
テングシアオイ　556
テングタケ属　163
テンサイ　554
テンジクザメ　340
テンジクザメ目　340
テンジクネズミ　55, 419, 420
テンジクネズミ類　420
デンジソウ属　535
デンジソウ目　535
天使のサメ　344
テントウムシ　288
デンドランテマ属　569

ト

トウカムリ　227
トウカムリ科　219, 227
トウガラシ　543, 556
橈脚亜綱　263
等脚目　269
橈脚類　253
トウキンセン　568
唐金盞　568
ドゥクラングール　453
闘鶏のニワトリ　490
胴甲動物門　183, 186
トウゴロウイワシ　361
トウゴロウイワシ目　361
頭索動物　195
頭索動物亜門　328
頭索類　321
等翅目　271
瞳翅類　285
等翅類　284
同翅類　286, 287
トウゾクカモメ　505
頭足綱　216, 229, 229
トウダイグサ　555
トウダイグサ科　555
トウダイグサ属　555, 569
トゥディタヌス　376
トウヒ属　539
動物　144
動吻動物門　183, 186
登木目　420, 421
登木類　418

トゥレルペトン　375
ドードー　35, 36, 495, 496, 505
トカゲ　395, 396
トカゲ亜目　396
トカゲのしっぽ　550
トカゲ類　396, 397
トガリネズミ　405, 422
トキ　506
トキソプラズマ　138
ドクイトグモ　308
ドクグモ　308
トクサ類　522, 533
独身者のボタン　568
トクソドン　424
ドクダミ科　550
ドクツルタケ　163
トケイソウ科　554
トゲウオ　365
トゲウナギ　365
トゲオナモミ　570
トコジラミ　287
トクサ属　533
ドジョウ　349, 361
ドジョウ科　361
トタテグモ下目　307
ドチザメ科　341
トチノキ科　555
トチャカ　527
トナカイ　426
トナカイゴケ　527
トネリコ　556, 588
トビ　506
トビ　427
トビウオ　361
トビエイ　346
トビエイ亜目　346
トビエイ科　346
トビケラ　291
トビケラ目　291
トビハゼ　349
トビムシ　280
トビムシ綱　280
トビムシ類　275
ドブガイ　224
ドブネズミ　574, 582
トマト　556
トラ　579, 580, 584, 588
ドラゴンフィッシュ　347
トラザメ科　341
トラフザメ　341
トリアドバトラクス　378
ドリオピテクス　454
鳥喰いグモ　307
トリケラトプス　404

トリコミケス綱 158
トリコモナス 132, 134
トリコモナス・フィータス 134
トリナクソドン 406
鳥の頭 552
トリパノソーマ 123, 132
トリパノソーマ属 135
トリメロフィトン類 517, 529, 532
トリメロフィトン門 532
トリモチカビ目 159
トリュフ 159
ドリル 453
トレポネーマ 106
泥のドラゴン 186
ドロマエオサウルス科 403, 487
トンキンシシバナザル 453
トンボ 281, 282
トンボ目 282
蜻蛉類 282

ナ

内肛動物 174
内肛動物門 183, 190
ナイチンゲール 588
ナイフフィッシュ 359, 361
ナキウサギ 419
ナギナタナマズ 359
ナス 556
ナス科 543, 556
ナツシロギク 568
ナデシコ科 554
ナデシコ上目 547, 554
ナナフシ 286
ナナフシ目 286
ナベナ 561
ナマケモノ 417, 418, 574
ナマコ 319
ナマコ綱 319
ナマコ類 310, 316
ナマズ 347, 360, 361
ナマズ目 361
ナミダタケ 164
ナメクジ 225, 229
ナメクジウオ 321, 328
ナラ 554
ナラタケ 145, 163
ナラタケ属 163
ナンキンマメ 555
軟甲綱 260, 265
軟甲類 254
軟骨魚綱 329, 335
軟骨魚類 332
軟体動物門 183
南蹄目 424, 428

ナンヨウマツ類 539

ニ

ニアラ 427
ニオガイ 224
ニオガイ科 224
ニガヨモギ 569
ニキビダニ 304
肉鰭類 332, 366, 369
肉質虫綱 132
ニクバエ 290
二鰓亜綱 231
ニシオンデンザメ 344
ニシキウズガイ 226
ニシキウズガイ科 219, 226
ニシレモンザメ 342
西ローランドゴリラ 457
ニシン 360
ニシン目 360
ニシン類 358, 360
ニセサソリ 301
ニセショウロ 164
ニセホウレンソウ 554
ニチニチソウ 556
ニチリンヒトデ 318
ニトロソモナス属 105
二胚葉動物 177
ニベ 365
ニホンザル 451
二枚貝綱 216, 223
ニムラウス科 423
ニュウコウ 555
乳香 555
乳酸桿菌 108
ニューモシスチス 160
ニレ 554
ニレ科 554
ニワトコ 557
ニワトリ 503
人魚の財布 335, 346
ニンジン 556

ヌ

ヌー 427
ヌカカ 290
ヌタウナギ 73
ヌタウナギ綱 329, 331
ヌマガメ 391
ヌマスギ属 539
ヌメリイグチ 149
ヌメリイグチ属 164

ネ

ネアンデルタール人 479

ネオカリマスティクス 158
ネオケラトドゥス属 369
ネオピリナ 212, 222
ネオピリナ綱 222
ネオンテトラ 361
ネクトリド類 375
ネグレリア 128, 132, 135, 142
ネグレリア界 135
ネコ 583
ネコ科 423
ネコザメ 340
ネコザメ科 340
ネコザメ属 340
ネコザメ類 340
ネコ上科 423
ネコブカビ 131
ネコ類 418, 423
ネズミ 405
ネズミイルカ 427
ネズミウオ 335, 337
ネズミキツネザル 445
ネズミキツネザル属 445
ネズミザメ 342, 343
ネズミザメ科 343
ネズミザメ目 342
ネズミジカ 426
ネズミ類 418
ネッタイチョウ 505
ネリガイ 224
粘菌類 131, 132
ネンジュモ属 527

ノ

嚢胸目 264
ノウサギ 417, 419
ノウゼンカズラ科 556
ノガン 496, 505
ノコギリエイ 345
ノコギリエイ亜目 345
ノコギリザメ 345
ノコギリザメ目 345
ノコギリザメ類 337
ノセマ 133
ノトサウルス 381, 394
ノドジロオマキザル 447, 448
ノボロギク 560, 569
ノミ 290
ノミ目 290

ハ

バーナデシア連 563
バーバリマカク 451
バーブ 361
ハイイロイタチキツネザル 445

生物名索引

ハイイロインコ 509
ハイイロオオカミ 580
ハイエナ 31
ハイエナ科 423
倍脚類 251
ハイギョ 332, 355, 366, 369
ハイギョ綱 329
肺魚綱 369
肺魚類 369
背甲目 262
バイソン 427
パイナップル 551
パイナップル科 551
ハイネズ属 539
パイプオルガンの音管サンゴ 204
ハイラックス 429
ハイラックス類 424
ハエカビ目 159
ハエコロシタケ 163
ハエジゴク 555
ハエトリグモ 308
ハエ目 290
バオバブ 554
ハオリムシ類 192
バク 424, 429
薄甲亜綱 265
ハクチョウ 503
バクテロイデス界 106
薄嚢シダ類 534
爬型類 368, 375, 379
ハゲワシ 506
ハコクラゲ 209
箱クラゲ 209
ハコフグ 347
箱虫綱 202, 209
ハコヤナギ 555
ハゴロモギク 567
ハゴロモギク連 567
ハサミアジサシ 505
ハサミムシ 274, 286
ハサミムシ目 286
ハシビロコウ 506
ハシボソガラス 583
バシポデラ亜綱 265
バショウ科 551
ハジラミ目 286
バジリスク 397
ハジロカザリドリ 508
パスツリア属 106
ハゼ 347
ハタオリドリ 510
ハダカイワシ 361
ハダカカメガイ目 229
パタゴプテリクス 492, 493

パタスモンキー 451
パタスモンキー属 451
バタン 509
ハチ亜目 289
ハチクイ 508
ハチドリ 507
八放サンゴ亜綱 203
鉢虫綱 202, 206
ハチ目 289
爬虫綱 381, 384
バチルス属 108
ハッカ 556
バッタ 285
バッタ目 285
バッタ類 285
バッファロー 427
ハト 495, 505, 583
ハト目 505
ハドロサウルス類 404
ハナアブ 290
ハナギンチャク 204
ハナギンチャク目 203〜205
ハナグマ 423
ハナクラゲ亜目 208
花植物 544
バナナ類 551
ハナミズキ 555
ハナヤスリ属 534
ハナヤスリ目 534
ハナワラビ属 534
ハヌマンラングール 453
ハヌマンラングール属 453
ハネカクシ 288
ハネジネズミ 418, 420
ハネジネズミ目 419, 420
羽根ペンの貝 224
パパイヤ科 555
ハハコグサ連 567
ハバチ 289
ハバチ亜目 289
ハプト植物 122
ハプト植物類 131
バベシア 138
ハボウキガイ 224
ハボウキガイ科 224
ハマウツボ 541
ハマウツボ科 556
ハマグリ 223
ハマグリ目 224
ハマトビムシ 253, 270
ハムシ 288
ハヤブサ 506
ハヤブサ目 506
バラ科 555

パラケラテリウム 31, 405
パラコッカス 121
パラゴムノキ 559
バラ上目 547, 555
パラスクス 400
ハラタケ 163
ハラタケ属 145, 163
ハラタケ目 163
ハラフシグモ 62
ハラフシグモ亜目 306
ハラフシグモ類 59
パラベイサル界 134
バラモンジン属 566
パラントロプス 459, 461, 468, 472, 473
パラントロプス・エチオピクス 474
パラントロプス・ボイセイ 474
パラントロプス・ロブストス 473
パラントロプス属 463
ハリヅメガラゴ 446
ハリヅメガラゴ属 446
ハリネズミ 419, 422
ハリモグラ 407〜409
ハリモグラ科 409
バルキテリウム 405
バルサ 554
パレオカリオノイデス 304
パレオカリオノイデス目 292, 304
パレオカリヌス 299
パレオチリス 385
パレオニスクス亜綱 354
パレオニスクス類 74, 349, 355
ハレコモルフィ 357
ハレコモルフィ目 357
バン 505
バンクシア 555
バンクロフト糸状虫 187
バンケン 509
ハンゴンソウ属 570
板鰓亜綱 337
板鰓類 337
半索動物 194, 326
ハンショウヅル属 553
半翅類 286, 287
板歯類 383, 393, 394
反芻類 426
汎節足動物 235
汎節足動物門 184
バンダイソウ 555
パンデリクチス 373
パンデリクチス類 373
ハンノキ 95, 553
板皮綱 329, 333
板皮類 321, 332
ハンミョウ 288

パンヤ科 554
盤竜類 385

ヒ

ヒアエノドン 423
ヒイラギ 555
ヒインコ 509
ヒカゲノカズラ 527, 530, 531, 533
ヒカゲノカズラ科 531
ヒカゲノカズラ属 531
ヒカゲノカズラ類 513, 522, 530
東ローランドゴリラ 457
ヒガンバナ科 552
ヒキガエル 368, 377
ヒクイドリ 502
ヒクイドリ目 502
ビクーナ 426
ピグミーインコ 509
ピグミースローロリス 446
ピグミーチンパンジー 457
ピグミーマーモセット属 448
ヒゲエビ亜綱 263
ヒゲエビ類 263
ヒゲクジラ 405
ヒゲサキ 449, 451
ヒゲサキ属 449
ヒゲムシ類 192
ヒゴタイ 563, 566
尾索動物 195
尾索動物亜門 326
尾索類 321, 326
ヒザラガイ 222
被子植物 514, 517, 540, 541
被子植物門 539
被子植物類 514, 536, 540
避日類 302
非獣類 409
微翅類 290
ヒストプラズマ 150
ビゼンクラゲ 207
ビゼンクラゲ目 207
ヒダサカズキタケ 163, 164
ヒダサカズキタケ属 165
ヒダベリイソギンチャク 206
ヒッコリー 556
ヒツジ 427
ビッチャー 354, 355
ピテカントロプス 476
ヒト 5, 434
ヒト科 454, 455, 457, 459
ヒト上科 453
ヒトデ 317
ヒトデ綱 317
ヒトデ類 311

ヒトヨタケ属 163
ヒドラ 208
ヒドロ虫綱 202, 208
ヒドロ虫目 208
ヒナギク 557, 561, 566
ヒナギク属 568
ヒナギク低木 568
ヒナギク類 568
被囊類 326
ヒバマタ属 141
ヒバリ 508
非反芻類 426
ヒヒ 434, 453, 584
ヒヒ属 453
ヒビミドロ 523
ヒペロダペドン 398
微胞子虫 132
微胞子虫界 133
微胞子虫類 143
ヒボーヅス類 340
ヒマワリ 570, 557
ヒマワリ連 569
ヒメウミツバメ 505
ヒメダニ科 303
ヒメハヤ 361
ヒメヒトデ目 318
紐形動物門 183, 189
ヒモゲイトウ 554
ヒモムシ 189
ヒャクニチソウ属 570
ヒユ科 554
ヒョウ 405, 584
ヒョウアザラシ 267
ヒョウタン 555
皮翼目 420, 421
皮翼類 418
ヒヨケザル 418, 434
ヒヨケムシ 302, 292
ヒヨケムシ目 302
ヒヨドリバナ属 570
ヒヨドリバナ連 570
ヒラコテリウム 430
ヒラタケ 164
ヒラタヒゲマワリ 523
ピラニア 361
ヒラメ 365
ヒル 192
ヒルガオ科 556
蛭型類 192
ヒルギ科 555
ヒルムシロ科 551
ヒレアザミ属 566
ヒレアザミ連 563
ヒレアシシギ 505

ヒレハリソウ 556
ビレラ属 106
ビロードの虫 193, 235, 243
ヒロノムス 385
ヒロハシサギ 506
ビロミケス 158
ビワモドキ上目 554
貧歯目 417, 418
貧歯類 418
ビンディ 554
貧毛類 192

フ

ファイヤーコーラル 208
ヴィアレラ 378
フィトサウルス科 400
ブーゲンビレア 554
ブーズー 426
フウセンタケ 163
フウセンタケ目 163
フウセンムシ 287
フウチョウソウ科 555
フウチョウボク 555
フウロソウ 556
フウロソウ科 556
フエダイ 365
フォークコビトキツネザル 445
フォークコビトキツネザル属 445
フォルスラコス様の鳥 496
フォロニス属 191
フォロノプシス属 191
不完全な真菌類 150
フグ 347
プキニア属 162
フクシア 555
腹足綱 216, 218, 224
腹足類 226
腹毛動物門 183, 188
フクロアリクイ 582
フクロウ 510
フクロウオウム 586
フクロウナギ 360
フクロウ目 506
フクロエビ上目 269
フクロオオカミ 416
フクロテナガザル 454
フクロネコ 415, 416
フクロネコ科 416
フクロネズミ 416
フクロムシ目 264
フクロモグラ 416
フクロモモンガ 417
フクロライオン 417
ブサロニウス 534

生 物 名 索 引

フジウツギ 556
フジツボ 36, 253, 263, 264
フジツボ亜綱 264
フジツボ類 264
フジノハナガイ 224
プシロフィトン類 532
腐生菌 140
斧足綱 223
ブタ 405, 424, 426, 583
ブタオラングール 453
ブタクサ 569
ブタクサ属 569
フタナミソウ 566
フタマタタンポポ属 566
プチロドゥス 414
フッカツソウ 531
ブッシュハイラックス 429
ブッシュバック 427
ブッポウソウ 508
筆石類 194
プテラノドン 402
プテリゴトゥス類 298
プテロダウストロ 401
プテロダクチル 490
ブドウ 555
ブドウ科 555
ブドウ球菌 108
フトモモ科 555
ブナ科 554
フナクイムシ 212, 224
フナクイムシ科 224
ブナノキ 554
フネガイ 224
フネガイ科 224
フハイカビ 140, 146
ブラインシュリンプ 248, 262, 274
ブラキオサウルス 403
ブラキオサウルス類 403
プラコドント 381
ブラジルナッツノキ 554
ブラストミケス 150
プラスモジウム 133
ブラックジャック 570
ブラックベリー 555
ブラッザモンキー 451
プラナリア 189
フラボバクテリウム界 106
フラミンゴ 503, 506
プラム 555
フランキア 95
フランキア属 108
プランクトミケス界 106
フランスギク 568
プリオサウルス類 394

ブリッスルコーンマツ 538
フリッツシエラ 524
ブルーストリパノソーマ 135
フルマカモメ 505
プレシアダピス目 420, 421
プレシアダピス類 418, 434
プレシオサウルス類 394
プレスビティス属 453
ブローン 267
プロキノスクス 391
プロクロロン 122
プロコンスル 454
プロターケオプテリクス 483, 487
プロターケオプテリスク・ロブスタ 483
プロテア 555
プロテオバクテリア 104, 121
プロテロスクス 399
プロトプテルス属 372
プロングホーン 427
プロングホーン科 426
ブロントテリウム 429
フンコロガシ 584
フンタマカビ目 159
分椎類 368, 376

ヘ

平滑両生綱 366, 374, 377
平滑両生類 368, 369
柄眼類 229
平胸類 493, 502
ベイマツ属 539
ベータプロテオバクテリア 105
ペカンナッツ類 556
ヘゴ 534
ベゴニア 555
ヘスペロルニス 495
ヘスペロルニス類 492, 493
ペッカリー 426
ペッテルス属 444
ペニー・バン 163
ベニタケ 163
ベニタケ目 163
ベニテングタケ 163
ベニハシガラス 583
ベニバナ 566
ベネチテス類 517, 536, 539, 544
ヘビ 395
ヘビウ 505
ヘビクイワシ 490, 506
ヘビクビガメ 391
ヘビ類 396
ペポカボチャ 555
ヘラサギ 506

ヘラジカ 426
ヘラチョウザメ 323, 354, 357
ヘラチョウザメ科 356
ペラルゴニウム 556
ペリカン 505
ペリカンバナ 552
ペリカン目 504
ベルベット 451
ペンギン 495, 496
ペンギン目 504
変形菌 132
ベンケイソウ科 555
変形体の粘菌 134
扁形動物 179, 183, 189
扁形動物門 183, 189
偏口上目 319
弁鰓亜綱 217, 224
弁鰓綱 223
ヘンプアグリモニー 570
鞭毛虫綱 132

ホ

ホウカンチョウ 503
ホウキムシ 191
箒虫動物門 184, 191
峯胸類 493
帽菌類 161, 162
放散虫 128
放散虫類 131
ボウシインコ 509
胞子虫綱 132
放射相称動物 177, 199
ホウセンカ 556
ホウネンエビ類 262
ボウフィン 354, 357
ボウフラ 283
ホウレンソウ 554
ホエザル 447, 449, 451
ホエザル属 449
ホオジロザメ 343
ホオズキ 556
ポートジャクソンネコザメ 340
ポーポー 555
ホコリタケ 145, 164
ホコリタケ目 164
星口動物門 183, 187
ホシゴケ属 165
ホシムクドリ 508
ホシムシ 187
ホソロリス 446
ホソロリス属 446
ホタテガイ 224
ポタモトリゴン 346
ホタル 288

生物名索引

ホタルブクロ 556, 562
ボタンインコ 509
ボタン科 554
ホッキョクグマ 418
ポッサム 401
ポットー 446
ポットー属 446
ボツリヌス菌 94
ホテイアオイ 552
哺乳類 405
ホネナシサンゴ目 204, 205
ボノボ 457
匍匐植物 544
ポプラ 555
ホモ 433, 468
ホモ・エルガステル 476
ホモ・エレクトゥス 461, 475, 476
ホモ・サピエンス 461, 464, 480
ホモ・ダリエンシス 478
ホモ・ネアンデルタレンシス 461, 478, 479
ホモ・ハイデルベルゲンシス 477, 478
ホモ・ハビリス 475
ホモ・ルドルフェンシス 476
ホモ・ローデシエンシス 478
ホモ属 454, 463
ホヤ綱 327
ホヤ類 327
ボラ 361
ホライモリ 378
ボラ目 361
ポリオドン科 356
ポリネシアマイマイ 229
ポリプテルス亜綱 354, 355
ポリプテルス属 355
ポリプテルス類 349
ボルヒエナ類 417
ボルボックス 132, 167
ボレリア 106
ホロホロチョウ 503
ポロレピス類 369
本エビ類 266
ボンゴ 427
ホンダワラ 141
本物のカニ 268

マ

マーモセット 434, 447
マーモセット亜科 450, 451
マーモセット属 448
マイコプラズマ 108
マイマイ目 229
マウス 419
マウンテンゴリラ 457
マオウ属 539
マオウ類 517, 536, 539, 544
マカク属 451
膜翅類 289
マクラウケニア 424, 429
マグロ 361, 573
マゴケ亜綱 527
マス 348, 360, 361
マストドン 424
マダニ 302
マダニ科 303
マダニ類 303
マタマタ 391
マチン 556
マチン科 556
マツバギク 561
マツバラン属 533
マツムシソウ 561
マツムシソウ科 561
マツモムシ 287
マテガイ 224
マテガイ科 224
マナティ 425, 430
マニラプトル類 402
マネシツグミ 508, 588
マヒトデ目 318
マホガニー 555
マメ科 555
マメジカ科 426
マメジカ類 426
マメホネナシサンゴ 205
マヨケサンゴ 203, 206
マヨラナ 556
マラリア原虫 114, 138
マリモ 522
マルオカブトガニ 298
マルスダレガイ科 224
マレーカッコウ 510
マロニエ 555
マンガベイ 453
マンガベイ属 451
蔓脚亜綱 264
蔓脚類 260
マングース科 423
マングローブ 555
マンゴー 555
マンゴスチン 554
マンサク科 553
マンサク上目 547, 553
マンタ 346
マンドリル 453
マンドリル属 453
マンネングサ 555
マンネンタケ目 164

マンボウ 347, 365
マンモス 424, 513, 574

ミ

ミオピテクス属 451
ミカン科 555
ミクソバクテリウム 106
ミクロブラキス 376
ミクロモナド植物科 524
ミクロモナド類 517, 524
ミコバクテリウム属 108
ミコミクロテリア属 165
ミサキギボシムシ 194
ミサゴ 506, 510
ミジンコ 253, 261, 262
ミジンコウキクサ 541
ミジンコ目 262
ミズアオイ科 552
ミズオポッサム 417
ミズキ科 555
水熊 242
ミズクマムシ 187
ミズクラゲ 207
ミズクラゲ目 207
ミズゴケ亜綱 527, 528
ミズゴケ属 527, 528
ミズスマシ 288
ミズタマカビ 159
ミズナギドリ 505
ミズナギドリ目 504
ミズニラ 532, 585
ミズニラ類 532
ミソサザイ 508
ミチバシリ 509
ミツオシエ 508
ミツバチ 289
ミトコンドリア 104, 105
ミドリイシ属 205
ミドリムシ 123, 135
ミドリムシ類 132
ミバエ 290
ミフウズラ 505
ミミゲコビトキツネザル 445
ミミゲコビトキツネザル属 445
ミミズ 192
ミミズトカゲ 383, 395
ミミズトカゲ類 396
脈翅類 288
ミヤコドリ 505
ミル 522
ミルラ 555

ム

無殻翼足類 229

生物名索引

無顎類 329, 330
ムカシアミバネムシ目 273
ムカシエビ 266
ムカシエビ上目 266
ムカシトカゲ 383, 395
ムカシトカゲ目 395
ムカシトカゲ類 382
ムカデ 233, 252
ムカデエビ 254
ムカデエビ綱 261
ムカデエビ類 254, 261
ムカデ類 249, 252
無弓類 383, 384, 391
ムギワラギク属 567
ムクドリモドキ 508
無甲目 262
無楯類 227
無翅類 275
ムシロガイ 227
無針類 289
無脊椎動物 169
ムチサソリ 306
ムチサンゴ 203
ムチシア 563
ムネエソ 361
無板類 213, 221
無尾目 377
ムフフ 559
ムラサキ科 556
ムラサキハシドイ 556

メ

迷歯類 375
メガゾストロドン 409
メガネザル 434, 435, 446
メガネザル科 446
メガネザル属 447
メガマウスザメ 343
メガマウスザメ科 343
メガラダピス 433
メキシコインコ 509
メジロザメ 335, 341
メジロザメ科 341
メジロザメ属 342
メジロザメ目 341
メセンブリアンテマ 554
メソサウルス 383
メソサウルス類 392
メソニクス科 427
メソニクス類 427
メタセコイア属 539
メタノコッカス 121
メロン 555

モ

モア 496, 502
毛顎動物門 183, 187
網翅上目 283
毛翅類 291
モウセンゴケ 555
モウセンゴケ科 555
毛様線虫 186
木質モクレン類 547, 553
モクセイ科 556
木性ノボロギク 569
木本性つる植物 544
モグラ 422
モグラ類 418
モクレン科 553
モクレン上目 547, 553
モクレン属 547, 553
モササウルス 381, 383, 397
モズ 508
モチノキ科 555
モトアナゴ 359
モノアラガイ目 229
モノニクス 490, 491
モノニクス属 487
モミジバフウ 553
モミ属 539
モモ 555
モモンガ 405
モリマイマイ 229
モルガヌコドン属 409
モルガヌコドン類 406, 409
モルミュルス科 359
モンキーパズル 539

ヤ

ヤイトムシ 305
ヤイトムシ目 305
ヤイトムシ類 305
矢魚 365
ヤカドツノガイ 223
ヤギ 427
ヤギ亜科 427
ヤギのあごひげ 566
ヤギ目 203
ヤク 427
ヤクヨウニンジン 556
ヤシ科 551
ヤシガニ 253, 268
ヤシ上目 551
ヤスデ 233, 251
ヤスデ亜綱 251
ヤスデ類 249, 251
ヤツガシラ 508

ヤツデ 556
ヤツデヒトデ 318
ヤツメウナギ 73
ヤツメウナギ綱 329, 331
ヤドカリ 268
ヤドカリイソギンチャク 206
ヤドカリ下目 268
ヤドリギ 541
ヤナギ 555
ヤナギ科 555
ヤナギタンポポ 566
ヤマアラシ 420
ヤマシログモ 308
ヤマトシビレエイ科 345
ヤマドリタケ 164
ヤマドリタケモドキ 163
ヤマノイモ科 552
山の灰 538
ヤマヒタチオビガイ 229
ヤマモガシ科 555
ヤムイモ 552
ヤムシ 187
ヤモリ 397
ヤモリ類 396, 397
ヤワクラゲ亜目 208
ヤンギナ 393
ヤンギナ類 392

ユ

有顎動物 329
有殻翼足類 229
ユーカリ属 555
ユーグレナ 132
ユーグレナ動物界 135
ユーグレナ類 135, 143
有孔虫 128
有孔虫類 131
遊在亜門 317
有翅綱 274
有翅昆虫綱 272, 281
有櫛動物門 176
有鬚動物 192
有針類 289
ユーステノプテロン 373
有節植物門 533
ユーセラケ 340
ユウゼンギク 568
有爪動物 235, 243
有爪動物門 183, 187
有袋目 415
有袋類 408, 415
有蹄類 418, 424
有橈脚類 261
有頭動物 328

生物名索引

有肺亜綱　225
有肺上目　219, 229
有胚植物　512
有胚植物門　512
有胚植物類　516, 517, 525
ユーパルケリア　400
有尾目　377
有尾類　378
有柄亜門　317
有毛虫類　137
ユーリアーキオータ界　110
有輪動物門　169, 183, 188
有鱗目　395, 395, 417～419
有鱗類　382, 383
ユウレイクラゲ　207
ユキノシタ　555
ユキノシタ科　555
ユスリカ　290
ユムシ類　192
ユリ　552
ユリ科　552
ユリ上目　552
ユリノキ属　553

ヨ

葉脚類　235
ヨウジウオ　361
葉状紅藻　527
羊膜類　366, 382
ヨウム　509
葉緑体　108
ヨーロッパグリ　554
ヨーロッパタマキビ　226
翼形上目　224
翼鰓類　193, 194, 321
翼手目　420
翼手類　418
翼竜　381
翼竜類　401
ヨコエビ　253
ヨコエビ目　270
ヨコバイ目　286, 287
ヨザル　449, 451
ヨザル属　449
ヨシキリザメ　342
ヨタカ　507
ヨタカ目　507
ヨモギ　569
ヨモギギク　569
ヨモギ属　569

ラ

雷獣目　428
ライオン　587

ライオンタマリン属　448
ライコ植物類　516, 517, 528, 529, 530
ライチョウ　503
ライトフィッシュ　361
ライム　554
ライラック　556
ラウイスクス科　400
ラクウショウ　544
ラクダ　405, 424, 426, 583
ラクダムシ　288
裸鰓類　225, 229
裸子植物　514, 516
裸子植物類　536
ラズベリー　555
螺旋卵割動物　183
ラット　419
ラッパズイセン　552
ラッパムシ　132
螺板類　315
ラビリンソリザ　139
ラビリンチュラ　131, 139
ラビリンチュラ類　139
ラブカ　343
ラブカ科　343
ラフレシア　541
ラベンダー　554
ラマ　426
ラン　584
ラン科　552
卵菌界　140
藍藻類　86
ランフォリンクス　401
ランブル鞭毛虫　133, 585

リ

リアブム　567
リアブム連　567
リクガメ　391
陸生植物　525
リケッチア　104
リス　405, 419
リスザル　447, 448
リスザル属　448
リゾビウム　104
リニア植物　513, 517
リニア植物類　528, 529
リニア属　159
リボンフィッシュ　361
竜脚形類　403
竜脚類　403
竜弓類　384, 391
リュウグウノツカイ　361
リュウゼツラン科　552

リュウゼツラン類　552
リュウチョウ　496
隆鳥　496, 502
竜盤目　402
リュウビンタイ目　534
両生類　332, 366
緑色硫黄細菌界　107
緑色植物　132
緑色非硫黄細菌　109
緑藻　143, 511
緑藻綱　517, 522, 523
輪形動物門　183, 188
リンゴ　555
リンコサウルス科　398
リンコサウルス類　383
リンゴマイマイ　229
鱗翅類　291
リンドウ科　556
鱗竜形類　393
鱗竜類　383, 393, 395

ル

類人猿　434
類線形動物門　183, 186
ルリギク　566, 567
ルリギク属　567
ルリヂシャ　556

レ

レア　502
レア目　502
霊長目　420
霊長類　418, 432
レイヨウ　427
レイヨウ亜科　427
レクイエム（鎮魂曲）サメ　342
レジオネラ菌　95, 105
レタス　557
レッサーパンダ　423
レッドウッド　539, 541
レッドパンダ　423
レピソステウス科　357
レピドシストイド類　315, 316
レピドシレン属　369
レプトスピラ菌　106
レミング　575
レンカク　505
連鎖球菌　108
レンジャク　508
レンズマメ　555

ロ

ローヤルアンテロープ　427
六放サンゴ亜綱　203, 204

六脚類　275
ロックハイラックス　429
ロッジポールマツ　538
ロドシクルス　105
ロドソイドモナス・スフェロイデス　121
ロドリゲスソリテアー　36, 495, 496, 505
ロバ　583
ロブスター　253, 267
ロリス　434, 435
ロリス科　446

ワ

ワオキツネザル　444
ワシ　506
ワスレナグサ　556
ワタ　554
綿　554
ワダチザルガイ　224
ワタリガラス　508
ワニ目　401
ワニ類　382, 399〜401
ワラジムシ　238, 253, 269
ワラジムシ目　269
ワラビ　534
ワラビー　417
腕足動物門　184
腕足動物門　191

A

aardvark　425, 428
Abies　539
acacia　555
Acanthaster　318
Acanthocephala　183, 188
acanthodian　321
Acanthodii　329, 332, 334
Acanthostega　367, 375
Acanthopterygii　361
Acari　302
acarid　303
acariform　304
Acariformes　303
Aceraceae　555
Achatina　229
Acipenser huso　347
Acipenseridae　356
Acipenseriformes　349, 354, 356
acorn barnacle　264
acorn worm　193
Acrasiomycota　136, 143
acrasiomycote　134
Acreodi　427

Acropora　205
Acrothoracica　264
Actinia　206
Actiniaria　204, 206
Actinistia　329, 332, 366, 369, 372
Actinomyces　108
Actinopterygii　329, 332, 347
Adamsia　206
adapid　434, 435
addax　427
adder's tongue　534
Aegyptopithecus　447
aetosaurs　400
African grey　509
agamid lizard　397
Agaricales　163
Agaricus　145, 163
―― *bisporus*　163
―― *campestris*　163
―― *mellea*　163
―― *muscaria*　163
―― *virosa*　163
Agavaceae　552
agave　552
Agnatha　329
Agnathan　330
Agrobacterium　104
Aizoaceae　554, 561
albatross　505
Alcyonacea　203
Alcyonaria　203
Alismataceae　551
Alismatidae　551
Allen's swamp monkey　451
Allenopithecus　451
alligator　401
Alligatoridae　401
Allocebus　445
Alopias　343
Alopiidae　343
Alouatta　449
alpaca　426
alpha proteobacteria　104
Alvarezsauridae　490
Alvarezsaurus　490
Alveole　137
Amanita　163
amaranth　554
Amaranthaceae　554
Amaryllidaceae　552
amazon　509
Amblypygi　305
amblypygid　305
Ambrosia　569

―― *artemisiifolia*　570
―― *trifida*　569
Amia　357
Amiidae　354, 357
ammonite　230
Ammonoidea　230
Amniota　366, 382
amphibian　332, 366
amphioxus　328
Amphipoda　270
Amphisbaenia　396
amphisbaenid　383, 395
Amphiuma　378
Amplexidiscus　205
Anabaena　95, 108
―― *azollae*　535
Anacardiaceae　555
Anapsida　331, 383, 384, 391
Anaspidea　229
anchovy　360
Andreaea　528
Andreaeidae　527, 528
Andreaeobryum　528
Andrewsarchus　428
Anemone　553
angel fish　347
angel shark　344
angelica　556
angiosperm　514, 516, 517, 540, 541
Angiospermae　514, 536, 540
anglerfish　347, 361
Anguimorpha　396, 397
angwantibo　446
anhinger　505
ankylosaur　404
Annelida　174, 183, 192
anoa　427
Anodonta　224
Anomalodesmata　224
Anomura　268
Anoplura　286
Anostraca　262
Anotophysi　361
Anseriformes　503
ant　289
anteater　417, 418
antelope　427
Anthemideae　568
Anthocerophyta　525, 526
Anthoceros　526
Anthocerotopsida　525, 526
Anthomedusae　208
Anthophyta　539
anthophyte　544

Anthozoa 203
Anthracosauria 379
Anthropoidea 434, 447
Antilocapridae 426
Antilopinae 427
Antipatharia 203, 204, 206
antirrhinum 556
antlion 288
Anura 377
Aotus 449
ape 434
aphid 288
Apicomplexa 138
aplacophoran 213, 221
Apocrita 289
Apocynaceae 556
Apodiformes 507
apple 555
Apterygiformes 502
apterygote 275
Aquifex 109
Aquifoliaceae 555
Aquilegia 553
Araceae 541, 551
arachnid 306
Arachnida 292, 295, 299
Araliaceae 556
Araneae 306
Araneidae 308
Araneomorphae 307
Araneus 308
araucaria 539
Araucaria araucana 539
Arca 224
Archaeoglobus 110
Archaeognatha 275, 281
Archaeopteryx 5, 482, 490
Archaeopulmonata 229
archaic primate 434
Architectonica 227
Architectonicidae 226, 227
Archonta 420
archosaur 383
Archosauria 399
Archosauromorpha 383, 393, 398
Arcidae 224
Arctic tern 495
Arctocebus 446
arctocyonid 425
Arctognathus 390
Arctoidea 423
Arctotideae 567
Arctotis 567
Ardeidae 503, 505

Ardipithecus 459, 460
—— *ramidus* 468
Arecaceae 551
Arecidae 551
Argasidae 303
argonaut 231
Aristolochia
—— *grandiflora* 552
—— *macrophylla* 552
—— *ornicephala* 552
Aristolochiaceae 547, 552
ark shell 224
armadillo 417, 418
Armillaria 163
—— *gallica* 145
aroid 551
arowana 359
arrow worm 187
arsinoithere 424
Artemia 248, 262, 274
Artemisia 569
Arthonia 165
Arthothelium 165
Arthrodira 334
Arthropoda 183, 187
artichoke 557
artiodactyl 418
Artiodactyla 424, 425
arum lily 541
Ascaris lumbricoides 187
Aschelminthes 183
Ascidiacea 327
Ascomycota 146, 151, 159
Ascothoracica 264
ash 556
aspen 555
Aspergillus flavus 146
Astacidea 267
Aster 568
aster 568
Asteraceae 557, 558
Asterales 562
Astereae 568
Asteridae 547, 553, 556, 558, 562
Asteroidea 311, 317
Asteroideae 563
Astrapotheria 428
Ateles 448
Atelidae 447, 450
Atelinae 451
Atelocerata 249
Atelostomata 319
Atherinomorpha 361
Atypidae 307

Atypus affinis 307
aubergine 556
auk 495, 495, 505
Aurelia 207
Australian funnel-web 308
Australopithecus 455, 459, 472
—— *afarensis* 463, 468
—— *africanus* 461, 463, 468, 473
—— *anamensis* 468, 472
—— *bahrelghazali* 468, 473
—— *garhi* 468, 473
Avahi 445
Aves 401
avocet 505
axolotl 378
aye-aye 446
azalea 555
Azolla 95, 535

B

bat 496
Babesia 138
baboon 434, 453
bachelor's button 568
Bacidia 165
Bacillus 108
—— *anthracis* 108
—— *cereus* 94, 108
backswimmer 287
Bacteroides 106
badger 423
Balanoglossus 194
baleen whale 405
balsa 554
balsam 556
Balsaminaceae 556
Baluchitherium 405
banana 551
Bangiophycidae 137
Banksia 555
baobab 554
barb 361
barbet 508
bark louse 287
barnacle 264
Barnadesia 563
Barnadesieae 563
Barnadesioideae 563
basal archosaur 399
Basal archosaurs 399
basal ascomycete 160
Basidiomycota 146, 151, 161
basilisk 397
basket star 318

basking shark　343
Basommatophora　229
bat　405
Bathynomus　270
Batidaceae　554
batrachomorph　374
Batrachomorpha　375
Bdellovibrio　105
beach-hopper　270
bean　555
bear　423
bearded saki　449
beardfish　361
bedbug　287
bee　289
bee fly　290
beech　554
bee-eater　508
begonia　555
Begoniaceae　555
bellflower　556, 562
Bellis　561, 568
beluga　347
bennettitalean　517, 536, 539
beta proteobacteria　105
Betulaceae　553
bichir　354, 355
Bidens　570
——— *pilosa*　570
Bignoniaceae　556
Bilateria　169, 176, 177, 183
bindhi　554
bindweed　556
birch　553
bird of paradise　508
bird's head　552
bird-eating spider　307
bison　427
biting midge　290
bittern　505
Bivalvia　223
black beetle　284
black briony　552
black coral　203, 204
Black Jack　570
black lemur　444
black widow of America　308
blackberry　555
blackbird　508
Blanoglsossus　321
Blastocladiella　157
Blastomyces　150
Blattodea　284
blind olm　378

blue hyasinthine macaw　509
blue shark　342
boatbill　506
Boletales　163
Boletus　163
——— *edulis*　164
——— *luridus*　164
——— *satanas*　164
Bombaceae　554
bongo　427
bonobo　457
booby　505
book louse　287
borage　556
Boraginaceae　556
borhyaenid　417
Borrelia　106
Botrychium　534
bougainvillea　554
Bovidae　426
Bovinae　427
bow fin　354, 357
box fish　347
box jellyfish　209
Brachiopoda　184, 191
brachiosaur　403
Brachiosauridae　403
Brachylaena　559
Brachyteles　448
Brachyura　268
bracken　534
bracket fungi　163
Branchiopoda　261
Branchiostoma　321, 328
Branchiura　264
branchiuran　264
Brazil nut　554
Brazilian wolf spider　308
brittle star　318
branchiopod　260
Bromeliaceae　551
Bromus　162
Brontoscorpio　301
brontothere　429
broomrape　541, 556
brown lemur　444
brown recluse spider　308
Bryidae　527
Bryophyta　525, 527
bryophyte　512, 516, 522, 525
Bryopsida　525, 527
Bryozoa　174, 183, 184, 190
Buccinidae　225, 227
Buccinum　227

buckwheat　554
buddleia　556
budgeringar　509
buffalo　427
bull shark　342
bullhead shark　340
Burseraceae　555
bush hyrax　429
bushbaby　434, 446, 446
bushbuck　427
bustard　496, 505
buttercup　553
butterfly　291
by-the-wind-sailor　209

C

cabbage　555
Cacajao　449
Cactaceae　554
cactus　554, 570
caddisfly　291
caecilian　368, 377, 378
Caecomyces　158
Caenogastropoda　226
Calendula　568
Calenduleae　568
Callicebus　449
Callimico　448, 450
Callistephus　568
Callithrix　448
Callitrichinae　450, 451
Callorhynchidae　337
Calyceraceae　560, 561
Calyptraeidae　227
camel　405, 424
camellia　554
Campanulaceae　556, 562
Camptostroma　315
Campylobacter pylorus　104
Candida　159, 161
——— *albicans*　159
——— *utilis*　159
Canidae　423
caniform　423
Canoidea　423
Cantharellus cibarius　163
Cantheralles　163
Capparaceae　555
Caprifoliaceae　557
Caprimulgiformes　507
Caprinae　427
capsicum　556
capuchin　447, 448
caracara　506

Carcharhinidae 341
Carcharhiniformes 341
Carcharhinus 342
—— *leucas* 342
Carcharodon carcharias 343
Carcinoscorpius 298
Carcinosoma 299
cardamon 551
Cardiidae 224
Cardium 224
Cardueae 563
Carduus 566
Carharadontosaurus saharicus 381
caribou 426
Caricaceae 555
Caridea 267
caridean shrimp 267
Carinatae 493
carnation 554
Carnivora 422, 423
carnivore 418
Carnosauria 402
Carolina parakeet 509
carp 361
carpet shark 340
carpoid 315
carrot 556
Carthamus tinctorius 566
Caryophyllaceae 554
Caryophyllidae 547, 554
cashew 555
casper 555
cassava 555
Cassididae 227
Cassiopeia 208
Cassis 227
cassowary 502
Casuariiformes 502
cat 423
cat shark 341
Catalpa 556
Catarrhini 447
caterpillar 283
catfish 347, 360, 361
Cathayornis 492
cattle 424, 427
Caudipteryx 487
—— *zoui* 483
Caudofoveata 213, 221
caudofoveate 211
cavy 424
Cebidae 447, 450
Cebinae 451
Cebuella 448

Cebus 448
celery 556
centipede 252
cep 164
Cepaea 229
cephalocarid 254
Cephalocarida 260
Cephalochordata 195, 321, 328
Cephalodiscus 194
—— *graptolitoides* 194
Cephalophinae 427
Cephalopoda 229
Cerapoda 404
ceratopsid 404
Ceratosauria 402
Ceratosaurus 402
Cercocebus 453
Cercopithecidae 451
Cercopithecinae 451
Cercopithecoidea 453
cereal 551
Ceriantharia 203〜205
Ceriantipatharia 203
cerith 226
Cerithiidae 226
Cerithium 226
Cervidae 426
Cestoda 189
Cetacea 424, 427
Cetorhinidae 343
Cetorhinus maximus 343
Chaetognatha 183, 187
chalicothere 429
chameleon 397
chamois 427
Characiformes 361
characin 361
Charadriiformes 493, 505
Charales 517, 524
Charophyceae 524
cheetah 405
Cheirogaleidae 445
Cheirogaleus 445
Cheirolepiformes 354
Cheirolepis 354
Cheliceriformes 309
Chelifer cancroides 302
Chelonia 382, 391
Chenopodiaceae 554
chevrotain 426
chicken 503
chicle 555
chicory 566
chigger 303

Chilopoda 249, 252
chimaera 337
Chimaeridae 337
Chinese lantern 556
Chione 224
Chiropetes 449
Chiroptera 420
chiropteran 418
chiton 222
Chlamydiae 106
Chlamydomonas 517, 523
Chlamydoselachidae 343
Chlorella 524
Chlorobium 107
Chloroflexus auranticus 109
Chloroherpeton 107
Chlorohydra 198
Chlorophyceae 517, 522, 523
Choanoflagellata 89, 167
choanoflagellate 166
Chondrichthyes 329, 332, 335
Chondrilla juncea 566
Chondrophora 209
Chordata 174, 193
Chrysanthemum 568
—— *leucanthemum* 568
—— *parthenium* 568
—— *segetum* 568
chrysanthemum 569
Chrysophyta 141
chrysophyte 122
chub 361
Chuquiraga 563
chytrid 157
Chytridiomycota 151, 157
cicada 288
cichlid 357, 365
Cichlidae 347
Cichorioideae 563
Cichorium
—— *endivia* 566
—— *intybus* 566
Ciconiiformes 503, 505, 506
ciliate 137
Ciliophora 132, 137
cinchona 557
cirripede 260
Cirripedia 264
Cirsium 566
citrus fruits 556
civet 423
Cladocera 262
Cladophora 522
Cladoselache 340

clam 223
clam shrimp 262
clarksia 555
cleaner shrimp 267
Clematis 553
click beetle 288
Clostridium 108
——— *botulinum* 94
clove 555
clover 555
club moss 530
clubmoss 522, 527
Clupeiformes 360
Clupeomorpha 358, 360
cnidae 204
Cnidaria 176
coati 423
Cobitidae 361
Coccidia 138
Coccidioides immitis 150
Cochlonema 159
cockateel 509
cockatoo 509
cock-of-the-rock 508
cockroach 284
cocoa 554
cod 361
Codium magnum 522
coelacanth 366, 372
Coelenterata 177, 199
coffee 557
Coleochaetales 517, 524
Coleochaete 525
Coleoidea 230, 231
Coleoptera 271, 288
Collembola 275, 280
Colobinae 451
Colobus 453
colugo 418, 434
Columbiformes 505
comb jelly 176
comfrey 556
Commelinidae 551
common brown elf cup 159
common European limpet 226
common long-nosed armadillo 418
common top shell 226
Compositae 557, 558
Concentricycloidea 311, 316, 318
conch 227
Conchostraca 262
condor 506
condylarth 425
Condylarth 425

Condylarthra 423
cone shell 226
conger 359
Conidae 226
conifer 538
Coniferophyta 536, 538
conodont 321, 330
conure 509
Conus 226
Convolvulaceae 556
cookie-cutter shark 344
Cooksonia 517, 530
coot 505
copepod 263
Copepoda 263
Coprinites dominicana 165
Coprinus 163
Coraciiformes 508
coral 203
Corallimorpharia 204, 205
Cordaite 538
coriander 556
cormorant 495, 505
Cornaceae 555
Coronatae 207
Cortinaria 163
Cortinariales 163
Corynactis 205
cotton 554
coucal 509
cow shark 344
cowbird 508
cowrie 227
crab 267
crabeater seal 267
crane 505
crane fly 290
cranesbill 556
Craniata 328
Crassulaceae 555
crayfish 267
creeper 544
Crenarchaeota 110
Creodonta 422, 423
Crepidula 227
Crepis 566
cricket 286
crinoid 310
Crinoidea 317
crocodile 401
Crocodylia 382, 401
Crocodylidae 401
Crocodylotarsi 399, 400
crossopterygian 369

crow 508
crown-of-thorns starfish 318
Cruciferae 555
Crustacea 248
Cryptodira 391
cryptomonad 198
Ctenacanthiformes 340
Ctenophora 176
Cubozoa 209
cuckoo 504, 509
cuckoo-pint 551
Cuculidae 509
Cuculiformes 497, 509
cucumber 555
Cucurbitaceae 555
cultivated mushroom 163
Cupressus 539
curassow 503
Curculionidae 271
currant 555
cuttlefish 231
Cyanea 207
Cyanobacteria 108
cyanobacteria 527
cyathapsid 330
Cyathea 534
cycad 517, 537
Cycadales 536
cycadeoid 517
Cycadeoidophyta 536, 539
cycadeoidophyte 539
Cycadophyta 536, 537
Cycliophora 169, 183, 188
Cyclosquamata 361
Cyclostomata 331
Cynara 566
cynodont 406
Cynodontia 390
Cyperaceae 551
Cypraea 227
Cypraeidae 227
Cyprinidae 361
Cypriniformes 361
Cyrtotreta 194, 321, 322
cystoid 315
Cystoidea 316
Cytophaga 107

D

dace 361
daddy-long-legs 290, 292, 300
daffodil 552
Dahlia 570
daisy 557, 566, 568

daisy bush 568
damselfly 281, 282
dandelion 557
Daphnia 262
darter 365, 505
Dasyatidae 346
Dasyuridae 416
Daubentonia madagascariensis 446
Daubentoniidae 445
dawn redwood 539
De Brazza's monkey 451
death-watch beetle 288
Decapoda 231, 267
deer 405, 424
Deinococcus 109
Deinonycus 487
deinothere 424
Delphinium 553
Demodex
　　—— *cani* 304
　　—— *brevis* 304
　　—— *folliculorum* 304
dermopteran 418
Dendranthema 569
Dendrobranchiata 267
Dentalium entalis 223
Dermacentor andersoni 303
Dermaptera 274, 286
Dermoptera 420, 421
Desmostylia 425, 430
destroying angel 163
Deuterostomia 169, 179
Deutrosomia 193
Diadectes 380
Diadectomorpha 379
Diadematacea 319
Diana monkey 451
diapsid 383
Diapsida 384, 392
diatom 142
Dibranchiata 231
dicot 514
Dicotyledoneae 546
Dictyonema 164
Dictyoptera 283
Dicynodontia 390
Didelphidae 415
Dilleniidae 547, 554
Dimetrodon 390
Dimorphodon 402
Dinoflagellata 138
dinoflagellate 122, 198
dinosaur 383
Dinosauria 401, 402

Dioscoreaceae 552
Diploblastica 177
Diplocaulus 375
Diploceraspis 375
Diplodocidae 403
Diplodocus 367, 404
diplomonad 133
Diplopoda 249, 251
Diplura 275, 280
Dipnoi 329, 332, 355, 366, 369
dipper 508
diprotodont 417
Dipsacaceae 561
Diptera 290
diver 504
diving beetle 288
diving petrel 505
dodo 495, 505
dog 405, 423
dog whelk 227
dogfish 336
dogwood 555
Doliolida 327
dolphin 405, 427
Dothideales 159
Douc langur 453
douroucouli 449
dragon fish 347
dragonfly 281, 282
drill 453
Dromaeosauridae 403
Dromopoda 295
Droseraceae 555
drum 365
Dryopithecus 454
duck 495, 503
duckweed 541, 551
dugong 425, 430
duiker 426, 427
Dutchman's pipe 552
dwarf antelope 427
dwarf lemur 445

E

eagle 506
eagle ray 346
earth-ball 164
earthworm 192
earwig 286
Ecdysozoa 183, 185, 220
echidnas 407, 408, 409
Echinacea 319
echinoderm 310, 321
Echinodermata 193

Echinoidea 319
echinoidean 311
Echinops 566
Echiura 192
Ectoprocta 174, 183
Edaphosaurus 390
Edentata 417, 418
eel 347, 359
eelgrass 139, 541, 551
eelworm 7
egret 505
Eimeria 138
Elasmobranchii 337
elder 553, 557
electric eel 361
electric ray 345
elephant 405, 424
elephant bird 496, 502
elephant shrew 418, 420
elephant-trunk fish 359
Eleutherozoa 317
elk 426
elm 554
Elopomorpha 358, 359
Elsinoe 159
elver 359
Embrithopoda 424, 430
Embryophyta 512, 516, 517, 525
embryophyte 512
emu 502
Enantiornis 492
Enantiornithes 492
endive 566
Endocochlus 159
Endogone 157, 159
Endoprocta 190
Entamoeba 136, 142
　　—— *histolytica* 136
Entemnotrochus 226
Enteropneusta 193, 194, 321
Entomophthorales 159
Entoprocta 174, 183, 190
Eocyte 111
Eohippus 430
Eozostrodon 409
Ephedra 539
Ephemeroptera 282
Equisetites 533
Equisetum 533
Ericaceae 555
Erpetoichthys 355
Eryopus 376
Erythrocebus 451
Escherichia coli 94, 105

Espeletia 569
Euarticulata 220
Eucalyptus 555
Eucarida 266
Eudicot 547, 553
Eudorina 523
Euechinoidea 319
Euglandina 229
Euglena viridis 135
Euglenoid 135
Euglenozoa 135
Eulamellibranchia 224
Eumalacostraca 260, 266
Eumetazoa 169, 174, 175
Euoticus 446
Euparkeria 400
Eupatorieae 570
Eupatorium 570
—— *cannabinum* 570
Euphausiacea 266
Euphorbia 555, 569
Euphorbiaceae 555
Euryarchaeota 110
eurypterid 233, 295
Eurypterida 292, 298
Euselachii 340
eusporangiate 534
Eustenopteron 373
Eusuchia 401
Euteleostei 358, 360
Eutheria 408, 417

F

Fagaceae 554
fairy shrimp 262
falcon 506
Falconiformes 506
false scorpion 293, 301
false truffle 164
fat hen 554
Fatsia 556
feather star 317
featherback 359
Felidae 423
feliform 423
Feloidea 423
fennel 556
fern 522, 534
feverfew 568
field mushroom 163
fig 554
fighting cock 490
Filibranchia 224
Filicales 534

finch 508
fire coral 208
firefly 288
Fissurella 226
Fissurellidae 226
Flagellata 132
flamingo 503, 506
flatfish 365
Flavobacteria 106
flax 556
flea 290
flesh fly 290
Florideophycidae 137
flowering plant 541
fluke 189
fly agaric 163
flying fish 361
flying fox 420
flying squirrel 405
Foraminifera 128
Forcipulatida 318
forget-me-not 556
fork-marked lemur 445
fowl 503
foxglove 556
Frankia 95, 108
frankincense 555
Frenulata 192
frigatebird 505
frill shark 343
Fritschiella 524
frog 368, 377
froghopper 288
frogmouth 507
fuchsia 555
Fucus 141
fulmer 505
Fungi Imperfecti 150

G

Galago 446
Galeaspida 331
Galeocerdo cuvier 342
Galliformes 503
gamma proteobacteria 105
Gammarus 270
gannet 505
Ganoderma applanatum 164
Ganodermatales 164
gaper clam 224
gar 354, 357
garden daisy 568
gardenia 557
garpike 354, 357

gastropod 226
Gastropoda 224
Gastrotricha 183, 188
gaur 427
Gazania 567
gazelle 427
gekko 397
Gekkota 396, 397
gelada 453
gentian 556
Gentianaceae 556
gentle lemur 445
geophilomorph 252
Geraniaceae 556
Gerbera 563
gharial 401
ghost shrimp 267
giant anteater 418
giant auk 496
giant lily 570
giant monster 397
giant moose 426
giant panda 423
giant sloth 418
giant tortoise 391
Giardia 133, 143
—— *lamblia* 133
gibbon 454
ginger 551
Ginglymodi 357
Ginglymostomatidae 341
Ginkgo 537
—— *biloba* 537
Ginkgophyta 536, 537
ginseng 556
giraff 426
Giraffidae 426
Glagoides 446
glasswort 541
glider 417
Glires 419
global artichoke 557
globe artichoke 563
globe thistle 563
Glomales 159
Glomus 159
glow-worm 288
glyptodont 418
Gnathostomata 319, 329, 332
Gnathostomulida 192
Gnetophyta 536, 539

gnetophyte 517, 539, 544
Gnetum 539
gnu 427
goanna 383
goat 427
goat's beard 566
Gobipteryx 492
goby 347
golden rod 568
Goliath beetle 272
gomphothere 424
Gonium 523
Good-King-Henry 554
goose 495, 503
goose barnacle 264
Gorgonacea 203
gorgonopsian 390
Gorilla 454, 457
　── *gorilla* 457
gourd 555
grackle 508
Gramineae 551
granite moss 528
grape 555
grape fern 534
graptolite 194
grass 551
grass carp 361
grass tree 552
grasshopper 285
great white shark 343
greater bushbaby 446
grebe 495, 504
green seaweed 511
Green sulphur bacteria 107
Greenland shark 344
Grevillea 555
grey-breasted parakeet 509
grizzly bear 418
ground beetle 288
ground hornbill 486
ground shark 341
groundnut 555
grouse 503
grub 283
Gruiformes 505
grunt 365
guan 503
guanaco 426
guenon 451
guillemot 505
guineafowl 503
guineapig 419
guitarfish 345

gull 505
gutta percha 555
Guttiferae 554
Gymnophiona 377, 378
Gymnosomata 229
gymnosperm 514, 516, 536
Gymnotiformes 361

H

hackberry 554
hadrosaur 404
hair worm 186
hairy thick-limbed beast 307
hairy-eared dwarf lemur 445
Halecomorphi 357
halfbeak 361
Hamamelidaceae 553
Hamamelidae 547, 553
hammerhead 506
hammerhead shark 342
Hanuman langur 453
Hapalemur 444
haptophyte 122
hare 417, 419
harrier 506
harvestman 300
hat thrower 159
hatchetfish 361
hawk 496, 506
hawk's beard 566
hazel gum 553
heather 555
hedgehog 422
Heliantheae 569
Helianthus
　── *annuus* 570
　── *tuberosus* 570
Helichrysum 567
　── *italicum* 567
　── *krausii* 567
helicoplacoid 315
Helix 229
Helleborus 553
helmet shell 227
Hemichordata 194, 326
hemipode 505
Hemiptera 286, 287
Hemipterodea 286
hemp 554
hemp agrimony 570
Hepatophyta 525, 526
Heptranchius 344
herbaceous form 544
Hereptosiphon 109

hermit crab 268
heron 505
Herpestidae 423
herring 360
Hesperornis 495
Hesperornithiformes 492, 493
Heterobranchia 226, 227
Heterodonta 224
Heterodontidae 340
Heterodontiformes 340
Heterodontus 340
　── *portusjacksoni* 340
Heterostraci 330
Hevea 559
Hexacorallia 203, 204
Hexanchidae 344
Hexanchiformes 343
Hexanchus 344
Hexapoda 275
hickory 556
hieracium 566
Hippocastanaceae 555
hippopotamus 424
Hippotraginae 427
Hirudinea 192
Histoplasma 150
hoatzin 503
holly 555
hollyhock 554
Holocephali 337
Holometabola 288
holothurian 310
Holothuroidea 319
Hominidae 454, 455, 457
Hominoidea 453
Homo 433, 454, 463, 468
　── *daliensis* 478
　── *erectus* 461, 475, 476
　── *ergaster* 476
　── *habilis* 475
　── *heidelbergensis* 477, 478
　── *neanderthalensis* 461, 478, 479
　── *rhodesiensis* 478
　── *rudolfensis* 475
　── *sapiens* 5, 461, 464, 479, 480
Homoptera 286, 287
honeyguide 508
honeysuckle 557
hook worm 187
hoopoe 508
Hoplocarida 266
hornbeam 553
hornbill 508
horntail 289

hornwort 522, 525
horse 405, 424, 429
horse chestnut 555
horsetail 522, 533
hound shark 341
house fly 290
houseleek 555
hover fly 290
howler 447, 449
human 434
hummingbird 507
hyaena 423
Hyaenidae 423
hyaenodont 423
Hybodontiformes 340
Hydra 208
Hydractinia 208
Hydrodictyon 524
Hydrogenobacter 109
Hydroida 208
Hydrozoa 208
Hylobates 454
　—— *syndactylus* 454
Hylobatidae 454
Hylonomus 385
Hymenomycetes 161, 162
Hymenoptera 289
Hyperodapedon 398
Hyracoidea 424, 429
Hyracotherium 430
hyrax 424, 429
hystricimorph 420

I

Iberomesornis 491
ibis 495, 506
ice-plant 554
ichthyosaur 383
Ichthyornithiformes 492, 493
Ichthyosauria 393
Ichthyostega 374
iguana 397
Iguania 396, 397
Iguanodon 404
iguanodont 404
impala 427
Indian been 556
Indoricotherium 405
Indri 445
indri 445
Indriidae 445
Insectivora 420, 422
insectivore 418
Inuleae 567

Invertebrata 169
Iridaceae 552
iris 552
Irish moss 527
Ischyodus 337
Isistius 344
Isoetes 532
Isopoda 269
Isoptera 271, 284
Isurus 343
ivy 556
Ixodidae 303

J

jacamar 508
jacana 505
jay 508
Jerusalem artichoke 557, 562, 570
Juglandaceae 556
Juncaceae 551
Juniperus 539
jute 554

K

kaka parrot 509
kakapo 495, 509
kangaroo 405, 415, 417
Kannemeyria 390
kea 509
keyhole limpet 226
killifish 361
kinetoplastid 135, 143
kingfisher 508
kinkajou 414
Kinorhyncha 183, 186
kite 506
kiwi 502
Kleinia 569
knifefish 359, 361
koala 415, 417
Komodo dragon 383, 397
Koryarchaeota 110
krill 266
kudu 427

L

Labiatae 556
Labyrinthodonta 375
Labyrinthorhiza 139
Labyrinthula 139
labyrinthulid 139
Lacertilia 396
lacewing 288
Lactobacillus 108

Lactuca 566
Lactuceae 566
lady's fingers 554
ladybug 288
lagomorph 417
Lagomorpha 419
Lagothrix 449
Lamellibranchia 224
Lamellibranchiata 223
Lamiales 553
Lamiidae 553, 556
Lamna 343
Lamnidae 343
Lamniformes 342
lamp shell 191
Lampridiomorpha 361
Langermannia gigantea 164
lantern fish 361
lapwing 505
large blue butterfly 291
lark 508
Larvacea 326, 327
Latimeria chalumnae 372
lavender 554
leaf beetle 288
leafhopper 287
leatherjacket 290
Lecythidaceae 554
leech 192
Legionella 105
　—— *pneumophila* 95
Leguminosae 555
Lemnaceae 541, 551
lemon shark 342
Lemur 444
　—— *catta* 444
lemur 434, 435
Lemuridae 444
lentil 555
Lentinula edulis 163
Leontopithecus 448
leopard 405
leopard seal 267
leopard shark 341
lepidocystoid 315
Lepidoptera 291
lepidosaur 383
Lepidosauria 393, 395
Lepidosauromorpha 393
Lepidosiren 369
Lepilemur 444
Lepisosteidae 357
Lepisosteus 357
Lepospondyla 375

Leptomedusae 208
Leptospira 106
leptosporangiate 534
Leptostraca 265
lettuce 557
Leucanthemum vulgare 568
Liabeae 567
Liabum 567
liana 544
light fish 361
lilac 556
Liliaceae 552
Liliidae 552
lily 552
lily trotter 447
Limax 229
lime 554
limpet 226, 229
limpkin 505
Limulus 241, 298
―― *polyphemus* 298
Linaceae 556
linseed 556
Liriodendron 553
Lissamphibia 366, 368, 369, 374, 377
Lithops 561
Litopterna 424, 428
Littorina 226
Littorinidae 225, 226
liverwort 522, 525
lizard 395, 396
lizard tail 550
llama 426
loach 349, 361
Lobatocerebridae 192
lobefin 366
lobopod 235
lobster 267
locust 286
Loganiaceae 556
longhorned beetle 288
lophophorate 184
Lophotrochozoa 183, 187, 220
Loricifera 183, 186
lorikeet 509
Loris 446
loris 434, 435
Lorisidae 446
lory 509
lovebird 509
love-lies-bleeding 554
lugworm 192
lungfish 366
Lycoperdales 164

Lycoperdon 164
Lycophyta 513, 528, 529, 530
lycophyte 516, 517
Lycopodiaceae 531
Lycopodium 531
Lycosidae 308
Lygodium 534
lyrebird 508

M

Macaca 451
―― *fuscata* 451
―― *sylvanus* 451
macaw 509
mackerel shark 342
Macrauchenia 424, 429
macropod 417
Macroscelidea 419, 420
macroscelidean 418
Madreporia 206
maggot 283
Magnolia 547, 553
Magnoliaceae 553
Magnoliidae 547, 553
mahogany 555
mako shark 343
Malacostraca 254, 260, 265
Malayan ground cuckoo 510
Mallophaga 286
mallow 554
Malvaceae 554
mammoth 424
manatee 425, 430
Mandibulata 240, 245
mandrill 453
Mandrillus 453
mangabey 453
mango 555
mangoose 423
mangosteen 554
mangrove 555
Maniraptora 402
man-o'-war jellyfish 208
manta 346
mantis 284
mantis shrimp 266
Mantodea 284
maple 555
Marattiales 534
Marchantia 526
Marchantiopsida 525, 526
marjoram 556
marmoset 447
marrow 555

Marsilea 535
Marsileales 535
marsupial 415
marsupial cat 416
marsupial lion 417
marsupial mole 416
marsupial mouse 416
Marsupialia 415
martin 508
Mastigophora 132
mastodont 424
matamata 391
Maxillopoda 254, 260, 263
mayfly 282
mealy bug 288
Mecoptera 289
megabat 420
Megachasma 343
Megachasmidae 343
Megachiroptera 420
Megaladapis 433
megapod 503
Megazostrodon 409
Meliaceae 555
melon 555
merganser 482
mermaid's purse 335, 346
Merostomata 295
mesembryanthemum 554, 561
mesite 505
Mesonychid 427
Mesonychiidae 427
mesosaur 383
Mesosauria 392
Mesothelae 306
Metasequoia 539
Metatheria 408, 415
Metazoa 174
Methanococcus 121
Metridium 206
Michaelmas daisy 568
microbat 420
Microbrachis 376
Microcebus 445
Microchiroptera 420
micromonad 517, 524
Micromonadophyceae 524
Microsauria 376
Microsporida 133
Micrura 295
midge 290
milkfish 361
Millepora 208
Milleporina 208

millipede 251
minnow 361
mint 556
Miopithecus 451
mirror yeast 162
Mirza 445
mistletoe 541
mite 302, 303
moa 496, 502
Mobulinae 346
mockingbird 508
Mola mola 347
mole 422
mole and sand crab 268
Mollusca 183
monitor lizard 383
monkey 434
monkey-puzzle tree 539
Monocot 514, 547, 550
Monocotyledoneae 546
Mononykus 487, 490, 491
Monoplacophora 222
Monotremata 409
monotreme 407
moorhen 505
Moraceae 554
moray 359
Morchella 156, 159, 161
morel 159
Morganucodon 409
morganucodont 406
Morganucodonta 409
Mormyridae 359
morning glory 556
mosasaur 383, 397
Moschidae 426
moss 522, 525, 527
moss animal 190
moth 291
mountain ash 538
mouse 419
mouse lemur 445
mouse-deer 426
Mucor 157, 158
Mucorales 158
mud dragon 186
mud shrimp 267
mudskipper 349
Mugilomorpha 361
mugwort 569
Muhuhu 559
mulberry 554
mullet 361
Multiclavula 163, 164

Multituberculata 414
Murex 226
murex 226
Muricidae 226
Musaceae 551
mushroom 145
musk deer 426
musk ox 427
Musophagidae 509
mussel 223
mustard 555
Mustelidae 423
Mutisia 563
Mutisieae 563
Mya 224
Mycobacterium 108
—— *leprae* 108
—— *tuberculosis* 108
Mycomicrothelia 165
Mycoplasma 108
myctophiform 361
Mygalomorphae 307
Myidae 224
Myliobatidae 346
Myliobatoidei 346
Myoida 224
Myriapod 251
myrrh 555
Myrtaceae 555
Mysida 269
mystacocarid 263
Mystacocarida 263
Mytilidae 224
Mytilus 224
Myxinoidea 329, 331
Myxomycota 134, 143
Myzostomida 192

N

Naegleria 135, 142
naked pteropod 229
Naricinidae 345
Nasalis 453
Nassarius 227
nasturtium 556
Nautiloidea 230
Nautilus 230
Necator 187
Nectridea 375
needle-clawed bushbaby 446
needlefish 361
Negaprion brevirostris 342
Nematoda 183, 186
Nematomorpha 183, 186

Nemertea 189
Nemertini 183
Neocallimastix 158
Neoceratodus 369
Neodiapsida 392, 393
Neognathae 503
Neognathus 497
neon tetra 361
Neopilina 212, 222
—— *galatheae* 222
Neoptera 281, 283
Neopterygian Fish 356
Neopterygii 354
Neornithes 494
neornithine 483
Neoteleostei 360
Nerita 226
Neritidae 226
Neritopsina 226
Neuroptera 288
Neurospora 159, 161
newt 368, 377, 378
Nigella 553
nightjar 507
Nimravidae 423
Nitrosomonas 105
nonruminant 426
Non-therians 409
Nosema 133
Nostoc 527
nothosaur 383
Nothosauria 393, 394
Nothosaurus 394
Notochordata 322, 326
Notostraca 262
Notoungulata 424, 428
Nudibranchia 229
nuthatch 508
nyala 427
Nyctaginaceae 554
Nycticebus 446
Nymphaeaceae 550
Nymphaeales 547, 550

O

oak 554
oarfish 361
Obelia 208
Octocorallia 203
Octopoda 231
octopus 229, 231
Odonata 282
Odontapsidae 342
oilbird 507

okapi 426
Oleaceae 556
oleander 556
Olearia 568
Oligochaeta 192
olive 556
olive colobus 453
omomyid 434, 435
Omphalina 163, 165
Onagraceae 555
onion 552
Onychophora 183, 187, 235, 243
Oomycota 140
opah 361
Ophioglossales 534
Ophioglossum 534
 ―― *reticulatum* 534
Ophiostoma
 ―― *novo-ulmi* 159
 ―― *ulmi* 159
Ophiostomatales 159
Ophiuroidea 318
Opilioacariformes 303
Opiliones 292, 300
Opisthobranchia 225, 227
Opisthothelae 307
opossum 509
opossum shrimp 269
orang-utan 457
Orchidaceae 552
Orectolobidae 341
Orectolobiformes 340
Orectolobus 341
organ-pipe 'coral' 204
Ornithischia 402, 404
Ornithodira 399, 401
Ornithodoros moubata 303
Ornithomimidae 402
Ornithorhynchidae 409
Ornithurae 493
Orobranchaceae 556
Orthoptera 285
Orthopterodea 283
oryx 427
osprey 506, 510
Ostariophysi 360
Osteichthyes 329, 333
Osteoglossiformes 358
Osteoglossomorpha 358
Osteolepiformes 369
Osteostraci 331
ostracod 263
Ostracoda 263
ostracoderm 321, 330

Ostrea 224
Ostreidae 224
ostrich 490, 496, 502
Othonna 569
Otina 229
Otolemur 446
otter 423
Oviraptoridae 402
owl 510
owl monkey 449
owlet nightjar 507
ox-eye daisy 568
oxyaenid 423
oyster 223
oyster cap 164
oystercatcher 505

P

paddlefish 354, 357
Paeoniaceae 554
Palaeodictyoptera 273
Palaeognathus 497
palaeonisciformes 354, 355
Palaeoptera 281
paleognath 493
Paleognathae 502
Paleoheterodonta 224
paleonisciformes 349
Paleothyris 385
Palinura 268
palm 551
Palmae 551
palpigrade 304
Palpigradi 304
Pan 454, 455
 ―― *paniscus* 457
 ―― *trogodytes* 457
panarthropod 235
Panarthropoda 184
panderichthyid 373
Panderichthys 373
Pandora 224
Pandorina 523
pangolin 419
pantopod 294
Papio 453
parabasalid 134
Paracanthopterygii 361
Paraceratherium 405
Paracoccus 121
parakeet 509
Paramecium 114, 138
Paranthropus 459, 463, 468, 472, 473
 ―― *aethiopicus* 474

 ―― *boisei* 474
 ―― *robustus* 473
parareptiles 391
Parasitiformes 303
Parasuchus 400
parazoan 175
parrot 495, 504, 509
parsnip 556
Parthenium argentatum 559
Partula 229
Passeriformes 495, 508
Passifloraceae 554
passion flower 554
Pasteuria 106
Patagopteryx 492, 493
patas monkey 451
Patella 226
Patellidae 226
Patellogastropoda 226
pauropod 252
Pauropoda 249, 252
pawpaw 555
pea 555
peach 555
peafowl 503
pear 555
pearlfish 361
peat moss 528
pecan nut 556
peccary 426
Pecten 224
Pectinidae 224
pelargonium 556
Pelecaniformes 504
Pelecypoda 223
pelican 505
pelican flower 552
Pelmatozoa 317
Pelycosauria 385
pen shell 224
penaid shrimp 267
penguin 504
Penicillium
 ―― *camembertii* 146
 ―― *chrysogenum* 146
 ―― *roquefortii* 146
Pennatulacea 203
penny bun 164
pentastomid 262
Pentastomida 235, 254, 262
pepper 541, 543, 550
Peracarida 269
Peranema 135
perch 365

perching bird　507
Perciformes　365
Percomorpha　361
Perischoechinoidea　319
perissodactyl　418
Perissodactyla　424, 429
periwinkle　212, 226, 556
Perodicticus　446
Petromyzontiformes　329, 331
Petterus　444
Peziza　159
——— *badia*　159
Pezizales　159
Phaeophyta　141
phaeophyte　122
Phalangeridae　416
phalarope　505
Phallales　164
Phallus　164
Phaner　445
phasmid　286
Phasmida　286
pheasant　503
Phlegmarius　531
Pholadidae　224
Pholas　224
Pholidota　417～419
phoronid　191
Phoronida　184, 191
Phoronis　191
Phoronopsis　191
phorusrhacoid　496
Phragmidium　162
phyllocarid　265
Phyllocarida　265
Physalia　203, 208
Phytophthora　140
——— *infestans*　146
Phytosauridae　400
Picea　539
Piciformes　508
picture-winged fly　290
piddock　224
pig　405, 424
pigeon　495, 505
pig-tailed langur　453
pika　419
pike　361
Pilobolus　159
pineapple　551
pin-mould　158
Pinna　224
Pinnidae　224
Pinnipedia　424

Pinus　538
——— *contorta*　538
——— *longaeva*　538
Piperaceae　541, 550
Piperales　547, 550
pipit　508
piranha　361
Pirella　106
Piromyces　158
Pithecanthropus　476
Pithecia　449
Pitheciinae　451
placoderm　321
Placodermi　329, 333
placodermi　332
placodont　383
Placodontia　393, 394
Placozoa　174
Planaria　189
Planctomyces　106
plane　553
plant bug　287
plant hopper　287
Plantae　511
Plantaginaceae　556
plantain　556
plasmodial slime mould　134
plasmodiomycote　132
Plasmodium　114, 133, 138
Platanaceae　553
Platyhelminthes　183, 189
platypus　407～409
Platyrrhini　447
Plecoptera　285
Pleocyemata　267
plesiadapiform　418
Plesiadapiformes　420, 421, 434
plesiosaur　383
Plesiosauria　393, 394
Pleurodira　391
Pleurotomariidae　226
Pleurotus ostreatus　164
Pliosauria　394
Pliotrema　345
plover　505
plum　555
Plumbaginaceae　554
Pneumocystis　160
Poaceae　551
Podicipediformes　504
Pogonophora　192
polar bear　418
Polychaeta　192
Polygonaceae　554

Polymixiomorpha　361
Polyodontidae　356
Polyplacophora　222
Polyporus　164
——— *betulinus*　164
——— *squamosus*　164
——— *sulphureus*　164
Polypteriformes　349, 354, 355
Polypterus　355
pomegranate　555
pondweed　551
Pongidae　454, 455, 457
Pongo　457
Pontederiaceae　552
popla　555
porcelain crab　268
porcupine　419
Poriales　164
Porifera　174
Porolepiformes　369
porpoise　427
possum　401, 415
pot marigold　568
Potamogetonaceae　551
Potamotrygon　346
potato　556
Potamatrygon　336
potoo　507
potto　446
Praearcturus gigas　301
prawn　253, 267
Presbytis　453
Priapula　183
Priapulida　186
primate　418
Primates　420
primrose　555
Primulaceae　555
Prionace glauca　342
Pristiophoriformes　337, 345
Pristiophorus　345
Pristis　345
privet　556
probeagle shark　343
Proboscidea　424, 430
proboscidean　418
proboscis monkey　453
Procellariformes　504
Prochloron　122
Procolobus　453
Proconsul　454
Procynosuchus　391
Procyonidea　423
progymnosperm　517, 536

Prolacertiformes 398
pronghorn 427
Propithecus 445
Prosauropoda 403
prosimian 434, 435
Prosimii 434
Prosobranchia 225
Prostiodei 345
Protarchaeopteryx 487
—— *robusta* 483
Protea 555
Proteaceae 555
Proteobacteria 104
Proterosuchus 399
Protoacanthopterygii 360, 361
Protobranchia 224
Protopterus 372
Protostomia 169, 179
Prototheria 408
Protozoa 132
protracheophyte 529
Protura 275, 280
proturan 280
Psaronius 534
pseudo-ruminant 426
Pseudoscorpiones 301
Pseudotsuga 539
Psilophyta 532
psilophyte 532, 522
Psilotum 533
Psittaciformes 497, 509
Psocoptera 286, 287
psocopteran 287
Pteranodon 402
Pteridophyta 514
pteridophyte 516, 522
Pteriomorpha 224
pterobranch 321
Pterobranchia 193, 194
pterodactyl 490
Pterodaustro 401
Pterophyta 534
Pterosauria 401
Pterygota 272, 274, 281
pterygotid 298
Ptilodus 414
Puccinia 162
—— *coronata* 162
—— *graminis* 162
—— *hordei* 162
—— *recondita* 162
—— *striiformis* 162
pudu 426
puff-ball 164

puffer fish 347
puffin 505
Pulmonata 225, 229
pumpkin 555
Puniaceae 555
purse-web 307
pycnogonid 309
Pycnogonida 235, 294
Pycnopodia 318
Pygathrix 453
pygmy parakeet 509
pygmy slow loris 446
pyrethrum 569
Pyrotheria 428
Pythium 140, 146

Q

quetzal 510
Quetzalcoatlus 402
quinoa 554
quoll 415

R

rabbit 417, 419
rabbitfish 335, 337
racoon 423, 425
Radiata 177, 199
Radiolaria 128
Rafflesia 541
rail 505
Raja 346
Rajidae 346
Rajiformes 337, 345
Rajoidei 345
Ranunculaceae 553
Ranunculales 553
Ranunculidae 553
Ranunculus 553
raspberry 555
rat 405, 419
ratfish 335, 337
ratite 482, 502
Rauisuchidae 400
raven 508
ray 346
razor bill 505
razor clam 224
red panda 423
red seaweed 136
red uakari 449
redwood 539
reedfish 354, 355
reindeer 426
reindeer moss 527

remipede 254
Remipedia 261
remora 365
Reptilia 384
Reptiliomorpha 368, 375, 379
requiem shark 342
resurrection plant 531
Rhabdopleura 194
Rhamphorhynchus 401
rhea 502
Rheiformes 502
rhino 405, 424, 429
Rhinobatidae 346
Rhinochimaeridae 337
Rhinocodon typus 341
Rhinocodontidae 341
rhipidistean 369
Rhizobium 104
Rhizocephala 264
Rhizophoraceae 555
Rhizopoda 132
Rhizopogon 149
Rhizopus 158
Rhizostomae 207
Rhodocyclus 105
rhododendron 555
Rhodophyta 136
rhodophyte 122
Rhodopseudomonas spheroides 121
rhubarb 554
rhynchosaur 383
Rhynia 159
rhyniophyte 513, 517, 528, 529
ribbon worm 189
ribbonfish 361
Ricinulei 302
ricinuleid 302
Rickettsia 104
ring-tailed lemur 444
roadrunner 509
robber crab 268
rock hyrax 429
rockhopper 281
rodent 417
Rodentia 419
roller 508
Rosaceae 555
Rosidae 547, 555
Rotifera 183, 188
round worm 7, 187
rove beetle 288
Rubiaceae 557
Rudbeckia 570

生 物 名 索 引

ruffed lemur 445
ruminant 426
rush 551
Russula 163
Russulales 163
Rutaceae 555
Rynchosauridae 398

S

Saccharomyces 161
—— *cerevisiae* 146, 159
Saccharomycetales 159
saccopharyngoid 360
Sacculina carcini 264
safflower 566
sage 556
sago palm 537
Saguinus 448
saiga 427
Saimiri 448
saki 449
salamander 368, 377, 378
salcify 566
Salicaceae 555
Salicornia 541
salmon 348, 360, 361
Salmonella 105
Salmoniformes 360
Salpida 327
Salticidae 308
salt-marsh grass 541
saltwort 554
Salvinia 535
Salviniales 535
Sanctacaris 292
sand dollar 319
sand lizard 397
sand tiger shark 342
sandgrouse 505
sandpiper 505
sapodilla 555
Sapotaceae 555
saprobe 140
Sarcodina 132
Sarcopterygian Fish 369
Sarcopterygii 332, 366
Sargassum 141
Saurischia 402
Sauropoda 403
Sauropodomorpha 403
Sauropsida 384
Sauropterygia 393
Sauruaceae 550
saw shark 345

sawfish 345
sawfly 289
Saxifragaceae 555
saxifrage 555
scabious 561
scale insect 288
scallop 224
Scandentia 420, 421
scandentian 418
Scaphopoda 223
schizomid 305
Schizomida 305
Schizosaccharomyces 160
Scincomorpha 396, 397
Scleractinia 204, 205
Scolopendra 252
Scopelomorpha 361
scorpion 300
Scorpiones 300
scorpionfish 365
scorpionfly 289
Scorzonera 566
screamer 503
Scrophulariaceae 556
Scutigera 252
Scyliorhinidae 341
Scyphozoa 206
Scytodidae 308
sea anemone 176, 203, 204
sea cucumber 319
sea fan 203
sea gooseberry 176
sea hare 224, 229
sea horse 347, 365
sea lettuce 517
sea lily 317
sea moss 190, 527
sea pansy 203
sea pen 203
sea slug 227, 229
sea squirt 327
sea star 317
sea urchin 319
sea wasp 209
sea whip 203
sea-cow 430
seal 424
sealion 424
sea-mat 190
secretary bird 490
secretarybird 506
sedge 551
seed-fern 230, 536
Seismosaurus 381

Selaginella 514, 517, 531
—— *lepidophylla* 531
Selaginellaceae 531
Selaginellale 517
Selaginelles 531
Semaeostomae 207
Semionotidae 357
Semionotiformes 354, 357
Semionotus 357
Semnopithecus 453
Senecio 569
—— *amaniensis* 561
—— *jacobaea* 569
—— *vulgaris* 569
Senecioneae 569
Sepioidea 231
Sequoia 539
—— *sempervirens* 538
sergestid shrimp 267
Serpentes 396
Serpula lacrymans 164
Seymouria 379
Seymouriamorpha 379
shadow yeast 162
shearwater 505
sheep 427
shelf-fungi 163
shelled pteropod 229
shipworm 224
shrew 405, 422
shrike 508
shrimp 253, 267
siamang 454
sifaka 445
Siluriformes 361
silverfish 281
silverside 361
Simias 453
Sinornis 492
Siphonaptera 290
Siphonophora 208
Siphonopoda 229
Sipuncula 183, 187
siren 378
Sirenia 425, 430
sisal 552
Sivapithecus 454, 456
skate 345
skeletonweed 566
skimmer 505
skua 505
sleeper shark 344
slender loris 446
slipper limpet 227

slipper lobster 268
slit shell 226
sloth 417, 418
slow loris 446
slow worm 397
slug 229
smelt 361
smooth dogfish 341
snail 224, 229
snake 395
snakebird 505
snakefly 288
snake-neck 391
snapper 365
snipe 505
snub-nosed monkey 453
soft coral 204
Solanaceae 543, 556
solanogaster 211
Solanogastres 213, 222
Solaster
　―― *dawsoni* 318
　―― *stimpsoni* 318
Solen 224
Solenidae 224
Solidago 568
Solifugae 302
solifugid 302
solitaire 495, 505
solpugid 302
Solpugida 302
Somniosus microcephalus 344
Sordariales 159
sorrel 554
sow bug 238, 253, 269
Spanish moss 527, 551
sparrow 508
Spartina 541
Sphagnidae 527, 528
Sphagnum 527, 528
Sphenisciformes 504
sphenodon 383
sphenodont 395
Sphenodontia 382
Sphenodontida 395
Sphenophyta 533
Sphyrna 342
spider monkey 405, 448
spinach 554
Spinulosida 318
spiny dogfish 344
spiny eel 365
spiny lobster 268
Spiralia 183

Spirochaeta 106
Spirochaetes 106
spittlebug 288
sponge 167, 174
spoonbill 506
Sporobolomyces 162
Sporozoa 132
sportive lemur 445
springtail 280
spunculid 187
spurge 555
Squaliformes 344
Squalus acanthias 344
Squamata 382, 395
squamate 383
squash 555
Squatiniformes 337, 344
squid 229, 231
squirrel 405, 419
squirrel monkey 447, 448
stable fly 290
Stagonolepidae 401
Staphylococcus 108
　―― *aureus* 108
starfish 317
starling 508
Stauromedusae 207
stegosaur 404
Stenopodidea 267
Stenopterygii 361
Sterculiaceae 554
stickleback 365
Stifftia 563
stilt 505
stinging nettle 554
stingray 346
Stoke's aster 567
Stokesia 566, 567
Stolonifera 203
Stomatopoda 266
stone curlew 505
stonecrop 555
stonefly 285
stonewort 525
stork 503, 506
storm petrel 505
Streptococcus 108
Streptomyces 108
Striga 556
Strigiformes 506
Stromatocystites 315
Strombidae 227
Strombus 227
Struthioniformes 502

Strychnos 556
Stupendemys 391
sturgeon 354, 356
Stylommatophora 229
Stylopage 159
sugar beet 554
Suillus 149, 164
Sulfolobus 120
sun spider 292, 302
sundew 555
sundial shell 227
sunfish 347, 365
sunflower 557, 570
surelis 453
swallow 508
swallower 360
swan 503
swan mussel 224
sweet chestnut 554
sweet gum 553
sweet pepper 543, 550
sweet potato 556
swift 507
Symbion 169
　―― *pandora* 188
Symphyla 249, 252
symphylon 252
Symphyta 289
Synapsida 384, 385
syncarid shrimp 266
Syncarida 266
Synechococcus 122

T

Tachygossidae 409
Tachypleus 298
talapoin 451
tamarin 447
Tanacetum
　―― *cinerariifolium* 559, 569
　―― *parthenium* 568
tansy 569
Tantulocarida 265
Tanystropheus 398
tapeworm 189
Taphrina deformans 160
tapir 424, 429
tarantula 307
Taraxacum 559, 566
　―― *bicorne* 566
Tardigrada 187, 183, 235, 242
tarpon 359
Tarsier 447
tarsier 434, 435, 446

生 物 名 索 引

Tarsiidae 446
Tasmanian devil 415
Taxaceae 539
Taxodium 539
tea 554
teasel 561
Teleostei 348, 354, 358
Temnospondyl 368
Temnospondyli 376
Teredinidae 224
Teredo 212, 224
termite 284
tern 505
terrapin 391
Testudines 391
Tetrabranchiata 230
Tetrapod 372
Tetrapoda 329, 366
Teuthoidea 231
Thalassinidea 267
Thaliacea 327
Theaceae 554
Thecodontia 399
Thecosomata 229
Thelodonti 330
Thelyphonida 306
Theraphosidae 307
Therapsida 390
Theria 408, 414
Thermomicrobium roseum 109
Thermomonospora 108
Thermoplasma 120
Thermotoga maritima 109
Thermotogales 109
Thermus aquaticus 109
Theropithecus 453
Theropoda 402
thistle 557, 563
Thoracica 264
thorny coral 203
thread-sail 361
Threophora 404
thresher shark 343
Thrinaxodon 406
thrush 508
thylacine 416
thylacine wolf 416
Thylacoleo 417
Thylacosmilus 417
thyme 556
Thysanoptera 286
Thysanura 275, 281
tick 303
tiger beetle 288

tiger shark 342
Tiliaceae 554
Tinamiformes 503
tinamou 503
Tiphoscorpio 301
tit 508
titi 449
Tmesipteris 533
toad 368, 377
toadfish 361
toadstool 145
tomato 556
tongue worm 235, 255, 262
Toninia 165
topi 427
Torpedinidae 345
Torpedinoidei 345
torpedo 345
Torpedo nobiliana 345
tortoise 391
toucan 508
touraco 509
Toxodon 424
Toxoplasma 138
Tracheophyta 513, 528, 532
Tragopogon 566
Tragulidae 426
trap-door spider 306
tree creeper 508
tree groundsel 569
tree hopper 287
tree hyrax 429
tree shrew 418, 420
Trematoda 189
Tremella 162
―― *gelatinosum* 162
Tremellales 162
Treponema 106
Triadobatrachus 378
Triakidae 341
Triakis maculata 341
Triceratops 404
Tricholomataceae 163, 164
Trichomonas 134
―― *foetus* 134
―― *vaginalis* 134
Trichomycetes 158
Trichoplax adhaerens 174
Trichoptera 291
Tridacna 224
Tridacnidae 224
trigonotarbid 299, 304
Trigonotarbida 292, 304
Trilobitomorpha 245, 246

Trimerophyta 532
trimerophyte 517
Triops 262
Triploblastica 177
Trochidae 226
Trochus 226
trogon 504
Trogoniformes 497, 510
Tropaeolaceae 556
tropicbird 505
trout 348, 360, 361
troutperch 361
true coral 204
true yeast 160
truffle 159
Trypanosoma 135
―― *brucei* 135
―― *cruzi* 135
tse tse fly 290
Tsuga 539
tuatara 395
tube anemone 203, 204
tube-eye 361
Tuber 149, 159, 161
Tubilidentata 425
Tubipora 204
Tubularia 208
Tubulidentata 428
Tuditanus 376
Tulerpeton 375
tulip tree 553
tuna 361
Turbellaria 189
turkey 503
turmeric 551
turnip 555
turtle 391
tusk shell 223
Tyrannosaurus rex 381, 402

U

uakari 447, 449
Ulmaceae 554
Ulothrix zonata 523
Ulva 139, 515
Ulvophyceae 517, 522
Umbelliferae 556
umbrellabird 508
Ungulata 424
Unionoideae 224
Uniramia 241
Urediniomycetes 161, 162
Urochordata 195, 321, 326
urochordate 195

Urodela 377, 378
Uromyces 162
Uropygi 306
uropygid 305, 306
Ursidae 423
Urticaceae 554
Ustilaginomycetes 161, 162
Ustilago
—— *bullata* 162
—— *segetum* 162

V

vampire squid 232
Vampyromorpha 231, 232
Varanidae 397
Varecia 445
Velella 203, 209
velvet worm 184, 187, 193, 235, 243
Veneridae 224
Veneroida 224
venus clam 224
Venus' fly-trap 555
Vernonia 567
Vernonieae 566
Vertebrata 169, 193, 328
vervet 451
Vestimentifera 192
Vetigastropoda 226
Viaraella 378
Vibrio cholerae 105
vicuna 426
vine 544
vinegaroon 306
Violaceae 554
violet 554
Virginia creeper 555
Vitaceae 555
Viverridae 423
Voluta 227
volute 227
Volutidae 227
Volvox 167, 517, 523
vulture 506

W

wader 493
wagtail 508
wallaby 417
walnut 556
walrus 424
warbler 508
wasp 289
water bear 187, 235, 242
water boatman 287
water fern 535
water flea 253, 262
water hyacinth 552
water lily 550
water plantains 551
waterbuck 427
waterfowl 503
waxwing 508
weasel 423
weasel lemur 445
weaver finch 510
weevil 288
weigeltisaurs 401
Welwitschia 539
whale 405, 427
whale shark 341
whalehead 506
whelk 227
whirligig beetle 288
whitefly 288
willow 555
willow-herb 555
wind spider 292, 302
witchweed 556
Wolffia 541
wolverine 423
wombat 415, 417
wood duck 509
woodlouse 269
woodpecker 508
Woody Magnoliid 547, 553
woolly lemur 445
woolly monkey 448, 449
woolly spider monkey 448
wormwood 569
wren 508
Wuchereria bancrofti 187

X

Xanthium
—— *spinosum* 570
—— *strumarium* 570
Xanthophyta 140
Xanthorrhoeaceae 552
Xenacanthus 340
Xenarthra 418
Xiphosura 292, 293, 295, 298
Xyloplax
—— *medusiformis* 318
—— *turnerae* 318

Y

yak 427
yam 552
yapok 417
yeast 159
Youngina 393
Younginiformes 392

Z

zebrafish 361
Zingiberaceae 551
Zinjanthropus 459, 474
Zinnia 570
Zoantharia 203, 204
Zoanthiniaria 204
Zoopagales 159
zoophyte 199
zooxanthella 198
Zoraptera 286
Zostera 139, 541
Zosteraceae 551
Zosterophyllophyta 530
zosterophyllophyte 513, 517
Zygomycetes 158
Zygomycota 151, 158

訳者略歴

野中浩一（のなか・こういち）

1954年　福岡県に生まれる
1980年　東京大学大学院理学系研究科修士課程修了
現　在　和光大学現代人間学部教授

八杉貞雄（やすぎ・さだお）

1943年　東京都に生まれる
1966年　東京大学理学部卒業
現　在　京都産業大学総合生命科学部教授
　　　　首都大学東京名誉教授，理学博士

生物の多様性百科事典　　　　　　　　　定価はカバーに表示

2011年4月10日　初版第1刷
2012年3月20日　　　第2刷

訳　者　野　中　浩　一
　　　　八　杉　貞　雄
発行者　朝　倉　邦　造
発行所　株式会社　朝倉書店
　　　　東京都新宿区新小川町6-29
　　　　郵便番号　162-8707
　　　　電　話　03(3260)0141
　　　　FAX　03(3260)0180
　　　　http://www.asakura.co.jp

〈検印省略〉

©2011〈無断複写・転載を禁ず〉　　壮光舎印刷・牧製本

ISBN 978-4-254-17142-6　C 3545　　Printed in Japan

JCOPY　〈(社)出版者著作権管理機構　委託出版物〉

本書の無断複写は著作権法上での例外を除き禁じられています．複写される場合は，そのつど事前に，(社)出版者著作権管理機構（電話 03-3513-6969, FAX 03-3513-6979, e-mail: info@jcopy.or.jp）の許諾を得てください．

C.ダーウィン著　堀 伸夫・堀 大才訳 **種　の　起　原**（原書第6版） 17143-3　C3045　　　　A 5 判 512頁 本体4800円	進化論を確立した『種の起原』の最終版・第6版の訳。1859年の初版刊行以来，ダーウィンに寄せられた様々な批判や反論に答え，何度かの改訂作業を経て最後に著した本書によって，読者は彼の最終的な考え方や思考方法を知ることができよう．
R.S.K.バーンズ他著　東工大 本川達雄監訳 **図説 無 脊 椎 動 物 学** 17132-7　C3045　　　　B 5 判 592頁 本体22000円	無脊椎動物の定評ある解説書The Invertebrate—a synthesis—（第3版）の翻訳版．豊富な図版を駆使し，無脊椎動物のめくるめく多様性と，その奥にひそむ普遍性《生命と進化の基本原理》が，一冊にして理解できるよう工夫のこらされた力作
東大 遠藤秀紀監訳　日本生態系協会 名取洋司訳 **図説 哺 乳 動 物 百 科　1** —総説・アフリカ・ヨーロッパ— 17731-2　C3345　　　　A 4 変判 88頁 本体4500円	〔内容〕総説（哺乳類とは／進化／人類の役割／哺乳類の分類）．アフリカ（生息環境／草原／砂漠／山地／湿地／森林）．ヨーロッパ（生息環境／草原／山地／湿地／森林）
東大 遠藤秀紀監訳　日本生態系協会 名取洋司訳 **図説 哺 乳 動 物 百 科　2** —北アメリカ・南アメリカ— 17732-9　C3345　　　　A 4 変判 84頁 本体4500円	〔内容〕北アメリカ（生息環境／草原／山地と乾燥地／湿地／森林／極域）．南アメリカ（生息環境／草原／砂漠／山地／湿地／森林）
東大 遠藤秀紀監訳　日本生態系協会 名取洋司訳 **図説 哺 乳 動 物 百 科　3** —オーストラレーシア・アジア・海域— 17733-6　C3345　　　　A 4 変判 84頁 本体4500円	〔内容〕オーストラレーシア（生息環境／草原／砂漠／湿地／森林／島）．アジア（生息環境／草原／山地／砂漠とステップ／湿地／森林）．海域（生息環境／沿岸域／外洋／極海）
A.キャンベル・J.ドーズ編 鯨類研 大隅清治監訳 海の動物百科1 **哺　　乳　　類** 17695-7　C3345　　　　A 4 判 88頁 本体4200円	"The New Encyclopedia of Aquatic Life"の翻訳（全5巻）．美しく貴重なカラー写真と精密な図を豊富に収め，水生動物の体制・生態・進化などを総合的に解説するシリーズ．1巻ではクジラ・イルカ類とジュゴン・マナティの世界に迫る．
A.キャンベル・J.ドーズ編 国立科学博 松浦啓一監訳 海の動物百科2 **魚　　類　　Ⅰ** 17696-4　C3345　　　　A 4 判 100頁 本体4200円	「ヤツメウナギとサメは，トカゲとラクダが遠縁である以上に遠縁である」．多様な種を内包する魚類を分類群ごとにまとめ，体制や生態の特徴を解説．ヤツメウナギ類，チョウザメ類，ウナギ類・エイ類・カタクチイワシ類，エソ類ほか含む．
A.キャンベル・J.ドーズ編 国立科学博 松浦啓一監訳 海の動物百科3 **魚　　類　　Ⅱ** 17697-1　C3345　　　　A 4 判 104頁 本体4200円	『魚類Ⅰ』につづき，豊富なカラー写真と図版で魚類の各分類群を紹介．ナマズ類・タラ類・ヒラメ類・タツノオトシゴ類・ハイギョ類・サメ類・エイ類・ギンザメ類ほか含む．魚類の不思議な習性を紹介する興味深いコラムも多数掲載．
A.キャンベル・J.ドーズ編 国立科学博 今島 実監訳 海の動物百科4 **無　脊　椎　動　物　Ⅰ** 17698-8　C3345　　　　A 4 判 104頁 本体4200円	多くの個性的な種へと進化した水生無脊椎動物の世界を紹介．美しく貴重なカラー写真とイラストに加え，多くの解剖図を用いて各動物群の特徴を解説．原生動物・海綿動物・顎口動物・刺胞動物など原始的な動物から甲殻類までを扱う．
A.キャンベル・J.ドーズ編 国立科学博 今島 実監訳 海の動物百科5 **無　脊　椎　動　物　Ⅱ** 17699-5　C3345　　　　A 4 判 92頁 本体4200円	『無脊椎動物Ⅰ』につづき，水生無脊椎動物の各分類群を紹介．軟体動物（貝類・タコ・オウムガイ類ほか）・ホシムシ類・ユムシ類・環形動物・内肛動物・腕足類・棘皮動物（ウミユリ類・ウニ類ほか）・ホヤ類・ナメクジウオ類などを扱う．
V.H.ヘイウッド編　前東大 大澤雅彦監訳 **ヘイウッド 花の大百科事典**（普及版） 17139-6　C3545　　　　A 4 判 352頁 本体34000円	25万種にもおよぶ世界中の"花の咲く植物＝顕花植物／被子植物"の特徴を，約300の科別に美しいカラー図版と共に詳しく解説した情報満載の本．ガーデニング愛好家から植物学の研究者まで幅広い読者に向けたわかりやすい記載と科学的内容．〔内容〕【総論】顕花植物について／分類・体系／構造・形態／生態／利用／用語集【各科の解説内容】概要／分布（分布地図）／科の特徴／分類／経済的利用【収載した科の例】クルミ科／スイレン科／バラ科／ラフレシア科／アカネ科／ユリ科／他多数

自然環境研究センター監訳 **絶 滅 危 惧 動 物 百 科 1** 　　　総説―絶滅危惧動物とは 17681-0　C3345　　A4変判　120頁　本体4600円	本図鑑シリーズの総説編。〔内容〕絶滅危惧種とは何か／保全のための組織／絶滅危険度の区分／動物の生態／動物への脅威／動物界／哺乳類／鳥類／魚類／爬虫類／両生類／無脊椎動物／保全活動の実際
自然環境研究センター監訳 **絶 滅 危 惧 動 物 百 科 2** 17682-7　C3345　　A4変判　120頁　本体4600円	アイアイ／アオフウチョウ／アザラシ類／アジアアロワナ／アポロウスバシロチョウ／アメリカカブトガニ／アリゲーター類／アンデスフラミンゴ／イカンテモレ／イグアナ類／イルカ類／インコ類／インドライオン／インドリ／ウサギ類／他
自然環境研究センター監訳 **絶 滅 危 惧 動 物 百 科 3** 17683-4　C3345　　A4変判　120頁　本体4600円	オウム類／オオアルマジロ／オオウミガラス／オオカミ類／オオコウモリ類／オオサンショウウオ／オオバタン／オカピ／オーストラリアハイギョ／オットセイ／オランウータン／オリックス類／オルネイトパラダイスフィッシュ／カエル類／他
自然環境研究センター監訳 **絶 滅 危 惧 動 物 百 科 4** 17684-1　C3345　　A4変判　120頁　本体4600円	カザリキヌバネドリ／カナヘビ類／カメ類／カモ類／ガラパゴスペンギン／カリフォルニアコンドル／カリフォルニアベイカクレガニ／カワウソ類／カンガルー類／キツネザル類／クアトロシエネガスプラティ／クイナ類／クジラ類／他
自然環境研究センター監訳 **絶 滅 危 惧 動 物 百 科 5** 17685-8　C3345　　A4変判　120頁　本体4600円	クジラ類／クマ類／クマネズミ／クモ類／クロツラヘラサギ／クロテテナガザル／クロマグロ／ゲルディモンキー／コアラ／コウモリ類／コキンチョウ／コモドオオトカゲ／ゴリラ類／ゴールドソーフィンーグーデア／コンゴクジャク／サイ類／他
自然環境研究センター監訳 **絶 滅 危 惧 動 物 百 科 6** 17686-5　C3345　　A4変判　120頁　本体4600円	サイガ／サメ類／サラマンダー類／シギ類／シクリッド類／シフゾウ／シベリアジャコウジカ／シマウマ類／ジャガー／シャチ／ジュゴン／シーラカンス／シロエリハゲワシ／シワバネヒラタオサムシ／スッポンモドキ／ステラーカイギュウ／他
自然環境研究センター監訳 **絶 滅 危 惧 動 物 百 科 7** 17687-2　C3345　　A4変判　120頁　本体4600円	ゾウ類／タイセイヨウタラ／タイマイ／タカヘ／ダマガゼル／チスイビル／チーター／チビオチンチラ／チョウゲンボウ類／チョウザメ類／チンパンジー類／ツノシャクケイ／テングザル／トカゲ類／トド／ドードー／トラ／ナキハクチョウ／他
自然環境研究センター監訳 **絶 滅 危 惧 動 物 百 科 8** 17688-9　C3345　　A4変判　120頁　本体4600円	ニシキフウキンチョウ／ニホンザル／ネコ類／ネズミ類／ノガン／ハイイロペリカン／ハイエナ類／バイソン類／バク類／ハシジロキツツキ／ハチドリ類／バテリアフラワーラスボラ／ハト類／バーバリーシープ／ハワイガラス／パンダ類／他
自然環境研究センター監訳 **絶 滅 危 惧 動 物 百 科 9** 17689-6　C3345　　A4変判　120頁　本体4600円	ヒョウ類／ヒョウモンナメラ／ピラルク／フクロアリクイ／フクロウ類／フクロオオカミ／フロリダピューマ／フロリダマナティー／ヘビ類／ヘルメットモズ／ボア類／ホオダレムクドリ／ホクオウクシイモリ／ポタモガーレ／ホライモリ／他
自然環境研究センター監訳 **絶 滅 危 惧 動 物 百 科 10** 17690-2　C3345　　A4変判　120頁　本体4600円	マホガニーフクロモモンガ／ミツスイ類／ミドリイトマキヒトデ／ミノールカメレオン／メコンオオナマズ／モウコノウマ／モーリシャスベニノジコ／ヤブイヌ／ヤマネ類／ヨーロッパミンク／ラッコ／ロバ類／ワシ類／ワタリアホウドリ／他
野生生物保護学会編 **野 生 動 物 保 護 の 事 典** 18032-9　C3540　　B5判　792頁　本体28000円	地球環境問題，生物多様性保全，野生動物保護への関心は専門家だけでなく，一般の人々にもますます高まってきている。生態系の中で野生動物と共存し，地球環境の保全を目指すために必要な知識を与えることを企図し，この一冊で日本の野生動物保護の現状を知ることができる必携の書。〔内容〕I：総論（希少種保全のための理論と実践／傷病鳥獣の保護／放鳥と遺伝子汚染／河口堰／他）II：各論（陸棲・海棲哺乳類／鳥類／両生・爬虫類／淡水魚）III：特論（北海道／東北／関東／他）

前埼玉大 石原勝敏・埼玉大 末光隆志総編集

生　物　の　事　典

17140-2　C3545　　　　B5判 560頁 本体15000円

地球には，生物が，微生物，植物，動物，人類と多様な形で存在している。本事典では生命の誕生から，生物の機能・形態，進化，生物と社会生活，文化との関わりなどの諸事象について，様々なテーマを取り上げながら，豊富な図表を用いて，基礎的な事項から最新の知見まで幅広く解説。生物を学ぶ学生・研究者，その他生物に関心を寄せる人々の必携書。〔内容〕生命とは何か／生命の誕生と進化／遺伝子／生物の形，構造，構成／生物の生息環境／機能／行動と生態／社会／人類

日大 石井龍一・前東大 岩槻邦男・環境研 竹中明夫・甲子園短大 土橋　豊・基礎生物学研 長谷部光泰・九大 矢原徹一・九大 和田正三編

植 物 の 百 科 事 典

17137-2　C3545　　　　B5判 560頁 本体20000円

植物に関わる様々なテーマについて，単に用語解説にとどまることなく，ストーリー性をもたせる形で解説した事典。章の冒頭に全体像がつかめるよう総論を掲げるとともに，各節のはじめにも総説を述べてから項目の解説にはいる工夫された構成となっている。また，豊富な図・写真を用いてよりわかりやすい内容とし，最新の情報も十分にとり入れた。植物に関心と好奇心をもつ方々の必携書。〔内容〕植物のはたらき／植物の生活／植物のかたち／植物の進化／植物の利用／植物と文化

筑波大 渡邉　信・前千葉大 西村和子・筑波大 内山裕夫・玉川大 奥田　徹・前農生研 加来久敏・環境研 広木幹也編

微 生 物 の 事 典

17136-5　C3545　　　　B5判 752頁 本体25000円

微生物学全般を概観することができる総合事典。微生物学は，発酵，農業，健康，食品，環境など応用にも幅広いフィールドをもっている。本書は，微生物そのもの，あるいは微生物が関わるさまざまな現象，そして微生物の応用などについて，丁寧にわかりやすく説明する。〔内容〕概説―地球・人間・微生物／発酵と微生物／農業と微生物／健康と微生物／食品（貯蔵・保存）と微生物／病気と微生物／環境と微生物／生活・文化と微生物／新しい微生物の利用と課題

谷内　透・中坊徹次・宗宮弘明・谷口　旭・日野明徳・阿部宏喜・藤井建夫・秋道智弥他編

魚　の　科　学　事　典

17125-9　C3545　　　　A5判 612頁 本体20000円

日本人にとって魚類は"生物として"，"漁業資源として"，"文化として"大きな関心がもたれている。本書はそれらを背景に食文化や民俗的観点も含めて"魚"を科学的・体系的に把握する。また折々に豊富なコラムも交えて魚のすべてをわかりやすく展開する。〔内容〕＜1．魚の構造と機能編＞魚の分類と形態／魚の解剖・生理／魚の生態／魚の環境：＜2．魚と漁業編＞魚と漁獲／魚と増養殖／魚と資源：＜3．魚と文化編＞魚と健康／魚と食文化／魚と民俗・伝承

日本古生物学会編

古 生 物 学 事 典（第2版）

16265-3　C3544　　　　B5判 584頁 本体15000円

古生物学は現生の生物学や他の地球科学とともに大きな変貌を遂げ，取り扱う分野は幅広い。専門家以外の読者にも理解できるように，単なる用語辞典ではなく，それぞれの項目についてまとまりをもった記述をもつ「中項目主義」の事典とし，さらに関連項目への参照を示した「読む事典」として構成。恐竜などの大型化石から目に見えない微化石までの生物，さまざまな化石群，地質学や生物学の研究手法や基礎知識，古生物学史や人物など，日本古生物学会の総力を結集した決定版。

Th.R.ホルツ著　小畠郁生監訳

ホルツ博士の 最新恐竜事典

16263-9　C3544　　　　B5判 472頁 本体12000円

分岐論が得意な新進気鋭の著者が執筆。31名の恐竜学者のコラムとルイス・レイのイラストを満載。〔内容〕化石／地質年代／進化／分岐論／竜盤類／コエロフィシス／スピノサウルス／カルノサウルス／コエルロサウルス／ティラノサウルス／オルニトミモサウルス／デイノニコサウルス／鳥類／竜脚類／ディプロドクス／マクロナリア／鳥盤類／装盾類／剣竜類／よろい竜類／鳥脚類／イグアノドン／ハドロサウルス／厚頭竜類／角竜類／生物学／絶滅／恐竜一覧／用語解説／他

上記価格（税別）は 2012 年 2 月現在